さまざまな官能基

官能基†	例	名称		官能基†	例	名称
−C(=O)−O−C−	CH₃COCCH₃ (O,O)	エタン酸無水物（無水酢酸）	オキシラン	H₂C−CH₂ (O)	オキシラン（エチレンオキシド）
−C(=O)−Cl	CH₃CCl (O)	塩化エタノイル（塩化アセチル）	エステル	CH₃COCH₃ (O)	エタン酸メチル（酢酸メチル）
−OH	CH₃CH₂OH	エタノール（エチルアルコール）	エーテル	CH₃OCH₃	ジメチルエーテル
−C(=O)−H	CH₃CH (O)	エタナール（アセトアルデヒド）	ハロアルカン	−X (X = F, Cl, Br, I)	CH₃CH₂Cl	クロロエタン（塩化エチル）
アルカン	CH₃CH₃	エタン	ケトン	CH₃CCH₃ (O)	プロパノン（アセトン）
C=C	CH₂=CH₂	エテン（エチレン）	ニトリル	CH₃−C≡N	エタンニトリル（アセトニトリル）
−C≡C−	HC≡CH	エチン（アセチレン）	ニトロ	CH₃NO₂	ニトロメタン
−C(=O)−N	CH₃CNH₂ (O)	エタンアミド（アセトアミド）	フェノール	C₆H₅OH	フェノール
−NH₂	CH₃CH₂NH₂	エチルアミン	スルフィド	CH₃SCH₃	ジメチルスルフィド
−NH−	(CH₃CH₂)₂NH	ジエチルアミン	チオール	CH₃CH₂SH	エタンチオール（エチルメルカプタン）
−N	(CH₃CH₂)₃N	トリエチルアミン			
−C(=O)−O−H	CH₃COH (O)	エタン酸（酢酸）			
−S−S−	CH₃SSCH₃	ジメチルジスルフィド			

第一級アミン、第二級アミン、第三級アミン、カルボン酸、ジスルフィド、酸無水物、酸塩化物、アルコール、アルデヒド、アルカン、アルケン、アルキン、アミド

† 結合の先に原子が省略されている場合は、炭素（水素の場合もある）と結合している。

BROWN・FOOTE・IVERSON・ANSLYN

ブラウン 有機化学(下)

村上正浩 監訳

井上将行・王子田彰夫・大井貴史・桑野良一
忍久保 洋・浜地 格・松田建児・山口茂弘・山子 茂　訳

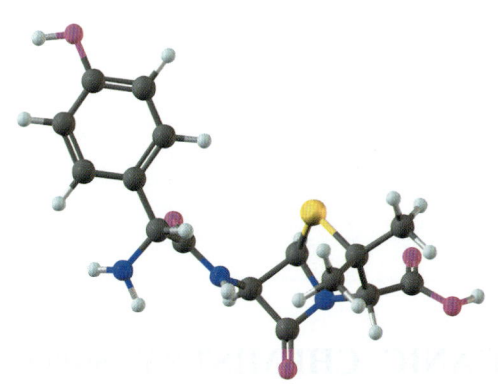

東京化学同人

本書第 6 版をわれわれの親友かつ同僚であった
Christopher Foote にささげる．
本書の出版に対する彼の考え，励まし，貢献はかけがえのないものであった．彼の優しくて慈愛に満ちた精神は，幸いにも彼と知り合ったすべての人々の心に生き続けるであろう．

ORGANIC CHEMISTRY, Sixth Edition

William H. Brown
Beloit College

Brent L. Iverson
University of Texas, Austin

Christopher S. Foote
University of California, Los Angeles

Eric V. Anslyn
University of Texas, Austin

© 2012, 2009 Brooks/Cole, Cengage Learning

ALL RIGHTS RESERVED. No part of this work covered by the copyright herein may be reproduced, transmitted, stored, or used in any form or by any means graphic, electronic, or mechanical, including but not limited to photocopying, recording, scanning, digitizing, taping, Web distribution, information networks, or information storage and retrieval systems, except as permitted under Section 107 or 108 of the 1976 United States Copyright Act, without the prior written permission of the publisher.

かを示すといったヒントも与えたので，多段階合成の問題により取組みやすくなっている．

生物学への応用

　できるだけ有機化学の基礎を生体分子に適用して，生化学の学習につながるようにしてある．特に"生化学とのつながり"というコラムでは，生体系の化学を理解するのに欠かせない有機化学について詳しく説明した．たとえば，§3・9では，アミノ酸の有機化学を取上げ，§5・2ではアルケンの立体化学が生体膜の流動性と栄養の両方にいかに影響するかについて解説した．また，§10・2では，薬剤と受容体の相互作用における水素結合の重要性を取上げた．それらの"生化学とのつながり"は，本書全体にわたり配置してある．これは，講義の進度が教科書の最後にある生化学の章まで至らないこともあるからである．

　"身のまわりの化学"と題した解説を増やして，有機化学の実用的な応用例についても積極的に紹介した．たとえば，§18・1ではペニシリンやセファロスポリンなどの薬について，§8・7では酸化防止剤などの食品添加物について，また§27・6ではクモの糸について材料の観点から述べている．これらを読むことにより，日頃の生活に関連のある技術に有機化学の理論がどのようにしてつながっているかを理解できる．

ユニークな構成

- 1章では電子論について総合的に述べ，4章では有機化学における酸・塩基について詳しく説明した．これらの二つの章によって分子の構造と性質について基礎的な知識を学び，それ以降の章における機構の説明が理解できるようになっている．最初から基礎的な概念を学ぶことで，表面的に記憶する学習にとどまらず，反応性を自分で予測する力がつき，化学的な勘も養われる．
- 化学や生化学の研究における核磁気共鳴(NMR)分光法の重要性が高まってきており，また磁気共鳴画像法(MRI)が医療診断で多用されるようになっていることをふまえ，13章核磁気共鳴分光法の内容を更新して充実させた．NMRスペクトルに関する理論と実際のシグナルの分裂パターンについて述べ，さらにFT-NMRについて詳しく述べることによりMRIとの技術的な関連性を示した．
- カルボニル化合物の化学は16〜19章で取上げ，一般の教科書よりも早い段階で学ぶようにした．こうすることによって，有機化学を受講する学生のなかの生命科学の学位を目指す者や健康関連企業に就職しようとする者にもカルボニル化合物の化学を学ぶ機会を提供できるように配慮した．カルボニル化合物の化学は生体系の化学の基礎となるので，カルボニル化合物の化学と糖質化合物の化学の関係についても本書の早い部分で説明した．こうした理由の一つは糖質化合物の化学の医学系大学院の入学試験における重要性が増しているためである．
- 24章炭素－炭素結合の生成反応では，それまでの章で学んだ知識を統合して合成計画を立案することを学生に課した．これは，現代有機合成の興奮と挑戦を学生に感じさせることを意図したものである．

第6版で新しくなった点

　第6版では，有機化学をこれまでよりも学びやすく，理解しやすくするために，説明のしかたにいくつも革新的なアプローチを新しく取入れた．

- 1章は大幅に書きかえた．電子論と結合を2通りの方法で総合的に説明した．共鳴寄与構造を

含むような複雑な系に対しても，これらの理論が適用できることを示した．
- 計算によって得られた軌道図を随所に加えた．これによって，従来用いられてきた慣用的な図では得ることのできなかった電子密度分布に関する感覚を養うことが可能になった．
- 酸・塩基の章(4章)にエネルギー図を導入した．これによって，機構的に最も単純なプロトン移動を例にして，化学反応をエネルギーの観点から考えることを学べるようになった．また熱力学と速度論の重要な考え方を早い段階に取入れることで，種々の官能基の反応を学ぶための基礎ができる．
- 電子の動きを表す巻矢印を正しく使うことによって，反応機構について容易に学ぶことができる．そこで，新しく基礎知識Iで，巻矢印の正しい使い方について集中して説明した．また数種類の基本過程を導入し，それらをどのように組合わせたら多くの有機反応機構を系統的に理解できるかを説明する．この画期的なアプローチによって，学生は表面的な暗記に頼らず，反応機構を理解し，予測するのに必要なことを習得できる．
- 9章は大幅に改訂し，どのような因子が置換反応と脱離反応の機構を決定するのかをわかりやすく記述した．求核剤と求電子剤の構造や反応条件に基づいてどちらの反応が起こるか予測することを学べる．
- 16章では，新しい形式による反応機構の説明を，いくつか新たに加え，反応機構の重要性を強調した．
- 18章では，§18・3"特徴的な反応"の内容を補充してよりわかりやすくした．また新たな項を設けて微視的可逆性の概念の重要性を強調した．
- 20章では，内容の構成を見直し，ディールス−アルダー反応とシグマトロピー転位反応に関する記述も加え，ペリ環状反応の理論を詳細に説明した．それらの解説にあたり，より高度なフロンティア分子軌道(FMO)相互作用の概念を導入した．これらの改変に伴って章名も変更した．
- 24章には，スティレカップリング反応と薗頭(ソノガシラ)カップリング反応を追加した．

特　徴

新規　基礎知識Iで有機反応機構の説明のために革新的な新しいアプローチを導入し，本書全体を通して使用した．

新規　正確な軌道図を加えて，電子論に基づいて有機化学を理解しやすいようにした．

新規　巻矢印表記法における注意点を付録10に追加した．

改訂　"身のまわりの化学"では，有機化学と毎日の暮らしとの接点を取上げた．題材は，コレステロールの血漿中の濃度を下げる薬，瞬間強力接着剤の化学など多岐にわたる．

改訂　"生化学とのつながり"と章末問題では，有機化学が生物学に応用されている例をなるべく多く取上げるようにした．ピリドキシン(ビタミンB_6)と電子移動による生体内での酸化−還元反応について新たに解説を追加した．

改訂　本書の前半部分に10箇所あるHow toでは，有機化学を学ぶ上で必須なコツを解説した．

改訂　各章の中に多くの練習問題を解答とともに配した．学んだばかりの概念がそれらの問題とその解答にどのようにつながるのかすぐに理解できる．それぞれの練習問題と解答の後にさらに類似の問題があって，もう一度自分自身で問題を解く機会が与えられている．

改訂　章末のまとめでは，その章の重要事項が簡潔に列挙されている．それぞれの概念には，詳しい説明のある節番号と関連する章末問題の番号が付記されている．

序

はじめに

　本書"Organic Chemistry"第6版では，第5版で行った改訂をさらに押し進めた．学生が有機化学を勉強する目的は二つある．一つは有機化学そのものを学ぶことであり，もう一つは有機化学以外の分子科学，たとえば生化学や材料科学関連の専門分野を学ぶための基礎的な知識を習得することである．本書はこれらの目的に対してさらに踏み込んで編集されている．つまり，まず有機反応の機構と有機合成について説明し，有機化学における分子や反応の基礎について理解できるようにした上で，次に関連する科学を学ぶ際に役に立つような概念に重点をおいて説明し，その基本となる有機化学の知識を獲得できるようになっている．また，学習の効率が上がるように，章末のまとめを加えたり，反応機構の書き方についての解説を独立して設けたことも，今回の改訂点である．

関連づけ

　重要な反応機構と合成反応については，これまでどおり詳細に述べられているが，それに加えて，異なる反応機構の間の関連性についてより詳しく説明した．これは，反応を単に記憶するのではなく，機構を学ぶことによって基本的な法則を学んで，それを応用して種々の反応を理解してもらうことを意図している．

　本書を通じて，求核剤が求電子剤と反応するという統合的な概念を強調した．特に反応する分子の静電ポテンシャル図を参照することが役に立つだろう．視覚的にわかりやすいように色づけされた図によって，求核剤の電子密度の大きな部分が求電子剤の電子密度の小さな部分と相互作用して反応が進行する様子がよくわかる．

反応機構の新しい見方

　この第6版から，6章以降に登場する反応機構の説明に新しい試みを取入れた．まず基礎知識Iで，数種類の反応機構の基本過程をあげ，どういうときにどの反応機構が適切かということも含めて詳細に説明した．本書の反応機構はすべて，これらの基本過程を一つずつ組合わせて，段階的に説明している．この新しいアプローチによって，学生が覚える内容を単純化できるだけでなく，関連する反応の類似点や相違点をわかりやすくできる．一番重要なことは，反応機構の予測を単純化することで，似たような反応でいくつもの反応機構が考えられるような状況でも，選択肢を絞り込み，そのなかから正しい反応機構を選べるようになる．これが反応機構に関する本書の最も大きな特徴である．さらに，学生が自信をもって反応機構を書けるようにするために，付録10によくある巻矢印の書きまちがいを載せている．また多くの反応機構(特に18章)を細かく段階的に分けることによって，含まれる基本概念を理解しやすいようにした．

軌道の新しい見方

　有機化学では，分子における電子密度分布を原子軌道や分子軌道に基づいて理論的に理解する．しかし，一般の有機化学の教科書には軌道についての記述はわずかしかなく，実際の形状や深い意義についてまで触れられていることはほとんどない．本書第6版では初めて，詳細な電

子密度の軌道図を示し，原子価結合法と分子軌道法の二つの相補的な軌道概念の関連性について踏込んだ説明を加えた．最初の1章で，構造，結合，反応性を理解するのに電子論をどのようにして使うかを総括的に述べた．複数の共鳴構造式で表される分子のような複雑な系に対しても，いつどのようにして電子論を使えばよいのかについてのわかりやすい指針が示されている．計算に基づいた正確な軌道図を，汎用されている模式的な軌道図と並べて示し，軌道の大きさや形を理解しやすくしたのも，大きな前進である．意図したところは，分子の構造や反応性についての洞察力を養い，感覚的な理解を深めるための理論的な基礎を学んでもらうということである．

コツを習得する

有機化学を学ぶためには，いくつかの知的な"コツ"を身につけることが必要である．このために How to というコラムを 10 箇所設けて，有機化学を学ぶ学生に必須なコツを説明した．たとえば，シクロヘキサンの二つのいす形配座を書く（§2・5），共鳴構造式を書く：巻矢印と電子の押込み（§1・8），などである．

効果的な復習のために

第 6 版では，章末に"まとめ"をおいた．これによって試験前の復習がしやすくなった．箇条書きにした概念と太字にしたキーワードを学べば，おおよその準備ができる．このような復習によって理解することがむずかしい場合は，本文のより詳しい説明に立戻って学べばよい．その後に章末問題に取組めば，理解度を自分自身で確認できる．

章末のまとめ部分を拡張して，その章で新しく学んだ反応を列挙した．そこには，立体化学や位置選択性などの重要な情報以外に，機構についての簡潔な説明も加えた．これらの反応のまとめは，反応を未知の分子や多段階合成に応用するような試験に備えるときに大いに役に立つだろう．

付録は，重要な情報をすばやく入手する上で役に立つように改良した．まず第一に立体化学に関する用語の定義の一覧を付録 8 としてまとめた．立体化学の用語には往々にして微妙な言い回しや理解しにくいところがある．これらの用語を列挙することにより，新しく学ぶ用語とすでに学んだ用語の差異を理解することが容易になった．これも試験に備えるときに大変役立つ．

付録 9 は，本書に書かれている命名法の規則を列挙したものである．複数の官能基を含むような複雑な構造の化合物を命名するときに参照できるよう 1 箇所にまとめて，学習の便宜を図った．

重要な分子の合成への応用

有機化学によって多くの有用分子を合成することが可能になっている．本書で学んだ反応が，そのような有用分子の合成に応用されている例をなるべく多く示した．それらの一部は章末の"合成"の問題で取上げた．それらによって有機合成化学が創薬研究や有用医薬品の製造プロセスでどのように使われているかを学ぶことができる．具体的には，フルオキセチン，メペリジン，アルブテロール，タモキシフェン，シルデナフィル（バイアグラ）などの重要な医薬品の合成への応用について紹介した．さらに，比較的単純な構造の化合物から出発してより複雑な構造の目的化合物を合成する合成計画を学生自身に立案させる"多段階合成の問題"を加えた．逆合成に関する記述を増やし，またエノラートを含む反応を複雑な骨格構築のどの段階で使ったらよい

改訂　章末の"重要な反応"では，その章で取上げた反応の機構と立体化学や位置選択性などの重要な点を簡潔に記述した．

改訂　多くの章末問題を用意した．その大部分はその章で学んだ項目順に並んでいる．問題番号が赤で示してある場合は，反応が産業界で実際に行われている応用問題を示す．"多段階合成の問題"は医薬品の合成に関連するものである．"関連する反応"では，より複雑な構造の分子の官能基変換反応を紹介した．

改訂　新しい用語の定義を，容易に見つけられるように欄外の余白に示した．

改訂　立体化学に関する用語を総括的に付録8にまとめた．新しい用語に出会うごとに，この付表を参照すればよい．

改訂　複雑な構造の化合物を命名する際の規則を総括的に付録9にまとめた．

改訂　付録に正しい巻矢印の使い方について，よくあるまちがいの例をあげて説明した．

改訂　フルカラーの図．本書の大きな特徴として視覚に訴える表現をあげることができる．三次元的な分子模型や写真の多くがフルカラーで表されている．また，分子の一部を色で強調することにより，反応がどのように進行するのか追いやすくなっている．

改訂　静電ポテンシャル図を随所に配置してあり，共鳴，求電子性，求核性などの重要な概念が理解しやすくなっている．

補助教材*

学生用

Student Study Guide and Solutions Manual by Brent and Sheila Iverson（ISBN 1-111-42681-3）

Pushing Electrons : A Guide for Students of Organic Chemistry, 3rd edition by Daniel P. Weeks（ISBN 0-030-20693-6）

教師用

PowerLecture Instructor's Resource CD/DVD Package（ISBN 1-111-42689-9）

＊　ここにあげた補助教材および原書にある Supplements for the Text については，センゲージラーニング株式会社 専門書営業部　電話 03-3511-4389, Fax 03-3511-4391, E-mail : asia.infojapan@cengage.com に問合わせてほしい．

謝　辞

　本書は，直接にあるいは陰ながら支えてくださった多くの人々の協力により完成した．ここに心から感謝の意を表する．

　Lisa Lockwood は編集者として本書改訂版の指揮をとってくれた．Sandi Kiselica は企画編集責任者として支援してくれた．困難なスケジュールでも，締切に間に合わせることができたのは，彼女の適切な進行管理と絶え間ない激励のおかげである．そのほかの Cengage Learning 社の方々，Teresa Trego（製作部門プロジェクトマネージャー），John Walker（クリエイティブディレクター），Stephanie VanCamp（メディア担当編集者），Lisa Weber（メディア担当編集責任者）や PreMediaGlobal 社の Patrick Franzen（製作担当編集者）もわれわれの考えを具体的な形にしてくれた．

　原稿について貴重なご意見をいただいた多くの査読者にも感謝したい．彼らの意見によって本書をより学生の要求にこたえる内容に改訂することができた．

第 6 版 査読者

Thomas Albright	University of Houston	Susan King	University of California, Irvine
Zachary D. Aron	Indiana University		
Valerie Ashby	University of North Carolina	Mark Lipton	Purdue University
		Allan Pinhas	University of Cincinnati
B. Mikael Bergdahl	San Diego State University	Owen Priest	Northwestern University
Robert Boikess	Rutgers University	Jonathan Stoddard	California State University, Fullerton
Jean Chmielewski	Purdue University		
Elizabeth Harbron	The College of William and Mary		
Arif Karim	University of California, Los Angeles		

第 5 版 査読者

Jon Antilla	University of Southern Florida	James Mack	University of Cincinnati
		Felix Ngassa	Grand Valley State University
Christopher Bielawski	University of Texas		
Alan Campion	University of Texas	Milton Orchin	University of Cincinnati
David Cartrette	South Dakota State University	Allan Pinhas	University of Cincinnati
		Suzanne Ruder	Virginia Commonwealth University
H. J. Peter de Lijser	California State University, Fullerton	Laurie Starkey	California State Polytechnic University, Pomona
Malcolm Forbes	University of North Carolina		
		Qian Wang	University of South Carolina
John Grutzner	Purdue University	Alexander Wei	Purdue University
Robert C. Kerber	SUNY, Stony Brook	Laurie Witucki	Grand Valley State University
Spencer Knapp	Rutgers University		
Paul Kropp	University of North Carolina	Lei Zhu	Florida State University
Deborah Lieberman	University of Cincinnati		

訳 者 序

　大学で本格的な有機化学を学んだのは30年以上前のことであるが，当時は二重結合の立体に由来する異性体をジアステレオマーとよぶとは習わなかったように記憶している．これに限らず，大学における有機化学の講義体系は有機化学の進歩と潮流に対応して変化し続けている．

　本書は，W. H. Brown, C. S. Foote, B. L. Iverson, E. V. Anslyn 著 "Organic Chemistry" 第6版の訳である．Iverson と Anslyn は，それぞれ生物化学と物理有機化学分野の米国を代表する現役の研究者でもある．本書の特徴は物理化学的な立場に立った解説，特に軌道理論に基づく説明が際立って優れていることである．巻矢印によって電子の流れを表示する説明に加えて，軌道理論に基づく理解が今後ますます重要になると思われる．この点で，本書はこれからの有機化学の理解手法を先導する教科書といえる．また，6章で集中して反応機構の考え方を解説した上で，さらに各章で学生がおかしやすいまちがいを指摘しながら繰返し丁寧に反応機構の基本過程を紹介している．このような論理的な考え方を身につければ，記憶に頼らなくても，たとえば研究者となって新しい反応に出会ったときに，理にかなった反応機構を推測することが容易になると思われる．

　翻訳にあたり，日本語として読みやすいようにと可能な限り意訳に努めたが，ご意見を賜れば幸いである．

翻訳を終えて

　原書第5版の翻訳を引受けてから，日本の首相はすでに三度かわっている．それより少ないとはいえ，原書も二度の改訂を経て現在は第7版が刊行されている．

　その間，日本は大震災に見舞われ，いろいろなものがかわった．大災害を機に「自分は社会から何を付託されているのか？」と自らに問い直した日本人が多かったと察する．それ以降「付託されているもの」を多少なりとも意識して生きる人々と，相変わらずもっぱら目先の「我欲」に固執して生きる人々の違いがより際立ったように思われる．

　ほとんどの訳者は最初の翻訳作業を原書第6版出版前に終えた．訳者諸兄の献身に心よりお礼申し上げる．出版がここまでずれ込んだ責は，ひとえに小生が負うものであり，ここに心よりお詫びする．

　多忙にかまけてプライベートライフを等閑にしたが，幸か不幸か体重と妻は翻訳にとりかかる前とかわっていない．

　　　2013年10月　富山にて

　　　　　　　　　　　　　　　　　　　　　　　　訳者を代表して　　村　上　正　浩

著者紹介

WILLIAM H. BROWN は米国コロンビア大学の Gilbert Stork のもとで博士号を取得し，カリフォルニア工科大学，アリゾナ大学で博士研究員をつとめた後，ベロイト大学化学教室の教員となり，学部生，大学院生向けの有機化学の授業，薬理学，創薬化学の特別講義を担当した．優秀教員に二度選ばれ，現在はベロイト大学化学教室の名誉教授である．

CHRISTOPHER S. FOOTE は米国イエール大学で学士号を，ハーバード大学で博士号を取得し，カリフォルニア大学ロサンゼルス校化学教室の教授をつとめた．スローンフェロー，グッゲンハイムフェロー，ACS ベークランド賞，ACS アーサーコープスカラー賞など多くの賞を受賞し，また学会の会長や学術誌の編集委員を歴任した．

BRENT L. IVERSON は米国スタンフォード大学で学士号を，カリフォルニア工科大学で博士号を取得し，現在はテキサス大学オースチン校の教授である．有機化学と分子生物学を研究分野としており，炭疽菌に対する効果的な治療法を含むさまざまな特許技術を開発している．著名な研究者であるとともに，特別優秀教員に選ばれている．

ERIC V. ANSLYN は米国カリフォルニア州立大学ノースリッジ校で学士号を，カリフォルニア工科大学で博士号を取得し，米国コロンビア大学の Ronald Breslow 教授のもとで博士研究員をつとめた．現在は，テキサス大学オースチン校の Norman Hackerman 教授で特別優秀教員である．人工および天然の受容体や触媒に関する物理化学，生物有機化学を中心に研究している．教育に関する賞を数多く受賞している．

翻 訳 者

監 訳
村 上 正 浩　　京都大学大学院工学研究科 教授, 理学博士

翻 訳
井 上 将 行　　東京大学大学院薬学系研究科 教授, 博士(理学)
王子田 彰 夫　　九州大学大学院薬学研究院 教授, 博士(薬学)
大 井 貴 史　　名古屋大学トランスフォーマティブ生命分子研究所 教授, 博士(工学)
桑 野 良 一　　九州大学大学院理学研究院 教授, 博士(工学)
忍 久 保 洋　　名古屋大学大学院工学研究科 教授, 博士(工学)
浜 地 格　　　京都大学大学院工学研究科 教授, 工学博士
松 田 建 児　　京都大学大学院工学研究科 教授, 博士(理学)
村 上 正 浩　　京都大学大学院工学研究科 教授, 理学博士
山 口 茂 弘　　名古屋大学トランスフォーマティブ生命分子研究所 教授, 博士(工学)
山 子 茂　　　京都大学化学研究所 教授, 理学博士

(50音順)

要 約 目 次

上 巻

1. 共有結合と分子の形
2. アルカンとシクロアルカン
3. 立体異性とキラリティー
4. 酸と塩基
5. アルケン：結合，命名法，そして性質

基礎知識 I 反応機構

6. アルケンの反応
7. アルキン
8. ハロアルカン，ハロゲン化，ラジカル反応
9. 求核置換反応とβ脱離反応
10. アルコール
11. エーテル，オキシラン，スルフィド
12. 赤外分光法
13. 核磁気共鳴分光法
14. 質量分析法
15. 有機金属化学の基礎
16. アルデヒドとケトン

下 巻

17. カルボン酸

基礎知識 II カルボン酸誘導体の反応機構

18. カルボン酸誘導体
19. エノラートアニオンとエナミン
20. ジエン，共役系，ペリ環状反応
21. ベンゼンと芳香族性の概念
22. ベンゼンとベンゼン誘導体の反応
23. アミン
24. 触媒を用いた炭素－炭素結合生成
25. 糖質化合物
26. 脂 質
27. アミノ酸とタンパク質
28. 核 酸
29. 有機高分子化学

目 次

17 カルボン酸 ··········529
- 17・1 構 造 ··········529
- 17・2 命 名 法 ··········529
  - A. IUPAC 命名法 ··········529
  - B. 慣 用 名 ··········531
- 17・3 物理的性質 ··········532
- 17・4 酸 性 度 ··········534
  - A. 酸解離定数 ··········534
  - B. 塩基との反応 ··········536
- 17・5 カルボン酸の合成 ··········538
- 17・6 還 元 ··········538
  - A. 水素化アルミニウムリチウム ··········538
  - B. 他の官能基の選択的還元 ··········540
- 17・7 エステル化 ··········540
  - A. フィッシャーエステル化 ··········540
  - B. ジアゾメタンによるメチルエステルの生成 ··········541
- 17・8 酸ハロゲン化物への変換 ··········543
- 17・9 脱 炭 酸 ··········543
  - A. β-ケト酸 ··········543
  - B. マロン酸と置換マロン酸 ··········545

基礎知識 II カルボン酸誘導体の反応機構 ··········552

18 カルボン酸誘導体 ··········555
- 18・1 構造と命名法 ··········555
  - A. 酸ハロゲン化物 ··········555
  - B. 酸無水物 ··········556
  - C. エステル ··········556
  - D. アミドおよびイミド ··········557
  - E. ニトリル ··········559
- 18・2 アミド, イミドおよびスルホンアミドの酸性度 ··········560
- 18・3 特徴的な反応 ··········562
  - A. アシル基への求核付加反応 ··········562
  - B. アシル基への求核置換反応 ··········563
  - C. 相対的反応性 ··········563
  - D. 触媒作用 ··········565
- 18・4 水との反応: 加水分解 ··········565
  - A. 酸塩化物 ··········565
  - B. 酸無水物 ··········566
  - C. エステル ··········566
  - D. アミド ··········571
  - E. ニトリル ··········573
- 18・5 アルコールとの反応 ··········575
  - A. 酸ハロゲン化物 ··········575
  - B. 酸無水物 ··········576
  - C. エステル ··········577
  - D. アミド ··········577
- 18・6 アンモニアおよびアミンとの反応 ··········577
  - A. 酸ハロゲン化物 ··········577
  - B. 酸無水物 ··········578
  - C. エステル ··········578
  - D. アミド ··········579
- 18・7 酸塩化物とカルボン酸塩の反応 ··········579
- 18・8 カルボン酸誘導体間の相互変換 ··········579
- 18・9 有機金属化合物との反応 ··········580
  - A. グリニャール反応剤との反応 ··········580
  - B. 有機リチウム化合物 ··········581
  - C. ジアルキル銅リチウム(ギルマン反応剤) ··········582
- 18・10 還 元 ··········583
  - A. エステル ··········583
  - B. アミド ··········584
  - C. ニトリル ··········586

19 エノラートアニオンとエナミン ··········598
- 19・1 エノラートアニオンの生成と反応の全体像 ··········598
- 19・2 アルドール反応 ··········599

  A. 反応機構 …………………………… 600
  B. 交差および分子内アルドール反応 … 603
  C. 逆合成解析 ………………………… 605
 19・3 クライゼン縮合とディークマン縮合 … 605
  A. クライゼン縮合 …………………… 605
  B. ディークマン縮合 ………………… 607
  C. 交差クライゼン縮合 ……………… 608
  D. 逆合成解析 ………………………… 608
  E. β-ケトエステルの加水分解と脱炭酸 … 609
 19・4 生体におけるクライゼン縮合と
    アルドール縮合 ……………… 610
 19・5 エナミン …………………………… 612
  A. エナミンのアルキル化 …………… 613
  B. エナミンのアシル化 ……………… 614
  C. 逆合成解析 ………………………… 615
 19・6 アセト酢酸エステル合成 ………… 615
  A. 一連の五つの反応 ………………… 616
  B. 逆合成解析 ………………………… 617
  C. 類似反応 …………………………… 618
 19・7 マロン酸エステル合成 …………… 619
  A. 一連の五つの反応 ………………… 619
  B. 逆合成解析 ………………………… 621
 19・8 α,β-不飽和カルボニル化合物に
    対する共役付加 ……………… 622
  A. エノラートアニオンのマイケル付加 … 622
  B. 逆合成解析 ………………………… 626
  C. ロビンソン環化 …………………… 627
  D. 逆合成解析 ………………………… 628
  E. ジアルキル銅リチウム反応剤の共役付加 … 628
 19・9 LDA を用いる交差エノラート反応 … 629
  A. 酸・塩基に関する考察 …………… 629
  B. 塩基の化学量論 …………………… 630
  C. LDA を用いる交差エノラート反応 … 630
  D. 速度支配エノラートと
    熱力学支配エノラート …………… 632

20 ジエン，共役系，ペリ環状反応 …………………………………………………… 647

 20・1 共役ジエンの安定性 ……………… 647
 20・2 共役ジエンへの求電子付加反応 … 650
  A. 1,2 付加と 1,4 付加 ……………… 650
  B. 求電子付加の速度支配と熱力学支配 … 652
 20・3 紫外-可視分光法 ………………… 655
  A. 紫外-可視光の吸収 ……………… 655
  B. エネルギー準位間での電子の遷移 … 658
 20・4 ペリ環状反応の理論 ……………… 660
 20・5 ディールス-アルダー反応 ……… 662
  A. ジエンの立体配座 ………………… 663
  B. 置換基が反応速度に与える効果 …… 665
  C. ディールス-アルダー反応による
    二環性骨格の形成 ……………… 665
  D. 環化付加体におけるジエノフィルの
    立体配置の保持 ………………… 667
  E. ジエンの立体配置の保持 ………… 667
  F. 光学的に純粋な標的分子の合成 … 668
  G. 電子の動きを考える際の注意点 … 669
 20・6 シグマトロピー転位 ……………… 670
  A. クライゼン転位 …………………… 671
  B. コープ転位 ………………………… 672
  C. コープ転位の立体化学 …………… 673

21 ベンゼンと芳香族性の概念 ……………………………………………………… 680

 21・1 ベンゼンの構造 …………………… 680
  A. ベンゼンのケクレ構造 …………… 681
  B. ベンゼンの分子軌道法 …………… 682
  C. ベンゼンの共鳴理論 ……………… 682
 21・2 芳香族性の概念 …………………… 684
  A. 芳香族性に関するヒュッケル則 …… 685
  B. 芳香族炭化水素 …………………… 686
  C. 反芳香族炭化水素 ………………… 688
  D. 芳香族ヘテロ環化合物 …………… 689
  E. 芳香族炭化水素イオン …………… 691
 21・3 命 名 法 …………………………… 693
  A. 一置換ベンゼン誘導体 …………… 693
  B. 二置換ベンゼン誘導体 …………… 694
  C. 多置換ベンゼン誘導体 …………… 694
 21・4 フェノール ………………………… 696
  A. 構造と命名法 ……………………… 696
  B. フェノールの酸性度 ……………… 697
  C. フェノールの酸-塩基反応 ……… 700
  D. アルキルアリールエーテルの合成 … 701
  E. コルベカルボキシル化反応：
    サリチル酸の合成 ……………… 702
  F. キノンへの酸化 …………………… 703
 21・5 ベンジル位での反応 ……………… 705
  A. 酸 化 ……………………………… 705

B. ハロゲン化 ……………………………… 706
　　C. ベンジルエーテルの水素化分解 ……………… 707

22　ベンゼンとベンゼン誘導体の反応 ……………………………………………………………… 723
23・1　芳香族求電子置換反応 ……………………… 723
　　A. 塩素化反応と臭素化反応 ………………… 724
　　B. ニトロ化反応とスルホン化反応 ……………… 725
　　C. フリーデル-クラフツアルキル化反応と
　　　　アシル化反応 ……………………………… 727
　　D. その他の芳香族アルキル化反応 ……………… 731
22・2　二置換および多置換ベンゼンの生成反応 …… 732
　　A. 置換ベンゼンの求電子置換反応における
　　　　置換基の効果 ………………………………… 732
　　B. 置換基の配向性 …………………………… 735
　　C. 活性化-不活性化効果の理論 ……………… 737
22・3　芳香族求核置換反応 ………………………… 739
　　A. ベンザイン中間体を経る求核置換反応 ……… 739
　　B. 付加-脱離による求核置換反応 ……………… 741

23　アミン ……………………………………………………………………………………………… 753
23・1　構造と分類 …………………………………… 753
23・2　命名法 ………………………………………… 754
　　A. IUPAC 命名法 …………………………… 754
　　B. 慣用名 …………………………………… 755
23・3　アミンと第四級アンモニウムイオンの
　　　　キラリティー ……………………………… 757
23・4　物理的性質 …………………………………… 758
23・5　塩基性 ………………………………………… 759
　　A. 脂肪族アミン …………………………… 760
　　B. 芳香族アミン …………………………… 761
　　C. 芳香族ヘテロ環アミン …………………… 763
　　D. グアニジン ……………………………… 764
23・6　酸との反応 …………………………………… 765
23・7　合成 …………………………………………… 767
　　A. アンモニア，アミンのアルキル化 ………… 768
　　B. アジドイオンのアルキル化 ……………… 769
23・8　亜硝酸との反応 ……………………………… 770
　　A. 第三級脂肪族アミン ……………………… 771
　　B. 第三級芳香族アミン ……………………… 771
　　C. 第二級脂肪族・芳香族アミン …………… 771
　　D. 第一級脂肪族アミン ……………………… 772
　　E. 第一級芳香族アミン ……………………… 775
23・9　ホフマン脱離 ………………………………… 777
23・10　コープ脱離 ………………………………… 779

24　触媒を用いた炭素－炭素結合生成 ……………………………………………………………… 794
24・1　既出の炭素－炭素結合生成反応 …………… 794
24・2　有機金属化合物と触媒 ……………………… 795
　　A. 酸化的付加と還元的脱離 ………………… 795
　　B. 触媒を用いた炭素－炭素結合生成反応の
　　　　応用 ……………………………………… 796
24・3　ヘック反応 …………………………………… 796
　　A. 反応の概要 ……………………………… 796
　　B. 反応機構 ………………………………… 798
24・4　触媒を用いたアリル位アルキル化 ………… 802
　　A. 触媒を用いたアリル位アルキル化の
　　　　反応機構 ………………………………… 803
　　B. 立体選択性と位置選択性 ………………… 804
24・5　パラジウム触媒を用いた
　　　　クロスカップリング反応 ………………… 804
　　A. クロスカップリング反応の反応機構 ……… 805
　　B. 鈴木カップリング反応 …………………… 805
　　C. スティレカップリング反応 ……………… 807
　　D. 薗頭カップリング反応 …………………… 808
24・6　アルケンメタセシス ………………………… 809
　　A. 安定な求核性カルベン …………………… 809
　　B. 求核性カルベン配位子をもつ触媒を用いた
　　　　閉環アルケンメタセシス反応 …………… 809
　　C. メタセシスの反応機構 …………………… 810

25　糖質化合物 ………………………………………………………………………………………… 821
25・1　単糖 …………………………………………… 821
　　A. 構造と命名法 …………………………… 821
　　B. フィッシャー投影式 ……………………… 822
　　C. 単糖：D体とL体 ………………………… 822
　　D. アミノ糖 ………………………………… 825
　　E. 物理的性質 ……………………………… 825

25・2	単糖の環状構造 ………………………… 825	B. ラクトース ………………………………… 835
	A. ハース投影式 ……………………… 826	C. マルトース ………………………………… 835
	B. 立体配座の表記 …………………… 828	D. 糖質化合物と合成甘味料の相対的な甘さ …… 837
	C. 変旋光 ……………………………… 829	25・5 多糖 ……………………………………… 837
25・3	単糖の反応 ……………………………… 829	A. デンプン：アミロースとアミロペクチン …… 837
	A. グリコシド(アセタール)の生成 …… 829	B. グリコーゲン ……………………………… 838
	B. アルジトールへの還元 …………… 831	C. セルロース ………………………………… 838
	C. アルドン酸への酸化：還元糖 …… 831	D. セルロースから得られる織物繊維 ………… 839
	D. ウロン酸への酸化 ………………… 832	25・6 グルコサミノグリカン ……………………… 840
	E. 過ヨウ素酸による酸化 …………… 833	A. ヒアルロン酸 ……………………………… 840
25・4	二糖およびオリゴ糖 …………………… 835	B. ヘパリン …………………………………… 840
	A. スクロース ………………………… 835	

26 脂　質 ……………………………………………………………………………………………… 848

26・1	トリグリセリド ………………………… 848	A. 主要なステロイドの構造 ………………… 857
	A. 脂肪酸 ……………………………… 848	B. コレステロールの生合成 ………………… 859
	B. 物理的性質 ………………………… 849	26・5 リン脂質 …………………………………… 860
	C. 脂肪酸鎖の還元 …………………… 850	A. 構造 ………………………………………… 860
26・2	石けんと洗剤 …………………………… 851	B. 脂質二重膜 ………………………………… 861
	A. 石けんの構造と生成法 …………… 851	26・6 脂溶性ビタミン …………………………… 863
	B. 石けんの洗浄作用 ………………… 852	A. ビタミン A ………………………………… 863
	C. 合成洗剤 …………………………… 852	B. ビタミン D ………………………………… 865
26・3	プロスタグランジン類 ………………… 854	C. ビタミン E ………………………………… 866
26・4	ステロイド類 …………………………… 856	

27 アミノ酸とタンパク質 …………………………………………………………………………… 870

27・1	アミノ酸 ………………………………… 870	B. 配列解析 …………………………………… 880
	A. 構造 ………………………………… 870	27・5 ポリペプチドの合成 ……………………… 884
	B. キラリティー ……………………… 870	A. 合成上の課題 ……………………………… 884
	C. タンパク質由来のアミノ酸 ……… 872	B. 合成の戦略 ………………………………… 885
	D. その他のよく知られたL-アミノ酸 … 872	C. アミノ基の保護基 ………………………… 885
27・2	アミノ酸の酸-塩基特性 ………………… 873	D. カルボキシ基の保護基 …………………… 886
	A. アミノ酸中の酸性基と塩基性基 … 873	E. ペプチド結合の生成反応 ………………… 886
	B. アミノ酸の酸-塩基滴定 …………… 875	F. 固相合成 …………………………………… 887
	C. 等電点 ……………………………… 876	27・6 ポリペプチドやタンパク質の三次元構造 … 890
	D. 電気泳動 …………………………… 876	A. ペプチド結合の幾何構造 ………………… 890
27・3	ポリペプチドとタンパク質 …………… 877	B. 二次構造 …………………………………… 890
27・4	ポリペプチドとタンパク質の一次構造 … 879	C. 三次構造 …………………………………… 892
	A. アミノ酸分析 ……………………… 879	D. 四次構造 …………………………………… 895

28 核　酸 ……………………………………………………………………………………………… 902

28・1	ヌクレオシドとヌクレオチド ………… 902	B. 二次構造：二重らせん ……………………… 906
28・2	DNA の構造 …………………………… 904	C. 三次構造：超らせん DNA ………………… 909
	A. 一次構造：共有結合でつながった主鎖 …… 905	28・3 リボ核酸 …………………………………… 910

- A. リボソーム RNA ……………………………… 911
- B. トランスファー RNA …………………………… 911
- C. メッセンジャー RNA …………………………… 912

28・4 遺伝暗号 ………………………………………… 913
- A. 三文字からなる暗号 ……………………………… 913
- B. 遺伝暗号の解明 …………………………………… 913
- C. 遺伝暗号の特性 …………………………………… 913

28・5 核酸配列の決定 ………………………………… 915
- A. 制限酵素 …………………………………………… 915
- B. 核酸の塩基配列決定法 …………………………… 916
- C. 試験管内でのDNAの複製 ……………………… 916
- D. ジデオキシ法でのDNA鎖の伸長停止 ………… 917
- E. ヒトゲノムの配列解析 …………………………… 918

29 有機高分子化学 …………………………………………………………………………………………… 923

29・1 高分子の構造 …………………………………… 923
29・2 高分子の表記法と命名法 ……………………… 924
29・3 高分子の分子量 ………………………………… 925
29・4 高分子の形態: 結晶性材料と
　　　　非晶性材料 ……………………………………… 926
29・5 逐次重合 ………………………………………… 927
- A. ポリアミド ………………………………………… 927
- B. ポリエステル ……………………………………… 930
- C. ポリカーボネート ………………………………… 930
- D. ポリウレタン ……………………………………… 931
- E. エポキシ樹脂 ……………………………………… 931
- F. 熱硬化性高分子 …………………………………… 932

29・6 連鎖重合 ………………………………………… 933
- A. ラジカル連鎖重合 ………………………………… 934
- B. チーグラー–ナッタ連鎖重合 …………………… 937
- C. 立体化学と高分子 ………………………………… 939
- D. イオン性の連鎖重合 ……………………………… 940
- E. 開環メタセシス重合 ……………………………… 945

付　録 ……… 955

1. 熱力学と平衡定数 ………………………………… 955
2. おもな有機酸 ……………………………………… 956
3. 結合解離エンタルピー …………………………… 957
4. ^{1}H NMR における化学シフト ………………… 958
5. ^{13}C NMR における化学シフト ……………… 958
6. 赤外吸収スペクトルにおける振動数 …………… 959
7. 静電ポテンシャル図 ……………………………… 960
8. 立体化学用語のまとめ …………………………… 961
9. 命名法のまとめ …………………………………… 964
10. 巻矢印表記法における注意点 …………………… 969

索　引 ……… 973

生化学とのつながり

- ケトン体と糖尿病(17・9A)
- アミド結合に特有の構造(18・2)
- 芳香環に結合したNH_2基の平面性(23・5B)
- FAD/$FADH_2$：生化学的な酸化還元反応における電子伝達因子(26・2C)

身のまわりの化学

- ヤナギの樹皮からアスピリンへ，そしてその先へ(17・3)
- 酢酸の工業的製法：遷移金属触媒(17・6A)
- ピレトリン：エステルをもつ植物由来の天然の殺虫剤(17・7A)
- 香味料としてのエステル(17・7B)
- コカインからプロカインとその先へ(18・1D)
- カビのはえたクローバーから抗凝血薬へ(18・1D)
- ペニシリンとセファロスポリン：β-ラクタム系抗生物質(18・1E)
- 別の機構によるエステルの加水分解：S_N2とS_N1の可能性(18・4C)
- コレステロールの血漿中の濃度を下げる薬(19・4)
- イブプロフェン：工業的合成の進歩(19・7A)
- カレーとがん(20・3B)
- 発がん性多環芳香族炭化水素と喫煙(21・3C)
- カプサイシン，辛いものが好きな人へ(21・4B)
- 南米のヤドクガエル(23・4)
- L-アスコルビン酸（ビタミンC）(25・2A)
- グルコース検査(25・3D)
- 血液型を決める物質(25・4C)
- 高フルクトースコーンシロップ(25・5C)
- ヘビ毒に含まれるホスホリパーゼ(26・5B)
- ビタミンK，血液凝固，塩基性(26・6A)
- クモの糸(27・6C)
- 抗ウイルス薬の探索(28・2B)
- 若返りの泉(28・3B)
- DNA指紋鑑定(28・5E)
- 溶ける糸(29・5F)
- 電気を流す有機高分子(29・6A)
- 瞬間強力接着剤の化学(29・6D)
- プラスチックの再生(29・6E)

反応機構

17. カルボン酸
- ジアゾメタンによるメチルエステル化(17・7B)
- β-ケトカルボン酸の脱炭酸(17・9A)
- β-ジカルボン酸の脱炭酸(17・9B)

18. カルボン酸誘導体
- 酸塩化物の加水分解(18・4A)
- 酸触媒によるエステルの加水分解(18・4C)
- 塩基性水溶液中でのエステルの加水分解(けん化)(18・4C)
- 酸性水溶液中におけるアミドの加水分解(18・4D)
- 塩基性水溶液中におけるアミドの加水分解(18・4D)
- 塩基性水溶液中でのシアノ基のアミドへの加水分解(18・4E)
- 塩化アセチルとアンモニアとの反応(18・6A)
- グリニャール反応剤とエステルの反応(18・9A)
- エステルの水素化アルミニウムリチウムによる還元(18・10A)
- アミドの水素化アルミニウムリチウムによる還元(18・10B)

19. エノラートアニオンとエナミン
- 塩基触媒によるアルドール反応(19・2A)
- 酸触媒によるアルドール反応(19・2A)
- 酸触媒によるアルドール生成物の脱水反応(19・2A)
- クライゼン縮合(19・3A)
- エナミンのアルキル化(19・5A)
- マイケル付加：エノラートアニオンの共役付加(19・8A)

20. ジエン，共役系，ペリ環状反応
- 共役ジエンへの1,2付加と1,4付加(20・2A)
- クライゼン転位(20・6A)
- コープ転位(20・6B)

21. ベンゼンと芳香族性の概念
- フェノールのコルベカルボキシル化反応(21・4E)

22. ベンゼンとベンゼン誘導体の反応
- 芳香族求電子置換反応：塩素化(22・1A)
- ニトロニウムイオンの生成(22・1B)
- フリーデル–クラフツアルキル化反応(22・1C)
- フリーデル–クラフツアシル化反応：アシリウムイオンの生成(22・1C)
- ベンザイン中間体を経る芳香族求核置換反応 (22・3A)
- 付加–脱離反応による芳香族求核置換反応(22・3B)

23. アミン
- ニトロシルカチオンの生成(23・8)
- 第二級アミンとニトロシルカチオンとの反応による N-ニトロソアミンの生成(23・8C)
- 第一級アミンと亜硝酸との反応(23・8D)
- ティフノー–デミヤノフ反応(23・8D)
- ホフマン脱離(23・9)
- コープ脱離(23・10)

24. 触媒を用いた炭素－炭素結合生成
- ヘック反応(24・3B)
- アリル位アルキル化の触媒サイクル(24・4A)
- クロスカップリング反応の触媒サイクル(24・5A)

26. 脂　質
- FADによる炭素－炭素単結合の二重結合への酸化 (26・2C)

27. アミノ酸とタンパク質
- 臭化シアンによるメチオニン部位でのペプチド切断 (27・4B)
- エドマン分解によるN末端アミノ酸の切断(27・4B)

29. 有機高分子化学
- 置換エチレンのラジカル重合(29・6A)
- チーグラー–ナッタ触媒を用いたエチレンの重合 (29・6B)
- チーグラー–ナッタ配位重合に利用される均一系触媒(29・6B)
- アルケンのアニオン重合における開始反応(29・6D)
- ブタジエンのアニオン重合における開始反応 (29・6D)
- HF/BF_3 によるアルケンのカチオン重合の開始反応 (29・6D)
- ルイス酸によるアルケンのカチオン重合の開始反応 (29・6D)

17章

カルボン酸

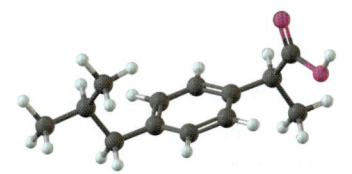
(S)-イブプロフェン

17・1 構　造
17・2 命 名 法
17・3 物理的性質
17・4 酸 性 度
17・5 カルボン酸の合成
17・6 還　元
17・7 エステル化
17・8 酸ハロゲン化物への変換
17・9 脱 炭 酸

　カルボニル基をもつ代表的な有機化合物として，アルデヒドやケトンのほかにカルボン酸がある．カルボン酸の最も重要な化学的特性は酸性を示すことである．また，カルボン酸からエステル，アミド，酸無水物，酸ハロゲン化物などのさまざまな誘導体が得られる．本章ではカルボン酸について，次の18章ではカルボン酸の誘導体について説明する．

17・1 構　造

　カルボン酸に含まれる官能基は**カルボキシ基**である（§1・3D参照）．次に，カルボキシ基のルイス構造式とカルボキシ基の3種類の表記法を示す．脂肪族カルボン酸は一般式でRCOOH，芳香族カルボン酸はArCOOHと表す．

カルボキシ基 carboxy group

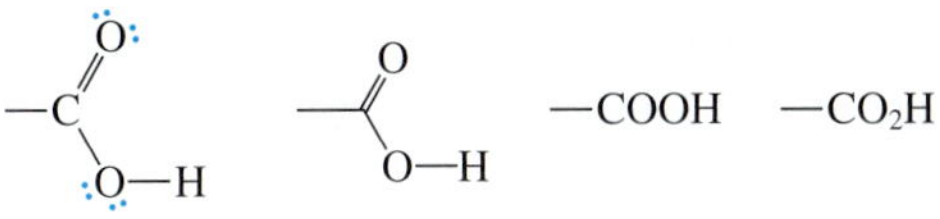

カルボキシ基のいろいろな表記法

17・2 命 名 法
A. IUPAC命名法

　カルボン酸のIUPAC名*は，カルボキシ基を含む最長の炭素鎖を主鎖として命名する．日本語名では，主鎖のアルカンの名称に酸をつけて命名し，英語名では，主鎖のアルカンの接尾辞 -e を -oic acid にする（§2・3C参照）．炭素鎖はカルボキシ基の炭素を1として順番に番号をつける．カルボキシ基の炭素を常に1とするため，それに番号をつける必要はない．一方，（　）内に示すギ酸，酢酸，イソ吉草酸などは慣用名であるが，IUPAC命名法でも使用が認められている．

* 訳注: 本書ではIUPAC命名法規則に従った体系的な名称をIUPAC名とよぶ．

HCOOH
メタン酸
methanoic acid
（ギ酸
formic acid）

CH₃COOH
エタン酸
ethanoic acid
（酢酸
acetic acid）

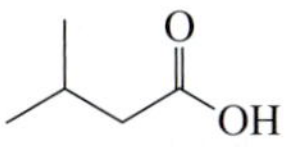

3-メチルブタン酸
3-methylbutanoic acid
（イソ吉草酸
isovaleric acid）

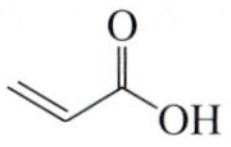

プロペン酸
propenoic acid
（アクリル酸
acrylic acid）

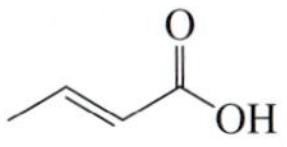

trans-2-ブテン酸
trans-2-butenoic acid
（クロトン酸
crotonic acid）

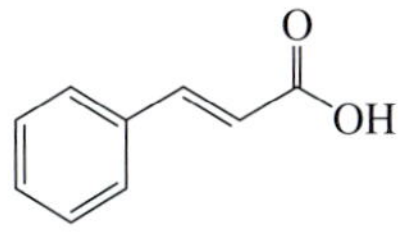

trans-3-フェニルプロペン酸
trans-3-phenylpropenoic acid
（ケイ皮酸 cinnamic acid）

　カルボン酸が炭素－炭素二重結合や三重結合をもっている場合も同様に主鎖のアルケンやアルキンの名称に酸をつける．さらに，多重結合の位置番号を数字で示す．

ギ(蟻)酸はアリにかまれたときに注入される毒の成分の一つである．ラテン語の属名が formica であるアリの乾留によって 1670 年に初めて得られた．

IUPAC 命名法ではカルボキシ基はヒドロキシ基やアミノ基，アルデヒドやケトンのカルボニル基など，ほとんどの官能基よりも優先順位が高い(表 16・1 参照)．次の例のように，カルボン酸分子に含まれるヒドロキシ基は ヒドロキシ(hydroxy-)，アミノ基は アミノ(amino-)，アルデヒドやケトンのカルボニル基は オキソ(oxo-)という接頭辞をつけて表す．

(R)-5-ヒドロキシヘキサン酸
(R)-5-hydroxyhexanoic acid

5-オキソヘキサン酸
5-oxohexanoic acid

4-アミノブタン酸
4-aminobutanoic acid

ジカルボン酸は両方のカルボニル基を含む炭素鎖の名称に二酸(-dioic acid)をつけて表す．カルボニル炭素の位置番号は示す必要がない．なぜなら，二つのカルボキシ基は常に主鎖の両端に存在するからである．重要な脂肪族ジカルボン酸の IUPAC 名と慣用名を次に示す．

エタン二酸
ethanedioic acid
(シュウ酸
oxalic acid)

プロパン二酸
propanedioic acid
(マロン酸
malonic acid)

ブタン二酸
butanedioic acid
(コハク酸
succinic acid)

ペンタン二酸
pentanedioic acid
(グルタル酸
glutaric acid)

ヘキサン二酸
hexanedioic acid
(アジピン酸
adipic acid)

シュウ酸(oxalic acid)の名前は，カタバミ属(*Oxalis*)の植物に存在していることに由来する．アジピン酸は，ナイロン 66 の合成に必要な二つのモノマーのうちの一つである(§ 29・5A 参照)．

シクロアルカンに結合したカルボキシ基をもつカルボン酸の名称は，シクロアルカンの名称の後にカルボン酸(-carboxylic acid)をつけたものである．カルボキシ基が結合した炭素から順番に環の原子に番号をつける．

2-シクロヘキセンカルボン酸
2-cyclohexenecarboxylic acid

trans-1,3-シクロペンタンジカルボン酸
trans-1,3-cyclopentanedicarboxylic acid

最も単純な芳香族カルボン酸は安息香酸である．その誘導体の命名では，カルボキシ基に対する置換基の位置を示すために番号を用いる．慣用名のほうがよく知られている芳香族カルボン酸もある．たとえば，2-ヒドロキシ安息香酸は，サリチル酸(salicylic acid)とよばれることのほうが多い．これは，サリチル酸がもともとヤナギ属(*Salix*)の

安息香酸
benzoic acid

2-ヒドロキシ安息香酸
2-hydroxybenzoic acid
(サリチル酸 salicylic acid)

1,2-ベンゼンジカルボン酸
1,2-benzenedicarboxylic acid
(フタル酸 phthalic acid)

1,4-ベンゼンジカルボン酸
1,4-benzenedicarboxylic acid
(テレフタル酸 terephthalic acid)

17・2 命　名　法　　531

表 17・1　脂肪族カルボン酸の慣用名と語源

構　造	IUPAC 名	慣　用　名	語　源
HCOOH	メタン酸	ギ　酸 formic acid	formica, ラテン語のアリ
CH₃COOH	エタン酸	酢　酸 acetic acid	acetum, ラテン語の酢
CH₃CH₂COOH	プロパン酸	プロピオン酸 propionic acid	propion, ギリシャ語の最初の脂肪
CH₃(CH₂)₂COOH	ブタン酸	酪　酸 butyric acid	butyrum, ラテン語のバター
CH₃(CH₂)₃COOH	ペンタン酸	吉草酸 valeric acid	valeriana, ラテン語の顕花植物
CH₃(CH₂)₄COOH	ヘキサン酸	カプロン酸 caproic acid	caper, ラテン語のヤギ
CH₃(CH₂)₆COOH	オクタン酸	カプリル酸 caprylic acid	caper, ラテン語のヤギ
CH₃(CH₂)₈COOH	デカン酸	カプリン酸 capric acid	caper, ラテン語のヤギ
CH₃(CH₂)₁₀COOH	ドデカン酸	ラウリン酸 lauric acid	laurus, ラテン語の月桂樹
CH₃(CH₂)₁₂COOH	テトラデカン酸	ミリスチン酸 myristic acid	myristikos, ギリシャ語の香り高い
CH₃(CH₂)₁₄COOH	ヘキサデカン酸	パルミチン酸 palmitic acid	palma, ラテン語のヤシ
CH₃(CH₂)₁₆COOH	オクタデカン酸	ステアリン酸 stearic acid	stear, ギリシャ語の固体の脂肪
CH₃(CH₂)₁₈COOH	エイコサン酸	アラキジン酸 arachidic acid	arachis, ギリシャ語のピーナッツ

樹皮から単離されたことに由来する．

芳香族ジカルボン酸はベンゼンに対してジカルボン酸 (dicarboxylic acid) をつけて命名する．1,2-ベンゼンジカルボン酸や 1,4-ベンゼンジカルボン酸はその例である．ただし，それぞれフタル酸やテレフタル酸という慣用名のほうがよく知られている．テレフタル酸はポリエチレンテレフタレート (PET) として知られるポリエステルの合成に必要な二つの成分のうちの一つである (§29・5B 参照)．

B. 慣　用　名

脂肪族カルボン酸の多くは有機化学が発展し，IUPAC 命名法が定められる以前から知られており，その起源や特徴的な性質にちなんで命名されていることが多い．表 17・1 に天然由来の直鎖状脂肪族カルボン酸の慣用名とその語源となったラテン語あるいはギリシャ語を示す．炭素を 16, 18, および 20 個もつ直鎖状脂肪族カルボン酸は脂肪や油脂 (§26・1 参照)，そして生物の細胞膜の構成成分であるリン脂質 (§26・5 参照) に特に豊富に存在している．

慣用名を用いる場合，置換基の位置を示すために $\alpha, \beta, \gamma, \delta$ などのギリシャ文字をつける．α 位はカルボキシ基の隣の位置である．つまり，慣用名で α 位の置換基は IUPAC 名では 2 番の置換基のことである．次に示す γ-アミノ酪酸 (GABA) はヒトの中枢神経系の抑制性神経伝達物質である．アラニンはタンパク質に由来する 20 のタンパク質構成アミノ酸のうちの一つである．

4-アミノブタン酸
4-aminobutanoic acid
(γ-アミノ酪酸
γ-aminobutyric acid)
略称 GABA

(S)-2-アミノプロパン酸
(S)-2-aminopropanoic acid
((S)-α-アミノプロピオン酸
(S)-α-aminopropionic acid)
通称 L-アラニン L-alanine

カルボン酸にケトンが置換基として存在している場合，IUPAC 命名法では接頭辞オキソ (oxo-) をつけるが，慣用名では β-ケト酪酸のようにケト (keto-) を接頭辞としてつける．β-ケト酪酸はアセト酢酸ともよばれる．この命名では，3-オキソブタン酸

をアセト基(CH₃CO−, アセチル基の慣用名)で置換された酢酸とみなしている.

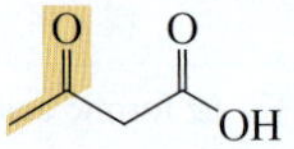

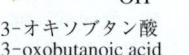

3-オキソブタン酸
3-oxobutanoic acid
(β-ケト酪酸 β-ketobutyric acid
アセト酢酸 acetoacetic acid)

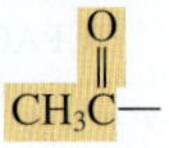

アセチル基
acetyl group
(アセト基)

例題 17・1

次のカルボン酸を立体化学がわかるように IUPAC の体系的な命名法に従って命名せよ.

(a)  [構造式] (b) 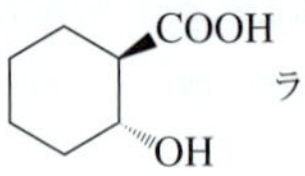 [構造式] ラセミ体

(c) 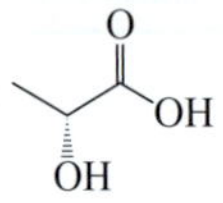 [構造式] (d) 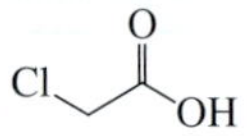 [構造式]

解答 (a) (Z)-9-オクタデセン酸(オレイン酸)
(b) *trans*-2-ヒドロキシシクロヘキサンカルボン酸
(c) (R)-2-ヒドロキシプロパン酸〔(R)-乳酸〕
(d) クロロ酢酸

問題 17・1 次のカルボン酸は慣用名がよく知られている. グリセリン酸の誘導体は解糖系の中間体にみられる. マレイン酸はトリカルボン酸回路(TCA 回路)の中間体である. メバロン酸はステロイドの生合成の中間体である. それぞれのカルボン酸を立体化学がわかるように IUPAC の体系的な命名法に従って命名せよ.

(a) 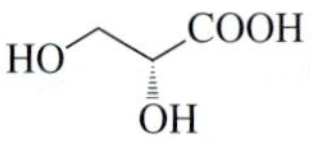 [構造式] (b) [構造式] (c) [構造式]

グリセリン酸
glyceric acid

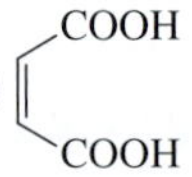

マレイン酸
maleic acid

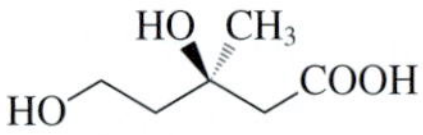

メバロン酸
mevalonic acid

解糖(系) glycolysis

トリカルボン酸回路 tricarboxylic acid cycle TCA 回路, クエン酸回路ともいう.

17・3 物理的性質

カルボン酸は液体および固体状態では, 水素結合によって会合し二量体として存在している. 酢酸が液体状態で二量体となっている様子を次に示す.

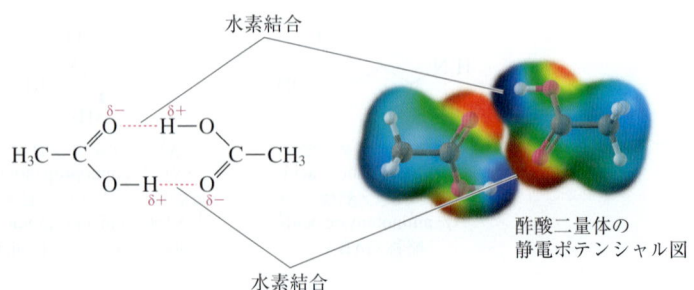

酢酸二量体の
静電ポテンシャル図

カルボン酸は同程度の分子量をもつアルコール, アルデヒド, ケトンなど他の有機化合物に比べて, かなり高い沸点をもっている(表 17・2). たとえば, ブタン酸は 1-ペ

表 17・2　同程度の分子量をもつカルボン酸，アルコール，アルデヒドの沸点と水への溶解度

構造	名称	分子量	沸点(℃)	溶解度(g/100 g H$_2$O)
CH$_3$COOH	酢酸	60.1	118	際限なく溶ける
CH$_3$CH$_2$CH$_2$OH	1-プロパノール	60.1	97	際限なく溶ける
CH$_3$CH$_2$CHO	プロパナール	58.1	48	16.0
CH$_3$(CH$_2$)$_2$COOH	ブタン酸	88.1	163	際限なく溶ける
CH$_3$(CH$_2$)$_3$CH$_2$OH	1-ペンタノール	88.1	137	2.3
CH$_3$(CH$_2$)$_3$CHO	ペンタナール	86.1	103	わずかに溶ける
CH$_3$(CH$_2$)$_4$COOH	ヘキサン酸	116.2	205	1.0
CH$_3$(CH$_2$)$_5$CH$_2$OH	1-ヘプタノール	116.2	176	0.2
CH$_3$(CH$_2$)$_5$CHO	ヘプタナール	114.1	153	0.1

身のまわりの化学　ヤナギの樹皮からアスピリンへ，そしてその先へ

　アスピリン(aspirin)は広く使われた最初の医薬品であり，現在でも最も一般的な鎮痛薬である．米国だけでも 1 年間におよそ 800 億錠ものアスピリンが使用されている．アスピリンの開発は 2000 年以上も前に始まった．紀元前 400 年頃，ギリシャの哲学者ヒポクラテスは目の感染症を治療したり，分娩痛を和らげたりするのにヤナギの樹皮をかむことを推奨した．

　ヤナギの樹皮の有効成分はサリシンである．これはサリチルアルコールが β-D-グルコースに結合したものである(§25・1 参照)．サリシンを酸の水溶液で加水分解するとサリチルアルコールが得られ，これは酸化されるとサリチル酸となる．サリチル酸はサリシンのようなひどい苦みもなく，しかもより有効な鎮痛薬，解熱薬，抗炎症薬であることが明らかになった．しかし，残念ながらサリチル酸は胃の粘膜にひどい炎症を起こしてしまう．

　ドイツの研究者は，炎症を起こしにくく，かつ薬として有効なサリチル酸誘導体の探索研究を行い，1883 年にアセチルサリチル酸を合成し，アスピリンと命名した．

　アスピリンはサリチル酸よりも胃の炎症を起こしにくく，また関節リウマチの痛みと炎症を緩和するのにより効果的であった．しかし，アスピリンは依然として胃に対して炎症を起こし，敏感な人が，頻繁に服用した場合は，十二指腸潰瘍を起こすことがある．

　1960 年代，英国の研究者はさらに効果が強く炎症性の少ない鎮痛薬，抗炎症薬を探して，構造的にサリチル酸に関連した化合物をいくつか合成した．そのなかから，より強力な化合物が見つかり，イブプロフェン(ibuprofen)と名づけられた．その後すぐに，米国でナプロキセン(naproxen)が開発された．どちらの化合物もキラル中心を一つもっており，エナンチオマーが存在する．どちらも生理活性をもつのは S 体のエナンチオマーである．

　1960 年代に，アラキドン酸をプロスタグランジン(§26・3 参照)に変換する際の鍵となる酵素であるシクロオキシゲナーゼ(COX)をアスピリンが阻害することが発見された．この発見によって，なぜイブプロフェンとナプロキセンの一方のエナンチオマーのみが効き目をもつのかが明らかになった．つまり，S 体のエナンチオマーだけが COX に結合し，その働きを阻害するのである．

　最近，実際にはシクロオキシゲナーゼには 2 種類あることがわかった．一つは炎症に関係した経路にかかわるものであり，もう一つは血管の安定性に影響するものである．アスピリンとその他の非ステロイド系抗炎症薬(NSAID)はこれらの両方の酵素を阻害する．これらの薬が腸管出血を起こしうるのはこのためである．炎症に関する酵素だけを阻害する新しい抗炎症薬(セレコキシブなど)は胃腸に対する副作用がなく，しかも関節炎などの炎症を抑えるのにきわめて効果的である．しかし，セレコキシブは心臓発作や脳卒中の危険性を増加させることが知られている．

534   17. カルボン酸

ンタノールやペンタナールよりもそれぞれ 26 ℃, 60 ℃ も沸点が高い. カルボン酸の沸点が高いのは, 大きい極性と非常に強い分子間水素結合が原因である.

カルボン酸はヒドロキシ基とカルボニル基の両方で水分子と水素結合を形成する. 水素結合がより強いので, カルボン酸は同程度の分子量をもつアルコール, エーテル, アルデヒド, ケトンよりも水に溶けやすい. カルボン酸の水に対する溶解性は分子量が増加するにつれて減少する. この傾向は次のように考えると理解できる. カルボン酸は, ギ酸を例外として, 極性の大きい**親水性**のカルボキシ基と極性のない**疎水性**の炭化水素鎖という明らかに異なる極性をもつ二つの部分からなる. 親水性のカルボキシ基は水溶性を増大させ, 疎水性の炭化水素鎖は水溶性を減少させる.

ギ酸, 酢酸, プロパン酸, ブタン酸は水に際限なく溶ける. 炭化水素鎖の疎水的な性質はカルボキシ基の親水性によって十分打消されるからである. 親水性のカルボキシ基に対する炭化水素鎖の相対的な大きさが大きくなると, 水への溶解度は低下する. たとえば, ヘキサン酸の溶解度は 100 g の水に対して 1.0 g であり, デカン酸では 100 g の水に対してわずかに 0.2 g となる.

親水性の hydrophilic　ギリシャ語の"水を好む"に由来する.

疎水性の hydrophobic　ギリシャ語の"水を恐れる"に由来する.

デカン酸の静電ポテンシャル図

カルボン酸の別の物理的性質についても説明しておこう. プロパン酸からデカン酸までの液体のカルボン酸は, においの質は違っているがチオールと同程度の不快なにおいをもつ. ブタン酸は汗に含まれる成分であり, "更衣室のにおい"の主成分であり, 吐いた牛乳に特徴的なにおいのもとでもある. ペンタン酸はさらにひどいにおいをもつ. ヤギは炭素数 6, 8 および 10 のカルボン酸を分泌するが, これらも悪臭で有名である.

17・4 酸 性 度

A. 酸解離定数

カルボン酸は弱酸である. ほとんどの無置換の脂肪族カルボン酸と芳香族カルボン酸の K_a の値は 10^{-4} から 10^{-5} の間に入る. たとえば, 酢酸の K_a は 1.74×10^{-5} であり, pK_a にすると 4.76 となる.

$$CH_3COOH + H_2O \rightleftharpoons CH_3COO^- + H_3O^+$$

$$K_a = \frac{[CH_3COO^-][H_3O^+]}{[CH_3COOH]} = 1.74 \times 10^{-5}$$

$$pK_a = 4.76$$

§4・6C, D で述べたように, アルコール (pK_a 15〜18) と比べてカルボン酸 (pK_a 4〜5) の酸性度が高いのは共鳴によってカルボキシラートアニオンの負電荷が非局在化することと, カルボニル基の電子求引性の誘起効果のためである. アルコキシドアニオンの場合には, 同じような共鳴および誘起効果による安定化が起こらない.

§4・6D で述べたように, α 炭素上に炭素よりも電気陰性度が大きい原子や原子団を置換基として導入すると, 誘起効果によってカルボン酸の酸性度が高くなる. たとえ

ば，酢酸(pK_a 4.76)とクロロ酢酸(pK_a 2.86)を比べてほしい．また，クロロ酢酸，ジクロロ酢酸，トリクロロ酢酸のpK_aを比較すれば，ハロゲン原子を導入する効果がよくわかるだろう．塩素を一つ導入することにより酸の強さは100倍近くになる．トリクロロ酢酸は三つのなかで最も強い酸であり，リン酸より強い酸である．

構造式	CH_3COOH	$ClCH_2COOH$	$Cl_2CHCOOH$	Cl_3CCOOH
名　称	酢　酸	クロロ酢酸	ジクロロ酢酸	トリクロロ酢酸
pK_a	4.76	2.86	1.48	0.70

酸性度増大 →

上の表に示す置換カルボン酸の酸性度の傾向は生成する共役塩基であるアニオンの安定性を考えると理解できる．電気陰性な塩素原子の電子求引性のためσ結合を介して電子を求引することにより隣の原子のアニオンが安定化される．この誘起効果の強さは存在する塩素原子の数に比例するので，このなかでトリクロロ酢酸が最も強い酸であることが説明できる．

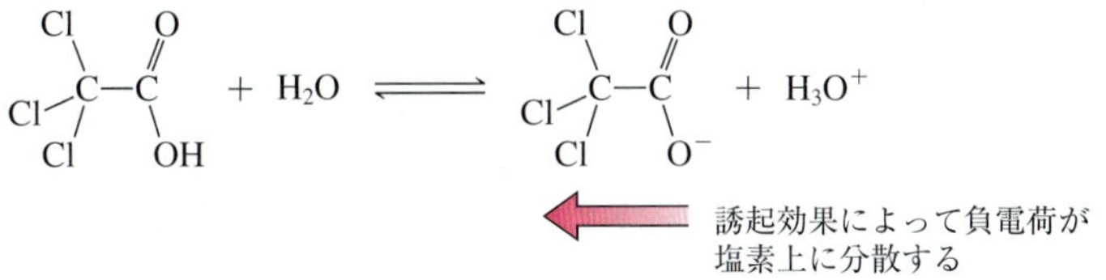

誘起効果によって負電荷が塩素上に分散する

誘起効果は，安息香酸と酢酸の酸性度を比較するときにも現れる．メチル基のsp^{3}炭素に比べて，ベンゼン環のsp^{2}炭素のほうが電子求引性の誘起効果が強いので，安息香酸は酢酸より強い酸である(安息香酸のK_aは酢酸の約4倍である)．

安息香酸
pK_a 4.19

酢　酸
pK_a 4.76

例題 17・2

次の組合わせでどちらがより強い酸であるか答えよ．

(a) 安息香酸　　4-ニトロ安息香酸

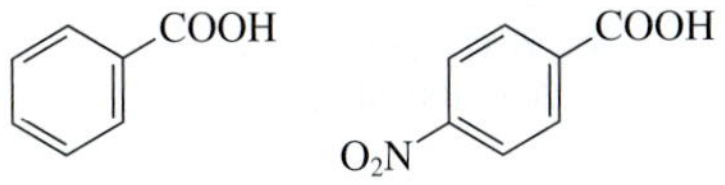

(b) 2-ヒドロキシプロパン酸(乳酸)　　プロパン酸

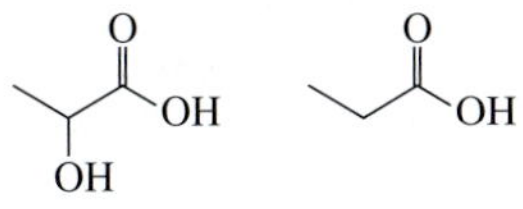

解答 (a) 4-ニトロ安息香酸(pK_a 3.42)は，ニトロ基の電子求引性の誘起効果のために安息香酸(pK_a 4.19)よりかなり酸性が強い．この誘起効果により，4-ニトロ安息香酸の共役塩基であるアニオンは安息香酸より安定化されるので，安息香酸よりも大きな酸性度をもつ．
(b) 2-ヒドロキシプロパン酸(pK_a 3.08)は隣接するヒドロキシ基の電子求引性の誘起効果のためにプロパン酸(pK_a 4.87)よりも酸性が強い．この効果により，2-ヒドロキシプロパン酸の共役塩基であるアニオンが安定化される．

問題 17・2 次の組合わせでどちらがより強い酸であるか答えよ．

(a) CH₃COOH　　CH₃SO₃H
　　酢酸　　　　メタンスルホン酸

(b) 2-オキソプロパン酸（ピルビン酸）　　プロパン酸

カルボン酸を水に溶解させたときの構造は溶液の pH に依存する．典型的なカルボン酸（pK_a 4.0～5.0）について考えてみよう．溶液の pH が pK_a に等しくなるとき，つまり溶液の pH が 4.0～5.0 であるとき，カルボン酸とそのアニオン（カルボン酸の共役塩基）が同じ濃度で共存している．強酸を加えて溶液の pH を 2.0 以下にすれば，カルボン酸はほぼ完全に RCOOH の形で存在する．一方，溶液の pH を 7.0 以上にすれば，カルボン酸はほぼ完全にアニオンの形で存在する．中性（pH 7.0）でも，アニオンの形が優先して存在している．

$$R-\underset{\underset{O}{\|}}{C}-OH \underset{H^+}{\overset{OH^-}{\rightleftharpoons}} R-\underset{\underset{O}{\|}}{C}-OH + R-\underset{\underset{O}{\|}}{C}-O^- \underset{H^+}{\overset{OH^-}{\rightleftharpoons}} R-\underset{\underset{O}{\|}}{C}-O^-$$

pH＜2.0 のときに　　　　pH＝pK_a のときに　　　　pH＞7.0 のときに
おもに存在する形　　　　同じ濃度で存在　　　　　　おもに存在する形

カルボキシラートアニオンは負電荷をもつ．このため，生体内では多数のカルボキシラートアニオンをもつ分子は負に荷電している．また，カルボキシラートアニオンの親水的な性質のために，カルボキシラートアニオンを多数もつ分子は水溶性が高い．

B. 塩基との反応

すべてのカルボン酸は，水への溶解性の有無にかかわらず，NaOH や KOH などの強塩基と反応し，水溶性の塩をつくる．

C₆H₅-COOH ＋ NaOH $\xrightarrow{H_2O}$ C₆H₅-COO⁻ Na⁺ ＋ H₂O
安息香酸　　　　　　　　　　　　　　安息香酸ナトリウム
（わずかに水に溶ける）　　　　　　　（60 g/100 mL 水）

また，カルボン酸はアンモニアやアミンとも水溶性の塩を形成する．

C₆H₅-COOH ＋ NH₃ $\xrightarrow{H_2O}$ C₆H₅-COO⁻ NH₄⁺
安息香酸　　　　　　　　　　　　　安息香酸アンモニウム
（わずかに水に溶ける）　　　　　　（20 g/100 mL 水）

カルボン酸は炭酸水素ナトリウムや炭酸ナトリウムと反応し，水溶性のナトリウム塩とより弱酸である炭酸を生成する．炭酸は分解し，水と気体である二酸化炭素になる．

$$\begin{aligned}
CH_3COOH + NaHCO_3 &\longrightarrow CH_3COO^-Na^+ + H_2CO_3 \\
H_2CO_3 &\longrightarrow CO_2 + H_2O \\
\hline
CH_3COOH + NaHCO_3 &\longrightarrow CH_3COO^-Na^+ + CO_2 + H_2O
\end{aligned}$$

カルボン酸の塩は無機酸の塩と同様に命名する．すなわちカルボン酸の名称の後に，カチオンの名称を続ければよい．英語名の場合には，カチオンの名称をアニオンの名称の前につける．アニオンの名称はカルボン酸の接尾辞 -ic acid を -ate に変えて表す．

例題 17・3

次の酸-塩基反応を完成させ，生成するカルボン酸塩を命名せよ．

(a) CH₃CH₂CH₂COOH + NaOH ⟶

(b) CH₃CH(OH)COOH + NaHCO₃ ⟶
  (S)-乳酸

解答 反応により，それぞれのカルボン酸はナトリウム塩となる．(b)では炭酸が生成し，二酸化炭素と水に分解する．

(a) CH₃CH₂CH₂COOH + NaOH ⟶ CH₃CH₂CH₂COO⁻Na⁺ + H₂O
  ブタン酸   ブタン酸ナトリウム

(b) CH₃CH(OH)COOH + NaHCO₃ ⟶ CH₃CH(OH)COO⁻Na⁺ + H₂O + CO₂
  (S)-乳酸   (S)-乳酸ナトリウム

問題 17・3 例題 17・3 で塩基としてアンモニアを用いた場合の反応式を書き，生成するカルボン酸塩を命名せよ．

カルボン酸塩は水溶性であるため，水に溶けないカルボン酸であっても，アンモニウム塩やアルカリ金属塩になると水溶液中に抽出することができる．その後，それらの塩は HCl，H₂SO₄ などの強酸を加えて酸性にすると，カルボン酸に戻る．これを利用すれば，非水溶性の有機化合物からカルボン酸だけを簡単に分離することができる．

図 17・1 に非酸性の物質であるベンジルアルコールから水に溶けないカルボン酸である安息香酸を分離するフローチャートを示す．まず，安息香酸とベンジルアルコールの混合物をジエチルエーテルに溶かす．次に，エーテル溶液に NaOH や他の強塩基の水溶液を加え，混合する．その後，エーテル層と水層を分離する．エーテル層を蒸留すると，まずエーテルが留出し(沸点 35 °C)，次にベンジルアルコール(沸点 205 °C)が得

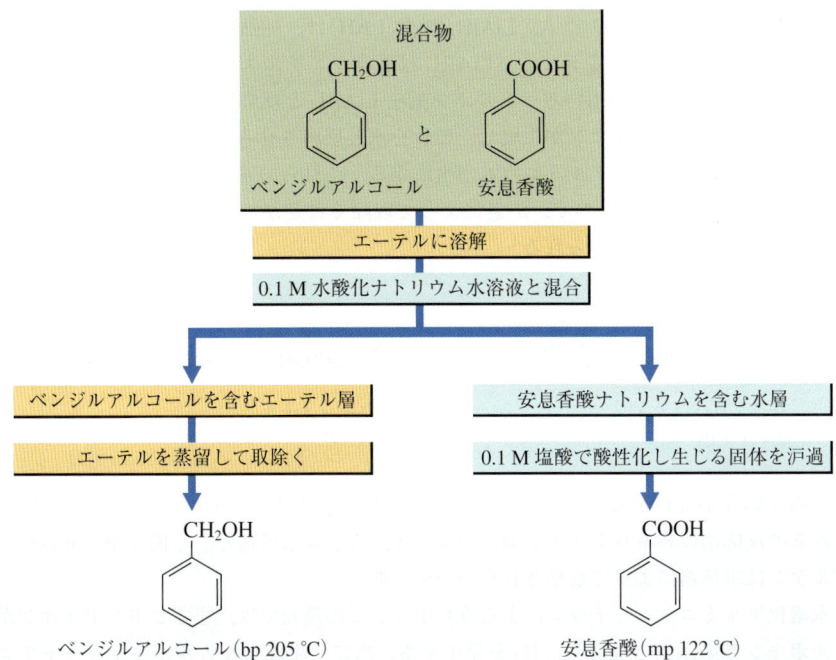

図 17・1 ベンジルアルコールと安息香酸を分離する操作の手順

られる．一方，水層を HCl で酸性にすると，安息香酸(融点 122 ℃)が結晶性の固体として沈殿し，濾過すると安息香酸が単離できる．

17・5 カルボン酸の合成

第一級アルコール(§10・8 参照)やアルデヒド(§16・10A 参照)の酸化によってカルボン酸が合成できることはすでに述べた．ここでは，グリニャール反応剤を用いるカルボン酸の合成について説明する．

グリニャール反応剤に二酸化炭素を反応させると，カルボン酸のマグネシウム塩を生成し，酸で加水分解するとカルボン酸が得られる．このように，グリニャール反応剤のカルボキシル化はハロゲン化アルキルやハロゲン化アリールをカルボン酸に変換する便利な方法となっている．

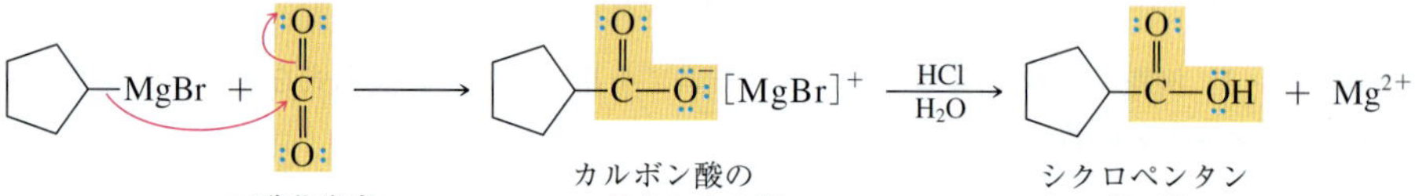

17・6 還 元

カルボキシ基は最も還元されにくい官能基の一つである．触媒的水素化によりアルデヒドやケトンが容易にアルコールに還元され，またアルケンやアルキンがアルカンに還元されるが，カルボン酸を触媒的に水素化しようとしても反応しない．カルボン酸を第一級アルコールに還元するには非常に強力な金属ヒドリド還元剤である水素化アルミニウムリチウムを一般に用いる(§16・11A 参照)．

A. 水素化アルミニウムリチウム

水素化アルミニウムリチウム，$LiAlH_4$(略称 LAH)は，加熱条件下カルボン酸を第一級アルコールに収率よく還元する．$LiAlH_4$ は通常ジエチルエーテルかテトラヒドロフラン(THF)に溶解させて用いる．カルボン酸を $LiAlH_4$ と反応させると，まずテトラアルコキシアルミナートイオンが生成し，これを水と反応させると，第一級アルコールと水酸化リチウムと水酸化アルミニウムが生成する．これらの水酸化物はジエチルエーテルや THF には溶解しないので，濾過によって取除くことができる．溶媒を蒸発させると，第一級アルコールが得られる．

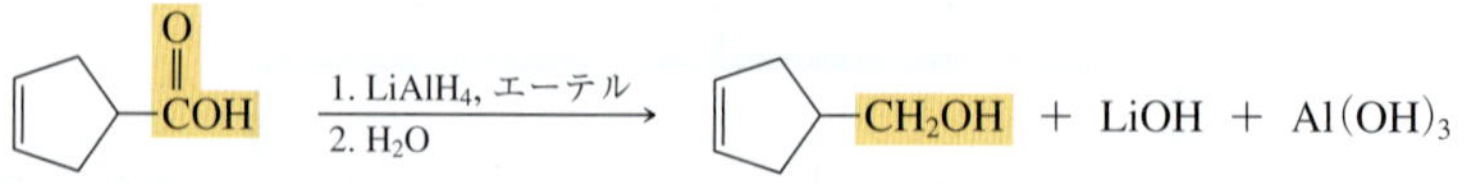

上の反応式からわかるように，金属ヒドリド還元剤は通常アルケンとは反応しない．これらの反応剤はヒドリドイオン H^- の供与体，つまり求核剤として働くが，非極性のアルケンは求核剤によって攻撃されないためである．

水素化アルミニウムリチウムによるカルボキシ基の還元では，まずヒドリドイオンがカルボキシ基の水素と反応し，H_2 を発生する．次に，生成したカルボキシラートアニ

17・6 還　元　539

オンにおいて，ヒドリドイオンがカルボニル炭素を攻撃する．ここでは，Li⁺ およびアルミニウム錯体がルイス酸としてカルボニル酸素に作用し付加反応を促進している．ヒドリドイオンの付加後，酸素原子がアルミニウム酸化物の形で脱離し，アルデヒド中間体を生成する．このアルデヒドは反応条件下で，すぐに求核的なヒドリドと反応してテトラアルコキシアルミナートイオンを生成し，これを加水分解すると最終生成物であるアルコールが得られる（§16・11A 参照）．カルボン酸と LiAlH₄ が反応してテトラアルコキシアルミナートイオンが生成し，加水分解される反応式を次に示す．

$$4\ \text{RCOH} + 3\ \text{LiAlH}_4 \longrightarrow [4\ \text{RCH=O}] \longrightarrow [(\text{RCH}_2\text{O})_4\text{Al}]\text{Li} + 2\ \text{LiAlO}_2 + 4\ \text{H}_2$$

$$\downarrow 4\ \text{H}_2\text{O}$$

$$4\ \text{RCH}_2\text{OH} + \text{LiOH} + \text{Al(OH)}_3$$

カルボキシ基の還元では，生成物のメチレン基の二つの水素が LiAlH₄ から供与される．一方，ヒドロキシ基の水素は水や酸から後処理のときに供与される．水素化アルミニウムリチウムによるカルボン酸誘導体の還元の機構については §18・10 で説明する．

身のまわりの化学　　酢酸の工業的製法：遷移金属触媒

米国での酢酸の年間生産量はおよそ 10⁷ kg であり，これは米国の化学工業が生産する有機化合物のなかでも第 1 位の量である．酢酸の最初の工業的合成は 1916 年にカナダとドイツで商業化された．この方法はアセチレンを原料に用いるもので，1) アセチレンのアセトアルデヒドへの水和，2) 酢酸コバルト(III) 触媒による分子状酸素を用いたアセトアルデヒドの酢酸への酸化，という 2 段階のプロセスであった．

$$\text{HC}\equiv\text{CH} + \text{H}_2\text{O} \xrightarrow[\text{HgSO}_4]{\text{H}_2\text{SO}_4} \begin{bmatrix} \text{CH}_2=\text{CH} \\ | \\ \text{OH} \end{bmatrix} \longrightarrow$$

アセチレン　　　　　アセトアルデヒドのエノール

$$\text{CH}_3\text{CH=O} \xrightarrow[\text{Co}^{3+}]{\text{O}_2} \text{CH}_3\text{COH=O}$$

アセトアルデヒド　　　　酢酸

アセチレンから酢酸を合成する技術は簡単で，しかも収率は高い．このため，50 年以上にわたってこの方法は酢酸合成の主要な経路となった．アセチレンは炭化カルシウム（カルシウムカーバイド）と水の反応により製造されていた．炭化カルシウムは，酸化カルシウム（石灰石つまり炭酸カルシウムから製造）とコークス（石炭から製造）を電気炉で 2000～2500 ℃ に加熱して製造されていた．

$$\text{CaO} + 2\ \text{C} \xrightarrow{2500\ ℃} \text{CaC}_2 \xrightarrow{2\ \text{H}_2\text{O}} \text{HC}\equiv\text{CH} + \text{Ca(OH)}_2$$

酸化カルシウム　　　　炭化カルシウム　　　アセチレン

炭化カルシウムを用いるアセチレンの製法には莫大なエネルギーが必要である．エネルギーにかかる経費が増大してくると，アセチレンは酢酸合成の経済的な原料ではなくなってしまった．

そこで，アセチレンに代わる原料として，天然ガスや石油を精製する際に，大量に得られるエチレンが注目された．エチレンから酢酸を製造するプロセスは 1894 年から既知であった事実に基づいている．それは，触媒量の Pd²⁺ と Cu²⁺ の存在下で，エチレンは分子状酸素によってアセトアルデヒドに酸化されるというものである．

アセトアルデヒドを製造するのにエチレンの酸化反応を用いる最初の化学プラントは，1959 年に Wacker 社によってドイツに建設された．このため，このプロセス自体が**ワッカー法**（Wacker process）として知られるようになった．

$$2\ \text{CH}_2=\text{CH}_2 + \text{O}_2 \xrightarrow[\text{（ワッカー法）}]{\text{Pd}^{2+},\ \text{Cu}^{2+}} 2\ \text{CH}_3\text{CH=O}$$

酢酸合成の別の方法として，容易に得られる原料である一酸化炭素が注目された．メタノールのカルボニル化は発熱過程である．鍵はこの反応を可能にする触媒を見つけることであった．

1973 年米国の Monsanto 社は，少量の可溶性のロジウム(III) 塩，ヨウ化水素，水の共存下，メタノールをカルボニル化するプロセスを開発した．

$$\text{CH}_3\text{OH} + \text{CO} \xrightarrow[\text{HI, H}_2\text{O}]{\text{Rh(CO)}_2\text{I}_2^-} \text{CH}_3\text{COH=O}$$

$$\Delta H° = -138\ \text{kJ mol}^{-1}\ (33\ \text{kcal mol}^{-1})$$

B. 他の官能基の選択的還元

触媒的水素化反応ではアルデヒドやケトン，アルケンやアルキンは還元される．一方，カルボキシ基は触媒的水素化の反応条件で反応しないので，カルボキシ基が存在していても，上記の官能基だけを選択的にアルコールやアルカンに還元することができる．

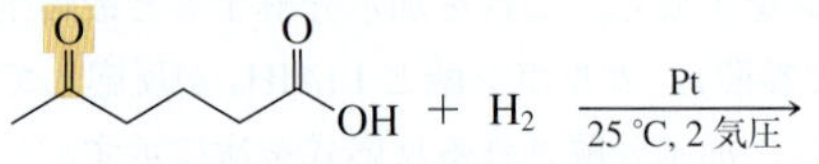

$$\text{5-オキソヘキサン酸} + H_2 \xrightarrow[25\,°C,\,2\,気圧]{Pt} \text{5-ヒドロキシヘキサン酸}$$

§16・11A で LiAlH$_4$ や NaBH$_4$ がアルデヒドやケトンをアルコールに還元することを説明した．しかし，カルボキシ基を還元できるのは LiAlH$_4$ だけである．よって，より反応性の低い NaBH$_4$ を還元剤として用いればカルボキシ基が存在していても，アルデヒドやケトンのカルボニル基だけを選択的に還元することができる．例として，ケトカルボン酸をヒドロキシカルボン酸に選択的に還元する反応を次に示す．

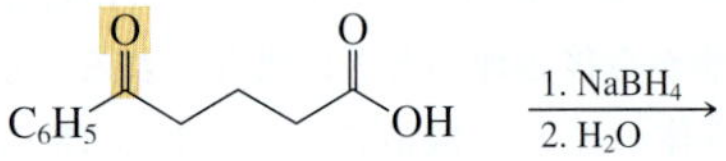

$$\text{5-オキソ-5-フェニルペンタン酸} \xrightarrow[2.\ H_2O]{1.\ NaBH_4} \text{5-ヒドロキシ-5-フェニルペンタン酸}$$

17・7 エステル化

A. フィッシャーエステル化

エステルは，酸触媒の存在下でカルボン酸をアルコールと反応させて合成できる．触媒としては，H$_2$SO$_4$，ArSO$_3$H，あるいは気体の HCl が一般に用いられる．カルボン酸とアルコールからエステルを合成する反応は，ドイツの化学者 Emil Fischer にちなんで**フィッシャーエステル化**とよばれている．一例として，濃硫酸の存在下で酢酸とエタノールから酢酸エチルと水が生成する反応を次に示す．

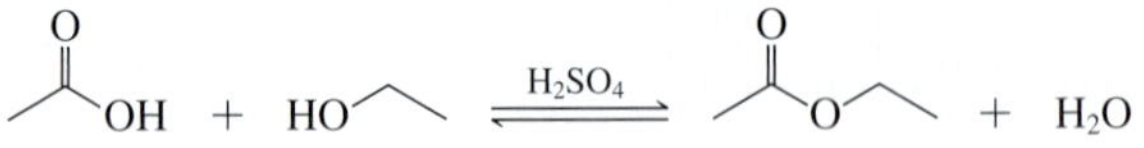

$$\text{エタン酸（酢酸）} + \text{エタノール（エチルアルコール）} \xrightleftharpoons{H_2SO_4} \text{エタン酸エチル（酢酸エチル）} + H_2O$$

酸触媒によるエステルの生成は可逆反応であり，平衡状態に達したときには，通常かなりの量のカルボン酸とアルコールが残っている．たとえば，60.1 g (1.00 mol) の酢酸と 60.1 g (1.00 mol) の 1-プロパノールに数滴の濃硫酸を加え，平衡に達するまで加熱したときに，反応混合物中には 0.67 mol の酢酸プロピルと 0.67 mol の水，そして 0.33 mol の酢酸と 0.33 mol の 1-プロパノールが存在する．このように，平衡状態ではカルボン酸の約 67％が目的のエステルへ変換される．フィッシャーエステル化の反応機構には，次の章で焦点を当てる求核的アシル置換反応が含まれる．よって，この反応の反応機構も 18 章で詳しく説明する．

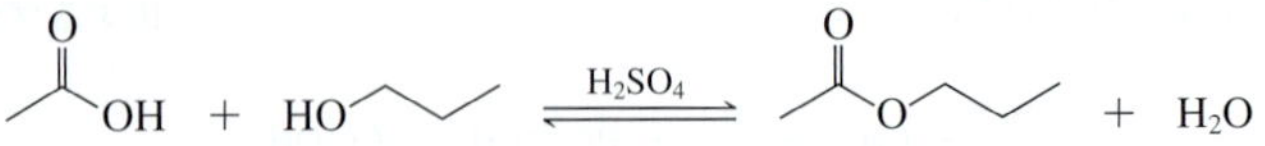

	酢酸	1-プロパノール	酢酸プロピル	H$_2$O
反応前	1.00 mol	1.00 mol	0.00 mol	0.00 mol
平衡時	0.33 mol	0.33 mol	0.67 mol	0.67 mol

> **フィッシャーエステル化** Fischer esterification　カルボン酸とアルコールを H$_2$SO$_4$，ArSO$_3$H，HCl などの酸触媒の存在下で加熱還流してエステルを合成する方法．

身のまわりの化学　ピレトリン：エステルをもつ植物由来の天然の殺虫剤

ピレトリンはキク属(*Chrysanthemum*)の植物，特に除虫菊 *C. cinerariaefolium* の頭状花の粉末から得られる天然の殺虫剤である．除虫菊の有効成分，特にピレトリン I および II は，昆虫や変温動物に対する接触毒となる．殺虫剤に用いられる除虫菊粉末中のピレトリン I および II の濃度では，植物や高等動物に対して毒性がないので，除虫菊粉末は，家庭用スプレー，家畜用スプレーや食用植物の粉末農薬に幅広く用いられている．ピレトリン I および II はいずれも菊酸のエステルである．

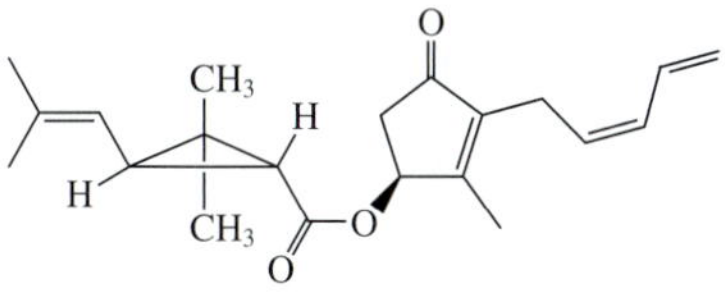

除虫菊粉末は有効な殺虫剤であるが，その有効成分は環境中では速やかに分解されてしまう．これらの天然の殺虫剤と同様に有効で，かつ高い生物学的安定性をもつ合成化合物を開発する目的で，菊酸の構造に類似した多数のエステルが合成された．合成されたピレスロイド系化合物のなかで，現在家庭用品や農作物に一般的に使用されているものには次のようなものがある．

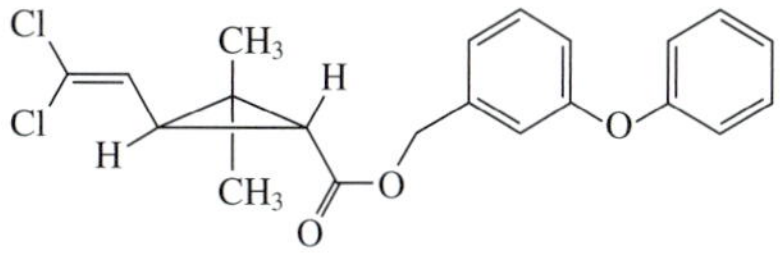

ピレトリン I pyrethrin I

ペルメトリン permethrin

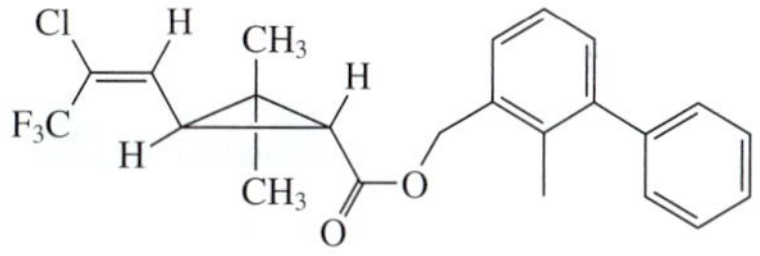

ビフェントリン bifenthrin

反応条件を制御すれば，フィッシャーエステル化によって高収率でエステルを合成することができる．カルボン酸に比べてアルコールが安価である場合には，アルコールを大過剰に用いれば，平衡が右に進み，カルボン酸のカルボン酸エステルへの変換効率を高めることができる．水を共沸混合物として取除くためのディーン-スターク装置を用いてもよい(図 16・1 参照)．

例題 17・4

次のフィッシャーエステル化の反応式を完成させよ．

(a) PhCOOH + MeOH ⇌ (H⁺) 　(過剰)

(b) HOOC-CH₂CH₂-COOH + EtOH ⇌ (H⁺) 　(過剰)

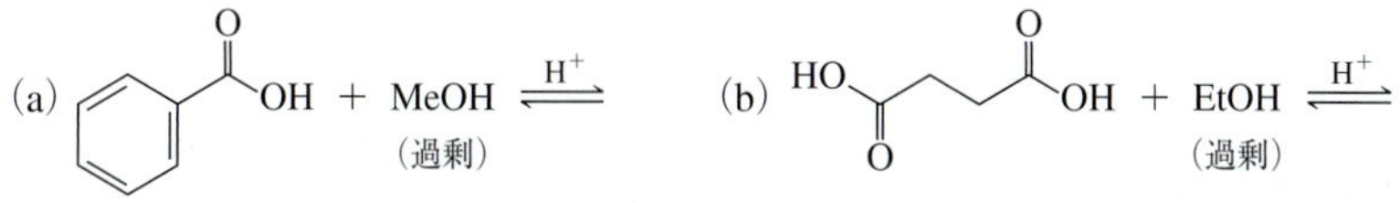

解答　それぞれの反応で生成するエステルの構造式を示す．

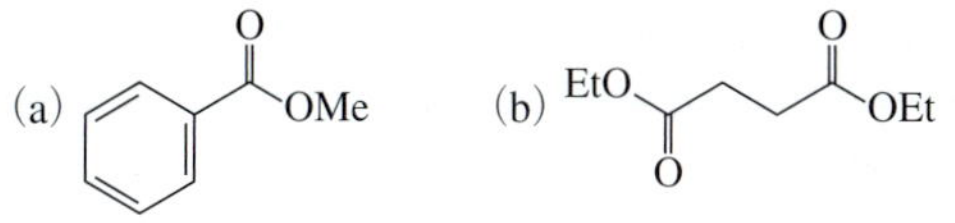

(a) PhCOOMe

(b) EtO-CO-CH₂CH₂-CO-OEt

問題 17・4　次のフィッシャーエステル化の反応式を完成させよ．

(a) (CH₃)₂CHCOOH + HO-cyclohexyl ⇌ (H⁺)

(b) HO-CH₂CH₂CH₂-COOH ⇌ (H⁺)　(環状エステル)

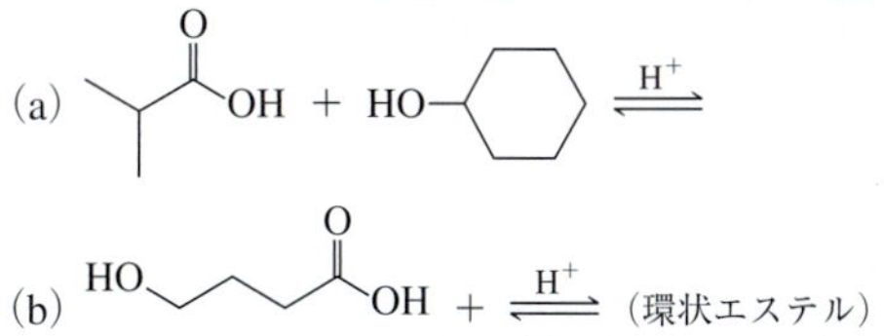

B．ジアゾメタンによるメチルエステルの生成

カルボン酸をジアゾメタンと反応させると，穏和な条件でも非常に高い収率でメチルエステルが得られる．この反応は，通常エーテル中で行われる．

$$\text{RCOH} + \text{CH}_2\text{N}_2 \xrightarrow{\text{エーテル}} \text{RCOCH}_3 + \text{N}_2$$

ジアゾメタン　　　　　　　　　　メチルエステル

ジアゾメタンは爆発の可能性があり，毒性のある黄色の気体である．ジアゾメタンは二つの共鳴構造の混成体として表される．ジアゾメタンは危険なので，他のメチルエステル化の方法が使えないときにだけ，万全の注意を払い，しかも小スケールで反応させる．

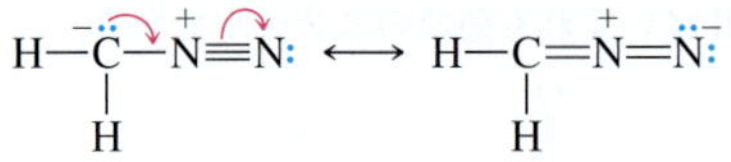

$$H_2C=N^+=N^- \longleftrightarrow H_2C^--N^+\equiv N$$

ジアゾメタン
（二つの主要な共鳴構造）

反応機構　ジアゾメタンによるメチルエステル化

カルボン酸とジアゾメタンの反応は，2 段階で進行する．

段階 1：プロトンの脱離．カルボキシ基からジアゾメタンへ H$^+$ が移動し，カルボキシラートアニオンとメチルジアゾニウムカチオンが生成する．

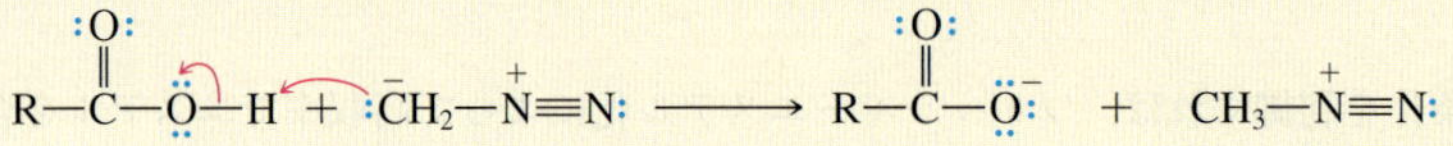

$$\text{R-COOH} + \text{CH}_2\text{=N}^+\text{=N}^- \longrightarrow \text{R-COO}^- + \text{CH}_3\text{-N}^+\equiv\text{N}$$

カルボキシラート　　メチルジアゾニウム
アニオン　　　　　カチオン

段階 2：求核剤と求電子剤の間の結合生成．優れた脱離基である窒素をカルボキシラートアニオンが求核攻撃により置換してメチルエステルが生成する．

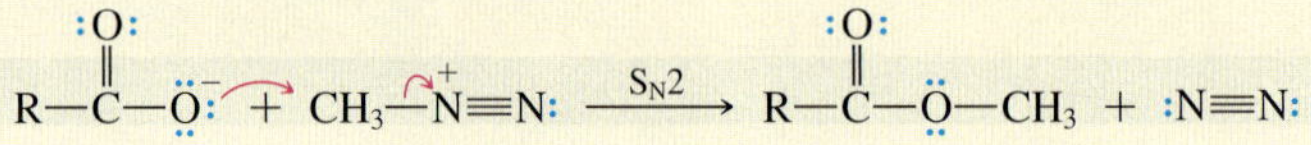

$$\text{R-COO}^- + \text{CH}_3\text{-N}^+\equiv\text{N} \xrightarrow{S_N2} \text{R-COO-CH}_3 + \text{N}\equiv\text{N}$$

身のまわりの化学　香味料としてのエステル

香味料は最も重要な食品添加物である．現在，1000 以上の合成および天然の香味料が利用できる．これらの多くのものは風味づけに用いられる原料から抽出したり濃縮したりして得られたものである．これらの香味料は数十から数百の化合物の混合物であることが多い．一方で，多くの香味料が工業的に合成されており，その多くはエステルである．合成香味料の多くは，天然香味料の主成分であり，アイスクリーム，ソフトドリンク，キャンディに自然な風味をつけるのにごくわずかに添加するだけで十分である．

構造	名称	香り	構造	名称	香り
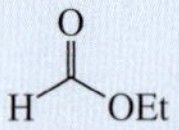 HCOOEt	ギ酸エチル	ラム酒	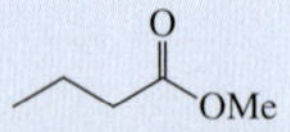 CH₃CH₂CH₂COOMe	ブタン酸メチル	リンゴ
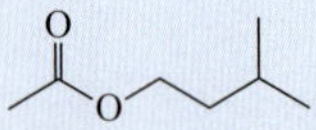 酢酸 3-メチルブチル エステル	酢酸 3-メチルブチル（酢酸イソペンチル）	バナナ	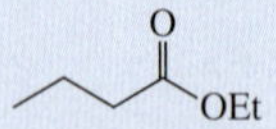 CH₃CH₂CH₂COOEt	ブタン酸エチル	パイナップル
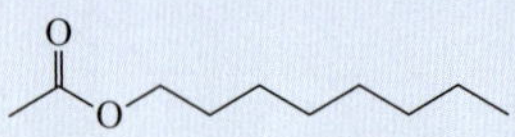 酢酸オクチル エステル	酢酸オクチル	オレンジ	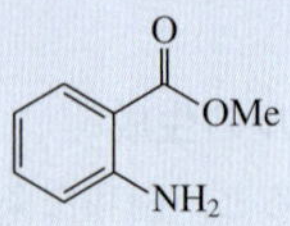 2-アミノ安息香酸メチル	2-アミノ安息香酸メチル（アントラニル酸メチル）	ブドウ

17・8 酸ハロゲン化物への変換

酸ハロゲン化物は，官能基としてハロゲン原子に直接結合したカルボニル基をもつ．酸ハロゲン化物のなかでも，酸塩化物は実験室で，あるいは工業的に最もよく用いられる．

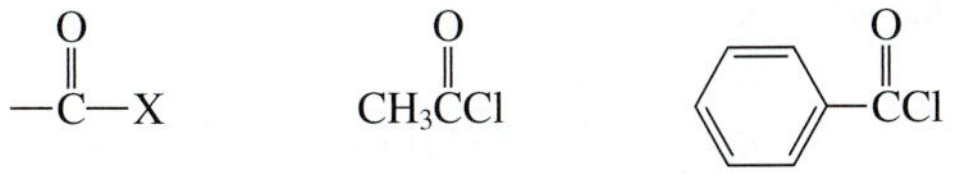

酸ハロゲン化物の官能基　　塩化アセチル　　塩化ベンゾイル

18章で，酸ハロゲン化物の命名法，構造，そして特徴的な反応について解説する．ここでは，カルボン酸から酸ハロゲン化物を合成する方法についてのみ説明する．

酸塩化物は，カルボン酸を塩化チオニルと反応させて調製することが多い．塩化チオニルはアルコールを塩化アルキルに変換するのにも用いる（§10・5C 参照）．

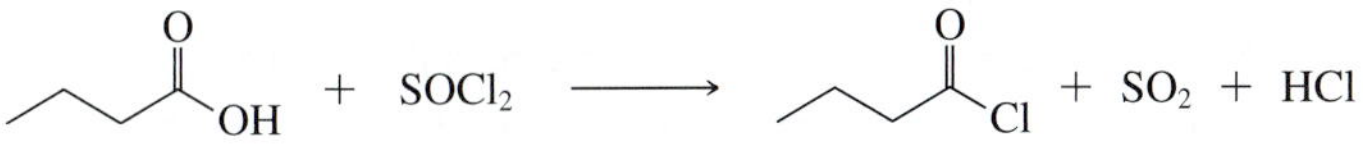

ブタン酸　　塩化チオニル　　　塩化ブタノイル

塩化チオニルがカルボン酸と反応して酸塩化物となる反応機構は，§10・5Cに示したアルコールの塩化アルキルへの変換の反応機構とよく似ている．まずクロロ亜硫酸エステルが生成し，その後のカルボニル炭素への塩化物イオンの求核攻撃によって，四面体形カルボニル付加中間体となり，これが最後に分解して酸塩化物，SO_2，塩化物イオンが生成する．

例題 17・5

次の反応式を完成させよ．

(a) 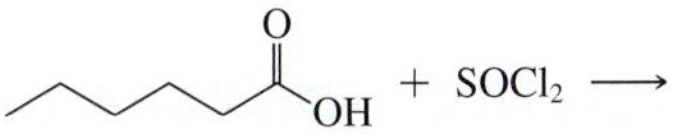 （ヘキサン酸）+ $SOCl_2$ ⟶　　(b) 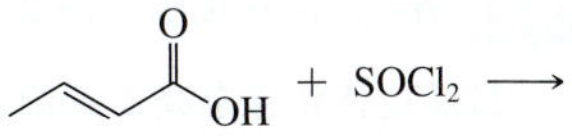 （クロトン酸）+ $SOCl_2$ ⟶

解答　それぞれの反応の生成物を次に示す．

(a) 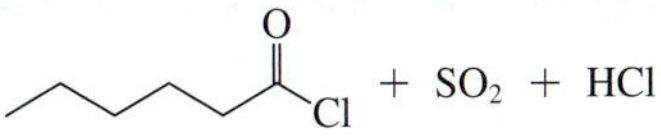 （ヘキサノイルクロリド）+ SO_2 + HCl　　(b) 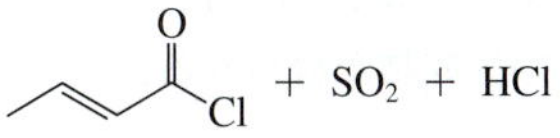 （クロトノイルクロリド）+ SO_2 + HCl

問題 17・5　次の反応式を完成させよ．

(a) 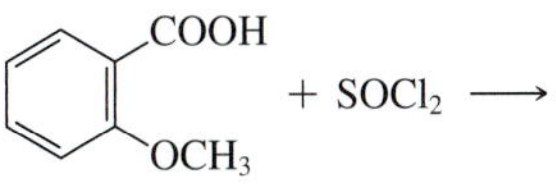 （2-メトキシ安息香酸）+ $SOCl_2$ ⟶　　(b) 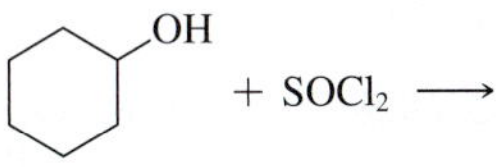 （シクロヘキサノール）+ $SOCl_2$ ⟶

17・9 脱 炭 酸

A. β-ケト酸

カルボン酸から CO_2 が脱離する反応を**脱炭酸**という．カルボン酸は，一般に非常に高温に加熱すると熱による脱炭酸を起こす．

脱炭酸 decarboxylation　カルボキシ基から CO_2 が脱離すること．

$$RCOOH \xrightarrow[\text{熱}]{\text{脱炭酸}} RH + CO_2$$

生化学とのつながり　ケトン体と糖尿病

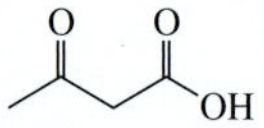

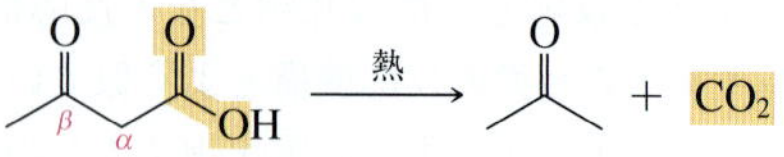

3-オキソブタン酸(アセト酢酸)およびその還元体である3-ヒドロキシブタン酸は脂肪酸とある種のアミノ酸の代謝産物であるアセチルCoAから肝臓で合成される．3-ヒドロキシブタン酸および3-オキソブタン酸はまとめて**ケトン体**(ketone body)とよばれる．

3-オキソブタン酸
(アセト酢酸)

3-ヒドロキシブタン酸
(β-ヒドロキシ酪酸)

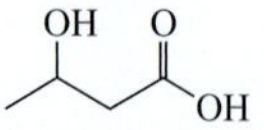

十分に栄養をとっている健康なヒトでは，ケトン体の血中濃度はおよそ0.01 mM L^{-1}である．しかし，飢餓状態のヒトあるいは糖尿病患者では，ケトン体の濃度は通常の500倍にもなることがある．アセト酢酸の濃度がこれほどまでに上昇すると，アセト酢酸は自発的に脱炭酸してアセトンと二酸化炭素になる．ヒトはアセトンを代謝できないので，アセトンは腎臓と肺から排出される．重度の糖尿病患者の息の特徴的な“甘いにおい”はアセトンのにおいである．

しかし，ほとんどのカルボン酸は穏やかな加熱に対しては安定であり，たとえ融解あるいは沸騰させても一般に脱炭酸は起こらない．例外は，カルボキシ基のβ位にカルボニル基をもつカルボン酸である．この種のカルボン酸は穏和な加熱でも容易に脱炭酸を起こす．たとえば，3-オキソブタン酸を温めると脱炭酸が起こり，アセトンと二酸化炭素が生成する．

3-オキソブタン酸
(アセト酢酸)　　　アセトン

穏和な加熱でも脱炭酸するのは3-オキソカルボン酸(β-ケトカルボン酸，β-ケト酸)に特有な反応性であり，それ以外のケトカルボン酸では脱炭酸は起こらない．

反応機構　β-ケトカルボン酸の脱炭酸

段階 1：6員環遷移状態を経て6個の電子が再配置されて，二酸化炭素とケトンのエノール体が生成する．

段階 2：エノール体のケト-エノール互変異性(§16・9B参照)によってより安定なケト形の生成物が得られる．

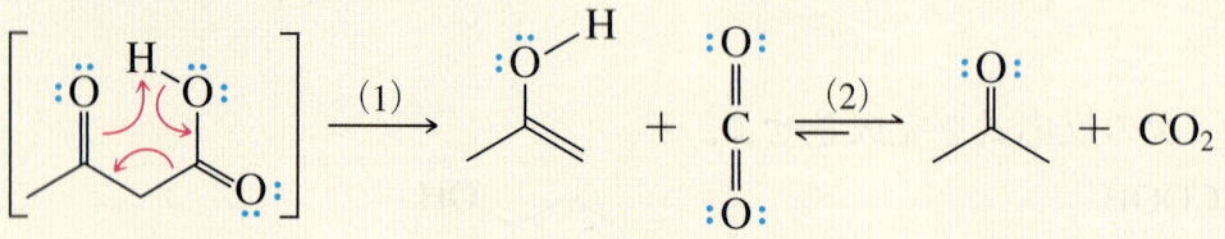

6員環遷移状態　　ケトンの
エノール体　　ケトン

カルボキシ基の水素とβ-カルボニル基の酸素の間に生じる水素結合が脱炭酸を促進する．水素結合によって，6員環遷移状態に至る配座が安定化され，この配座安定化のために反応が進む確率が高くなり，その結果，穏和な条件でも速やかに反応が起こる．

反応に至る配座

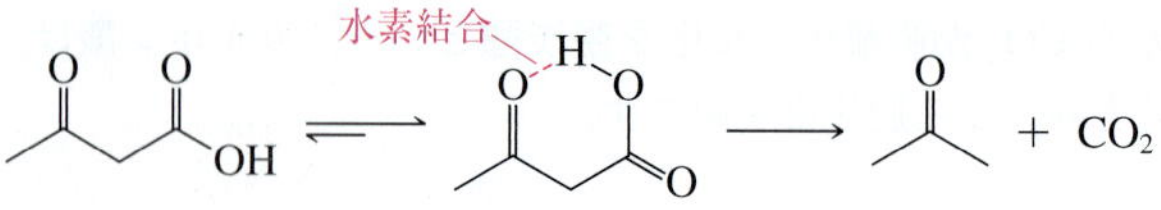

生体内での脱炭酸の例を示す．トリカルボン酸回路(TCA回路)で食べたものが酸化

17・9 脱 炭 酸　545

されるときにβ-ケト酸の脱炭酸が進行する．オキサロコハク酸は，TCA回路の一つの中間体であり，自発的に脱炭酸してα-ケトグルタル酸を生成する．オキサロコハク酸の三つのカルボキシ基のうち，一つだけがβ位にカルボニル基をもっており，このカルボキシ基だけが脱炭酸を起こす．

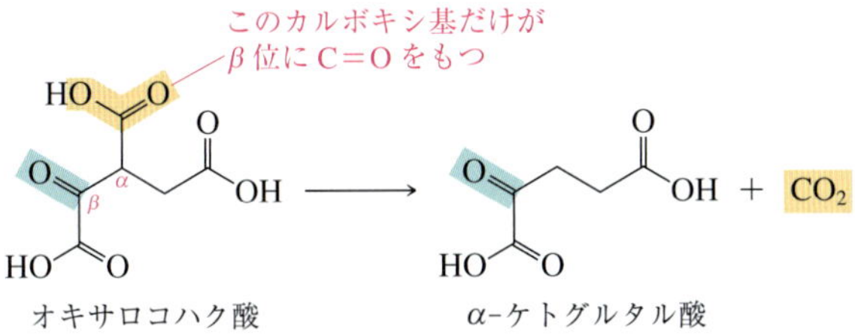

$$\text{オキサロコハク酸} \longrightarrow \text{α-ケトグルタル酸} + CO_2$$

(このカルボキシ基だけがβ位にC=Oをもつ)

B. マロン酸と置換マロン酸

カルボキシ基のβ位にアルデヒドやケトンのカルボニル基が存在すると，脱炭酸が進行しやすい．これはエステルやカルボン酸のカルボニル基でもよい．たとえば，マロン酸を融点(135～137℃)より少し高い温度で加熱すると脱炭酸が起こる．このように，マロン酸およびその置換体は熱により脱炭酸を起こす．

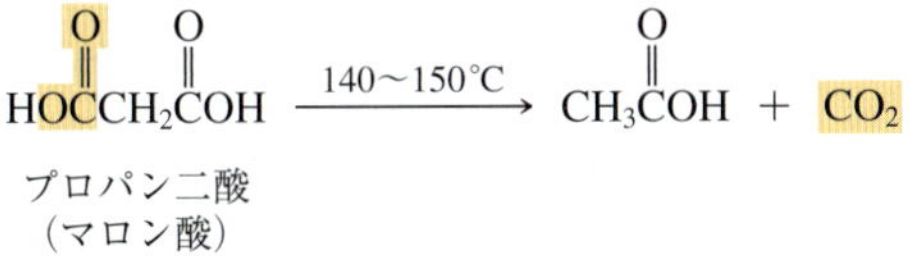

$$HOCCH_2COH \xrightarrow{140\sim150℃} CH_3COH + CO_2$$

プロパン二酸
（マロン酸）

マロン酸の脱炭酸の反応機構はβ-ケト酸について説明したものと非常によく似ている．すなわち，6員環遷移状態を経る3組の電子対の移動によってエノール形のカルボン酸が生成し，互変異性によりカルボン酸になる．

反応機構　β-ジカルボン酸の脱炭酸

段階1：6員環遷移状態において6個の電子の再配置により，二酸化炭素とカルボン酸のエノール体が生成する．

段階2：エノール体のケト-エノール互変異性(§16・9B参照)によって，より安定なケト形のカルボン酸が生成する．

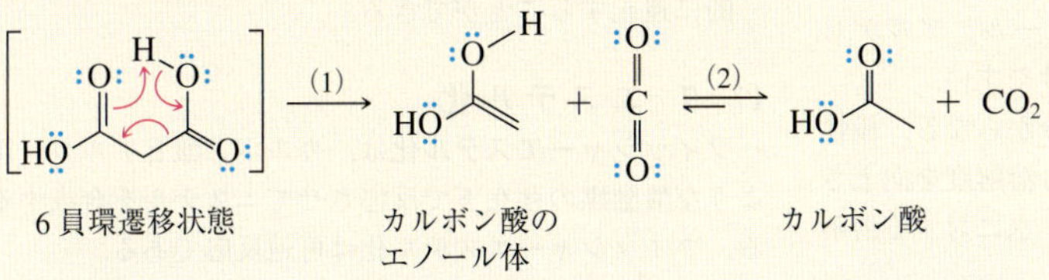

6員環遷移状態　→(1)　カルボン酸のエノール体　+　CO_2　⇌(2)　カルボン酸　+　CO_2

例題 17・6

次のカルボン酸は熱により脱炭酸する．それぞれの反応のエノール中間体と最終生成物を書け．

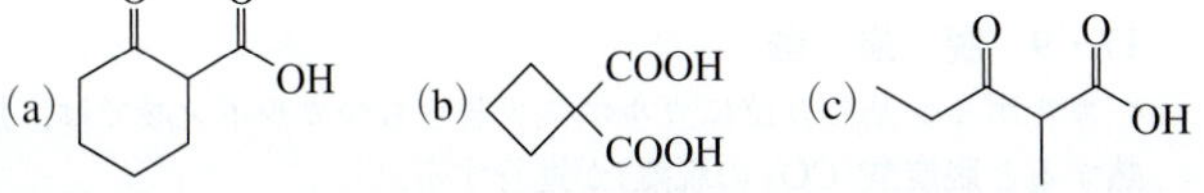

(a) 2-オキソシクロヘキサンカルボン酸
(b) シクロブタン-1,1-ジカルボン酸
(c) 2-メチル-3-オキソペンタン酸

解答　それぞれの脱炭酸反応により生じるエノール中間体と最終生成物は次に示すような

ものである.

(a) [シクロヘキセノール] → [シクロヘキサノン]

(b) [シクロブタンジオール] → [シクロブタンカルボン酸]

(c) [ペンテン-3-オール] → [ペンタン-3-オン]

問題 17・6 次のβ-ケト酸を融点以上の温度で長時間加熱しても，脱炭酸は進行しない．この理由を説明せよ．

まとめ

17・1 構 造
- カルボン酸は OH 基に結合したカルボニル基をもっている．

17・2 命 名 法
- カルボン酸の IUPAC 名は母体のアルカンの名称に酸をつける．英語名では接尾辞の -e を除き，-oic acid をつけて命名する．
- カルボキシ基の炭素を 1 とするため，番号をつける必要はない．
- カルボキシ基は他のほとんどの官能基より優先順位が高い．
- ジカルボン酸は，二酸(-dioic acid)と命名し，主鎖は両方のカルボキシ炭素を含む炭素鎖になる．

17・3 物理的性質
- カルボキシ基は極性をもち，液体あるいは固体状態で水素結合により二量体に会合している．
- カルボン酸は，同程度の分子量をもつアルコール，アルデヒド，ケトンよりも高沸点であり，水により溶けやすい．
- カルボン酸は，明確に極性の異なる二つの部分からなる．極性が大きく，**親水性**のカルボキシ基は，水に対する溶解度を向上させる．一方，極性がなく**疎水性**の炭化水素鎖は，水に対する溶解度を低下させる．
- 低分子量のカルボン酸は水に際限なく溶ける．これは，カルボキシ基の親水性が炭化水素鎖の疎水性を相殺するからである．
- 炭化水素鎖が長くなると，疎水基の影響が支配的となり，水に対する溶解度は低下する．

17・4 酸 性 度
- 脂肪族カルボン酸の pK_a は，4.0〜5.0 である．
- アルコールと比べてカルボン酸の酸性度が高いのは，カルボニル基による電子求引性の誘起効果と，カルボキシラートアニオンの共鳴による電荷の非局在化のためである．
- カルボニル基の近くに電子求引基があると酸性度が増大する．

17・5 カルボン酸の合成
- カルボン酸は第一級アルコールやアルデヒドの酸化により合成できる．
- グリニャール反応剤と二酸化炭素を反応させると，カルボン酸のマグネシウム塩が生成し，酸性水溶液でプロトン化するとカルボン酸が得られる．

17・6 還 元
- 水素化アルミニウムリチウム LiAlH$_4$ により，加熱条件下でカルボン酸を第一級アルコールへと還元することができる．
- 触媒的水素化や NaBH$_4$ のような他の還元剤では，カルボン酸を還元できない．このため，このような還元剤を用いると分子内のカルボキシ基を反応させることなく他の官能基だけを選択的に還元することができる．

17・7 エステル化
- フィッシャーエステル化は，カルボン酸とアルコールを硫酸のような酸触媒の存在下で反応させてエステルを合成する反応である．フィッシャーエステル化は可逆反応である．
- カルボン酸とジアゾメタン CH$_2$N$_2$ を反応させると高収率で対応するメチルエステルが得られる．

17・8 酸ハロゲン化物への変換
- 酸塩化物はカルボン酸に塩化チオニル SOCl$_2$ を反応させて合成できる．

17・9 脱 炭 酸
- カルボキシ基の β 位にカルボニル基をもつカルボン酸では，加熱すると**脱炭酸**(CO$_2$ の脱離)が進行する．
- 脱炭酸は β-ケト酸やマロン酸誘導体で重要な反応である．

重要な反応

1. カルボン酸の酸性度(§17・4A)
ほとんどの無置換の脂肪族カルボン酸や芳香族カルボン酸のpK_aは，4.0〜5.0である．

$$CH_3COH + H_2O \rightleftharpoons CH_3CO^- + H_3O^+$$
$$K_a = 1.74 \times 10^{-5}$$

カルボニル基の近くに電子求引基があるとpK_aは減少する．すなわち，酸性度は増大する．

2. カルボン酸の塩基との反応(§17・4B)
カルボン酸はアルカリ金属水酸化物，炭酸塩，炭酸水素塩，およびアンモニアや脂肪族・芳香族アミンと反応し，水溶性の塩を生成する．

Ph-COOH + NaOH $\xrightarrow{H_2O}$ Ph-COO$^-$ Na$^+$ + H$_2$O

Ph-COOH + NH$_3$ $\xrightarrow{H_2O}$ Ph-COO$^-$ NH$_4^+$

3. グリニャール反応剤と二酸化炭素の反応(§17・5)
グリニャール反応剤の溶液に二酸化炭素を吹込み，生じた塩を加水分解する方法は，カルボン酸合成に有用である．

シクロペンチル-MgBr $\xrightarrow[\text{2. HCl/H}_2\text{O}]{\text{1. CO}_2}$ シクロペンチル-COOH + Mg^{2+}
シクロペンタンカルボン酸

4. メタノールのカルボニル化による酢酸の工業的製法(§17・6A)

CO + 2 H$_2$ $\xrightarrow{\text{触媒}}$ CH$_3$OH $\xrightarrow[\text{Rh(III), HI, H}_2\text{O}]{\text{CO}}$ CH$_3$COH

5. 水素化アルミニウムリチウムによる還元(§17・6A)
水素化アルミニウムリチウムにより，カルボン酸を第一級アルコールに還元できる．

シクロペンテニル-COH $\xrightarrow[\text{2. H}_2\text{O}]{\text{1. LiAlH}_4}$ シクロペンテニル-CH$_2$OH

6. フィッシャーエステル化(§17・7A)
カルボン酸を酸触媒の存在下にアルコールと反応させると，エステルが得られる．

CH$_3$COOH + HO-CH$_2$CH$_2$CH$_3$ $\xrightarrow{H_2SO_4}$ CH$_3$COO-CH$_2$CH$_2$CH$_3$ + H$_2$O

フィッシャーエステル化は可逆反応である．高収率でエステルを合成するには，平衡を右側に偏らせる必要がある．これには，過剰のアルコールを用いるか，ディーン-スターク装置を用いて共沸混合物として蒸留により除くとよい．

7. ジアゾメタンとの反応(§17・7B)
ジアゾメタンはカルボン酸をメチルエステルに変換するのに用いる．反応機構は，カルボン酸によるジアゾメタンの炭素のプロトン化でメチルジアゾニウムカチオンが生成し，カルボキシラートアニオンがメチルジアゾニウムカチオンを求核攻撃してメチルエステルと窒素を生成するというものである．

R-COOH + CH$_2$N$_2$ $\xrightarrow{\text{エーテル}}$ R-COOCH$_3$ + N$_2$

ジアゾメタンには爆発性および毒性がある．そのため，他のメチルエステル合成法が使えないときにのみジアゾメタンを用いるべきである．

8. 酸ハロゲン化物への変換(§17・8)
酸塩化物は，最も一般的に広く用いられる酸ハロゲン化物であり，カルボン酸に塩化チオニルを反応させて調製できる．その生成の反応機構はアルコールの塩化アルキルへの変換反応に似ている．すなわち，まずクロロ亜硫酸エステルが生成し，次に塩化物イオンがカルボニル炭素に求核攻撃して四面体形カルボニル付加中間体を生じ，これが酸塩化物とSO$_2$と塩化物イオンに分解する．

R-COOH + SOCl$_2$ $\xrightarrow{\text{エーテル}}$ R-COCl + SO$_2$ + HCl

9. β-ケト酸の脱炭酸(§17・9A)
β-ケト酸は加熱により脱炭酸する．この反応は，6員環遷移状態において電子の再配列により，二酸化炭素とエノール形のケトンが生成し，ケトンに互変異性化するという機構で進行する．カルボキシ基の水素とβ-カルボニル基の酸素との水素結合が反応を加速している．

2-オキソシクロヘキサンカルボン酸 $\xrightarrow{\text{熱}}$ シクロヘキサノン + CO$_2$

10. β-ジカルボン酸の脱炭酸(§17・9B)
β-ジカルボン酸の脱炭酸の反応機構は，β-ケト酸の脱炭酸の反応機構と同様である．

HOCCH$_2$COH $\xrightarrow{\text{熱}}$ CH$_3$COH + CO$_2$

問題

赤の問題番号は応用問題を示す.

構造と命名法

17・7 次の化合物を命名せよ. 立体化学が示されている場合は, それも規定せよ.

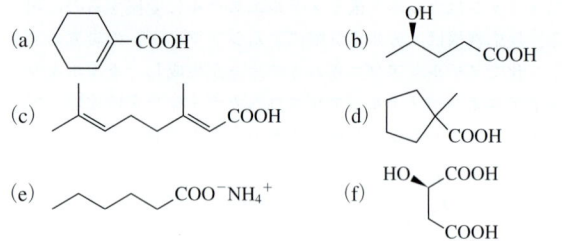

(a) シクロヘキセン-COOH
(b) OH基付き CH-CH2-COOH
(c) (CH3)2C=CH-CH2-CH2-C(CH3)=CH-COOH
(d) 1-メチルシクロペンタン-COOH
(e) CH3(CH2)4COO⁻NH4⁺
(f) HO-C(COOH)-CH2-COOH

17・8 次の化合物の構造式を書け.
(a) フェニル酢酸
(b) 4-アミノブタン酸
(c) 3-クロロ-4-フェニルブタン酸
(d) プロペン酸 (アクリル酸)
(e) (Z)-3-ヘキセン二酸
(f) 2-ペンチン酸
(g) フェニル酢酸カリウム
(h) シュウ酸ナトリウム
(i) 2-オキソシクロヘキサンカルボン酸
(j) 2,2-ジメチルプロパン酸

17・9 次の化合物は, 雌のヒメカツオブシムシの性誘引物質, メガトモ酸 (megatomoic acid) である.

CH3(CH2)4-CH=CH-CH=CH-CH2-CH2-COOH

(a) IUPAC 名を書け.
(b) 存在しうる立体異性体の数を答えよ.

17・10 次の塩の構造式を書け.
(a) 安息香酸ナトリウム (b) 酢酸リチウム
(c) 酢酸アンモニウム (d) アジピン酸ジナトリウム
(e) サリチル酸ナトリウム (f) ブタン酸カルシウム

17・11 シュウ酸一カリウムはルバーブなどのある種の野菜に含まれている. シュウ酸もその塩も高濃度では毒性がある. シュウ酸一カリウムの構造式を書け.

17・12 ソルビン酸カリウムは, 抗菌作用をもつので, 食品の保存期間を延ばすために添加物として使用されている. ソルビン酸カリウムの IUPAC 名は (2E,4E)-2,4-ヘキサジエン酸カリウムである. ソルビン酸カリウムの構造式を書け.

17・13 10-ウンデセン酸亜鉛は, 特に足白癬 (水虫) などのある種の真菌感染症の治療に用いられる. この構造式を書け.

17・14 シクロヘキサンカルボン酸において, カルボキシ基がアキシアル位にある配座は, エクアトリアル位にある配座に比べて 5.9 kJ mol⁻¹ (1.4 kcal mol⁻¹) だけ不安定となる. trans-1,4-シクロヘキサンジカルボン酸の可能な二つのいす形配座の間の平衡について考察せよ. 平衡の矢印の左側に不安定な配座, 右側に安定な配座を示し, 平衡の $\Delta G°$ と 25 ℃ における両配座の比を計算せよ.

物理的性質

17・15 次の化合物を沸点が低い順に並べよ.
(a) CH3(CH2)5COOH   CH3(CH2)6CHO   CH3(CH2)6CH2OH
(b) CH3-COOH   CH3(CH2)3OH   CH3CH2-O-CH2CH3

17・16 酢酸の沸点は 118 ℃ であるのに対して, 酢酸メチルの沸点は 57 ℃ である. 酢酸が酢酸メチルよりも分子量が小さいにもかかわらず, より高い沸点をもつ理由を説明せよ.

17・17 次に 9 種の化合物の ^{1}H NMR および ^{13}C NMR のスペクトルデータを示す. それぞれの IR スペクトルは, 1720〜1700 cm⁻¹ に強い吸収と, 2500〜3300 cm⁻¹ に強く幅広い吸収を示す. 付録 4, 5, および 6 の特性吸収帯表を参考にして, それぞれの化合物の構造式を答えよ.

(a) $C_5H_{10}O_2$

^{1}H NMR	^{13}C NMR
0.94 (t, 3H)	180.71
1.39 (m, 2H)	33.89
1.62 (m, 2H)	26.76
2.35 (t, 2H)	22.21
12.0 (s, 1H)	13.69

(b) $C_6H_{12}O_2$

^{1}H NMR	^{13}C NMR
1.08 (s, 9H)	179.29
2.23 (s, 2H)	47.82
12.1 (s, 1H)	30.62
	29.57

(c) $C_5H_8O_4$

^{1}H NMR	^{13}C NMR
0.93 (t, 3H)	170.94
1.80 (m, 2H)	53.28
3.10 (t, 1H)	21.90
12.7 (s, 2H)	11.81

(d) $C_5H_8O_4$

^{1}H NMR	^{13}C NMR
1.29 (s, 6H)	174.01
12.8 (s, 2H)	48.77
	22.56

(e) $C_4H_6O_2$

^{1}H NMR	^{13}C NMR
1.91 (d, 3H)	172.26
5.86 (d, 1H)	147.53
7.10 (m, 1H)	122.24
12.4 (s, 1H)	18.11

(f) $C_3H_4Cl_2O_2$

^{1}H NMR	^{13}C NMR
2.34 (s, 3H)	171.82
11.3 (s, 1H)	79.36
	34.02

(g) $C_5H_8Cl_2O_2$

^{1}H NMR	^{13}C NMR
1.42 (s, 6H)	180.15
6.10 (s, 1H)	77.78
12.4 (s, 1H)	51.88
	20.71

(h) $C_5H_9BrO_2$

^{1}H NMR	^{13}C NMR
0.97 (t, 3H)	176.36
1.50 (m, 2H)	45.08
2.05 (m, 2H)	36.49
4.25 (t, 1H)	20.48
12.1 (s, 1H)	13.24

(i) $C_4H_8O_3$

^{1}H NMR	^{13}C NMR
2.62 (t, 2H)	177.33
3.38 (s, 3H)	67.55
3.68 (s, 2H)	58.72
11.5 (s, 1H)	34.75

カルボン酸の合成

17・18 次の反応式を完成させよ.

(a) シクロペンチル-CH$_2$OH $\xrightarrow[\text{H}_2\text{O, アセトン}]{\text{K}_2\text{Cr}_2\text{O}_7, \text{H}_2\text{SO}_4}$

(b) HOCH$_2$-CH(OH)-CHO $\xrightarrow[\text{2. H}_2\text{O/HCl}]{\text{1. Ag(NH}_3)_2^+}$

(c) (CH$_3$)$_2$C=CH-CO-CH$_3$ $\xrightarrow[\text{2. HCl/H}_2\text{O}]{\text{1. Cl}_2, \text{KOH 水/ジオキサン}}$

(d) 4-ブロモアニソール $\xrightarrow[\text{3. HCl/H}_2\text{O}]{\text{1. Mg, エーテル; 2. CO}_2}$

17・19 次の変換を収率よく行う方法を示せ.

(a) 3-クロロシクロヘキセン → シクロヘキセン-1-カルボン酸

(b) 4-ヒドロキシメチルシクロヘキサノール → 4-オキソシクロヘキサンカルボン酸

(c) C$_6$H$_5$CH$_2$CH$_2$OH → C$_6$H$_5$CH$_2$COOH

17・20 次の化合物からペンタン酸を合成する方法を示せ.
(a) 1-ペンタノール (b) ペンタナール
(c) 1-ペンテン (d) 1-ブタノール
(e) 1-ブロモプロパン (f) 1-ヘキセン

17・21 希硫酸中二クロム酸カリウムによる酸化により次のカルボン酸やジカルボン酸を生成する化合物の構造式を書け.

(a) C$_6$H$_{14}$O $\xrightarrow{\text{酸化}}$ CH$_3$(CH$_2$)$_4$COOH

(b) C$_6$H$_{12}$O $\xrightarrow{\text{酸化}}$ CH$_3$(CH$_2$)$_5$COOH

(c) C$_6$H$_{14}$O$_2$ $\xrightarrow{\text{酸化}}$ HOOC(CH$_2$)$_4$COOH

17・22 次の変換を収率よく行うための反応剤と反応条件を示せ.

(a) シクロペンタノール → シクロペンタンカルボン酸

(b) (CH$_3$)$_2$CHOH → (CH$_3$)$_2$CCOOH (CH$_3$付き)

(c) (CH$_3$)$_2$CHOH → (CH$_3$)$_2$CHCOOH

(d) (CH$_3$)$_2$CHOH → CH$_3$CHCH$_2$COOH (CH$_3$付き)

(e) CH$_3$CH=CHCH$_3$ → CH$_3$CH=CHCH$_2$COOH

17・23 コハク酸はアセチレンから次の反応によって合成できる.この変換を行うための反応剤と反応条件を示せ.

H-C≡C-H (アセチレン) → HOCH$_2$-C≡C-CH$_2$OH (2-ブチン-1,4-ジオール) → HOCH$_2$(CH$_2$)$_2$CH$_2$OH (1,4-ブタンジオール) → HOOC(CH$_2$)$_2$COOH (ブタン二酸(コハク酸))

17・24 α-ジケトンに高濃度の水酸化ナトリウムまたは水酸化カリウム水溶液を反応させるとα-ヒドロキシカルボン酸塩が生成する.この反応はベンジル酸転位(benzilic acid rearrangement)とよばれる.次に,ベンジルからベンジル酸ナトリウム,ついでベンジル酸への変換を示す.この転位反応の反応機構を示せ.

Ph-CO-CO-Ph (ベンジル(α-ジケトン)) + NaOH $\xrightarrow{\text{H}_2\text{O}}$ Ph$_2$C(OH)-COO$^-$Na$^+$ (ベンジル酸ナトリウム) $\xrightarrow{\text{HCl/H}_2\text{O}}$ Ph$_2$C(OH)-COOH (ベンジル酸)

カルボン酸の酸性度

17・25 それぞれの組合わせのうち,より強いものを答えよ.
(a) フェノール(pK_a 9.95)と安息香酸(pK_a 4.19)
(b) 乳酸(K_a 8.4×10^{-4})とアスコルビン酸(K_a 7.9×10^{-5})

17・26 それぞれの酸に対して適切なpK_aを選べ.

(a) C$_6$H$_5$COOH と C$_6$H$_5$SO$_3$H (pK_a 4.19 と 0.70)

(b) CH$_3$COCH$_2$COOH と CH$_3$COCOOH (pK_a 3.58 と 2.49)

(c) CH$_3$CH$_2$COOH と N≡CCH$_2$COOH (pK_a 4.78 と 2.45)

17・27 低分子量のジカルボン酸は通常二つの異なるpK_aをもつ.一つ目のカルボン酸の解離は二つ目のカルボン酸よりも容易である.この効果は分子の大きさの増大とともに消失し,アジピ

ジカルボン酸	構造式	pK_{a1}	pK_{a2}
シュウ酸	HOOCCOOH	1.23	4.19
マロン酸	HOOCCH$_2$COOH	2.83	5.69
コハク酸	HOOC(CH$_2$)$_2$COOH	4.16	5.61
グルタル酸	HOOC(CH$_2$)$_3$COOH	4.31	5.41
アジピン酸	HOOC(CH$_2$)$_4$COOH	4.43	5.41

ン酸より長鎖のジカルボン酸では二つの解離定数は pK_a にしておよそ1しか違わない．

なぜ，二つの pK_a の違いがより炭素鎖が短い場合に大きくなるのか答えよ．

17・28 次の酸-塩基反応を完成させよ．

(a) PhCH$_2$COOH + NaOH ⟶

(b) CH$_3$CH=CHCH$_2$COOH + NaHCO$_3$ ⟶

(c) (o-メトキシ安息香酸) + NaHCO$_3$ ⟶

(d) CH$_3$CH(OH)COOH + H$_2$NCH$_2$CH$_2$OH ⟶

(e) CH$_3$CH=CHCH$_2$COO$^-$Na$^+$ + HCl ⟶

(f) CH$_3$CH$_2$CH$_2$CH$_2$Li + CH$_3$COOH ⟶

(g) CH$_3$CH$_2$CH$_2$CH$_2$MgBr + CH$_3$CH$_2$OH ⟶

17・29 血漿の pH は通常 7.35〜7.45 である．この条件で，乳酸(pK_a 3.08)のカルボキシ基は，カルボキシ基とカルボキシラートアニオンのどちらでおもに存在しているか答えよ．

17・30 アスコルビン酸の K_{a1} は 7.94×10^{-5} である．アスコルビン酸は，血漿(pH 7.35〜7.45)中で，アスコルビン酸とアスコルビン酸アニオンのどちらの形でおもに存在するか答えよ．

17・31 過剰のアスコルビン酸は尿中に排出される．尿の pH は通常 4.8〜8.4 である．pH 8.4 の尿中で，アスコルビン酸がアスコルビン酸とアスコルビン酸アニオンのどちらの形でおもに存在するか答えよ．

カルボン酸の反応

17・32 フェニル酢酸 PhCH$_2$COOH を次に示す反応剤と反応させたときの生成物を示せ．

(a) SOCl$_2$ (b) NaHCO$_3$, H$_2$O
(c) NaOH, H$_2$O (d) CH$_3$MgBr(等モル量)
(e) LiAlH$_4$，水で後処理 (f) CH$_2$N$_2$
(g) CH$_3$OH + H$_2$SO$_4$(触媒)

17・33 trans-3-フェニル-2-プロペン酸(ケイ皮酸)を次に示す化合物に変換する方法を示せ．

(a) C$_6$H$_5$CH=CHCH$_2$OH (b) C$_6$H$_5$CH$_2$CH$_2$CH$_2$COOH
(c) C$_6$H$_5$CH$_2$CH$_2$CH$_2$OH

17・34 3-オキソブタン酸(アセト酢酸)を次の化合物に変換する方法を示せ．

(a) CH$_3$CH(OH)CH$_2$COOH (b) CH$_3$CH(OH)CH$_2$CH$_2$OH (c) CH$_3$CH=CHCOOH

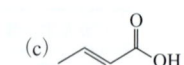

17・35 次のフィッシャーエステル化の反応を完成させよ．アルコールは過剰に用いているものとする．

(a) CH$_3$COOH + HOCH$_2$CH(CH$_3$)$_2$ $\overset{H^+}{\rightleftharpoons}$

(b) o-フタル酸 + CH$_3$OH $\overset{H^+}{\rightleftharpoons}$

(c) HOOCCH$_2$CH$_2$COOH + CH$_3$CH$_2$OH $\overset{H^+}{\rightleftharpoons}$

17・36 ベンゾカイン(benzocaine)は典型的な局所麻酔薬であり，4-アミノ安息香酸に酸触媒の存在下でエタノールを反応させたあと中和して合成される．ベンゾカインの構造式を書け．

17・37 次のエステルを合成するための出発物となるカルボン酸とアルコールの名称を答えよ．

(a) シクロヘキサンカルボン酸メチル
(b) 1,4-シクロヘキサンジオールジアセタート
(c) (E)-2-ペンテン酸イソプロピル
(d) コハク酸ジエチル

17・38 4-ヒドロキシブタン酸に酸触媒を作用させると，環状エステルであるラクトンが生成する．このラクトンの構造式を書き，その生成の反応機構を示せ．

17・39 tert-ブチルエステルを合成するのにフィッシャーエステル化を用いることはできない．代わりに，酸触媒の存在下カルボン酸を 2-メチルプロペンと反応させると tert-ブチルエステルが得られる．

RCOOH + 2-メチルプロペン(イソブチレン) $\overset{H^+}{\longrightarrow}$ RCOOC(CH$_3$)$_3$ tert-ブチルエステル

(a) フィッシャーエステル化では，なぜ tert-ブチルエステルが合成できないのか説明せよ．
(b) 2-メチルプロペンを用いる方法の反応機構を示せ．

17・40 次の化合物の熱による脱炭酸によって得られる生成物を示せ．

(a) C$_6$H$_5$COCH$_2$COOH (b) C$_6$H$_5$CH$_2$CH(COOH)$_2$ (c) 1-アセチルシクロペンタンカルボン酸

17・41 カルボキシ基の β 位に脱離しやすい脱離基をもつカルボン酸を加熱すると脱炭酸-脱離反応によりアルケンが得られる．

(a) BrCH$_2$C(CH$_3$)$_2$COO$^-$Na$^+$ $\overset{熱}{\longrightarrow}$ (CH$_3$)$_2$C=CH$_2$ + CO$_2$ + Na$^+$Br$^-$

(b) C$_6$H$_5$CHBrCHBrCOO$^-$Na$^+$ $\overset{熱}{\longrightarrow}$ C$_6$H$_5$CH=CHBr + CO$_2$ + Na$^+$Br$^-$

このような脱炭酸-脱離反応の反応機構を示せ．β-ケト酸の脱カルボニル化の反応機構とこの脱炭酸の反応機構を比較し，どのような点で似ているか答えよ．

17. カルボン酸   551

17・42 シクロヘキサンからシクロヘキサンカルボン酸を高収率で合成する方法を示せ．

予習問題

17・43 §17・7Aで，カルボン酸のフィッシャーエステル化の反応機構はカルボン酸誘導体の種々の反応の機構の見本になるものであると述べた．このような例として，酸塩化物と水の反応がある(§18・4A)．この反応の機構を示せ．

$$\text{R-C(=O)-Cl} + \text{H}_2\text{O} \longrightarrow \text{R-C(=O)-OH} + \text{HCl}$$

17・44 酸触媒の存在下でカルボン酸がアルコールと反応してエステルを生成する反応はフィッシャーエステル化とよばれる．ジカルボン酸としてテレフタル酸を，ジオールとしてエチレングリコールを用いると，フィッシャーエステル化によって出発物の数千倍もの分子量をもつポリマーが得られる．どのようにしてこのようなポリマーが生成するのか示せ．

1,4-ベンゼンジカルボン酸（テレフタル酸） + 1,2-エタンジオール（エチレングリコール） ⟶ ポリエチレンテレフタレート (PET)

合成

17・45 プロパンをプロパン酸プロピルに変換する方法を示せ．ただし，炭素源としてはプロパンのみを用い，そのほかに必要な反応剤と途中の合成中間体もすべて示せ．

プロパン → プロパン酸プロピル

17・46 4-メチル-1-ペンテンと二酸化炭素から5-メチルヘキサン酸を合成する方法を示せ．ただし，炭素源としては4-メチル-1-ペンテンと二酸化炭素のみを用い，そのほかに必要な反応剤と途中の合成中間体もすべて示せ．

4-メチル-1-ペンテン + CO_2 → 5-メチルヘキサン酸

17・47 シクロヘキサンを二塩化アジポイルに変換する方法を示せ．必要な反応剤と途中の合成中間体をすべて示せ．

シクロヘキサン → 二塩化アジポイル

17・48 5-クロロ-2-ペンタノンと二酸化炭素からラセミ体のテトラヒドロ-6-メチル-2-ピラノンを合成する方法を示せ．ただし，炭素源としては5-クロロ-2-ペンタノンと二酸化炭素のみを用い，そのほかに必要な反応剤と途中の合成中間体をすべて示せ．

5-クロロ-2-ペンタノン + CO_2 → テトラヒドロ-6-メチル-2-ピラノン(ラセミ体)

関連する反応

17・49 有機化学の研究室では，危険性があるにもかかわらずジアゾメタン CH_2N_2 を用いることがある．ジアゾメタンを用いると高収率で生成物が得られ，またカルボン酸と選択的に反応するからである．次の反応の生成物を示せ．

(a) 過剰 CH_2N_2 / CH_3OH

(b) CH_2N_2 / CH_3OH

(c) 過剰 CH_2N_2 / CH_3OH

17・50 次のフィッシャーエステル化の反応式を完成させよ．

(a) cat. H_2SO_4 / EtOH

(b) cat. H_2SO_4 / MeOH

17・51 これまで，多くの還元剤を取上げてきたが，さまざまな官能基は，それぞれの還元剤に対して異なる反応性を示す．このことを念頭において次の反応式を完成させよ．この反応は，鎮静作用の少ない抗ヒスタミン薬フェキソフェナジン合成の最終段階である．

$NaBH_4$, NaOH, H_2O/EtOH, pH 7～8, 35 h → フェキソフェナジン fexofenadine

基礎知識 II

カルボン酸誘導体の反応機構

　カルボン酸誘導体の反応機構には四つから七つの段階が含まれるので，複雑にみえる．また，それぞれの反応機構は互いに似通っており基質によってわずかに違うだけなので，各反応機構を暗記するのは不可能ではないがむずかしい．これらの反応機構を習得するには，記憶に頼るのではなく，反応機構の各段階を正確に予想できるようにいかに直感的な理解を深めるかが鍵となる．カルボン酸誘導体について詳しく学ぶ前に，本章で反応機構に関する直感力を高めるために必要となる基本的な事項について説明する．

　酸塩化物は水，カルボン酸，アルコール，アミンと反応する．また，酸無水物は水，アルコール，アミンと反応し，エステルは水，アミンと反応する．さらに，アミドは水と反応することができる．これら10種類の反応の多くが，それぞれ酸でも塩基でも触媒されることから，カルボン酸とその誘導体には20種類近くもの異なる反応があることになる．しかし，これまで述べてきた四つの共通する反応機構の段階を組合わせれば，記憶力をあてにすることなく，これらすべての反応機構を書くことができる．

1. 求核剤と求電子剤の間の結合生成
2. 結合開裂による安定な分子（イオン）の生成
3. プロトンの付加
4. プロトンの脱離

　本章で述べる多くの反応機構は比較的長いので，これらの段階が繰返し出てくる．各段階を適切な順序に並べるためには，次に示す三つの原則に基づいて考察するとよい．

原則 1 反応機構においてどの結合の開裂と生成が起こらなければならないかを考える．
原則 2 塩基性の反応系と酸性の反応系を混同しない．つまり，強い塩基性の反応系（たとえば，水酸化物やアルコキシドイオンが存在する系）で起こる反応の機構を書くときには，非常に酸性の強い中間体（たとえばプロトン化し，正電荷をもつカルボニルやアルコール）を生成させてはならない．同様に，強酸性の反応系（オキソニウムイオンやプロトン化されたアルコール ROH_2^+ が存在する系）で起こる反応の機構を書く場合には，強塩基性の中間体（水酸化物イオンやアルコキシドイオン，アミドアニオン）を生成させてはならない．（反応系の混同に由来するまちがいについてのより詳しい説明は付録10を参照）．中間体は強酸性の場合，正電荷をもつか電気的に中性であり，強塩基性の場合，負電荷をもつか中性である．
原則 3 自分で書いた反応機構の各中間体を分析し，求核付加，脱離基の脱離，プロトンの付加，脱離がどの段階で起こるか考える．

フィッシャーエステル化の再検討

　この考え方に従い，前章で解説したフィッシャーエステル化反応の機構の組立て方を

示そう．フィッシャーエステル化をみてみると，カルボン酸の OH 基が OR′ に置換されることがわかる．ということは，いずれかの段階で OH 基が安定な分子やイオンとして脱離し，OR′ 基が求核剤として働かなければならない（原則 1）．この分析をもとに，四つの反応機構の段階のうちから適切なものを選択して可能な反応機構を組立てる．

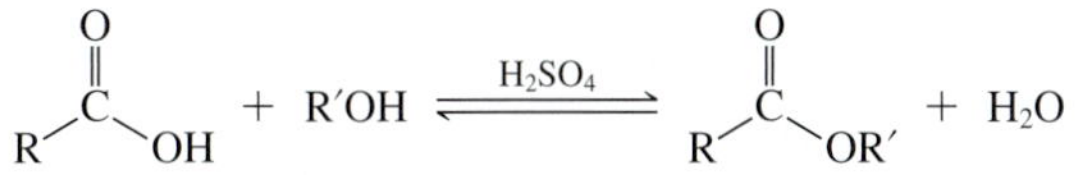

$$\text{RCOOH} + \text{R'OH} \xrightleftharpoons{\text{H}_2\text{SO}_4} \text{RCOOR'} + \text{H}_2\text{O}$$

段階 1：もし，アルコールが直接カルボニル基に付加する（結合の生成）とすれば，エステルカルボニル基の酸素が負電荷をもつことになる．反応は酸性の反応系で行っており，オキシアニオンは塩基性であるので，これでは反応系の混同になりよくない（原則 2）．酸性反応系で水酸化物イオンが脱離すると，やはり反応系の混同になるので，OH 基を sp^2 炭素から脱離（結合の開裂）させることはできない（原則 2）．取除けるプロトンもない（プロトンの脱離，原則 3）．よって，消去法により**プロトンの付加**になる．つまり，最初の段階はカルボニル酸素のプロトン化であり，**II** を生成することがわかる．

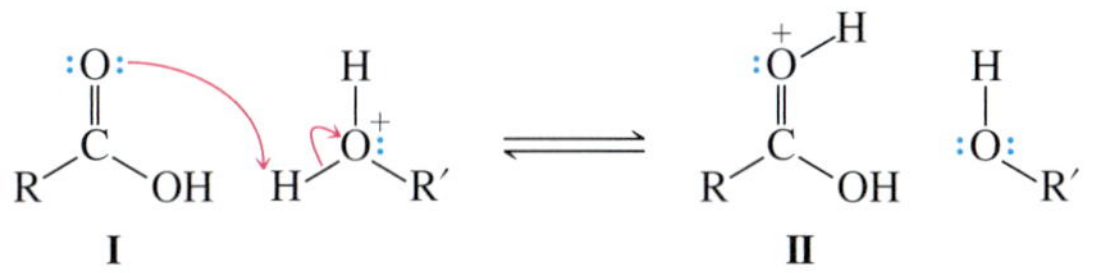

I ⇌ II

溶媒であるアルコールの共役酸により，カルボニル酸素はプロトン化される．アルコールの共役酸はアルコールに硫酸が作用して生成する．

段階 2：酸性の反応系で **II** 自身は脱離できる（結合の開裂）脱離基をもっていない．また，ジカチオンを生じるのでさらにプロトン化すること（プロトンの付加）はできない．また，プロトンを取去ると（プロトンの脱離）**I** に戻るだけである．消去法から，求核付加が起こり **III** が生成すると予想できる．つまり，**求核剤と求電子剤の間の結合生成**である．

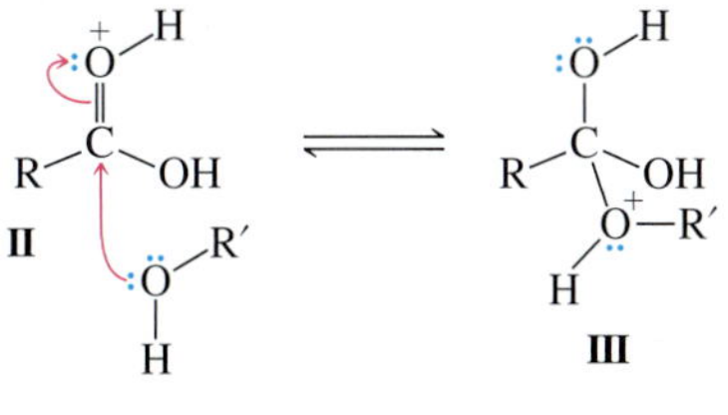

II ⇌ III

段階 3：**III** から，アルコールが脱離する（結合の開裂）と，単に **II** に戻るだけである．**III** の炭素は第三級（水素をもたない）であるため S$_N$2 型の求核攻撃（結合の生成）は起こらない．また，プロトン化する（プロトンの付加）とジカチオンが生成してしまう．再び消去法により，プロトンを取去って **IV** となるしかない．つまり，**プロトンの脱離**である．

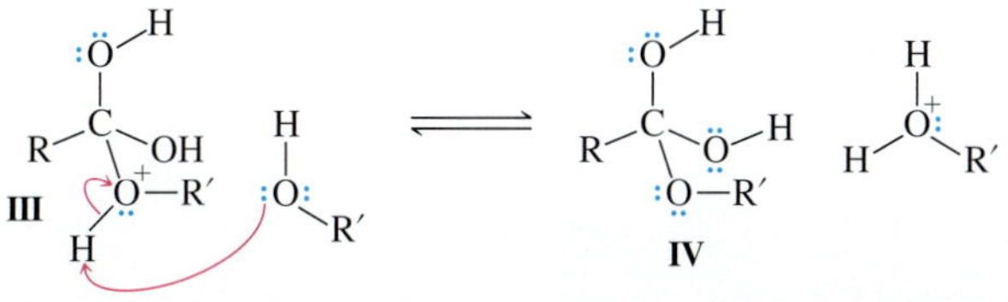

III ⇌ IV

段階 4：**IV** から取除けるプロトン（プロトンの脱離）はない．求核攻撃を受け入れるこ

とのできる(結合の生成)求電子的な原子もない．また，**IV** から脱離基が直接脱離すること(結合の開裂)はできない．これは，酸性の反応系なので水酸化物イオンあるいはアルコキシドイオンが生成しえないからである(原則 2)．よって，脱離基がまずプロトン化され **V** となる．すなわち，**プロトンの付加**が起こる．

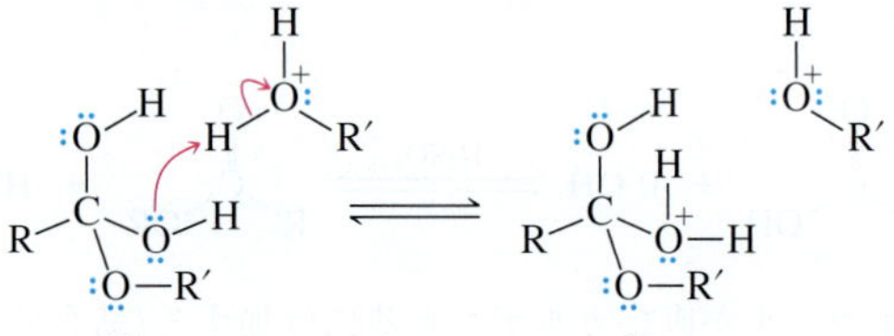

段階 5：段階 4 でのプロトン化によって，脱離基である水分子が脱離できるようになって，**VI** を生成する．つまり，**結合開裂による安定な分子(イオン)の生成**である．

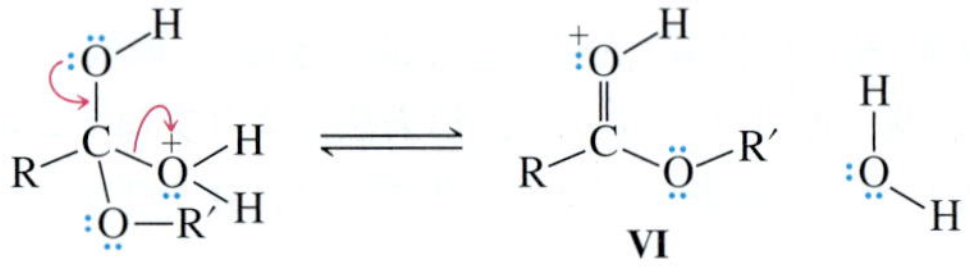

段階 6：最後に脱プロトン化してエステル **VII** となる．つまり，**プロトンの脱離**である．

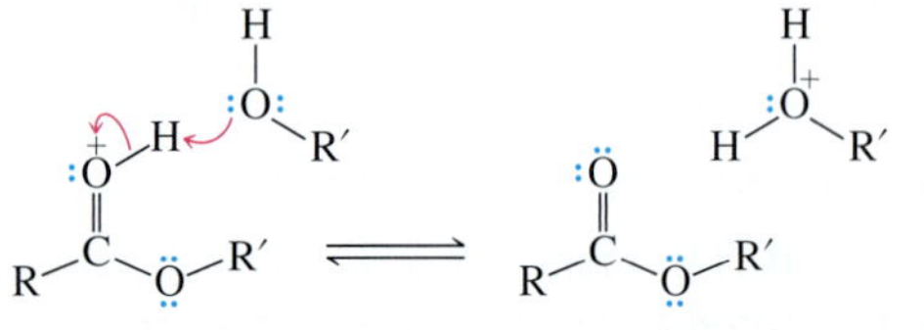

このように上述の三つの原則に基づいて四つの可能な段階を考えると，次章で解説するカルボン酸およびその誘導体の相互変換の合理的な反応機構を書くことができる．さらに，この考え方は，本書で学ぶ他の反応機構についても同じように適用できる．

18章 カルボン酸誘導体

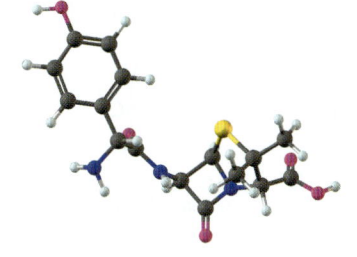

アモキシシリン

- 18・1 構造と命名法
- 18・2 アミド,イミドおよびスルホンアミドの酸性度
- 18・3 特徴的な反応
- 18・4 水との反応: 加水分解
- 18・5 アルコールとの反応
- 18・6 アンモニアおよびアミンとの反応
- 18・7 酸塩化物とカルボン酸塩の反応
- 18・8 カルボン酸誘導体間の相互変換
- 18・9 有機金属化合物との反応
- 18・10 還元

本章では,カルボン酸に由来する五つの誘導体,すなわち酸ハロゲン化物,酸無水物,エステル,アミド,そしてニトリルについて解説する.

これらの官能基の構造式と,それらが形式的にどのようにカルボン酸から誘導されるかを次に示す.たとえば,カルボン酸とHClの反応でカルボキシ基からOH,HClからHを取除けば,形式的に酸塩化物が得られる.同様に,カルボキシ基からOH,アンモニアからHを取除けば,アミドが得られる.これらの反応を形式的な水の脱離として次に示すが,本章で説明するように,必ずしも実際の反応機構にH_2Oという分子が失われる段階があるわけではない.

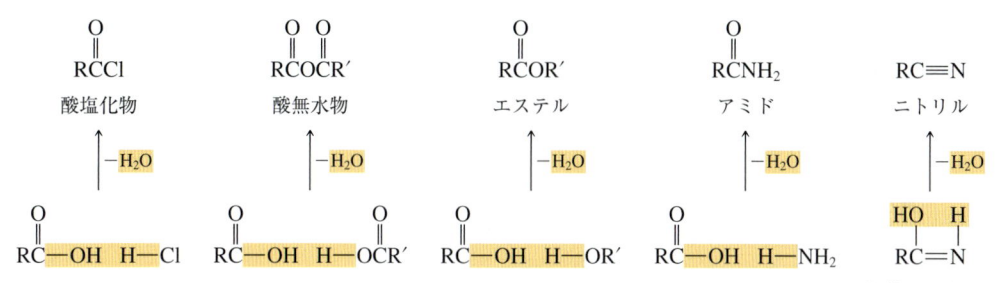

| 酸塩化物 RCCl | 酸無水物 RCOCR' | エステル RCOR' | アミド RCNH$_2$ | ニトリル RC≡N |

(アミドのエノール形)

18・1 構造と命名法
A. 酸ハロゲン化物

酸ハロゲン化物はアシル基 RCO がハロゲン原子に結合した化合物である.最も一般的な酸ハロゲン化物は酸塩化物である.

酸ハロゲン化物 acid halide, acyl halide
アシル基 acyl group RCO あるいは ArCO と表す.

- アシル基 RC−
- 塩化エタノイル ethanoyl chloride (塩化アセチル acetyl chloride) CH$_3$CCl
- 塩化ベンゾイル benzoyl chloride
- 塩化ヘキサンジオイル hexanedioyl chloride (塩化アジポイル adipoyl dichloride)

酸ハロゲン化物は,母体のカルボン酸名の酸(-oic acid)をオイル(-oyl)として,その前にハロゲン化をつけて命名する.

同様に,スルホン酸のOH基を塩素で置き換えると,**塩化スルホニル**が得られる.

塩化スルホニル sulfonyl chloride

二つのスルホン酸とそれから得られる酸塩化物の構造を次に示す.

メタンスルホン酸
methanesulfonic acid

塩化メタンスルホニル
methanesulfonyl chloride
(MsCl)

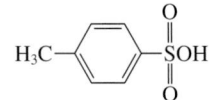

p-トルエンスルホン酸
p-toluenesulfonic acid

塩化 p-トルエンスルホニル
p-toluenesulfonyl chloride
(塩化トシル
tosyl chloride, TsCl)

B. 酸無水物

カルボン酸無水物

カルボン酸無水物 carboxylic anhydride. 酸無水物 acid anhydride ともいう.

カルボン酸無水物は，二つのアシル基が一つの酸素に結合した化合物である．このような化合物は二つのカルボン酸の脱水によって得られるため，**酸無水物**とよばれる．酸無水物には，同一のアシル基をもつ対称なものと，二つの異なるアシル基をもつ非対称なものがある．酸無水物は，母体のカルボン酸名の 酸(acid) を 酸無水物(anhydride) に代えて命名する．日本語名の場合には，母体のカルボン酸の名称の前に 無水 をつけることによって命名することもある*．環状の無水物は対応するジカルボン酸をもとに命名する．次にコハク酸, マレイン酸, フタル酸から誘導された環状無水物を示す.

* 訳注：無水酢酸, 無水コハク酸, 無水マレイン酸, 無水フタル酸など.

酢酸無水物
acetic anhydride
(無水酢酸)

安息香酸無水物
benzoic anhydride

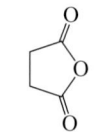

コハク酸無水物
succinic anhydride
(無水コハク酸)

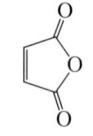

マレイン酸無水物
maleic anhydride
(無水マレイン酸)

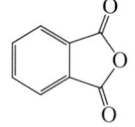

フタル酸無水物
phthalic anhydride
(無水フタル酸)

リン酸無水物

リン酸無水物 phosphoric anhydride

生化学においてリン酸の無水物は特に重要なので，カルボン酸の無水物に関連してここでふれておこう．**リン酸無水物**は，二つのホスホリル基が一つの酸素に結合した化合物である．二つのリン酸無水物と酸性プロトンが解離したイオンの構造式を次に示す．

二リン酸
diphosphoric acid
(ピロリン酸
pyrophosphoric acid)

二リン酸イオン
diphosphate ion
(ピロリン酸イオン
pyrophosphate ion)

三リン酸
triphosphoric acid

三リン酸イオン
triphosphate ion

C. エステル

カルボン酸エステル

カルボン酸エステル carboxylic ester

カルボン酸エステルはアシル基が OR 基あるいは OAr 基に結合した化合物である．その IUPAC 名および慣用名は，母体のカルボン酸の名称に基づいてつける．英語名では酸素に結合したアルキル基やアリール基の名称の後に，カルボン酸名の接尾辞の -ic acid を -ate に置き換えて命名する．日本語名では，カルボン酸名の後に，アルキル基

やアリール基の名称をつづけて命名する．

CH₃COCH₂CH₃ エタン酸エチル ethyl ethanoate (酢酸エチル ethyl acetate)

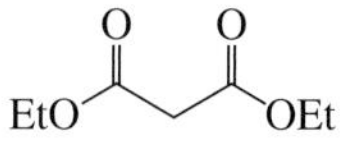

EtO-CO-CH₂-CO-OEt プロパン二酸ジエチル diethyl propanedioate (マロン酸ジエチル diethyl malonate)

ラクトン(環状エステル)

環状エステルを**ラクトン**という．このような化合物は IUPAC 命名法で定められたいくつかの規則に基づいて命名する．簡単な構造のラクトンは，母体のカルボン酸名の語尾の酸(-ic acid あるいは -oic acid)をオラクトン(-olactone)で置き換えて命名する．環の酸素の位置は，IUPAC 名を用いた場合には数字で，慣用名を用いた場合には $\alpha, \beta, \gamma, \delta, \varepsilon$ などのギリシャ文字で示す．

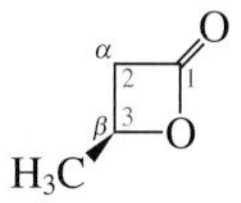

ラクトン lactone　環状エステル

(S)-3-ブタノラクトン
(S)-3-butanolactone
((S)-β-ブチロラクトン
(S)-β-butyrolactone)

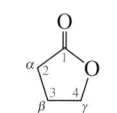

4-ブタノラクトン
4-butanolactone
(γ-ブチロラクトン
γ-butyrolactone)

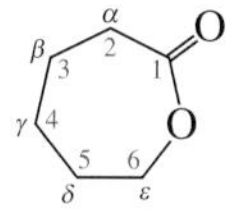

6-ヘキサノラクトン
6-hexanolactone
(ε-カプロラクトン
ε-caprolactone)

リン酸エステル

リン酸は三つのヒドロキシ基をもっており，モノエステル，ジエステル，トリエステルを生成しうる．単純な構造のリン酸エステルの英語名は dimethyl phosphate のように，酸素に結合しているアルキル基あるいはアリール基の名称の後に，phosphate をつづける．日本語名では，リン酸の後にアルキル基またはアリール基をつづける．もっと複雑なリン酸エステルの場合には，有機基の部分を命名し，その後にリン酸エステルであることをリン酸(phosphate)をつづける，あるいはその前に接頭辞のホスホ(phospho-)をつけることで示す．次に示す右側の二つのリン酸エステルは生体において特に重要である．

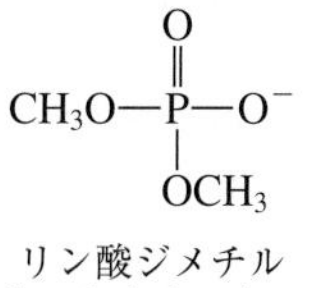

リン酸ジメチル
dimethyl phosphate

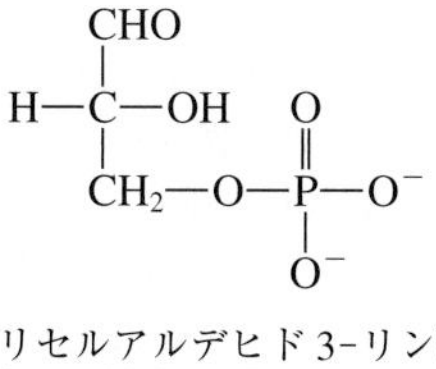

グリセルアルデヒド 3-リン酸
glyceraldehyde 3-phosphate

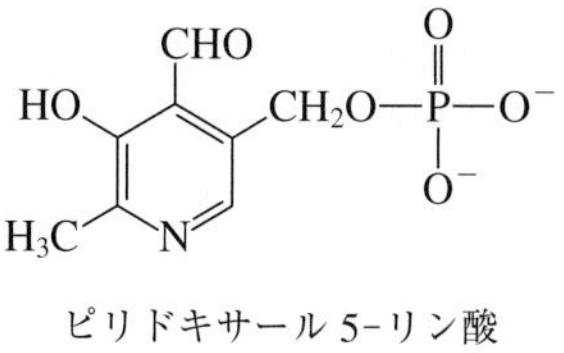

ピリドキサール 5-リン酸
pyridoxal 5-phosphate

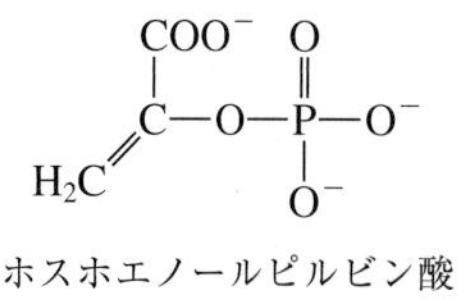

ホスホエノールピルビン酸
phosphoenolpyruvate

グルコースがピルビン酸に変換される代謝過程を解糖系とよぶが，グリセルアルデヒド 3-リン酸はその解糖系の中間体である．一方，ピリドキサール 5-リン酸は，ビタミン B_6 の活性型である．上図には，血漿の水素イオン濃度である pH 7.4 においてイオン化した構造を示している．これらのホスホリル基の二つのヒドロキシ基は両方ともイオン化して -2 の電荷を生じている．リン酸ジエステルは，DNA と RNA の両方の分子骨格の繰返し単位に含まれている．

D. アミドおよびイミド

アミドはアシル基が窒素原子に結合した化合物である．アミドは，母体のカルボン酸

アミド amide

558   18. カルボン酸誘導体

身のまわりの化学　　コカインからプロカインとその先へ

コカインは南米のコカの木 *Erythroxylon coca* の葉から 1880 年に初めて単離された．まもなくコカインの局所麻酔作用が発見され，1884 年にウィーンの二人の若い医師, Sigmund Freud と Karl Koller によって医療および歯科治療に導入された．しかし，不幸なことにコカインの使用は依存症をひき起こすことが明らかになった．Freud はある同僚にモルヒネの使用を止めさせるためコカインを使用したが，これによってコカイン中毒の記録に残っている最初の症例を生んでしまった．

コカインは疲労を和らげ，肉体的持続力を高め，非現実的な力をもっているかのような自信に満ちた感覚をもたらす．シャーロック・ホームズの物語には，彼が退屈を克服するため 7% コカイン溶液を注射する場面がある．

コカインの構造が決定されると，"コカインの構造とその麻酔作用の間にどのような相関があるのか？麻酔作用と習慣作用を分離できないだろうか？"という問題が注目された．もし，これらの問題が解決されれば，麻酔作用に不可欠な構造をもちながらも，不必要な効果をもたらす構造を除いた合成薬剤を開発することができるだろう．安息香酸エステル，塩基性窒素原子，炭素骨格の構成の三つの構造上の特徴に着目して探索が行われた結果，1905 年にプロカインが合成され，瞬く間に歯科治療と手術の分野でコカインの代わりに使用されるようになった．その後 1948 年に導入されたリドカインは，今日でも最も広く使われる麻酔薬である．さらに最近，カイン系の新局所麻酔薬としてエチドカインなどの新薬が導入されている．これらの局所麻酔薬は一般に水溶性の塩酸塩の形で投与される．

このように，自然界で合成される物質から得られる手がかりに基づいて，より優れた機能をもつ薬剤を化学的に合成することができる．

コカイン cocaine

プロカイン procaine

リドカイン lidocaine

エチドカイン etidocaine

身のまわりの化学　　カビのはえたクローバーから抗凝血薬へ

1933 年，米国ウィスコンシン大学 Karl Link 博士の研究室に，一人の農夫が不機嫌な面もちでバケツに入った凝固しない血液を持ち込み，牛がちょっとした怪我で出血死するという話をした．Link と彼の共同研究者は，その後の研究で牛にカビの生えた牧草を与えると，血液が凝固しなくなり，軽い怪我やひっかき傷によって出血死してしまうことを明らかにした．そして，カビの生えた牧草から血液の凝固を妨げる物質である抗凝血薬ジクマロールを単離した．ジクマロールはビタミン K の作用を妨げることによって抗凝血作用を示す．発見後数年のうちに，ジクマロールは血液凝固の危険性のある心臓発作などの患者を治療するのに広く使われるようになった．

ジクマロールはクマリンの誘導体であり，クマリンは牧草として使われていたスイートクローバーの芳香のもととなっているラクトンである．クマリンによって血液凝固が妨げられることはない．しかし，スイートクローバーにカビが生えるとクマリンはジクマロールに変換される．

より強力な抗凝血薬を探して，Link はワルファリンを開発した．現在，ワルファリンはおもに殺鼠剤として使われている．ネズミがワルファリンを摂取すると，血液が凝固しなくなり出血死する．ワルファリンはヒトに対する抗凝血薬としても用いられる．図に示す S 体のエナンチオマーが R 体よりも活性が高い．しかし，市販されているのはラセミ体である．ラセミ体のワルファリンの合成については問題 19・59 で取上げる．

クマリン coumarin
（スイートクローバーから単離）

カビの作用 →

ジクマロール dicumarol
（抗凝血薬）

(*S*)-ワルファリン (*S*)-warfarin
（合成抗凝血薬）

の酸(-ic acid あるいは -oic acid,) を アミド(-amide) に代えて命名する．アミドの窒素原子上にアルキル基やアリール基がある場合には，それらの置換基の名称をアミドの名称の前に置き，さらにその前に *N*– を置いて窒素上にあることを示す．窒素上に二つのアルキル基やアリール基が存在すれば，*N*,*N*–ジ(*N*,*N*-di-)となる．*N*,*N*–ジメチルホルムアミド(DMF)は，非プロトン性極性溶媒として広く用いられる(§9・3D 参照)．

アセトアミド
acetamide
（第一級アミド）

N–メチルアセトアミド
N-methylacetamide
（第二級アミド）

N,*N*–ジメチルホルムアミド
N,*N*-dimethylformamide(DMF)
（第三級アミド）

環状アミドを特に**ラクタム**という．ラクタムの名称はラクトンの名称と似ており，その命名は ラクトン(-lactone)を ラクタム(-lactam)に代えればよい．

ラクタム lactam　環状アミド

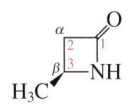

(*S*)-3-ブタノラクタム
(*S*)-3-butanolactam
((*S*)-β-ブチロラクタム
(*S*)-β-butyrolactam)

6-ヘキサノラクタム
6-hexanolactam
(ε-カプロラクタム
ε-caprolactam)

イミドは二つのアシル基が窒素に結合した化合物である．スクシンイミドやフタルイミドはともに環状イミドである．

イミド imide　アシル基(RCO あるいは ArCO)が二つ，一つの窒素に結合した官能基．

スクシンイミド
succinimide

フタルイミド
phthalimide

例題 18・1

次の化合物を命名せよ．

(a) [構造式]　(b) [構造式]

(c) [構造式]　(d) [構造式]

解答　それぞれのIUPAC名と( )内に慣用名を示す．
(a) 3-メチルブタン酸メチル(イソ吉草酸メチル)
(b) 3-オキソブタン酸エチル(β-ケト酪酸エチル)
(c) ヘキサン酸ジアミド(アジポアミド)
(d) フェニルエタン酸無水物(フェニル酢酸無水物)

問題 18・1　次の化合物の構造式を書け．
(a) *N*-シクロヘキシルアセトアミド　(b) メタン酸 1-メチルプロピル
(c) ブタン酸シクロブチル　(d) *N*-(1-メチルヘプチル)スクシンイミド
(e) アジピン酸ジエチル　(f) 2-アミノプロパンアミド

E. ニトリル

ニトリルはシアノ基 C≡N が炭素に結合した化合物である．ニトリルの IUPAC 名

ニトリル nitrile　炭素にシアノ基 C≡N が結合した化合物．

身のまわりの化学　ペニシリンとセファロスポリン：β-ラクタム系抗生物質

ペニシリンは 1928 年に英国の細菌学者 Alexander Fleming によって発見された．オーストラリア人病理学者 Howard Flory とナチスドイツから亡命したドイツ人化学者 Ernst Chain の実験研究の結果，ペニシリン G は 1943 年に実際の医療現場に導入された．歴史上最も効果的な抗生物質を開発した先駆的な業績により，彼らは 1945 年にノーベル医学生理学賞を受賞した．

Fleming はペニシリンをカビ *Penicillium notatum* から発見したが，そのカビはペニシリンをあまり効率よく産生できなかった．そのため，米国イリノイ州ピオリアの市場にあったグレープフルーツから発見されたカビ *P. chrysogenum* による商業的生産にその後切り替えられた．

5 員環であるチアゾリジンに縮環した β-ラクタム構造をもつことがすべてのペニシリン誘導体に共通する特徴である．ペニシリン類の抗菌活性は，ペニシリン類が細菌の細胞壁に必要不可欠な物質の生合成を妨げることによる．

アモキシシリン amoxicillin
(β-ラクタム系抗生物質)

ペニシリンが医療現場に導入されるとすぐ，細菌のペニシリン耐性株が出現し始め，以来耐性菌の数が増加している．耐性菌と戦う一つの方法は，より効力のあるペニシリン類縁体を合成することである．このような考えに基づいてアンピシリン (ampicillin)，メチシリン (methicillin)，アモキシシリン (amoxi-cillin) が開発された．もう一つの方法は，より効力のある新しい構造の β-ラクタム系抗生物質を探すことである．*Cephalosporium acremonium* というキノコから単離されたセファロスポリン (cephalosporin) が，現在最も強力なものである．

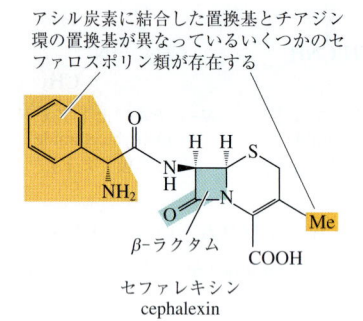

セファレキシン
cephalexin

セファロスポリン系抗生物質はペニシリン類よりもさらに広範な抗菌活性をもっており，ほとんどのペニシリン耐性菌にも有効である．しかし，セファロスポリンに対する耐性菌も現在増えつつある．

一般的に，耐性菌は β-ラクタマーゼという特別な酵素をつくり出し，ペニシリンやセファロスポリンに共通する構造である β-ラクタム環の加水分解によって耐性を得ている．この酵素を阻害する化合物が見つかっている．耐性が問題となった場合には，これらの化合物をペニシリンやセファロスポリンとともに服用することによって，ペニシリンやセファロスポリンの効能を取戻すことができる．オーグメンチン (augmentin) という名称で一般的に処方される薬には，β-ラクタマーゼ阻害薬とペニシリンの両方が混合されている．これは，小児の内耳炎で，耐性が疑われる場合に処方され，バナナ味の白い液体としてよく知られている．

は，アルカンニトリル (alkanenitrile) というように命名する．一例はエタンニトリルである．慣用名は母体のカルボン酸の慣用名の語尾の酸 (-ic acid あるいは -oic acid) を除き，オニトリル (-onitrile) をつけて命名する．

$CH_3C\equiv N$
エタンニトリル
ethanenitrile
(アセトニトリル
acetonitrile)

ベンゾニトリル
benzonitrile

$CH_2C\equiv N$
フェニルエタンニトリル
phenylethanenitrile
(フェニルアセトニトリル
phenylacetonitrile)

18・2　アミド，イミドおよびスルホンアミドの酸性度

第一級アミド，スルホンアミドおよび二つの環状イミドとその pK_a を次に示す．

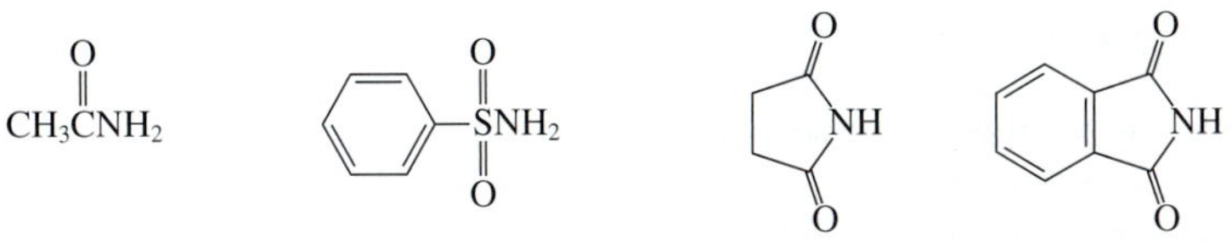

18・2 アミド，イミドおよびスルホンアミドの酸性度

アセトアミド
acetamide
pK_a 15〜17

ベンゼンスルホンアミド
benzenesulfonamide
pK_a 10

スクシンイミド
succinimide
pK_a 9.7

フタルイミド
phthalimide
pK_a 8.3

カルボン酸アミドの pK_a は 15〜17 であり，アルコールと同程度である．したがってアミドが水溶液中で酸として作用することはない．つまり，水に不溶のアミドが NaOH やそのほかの水酸化アルカリ金属の水溶液と反応し，水溶性の塩を生成するようなことはない．

一方，イミドはアミドよりも酸性(pK_a 8〜10)であり，5% NaOH 水溶液に水溶性の塩を形成して簡単に溶解する．イミドの高い酸性度は，カルボン酸の酸性度と同じ考え方で説明できる(§17・4参照)．つまり，イミドアニオンは負電荷のより広い非局在化によって安定化されている．イミドのイオン化で生成するアニオンの共鳴構造式を次に示す．負電荷が窒素と二つのカルボニル酸素に非局在化していることがわかる．

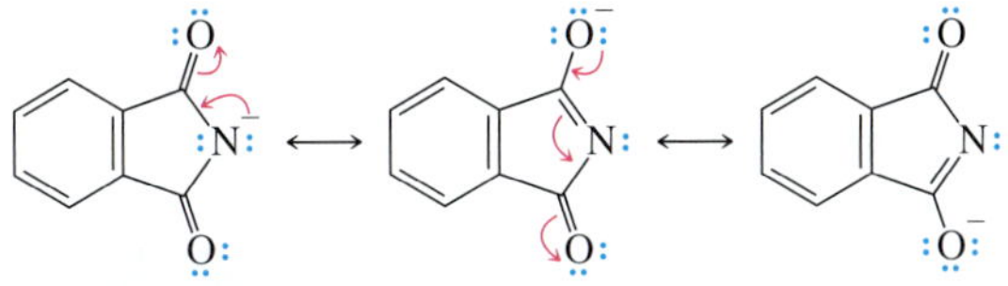

共鳴安定化されたアニオン

アンモニアや第一級アミンから得られるスルホンアミドも十分に酸性であり，水溶性の塩を生成して NaOH や他の水酸化アルカリ金属の水溶液に溶解する．ベンゼンスルホンアミドの pK_a はおよそ 10 である．スルホンアミドの酸性度もイミドの場合と同じように，生成するアニオンの非局在化による安定化によって説明できる．

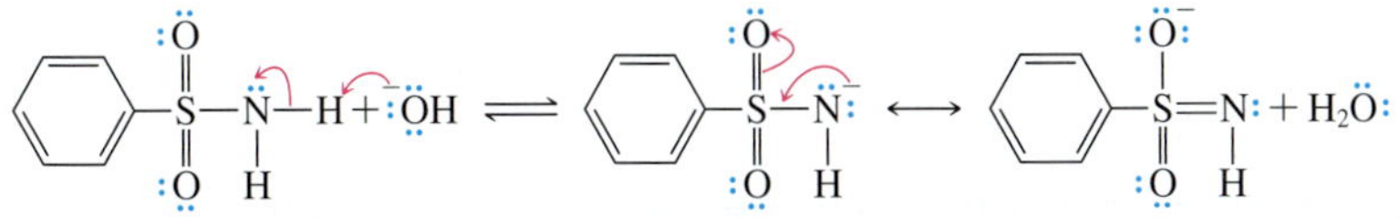

ベンゼンスルホンアミド　　　共鳴安定化されたアニオン

例題 18・2

フタルイミドは中性の水に溶けないが，NaOH 水溶液に溶解するかどうかを答えよ．

解答 フタルイミドはアミドより強い酸であり，NaOH は比較的強い塩基であるので，酸-塩基反応の平衡の位置は右に偏る．フタルイミドは水溶性の塩を生じることにより水に溶ける．

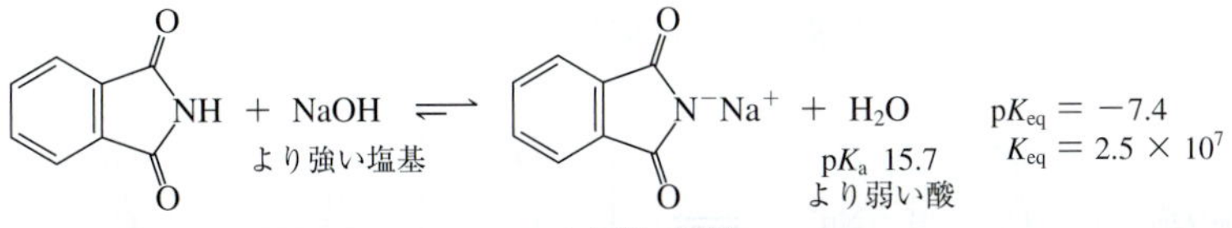

pK_a 8.3
より強い酸
＋ NaOH (より強い塩基) ⇌ (pK_a 15.7 より弱い酸) ＋ H$_2$O
より弱い塩基

pK_{eq} = −7.4
K_{eq} = 2.5 × 10^7

問題 18・2 フタルイミドは炭酸水素ナトリウム水溶液に溶解するかどうかを答えよ．

生化学とのつながり　アミド結合に特有の構造

アミドはカルボン酸誘導体のなかでも独特の構造的特徴をもっている．1930年代にLinus Pauling は，タンパク質中のアミド結合において，窒素まわりの角度が120°に近いことを見いだした．すなわち，アミドの窒素は平面三角形であり sp² 混成をしている．アミドは次の三つの共鳴構造の混成体として表すことができる(§1・9C 参照)．

この共鳴構造では炭素と窒素の間に二重結合がある

アミド結合をつくる六つの原子が同一平面上にあり，120°の角度をなしていることは，右側の共鳴構造の混成体への寄与が大きい，すなわちアミドの構造が右側の共鳴構造によく似ていることを示している．三つ目の共鳴構造を見れば，なぜアミド窒素が sp² 混成で平面であるかが理解できる．さらに，C-N 間に部分的な二重結合(π結合)が存在しており，C-N 結合まわりの自由な回転を制限している．アミド結合の C-N 結合の回転障壁はおよそ 63～84 kJ mol⁻¹ (15～20 kcal mol⁻¹) であると測定されている．これは，室温で C-N 結合の回転を止めるのに十分な障壁である．また，窒素の非共有電子対がπ結合に非局在化するために，この非共有電子対は，プロトンやルイス酸と相互作用しにくくなる．このため，アミド基の窒素の塩基性は低い．実際，酸性溶液中でアミドは窒素上ではなくカルボニル酸素上でプロトン化を受ける(例題4・3 参照)．また，窒素の非共有電子対が非局在化しカルボニル炭素の求電子性(すなわち正の部分電荷)が減少するため，アミドの求核攻撃に対する反応性は低下する．

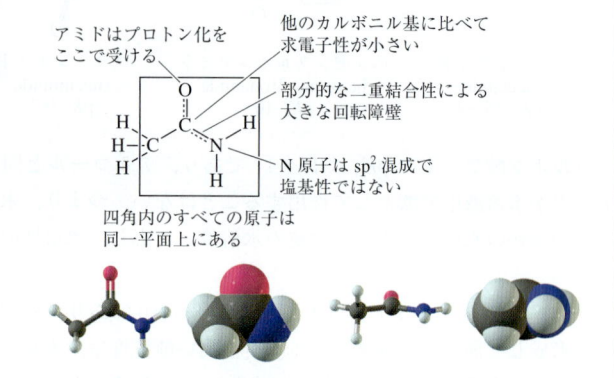

- アミドはプロトン化をここで受ける
- 他のカルボニル基に比べて求電子性が小さい
- 部分的な二重結合性による大きな回転障壁
- N 原子は sp² 混成で塩基性ではない
- 四角内のすべての原子は同一平面上にある

アミドの NH 基は水素結合供与体として，一方のカルボニル基は水素結合受容体としてそれぞれ作用する．このため，第一級および第二級アミドは強固な水素結合を形成することができる．

ポリペプチドやタンパク質の三次元構造の形成には，アミドが分子内および分子間水素結合を形成するということが非常に重要である．これについては 27 章で述べる．

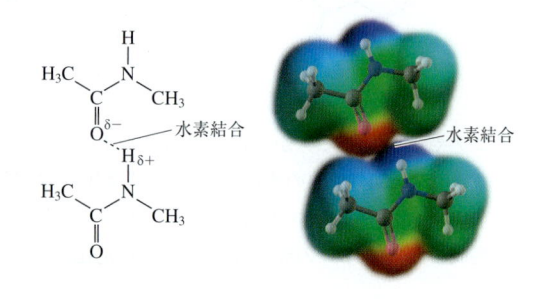

18・3 特徴的な反応

本節と次節では，さまざまなカルボン酸誘導体の反応について説明する．これらの反応では，まずカルボン酸誘導体の求電子的なカルボニル基と求核剤の間に結合が生成し，四面体形付加中間体が生成する．

A. アシル基への求核付加反応

反応の最初の段階はアルデヒドやケトンに対するアルコールの付加反応に非常によく似ている(§16・7B 参照)．塩基性条件では，負電荷をもつ求核剤がカルボニル炭素に直接付加する．生成した四面体形付加中間体はその後プロトン供与体 HA からプロトンを受取る．この付加反応が**求核的アシル付加反応**の第一段階である．

求核的アシル付加反応 nucleophilic acyl addition

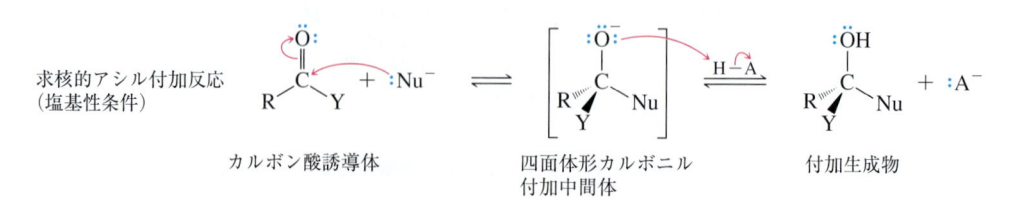

求核的アシル付加反応
(塩基性条件)

カルボン酸誘導体　　四面体形カルボニル付加中間体　　付加生成物

アルデヒドやケトンの場合と同様，酸もこの反応の触媒として働きうる．つまり，酸性条件ではカルボニル酸素のプロトン化が起こってから求核付加が起こる．

求核的アシル付加反応
(酸性条件)

カルボン酸誘導体　　　　　　　　　　　　　　　　四面体形カルボニル付加中間体

B. アシル基への求核置換反応

カルボン酸誘導体の場合には，四面体形カルボニル付加中間体が次にたどる経路がアルデヒドやケトンの場合とは異なっている．つまり，中間体が分解するときに脱離基 (Lv) が追い出され〔すなわち結合開裂による安定な分子 (イオン) の生成〕，カルボニル基が再生する．このように付加−脱離が連続して起こることにより，結果として**求核的アシル置換反応**となる．

求核的アシル置換反応 nucleophilic acyl substitution reaction　アシル炭素に結合した脱離基が求核剤で置換される反応．

求核的アシル置換反応
(塩基性条件)

　　　　　　　　　　　　　　　　四面体形カルボニル　　置換生成物
　　　　　　　　　　　　　　　　付加中間体

アルデヒドやケトンが比較的安定なアニオンとして脱離できる脱離基をもたないことが，アシル基への求核付加反応が求核的アシル置換反応と大きく異なる点である．このため，アルデヒドやケトンでは付加反応しか起こらない．一方，本章で説明している四つのカルボン酸誘導体は脱離基 Lv をもっており，これが比較的安定なアニオンあるいは電気的に中性な化合物として脱離しうる．酸触媒を用いる条件では，一般的に求核付加の前にカルボニル基のプロトン化が起こり，次に電気的に中性な分子が求核剤としてカルボニル炭素に付加する．また，脱離基が脱離する前にもプロトン化が起こる．

求核的アシル置換反応(酸性条件)

C. 相対的反応性

本章で取上げる四つのカルボン酸誘導体の求核的アシル置換反応に対する反応性は，次に示すように顕著に異なる．たとえば，室温や中性条件で水との反応を行うと，酸ハロゲン化物は数秒から数分で反応するが，酸無水物では数分から数時間かかる．一方，同様の条件でエステルはほとんど反応せず，加水分解に数年かかる．アミドでは反応するのに数世紀かかる．このように，酸ハロゲン化物と酸無水物は非常に反応性が高いのでエステルやアミドとは異なり一般に自然界には存在しない．

RCNH₂　　RCOR′　　RCOCR′　　RCX
アミド　　エステル　　酸無水物　　酸ハロゲン化物

　　　　　求核的アシル置換の反応性の増大 →

R₂N⁻　RO⁻　RCO⁻　X⁻
(O上)

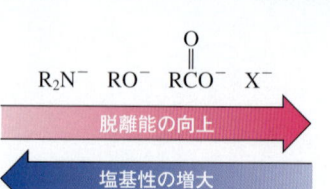

→ 脱離能の向上
← 塩基性の増大

図 18・1 アニオンの脱離能と塩基性

　この反応性の順序には二つの因子が作用している．一つは，脱離基の相対的な脱離能である．脱離基をアニオンとして示した図 18・1 から重要なことがわかる．つまり，弱い塩基（より安定なアニオン）ほど，より優れた脱離基として作用する．このなかでハロゲン化物イオンが最も弱い塩基であり，最も優れた脱離基である．このため，酸ハロゲン化物が求核的アシル置換反応に対して最も反応性が高い．最も塩基性が高く，最も脱離能が低いのはアミドイオンである．アミドは求核的アシル置換反応に対して最も反応性が低い．

　もう一つの因子はカルボニル炭素への求核攻撃の起こりやすさであり，これはカルボン酸誘導体における共鳴安定化の相対的な大きさに左右される．次に示すように，それぞれのカルボン酸誘導体に対して複数の共鳴構造式を書くことができ，それらは安定化に寄与する．それぞれのカルボン酸誘導体の二つ目の共鳴構造はカルボニル炭素に正電荷がある．この共鳴構造にカルボニル炭素の求電子性が現れている．しかし，カルボン酸誘導体における共鳴安定化の相対的な大きさを決めるのは他の共鳴構造である．

酸塩化物の共鳴構造

酸無水物の共鳴構造

エステルの共鳴構造

アミドの共鳴構造

　酸塩化物について考えてみよう．酸塩化物に対する三つ目の共鳴構造では，塩素と炭素間に二重結合がある．これらの二つの原子の p 軌道は，大きさが違うため効果的に重ならないため，この π 結合は弱い．さらに，電気的に陰性な塩素に正電荷があることもマイナス効果として働くため，この構造の寄与による安定化効果は小さいと考えられる．酸無水物に対しては，五つの共鳴構造が考えられる．そのうち，後の二つでは中央の酸素に正電荷がある．この正電荷は電子求引性のカルボニル基の隣にあるため，これらは合理的な共鳴構造とはいえない．一方，エステルにおける対応する共鳴構造では電子供与性のアルキル基の隣の酸素に正電荷がある．したがって，この共鳴構造は合理的な共鳴構造であり，この寄与によってエステルは安定化される．その結果，カルボニル炭素への求核攻撃が起こりにくくなる．アミドに対する三番目の共鳴構造も同様に合理的な共鳴構造である．さらに，エステルの酸素に比べて電気陰性度のより低い窒素に正電荷があるので，エステルの三番目の共鳴構造と比べて安定化により大きく寄与する．実際，アミドの C=N 二重結合性はかなり大きい．このような理由により，アミドのカルボニル基が求核攻撃を最も受けにくい．

結局，脱離基の脱離能とカルボニル炭素への求核攻撃の起こりやすさの因子が相乗的に働く結果，反応性の順序は次のようになる．

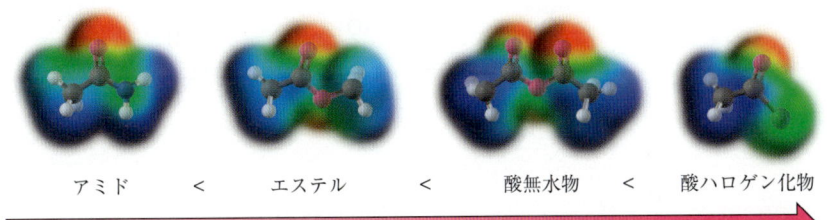

アミド < エステル < 酸無水物 < 酸ハロゲン化物

求核的アシル置換の反応性の増大

D. 触媒作用

酸ハロゲン化物と酸無水物の反応性は十分に高く，カルボン酸誘導体の変換に使われる一般的な求核剤とは触媒がなくても直接反応する．しかし，エステルやアミドは安定であり，求核剤と反応するには酸触媒や塩基触媒が必要になる．酸触媒はカルボン酸誘導体の求電子性を向上させるとともに，脱離基の脱離を促進する．つまり，カルボニル酸素が酸によりプロトン化されると，カルボニル炭素により大きな正電荷が生じ，求核攻撃を受けやすくなる．また，脱離基がプロトン化されるとより安定な電気的に中性な分子として脱離しやすくなる．

塩基は，電気的に中性な求核剤をアニオン性の求核剤に変換する（たとえば，エタノールをナトリウムエトキシドに変換する）ことで求核剤の求核性を高める．さらに，塩基性条件では四面体形付加中間体自身が負電荷をもっているので，負電荷をもつ脱離基をより放出しやすくなる．次節で，酸や塩基が関与する具体的な反応の機構を詳しく解説する．各反応機構は電子の流れを示す巻矢印を使って記述する．付録10に，反応機構を書く際にやってはいけないよくあるまちがいを示したので，反応機構について勉強する前に見ておくとよいだろう．

18・4 水との反応：加水分解

A. 酸塩化物

低分子量の酸塩化物は水と速やかに反応し，カルボン酸とHClを生成する．高分子量の酸塩化物は比較的水に溶けにくいので，水との反応は速くない．

$$CH_3CCl + H_2O \longrightarrow CH_3COH + HCl$$
塩化アセチル

> **反応機構** 酸塩化物の加水分解
>
> 酸塩化物は非常に反応性が高いので，加水分解には酸触媒も塩基触媒も必要ない．そのため，求核付加や脱離基の脱離が起こる前にプロトンの付加や脱離段階が反応機構にない．
>
> **段階 1：求核剤と求電子剤の間の結合生成．** カルボニル炭素に水が直接求核的に付加して，四面体形カルボニル付加中間体が生成する．

段階 2：プロトンの脱離． もう 1 分子の水へのプロトンの移動は非常に速く起こる．

$$\underset{\substack{|\\ OH}}{\overset{\substack{O^-\\|}}{\underset{|}{C}}}\begin{smallmatrix}R\\+\\H\end{smallmatrix}Cl \;+\; H_2O \;\rightleftharpoons\; \underset{\substack{|\\ OH}}{\overset{\substack{O^-\\|}}{\underset{|}{C}}}\begin{smallmatrix}R\\\\\end{smallmatrix}Cl \;+\; H_3O^+$$

段階 3：結合開裂による安定な分子（イオン）の生成． 塩化物イオンが脱離し，カルボン酸が生成する．

$$\underset{\substack{|\\ OH}}{\overset{\substack{O^-\\|}}{\underset{|}{C}}}\begin{smallmatrix}R\\\\\end{smallmatrix}Cl \;\longrightarrow\; R-\underset{\substack{\\}}{\overset{\substack{O\\\|}}{C}}-OH \;+\; Cl^-$$

反応によって強酸である HCl（H_3O^+ と Cl^-）が生成する．生成する酸を中和するためにピリジンなどの弱塩基を加えることが多い．

B. 酸無水物

酸無水物は一般的に酸塩化物より反応性が低い．しかし，低分子量の酸無水物は水と速やかに反応し，2 分子のカルボン酸を生成する．

$$\underset{\text{無水酢酸}}{CH_3\overset{O}{\overset{\|}{C}}O\overset{O}{\overset{\|}{C}}CH_3} \;+\; H_2O \;\longrightarrow\; CH_3\overset{O}{\overset{\|}{C}}OH \;+\; HO\overset{O}{\overset{\|}{C}}CH_3$$

酸塩化物の加水分解と同様に，酸無水物の加水分解も酸や塩基の触媒がなくても進行する（酸を用いる場合もある）．反応機構も酸塩化物の場合と似ている．酸触媒による反応機構は，次に説明するエステルと似ている．

C. エステル

中性条件でのエステルの加水分解は還流状態にまで加熱しても非常に遅い．しかし，酸や塩基の水溶液中で加熱すれば加水分解は十分に速くなる．酸触媒による加水分解の反応機構を次に説明する．これを十分に理解すれば，本章で述べるそのほかの反応機構の多くに含まれる鍵段階や考え方の理解も容易になる．

反応機構　酸触媒によるエステルの加水分解

段階 1：プロトンの付加． プロトン化によってエステルのカルボニル炭素の求電子性が増大し，反応が始まる．

$$\underset{A}{R-\overset{\substack{O:\\\|}}{\underset{}{C}}-OR'} \;+\; H_3O^+ \;\rightleftharpoons\; \underset{B}{R-\overset{\substack{+OH\\\|}}{\underset{}{C}}-OR'} \;+\; H_2O$$

段階 2：求核剤と求電子剤の間の結合生成． 水がカルボニル炭素に付加する．

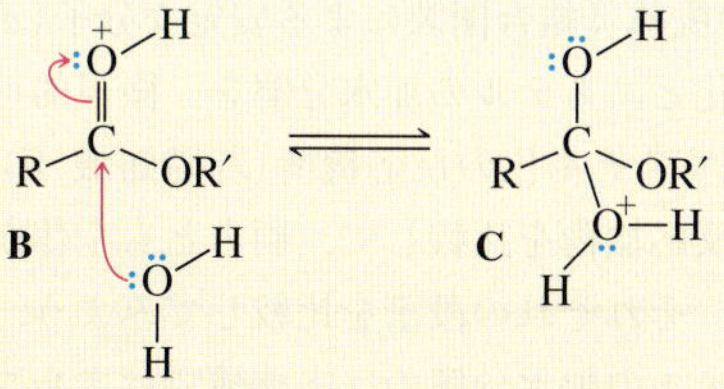

段階 3: プロトンの脱離. 脱プロトン化によって中性の四面体形カルボニル付加中間体が生成する.

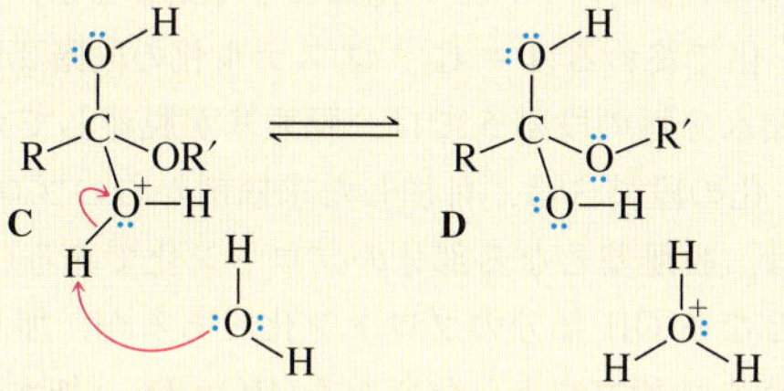

段階 4: プロトンの付加. プロトンが酸から OR′ に移動し, O⁺HR′ となる. これによって脱離能が高い電気的に中性な R′OH が脱離する準備ができる.

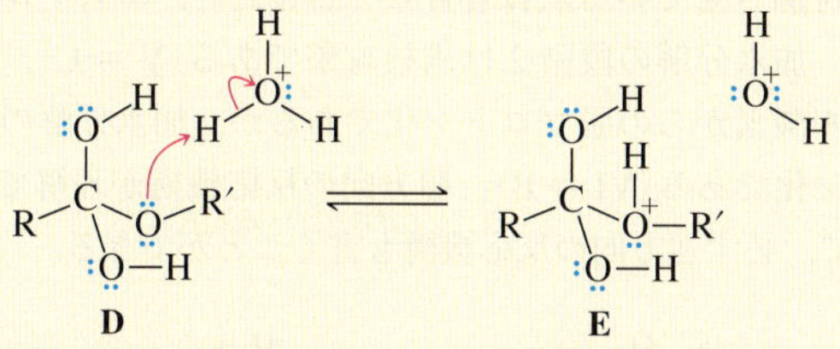

段階 5: 結合開裂による安定な分子(イオン)の生成. 電気的に中性な R′OH が脱離する.

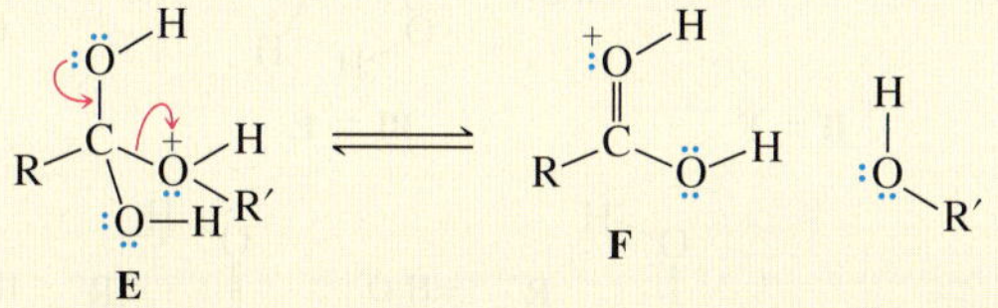

段階 6: プロトンの脱離. カルボニル酸素から水の酸素にプロトンが移ってカルボン酸が生成し, 酸触媒 O⁺H₃ が再生する.

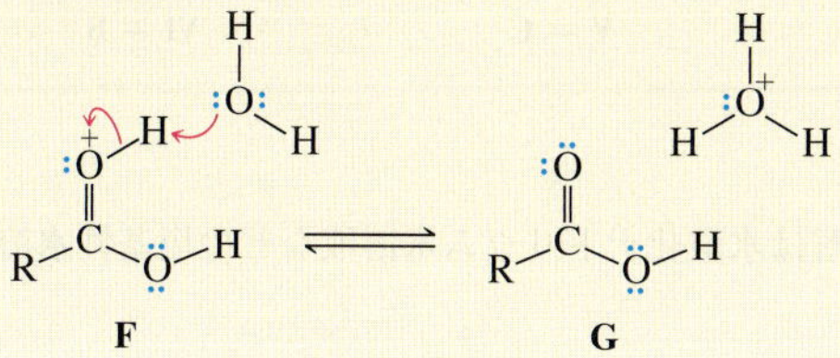

微視的可逆性

　ここまで, フィッシャーエステル化と酸性水溶液中でのエステルの加水分解について説明した. フィッシャーエステル化の説明では, この反応が平衡反応であることを述べた. 酸性水溶液中でのエステルの加水分解も平衡反応である. 互いに逆方向に進むということを除けば, 二つの反応は同じように求核剤の付加-脱離の反応機構により進行する*. §10・6で最初に紹介したように, 微視的可逆性の原理から, 可逆反応の順方向の反応と逆方向の反応は必ず共通の中間体と遷移状態を経て進行するといえる. ただ, 逆反応はそれらの順序が逆になるだけである. 一般に, プロトン化(プロトンの付加)の逆は脱プロトン化(プロトンの脱離)であり, 求核攻撃(求核剤と求電子剤の間の結合生

* 訳注: 同じ機構で進む二つの反応の違いは, 求核剤がアルコールか水か, そして脱離基が水かアルコールかであるともいえる.

成）の逆反応は，脱離基の脱離〔結合開裂による安定な分子（イオン）の生成〕である．

　フィッシャーエステル化とエステルの加水分解を，微視的可逆性の原理の観点からみてみよう．フィッシャーエステル化の反応機構（基礎知識 II）と先に述べた酸触媒によるエステルの加水分解の反応機構を比較して，両方とも全体が六つの段階からなることに注目してほしい．次に，それぞれの段階を比較してみよう．以下の解析では基礎知識 II ではローマ数字，エステルの加水分解の反応機構ではアルファベットで示した構造を比較する．

　エステル化はカルボニル酸素のプロトン化によって始まるが，加水分解はカルボニル酸素からの脱プロトン化で終わる(**I = G**)．エステル化の段階 2 はカルボニル炭素への求核付加であるが，加水分解の段階 5 では，脱離基が脱離してカルボニル基が生成する(**II = F**)．エステル化の段階 3 は，付加した求核剤からのプロトンの脱離であるが，加水分解の第四段階は，脱離基となる部分のプロトン化である(**III = E**)．エステル化の段階 4 は，脱離基となる OH 部分のプロトン化であるが，加水分解の段階 3 は，求核剤だった OH$_2$ 部分からの脱プロトン化である(**IV = D**)．加水分解の段階 3 で脱プロトン化によって生じる共通の電荷をもたない四面体形中間体に対して，エステル化の段階 4 でプロトンを付加させている点に着目しておきたい．エステル化の段階 5 は脱離基の脱離であるが，加水分解の段階 2 は求核攻撃である(**V = C**)．エステル化の最後の段階はカルボニル酸素からの脱プロトン化であるが，加水分解の段階 1 はカルボニル酸素へのプロトン化である(**VI = B**)．順方向の反応機構が理解できれば，微視的可逆性の原理を用いて，必ず逆方向の反応機構も書くことができる．

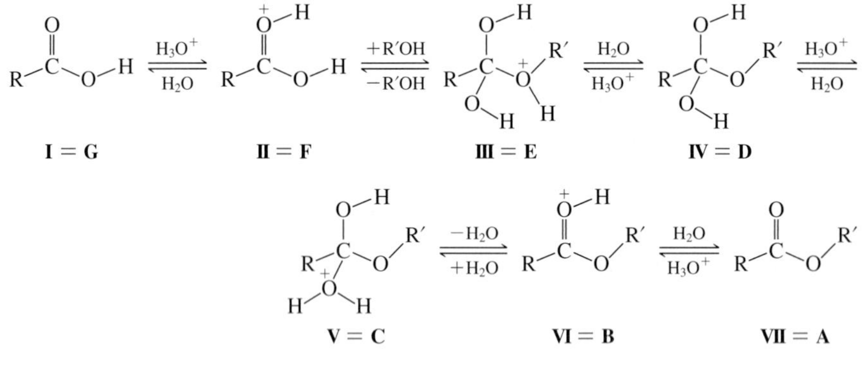

けん化

　エステルの加水分解は水酸化ナトリウム水溶液などの塩基性水溶液中で加熱することによっても起こる．

$$\text{RCOCH}_3 + \text{NaOH} \xrightarrow{\text{H}_2\text{O}} \text{RCO}^-\text{Na}^+ + \text{CH}_3\text{OH}$$

けん化 saponification エステルの NaOH あるいは KOH 水溶液によるカルボン酸のナトリウムあるいはカリウム塩への加水分解．

　塩基性水溶液中でのエステルの加水分解はしばしば**けん化**とよばれる．これは，せっけんが油脂であるトリグリセリドエステルを加水分解することにより製造されていることによる(§26・2A)．エステル基のカルボニル炭素の求電子性は強くないが，水酸化物イオンは強い求核剤であり，カルボニル基に付加して四面体形カルボニル付加中間体を生成する．この中間体がカルボン酸とアルコキシドイオンに分解する．カルボン酸は共存するアルコキシドイオンや他の塩基と反応してカルボキシラートイオンとなる．このように，エステル 1 mol を加水分解するのに 1 mol の塩基が必要となる．

18・4 水との反応：加水分解   569

> **反応機構**　**塩基性水溶液中でのエステルの加水分解(けん化)**
>
> **段階1：求核剤と求電子剤の間の結合生成．** 水酸化物イオンがエステルのカルボニル基に求核付加し，四面体形カルボニル付加中間体を生成する．
>
> $$R-\underset{\underset{OH}{|}}{\overset{\overset{O}{\|}}{C}}-O-CH_2CH_3 \;+\; {}^-OH \;\rightleftharpoons\; R-\underset{\underset{OH}{|}}{\overset{\overset{O^-}{|}}{C}}-O-CH_2CH_3$$
>
> 四面体形カルボニル付加中間体
>
> **段階2：結合開裂による安定な分子(イオン)の生成．** 四面体形中間体が分解してカルボン酸とアルコキシドイオンが生成する．
>
> $$R-\underset{\underset{OH}{|}}{\overset{\overset{O^-}{|}}{C}}-O-CH_2CH_3 \;\rightleftharpoons\; R-\overset{\overset{O}{\|}}{C}-O-H \;+\; {}^-O-CH_2CH_3$$
>
> **段階3：プロトンの脱離．** カルボン酸とアルコキシドイオン間のプロトン移動によりカルボキシラートイオンが生成する．この酸−塩基反応が非常に発熱的であるので，全体の反応が順方向に完結する．
>
> $$R-\overset{\overset{O}{\|}}{C}-O-H \;+\; {}^-O-CH_2CH_3 \;\longrightarrow\; R-\overset{\overset{O}{\|}}{C}-O^- \;+\; H-O-CH_2CH_3$$

酸性水溶液と塩基性水溶液を用いるエステルの加水分解には大きな違いが二つある．

1. 酸性水溶液中の加水分解に必要な酸は触媒量だけである．一方，塩基性水溶液中の加水分解では化学量論量の塩基が必要である．なぜなら，塩基は触媒ではなく反応物の一つであるからである．

2. 酸性水溶液中の加水分解は可逆反応であるが，塩基性水溶液中の加水分解は不可逆反応である．なぜなら，カルボキシラートイオン(非常に弱い求電子剤)は ROH (弱い求核剤)による求核攻撃を受けないからである．

他のカルボン酸誘導体もエステルの場合と同様の形式で塩基と反応する．

> **例題 18・3**
>
> 水酸化ナトリウム水溶液中における次のエステルの加水分解の反応式を完成させよ．必要に応じてイオン化した生成物の構造式を書け．
>
> (a) PhCOO-CH(CH_3)_2 + NaOH $\xrightarrow{H_2O}$
>
> (b) CH_3COO-CH_2CH_2-OOCCH_3 + NaOH $\xrightarrow{H_2O}$
>
> **解答**　(a)の加水分解により安息香酸と2-プロパノールが生成する．NaOH 水溶液中で，安息香酸はナトリウム塩になる．そのため，このエステル 1 mol を加水分解するのに 1 mol の NaOH が必要である．(b)の出発物はエチレングリコールのジエステルである．加水分解には 2 mol の NaOH が必要である．
>
> (a) PhCOO⁻Na⁺ ＋ (CH_3)_2CHOH
>   安息香酸ナトリウム　　2-プロパノール
>   (イソプロピルアルコール)
>
> (b) 2 CH_3COO⁻Na⁺ ＋ HOCH_2CH_2OH
>   酢酸ナトリウム　　1,2-エタンジオール
>   (エチレングリコール)

問題 18・3 酸性水溶液中における次のエステルの加水分解の反応式を完成させよ．必要に応じてイオン化した生成物の構造式を書け．

(a) o-C₆H₄(COOCH₃)₂ + NaOH →(H₂O)

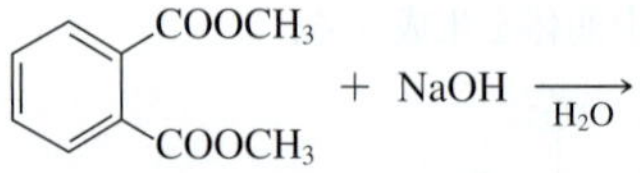

(b) CH₃COCH₂CH₂CH₂COOEt + H₂O →(HCl)

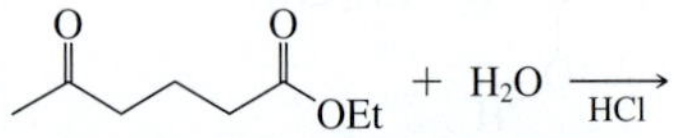

身のまわりの化学　別の機構によるエステルの加水分解：S_N2 と S_N1 の可能性

S_N2

酸性水溶液中でのエステルの加水分解では，四面体形カルボニル付加中間体が生成する付加–脱離が最も一般的な反応機構である．しかし，別の反応機構で進む特別な場合もある．たとえば，メチルエステルの塩基性条件での加水分解は別の機構で進行する．S_N2 反応は，第一級アルキル基，第二級アルキル基，第三級アルキル基の場合に比べて，CH₃ 基に対してより起こりやすい．メチルエステルの場合は，付加–脱離による機構よりも S_N2 機構のほうが優先する．

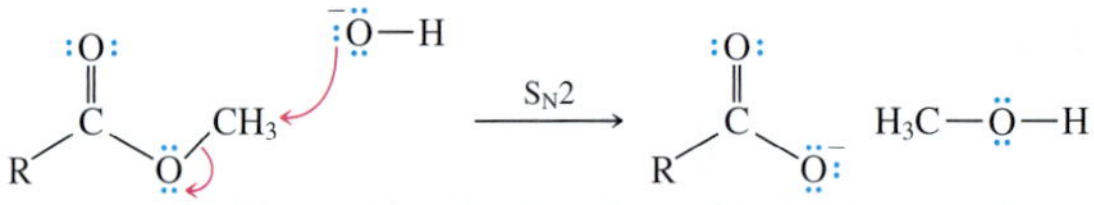

R–CO–O–CH₃ + ⁻OH →(S_N2) R–CO–O⁻ + H₃C–OH

求核剤と求電子剤の間の結合生成と結合開裂による安定な分子（イオン）の生成

S_N1

もう一つの例外は，酸素に結合したアルキル基が特に安定なカルボカチオンを生成する場合に酸性条件の反応でみられる．この場合，カルボニル酸素のプロトン化につづいて O–C 結合が開裂し，カルボン酸とカルボカチオンを生成する．ベンジルエステルや tert-ブチルエステルではこのようなエステルの加水分解が容易に進行する．カルボカチオンは，水と反応しアルコールになる．これは，S_N1 機構であり，このときの脱離基はカルボン酸である．

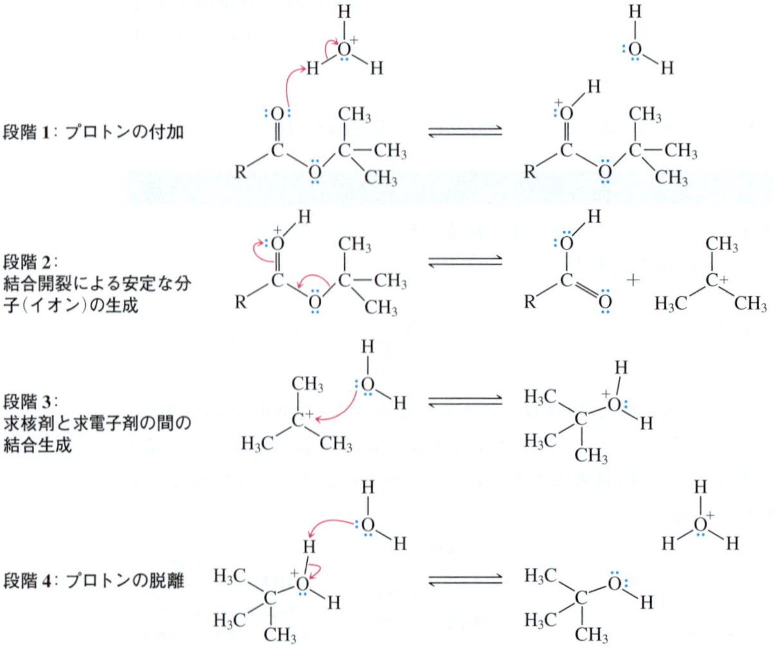

段階 1：プロトンの付加

段階 2：結合開裂による安定な分子（イオン）の生成

段階 3：求核剤と求電子剤の間の結合生成

段階 4：プロトンの脱離

D. アミド

アミドを加水分解するには，エステルの場合より強い反応条件が必要である．たとえば，酸性水溶液中でのアミドの加水分解には加熱が必要である．カルボン酸とアンモニアあるいはアミンが生成するが，これらはただちに酸と反応してアンモニウム塩を生成する．この中和反応によって加水分解が完結する．1 mol のアミドの加水分解に 1 mol の酸が必要である．

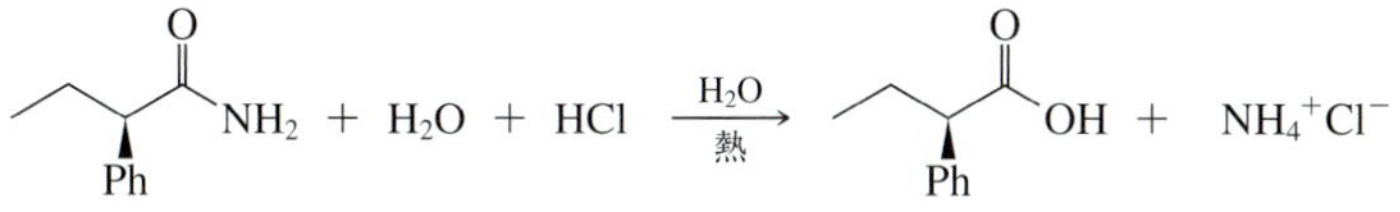

$$\text{(R)-2-フェニルブタンアミド} + H_2O + HCl \xrightarrow[\text{熱}]{H_2O} \text{(R)-2-フェニルブタン酸} + NH_4^+Cl^-$$

塩基性水溶液中でアミドを加水分解すると，カルボン酸塩とアンモニアあるいはアミンが生成する．生成したカルボン酸と塩基との酸-塩基反応でカルボン酸塩が生成することによって塩基性水溶液中での加水分解が順方向に完結する．1 mol のアミドの加水分解に 1 mol の塩基が必要である．

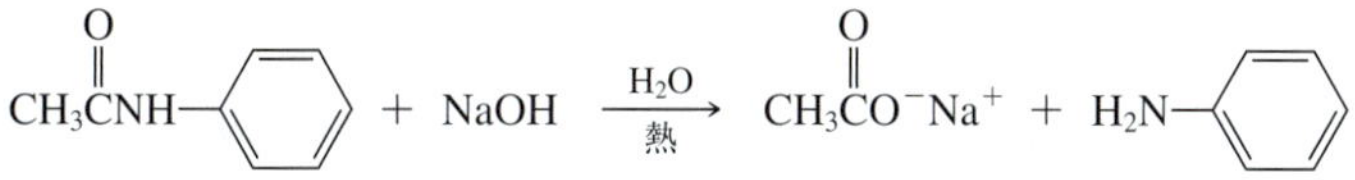

$$\underset{\substack{N\text{-フェニルエタンアミド} \\ (N\text{-フェニルアセトアミド,} \\ \text{アセトアニリド})}}{CH_3CNHPh} + NaOH \xrightarrow[\text{熱}]{H_2O} \underset{\text{酢酸ナトリウム}}{CH_3CO^-Na^+} + \underset{\text{アニリン}}{H_2N\text{-}Ph}$$

酸性水溶液中におけるアミドの加水分解の反応機構の各段階は，酸性水溶液中におけるエステルの加水分解の反応機構とよく似ている．

反応機構　酸性水溶液中におけるアミドの加水分解

段階 1：プロトンの付加． カルボニル酸素のプロトン化により，共鳴安定化されたカチオン中間体が生成する．この段階で，カルボニル酸素がプロトン化されることによって，カルボニル炭素の求電子性が向上している．

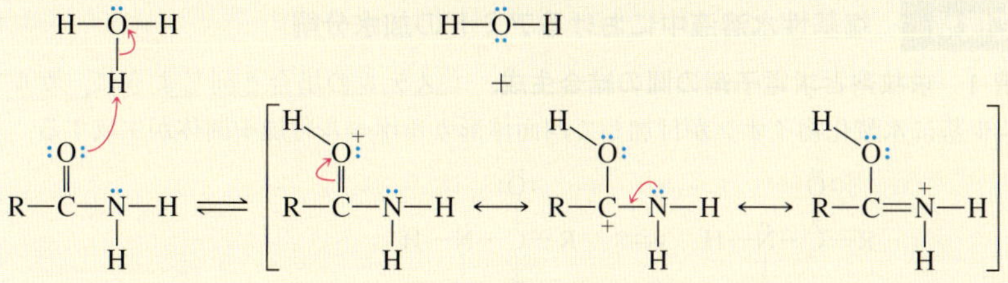

[共鳴で安定化されたカチオン]

段階 2：求核剤と求電子剤の間の結合生成． カルボニル炭素へ水が求核付加して，四面体形カルボニル付加中間体が生成する．

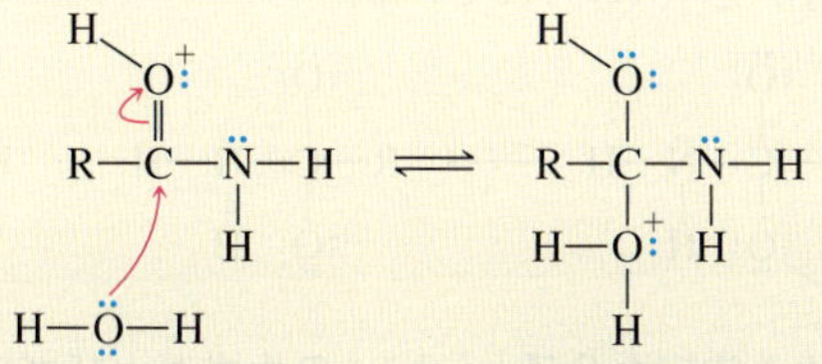

[四面体形カルボニル付加中間体]

段階 3: プロトンの脱離-プロトンの付加. 酸素から窒素へプロトンが移動する. 溶媒の水分子が酸素上の酸性プロトンを受取り, オキソニウムイオンから窒素にプロトンが移動すると考えられているが, 移動の正確な経路はフラスコの中の分子ごとに違っているかもしれない.

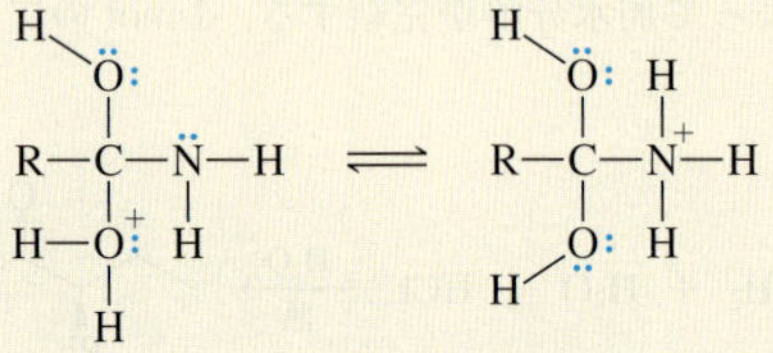

段階 4: 結合開裂による安定な分子(イオン)の生成. この段階の脱離基は電気的に中性なアミン(弱い塩基)であり, 負電荷をもつアミドイオン(強い塩基)よりも脱離能が高い.

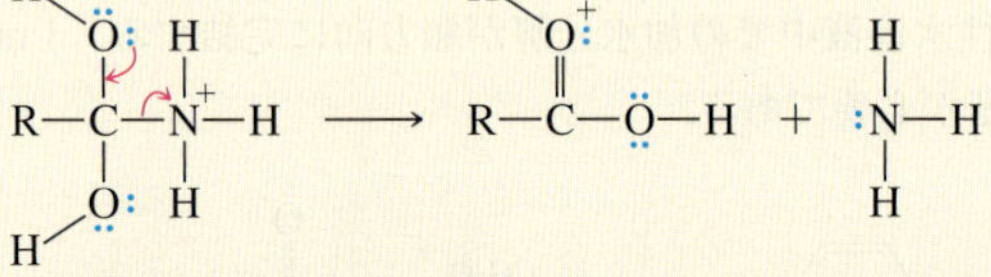

段階 5: プロトンの脱離. 非常に酸性度の高いプロトン化されたカルボニル基から塩基性のアミンへプロトンが移動し, カルボン酸とアンモニウムイオンが生成する.

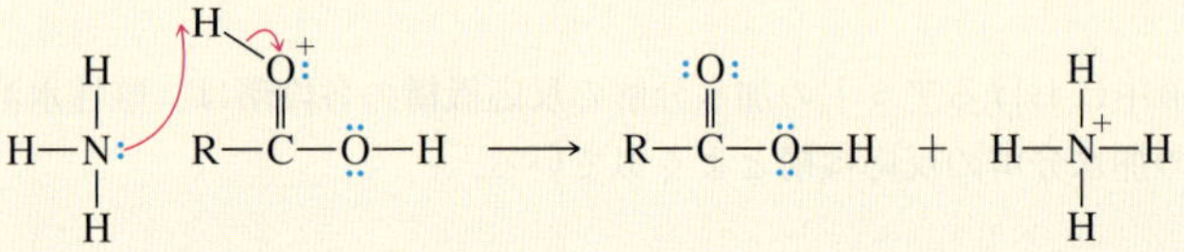

塩基性水溶液中におけるアミドの加水分解の反応機構は酸性水溶液中での加水分解よりも複雑である. これは, 脱離基が脱離能の低い負電荷をもつアミドアニオンだからである.

反応機構　塩基性水溶液中におけるアミドの加水分解

段階 1: 求核剤と求電子剤の間の結合生成. エステルの場合と同じように, カルボニル基に水酸化物イオンが付加して四面体形カルボニル付加中間体が生成する.

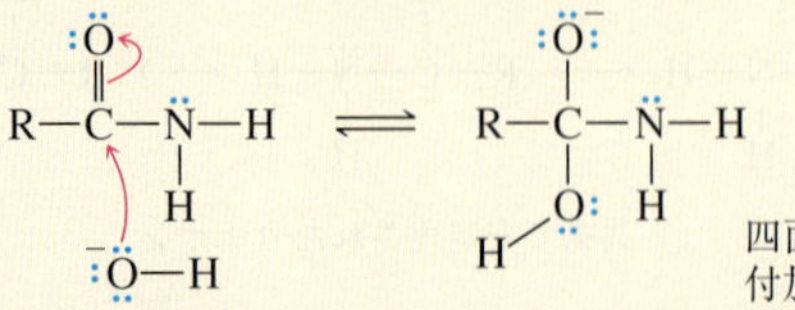

四面体形カルボニル付加中間体

段階 2: プロトンの脱離. 四面体形カルボニル付加中間体からいったんジアニオンが生成する反応機構が受け入れられている.

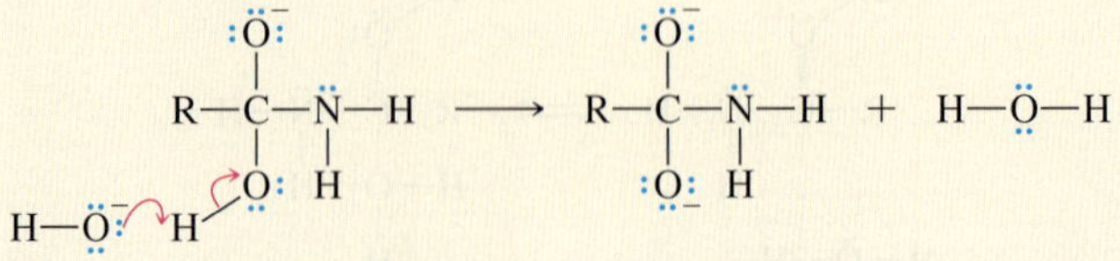

段階 3: 結合開裂による安定な分子(イオン)の生成およびプロトンの付加. ジアニオン中間体は多量の負電荷をもつので, アミドアニオンの脱離が起こる. 生成し

たアミドアニオンは非常に塩基性が高いため，水中で瞬時にプロトン化される．

$$\underset{\underset{H}{\overset{\overset{\displaystyle \text{H-O-H}}{|}}{\underset{\text{OH}}{\overset{\text{O}^-}{\text{R-C-N-H}}}}}}{} \longrightarrow \text{R-C-O}^- + \text{H-N-H} + {}^-\text{O-H}$$

例題 18・4

次のアミドを濃 HCl 水溶液中で加水分解すると生成する化合物の構造式を書け．生成物は HCl 水溶液中に存在しているものとして示せ．また，次のアミド 1 mol を加水分解するのに何 mol の HCl が必要か答えよ．

(a) $\text{CH}_3\overset{\overset{\displaystyle \text{O}}{\|}}{\text{C}}\text{N}(\text{CH}_3)_2$ (b) ［δ-ラクタム構造式］

解答 (a) *N,N*-ジメチルアセトアミドの加水分解により，酢酸とジメチルアミンが生成する．ジメチルアミンは塩基であり，HCl によりプロトン化されジメチルアンモニウムイオンになる．左右の釣合を考えると塩化ジメチルアンモニウムの形で書く．1 mol のアミドの加水分解には 1 mol の HCl が必要である．

$$\text{CH}_3\text{CN}(\text{CH}_3)_2 + \text{H}_2\text{O} + \text{HCl} \xrightarrow{\text{熱}} \text{CH}_3\text{COH} + (\text{CH}_3)_2\text{NH}_2{}^+\text{Cl}^-$$

(b) δ-ラクタムの加水分解によりプロトン化された 5-アミノペンタン酸が生成する．1 mol のアミドの加水分解には 1 mol の HCl が必要である．

$$\text{［δ-ラクタム］} + \text{H}_2\text{O} + \text{HCl} \xrightarrow{\text{熱}} \text{HOOC-(CH}_2)_4\text{-NH}_3{}^+\text{Cl}^-$$

問題 18・4 例題 18・4 のアミドを濃 NaOH 水溶液中で加水分解すると生成する化合物の構造式を書け．生成物は NaOH 水溶液中に存在しているものとして示せ．また，次のアミド 1 mol を加水分解するのに何 mol の NaOH が必要か答えよ．

E. ニトリル

次の反応式に示すように，ニトリルのシアノ基は加水分解されてカルボキシ基とアンモニウムイオンを生成する．

$$\text{C}_6\text{H}_5\text{-CH}_2\text{C}\equiv\text{N} + 2\,\text{H}_2\text{O} + \text{H}_2\text{SO}_4 \xrightarrow[\text{熱}]{\text{H}_2\text{O}} \text{C}_6\text{H}_5\text{-CH}_2\text{COOH} + \text{NH}_4{}^+\text{HSO}_4{}^-$$

フェニルアセトニトリル　　　　　　　　　フェニル酢酸　硫酸水素アンモニウム

酸性水溶液中でのシアノ基の加水分解では，窒素原子のプロトン化によりカチオンが生成し，このカチオンが水と反応してイミド酸(エノール形のアミド)を生成する．イミ

$$\text{R-C}\equiv\text{N} + \text{H}_2\text{O} \xrightarrow{\text{H}^+} \underset{\underset{\text{(エノール形のアミド)}}{\text{イミド酸}}}{\text{R-C(OH)=NH}} \rightleftharpoons \underset{\text{アミド}}{\text{R-C(=O)-NH}_2}$$

ド酸のケト-エノール形の互変異性によりアミドが得られる．アミドはすでに説明したような機構でさらにカルボン酸とアンモニウムイオンに加水分解される．

酸触媒によるシアノ基の加水分解には，一般にアミドの加水分解よりも強い反応条件が必要である．過剰の水の存在下でシアノ基はまずアミドへ，ついでカルボン酸へと連続して加水分解される．硫酸を触媒として1 mol のニトリルに対して1 mol の水を作用させれば，アミドの段階で加水分解を停止させることができる．しかし，アミドはニトリルのアミドへの加水分解よりも酸塩化物，酸無水物，エステルから求核的アシル置換反応により合成するほうがよい．

塩基性水溶液中でのシアノ基の加水分解では，カルボキシラートイオンとアンモニアが生成する．非常に安定なカルボン酸塩が生成するのでこの反応が完結する．反応の後処理の際に，反応混合物を酸性にするとカルボキシラートイオンがカルボン酸となる．

$$CH_3(CH_2)_9C\equiv N + H_2O + NaOH \xrightarrow[熱]{H_2O} CH_3(CH_2)_9CO^-Na^+ + NH_3 \xrightarrow[H_2O]{HCl} CH_3(CH_2)_9COH + NaCl + NH_4Cl$$

ウンデカンニトリル　　　　　　　　　　　　ウンデカン酸ナトリウム　　　　　　　　ウンデカン酸

反応機構　塩基性水溶液中でのシアノ基のアミドへの加水分解

塩基性水溶液中でのシアノ基の加水分解では，まずイミド酸のアニオンが生成し，このアニオンが水によってプロトン化され，次にケト-エノール形の互変異性によってアミドが生成する．その後，アミドは塩基によって加水分解され，カルボキシラートイオンとアンモニアとなる．

段階 1：求核剤と求電子剤の間の結合生成．シアノ基の求電子的な炭素に水酸化物イオンが付加する．

$$R-C\equiv N + {}^-O-H \rightleftharpoons R-C=\ddot{N}^-$$
$$\quad\quad\quad\quad\quad\quad\quad |$$
$$\quad\quad\quad\quad\quad\quad\quad O-H$$

ニトリル

段階 2：プロトンの付加．水からプロトンが移動し，イミド酸を生成する．

$$R-C=\ddot{N}^- + H-O-H \rightleftharpoons R-C=N-H + {}^-O-H$$
$$\;\;|\phantom{-C=\ddot{N}}\quad\quad\quad\quad\quad\quad\quad\quad\;|$$
$$\;O-H\;O-H$$

イミド酸

段階 3：ケト-エノール互変異性．イミド酸の互変異性によりアミドが生成する．

$$R-C=N-H \longrightarrow R-C-N-H$$
$$\;\;|\quad\quad\quad\quad\;\;\|\quad\;\;|$$
$$\;O-H\quad\;O\quad\;H$$

イミド酸　　　　　　　　アミド

酸触媒による加水分解反応も同様な機構で進行する．ただし，プロトンが移動する順番が異なる．

ニトリルの加水分解は第一級および第二級のハロゲン化アルキルから1炭素伸長したカルボン酸を合成する方法として有用である．この方法では，シアノ基が1炭素源として炭素鎖に付加した後，カルボキシ基に変換される．

$$CH_3(CH_2)_8CH_2Cl \xrightarrow[エタノール，水]{KCN} CH_3(CH_2)_9C\equiv N \xrightarrow[熱]{H_2SO_4/H_2O} CH_3(CH_2)_9COH$$

1-クロロデカン　　　　　　　　　　ウンデカンニトリル　　　　　　　ウンデカン酸

HCN のアルデヒドやケトンへの付加 (§16・5D 参照) によって得られるシアノヒドリンの加水分解は α-ヒドロキシカルボン酸を合成する経路として重要である．例としてマンデル酸の合成を次に示す．

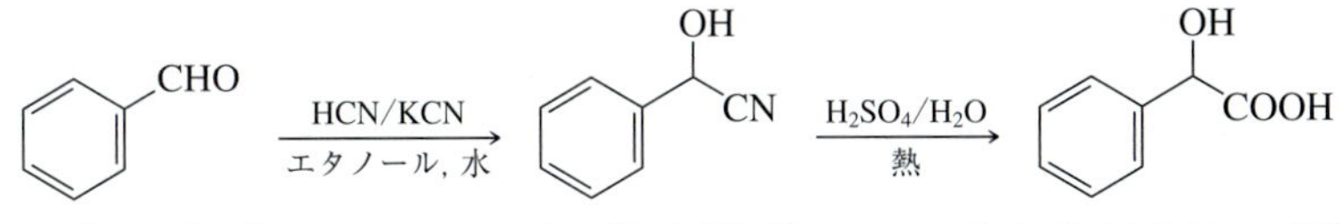

ベンズアルデヒド　→（HCN/KCN，エタノール，水）→　ベンズアルデヒドシアノヒドリン（マンデロニトリル）　→（H₂SO₄/H₂O，熱）→　2-ヒドロキシフェニル酢酸（マンデル酸）

例題 18・5

シアノ基の加水分解反応を用いて次の変換を行う方法を示せ．

(a) 4-クロロヘプタン → 2-プロピルペンタン酸（バルプロ酸）

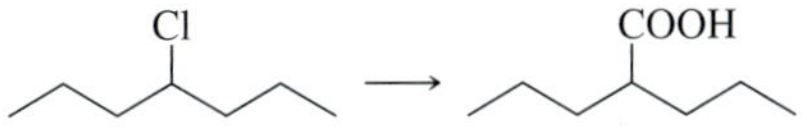

(b) シクロヘキサノン → 1-ヒドロキシシクロヘキサンカルボン酸

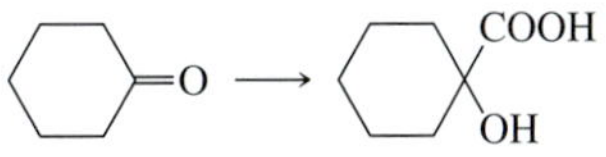

解答　(a) 水を含んだエタノール中で 4-クロロヘプタンに KCN を作用させるとニトリルが生成する．次に硫酸水溶液中でシアノ基を加水分解すると目的生成物が合成できる．

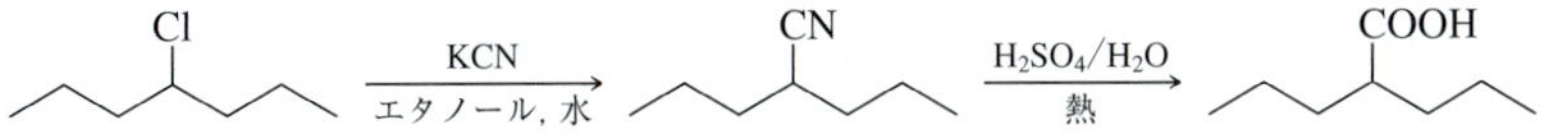

塩化アルキルをグリニャール反応剤に変換し，二酸化炭素と反応させ酸性水溶液で加水分解することによってもこの変換を行うことができる．

(b) 水を含んだエタノール中でシクロヘキサノンに KCN から生成した HCN を作用させるとシアノヒドリンが生成する．濃硫酸中でシアノ基を加水分解すると目的生成物が合成できる．

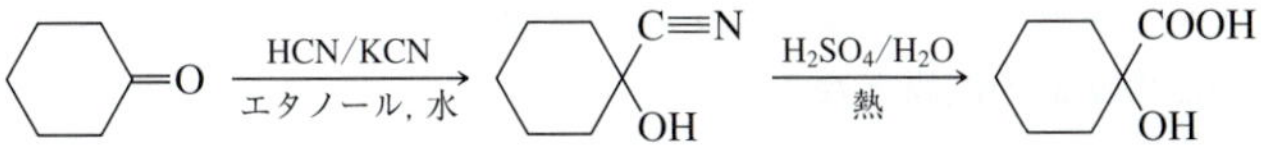

問題 18・5

ハロゲン化アルキルのハロゲンを求核置換してニトリルを合成する方法は，第一級および第二級ハロゲン化アルキルに対してのみ適用でき，第三級ハロゲン化アルキルではうまくいかない．理由を答えよ．また，次の反応の主生成物を答えよ．

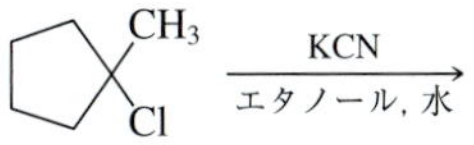

1-クロロ-1-メチルシクロペンタン →（KCN，エタノール，水）→

18・5 アルコールとの反応

A. 酸ハロゲン化物

酸ハロゲン化物はアルコールと反応してエステルを生成する．酸ハロゲン化物は反応性が高いので，アルコールのような弱い求核剤との反応でも触媒を必要としない．

塩化ブタノイル ＋ シクロヘキサノール ⟶ ブタン酸シクロヘキシル ＋ HCl

アルコールあるいは生成するエステルが酸に対して不安定である場合は，生成する

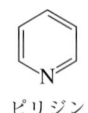

HClを中和するための第三級アミンを共存させて反応を行う．この目的のために，ピリジンやトリエチルアミンが通常用いられる．反応後アミンは塩酸塩となる．次に示す安息香酸イソアミルの合成では，ピリジンが塩化ピリジニウムになっている．

PhCOCl + HOCH₂CH₂CH(CH₃)₂ + ピリジン ⟶ PhCOOCH₂CH₂CH(CH₃)₂ + 塩化ピリジニウム

- 塩化ベンゾイル
- 3-メチル-1-ブタノール（イソアミルアルコール）
- ピリジン
- 安息香酸 3-メチルブチル（安息香酸イソアミル）
- 塩化ピリジニウム

スルホン酸エステルは，塩化アルカンスルホニルあるいは塩化アレーンスルホニルとアルコールやフェノールとの反応により合成される．代表的な塩化スルホニルとして，塩化 p-トルエンスルホニル TsCl と塩化メタンスルホニル MsCl があげられる（§18・1A）．

- 塩化 p-トルエンスルホニル（塩化トシル，TsCl）
- (R)-2-オクタノール
- p-トルエンスルホン酸 (R)-2-オクチル〔(R)-2-オクチルトシラート〕

* 訳注：p-トルエンスルホン酸はトシル酸（トシラート），メタンスルホン酸はメシル酸（メシラート）ともよばれる．

§10・5D で説明したように，p-トルエンスルホン酸エステル（トシラート*）やメタンスルホン酸エステル（メシラート）は，求核置換反応において脱離能の低いヒドロキシ基が脱離能が高いスルホン酸エステルに変換されている点で大変有用な化合物である．

B. 酸 無 水 物

酸無水物はアルコールと反応して，1 mol のエステルと 1 mol のカルボン酸を生成する．アルコールと酸無水物との反応はエステル合成法として有用である．酸あるいは第三級アミンがこの反応の触媒となる．

CH₃COOCCH₃ + HOCH₂CH₃ ⟶ CH₃COOCH₂CH₃ + CH₃COOH

- 無水酢酸
- エタノール
- 酢酸エチル
- 酢酸

無水フタル酸 + 2-ブタノール（sec-ブチルアルコール） ⟶ フタル酸モノ（1-メチルプロピル）（フタル酸モノ sec-ブチル）

アスピリンはサリチル酸と無水酢酸との反応により工業的規模で合成されている．

- サリチル酸（2-ヒドロキシ安息香酸）
- 無水酢酸
- アセチルサリチル酸（アスピリン）
- 酢酸

C. エステル

エステルとアルコールの反応を**エステル交換反応**という．たとえば，アクリル酸メチルと 1-ブタノールを酸触媒の存在下で加熱することによりアクリル酸ブチルに変換することができる．

エステル交換反応 transesterification
エステル基の OR や OAr が他の OR や OAr に交換する反応．トランスエステル化ともいう．

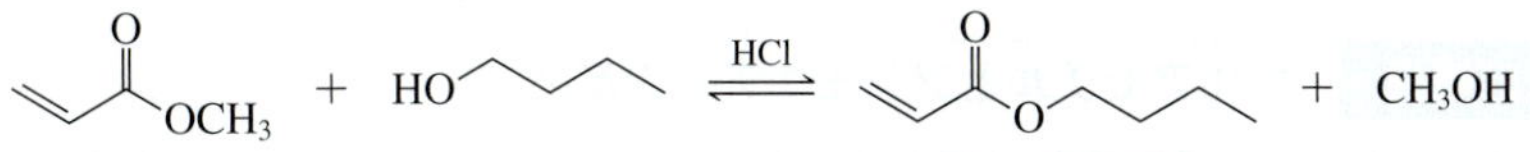

$$\text{アクリル酸メチル (プロペン酸メチル) (bp 81℃)} + \text{1-ブタノール (bp 117℃)} \underset{}{\overset{\text{HCl}}{\rightleftarrows}} \text{アクリル酸ブチル (プロペン酸ブチル) (bp 147℃)} + \text{メタノール (bp 65℃)}$$

エステル交換反応に最もよく用いられる酸は HCl と *p*-トルエンスルホン酸である．HCl は反応系中に気体として吹込んで導入する．

エステル交換反応は平衡反応であり，実験条件によりどちらの方向にも進む．たとえば，アクリル酸メチルと 1-ブタノールのエステル交換反応は，メタノールの沸点よりも少し高い温度で行う．こうすることで，反応混合物のなかで最も沸点が低いメタノールが反応混合物から蒸留によって除かれ，アクリル酸ブチルが生成する方向に平衡が偏る．逆に，アクリル酸ブチルと大過剰のメタノールの反応では，平衡はアクリル酸メチルが生成する方向に偏る．

例題 18・6

次のエステル交換反応の反応式を完成させよ．

(a) 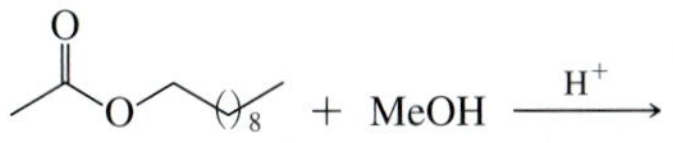 [構造式] + MeOH $\xrightarrow{\text{H}^+}$

(b) 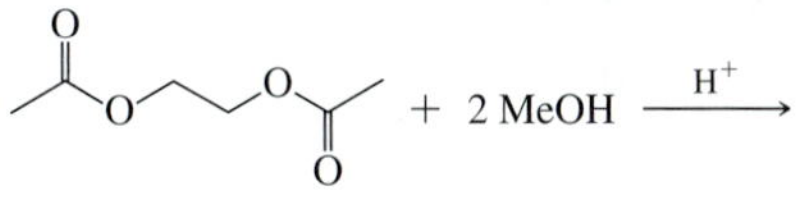 [構造式] + 2 MeOH $\xrightarrow{\text{H}^+}$

解答

(a) 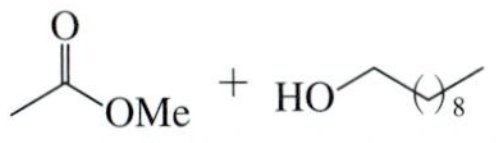 [構造式] + HO—(CH$_2$)$_8$—

(b) 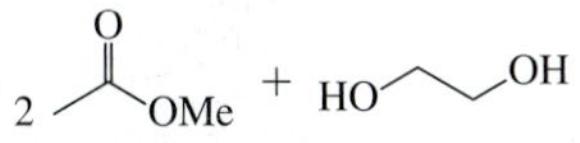 2 [構造式] + HO—CH$_2$CH$_2$—OH

問題 18・6 次のエステル交換反応の反応式を完成させよ．

2 [安息香酸メチルの構造式] + HO—CH$_2$CH$_2$—OH $\xrightarrow{\text{H}^+}$

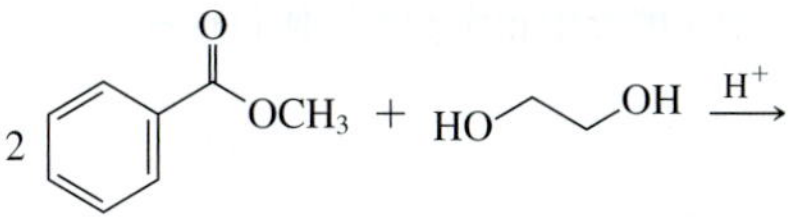

D. アミド

アミドはカルボン酸誘導体のなかで最も求核剤に対する反応性が低く，アルコールとは反応しない．つまり，アミドとアルコールからエステルを合成することはできない．

18・6 アンモニアおよびアミンとの反応

A. 酸ハロゲン化物

酸ハロゲン化物はアンモニア，第一級および第二級アミンと容易に反応しアミドを生成する．酸ハロゲン化物をアミドに変換する際，反応を完結させるために 2 mol のアンモニアやアミンを用いる．1 mol はアミドの生成に，もう 1 mol は副生するハロゲン化

水素を中和するのに使われる．

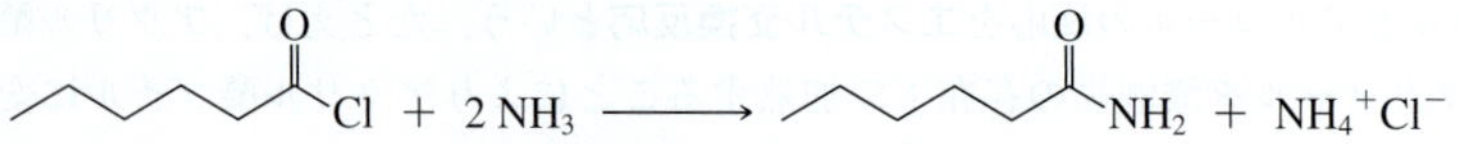

$$\text{塩化ヘキサノイル} + 2\,NH_3 \longrightarrow \text{ヘキサンアミド} + NH_4^+Cl^-$$
塩化ヘキサノイル　アンモニア　　　　ヘキサンアミド　塩化アンモニウム

反応機構　塩化アセチルとアンモニアとの反応

段階 1：求核剤と求電子剤の間の結合生成． アンモニアがカルボニル炭素へ求核付加して，四面体形カルボニル付加中間体が生成する．

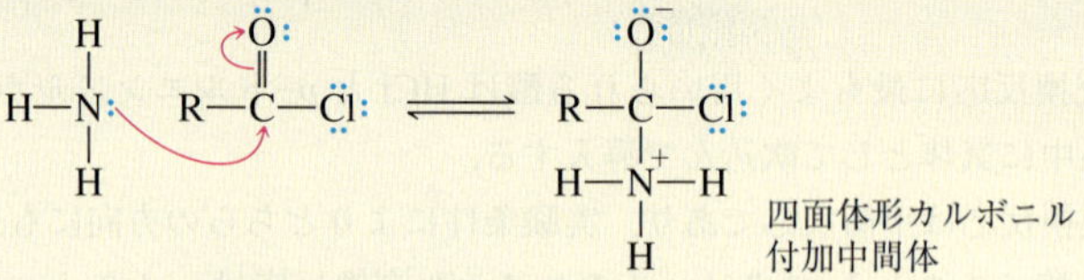

（四面体形カルボニル付加中間体）

段階 2：プロトンの脱離． プロトンが移動する．

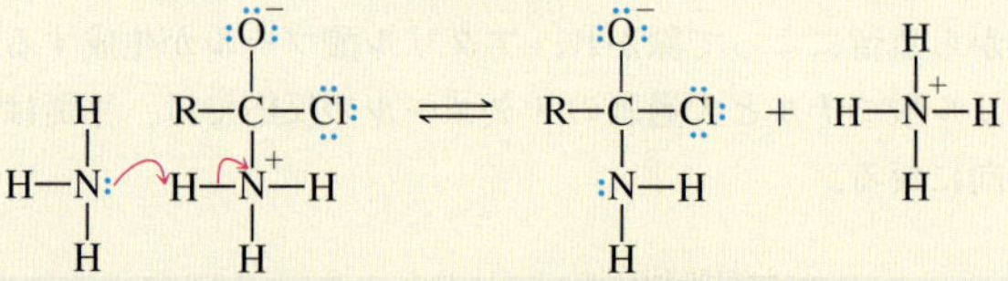

段階 3：結合開裂による安定な分子（イオン）の生成． 四面体形カルボニル付加中間体から塩化物イオンが脱離する．

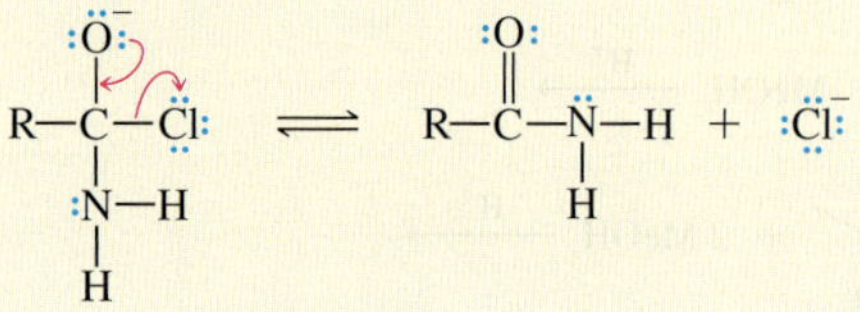

B. 酸無水物

酸無水物はアンモニア，第一級および第二級アミンと反応しアミドを生成する．酸ハロゲン化物の場合と同様，2 mol のアミンが必要である．1 mol はアミドの生成に，もう 1 mol は副生するカルボン酸を中和するのに使われる．

$$CH_3COCCH_3 + 2\,NH_3 \longrightarrow CH_3CNH_2 + CH_3CO^-NH_4^+$$
無水酢酸　　アンモニア　　　エタンアミド　　酢酸アンモニウム
　　　　　　　　　　　　　　（アセトアミド）

アミドを合成するためのアミンが高価である場合には，カルボン酸の中和に高価なアミンが使われることを防ぐために，トリエチルアミンのような求核性の低い第三級アミンが併せて用いられる．

C. エステル

エステルはアンモニア，第一級アミン，第二級アミンなどの窒素求核剤と反応しアミ

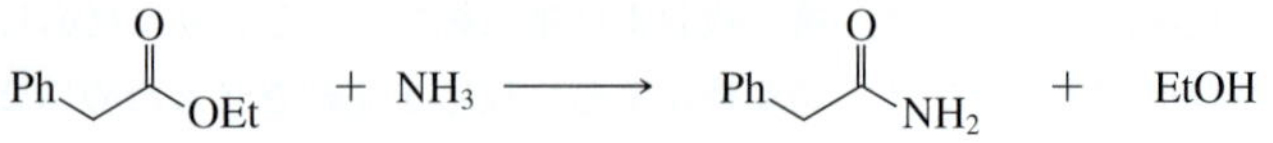

$$Ph\text{-}CH_2\text{-}C(=O)OEt + NH_3 \longrightarrow Ph\text{-}CH_2\text{-}C(=O)NH_2 + EtOH$$
フェニル酢酸エチル　　　　　　　　　フェニルアセトアミド　　エタノール

ドを生成する.
　アルコキシドアニオンはハロゲン化物イオンやカルボキシラートイオンに比べて脱離能に劣るため，エステルのアンモニア，第一級アミン，第二級アミンなどの窒素求核剤に対する反応性は酸ハロゲン化物や酸無水物に比べて低い．そのため，高温条件あるいは高濃度のアミン，ときにはその両方が必要になる．

D．アミド

アミドはアンモニア，第一級アミン，第二級アミンなどと反応しない．

例題 18・7

次の反応式を完成させよ．

(a) 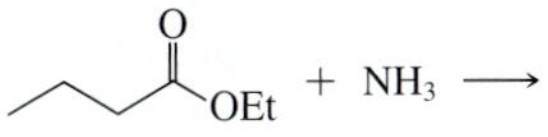 CH₃CH₂CH₂C(=O)OEt + NH₃ ⟶　　(b) EtOC(=O)OEt + 2 NH₃ ⟶
　　　ブタン酸エチル　　　　　　　　　　　　　炭酸ジエチル

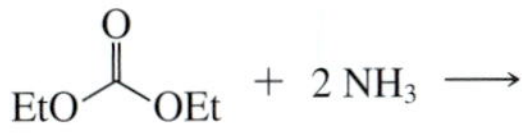

解答

(a) 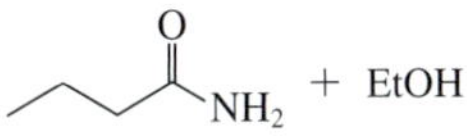 CH₃CH₂CH₂C(=O)NH₂ + EtOH　　(b) H₂NC(=O)NH₂ + 2 EtOH
　　ブタンアミド　　　　　　　　　　　　　尿素

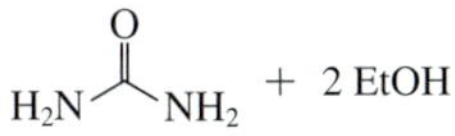

問題 18・7　次の反応式を完成させよ．

(a) 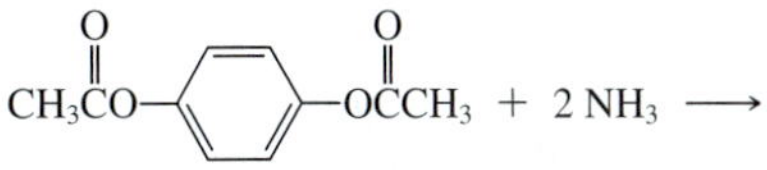 CH₃CO-O-C₆H₄-O-OCCH₃ + 2 NH₃ ⟶　　(b) 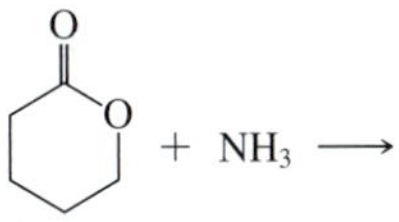 δ-バレロラクトン + NH₃ ⟶

18・7　酸塩化物とカルボン酸塩の反応

　酸塩化物はカルボン酸塩と反応して，酸無水物を生成する．カルボン酸のナトリウム塩やカリウム塩が一般に用いられる．この反応は混合酸無水物を合成するのに特に有用である．

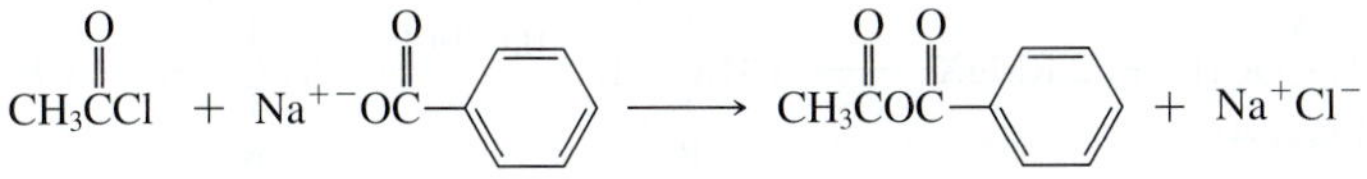

CH₃CCl(=O) + Na⁺ ⁻OC(=O)C₆H₅ ⟶ CH₃C(=O)OC(=O)C₆H₅ + Na⁺Cl⁻
塩化アセチル　　安息香酸ナトリウム　　　酢酸安息香酸無水物

18・8　カルボン酸誘導体間の相互変換

　これまでの節で，求核的アシル置換反応に対する反応性は，酸塩化物が最も高く，その次に酸無水物，エステルと続き，アミドが最も低いことを述べた．一方，カルボキシラートイオンは負電荷をもち，静電反発が生じるので，求核剤は接近しにくい．また，カルボキシラートイオンは，その共鳴構造の寄与により非常に安定である．これらの理由で，カルボキシラートイオンは求核的アシル置換反応に対して不活性である．
　カルボン酸誘導体の反応性が視覚的によくわかるよう図18・2にまとめて示す．この図の下にある官能基は，上にある官能基に適切な求核剤を作用させることにより合成することができる．たとえば，酸塩化物は酸無水物，エステル，アミド，カルボン酸に変換可能である．しかし，酸無水物，エステル，アミドと塩化物イオンを反応させても酸塩化物は得られない．

580   18. カルボン酸誘導体

図 18・2 カルボン酸誘導体の求核的アシル置換反応に対する反応性. より反応性の高いカルボン酸誘導体は適切な求核剤との反応により, より反応性の低いカルボン酸誘導体に変換することができる. カルボン酸を塩化チオニル(亜硫酸の酸塩化物)と反応させると, より反応性の高い酸塩化物を合成できる. カルボン酸は酸性条件ではエステルと同程度の反応性をもつが, 塩基性条件では反応性の低いカルボキシラートイオンとなる.

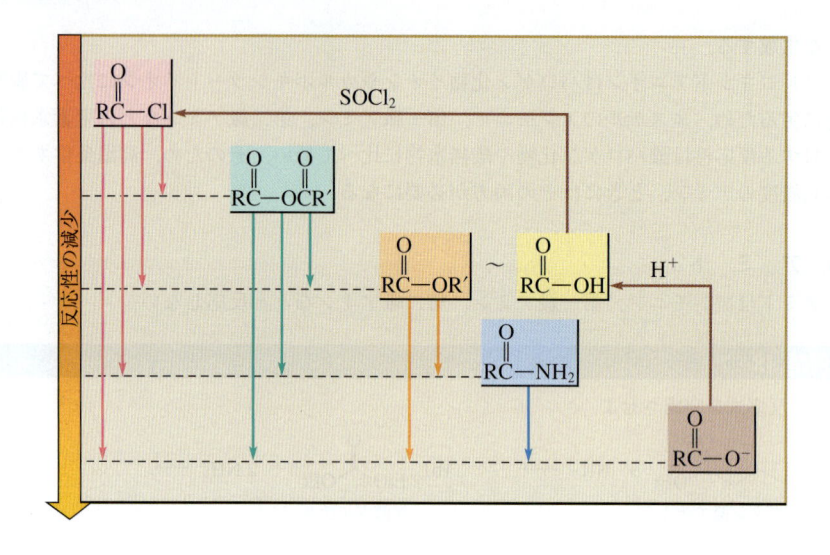

18・9　有機金属化合物との反応

A. グリニャール反応剤との反応

ギ酸エステルに 2 mol のグリニャール反応剤を作用させ, その後, 生成したマグネシウムアルコキシドを酸性水溶液で加水分解すると第二級アルコールが生成する.

$$\text{HCOCH}_3 + 2\,\text{RMgX} \longrightarrow \text{HC}(\text{OMgX})\text{R}_2 \xrightarrow{\text{H}_2\text{O/HCl}} \text{HC}(\text{OH})\text{R}_2 + \text{CH}_3\text{OH}$$

ギ酸エステル　　　　　　　　　　　　　　　　　　　　　　　　　　　第二級アルコール

ギ酸以外のカルボン酸のエステルをグリニャール反応剤と反応させると, 第三級アルコールが生成する. この場合, ヒドロキシ基の結合した炭素の二つの置換基は同じになる.

$$\text{CH}_3\text{COCH}_3 + 2\,\text{RMgX} \longrightarrow \text{CH}_3\text{C}(\text{OMgX})\text{R}_2 \xrightarrow{\text{H}_2\text{O/HCl}} \text{CH}_3\text{C}(\text{OH})\text{R}_2 + \text{CH}_3\text{OH}$$

ギ酸以外のエステル　　　　　　　　　　　　　　　　　　　　　　　第三級アルコール

グリニャール反応剤とエステルの反応では, 四面体形カルボニル付加中間体が 2 回続けて生成する.

反応機構　グリニャール反応剤とエステルの反応

段階 1: 求核剤と求電子剤の間の結合生成. 反応は 1 mol のグリニャール反応剤がカルボニル炭素に付加し, 四面体形カルボニル付加中間体を生成することから始まる.

$$\text{H}_3\text{C}-\overset{:\ddot{\text{O}}:}{\text{C}}-\ddot{\text{O}}-\text{CH}_3 + \text{R}-\text{MgX} \longrightarrow \text{H}_3\text{C}-\overset{:\ddot{\text{O}}:^-[\text{MgX}]^+}{\underset{\text{R}}{\text{C}}}-\ddot{\text{O}}-\text{CH}_3$$

四面体形カルボニル付加中間体

段階 2: 結合開裂による安定な分子(イオン)の生成. 四面体形カルボニル付加中間体からアルコキシドイオンが脱離するのは比較的容易に起こり, ケトンとマグネシウムアルコキシドの塩が生成する. この時点までは, 一般の求核的アシル置換反応と同じである.

$$H_3C-\underset{R}{\underset{|}{C}}(\overset{\overset{\cdot\cdot}{\overset{-}{O}}[MgX]^+}{|})-\overset{\cdot\cdot}{O}-CH_3 \longrightarrow H_3C-\underset{}{\overset{\overset{\cdot\cdot}{O}}{\underset{}{\overset{\|}{C}}}}-R \;+\; H_3C-\overset{\cdot\cdot}{\underset{\cdot\cdot}{O}}{}^{-}[MgX]^+$$
ケトン

段階 3: 求核剤と求電子剤の間の結合生成. 生成したケトンはもう 1 mol のグリニャール反応剤と反応し, 第二の四面体形カルボニル付加中間体を生成する.

$$H_3C-\overset{\overset{\cdot\cdot}{O}}{\underset{}{\overset{\|}{C}}}-R \;+\; R-MgX \longrightarrow H_3C-\underset{R}{\underset{|}{\overset{|}{C}}}(\overset{\overset{\cdot\cdot}{\overset{-}{O}}[MgX]^+}{|})-R$$
ケトン　　　　　　　　　　　　　四面体形カルボニル付加中間体

段階 4: プロトンの付加. 酸性水溶液で加水分解されて, 第三級アルコールを生成する.

$$H_3C-\underset{R}{\underset{|}{\overset{|}{C}}}(\overset{\overset{\cdot\cdot}{\overset{-}{O}}[MgX]^+}{|})-R \;+\; H-\overset{+}{\underset{H}{O}}-H \xrightarrow{\text{加水分解}} H_3C-\underset{R}{\underset{|}{\overset{|}{C}}}(\overset{\overset{\cdot\cdot}{O}-H}{|})-R$$
第三級アルコール

ここで注意しておかなければならないのは, RMgX とエステルからケトンを合成することはできないという点である. 中間体のケトンはエステルよりも反応性が高いので, すぐさまグリニャール反応剤と反応して第三級アルコールを生成する.

例題 18・8

次のグリニャール反応を完成させよ.

(a) H−CO−OCH₃ $\xrightarrow[\text{2. H}_2\text{O/HCl}]{\text{1. 2 CH}_3\text{CH}_2\text{CH}_2\text{MgBr}}$　　(b) CH₃CH₂CH₂−CO−OCH₃ $\xrightarrow[\text{2. H}_2\text{O/HCl}]{\text{1. 2 PhMgBr}}$

解答 (a) では第二級アルコールが生成し, (b) では第三級アルコールが生成する.

(a) (プロピル)₂CH−OH　　(b) CH₃CH₂CH₂−C(OH)(Ph)−Ph

問題 18・8 次のアルコールをエステルとグリニャール反応剤から合成する方法を示せ.

(a) (シクロペンチル)₂CH−OH　　(b) CH₂=CH−CH₂−C(OH)(Ph)−CH₂−CH=CH₂

B. 有機リチウム化合物

有機リチウム化合物はグリニャール反応剤よりもさらに強力な求核剤であり, グリニャール反応剤と同様にエステルと反応して第二級および第三級アルコールを生成する. 有機リチウム反応剤を用いるとグリニャール反応剤よりもよい収率で生成物が得ら

れることが多い．

$$\text{RCOCH}_3 \xrightarrow[\text{2. H}_2\text{O/HCl}]{\text{1. 2 R'Li}} \text{R}-\underset{\underset{\text{R'}}{|}}{\overset{\overset{\text{OH}}{|}}{\text{C}}}-\text{R'}$$

C. ジアルキル銅リチウム（ギルマン反応剤）

＊ 訳注：有機銅などの有機金属化合物と，よりイオン結合性の強い有機リチウム化合物などが反応してできるアニオン性錯体をアート錯体とよぶ．

酸塩化物は§15・2で説明したジアルキル銅リチウム（有機銅アート錯体＊）と容易に反応し，ケトンを生成する．塩化ペンタノイルから2-ヘキサノンを合成する例を次に示す．反応はエーテルやテトラヒドロフランなどの溶媒中 −78 ℃ で行う．酸性水溶液で加水分解するとケトンがよい収率で得られる．

$$\underset{\text{塩化ペンタノイル}}{\text{CH}_3\text{CH}_2\text{CH}_2\text{CH}_2\text{COCl}} \xrightarrow[\text{2. H}_2\text{O}]{\text{1. (CH}_3)_2\text{CuLi, エーテル, }-78\,℃} \underset{\text{2-ヘキサノン}}{\text{CH}_3\text{CH}_2\text{CH}_2\text{CH}_2\text{COCH}_3}$$

この反応条件でケトンがさらに反応しないことに注目してほしい．これは，グリニャール反応剤や有機リチウム化合物とエステルとの反応と対照的である．これらの場合には，アルコキシドイオンの脱離により反応系内に生成するケトンに対してさらに有機金属化合物が求核的に付加する結果，アルコールが生成する．これに対し，有機銅反応剤の場合は，四面体形カルボニル付加中間体が −78 ℃ で安定である．四面体形カルボニル付加中間体は後処理の段階まで安定に存在し，後処理の際にケトンへと分解する．このような理由で反応性の違いが現れる．

R_2CuLi は非常に反応性が高い酸塩化物とは容易に反応するが，アルデヒド，ケトン，エステル，アミド，酸無水物，ニトリルとは反応しない．次の化合物は分子内に酸塩化物とエステルの両方をもっているが，ジメチル銅リチウムを作用させると，酸塩化物の部分のみが反応する．

$$\text{H}_3\text{CO-CO-CH}_2\text{CH}_2\text{-COCl} \xrightarrow[\text{2. H}_2\text{O}]{\text{1. (CH}_3)_2\text{CuLi, エーテル, }-78\,℃} \text{H}_3\text{CO-CO-CH}_2\text{CH}_2\text{-COCH}_3$$

例題 18・9

次の変換を収率よく行う方法を示せ．

(a) Cy-COCl ⟶ Cy-COCH₃   (b) Ph-CH=CH-COOH ⟶ Ph-CH=CH-CO-CH₂-CH=CH₂

解答 (a) 酸塩化物にジメチル銅リチウムを作用させ，最後に水で後処理する．

$$\text{Cy-COCl} \xrightarrow[\text{2. H}_2\text{O}]{\text{1. (CH}_3)_2\text{CuLi, エーテル, }-78\,℃} \text{Cy-COCH}_3$$

(b) カルボン酸に塩化チオニルを作用させ酸塩化物に変換する．その後，酸塩化物にジアリル銅リチウムを作用させ，最後に水で後処理する．

$$\text{Ph-CH=CH-COOH} \xrightarrow[\text{3. H}_2\text{O}]{\substack{\text{1. SOCl}_2 \\ \text{2. (CH}_2\text{=CHCH}_2)_2\text{CuLi}}} \text{Ph-CH=CH-CO-CH}_2\text{-CH=CH}_2$$

問題 18・9 次の変換を収率よく行う方法を示せ．

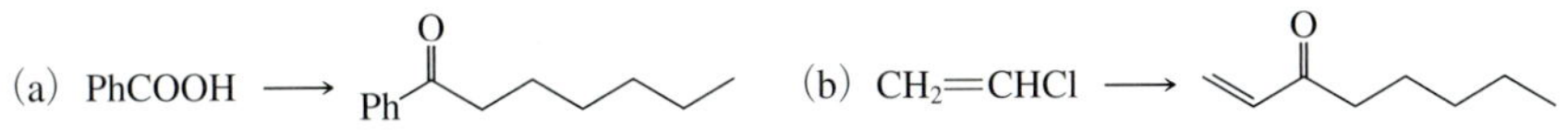

(a) PhCOOH ⟶ [PhC(=O)CH₂CH₂CH₂CH₂CH₃]　　(b) CH₂=CHCl ⟶ [CH=CH–C(=O)CH₂CH₂CH₂CH₃]

18・10　還　元

アルデヒドやケトンなどのカルボニル化合物は，多くの場合ホウ素あるいはアルミニウムの水素化物からのヒドリド移動によって還元することができる．すでに，アルデヒドやケトンのカルボニル基が水素化ホウ素ナトリウムによりヒドロキシ基に還元できることを述べた(§16・11A 参照)．また，水素化アルミニウムリチウムを用いればアルデヒドやケトンのカルボニル基だけでなくカルボキシ基もヒドロキシ基に還元できる(§17・6A 参照)．

A. エステル

水素化アルミニウムリチウムはエステルを還元して2種類のアルコールを生成する．アシル基から生じるアルコールは第一級であり，このアルコールが還元反応の目的生成物であることが多い．

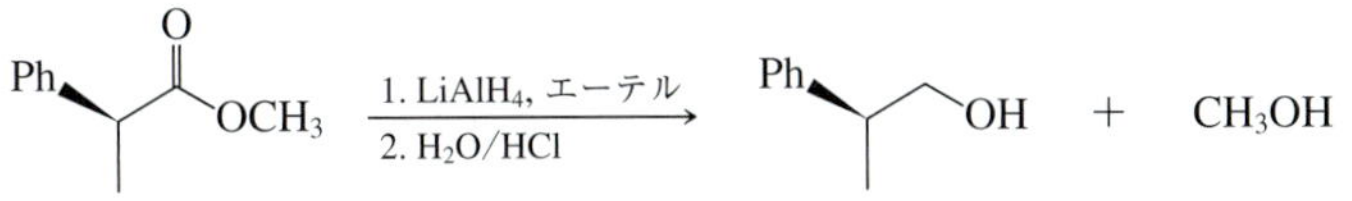

$$\underset{\text{(S)-2-フェニル}\\ \text{プロパン酸メチル}}{\text{Ph}\diagdown\text{CH(CH₃)C(=O)OCH}_3} \xrightarrow[\text{2. H}_2\text{O/HCl}]{\text{1. LiAlH}_4, \text{エーテル}} \underset{\text{(S)-2-フェニル-}\\ \text{1-プロパノール}}{\text{Ph}\diagdown\text{CH(CH}_3\text{)CH}_2\text{OH}} + \underset{\text{メタノール}}{\text{CH}_3\text{OH}}$$

反応機構　**エステルの水素化アルミニウムリチウムによる還元**

この反応機構の段階1と段階3は，エステルに対するグリニャール反応剤の付加によく似ている．違いはカルボニル炭素に付加するのがカルボアニオンではなくヒドリドイオンであるという点である．

段階1：求核剤と求電子剤の間の結合生成． ヒドリドイオンがカルボニル炭素に求核付加し，四面体形カルボニル付加中間体を生成する．このヒドリドイオンは遊離したものではなく，AlH₄⁻ から供与される．

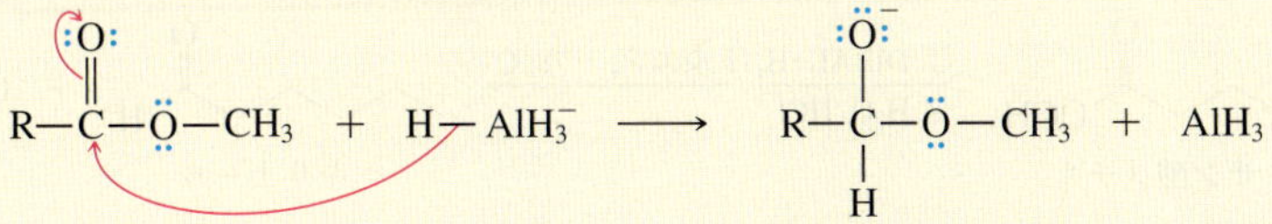

$$\text{R–C(=O)–O–CH}_3 + \text{H–AlH}_3^- \longrightarrow \underset{\text{四面体形カルボニル付加中間体}}{\text{R–C(O}^-\text{)(H)–O–CH}_3} + \text{AlH}_3$$

段階2：結合開裂による安定な分子(イオン)の生成． アルコキシドイオンが脱離して四面体形カルボニル付加中間体が分解し，カルボニル基をもつ化合物，つまりアルデヒドが生成する．

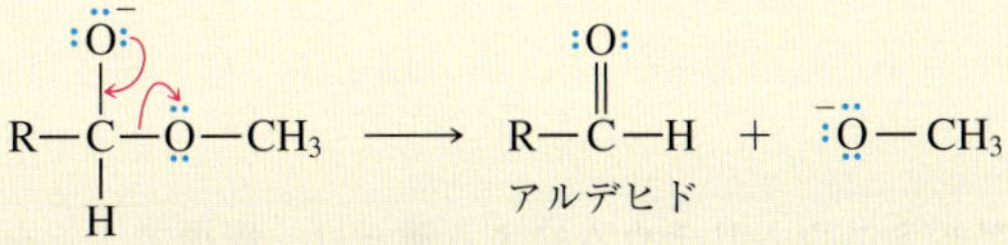

$$\text{R–C(O}^-\text{)(H)–O–CH}_3 \longrightarrow \underset{\text{アルデヒド}}{\text{R–C(=O)–H}} + {}^-\text{O–CH}_3$$

段階3：求核剤と求電子剤の間の結合生成． もう一つのヒドリドイオンが新しく生成したカルボニル基に求核付加してアルコキシドイオンを生成する．

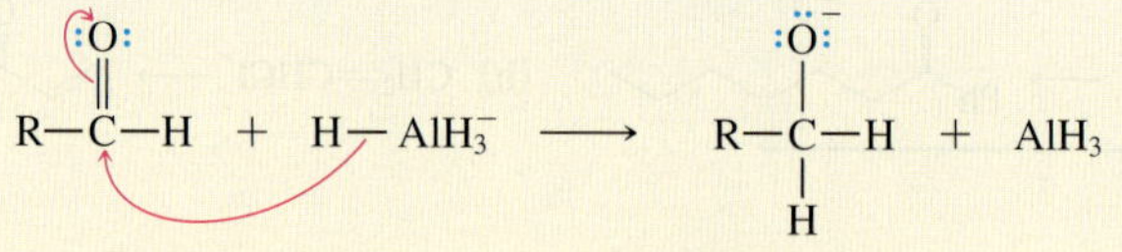

段階 4：プロトンの付加． 反応に水を加えて加水分解すると第一級アルコールが還元生成物として得られる．

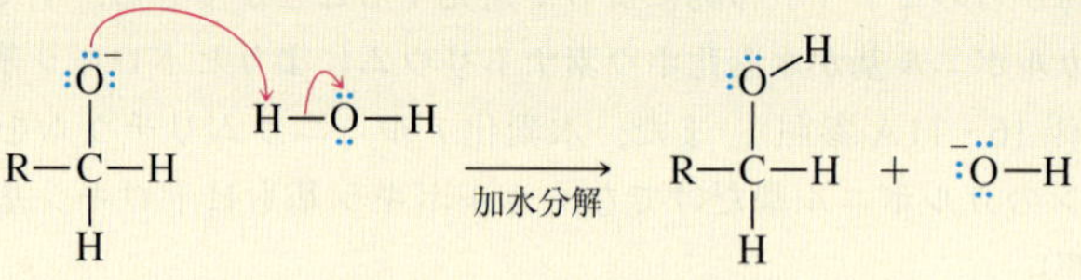

水素化ホウ素ナトリウムは反応性が低いためにエステルの還元には通常使えない．しかし，水素化ホウ素ナトリウムのエステルに対する反応性が低いおかげで，同一分子内にあるエステル基やカルボキシ基を還元することなく，アルデヒドやケトンのカルボニル基だけを還元することができる．

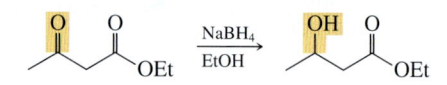

[(CH$_3$)$_2$CHCH$_2$]$_2$AlH

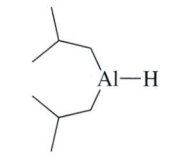

水素化ジイソブチル
アルミニウム
（DIBAL-H）

上記の反応機構で示したように，エステルの第一級アルコールへの還元では，ヒドリドイオンの移動が連続して2回起こっている．還元剤の構造を変化させることにより，エステルの還元をアルデヒドの段階で止めることが可能になる．この目的のために開発された有用なヒドリド還元剤が水素化ジイソブチルアルミニウム（DIBAL-H）である．

DIBAL-H によるエステルの還元は通常トルエンやヘキサンなどの溶媒中 $-78\,^\circ\text{C}$（ドライアイスでアセトン冷媒を冷やした温度）で行い，室温に温度を上げてから酸性水溶液で加水分解してアルデヒドを生成させる．エステルの DIBAL-H による還元はアルデヒド合成法として有用である．ヘキサン酸メチルからのヘキサナールの合成を例として次に示す．

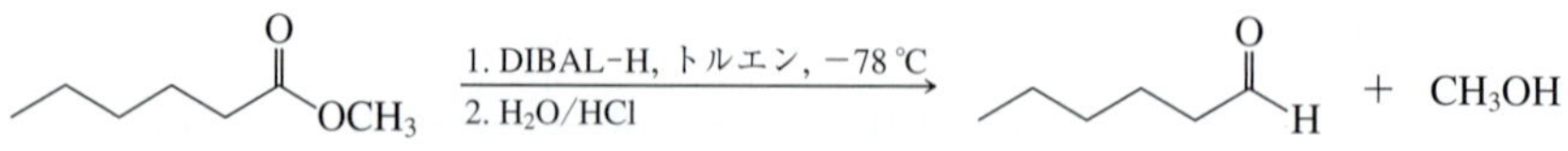

エステルの DIBAL-H による還元を室温で行うと，エステルは第一級アルコールにまで還元されてしまう．一方，低温では四面体形カルボニル付加中間体からアルコキシドイオンが脱離しないので，後処理するまで還元されやすいアルデヒドが系内に生成することはない．後処理のときに残存していたヒドリドイオンはただちに加水分解される．このため，エステルを選択的にアルデヒドに還元するには温度調節が重要である．

B. アミド

アミドの水素化アルミニウムリチウムによる還元は，置換アミンを合成する方法として用いられる．生成物はアミドの置換基の数に応じて第一級アミン，第二級アミン，および第三級アミンのいずれかになる．

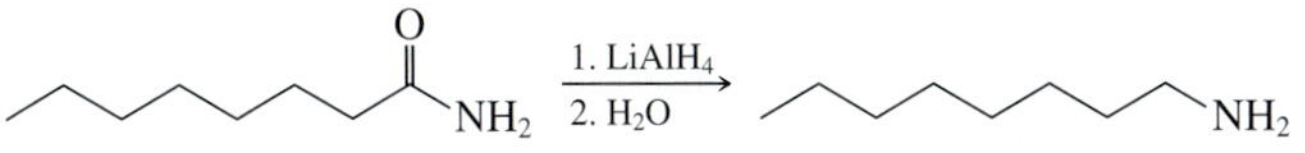

18・10 還元

$$\text{オクタンアミド} \xrightarrow[\text{2. H}_2\text{O}]{\text{1. LiAlH}_4} \text{1-オクタンアミン}$$

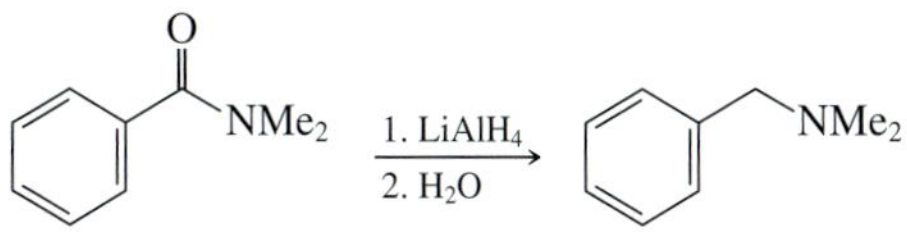

$$N,N\text{-ジメチルベンズアミド} \xrightarrow[\text{2. H}_2\text{O}]{\text{1. LiAlH}_4} N,N\text{-ジメチルベンジルアミン}$$

アミドのアミンへの還元の反応機構は次の4段階からなる.

反応機構　アミドの水素化アルミニウムリチウムによる還元

段階 1：求核剤と求電子剤の間の結合生成．ヒドリドイオンがカルボニル炭素に付加する．

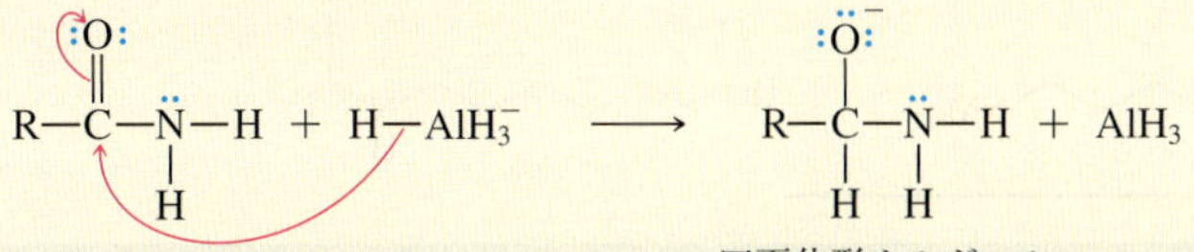

$$R-\underset{H}{\underset{|}{C}}(=O)-\underset{H}{\underset{|}{N}}-H + H-AlH_3^- \longrightarrow R-\underset{H}{\underset{|}{\overset{|}{C}}}(-\ddot{O}:^-)-\underset{H}{\underset{|}{N}}-H + AlH_3$$

四面体形カルボニル付加中間体

段階 2：求核剤と求電子剤の間の結合生成．$-O^-$（オキシドアニオン，ルイス塩基）と AlH_3（ルイス酸）とのルイス酸-塩基反応により，酸素-アルミニウム結合ができる．

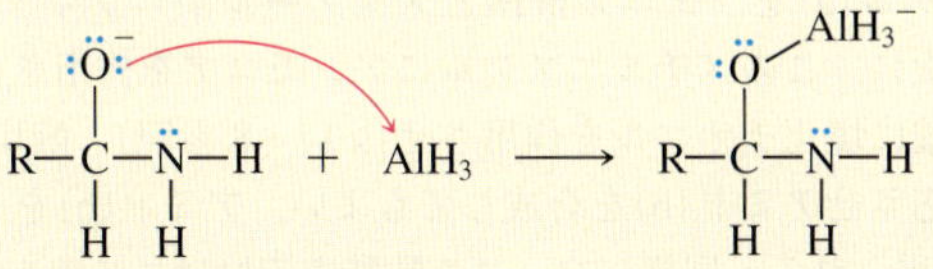

段階 3：結合開裂による安定な分子（イオン）の生成．電子対の移動により H_3AlO^{2-} が脱離しイミニウムイオンが生成する．アルミニウムの水酸化物が多少酸性であるため，H_3AlO^{2-} は比較的優れた脱離基である．

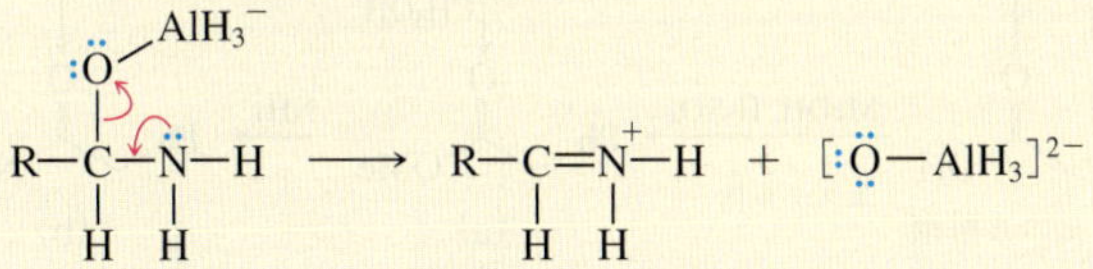

イミニウムイオン

段階 4：求核剤と求電子剤の間の結合生成．最後に，イミニウムイオンに二つ目のヒドリドが付加し反応が完結する．

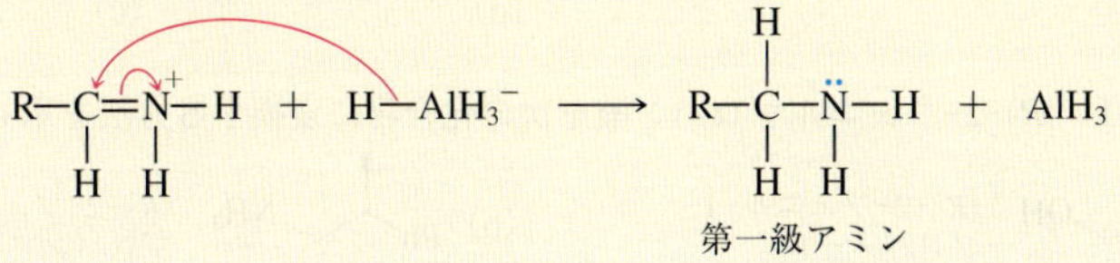

第一級アミン

例題 18・10

次の変換を行う方法を示せ．

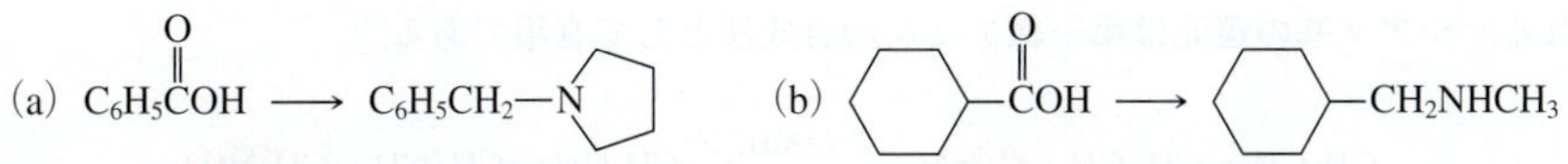

(a) $C_6H_5COH \longrightarrow C_6H_5CH_2-N\text{(ピロリジン)}$

(b) シクロヘキサンカルボン酸 $\longrightarrow$ シクロヘキシル-CH_2NHCH_3

解答　基本的にカルボン酸をアミドに変換し，次に $LiAlH_4$ でアミンに還元すればよい．

アミドはカルボン酸を $SOCl_2$ と反応させて酸塩化物にした後 (§17・8参照)，酸塩化物にアミンを作用させて (§18・6A) 合成する．カルボン酸をフィッシャーエステル化によってエチルエステルに変換し，得られたエチルエステルにアミンを作用させてアミドを合成してもよい．解答の (a) では酸塩化物の合成経路を示し，(b) ではエステルの合成経路を示す．

(a) $C_6H_5COOH \xrightarrow{SOCl_2} C_6H_5COCl \xrightarrow{\text{ピロリジン}} C_6H_5CO-N(\text{ピロリジン}) \xrightarrow[\text{2. }H_2O]{\text{1. }LiAlH_4} C_6H_5CH_2-N(\text{ピロリジン})$

(b) シクロヘキサンカルボン酸 $\xrightarrow[\text{2. }CH_3NH_2]{\text{1. }CH_3CH_2OH, H^+}$ シクロヘキシル-CONHCH₃ $\xrightarrow[\text{4. }H_2O]{\text{3. }LiAlH_4}$ シクロヘキシル-CH₂NHCH₃

問題 18・10 ヘキサン酸を次に示すアミンに変換する方法を示せ．

(a) $\text{CH}_3(\text{CH}_2)_5\text{NMe}_2$ (b) $\text{CH}_3(\text{CH}_2)_5\text{NH-}i\text{Pr}$

例題 18・11

フェニル酢酸を次の化合物に変換する方法を示せ．

(a) PhCH₂COOMe (b) PhCH₂CONH₂ (c) PhCH₂CH₂NH₂ (d) PhCH₂CH₂OH

解答 メチルエステル (a) をフェニル酢酸とメタノールからフィッシャーエステル化によって合成する．次に，このメチルエステルにアンモニアを作用させ，アミド (b) に変換する．フェニル酢酸に塩化チオニルを作用させ (§17・8参照)，酸塩化物に変換し，これをアンモニアと反応させアミド (b) を合成してもよい．アミド (b) を $LiAlH_4$ で還元すると第一級アミン (c) が得られる．同様にフェニル酢酸あるいはエステル (a) を還元するとアルコール (d) が得られる．

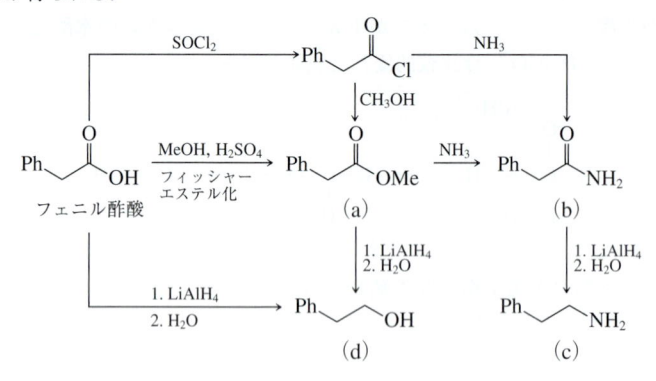

フェニル酢酸 $\xrightarrow{SOCl_2}$ PhCH₂COCl $\xrightarrow{NH_3}$ PhCH₂CONH₂ (b)

フェニル酢酸 $\xrightarrow{\text{MeOH, }H_2SO_4 \text{ フィッシャーエステル化}}$ PhCH₂COOMe (a)

PhCH₂COCl $\xrightarrow{CH_3OH}$ PhCH₂COOMe (a)

(a) $\xrightarrow[\text{2. }H_2O]{\text{1. }LiAlH_4}$ PhCH₂CH₂OH (d)

(b) $\xrightarrow[\text{2. }H_2O]{\text{1. }LiAlH_4}$ PhCH₂CH₂NH₂ (c)

フェニル酢酸 $\xrightarrow[\text{2. }H_2O]{\text{1. }LiAlH_4}$ PhCH₂CH₂OH (d)

問題 18・11 (R)-2-フェニルプロパン酸を次の化合物に変換する方法を示せ．

(a) Ph-*CH(CH₃)-CH₂OH (R)-2-フェニル-1-プロパノール
(b) Ph-*CH(CH₃)-CH₂NH₂ (R)-2-フェニル-1-プロパンアミド

C. ニトリル

水素化アルミニウムリチウムによって，ニトリルのシアノ基は第一級アミンへ還元される．シアノ基の還元は第一級アミンの合成法として有用である．

$CH_3CH=CH(CH_2)_4C\equiv N \xrightarrow[\text{2. }H_2O]{\text{1. }LiAlH_4} CH_3CH=CH(CH_2)_4CH_2NH_2$
6-オクテンニトリル　　　　　　　　6-オクテン-1-アミン

まとめ

18・1 構造と命名法

- R−C(=O)− はアシル基である.
- カルボン酸の誘導体としては，酸ハロゲン化物，酸無水物，エステル，アミド，ニトリルが非常に重要である.
- **酸ハロゲン化物**では，アシル基はハロゲン（通常は塩素）に結合している.
  - 酸ハロゲン化物は，母体のカルボン酸名の酸 (-oic acid) をオイル (-oyl) として，その前にハロゲン化をつける.
- **カルボン酸無水物**（酸無水物）は，二つのアシル基が一つの酸素に結合した化合物である.
  - 酸無水物は母体のカルボン酸名の酸 (acid) を酸無水物 (anhydride) に置き換えて命名する. 日本語名の場合には母体のカルボン酸名の前に無水を置くことにより命名することもある.
- **カルボン酸エステル**（エステル）は，アシル基が OR 基に結合した化合物である.
  - 酸素原子上のアルキル基やアリール基の名称の後に，母体のカルボン酸の -ic acid を -ate で置き換えた名称を置いて命名する. 日本語ではカルボン酸名の後にアルキル基やアリール基の名称をつなげて命名する.
  - ラクトンは環状エステルであり，アシル炭素と酸素原子が環の一部となっている.
- **アミド**は，アシル基が窒素原子に結合した化合物である.
  - アミドは，母体のカルボン酸の酸〔-(o)ic acid〕をアミド (-amide) に代えて命名する. 窒素上に一つあるいは二つの置換基が存在するときは，その置換基名をアミドの名称の前に置き，さらにその前に N- を置く.
  - ラクタムは環状アミドであり，アシル炭素と窒素原子が環の一部となっている.
- **ニトリル**は，シアノ基が炭素に結合した化合物である.
  - ニトリルは母体の酸 (-oic acid) をオニトリル (-onitrile) に置き換えて命名する.

18・2 アミド，イミドおよびスルホンアミドの酸性度

- **イミド**は，アシル基が二つ窒素原子に結合した化合物である.
- イミドは，窒素に結合した水素が脱プロトン化された負電荷が両方のカルボニル基に非局在化するので，アミドよりも酸性度がかなり高い.
- アミドでは，アシル炭素と窒素の間に二重結合が存在する共鳴構造の寄与が大きいので，窒素原子は sp^2 混成をしている.
- アシル炭素と窒素の結合は部分的な二重結合性をもっているので，大きな回転障壁をもつ.
- アミドのアシル炭素は他のカルボン酸誘導体に比べて求電子性が小さい.
- アミドの窒素は塩基性をもたない.

18・3 特徴的な反応

- カルボン酸誘導体の特徴的な反応は**求核的アシル置換反応**である.
- 強力な求核剤は求電子的なアシル炭素を直接攻撃し，C=O π結合を切断し，四面体形カルボニル付加中間体を生成する.
- 弱い求核剤は酸触媒によって反応する可能性がある. この場合，アシル酸素原子がまずプロトン化される.
- 四面体形中間体が分解して，脱離基が脱離し C−O π結合を再生する.
  - より安定なアニオンはより脱離能が高い.
  - 脱離能の順番は $H_2N^- < RO^- < RCOO^- < Cl^-$ である.
  - 共鳴によって生じる安定性は酸塩化物 < 酸無水物 < エステル < アミドの順番で増大する.
  - カルボン酸誘導体の反応性は，アミド < エステル < 酸無水物 < 酸塩化物の順番で増大する.

18・4 水との反応: 加水分解

- 酸塩化物や酸無水物は水と反応し，カルボン酸と塩酸，または 2 分子のカルボン酸を生成する.
  - 加水分解反応は酸触媒により進行するが，加水分解により酸が生成するので，わざわざ酸を加えなくても反応は進行する.
- エステルやアミドの加水分解には酸や塩基触媒が必要であるが，酸塩化物や酸無水物の加水分解には触媒は不要である.
  - 酸の役割はカルボニル基の求電子性を向上させ，脱離基をプロトン化し脱離しやすくさせることである.
  - 塩基の役割は求核性を向上させ，アニオン性の四面体形中間体を形成することにより脱離を起こりやすくすることである.
- エステルは酸触媒の存在下で水と反応し，カルボン酸とアルコールを生成する. この反応機構は，フィッシャーエステル化の全く逆である. エステルが水と反応するためフィッシャーエステル化は平衡反応となる.
- 微視的可逆性の原理から，可逆反応の順方向の反応と逆方向の反応は同一の中間体と遷移状態を経て進行する.
- エステルは塩基性水溶液中で加水分解される. この過程を**けん化**とよぶ. これはせっけんが油脂であるトリグリセリドエステルを加水分解することにより製造されてきたことに由来する.
- アミドは触媒量ではなく化学量論量の酸や塩基によって加水分解される. どちらの場合もエステル以上に激しい反応条件が必要になる.
- ニトリルは強酸中で加水分解され，カルボン酸とアンモニウムイオンを生成する. 強塩基性下ではカルボキシラートイオンとアンモニアに加水分解される.

18・5 アルコールとの反応

- 酸塩化物はアルコールと反応し，エステルと HCl を生成する. この反応は，§10・5D で説明したスルホン酸エステルの生成とよく似ている. 生成したエステルが酸に対して不安定である場合には，生成した HCl を第三級アミンなどの塩基によって中和することが多い.
- 酸無水物はアルコールと反応し，1 mol のエステルと 1 mol のカルボン酸を生成する.
- エステルは酸触媒によりアルコールと反応し，OR 基の交換が起こる. これは平衡反応であり，**エステル交換反応**とよばれる.
- アミドは反応性が低く，アルコールとは反応しない.

18・6 アンモニアおよびアミンとの反応
- 酸塩化物は 2 mol のアンモニアや第一級，第二級アミンと反応して，アミドと 1 mol の塩化アンモニウムを生成する．
- 酸無水物は 2 mol のアンモニアや第一級，第二級アミンと反応して，アミドと 1 mol のカルボン酸アンモニウムを生成する．
- エステルはアンモニアや第一級，第二級アミンとゆっくりと反応して，アミドとアルコールを生成する．

18・7 酸塩化物とカルボン酸塩の反応
- 酸塩化物はカルボキシラートイオンと反応して酸無水物と塩化物塩を生成する．

18・8 カルボン酸誘導体間の相互変換
- より反応性が低いカルボン酸誘導体は，より反応性が高いカルボン酸誘導体から適切な酸素求核剤あるいは窒素求核剤を用いて合成できる．
  - 酸塩化物を用いれば，他のいずれのカルボン酸誘導体も合成できる．
  - 酸塩化物は SOCl$_2$ によってカルボン酸から合成でき，すべてのカルボン酸誘導体は加水分解できるので，いずれのカルボン酸誘導体も相互に変換することができる．
- 本章で示した反応機構は次の四つの段階の組合わせからなる．
  - プロトンの付加
  - プロトンの脱離
  - 求核剤と求電子剤の間の結合生成
  - 結合開裂による安定な分子(イオン)の生成
- 反応機構において，異なる性質の反応系を混同しない(基礎知識 II)．
  - 酸の中で起こる反応では，強塩基は生じない．
  - 塩基の中で起こる反応では，強酸は生じない．

18・9 有機金属化合物との反応
- エステルには 2 分子のグリニャール反応剤が付加する．酸性水溶液による後処理によってアルコールが生成物として得られる．このアルコールはヒドロキシ基をもつ炭素に二つの同じ置換基が結合している．
  - ギ酸エステルでは，第二級アルコールが得られるが，他のエステルでは第三級アルコールが得られる．
  - 同じ反応を行うのに，グリニャール反応剤の代わりに有機リチウム反応剤を用いることも可能である．
- 酸塩化物はギルマン反応剤と反応してケトンを生成する．

18・10 還元
- エステルは水素化アルミニウムリチウムと反応し，酸性水溶液による後処理によって二つのアルコールを生成する．
  - 水素化ホウ素ナトリウムとエステルとの反応は非常に遅く，エステルの還元には利用できない．
- 水素化ジイソブチルアルミニウム(DIBAL-H)は低温でエステルと反応し，アルデヒドを生成する．より高温ではアルコールにまで還元される．
- アミドは水素化アルミニウムリチウムと反応しアミンを生成する．
- 水素化アルミニウムリチウムはニトリルのシアノ基を第一級アミンへと還元する．

重要な反応

1. イミドの酸性度(§18・2)
イミド(pK_a 8〜10)は NaOH と反応して水溶性のナトリウム塩を生成するので，NaOH 水溶液に溶解する．

水に不溶 → 水溶性ナトリウム塩

イミドはアミドより酸性度が大きい．これはイミドアニオンの負電荷が二つのカルボニル酸素上へより広く非局在化することで安定化されるからである．

2. スルホンアミドの酸性度(§18・2)
スルホンアミド(pK_a 9〜10)は水溶性のナトリウム塩を生成するので，NaOH 水溶液に溶解する．スルホンアミドのアニオンの負電荷は二つの酸素上へ非局在化し，安定化している．

3. 酸塩化物の加水分解(§18・4A)
低分子量の酸塩化物は水と激しく反応する．高分子量の酸塩化物の加水分解反応は比較的遅い．

$$CH_3CCl + H_2O \longrightarrow CH_3COH + HCl$$

4. 酸無水物の加水分解(§18・4B)
酸無水物は水と容易に反応する．

$$CH_3COCCH_3 + H_2O \longrightarrow CH_3COH + HOCCH_3$$

反応機構はアシル酸素のプロトン化，水の付加による四面体形付加中間体の生成，脱離するアシル酸素へのプロトンの移動，そしてカルボン酸の脱離という四つの段階からなる．

5. エステルの加水分解(§18・4C)
エステルの加水分解には酸または塩基が必要である．酸は触媒となるが，塩基は等モル量必要である．酸による反応の反応機構は，アシル酸素のプロトン化，水の付加による四面体形付加

中間体の生成，OR 基の酸素へのプロトンの移動，そしてアルコールの脱離という四つの段階からなる．

$$CH_3CO-C_6H_{11} + NaOH \xrightarrow{H_2O} CH_3CO^-Na^+ + HO-C_6H_{11}$$

塩基による反応では，まず強い求核剤である HO^- がカルボニル基に直接付加して四面体形付加中間体が生成し，次にこれがカルボン酸とアルコキシドに分解する．より酸性であるカルボン酸からより塩基性であるアルコキシドにプロトンが移動し，カルボキシラートイオンとアルコールが最終生成物として生成する．

6. アミドの加水分解（§18・4D）
アミドを加水分解するにはアミドと等モル量の酸あるいは塩基が必要である．酸による加水分解では，反応機構はエステルの場合とよく似ている．異なっているのは，脱離するアミンがプロトン化されアンモニウムイオンを生成するという点である．この最後の段階にプロトンが必要なので，触媒量の酸では反応が進行しない．

$$\text{PhCH(Et)CONH}_2 + H_2O + HCl \xrightarrow[\text{熱}]{H_2O} \text{PhCH(Et)COOH} + NH_4^+Cl^-$$

$$CH_3CNHPh + NaOH \xrightarrow[\text{熱}]{H_2O} CH_3CO^-Na^+ + H_2N-Ph$$

塩基によるアミドの加水分解の反応機構はエステルの場合よりも複雑であり，HO^- の付加，ジアニオン性の四面体形中間体の生成，アミドイオンの脱離の三つの段階からなる．脱離したアミドイオンはすぐにプロトン化されアミンとなる．

7. ニトリルの加水分解（§18・4E）
ニトリルと等モル量の酸あるいは塩基が必要である．酸性での加水分解では，ニトリル窒素のプロトン化，水の攻撃によるイミド酸の生成，アミドへの互変異性化が起こり，その後は酸によるアミドの加水分解と同様に進行する．

$$PhCH_2C\equiv N + 2H_2O + H_2SO_4 \xrightarrow[\text{熱}]{H_2O}$$
$$PhCH_2COOH + NH_4^+HSO_4^-$$

$$CH_3(CH_2)_9C\equiv N + H_2O + NaOH \xrightarrow[\text{熱}]{H_2O} CH_3(CH_2)_9CO^-Na^+ + NH_3$$

塩基性での反応では，HO^- のニトリル炭素への付加によるイミド酸アニオンの生成，イミド酸へのプロトン化，アミドへの互変異性化が起こり，その後は塩基によるアミドの加水分解と同様に進行する．

8. 酸塩化物とアルコールとの反応（§18・5A）
酸塩化物とアルコールを反応させると，エステルと HCl が生成する．

$$CH_3CH_2CH_2COCl + HO-C_6H_{11} \longrightarrow CH_3CH_2CH_2CO-O-C_6H_{11} + HCl$$

酸に対して不安定なエステルを合成するときには HCl を中和するために等モル量のトリエチルアミンやピリジンを用いる．

9. 酸無水物とアルコールとの反応（§18・5B）
酸無水物とアルコールを反応させると 1 mol のエステルと 1 mol のカルボン酸が生成する．

$$CH_3COCCH_3 + HOEt \longrightarrow CH_3COEt + CH_3COH$$

10. エステルとアルコールとの反応（エステル交換反応）（§18・5C）
エステル交換反応において，反応を完結させるには酸触媒と過剰量のアルコールが必要である．

$$CH_2=CHCOOCH_3 + HO-C_4H_9 \xrightleftharpoons{HCl}$$
$$CH_2=CHCOO-C_4H_9 + CH_3OH$$

11. 酸塩化物とアンモニアあるいはアミンの反応（§18・6A）
反応には 2 mol のアンモニアあるいはアミンが必要である．これは，1 mol 分がアミドの生成に，もう 1 mol 分が生成する HCl を中和するために必要だからである．反応機構はカルボニル炭素に対するアンモニアあるいはアミンの求核付加による四面体形付加中間体の生成，プロトン移動，塩化物イオンの脱離と脱プロトン化による生成物の生成の段階からなる．

$$C_5H_{11}COCl + 2NH_3 \longrightarrow C_5H_{11}CONH_2 + NH_4Cl$$

12. 酸無水物とアンモニアあるいはアミンの反応（§18・6B）
反応には 2 mol のアンモニアあるいはアミンが必要である．これは，1 mol 分がアミドの生成に，もう 1 mol 分が生成するカルボン酸を中和するために必要だからである．反応機構は酸塩化物とアンモニアあるいはアミンとの反応によく似ている．

$$CH_3COCCH_3 + 2NH_3 \longrightarrow CH_3CNH_2 + CH_3CO^-NH_4^+$$

13. エステルとアンモニアあるいはアミンの反応（§18・6C）
エステルをアンモニアや第一級アミン，第二級アミンと反応させるとアミドを生成する．反応機構はアンモニアやアミンのカルボニル炭素への求核付加，プロトン移動による四面体形付加中間体の生成，アルコキシドイオンの脱離とアルコキシドイオンによる脱プロトン化による生成物の生成の段階からなる．

$$PhCH_2COOEt + NH_3 \longrightarrow PhCH_2CONH_2 + EtOH$$

14. 酸塩化物とカルボン酸塩との反応 (§18・7)

酸塩化物とカルボン酸塩との反応は混合酸無水物を合成する方法として有用である.

$$CH_3CCl + Na^+ {}^-OCC_6H_5 \longrightarrow CH_3COCC_6H_5 + Na^+Cl^-$$

15. エステルとグリニャール反応剤との反応 (§18・9A)

ギ酸エステルをグリニャール反応剤と反応させ，加水分解すると第二級アルコールが得られる．他のエステルを用いると第三級アルコールが得られる．反応機構はグリニャール反応剤のカルボニル炭素への求核付加による四面体形付加中間体の生成，アルコキシドイオンの脱離によるケトン中間体の生成，2分子目のグリニャール反応剤と生成したケトンの反応の段階からなる．ギ酸エステルの場合には，アルデヒドが中間体として生成する．

（シクロヘキシル-COOMe → シクロヘキシル-C(OH)(Et)₂, 1. 2 EtMgBr, 2. H₂O/HCl）

16. 酸塩化物とジアルキル銅リチウムとの反応 (§18・9C)

酸塩化物は -78 ℃ でジアルキル銅リチウムと容易に反応し，ケトンを生成する．

（CH₃(CH₂)₃COCl → ケトン, 1. (CH₃)₂CuLi, エーテル, -78 ℃, 2. H₂O）

17. エステルの還元 (§18・10A)

エステルを水素化アルミニウムリチウムで還元すると2種類のアルコールが得られる．反応機構はヒドリドイオンのカルボニル炭素への求核付加による四面体形付加中間体の生成，アルコキシドイオンの脱離によるアルデヒドの生成，二つ目のヒドリドイオンとアルデヒドとの反応による生成物の生成の段階からなる．

（Ph-CH(CH₃)-COOCH₃ → Ph-CH(CH₃)-CH₂OH + CH₃OH, 1. LiAlH₄, エーテル, 2. H₂O/HCl）

エステルを水素化ジイソブチルアルミニウム(DIBAL-H)で低温で還元するとアルデヒドとアルコールが生成する.

（ヘキサン酸メチル → ヘキサナール + CH₃OH, 1. DIBAL-H, トルエン, -78 ℃, 2. H₂O/HCl）

18. アミドの還元 (§18・10B)

アミドを水素化アルミニウムリチウムで還元するとアミンが得られる．反応機構は，ヒドリドイオンのカルボニル炭素への求核付加による四面体形付加中間体の生成，アルコキシドイオンの脱離によるアルデヒドの生成，ルイス酸-塩基反応による酸素-アルミニウム結合の生成，Al-O 種の脱離による求電子的なイミニウムイオンの生成，イミニウムイオンへのヒドリドイオンの2回目の付加によるアミンの生成の五つの段階からなる．

（オクタンアミド → オクチルアミン, 1. LiAlH₄, 2. H₂O）

19. ニトリルの還元 (§18・10C)

シアノ基を水素化アルミニウムリチウムで還元すると，第一級アミノ基に変換される．

（2,4-ジブロモベンゾニトリル → 2,4-ジブロモベンジルアミン, 1. LiAlH₄, エーテル, 2. H₂O）

問　題

赤の問題番号は応用問題を示す.

構造と命名法

18・12 次の化合物の構造式を書け.

(a) 炭酸ジメチル
(b) ベンゾニトリル
(c) 3-メチルヘキサン酸イソプロピル
(d) シュウ酸ジエチル
(e) (Z)-2-ペンテン酸エチル
(f) ブタン酸無水物
(g) ドデカンアミド
(h) 3-ヒドロキシブタン酸エチル
(i) 塩化オクタノイル
(j) cis-1,2-シクロヘキサンジカルボン酸ジエチル
(k) 塩化メタンスルホニル
(l) 塩化 p-トルエンスルホニル

18・13 次の化合物を命名せよ.

(a) Ph-C(=O)-O-C(=O)-Ph
(b) Ph-S(=O)₂-NH₂
(c) CH₃(CH₂)₃-C(=O)-NHCH₃
(d) CH₃(CH₂)₆-C(=O)-NH₂
(e) EtO-C(=O)-CH₂-C(=O)-OEt
(f) CH₃OSOCH₃ (ジメチル硫酸エステル構造)
(g) Ph-CH₂-C(=O)-CH(CH₃)-C(=O)-OCH₃
(h) Cl-C(=O)-(CH₂)₃-C(=O)-Cl
(i) CH₃(CH₂)₅CN

物理的性質

18・14 アセトアミドの融点および沸点は，いずれも N,N-ジメチルアセトアミドよりも高い．この違いを説明せよ．

$$\underset{\substack{\text{アセトアミド}\\ \text{mp 82.3°C, bp 221.2°C}}}{\text{CH}_3\overset{\overset{\text{O}}{\|}}{\text{C}}\text{NH}_2} \qquad \underset{\substack{N,N\text{-ジメチルアセトアミド}\\ \text{mp }-20\text{°C, bp 165°C}}}{\text{CH}_3\overset{\overset{\text{O}}{\|}}{\text{C}}\text{N}(\text{CH}_3)_2}$$

分光法

18・15 ^{1}H NMR スペクトルにおいて，第一級アミドのプロトンは通常別べつに観測される．たとえば，プロパンアミドの二つのプロトンは δ6.22 と δ6.58 に現れる．さらに，N,N-ジメチルホルムアミドの二つのメチル基も別べつに観測される（δ3.88 と δ3.98）．この理由を説明せよ．

18・16 下の ^{1}H NMR および IR スペクトルを示す分子式が $C_7H_{14}O_2$ である化合物 **A** の構造式を書け．

18・17 次ページの ^{1}H NMR および IR スペクトルを示す分子式が $C_6H_{13}NO$ である化合物 **B** の構造式を書け．

18・18 次の ^{1}H NMR および ^{13}C NMR スペクトルを示す化合物の構造式を書け．

(a) $C_5H_{10}O_2$

^{1}H NMR	^{13}C NMR
0.96 (d, 6H)	161.11
1.96 (m, 1H)	70.01
3.95 (d, 2H)	27.71
8.08 (s, 1H)	19.00

(b) $C_7H_{14}O_2$

^{1}H NMR	^{13}C NMR
0.92 (d, 6H)	171.15
1.52 (m, 2H)	63.12
1.70 (m, 1H)	37.31
2.09 (s, 3H)	25.05
4.10 (t, 2H)	22.45, 21.06

(c) $C_6H_{12}O_2$

^{1}H NMR	^{13}C NMR
1.18 (d, 6H)	177.16
1.26 (t, 3H)	60.17
2.51 (m, 1H)	34.04
4.13 (q, 2H)	19.01, 14.25

(d) $C_7H_{12}O_4$

^{1}H NMR	^{13}C NMR
1.28 (t, 6H)	166.52
3.36 (s, 2H)	61.43
4.21 (q, 4H)	41.69, 14.07

(e) $C_4H_7ClO_2$

^{1}H NMR	^{13}C NMR
1.68 (d, 3H)	170.51
3.80 (s, 3H)	52.92
4.42 (q, 1H)	52.32, 21.52

(f) $C_4H_6O_2$

^{1}H NMR	^{13}C NMR
2.29 (m, 2H)	177.81
2.50 (t, 2H)	68.58
4.36 (t, 2H)	27.79, 22.17

反応

18・19 塩化ベンゾイルと次の反応剤を反応させたときに生成する主生成物の構造式を書け．

(a) シクロヘキシル-OH

(b) ～～OH，ピリジン

(c) ～～SH，ピリジン

(d) ～～NH$_2$（2 倍モル量）

(e) CH$_3$CH$_2$C(=O)O$^-$Na$^+$

(f) (CH$_3$)$_2$CuLi，つづいて H$_3$O$^+$

(g) CH$_3$O-C$_6$H$_4$-NH$_2$，ピリジン

(h) C$_6$H$_5$MgBr（2 倍モル量），つづいて H$_3$O$^+$

問題 18・16 スペクトル図

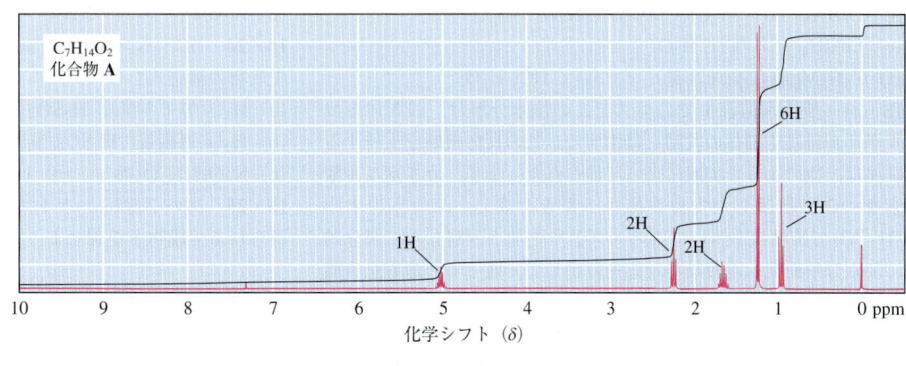

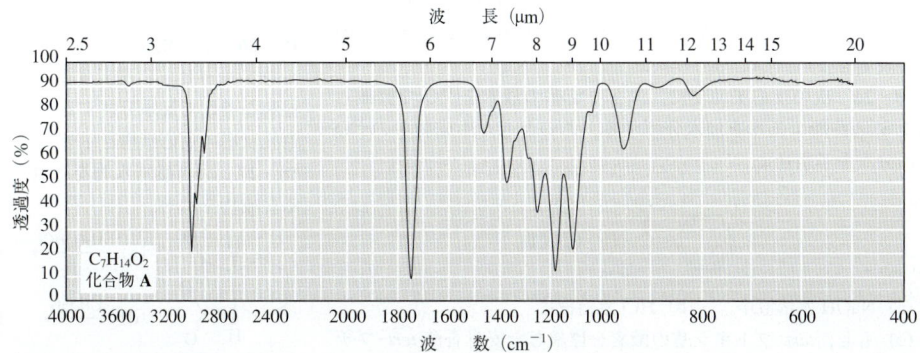

問題 18・17　スペクトル図

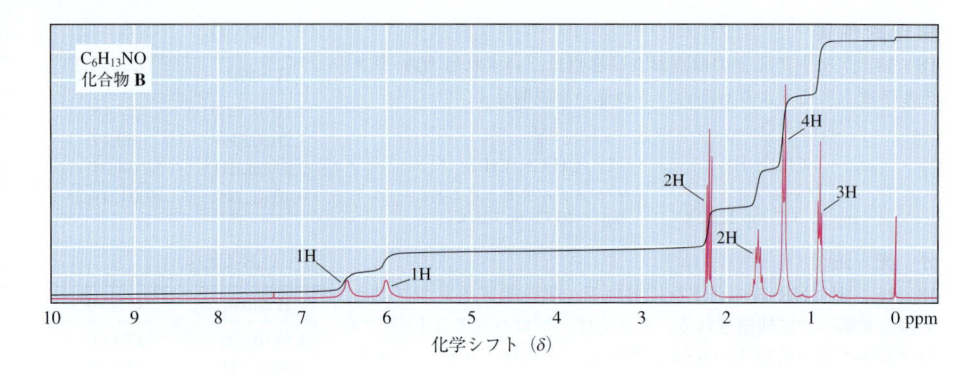

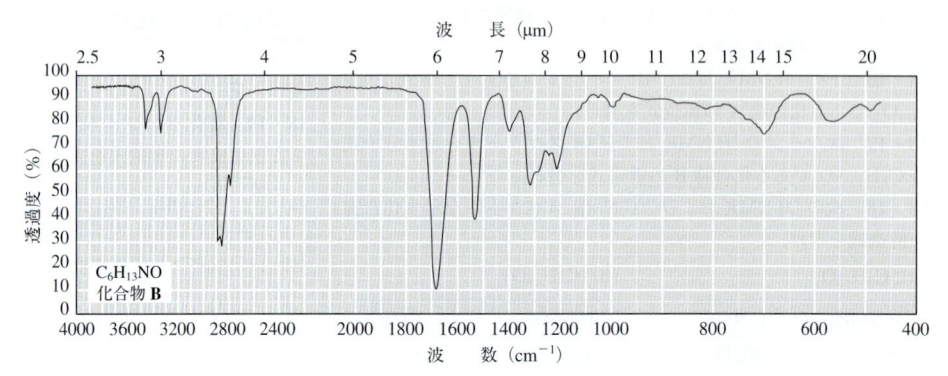

C₆H₁₃NO 化合物 B

18・20　安息香酸エチルと次の反応剤を反応させたときに生成する主生成物の構造式を書け.
(a) H₂O, NaOH, 熱　　(b) H₂O, H₂SO₄, 熱
(c) CH₃CH₂CH₂CH₂NH₂
(d) DIBAL-H(−78 ℃), つづいて H₂O
(e) LiAlH₄, つづいて H₂O
(f) C₆H₅MgBr(2 倍モル量), つづいて HCl/H₂O

18・21　酸性水溶液中でのエステルの加水分解は，四面体形カルボニル付加中間体の段階を経由する．この反応機構を支持する証拠は，次のような実験によって得られた．まず，カルボニル酸素を ^{18}O で標識した安息香酸エチルを合成し，ふつうの水中 ($H_2^{16}O$) で酸触媒を用いてこのエステルを加水分解した．部分的に加水分解が進んだ段階で反応を停止して，残っている安息香酸エチルを回収したところ，^{18}O の含有率が減少していた．つまり，エステルの ^{18}O と水の ^{16}O の交換が起こっていた．この実験事実と酸触媒によるエステルの加水分解において四面体形カルボニル付加中間体が生成するということがどのように関係するのか説明せよ．

18・22　次の反応条件下で，エトキシ基の酸素を ^{18}O で標識した安息香酸エチルを加水分解する．このとき，生成物中の ^{18}O の分布を予想せよ．

(a) NaOH 水溶液中　　(b) HCl 水溶液中
(c) もし, tert-ブトキシ基の酸素を標識した安息香酸 tert-ブチルを加水分解すると, どのような分布になるか予想せよ.

18・23　安息香酸アミドを次の反応剤と反応させて得られる主生成物の構造式を書け.
(a) H₂O, HCl, 熱　　(b) NaOH, H₂O, 熱
(c) LiAlH₄, つづいて H₂O

18・24　ベンゾニトリルを次の反応剤と反応させて得られる主生成物の構造式を書け.
(a) H₂O(等モル量), H₂SO₄, 熱
(b) H₂O(過剰量), H₂SO₄, 熱
(c) NaOH, H₂O, 熱　　(d) LiAlH₄, つづいて H₂O

18・25　次の不飽和 δ-ケトエステルを次の反応剤と反応させて得られる生成物を予想せよ.

(a) H₂ (1 mol) / Pd, EtOH
(b) NaBH₄ / CH₃OH
(c) 1. LiAlH₄, THF　2. H₂O
(d) 1. DIBAL-H, −78 ℃　2. H₂O

18・26　水素化ジイソブチルアルミニウム(DIBAL-H)はエステルをアルデヒドに還元する．ニトリルを DIBAL-H と反応させ，穏和な条件で加水分解するとやはりアルデヒドが得られる．この還元反応の反応機構を示せ．

18・27　次の酸無水物をそれぞれの反応剤と反応させて得られる生成物を示せ．

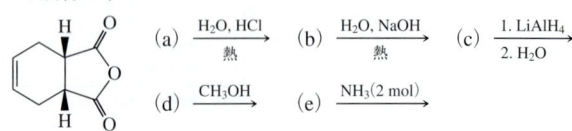

(a) H₂O, HCl, 熱　(b) H₂O, NaOH, 熱　(c) 1. LiAlH₄　2. H₂O
(d) CH₃OH　(e) NH₃ (2 mol)

18・28 鎮痛薬であるアセトアミノフェンは 4-アミノフェノールを等モル量の無水酢酸と反応させて合成される. アセトアミノフェンの構造式を書け.

18・29 コリンを無水酢酸と反応させると神経伝達物質であるアセチルコリンが得られる. アセチルコリンが生成する反応式を書け.

$$(CH_3)_3\overset{+}{N}CH_2CH_2OH \quad コリン$$

18・30 ニコチン酸(より一般的にはナイアシン)はビタミンBの一つである. (a) ニコチン酸をニコチン酸エチルに変換する方法を示せ. (b) さらにニコチンアミドに変換する方法を示せ.

ニコチン酸 (ナイアシン) → ニコチン酸エチル → ニコチンアミド

18・31 次の反応式を完成させよ.

(a) CH₃O–C₆H₄–NH₂ + CH₃COCCH₃ (無水酢酸) →

(b) CH₃CCl + 2 HN(ピペリジン) →

(c) CH₃COCH₃ + HN(ピペリジン) →

(d) C₆H₅–NH₂ + CH₃(CH₂)₅CH=O →

18・32 γ-ブチロラクトンをそれぞれの反応剤と反応させて得られる生成物を示せ.

(a) NH₃ →
(b) 1. LiAlH₄ 2. H₂O
(c) 1. 2 PhMgBr, エーテル 2. H₂O, HCl
(d) NaOH / H₂O 熱
(e) 1. 2 CH₃Li, エーテル 2. H₂O, HCl
(f) 1. DIBAL-H, エーテル, −78 ℃ 2. H₂O, HCl

18・33 次のγ-ラクタムをそれぞれの反応剤と反応させて得られる生成物を示せ.

(a) H₂O, HCl 熱
(b) H₂O, NaOH 熱
(c) 1. LiAlH₄ 2. H₂O

18・34 メプロバメート, フェノバルビタール, ペントバルビタールをそれぞれ加熱した酸性水溶液中で完全に加水分解して得られる生成物の構造式を書け.

(a) メプロバメート (b) フェノバルビタール (c) ペントバルビタール

メプロバメートは 58 もの異なる商標名で処方される鎮静薬である. フェノバルビタールは長時間作用型鎮静薬, 睡眠薬, 抗けいれん薬として使われている. ペントバルビタールは短時間作用型鎮静薬, 睡眠薬, 抗けいれん薬として使われている.

合 成

18・35 N,N-ジエチル-m-トルアミド(DEET)は一般的な虫除けの有効成分である. 3-メチル安息香酸からDEETを合成する方法を示せ.

3-メチル安息香酸 (m-トルイル酸) → N,N-ジエチル-m-トルアミド (DEET)

18・36 イソニアジドは, 結核の治療に用いられる薬であり, ピリジン-4-カルボン酸から合成される. この合成法を示せ.

ピリジン-4-カルボン酸 → ピリジン-4-カルボン酸ヒドラジド (イソニアジド)

18・37 フェニルアセチレンをフェニル酢酸アリルに変換する方法を示せ.

フェニルアセチレン → フェニル酢酸アリル

18・38 PGE₁(プロスタグランジンE₁, アルプロスタジル)を合成する一つの段階として, 三置換シクロヘキセンを臭素と反応させブロモラクトンを得る反応がある. ブロモラクトンの生成の反応機構を示し, シクロヘキサン環上の置換基の立体化学が発現する理由を説明せよ.

(三置換シクロヘキセン) + Br₂ → ブロモラクトン → 多段階 → PGE₁ (アルプロスタジル alprostadil)

アルプロスタジルは肺血流が阻害される先天的心臓欠陥をもって

生まれた幼児の一時的な治療に用いられる．この薬は肺動脈の拡張をもたらし，その結果，肺血流を増加させ，血中酸素を増加させる．

18・39 バルビツール酸塩は，触媒として働くナトリウムエトキシドの存在下で尿素とマロン酸ジエチルの誘導体を反応させて合成される．ジエチルマロン酸ジエチルと尿素からバルビタールを合成する反応式を次に示す．バルビタールは長時間作用する睡眠薬，鎮静薬である．

[反応式: ジエチルマロン酸ジエチル + 尿素 → 5,5-ジエチルバルビツール酸（バルビタール） + 2 EtOH]

(a) この反応の反応機構を示せ．
(b) バルビタールの pK_a は 7.4 である．最も酸性度の高い水素はどれか示せ．このような高い酸性度の理由を説明せよ．

18・40 次の化合物は β-クロロアミンの一つである．β-クロロアミンの多くは抗腫瘍活性をもつ．この化合物をアントラニル酸とエチレンオキシドから合成する方法を示せ．

[反応式: 2-アミノ安息香酸（アントラニル酸）+ 2 エチレンオキシド → 多段階 → β-クロロアミン]

18・41 1-ブロモブタンのみを有機化合物の出発物として 5-ノナノンを合成する方法を示せ．

18・42 プロカインは，浸潤性局所麻酔のために初めて用いられた局所麻酔薬の一つである（"身のまわりの化学 コカインからプロカインとその先へ"を参照）．次の逆合成の式に従って，プロカインは 4-アミノ安息香酸，エチレンオキシド，ジエチルアミンを炭素源として合成される．

[逆合成図: プロカイン ⇒ 4-アミノ安息香酸 + HOCH2CH2NEt2 ⇒ エチレンオキシド + Et2NH]

これら三つの化合物からプロカインを合成するための反応剤と反応条件を示せ．

18・43 (R)-2-オクタノールを (S)-2-オクタノールに変換する反応の手順を次に示す．
中間体 **A** および中間体 **B** の構造式を立体化学がわかるように書け．また，この反応手順により立体配置が反転する理由を説明せよ．

[反応式: (R)-2-オクタノール →(p-TsCl, ピリジン)→ **A** →(CH3COO⁻Na⁺, DMSO)→ **B** →(1. LiAlH4, 2. H2O)→ (S)-2-オクタノール]

18・44 適切な反応条件の下で，第一級あるいは第二級アミンに炭酸ジエチルを作用させるとカルバマート（カルバミン酸エステル）が生成する．この反応の機構を示せ．

[反応式: 炭酸ジエチル + ブチルアミン → エチル N-ブチルカルバマート + EtOH]

18・45 スルホニル尿素は RSO$_2$NHCONHR という構造をもつ．次に示すスルホニル尿素は，成人発症の糖尿病の患者に対してインスリン注射の代わりに経口投与で効き目がある薬剤である．この薬剤はすい臓の β 細胞を刺激してインスリンを放出すること，また，末梢組織に存在するインスリン受容体のインスリン刺激に対する応答性を増大させることによって，血液中のグルコース濃度を低下させる．トルブタミドは p-トルエンスルホンアミドのナトリウム塩とエチル N-ブチルカルバマートを反応させて合成する（エチル N-ブチルカルバマートの合成については問題 18・44 を参照）．この反応機構を示せ．

[反応式: p-トルエンスルホンアミドナトリウム塩 + エチル-N-ブチルカルバマート（カルバミン酸エステル）→ トルブタミド]

18・46 一般的に用いられる二つのスルホニル尿素系血糖降下薬を次に示す．

(a) [構造式: トラザミド]
(b) [構造式: グリクラジド]

まず，アミンをカルバマートに変換し，次にそのカルバマートと置換ベンゼンスルホンアミドのナトリウム塩と反応させてこれらの化合物を合成する方法を示せ．

18・47 アマンタジンは A 型インフルエンザウイルスによる感染を予防し，また発症してしまった症状を治療するのにも有効である．アマンタジンはウイルスができる後半の段階を阻害すると考えられている．アマンタジンは硫酸中で 1-ブロモアダマンタ

18. カルボン酸誘導体 595

ンをアセトニトリルと反応させてN-アダマンチルアセトアミドを合成し(段階1), 次にこれをアマンタジンに変換して(段階2)合成する.

[構造式: 1-ブロモアダマンタン → (CH₃C≡N, 硫酸, ①) → N-アセチルアダマンチルアミド (NHCCH₃) → (②) → アマンタジン (NH₂)]

(a) 段階1の反応機構を示せ.
(b) 段階2を行う反応条件を答えよ.

18・48 ブロモエポキシドは, (S)-リンゴ酸から次に示す七つの段階を経て50%の総収率で合成することができる. この合成はエナンチオ選択的であり, ブロモエポキシドの一方のエナンチオマーだけが生成する.

[構造式: HOOC-CH(OH)-CH₂-COOH ((S)-リンゴ酸) → ① → A (C₈H₁₄O₅) → ② → B → ③ → C (C₉H₁₈O₄) → ④ → D → ⑤ → E → ⑥ → F (C₄H₈OBr₂) → ⑦ → ブロモエポキシド]

段階/反応剤: ① CH₃CH₂OH, H⁺
② ジヒドロピラン, H⁺
③ LiAlH₄, つづいて H₂O
④ TsCl, ピリジン
⑤ NaBr, DMSO
⑥ H₂O, CH₃COOH
⑦ KOH

この合成では, ジヒドロピランがOH基の保護基として使われているし(§16・7D参照), 脱離能の低いOH基を脱離能が高いトシラート基へ変換するために塩化p-トルエンスルホニルが利用されている(§10・5D参照).

(a) 中間体A〜Fの構造式をキラル中心の立体化学がわかるように書け.
(b) ブロモエポキシドのキラル中心の立体配置を示せ. これら七つの段階における立体化学を説明せよ.

18・49 除草剤である(S)-メトラクロールを2-エチル-6-メチルアニリン, クロロ酢酸, アセトン, メタノールから合成するための逆合成解析を次に示す.

[逆合成解析の構造式: (S)-メトラクロール ((S)-metolachlor) ⇒① (クロロ酢酸) ⇒② ⇒③ (2-エチル-6-メチルアニリン) ⇒④ ⇒⑤ (MeOH, アセトン) + クロロ酢酸 + 2-エチル-6-メチルアニリン]

これら四つの有機化合物からメトラクロールを合成するための反応剤と反応条件を示せ. ただし, 生成物はラセミ体でよい.

18・50 蠕虫に対する駆虫剤であるジエチルカルバマジンの逆合成解析を次に示す. ジエチルカルバマジンは主として線虫に対して用いられる. 線虫とは, たとえば回虫のような小さい円筒状や細い糸のような形をした蠕虫である. これらは動物や植物に寄生する. この逆合成解析に基づいて, 化合物名を示した三つの有機化合物からジエチルカルバマジンを合成する方法を示せ.

[逆合成解析の構造式: ジエチルカルバマジン ⇒① ⇒② + クロロギ酸エチル ⇒③ + MeNH₂ + エチレンオキシド + メチルアミン]

18・51 次の逆合成解析に基づき, 抗うつ薬であるモクロベミドを合成する方法を示せ.

[逆合成解析: モクロベミド ⇒ モルホリン + エチレンオキシド + p-クロロ安息香酸]

18・52 次の逆合成解析に基づき, ベンゼン, 安息香酸, 2-(N,N-ジメチルアミノ)エタノールからジフェンヒドラミンを合成する方法を示せ.

[逆合成解析: ジフェンヒドラミン ⇒ ベンゾフェノン + 2-(N,N-ジメチルアミノ)エタノール]

ジフェンヒドラミン塩酸塩はよく知られた抗ヒスタミン薬である.

18・53 4-ヒドロキシ安息香酸, 2-メチルピペリジンおよび必要な反応剤を用いて局所麻酔薬であるシクロメチカインを合成する方法を示せ.

596   18. カルボン酸誘導体

[シクロメチカイン の構造式]
シクロメチカイン

⇒ 4-ヒドロキシ安息香酸 + 2-メチルピペリジン

18・54 雄のカイコの性誘引物質であるボンビコールの合成の概略を次に示す．この共役ジエンには四つの立体異性体が存在する．しかし，下に示した 10-トランス-12-シス体は他の三つの異性体に比べて 10^6 倍以上性誘引作用が強い．

[合成経路図]
$C_{11}H_{20}O_3$
↓
$C_{13}H_{18}O_3$
↓
$C_{17}H_{30}O_2$
↓
ボンビコール
bombykol
$C_{16}H_{30}O$
(10-トランス, 12-シス)

ボンビコールの 10-トランス-12-シス体を立体選択的に合成する方法を示せ．

18・55 問題 7・28 において，ステロイドホルモンの合成を示した．この段階の反応機構を示せ．

[構造式 B] → 2. H_2O, CH_3OH → [構造式 C]

反応機構

18・56 反応機構を書くための原則と四つの段階について説明した．これに基づいて以下の反応のすべての電子の動きを巻矢印で示し，反応機構を説明せよ．
(a) 酸性水溶液中での N,N-ジメチルアセトアミドの加水分解
(b) 塩基性水溶液中での無水酢酸の加水分解
(c) 酸性エタノール中での酢酸のエステル化
(d) 水中でのジメチルアミンと無水酢酸の反応による N,N-ジメチルアセトアミドの生成
(e) 酸性水溶液中でのアセトニトリルの部分的な加水分解によるアセトアミドの生成

18・57 次の事象は，実際の実験でしばしば観察される．それぞれの理由を説明せよ．
(a) アンモニア水と酢酸を反応させても，アミドは生成しない．

(b) 塩化アセチルと水の反応により pH が低下する．
(c) 中性でのアミドの加水分解には室温で数年の時間が必要であるが，酸塩化物の加水分解は数分で終了する．

予習問題

18・58 カルボン酸とアミンからアミドを合成する方法をすでに二通り述べた．ヘキサン二酸のようなジカルボン酸と 1,6-ヘキサンジアミンのようなジアミンから出発してポリマーを合成する方法を示せ．ポリマーとは出発物の数千倍，数万倍にもなる分子量をもった高分子である．

ヘキサン二酸（アジピン酸） + 1,6-ヘキサンジアミン（ヘキサメチレンジアミン） ⟶ ナイロン 66

この反応でできる高分子量のポリマーはナイロン 66 とよばれる．これは，6 炭素からなる出発物二つからできるからである．これについては，§29・5A でさらに詳しく述べる．

18・59 ケブラー（商標）とよばれるポリマーを問題 18・58 と同様に，ジカルボン酸とジアミンから合成する方法を示せ．

1,4-ベンゼンジカルボン酸（テレフタル酸） + 1,4-ベンゼンジアミン ⟶ ケブラー

18・60 ウレタンはカルボニル基の一方がエステルで反対側がアミドとなっている分子である．イソシアナートとアルコールからウレタンが生成する反応機構を示せ．

フェニルイソシアナート + エタノール ⟶ ウレタン

18・61 ジイソシアナートとジオールからポリウレタンとよばれるポリマーが生成する反応を示せ（§29・5D 参照）．

ジイソシアナート + エチレングリコール ⟶ ポリウレタン

合成

18・62 (E)-3-ヘキセンからプロパン酸プロピルを合成するための方法を示せ．ただし，炭素源としては (E)-3-ヘキセンのみを用い，そのほかに必要な反応剤と途中の合成中間体もすべて示せ．

(E)-3-ヘキセン $\xrightarrow{?}$ プロパン酸プロピル

18・63 1-ブロモペンタンとシアン化ナトリウムから N-ヘキシルヘキサンアミドを合成するための方法を示せ．ただし，炭素源としては 1-ブロモペンタンとシアン化ナトリウムのみを用い，

18. カルボン酸誘導体　597

そのほかに必要な反応剤と途中の合成中間体もすべて示せ.

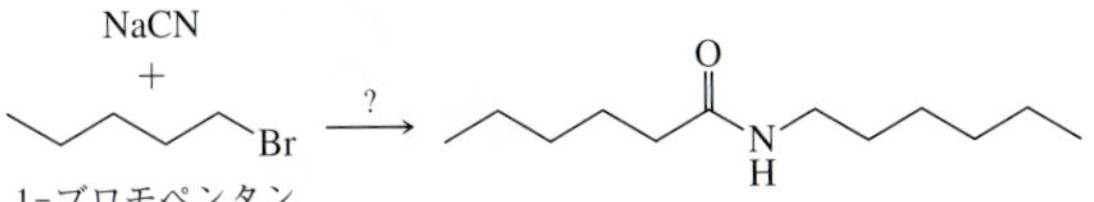

[NaCN + 1-ブロモペンタン → N-ヘキシルヘキサンアミド]

18・64 1-ブロモプロパンと二酸化炭素から4-プロピル-4-ヘプタノールを合成するための方法を示せ.ただし,炭素源としては1-ブロモプロパンと二酸化炭素のみを用い,そのほかに必要な反応剤と途中の合成中間体もすべて示せ.

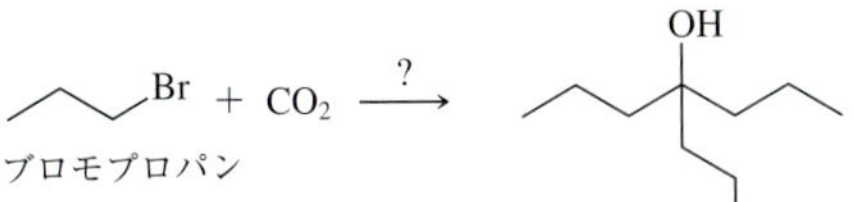

[1-ブロモプロパン + CO₂ → 4-プロピル-4-ヘプタノール]

18・65 1-ブロモプロパンと二酸化炭素から4-ヘプタノンを合成するための方法を示せ.ただし,炭素源としては1-ブロモプロパンと二酸化炭素のみを用い,そのほかに必要な反応剤と途中の合成中間体もすべて示せ.

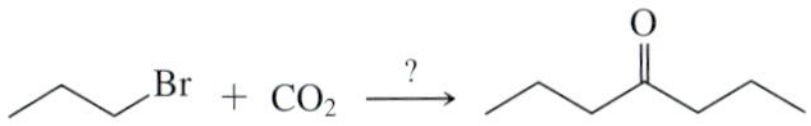

[1-ブロモプロパン + CO₂ → 4-ヘプタノン]

関連する反応

18・66 ミノキシジルにより髪の成長が促進される場合がある.ミノキシジルはもともと高血圧症の治療のための血管拡張薬として合成されたものである.高血圧症薬として服用していた患者の多くに体毛の成長が見られた.それ以外にも副作用があったので経口での使用は中止されたが,ミノキシジルは発毛を促進する塗り薬として用いられるようになった.

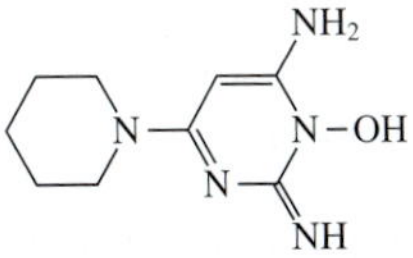

[ミノキシジル minoxidil の構造式]

ミノキシジルの合成の最初の鍵となる段階を次に示す.この反応の生成物を書け.

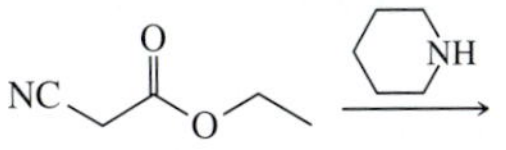

[NC-CH₂-COOEt + ピペリジン →]

18・67 クロロギ酸エステルは $\underset{\text{ROCCl}}{\overset{\text{O}}{\|}}$ という構造式をもっており,R は多くの場合 tert-ブチル基かベンジル基である.抗菌薬であるリネゾリドの合成にも次に示す変換反応でクロロギ酸エステルが用いられている.カルボン酸誘導体についてこれまで学んだことに基づいて,生成物を答えよ.この反応で生成する官能基はカルバマートとよばれる.カルバマートはアミノ基の保護基として複雑な化合物の合成においてよく用いられる.

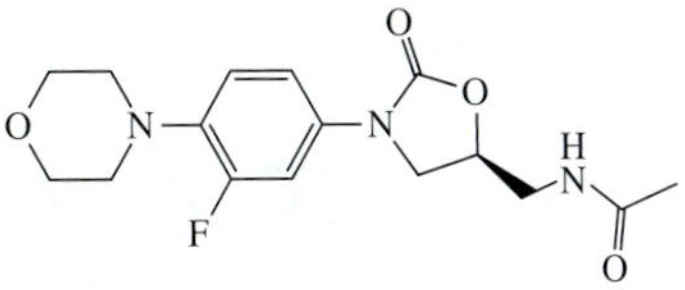

[リネゾリド linezolid の構造式]

[モルホリン-フルオロアニリン + ベンジルクロロホルマート →]

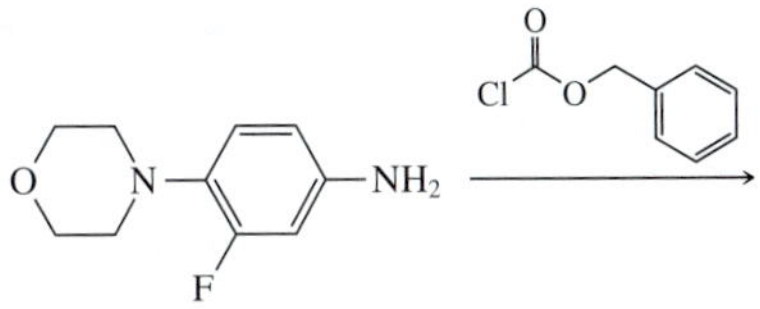

18・68 酸無水物は酸塩化物の代わりによく用いられる.これは,副生するカルボン酸が HCl よりも酸性が弱く,不必要な反応を起こしにくいからである.次の糖質誘導体と無水酢酸の反応では,生成物が単一の立体異性体として収率 99% で得られる.ここでは,出発物のアノマー炭素の立体化学は明示していない.この反応の生成物は最も安定である立体異性体であるが,その構造をいす形配座で示せ.

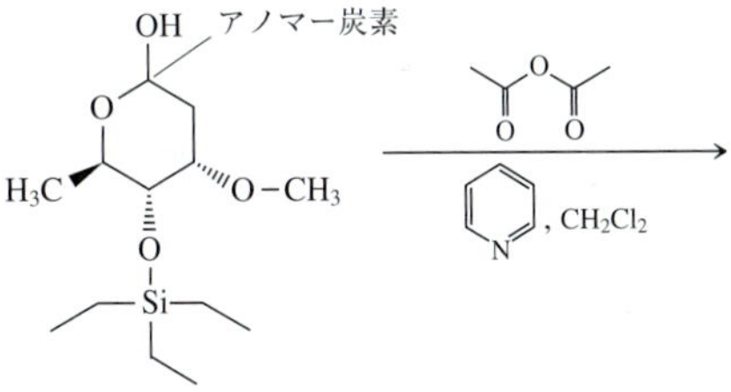

[糖質誘導体 + 無水酢酸, ピリジン, CH₂Cl₂ →]

18・69 ベンジルエーテル OBn は複雑な分子の合成において,ヒドロキシ基の保護基としてよく用いられる.次の構造では,複数のベンジル基がこのために用いられている.次の変換反応の生成物を示せ.また,この反応におけるジイソプロピルエチルアミンの役目を説明せよ.

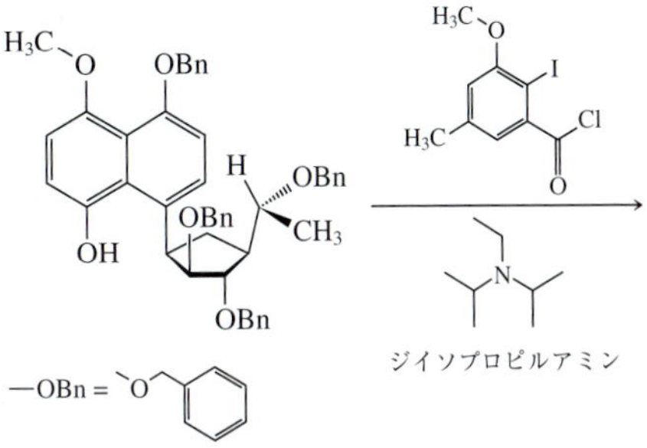

[複雑な分子 + アシルクロリド, ジイソプロピルアミン →]

—OBn = —O—CH₂—C₆H₅

- 19・1 エノラートアニオンの生成と反応の全体像
- 19・2 アルドール反応
- 19・3 クライゼン縮合とディークマン縮合
- 19・4 生体におけるクライゼン縮合とアルドール縮合
- 19・5 エナミン
- 19・6 アセト酢酸エステル合成
- 19・7 マロン酸エステル合成
- 19・8 α,β-不飽和カルボニル化合物に対する共役付加
- 19・9 LDA を用いる交差エノラート反応

19 章

エノラートアニオンとエナミン

タモキシフェン

本章でもひきつづきカルボニル基の化学を学ぶ．16 章から 18 章では，カルボニル基自身の性質，カルボニル炭素への求核付加反応による四面体形カルボニル付加中間体の生成と，プロトン化あるいはカルボニル付加中間体からの分解による求核的アシル置換体の生成について述べた．本章では，カルボニル基を含む化合物の化学をさらに発展させ，α水素の酸性度とエノラートアニオンの生成について説明する．

19・1　エノラートアニオンの生成と反応の全体像

エノラートアニオン enolate anion

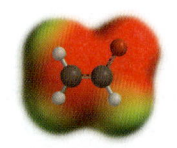

アセトアルデヒドに塩基を作用させたときに生成する共鳴により安定化された**エノラートアニオン**(§16・9A 参照) を次に示す．このアニオンは，二つの共鳴構造の混成体と考えることができる．より電気陰性な酸素原子が負電荷をもつ共鳴構造のほうが，もう一方の炭素原子が負電荷をもつ共鳴構造よりも混成体に対する寄与が大きい．そのため，負電荷の大部分はカルボニル酸素に存在するが，α 炭素も部分的な負電荷をもつ．

負電荷の大部分は酸素上に存在する

エノラートアニオンは，炭素で求核剤と反応して，新しい炭素-炭素結合を生成することができる．二つの形式の重要な求核的な反応が知られている．一つは次に示すように，エノラートアニオンが求核剤として働く S_N2 型置換反応である．

もう一つは，カルボニル基に対する付加反応である．ここでは，エノラートアニオンがアルデヒドのカルボニル基に求核付加する例をあげる．

エノラートアニオンは，同様にケトンやエステルにも付加する．
　静電ポテンシャル図からもわかるように，エノラートアニオンの負電荷の大部分はカルボニル酸素にある．もし反応がカルボニル酸素で起こると，生成物はビニルエーテルになる．一方，α炭素で反応すれば，アルキル化生成物ができる．

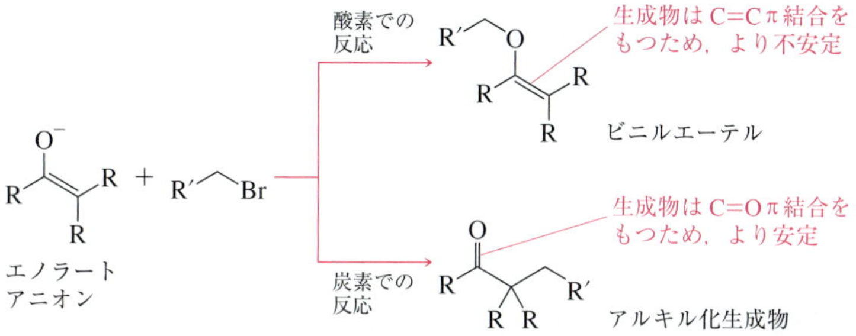

酸素での反応 → ビニルエーテル（生成物はC=Cπ結合をもつため，より不安定）

炭素での反応 → アルキル化生成物（生成物はC=Oπ結合をもつため，より安定）

　エノラートアニオンが負電荷の少ない炭素で反応するのには，二つの理由がある．第一に，エノラートアニオンには，常に Li^+ や Na^+ のような対イオンが存在する．これらの対イオンは，α炭素原子よりも酸素原子により強く結合する．対イオンは求電子剤の酸素原子への接近を妨げる．その結果，結合が生成しにくくなる．実際の溶液中のエノラートでは，複数の対イオンが複数のエノラート酸素や溶媒と結合した大きな分子集合体として存在するため，この第一の効果はより効果的に働くと考えられる．
　エノラートが炭素で反応する第二の理由は，生成物の熱力学的安定性である．平衡にある反応では，他の要素が同じ場合，より強固な結合をもつ生成物が優先する．α炭素で反応すると C=Oπ結合をもつ生成物が得られ，一方カルボニル酸素で反応した場合 C=Cπ結合をもつ生成物が得られる．一般に，C=O結合のほうが，C=C結合よりも強固である（単純なアルデヒドやケトンの平衡状態におけるケト体とエノール体の比率については§16・9Bを参照）．この生成物の安定性も，エノラートアニオンがおもにα炭素で反応することに寄与する．

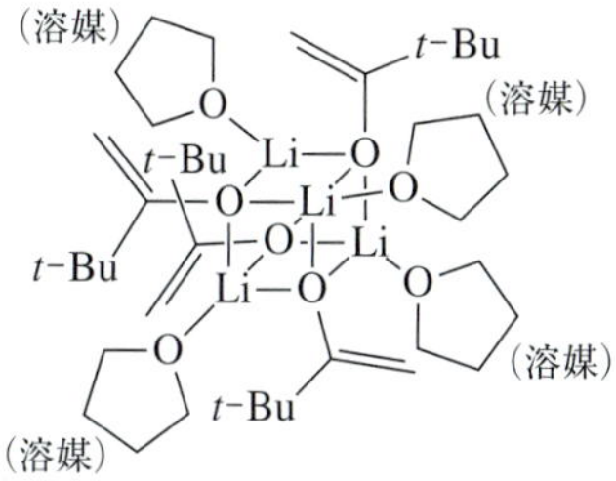

リチウムエノラートとTHF溶媒からなる分子集合体の例

19・2　アルドール反応

アルデヒドやケトンから生じるエノラートアニオンの最も重要な反応は，次に示すようなカルボニル基に対する求核的アシル付加反応である．分子間の付加反応では，同じカルボニル化合物と反応する場合と異なるカルボニル化合物と反応する場合がある．

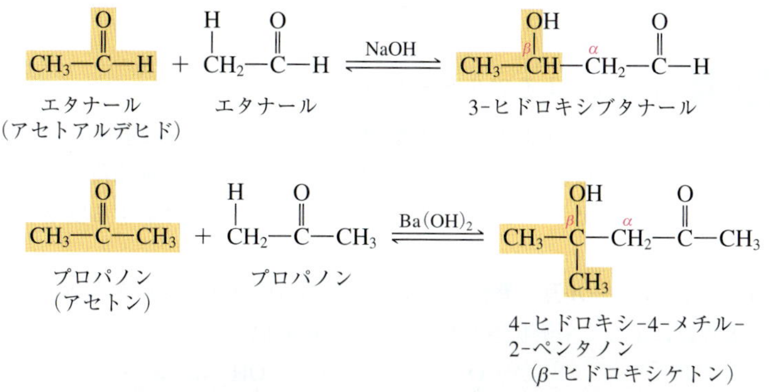

CH_3-CHO + CH_2-CHO $\xrightarrow{NaOH}$ $CH_3-CH(OH)-CH_2-CHO$
エタナール　　エタナール　　　　　　　3-ヒドロキシブタナール
（アセトアルデヒド）

$CH_3-CO-CH_3$ + $CH_2-CO-CH_3$ $\xrightarrow{Ba(OH)_2}$ $CH_3-C(OH)(CH_3)-CH_2-CO-CH_3$
プロパノン　　プロパノン　　　　　　　4-ヒドロキシ-4-メチル-
（アセトン）　　　　　　　　　　　　　2-ペンタノン
　　　　　　　　　　　　　　　　　　（β-ヒドロキシケトン）

　塩基によるアセトアルデヒドの反応によってできる生成物は，アルドール（aldol）という慣用名をもつ．この慣用名は，アルデヒド（aldehyde）とアルコール（alcohol）の名称

アルドール反応 aldol reaction

に由来する．このため，同じ形式の反応で得られる生成物も一般にアルドールとよばれる．**アルドール反応**では，β-ヒドロキシアルデヒドあるいはβ-ヒドロキシケトンが生成物として得られる．

A. 反応機構

アルドール反応は酸触媒と塩基触媒のいずれによっても起こるが，塩基触媒が用いられることのほうが多い．塩基触媒によるアルドール反応では，カルボニル基を含む分子から生じるエノラートアニオンがもう1分子のカルボニル基に求核付加して四面体形カルボニル付加中間体が生成する段階が鍵である．2分子のアセトアルデヒドのアルドール反応の機構を例として次に示す．3段階からなる機構の段階1で1分子のOH⁻が使われ，段階3で再び1分子のOH⁻が生じるため，OH⁻は触媒として働く．

反応機構　塩基触媒によるアルドール反応

段階 1: **プロトンの脱離**．塩基によってα水素が除去され，共鳴安定化されたエノラートアニオンが生じる．

$$H-\ddot{O}^- + H-CH_2-\overset{O}{\underset{\|}{C}}-H \rightleftharpoons H-\ddot{O}-H + \left[:\ddot{C}H_2-\overset{\ddot{O}:}{\underset{\|}{C}}-H \longleftrightarrow CH_2=\overset{:\ddot{O}:^-}{\underset{|}{C}}-H \right]$$

pK_a 20 （より弱い酸）　　pK_a 15.7 （より強い酸）　　　　エノラートアニオン

両辺の二つの酸の酸性度の違いのために，この平衡は左に大きく偏っている．

段階 2: **求核剤と求電子剤の間の結合生成**．エノラートアニオンがもう1分子のアルデヒド（あるいはケトン）のカルボニル炭素に求核付加し，四面体形カルボニル付加中間体が生じる．

$$CH_3-\overset{\ddot{O}:}{\underset{\|}{C}}-H + :\ddot{C}H_2-\overset{\ddot{O}:}{\underset{\|}{C}}-H \rightleftharpoons CH_3-\overset{:\ddot{O}:^-}{\underset{|}{CH}}-CH_2-\overset{\ddot{O}:}{\underset{\|}{C}}-H$$

四面体形カルボニル付加中間体

段階 3: **プロトンの付加**．四面体形カルボニル付加中間体がプロトン供与体と反応し，アルドール生成物が得られるとともに，塩基触媒OH⁻が再生する．

$$CH_3-\overset{:\ddot{O}:^-}{\underset{|}{CH}}-CH_2-\overset{\ddot{O}:}{\underset{\|}{C}}-H + H-\ddot{O}H \rightleftharpoons CH_3-\overset{:\ddot{O}H}{\underset{|}{CH}}-CH_2-\overset{\ddot{O}:}{\underset{\|}{C}}-H + :\ddot{O}H^-$$

反応機構　酸触媒によるアルドール反応

酸触媒によるアルドール反応は，3段階で構成される．最初の2段階は，アルデヒドあるいはケトンから新しい炭素-炭素結合ができるための準備段階である．エノールが，プロトン化されたもう1分子のカルボニル基に付加する段階3が鍵段階である．

段階 1: **ケト-エノール互変異性**．アルデヒドあるいはケトンのケト体とエノール体は，酸触媒によって平衡状態となる（§16・9B参照）．

$$CH_3-\overset{O}{\underset{\|}{C}}-H \underset{}{\overset{HA}{\rightleftharpoons}} CH_2=\overset{OH}{\underset{|}{C}}-H$$

段階 2: **プロトンの付加**．もう1分子のアルデヒドあるいはケトンに対して，酸

HAからプロトンが移動し，オキソニウムイオンが生じる．これによりカルボニル炭素の求電子性が上がる．

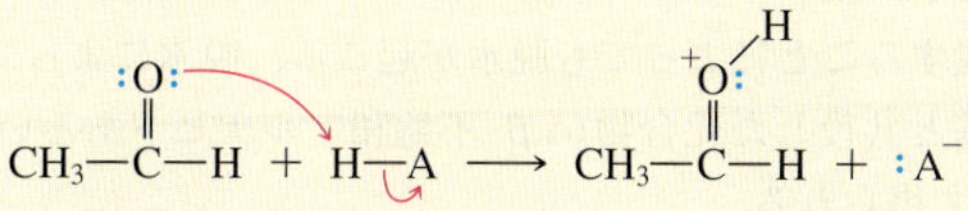

$$CH_3-\overset{:\overset{..}{O}:}{C}-H + H-A \longrightarrow CH_3-\overset{+\overset{H}{O}H}{C}-H + :A^-$$

段階 3：求核剤と求電子剤の間の結合生成．エノールが，もう 1 分子のプロトン化されたカルボニル基を攻撃し，新しい炭素-炭素結合が生成する．

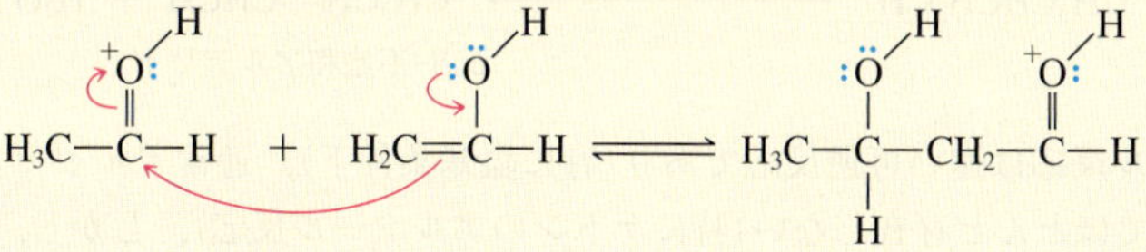

段階 4：プロトンの脱離．A^- に対してプロトン移動が起こって，酸触媒が再生し，アルドール生成物が得られる．

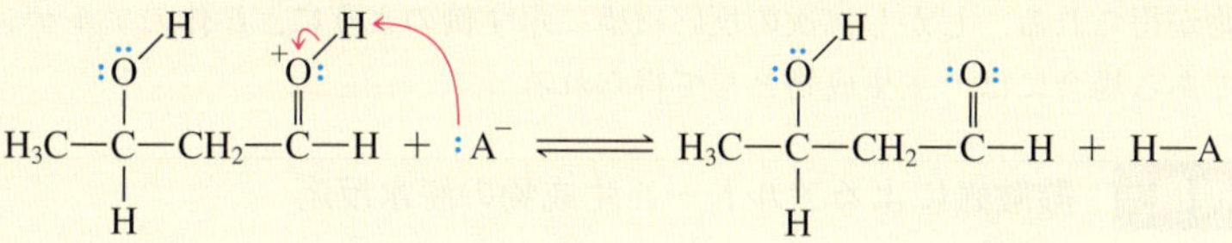

酸触媒と塩基触媒によるアルドール反応を比較してみよう．塩基触媒による炭素-炭素結合生成段階では，エノラートアニオン（求核剤）がもう一方のアルデヒドあるいはケトンの電気的に中性なカルボニル炭素（求電子剤）に対して攻撃する．酸触媒では，エノール（求核剤）がもう一方のプロトン化されたカルボニル基（求電子剤）を攻撃する．

本章で扱う他のエノラートの反応と同様に，アルドール反応ではキラルな生成物が得られることが多い．反応剤や触媒が光学活性でない場合は，生成物は必ずラセミ体となる．反応で二つのキラル中心が新たに生じる場合，四つの立体異性体（それぞれラセミ混合物である二つのジアステレオマー）が得られる．本書では取上げないが，アルドール反応やその他のエノラートの反応において，ラセミ混合物ではなく一方のエナンチオマーを優先して得るためにさまざまな研究が現在まで行われている．

例題 19・1

それぞれの化合物から，塩基触媒によるアルドール反応によって生じる生成物の構造式を書け．

(a) ブタナール　　(b) シクロヘキサノン

解答　1 分子のカルボニル化合物の α 炭素がもう 1 分子のカルボニル炭素へ求核付加することによって，アルドール生成物が生じる．

(a) 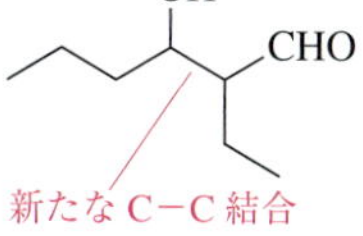 新たな C-C 結合　（四つの立体異性体＝それぞれラセミ混合物である二つのジアステレオマー）

(b) 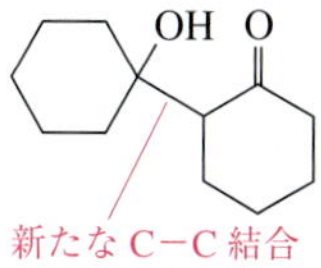 新たな C-C 結合　ラセミ混合物

問題 19・1　それぞれの化合物から，塩基触媒によるアルドール反応によって生じる生成物の構造式を書け．

(a) フェニルアセトアルデヒド　　(b) シクロペンタノン

β-ヒドロキシアルデヒドやβ-ヒドロキシケトンは，非常に容易に脱水する．そのため，アルドール反応が起こる条件でしばしば脱水反応も進行する．特に，酸触媒によるアルドール反応で脱水が起こりやすい．また，アルドール反応によって得られた生成物を酸性溶液中で加温することによっても脱水が起こる．脱水によって，炭素－炭素二重結合がカルボニル基と共役した化合物(α,β-不飽和アルデヒドあるいはα,β-不飽和ケトン)が主生成物として得られる．

$$\text{CH}_3\text{CHCH}_2\text{CH}(\text{OH})(\text{=O}) \xrightarrow{\text{酸または塩基}\atop\text{存在下で加熱}} \text{CH}_3\text{CH}=\text{CHCH}(\text{=O}) + \text{H}_2\text{O}$$

α,β-不飽和アルデヒド

アルドール反応は速い可逆反応であり(特に塩基条件下)，通常アルドール生成物は，平衡においてほとんど存在しない(特にケトンのアルドール反応)．しかし，脱水反応の平衡は右に大きく偏るため，脱水までひき起こすのに十分に強い反応条件を用いれば，α,β-不飽和化合物をよい収率で得ることができる．このさい，アルケンのE,Z異性体の混合物が得られる．しかし，次の反応機構に示す例のように，E体のアルケンがかなり安定である場合には，主生成物として得られる．

反応機構　酸触媒によるアルドール生成物の脱水反応

段階1：ケト-エノール互変異性． アルデヒドのケト体とエノール体は，酸触媒によって平衡状態となる．

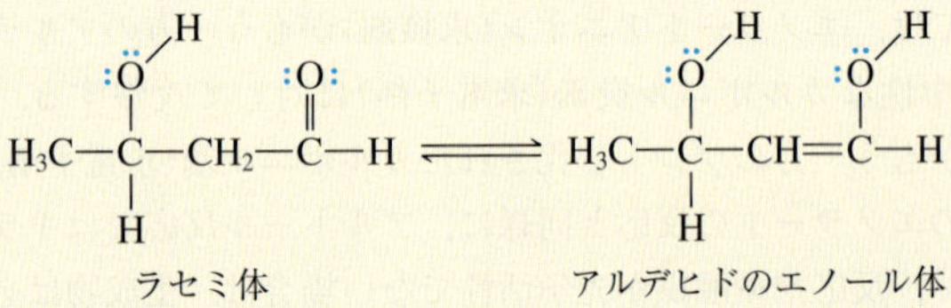

（ラセミ体）⇌（アルデヒドのエノール体）

段階2：プロトンの付加． 酸触媒(例ではH_3O^+)から，アルドール生成物のエノール体へのプロトン移動によってオキソニウムイオンが生じる．これによって不活性な脱離基である OH が優れた脱離基である O^+H_2 に変わる．

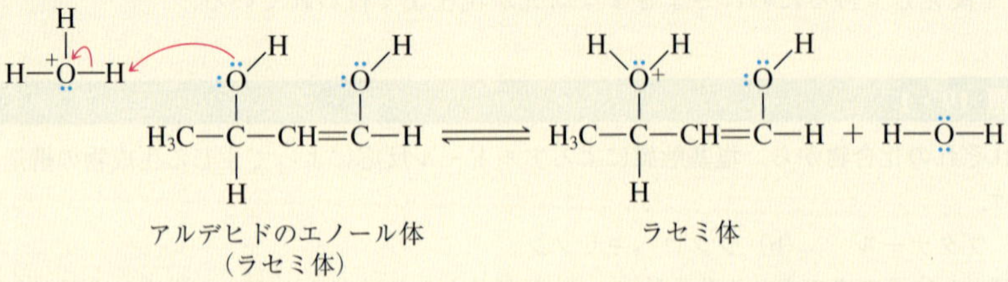

（アルデヒドのエノール体 (ラセミ体)）⇌（ラセミ体）

段階3：結合開裂による安定な分子(イオン)の生成． オキソニウムイオンからの水分子の協奏的な脱離によって，最終生成物の共役酸が得られる．ここでは，より安定な E 体のアルケンが優先的に生成していることに注意すること．

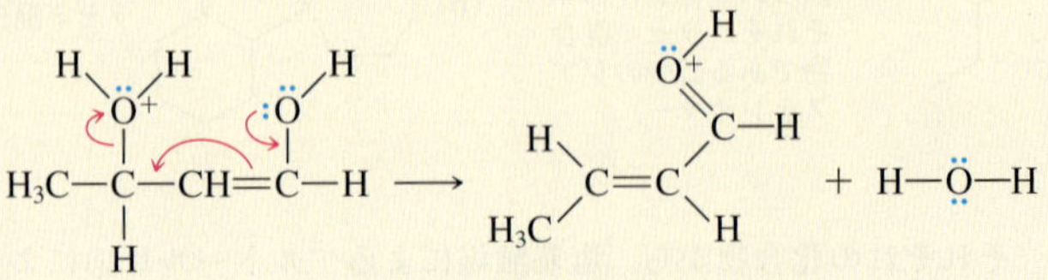

段階4：プロトンの脱離． 最終生成物の共役酸から溶媒へのプロトン移動によって反応は完結する．

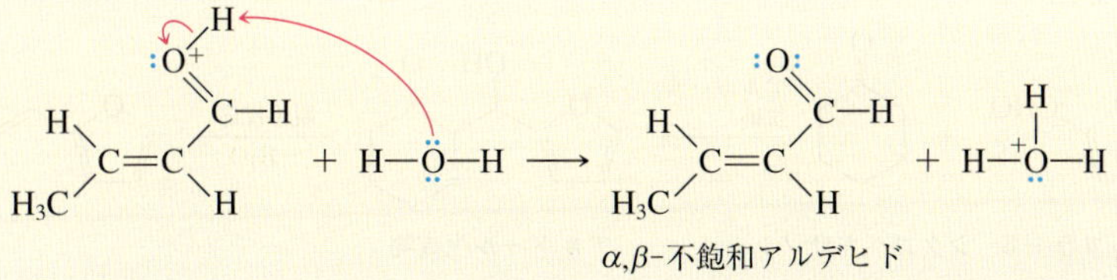

[反応機構図: プロトン移動によるα,β-不飽和アルデヒドの生成]

α,β-不飽和アルデヒド

例題 19・2

例題 19・1 のそれぞれのアルドール生成物から脱水反応によって生じる生成物の構造式を書け．

解答 アルドール生成物(a)から水分子が脱離すると α,β-不飽和アルデヒドが生成し，(b)から水分子が脱離すると α,β-不飽和ケトンが生成する．

(a) 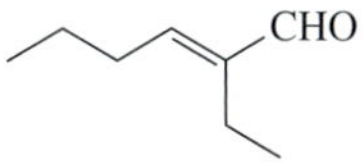 [構造式: エチル基をもつα,β-不飽和アルデヒド CHO] (b) 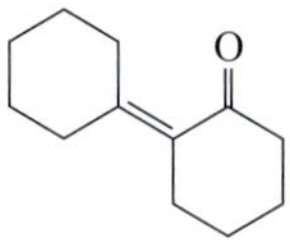 [構造式: シクロヘキシリデンシクロヘキサノン]

問題 19・2
問題 19・1 のそれぞれのアルドール生成物から脱水反応によって生じる生成物の構造式を書け．

B. 交差および分子内アルドール反応

アルドール反応の鍵段階における反応剤は，求核剤としてのエノラートアニオンとその受容体となる求電子剤である．自己反応では，同じ分子が二つの役割の両方を担う．一方，**交差アルドール反応**も起こりうる．例として，アセトンとホルムアルデヒドとの交差アルドール反応を右に示す．ホルムアルデヒドは α 水素をもたないため，エノラートアニオンになることができないが，カルボニル基の周辺が立体的にすいているため非常によいエノラートアニオンの受容体として働く．一方，アセトンはエノラートアニオンを生成するが，二つのアルキル基が結合したカルボニル基は立体的に混んでいるため，ホルムアルデヒドよりも受容体としての反応性が低い．結果として，アセトンとホルムアルデヒドとの交差アルドール反応が進行して，4-ヒドロキシ-2-ブタノンが生成する．

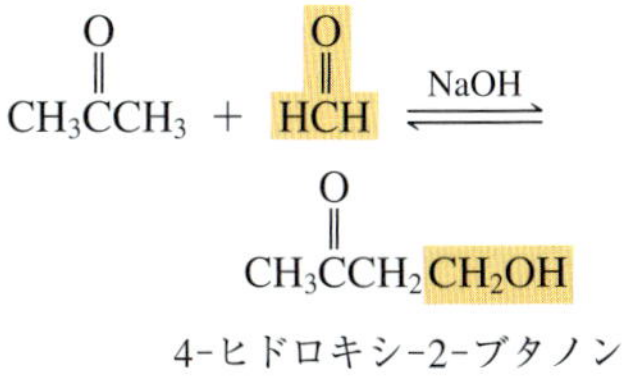

例に示したように，交差アルドール反応がうまく進行するためには，二つの反応剤のうち一つは α 水素をもたず，エノラートアニオンを生じることができない化合物である必要がある．一般にアルデヒドのカルボニル基はケトンのカルボニル基よりも求核剤に対する反応性が高いが，たとえば α 水素をもたない化合物のカルボニル基がそのようにより反応性の高いものであれば，さらに望ましい．これらの条件がみたされないと，さまざまなアルドール生成物の混合物が生じる．α 水素をもたないため交差アルドール反応に利用可能なアルデヒドの例を次に示す．

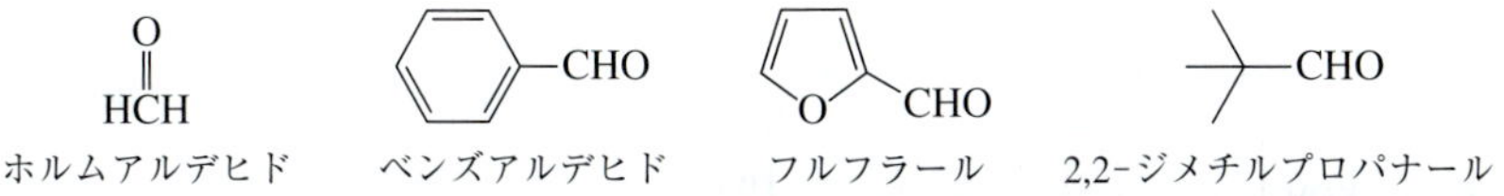

交差アルドール反応 crossed aldol reaction

$$CH_3CCH_3 + HCH \xrightleftharpoons{NaOH}$$
$$CH_3CCH_2CH_2OH$$
4-ヒドロキシ-2-ブタノン

[構造式: HCH (ホルムアルデヒド), C6H5-CHO (ベンズアルデヒド), フラン-2-CHO (フルフラール), (CH3)3C-CHO (2,2-ジメチルプロパナール)]

ホルムアルデヒド　ベンズアルデヒド　フルフラール　2,2-ジメチルプロパナール

例題 19・3
塩基触媒によるフルフラールとシクロヘキサノンとの交差アルドール反応によって生じる生成物と，その脱水反応によって得られる生成物の構造式を書け．

19. エノラートアニオンとエナミン

[解答図: フルフラール + シクロヘキサノン → アルドール反応 → アルドール生成物 → 脱水反応 (−H₂O) → α,β-不飽和ケトン]

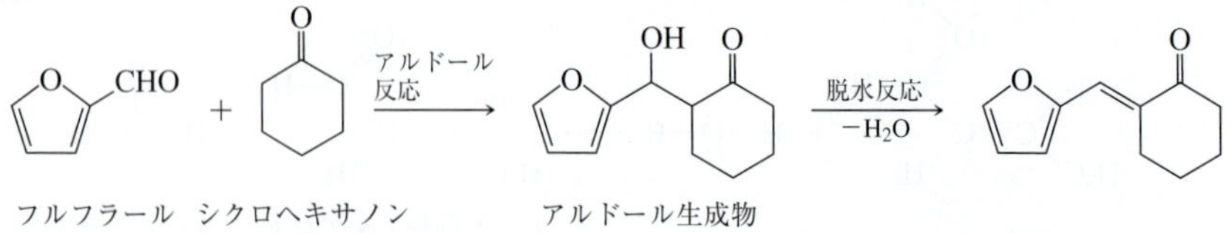

問題 19・3 塩基触媒によるベンズアルデヒドと 3-ペンタノンとの交差アルドール反応によって生じる生成物と，その脱水反応によって得られる生成物の構造式を書け．

ニトロアルカンのアニオンと，アルデヒドあるいはケトンとのアルドール反応によって，脂肪族化合物にニトロ基を導入することができる．ニトロアルカンのα水素は，NaOH 水溶液や KOH 水溶液のような塩基で脱プロトン化できるほど酸性度が高い．たとえば，ニトロメタンの pK_a は 10.2 である．ニトロアルカンのα水素の酸性度の高さは，生じるアニオンの共鳴構造によって説明できる．すなわち，生じるアニオンの負電荷はニトロ基の存在によって非局在化するため，アニオンが安定になる．

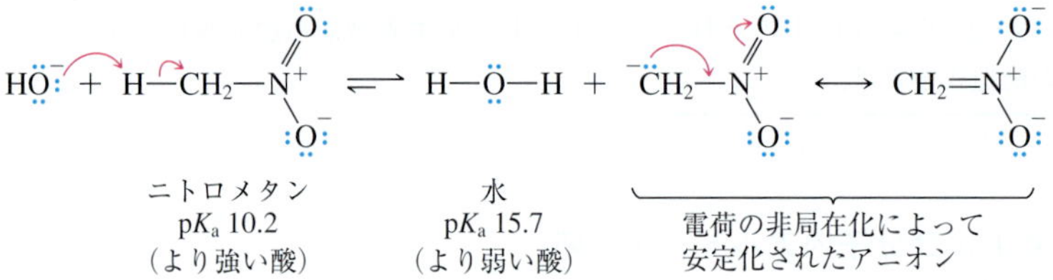

[反応式: HO⁻ + H−CH₂−NO₂ ⇌ H−O−H + ⁻CH₂−NO₂ ↔ CH₂=N⁺(O⁻)₂]

ニトロメタン pK_a 10.2（より強い酸）　水 pK_a 15.7（より弱い酸）　電荷の非局在化によって安定化されたアニオン

ニトロメタンとシクロヘキサノンとのアルドール反応を次に示す．アルドール生成物のニトロ基の還元によってβ-アミノアルコールが簡便に合成できる．

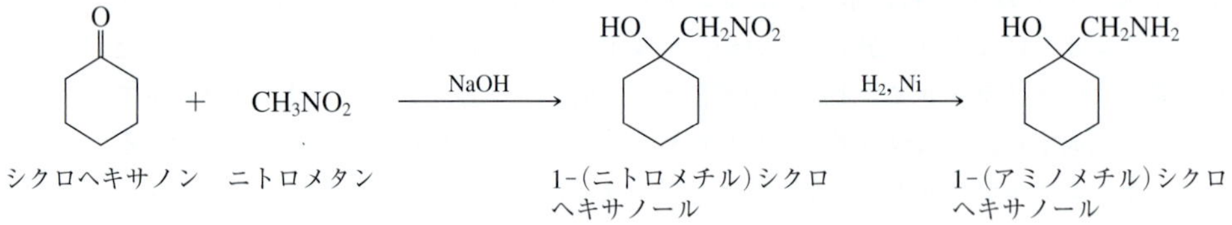

[反応式: シクロヘキサノン + CH₃NO₂ →(NaOH) 1-(ニトロメチル)シクロヘキサノール →(H₂, Ni) 1-(アミノメチル)シクロヘキサノール]

分子内アルドール反応 intramolecular aldol reaction

エノラートアニオンと求核付加を受けるカルボニル基が同一の分子内にある場合，アルドール反応によって環が形成する．このような**分子内アルドール反応**は，特に 5 員環や 6 員環の合成に有用である．最も安定な環構造である 5 員環や 6 員環は，4 員環や 7 員環以上の環よりも圧倒的に生成しやすい．たとえば，2,7-オクタンジオンの分子内アルドール反応は，α₃ 位エノラートアニオンから環化が起こり 5 員環生成物が得られる．一方 α₃ 位ではなく α₁ 位エノラートアニオンから環化が起これば，7 員環生成物が得られるはずであるが，2,7-オクタンジオンの反応では 7 員環は生成しない．

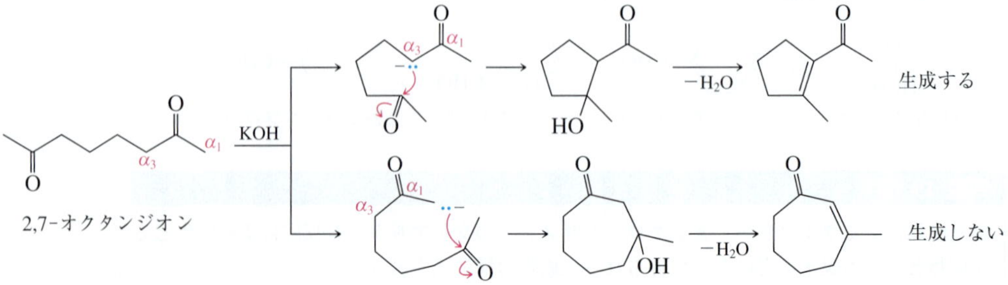

[反応式: 2,7-オクタンジオン →(KOH) α₃位から環化 → 5員環アルドール体 →(−H₂O) 生成する / α₁位から環化 → 7員環アルドール体 →(−H₂O) 生成しない]

一般に，小さい環の形成は環化の際の反応点どうしが近いため，より大きい環の形成よりも速い．しかし，3員環と4員環の環化は環ひずみが大きいため不利である．

次の分子内アルドール反応の例では，4員環（α_3位エノラート経由）と6員環（α_1位エノラート経由）ができる可能性がある．6員環は4員環よりも安定であるため，6員環だけが生成する．

C. 逆合成解析

アルドール反応によって新たにできる構造は，β-ヒドロキシカルボニル化合物あるいはα,β-不飽和カルボニル化合物の構造である．すなわち，標的化合物にこの形式の構造を見つけたら，アルドール反応による構築が可能であると考えられる．逆合成解析（§7・9参照）により，アルドール生成物は二つの適当な反応剤に分割できる．しかし，置換基R^1, R^2, R^3が立体的に大きすぎる場合，反応は立体障害のために進行しない可能性がある．一般に，ケトンどうしのアルドール反応でβ-ヒドロキシカルボニル化合物を得るのはむずかしい．

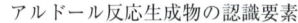

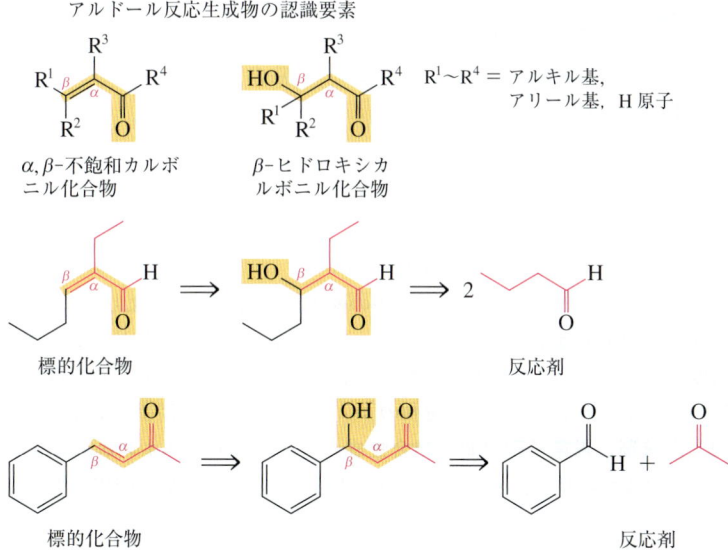

19・3 クライゼン縮合とディークマン縮合

A. クライゼン縮合

18章で説明したエステルの反応は，すべてカルボニル炭素における付加-脱離を伴う求核的アシル置換反応であった．本節では，もう一つのエステルに特徴的な反応を解説する．すなわちエノラートアニオンの生成と，アニオンによる求核的アシル置換反応の双方が含まれる反応である．この形式の反応において最初に発見された例は，**クライゼン縮合**である．反応名は，ドイツの化学者 L. Claisen（1851〜1930）の名前に由来する．次に示すクライゼン反応の例では，ナトリウムエトキシドの存在下で二つの酢酸エチルが反応し，反応混合物を酸性加水分解するとアセト酢酸エチルが得られる．この例からわかるように，クライゼン縮合の生成物は**β-ケトエステル**である．

クライゼン縮合 Claisen condensation
β-ケトエステル β-ketoester

19. エノラートアニオンとエナミン

$$2\ CH_3COEt \xrightarrow[2.\ H_2O/HCl]{1.\ EtO^-Na^+} CH_3CCH_2COEt + EtOH$$

エタン酸エチル　　　　　　　　　　3-オキソブタン酸エチル　エタノール
（酢酸エチル）　　　　　　　　　　（アセト酢酸エチル）

アルドール反応と同様に，クライゼン縮合には塩基が必要である．しかし，NaOH 水溶液のような塩基性水溶液は，エステルの加水分解が起こるためクライゼン縮合に用いることができない．そのためクライゼン縮合では一般に無水条件の塩基を，たとえばエタノール中でナトリウムエトキシドやメタノール中でナトリウムメトキシドを用いる．

次のように，プロパン酸エチル 2 分子がクライゼン縮合すると，β-ケトエステルが得られる．

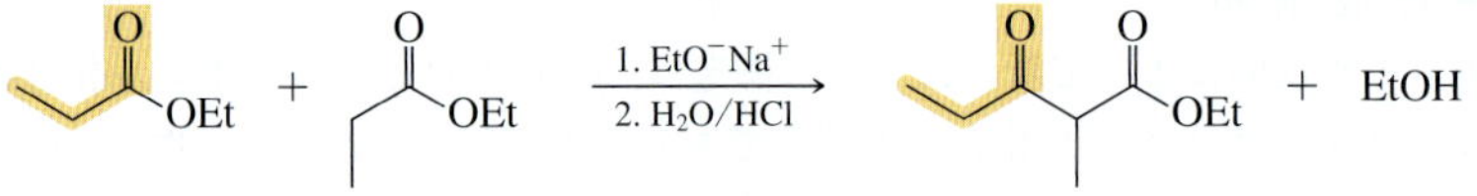

プロパン酸エチル　　プロパン酸エチル　　　　　　　2-メチル-3-オキソペンタン酸エチル

クライゼン縮合の最初の段階は，アルドール反応の最初の段階（§19・2）とよく似ている．どちらの反応でも，エノラートアニオンがもう一方のカルボニル基に対して求核付加して，炭素－炭素結合が生成する．

反応機構　クライゼン縮合

段階 1: プロトンの脱離. α 水素が塩基によって除去されると，共鳴安定化されたエノラートが生じる．

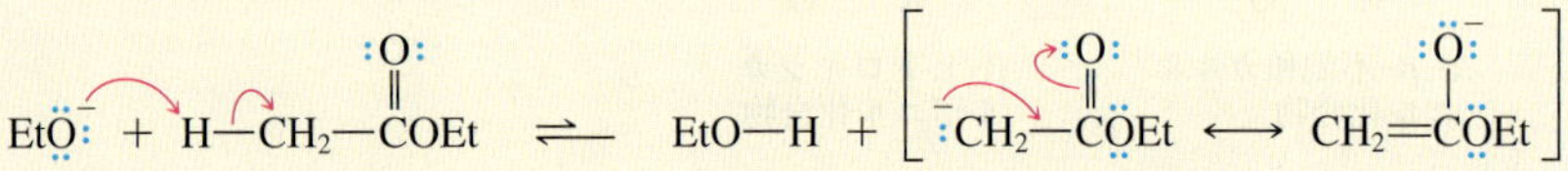

$$EtO^- + H-CH_2-COEt \rightleftharpoons EtO-H + [:CH_2-COEt \longleftrightarrow CH_2=COEt]$$

pK_a 22　　　　　　　　　pK_a 15.9　　共鳴安定化されたエノラートアニオン
（より弱い酸）　　　　　（より強い酸）　　　　　（より強い塩基）

エステルの α 水素の酸性度はエタノールの酸素に結合した水素よりも低い* ため，上記の反応式の平衡は左に大きく偏っている．つまり，エトキシドイオンとエステルの濃度に比べて，エノラートアニオンの濃度はきわめて低い．このため，生成した少量のエノラートアニオンと大過剰のエステルが反応系に存在することになる．

段階 2: 求核剤と求電子剤の間の結合生成. エノラートアニオンが，もう一方のエステルのカルボニル炭素を攻撃し，四面体形カルボニル付加中間体が生じる．

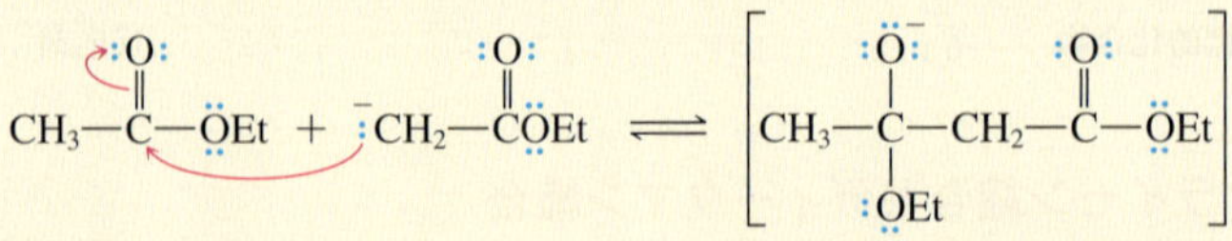

$$CH_3-C-OEt + {}^-CH_2-COEt \rightleftharpoons \left[CH_3-\underset{OEt}{\overset{O^-}{C}}-CH_2-C-OEt \right]$$

四面体形カルボニル付加中間体

この中間体（ヘミアセタールアニオン）は，エトキシ基という脱離基をもつ点でアルドール反応における四面体形カルボニル付加中間体と異なる．

段階 3: 結合開裂による安定な分子（イオン）の生成. 四面体形カルボニル付加中間体の分解によってエトキシドイオンが脱離し，β-ケトエステルが得られる．

$$CH_3-\underset{:OEt}{\overset{:O^-}{C}}-CH_2-C-OEt \rightleftharpoons CH_3-C-CH_2-C-OEt + EtO^-$$

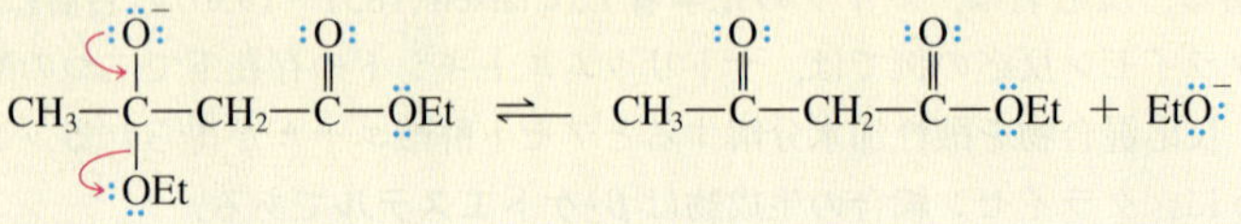

* 訳注: 別のいい方をすれば，エトキシドイオンの塩基性度はエノラートアニオンよりも低い.

段階 4: プロトンの脱離. 段階 1～3 における反応では，出発物のほうに平衡が大きく偏っている．しかし最終的には，β-ケトエステル（より強い酸）とエトキシドイオン（より強い塩基）が酸-塩基反応を起こし，エタノール（より弱い酸）とβ-ケトエステルのアニオン（より弱い塩基）になるので，反応は生成物へと導かれる．

$$EtO^- + CH_3-\underset{\overset{\displaystyle \|}{O}}{C}-\underset{H}{CH}-\underset{\overset{\displaystyle \|}{O}}{C}-OEt \rightleftharpoons CH_3-\underset{\overset{\displaystyle \|}{O}}{C}-\overset{-}{CH}-\underset{\overset{\displaystyle \|}{O}}{C}-OEt + EtOH$$

pKa 10.7 （より強い酸）　　　（より弱い塩基）　　pKa 15.9 （より弱い酸）

全体的に，クライゼン縮合では，より強い塩基（例ではエトキシド）が消費され，より弱い塩基（β-ケトエステルの共鳴安定化されたアニオン）が得られる．もともとの塩基1分子は，エステル2分子が縮合するごとに消費される．これは，塩基を触媒量しか必要としないアルドール反応と異なる点である．

段階 5: プロトンの付加. 弱酸を加えることで，エノラートアニオンがプロトン化されてβ-ケトエステルが得られる．

$$CH_3-\underset{\overset{\displaystyle \|}{O}}{C}-\overset{-}{CH}-\underset{\overset{\displaystyle \|}{O}}{C}OEt + H_3O^+ \xrightarrow{HCl/H_2O} CH_3-\underset{\overset{\displaystyle \|}{O}}{C}-CH_2-\underset{\overset{\displaystyle \|}{O}}{C}OEt + H_2O$$

上記の機構解析から，クライゼン縮合が起こるためには，エステルに二つのα水素が必要なことがわかる．すなわち，出発物からのエノラートアニオンの生成に必要な水素と，生じたβ-ケトエステルからのエノラートアニオンの生成に必要な水素である．

例題 19・4

ナトリウムエトキシドによるブタン酸エチルのクライゼン縮合とつづく HCl 水溶液での酸性化後に得られる生成物の構造式を書け．

解答 クライゼン縮合によって，1分子のエステルのカルボニル基ともう1分子のエステルのα炭素の間に結合ができる．

2-エチル-3-オキソヘキサン酸エチル（ラセミ体）

新たな炭素−炭素結合

問題 19・4 ナトリウムエトキシドによる 3-メチルブタン酸エチルのクライゼン縮合とつづく HCl 水溶液での酸性化後に得られる生成物の構造式を書け．

B. ディークマン縮合

5員環や6員環が形成される分子内クライゼン縮合は，**ディークマン縮合**という特別な名称でよばれる．たとえば，ヘキサン二酸ジエチル（アジピン酸ジエチル）は，ナトリウムエトキシドによって分子内縮合を起こし，5員環を形成する．

ディークマン縮合 Dieckmann condensation

$$EtO-\underset{\overset{\displaystyle \|}{O}}{C}-(CH_2)_4-\underset{\overset{\displaystyle \|}{O}}{C}-OEt \xrightarrow[2. H_2O/HCl]{1. EtO^-Na^+} \text{2-オキソシクロペンタンカルボン酸エチル} + EtOH$$

ヘキサン二酸ジエチル（アジピン酸ジエチル）

19. エノラートアニオンとエナミン

ディークマン縮合の機構は，クライゼン縮合で説明した機構と同じである．一方のエステルのα炭素上で生じたアニオンが，もう一方のエステルのカルボニル基に付加し，四面体形カルボニル付加中間体になる（求核剤と求電子剤の間の結合生成）．この中間体からエトキシドイオンが脱離してカルボニル基が再生する〔結合開裂による安定な分子（イオン）の生成〕．環化後，クライゼン縮合と同じように，β-ケトエステルの共役塩基が生じる（プロトンの脱離）．β-ケトエステルは，酸の水溶液での酸性化によって得られる（プロトンの付加）．

C. 交差クライゼン縮合

交差クライゼン縮合 crossed Claisen condensation

それぞれが二つのα水素をもつ二つの異なるエステルどうしでの**交差クライゼン縮合**では，四つのβ-ケトエステルが得られる可能性がある．そのため，この形式の交差クライゼン縮合は，合成的な有用性が低い．しかし，一方のエステルがα水素をもたずにエノラートアニオン受容体としてのみ働く場合など，二つのエステルの間に反応性に十分な違いがあると，選択的な交差縮合が可能になる．α水素をもたないエステルの例を次に四つあげる．

HCOEt	EtOCOEt	EtOC—COEt	PhCOEt
ギ酸エチル	 炭酸ジエチル	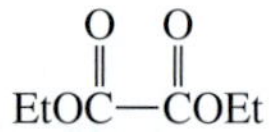 エタン二酸ジエチル（シュウ酸ジエチル）	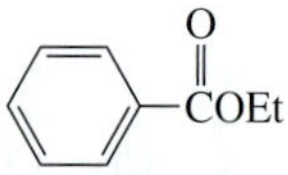 安息香酸エチル

この形式の交差クライゼン縮合では，α水素をもたないエステルを過剰量用いて反応を行うのが一般的である．次の例では，安息香酸メチルを過剰量用いている．

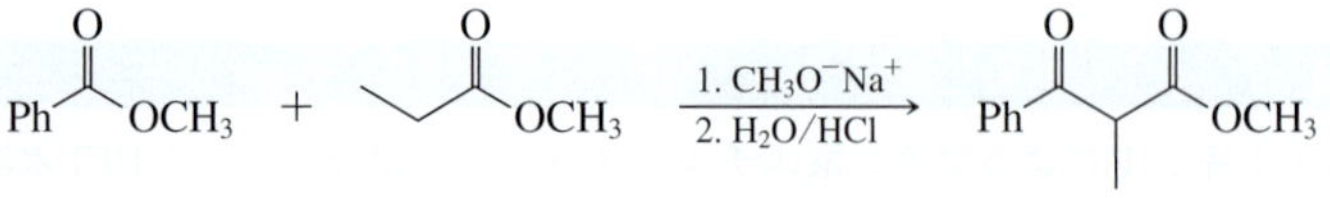

PhCO-OCH₃ + CH₃CH₂CO-OCH₃ →(1. CH₃O⁻Na⁺ / 2. H₂O/HCl)→ Ph-CO-CH(CH₃)-CO-OCH₃

安息香酸メチル　　プロパン酸メチル　　　2-メチル-3-オキソ-3-フェニルプロパン酸メチル

例題 19・5

次に示す交差クライゼン縮合における生成物の構造式を書け．

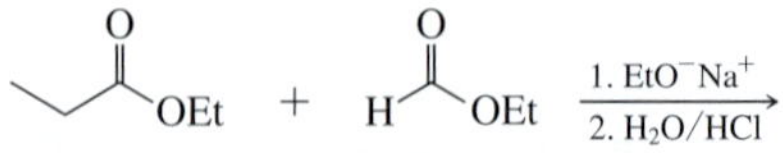

CH₃CH₂COOEt + HCOOEt →(1. EtO⁻Na⁺ / 2. H₂O/HCl)→

解答

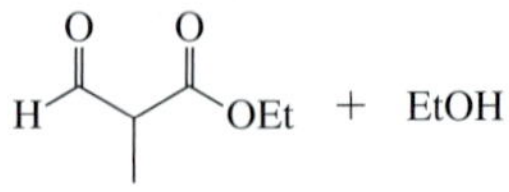

H-CO-CH(CH₃)-CO-OEt + EtOH

問題 19・5 次に示す交差クライゼン縮合における生成物の構造式を書け．

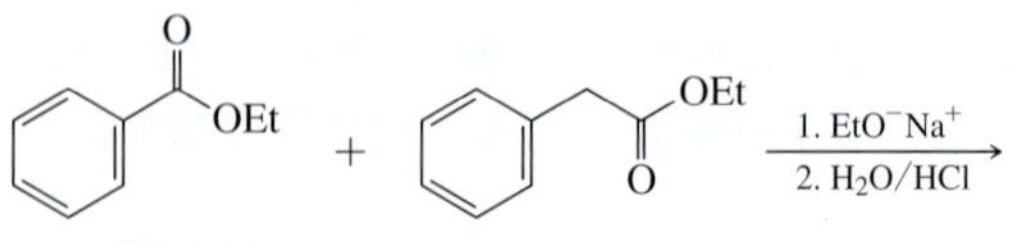

PhCOOEt（過剰量） + PhCH₂COOEt →(1. EtO⁻Na⁺ / 2. H₂O/HCl)→

D. 逆合成解析

クライゼン縮合，交差クライゼン縮合，ディークマン縮合によって新たにできる構造

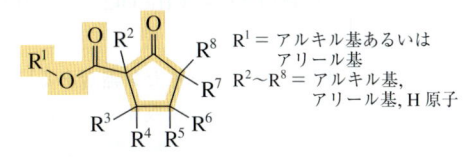

は, β-ケトエステルである. β-ケトエステルをもつ標的分子は, 逆合成解析によって対応する二つのエステル分子に分割できる. 5員環や6員環のような環構造に含まれるβ-ケトエステルは, 対応するジエステルからディークマン縮合によって合成できる.

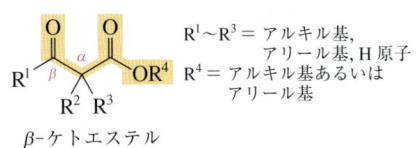

クライゼン縮合生成物の認識要素

$R^1 \sim R^3$ = アルキル基, アリール基, H原子
R^4 = アルキル基あるいはアリール基

β-ケトエステル

ディークマン縮合生成物の認識要素

R^1 = アルキル基あるいはアリール基
$R^2 \sim R^8$ = アルキル基, アリール基, H原子

環状 β-ケトエステル

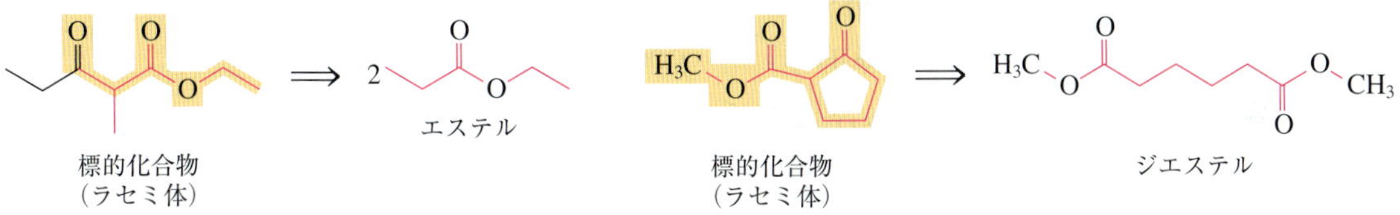

標的化合物(ラセミ体) ⇒ 2 エステル

標的化合物(ラセミ体) ⇒ ジエステル

E. β-ケトエステルの加水分解と脱炭酸

§18・4Cで述べたように, 水酸化ナトリウム水溶液によってエステルを加水分解(けん化)して, 反応溶液を希塩酸水溶液によって酸性化すると, カルボン酸が得られる. また, §17・9で述べたように, β-ケト酸とβ-ジカルボン酸(置換マロン酸)は, 加熱すると容易に脱炭酸を起こしてCO₂を失う. 一方, クライゼン縮合とディークマン縮合のどちらもβ-ケト酸を生じる. クライゼン縮合, エステルの加水分解と酸性化, 脱炭酸の三つに対応する反応式をそれぞれ次に示す.

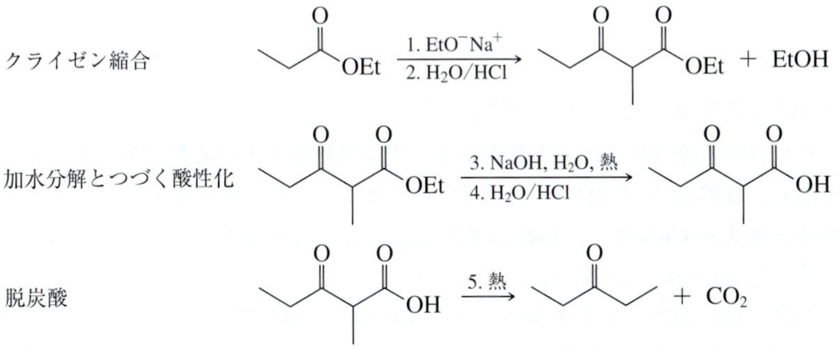

クライゼン縮合

加水分解とつづく酸性化

脱炭酸

この五つの段階からなる一連の反応の結果, エステル2分子からケトンと二酸化炭素が生成する(一方のエステルのカルボニル基がエノラートアニオン受容体となり, もう一方のエステルはエノラートアニオンとなる). 次に示す一般式では, 反応する二つのエステルが同一であるため, 対称ケトンが生成する.

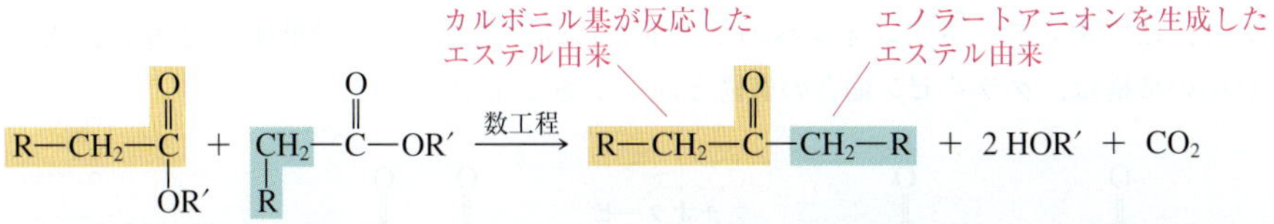

カルボニル基が反応したエステル由来
エノラートアニオンを生成したエステル由来

$R-CH_2-C(=O)-OR' + CH_2(R)-C(=O)-OR' \xrightarrow{\text{数工程}} R-CH_2-C(=O)-CH_2-R + 2\,HOR' + CO_2$

交差クライゼン縮合から始まる同様の一連の反応では, 非対称なケトンが生成する.

610   19. エノラートアニオンとエナミン

例題 19・6

次に示す化合物で，クライゼン縮合あるいはディークマン縮合と酸性化，加水分解と酸性化，熱による脱炭酸の一連の反応が起こったときに生成する化合物の構造式を書け．

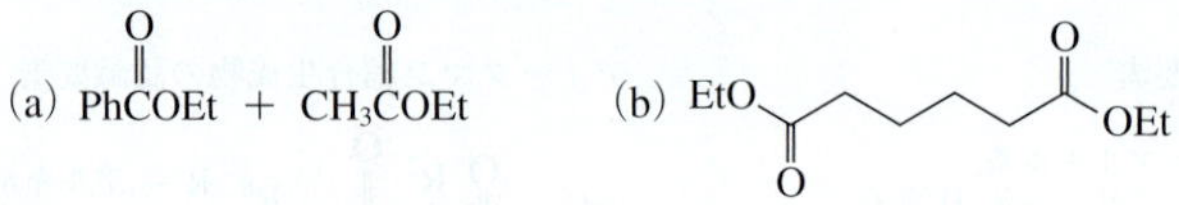

(a) PhCOEt + CH₃COEt   (b) EtO−(C=O)−(CH₂)₄−(C=O)−OEt

解答 交差クライゼン縮合あるいはディークマン縮合における段階1と2によって，β-ケトエステルが生成する．段階3と4では，β-ケトエステルが加水分解され，β-ケト酸となる．段階5で脱炭酸が起こり，ケトンが得られる．

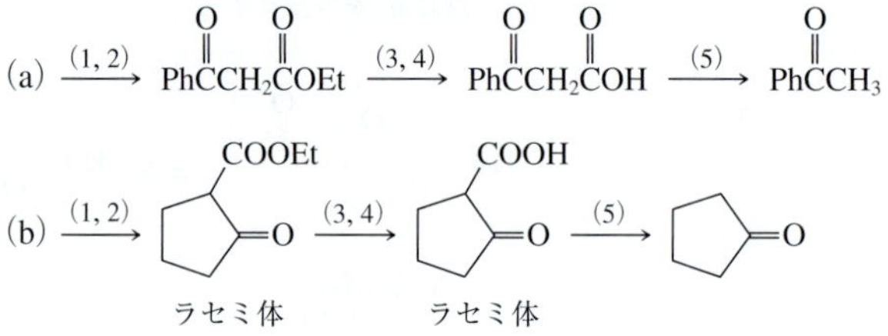

(a) →(1,2)→ PhCOCH₂COEt →(3,4)→ PhCOCH₂COH →(5)→ PhCOCH₃

(b) →(1,2)→ 2-カルボエトキシシクロペンタノン (ラセミ体) →(3,4)→ 2-カルボキシシクロペンタノン (ラセミ体) →(5)→ シクロペンタノン

問題 19・6 次の反応 (a), (b) を利用して安息香酸を 3-メチル-1-フェニル-1-ブタノン（イソブチルフェニルケトン）へ変換する方法を二つ示せ．それぞれ異なる反応を用いて安息香酸のカルボニル基に対して新たな炭素−炭素結合を生成する方法を示せ．
(a) ジアルキル銅リチウム反応剤（ギルマン反応剤）
(b) クライゼン縮合

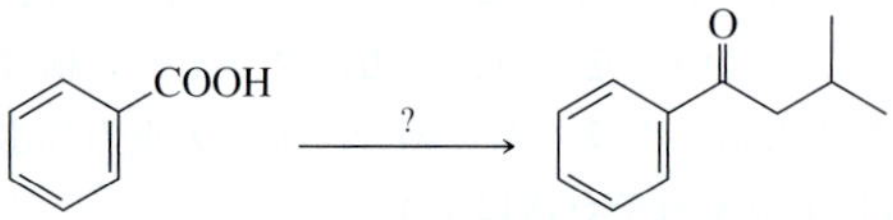

PhCOOH (安息香酸) →(?)→ PhCOCH₂CH(CH₃)₂ (3-メチル-1-フェニル-1-ブタノン)

19・4 生体におけるクライゼン縮合とアルドール縮合

カルボニル化合物の縮合反応は，生体が炭素−炭素骨格を組上げる際に最もよく利用する反応である．補酵素A（問題25・35参照）のメルカプト基と酢酸が縮合したチオエステルである**アセチルCoA**は，生体高分子の合成における炭素源として知られる．本節では，酢酸の炭素骨格が，テルペン，コレステロール，ステロイドホルモンや胆汁酸の生合成における鍵中間体である**イソペンテニルピロリン酸**（IPP）へと変換される一連の反応を取上げる．ここでは，酵素によって触媒される個々の反応の詳しい機構は扱わず，進行する反応の形式に焦点をあてて説明する．

酵素であるチオラーゼは，クライゼン縮合の触媒として働く．すなわち，一つ目のアセチルCoAがエノラートアニオンになり，二つ目のアセチルCoAのカルボニル炭素を攻撃して，四面体形カルボニル付加中間体となる．この中間体の分解によって補酵素AのチオラートアニオンCoAS⁻が脱離して，アセトアセチルCoAが生成する．つづいて，このチオラートアニオンへのプロトン移動が起こって，補酵素Aとなる．この反応の機構は，クライゼン縮合の機構と同一である（§19・3A）．

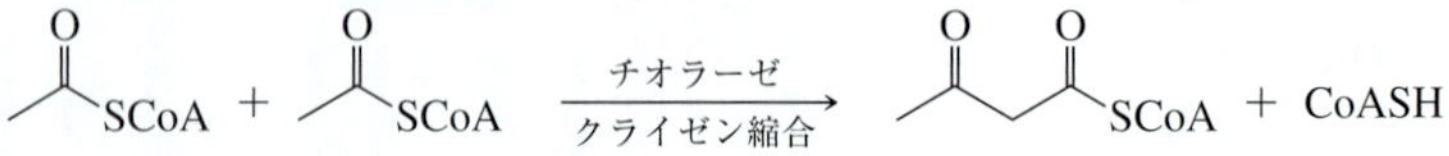

アセチルCoA acetyl-CoA

イソペンテニルピロリン酸 isopentenyl pyrophosphate　略称 IPP. イソペンテニル二リン酸ともいう．

CH₃C(=O)SCoA + CH₃C(=O)SCoA →(チオラーゼ, クライゼン縮合)→ CH₃C(=O)CH₂C(=O)SCoA + CoASH
アセチルCoA　　　　　　　　　　　　　　　　　　　　　　　　アセトアセチルCoA　補酵素A

三つ目のアセチル CoA の酵素触媒によるアルドール反応は，アセトアセチル CoA の
ケトン性カルボニル基に対して起こり，(S)-3-ヒドロキシ-3-メチルグルタリル CoA
が生成する．

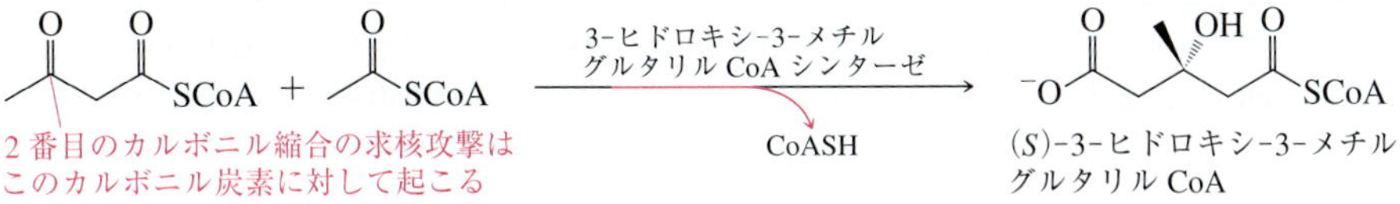

この 2 番目のカルボニル付加反応には，三つの特徴がある．

- S 体のみが生成する完全にエナンチオ選択的な反応である．3-ヒドロキシ-3-メチル
グルタリル CoA シンターゼによって，キラルな環境下で付加が起こるため，一方の
エナンチオマーのみが生成し，もう一方のエナンチオマーは生成しない．
- アセチル CoA のチオエステル基の加水分解が，アルドール反応とともに起こる．
- カルボキシ基は，pH 7.4 (血漿中や多くの細胞液におけるおおよその pH) において式
に示したようにイオン化している．

酵素触媒の作用によって 3-ヒドロキシ-3-メチルグルタリル CoA のチオエステル基
を NADPH (NADH のリン酸化体) が還元して，第一級アルコールであるメバロン酸 (図
ではアニオンが示してある) が生成する．この還元では，S から R へ立体配置の表記が
変わっているが，これはキラル中心の配置が変わったためではなく，還元の結果 2 番
目と 3 番目の優先順位が入れ替わったためである．

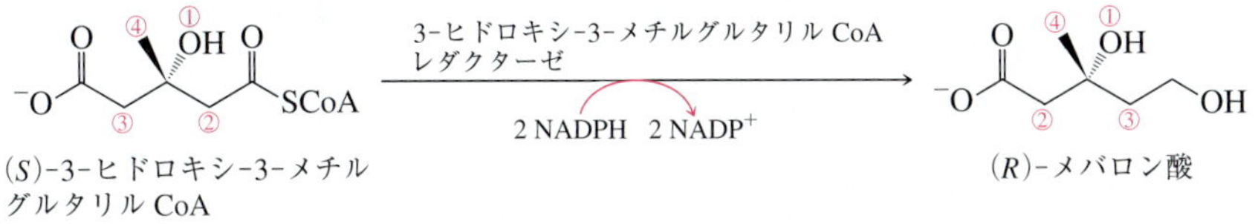

アデノシン三リン酸 (ATP) から，メバロン酸の 3 番炭素上のヒドロキシ基へリン酸
基が移動し，対応するリン酸エステルとなり，さらに 2 分子目の ATP から，5 番炭素
上のヒドロキシ基へピロリン酸基が移動し，(R)-3-ホスホ-5-ピロホスホメバロン酸
が生じる．これから酵素触媒による β 脱離が進行し，CO_2 と PO_4^{3-} が同時に失われて，
イソペンテニルピロリン酸 (IPP) が生成する．

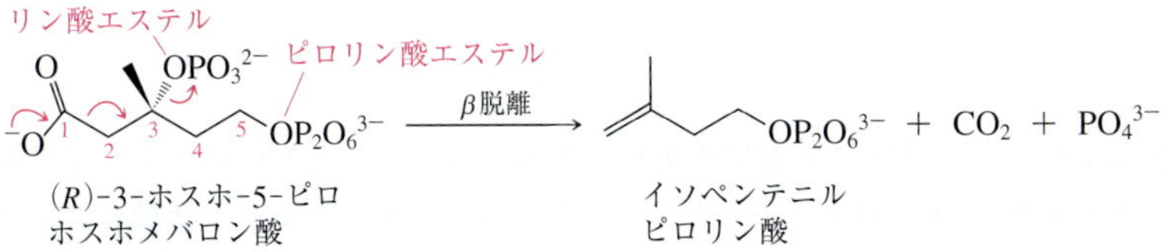

イソペンテニルピロリン酸は，テルペンのモノマー単位であるイソプレンの炭素骨格
をもっている (§5・4 参照)．実際にこの化合物は，テルペンだけでなくコレステロー
ルやステロイドホルモンの生合成における鍵中間体である．イソペンテニルピロリン酸

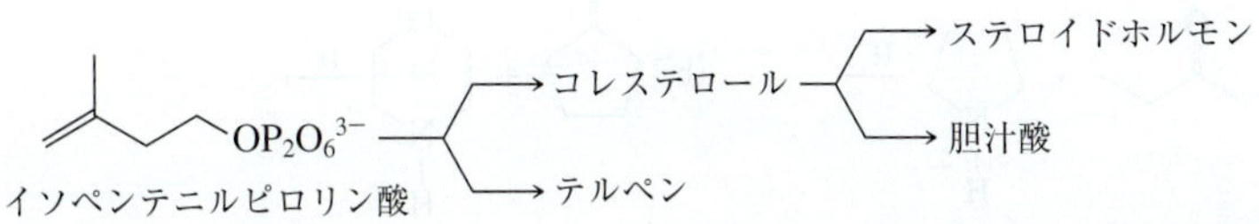

身のまわりの化学　コレステロールの血漿中の濃度を下げる薬

　冠動脈の疾患は，欧米で死因の主要なものになっている．死亡の約半数は，アテローム性動脈硬化が原因である．アテローム性動脈硬化は動脈の内壁においてプラークとよばれる脂肪の沈着物が多くなり，起こる．プラークの主要な構成物質は，血漿中を循環する低密度リポタンパク質(LDL)に由来するコレステロールである．人間の体の中に含まれる半分以上のコレステロールは，肝臓でアセチル CoA からつくられるため，この生合成を阻害する方法の探索研究が精力的に行われてきた．コレステロールの生合成における律速段階は，(S)-3-ヒドロキシ-3-メチルグルタリル CoA (HMG-CoA) を (R)-メバロン酸へ還元する段階である．この還元は HMG-CoA レダクターゼが触媒し，1 mol の HMG-CoA に対して 2 mol の NADPH を必要とする．

　1970 年代に入り，日本の製薬企業の研究者が，8000 以上の微生物をスクリーニングした結果，真菌 *Penicillium citrinum* の培養液から HMG-CoA レダクターゼの強力な阻害剤であるメバスタチンを単離し，1976 年に発表した．英国の製薬企業も同じ化合物を *Penicillium brevicompactum* の培養組織から単離していた．その後ロバスタチンとよばれるより活性が高い第二の化合物が真菌 *Monascus ruber* や *Aspergillus terreus* から単離された．どちらのカビの二次代謝産物も，LDL の血漿中の濃度を下げるのにきわめて有効であった．いずれの場合も，δ-ラクトン骨格の加水分解によって生じる 5-ヒドロキシカルボン酸が，活性本体である．1980 年代後半に市場に登場したシンバスタチンは，現在でも血漿コレステロール値を制御するために使用されている．現在入手できるこれらの薬やその他の合成類縁体は，酵素−阻害剤複合体を形成することで酵素の触媒作用を妨げ，HMG-CoA レダクターゼを阻害する．どの薬にも共通に存在する 3,5-ジヒドロキシカルボン酸部位は，HMG-CoA の最初の還元によって生じるヘミチオアセタール中間体と類似しているため，酵素に強固に結合して阻害すると考えられている．体系的な研究により，どの部分構造が，薬の有効性に重要かが明らかにされている．たとえば，カルボキシラートアニオン COO⁻，3-OH，5-OH のどれもが活性に必須な構造である．5 番炭素と二つの 6 員環が縮環した部分との間を −CH₂−CH₂− 以外のものでつなぐと，活性強度は落ちる．また，6 員環構造の変更やその置換形式の変更を行うと，ほとんどの場合活性が下がる．

の化学とそのコレステロールやテルペンへの変換については§26・4B で説明する．

19・5　エナミン

エナミン enamine

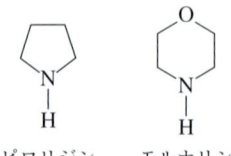

　エナミンは，第二級アミンとアルデヒドあるいはケトンとの反応によって生成する（§16・8A 参照）．第二級アミンとしては，ピロリジンやモルホリンが最もよく利用される（図 19・1）．

図 19・1　エナミンの生成によく用いられる第二級アミン

例題 19・7

次に示す反応によって生じるアミノアルコールとエナミンの構造式を書け．

解答

(a) 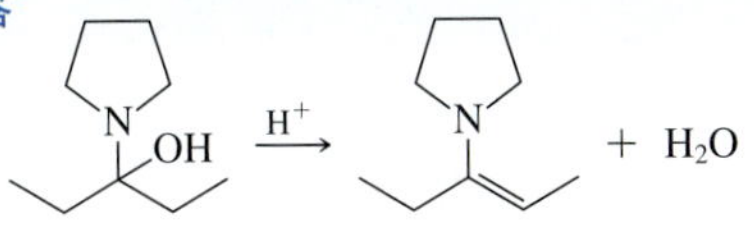 アミノアルコール → エナミン + H₂O

(b) 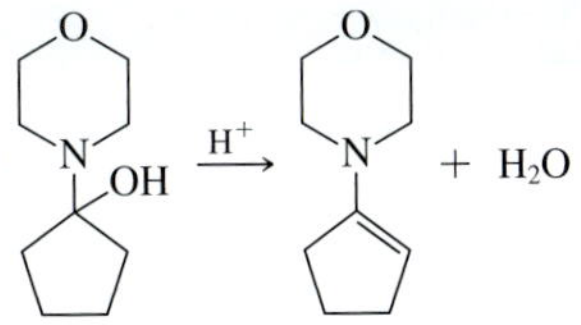 アミノアルコール → エナミン + H₂O

問題 19・7 二つのエナミンの構造式を次に示す．それぞれのエナミンを合成するのに必要な第二級アミンとカルボニル化合物の構造式を書け．

(a) 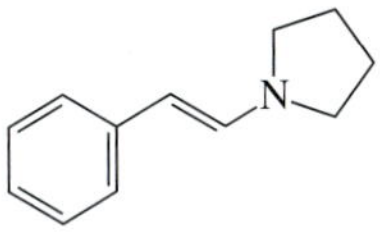 (b)

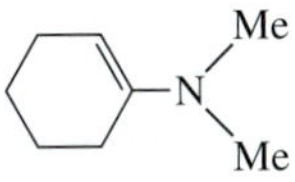

炭素−炭素二重結合が窒素の電子対と共役することによってエナミンのβ炭素は求核剤として働くため，エナミンの有機合成化学における有用性はきわめて高い．エナミンは，エノールやエノラートアニオンと似た反応性を示す．

米国の Gilbert Stork は，アルデヒドやケトンのα炭素におけるアルキル化やアシル化のために，エナミンを初めて合成中間体として活用した．この先駆的な仕事から，エナミンを利用する反応は**ストークエナミン反応**とよばれている．

ストークエナミン反応 Stork enamine reaction

A. エナミンのアルキル化

エナミンは，ハロゲン化メチル，第一級ハロゲン化アルキル，α-ハロケトンやα-ハロエステルと容易に S_N2 反応を起こす．エナミンは，これらの反応においてエノラートアニオンよりも優れている．なぜならば，エナミンはエノラートアニオンよりも塩基性が低いため，副反応のハロゲンの脱離反応が抑えられ置換反応が優先するからである．さらに，エノラートアニオンでは酸素におけるアルキル化も起こりうるのに対し，エナミンでは炭素におけるアルキル化が選択的に起こる．

反応機構　エナミンのアルキル化

段階 1：求核剤と求電子剤の間の結合生成． エナミンに等モル量のアルキル化剤を作用させると，ハロゲン化イミニウムが生じる．

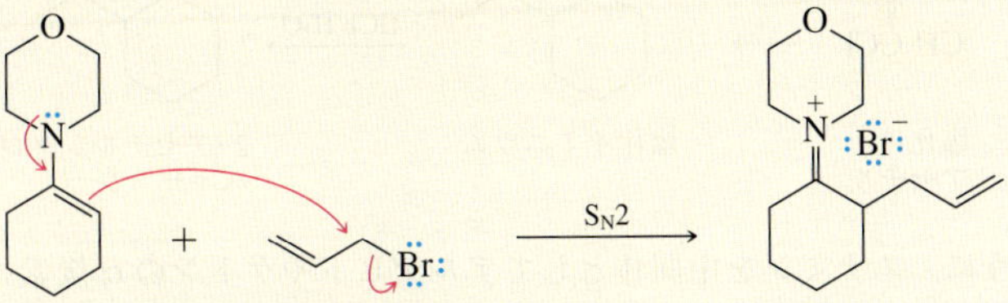

シクロヘキサノンの　　3-ブロモプロペン　　　　　　　臭化イミニウム
モルホリンエナミン　　（臭化アリル）

段階 2： イミニウム塩を塩酸水溶液で加水分解すると，アルキル化されたケトンが生成し，モルホリンが塩酸塩として再生する．

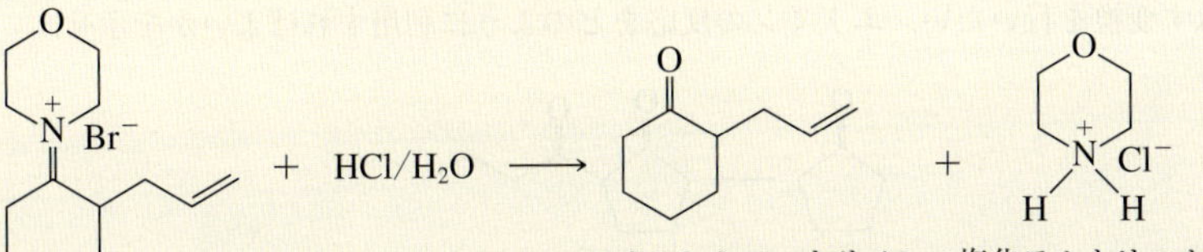

2-アリルシクロヘキサノン　塩化モルホリニウム

例題 19・8

次の合成においてエナミンをどのように利用すればよいかを示せ.

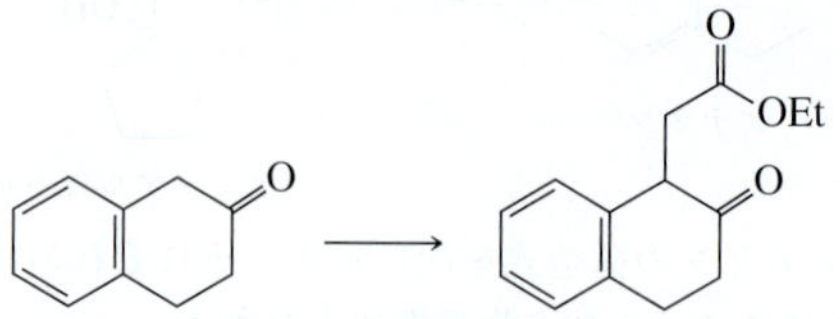

解答　モルホリンあるいはピロリジンとケトンを反応させてエナミンを調製する. 窒素の付加で生成するアミノアルコールは脱水して, 二つの化合物を生じる可能性がある. ここに示したエナミンは炭素−炭素二重結合と芳香環との共役によって安定化されるため, この化合物の生成が優先する. エナミンを2-クロロ酢酸エチルと反応させ, 生じた塩化イミニウムを塩酸水溶液中で加水分解すると, 生成物が得られる.

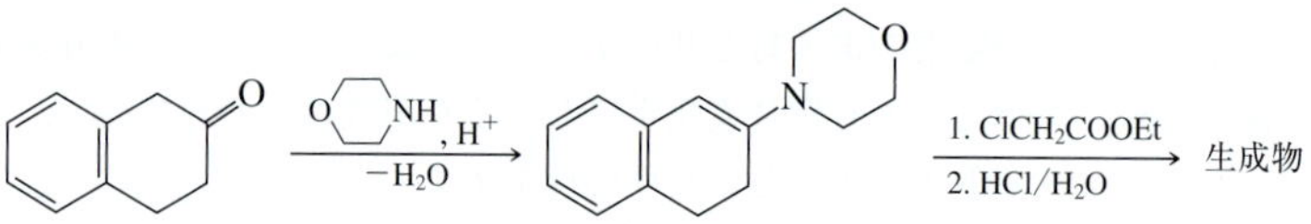

問題 19・8　塩化イミニウムの塩酸水溶液中での加水分解の機構を示せ.

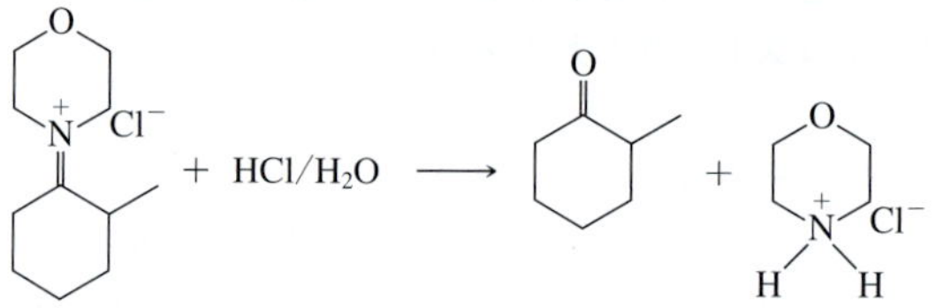

B. エナミンのアシル化

エナミンを酸塩化物や酸無水物に作用させると, 求核的アシル置換反応が進行する. 次に, シクロヘキサノンからピロリジンエナミンを経由して, 2-アセチルシクロヘキサノンが生成するアシル化の例を示す.

シクロヘキサノンのピロリジンエナミン　　塩化アセチル　　塩化イミニウム　　2-アセチルシクロヘキサノン

このように, エナミンを中間体としてアルデヒドやケトンの α 炭素にアシル基を導入することができる. 一般に, 有機分子にアシル基を導入する反応は, **アシル化反応**とよばれる.

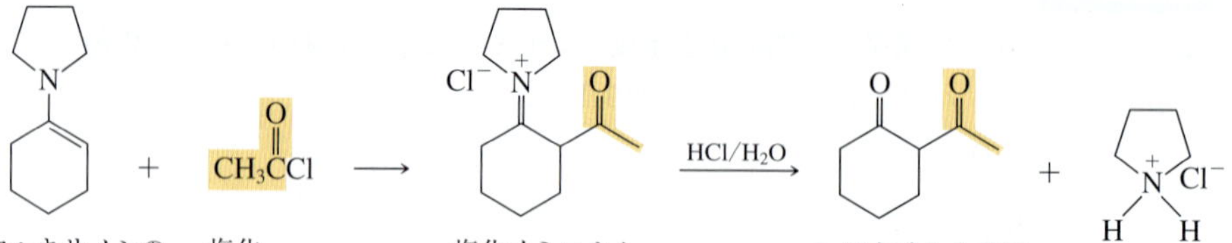

アシル化反応 acylation reaction　RCO や ArCO などのアシル基を有機分子に導入する反応.

例題 19・9

次に示す変換を行いたい. エナミンの反応をどのように利用すればよいかを示せ.

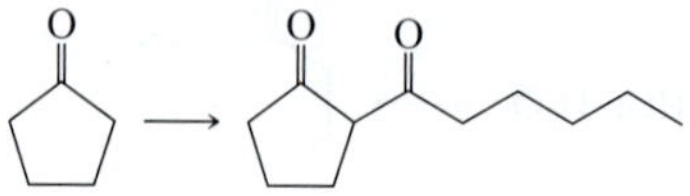

解答　シクロペンタノンをピロリジンと反応させると, エナミンが生成する. エナミンを

塩化ヘキサノイルと反応させた後，塩酸水溶液中で加水分解すると，目的のβ-ジケトンが得られる．

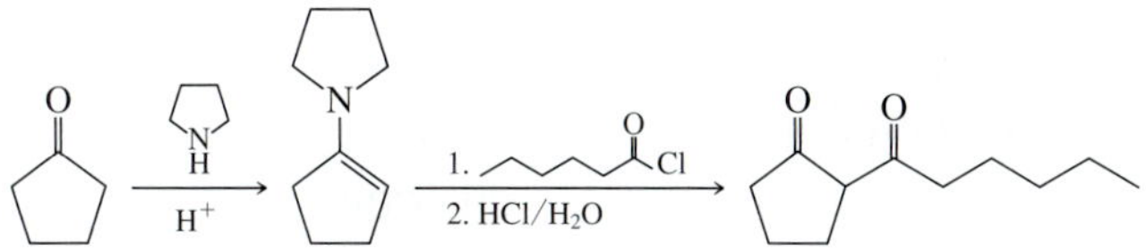

問題 19・9 アセトフェノンから次の化合物を合成するには，どのようなエナミンの反応を利用すればよいかを示せ．

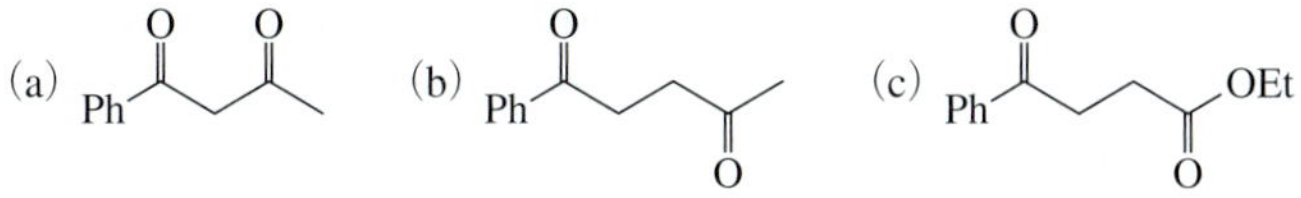

(a) Ph-CO-CH₂-CO-CH₃   (b) Ph-CO-CH₂CH₂-CO-CH₃   (c) Ph-CO-CH₂CH₂-CO-OEt

C. 逆合成解析

エナミンがアルキル化やアシル化反応を起こすことをすでに述べた．エナミンのアルキル化によって新たにできる化合物は，ハロゲン化メチルや第一級ハロゲン化アルキル（第二級ハロゲン化アルキルの可能性はあるが第三級はない）との S_N2 反応によってアルキル置換基を α 炭素に導入したカルボニル化合物である．エナミンのアシル化によって新たにできる化合物は，β-ジカルボニル化合物（アルデヒドあるいはケトン）である．すなわち，逆合成解析によって，目的のアルキル化された生成物は，α 水素をもつカルボニル化合物，第二級アミン（通常ピロリジン）と，導入される R と脱離基(Lv)とが結合した化合物の三つに分割できる．一方，目的のアシル化された生成物は，α 水素をもつカルボニル反応剤，第二級アミン（通常ピロリジン）と適切な酸塩化物に分割できる．

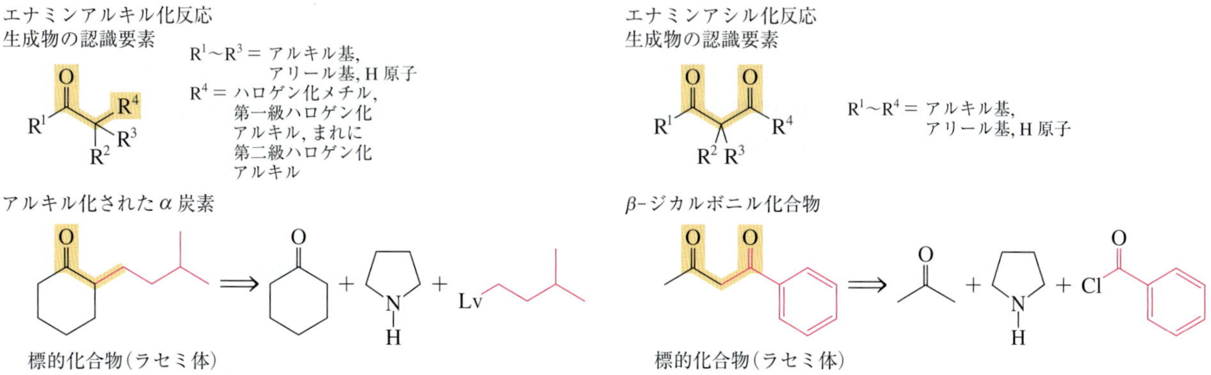

エナミンアルキル化反応
生成物の認識要素

R¹〜R³ = アルキル基，アリール基，H 原子
R⁴ = ハロゲン化メチル，第一級ハロゲン化アルキル，まれに第二級ハロゲン化アルキル

エナミンアシル化反応
生成物の認識要素

R¹〜R⁴ = アルキル基，アリール基，H 原子

アルキル化された α 炭素

β-ジカルボニル化合物

標的化合物(ラセミ体)

標的化合物(ラセミ体)

19・6 アセト酢酸エステル合成

アセト酢酸エステルやその他のβ-ケトエステルは，次に示す三つの理由から新しい炭素-炭素結合の生成に出発物としてよく使われる．

1. 二つのカルボニル基の間にある α 水素の高い酸性度(pK_a 10〜11)
2. α 水素を脱プロトン化した後のエノラートアニオンの高い求核性
3. エステルの加水分解後の生成物が脱炭酸しうること

アセト酢酸エステル合成は，次のような一置換アセトンと二置換アセトンの調製に有

アセト酢酸エステル合成 acetoacetic ester synthesis

用である.

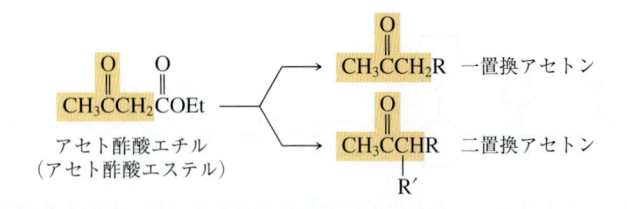

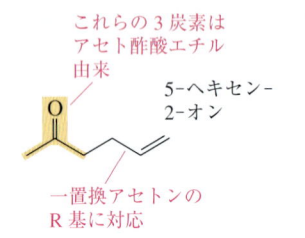

$$\underset{\substack{\text{アセト酢酸エチル}\\ \text{(アセト酢酸エステル)}}}{CH_3CCH_2COEt} \longrightarrow \begin{cases} CH_3CCH_2R \quad \text{一置換アセトン}\\ \underset{R'}{CH_3CCHR} \quad \text{二置換アセトン} \end{cases}$$

アセト酢酸合成は五つの反応からなるが,それぞれの反応についての説明はすでに述べた.それらを次に示す順番で連続して並べるとアセト酢酸合成になる.例として 5-ヘキセン-2-オンを標的化合物として取上げ,アセト酢酸エステル合成を説明しよう.色をつけた三つの炭素は,アセト酢酸エチル由来である.そのほかの三つの炭素は,置換アセトンの R に対応する.

これらの 3 炭素は
アセト酢酸エチル
由来

5-ヘキセン-
2-オン

一置換アセトンの
R 基に対応

A. 一連の五つの反応

1. アセト酢酸エチルのメチレン水素(pK_a 10.7)は,エタノールのヒドロキシ基の水素(pK_a 15.9)よりも酸性度が高い.そのため,ナトリウムエトキシドやその他のアルカリ金属アルコキシドを塩基として作用させると,アセト酢酸エチルは完全に対応するアニオンになる.

アセト酢酸エチル　　ナトリウム　　　アセト酢酸エチルの　　エタノール
pK_a 10.7　　　　エトキシド　　　ナトリウム塩　　　　pK_a 15.9
(より強い酸)　　　(より強い塩基)　　(より弱い塩基)　　(より弱い酸)

2. アセト酢酸エチルのエノラートアニオンは求核剤であり,ハロゲン化メチル,第一級ハロゲン化アルキル,α-ハロケトンや α-ハロエステルに対して S_N2 反応を起こす.第二級ハロゲン化アルキルを用いた場合は一般に収率が低く,第三級ハロゲン化アルキルを用いた場合は E2 脱離のみが進行する.次の例では,アセト酢酸エチルのアニオンが臭化アリルによってアルキル化されている.

3-ブロモプロペン
(臭化アリル)

3, 4. アルキル化されたアセト酢酸エステルを NaOH 水溶液で加水分解した後,HCl 水溶液で酸性化する(§18・4C 参照)と β-ケト酸が得られる.

5. β-ケト酸を熱すると脱炭酸が起こり(§17・9A 参照),5-ヘキセン-2-オンとなる.

5-ヘキセン-2-オン
(一置換アセトン)

二置換アセトンは，上に示した段階2の後に，一置換アセト酢酸エステルをもう一度等モル量の塩基で処理し2回目のアルキル化を行い，さらに段階3〜5を行うことによって調製できる．

1′. もう一度等モル量の塩基と処理すると，再びエノラートアニオンが生じる．

2′. このエノラートアニオンをハロゲン化アルキルと反応させると，2回目のアルキル化が起こる．このさい，高収率で生成物を得るためには，立体障害の比較的小さいハロゲン化メチル，第一級ハロゲン化アルキルを用いる必要がある．

3, 4, 5. 塩基性水溶液でエステルを加水分解した後，酸性化と加熱によって，ケトンを合成する．

3-メチル-5-ヘキセン-2-オン
（二置換アセトン，ラセミ体）

B. 逆合成解析

アセト酢酸エステル合成に利用される一連の五つの反応によって新たに生成するカルボニル化合物は，α炭素にS_N2反応由来の置換基（通常メチル基や第一級アルキル基，まれに第二級アルキル基）を一つあるいは二つもつ．この方法は，複雑な構造をもつケトンの簡便で汎用性が高い合成法である．目的のケトンは，逆合成解析によって，β-ケトエステルとアルキル化剤に分割できる．アセト酢酸エチル以外にもさまざまなβ-ケトエステルが利用可能である．

アセト酢酸エステル合成生成物の認識要素

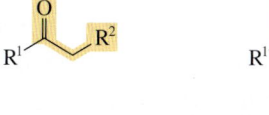

R^1 ＝ アルキル基，アリール基，H原子
R^2, R^3 ＝ メチル，第一級アルキル，まれに第二級アルキル

アルキル化されたケトン

標的化合物

標的化合物（ラセミ体）　ラセミ体

19. エノラートアニオンとエナミン

例題 19・10

アセト酢酸エステル合成を利用して，次に示すケトンを調製する方法を示せ．

4-フェニル-2-ブタノン

解答 アセト酢酸エステルに由来する三つの炭素を同定し，次に脱炭酸で失われる COOH の炭素鎖における位置を決定し，最後にアルキル化によって生成される結合を確認する．以上の解析の結果，出発物はアセト酢酸エチルとハロゲン化ベンジルとなる．

これら二つの出発物を次のような方法で連結すると，目的のケトンが合成できる．

問題 19・10 アセト酢酸エステル合成を利用して，次に示す化合物を調製する方法を示せ．

(a)　(b)　(c)

C. 類似反応

上記のアセト酢酸エステル合成として一般に知られる合成法では，アセト酢酸エチルを出発物として用いる．全く同じ手法を，クライゼン縮合(§19・3A)やディークマン縮合(§19・3B)によって得られる生成物をはじめとする各種のβ-ケトエステルにも適用することができる．ディークマン縮合とクライゼン縮合によってそれぞれ得られる二つのβ-ケトエステルの構造を例として左に示す．これらの化合物から出発して，アセト酢酸エステルの場合と同様に，1) エノラートアニオンの生成，2) アルキル化あるいはアシル化，3) 加水分解，4) 酸性化，5) 脱炭酸の各工程を経ると，対応する炭素-炭素結合生成物が得られる．

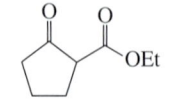

2-オキソシクロペンタンカルボン酸エチル

2-メチル-3-オキソペンタンカルボン酸エチル

例題 19・11

2-オキソシクロペンタンカルボン酸エチルを 2-アリルシクロペンタノンに変換する方法を示せ．

解答 このβ-ケトエステルに等モル量のナトリウムエトキシドを作用させ，アニオンを生成後，等モル量のハロゲン化アリルでアルキル化する．その後，エステルを塩基性水溶

液で加水分解した後，酸性化し，さらに熱して脱炭酸すると，目的の生成物が得られる．

[反応式: 2-オキソシクロペンタンカルボン酸エチル → 1. EtO⁻Na⁺ / 2. CH₂=CHCH₂Br → アリル化生成物 → 1. NaOH/H₂O / 2. HCl/H₂O / 3. 熱 → 2-アリルシクロペンタノン]

問題 19・11 2-オキソシクロペンタンカルボン酸エチルを，次に示す化合物に変換する方法を示せ．

[構造式: シクロペンタノン-2-CH₂COOH ラセミ体]

19・7 マロン酸エステル合成

アセト酢酸エステル合成と同様に，マロン酸エステルやその他のβ-ジエステルは，次に示す三つの理由から新しい炭素－炭素結合の生成に出発物としてよく用いられる．

1. 二つのカルボニル基の間にあるα水素の高い酸性度(pK_a 13～14)
2. α水素を脱プロトン化した後のエノラートアニオンの高い求核性
3. エステルの加水分解後の生成物が脱炭酸しうること

マロン酸エステル合成は，次のような一置換酢酸と二置換酢酸の調製に有用である．

マロン酸エステル合成 malonic ester synthesis

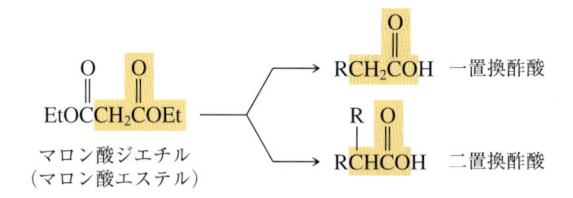

[反応式: EtOCCH₂COEt (マロン酸ジエチル, マロン酸エステル) → RCH₂COH 一置換酢酸 / RCHCOH(R) 二置換酢酸]

A. 一連の五つの反応

アセト酢酸エステル合成の場合と同様に，マロン酸エステル合成に必要な五つの反応についての説明はすでに述べた．それらを次に示すような順番で連続して行うとマロン酸エステル合成になる．例として5-メトキシペンタン酸を標的化合物として取上げ，マロン酸エステル合成を説明しよう．色をつけた二つの炭素は，マロン酸ジエチル由来である．メトキシ基が結合した三つの炭素は，一置換酢酸のRに対応する．

[構造式: MeO-CH₂CH₂CH₂-CH₂COOH 5-メトキシペンタン酸, マロン酸ジエチル由来の2炭素]

1. マロン酸ジエチルのα水素(pK_a 13.3)は，エタノールのヒドロキシ基の水素(pK_a 15.9)よりも酸性度が高い．そのため，ナトリウムエトキシドやその他のアルカリ金属アルコキシドを塩基として作用させると，マロン酸ジエチルは完全に対応するアニオンになる．

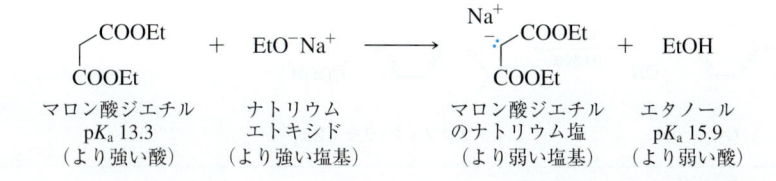

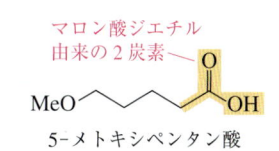

[反応式: CH₂(COOEt)₂ + EtO⁻Na⁺ → Na⁺ ⁻CH(COOEt)₂ + EtOH
マロン酸ジエチル pK_a 13.3 (より強い酸) ＋ ナトリウムエトキシド (より強い塩基) → マロン酸ジエチルのナトリウム塩 (より弱い塩基) ＋ エタノール pK_a 15.9 (より弱い酸)]

620   19. エノラートアニオンとエナミン

2. マロン酸ジエチルのエノラートアニオンはよい求核剤であり，ハロゲン化メチル，第一級ハロゲン化アルキル，α-ハロケトンやα-ハロエステルに対してS_N2反応を起こす．次の例では，マロン酸ジエチルのアニオンが1-ブロモ-3-メトキシプロパンに

身のまわりの化学　　イブプロフェン：工業的合成の進歩

いかなる工業的合成においても，原子効率(アトムエコノミー)の向上は主要な課題である．反応剤の原子がすべて最終生成物に取込まれた場合，原子効率は最も高くなる．原子効率の向上により合成を進歩させた例として，イブプロフェンの工業的合成を紹介する．

合成 1

イブプロフェンの最も初期の工業的合成では，4-イソブチルフェニル酢酸のカルボン酸側鎖にメチル基を導入するために，次のような工程を経ている．すなわち，4-イソブチルフェニル酢酸のフィッシャーエステル化によって得られたエチルエステルと炭酸ジエチルの交差クライゼン縮合(§19・3C)をナトリウムエトキシド存在下で行うと，置換マロン酸エステル **B** のアニオンが生成する．このアニオンをアルキル化(§19・7)し，さらに加水分解すると二置換マロン酸 **D** が得られる．最後に **D** の脱炭酸(§17・9B)により，イブプロフェンを合成することができる．

この合成では非常に高い収率でイブプロフェンが得られる．しかし，中間体 **C** の18個の炭素のうち，イブプロフェンに含まれる炭素は13個だけであり，五つの炭素原子を無駄にしている．

合成 2

次に，より原子効率の高い方法が開発された．これは，4-イソブチルアセトフェノンを出発物とする．このケトンにナトリウムエトキシドの存在下でクロロアセトニトリルを作用させると，エポキシニトリル **E** が得られる．ルイス酸である過塩素酸リチウムを **E** に作用させるとα-シアノケトン **F** となる．**F** の加水分解によりイブプロフェンが生成する．**F** のα-シアノケトン基は，酸塩化物と化学的性質が似ており，加水分解するとカルボン酸とシアン化物イオンが生成する．この合成は，合成 1 よりも原子効率が高いが，シアノ基の二つの原子は生成物に含まれていない．

合成 3

一番下に示すイブプロフェンの合成は，最高の原子効率を実現している．4-イソブチルアセトフェノンのカルボニル基を触媒的に還元し，アルコール **G** とする．**G** のパラジウム触媒によるカルボニル化によって，イブプロフェンが得られる．この合成で一酸化炭素から導入された唯一の炭素は，最終生成物に含まれている．

合成 1

4-イソブチルフェニル酢酸 —(EtOH, H_2SO_4)→ **A** —(EtO-CO-OEt, EtONa)→ **B** (COOEt, COOEt, Na⁺)
—(CH_3I)→ **C** (COOEt, COOEt) —(1. KOH/H_2O; 2. HCl/H_2O)→ **D** (COOH, COOH) —(熱)→ イブプロフェン ibuprofen (ラセミ体)

合成 2

4-イソブチルアセトフェノン —($ClCH_2C\equiv N$, EtONa)→ **E** (エポキシ, CN) —($Li^+ClO_4^-$)→ **F** (CO, CN) —(H_2O)→ イブプロフェン (ラセミ体)

合成 3

4-イソブチルアセトフェノン —(H_2/M)→ **G** (OH) —(CO, H_2O, Pd 触媒)→ イブプロフェン (ラセミ体) (COOH)

によってアルキル化されている.

$$\text{MeO}\overset{\text{Na}^+}{\underset{\text{Br:}}{\frown}} + \overset{\text{COOEt}}{\underset{\text{COOEt}}{:}} \xrightarrow{S_N2} \text{MeO}\overset{\text{COOEt}}{\underset{\text{COOEt}}{\frown}} + \text{Na}^+\text{Br}^-$$

3, 4. アルキル化されたマロン酸エステルを NaOH 水溶液で加水分解した後,HCl 水溶液で酸性化すると,β-ジカルボン酸が得られる.

$$\text{MeO}\overset{\text{COOEt}}{\underset{\text{COOEt}}{\frown}} \xrightarrow[\text{2. HCl/H}_2\text{O}]{\text{1. NaOH/H}_2\text{O}} \text{MeO}\overset{\text{COOH}}{\underset{\text{COOH}}{\frown}} + 2\,\text{EtOH}$$

5. β-ジカルボン酸を融点より少し高い温度で熱すると脱炭酸が起こり,5-メトキシペンタン酸となる.

$$\text{MeO}\overset{\text{COOH}}{\underset{\text{COOH}}{\frown}} \xrightarrow{\text{熱}} \text{MeO}\frown\text{COOH} + \text{CO}_2$$
5-メトキシペンタン酸

二置換酢酸は,上に示した段階 2 の後に,一置換マロン酸ジエチルをもう一度等モル量の塩基で処理し 2 回目のアルキル化を行った後,段階 3〜5 を行うことによって調製できる.

B. 逆合成解析

マロン酸エステル合成によって新たにできる化合物は,α炭素にメチル基や第一級アルキル基(まれに第二級アルキル基)を一つあるいは二つもつカルボン酸である.逆合成解析によって,目的の複雑なカルボン酸は,マロン酸のジエステルと一つあるいは二つの S_N2 反応を起こしうる反応剤(メチル基や第一級アルキル基,まれに第二級アルキル基と脱離基とが結合した化合物)に分割できる.

マロン酸エステル合成生成物の認識要素

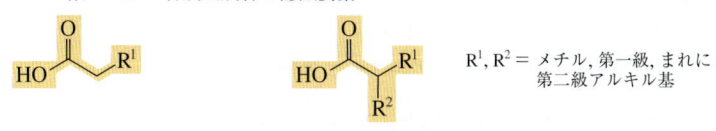

$R^1, R^2 = $ メチル,第一級,まれに第二級アルキル基

アルキル化されたカルボン酸

標的化合物 ⇒ マロン酸ジエチル + Lv–

標的化合物(ラセミ体) ⇒ ラセミ体 + Lv–

例題 19・12

マロン酸エステル合成を利用して 3-フェニルプロパン酸を調製する方法を示せ.

解答 マロン酸ジエチルに由来する二つの炭素を同定し,次に脱炭酸で失われる COOH

の炭素鎖における位置を決定し，最後にアルキル化によって生成する結合を確認する．以上の解析の結果，出発物はジエチルマロン酸と臭化ベンジルとなる．

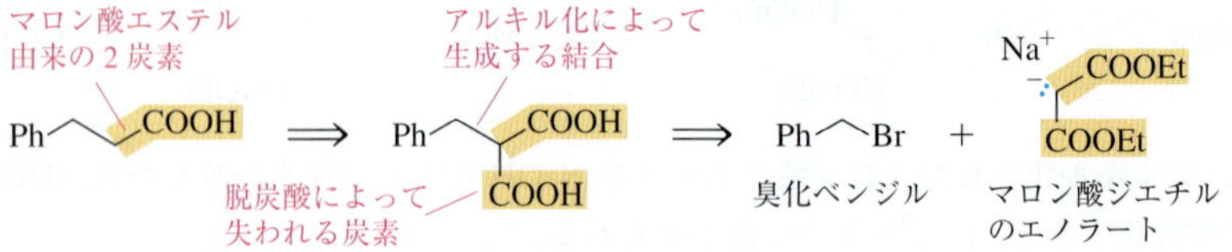

これら二つの出発物を次のような方法で結合させると，目的の生成物が合成できる．

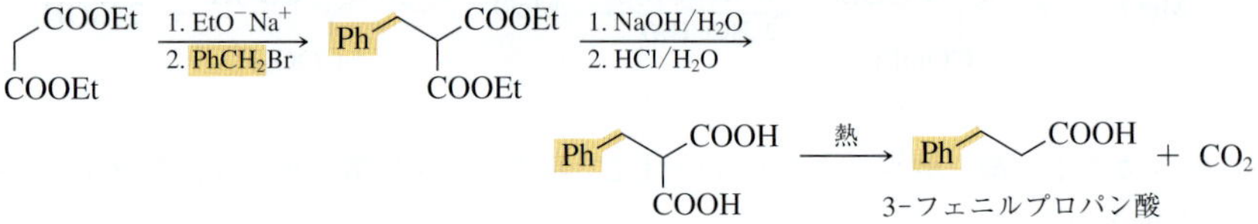

問題 19・12 マロン酸エステル合成を利用して次の置換酢酸を調製する方法を示せ．

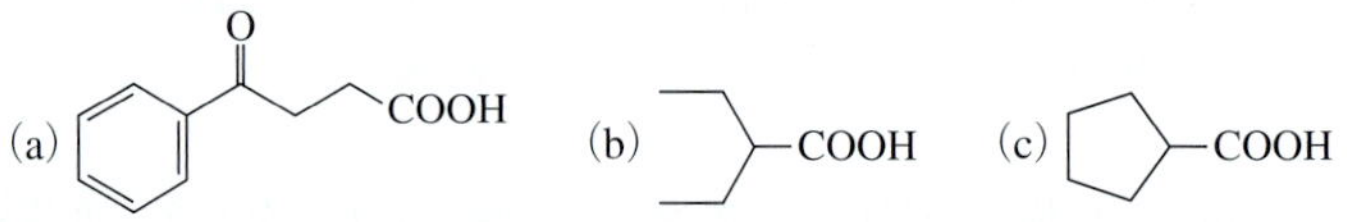

(a), (b), (c)

19・8 α,β-不飽和カルボニル化合物に対する共役付加

本書では新しい炭素-炭素結合を生成するためにさまざまな炭素求核剤を利用してきた．

1. 末端アルキンのアニオン(§7・5参照)とシアン化物イオン
2. 有機マグネシウム(グリニャール)反応剤，有機リチウム反応剤とジアルキル銅リチウム(ギルマン)反応剤
3. アルデヒドやケトン(アルドール反応)，エステル(クライゼン縮合やディークマン縮合)，β-ジエステル(マロン酸エステル合成)とβ-ケトエステル(アセト酢酸エステル合成)から生じるエノラートアニオン
4. エナミン(合成的にはエノラートアニオンと等価)

1) 炭素求核剤による S_N2 置換反応と，2) 炭素求核剤のカルボニル炭素への付加反応という二つの反応形式のいずれかによって，新しい炭素-炭素結合を生成することができる．

共役付加 conjugate addition α,β-不飽和カルボニル化合物のβ炭素に対する求核剤の付加．1,4付加ともいう．

共役付加は，三つ目の炭素-炭素結合生成の反応形式として知られる．カルボニル基やその他の電子求引基と共役した求電子性の炭素-炭素二重結合や三重結合に対して，炭素求核剤が付加する．本節では，エノラートアニオンの付加(マイケル付加)とジアルキル銅リチウム(ギルマン)反応剤の付加という求電子性の二重結合に対する2種類の共役付加反応について解説する．

A. エノラートアニオンのマイケル付加

マイケル付加 Michael addition マイケル反応 Michael reaction ともいう．

エノラートアニオンのα,β-不飽和カルボニル化合物への求核付加反応は，1887年に米国の化学者 A. Michael によって初めて報告された．**マイケル付加**の二つの例を次に示す．最初の例では，共役系に求核付加しているのはマロン酸ジエチルのエノラートアニオンであり，二つ目の例での求核剤はアセト酢酸エチルのエノラートアニオンである．

19・8 α,β-不飽和カルボニル化合物に対する共役付加

[反応式: プロパン二酸ジエチル(マロン酸ジエチル) + 3-ブテン-2-オン(メチルビニルケトン) → EtO⁻Na⁺ / EtOH で生成物]

[反応式: 3-オキソブタン酸エチル(アセト酢酸エチル) + 2-シクロヘキセノン → EtO⁻Na⁺ / EtOH で生成物(四つの立体異性体が可能, ラセミ体)]

一般に,求核剤は通常のπ結合には付加しない.π結合は求核剤よりもむしろ求電子剤によって攻撃されることが多い(§6・3参照).マイケル付加では,隣接したカルボニル基が炭素−炭素二重結合を活性化し,求核剤の攻撃を可能にしている.α,β-不飽和カルボニル化合物の重要な共鳴構造では,二重結合の末端炭素(この場合β炭素)に正電荷が存在しており,β炭素はカルボニル炭素と似た反応性を示す.このようないわゆる"活性化"された二重結合には求核剤が付加できる.

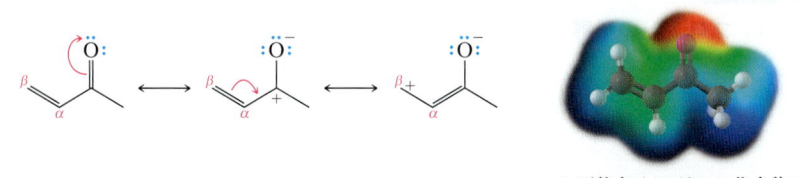

[共鳴構造式3つと静電ポテンシャル図]

α,β-不飽和カルボニル化合物の静電ポテンシャル図

α,β-不飽和アルデヒドやケトンの部分正電荷(青色)は,カルボニル炭素に大部分存在するものの,β炭素にも部分正電荷が存在することが重要である.

アルドール反応,クライゼン縮合,ディークマン縮合ではいずれも,1番炭素と3番炭素に酸素官能基をもつ生成物が得られる.一方,エノラートアニオンのマイケル付加では,1番炭素と5番炭素に酸素官能基をもつ生成物が得られる.この生成物の違いは,反応剤の分極の違いに起因する.アルドール反応,クライゼン縮合,ディークマン縮合では,カルボニル炭素は正電荷をもち,α炭素は負電荷をもつ.マイケル付加では,カルボニル炭素の正電荷の分極は,二重結合を介して二つ離れた炭素にまで及ぶ.

[アルドール反応の図: 供与体α炭素, 受容体カルボニル炭素 → 新しい結合(1-3)]

[マイケル付加の図: 供与体α炭素, 受容体β炭素 → 新しい結合(1-5)]

α,β-不飽和カルボニル化合物と同様に,α,β-不飽和ニトリルやα,β-不飽和ニトロ化合物に対しても,マイケル付加が起こる.表19・1にマイケル付加に最もよく使われ

表 19・1 マイケル付加に用いられる代表的な反応剤の組合わせ

求核剤の受容体となる α,β-不飽和化合物	CH₂=CHCHO アルデヒド	CH₂=CHCCH₃ (O) ケトン	CH₂=CHCOEt (O) エステル	CH₂=CHCNH₂ (O) アミド	CH₂=CHC≡N ニトリル	CH₂=CHNO₂ ニトロ化合物
求核剤となる化合物	CH₃CCH₂CCH₃ (O)(O) β-ジケトン	CH₃CCH₂COEt (O)(O) β-ケトエステル	CH₃CCH₂CN (O) β-ケトニトリル	EtOCCH₂COEt (O)(O) β-ジエステル	CH₃C=CH₂ (N-ピロリジル) エナミン	NH₃, RNH₂, R₂NH アミン

る求核剤を示した. 金属アルコキシド, ピリジンやピペリジンが求核剤を生成するための塩基として最もよく使用される. またカルボアニオンのほかにも, アミン, アルコール, 水などの他の求核剤も同様な共役付加反応を起こしうる.

マイケル付加の一般的な機構として, 次に示す機構が考えられる. 段階3で, 塩基 B⁻ が再生する. このことは, 実際のマイケル付加の実験において, 触媒量の塩基で反応が進行する実験事実と一致する.

反応機構　マイケル付加: エノラートアニオンの共役付加

段階1: プロトンの脱離. H−Nu に塩基を作用させるとアニオン性求核剤 Nu:⁻ が生じる.

$$\text{Nu−H} + :\text{B}^- \rightleftharpoons \text{Nu}:^- + \text{H−B}$$

塩基

段階2: 求核剤と求電子剤の間の結合生成. Nu:⁻ が共役系の β 炭素に求核付加し, 共鳴安定化されたエノラートアニオンが得られる.

$$\text{Nu}:^- + \>\!\!\text{−C=C−C−}\!\!\!\begin{array}{c}\text{O:}\\ \| \end{array} \longrightarrow \left[\text{Nu−C−C=C−}\!\!\!\begin{array}{c}\text{:Ö:}^-\\ \end{array} \longleftrightarrow \text{Nu−C−C−C−}\!\!\!\begin{array}{c}\text{:Ö:}\\ \| \end{array} \right]$$

共鳴安定化されたエノラートアニオン

段階3: プロトンの付加. H−B からのプロトン移動によって, エノールとなる.

$$\text{Nu−C−C=C−}\!\!\!\begin{array}{c}\text{:Ö:}^-\\ \end{array} + \text{H−B} \longrightarrow \text{Nu−C−C=C−}\!\!\!\begin{array}{c}\text{:Ö−H}\\ \end{array} + :\text{B}^-$$

エノール
(1,4付加の生成物)

段階3でのエノールの生成によって, 結局 H−Nu が α,β-不飽和カルボニル化合物という共役系の1番と4番の位置に付加したことになる. このため, マイケル付加反応は共役付加反応あるいは1,4付加反応ともよばれる.

段階4: ケト-エノール互変異性. より不安定なエノール形から, より安定なケト形に互変異性化して最終生成物となる(§16・9B 参照).

$$\text{Nu−C−C=C−}\!\!\!\begin{array}{c}\text{:Ö−H}\\ \end{array} \rightleftharpoons \text{Nu−C−C−C−}\!\!\!\begin{array}{c}\text{H :Ö:}\\ \| \end{array}$$

より不安定なエノール形　　より安定なケト形

例題 19・13

次に示す反応剤に，エタノール中ナトリウムエトキシドを作用させたマイケル付加により生成する化合物の構造式を書け．

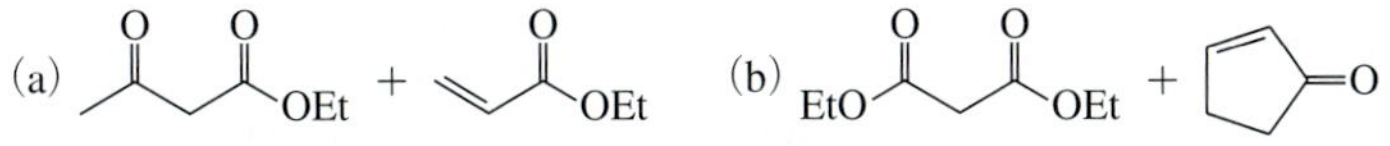

(a) [構造式: アセト酢酸エチル + アクリル酸エチル] (b) [構造式: マロン酸ジエチル + 2-シクロペンテノン]

解答

(a) [構造式: CH₃COCH(COOEt)CH₂CH₂COOEt] (b) [構造式: EtOOC-CH(COOEt)- シクロペンタノン-3-イル]

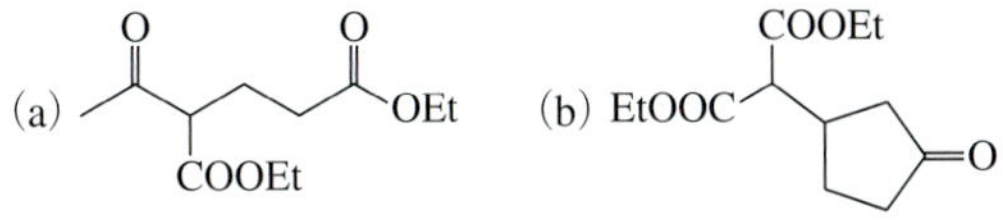

問題 19・13 例題 19・13 解答のマイケル反応生成物から，1) NaOH 水溶液による加水分解，2) 酸性化，3) 生じた β-ケト酸あるいは β-ジカルボン酸の熱的な脱炭酸を経て得られる化合物の構造式を書け．これらの反応は，マイケル付加が 1,5-ジカルボニル化合物を合成するために有用であることを示している．

表 19・1 に示したように，エナミンもマイケル付加を起こす．シクロヘキサノンのエナミンがアクリロニトリル CH₂=CHCN に付加する例を次に示す．

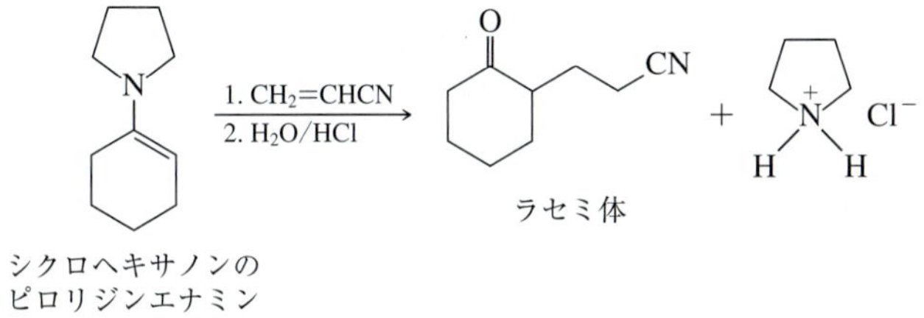

[反応式: シクロヘキサノンのピロリジンエナミン + 1. CH₂=CHCN / 2. H₂O/HCl → 2-(2-シアノエチル)シクロヘキサノン (ラセミ体) + ピロリジニウム塩化物]

最後に，α,β-不飽和カルボニル化合物に対する求核剤の付加について，もう少し踏み込んで解説しよう．マイケル付加は，α,β-不飽和カルボニル化合物に対する共役付加 (1,4 付加) 反応である．一般に，弱塩基であるエノラートアニオンやエナミンは，α,β-不飽和カルボニル化合物とゆっくりと反応し 1,4 付加生成物を与える．一方，強塩基である有機リチウムや有機マグネシウム化合物は，速やかに α,β-不飽和カルボニル化合物と反応し，カルボニル炭素に 1,2 付加した生成物をおもに与える．

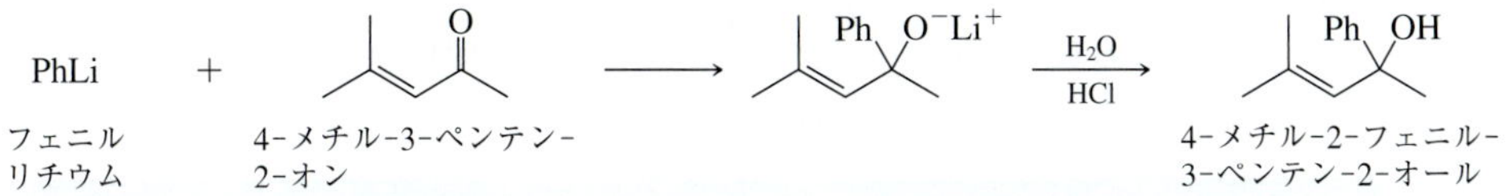

[反応式: PhLi (フェニルリチウム) + 4-メチル-3-ペンテン-2-オン → 中間体 (Ph, O⁻Li⁺) → H₂O/HCl → 4-メチル-2-フェニル-3-ペンテン-2-オール]

なぜ表 19・1 にあげた求核剤は，共役カルボニル化合物に対して，1,2 付加ではなく 1,4 付加を起こすのだろうか．**速度支配**と**熱力学支配**の観点から 1,2 付加と 1,4 付加をみてみよう．α,β-不飽和カルボニルへの求核剤の 1,2 付加は，1,4 付加よりも速いことが知られている．1,2 付加生成物の生成が不可逆であれば，1,2 付加生成物が得られる．しかし，1,2 付加生成物の生成が可逆であれば，速く生じるがより不安定な 1,2 付加生成物と，遅く生じるがより安定な 1,4 付加生成物との間の平衡状態となる．本章の最初で述べたように，炭素-酸素二重結合は，炭素-炭素二重結合よりも強い．そのため，表 19・1 にあげた弱塩基であり比較的弱い求核剤の反応では，熱力学支配 (平衡による制御) となり，より安定な 1,4 付加生成物が得られる．

速度支配 kinetic control 得られる化合物の生成比が，それぞれの化合物の生成速度の比によって決定されるような実験条件．

熱力学支配 thermodynamic control, equilibrium control 二つ以上の生成物が平衡となるような実験条件．得られる化合物の生成比は，それぞれの化合物の安定性の比によって決定される．

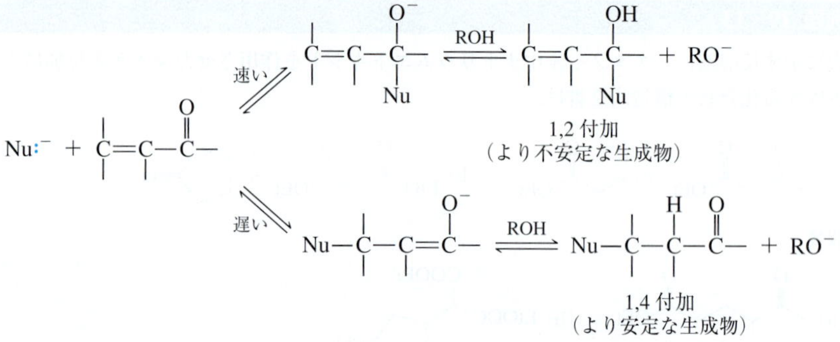

1,2 付加
(より不安定な生成物)

1,4 付加
(より安定な生成物)

B. 逆合成解析

表 19・1 に示した求核剤の α,β-不飽和カルボニル化合物へのマイケル付加では，δ 位にカルボニル基をもつ多様なケトン，ニトリル，カルボン酸が得られる．マイケル付加の逆合成解析の例として δ-ジケトンをあげる．このような構造は，β-ケトエステルと α,β-不飽和カルボニル化合物から誘導できる（上の経路）．この場合，α 炭素は β-ケトエステル由来であり，β 炭素と γ 炭素はマイケル受容体のアルケン由来であることがわかる．β-ケトエステル由来のエステル基は，加水分解-脱炭酸の反応によって除去できる．もう一つの案としては，エナミンを用いて α 炭素を求核的にすることができる（下の経路）．この場合，出発物のケトンの α 炭素にはエステル基ではなく水素が結合している．この例からもわかるように，複雑な分子を構築するにあたって多くの経路が選択肢として考えられる．有機合成が興味深くまた挑戦しがいのある分野である理由の一つはここにある．

マイケル付加生成物の認識要素

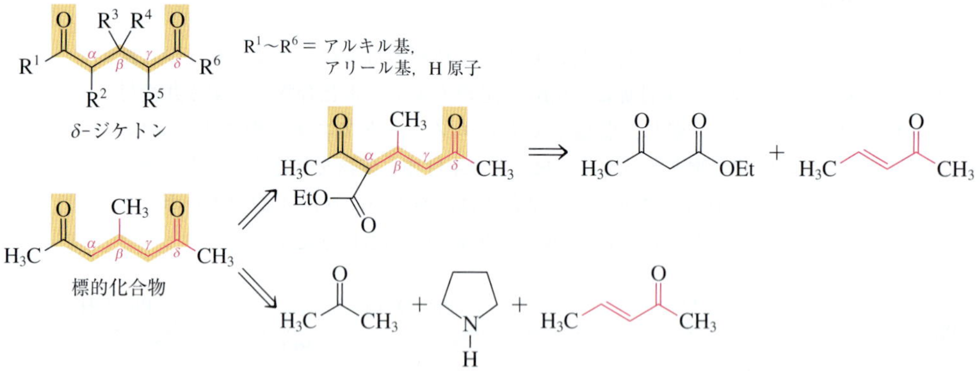

$R^1 \sim R^6 =$ アルキル基, アリール基, H 原子

例題 19・14

例題 19・13 と問題 19・13 での一連の反応（マイケル付加，加水分解，酸性化，熱的脱炭酸）を利用して 2,6-ヘプタンジオンを合成する方法を示せ．

解答 次の逆合成解析に示すように，この分子はアセト酢酸エチルとメチルビニルケトンから構築することができる．

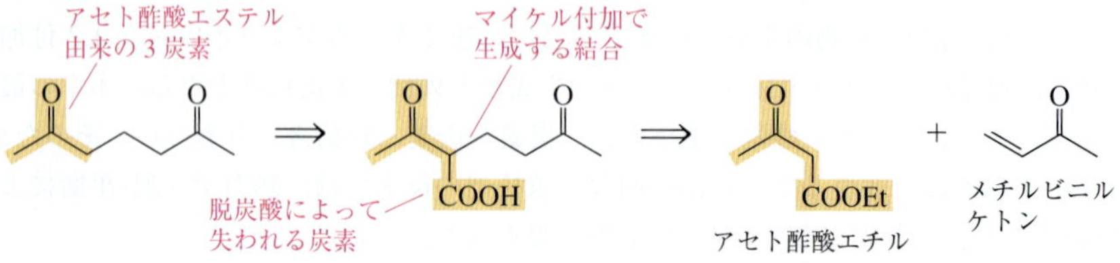

2,6-ヘプタンジオンを得るための工程を次に示す.

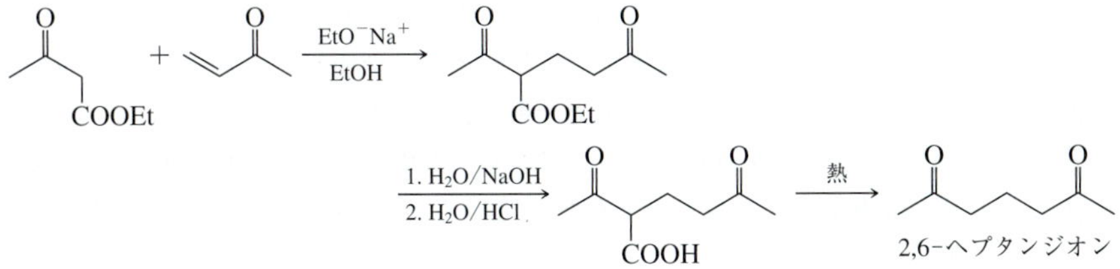

問題 19・14 マイケル付加, 加水分解, 酸性化, 熱的脱炭酸の一連の反応を利用して, ペンタン二酸(グルタル酸)を合成する方法を示せ.

C. ロビンソン環化

α,β-不飽和ケトンのマイケル付加反応とつづく分子内アルドール反応は, 2-シクロヘキセノンの合成に有用な方法である. マイケル/アルドールの連続反応の特に重要な例は, **ロビンソン環化**である. この塩基触媒の存在下で行う連続反応では, 環状ケトン, 環状 β-ケトエステル, 環状 β-ジケトンなどと, α,β-不飽和ケトンから, 出発物の環に縮環した新たなシクロヘキセノン環ができる. たとえば次式のように, エタノール中ナトリウムエトキシドの存在下で β-ケトエステルにメチルビニルケトンを作用させると, まずマイケル付加体が生じる. つづいて, ナトリウムエトキシドの存在下で, 塩基触媒による分子内アルドール反応が起こり, つづく脱水反応により置換シクロヘキセノンが得られる.

ロビンソン環化 Robinson annulation

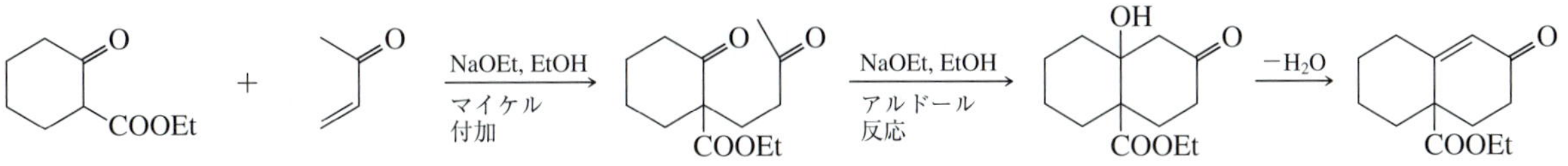

2-オキソシクロヘキサンカルボン酸エチル + 3-ブテン-2-オン (メチルビニルケトン)

例題 19・15

次に示す反応式の化合物 A および B に該当する化合物の構造式を書け.

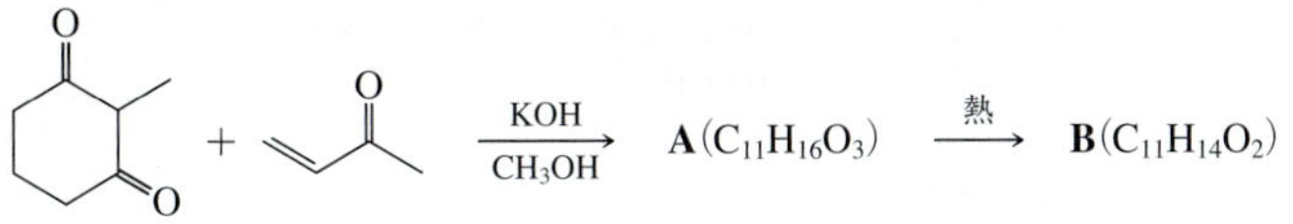

解答 α,β-不飽和ケトンへのマイケル付加, 塩基触媒によるアルドール反応, 脱水を経て, 生成物ができる.

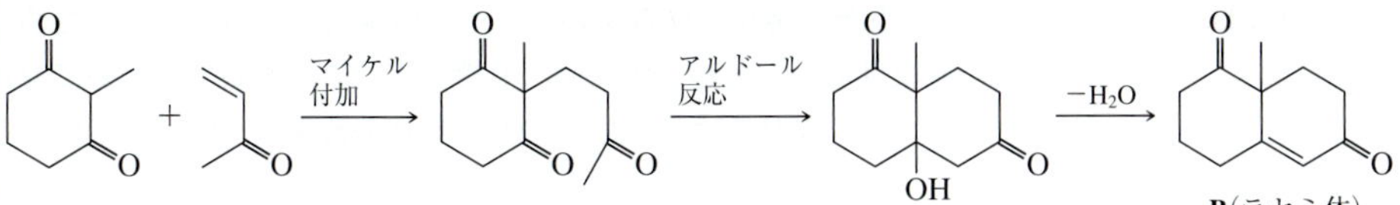

B (ラセミ体)

問題 19・15 次に示す変換を行う方法を示せ.

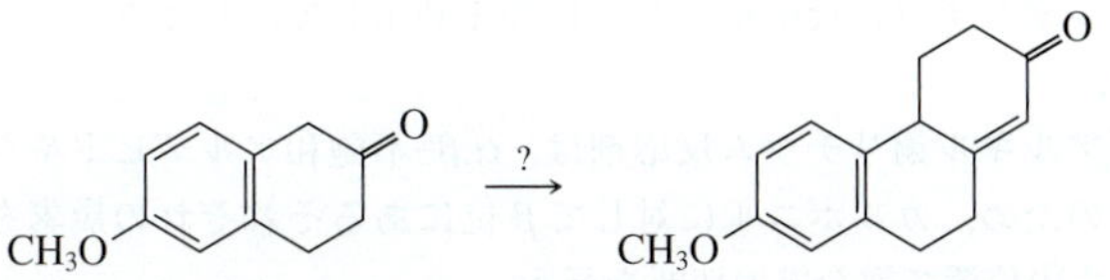

D. 逆合成解析

ロビンソン環化の生成物に特徴的な構造は，4位にアシル基をもつシクロヘキセノン環である．ロビンソン環化の逆合成解析では，マイケル付加とアルドール反応で述べた解析方法を組合わせればよい．炭素－炭素二重結合はアルドール反応由来であり，もう一方の新しい結合はマイケル付加によってできる．合成計画では，エノラートを生成する β-ジカルボニル化合物と，マイケル付加を受ける α,β-不飽和ケトンを，適切に選択することが重要である．

ロビンソン環化生成物の認識要素

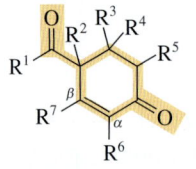

環状 α,β-不飽和カルボニル化合物
($R^1 \sim R^7$ = アルキル基, アリール基, H 原子)

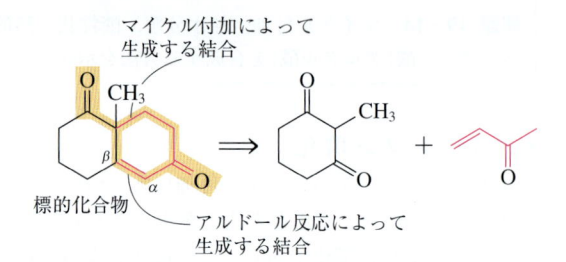

マイケル付加によって生成する結合

標的化合物

アルドール反応によって生成する結合

E. ジアルキル銅リチウム反応剤の共役付加

ジアルキル銅リチウム反応剤(ギルマン反応剤)は，エノラートアニオンのマイケル付加と同じような反応を起こし，α,β-不飽和アルデヒドや α,β-不飽和ケトンに対して共役付加する．第一級アルキル基，アリル基，ビニル基，アリール基をもつ銅反応剤を用いた場合に，高収率で付加生成物が得られる．

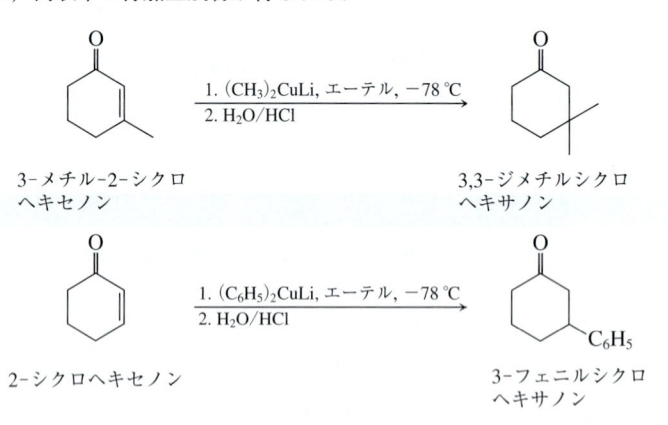

3-メチル-2-シクロヘキセノン → 1. $(CH_3)_2CuLi$, エーテル, $-78\ ℃$ 2. H_2O/HCl → 3,3-ジメチルシクロヘキサノン

2-シクロヘキセノン → 1. $(C_6H_5)_2CuLi$, エーテル, $-78\ ℃$ 2. H_2O/HCl → 3-フェニルシクロヘキサノン

グリニャール反応剤はおもに α,β-不飽和カルボニル化合物のカルボニル基に対して 1,2 付加する．一方，ジアルキル銅リチウム反応剤は，有機金属反応剤のなかでもめずらしくほとんど完全に共役付加のみを起こすため，有機合成化学においてきわめて有用性が高い．ただし，ジアルキル銅リチウム反応剤の共役付加の機構は，完全には解明されていない．

例題 19・16

ジアルキル銅リチウム反応剤の共役付加を利用して，4-オクタノンを合成する方法を二通り示せ．

解答 ジアルキル銅リチウム反応剤は，α,β-不飽和アルデヒドやケトンの β 炭素に付加する．そのため，カルボニルに対して β 位にあるそれぞれの炭素を標的化合物から特定し，それらの位置で逆合成の切断を行う．

合成 1:

(4-オクタノン の α,β 位で切断 → 1-ヘキセン-3-オン + ブロモエタン)

この合成では，1-ヘキセン-3-オンにジエチル銅リチウムを付加させる．

1-ヘキセン-3-オン $\xrightarrow[\text{2. H}_2\text{O/HCl}]{\text{1. (CH}_3\text{CH}_2)_2\text{CuLi, エーテル, }-78\,°\text{C}}$ 4-オクタノン

合成 2:

(4-オクタノン の α,β 位で切断 → 1-ヘプテン-3-オン + ブロモメタン)

この合成では，1-ヘプテン-3-オンにジメチル銅リチウムを付加させる．

1-ヘプテン-3-オン $\xrightarrow[\text{2. H}_2\text{O/HCl}]{\text{1. (CH}_3)_2\text{CuLi, エーテル, }-78\,°\text{C}}$ 4-オクタノン

> **問題 19・16** ジアルキル銅リチウム反応剤の共役付加を利用して，4-フェニル-2-ペンタノンを合成する方法を二通り示せ．

19・9 LDA を用いる交差エノラート反応

A. 酸・塩基に関する考察

本章では，α水素をもつカルボニル化合物に金属水酸化物や金属アルコキシドのような塩基を作用させると，エノラートアニオンが生じることを述べてきた．カルボニル化合物の α水素は一般に水やアルコールよりもかなり酸性が弱いため，この酸-塩基反応の平衡は，エノラートアニオンよりむしろ反応剤のほうに，大きく偏っている．

$$\underset{\substack{p K_a\ 20 \\ (より弱い酸)}}{\text{CH}_3\text{CCH}_3} + \underset{(より弱い塩基)}{\text{NaOH}} \rightleftharpoons \underset{\substack{\text{ナトリウム} \\ \text{エノラート} \\ (より強い塩基)}}{\text{CH}_2=\text{CCH}_3\ \text{O}^-\text{Na}^+} + \underset{\substack{p K_a\ 15.7 \\ (より強い酸)}}{\text{H}_2\text{O}} \quad K_{eq} = 5 \times 10^{-5}$$

$$\underset{\substack{p K_a\ 23 \\ (より弱い酸)}}{\text{CH}_3\text{COC}_2\text{H}_5} + \underset{(より弱い塩基)}{\text{C}_2\text{H}_5\text{O}^-\text{Na}^+} \rightleftharpoons \underset{\substack{\text{ナトリウム} \\ \text{エノラート} \\ (より強い塩基)}}{\text{CH}_2=\text{COC}_2\text{H}_5\ \text{O}^-\text{Na}^+} + \underset{\substack{p K_a\ 16 \\ (より強い酸)}}{\text{C}_2\text{H}_5\text{OH}} \quad K_{eq} = 10^{-7}$$

一方，カルボニル基のような電子求引基がもう一つある場合(たとえばアセト酢酸エチルやマロン酸ジエチル)，平衡がエノラートアニオンの生成のほうに大きく偏る．アセト酢酸エステルやマロン酸ジエステルを用いる五つの工程からなる合成では，エステ

$$\text{EtO}^- + \underset{\substack{\text{H}\ p K_a\ 10.7 \\ (より強い酸)}}{\text{CH}_3-\overset{\overset{\displaystyle O:}{\|}}{\text{C}}-\overset{\displaystyle |}{\text{CH}}-\overset{\overset{\displaystyle O:}{\|}}{\text{C}}-\text{OEt}} \rightleftharpoons \underset{(より弱い塩基)}{\text{CH}_3-\overset{\overset{\displaystyle O:}{\|}}{\text{C}}-\overset{\displaystyle -}{\text{CH}}-\overset{\overset{\displaystyle O:}{\|}}{\text{C}}-\text{OEt}} + \underset{\substack{p K_a\ 15.9 \\ (より弱い酸)}}{\text{EtOH}} \quad K_{eq} = 1.6 \times 10^5$$

ルのカルボニル炭素は最終的に CO_2 として除去される．すなわち，いずれ除去されるエステル基の合成上の主要な役割は，α水素の酸性度を上げ，アルコキシドのような塩基での効率的な脱プロトン化を可能にすることにある．

より強力な塩基を使用すれば，二つ目の電子求引基をもたない通常のアルデヒド，ケトン，エステルからエノラートアニオンを完全に生成することができる．**リチウムジイソプロピルアミド**(略称LDA)は，このような目的によく使われる強塩基である．

$$[(CH_3)_2CH]_2N^-Li^+$$

リチウムジイソプロピルアミド
lithium diisopropylamide

ジイソプロピルアミンのテトラヒドロフラン溶液にブチルリチウムを作用させると，LDA が得られる．

$[(CH_3)_2CH]_2NH + CH_3(CH_2)_3Li \longrightarrow [(CH_3)_2CH]_2N^-Li^+ + CH_3(CH_2)_2CH_3$ $K_{eq} = 10^{10}$

ジイソプロピルアミン　　ブチルリチウム　　　リチウムジイソプロピル　　　ブタン
pK_a 40　　　　　　(より強い酸)　　　アミド　　　　　　　　　　pK_a 50
(より強い酸)　　　　　　　　　　　　　(より弱い塩基)　　　　　　(より弱い酸)

LDA は塩基としては非常に強いが，窒素周辺が立体的に込み合っているためカルボニル基へ付加せず求核剤としては弱い．このことから，LDA はカルボニル化合物からエノラートアニオンを発生させるのに理想的な塩基である．アルデヒド，ケトン，エステルは，等モル量のLDAによって，対応するリチウムエノラートへ完全に変換される．

$$\underset{\substack{\text{p}K_a\ 23 \\ (より強い酸)}}{CH_3\overset{O}{\underset{\|}{C}}OC_2H_5} + \underset{\substack{\text{LDA} \\ (より強い塩基)}}{[(CH_3)_2CH]_2N^-Li^+} \longrightarrow \underset{\substack{\text{リチウムエノラート} \\ (より弱い塩基)}}{CH_2=\overset{O^-Li^+}{\underset{|}{C}}OC_2H_5} + \underset{\substack{\text{p}K_a\ 40 \\ (より弱い酸)}}{[(CH_3)_2CH]_2NH} \quad K_{eq} = 10^{17}$$

B. 塩基の化学量論

ここでは，エノラートの反応に必要な塩基の化学量論について解説する．水酸化ナトリウムなどの金属水酸化物を用いるアルデヒドのアルドール反応では，金属水酸化物の量は，反応収率にほとんど影響を及ぼさない．触媒量の金属水酸化物を用いる平衡状態では，脱プロトン化によってきわめて少量のエノラートしか生成していない(約1000分の1)．より多くの金属水酸化物を加えると，わずかにエノラート中間体の量は増え(1000分の2〜3程度まで)アルドール反応は全体的に加速されるが，反応系中には反応していないアルデヒドが圧倒的に多く存在しているため，アルドール反応生成物の収率は大きく変わらない．

一方LDA は，アルデヒド，ケトン，エステルなどのカルボニル化合物のα水素を完全に脱プロトン化するため，用いるLDA の量は重要な意味をもつ．同じアルデヒドどうしのアルドール反応に利用されるLDA の適切な量は 0.5 倍モル量である．発生した50%のエノラートが，残った50%のアルデヒドと速やかにアルドール反応を起こす．もし，LDA を等モル量使ったら，すべてのアルデヒドは脱プロトン化されエノラートとなり，求電子剤として反応するためのアルデヒドは溶液中に存在しないことになるため，アルドール生成物は得られない．

C. LDA を用いる交差エノラート反応

LDA を用いれば，交差アルドール反応や交差クライゼン反応を直接的に行うことが

19・9 LDAを用いる交差エノラート反応

可能になる．具体例を次に示す．アセトンとアルデヒドとの間の交差アルドール反応では，まずアセトンに等モル量のLDAを作用させて完全にエノラートアニオンとする．次に，このあらかじめ調製したエノラートをアルデヒドと反応させ，最後に水で処理すると，交差アルドール反応生成物が得られる．

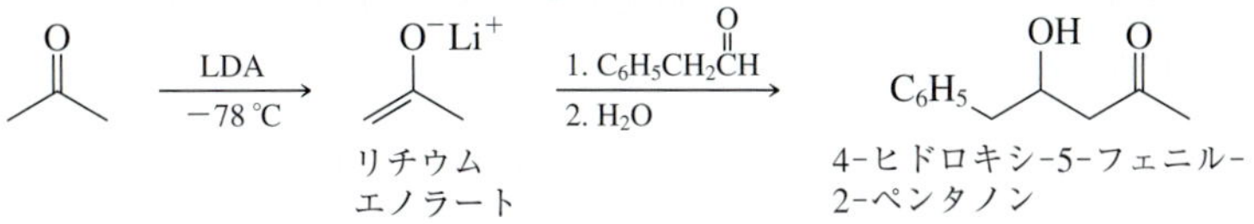

アセトン → (LDA, −78℃) → リチウムエノラート → (1. C₆H₅CH₂CHO 2. H₂O) → 4-ヒドロキシ-5-フェニル-2-ペンタノン

例題 19・17

交差アルドール反応を使って5-ヒドロキシ-4-メチル-3-ヘキサノンを合成する方法を示せ．

解答 逆合成解析によりアルドール反応によって連結される二つのカルボニル基を含む化合物は，3-ペンタノンとアセトアルデヒドであることがわかる．対称なケトンにLDAを作用させると，リチウムエノラートが生じる．このエノラートアニオンをアセトアルデヒドと反応させ，最後に水で処理すると，目的とするアルドール生成物が得られる．

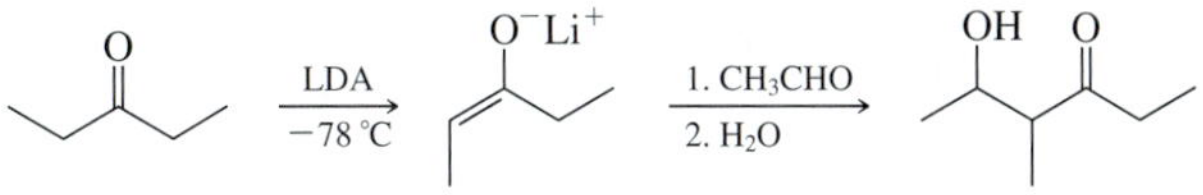

3-ペンタノン → (LDA, −78℃) → リチウムエノラート → (1. CH₃CHO 2. H₂O) → 生成物

問題 19・17 交差アルドール反応を使って次に示す化合物を合成する方法を示せ．

(a), 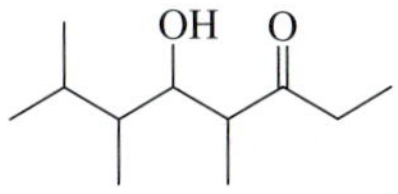 (b)

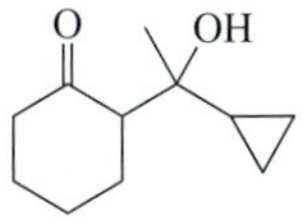

本章で紹介してきた，エノラートやエナミンを求核剤として利用する反応(アルドール反応，クライゼン縮合，マイケル付加，アルキル化とアシル化など)は，LDAで生成させたエノラートアニオンを用いても同じように行うことができる．次に，シクロヘキサノンと代表的な求電子剤の反応を例として示す．α水素をもつアルデヒドやエステルからも，同様の反応を行うことが可能である．このような合成的な有用性の高さから，LDAは現代有機合成化学において欠くことのできないきわめて重要な塩基となっている．

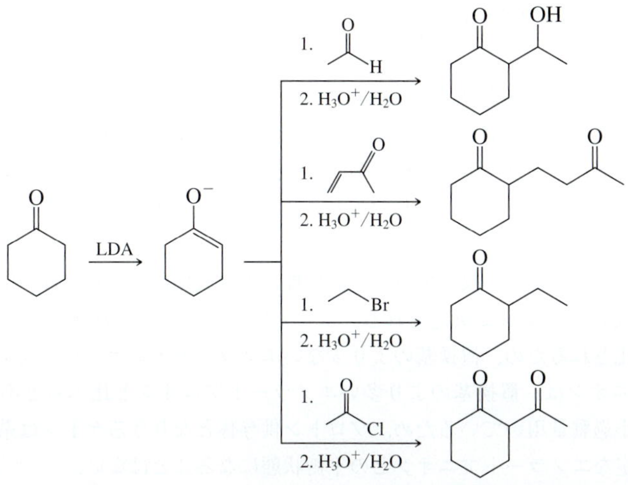

D. 速度支配エノラートと熱力学支配エノラート

2種類の非等価なα水素をもつケトンでは，どちらのα水素が引抜かれるかによって異なるエノラートアニオンが生じる．LDAを塩基として用いる場合，このような位置選択性は反応条件に依存することがわかっている．たとえば，2-メチルシクロヘキサノンを小過剰のLDAに加えると，置換基のより少ないエノラートアニオンがほとんど完全な選択性で得られる．

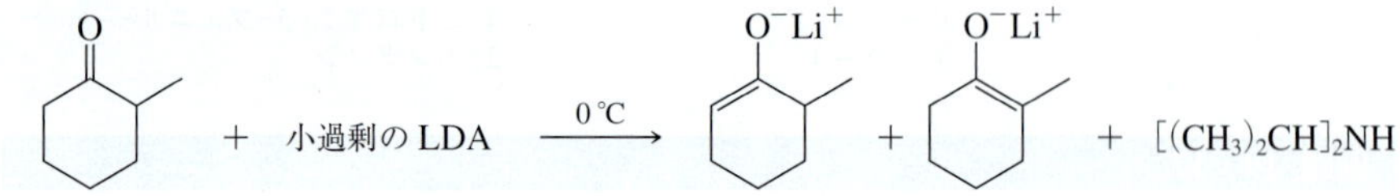

一方，2-メチルシクロヘキサノンが小過剰の状態でLDAを作用させると，生成物の比率は逆転し，置換基のより多いエノラートアニオンが優先して生成する．

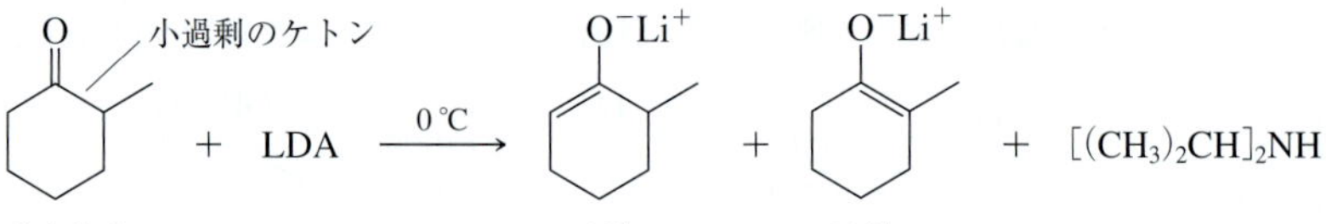

反応が速度支配下にあるか，あるいは熱力学支配下(平衡)にあるかが，エノラートアニオンの位置異性体の生成比を決定する最も重要な要素である．熱力学支配下における反応では，主生成物とその他の生成物が平衡状態にあり，主生成物とその他の生成物との安定性の比がそれら生成物の割合を決定する．

ケトンが小過剰である場合，エノラートアニオンと脱プロトン化されていないケトンのα水素との間でプロトン移動が可能になるため，エノラートアニオン間での平衡状態となる．

この条件では，より安定なエノラートアニオンの生成が優先する．エノラートアニオンの安定性を決める要素は，アルケンの安定性を決める要素と同じである．すなわち，置換基がより多いエノラートアニオンのほうが，より安定である．熱力学支配下でのエノラートアニオンの生成比は，それぞれのエノラートアニオンの安定性が反映されたものになる．

一方，速度支配下にある反応では，位置異性体の生成比は，それぞれの位置異性体が生成する速度の比によって決定される．より立体障害が少ないα水素がより速やかに脱プロトン化されるため，置換基のより少ないエノラートアニオンが生成する．このエノラートアニオンは，置換基のより多いエノラートアニオンと比べると不安定であるが，塩基を小過剰量用いているため，プロトン供与体となりうるケトンは系内に存在せず，より安定なエノラートアニオンとの平衡状態になることはない．

まとめ

19・1 エノラートアニオンの生成と反応の全体像

- カルボニル基の隣の炭素を**α炭素**，α炭素に結合した水素原子を**α水素**とよぶ．
- アルデヒド，ケトン，エステルのようなカルボニル基をもつ化合物のα水素は，比較的酸性度が高く，21～25程度のpK_aをもつ．
- 脱プロトン化して生じる**エノラートアニオン**が共鳴安定化したアニオンであるために，α炭素に結合した水素原子は酸性度が高い．
- エノラートアニオンは二つの共鳴構造の混成体として表される．
  - 一つの共鳴構造はα炭素原子に負電荷が存在しカルボニルπ結合をもつ．
  - もう一つの共鳴構造は酸素原子に負電荷が存在しC=Cπ結合をもつ．
  - 酸素原子は炭素原子よりも電気陰性度が高いため酸素原子は負電荷をより受け入れやすい．そのため酸素原子に負電荷をもつ共鳴構造のほうが，混成体への寄与が大きい．
- このような電荷分布であるにもかかわらず，エノラートアニオンは炭素求核剤として反応し，新しい炭素−炭素結合を生成する．このためエノラートアニオンは，有機合成で重要な役割を果たす．
  - エノラートアニオンは，ハロゲン化アルキルとS_N2反応を起こす．
  - エノラートアニオンは，アルデヒド，ケトン，エステルに対して，カルボニル付加反応を起こす．
  - 次に示す二つの理由によって，エノラートアニオンは酸素上ではなく炭素上でおもに求電子剤と反応する．
    - 炭素上での反応では，比較的強固なC=Oπ結合をもつより安定な生成物が得られる．酸素上での反応は，より弱いC=Cπ結合をもつ生成物が得られる．
    - エノラートの共鳴混成体においてほとんどの負電荷が存在する酸素原子は，Na^+やLi^+のような対カチオンと強固に結合している．対カチオンは求電子剤の接近を妨げる効果がある．溶液中でエノラートアニオンが単分子ではなく分子集合体になると，この効果はより大きくなる．

19・2 アルドール反応

- **アルドール反応**では，アルデヒドやケトン由来のエノラートアニオンがもう1分子のアルデヒドやケトンのカルボニル基に付加して，新しい炭素−炭素結合ができる．
  - 塩基触媒によるアルドール反応の機構では，α水素の塩基による脱プロトン化によって強い求核剤であるエノラートアニオンが生じ，これがもう1分子のアルデヒドあるいはケトン分子と反応し，カルボニル付加中間体が生成する．つづいて，プロトン源との反応によりβ-ヒドロキシアルデヒドあるいはβ-ヒドロキシケトンとなるとともに，反応剤の塩基が再生する．
    - 反応の最後で塩基が再生するため，アルドール反応は触媒量の塩基によって促進されることになる．
  - アルドール反応は，酸によっても触媒される．
  - 酸触媒によるアルドール反応の機構では，最初に酸によるケト-エノール互変異性を経てエノール体が生じる．もう1分子のカルボニル酸素のプロトン化により生じた求電子的なオキソニウムカチオンに対して求核的なエノールが付加した後，プロトンが失われてβ-ヒドロキシアルデヒドあるいはβ-ヒドロキシケトンとなる．
    - 反応の最後で酸が再生するため，アルドール反応は触媒量の酸によって促進される．
  - アルドール反応の生成物では，一つあるいは二つの新しいキラル中心が生成される．このさい，出発物のアルデヒドやケトンあるいは触媒がキラルであり，かつ単一のエナンチオマーを用いない限り，ラセミ体が得られる．
- 特に塩基条件下ではアルドール反応は速やかに逆反応を起こす．
  - アルデヒドのアルドール反応では，平衡は生成物に偏るが，ケトンのアルドール反応では多くの場合，生成物はほとんどできない．
- アルドール反応の生成物であるβ-ヒドロキシアルデヒドやβ-ヒドロキシケトンは，容易に脱水反応を起こし(H_2Oを失い)，α,β-不飽和アルデヒドあるいはα,β-不飽和ケトンを生じる．
  - 脱水は，アルドール反応の条件下で起こることがある．また，酸の存在下で加熱して脱水を促進させる場合もある．後者では，カルボニル基がエノール形になり，もう一方のOH基(エノールではないほう)がプロトン化され，そのプロトンとともにH_2Oが脱離して，α,β-不飽和アルデヒドあるいはα,β-不飽和ケトンが生成する．
- 二つの異なるアルデヒドやケトンを用いた場合，**交差アルドール反応**において目的とする生成物を高収率で得ることは困難である．
  - 二つの異なるアルデヒドやケトンと触媒量の金属水酸化物を用いた交差アルドール反応では，通常，目的とする生成物は高収率では得られず，いろいろなアルドール生成物の混合物が生成する．
  - α水素をもたないほかのカルボニル化合物(通常アルデヒド)の反応性が高く，反応性の低いほうのカルボニル化合物(通常ケトン)のみがエノラートアニオンを生成するような場合は，目的とする単一の生成物を高収率で得ることが可能になる．
- ニトロ基をもった化合物は有機分子に付加することができる．すなわち，ニトロアルカンのαアニオンとアルデヒドやケトンのカルボニル基の間でアルドール反応が起こる．
- **分子内アルドール反応**は，ジカルボニル化合物(アルデヒドやケトン)から5員環あるいは6員環を新たに生成するために用いられる．そのさい，5員環や6員環よりも，小さい環や大きい環は生成しにくい．
- 逆合成解析をするためには，α,β-不飽和カルボニル化合物やβ-ヒドロキシカルボニル化合物の構造をアルドール反応の特徴的な生成物として認識できることが重要である．

19・3 クライゼン縮合とディークマン縮合

- **クライゼン縮合**では，二つのエステル分子が塩基中で反応し，

β-ケトエステルが生成する.
- クライゼン縮合では，塩基によって1分子のエステルから生成したエノラートが求核剤としてもう1分子のエステルと反応し，カルボニル付加中間体を生成する．この中間体からRO^-が失われβ-ケトエステルが生じた後，α位がRO^-によって脱プロトン化される．
  - クライゼン縮合に利用される塩基はRO^-である．ORは出発物であるエステルのアルコキシ基と同じものを選択する.
  - RO^-を塩基として用いた場合，酸-塩基強度の比を反映して，最初のエノラート生成の過程での平衡は出発物であるエステルに大きく偏っている．そのため，生成した少量のエノラートに対して，十分な量のエステルが求電子剤として反応系内に存在することになる.
  - 脱プロトン化されたβ-ケトエステル(β-ケトエステルのpK_aは10~11)は，RO^-よりもかなり塩基性が弱いため，反応は触媒量の塩基では進行しない.
  - 出発物のエステルに対して少なくとも0.5倍モル量の塩基が必要である．
- 反応を完結させるためには，希酸の溶液を加えて電気的に中性なβ-ケトエステル生成物にする．
■ ディークマン縮合は，ジエステルのクライゼン縮合の分子内反応に対応する．
- 5員環あるいは6員環生成物が優先する．
- 出発物のジエステルに対して等モル量の塩基を使用する.
■ 二つの異なるエステルからの交差クライゼン反応において目的の生成物を高収率で得るためには，一方のエステルにα水素をもたない(エノラートを生成できない)ものを選び，これを過剰量使用する必要がある．
■ 逆合成解析のためには，β-ケトエステルの構造をクライゼン縮合あるいはディークマン縮合の特徴的な生成物として認識する．
■ クライゼン縮合あるいはディークマン縮合反応の生成物のβ-ケトエステルを，塩基性水溶液によって加水分解(けん化)した後，反応混合物を酸で処理することで，β-ケト酸へと変換できる．β-ケト酸を加熱すると脱炭酸が起こり，ケトンとCO_2になる．
- 単一のエステルから出発するクライゼン縮合の一般的な例では，けん化，酸性化と脱炭酸を経て，対称なケトンが生成する．

19・4　生体におけるクライゼン縮合とアルドール縮合
■ 生体分子は，本章で紹介した有機反応と類似した酵素触媒による反応によって，単純な分子から合成される．
- アセチルCoAが，生体内におけるクライゼン縮合とアルドール反応の一般的な出発物として利用される．

19・5　エナミン
■ エナミン($C=C\pi$結合にアミノ基が結合した化合物)は，アルデヒドやケトンと第二級アミン(通常ピロリジンあるいはモルホリン)との反応によって生成する．
- エナミンの窒素の電子対と$C=C\pi$結合が共役するため，そのβ炭素は求核的な反応性を示す．このためエナミンは合成的に有用な化合物である．
- エナミンは，反応性においてはエノールやエノラートアニオンと似ているが，強酸や強塩基などの過酷な反応条件を必要としない．
  - エナミンのβ炭素は，ハロゲン化メチルや第一級ハロゲン化アルキルとS_N2反応を起こし，アルキル化される．
  - エナミンのβ炭素は，酸塩化物や酸無水物を作用させると，アシル化される．
  - アルキル化反応やアシル化反応の後に，酸性水溶液で加水分解するとエナミンからカルボニル基が再生する．
■ 逆合成解析のためには，非対称アルデヒドまたはケトンおよびβ-ジカルボニル化合物を，それぞれエナミンのアルキル化反応およびアシル化反応の特徴的な生成物として認識する．

19・6　アセト酢酸エステル合成
■ 二つのカルボニル基に囲まれたα水素は，特に容易に引抜かれて(pK_a 10~14)，隣接する両方のカルボニル基への非局在化により安定化されたアニオンを生じる．
■ アセト酢酸エステル合成は，一連の五つの合成工程からなる．
- アセト酢酸エチル(pK_a 10.7)は，等モル量の塩基(たとえばナトリウムアルコキシド)により完全にエノラートアニオンへと変換される．
- エノラートアニオンは，求核剤としてハロゲン化メチル，第一級ハロゲン化アルキル，α-ハロケトンやα-ハロエステルとS_N2反応を起こす．
  - 2回アルキル化する場合，以上の二つの工程をもう1回繰返す．
- アルキル化されたアセト酢酸エステルをOH^-によって加水分解する．
- 酸性化すると，アルキル化されたアセト酢酸が得られる．
- 加熱により脱炭酸が起こり，アルキル化されたケトンが得られる．
- 同じ一連の反応工程は，アセト酢酸エチルだけではなくその他のβ-ケトエステルにも適用できる．
  - クライゼン縮合反応によって得られるβ-ケトエステルは，上記の合成工程によって容易にケトンに変換できる．
■ 逆合成解析のためには，メチルケトンをアセト酢酸エチルを出発物としたアセト酢酸エステル合成の特徴的な生成物として認識する．一方，より複雑なケトンは，対応するβ-ケトエステルを出発物とすれば同様に合成できる．

19・7　マロン酸エステル合成
■ マロン酸エステル合成は，アセト酢酸エステル合成と同様に，一連の五つの合成工程からなる．
- マロン酸ジエチル(pK_a 13.3)は，等モル量のナトリウムアルコキシドにより完全にエノラートアニオンへと変換される．
- エノラートアニオンは，求核剤としてハロゲン化メチル，第一級ハロゲン化アルキル，α-ハロケトンやα-ハロエステルとS_N2反応を起こす．
  - 2回アルキル化する場合，以上の二つの工程をもう1回繰返

- アルキル化されたマロン酸エステルを OH⁻ によって加水分解する.
- 酸性化によって,アルキル化されたマロン酸が得られる.
- 加熱により脱炭酸が起こり,アルキル化されたカルボン酸生成物が得られる.
- 逆合成解析のためには,α炭素に一つあるいは二つのアルキル基が結合したカルボン酸を,マロン酸ジエチルを出発物としたマロン酸エステル合成の特徴的な生成物として認識する.

19・8 α,β-不飽和カルボニル化合物に対する共役付加

- マイケル付加では,α,β-不飽和カルボニル化合物の求電子的なβ炭素が,エノラートアニオンのような求核剤と反応する.
  - 一つの重要な共鳴構造では,α,β-不飽和カルボニル化合物のβ炭素上に正電荷がある.このために,β炭素上で求核剤と反応する性質をもつ.
  - アルドール反応やクライゼン反応では1,3番に酸素官能基が配置された生成物が得られるが,α,β-不飽和カルボニル化合物とエノラートアニオンとのマイケル付加では,1,5番に酸素原子が配置された生成物が得られる.
- マイケル付加は,さまざまなα,β-不飽和カルボニル化合物(アルデヒド,ケトン,エステル,アミド),α,β-不飽和ニトロ化合物,α,β-不飽和ニトリル化合物に対して起こる.
  - マイケル付加におけるこれらの求電子剤を,マイケル受容体とよぶ.
- マイケル付加の機構では,最初の塩基によるエノラートアニオンの生成,マイケル受容体のβ炭素へのエノラート求核剤の攻撃による新たな共鳴安定化されたエノラートアニオンの生成,プロトン化によるエノールの生成が起こる.最後に,塩基の再生とケト形への互変異性によって反応が終結する.
  - マイケル付加は,塩基によって触媒される.
  - この形式の付加は,共役付加あるいは1,4付加とよばれる.
- ロビンソン環化では,α,β-不飽和ケトンとのマイケル付加後,分子内アルドール反応が起こって,環状化合物が生成する.
  - この方法では,6員環を高収率で形成できる.
- ギルマン反応剤は,α,β-不飽和カルボニル化合物に対してマイケル付加と類似した共役付加を起こす.

19・9 LDA を用いる交差エノラート反応

- リチウムジイソプロピルアミド(**LDA**)は,きわめて強い塩基であるが,立体障害のため求核性は示さない.
  - 等モル量のLDAによって,アルデヒド,ケトンやエステルは,対応するエノラートアニオンに完全に変換される.
  - LDAによって生じたエノラートアニオンは,アルドール反応,クライゼン縮合,マイケル付加,アルキル化やアシル化などの,さまざまな交差エノラート反応に利用される.
  - カルボニル化合物を小過剰用いた場合,反応は平衡状態になり,より安定なエノラートの生成が優先する.この状況を,**熱力学支配**とよぶ.
    - 生成する可能性があるエノラートのなかで,置換基の最も多いエノラートアニオンの生成が優先する.
  - LDAを小過剰用いた場合,エノラートアニオンどうしでの平衡状態にならず,最も速やかに生じるエノラートが優先して生成する.この状況を,**速度支配**とよぶ.
  - 一般に,生成する可能性があるエノラートのなかで,置換基の最も少ないエノラートアニオンの生成が優先する.

重要な反応

1. アルドール反応(§19・2)

アルドール反応では,一方のアルデヒドやケトンのエノラートアニオンがもう一方のアルデヒドやケトンのカルボニル基に求核付加する.アルドール反応の生成物は,β-ヒドロキシアルデヒドやβ-ヒドロキシケトンである.アルドール反応は,塩基や酸によって触媒される.塩基が反応の最後で再生する場合は触媒量の塩基で反応が進行し,酸が再生する場合は触媒量の酸で反応が進行する.アルドール生成物には,一つあるいは二つのキラル中心が新しく生じる.出発物のアルデヒド,ケトン,あるいは触媒がキラルでありかつ単一のエナンチオマーでない限り,生成物はラセミ体となる.

2. アルドール反応生成物の脱水反応(§19・2)

アルドール反応によって得られるβ-ヒドロキシアルデヒドやβ-ヒドロキシケトンの脱水反応は,酸性あるいは塩基性条件下で速やかに起こり,α,β-不飽和アルデヒドやα,β-不飽和ケトンが生成する.

3. クライゼン縮合(§19・3A)

クライゼン縮合の生成物は,β-ケトエステルである.エステルのエノラートアニオンが求核剤となり,求核的なアシル置換反応によって縮合が起こる.クライゼン縮合の機構では,1分子のエステルが塩基によってエノラートアニオンになり,求核剤としてもう1分子のエステルと反応して,四面体形カルボニル付加中間体を生じる.この中間体からRO⁻が脱離し,β-ケトエステルが生成した後,RO⁻によってα水素が脱プロトン化される.

4. ディークマン縮合 (§19・3B)
分子内クライゼン縮合をディークマン縮合とよぶ.

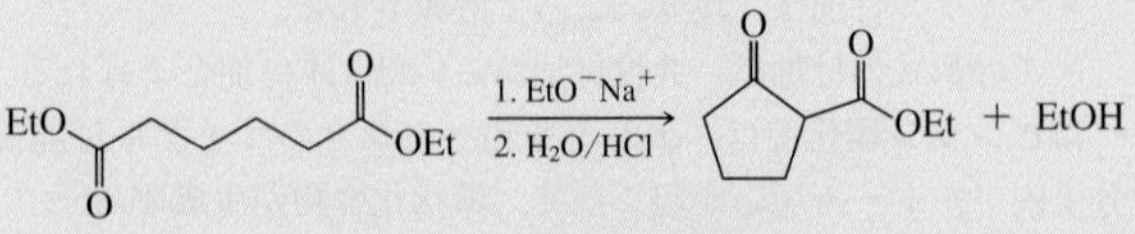

5. エナミンのアルキル化と加水分解 (§19・5A)
エナミンは求核剤として，ハロゲン化メチル，第一級ハロゲン化アルキル，α-ハロケトンやα-ハロエステルと反応する.

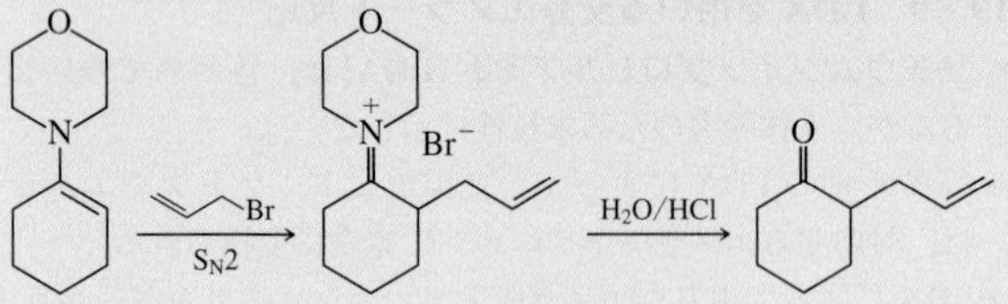

6. エナミンのアシル化と加水分解 (§19・5B)

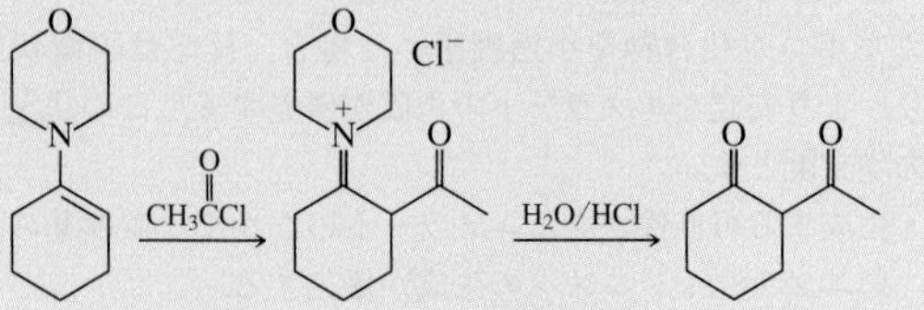

7. アセト酢酸エステル合成 (§19・6)
この一連の反応は，一置換および二置換アセトンの合成に有用である.

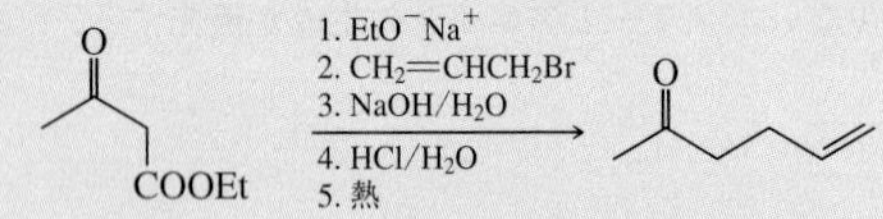

8. マロン酸エステル合成 (§19・7)
この一連の反応は，一置換および二置換酢酸の合成に有用である

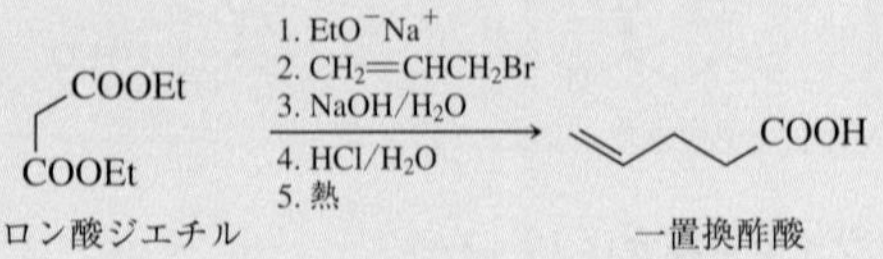

9. マイケル付加 (§19・8A)
マイケル付加では，弱い塩基性をもつ求核剤が，アルデヒド，ケトンやエステルのカルボニル基あるいはニトロ基やシアノ基と共役した炭素－炭素二重結合に付加する．マイケル付加の機構では，最初に塩基によって生じたエノラートアニオンが，求核剤としてマイケル受容体のβ炭素を攻撃し，新たな共鳴安定化されたエノラートアニオン中間体が生成する．この中間体の酸素がプロトン化されエノールとなり，塩基が再生した後，ケト形への互変異性によって反応が完結する．マイケル付加反応は，塩基によって触媒される.

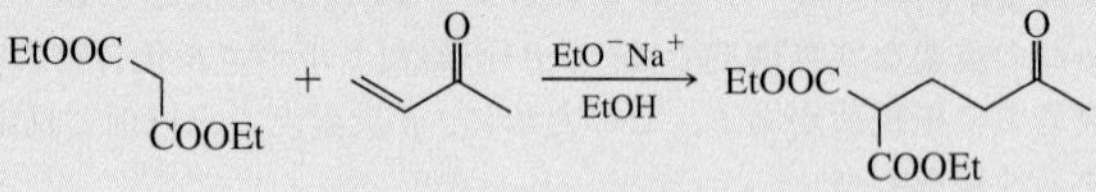

10. ロビンソン環化 (§19・8C)
ロビンソン環化では，マイケル付加反応の後，分子内アルドール反応と脱水が起こり，置換された 2-シクロヘキセノンが生成する.

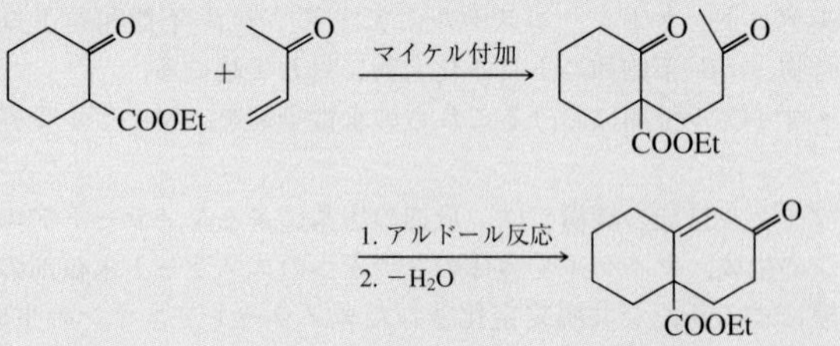

11. ジアルキル銅リチウム反応剤の共役付加 (§19・8E)
マイケル付加と類似した反応によって，ジアルキル銅リチウム反応剤は，α,β-不飽和アルデヒドやα,β-不飽和ケトンの求電子的な炭素－炭素二重結合に対して共役付加を起こす.

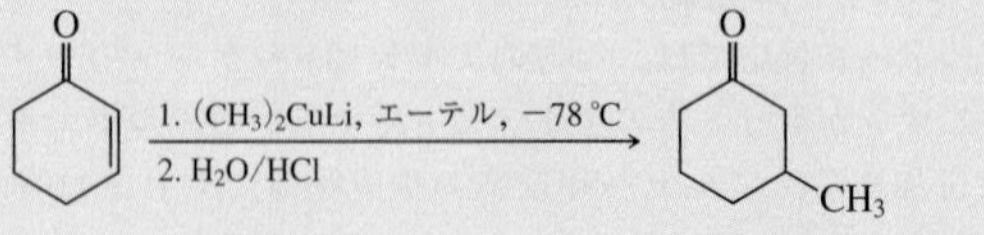

問 題

赤の問題番号は応用問題を示す.

アルドール反応

19・18 次に示す化合物のアルドール反応によって得られる生成物の構造式を書け．またそれぞれのアルドール生成物の脱水反応によって得られるα,β-不飽和アルデヒドあるいはα,β-不飽和ケトンの構造式を書け．

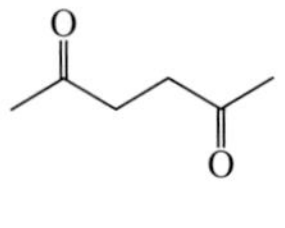

19・19 それぞれの交差アルドール反応によって得られる生成物を書け．またそれぞれのアルドール生成物の脱水反応によって得られる化合物の構造式を書け．

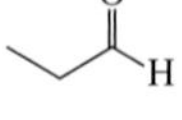

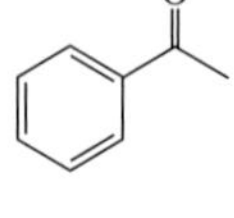

(a) 構造式: (CH₃)₃C-CHO + シクロヘキサノン

(b) PhCOCH₃ + PhCHO

(c) シクロヘキサノン + HCHO

(d) PhCHO + ペンタナール

19・20 アセトンと 2-ブタノンの 1:1 混合物を塩基と処理した場合，六つのアルドール生成物が得られる可能性がある．六つの生成物の構造式を書け．

19・21 次に示す α,β-不飽和ケトンを，アルドール反応とアルドール生成物の脱水反応を用いて合成する方法を示せ．

(a) Ph-CH=CH-COCH₃   (b) (CH₃)₂C=CH-COCH₃

19・22 次に示す α,β-不飽和アルデヒドを，アルドール反応とアルドール生成物の脱水反応を用いて合成する方法を示せ．

(a) Ph-CH=CH-CHO   (b) 長鎖アルデヒド

19・23 次に示す化合物を塩基で処理すると，分子内アルドール反応が起こり，環構造をもつ生成物が得られる．この生成物の構造式を書け．

構造式 $\xrightarrow{\text{塩基}}$ $C_{10}H_{14}O$ + H_2O

19・24 次に示す一連の反応によって，シクロヘキセンから 1-シクロペンテンカルボアルデヒドを合成できる．二つの中間体の構造式を書け．

シクロヘキセン $\xrightarrow[H_2O_2]{OsO_4}$ $C_6H_{12}O_2$ $\xrightarrow{HIO_4}$ $C_6H_{10}O_2$ $\xrightarrow{\text{塩基}}$ 1-シクロペンテンカルボアルデヒド

19・25 次に示す化合物 A および B の構造式を書け．

構造式 $\xrightarrow[\text{ピリジン}]{CrO_3}$ A ($C_{11}H_{18}O_2$) $\xrightarrow[EtOH]{EtO^-Na^+}$ B ($C_{11}H_{16}O$)

19・26 次に示す変換を行う方法を示せ．

19・27 ハッカ油から得られるプレゴン $C_{10}H_{16}O$ は，ペパーミントとショウノウの中間的なよい香りをもつ．熱した水蒸気でプレゴンを処理すると，アセトンと 3-メチルシクロヘキサノンが得られる．

プレゴン pulegone + H_2O $\xrightarrow{\text{熱した水蒸気}}$ 3-メチルシクロヘキサノン + アセトン

(a) 天然から得られるプレゴンは，上に示す絶対配置をもつ．このキラル中心の絶対配置を R/S 表示法で答えよ．
(b) プレゴンの水蒸気による加水分解反応の機構を示せ．
(c) 水蒸気による加水分解はプレゴンのキラル中心の絶対配置にどのような影響を与えるかを答えよ．また本反応で生成する 3-メチルシクロヘキサノンの絶対配置を R/S 表示法で答えよ．

19・28 次に示す酸触媒によるアルドール反応と，生じたアルドール生成物の脱水反応の機構を示せ．

構造式 $\xrightarrow{ArSO_3H}$ 生成物 + H_2O

クライゼン縮合

19・29 次に示すエステルのクライゼン縮合の生成物を示せ．
(a) ナトリウムエトキシド存在下でのフェニル酢酸エチルのクライゼン縮合
(b) ナトリウムメトキシド存在下でのヘキサン酸メチルのクライゼン縮合

19・30 プロパン酸エチルとブタン酸エチルの 1:1 混合物にナトリウムエトキシドを作用させると，四つのクライゼン縮合生成物ができる可能性がある．すべての生成物の構造式を書け．

19・31 次に示すエステルとプロパン酸エチルのクライゼン縮合によって生成する β-ケトエステルの構造式を書け．

(a) EtOC(O)-C(O)OEt   (b) PhC(O)OEt   (c) HC(O)OEt

19・32 問題 19・31 で生成した β-ケトエステルから，加水分解，酸性化，脱炭酸を経て得られる生成物の構造式を書け．

19・33 次の一連の反応によりあるケトンが生成する．その一つの工程にクライゼン縮合が利用されている．化合物 A, B, および生成するケトンの構造式を書け．

ペンタン酸エチル $\xrightarrow[\text{2. HCl/H}_2O]{\text{1. EtO}^-\text{Na}^+}$ A $\xrightarrow[\text{熱}]{NaOH/H_2O}$ B $\xrightarrow[\text{熱}]{HCl/H_2O}$ $C_9H_{18}O$

19・34 問題 19・33 で示したクライゼン縮合を含む一連の反応を利用して，次に示すケトンを合成する経路を示せ．

(a) Ph-CH₂-CO-CH₂-CH₂-Ph   (b) Ph-CH₂-CO-CH₂-Ph

(c) ビシクロ構造のケトン

19・35 次に示す変換の反応機構を示せ．

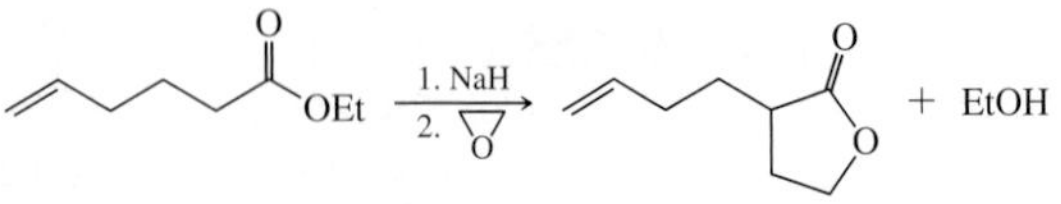

19・36 フタル酸ジエチルと酢酸エチルからクライゼン縮合，加水分解，酸性化，脱炭酸を経て，ジケトン $C_9H_6O_2$ が生成した．化合物 **A**, **B**，および生成するジケトンの構造式を書け．

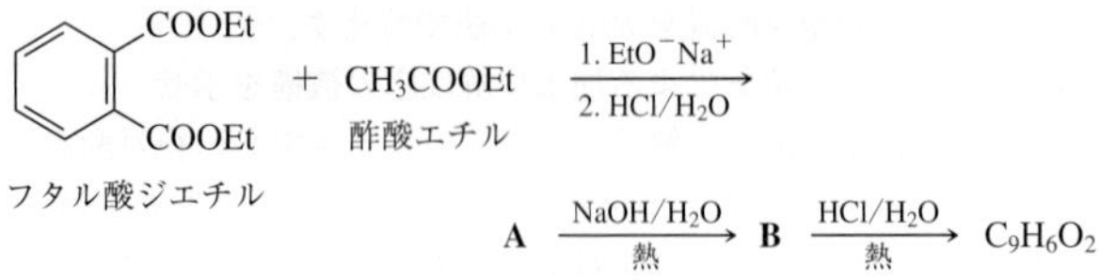

19・37 1887年にロシア人化学者のS. Reformatsky（レフォルマトスキー）は，アルデヒドあるいはケトンの存在下でα-ハロエステルに金属亜鉛を作用させた後，酸性水溶液で加水分解すると，β-ヒドロキシエステルが得られることを発見した．この反応は，鍵中間体であるエステルエノラートアニオンの亜鉛塩が有機金属化合物である点で，グリニャール反応と似ている．しかしグリニャール反応剤の場合は，その求核的な反応性が高すぎるため，エステルの自己縮合反応が起こってしまう．

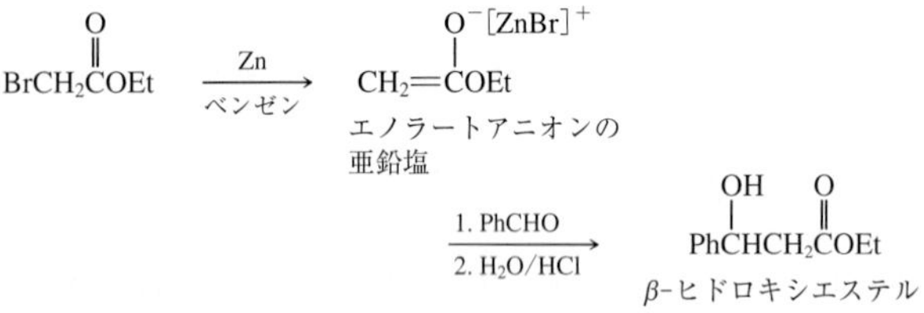

レフォルマトスキー反応を利用して，次に示す化合物をアルデヒドあるいはケトンとα-ハロエステルから合成する方法を示せ．ただし，立体化学は考慮しなくてよい．

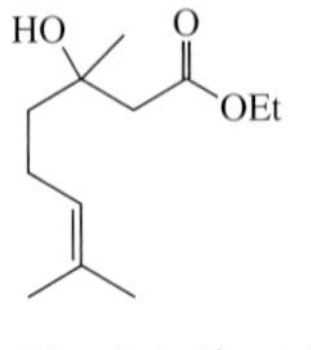

19・38 カルボニル縮合反応の多くには，最初に発見した19世紀の有機化学者にちなんだ名前がつけられている．次に示す人名反応の機構を示せ．
(a) パーキン縮合(Perkin condensation)：芳香族アルデヒドと酸無水物との縮合反応

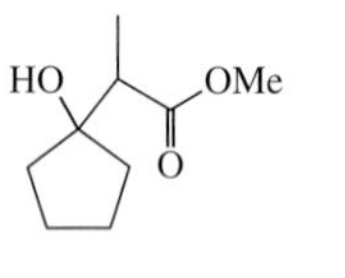

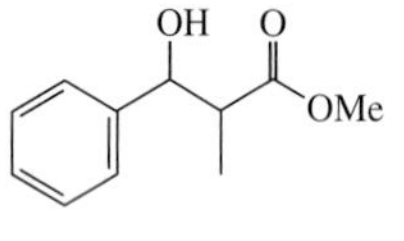

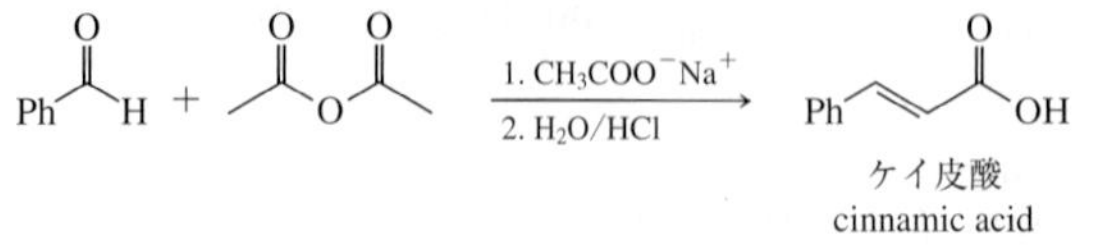

ケイ皮酸 cinnamic acid

(b) ダルツェンス縮合(Darzens condensation)：α-ハロエステルとケトンあるいは芳香族アルデヒドとの縮合反応

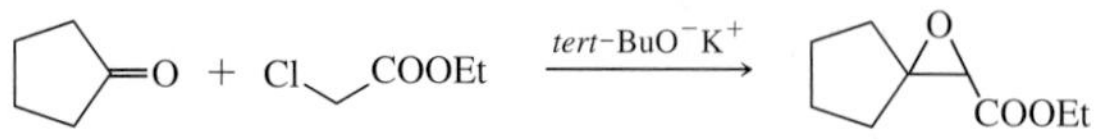

エナミン

19・39 2-メチルシクロヘキサノンにピロリジンを作用させると，二つのエナミン異性体が生成する．

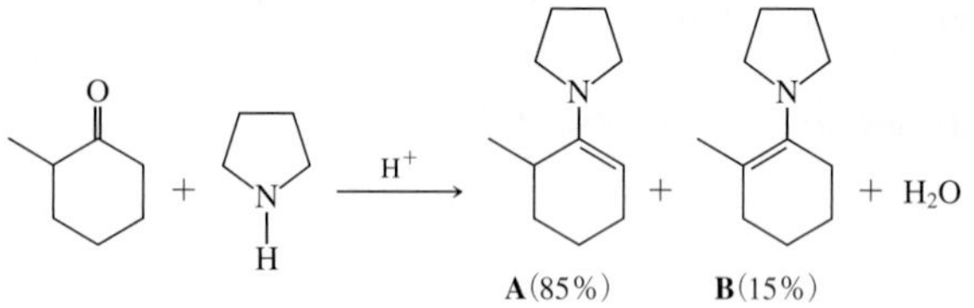

より置換基が少ない二重結合をもつエナミン **A** が熱力学的により安定な生成物となる理由を答えよ（これらのエナミンの分子模型を組立てると理解しやすい）．

19・40 一般にエナミンはヨウ化メチルと反応し，二つの生成物を生じる．次に示す例のように，一方の生成物は窒素でのアルキル化によって得られ，もう一方の生成物は炭素のアルキル化によって得られる．

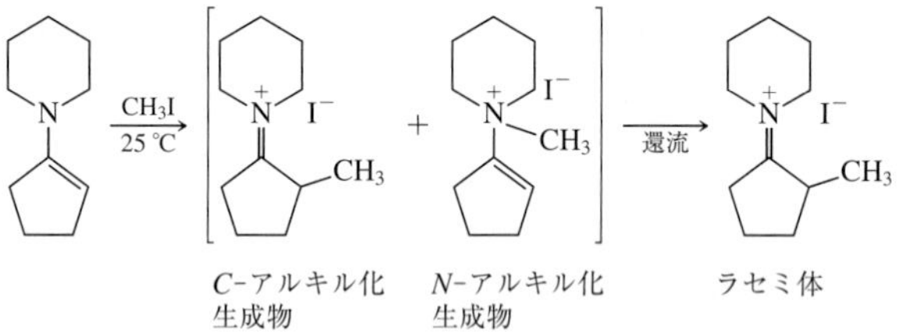

C-アルキル化体と N-アルキル化体の混合物を加熱すると C-アルキル化体のみが得られる．この異性化の反応機構を示せ．

19・41 次に示す変換の反応機構を示せ．

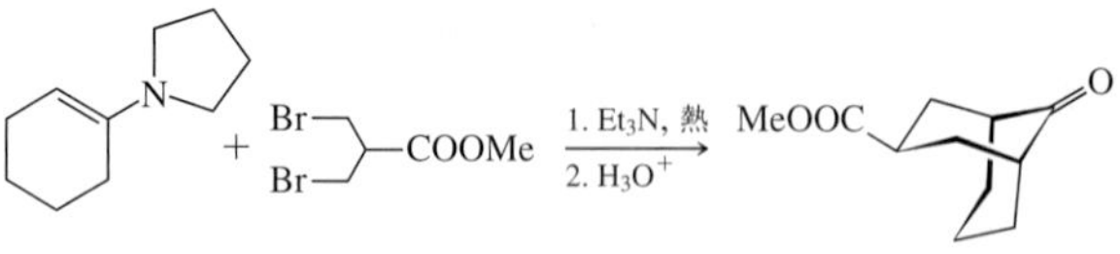

19・42 次に示す化合物は，タモキシフェン（乳がんや卵巣がんなどのエストロゲン依存のがんを治療するために広く使用される抗エストロゲン薬）の合成に必要な中間体である．化合物 **A** からこの中間体を合成する方法を示せ．

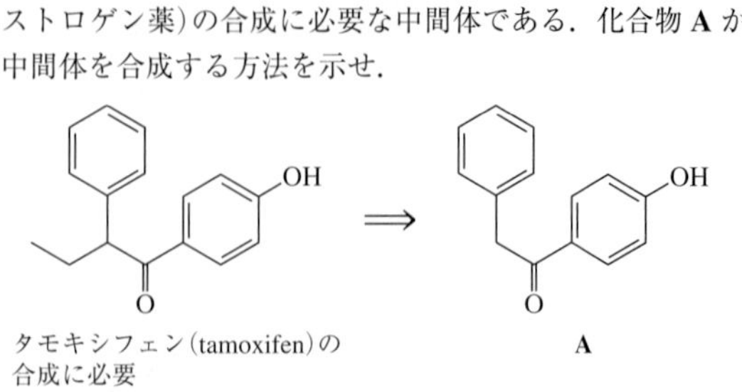

タモキシフェン(tamoxifen)の合成に必要

19・43 次に示す反応の機構を示せ．

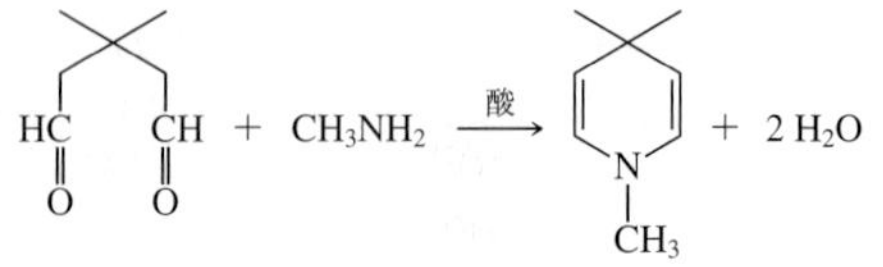

アセト酢酸エステル合成およびマロン酸エステル合成

19・44 次に示すマロン酸ジエチル誘導体の合成法を示せ．どちらもバルビツール酸の合成の出発物である．

(a) アモバルビタール (amobarbital) の合成に必要

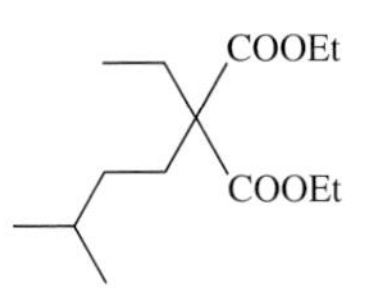

(b) セコバルビタール (secobarbital) の合成に必要

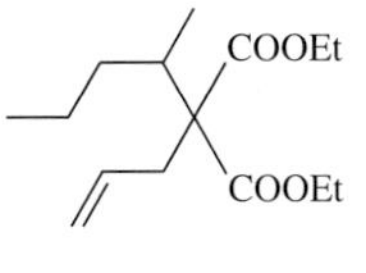

19・45 2-プロピルペンタン酸（バルプロ酸）は，てんかん，特に失神発作（短時間あるいは突然の意識不明が特徴の一般的なてんかん発作）の効果的な治療薬である．ジエチルマロン酸から出発してバルプロ酸を合成する方法を示せ．

19・46 マロン酸エステル合成あるいはアセト酢酸エステル合成を利用して次に示す化合物を合成する方法を示せ．
(a) 4-フェニル-2-ブタノン
(b) 2-メチルヘキサン酸
(c) 3-エチル-2-ペンタノン
(d) 2-プロピル-1,3-プロパンジオール
(e) 4-オキソペンタン酸
(f) 3-ベンジル-5-ヘキセン-2-オン
(g) シクロプロパンカルボン酸
(h) シクロブチルメチルケトン

19・47 次に示す一連の反応において，2-カルボエトキシ-4-ブタノラクトンが生成する機構と 4-ブタノラクトン（γ-ブチロラクトン）が生成する機構を示せ．

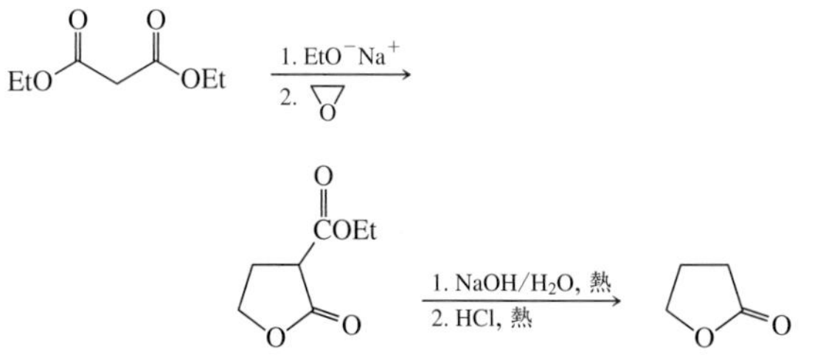

2-カルボエトキシ-4-ブタノラクトン → 4-ブタノラクトン（γ-ブチロラクトン）

19・48 次に示す(a)と(b)のラクトンは，どちらもモモの香りをもち香水に使用される．問題19・47における γ-ブチロラクトンの合成経路に従って(a)と(b)のラクトンを合成する方法を示せ．ただし，炭素源としてはマロン酸ジエチル，エチレンオキシド，1-ブロモヘプタン，1-ノネンを用いよ．

(a) ラセミ体
(b) ラセミ体

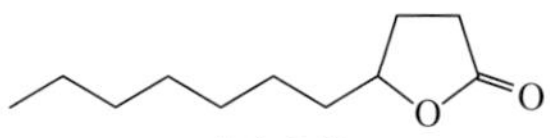

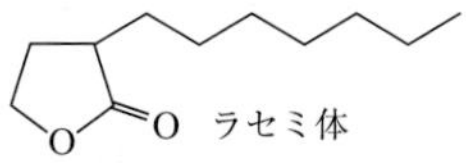

マイケル付加

19・49 次に示す合成経路に従って，抗コリン薬である臭化ベンジロニウムの合成中間体を調製することができる．中間体 **A**, **B**, **C**, および **D** の構造式を書け．

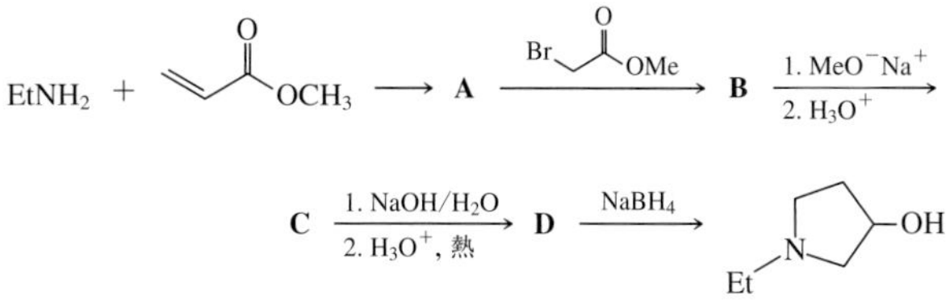

EtNH₂ + CH₂=CHCOOCH₃ → **A** → (BrCH₂COOMe) → **B** → (1. MeO⁻Na⁺, 2. H₃O⁺) → **C** → (1. NaOH/H₂O, 2. H₃O⁺, 熱) → **D** → (NaBH₄) → N-エチル-3-ヒドロキシピロリジン（ラセミ体）

19・50 次に示す一連の反応における，（ ）内の中間体と，二環式ケトンの生成機構を示せ．

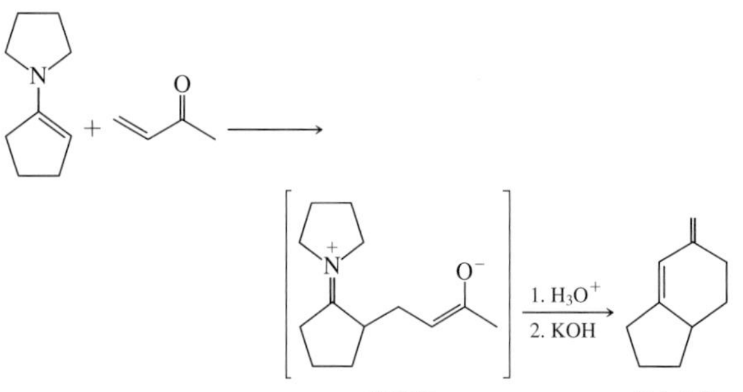

中間体（単離していない） → ラセミ体

直接的な交差アルドール反応とアルキル化反応

19・51 次に示す反応で主生成物と副生成物を(a)，(b)のように得るにはどのような実験条件を用いたらよいか答えよ．

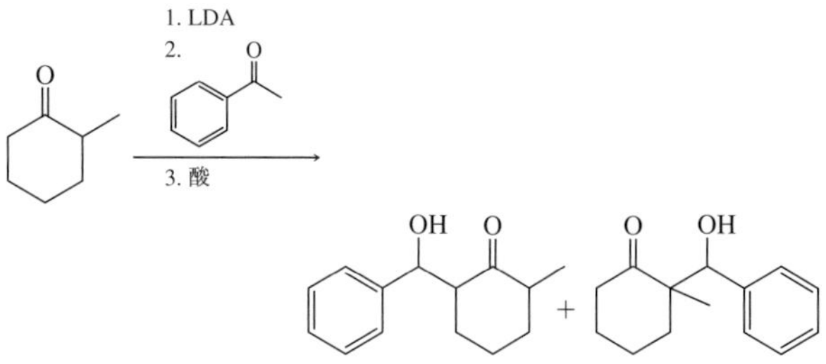

(a) 主生成物／副生成物
(b) 副生成物／主生成物

19・52 次の反応でケトンに対して 0.95 倍モル量の LDA を用いると，以下の生成物が主生成物として得られる．理由を説明せよ．

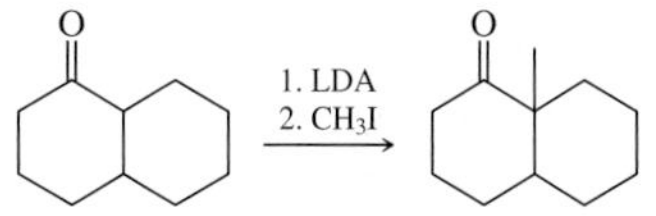

逆合成解析

19・53 次ページに示す化合物 **A**〜**L** を用いて，本書で扱った反応を利用して化合物(a)〜(f)を合成したい．それぞれの合成に必要な化合物を答えよ．また利用した反応の名前も答えよ．

640 19. エノラートアニオンとエナミン

問題 19・53 図

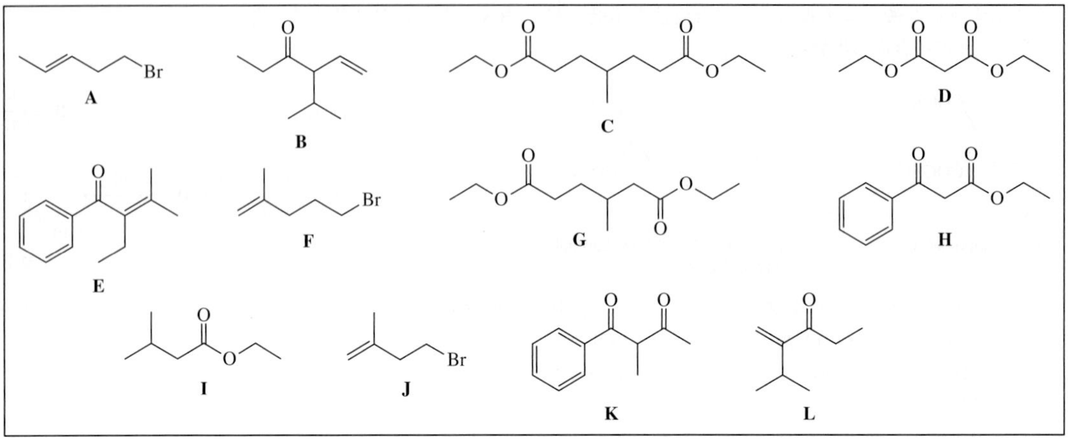

A, B, C, D, E, F, G, H, I, J, K, L

(a) 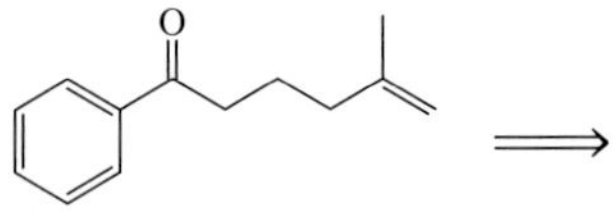 ⟹
(b) 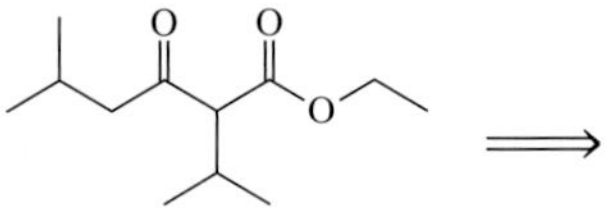 ⟹
(c) 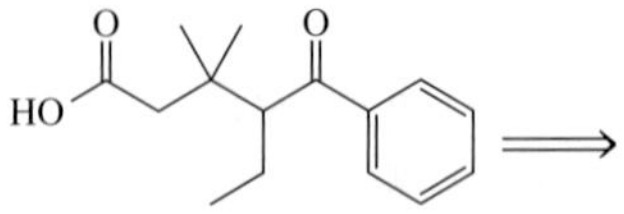 ⟹
(d) 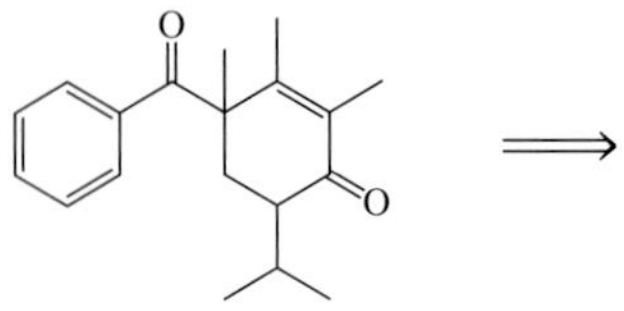 ⟹
(e) 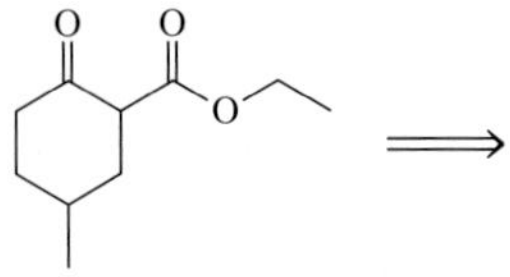 ⟹
(f) 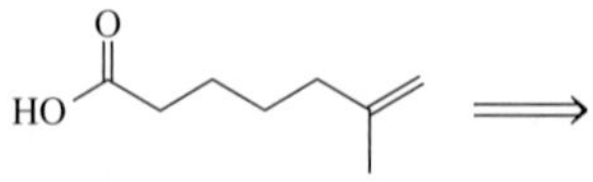 ⟹

合　成

19・54 次に示す合成を行うために必要な実験条件を示せ.

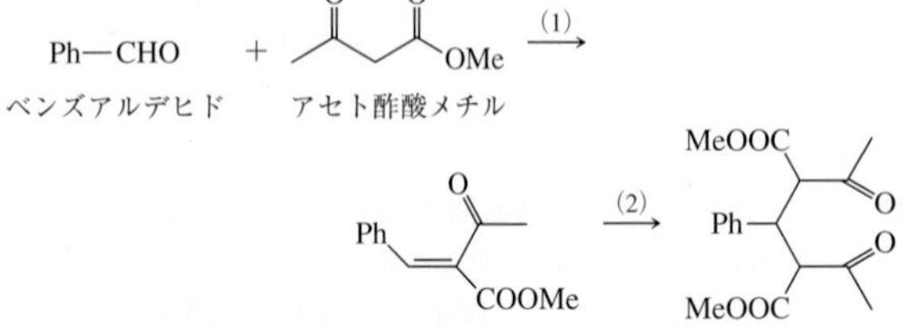

Ph—CHO + アセト酢酸メチル (ベンズアルデヒド) →(1)→ → (2) →

19・55 ニフェジピンは，カルシウムチャネル阻害薬とよばれる一連の化合物に属し，運動によってひき起こされるものを含むさまざまな種類の狭心症の治療に有効である．2-ニトロベンズアルデヒド，アセト酢酸メチル，アンモニアからニフェジピンを合成する方法を示せ．(ヒント：問題 19・43 と問題 19・54 で取上げた反応を組合わせて問題を解くとよい.)

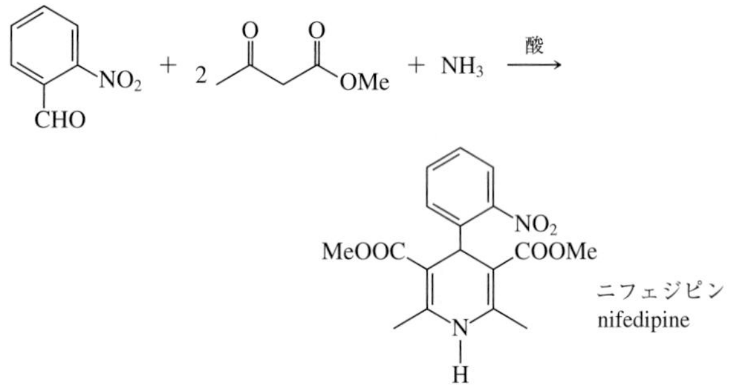

2-NO$_2$-C$_6$H$_4$-CHO + 2 アセト酢酸メチル + NH$_3$ →(酸)→ ニフェジピン nifedipine

19・56 3,5,5-トリメチル-2-シクロヘキセノンは，アセトンとアセト酢酸エチルを出発物として合成することができる．この合成ではアルドール反応とマイケル付加との組合わせによって新しい炭素-炭素結合ができる．この合成を行うために必要な反応剤と条件を示せ．

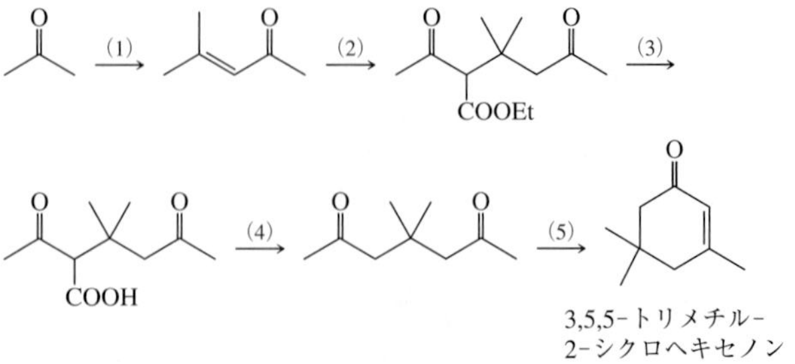

アセトン →(1)→ →(2)→ →(3)→ →(4)→ →(5)→ 3,5,5-トリメチル-2-シクロヘキセノン

19・57 次に示す β-ジケトンはシクロペンタノンと酸塩化物から，エナミン反応を利用して合成することができる．

シクロペンテンカルボニルクロリド + シクロペンタノン → β-ジケトン

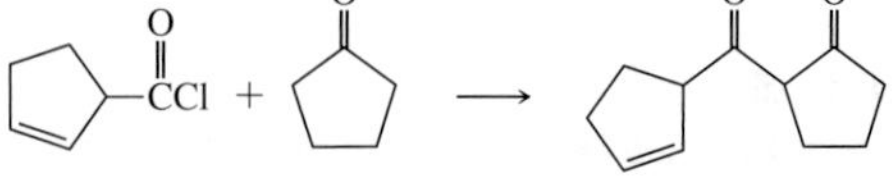

(a) 出発物の酸塩化物をシクロペンテンから合成する方法を示せ.
(b) モルホリンのエナミンを使ってβ-ジケトンを合成するための一連の工程を示せ.

19・58 オキサナミドは，弱い鎮静薬である．逆合成経路に示すように，オキサナミドの炭素骨格はブタナールに由来する.

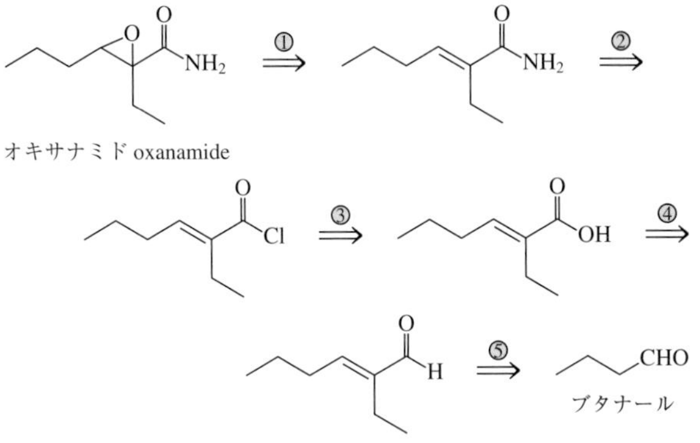

(a) ブタナールからオキサナミドを合成するために必要な反応と実験条件を示せ.
(b) オキサナミドに存在するキラル中心の数と，可能な立体異性体の数を示せ.

19・59 汎用される抗凝血薬であるワルファリン(18章"身のまわりの化学 カビのはえたクローバーから抗凝血薬へ"参照)は，次の逆合成解析に示すように4-ヒドロキシクマリン，ベンズアルデヒド，アセトンから合成される．ワルファリンをこれらの化合物から合成する方法を示せ.

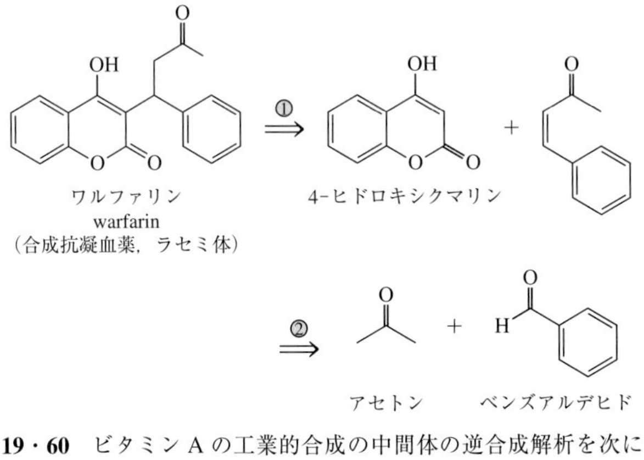

19・60 ビタミンAの工業的合成の中間体の逆合成解析を次に示す.

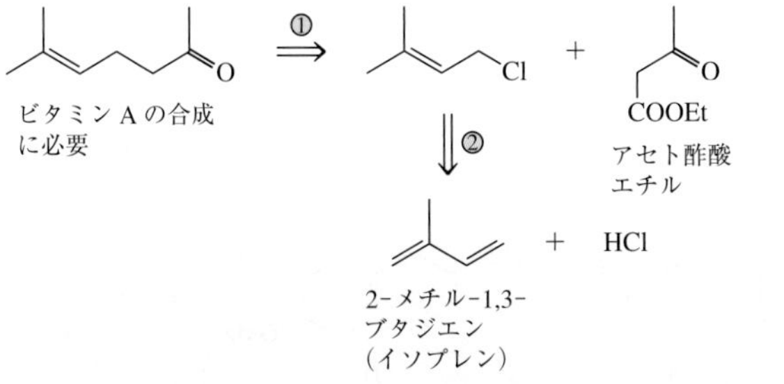

(a) イソプレンに対して等モル量のHClを加えると，4-クロロ-2-メチル-2-ブテンが得られる．この付加の機構を示し，位置選択性を説明せよ.
(b) この塩化アリルとアセト酢酸エチルからビタミンAの前駆体を合成する方法を示せ.

19・61 西洋キクイムシのフェロモンであるフロンタリンの合成法の一つを次に示す.

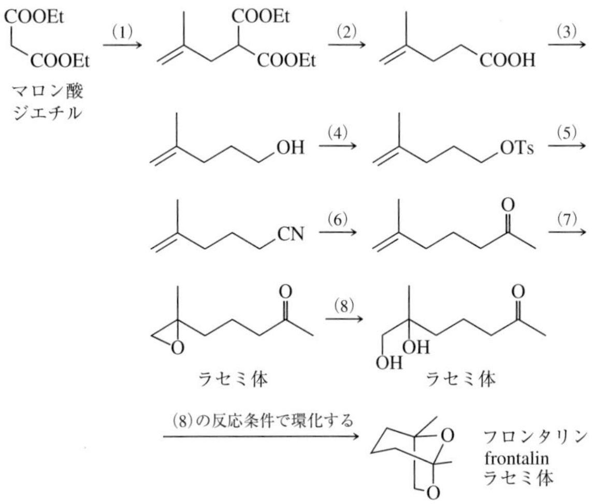

(a) 段階1〜8で用いられる反応剤を示せ.
(b) 段階8でできるケトジオールが環化してフロンタリンが生成する機構を示せ.

19・62 日焼け止めであるp-メチルケイ皮酸オクチルは2-エチル-1-ヘキサノールを出発物として用い合成することができる．このアルコールを，(a)ブタナールのアルドール縮合を用いて合成する方法と(b)マロン酸ジエチルを出発物とするマロン酸エステル合成によって合成する方法をそれぞれ示せ.

19・63 てんかんの治療に用いられる抗痙攣薬ガバペンチンは，神経伝達物質である4-アミノブタン酸(GABA)と構造的に似ている．ガバペンチンの構造は，GABAよりも脂溶性が高く血液脳関門をより通りやすいように設計されている．血液脳関門とは，脳の毛細血管を取巻く脂質による保護膜であり，受動拡散によって親水性(水に溶けやすい)化合物が脳に入ることを防ぐ役割を果たしている．次の逆合成解析に基づいて，ガバペンチンを合成する方法を示せ.

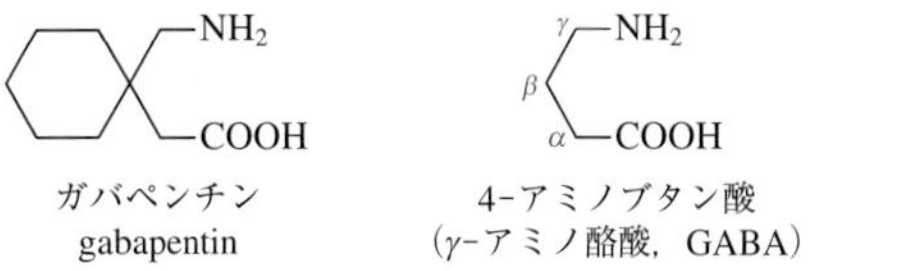

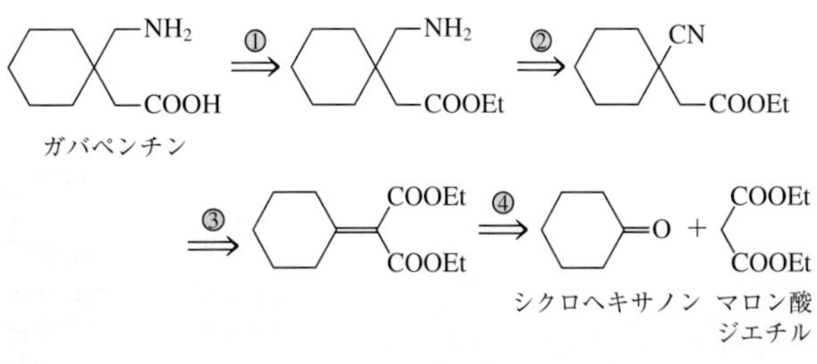

19・64 次の三つのスクシンイミド誘導体は抗痙攣薬であり，特にてんかんにおける小発作の治療に用いられる．フェンスクシミド(ラセミ体)の合成を次に示す．

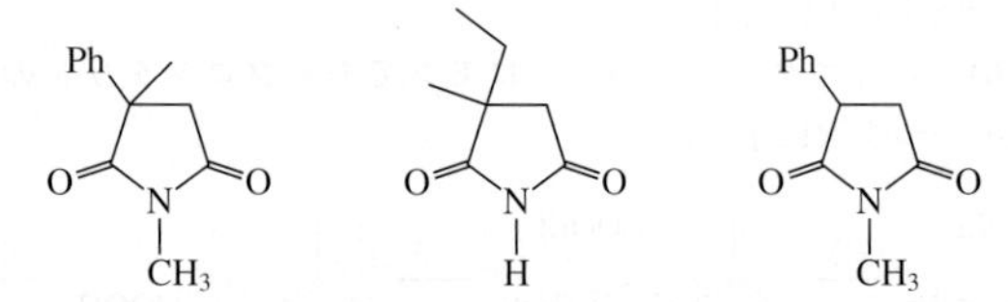
Ph
O
N
O
CH_3
O
N
O
H
Ph
O
N
O
CH_3

メトスクシミド　エトスクシミド　フェンスクシミド

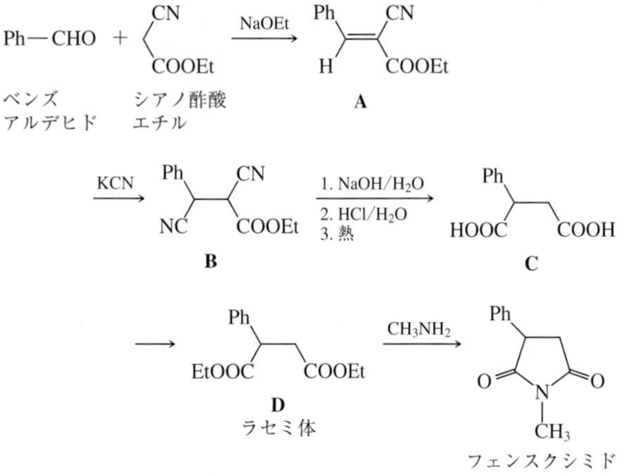
Ph—CHO
CN
COOEt
NaOEt
Ph
CN
H
COOEt
ベンズアルデヒド
シアノ酢酸エチル
A
KCN
Ph
CN
NC
COOEt
B
1. $NaOH/H_2O$
2. HCl/H_2O
3. 熱
Ph
HOOC
COOH
C
Ph
EtOOC
COOEt
D
ラセミ体
CH_3NH_2
Ph
O
N
O
CH_3
フェンスクシミド

(a) **A** が生成する機構を示せ．

(b) **A** を **B** に変換するような形式の反応につけられている人名を記せ．

(c) **B** を **C** に変換する工程を説明せよ．詳細な反応機構を示すのではなく，初めに **B** を NaOH と処理し，次に HCl と加熱すると，何が起こるのか述べよ．

(d) **C** を **D** に変換する実験条件を示せ．

(e) **D** をフェンスクシミドに変換する反応の機構を示せ．

(f) 同様の合成戦略を用いて，エトスクシミドとメトスクシミドを調製する方法を示せ．

(g) これらの三つの抗痙攣薬のうちで，一つの化合物は他の二つよりも圧倒的に酸性である．最も酸性な化合物を答えよ．また，pK_a を見積もり，酸性度を説明せよ．さらに，フェノールおよび酢酸と酸性度を比較せよ．

19・65 鎮痛薬メペリジンは，モルヒネのような中毒性をもたない鎮痛薬の探索から開発された．次に示すように，この化合物は，モルヒネの構造を単純化したものである．

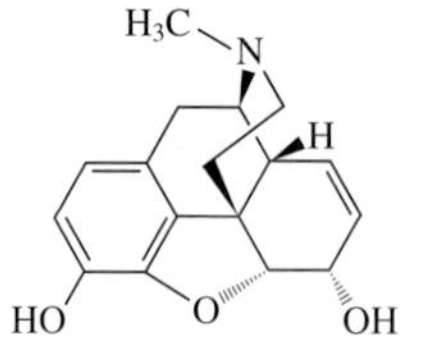
H_3C
N
H
HO
O
OH

モルヒネ morphine

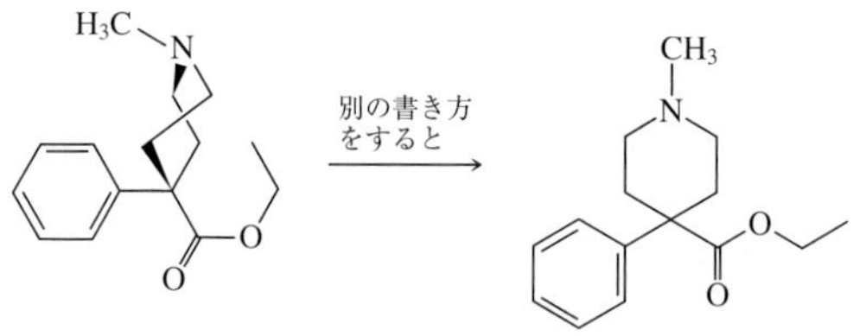
H_3C
N
O
O
別の書き方をすると
CH_3
N
O
O

メペリジン meperidine

フェニルアセトニトリルに，2 mol の水素化ナトリウム存在下で 1 mol のビス(*N*-2-クロロエチル)メチルアミン(ナイトロジェンマスタード)を作用させると **A** が生成する．**A** を濃水酸化ナトリウム水溶液中で加熱後，反応液を希塩酸水溶液で酸性化すると，**B** が得られる．**B** をエタノール中，等モル量の HCl と処理すると，メペリジンが塩酸塩として得られる．

問題 19・66 図

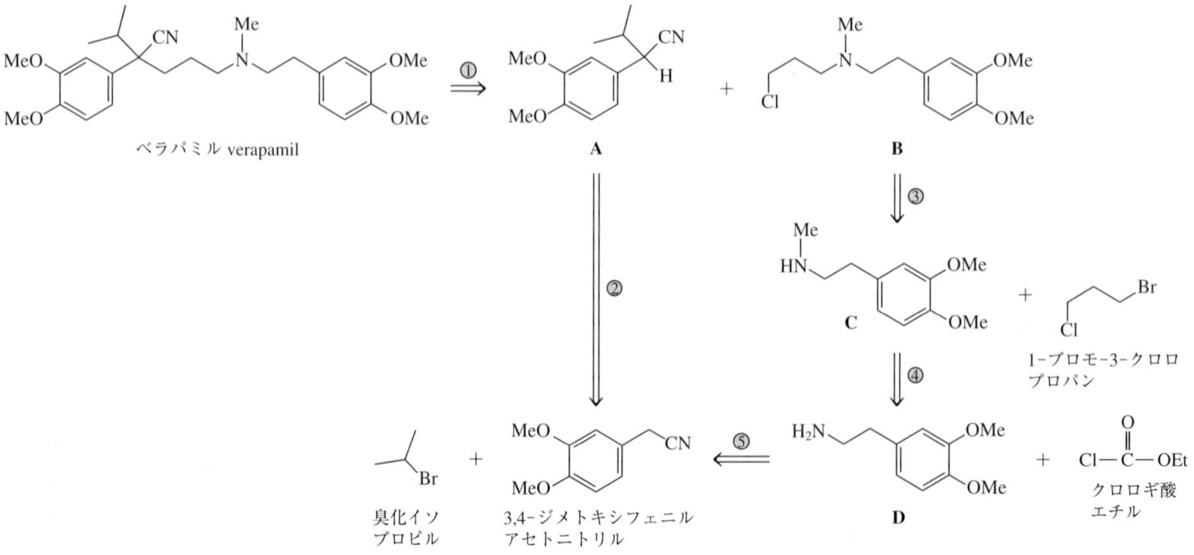
MeO
MeO
CN
Me
N
OMe
OMe
ベラパミル verapamil
①
MeO
MeO
CN
H
A
+
Cl
Me
N
OMe
OMe
B
②
③
Me
HN
OMe
OMe
C
+
Br
Cl
1-ブロモ-3-クロロプロパン
④
Br
+
MeO
MeO
CN
臭化イソプロピル
3,4-ジメトキシフェニルアセトニトリル
⑤
H_2N
OMe
OMe
D
+
O
Cl—C—OEt
クロロギ酸エチル

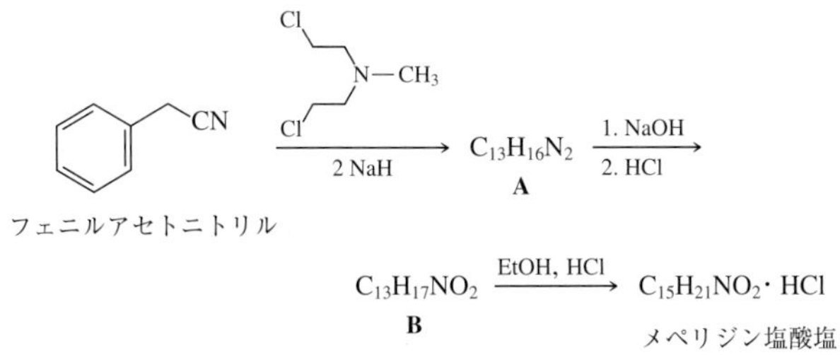

19. エノラートアニオンとエナミン   643

(a) **A**および**B**の構造式を書け．
(b) **A**が生成する機構を示せ．

19・66 ベラパミルは，心筋への血流不足による狭心症を治療するための冠動脈の血管拡張神経薬である．この化合物の冠動脈の状態に対する効果は，30年以上も前から知られていたものの，最近になってようやくカルシウムチャネルの阻害薬として働くことが解明された．収束的合成のための逆合成解析を前ページに示す．**A**と**B**を別べつに合成した後に二つを縮合して（つまり合成経路が収束して）最終化合物が得られるため，本合成は収束的であるといえる．一般に収束的合成は，工程を順に重ねて骨格を構築するよりも，大幅に効率的である．

(a) この逆合成解析に基づき，化合物名を書いた四つの出発物からベラパミルを合成する方法を示せ．ただし，立体化学は考慮しなくてよい．
(b) **D**から**C**への変換には，2工程を要する．最初の工程では，**D**にクロロギ酸エチルを作用させる．最初の工程の生成物を示せ．また，この生成物を**C**に変換するために必要な反応剤を答えよ．
(c) **C**を**B**に変換する求核置換反応における位置選択性を説明せよ．

19・67 次に示す逆合成解析に基づき，抗凝血薬（血液凝固の阻害薬）ジフェナジオンを合成する方法を示せ．

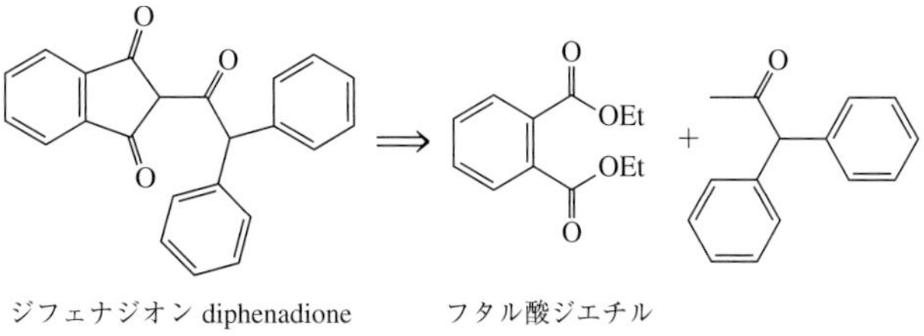

この化合物は抗凝血活性のため殺鼠剤として使用される．（抗凝血薬ジクマリンの発見物語については，18章"身のまわりの化学 カビのはえたクローバーから抗凝血薬へ"参照．）

19・68 次に抗コリン薬シクリミンの二つの逆合成解析を示す．この解析に基づく合成経路をそれぞれ答えよ．ただし，立体化学は考慮しなくてよい．

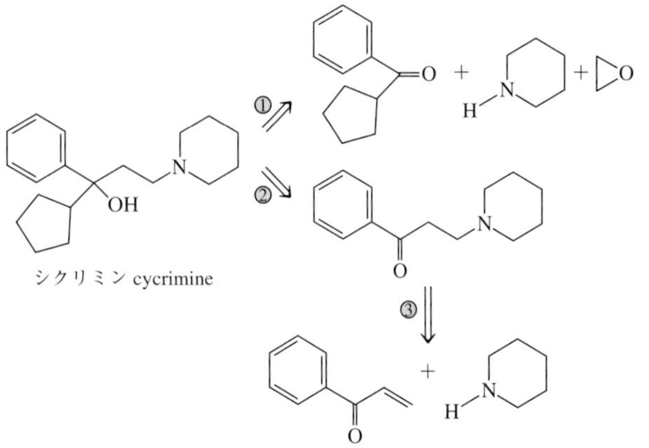

19・69 マロン酸ジエチルをカルボキサミド部分の出発物として用いて，精神安定薬バルノクタミドを合成する方法を示せ．ただし，立体化学は考慮しなくてよい．

問題19・71 図

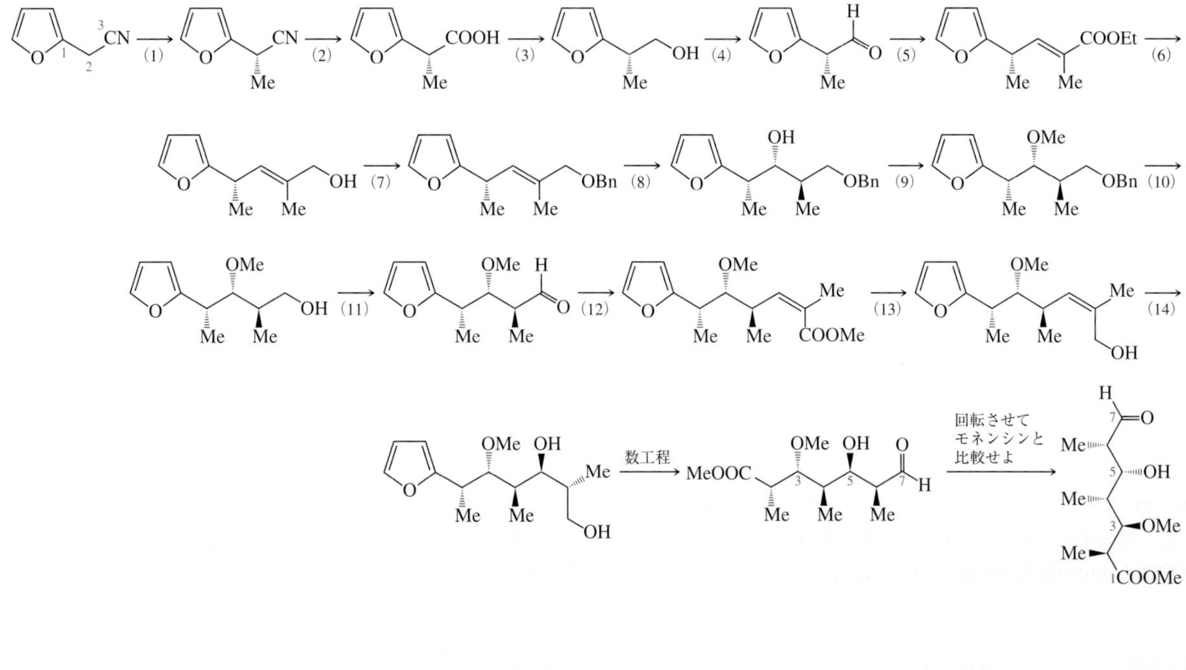

2-エチル-3-メチルペンタンアミド
(バルノクタミド valnoctamide)

19・70 問題 7・28 では，ステロイドホルモンであるプロゲステロンの合成を取上げた．その合成の二つの工程を次に示す．段階 3 で生成する中間体の構造式を示せ．また，プロゲステロンへと至る段階 4 の機構を示せ．

C →(3. O₃ 4. 5% KOH/H₂O)→ プロゲステロン progesterone

19・71 ポリエーテル抗生物質のモネンシンは，*Streptomyces cinamonensis* 菌株から 1967 年に単離され，その後すぐに構造が決定された．

モネンシン monensin

この分子は幅広い抗コクシジウム活性をもつため，1971 年に導入されて以来，家禽類のコクシジウム症の治療や畜牛飼料の添加剤として利用されている．モネンシンの最初の合成では，部分構造をもついくつかの分子を合成して，それらを縮合することで標的分子をつくり上げる方法がとられた．分子左側の 7 炭素分子の合成工程の概略を前ページに示す．
段階 1～14 に必要な反応剤を示せ．この部分構造は，5 個のキラル中心をもっているが，それぞれの工程で生じる立体化学については考慮しなくてよい．

多段階合成の問題

19・72 2-メチルプロピルベンゼンを 4-フェニル-3-ブテン-2-オンに変換する方法を示せ．ただし，炭素源としては 2-メチルプロピルベンゼンのみを用い，そのほかに必要な反応剤と途中の合成中間体もすべて示せ．

2-メチルプロピルベンゼン → 4-フェニル-3-ブテン-2-オン (E,Z 混合物)

19・73 エタノールを 2-ペンタノンに変換する方法を示せ．ただし，炭素源としてはエタノールのみを用い，そのほかに必要な反応剤と途中の合成中間体もすべて示せ．

エタノール → 2-ペンタノン

19・74 エタノール，ホルムアルデヒドとアセトンを 2-アセチル-5-オキソヘキサン酸エチルのラセミ体に変換する方法を示せ．ただし，炭素源としてはエタノール，ホルムアルデヒド，アセトンのみを用い，そのほかに必要な反応剤と途中の合成中間体もすべて示せ．

エタノール　ホルムアルデヒド　アセトン → 2-アセチル-5-オキソヘキサン酸エチル

19・75 シクロヘキサンとエタノールを 2-オキソシクロペンタンカルボン酸エチルのラセミ体に変換する方法を示せ．ただし，炭素源としてはシクロヘキサンとエタノールのみを用い，そのほかに必要な反応剤と途中の合成中間体もすべて示せ．

シクロヘキサン　エタノール → 2-オキソシクロペンタンカルボン酸エチル

19・76 シクロヘキサンとエタノールを 2-アセチルシクロヘキサノンのラセミ体に変換する方法を示せ．ただし，炭素源としてはシクロヘキサンとエタノールのみを用い，そのほかに必要な反応剤と途中の合成中間体もすべて示せ．

シクロヘキサン　エタノール → 2-アセチルシクロヘキサノン

19・77 2-オキセパンとエタノールを 1-シクロペンテンカルボアルデヒドのラセミ体に変換する方法を示せ．ただし，炭素源としては 2-オキセパンのみを用い，そのほかに必要な反応剤と途中の合成中間体もすべて示せ．

2-オキセパン + EtOH → 1-シクロペンテンカルボアルデヒド

関連する反応

19・78 アトルバスタチンは，高コレステロール治療薬としてよく用いられる．（アトルバスタチンの詳細に関しては，10 章 "生化学とのつながり 薬物と受容体の相互作用における水素結合の重要性" を参照．）アトルバスタチンの合成では，次に示すエノラート反応を用いる．90%の収率で得られるこの反応の主生成物を書け．

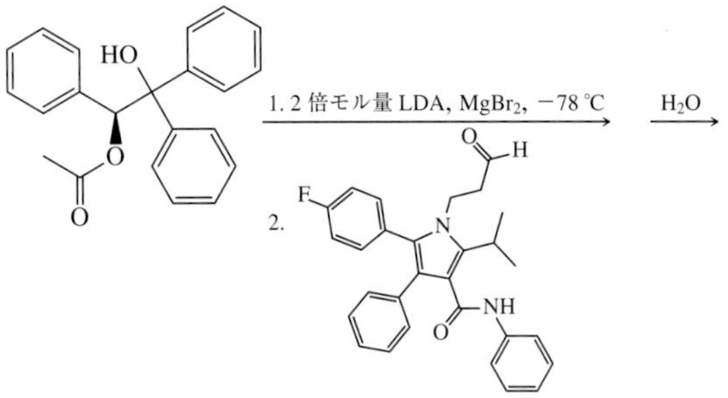

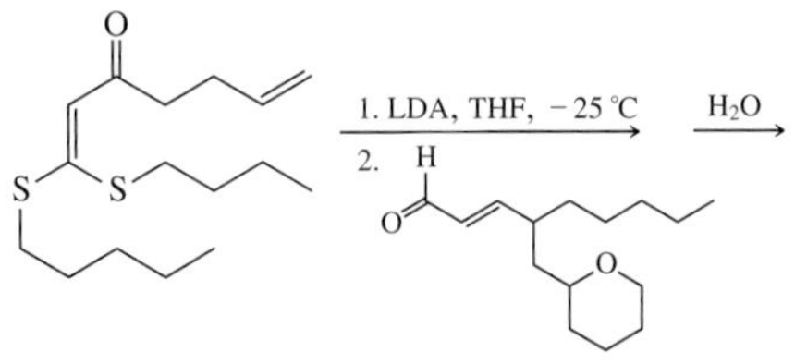

二つの化合物が生成する可能性があるが，この反応の条件下において生じる主生成物を予想せよ．また，その理由を述べよ．

19・80 次の分子は，酢酸ピロリジウム(プロトン化されたピロリジン)の存在下で分子内反応を起こす．脱水反応が含まれるとして，予想される生成物を書け．

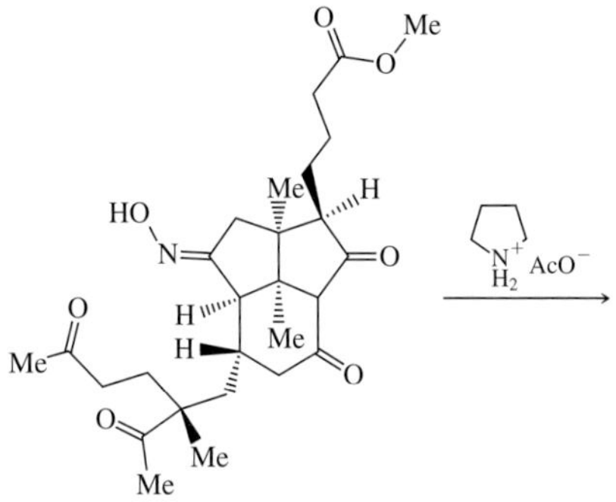

この反応には，いくつかの注目すべき点がある．まず，MgBr$_2$ と Li が交換し，Mg エノラートが生じる．この交換は，立体化学の制御に必要である．出発物はキラルであり，単一のエナンチオマーが使用されている．この反応の生成物は，ラセミ体ではなく，二つのエナンチオマーの 97：3 混合物(94% ee)である．どちらのエナンチオマーが優先するかを答える必要はないが，キラルな出発物の単一エナンチオマーを利用して，反応生成物の立体化学を制御できると，キラルな薬の大量合成において時間と費用が削減できることは知る必要がある．

19・79 E. J. Corey は，トロンボキサン B$_2$ の合成において次に示す反応を利用した．

19・81 有機銅は α,β-不飽和カルボニル種と反応して，1,4 付加生成物をおもに与える．一方，グリニャール反応剤は同じカルボニル基に対して，通常 1,2 付加を起こす．1,4 付加生成物の収率を向上させるためには，CuI を添加して，グリニャール反応剤を反応溶液中で有機銅反応剤に変換する．次の反応における主生成物をその立体化学がわかるように書け．ただし，より安定ないす形生成物が優先して生成するものとする．

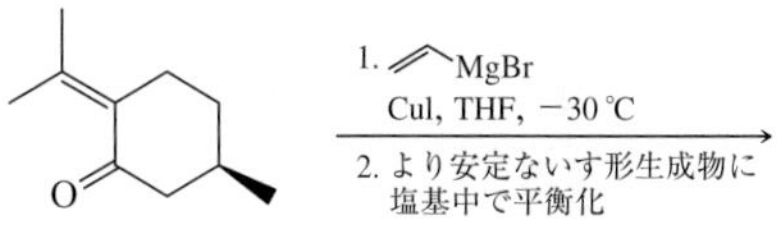

19章の反応

19章で説明した炭素−炭素結合生成反応を以下に示す．それぞれの反応に必要な反応剤を灰色の囲みで示した．

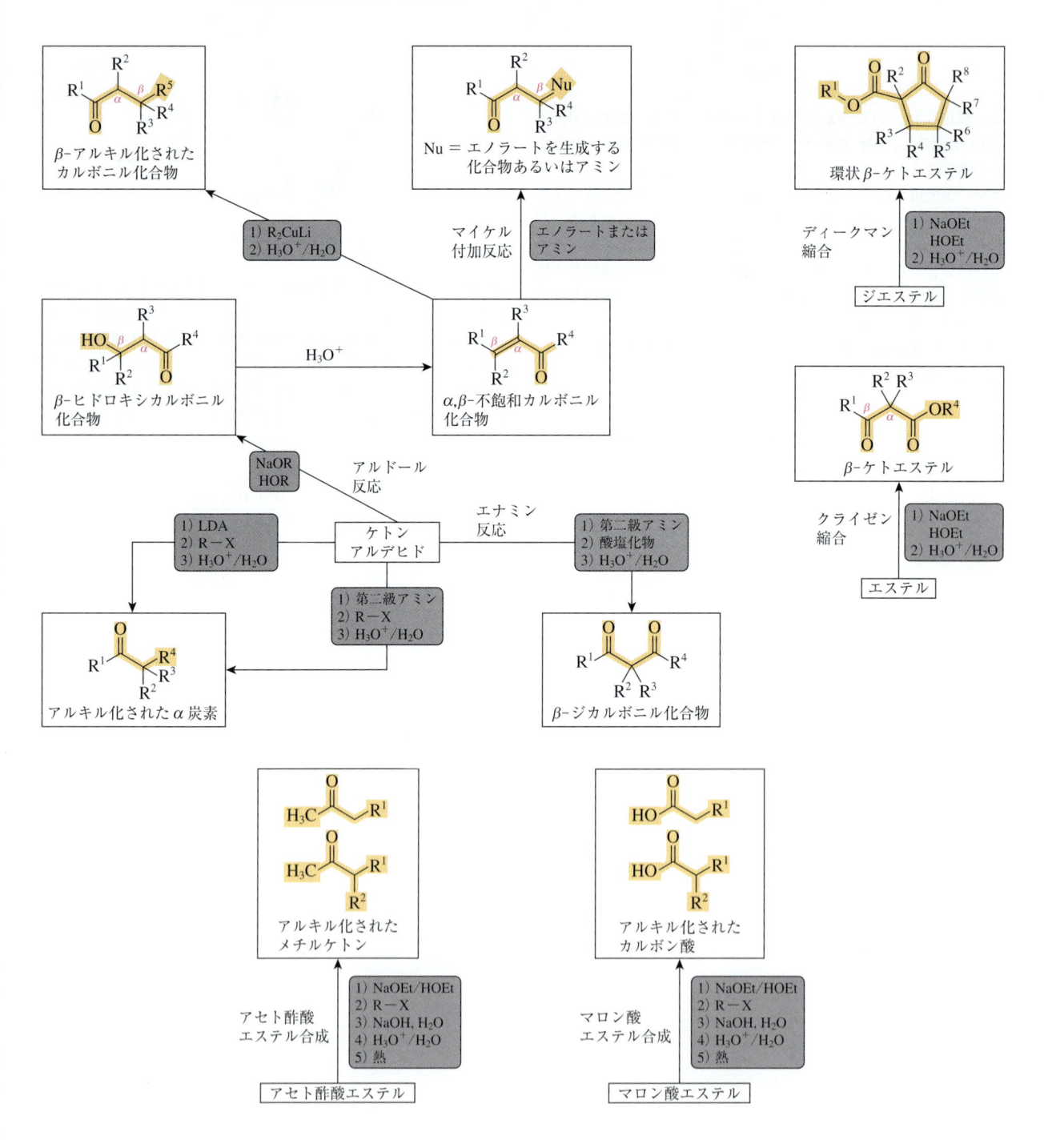

20章

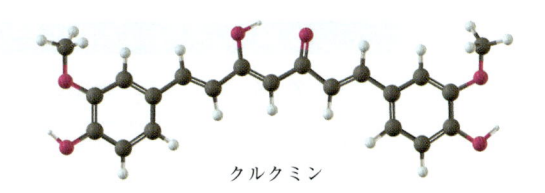

クルクミン

20・1 共役ジエンの安定性
20・2 共役ジエンへの求電子付加反応
20・3 紫外-可視分光法
20・4 ペリ環状反応の理論
20・5 ディールス-アルダー反応
20・6 シグマトロピー転位

ジエン, 共役系, ペリ環状反応

5章と6章では,孤立した炭素－炭素二重結合をもつアルケンの構造と特徴的な反応を学んだ.本章では,複数の二重結合を隣接してもつ分子について説明する.このような化合物のπ結合は,**共役**しているという.共役系では,隣接する2p軌道の間に部分的な重なりが生じるように,2p軌道が同じ方向を向いて平行に並んでいる.その結果,π電子は二つの炭素原子間に局在化することはなく,共役系を構成するπ軌道全体に**非局在化**する.

共役 conjugation 二つの二重結合が単結合で直接つながっていることをいう.たとえば,共役ジエン,共役カルボニル化合物などという.

非局在化 delocalization

20・1 共役ジエンの安定性

分子内に二つの炭素－炭素二重結合をもつ化合物である**ジエン**は,非共役,共役,集積の三つに分類できる.**非共役ジエン**の二つの二重結合は一つ以上の原子で隔てられている.**共役ジエン**の二つの二重結合は単結合で直接つながっている.**集積ジエン**の二つの二重結合は sp 混成の炭素を共有している.集積ジエンの二つの二重結合のπ軌道は互いに直交しており,共役していない.

非共役ジエン unconjugated diene

共役ジエン conjugated diene

集積ジエン cumulated diene 二つの炭素－炭素二重結合が sp 混成の炭素を共有しているジエン.

1,4-ペンタジエン
(非共役ジエン)

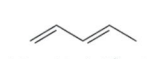

1,3-ペンタジエン
(共役ジエン)

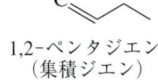

1,2-ペンタジエン
(集積ジエン)

例題 20・1

次の分子のうち,共役二重結合をもつものを示せ.

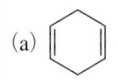

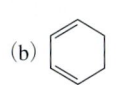

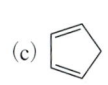

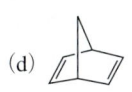

(a)　(b)　(c)　(d)

解答　化合物(b)と(c)は共役二重結合をもつ.化合物(a)と(d)の二重結合は共役していない.

問題 20・1　次のテルペン(§5・4参照)のうち,共役二重結合をもつものを示せ.

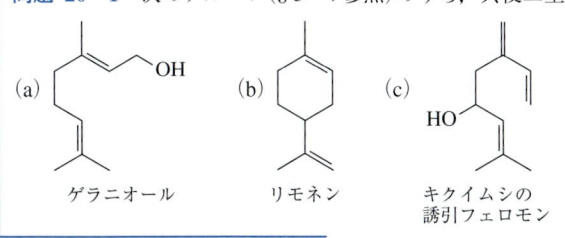

(a) ゲラニオール
(b) リモネン
(c) キクイムシの誘引フェロモン

代表的なアルケンとジエンの水素化熱を表20・1に示す.これらのデータから,共

表 20・1 代表的なアルケンとジエンの水素化熱

名　称	構造式	$\Delta H°$ kJ mol^{-1} (kcal mol^{-1})
1-ブテン		$-127\,(-30.3)$
1-ペンテン		$-126\,(-30.1)$
cis-2-ブテン		$-120\,(-28.6)$
trans-2-ブテン		$-115\,(-27.6)$
1,3-ブタジエン		$-237\,(-56.5)$
trans-1,3-ペンタジエン		$-226\,(-54.1)$
1,4-ペンタジエン		$-254\,(-60.8)$

役ジエンと非共役ジエンの相対的な安定性を比較できる.

最も単純な共役ジエンである 1,3-ブタジエンは，4 個の炭素しかもたないため，比較するのに適切な同じ分子式をもつ非共役ジエンが存在しない．しかし以下のようにすれば，二つの二重結合の共役による安定化効果を見積もることができる．1-ブテンの水素化熱は -127 kJ mol^{-1} (-30.3 kcal mol^{-1}) である．1,3-ブタジエンの二つの末端二重結合はどちらも，1-ブテンの二重結合と同じ置換形式であるため，1,3-ブタジエンの水素化熱は -254 kJ mol^{-1} (-60.6 kcal mol^{-1}, 1-ブテンの 2 倍) と予想できる．しかし，実際の 1,3-ブタジエンの水素化熱は，-237 kJ mol^{-1} (-56.5 kcal mol^{-1}) であり，予想よりも 17 kJ mol^{-1} (4.1 kcal mol^{-1}) だけ小さい．

$$2 \text{ CH}_2=\text{CHCH}_2\text{CH}_3 + 2\,\text{H}_2 \xrightarrow{\text{触媒}} 2 \text{ CH}_3\text{CH}_2\text{CH}_2\text{CH}_3$$
$$\Delta H° = 2\,(-127\text{ kJ mol}^{-1}) = -254\text{ kJ mol}^{-1}$$

$$\text{CH}_2=\text{CHCH}=\text{CH}_2 + 2\,\text{H}_2 \xrightarrow{\text{触媒}} \text{CH}_3\text{CH}_2\text{CH}_2\text{CH}_3$$
$$\Delta H° = -237\text{ kJ mol}^{-1}$$

1-ブテン，1,3-ブタジエン，ブタンのエネルギーの関係を図に表すと図 20・1 のようになる．1-ブテンの水素化も 1,3-ブタジエンの水素も両方発熱反応であり，生成する化合物はどちらもブタンで同一の化合物である．水素化される不飽和化合物が安定であるほど水素化熱は小さくなる．すなわち，1,3-ブタジエンにおける共役による安定化効果は約 17 kJ mol^{-1} (4.1 kcal mol^{-1}) と見積もることができる．

他のジエンについても同様な結果が得られる．このような計算から共役ジエンは，異性体である非共役ジエンよりも 14.5〜17 kJ mol^{-1} (3.5〜4.1 kcal mol^{-1}) 安定であることがわかる．共役による安定化は一般にみられる現象であり，共役した二重結合をもつ化合物は，共役していない二重結合をもつ構造異性体よりも安定である．たとえば，2-

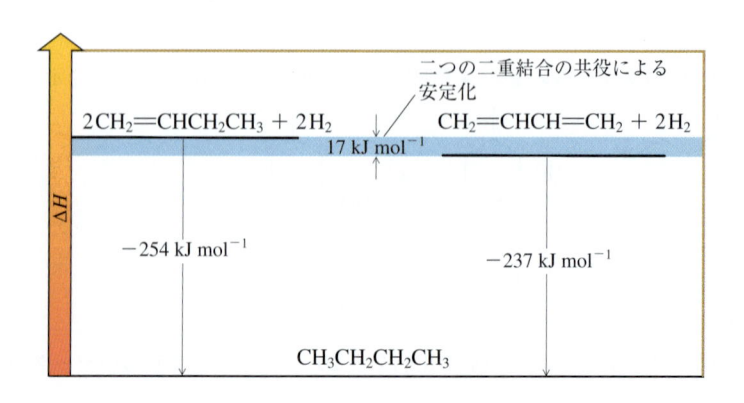

図 20・1 ブタジエンの二つの二重結合の共役安定化．共役による安定化効果は約 17 kJ mol^{-1} (4.1 kcal mol^{-1}) と見積もられる．

20・1 共役ジエンの安定性　649

シクロヘキセノンは，3-シクロヘキセノンよりも安定である．

2-シクロヘキセノン（より安定）　⇌　3-シクロヘキセノン（より不安定）

　共役ジエンの安定性は，電子の非局在化に由来する．共役していない二重結合のπ電子は，それぞれの二重結合上に局在化している．一方，共役二重結合の4個のπ電子は同じ方向を向いた四つの2p軌道全体に非局在化している．すでにさまざまな例で述べたが，電子が非局在化することによって分子の安定性が増す．

　分子軌道法によれば，ジエンの共役系は四つの2p原子軌道が線形結合してできる四

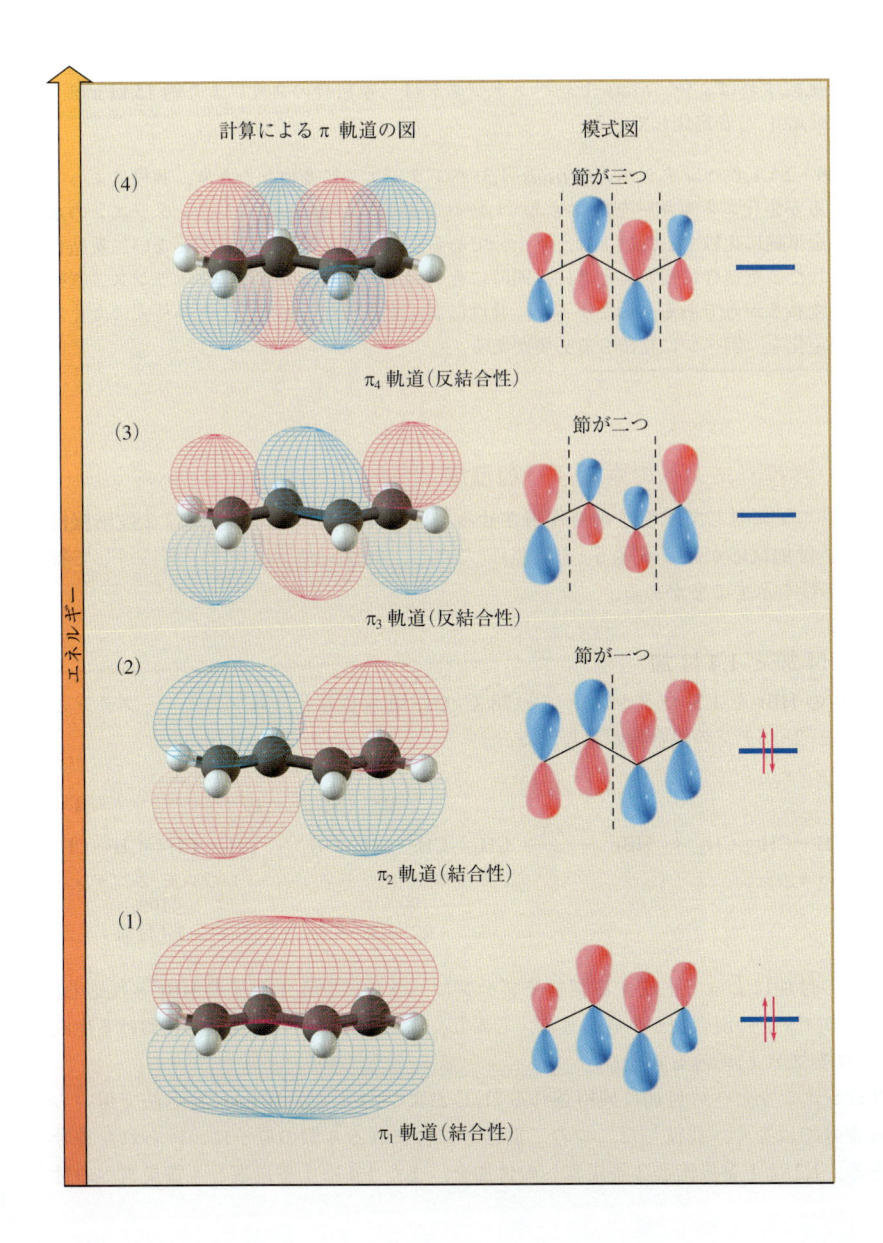

図 20・2　1,3-ブタジエンの構造と分子軌道モデル．四つの平行に向きの揃った2p原子軌道の組合わせによって，二つの結合性（分子）軌道と二つの反結合性（分子）軌道が生じる．基底状態では，二つの結合性分子軌道のそれぞれにスピン対をなす二つの電子が入る．反結合性分子軌道に電子は入らない．

つのπ分子軌道によって表される．たとえば，ブタジエンの共役系では，隣接する同じ方向を向いた四つの2p原子軌道がそれぞれの間で側面で部分的に重なり合い，分子全体に広がる四つの分子軌道が生成する（図20・2）．これらの分子軌道には，0〜3個の節がある．基底状態では，4個のπ電子はすべてπ結合性分子軌道に入っている．2電子が入っている最もエネルギーの低い分子軌道では，中央の二つの炭素のp軌道の間にも重なりがある．このことは，π電子が分子全体に非局在化しており，中央の炭素－炭素間にも二重結合性がある程度あることを示唆する．このようなπ電子の非局在化は，共役系の最も際立った性質である．反応性やスペクトルにみられる多くの特徴も，このπ電子の非局在化に起因する．また，軌道の重なりが最大になるためには，四つのsp^2混成原子が同一平面上にあり，かつ2p軌道が同じ方向を向く必要がある．

> **例題 20・2**
>
> *trans*-1,3-ペンタジエンにおける二重結合の共役による安定化エネルギーを，表20・1の値に基づいて計算せよ．
>
> **解答** 1-ペンテンと*trans*-2-ブテンの水素化熱の合計と，*trans*-1,3-ペンタジエンの水素化熱を比較すればよい．*trans*-1,3-ペンタジエンは二重結合の共役により約 15 kJ mol^{-1}（3.6 kcal mol^{-1}）安定化している．
>
> **問題 20・2** 1,4-ペンタジエンを*trans*-1,3-ペンタジエンに変換したとき，共役によって得られる安定化エネルギーを計算せよ．1,4-ペンタジエンと*trans*-1,3-ペンタジエンの水素化熱を単純に比較するだけでは，不十分である．なぜならば，共役していない二重結合が共役した二重結合に変わるときに，同時にその置換様式も一置換体からトランス二置換体へと変わるからである．したがって，共役によって得られる安定化と置換様式の変化による安定化を，別べつに見積もる必要がある．

20・2　共役ジエンへの求電子付加反応

共役ジエンに対して求電子剤を作用させると，単純なアルケンと同様に2段階機構の求電子付加反応が起こる（§6・3参照）．ただし，共役ジエンは求電子剤に対して特有の反応性を示すことがある．

1,2付加 1,2 addition　直接付加ともいう．

1,4付加 1,4 addition　共役付加ともいう．

A.　1,2付加 と 1,4付加

1 mol の HBr を 1,3-ブタジエンに $-78\,°C$ で作用させると，3-ブロモ-1-ブテンと 1-ブロモ-2-ブテンの混合物が得られる．

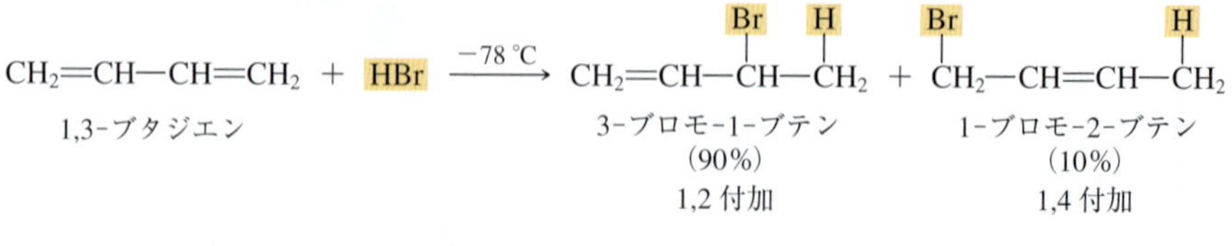

CH$_2$=CH−CH=CH$_2$　+　HBr　$\xrightarrow{-78\,°C}$　CH$_2$=CH−CH(Br)−CH$_2$(H)　+　CH$_2$(Br)−CH=CH−CH$_2$(H)

1,3-ブタジエン　　　　　　　　　3-ブロモ-1-ブテン　　　　1-ブロモ-2-ブテン
　　　　　　　　　　　　　　　　　　（90%）　　　　　　　　（10%）
　　　　　　　　　　　　　　　　　　1,2付加　　　　　　　　1,4付加

HBr の付加によって生成するブロモブテンは，さらにもう1分子の HBr と反応し，ジブロモブタンの混合物が生成しうる．しかし，ここでは最初の付加反応における生成物（ブロモブテン）のみを考える．

共役ジエンなどへの付加に使用される "1,2" および "1,4" は，IUPAC命名法で用いられる番号ではなく，共役した二つの二重結合に含まれる4個の原子につけられた番号である．1,2 は 1 番炭素と 2 番炭素への付加を，また 1,4 は 1 番炭素と 4 番炭素への付

加を示す．たとえば，マイケル付加(§19・8A 参照)も，1,4 付加の一つである．

1,3-ブタジエンに等モル量の Br_2 を $-15\,℃$ で作用させると，1,2 付加生成物と 1,4 付加生成物の混合物が得られる．

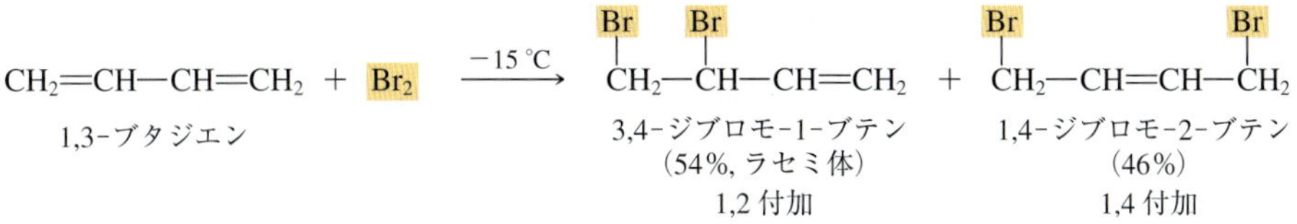

$$CH_2=CH-CH=CH_2 + Br_2 \xrightarrow{-15\,℃} \underset{\substack{3,4\text{-ジブロモ-1-ブテン}\\(54\%,\text{ラセミ体})\\1,2\text{ 付加}}}{CH_2-CH-CH=CH_2} + \underset{\substack{1,4\text{-ジブロモ-2-ブテン}\\(46\%)\\1,4\text{ 付加}}}{CH_2-CH=CH-CH_2}$$

1,3-ブタジエン

上記のように，HBr や Br_2 の 1,3-ブタジエンへの付加反応では，二つの構造異性体が生成する．その機構を次に示す．

反応機構　共役ジエンへの 1,2 付加と 1,4 付加

段階 1: プロトンの付加．求核剤(π 結合)と求電子剤の間の結合生成．求電子付加反応の最初の段階では，一方の二重結合の末端炭素に H^+ が結合して，アリル位カルボカチオンが生じる(§9・3B 参照)．この中間体は二つの共鳴構造の混成体と考えることができる．この安定なカルボカチオンの生成が，律速段階である．

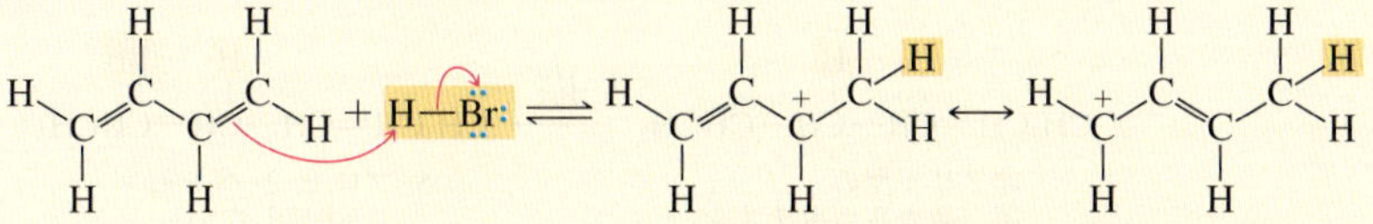

正電荷の非局在化によって安定化された
アリル位カルボカチオン

段階 2: 求核剤と求電子剤の間の結合生成．Br^- が正の部分電荷をもつ二つの炭素のそれぞれと結合をつくり，1,2 付加生成物と 1,4 付加生成物が生じる．

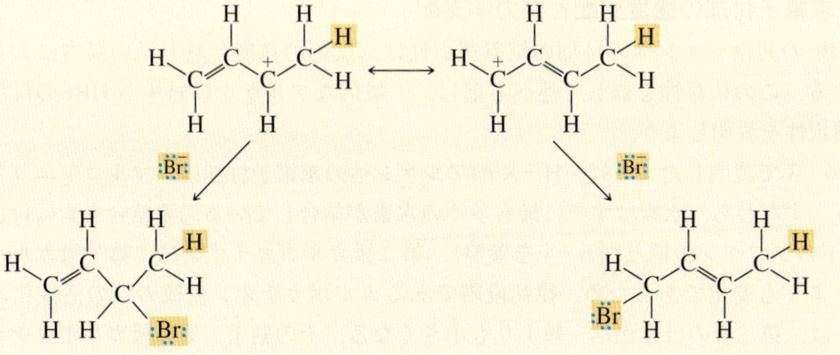

1,2 付加, ラセミ体　　　　　　　　　　　1,4 付加

例題 20・3

HBr の 2,4-ヘキサジエンへの付加では，4-ブロモ-2-ヘキセンと 2-ブロモ-3-ヘキセンの混合物が生じ，5-ブロモ-2-ヘキセンは生成しない．理由を説明せよ．

解答　2,4-ヘキサジエンは共役ジエンであるため，1,2 付加生成物と 1,4 付加生成物が得られる可能性がある．まず，2 番の炭素が H^+ と結合し(段階 1, 律速段階)，共鳴安定化された第二級アリル位カルボカチオンが生じる．この中間体の正の部分電荷をもつ二つの炭素のうち 3 番の炭素に Br^- が結合すると 1,2 付加生成物である 4-ブロモ-2-ヘキセンが生成し，5 番の炭素に Br^- が結合すると 1,4 付加生成物である 2-ブロモ-3-ヘキセンが生成する(段階 2)．

$$\text{CH}_3\text{CH}=\text{CH}-\text{CH}=\text{CHCH}_3 + \text{H}-\text{Br}: \longrightarrow$$

$$\text{CH}_3\text{CH}=\text{CH}-\overset{+}{\text{CH}}-\text{CHCH}_3 \longleftrightarrow \text{CH}_3\overset{+}{\text{CH}}-\text{CH}=\text{CH}-\text{CHCH}_3$$

電荷の非局在化によって安定化された
第二級アリル位カルボカチオン

4-ブロモ-2-ヘキセン	2-ブロモ-3-ヘキセン
1,2 付加, ラセミ体	1,4 付加, ラセミ体

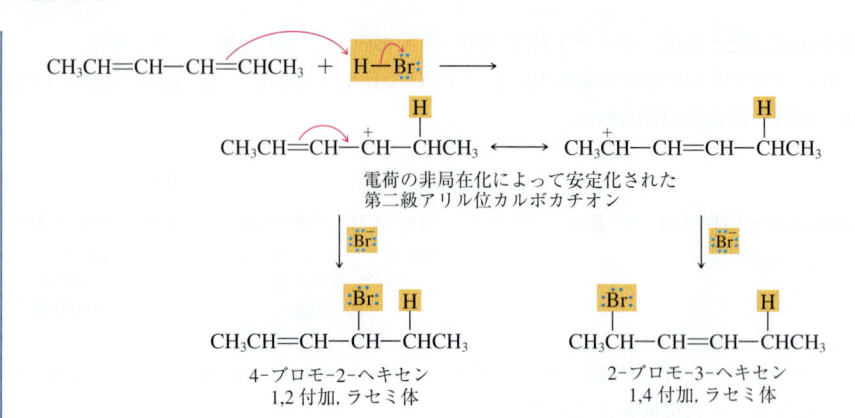

5-ブロモ-2-ヘキセンが生成するためには, H^+ が 3 番の炭素に結合して, 第二級カルボカチオンを生じる必要がある. このカルボカチオンは, 共鳴安定化されたアリル位カルボカチオンに比べて不安定である. より不安定な第二級カルボカチオンの生成に必要な活性化エネルギーは, より安定なアリル位カルボカチオンの生成に必要な活性化エネルギーと比べて, 格段に大きい. そのため, 5-ブロモ-2-ヘキセンは生成しない.

$$\text{CH}_3\text{CH}=\text{CH}-\text{CH}=\text{CHCH}_3 + \text{H}-\text{Br}: \longrightarrow$$

$$\text{CH}_3\text{CH}=\text{CH}-\overset{+}{\text{CH}}-\text{CHCH}_3 \xrightarrow{:\text{Br}:^-} \text{CH}_3\text{CH}=\text{CH}-\text{CH}-\text{CHCH}_3$$

非アリル型の
第二級カルボカチオン

5-ブロモ-2-ヘキセン
（生成しない）

問題 20・3 Br_2 が 2,4-ヘキサジエンへ付加することにより生成する化合物を予想せよ.

B. 求電子付加の速度支配と熱力学支配

HBr の共役ジエンへの付加の位置選択性は, 反応の速度と熱力学の双方に大きく依存する. この依存性を詳しく述べる前に, 一般的なアルケンに対する HBr の付加の位置選択性を説明しよう.

§6・3 で説明したように, H−X のアルケンへの求電子付加は, マルコフニコフ則に従う. すなわち, 水素はすでに最も多くの水素が結合している二重結合炭素に付加する（以下のプロペンの例と図 6・4 を参照）. 第二級カルボカチオンは, 第一級カルボカチオンよりも安定であるため, 律速段階であるカルボカチオン生成の際の活性化エネルギーは, 第二級のほうが第一級よりも小さくなる. その結果, 第二級カルボカチオンを経由してマルコフニコフ生成物がより速やかに生じる. §19・9D で述べたように, 複数の化合物が生成する可能性があり, それぞれの生成物に至る反応の速度によって生成物の生成比が決まる場合, その反応は**速度支配**下にある.

速度支配 kinetic control

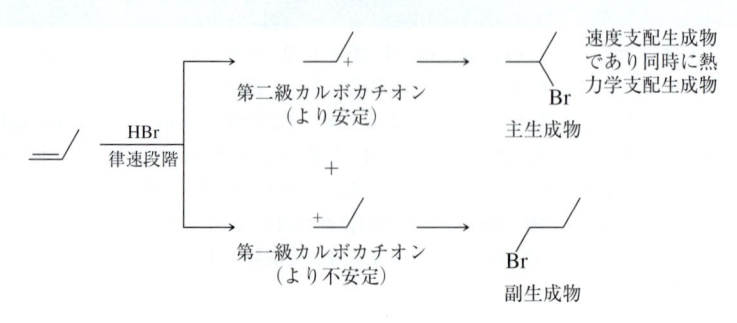

プロペンのような一般的なアルケンに対する求電子付加では，マルコフニコフ則によって予想される生成物は熱力学的に，より安定である．**熱力学支配**下では，生成物の比は，それぞれの生成物の熱力学的安定性によって決まる．そのため，通常のアルケンへの H-X の求電子付加は，速度支配のもとでも熱力学支配のもとでも，同じ生成物を優先的に与える．たとえば，プロペンへの HBr の求電子付加では，生成物の比は多少温度に依存するものの，温度にかかわらず主生成物は同じである．このように，より速やかに生じる生成物が，同時に熱力学的にも最も安定である場合は多いが，例外もたくさんあることに注意しなければならない．実際，次に説明するように，共役ジエンに対する HBr の付加では，速度支配であるか熱力学支配であるかによって異なる主生成物を与える．

熱力学支配 thermodynamic control, equilibrium control

　実験条件を選ぶことにより，反応を速度支配下で行うか，あるいは熱力学支配下で行うかを制御できる．よく利用される制御法として，反応温度の選択がある．一般に，低温では出発物と生成物とが平衡になりにくいため，反応は速度支配下で起こる．逆に，高温では逆反応がより容易になり，出発物と生成物とが平衡になりやすいため，反応を熱力学支配にすることができる．

　前項では，共役ジエンへの求電子付加によって 1,2 付加生成物と 1,4 付加生成物の混合物が得られることを述べた．実際に 1,3-ブタジエンへの求電子付加反応を行うと，次のようなことが観察される．

1. $-78\,°\mathrm{C}$ における HBr の付加および $-15\,°\mathrm{C}$ における Br_2 の付加では，1,2 付加生成物のほうが優先して得られる．一般に，低温では 1,4 付加に対して 1,2 付加が優先して起こる．
2. より高温 (一般的には $40\sim60\,°\mathrm{C}$) での HBr の付加および Br_2 の付加では，1,4 付加生成物のほうが優先して得られる．
3. 低温での付加反応によって得られた 1,2 付加生成物と 1,4 付加生成物の混合物をそのまま反応溶液中で加熱すると，徐々にその比が変わり，最終的には高温での付加によって得られる生成物の比と同じになる．このように，1,2 付加生成物と 1,4 付加生成物は高温で平衡になって，1,4 付加生成物が優先するようになる．

　以上の実験結果は，低温での反応は速度支配下にあり，高温での反応は熱力学支配下にあることを示している．低温では，1,2 付加のほうが 1,4 付加よりも速く進行する．1,2 付加生成物と 1,4 付加生成物は平衡状態にならないため，1,2 付加生成物がそのまま優先して得られる．一方，高温では 1,2 付加生成物と 1,4 付加生成物は平衡状態にあり，1,4 付加生成物のほうが 1,2 付加生成物よりも熱力学的に安定であるため，1,4 付加生成物が優先して得られる．

　HBr の 1,3-ブタジエンへの求電子付加における速度支配と熱力学支配の関係を，図 20・3 に示す．中央のギブズ自由エネルギーの極小点は，1,3-ブタジエンの末端炭素へのプロトン移動により生じたアリル位カルボカチオン中間体に対応する．破線は，π 電子が非局在化していることを表している．この中間体から左へ向かうと臭化物イオンとの反応により，より熱力学的に不安定な 1,2 付加生成物が生成し，右へ向かうとより熱力学的に安定な 1,4 付加生成物が生成する．図からわかるように，左側の山のほうが右側の山より低い．すなわち 1,2 付加生成物に至る活性化エネルギーのほうが，1,4 付加生成物に至る活性化エネルギーよりも小さい．このため，速度支配下では 1,2 付加生成物が優先する．一方，平衡状態が生じる熱力学支配下，つまりどちらのエネルギーの山も容易に越えられる条件下では，熱力学的により安定な 1,4 付加生成物が優先する．

　共役ジエンの求電子付加における速度支配および熱力学支配をより深く理解するため

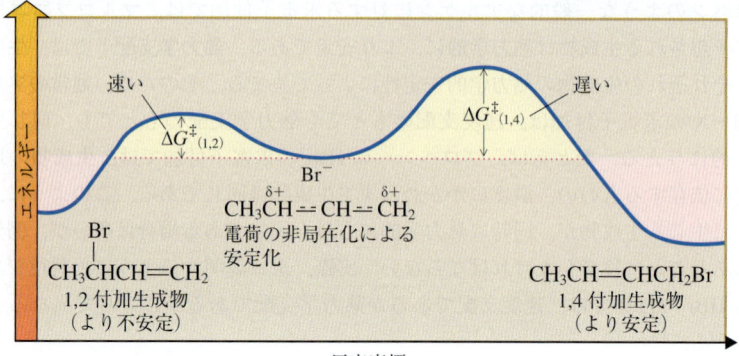

654   20. ジエン，共役系，ペリ環状反応

図 20・3 速度支配と熱力学支配.
1,3-ブタジエンへの HBr の求電子付加反応の第二段階の反応座標図. 共鳴安定化されたアリル位カルボカチオン中間体(中央)に臭化物イオンが結合する. 左の遷移状態を経由すると 1,2 付加生成物に至り, 右の遷移状態を経由すると 1,4 付加生成物に至る.

エネルギー — 反応座標

速い $\Delta G^{\ddagger}_{(1,2)}$ — 遅い $\Delta G^{\ddagger}_{(1,4)}$

Br⁻
$CH_3CH \stackrel{\delta+}{=\!=\!=} CH \stackrel{\delta+}{=\!=\!=} CH_2$
電荷の非局在化による安定化

$\underset{Br}{CH_3CHCH=CH_2}$
1,2 付加生成物
(より不安定)

$CH_3CH=CHCH_2Br$
1,4 付加生成物
(より安定)

には，次の点についてさらに考える必要がある.

1. なぜ 1,2 付加生成物(より不安定な生成物)が，低温においてより速く生成するのか. まず，次の二つの共鳴構造のどちらがアリル位カルボカチオン中間体の共鳴混成体により大きく寄与しているかを考える. そのさい, それぞれの共鳴構造のカチオン性炭素と炭素-炭素二重結合の置換基の数が重要となる.

$CH_2=CH-\overset{+}{C}H-CH_3 \longleftrightarrow \overset{+}{C}H_2-CH=CH-CH_3$
置換基がより少ない　　　　　　　　　置換基のより多い
第二級カルボカチオン　　　　　　　　第一級カルボカチオン

　第二級カルボカチオンは第一級カルボカチオンよりも安定である. 一方, 二重結合の置換基が多いほうがより安定である(§6・6B 参照). 正電荷をもつ炭素上の置換基の数がより重要であれば, 左の共鳴構造の寄与がより大きく, もし炭素-炭素二重結合の置換基の数がより重要であれば, 右の共鳴構造の寄与がより大きいはずである.
　さまざまな実験結果から, 正電荷をもつ炭素の置換基の数のほうが, 二重結合の置換基の数よりも重要であることがわかっている. この影響により, 正電荷は第二級炭素上により多く分布している. 静電ポテンシャル図からも, 正電荷(青)が第二級炭素上により多く分布していることがわかる. 正電荷がこのように分布しているため, 臭化物イオンは第二級炭素とより速やかに反応し, 1,2 付加が優先して起こる.

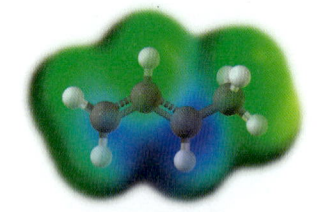

1,3-ブタジエンのプロトン化によって生じたアリル位カルボカチオンの静電ポテンシャル図

2. 1,4 付加生成物の生成が優先するような高温条件でも, 1,2 付加生成物はより速く生成するのだろうか. 答は, Yes である. 共鳴安定化されたアリル位カルボカチオン中間体の構造およびこの中間体と求核剤との反応自体は, 温度によって大きく影響されることはない.

3. なぜ 1,4 付加生成物のほうが熱力学的により安定なのだろうか. これには, 二重結合の置換基の数が関係している. 一般に, 炭素-炭素二重結合の置換基の数が多いほど, 二重結合を含む化合物やイオンは安定になる. 次に示す 1,2 付加生成物と 1,4 付加生成物の組では, どちらの場合も 1,4 付加生成物のほうがより安定である.

$\underset{Br}{CH_3CHCH=CH_2}$ および $\underset{H}{\overset{H_3C}{>}}C=C\underset{CH_2Br}{\overset{H}{<}}$

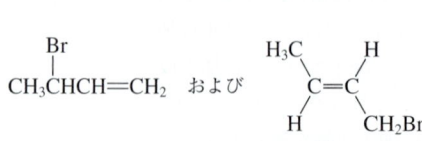

3-ブロモ-1-ブテン　　　　(E)-1-ブロモ-2-ブテン
(より不安定なアルケン)　　(より安定なアルケン)

$BrCH_2CHCH=CH_2$ および $\underset{H}{\overset{BrCH_2}{>}}C=C\underset{CH_2Br}{\overset{H}{<}}$
　　　Br

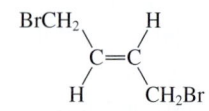

3,4-ジブロモ-1-ブテン　　(E)-1,4-ジブロモ-2-ブテン
(より不安定なアルケン)　 (より安定なアルケン)

ただし，1,2 付加生成物がより安定で，熱力学支配下で主生成物になる場合もある．たとえば熱力学支配の条件下で 1,4-ジメチル-1,3-シクロヘキサジエンに臭素を付加させると，3,4-ジブロモ-1,4-ジメチルシクロヘキセンが生成する．これは 1,4 付加生成物に含まれる二置換二重結合よりも 1,2 付加生成物に含まれる三置換二重結合のほうが安定なためである．

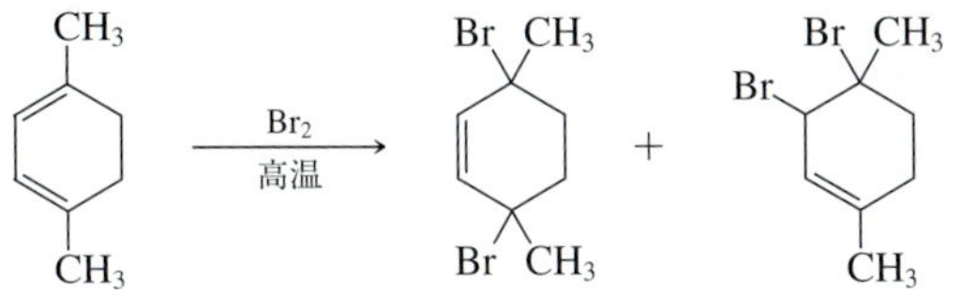

Br₂ / 高温

1,4 付加生成物 （より不安定） ＋ 1,2 付加生成物 （より安定）

4. 高温では，どのような反応機構で熱力学的に不安定な化合物がより安定な化合物に変換されるのだろうか．運動エネルギー，ポテンシャルエネルギー，活性化エネルギーの関係について考えてみよう．どんな溶液反応においても，反応剤はフラスコの中で他の分子と絶えず衝突しており，溶媒分子とは最も頻繁に衝突している．衝突によって運動エネルギーの一部は，ポテンシャルエネルギーに変換され，構造の変形として分子にたくわえられる（この現象はマクロな世界の衝突でも同様である）．ポテンシャルエネルギーが増加して，活性化エネルギー以上になると，化学反応が起こりうる状態になる．すなわち，衝突による構造の変形が大きくなると，結合の開裂や生成が起こる．高温では，1,2 付加生成物や 1,4 付加生成物と溶媒との間の衝突によるエネルギーが大きくなり，C−Br 結合の開裂によって再び共鳴安定化されたアリル位カルボカチオン中間体が生じる．1,2 付加生成物がアリル位カルボカチオンにいったん戻ると，臭化物イオンが再付加するときにより安定な 1,4 付加生成物になりうる．一方，低温では衝突によって得られるポテンシャルエネルギーが C−Br 結合のイオン解離に必要な活性化エネルギーに十分でないため，イオン解離を経る平衡状態には至らない．

上記の例のように，熱力学的に最も安定な生成物が，最も速やかに生じる生成物と同じであるとは限らない．反応が熱力学支配下にあるか，速度支配下にあるかは，反応剤の特徴，反応機構や反応条件に大きく依存する．

20・3 紫外-可視分光法

共役系の重要な特徴として，紫外-可視波長領域の光を吸収して，電子遷移を起こすことがあげられる（表 12・2 参照）．本節では，共役した炭素−炭素二重結合と炭素−酸素二重結合およびそれらの置換形式に関して，紫外-可視領域の吸収から得られる情報について述べる．

A. 紫外-可視光の吸収

　一般的な紫外分光計が測定対象とするのは，**近紫外領域**とよばれる 200 nm から 400 nm の領域である．200 nm より短い波長の光は，測定に特別な機器を必要とするため通常使用されない．一方，一般的な可視分光計が測定対象とするのは，400 nm（紫）から 700 nm（赤）の領域であるが，さらに 800 nm から 1000 nm 程度の（近）赤外領域まで測定できる分光計も多い．

近紫外領域 near ultraviolet

例題 20・4

近紫外スペクトルの測定波長の両端（200 nm および 400 nm）の光エネルギーを計算せよ（§12・1 参照）．

解答 $E = hc/\lambda$ を使う．長さの単位に注意すること．

$$E = \frac{hc}{\lambda} = 3.99 \times 10^{-13} \frac{\text{kJ} \times \text{s}}{\text{mol}} \times 3.00 \times 10^8 \frac{\text{m}}{\text{s}} \times \frac{1}{200 \times 10^{-9} \text{ m}}$$
$$= 598 \text{ kJ mol}^{-1} (143 \text{ kcal mol}^{-1})$$

同様に計算すると，400 nm の波長の光のエネルギーは 299 kJ mol^{-1}（71.5 kcal mol^{-1}）となる．

問題 20・4 一般に紫外-可視分光では，波長をナノメートル（nm）単位で表す．一方，近赤外分光では，波長をマイクロメートル（μm）単位で表す．次の変換をせよ．
(a) 2.5 μm をナノメートル単位で表す．
(b) 200 nm をマイクロメートル単位で表す．

近紫外光と可視光の波長とそれに相当するエネルギーを表 20・2 に示す．
紫外-可視吸収スペクトルでは，横軸に波長を，縦軸に**吸光度 A** をとる．

$$吸光度 A = \log\frac{I_0}{I}$$

上の式での I_0 は試料への入射光の強度であり，I は試料を通過した透過光の強度である．多くの分光計では，吸光度の代わりに**透過率**とよばれる $(I/I_0) \times 100(\%)$ の値が用いられる．

通常，紫外-可視吸収スペクトルには，少数の幅広い吸収帯が現れる．吸収帯が一つしかない場合もある．例として，2,5-ジメチル-2,4-ヘキサジエンの紫外吸収スペクトルを図 20・4 に示す．この共役ジエンの紫外吸収は，200 nm 以下の短波長から始まり約 270 nm に至る幅広い領域にわたり，242 nm に最大吸収を示す．最大吸収波長は，λ_max 242 nm のように表す．

紫外-可視光をどのくらい吸収するかは，その波長で電子遷移を起こす分子の数に比例する．そのため，紫外-可視分光法は試料の定量に用いることができる．吸光度 A（無次元）は，**モル吸光係数** ε（M^{-1}cm^{-1}），溶質の濃度 c（mol L^{-1}，M），試料セル（キュベット）の光路長 l（cm）の積として表される．

$$A = \varepsilon c l$$

表 20・2 近紫外-可視光の波長とエネルギー

スペクトルの領域	波長 (nm)	エネルギー kJ mol^{-1} (kcal mol^{-1})
近紫外	200～400	299～598 (71.5～143)
可視	400～700	171～299 (40.9～71.5)

吸光度 absorbance *A*．特定の波長の光が，ある化合物にどの程度吸収されるのかを定量的に示す無次元の値．I_0 を入射光，I を透過光の強度とすると，$A = \log(I_0/I)$ で表される．

透過率 percent transmittance

モル吸光係数 molar absorption coefficient *ε*．ある化合物の吸光度を濃度（M^{-1}）と光路長（cm^{-1}）で規格化したもの．

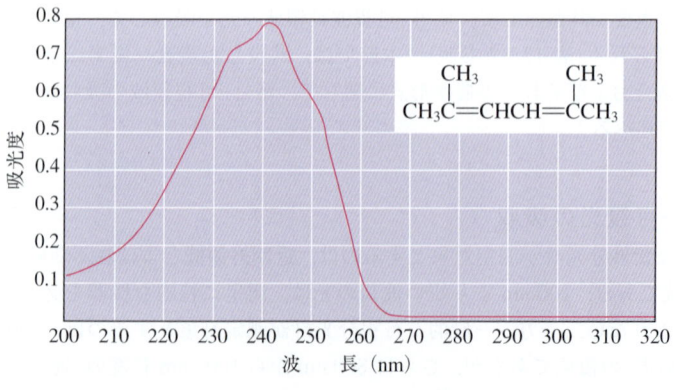

図 20・4 2,5-ジメチル-2,4-ヘキサジエンの紫外吸収スペクトル（メタノール中）．

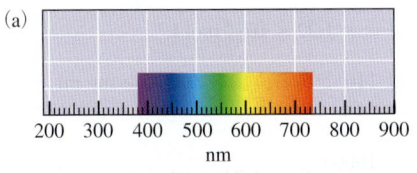

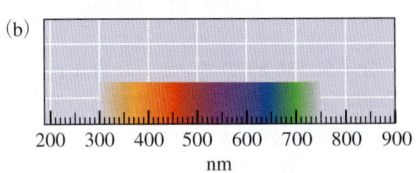

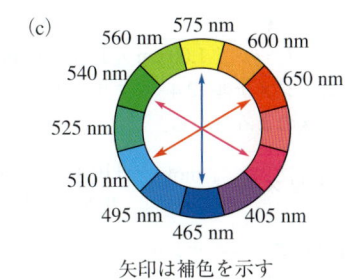

図 20・5 色と光の関係. (a) 可視光の色と波長の関係. (b) 白色光が当たってある波長の単色光が吸収されたときに, 反射された光が示す色. x 軸の目盛は吸収された単色光の波長を示す. (c) 色相環で示される補色の関係.

この式で表される関係は, **ランベルト–ベールの法則**とよばれる.

モル吸光係数は化合物に固有の定数であり, 濃度や光路長などの測定条件が変わっても変化しない. 一般に, $0 \sim 10^6 \, \mathrm{M^{-1} \, cm^{-1}}$ までの値をとり, おおよそ $10^4 \, \mathrm{M^{-1} \, cm^{-1}}$ 以上は強い吸収, $10^4 \, \mathrm{M^{-1} \, cm^{-1}}$ 以下は弱い吸収に分類される. たとえば, 2,5-ジメチル-2,4-ヘキサジエンのモル吸光係数は $13{,}100 \, \mathrm{M^{-1} \, cm^{-1}}$ であり, 強い吸収とみなすことができる.

可視領域の光が物質に当たると, 特定の波長領域の光が吸収され, 残りの波長領域の光が反射されてヒトの目で感知される. 白色光には, 可視領域(400〜740 nm)のすべての波長がほぼ同じ強度で含まれている. 図 20・5(a)のスペクトルからわかるように, 各波長の光は固有の色を示し, ヒトの目はそれぞれ違った色としてそれらを感知する. たとえば 400 nm の光は紫色に見え, 700 nm の光は赤色に見える.

物質によって光が吸収されると, 白色光からその波長の光が除かれ, 残りの波長の光だけが反射される. どのような波長の光が反射されるかによって, 見える色が決まる. ある波長の単色光が吸収された場合に, 物質がどのような色に見えるかを図 20・5(b)に示す. たとえば, 分子が波長 500 nm(水色)の単色光を吸収すると, 残りの波長の光が反射される結果, その分子は赤色に見える. 同様に, 分子が波長 600 nm(オレンジ色)の単色光を吸収すると, その分子は青色に見える.

吸収波長と反射波長との関係は, 色相環で示される補色の関係にほぼ一致する(図 20・5c). 分子はある波長領域の光を吸収し, 残りの波長の光を反射するが, この反射されたすべての波長の光を混合すると, おおよそ吸収された光の色の補色になることが経験的にわかっている. つまり, ある色の光を吸収する分子は, 色相環で反対側にある色を示すことになる. 図 20・5 の色相環には, 参考のためにその色を示す単色光の波長も表示してある.

可視領域に複数の強い吸収をもつ分子の場合は, 反射光の色の解釈はもっと複雑になるが, 基本的な考え方は同じである. 物質は, 反射された(吸収されなかった)光をすべて混合した色に見える.

ランベルト–ベールの法則 Lambert-Beer law

例題 20・5

メタノール中での 2,5-ジメチル-2,4-ヘキサジエンのモル吸光係数は, $13{,}100 \, \mathrm{M^{-1} \, cm^{-1}}$ である. 吸光度が 1.6 になるような溶液のジエンの濃度を計算せよ. 光路長は 1.00 cm とし, 次のそれぞれの単位で答えよ.

(a) $\mathrm{mol \, L^{-1}}$ (b) $\mathrm{mg \, mL^{-1}}$

解答 ランベルト–ベールの式に, 光路長, 吸光度, モル吸光係数を代入し, 濃度を求めればよい.

(a) $c = \dfrac{A}{l \times \varepsilon} = \dfrac{1.6}{1.00 \text{ cm} \times 13{,}100 \text{ L}\cdot\text{mol}^{-1}\text{cm}^{-1}} = 1.22 \times 10^{-4} \text{ mol L}^{-1}$

(b) 2,5-ジメチル-2,4-ヘキサジエンの分子量は110である．試料の濃度を mg mL^{-1} で表すと次のようになる．

$$1.22 \times 10^{-4} \dfrac{\text{mol}}{\text{L}} \times \dfrac{110 \text{ g}}{\text{mol}} \times \dfrac{1 \text{ L}}{1000 \text{ mL}} \times \dfrac{1000 \text{ mg}}{\text{g}} = 1.34 \times 10^{-2} \text{ mg mL}^{-1}$$

問題 20・5 ヘキサン中のβ-カロテン($C_{40}H_{56}$, 分子量 536.89 のニンジンに含まれるオレンジ色の色素)の可視スペクトルは，463 nm と 494 nm(どちらの波長も青緑色の領域に含まれる)に非常に強い吸収極大を示す．これらの波長の光がβ-カロテンによって吸収されるため，この化合物は青緑色の補色，すなわち赤橙色に見えることになる．

　463 nm において吸光度が 1.8 になるような溶液のβ-カロテンの濃度を mg mL^{-1} 単位で答えよ．

β-カロテン
$\lambda_{\max}$ 463 nm($\log \varepsilon$ 5.10)，494 nm($\log \varepsilon$ 4.77)

B. エネルギー準位間での電子の遷移

　紫外-可視領域の光が吸収されると，エネルギーの低い被占分子軌道の電子がエネルギーの高い空の分子軌道へ遷移する．通常，紫外-可視光のエネルギーは，非常にエネルギーが低い結合性の軌道にある電子を遷移させるのには足りないが，非結合性軌道(n 軌道)にある非共有電子対やπ軌道にある電子を反結合性π^*軌道へ遷移(励起)させるのに十分である．このような遷移をそれぞれ n→π^* 遷移および π→π^* 遷移とよぶ．特にπ共役系における π→π^* 遷移は重要である．その例を次に三つ示す．

$CH_2=CH-CH=CH_2$　　　$CH_2=CH-\underset{\underset{\text{O}}{\|}}{C}-CH_3$　　　ベンズアルデヒド
1,3-ブタジエン　　　3-ブテン-2-オン

身のまわりの化学　カレーとがん

　クルクミンは，ウコン *Curcuma longa* L. の根茎に含まれる天然の黄色色素である．カレー粉のおもな成分として利用されるターメリックはウコンの根茎からつくられる香辛料である．純粋なクルクミンは橙黄色の結晶性粉末である．構造式を次に示す．おもに右側のエノール化した互変異性体として存在し，クルクミンの色はこの高度に共役した構造に由来すると考えられる．クルクミンは，がん細胞が増殖するために必要な血管の形成(血管新生)を阻害し，がんの増殖を抑える作用をもつことが知られている．最近，韓国の生化学者によって，クルクミンが血管新生を促進する酵素の働きを阻害することが見いだされた．

クルクミン curcumin
(ターメリックイエロー)

エチレンのπ→π*遷移の説明からはじめよう．エチレンの二重結合は，sp^2軌道どうしの重なりによるσ結合と2p軌道の側面での重なりによるπ軌道からなる．結合性π軌道と反結合性π*軌道とのエネルギー的な関係を，図20・6に示す．共役していない単純アルケンのπ→π*遷移は波長200 nm以下の光によって起こる（エチレンの場合165 nm）．200 nm以下の短い波長の吸収は，通常の紫外分光計では観測できないため，単純アルケンのπ→π*遷移は分子構造の決定にはあまり利用されない．

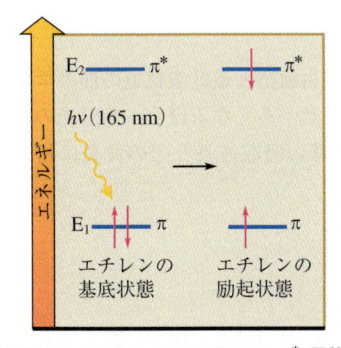

図20・6 エチレンにおけるπ→π*遷移．紫外光の吸収によって，結合性分子軌道から反結合性分子軌道へ電子が一つ遷移し，基底状態が励起状態になる．遷移しても電子のスピンの方向は変化しない．

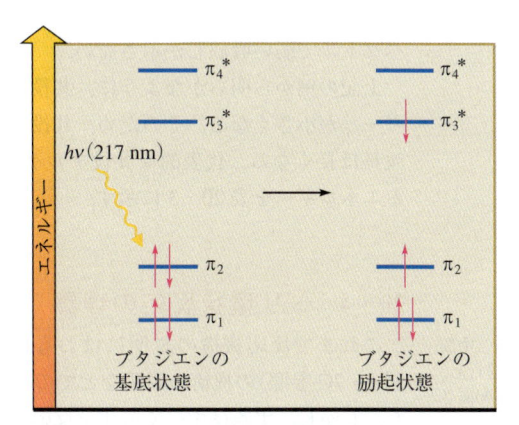

図20・7 1,3-ブタジエンの電子励起（π→π*遷移）

1,3-ブタジエンの最高被占π軌道と最低空軌道の間のエネルギー差は，エチレンにおけるエネルギー差よりも小さい．そのため，1,3-ブタジエンのπ→π*遷移はエチレンの場合よりも小さなエネルギー（より長い波長の光）の吸収で起こる（図20・7）．実際の1,3-ブタジエンの吸収波長は，217 nmである．

電子が励起されると振動や回転のエネルギー準位も変化する．振動や回転のエネルギー準位間のエネルギー差は，分子軌道のエネルギー準位間のエネルギー差に比べるとはるかに小さい．大きなエネルギーの遷移に多数の小さなエネルギーの遷移が重なると，分光計の分解能では識別できない波長の近接した多数の吸収ピークが生じてしまう．このため，紫外-可視スペクトルのピークは赤外スペクトルのピークよりもはるかに幅が広くなる．

単純なアルデヒドやケトンのスペクトルでは，紫外領域にカルボニル基のn→π*遷移の弱い吸収しか現れない．しかし，カルボニル基が炭素-炭素二重結合と共役すると，π→π*遷移による強い吸収（$\varepsilon = 8000 \sim 20{,}000 \text{ M}^{-1} \text{cm}^{-1}$）が現れる．吸収ピークは長波長側へ移動し，モル吸光係数εは急激に大きくなる．たとえば，α,β-不飽和ケトンである3-ペンテン-2-オンの場合，λ_{max} 224 nm（$\varepsilon = 12{,}590$）になる．

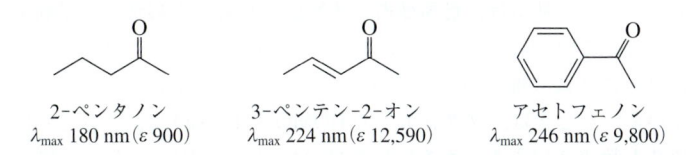

2-ペンタノン
λ_{max} 180 nm (ε 900)

3-ペンテン-2-オン
λ_{max} 224 nm (ε 12,590)

アセトフェノン
λ_{max} 246 nm (ε 9,800)

ポリエンの場合と同様に，カルボニル部位と不飽和部位の共役が伸びると，吸収極大はさらに可視領域へと移動する．

単純なアルデヒドやケトンのカルボニル基と同様に，孤立したカルボキシ基は紫外ス

660　20. ジエン，共役系，ペリ環状反応

表 20・3　エチレンと代表的な共役ポリエンの π→π* 遷移に必要なエネルギーと相当する光の波長

名　称	構　造　式	λ_{max} (nm)	エネルギー kJ mol^{-1} (kcal mol^{-1})
エチレン	$CH_2=CH_2$	165	724 (173)
1,3-ブタジエン	$CH_2=CHCH=CH_2$	217	552 (132)
(3E)-1,3,5-ヘキサトリエン	$CH_2=CHCH=CHCH=CH_2$	268	448 (107)
(3E,5E)-1,3,5,7-オクタテトラエン	$CH_2=CH(CH=CH)_2CH=CH_2$	290	385 (92)

ペクトルで弱い吸収しか示さない．

　上記の例から明らかなように，共役によって最高被占軌道と最低空軌道の間のエネルギー差が小さくなる．そのため，共役する二重結合の数が多くなるほど，紫外光の吸収波長は長くなる．代表的な共役アルケンの π→π* 遷移の吸収波長とその波長に相当するエネルギーを表20・3に示す．

20・4　ペリ環状反応の理論

　これまで反応機構の説明にはおもに巻矢印を用い，S_N2（§9・2A 参照）や E2 反応（§9・7C 参照）の機構の説明などでのみ，反応剤の間での軌道の相互作用についてふれた．しかし，実際はすべての化学反応を軌道の相互作用の観点から解釈することができる．**ペリ環状反応**とよばれる一連の反応では，初歩的な機構の理解にも，軌道相互作用の解析が不可欠である．ペリ環状反応の遷移状態では，環状に配置された複数の軌道が同時に相互作用する．ラジカルやイオン性の中間体は経ずに，1段階で協奏的に起こる．また，立体化学が精密に制御されることがこの反応の最大の特徴である．ペリ環状反応には，本章で扱ってきた共役ジエンや非共役ジエンが関与するものが多い．これらの特徴を次に示す具体例で説明する．

　ペリ環状反応は，一般に"許容"と"禁制"に分類される．反応の遷移状態のエネルギーが比較的低いときに"許容"であるといい，逆に非常に高いときに"禁制"であるという．反応が許容であるか，禁制であるかを決定するいくつかの理論のうち，まずフロンティア分子軌道論を説明する．

フロンティア分子軌道論

　5種類のペリ環状反応のうち，本書では付加環化とシグマトロピー転位の2種類の反応を扱う．最もよく知られた**付加環化**は，共役ジエンとアルケンとの反応である．さらに，アルケンともう一つのアルケンとの反応も取上げる．これらの反応は，反応にかかわる π 電子の数から，それぞれ一般に [4+2] 付加環化および [2+2] 付加環化と名づけられている．

　反応が許容か禁制かを判断するには，反応剤のフロンティア分子軌道を知る必要がある．フロンティア分子軌道は，**最高被占分子軌道**（HOMO）と**最低空分子軌道**（LUMO）とで構成される．この"最高"および"最低"という用語は軌道のエネルギーを示しており，被占は軌道に2個の電子が入っていることを，空は軌道に電子が入っていないことを示している．たとえば，ブタジエンの HOMO と LUMO は，それぞれ図20・2における軌道2と軌道3である．エチレンの HOMO と LUMO は，図1・22 の π 軌道と π* 軌道に対応する．

　反応剤のそれぞれのフロンティア分子軌道を特定したら，反応剤どうしの空間的な配置について考えよう．これによって反応が許容か禁制かを決めることができる．まず，

ペリ環状反応 pericyclic reaction　中間体を経ずに1段階で協奏的に進行し，軌道が環状の遷移状態を経て再配置される反応．

本書ではフロンティア分子軌道論のみを扱うが，ペリ環状反応は長年にわたって研究され，その機構に関してさまざまな理論が提出されてきた．それらによって，ペリ環状反応の機構は多角的に理解されるようになった．特に，R. B. Woodward, R. Hoffmann, 福井謙一および H. Zimmerman は，ペリ環状反応の機構的な解明に多大な貢献をした．Hoffmann と福井は，この業績によって1981年のノーベル化学賞を受賞した（このとき Woodward はすでに亡くなっていた）．

付加環化 cycloaddition　二つの反応剤が互いに付加し，環状生成物が1段階で生成する反応．

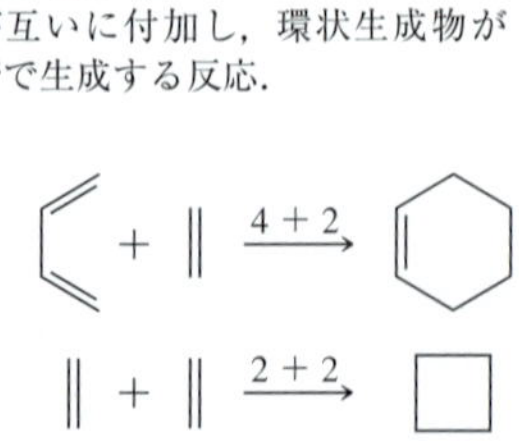

最高被占分子軌道　highest occupied molecular orbital　HOMO．
最低空分子軌道　lowest unoccupied molecular orbital　LUMO．

20・4 ペリ環状反応の理論　661

　一方の反応剤の HOMO ともう一方の反応剤の LUMO の配置をみてみる．どちらを HOMO あるいは LUMO にしてもよい．一方の反応剤の HOMO がもう一方の反応剤の LUMO に予想される配置で相互作用するときに，位相の関係がどのようになっているかが重要である．相互作用する点で軌道どうしの位相が一致しているとき(位相が変化しないとき)，反応は許容となる．一方，相互作用する点で軌道どうしの位相が一致していないとき，反応は禁制となる．

　フロンティア分子軌道解析の具体例として，ブタジエンとエチレンの反応における空間配置を考える．反応剤は，双方とも同面型に配置している．**同面型**(**スプラ型**)では，一方の反応剤のπ電子系の同じ面が相互作用する〔例題 20・6 に示した逆の面での相互作用は，**逆面型**(**アンタラ型**)とよばれる〕．図 20・8(a)に示すように，1 番と 4 番の炭素の p 軌道の下部(すなわち同じ面)が結合生成にかかわり，エチレンの二つの p 軌道の上部(こちらも同じ面)が結合生成にかかわる．そのため，反応剤はそれぞれ同面型に相互作用していることになる．この場合，二つの反応剤の HOMO と LUMO の位相が一致しているため(赤は赤と青は青と重なる)，[4+2]反応は許容である．一方，[2+2]反応の同面型の空間配置を図 20・8(b)に示す．この場合は位相が一致していない(青と赤が重なる)．このため [2+2]反応は禁制となる．

同面型 suprafacial　スプラ型．同一面のπ結合が反応にかかわる場合．

逆面型 antarafacial　アンタラ型．反対の面のπ結合が反応にかかわる場合．

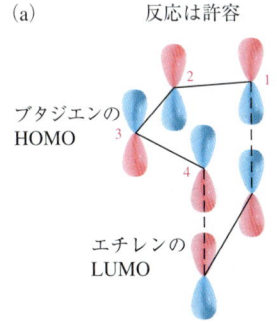

図 20・8　フロンティア分子軌道の解析．(a) ブタジエンとエチレンとの [4+2]付加環化におけるフロンティア分子軌道の解析．お互いが同面型で相互作用するとき，ブタジエンの HOMO とエチレンの LUMO の位相が一致しており，反応は許容である．(b) エチレン 2 分子の [2+2]付加環化におけるフロンティア分子軌道の解析．HOMO と LUMO が重なり合うとき，一方で位相が一致しないため，反応は禁制である．

(a) 反応は許容
ブタジエンの HOMO
エチレンの LUMO
ブタジエンの HOMO とエチレンの LUMO とが双方同面型に相互作用すると結合が生成する

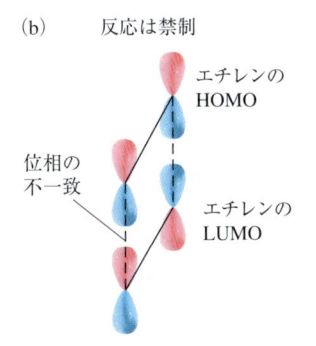

(b) 反応は禁制
エチレンの HOMO
位相の不一致
エチレンの LUMO
エチレンの HOMO ともう一方のエチレンの LUMO とが双方同面型に相互作用すると結合が生成しない

　上記のように，フロンティア分子軌道解析によって，ブタジエンとエチレンは双方の同じ面で結合を生成してシクロヘキセンを与えると結論できる．一方，エチレンどうしの反応は同じようには起こらない．このような軌道解析による予想は，共役ジエンやアルケンがかかわる種々の反応に応用できる．以下，許容の [4+2]反応(ディールス-アルダー反応)についていくつかの具体例を説明する．また，両方の反応剤が同面型に反応することが，どのようにして生成物の立体化学を決定するかを学ぶ．

例題 20・6

[4+2]付加環化反応における，反応剤の軌道が別の空間的な配置で相互作用する場合についてみてみよう．π共役系の分子軌道が節面の上と下で，もう一方の反応剤の軌道と相互作用する場合がある．このような相互作用を逆面型という．ブタジエンが逆面型に相互作用するとき，[4+2]付加環化反応は禁制であることを示せ．

解答　ブタジエンとエチレンとの反応を次に示す．エチレンはブタジエンに対して傾いた角度で近づいている．フラスコの中では反応剤や溶媒の分子があらゆる角度から衝突を繰返しているが，そのうち反応剤どうしが特定の空間配置で衝突したときにだけ反応が進行

する．ブタジエンの HOMO が逆面型の配置でエチレンの LUMO と相互作用しようとすると，位相の不一致が起こる．このような配置での二つの反応剤の衝突は，生成物に至らず，結果的に逆面型の [4+2] 付加環化反応は禁制となる．

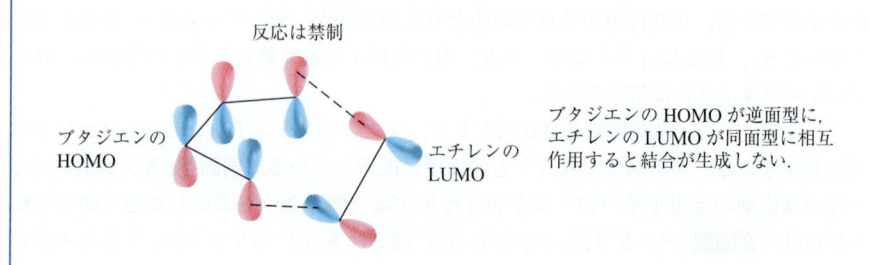

反応は禁制

ブタジエンの
HOMO

エチレンの
LUMO

ブタジエンの HOMO が逆面型に，エチレンの LUMO が同面型に相互作用すると結合が生成しない．

問題 20・6 一方のアルケンの軌道が同面型で，もう一方のアルケンの軌道が逆面型で相互作用する場合，[2+2] 付加環化は許容となる．フロンティア分子軌道の解析によって，この結論を導け．ただし，[2+2] 付加環化反応は許容ではあるが，めったに起こらない．この反応が起こりにくい理由を，軌道相互作用の観点から説明せよ．

20・5 ディールス-アルダー反応

1928 年にドイツの Otto Diels と Kurt Alder は，共役ジエンがある種のアルケンやアルキンと特異な付加環化反応を起こすことを見いだした．Diels と Alder は，この反応の発見とその後の研究により 1950 年のノーベル化学賞を共同受賞した．彼らの発見した反応は，**ディールス-アルダー反応**とよばれる．

ジエンと反応する二重結合や三重結合をもつ化合物は，**ジエノフィル**(dienophile，ジエンを好むという意味)とよばれ，反応の結果できる生成物は**ディールス-アルダー付加体**とよばれる．**付加環化**は，二つ以上の反応剤が付加して環状の化合物を生成する反応形式をいう．次にディールス-アルダー反応の例を二つあげる．一方は炭素-炭素二重結合がジエノフィルとして働く反応であり，もう一方は炭素-炭素三重結合がジエノフィルとして働く反応である．

ディールス-アルダー反応
Diels-Alder reaction

ジエノフィル dienophile　共役ジエンと反応してディールス-アルダー反応を起こす二重結合(C, N, O からなる)をもつ化合物．

ディールス-アルダー付加体 Diels-Alder adduct　ジエンとジエノフィルとの付加環化反応によって生成するシクロヘキセン誘導体．

1,3-ブタジエン
（ジエン）
＋
3-ブテン-2-オン
（ジエノフィル）
→
4-シクロヘキセニルメチルケトン
（ディールス-アルダー付加体）

1,3-ブタジエン
（ジエン）
＋
2-ブチン二酸ジエチル
（ジエノフィル）
→
1,4-シクロヘキサジエン-
1,2-ジカルボン酸ジエチル
（ディールス-アルダー付加体）

ジエンの四つの炭素原子とジエノフィルの二つの炭素原子から 6 員環が形成される．出発物と生成物とを比較すると，二つの σ 結合が新たに増え，その代わりに π 結合が二つ減っている．二つのより弱い π 結合が二つのより強い σ 結合に変換されることが，ディールス-アルダー反応のおもな駆動力になっている．

ジエンとジエノフィルの炭素骨格だけを示すと，ディールス-アルダー反応を右のように書くことができる．この反応式において巻矢印は，三つのπ結合がなくなる代わりに，二つのσ結合と一つのπ結合が新しく生成することを示している．巻矢印によって切断された結合，新たにできる結合，反応にかかわる電子の数（この場合は6個）がよくわかる．ただし，巻矢印は反応機構を表しているのではないことに注意しなければならない．実際は，§20・4に示したようにペリ環状機構で進行する．

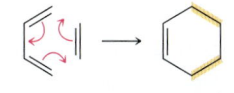

DielsとAlderによって発見されたこの反応は，1) 容易に6員環を形成することができる，2) 二つの新しい結合を同時につくることができる，3) 立体選択的かつ位置選択的である，の三つの点で優れている．3)については，このあと詳しく説明する．これらの理由から，ディールス-アルダー反応は有機合成化学における最も有用な反応の一つである．

ディールス-アルダー反応

例題 20・7

次のジエンとジエノフィルの反応によって生成するディールス-アルダー付加体の構造式を書け．
(a) 1,3-ブタジエンとプロペナール
(b) 2,3-ジメチル-1,3-ブタジエンと3-ブテン-2-オン

解答 まず出発物のジエンとジエノフィルを6員環ができるように配置して書く．次に，生成物であるディールス-アルダー付加体の6員環を書く．

(a) 1,3-ブタジエン ＋ プロペナール（アクロレイン） →

(b) 2,3-ジメチル-1,3-ブタジエン ＋ 3-ブテン-2-オン（メチルビニルケトン） →

問題 20・7 次に示すディールス-アルダー付加体を得るために必要なジエンとジエノフィルの組合わせを答えよ．

(a) (b) (c)

次に，ディールス-アルダー反応の適用範囲，立体化学および反応機構について詳しく説明する．

A. ジエンの立体配座

1,3-ブタジエンを例にとり，ジエンの配座について説明する．共役による安定化効果が最大になるには，四つの炭素原子が同じ平面上にあり，それぞれの2p軌道が同じ向きで平行になって重なりが最大になる必要がある．1,3-ブタジエンの炭素骨格が平面上にあれば，四つの炭素に結合する六つの水素原子も同一平面上にある．ところが中央の単結合が回転して共役系の原子が平面上になくなると，共役は不完全になり，より不安

664   20. ジエン，共役系，ペリ環状反応

s-トランス配座 *s-trans* conformation
s-シス配座 *s-cis* conformation

定となる．このため中央の単結合の回転は制限されており，安定配座として**s-トランス配座**と**s-シス配座**の二つの平面配座をとりうる．先頭の s はジエンの中央の炭素-炭素単結合(single bond)に由来する．熱力学的には，s-シス配座よりも s-トランス配座のほうが安定である．

　このように熱力学的には s-トランス配座のほうがより安定であるが，実際にディールス-アルダー反応を起こすのは s-シス配座の 1,3-ブタジエンである．s-シス配座では共役系の 1 番炭素と 4 番炭素が十分近接しているので，ジエノフィルの炭素-炭素二重結合あるいは三重結合と反応できるが，s-トランス配座では，1 番炭素と 4 番炭素が互いに遠すぎて環状の付加反応にかかわることができない．

　1,3-ブタジエンの s-トランス配座と s-シス配座の間のエネルギー差はわずか約 11.7 kJ mol^{-1} (2.8 kcal mol^{-1}) しかないので，平衡で一部は s-シス配座になって，ジエノフィルとのディールス-アルダー反応が起こる．

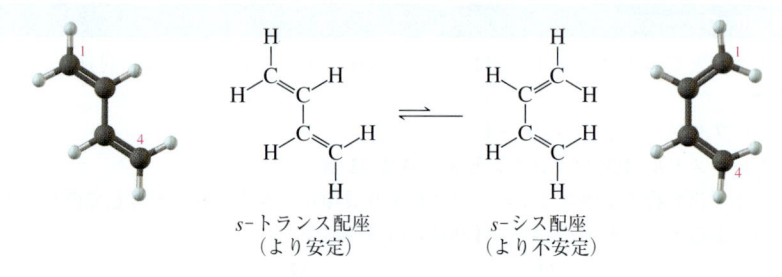

s-トランス配座
（より安定）　　　　s-シス配座
　　　　　　　　　　（より不安定）

　一方，(2Z,4Z)-2,4-ヘキサジエンは，立体障害のためにほとんど s-シス配座をとらない．したがって，ディールス-アルダー反応は起こらない．

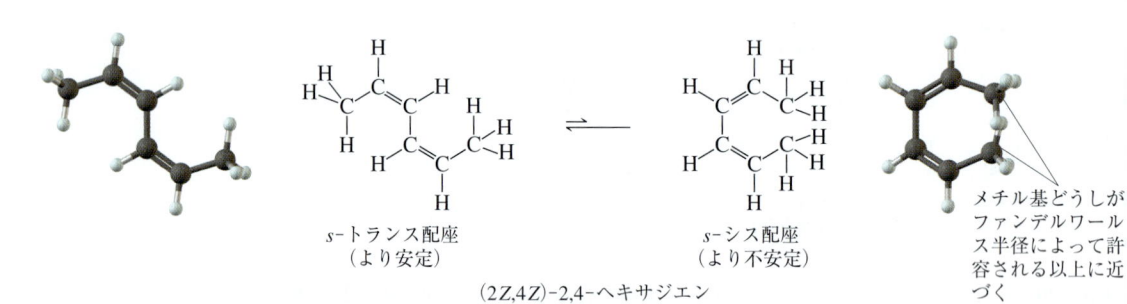

s-トランス配座
（より安定）　　　　s-シス配座
　　　　　　　　　　（より不安定）

(2Z,4Z)-2,4-ヘキサジエン

メチル基どうしがファンデルワールス半径によって許容される以上に近づく

例題 20・8

次のどの分子がディールス-アルダー反応のジエンとして反応するかを答えよ．

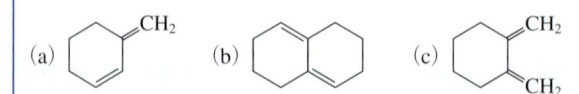

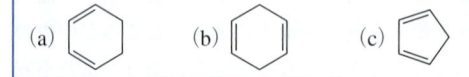

(a)　(b)　(c)

解答　(a)と(b)のジエンは，s-トランス配座に固定されている．このためディールス-アルダー反応は起こらない．一方，(c)のジエンは s-シス配座に固定されているため，ディールス-アルダー反応のジエンとして適切な基質である．

問題 20・8　次のどの分子がディールス-アルダー反応のジエンとして反応するかを答えよ．

(a)　(b)　(c)

B. 置換基が反応速度に与える効果

最も単純なディールス-アルダー反応は，1,3-ブタジエンとエチレン(両方室温において気体)の反応である．しかし実際には，この反応は非常に遅く，高圧下で 200 ℃ に熱してようやく進行する．

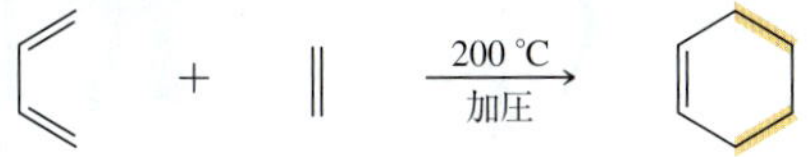

$$\text{1,3-ブタジエン} + \text{エチレン} \xrightarrow[\text{加圧}]{200\,℃} \text{シクロヘキセン}$$

ジエンとジエノフィルのどちらかが電子求引基によって電子不足になり，もう一方が電子供与基によって電子豊富になると，ディールス-アルダー反応が加速される．ジエノフィルが電子不足でジエンが電子豊富である組合わせが一般的である．たとえば，ジエノフィルにカルボニル基(カルボニル炭素が正の部分電荷をもつため電子求引性である)が置換すると，反応は速くなる．実際，1,3-ブタジエンと 3-ブテン-2-オンのディールス-アルダー反応は 140 ℃ で進行する．

電子供与性のメチル基がジエンに置換すると，さらに反応は加速される．2,3-ジメチル-1,3-ブタジエンと 3-ブテン-2-オンのディールス-アルダー反応は，30 ℃ でも進行する．

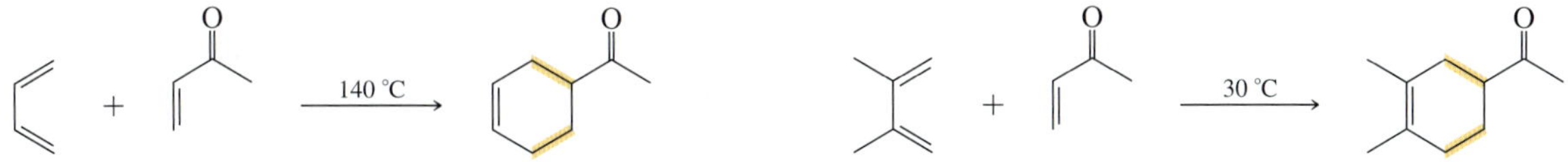

1,3-ブタジエン + 3-ブテン-2-オン $\xrightarrow{140\,℃}$ (ラセミ体)

2,3-ジメチル-1,3-ブタジエン + 3-ブテン-2-オン $\xrightarrow{30\,℃}$ (ラセミ体)

ディールス-アルダー反応において用いられる代表的な電子供与基と電子求引基を表 20・4 に示す．エステルは結合のしかたによって反対の電子効果を及ぼし，アシルオキシ基〔−OC(O)R〕は電子供与基になり，アルコキシカルボニル基(−COOR)は電子求引基になる．

表 20・4 電子供与基と電子求引基

電子供与基

−CH₃　−CH₂CH₃　−CH(CH₃)₂　−C(CH₃)₃　−R (そのほかのアルキル基)　−OR (アルコキシ基)　−OCR (=O) (アシルオキシ基)

電子求引基

−CH(=O) アルデヒド　−CR(=O) ケトン　−COH(=O) カルボキシ基　−COR(=O) アルコキシカルボニル基　−NO₂ ニトロ基　−C≡N シアノ基

C. ディールス-アルダー反応による二環性骨格の形成

環構造により s-シス配座に固定されている環状共役ジエンは，ジエノフィルとして反応性が非常に高い．このため，シクロペンタジエンと 1,3-シクロヘキサジエンは特に有用である．シクロペンタジエンは，ジエンとしてのみならずジエノフィルとしても反応性が高いため，室温で置いておくとディールス-アルダー反応により自己二量化し

666   20. ジエン，共役系，ペリ環状反応

てジシクロペンタジエンを生成する．これを170℃に熱すると逆ディールス-アルダー反応が起こり，シクロペンタジエンが再生する．

ジエン　ジエノフィル　ジシクロペンタジエン（エンド付加体）　上から見た図　横から見た図

環状共役ジエンのディールス-アルダー反応により二環性の化合物が生成する．二環性の生成物として二つの立体異性体が考えられ，その立体化学を記述するためにエンドおよびエキソという用語が用いられる．一置換ジエノフィルとジエンが図20·8(a)に示したような配置で反応する際に，ジエノフィルの置換基がジエンのC2とC3の反対側にあるときに生成する環化付加体を**エキソ**(exo，ギリシャ語で外側)体とよぶ．一方，ジエノフィルの置換基がジエンのC2, C3と同じ側にあるときに生成する環化付加体を**エンド**(endo，ギリシャ語で内側)体とよぶ．

速度支配下でのディールス-アルダー反応では，ジエノフィルのエンド配向での付加(エンド付加)が優先する．たとえば次ページ上の反応のようにアクリル酸メチル(プロペン酸メチル)をシクロペンタジエンと反応させると，エンド付加体のみが得られ，エキソ付加体は得られない(図20·9)．ただし，ディールス-アルダー反応がいつも高いエンド選択性で進行するとは限らない．

ジエン由来の二重結合
二重結合に対して外側　エキソ
エンド　二重結合に対して内側

ジエンの平面
ジエノフィルの平面
ジエノフィルのカルボニル基は，エンド(内側)に向く

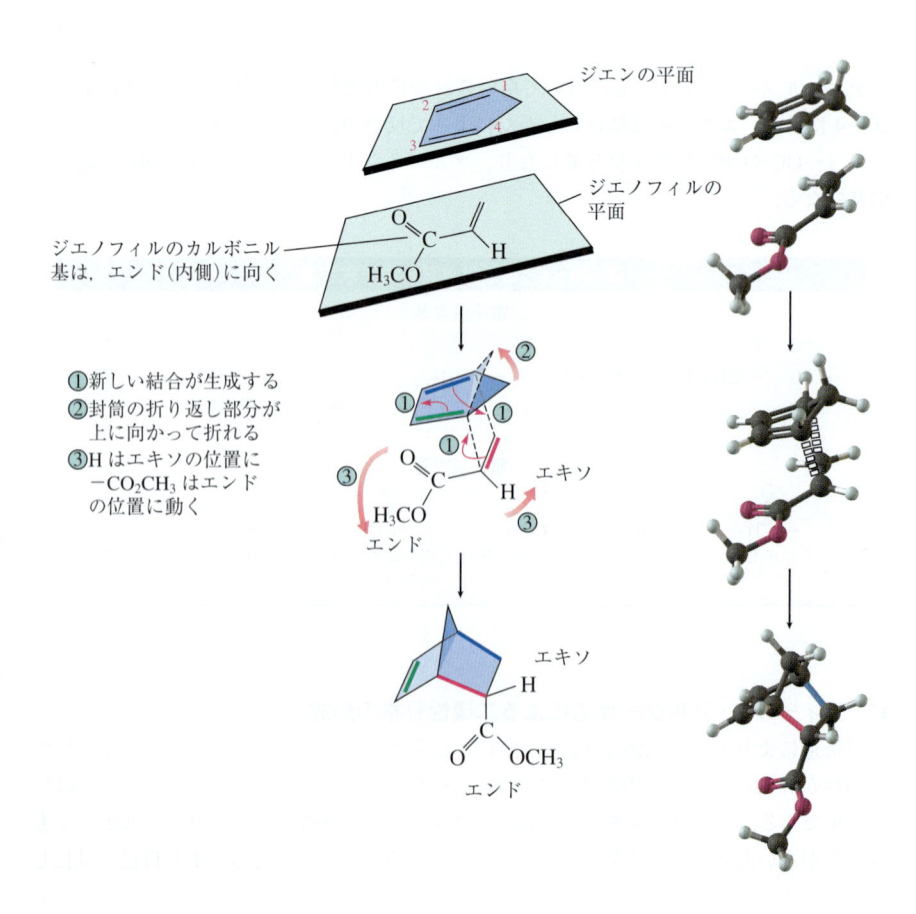

① 新しい結合が生成する
② 封筒の折り返し部分が上に向かって折れる
③ H はエキソの位置に −CO₂CH₃ はエンドの位置に動く

エキソ
エンド
エンド

図 20·9 ディールス-アルダー反応の機構．ジエンの平面とジエノフィルの平面が平行である関係を保ちながら，それぞれのπ軌道が同軸上で重なるように互いに近づく．そのさい，ジエノフィルの置換基がジエンに対してエンドになるような配向をとる．こうして接近することにより，それぞれの分子のπ軌道が同面型で重なり合い，どちらの分子に対してもシン付加するように反応する．その結果① 遷移状態において新しいσ結合が生じ，② ジエンの −CH₂− は上の方向に動き，③ ジエノフィルの水素原子はエキソに向き，エステルはエンドに向く．

20・5 ディールス-アルダー反応　667

シクロペンタジエン + アクリル酸メチル　—エンド付加→　　—書き換える→　エンド付加体

D. 環化付加体におけるジエノフィルの立体配置の保持

ディールス-アルダー反応はジエノフィルに関して立体特異的に進行する．ジエノフィルの二つの置換基がシスであれば，ディールス-アルダー付加体においてもそれらはシスの関係にある．一方，ジエノフィルの二つの置換基が互いにトランスであれば，付加体においてもそれらはトランスの関係にある．

cis-2-ブテン二酸ジメチル
（シスジエノフィル）
cis-4-シクロヘキセン-1,2-ジカルボン酸ジメチル

trans-2-ブテン二酸ジメチル
（トランスジエノフィル）
trans-4-シクロヘキセン-1,2-ジカルボン酸ジメチル

E. ジエンの立体配置の保持

反応はジエンに関しても立体特異的に進行する．次に示す二つの例からわかるようにブタジエンの C1 と C4 に置換した二つのメチル基の相対立体配置は生成物でも保持されている．

無水マレイン酸　　　　　　　　無水マレイン酸

次に示す遷移状態の図では，生成する結合は赤い点線で，切断される結合は青い点線

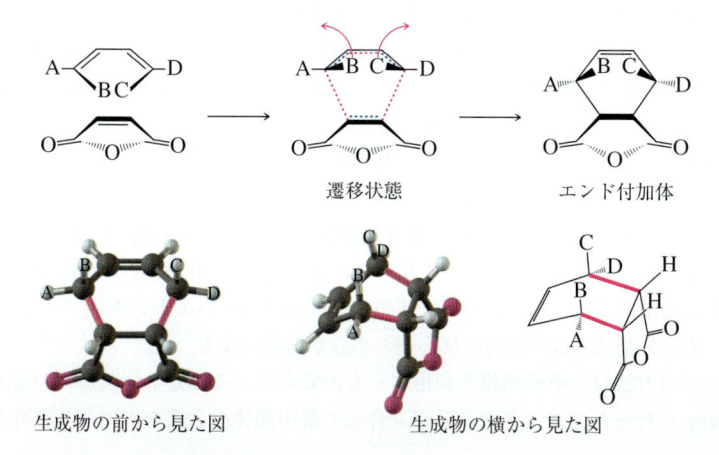

遷移状態　　　エンド付加体

生成物の前から見た図　　　生成物の横から見た図

668   20. ジエン，共役系，ペリ環状反応

で示している．ジエン上の内側の置換基 B と C は，どちらもジエノフィルから遠ざかる方向に旋回する．その結果，生成するエンド付加体では B も C もジエノフィル（無水マレイン酸）に由来する酸無水物の部分の反対側にある．

例題 20・9

次に示すディールス-アルダー反応の生成物の構造を立体化学がわかるように書け．

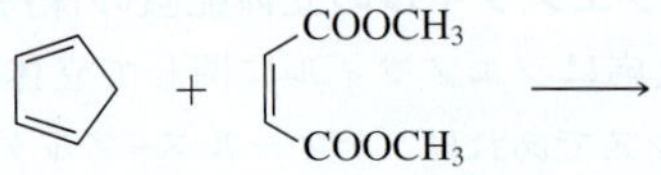

解答 このジエノフィルとシクロペンタジエンとの反応では，二つの置換基をもつ二環性の生成物が得られる．ジエノフィルがエンド配向で付加することと立体特異性を考慮すると，ジエノフィルのシスの関係にある二つのエステルは，生成物においても互いにシスで，かつエンドの配向をとる．

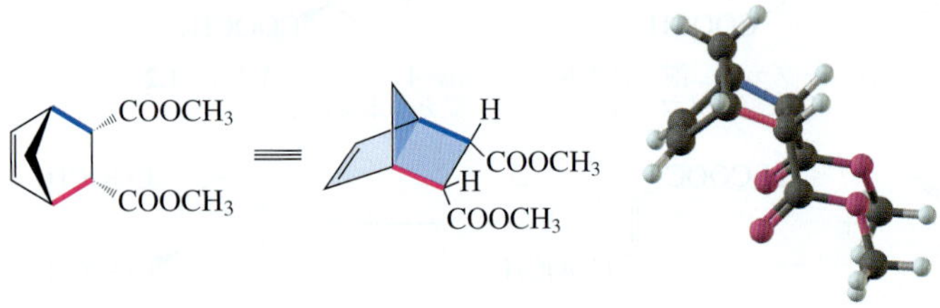

問題 20・9 次のディールス-アルダー付加体を合成するために必要なジエンとジエノフィルを示せ．

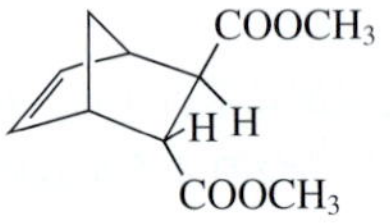

F. 光学的に純粋な標的分子の合成

ここまで繰返し述べてきたように，アキラルな状況下でアキラルな出発物からキラルな化合物が生成する場合，その生成物は必ずラセミ体になる．一方，自然界では，酵素によって単一のエナンチオマーが合成されている．酵素が提供するキラルな反応場では，きわめて高いエナンチオ選択性とジアステレオ選択性が発現し，すべての可能な立体異性体のなかから単一の立体異性体だけが生成する．一方，有機化学者は光学活性な触媒を開発して一方のエナンチオマーだけを不斉合成しようとしてきた．その結果，不斉合成は近年大きく進歩したが，化学者が開発した触媒は必ずしも自然界の酵素触媒と同等な立体選択性を示すわけではない．では，逆のエナンチオマーを含まない純粋な光学活性体はどうしたら入手できるのだろうか．

一つの方法は，ラセミ体を分割してそれぞれのエナンチオマーを純粋な形で単離する光学分割である（§3・9 参照）．光学分割を行うには，1) ジアステレオマー塩の異なる物理的性質を利用する方法，2) 酵素を分割剤として利用する方法，3) キラル担体によるクロマトグラフィー，の三つがよく用いられる．光学分割は純粋な光学活性体を入手するために効果的ではあるが，ラセミ体の半分は必要のないエナンチオマーである．すなわち，光学分割法では出発物や反応剤の半分が無駄になる．

不斉誘起 asymmetric induction

もう一つの方法は，**不斉誘起**を利用するものである．この光学分割に代わる方法を，E. J. Corey が行ったプロスタグランジン合成の鍵中間体の合成を例にとり紹介しよう．

不斉誘起では，まずアキラルな分子に**不斉補助基**を導入する．こうすることにより，もともとアキラルであった分子の反応性官能基がキラルな環境におかれ，変換により新しく生じるキラル中心の立体化学を制御することが可能になる．この例では 8-フェニルメントールが不斉補助基として利用された．キラル中心を三つもつこの分子には，$2^3 = 8$ の立体異性体が存在しうるが，天然から得られる光学的に純粋なメントールから光学的に純粋な形で合成することができる．

不斉補助基 chiral auxiliary

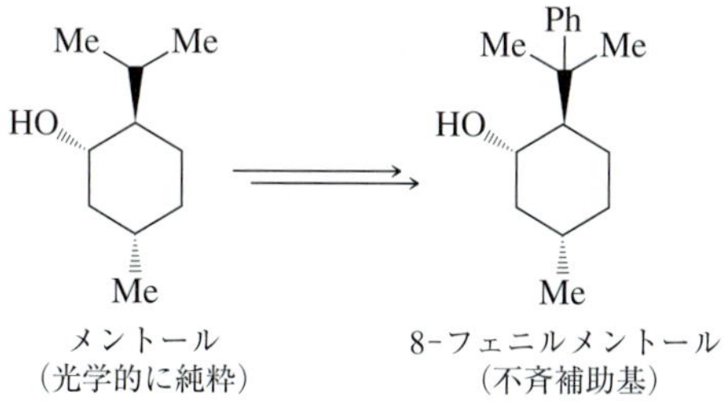

メントール
（光学的に純粋）

8-フェニルメントール
（不斉補助基）

Corey のプロスタグランジン合成の最初の工程は，置換されたシクロペンタジエンとアクリル酸エステルとのディールス-アルダー反応である．アキラルなアクリル酸が光学的に純粋な 8-フェニルメントールに結合することにより，その炭素−炭素二重結合がキラルな環境におかれる．その結果，シクロペンタジエン誘導体はアクリル酸エステルの炭素−炭素二重結合の一方の面からだけ接近して付加する（選択比 97:3）．

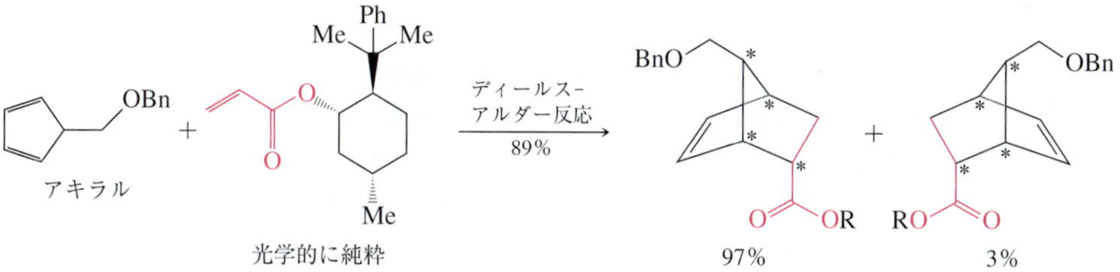

このディールス-アルダー反応の生成物において，ジエンに由来する置換基 $BnOCH_2$ とジエノフィルに由来する置換基 CO_2R はいずれも 2 種類の配向をとりうる．ところが実際には，ジエノフィルがアキラルなシクロペンタジエンの $BnOCH_2$ 基を避けて，立体的により空いた面からエンド配向で付加する結果，どちらの置換基も新しくできる二重結合寄りの配向をとる．

さて，もしジエノフィルが 8-フェニルメンチル基を不斉補助基としてもたなければ，このような立体化学をもつ付加環化体が同量ずつ生成するが，不斉補助基の存在により，ジエノフィルの炭素−炭素二重結合の一方の面から選択的にジエンが付加するため，2 種類のジアステレオマー（エナンチオマーでないことに注意）が 97:3 の比で生成する．得られたジアステレオマーを分離することによって，それぞれ純粋な立体異性体として単離することができる．主生成物の 8-フェニルメンチルエステル部分を加水分解することによって光学的に純粋なエナンチオマーが得られる．すなわち，この一連の反応で四つもの新しいキラル中心が立体選択的に構築されたことになる．このカルボン酸はさらに，コーリーラクトンとして知られる環状エステルを経て，光学的に純粋なプロスタグランジン $F_{2\alpha}$ へと導くことができる．

G. 電子の動きを考える際の注意点

ディールス-アルダー反応の機構を示す反応式では，結合開裂と結合生成の過程で起

こる電子の動きを巻矢印を使って表した．ディールス-アルダー反応は，4炭素のジエンと2炭素のジエノフィルとの付加反応なので，[4+2]付加環化反応とよばれる．

ペリ環状反応としては，このほかにもエチレンが[2+2]付加環化反応によって二量化してシクロブタンを生成する反応や，ブタジエンが[4+4]付加環化反応によって二量化して1,5-シクロオクタジエンを生成する類似の反応が考えられ，形式的にはディールス-アルダー反応と同様な電子の動きを書くことができる．しかしどちらも熱的条件下では進行しない(§20・4)．フロンティア分子軌道による解析によっても，これらの付加環化反応は禁制であることがわかる．

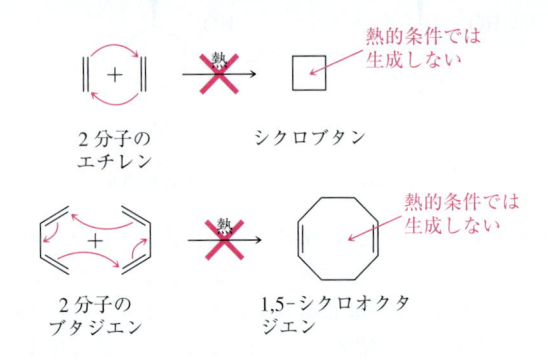

2分子の　　　　シクロブタン
エチレン　　熱的条件では生成しない

2分子の　　　　1,5-シクロオクタ
ブタジエン　　　ジエン
熱的条件では生成しない

20・6　シグマトロピー転位

シグマトロピー転位 sigmatropic rearrangement　σ結合が一つ以上のπ結合を越えて移動する反応．

ペリ環状反応の二つ目の例は，**シグマトロピー転位**である．この反応では，σ結合が一つ以上のπ結合の面を越えて移動する．多くの種類のシグマトロピー転位が知られているが，本書では[3,3]シグマトロピー転位だけを扱う．転位するσ結合の両末端をそれぞれ番号1とした場合の，新たにσ結合が生成する炭素原子の番号が，転位を示す際の番号となっている．[3,3]シグマトロピー転位のなかでは，クライゼン転位とコープ転位が特に有名である．

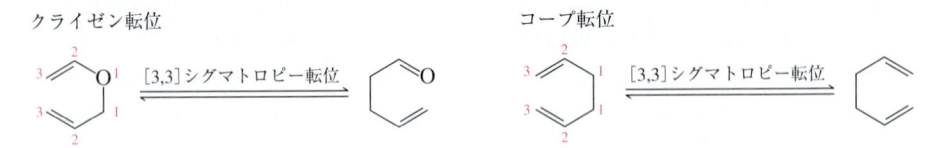

クライゼン転位　　　　　　　　　　コープ転位

[3,3]シグマトロピー転位　　　　　　[3,3]シグマトロピー転位

ブタジエンとエチレンの反応例でディールス-アルダー反応のフロンティア分子軌道解析をしたように，1,5-ヘキサジエンを例として[3,3]シグマトロピー転位の軌道解析をしてみよう．まず，反応が起こる際の分子の空間配置を決める必要がある．そこで，二つのπ結合の両末端が無理なく接近するいす形遷移状態を考える．

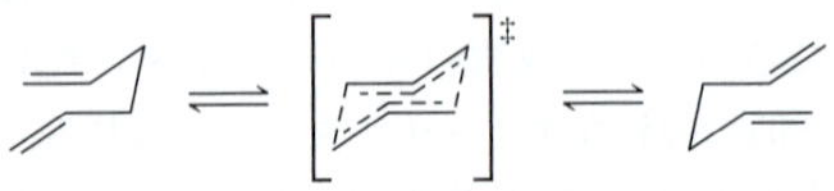

次に，HOMOとLUMOを決定して，それぞれの反応末端での分子軌道の位相が一致するかを判断する(図20・10)．以下に示す解析では，HOMOは切断されるσ結合であり，頭-尾で重なり合った二つのsp^3混成軌道(図1・20参照)として描かれている．LUMOは二つのアルケンが混合した軌道である．このさい二つのアルケンの両末端は，いす形遷移状態の空間配置をみたすように互いに近傍に存在している(図20・10a)．二

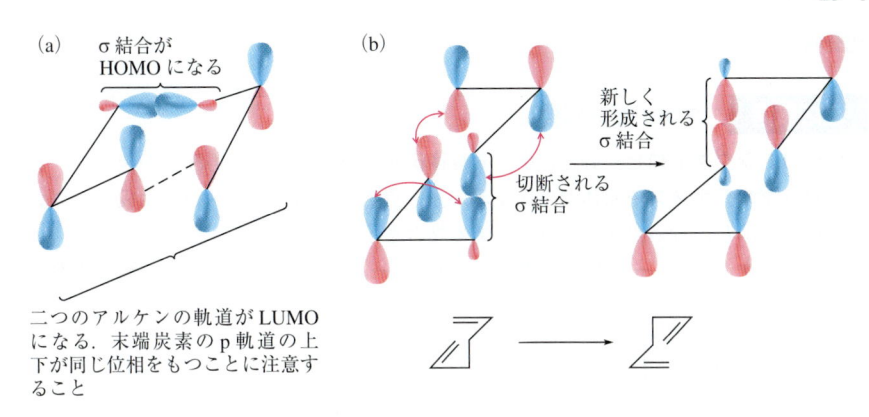

図 20・10 [3,3]シグマトロピー転位. (a) [3,3]シグマトロピー転位におけるフロンティア分子軌道の解析. π結合の末端炭素の上部ともう一方のπ結合の末端炭素の下部の相互作用では位相が一致している. (b) いす形配座では位相が一致した相互作用によって[3,3]シグマトロピー転位が進行する.

(a) σ結合がHOMOになる
二つのアルケンの軌道がLUMOになる. 末端炭素のp軌道の上下が同じ位相をもつことに注意すること

(b) 切断されるσ結合　新しく形成されるσ結合

つの別べつのアルケンのフロンティア軌道が混合した分子軌道は，ブタジエンの分子軌道と似ており，[3,3]シグマトロピー転位の LUMO はブタジエンの LUMO と同様の位相変化を示す〔図20・10(a)の LUMO と図20・2の軌道3とを比較するとよい〕. ただし，位相が一致する軌道の空間的な配置が大きく異なる. 図20・2の軌道3では中央の二つのp軌道が平行に並んで位相が一致している. 一方，[3,3]シグマトロピー転位の遷移状態の空間配置では，中央の一つのp軌道の上部ともう一方のp軌道の下部が縦に並んで(頭-尾で)位相が一致している.

つづいて，HOMO と LUMO との位相が一致するかをみてみよう. 図20・10(b)では，位相の関係がわかりやすいようにσ結合を垂直に立てて書いてある. 左側の三つの両矢印は一致している位相を示しており，これらの部分において新しい一つのσ結合と二つのπ結合が形成され，生成物となる. すなわち，この反応は許容である.

以上のようなフロンティア分子軌道論に基づいた解析によって，コープ転位が許容となるには，1,5-ジエンのπ結合の両末端がいす形遷移状態をみたすように空間的に配置されていなければならないことがわかった. 同じようなことがクライゼン転位でもいえる. 興味深いことに，舟形遷移状態は配座的により不安定であるが，やはり許容である (問題 20・46 参照).

A. クライゼン転位

アリルアリールエーテル類を加熱すると，クライゼン転位が起こり o-アリルフェノール類が生成する. たとえば，最も単純なアリルフェニルエーテルの場合，200〜250 ℃に加熱すると，クライゼン転位が進行して，アリル基がフェノールの酸素から，オルト位の炭素へと転位する. 色をつけて示した位置を ^{14}C で標識した化合物を使った実験により，アリル基の末端の炭素がヒドロキシ基のオルト位の炭素と結合することがわかる.

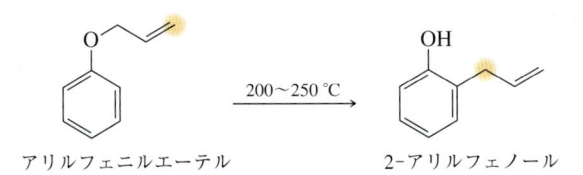

アリルフェニルエーテル　200〜250 ℃　2-アリルフェノール

クライゼン転位反応は，6員環遷移状態を経て6電子が協奏的に再配分される機構で進行する. 転位反応の結果，新しい炭素−炭素結合がフェノールのオルト位に導入されてできる置換シクロヘキサジエノンは，ケト-エノールの互変異性によって再び芳香族

化合物になる.

> **反応機構　クライゼン転位**
>
> **段階 1: シグマトロピー転位.** 6員環遷移状態を経て6電子の再配分が起こり,シクロヘキサジエノン中間体が生成する.赤い点線は遷移状態において生成しつつある結合を示し,青い点線は切れつつある結合を示す.
>
> **段階 2: ケト-エノール互変異性.** ケト-エノールの互変異性によって再び芳香族化合物になる.
>
> アリルフェニルエーテル　→(熱)　遷移状態　→　シクロヘキサジエノン中間体　→(ケト-エノール互変異性)　2-アリルフェノール

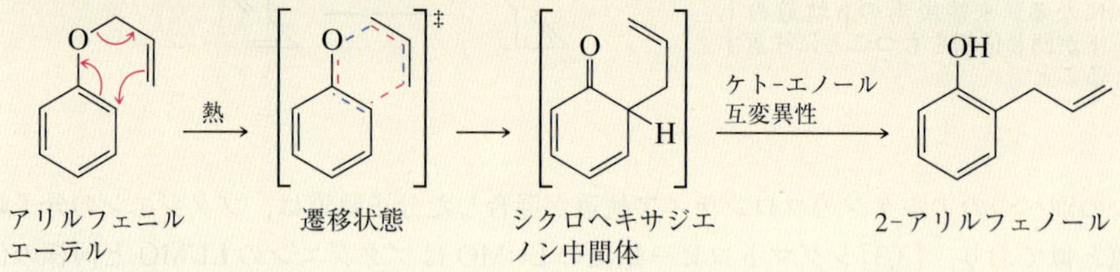

上記のように,クライゼン転位における遷移状態は,ディールス-アルダー反応の遷移状態と類似している.どちらの反応の6員環遷移状態においても六つの結合電子の再配分が協奏的に起こっている.

> **例題 20・10**
>
> *trans*-2-ブテニルフェニルエーテルのクライゼン転位による生成物を答えよ. 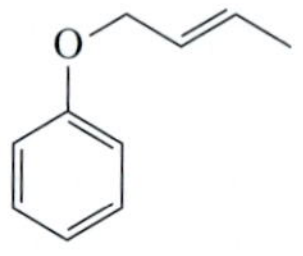
>
> *trans*-2-ブテニルフェニルエーテル
>
> **解答**　6員環遷移状態を経て,アリル基の3番炭素がフェノールのオルト位に結合する. 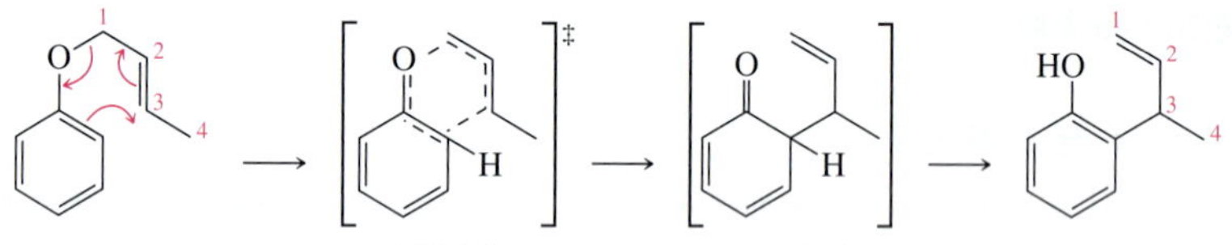
>
> 遷移状態　シクロヘキサジエノン中間体
>
> **問題 20・10**　フェノールと適切なハロゲン化アルケニルから,アリルフェニルエーテルと2-ブテニルフェニルエーテルを合成する方法をそれぞれ示せ.

B. コープ転位

1,5-ジエンのコープ転位も,六つの結合電子が再配分される6員環遷移状態を経て進行する.コープ転位によって,ジエンの二つの異性体の平衡混合物が生じる.次に示す例では二重結合がより多くの置換基をもつ右側のジエンのほうがより熱力学的に安定であるため,優先して生成する.

> **反応機構　コープ転位**
>
> **ペリ環状反応.** 環状の遷移状態を経て,巻矢印が示すように6電子が再配分され,

1,5-ジエンはその構造異性体である 1,5-ジエンに変換される.

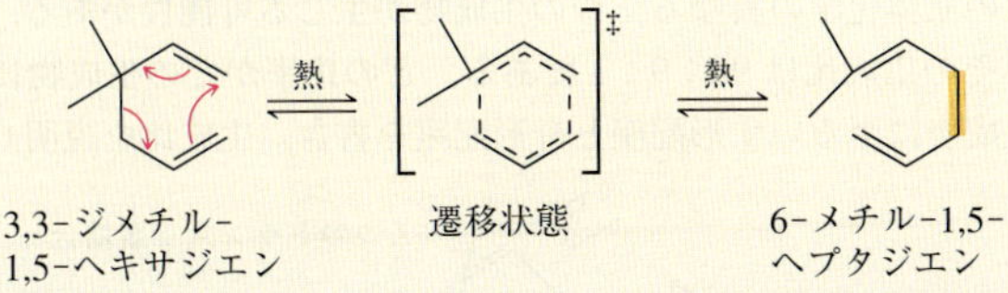

3,3-ジメチル-　　　遷移状態　　　6-メチル-1,5-
1,5-ヘキサジエン　　　　　　　　ヘプタジエン

例題 20·11

次に示すコープ転位の反応機構を示せ.

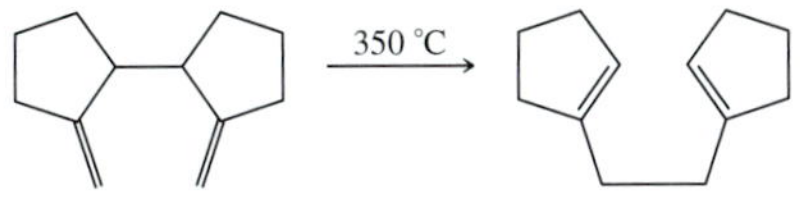

解答 環状の遷移状態を経て巻矢印が示すように6電子が再配分されて, 二重結合がより多くの置換基をもつ生成物が得られる.

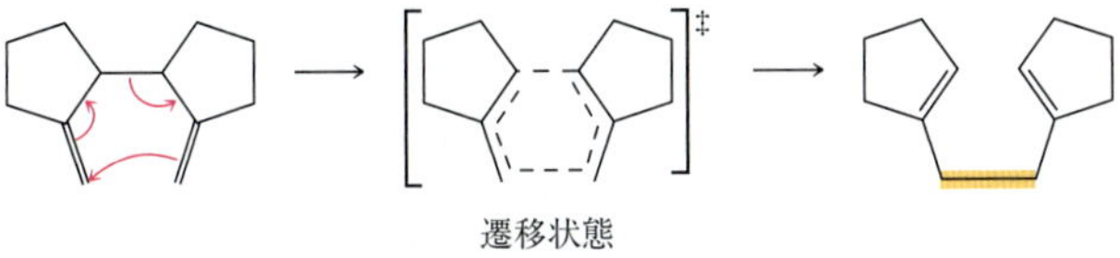

遷移状態

問題 20·11 次のコープ転位の反応機構を示せ.

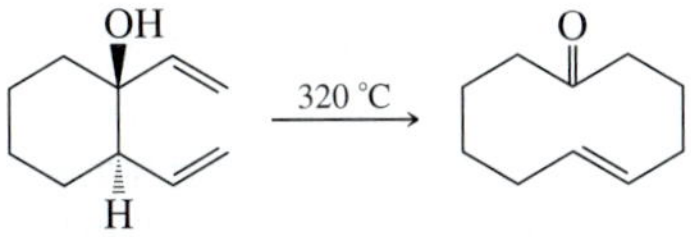

C. コープ転位の立体化学

フロンティア分子軌道解析においてすでに述べたように, [3,3]シグマトロピー転位はいす形遷移状態を経て進行する. 問題 20·46 では, 舟形遷移状態も許容されることを示すが, いす形遷移状態は舟形遷移状態よりも熱力学的に有利である(§2·5B 参照). 転位生成物の立体化学は, おもにいす形遷移状態により説明することができる.

例題 20·12

3,4-ジメチル-1,5-ヘキサジエンのメソ体を加熱して起こるコープ転位では, アルケンの立体化学の異なる三つの生成物が生じる可能性がある. しかし実際には, 二つの異性体だけが 99.7:0.3 の比で生成する. 可能な三つの生成物を立体化学がわかるように書き, 立体選択性について述べよ.

解答 反応剤をいす形配座あるいは舟形配座になるように書けば, 生成物の予想とシス-トランスアルケン生成の選択性が説明できる. 以下のように, いす形遷移状態を経る生成物が優先する.

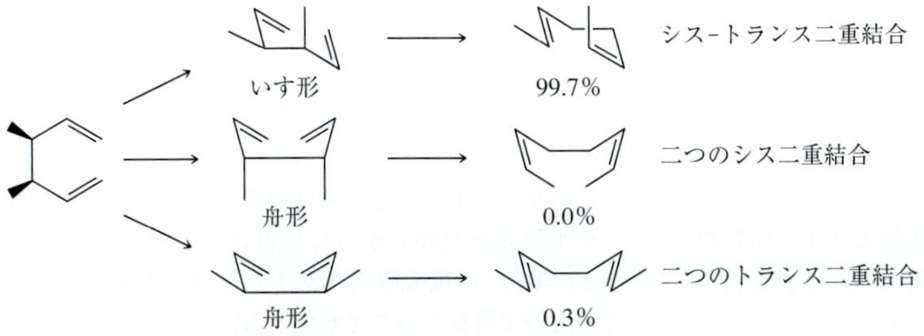

いす形　　　99.7%　　シス-トランス二重結合

舟形　　　0.0%　　二つのシス二重結合

舟形　　　0.3%　　二つのトランス二重結合

問題 20・12 3,4-ジメチル-1,5-ヘキサジエンのラセミ体を加熱して起こるコープ転位では，アルケンの立体化学の異なる三つの生成物が生じる可能性がある．実際に三つの異性体が得られ，その生成比は 90：9：1 である．どの比率がどの生成物に対応するかを予想せよ．また生成物に至るいす形配座と舟形配座を書き，生成比を説明せよ．

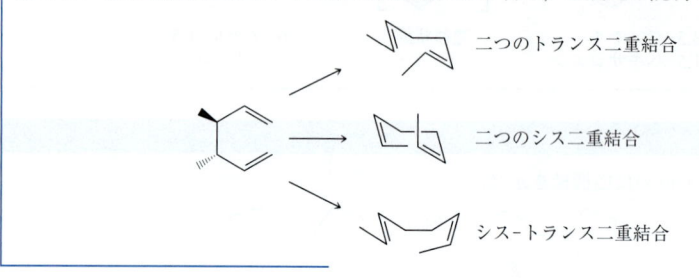

→ 二つのトランス二重結合

→ 二つのシス二重結合

→ シス-トランス二重結合

ま　と　め

20・1　共役ジエンの安定性

- 共役ジエンでは，二つの二重結合が単結合で直接つながっており，隣り合う π 結合の 2p 軌道は側面で重なっている．
- 非共役ジエンでは，二つの二重結合が一つ以上の原子で隔てられている．
- 集積ジエンでは，二つの二重結合が sp 混成の炭素を共有している．集積ジエンの二つの π 軌道は互いに直交しているので，共役していない．
- 共役ジエンは，対応する非共役ジエンよりも 14.5～17 kJ mol^{-1}（3.5～4.1 kcal mol^{-1}）安定である．ジエン以外の共役した二重結合をもつ化合物も，同様に対応する非共役化合物より安定である．
- 共役ジエンは，4 個の π 電子が向きの揃った四つの 2p 軌道全体に非局在化することによって安定性が増す．
- 共役ジエンでは隣接する四つの 2p 軌道が同じ方向を向いており，それぞれの間で側面が部分的に重なる．分子軌道法によると，互いに共役した二つの二重結合は，それらの四つの 2p 軌道が線形結合してできる四つの π 分子軌道によって記述される．
- エネルギーが低い二つの π 分子軌道は，節がそれぞれ 0 個と 1 個ある．どちらも結合性軌道であり，電子が 2 個ずつ入っている．
- これらの結合性軌道はどちらも，独立した π 結合よりもエネルギーが低いため，共役した二重結合は特別に安定化される．
- 最もエネルギーが低い π 分子軌道のローブは，四つの原子からなる共役系全体にわたって大きく広がっている．これは共役系の π 電子が全体に非局在化していることを示す．
- 2p 軌道の重なりが最大になるには，共役系を構成する四つの sp^2 混成原子が同一平面上にあって，かつ四つの 2p 軌道の方向が揃っている必要がある．

20・2　共役ジエンへの求電子付加反応

- 共役ジエンと求電子剤との反応では，1,2 付加と 1,4 付加の両方が起こりうる．多くの場合，1,2 付加生成物と 1,4 付加生成物の混合物が得られる．
- 1,2 付加生成物と 1,4 付加生成物の比は温度に依存する．一般に，低温では 1,2 付加生成物が優先し，高温では 1,4 付加生成物が優先してできる．
- 低温でのブタジエンの反応では，**速度支配**によって 1,2 付加が優先して起こる．第二級カルボカチオンは第一級カルボカチオンより安定なので，アリル位カルボカチオン中間体では 2 番炭素が 4 番炭素より正電荷を多くもつ．そのため，2 番炭素と求核剤が結合する経路のほうが活性化エネルギーが小さくなる．また低温では 1,2 付加生成物と 1,4 付加生成物との間の平衡が起こりにくく，生成物の相対的な安定性に左右されない．
- 高温でのブタジエンの反応では，**熱力学支配**によって 1,4 付加生成物が優先して生じる．一般に 1,4 付加生成物の二重結合のほうが多くの置換基をもち，より安定であるからである．また，高温では 1,2 付加生成物と 1,4 付加生成物とが平衡になり，生成物の相対的安定性によって生成比が決まる．
- 1,2 付加生成物と 1,4 付加生成物との相対的な安定性は，共役ジエンの構造によって変わりうる．したがって，生成比に関する上記の議論はあくまで一般的なものであり，基質となる共役ジエンの構造に応じて注意深く解析する必要がある．

20・3　紫外-可視分光法

- 分光法での紫外領域は 200 nm～400 nm の範囲であり，可視領域は 400 nm～700 nm の範囲である．
- 紫外-可視吸収スペクトルでは，横軸に波長を，縦軸に**吸光度** A をとる．一般に吸光度は，試料への入射光の強度 I_0 に対する試料を通過した透過光 I の比 I_0/I の常用対数で表す．
- $(I/I_0) \times 100$ の値を**透過率**とよぶ．
- 吸光度 A，濃度 c(M)，試料セル（キュベット）の光路長 l(cm) の関係（$A = \varepsilon c l$）は，**ランベルト-ベールの法則**として知られる．この式の ε はモル吸光係数(M^{-1} cm^{-1})である．
  - モル吸光係数は，ある波長の光に対する化合物に固有の定数であり，分子に含まれる官能基によって決まる．ある分子のモル吸光係数がわかっていれば，その化合物の溶液の濃度を，紫外-可視吸収スペクトルとランベルト-ベールの法則を用いて計算することができる．

- ある化合物に白色光を当てると，その化合物が吸収する波長の光が除かれ，残りの波長の光が反射される．どのような波長の光が反射されるかによって色が決まる．
  - 吸収されない波長の光が反射される．
  - 反射された種々の波長の光を混合すると，だいたい吸収された光の色の補色になる．
- 紫外-可視領域における電磁波の吸収によって，エネルギーの低い被占分子軌道からエネルギーの高い空の分子軌道へ電子が遷移する．
  - 紫外-可視光は，非結合性軌道(n 軌道，非共有電子対)やπ軌道にある電子を反結合性π*軌道へ遷移させるのに十分なエネルギーをもつ．(このような遷移をそれぞれ n→π* 遷移およびπ→π* 遷移とよぶ)．
  - 通常σ結合電子はエネルギーがきわめて低いため，紫外-可視光を吸収しない．
  - 共役していない単純アルケンのπ→π*遷移に必要なエネルギーは非常に大きいため，そのような短波長の光の吸収を紫外吸収スペクトルで観測することはできない．
  - π共役系のπ→π*遷移は，紫外-可視領域で観測することができる．これは，被占π軌道と空π軌道との間のエネルギー差が共役によって小さくなっているからである．
  - 共役系に含まれるπ軌道の数が多くなればなるほど，π→π*遷移に必要なエネルギーは小さくなり，吸収光の波長は長くなる．
  - C=C 二重結合と同様に，カルボニル基の二重結合も共役を構成することができる．

20・4 ペリ環状反応の理論

- **ペリ環状反応**の遷移状態では，複数の軌道が環を形成する形で相互作用して1段階で反応が起こる．
- いくつかのペリ環状反応の理論のうち，**フロンティア分子軌道論**が最も一般的で理解しやすい．これにより反応が許容であるか禁制であるかを予想するためには，以下を順番にたどればよい．
  - 第一に，反応の遷移状態における空間的な配置を考える．
  - 第二に，反応剤どうしの HOMO と LUMO を特定する．
  - 第三に，HOMO と LUMO との相互作用において，結合を生成する部位の位相変化が0か1かを決定する．
  - 位相変化がなければ反応は許容であり，位相変化があれば反応は禁制である．
- フロンティア分子軌道論によると，反応剤どうしが同面型に相互作用するとき，[4+2]付加環化は許容であるが，[2+2]付加環化は禁制である．

20・5 ディールス-アルダー反応

- 共役ジエンは，ある種の炭素-炭素二重結合や三重結合と反応し，二つの新しいσ結合が生成して，6員環構造ができる．この反応は**ディールス-アルダー反応**とよばれ，[4+2]付加環化反応の一つである．
  - ジエンと反応する二重結合や三重結合をもつ化合物は，**ジエノフィル**とよばれ，6員環状の生成物は**ディールス-アルダー付加体**とよばれる．
  - 三つのπ結合が切断される代わりに，二つのより強いσ結合が一つの新しいπ結合とともに生成することが，反応の駆動力となる．
- ディールス-アルダー反応は，一方の反応剤(通常ジエノフィル)にカルボニルのような電子求引基を，もう一方の反応剤(通常ジエン)に電子供与基があると加速される．
- ジエンが反応するためには s-シス配座をとる必要がある．s-シス配座に固定されているシクロペンタジエンのようなジエンは，特に反応性が高い．
  - 環状のジエンを用いた場合，二環性のディールス-アルダー付加体が生成する．
- **エキソ**および**エンド**という用語は，二環性のディールス-アルダー付加体における置換基の配向を記述するために用いられる．エキソ体では，置換基が新しくできた環におけるジエン由来の二重結合に対して外側にあり，エンド体では，双方が同じ側にある．速度支配での反応では，ジエノフィルの電子求引基がエンド配向で付加してできる生成物が優先する．
- ジエノフィルの立体配置(E あるいは Z)とジエンの置換基の相対的な配置は，ディールス-アルダー反応において保持される．このことから，反応が協奏的に進行していることがわかる．
- 反応は協奏的に進行する．6員環遷移状態を経て，三つのπ結合の切断および二つのσ結合と一つのπ結合の生成が同時に進行する．
- ディールス-アルダー反応は，高い立体選択性で進行する．光学的に純粋なエナンチオマーを得るには，不斉補助基の利用が一つの方法である．まず，単一のエナンチオマーとして入手可能なキラル分子を不斉補助基として出発物に導入する．不斉補助基は，ディールス-アルダー反応の立体化学に影響を及ぼし，望みのエナンチオマーが立体選択的に得られる．反応の後，不斉補助基を除去する．
- ある環化付加反応([2+2]，[4+2]，[4+4] など)が，許容であるか禁制であるかは，巻矢印によって判断することはできない．これらの反応を正確に理解するためには，フロンティア分子軌道論やその他の類似した方法が必要不可欠である．

20・6 シグマトロピー転位

- **シグマトロピー転位**では，σ結合が1個以上のπ結合の面を越えて移動する．
- 最もよく知られる [3,3] **シグマトロピー転位**では，σ結合が近傍の2個のπ結合を越えて移動する．
- フロンティア分子軌道論によると，いす形遷移状態を経る [3,3] シグマトロピー転位は許容である．舟形遷移状態も同様に許容である．
- **クライゼン転位**反応では，6電子が再配分される環状遷移状態を経て，アリルアリールエーテル類が o-アリルフェノール類へと変換される．
- 1,5-ジエンの**コープ転位**は，6電子が再配分される環状遷移状態を経て，1,5-ジエン異性体の平衡混合物が生じる．
- コープ転位において可能ないす形遷移状態および舟形遷移状態を描き出し，いす形配座がより低いエネルギーをもつことを考慮にいれることで，優先して生成する立体異性体を予想できる．

676   20. ジエン，共役系，ペリ環状反応

重要な反応

1. 共役ジエンへの求電子付加反応(§20・2)
1,2 付加生成物と 1,4 付加生成物の比は，反応が速度支配下で起こるか，熱力学支配下で起こるかによって決まる．共役ジエンが HBr と反応する場合，まず片方の二重結合でプロトン化が起こり，共鳴安定化されたアリル位カルボカチオン中間体が生成する．この中間体には正の部分電荷をもつ炭素が二つあり，それぞれが臭化物イオンと結合をつくり，1,2 付加生成物と 1,4 付加生成物ができる．

$$CH_2=CHCH=CH_2 + HBr \longrightarrow$$

$$\underset{Br}{CH_3CHCH=CH_2} + CH_3CH=CHCH_2Br$$

−78 ℃ での生成物(速度支配)　　90%　　　　10%
 40 ℃ での生成物(熱力学支配)　15%　　　　85%

2. ディールス–アルダー反応: ペリ環状反応(§20・5)
ディールス–アルダー反応は，6 個の π 電子が再配分される環状の遷移状態を経て，中間体を経ずに 1 段階で起こる．ジエンとジエノフィルの立体配置は保持され，エンド付加体の生成が優先する．

3. クライゼン転位: ペリ環状反応(§20・6A)
クライゼン転位によって，アリルアリールエーテル類はオルト位がアリル基で置換されたフェノールへと変換される．反応は，6 個の π 電子が再配分される環状の遷移状態を経て 1 段階で起こる．

4. コープ転位: ペリ環状反応(§20・6B)
コープ転位によって，1,5-ジエンはその異性体である 1,5-ジエンへと変換される．反応は，6 個の π 電子が再配分される環状の遷移状態を経て 1 段階で起こる．

問　題

赤の問題番号は応用問題を示す．

構造と安定性

20・13 1,3-ブタジエンに電子を 1 個加えると，どの分子軌道に電子が入るか答えよ．また，1,3-ブタジエンから電子 1 個を除去する場合，どの分子軌道から電子が除かれるか答えよ．

20・14 次に示すアリル位カルボカチオンについて共鳴構造をすべて示し，共鳴混成体への寄与が大きい順番に並べよ．

(a) [シクロヘキセン-CH₂⁺]　　(b) CH₂=CHCH=CHCH₂⁺

(c) CH₃C⁺(CH₃)CH=CH₂ 相当のCH₃-CH-CH=CH₂ (CH₃ 付き)

共役ジエンへの求電子付加反応

20・15 2-メチル-1,3-ブタジエン(イソプレン)への HCl の 1,2 付加によって生じる主生成物の構造式を書け．

20・16 イソプレンへの HCl の 1,4 付加によって生じる主生成物の構造式を書け．

20・17 イソプレンに等モル量の Br₂ を作用させたときにおもに生じる 1,2 付加生成物と 1,4 付加生成物の構造式を書け．

20・18 シクロペンタジエンへの HCl の 1,2 付加によって生じる主生成物は次に示す化合物のどちらか答えよ．また，その理由を説明せよ．

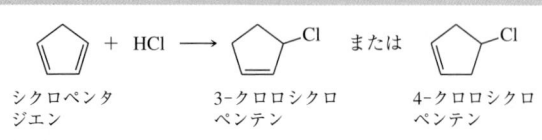

シクロペンタジエン + HCl → 3-クロロシクロペンテン または 4-クロロシクロペンテン

20・19 シクロペンタジエンへの HCl の 1,4 付加によって生じる主生成物の構造式を書け．

20・20 等モル量の Br₂ をシクロペンタジエンに作用させると分子式 $C_5H_6Br_2$ の二つの構造異性体が生成する．それらの構造式を書け．

20・21 次に示すジエンに等モル量の Br₂ を作用させたときに生じる速度支配生成物と熱力学支配生成物の構造式を書け．

(a)　　(b)

紫外–可視吸収スペクトル

20・22 1,3-シクロヘキサジエンと 1,4-シクロヘキサジエンを紫外–可視吸収スペクトルによって区別する方法を示せ．

1,3-シクロヘキサジエン　　1,4-シクロヘキサジエン

20・23 ピリジンは 270 nm の紫外線を吸収し，n→π* 遷移を起こす．この遷移では，窒素の非共有電子対の一つが非結合性軌道から反結合性 π* 軌道へ励起される．ピリジンがプロトン化され

ると，この紫外吸収はどのように変化するか説明せよ．

[ピリジン] + H⁺ ⇌ [ピリジニウムイオン]

20・24 溶液中に含まれるタンパク質や核酸の重量は，紫外分光法で測定された吸光度からランベルト-ベールの法則に基づいて決定することができる．二重らせんDNAの260 nmにおけるモル吸光係数は6670 $M^{-1} cm^{-1}$ である．ここでは，DNAの繰返し単位の平均分子量(650 Da)を分子量として用いている．光路長1.0 cmの試料セルを用いて測定した吸光度が0.75であったとき，2.0 mLの緩衝溶液中に含まれるDNAの重さを求めよ．

20・25 アデノシン三リン酸(ATP，分子量507)の257 nmにおけるモル吸光係数 ε は14,700 $M^{-1} cm^{-1}$ である．ある量のATPを5.0 mLの緩衝液に溶かした溶液250 μLを別にとり，さらに緩衝液で希釈して体積を2.0 mLにした．この溶液を光路長1.0 cmの試料セルに入れ，波長257 nmの紫外光の吸収スペクトルを測定したところ，吸光度は1.15であった．最初に測りとったATPの重さを計算せよ．

20・26 §20・1で説明した次の平衡反応について，次の問いに答えよ．

2-シクロヘキセノン (より安定) ⇌ 3-シクロヘキセノン (より不安定)

(a) 酸性条件および塩基性条件における2-シクロヘキセノンから3-シクロヘキセノンへの変換の機構をそれぞれ示せ．
(b) 平衡の偏りについて説明せよ．

フロンティア分子軌道論

20・27 ブタジエンどうしが双方とも同面型に付加環化を起こす際のフロンティア分子軌道を解析せよ．この反応は許容かを予想せよ．

ディールス-アルダー反応

20・28 次に示すジエノフィル(a)～(d)とシクロペンタジエンとのディールス-アルダー反応の生成物の構造式を書け．

(a) $CH_2=CHCl$
(b) $CH_2=CHCOCH_3$
(c) $HC≡CH$
(d) $CH_3OCC≡CCOCH_3$ (両端にO)

20・29 次の式中の化合物 A, B の構造式を書け．化合物 B については立体化学がわかるように書け．

シクロペンタジエン + $CH_2=CH_2$ →(200℃) C_7H_{10} A →(1. O_3 2. $(CH_3)_2S$) $C_7H_{10}O_2$ B

20・30 1,3-ブタジエンは，ディールス-アルダー反応でジエンとしてもジエノフィルとしても反応しうる．1,3-ブタジエンの自己二量化によって生成する化合物の構造式を書け．

20・31 1,3-ブタジエンは室温で気体であるため，ディールス-アルダー反応に用いるためには，気体を反応させる特別な器具が必要となる．気体の1,3-ブタジエンに代わってブタジエンスルホンがしばしば利用される．このスルホンは，室温では固体であり(mp 66 ℃)，沸点である110 ℃より高い温度に加熱すると，逆ディールス-アルダー反応と類似した反応を起こし s-cis-1,3-ブタジエンと二酸化硫黄に分解する．ブタジエンスルホンと SO_2 のルイス構造式を書け．さらに，この逆ディールス-アルダー反応と似た反応が進行する過程を，巻矢印を使って示せ．

ブタジエンスルホン →(140 ℃) 1,3-ブタジエン + SO_2 二酸化硫黄

20・32 次に示すトリエンは，分子内でディールス-アルダー反応を起こして環化生成物を生じる．反応が起こるためには，出発物のトリエンの炭素骨格がどのような形をとる必要があるかを示せ．また，反応で起こる電子対の再配分を巻矢印を使って示せ．

[構造式] →(160 ℃) [構造式]

20・33 次に示すトリエンは，分子内でディールス-アルダー反応を起こして二環性の生成物を生じる．生成物の構造式を書け．このディールス-アルダー反応は，問題20・32で取上げたディールス-アルダー反応よりも，穏やかな条件(低い温度)で進行することがわかっている．この理由を説明せよ．

[構造式] →(0 ℃) 分子内ディールス-アルダー付加体

20・34 次に示すトリエンは，分子内でのディールス-アルダー反応を起こし，二環性の生成物を生じる．生成物の構造式を書け．

[構造式] →(熱) 分子内ディールス-アルダー付加体

20・35 次に示すディールス-アルダー反応の生成物の構造式を，立体化学がわかるように書け．

[構造式] + [COOEt-C≡C-COOEt] →

20・36 ジカルボン酸の逆合成解析を次に示す．

[構造式展開]

(a) 出発物のジエンをシクロペンタノンとアセチレンから合成する方法を示せ.
(b) 生成物のジカルボン酸の立体化学を説明せよ.

20・37 抗菌性をもつセスキテルペンの一種ワルブルガナールの構造を次に示す.この化合物のある合成では,最初の工程で次に示すディールス-アルダー反応が利用されている.化合物 **A** の構造式を書け.

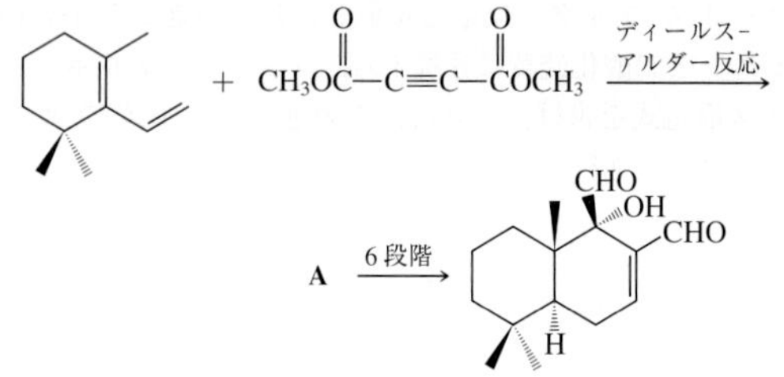

ワルブルガナール
warburganal
(ラセミ体)

20・38 ディールス-アルダー反応は,炭素以外の原子を含む6員環の合成にも利用できる.そのような反応の例を次にあげる.生成物を示せ.

(a), (b), 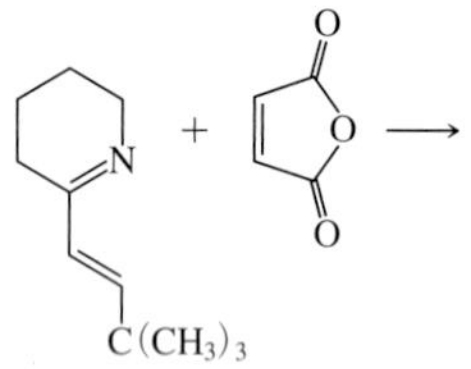 (c), 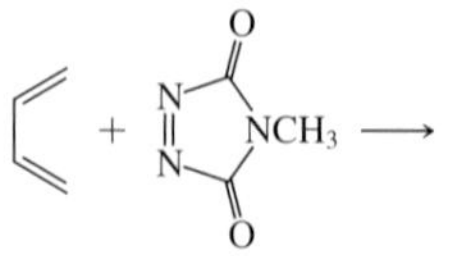 (d), 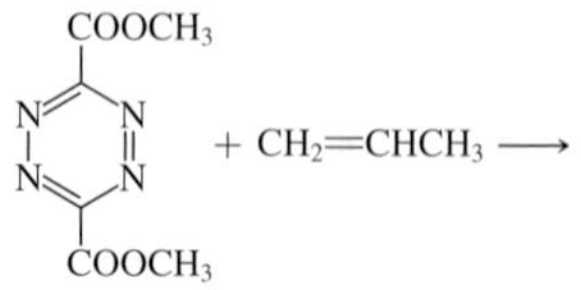 (e)

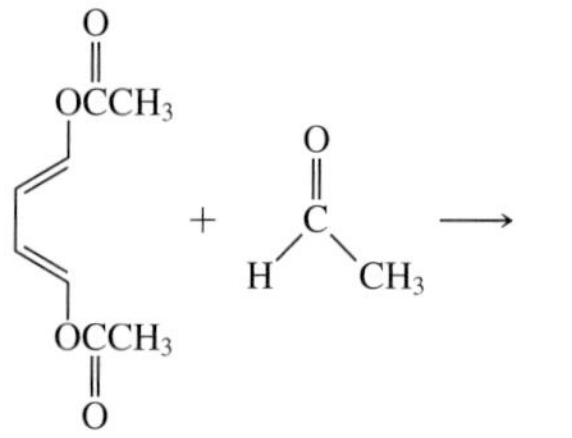

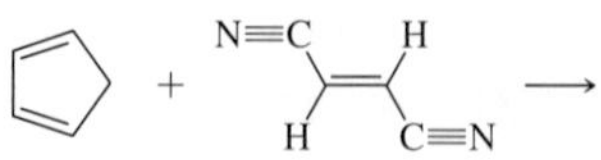

20・39 ドデカヘドランの合成の最初の工程は,シクロペンタジエン誘導体(**1**)とアセチレンジカルボン酸ジメチル(**2**)のディールス-アルダー反応である.これらの分子がどのように反応してドデカヘドランの合成中間体(**3**)を生成するかを示せ.

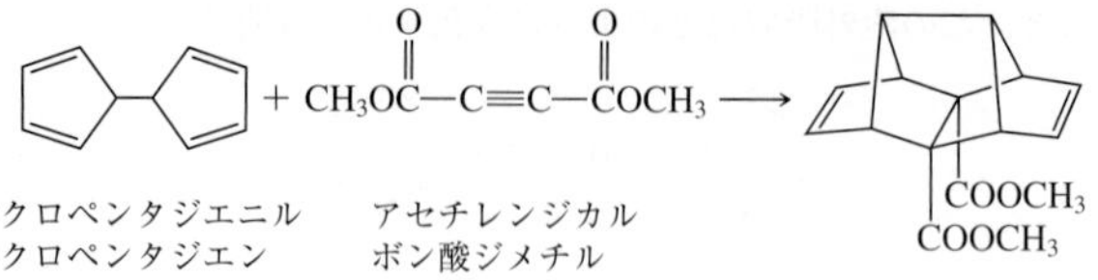

シクロペンタジエニルシクロペンタジエン (**1**)
アセチレンジカルボン酸ジメチル (**2**)
(**3**)

20・40 ビシクロ-2,5-ヘプタジエンは,シクロペンタジエンと塩化ビニルから2段階で調製できる.それぞれの段階の反応機構を示せ.

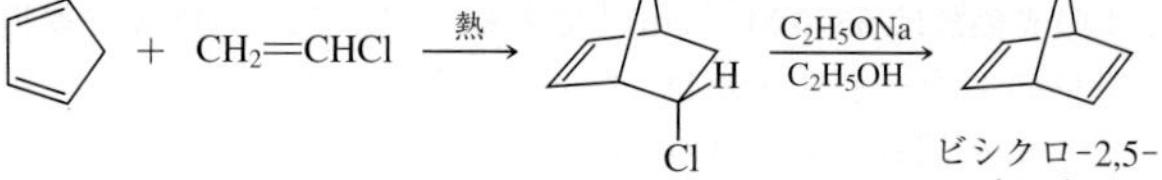

ビシクロ-2,5-ヘプタジエン

20・41 アントラニル酸を亜硝酸で処理すると,分子内にジアゾニウムイオンとカルボン酸塩の部分をもつ中間体 **A** が生成する.フランの存在下でこの中間体を加熱すると,次に示す二環性化合物が得られる.化合物 **A** の構造式と,二環性化合物が生成する反応機構を示せ.

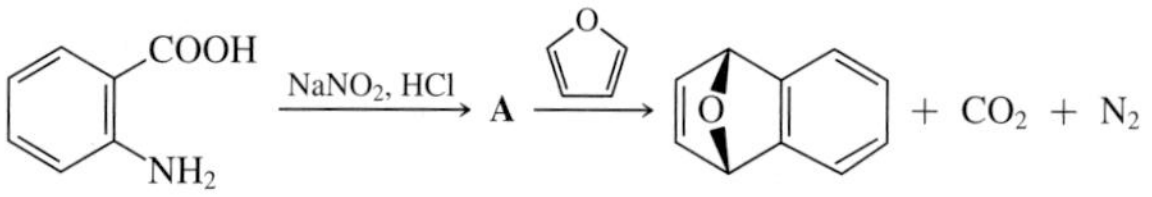

アントラニル酸

20・42 シクロペンタジエノンを合成しようとしても,ディールス-アルダー付加体しか得られない.一方,シクロヘプタトリエノンは安定な化合物であり,いくつかの方法で合成できる.(ヒント:どのような共鳴構造の寄与があるかを考えること).

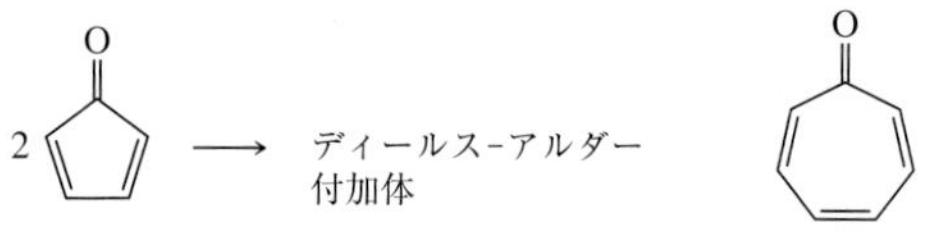

シクロペンタジエノン
シクロヘプタトリエノン

(a) シクロペンタジエノンから生成するディールス-アルダー付加体の構造式を書け.
(b) これら二つの不飽和ケトンの安定性に大きな差がある理由を説明せよ.

20・43 三環性ジエンの逆合成解析を次に示す.2-ブロモプロパン,シクロペンタジエン,2-シクロヘキセノンから,この三環性ジエンを合成する方法を示せ.

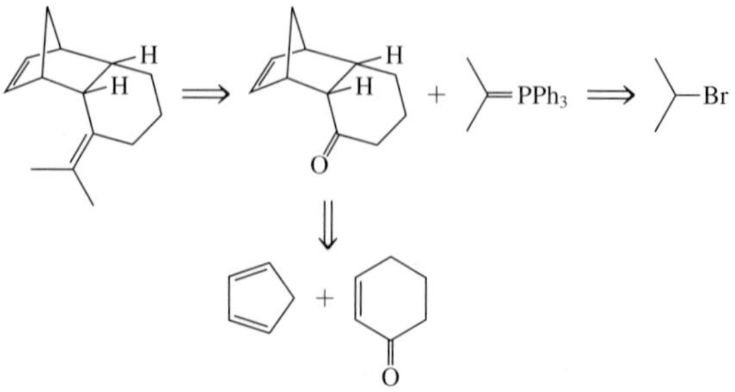

20・44 次に示す反応の生成物の構造を,立体化学がわかるように書け.

20. ジエン，共役系，ペリ環状反応　679

20・45 抗菌薬トルシクラートの合成を次に示す．

4-ブロモ-3-ヨードアニソール → (Mg, シクロペンタジエン) → **A** → ? → トルシクラート tolciclate

(a) **A** が生成する反応機構を示せ．
(b) **A** をトルシクラートに変換する方法を示せ．ただし，生成物の窒素は 3-メチル-N-メチルアニリンを，C=S 基はチオホスゲン Cl₂C=S を用いて導入すること．

シグマトロピー転位

20・46 図 20・10 には，[3,3]シグマトロピー転位におけるいす形遷移状態が，フロンティア分子軌道論的に許容であることを示した．
(a) 図 20・10 を参考に，反応が許容であるように舟形遷移状態の図を書け．
(b) なぜ，この遷移状態を経る生成物は，いす形遷移状態を経る生成物に比べるときわめて少量しか得られないのか．

20・47 次に示すコープ転位における生成物を，立体化学がわかるように書け．また，どの生成物が優先するかを予想せよ．

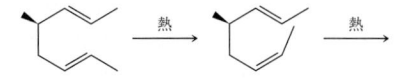

20・48 次の反応において，アキラルな生成物が得られるか，二つのエナンチオマーの等量混合物が得られるかを予想せよ．そのさい，反応のいす形遷移状態を書いて説明すること．

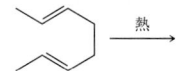

20・49 次の反応では，本章で学んだどの反応が起きているかを答えよ．また，生成物の立体化学を説明せよ．

20・50 両方のオルト位に置換基をもつアリルフェニルエーテルのクライゼン転位を行うと，パラ位がアリル基で置換された生成物が得られる．この転位の反応機構を示せ．

20・51 1,5-ジエンのコープ転位の三つの例を次に示す．それぞれの化合物は，環状の遷移状態を経て，6 電子が再配分され，1 段階で生成する．6 電子の再配分を巻矢印を用いて示せ．

(a)
(b)
(c)

20・52 次にキャロル反応の例を示す．この反応は最初の発見者である英国の化学者 M. F. Carroll の名をとって命名された．反応機構を示せ．

6-メチル-5-ヘプテン-2-オン + CO₂

21・1 ベンゼンの構造
21・2 芳香族性の概念
21・3 命名法
21・4 フェノール
21・5 ベンジル位での反応

21 章

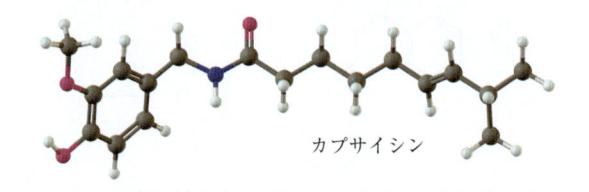

カプサイシン

ベンゼンと芳香族性の概念

ベンゼン benzene

　ベンゼンは融点が 6 ℃, 沸点が 80 ℃ で, 室温で無色の液体である. 1825 年に M. Faraday (ファラデー) が, 英国ロンドンの照明灯用ガス管から集められた油状の残渣物から初めて単離した. ベンゼンの分子式は C_6H_6 であることから, 高い不飽和度をもつことが示唆される. 同じ炭素数をもつアルカン C_6H_{14} と比べると, ベンゼンの水素不足指数は 4 であり, これをみたすには環構造, 二重結合, 三重結合の適当な組合わせが必要である. たとえば, 二重結合を四つもつもの, 二重結合三つと環構造一つをもつもの, 二重結合二つと環構造二つをもつもの, 三重結合一つと環構造二つをもつものなど, 多くの可能性がある.

　高い不飽和度から, アルケンやアルキンに特徴的なさまざまな反応がベンゼンでも起こると考えられる. ところが, ベンゼンは驚くほど反応性に乏しい. アルケンやアルキンでは容易に起こる付加反応, 酸化反応, 還元反応がベンゼンでは起こらない. たとえば, アルケンやアルキンに付加する臭素や臭化水素のような反応剤をベンゼンに作用させても反応しない. アルケンやアルキンを容易に酸化するクロム酸に対しても, ベンゼンは安定である. 一方, ベンゼンが求電子剤と反応するときは, ベンゼン環上の一つの水素原子が他の原子や置換基に置き換わる, いわゆる置換反応を起こす.

芳香族化合物 aromatic compound　もともとはベンゼンとその誘導体を分類して表すために用いられた用語である. より正確には, 芳香族性に関するヒュッケル則をみたす化合物をさす (§21・2A).

アレーン arene

アリール基 aryl group

　ベンゼンとその誘導体は独特の香りをもつため, これらの化合物を分類するのに**芳香族**という言葉が用いられていた. しかし現在では, 高い不飽和度にもかかわらず, アルケンやアルキンに反応する反応剤に対して不活性できわめて安定な化合物群をさす言葉として芳香族が用いられている. アルカン, アルケン, アルキンが対応する飽和および不飽和炭化水素を総称するのに用いられるように, 芳香族炭化水素を総称するのに**アレーン**という言葉が用いられる. その最も基本的な化合物がベンゼンである. アルカンから水素一つを除いた置換基をアルキル基とよび, R の記号で表されるのと同様に, アレーンから水素を一つ除いた置換基を**アリール基**とよび, Ar の記号で表す.

21・1　ベンゼンの構造

　19 世紀半ばに, どのようにしてベンゼンの構造が明らかになったのかを振返ってみよう. まず, ベンゼンの分子式は C_6H_6 であるから, 分子の不飽和度が高いことは明らかである. しかし, ベンゼンは当時知られていた唯一の不飽和炭化水素であるアルケンに特徴的な化学的性質を示さない. また, 反応するときには, 付加反応ではなく置換反応を起こす. たとえば, ベンゼンに塩化鉄の存在下で臭素を作用させると, 分子式 C_6H_5Br である置換生成物のみができる.

$$C_6H_6 + Br_2 \xrightarrow{FeCl_3} C_6H_5Br + HBr$$

ベンゼン　　　　　　　ブロモベンゼン

このことから当時の化学者は，ベンゼンの六つの水素原子は等価であるとの結論に達した．ブロモベンゼンに塩化鉄触媒の存在下で臭素を作用させると，3種類のジブロモベンゼンの異性体が生成する．

$$C_6H_5Br + Br_2 \xrightarrow{FeCl_3} C_6H_4Br_2 + HBr$$

ブロモベンゼン　　　　　　　　　ジブロモベンゼンの
　　　　　　　　　　　　　　　　3種類の異性体の混合物

19世紀半ばにすでに確立していた炭素4価説に基づいて，これらの実験結果からベンゼンの構造を導き出すことは至難の技であった．実際にベンゼンと他の芳香族炭化水素の構造に関する問題は，その後1世紀にわたって化学者を悩ませ続けた．そして，1930年代になってようやくこの問題に関する一般的な理解が進んできた．

A. ベンゼンのケクレ構造

1865年にA. Kekuléは，ベンゼンの構造として一つの水素が一つの炭素と結合した6員環の構造を初めて提唱した．このKekuléの提唱した構造式は，すべてのC−H結合とC−C結合が等価であるという条件を満足するが，炭素がすべて3価であることから炭素4価説と矛盾する．そこでKekuléは1872年に炭素4価説に基づいて，6員環内に二重結合を交互に三つもつ構造を提案した．この構造には異性体が二つ存在するが，二つの構造異性体が分離できないくらい速く二重結合が移動しているとした．図21・1に示す構造式は現在でも**ケクレ構造**とよばれているが，Kekuléはこれら二つの構造間の相互変換を平衡と考えていた．

135年以上も前の時代を振返るにあたり，当時の化学の知識の水準を理解しておく必要がある．たとえば，共有結合が電子対を共有することによりできているということは，1897年に英国の物理学者J. J. Thomsonが電子を発見した後にわかったことである．Thomsonは1906年にノーベル物理学賞を受賞しているが，電子が化学結合に寄与していることが明らかになるのは，その後さらに30年経ってからであった．したがって，Kekuléがベンゼンの構造モデルを提出した時代は，電子の存在とその化学結合における役割は全く知られていなかった．

Kekuléの提案はベンゼンの臭素化で1種類のブロモベンゼンのみが得られることや，ブロモベンゼンの臭素化で3種類のジブロモベンゼンが得られるという実験事実をうまく説明するものだった．

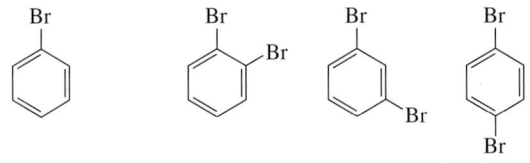

ケクレ構造 Kekulé structure

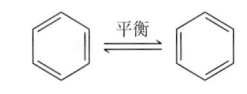

図 21・1　ベンゼンのケクレ構造

ブロモベンゼン　　　　ジブロモベンゼンの3種の異性体

Kekuléの提案はおおよその実験事実と合致しているものの，すべての疑問点を解決するものではなく，その後長い間にわたって議論の的となった．最大の問題点は，ベンゼンが二重結合をもつにもかかわらず，異常なほどの化学的安定性をもつことを説明できないことであった．Kekuléは，"ベンゼンが二重結合を三つもつのであれば，なぜその二重結合はアルケンに特徴的な反応性を示さないのか"との批判を受けた．たとえば，なぜベンゼンに対して臭素が三つ付加して，1,2,3,4,5,6-ヘキサブロモシクロヘキサンを生成しないのか，といった類のものである．このようなベンゼンの反応性の乏しさについては，分子軌道法と共鳴理論の二つの相補的な理論により説明できる．

B. ベンゼンの分子軌道法

ベンゼンの骨格は C−C−C 結合および C−C−H 結合がいずれも 120° である正六角形の構造をもつ．それぞれの炭素原子は sp^2 混成軌道を用いてベンゼンの骨格を形成する．つまり，sp^2-sp^2 混成軌道の重なりを使って隣接する二つの炭素原子と σ 結合を生成するとともに，sp^2-1s 軌道の重なりを使って水素原子と σ 結合を生成する．ベンゼンの炭素−炭素結合の長さはどれも 139 pm であり，その値は sp^3 混成軌道からなる炭素−炭素単結合長(154 pm)と sp^2 混成軌道からなる炭素−炭素二重結合の長さ(133 pm)の間の値であることが実験的に明らかになっている．

炭素原子はいずれも混成していない 2p 軌道を一つもつ．この軌道はベンゼン環が形成する平面と直交しており，それぞれ電子を 1 個もっている．分子軌道法によれば，これらの六つの平行に並んだ 2p 原子軌道が線形結合することにより，六つの π 分子軌道の組が生じる．このうち，三つが結合性の π 分子軌道であり，三つが反結合性の分子軌道である．これら六つの分子軌道とその相対的なエネルギーを図 21・2 に示す．$π_2$ と $π_3$ 分子軌道は縮退した(同じエネルギーをもつ)結合性軌道である．同様に，$π_4^*$ と $π_5^*$ 軌道は縮退した反結合性の軌道である．

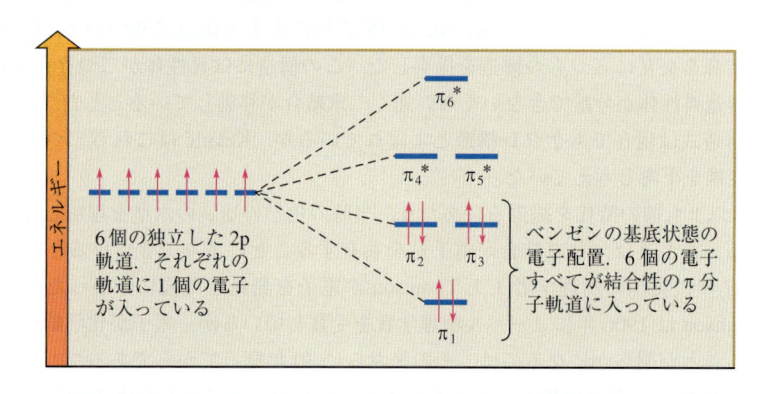

図 21・2 ベンゼンの π 結合に関与する分子軌道

ベンゼンの基底状態の電子配置では，6 個の π 電子が結合性の分子軌道を占める(図 21・2)．分子軌道計算によると，これら三つの結合性の分子軌道のエネルギー準位は，六つの 2p 原子軌道が相互作用せずに独立に存在しているときのエネルギー準位よりも低くなる．これが，ベンゼンのきわめて大きな安定性の原因である．

ベンゼンの π 軌道を図 21・3 に示す．ベンゼンの π 電子系は，図 21・3 の $π_1$ 軌道で示されるように，環の上下にそれぞれ張り出した一つの円環(ドーナツ状の領域)として表されることが多い．

この軌道図は，π 電子系の電子密度が非局在化していることと，6 個の炭素原子が等価であることの両方がよくわかるので，非常に有用である．しかし，この軌道図だけでベンゼンのすべての電子配置が表されるわけではない．残りの二つの結合性分子軌道($π_2$ と $π_3$)はそれぞれ二つの節をもつことから，炭素原子間の結合次数が二重結合と単結合との間であることが理解できる．

C. ベンゼンの共鳴理論

共鳴理論によると，分子やイオンに対して共鳴構造が二つ以上存在する場合，そのうちの一つの共鳴構造だけでは分子の実体を正しく表すことができない．ベンゼンは，図 21・4 に示すケクレ構造とよばれる二つの等価な共鳴構造の混成体として表される．

二つのケクレ構造は等しく混成に寄与することから，すべての C−C 結合は単結合でも二重結合でもなく，両者の中間となる．この二つの共鳴構造はいずれも実際には存在

21・1 ベンゼンの構造   683

(a) 軌道の模式図　　(b) 計算による軌道

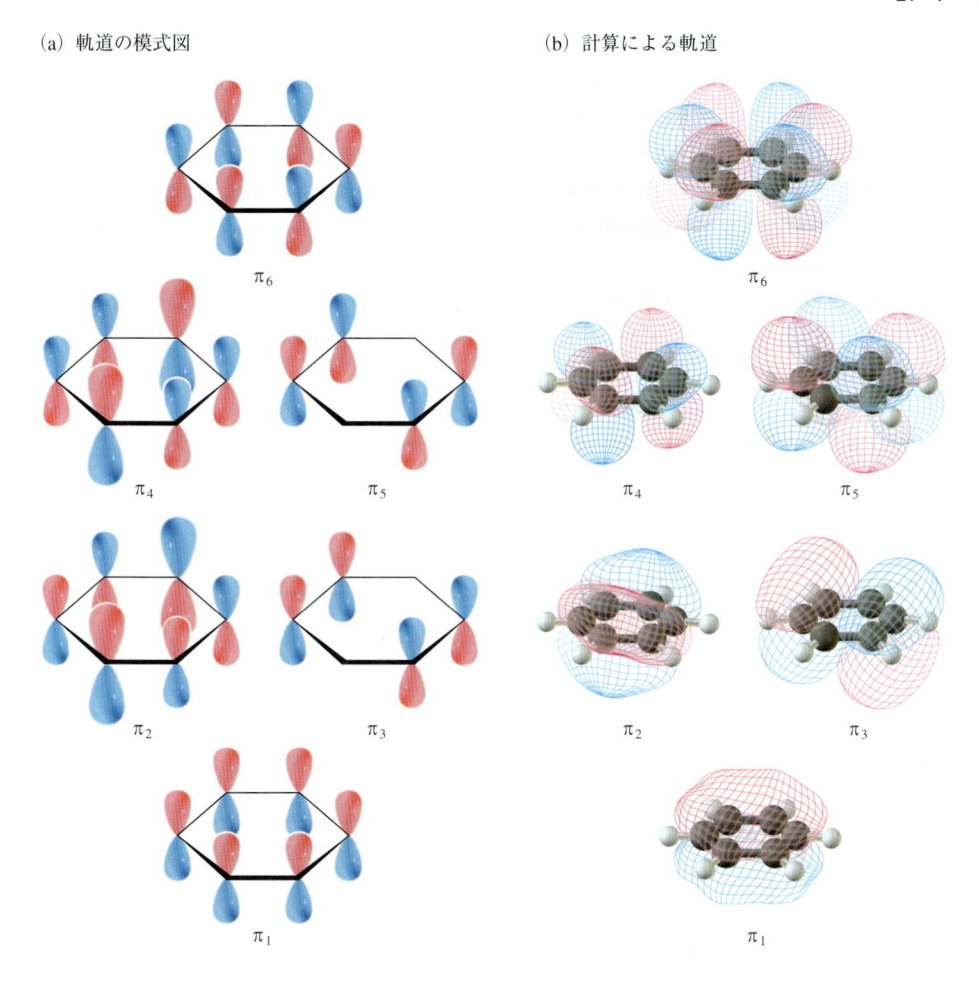

π_6

π_4　　　π_5

π_2　　　π_3

π_1

図 21・3 ベンゼンの π 軌道. (a) 計算により得られた分子軌道の一般的な模式図. これらの図から, 互いに平行な 2p 軌道の組合わせによりベンゼンの π 結合ができていることがよくわかる. (b) 計算により得られた π 軌道. エネルギーの低い三つの軌道に電子が詰まっている (図 21・2). 最もエネルギーの低い軌道では, 電子密度の円環が環の上下に張り出している. この軌道がベンゼンの π 電子系を表すのに最もよく用いられる.

しない. これらは単にどの 2p 軌道を組にして π 結合をつくるかによって異なるだけで, どちらの構造が実際の構造により近いということはない. 実際の構造はこの二つの構造を重ね合わせたようなものである. ケクレ構造は古典的な原子価結合法と炭素 4 価説に基づいて記述できる最良のベンゼンの構造である. このため, 今でも便宜的に共鳴混成体の一方を用いてベンゼンを表す.

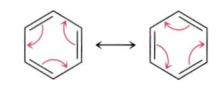

図 21・4 ベンゼンの二つの等価な共鳴構造の混成体

ベンゼンの**共鳴エネルギー**は, シクロヘキセンとベンゼンの水素化反応における生成熱を比較することで見積もることができる. シクロヘキセンは遷移金属触媒を用いた水素化反応により (§6・6A 参照), シクロヘキサンに容易に還元される. ベンゼンも同様な条件下においてゆっくりとシクロヘキサンに還元される. 高温で反応を行ったり, 数百気圧の水素圧をかけると還元反応は促進される.

共鳴エネルギー resonance energy　共鳴混成体と, 特定の原子や結合に電子が局在化している仮想的な共鳴構造をもつ化合物の間のエネルギー差.

シクロヘキセン　　　　シクロヘキサン
$\Delta H° = -119.7$ kJ mol^{-1} (-28.6 kcal mol^{-1})

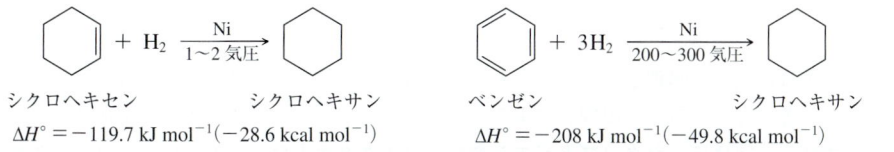

ベンゼン　　　　シクロヘキサン
$\Delta H° = -208$ kJ mol^{-1} (-49.8 kcal mol^{-1})

アルケンの水素化反応は発熱反応である (§6・6B 参照). 二重結合一つ当たりの発熱量はそれぞれのアルケンの置換様式により異なっており, シクロヘキセンでは $\Delta H° = -119.7$ kJ mol^{-1} (-28.6 kcal mol^{-1}) である. 仮にベンゼンが単結合と二重結合とが交

684   21. ベンゼンと芳香族性の概念

互に結合交替した 1,3,5-シクロヘキサトリエンであると想定すると，その水素化反応における発熱量は $\Delta H° = 3 \times (-119.7\text{ kJ mol}^{-1}) = -359\text{ kJ mol}^{-1}$ ($-85.8\text{ kcal mol}^{-1}$) と見積もることができる．しかし，実際にベンゼンをシクロヘキサンに還元したときの $\Delta H°$ は -208 kJ mol^{-1} ($-49.8\text{ kcal mol}^{-1}$) であり，1,3,5-シクロヘキサトリエン構造として見積もられた発熱量よりかなり少ない．これら二つの値の差である 151 kJ mol^{-1} ($36.0\text{ kcal mol}^{-1}$) が**ベンゼンの共鳴(安定化)エネルギー**である．シクロヘキセンおよびベンゼンの還元反応はいずれも発熱的であり，生成物は同じシクロヘキサンである．したがって，ベンゼンの水素化反応熱が 1,3,5-シクロヘキサトリエンのものよりも小さいということは，ベンゼンのほうがトリエンよりもより安定である，ということを意味する．これらの実験結果を図 21・5 に示す．

ベンゼンの共鳴エネルギー resonance energy of benzene

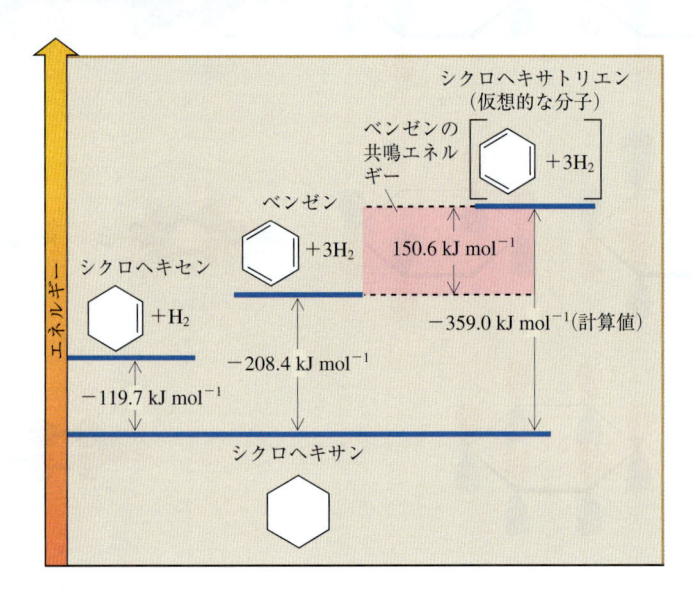

図 21・5　ベンゼンの共鳴エネルギー．シクロヘキセン，ベンゼン，π 電子が局在化した仮想的な化合物である 1,3,5-シクロヘキサトリエンの水素化反応のエネルギーの比較から求めた．

いろいろな測定法を用いてベンゼンの共鳴エネルギーが実験的に求められている．それぞれの実験結果は測定法によって幾分違っているが，いずれもベンゼンの共鳴エネルギーが大きいという点では一致している．いくつかの芳香族炭化水素の共鳴エネルギーを次に示す．

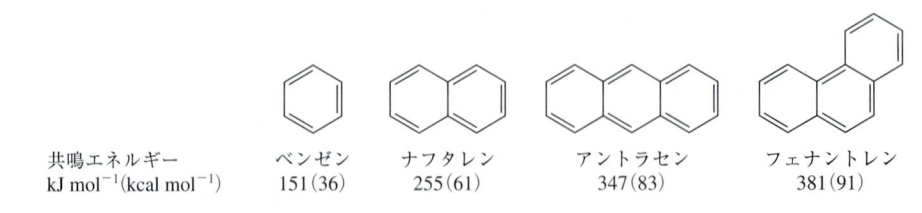

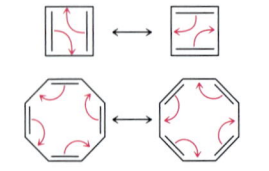

| 共鳴エネルギー kJ mol^{-1}(kcal mol^{-1}) | ベンゼン 151(36) | ナフタレン 255(61) | アントラセン 347(83) | フェナントレン 381(91) |

シクロブタジエン(上)もシクロオクタテトラエン(下)も二つの等価な共鳴構造の混成体である．

21・2　芳香族性の概念

分子軌道法と共鳴理論はベンゼンとその誘導体の異常な化学的安定性を理解する上で有力な考え方である．共鳴理論によると，ベンゼンは二つの等価な構造の混成体として表される．同様に，シクロブタジエンやシクロオクタテトラエンも二つの等価な共鳴構造の混成体として書くことができる(左図)．これらの化合物は芳香族であろうか．

答は，いずれの化合物も芳香族化合物ではない．有機化学者は，シクロブタジエンを単離しようとする試みを繰返し行ってきた．その結果，1965 年になってようやく最初

の合成が達成された. しかし, 4 K(−269 ℃)で捕捉してようやく観測されるほど不安定であり, 芳香族化合物にみられる化学的および物理的性質は全く見られなかった. シクロオクタテトラエンはハロゲンやハロゲン化水素, さらには弱い酸化剤や還元剤とも反応し, アルケンと同じ化学的挙動を示す.

このようにベンゼン, シクロブタジエン, シクロオクタテトラエンを比べてみると, "芳香族性を支配する基本的な原理は何であろうか"という, 疑問がわいてくる. つまり, どのような構造的特徴があれば, 十分な共鳴エネルギーをもち, 不飽和化合物でありながら付加反応を起こさずに置換反応を起こすのであろうか.

A. 芳香族性に関するヒュッケル則

ドイツの物理化学者である Erich Hückel は, 1930 年代初頭に芳香族性を規定する規則を提唱した. Hückel は, 単環で平面構造をもち, 環を形成するそれぞれの原子が 2p 軌道をもつような分子を取上げ, それらの 2p 軌道で構成される分子軌道についてエネルギー計算を行った. その結果, 単環で平面構造をもち, 2, 6, 10, 14, 18, … 個のπ電子が閉じた系で完全に共役している分子が芳香族性をもつことを見いだした. この条件は $(4n+2)$π 電子則, ただし n は正の整数($0, 1, 2, 3, 4, …$), として一般化されている. それに対し, 単環で平面構造をもち, $4n$ 個のπ電子をもつ分子($4, 8, 12, 16, 20, …$)はきわめて不安定であり, これらを**反芳香族化合物**とよぶ. 反芳香族性については, もう一度あとで述べる. **芳香族性**に関する**ヒュッケル則**を要約すると次のようになる. 芳香族であるためには, 化合物は以下の条件をみたす必要がある.

1. 環状化合物である.
2. 環を構成する原子はそれぞれ 2p 軌道を一つもつ.
3. 平面, あるいはほぼ平面に近い構造をもち, 環を構成する 2p 軌道がすべて完全に, あるいはほぼ完全に重なり合うことができる.
4. 2p 軌道からなる環状の閉じた共役系に $(4n+2)$π電子をもつ.

芳香族性と反芳香族性の違いを理解するためには, 分子やイオンの分子軌道エネルギー準位を理解する必要がある. それについて, 本項と次項で考えてみよう. 単環の平面分子で完全に共役しているπ分子軌道の相対的なエネルギーは, **フロスト円**, あるいは多角形内接法とよばれる方法を用いると, 容易に導くことができる. この方法ではまず円を書き, その中に対象とする環状化合物と同じ員数の多角形を内接させる. そのさい, 多角形の一つの頂点が円の底に位置するようにする. すると, それぞれの頂点が円に接するところが, その化合物における分子軌道の相対エネルギーとなる. これらの分子軌道のうち, 円の中心より下に位置する軌道は結合性分子軌道である. 中心より上に位置する軌道は反結合性分子軌道であり, 中心と同じ高さにある軌道は非結合性分子軌道である.

$(4n+2)$π 電子則 $(4n+2)$π electron rule

反芳香族化合物 antiaromatic compound 平面あるいは平面性の高い単環の化合物で, 環を構成する原子がそれぞれ 2p 軌道をもち, それらの 2p 軌道からなる共役系が $4n$ 個のπ電子(n は整数)をもつ化合物. 反芳香族化合物はきわめて不安定である.

ヒュッケル則 Hückel rule 芳香族であるためには, 平面, あるいは平面性の高い単環の構造で, 環を構成する原子がそれぞれ 2p 軌道をもち, それらの p 軌道からなる共役系が $(4n+2)$ 個のπ電子をもつことが条件になる.

フロスト円 Frost circle 単環で平面構造をもつ共役した化合物のπ分子軌道の相対的なエネルギーを求める図法.

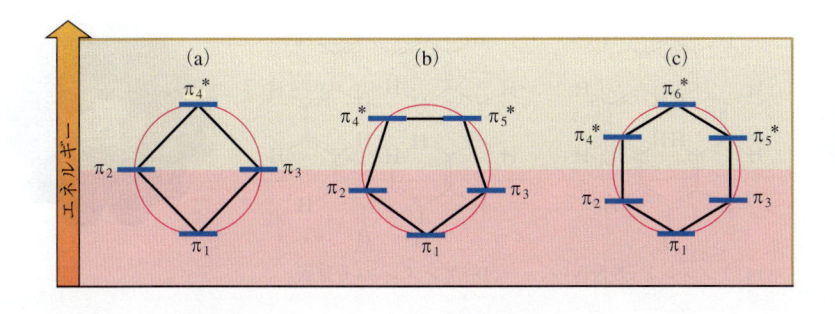

図 21・6 フロスト円を用いて表した, 平面で完全に共役した 4 員環化合物(a), 5 員環化合物(b), 6 員環化合物(c)のπ分子軌道の数と相対的なエネルギー準位

単環で平面構造をもち，完全に共役した4,5,6員環化合物の分子軌道を表すフロスト円を図21・6に示す．フロスト円を用いる方法には根拠がないように思えるかもしれないが，まさにπ電子系の波動方程式の数学的解を幾何学的に表すものである．

例題 21・1

平面で環構造をもち，それぞれの原子が2p軌道をもつ7員環化合物のフロスト円を作成し，七つのπ分子軌道の相対エネルギーを示せ．さらに，それぞれの分子軌道は結合性軌道，反結合性軌道，あるいは非結合性軌道のいずれであるかを答えよ．

解答 七つのπ分子軌道のうち，三つが結合性軌道であり，四つが反結合性軌道である．

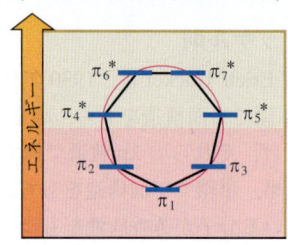

問題 21・1 平面で環構造をもち，それぞれの原子が2p軌道をもつ8員環化合物のフロスト円を作成し，八つのπ分子軌道の相対エネルギーを示せ．さらに，それぞれの分子軌道は結合性軌道，反結合性軌道，あるいは非結合性軌道のいずれであるかを答えよ．

B. 芳香族炭化水素

アンヌレン annulene 単結合と二重結合とが結合交替している環状炭化水素の総称．アヌレンともいう．

環状構造をもち，単結合と二重結合とが結合交替した構造をもつ炭化水素を**アンヌレン**とよぶ．シクロブタジエン，ベンゼン，シクロオクタテトラエンは代表的なアンヌレンである．アンヌレンを命名するには，まず環を形成する原子数を[ ]の中に示した後に"アンヌレン(annulene)"をつけ加える．シクロブタジエン，ベンゼン，シクロオクタテトラエンはそれぞれ[4]アンヌレン，[6]アンヌレン，[8]アンヌレンとなる．しかし，これらの化合物はアンヌレンとよばれることはほとんどなく，むしろそれぞれに固有の慣用名でよばれることのほうが多い．

1960年代に入り，ヒュッケル則の妥当性を検証することを目的として，大きな環構造をもつアンヌレンを合成する研究が行われた．その結果，Hückelが予測したように[14]アンヌレンと[18]アンヌレンが芳香族性をもつことが明らかになった．たとえば，[18]アンヌレンは約418 kJ mol^{-1}(100 kcal mol^{-1})の共鳴エネルギーをもつ．なお，これらの大環状のアンヌレンでは，平面性を保つために炭素－炭素二重結合のうちのいくつかがトランス配置になっている．そのため，これらの大環状アンヌレンの水素は，環の外側を向く水素と，環の内側を向く水素の2種類に分けられる．これらの2種類の水素原子は^{1}H NMRにおいて大きく異なった化学シフトを示す．

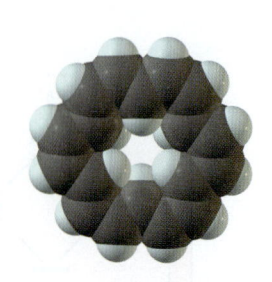

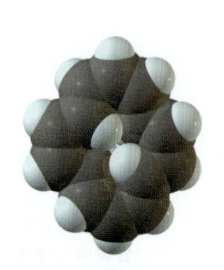

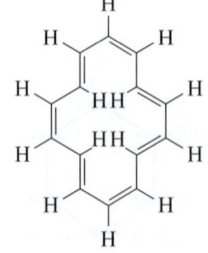

[14]アンヌレン(芳香族)　　[18]アンヌレン(芳香族)

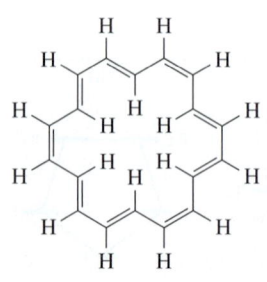

ベンゼンやその他のアレーン類の水素は，芳香族分子に特徴的な環電流によって非遮蔽されているため（§13・7C 参照），その化学シフト（通常 7～8 ppm）は低磁場に大きくシフトする．この誘起環電流による効果は，ベンゼンとその誘導体のみならずヒュッケル則をみたすすべての分子で観測される．環電流によって誘起される磁場のために，環の外側にある水素原子は低磁場に，環の内側にある水素原子は大きく高磁場にシフトすると予想される．ベンゼン環の内側には水素原子はないが，たとえば [18]アンヌレンのような大環状の芳香族アンヌレン類には"環内"の水素と"環外"の水素がある．[18]アンヌレンの環内の水素の高磁場シフトは驚くほどに大きく，δ −3.00 で共鳴する．これは基準となるテトラメチルシランから 3.00 ppm も高磁場である．

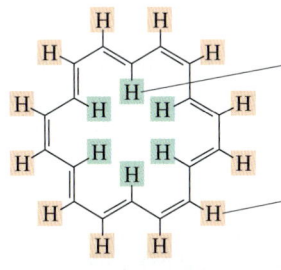

π電子のまわりを回っている誘起磁場の方向は，環の内側では外部磁場と逆向きであり有効磁場を弱める．このため，環内の六つの水素は δ −3.0 と高磁場で共鳴する．

π電子のまわりを回っている誘起磁場の方向は，環の外側では外部磁場と同方向であり，有効磁場を強める．このため，環外の水素は δ 9.3 と低磁場で共鳴する．

[18]アンヌレン（芳香族）

例題 21・2

ベンゼンの水素とシクロオクタテトラエンの水素を比べると，どちらの化学シフトがより大きいか，理由とともに答えよ．

解答 ベンゼンは芳香族化合物である．六つの水素は等価であり，δ 7.27 に鋭い一重線として現れる．シクロオクタテトラエンは $4n$ 個の π 電子をもつ非平面構造の分子であるため，ヒュッケル則をみたさない．したがって，シクロオクタテトラエンの等価な八つの水素は δ 5.8 に一重線として現れ，その化学シフトはふつうのビニル位水素の領域（δ 4.6〜5.7）内に含まれる．

問題 21・2 フランとシクロペンタジエンを比べると，どちらの化合物の化学シフトがより大きいか，理由とともに答えよ．

ヒュッケル則によれば，一見 [10]アンヌレンは芳香族性を示すように思われる．すなわち，環状化合物であり，環を構成するそれぞれの炭素原子は 2p 軌道をもち，π 電子系の電子数は 4(2)+2 = 10 である．しかし実際には，アルケンに特徴的な反応を示すので，この分子は芳香族化合物ではない．10 員環は環のサイズが小さいため，平面構造をとると環の中心に向いた二つの水素原子どうしの立体反発が大きくなってしまう．これら二つの水素原子の非結合性の相互作用により環構造が非平面的になる．このために 10 個の 2p 軌道がすべて共役することができない．つまり，[10]アンヌレンは非平面構造をとるため芳香族性をもたない．

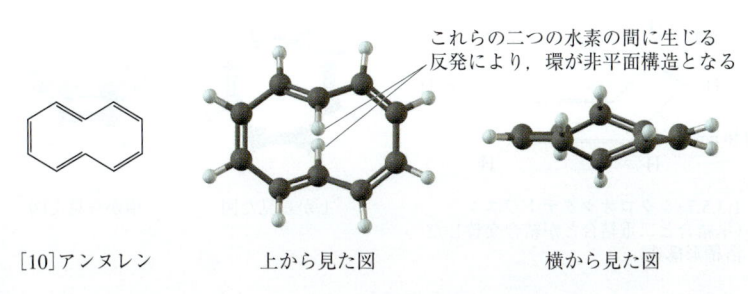

これらの二つの水素の間に生じる反発により，環が非平面構造となる

[10]アンヌレン　　上から見た図　　横から見た図

興味深いことに，[10]アンヌレンの環の内側に向いた二つの水素原子をCH₂基で置き換えると，環構造は平面に近くなるため，芳香族性を示す．

架橋[10]アンヌレン　　　上から見た図　　　横から見た図

C. 反芳香族炭化水素

ヒュッケル則によると，単環の平面構造で，$4n$ (4, 8, 12, 16, 20, …) 個のπ電子をもつ化合物は非常に不安定であり，反芳香族性をもつ．π電子を4個もつシクロブタジエンがその一例である．フロスト円(図21・6)を用いて導いたシクロブタジエンの分子軌道のエネルギー準位図を，図21・7に示す．

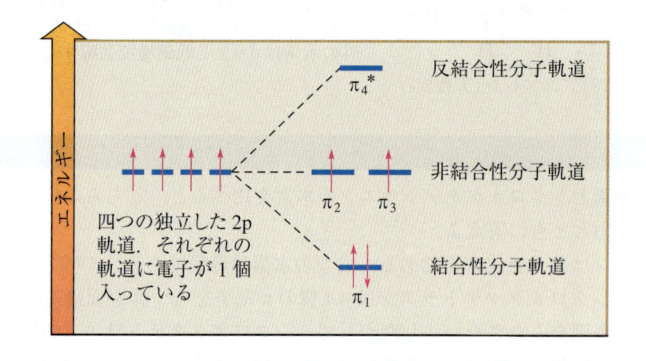

図 21・7　シクロブタジエンの分子軌道エネルギー準位図．基底状態では，2個の電子が最も低い結合性 $π_1$ 分子軌道に入り，残りの2個の電子は非結合性軌道である縮退した $π_2$ と $π_3$ 分子軌道に1個ずつ入る．

シクロブタジエンの基底状態における電子配置では，2個のπ電子が結合性 $π_1$ 分子軌道に入る．3個目と4個目の電子は対にならず，縮退した $π_2$ と $π_3$ の非結合性分子軌道に入る．平面構造のシクロブタジエンはこれら2個の不対電子のために，同じく二つの共役した二重結合をもつ鎖状のブタジエンに比べて非常に不安定で反応性が高くなっている．実際のシクロブタジエンは，平面構造ではなく，二つの短い結合と二つの長い結合をもつ少し折れ曲がった非平面構造をとっており，二つの軌道の縮退が解けていることが明らかになっている．それでもシクロブタジエンにはビラジカル性がいくらか残っている．

シクロオクタテトラエンは典型的なアルケンとしての反応性を示すことから，非芳香族化合物である．X線結晶構造解析によると，この分子の最も安定な配座は非平面の"浴槽"様の構造をしており，2種類の炭素－炭素結合をもつ．すなわち，四つは長い炭素－炭素単結合であり，残りの四つは短い炭素－炭素二重結合である．四つの単結合は

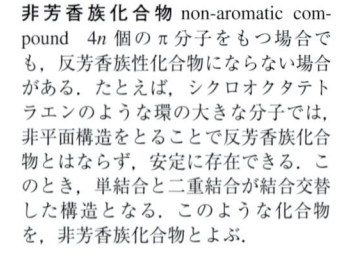

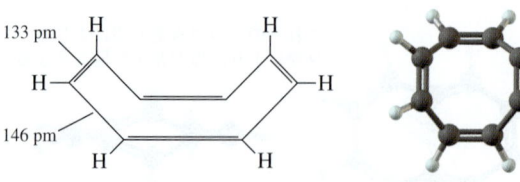

非芳香族化合物 non-aromatic compound　$4n$ 個のπ分子をもつ場合でも，反芳香族性化合物にならない場合がある．たとえば，シクロオクタテトラエンのような環の大きな分子では，非平面構造をとることで反芳香族化合物とはならず，安定に存在できる．このとき，単結合と二重結合が結合交替した構造となる．このような化合物を，非芳香族化合物とよぶ．

1,3,5,7-シクロオクタテトラエン
(単結合と二重結合とが結合交替した浴槽形構造)　　上から見た図　　横から見た図

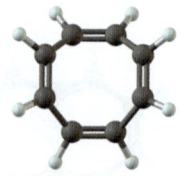

同じ長さであり，sp² 混成炭素に挟まれた単結合に典型的な長さを示す（約 146 pm）．四つの二重結合の長さも等しく，典型的なアルケンの結合長である（約 133 pm）．浴槽形の配座において，二重結合を形成する炭素どうしの 2p 軌道の重なりはきわめてよい．一方，炭素−炭素単結合部分では，隣接する炭素の 2p 軌道が互いに平行でなくほとんど重なりがない．したがって，シクロオクタテトラエンの π 電子系は，sp² 混成炭素のみから構成されているにもかかわらず共役していない．

平面構造のシクロオクタテトラエンが反芳香族化合物であることを理解するために，8 個の π 電子からなる，環状で完全に共役した 8 員環化合物の分子軌道エネルギー準位を考察してみよう．この化合物のフロスト円はすでに問題 21・1 で作製した．シクロオクタテトラエンは実際には平面構造ではないが，仮に平面構造であるとすると，分子軌道のエネルギー準位は図 21・8 のようになる．基底状態において，6 個の π 電子がエネルギーの低い三つの分子軌道である π_1, π_2, π_3 の結合性分子軌道に入る．残っている 2 個の電子は対にならず，縮退した π_4 と π_5 の非結合性分子軌道に 1 個ずつ入る．この 2 個の不対電子のため，平面構造のシクロオクタテトラエンは非常に不安定な反芳香族化合物となるはずである．実際のシクロオクタテトラエンは，そうなることを避けて折れ曲がった非平面構造をもつため，非芳香族化合物である．

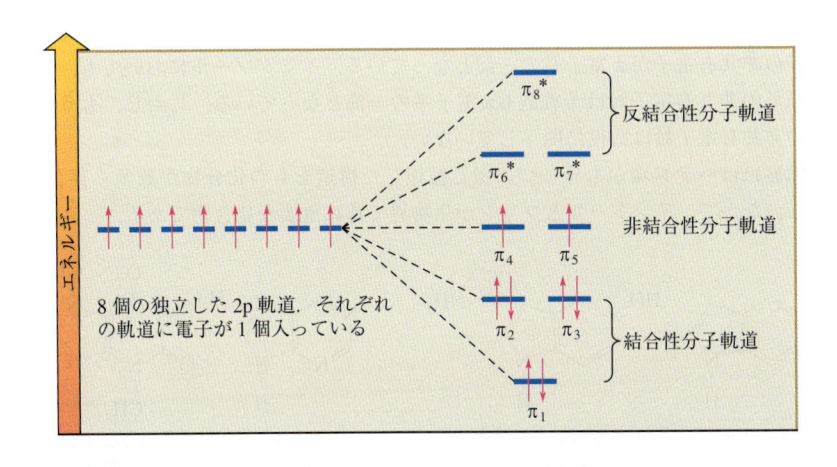

図 21・8 仮想的に平面構造をとったシクロオクタテトラエンの分子軌道エネルギー準位図．6 個の電子がそれぞれ対になってエネルギー準位の低い三つの π 結合性軌道に入る．残りの 2 個の電子は，非結合性軌道である縮退した分子軌道に 1 個ずつ入る．

[16]アンヌレンも，平面構造であれば反芳香族分子である．しかし，この分子も平面構造ではなく，二重結合は完全に共役していない．このため，[16]アンヌレンは非芳香族化合物である．

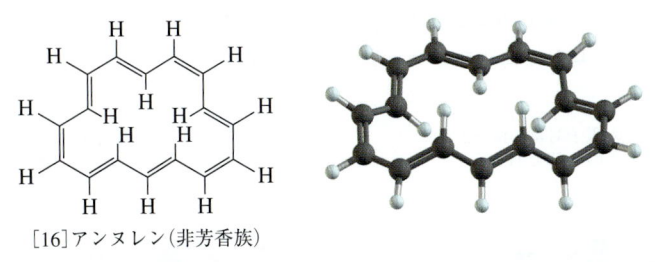

[16]アンヌレン（非芳香族）

D. 芳香族ヘテロ環化合物

芳香族性は炭化水素だけにみられる性質ではなく，**ヘテロ環化合物**においてもみられる．ピリジンとピリミジンはベンゼンのヘテロ環類縁体である．ピリジンではベンゼンの一つの CH 基が窒素原子に置き換わっており，ピリミジンでは二つの CH 基が窒素と

ヘテロ環化合物 heterocyclic compound, heterocycle

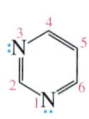

ピリジン pyridine / ピリミジン pyrimidine

図 21・9 二つの芳香族ヘテロ環化合物

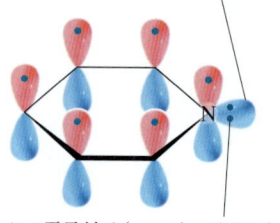

このsp²混成軌道は6個の2p軌道からなるπ電子系と直交している

この電子対は(4n+2)π電子に含まれない

図 21・10 ピリジン

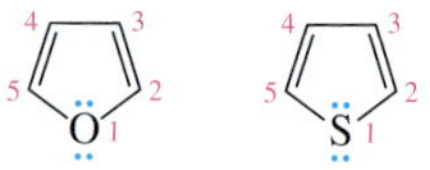

フラン furan / チオフェン thiophene

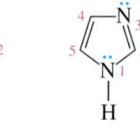

ピロール pyrrole / イミダゾール imidazole

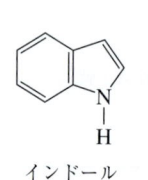

インドール indole / セロトニン serotonin（神経伝達物質）/ プリン purine / カフェイン caffeine

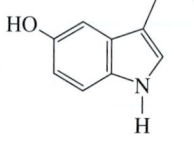

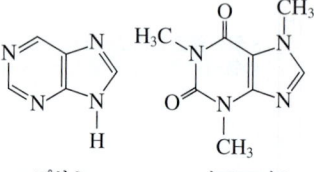

置き換わっている（図21・9）．

いずれの分子も芳香族性に関するヒュッケル則をみたしている．すなわち，単環で平面構造をもち，環を構成する原子がそれぞれ一つの2p軌道をもち，そのπ電子系の電子数が6である．ピリジンにおいて窒素はsp²混成をとり，その非共有電子対は環と同一平面にあるsp²混成軌道に入っている．また，もう一つの2p軌道は環平面と直交してπ電子系を構成している．このように，ピリジンにおける窒素の非共有電子対はπ電子系に含まれていない（図21・10）．ピリミジンにおいても，二つの窒素原子の非共有電子対はいずれもπ電子系に含まれていない．ピリジンにおける共鳴エネルギーは134 kJ mol^{-1} (32 kcal mol^{-1}) と推定されており，その値はベンゼンよりも小さい．ピリミジンの共鳴エネルギーは108 kJ mol^{-1} (26 kcal mol^{-1}) と，さらに小さい値が推定されている．

5員環構造をもつヘテロ環化合物であるフラン，チオフェン，ピロール，イミダゾールはいずれも芳香族性をもつ．これらの化合物はいずれも平面構造であり，ヘテロ原子はsp²混成をしている．さらに，混成に加わっていない2p軌道は五つの2p軌道の一つとして閉じた環状のπ電子系を構成している．フランとチオフェンでは，酸素や硫黄の非共有電子対と炭素のsp²混成していない2p軌道とが，平行に並んでπ電子系を形成している（図21・11）．酸素や硫黄の残りの価電子はsp²混成軌道に入っており，これらは2p軌道と直交しているためπ電子系の一部ではない．一方，ピロールでは，窒素原子の非共有電子がπ電子系の一部となっている．イミダゾールにおいても，一つの窒素原子の非共有電子対は芳香族6π電子系の一部となっている．しかし，もう一つの窒素の非共有電子対は共役に関与していない．

自然界にはヘテロ環がもう一つの環と縮環した構造をもつ化合物が数多く存在する．それらのなかで，インドールとプリンが生物界で特に重要な化合物である．

インドールはベンゼン環にピロール環が縮環した構造をもつ．インドールを骨格に含む代表的な化合物として，必須アミノ酸であるL-トリプトファン（§27・1C 参照）や，神経伝達物質であるセロトニンがある．プリンは5員環のイミダゾール環に6員環のピリミジン環が縮環した構造をもつ．カフェインは酸化型プリンの三つの窒素がメチル

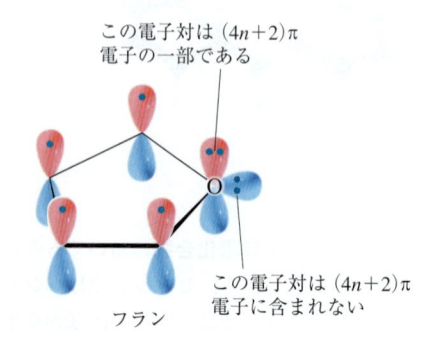

この電子対は(4n+2)π電子の一部である

この電子対は(4n+2)π電子に含まれない

フラン / ピロール

図 21・11 フランおよびピロールにおける(4n+2)個のπ電子．フランとピロールの共鳴エネルギーはそれぞれ67 kJ mol^{-1} (16 kcal mol^{-1}), 88 kJ mol^{-1} (21 kcal mol^{-1}) である．

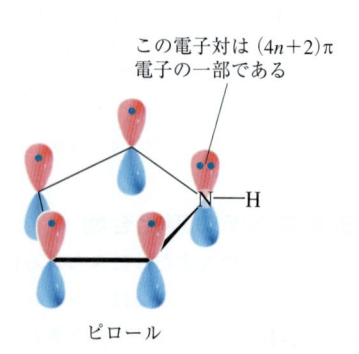

基で置換された構造をもつ．プリンやピリミジン誘導体は，デオキシリボ核酸(DNA)やリボ核酸(RNA)の重要な構成単位である(28章参照)．

E. 芳香族炭化水素イオン

炭素数が奇数で電荷をもたない単環の不飽和炭化水素は，環の中に最低一つは CH_2 基をもつため，芳香族化合物にはなりえない．たとえば，次に示すシクロプロペン，シクロペンタジエン，シクロヘプタトリエンは芳香族炭化水素ではない．

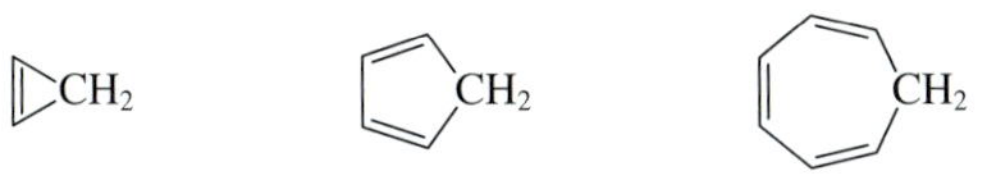

シクロプロペン　　シクロペンタジエン　　シクロヘプタトリエン
cyclopropene　　cyclopentadiene　　cycloheptatriene

シクロプロペンは芳香族性をもつのに適した $4(0)+2 = 2$ 個のπ電子をもつが，それらが環状に閉じたπ電子系を構成していないので，芳香族性を示さない．しかし，CH_2 基が CH^+ 基となり，**シクロプロペニルカチオン**となると，sp^3 混成の炭素原子が sp^2 混成になって，生じた空の2p軌道が電子を2個もつπ軌道と相互作用して電子の非局在化に加わることができるようになる．この分子は，ヒュッケル則をみたし，芳香族分子である．シクロプロペニルカチオンは三つの等価な共鳴構造式を書くことができる．

シクロプロペニルカチオン cyclopropenyl cation

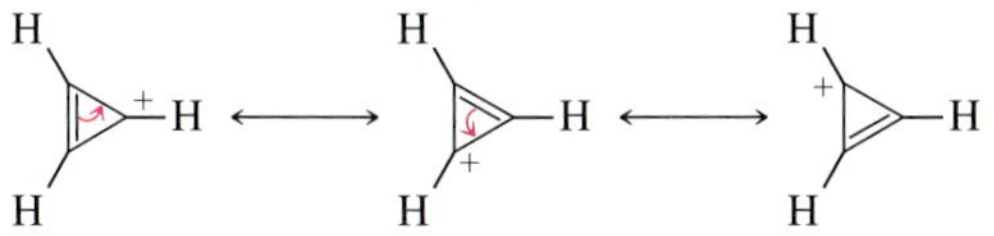

シクロプロペニルカチオン
(三つの等価な共鳴構造の混成体)

芳香族性により安定化されたシクロプロペニルカチオンの実際の生成例を次に示す．3-クロロシクロプロペンは塩化アンチモン(V)と容易に反応して安定な塩を生じる．一方，5-クロロ-1,3-シクロペンタジエンは3-クロロシクロプロペンと異なり，安定なカチオン種を生成しない．

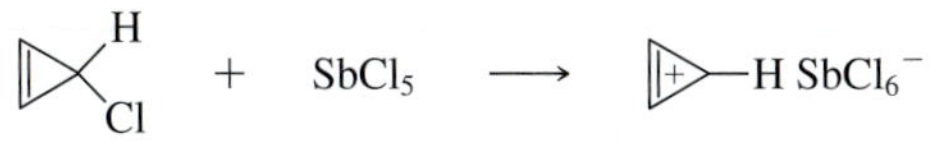

3-クロロシクロ　　塩化アンチ　　　　ヘキサクロロアン
プロペン　　　　モン(V)　　　　　チモン酸シクロプ
　　　　　　　　(ルイス酸)　　　　ロペニル

5-クロロ-1,3-シク　　　　　　　　四フッ化ホウ酸シクロ
ロペンタジエン　　　　　　　　　ペンタジエニル

環状で平面構造の共役系をもつシクロペンタジエニルカチオンは，π電子を四つもつので反芳香族分子である．シクロペンタジエニルカチオンは五つもの等価な共鳴構造式を書けるので安定なカチオン種のように思えるかもしれないが，芳香族性をもつのに必要な $(4n+2)$ π電子をもたないことから芳香族ではない．

逆に電荷をもたないシクロペンタジエンの CH_2 基が CH^- 基となることによって，sp^3 混成の炭素原子が sp^2 混成になって混成に関与しない2p軌道が2個の電子をもてば，芳香族性をもつアニオンを生成する．つまり，**シクロペンタジエニルアニオン**は芳

図 21・12 シクロペンタジエニルアニオン (cyclopentadienyl anion). 芳香族.

香族性をもつ．シクロペンタジエニルアニオンの五つの炭素原子はすべて等価であるので，5員環の中に円を書き，さらにその中にマイナス記号を書き入れた構造式で表すことが多い（図21・12）．

シクロペンタジエンの pK_a は 16.0 であり，炭化水素のなかで最も高い酸性度をもつ．このことは，シクロペンタジエニルアニオンが特に安定なアニオンであることを示す．シクロペンタジエンの酸性度は水(pK_a 15.7)やエタノール(pK_a 15.9)と同じくらいなので，たとえばシクロペンタジエンに水酸化ナトリウム水溶液を作用させるだけで平衡状態となって，シクロペンタジエンの一部はアニオンになる．その平衡定数 K_{eq} は約 0.5 である．一方，シクロペンタジエンにナトリウムアミドを作用させると，完全にアニオンへと変換される．

$$\text{CH}_2 + \text{NaOH} \rightleftharpoons [\text{C}_5\text{H}_5]^- \text{Na}^+ + \text{H}_2\text{O}$$

pK_a 16.0　　　　　　　　　　pK_a 15.7

pK_{eq} = −0.3
K_{eq} = 0.50

例題 21・3

シクロペンタジエニルアニオンの分子軌道エネルギー準位図を書き，その基底状態の電子配置を答えよ．

解答　平面構造をもつ完全に共役した 5 員環化合物の分子軌道エネルギー準位図は，図 21・6 に示したフロスト円を用いて書くことができる．6 個の π 電子は $π_1, π_2, π_3$ 分子軌道に入っており，これらはすべて結合性の分子軌道である．

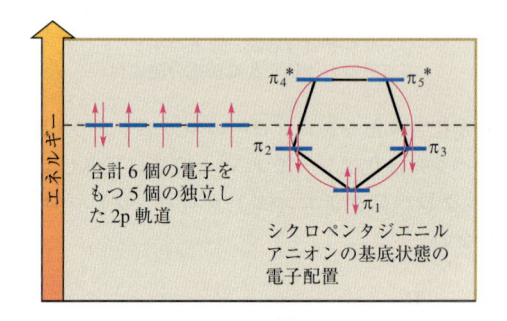

合計 6 個の電子をもつ 5 個の独立した 2p 軌道

シクロペンタジエニルアニオンの基底状態の電子配置

問題 21・3　シクロペンタジエニルカチオンとシクロペンタジエニルラジカルの基底状態の電子配置を示せ．なお，いずれの化合物も平面構造であると仮定すること．また，これらの化合物は芳香族化合物か反芳香族化合物かを答えよ．

シクロヘプタトリエンの CH$_2$ 基が CH$^+$ 基になって，炭素原子が sp^2 混成になり空の 2p 軌道をもつと，カチオンが生じる．このシクロヘプタトリエニルカチオン（トロピリウムイオンともいう）は平面であり，環を形成している七つの炭素の 2p 軌道からなる共役 π 電子系に六つの π 電子をもつので芳香族性を示す．このカチオンに対して七つの等価な共鳴構造式を書くことができる（図21・13）．

図 21・13 シクロヘプタトリエニルカチオン (cycloheptatrienyl cation, トロピリウムイオン tropylium ion ともいう). 芳香族.

例題 21・4

シクロヘプタトリエニルカチオンの分子軌道エネルギー準位図を書き，その基底状態の電子配置を答えよ．

解答　例題 21・1 の解答に示したフロスト円を参考にして，分子軌道エネルギー準位図を作製する．シクロヘプタトリエニルカチオンの基底状態の電子配置では，6 個の π 電子

はπ₁, π₂, π₃ 分子軌道に入っている．これらはすべて結合性の分子軌道である．

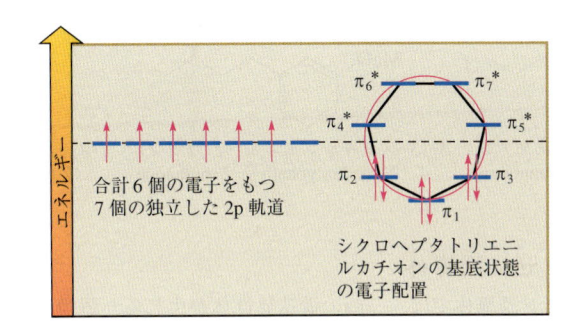

合計6個の電子をもつ7個の独立した2p軌道

シクロヘプタトリエニルカチオンの基底状態の電子配置

問題 21・4 シクロヘプタトリエニルラジカルとシクロヘプタトリエニルアニオンの基底状態の電子配置を示せ．なお，いずれの化合物も平面構造であると仮定すること．また，これらの化合物は芳香族化合物か反芳香族化合物かを答えよ．

21・3 命 名 法

A. 一置換ベンゼン誘導体

一置換のアルキルベンゼンは，たとえば"エチルベンゼン"のように，ベンゼンの誘導体として命名する．単純な置換基をもつ一置換ベンゼンでは，慣用名の使用も認められている．たとえば，メチルベンゼン，イソプロピルベンゼン，ビニルベンゼンといった名称よりも，トルエン，クメン，スチレンといった慣用名がより一般的に用いられている．フェノール，アニリン，ベンズアルデヒド，安息香酸，アニソールといった慣用名も使用が認められている．

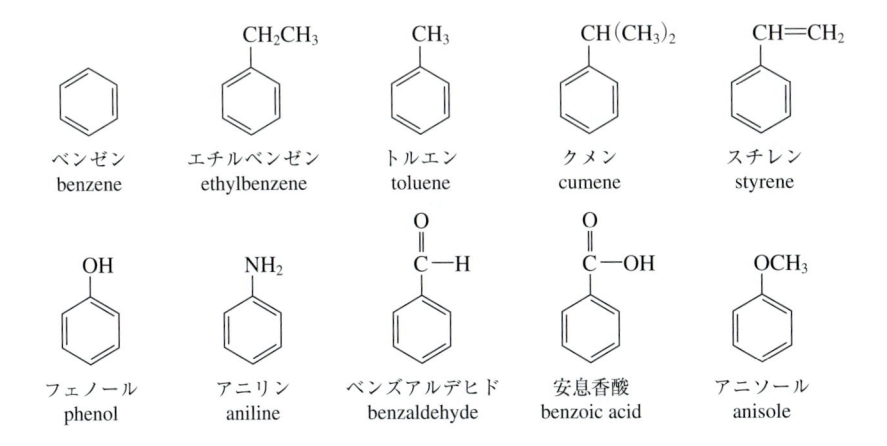

ベンゼン benzene　エチルベンゼン ethylbenzene　トルエン toluene　クメン cumene　スチレン styrene

フェノール phenol　アニリン aniline　ベンズアルデヒド benzaldehyde　安息香酸 benzoic acid　アニソール anisole

5章の初めに述べたように，ベンゼンから一つ水素を除いた置換基は**フェニル基**とよばれ，Ph と略記される．トルエンのメチル基から水素を一つ除いた置換基は**ベンジル基**とよばれ，Bn と略記される．

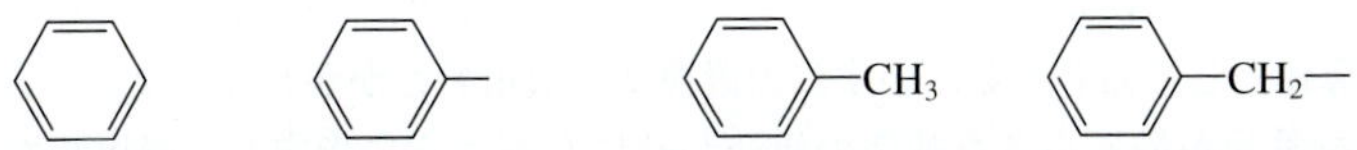

ベンゼン　フェニル基, Ph　トルエン　ベンジル基, Bn

> **フェニル基** phenyl group　ベンゼンから水素を一つ除いた基をいう．C_6H_5 または Ph と略記する．
>
> **ベンジル基** benzyl group　$C_6H_5CH_2$ 基．トルエンのメチル基から水素を一つ除いた基をいう．Bn と略記する．

種々の官能基をもつ分子においては，フェニル基やその誘導体は置換基として命名さ

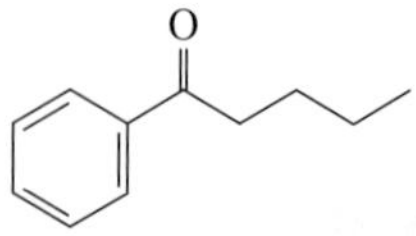

1-フェニル-1-ペンタノン
1-phenyl-1-pentanone

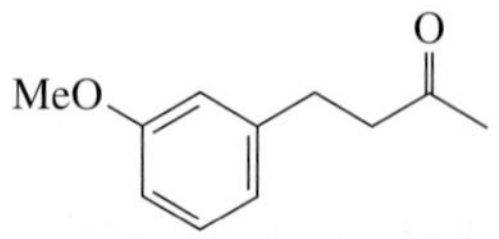

4-(3-メトキシフェニル)-2-ブタノン
4-(3-methoxyphenyl)-2-butanone

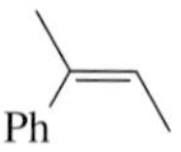

(Z)-2-フェニル-2-ブテン
(Z)-2-phenyl-2-butene

B. 二置換ベンゼン誘導体

二置換のベンゼン誘導体では，三つの構造異性体が生じる．置換された位置を表すのに，環を構成する原子の番号や，位置関係を示すオルト，メタ，パラの用語を用いる．1,2 は**オルト**(ortho，ギリシャ語で"真っすぐまたは正しい"という意味)と同じであり，1,3 は**メタ**(meta，ギリシャ語で"間の"という意味)と，1,4 は**パラ**(para，ギリシャ語で"向こう側に"という意味)と同義である．

ベンゼンの二つの置換基のうち，一方の置換基に注目するとトルエン，クメン，フェノール，アニリンといった慣用名をもつベンゼン誘導体となる場合には，その化合物の誘導体として命名する．その場合，慣用名が由来する置換基をもつ炭素を1位とする．ジメチルベンゼンの三つの異性体の慣用名であるキシレンも認められている．

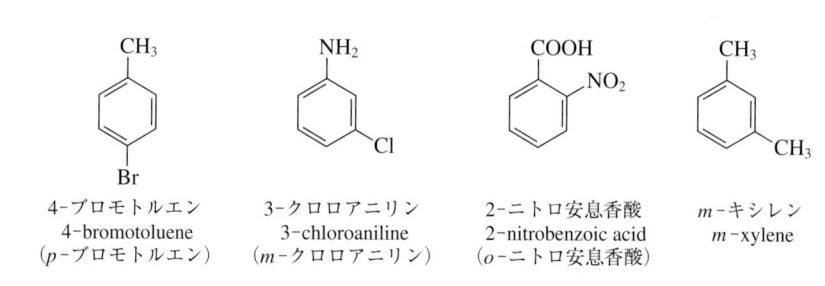

オルト ortho, *o* ベンゼン環の1,2位を占める二つの置換基の位置関係を示す．

メタ meta, *m* ベンゼン環の1,3位を占める二つの置換基の位置関係を示す．

パラ para, *p* ベンゼン環の1,4位を占める二つの置換基の位置関係を示す．

4-ブロモトルエン
4-bromotoluene
(*p*-ブロモトルエン)

3-クロロアニリン
3-chloroaniline
(*m*-クロロアニリン)

2-ニトロ安息香酸
2-nitrobenzoic acid
(*o*-ニトロ安息香酸)

m-キシレン
m-xylene

特別な慣用名に関連しない化合物の場合は，二つの置換基をアルファベット順に列挙し，最後にベンゼン(-benzene)をつけて命名する．置換基名のアルファベット順で，早いほうの置換基をもつ炭素が1位となる．

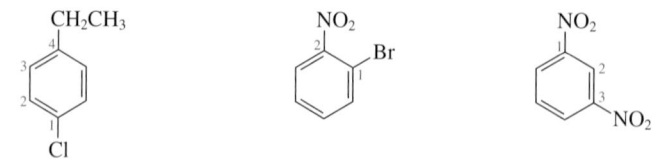

1-クロロ-4-エチルベンゼン
1-chloro-4-ethylbenzene
(*p*-クロロエチルベンゼン)

1-ブロモ-2-ニトロベンゼン
1-bromo-2-nitrobenzene
(*o*-ブロモニトロベンゼン)

1,3-ジニトロベンゼン
1,3-dinitrobenzene
(*m*-ジニトロベンゼン)

C. 多置換ベンゼン誘導体

三つあるいはそれ以上の置換基がベンゼン環に置換した場合，置換基の位置を番号で指定する．一つの置換基が慣用名をもつベンゼン誘導体の一部であるときには，その化合物の誘導体として命名する．いずれの置換基も慣用名とかかわりがない場合，各置換基の位置を番号が最も小さな数字の組合わせになるように指定し，置換基をアルファベット順に列挙し，最後にベンゼンをつけて命名する．次に示す最初の例は，トルエンの誘導体として命名し，二つ目の例はフェノールの誘導体として命名している．三つ目

の例は，いずれの置換体に着目しても対応する慣用名がない．そこで，三つの置換基をアルファベット順に列挙し，置換基の位置を表す数字が最も小さな組合わせになるようにして命名する．

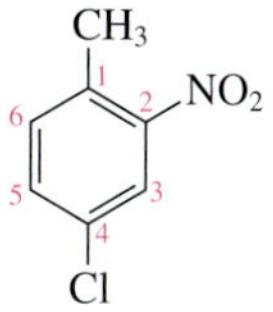

4-クロロ-2-ニトロトルエン
4-chloro-2-nitrotoluene

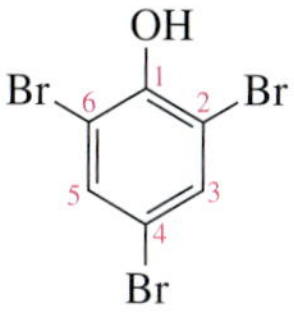

2,4,6-トリブロモフェノール
2,4,6-tribromophenol

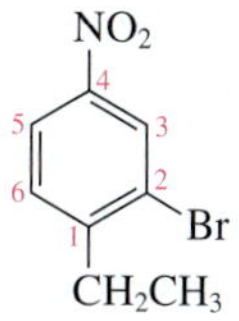

2-ブロモ-1-エチル-4-ニトロベンゼン
2-bromo-1-ethyl-4-nitrobenzene

例題 21・5

次の化合物を命名せよ．

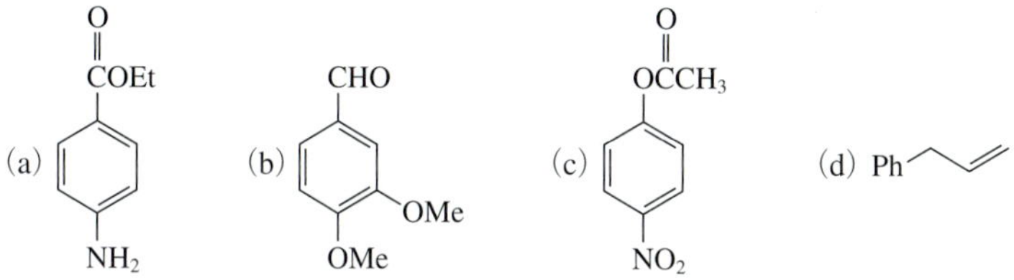

解答 (a) 4-アミノ安息香酸エチル(p-アミノ安息香酸エチル)
(b) 3,4-ジメトキシベンズアルデヒド
(c) エタン酸 4-ニトロフェニル(酢酸 p-ニトロフェニル)
(d) 3-フェニルプロペン(アリルベンゼン)

問題 21・5 次の化合物を命名せよ．

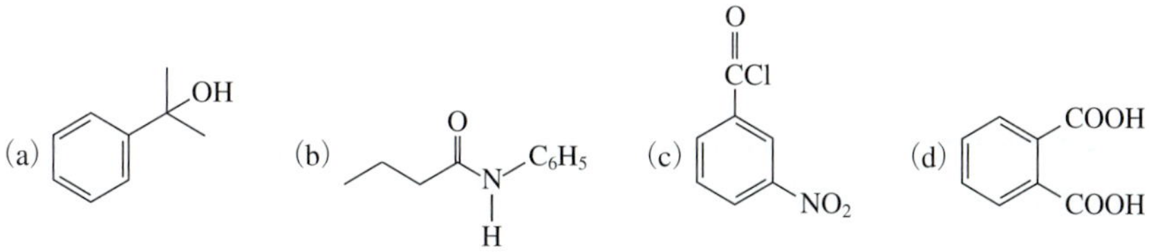

二つ以上のベンゼン環をもち，それらが環の一辺を共有するような構造をもつ炭化水素を**多環芳香族炭化水素**(PAH)とよぶ．ナフタレン，アントラセン，フェナントレンなどが最も代表的な化合物である．これらの化合物の誘導体はコールタールや石油蒸留の残渣に含まれている．

多環芳香族炭化水素 polycyclic aromatic hydrocarbon 略称 PAH. 二つ以上のベンゼン環が縮環した構造をもつ炭化水素．

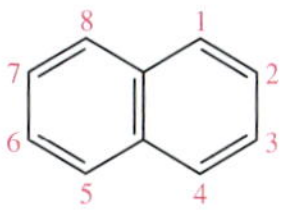

ナフタレン
naphthalene

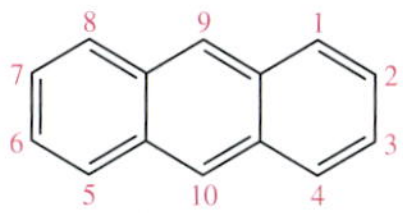

アントラセン
anthracene

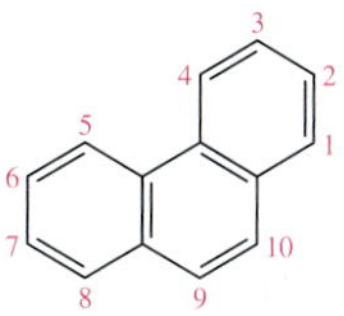

フェナントレン
phenanthrene

ナフタレンは，かつて防蛾剤やウールや毛皮製品を保存する際の殺虫剤として用いられていた．しかし現在では，p-ジクロロベンゼンのような含塩素炭化水素が代わりに用いられてきている．

| 身のまわりの化学 | 発がん性多環芳香族炭化水素と喫煙 |

がんを誘発する化合物を**発がん物質**(carcinogen)とよぶ．初めて発がん性であることが確認された有機化合物は，芳香環を四つ以上もつ多環芳香族炭化水素であった．そのなかでも，ベンゾ[a]ピレンは最も発がん性が強い．ベンゾ[a]ピレンは有機化合物の不完全燃焼により容易に生じる．たとえば，たばこの煙や，車の排気や，黒くなるまで焼いた肉からも検出される．

ベンゾ[a]ピレンが吸収や摂取により体内に取込まれると，体はこの化合物をより排出しやすいように，溶解性の高い化合物へと変換する．一連の酵素触媒による反応により，ベンゾ[a]ピレンはジオール(二つのOH基)オキシラン(酸素原子を一つ含む3員環)に変換される．

このジオールオキシランがDNAのアミノ基と反応することで，DNAに結合する．これにより，DNAの構造が変化し，変異が起こる．ベンゾ[a]ピレンはこのようにしてがんを誘発する．

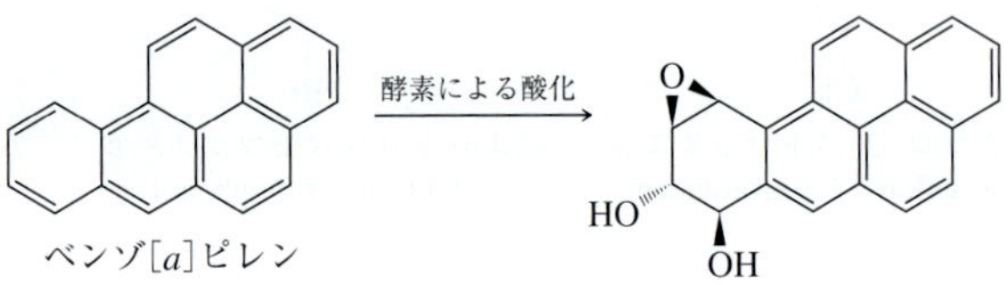

ベンゾ[a]ピレン → 酵素による酸化 → ジオールオキシラン

次に示す多環芳香族炭化水素も，少量ではあるが石油やコールタールの中に存在する．これらの化合物は車のエンジンなどのガソリンを用いる内燃機関の排気やたばこの煙の中にも含まれる．ベンゾ[a]ピレンは非常に強い発がん性を示すことで注目されている化合物である．

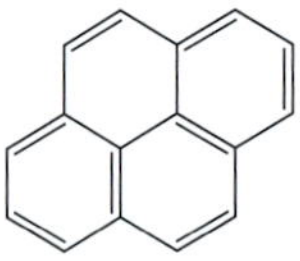

ピレン pyrene ベンゾ[a]ピレン benzo[a]pyrene コロネン coronene

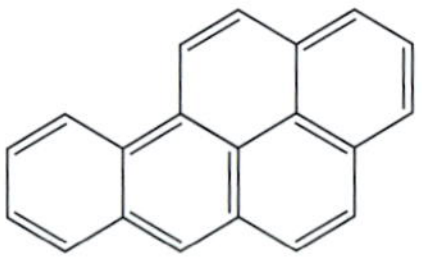

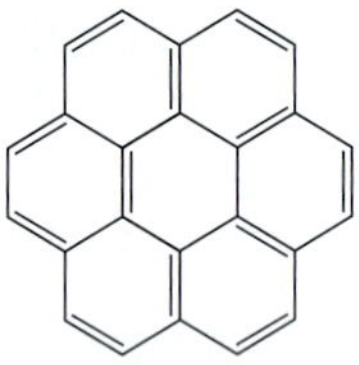

多環芳香族炭化水素内の複数の環に共有されている炭素には置換基がつくことがないので，命名するときにはこれらの炭素に番号をつけない．

21・4 フェノール

A. 構造と命名法

フェノール phenol ベンゼン環にOH基が結合した化合物．ベンゼノール benzenol とも命名できる．

ベンゼン環に直接結合したヒドロキシ基を官能基としてもつ芳香族化合物を**フェノール**とよぶ．置換フェノールは，フェノールの誘導体やベンゼノール誘導体として命名するか，慣用名でよばれる．

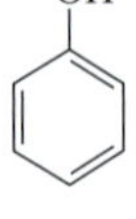

フェノール phenol ／ 3-メチルフェノール 3-methylphenol (m-クレゾール m-cresol) ／ 1,2-ベンゼンジオール 1,2-benzenediol (カテコール catechol) ／ 1,3-ベンゼンジオール 1,3-benzenediol (レゾルシノール resorcinol) ／ 1,4-ベンゼンジオール 1,4-benzenediol (ヒドロキノン hydroquinone)

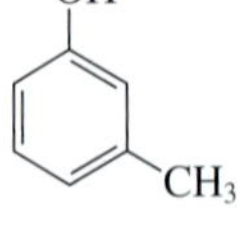

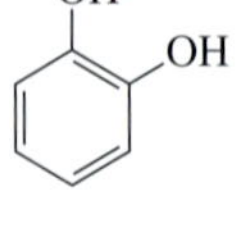

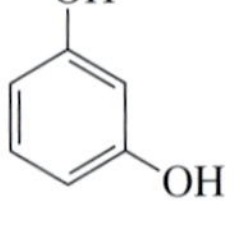

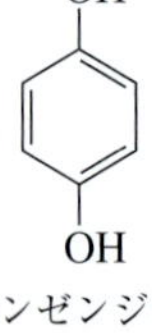

フェノール誘導体は自然界に多く存在する．フェノールやクレゾールの異性体(o-,

21・4 フェノール 697

m-, および *p*-クレゾール)はコールタールや石油の中に存在する．チモールやバニリンは香辛料のタイムやバニラの重要な成分である．

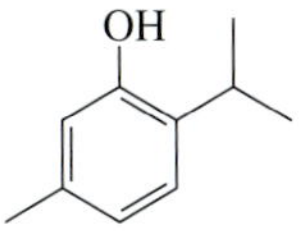

2-イソプロピル-5-メチルフェノール
2-isopropyl-5-methylphenol
（チモール thymol）

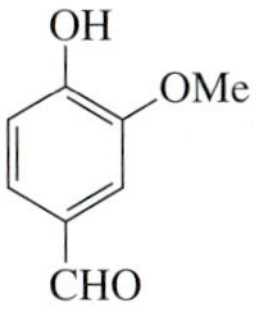

4-ヒドロキシ-3-メトキシベンズアルデヒド
4-hydroxy-3-methoxybenzaldehyde
（バニリン vanillin）

チモールは香草のタイム *Thymus vulgaris* 中に含まれる．

フェノールはかつて石炭酸ともよばれていた．フェノールは融点の低い固体であり，水に可溶である．高濃度のフェノールは，すべての細胞に対して毒性を示す．一方，希薄溶液は殺菌作用をもつ．1865 年に J. Lister が無菌手術を行ったとき，初めてフェノールを殺菌薬として実際の手術に利用した．それ以降，フェノールは殺菌薬として手術に利用されてきたが，現在ではフェノールより強い抗菌効果をもち，しかも副作用の少ない抗菌薬への代替が進んでいる．そのなかの代表的な化合物がヘキシルレゾルシノールであり，弱い抗菌薬や消毒薬として広く使用されている．クローブ *Eugenia aromatica* のつぼみから単離されるオイゲノールは，歯科用の殺菌薬や鎮痛薬として用いられている．ウルシオールは，ツタウルシから採れる刺激性の油の主要成分である．

西インドバニラ
Vanilla pompona.

ヘキシルレゾルシノール
hexylresorcinol

オイゲノール
eugenol

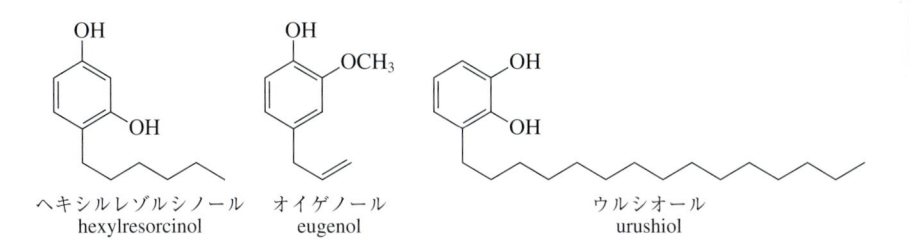

ウルシオール
urushiol

ツタウルシ

B. フェノールの酸性度

フェノールとアルコールはいずれもヒドロキシ基をもつ．しかし，フェノールはアルコールと化学的性質が大きく異なるため，別の化合物群に分類される．フェノールとアルコールの最も大きな違いは酸性度であり，フェノールはアルコールよりも酸性度がはるかに高い．たとえば，フェノールの酸解離定数はエタノールより 10^6 倍大きい．

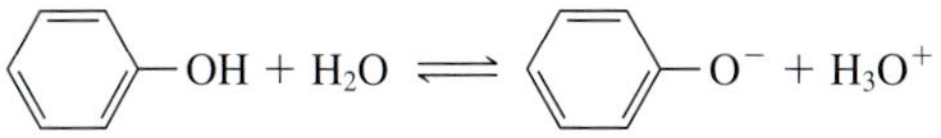

$$\text{C}_6\text{H}_5\text{-OH} + \text{H}_2\text{O} \rightleftharpoons \text{C}_6\text{H}_5\text{-O}^- + \text{H}_3\text{O}^+ \qquad K_a = 1.1 \times 10^{-10} \quad pK_a\ 9.95$$

$$\text{CH}_3\text{CH}_2\text{OH} + \text{H}_2\text{O} \rightleftharpoons \text{CH}_3\text{CH}_2\text{O}^- + \text{H}_3\text{O}^+ \qquad K_a = 1.3 \times 10^{-16} \quad pK_a\ 15.9$$

フェノールとエタノールの酸性度の違いは，0.1 M 水溶液における水素イオン濃度と pH でも比べられる（表 21・1）．比較のために 0.1 M 塩酸水溶液の水素イオン濃度と pH を表に示した．

水溶液中でアルコールは中性であり，0.1 M エタノール水溶液の水素イオン濃度は純水と同じである．0.1 M フェノール水溶液は少し酸性であり，pH は 5.4 である．一方，0.1 M 塩酸水溶液は強酸であり（水溶液中で完全にイオン化している），pH は 1.0 である．

表 21・1　0.1 M のエタノール，フェノール，塩酸の水溶液の酸性度

酸イオン化式	[H$^+$]	pH
CH$_3$CH$_2$OH + H$_2$O ⇌ CH$_3$CH$_2$O$^-$ + H$_3$O$^+$	1×10^{-7}	7.0
C$_6$H$_5$OH + H$_2$O ⇌ C$_6$H$_5$O$^-$ + H$_3$O$^+$	3.3×10^{-6}	5.4
HCl + H$_2$O ⇌ Cl$^-$ + H$_3$O$^+$	0.1	1.0

フェノールの酸性度が高いのは，共役塩基であるフェノキシドイオンがアルコキシドイオンに比べて安定であるためである．フェノキシドイオンは共鳴により，負電荷をベンゼン環上へ非局在化できる．次に示す五つの共鳴構造のうち左の二つは負電荷を酸素原子上にもち，右側の三つは負電荷をベンゼン環のオルト位とパラ位にもつ．これらの共鳴構造から，フェノキシドイオンの負電荷が四つの原子上に非局在化していることがわかる．それに対し，アルコキシドイオンはフェノキシドイオンのように電荷を非局在化することができない．

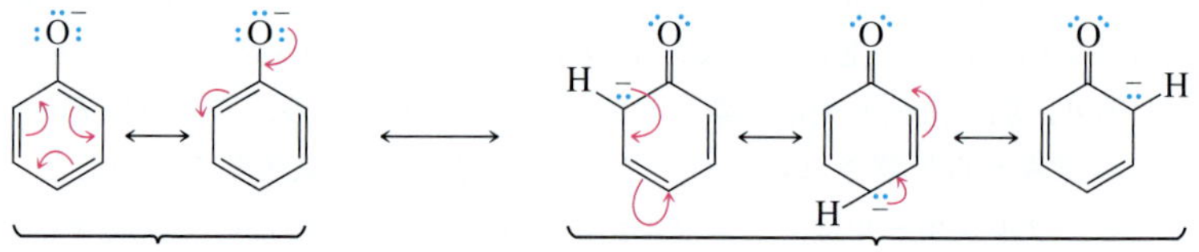

これらの二つのケクレ構造は等価である　　これらの三つの共鳴構造では，負電荷が環上の炭素に非局在化している

フェノールがエタノールよりも高い酸性度をもつことは，共鳴理論に基づいて負電荷の非局在化を考えれば，定性的に理解できる．しかし，酸性度の違いを定量的に説明することはできない．酸の強弱を比較するには，それぞれの酸の pK_a を実験的に求めて比較する必要がある．

ベンゼン環の置換基は，誘起効果や共鳴効果によってフェノールの酸性度に大きく影響する．特にハロゲンやニトロ基は大きな効果をもつ．*m*-クレゾールと *p*-クレゾールはいずれもフェノールよりも弱い酸である．一方，*m*-クロロフェノールと *p*-クロロ

身のまわりの化学　カプサイシン，辛いものが好きな人へ

カプサイシンはさまざまな種類のトウガラシの実から得られる刺激性物質である．

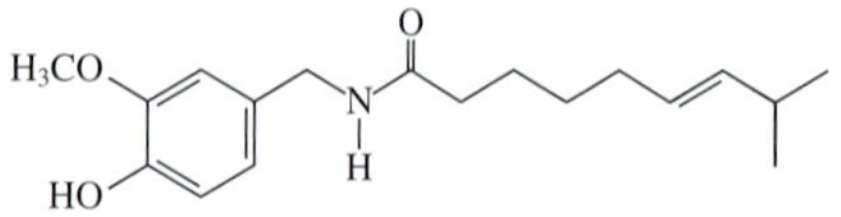

カプサイシン capsaicin
種々のトウガラシに含まれる

カプサイシンのもつ高い刺激性はよく知られている．たとえば，5 L の水に 1 滴のカプサイシンを滴下しただけでも，人間の舌で感知できる．トウガラシを食べたときの燃えるような口内の痛みと，不意にわき出る涙を経験した人は多いであろう．これらの辛い食べ物から得られるカプサイシンを含む抽出物は，イヌなどの動物から襲われたときの撃退用スプレーとしても用いられている．

皮肉なことに，カプサイシンは痛みをひき起こすとともに，痛みを解消する作用もある．現在，カプサイシンを含んでいる塗り薬は 2 種類あり，これらは帯状疱疹の合併症である，帯状疱疹後神経痛における激痛を緩和するために処方される．また，糖尿病における慢性的な足の痛みの解消のためにも処方される．

カプサイシンがこれらの痛みを緩和する機構についてはまだよくわかっていないが，これらの薬を塗布することで，痛みを伝達する役割を担っている神経終末が一時的に麻痺するためと考えられている．つまり，カプサイシンが特定の受容体に結合したままになることで，受容体の働きを遮断する．最終的に，カプサイシンはそれらの受容体から解離してしまうが，結合している間は痛みを和らげることができる．

フェノールはフェノールよりも強い酸である.

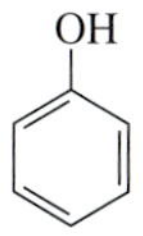

フェノール	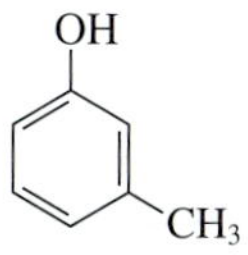 m-クレゾール	p-クレゾール	m-クロロフェノール	p-クロロフェノール
pK_a 9.95	pK_a 10.01	pK_a 10.17	pK_a 8.85	pK_a 9.18

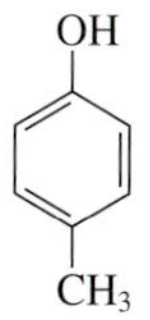

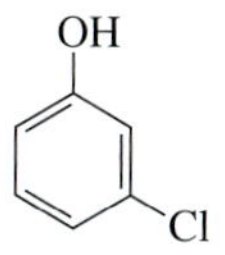

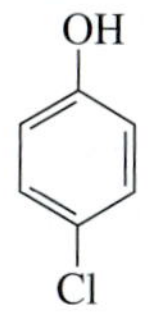

アルキル基が置換するとフェノールの酸性が弱くなることは,アルキル基の電子供与性で説明することができる.つまり,芳香環の sp^2 混成炭素はアルキル置換基の sp^3 混成炭素よりも電気陰性度がより高い.したがって,アルキル基は芳香環に対して電子を供与するが,これによって右に示すフェノキシドイオンの共鳴構造はより不安定になる.このため,アルキル置換フェノールの酸性度が低下する.

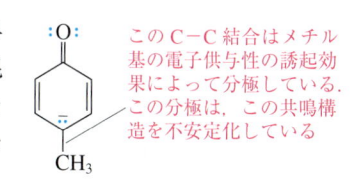

このC-C結合はメチル基の電子供与性の誘起効果によって分極している.この分極は,この共鳴構造を不安定化している

ハロゲンの誘起効果はアルキル基の効果と逆である.ハロゲンは炭素よりも電気陰性度が高いため,ハロゲンは芳香環の電子を求引する.このため無置換のフェノキシドイオンに比べてハロゲンで置換されたフェノキシドイオンは安定になる.フッ素原子は最も電気陰性度が高いため,酸性度を高くする効果も最も大きい.フェノールの酸性度を高くする効果は,フッ素原子よりも塩素原子のほうが弱く,臭素原子はさらに弱い.

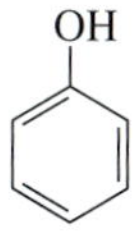

フェノール	m-ニトロフェノール	p-ニトロフェノール
pK_a 9.95	pK_a 8.28	pK_a 7.15

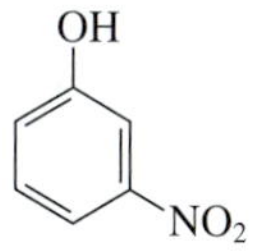

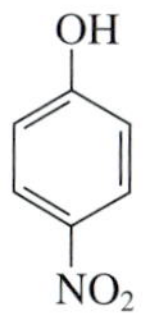

m-ニトロフェノールと p-ニトロフェノールはいずれもフェノールよりも酸性度が高い.ニトロ基が酸性度を高める理由のひとつは誘起効果にある.つまり,ニトロ基は電子求引性の置換基であるため,フェノキシドイオンが安定化され,その結果ニトロフェノールの酸性度が高くなる.それに加え,ニトロ基の共鳴効果により,オルト位とパラ位にニトロ基が置換したニトロフェノールは酸性度がさらに高くなる.たとえばパラ位のニトロ基はヒドロキシ基からより離れているにもかかわらず,酸性度を高める効果はメタ位のニトロ基よりも強いのは,p-ニトロフェノールから生じるフェノキシドイオンの負電荷が,右図の共鳴構造からわかるようにニトロ基の酸素原子にまで非局在化されているからである.このように,ニトロフェノールの場合には誘起効果と共鳴効果の両方により酸性度が高くなる.

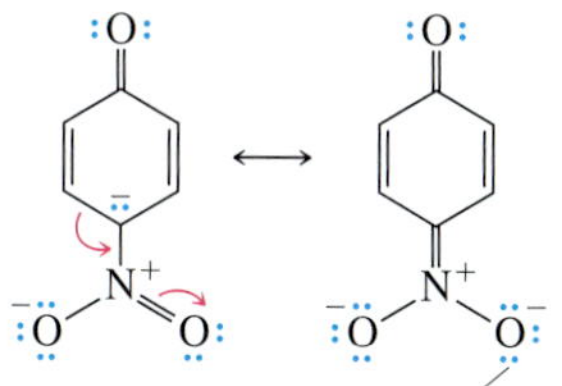

負電荷がこの酸素上に非局在化することにより,フェノキシドイオンの共鳴安定化がさらに増す

ニトロ基が誘起効果と共鳴効果の両方で酸性度を高める結果,2,4,6-トリニトロフェノール(ピクリン酸)はリン酸や硫酸水素イオンよりも強い酸になる.

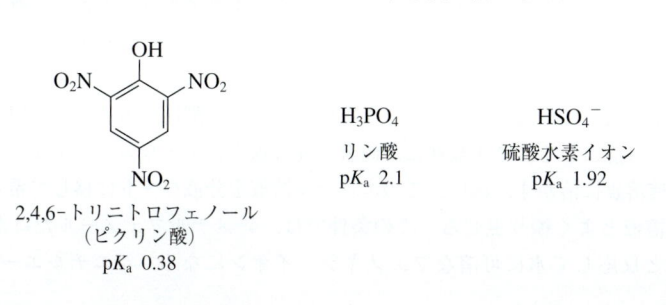

2,4,6-トリニトロフェノール(ピクリン酸)	リン酸	硫酸水素イオン
pK_a 0.38	H$_3$PO$_4$ pK_a 2.1	HSO$_4^-$ pK_a 1.92

21. ベンゼンと芳香族性の概念

例題 21・6

次の化合物を酸性度の低い順に並べよ.

2,4-ジニトロフェノール　フェノール　ベンジルアルコール

解答　ベンジルアルコールは第一級アルコールであり，その pK_a はだいたい 16〜18 である（§10・3 参照）．フェノールの pK_a は 9.95 である．ニトロ基は電子求引性の置換基であるため，フェノール性ヒドロキシ基の酸性度が高くなる．したがって，酸性度は次の順で高くなる.

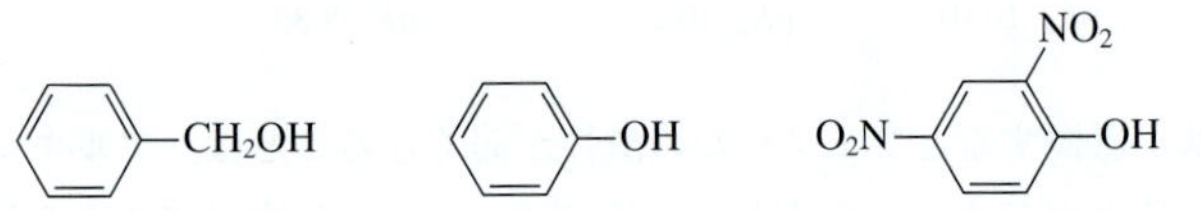

ベンジルアルコール
pK_a 16〜18

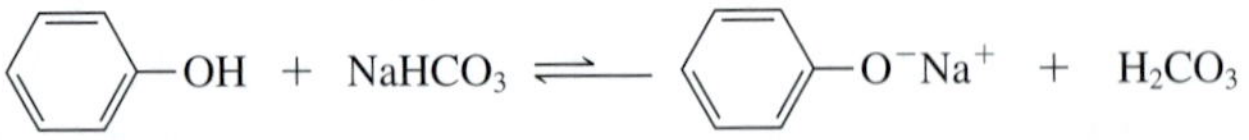

フェノール
pK_a 9.95

2,4-ジニトロフェノール
pK_a 3.96

問題 21・6　次の化合物を酸性度の低い順に並べよ.

2,4-ジクロロフェノール　フェノール　シクロヘキサノール

C. フェノールの酸-塩基反応

フェノールは弱い酸であるので，水酸化ナトリウムのような強い塩基と反応して，水に可溶な塩を生成する.

フェノール　　　　水酸化　　　　　ナトリウム　　　　　水
pK_a 9.95　　　ナトリウム　　　フェノキシド　　　pK_a 15.7
（より強い酸）　　　　　　　　　　　　　　　　　　　（より弱い酸）

炭酸はフェノールよりも強い酸である．このため，フェノールと炭酸水素イオンの反応の平衡は大きく左に偏っている．このように，フェノール誘導体の多くは炭酸水素ナトリウムのような弱い塩基とは反応しないため，炭酸水素ナトリウム水溶液には溶けない（§4・4 参照）.

フェノール　　　炭酸水素　　　　ナトリウム　　　　炭　酸
pK_a 9.95　　ナトリウム　　　フェノキシド　　　pK_a 6.36
（より弱い酸）　　　　　　　　　　　　　　　　　　（より強い酸）

しかし，炭酸水素ナトリウムよりも強い塩基である炭酸ナトリウムとフェノールは反応して，水に可溶な塩を生成する.

上記のようにフェノールは弱い酸であるのに対し，アルコールは中性である．この性質の違いを利用することで，水に溶けないフェノールとアルコールとを分離することができる．一例として，4-メチルフェノール（p-クレゾール）とシクロヘキサノールの分離について考えてみよう．いずれの化合物もほとんど水に溶けないため，水に対する溶解性のみを利用して分離することはできない．しかし，酸性度の違いを利用すると分離することが可能になる．まず最初に，両者の混合物をジエチルエーテルなどの水と混ざらない有機溶媒に溶かす．次に，このエーテル溶液を分液ロートに移して希水酸化ナトリウム水溶液とよく振り混ぜる．この条件では，4-メチルフェノールだけが水酸化ナトリウムと反応して水に可溶なフェノキシドイオンになる．ジエチルエーテル（密度

図 21・14 水に不溶なフェノールとアルコールを分離する実験手順

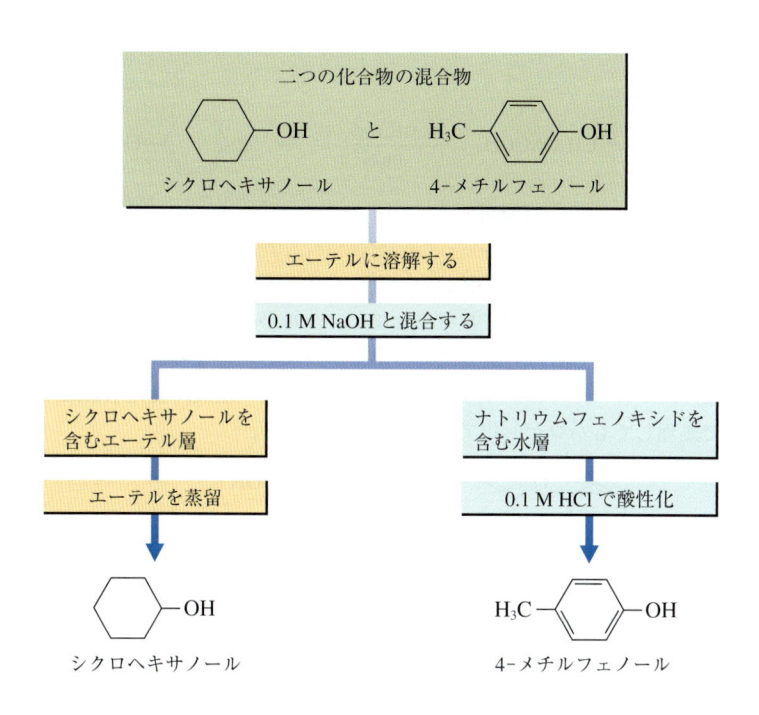

$0.74\,\mathrm{g\,cm^{-3}}$)は分液ロートの上層となり，ここにはシクロヘキサノールだけが含まれる．一方，下層の水相にはフェノキシドイオンが溶けている．二つの層を分離したのち，有機相からエーテル(沸点 35 ℃)を蒸留により除くことで，純粋なシクロヘキサノール(沸点 161 ℃)が得られる．水層には 0.1 M 塩酸水溶液のような強酸を加えて酸性にして，フェノキシド塩を中性の 4-メチルフェノールにする．このフェノールは水よりもエーテルに溶けやすいため，エーテルで抽出することで容易に回収できる．これらの実験手順を図 21・14 に示す．

D. アルキルアリールエーテルの合成

アルキルアリールエーテルはフェノキシド塩とハロゲン化アルキルから合成できる(ウィリアムソンエーテル合成, §11・4A 参照)．一方，ハロゲン化アリールとアルコキシド塩からは合成できない．これは，ハロゲン化アリールは S_N1 あるいは S_N2 機構のいずれでも求核置換反応を起こさないためである．

具体的には，ハロゲン化アルキルとフェノールをジクロロメタンに溶かし，その反応溶液を水酸化ナトリウム水溶液と混合する．電気的に中性のフェノールが水層の水酸化ナトリウムと反応して，求核性の高いフェノキシドイオンへと変換される．これがハロゲン化アルキルと求核置換反応を起こし，アルキルアリールエーテルが生成する．ウィリアムソンエーテル合成によるアルキルアリールエーテルの合成例を次に示す．$Bu_4N^+Br^-$ は，極性が高く親水性のフェノキシド塩と極性が低く疎水性のハロゲン化アルキルの混合溶媒中での反応を促進するために用いられている．

ジメチル硫酸をメチル化剤として利用する合成の一例として，アニソールの合成を示

す．

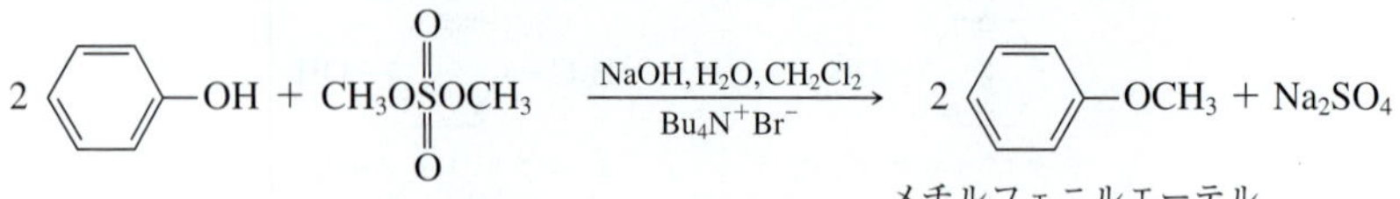

$$2\ \text{C}_6\text{H}_5\text{-OH} + \text{CH}_3\text{OSO}_2\text{OCH}_3 \xrightarrow[\text{Bu}_4\text{N}^+\text{Br}^-]{\text{NaOH, H}_2\text{O, CH}_2\text{Cl}_2} 2\ \text{C}_6\text{H}_5\text{-OCH}_3 + \text{Na}_2\text{SO}_4$$

フェノール　　　ジメチル硫酸　　　　　　　　　　　　　メチルフェニルエーテル
　　　　　　　　　　　　　　　　　　　　　　　　　　　　　（アニソール anisol）

アルキルアリールエーテル ArOR にハロゲン化水素酸 HX を作用させると，C−O 結合の開裂が起こり，ハロゲン化アルキルとフェノールが生成する．ハロゲン化アリールが生成しないことは，芳香環の炭素上では求核置換反応が起こらないことを示唆している．このため，フェノールはアルコールとは異なり，濃い塩酸，臭化水素酸，ヨウ化水素酸などで処理してもハロゲン化アリールを生成しない．

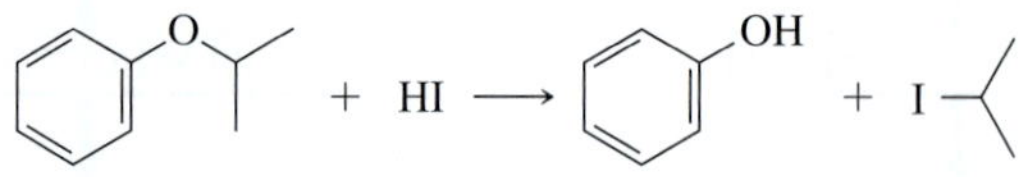

$$\text{C}_6\text{H}_5\text{-O-CH(CH}_3)_2 + \text{HI} \longrightarrow \text{C}_6\text{H}_5\text{-OH} + \text{I-CH(CH}_3)_2$$

2-フェノキシプロパン　　　　　　　　　フェノール　　2-ヨードプロパン
（イソプロピルフェニルエーテル）　　　　　　　　　　（ヨウ化イソプロピル）

E. コルベカルボキシル化反応：サリチル酸の合成

フェノキシドイオンは二酸化炭素と反応してカルボン酸塩を生じる．この反応の代表的な利用例が，アスピリン（§18・5B 参照）合成の出発物であるサリチル酸の工業的な製造である．フェノールを水酸化ナトリウム水溶液に溶解した後，この溶液に二酸化炭素を加圧して飽和させると，サリチル酸のナトリウム塩が得られる．

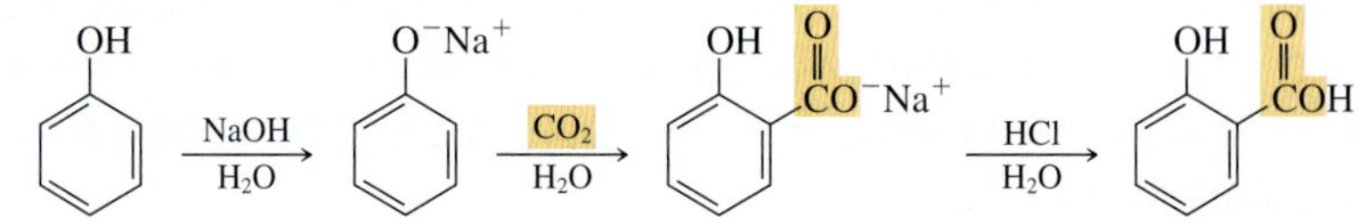

$$\text{フェノール} \xrightarrow[\text{H}_2\text{O}]{\text{NaOH}} \text{ナトリウムフェノキシド} \xrightarrow[\text{H}_2\text{O}]{\text{CO}_2} \text{サリチル酸ナトリウム} \xrightarrow[\text{H}_2\text{O}]{\text{HCl}} \text{サリチル酸}$$

コルベカルボキシル化 Kolbe carboxylation

このプロセスは，ナトリウムフェノキシドの高圧**コルベカルボキシル化**反応とよばれている．この塩基性溶液を酸性にすると，サリチル酸が融点 157〜159 ℃ の固体として単離できる．

このサリチル酸の工業的製法はきわめて重要であり，米国だけでも毎年 6×10^6 kg のアスピリンが合成されている．

反応機構　　フェノールのコルベカルボキシル化反応

段階 1：求核剤（芳香環）と求電子剤の間の結合生成．フェノキシドイオンは強力な求核剤であり，エノラートアニオンと同様の反応性を示す．フェノキシドイオンの求核的なオルト位炭素が二酸化炭素のカルボニル基を攻撃し，置換されたシクロヘキサジエノン中間体が生成する．

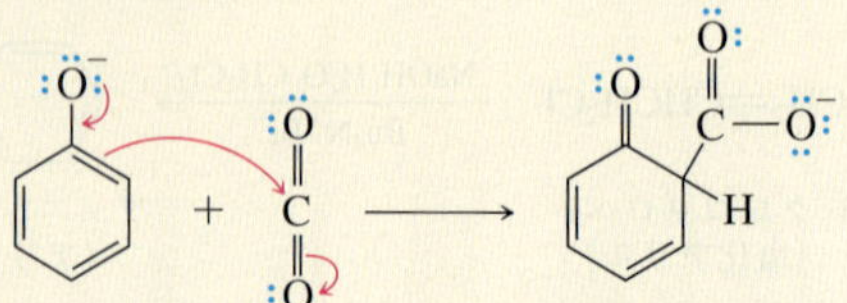

フェノキシドイオン　　　　　　　　　　　シクロヘキサジエノン中間体

段階 2: ケト-エノール互変異性. この中間体のケト-エノール互変異性により，サリチル酸アニオンが生じる．この場合は通常のケト-エノール互変異性と異なり，エノール体が芳香族性をもつためにケト体よりも安定である．

サリチル酸アニオン

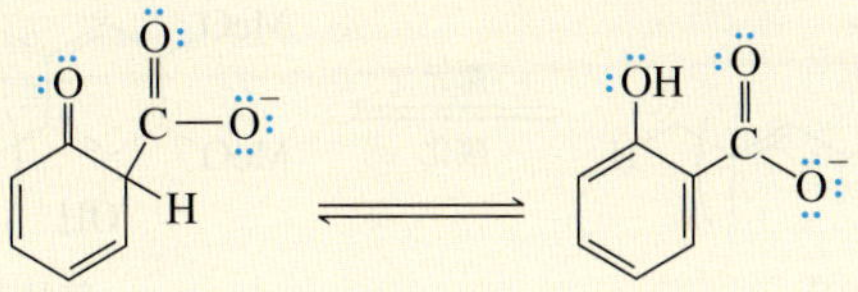

F. キノンへの酸化

電子供与性のヒドロキシ基の影響により，フェノールはさまざまな酸化剤によって酸化される．たとえば，フェノールは二クロム酸カリウムにより 1,4-ベンゾキノン(*p*-キノン)へ酸化される．

フェノール

1,4-ベンゾキノン
(*p*-キノン)

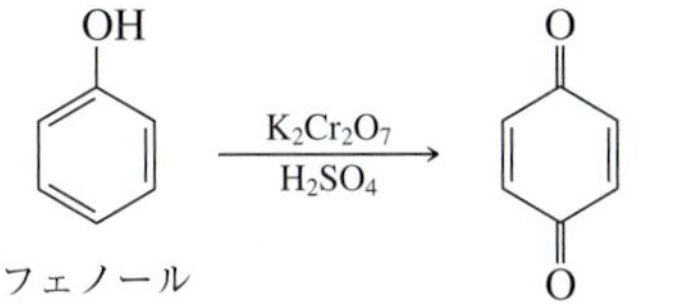

キノンはシクロヘキサジエンジオンの構造をもつ化合物をさし，カルボニル基が互いにオルトの関係にある *o*-キノンと，パラの関係にある *p*-キノンの二つの構造異性体が存在する．キノンは 1,2-ベンゼンジオール(カテコール)や 1,4-ベンゼンジオール(ヒドロキノン)の酸化によって容易に得られる．

1,2-ベンゼンジオール
(カテコール)

1,2-ベンゾキノン
(*o*-キノン)

1,4-ベンゼンジオール
(ヒドロキノン)

1,4-ベンゾキノン
(*p*-キノン)

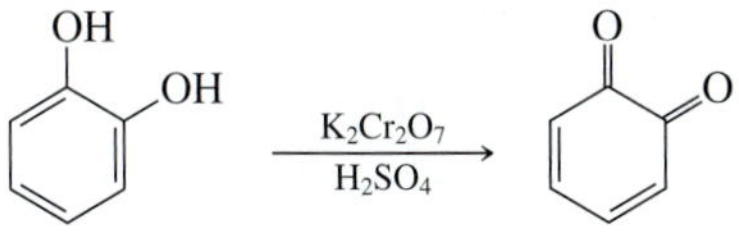

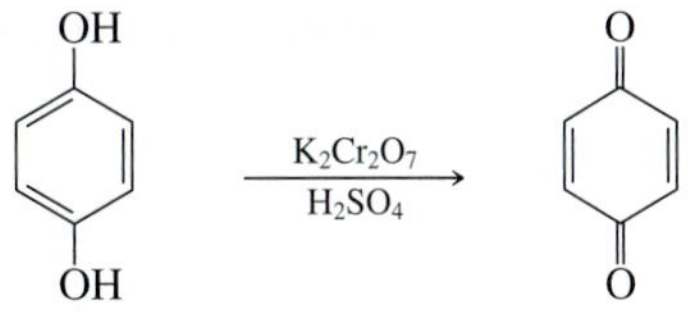

ベンゼンジオールの酸化によりキノンが生成するが，逆にキノンは容易にベンゼンジオールへと還元される．たとえば，*p*-キノンは中性あるいは塩基性条件下で亜ジチオン酸ナトリウムにより容易に還元され，ヒドロキノンになる．キノンは，それ以外のさまざまな還元剤によっても，ヒドロキノンに還元される．これはキノンの最も重要な化学的性質のひとつである．

1,4-ベンゾキノン
(*p*-キノン)

1,4-ベンゼンジオール
(ヒドロキノン)

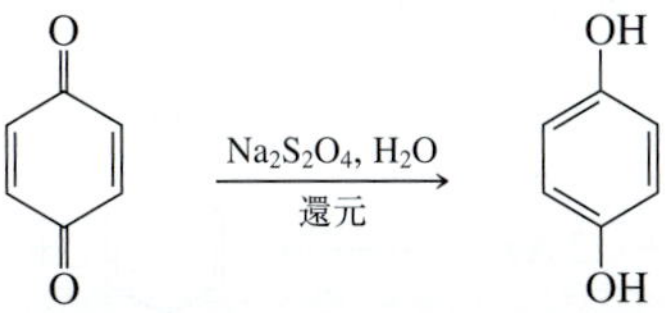

化学や生物学の分野では，ヒドロキノンとキノンとの間の可逆的な酸化-還元反応が

しばしば重要となる．たとえば，ユビキノンともよばれる，生体分子として重要な役割を果たしている補酵素 Q についてみてみよう．

補酵素 Q(CoQ)
(酸化型)

補酵素 Q
(還元型)

補酵素 Q coenzyme Q　ユビキノン ubiquinone ともいう．この名前はラテン語の ubique（あらゆる場所）＋キノンに由来している．

補酵素 Q は，呼吸鎖における電子伝達体であり，6 個から 10 個のイソプレン単位からなる長鎖アルキル基をもつ．この置換基がミトコンドリア内膜の疎水性場と強く相互作用をして補酵素 Q をミトコンドリア内に固定化する役割を果たしている．酸化型の補酵素 Q は 2 電子酸化剤である．いくつもの段階からなる呼吸鎖において，還元型の補酵素 Q は種々の連鎖系において 2 電子供与体として働く．この電子は，最終的に酸素の水への還元に利用される．

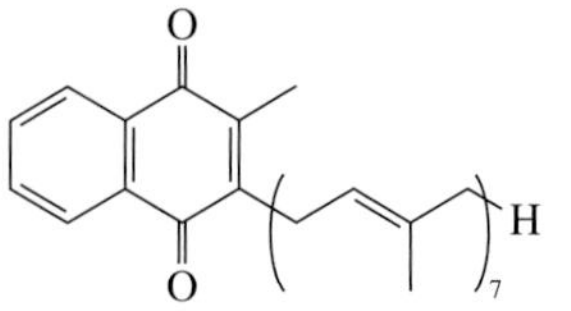

ビタミン K_2 は，生態系で重要な役割を果たしているもう一つのキノンである．この化合物は，ニワトリのヒナの血液凝固が遅くなって死んでしまう病気の研究の過程で発見された．その後，血液の凝固が遅くなるのはプロトロンビンの欠乏によること，プロトロンビンが肝臓で合成されるときにビタミン K_2 が必須であることがわかった．つまりプロトロンビンの欠乏は，ビタミン K_2 の欠乏によって起こることが現在では明らかになっている．天然から得られるビタミン K_2 は，5 個から 8 個のイソプレン単位をもつ側鎖が 1,4-ナフトキノン環に置換した構造をもつ．7 個のイソプレン単位からなる側鎖をもつビタミン K_2 の構造を図 21・15 に示す．

ビタミン K_2

図 21・15　七つのイソプレン単位からなるビタミン K_2

栄養補助剤に添加されているビタミン K 類は，現在ではほとんどが合成品である．メナジオンは人工的に合成されたビタミン K 様の活性をもつ化合物の一つであり，長鎖アルキル基が水素原子に置き換わった構造をもつ．メナジオンは 2-メチルナフタレンを，穏和な条件でクロム酸を用いて酸化することで合成される．

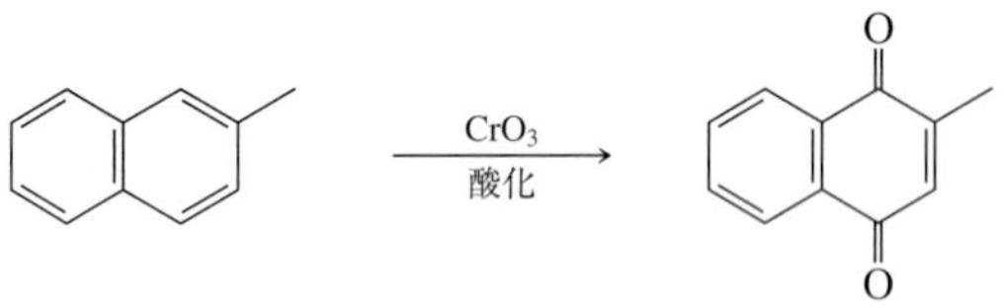

2-メチルナフタレン　→ (CrO_3 酸化)　2-メチル-1,4-ナフトキノン
(メナジオン menadione)

キノンは白黒写真の現像に広く利用されている．白黒フィルムには臭化銀やヨウ化銀結晶を含む感光乳剤が塗布してあり，これが光に当たると活性化される．活性化された銀イオンは現像段階においてヒドロキノンにより金属銀へと還元される．このとき，ヒドロキノンはキノンに酸化される．この反応式を次に示す．

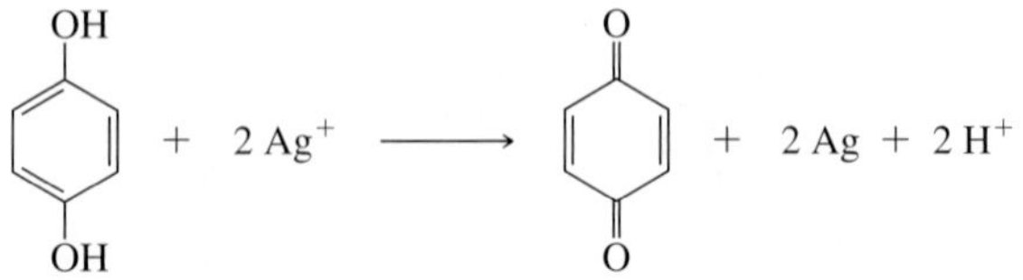

1,4-ベンゼンジオール (ヒドロキノン) + 2 Ag^+ ⟶ 1,4-ベンゾキノン (p-キノン) + 2 Ag + 2 H^+

光によって活性化されなかったハロゲン化銀は，定着段階で除去される．この結果，フィルムの光にあたった部分は金属銀が沈着して暗像（ネガ）となる．"光活性化された"臭化銀を還元する化合物として現在ではさまざまな化合物が用いられているが，どのような還元剤を用いようとも最終的にはフィルムの光に露出した部分に金属銀が沈着する．

21·5　ベンジル位での反応

本節では，置換基をもつ芳香族化合物の**ベンジル位**で起こる二つの反応を取上げる．

アルキル基をもつ芳香族化合物のアルキル基での反応はベンジル位で選択的に起こるが，これには二つの理由がある．第一に，ベンゼン環はアルカンを攻撃する反応剤の多くに対して不活性である．第二に，ベンジルカチオンやベンジルラジカルは，ベンゼン環による共鳴安定化のため，生成が容易である．ベンジルカチオン（あるいはベンジルラジカル）は，二つのケクレ構造と三つのカチオン（あるいはラジカル）が芳香環上に非局在化した，五つの共鳴構造の混成体である．ベンジルカチオンの共鳴混成体を次に示す．ベンジルラジカルやベンジルアニオンについても同様な共鳴混成体を書くことができる．ベンジル位の活性中間体が共鳴効果により安定化されるのは，アリル位のカチオン，ラジカル，アニオンが共鳴効果により安定化されるのと似ている．

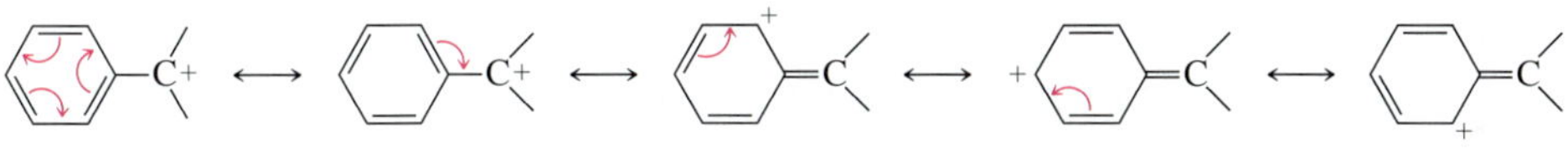

ベンジル位 benzylic position　ベンゼン環に直接結合した sp³ 混成の炭素原子．

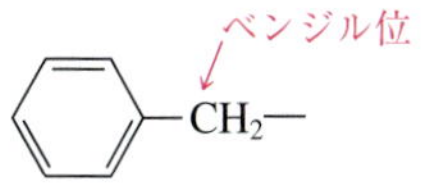

ベンジルカチオンは五つの共鳴構造の混成体である

A. 酸　化

ベンゼンはクロム酸 H_2CrO_4 や過マンガン酸カリウム $KMnO_4$ のような強い酸化剤に対して安定である．しかし，トルエンをこれらの酸化剤を用いて強力に酸化すると，メチル基がカルボン酸に酸化されて安息香酸が生成する．そのさい，芳香環上のハロゲンやニトロ基は酸化反応に影響されない．たとえば，2-クロロ-4-ニトロトルエンは酸化されて 2-クロロ-4-ニトロ安息香酸となる．

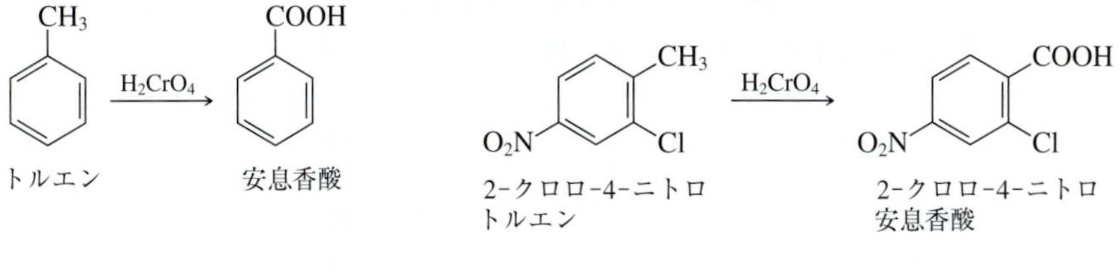

芳香環上にエチル基やイソプロピル基がある場合は，ベンジル位に水素が存在するので，ベンジル位の炭素はクロム酸によってカルボキシ基に酸化される．このとき，アルキル側鎖の残りの炭素はすべて二酸化炭素になる．一方，tert-ブチルベンゼンのようにベンジル位に水素がない場合は，側鎖での酸化反応は起こらない．

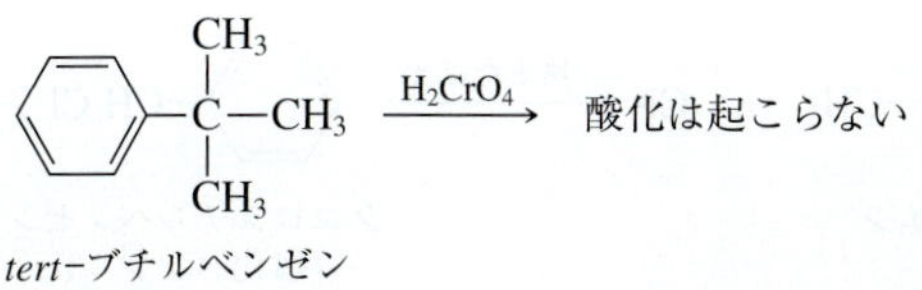

複数のアルキル基がある場合，それぞれが—COOHへと酸化される．m-キシレンの酸化により，1,3-ベンゼンジカルボン酸(イソフタル酸)が生成する．

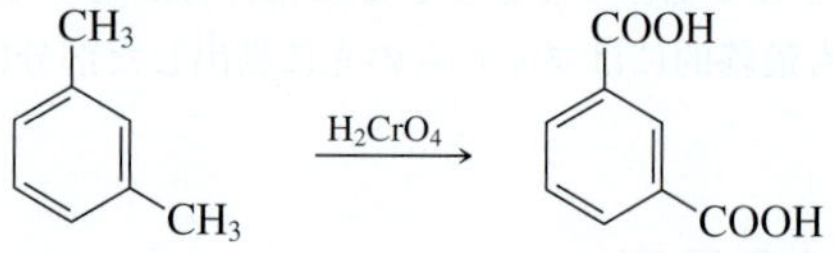

$$m\text{-キシレン} \xrightarrow{H_2CrO_4} 1,3\text{-ベンゼンジカルボン酸（イソフタル酸）}$$

例題 21・7

1,4-ジメチルベンゼン(p-キシレン)を H_2CrO_4 で強力に酸化した．生成する化合物の構造式を書け．

解答 両方のメチル基が—COOHへと酸化され，テレフタル酸が生成する．この化合物はポリエステルである，ダクロン®(Dacron)やマイラー®(Mylar)の原料のひとつである(§29・5B 参照).

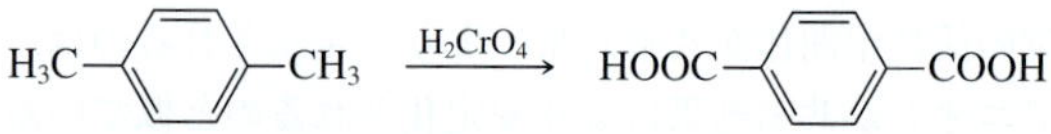

$$1,4\text{-ジメチルベンゼン}(p\text{-キシレン}) \xrightarrow{H_2CrO_4} 1,4\text{-ベンゼンジカルボン酸（テレフタル酸）}$$

問題 21・7 次に示した化合物を H_2CrO_4 で強力に酸化した．生成する化合物の構造式を書け．

(a) 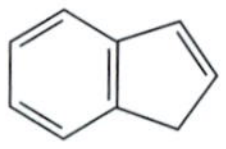 インデン (b) 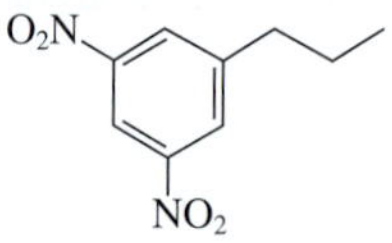 1-プロピル-3,5-ジニトロベンゼン

これらのアルキル側鎖の酸化反応の機構はまだ十分に明らかになっていない．しかし，いずれの反応においても，ベンジルラジカルやベンジルカチオンといった不安定中間体が生成していると考えられている．

ナフタレンは酸化バナジウム(V)(五酸化バナジウム)触媒を用いた酸素酸化により，フタル酸を生じる．この変換反応は，工業的なフタル酸の製法となっている．ベンゼンよりも多環芳香族炭化水素のほうが容易に酸化されることを示す一例である．

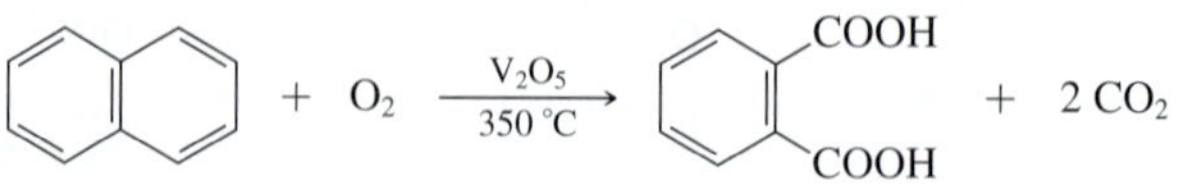

$$\text{ナフタレン} + O_2 \xrightarrow[350\,^\circ\text{C}]{V_2O_5} 1,2\text{-ベンゼンジカルボン酸（フタル酸）} + 2\,CO_2$$

B. ハロゲン化

トルエンを加熱や光照射の下で塩素と反応させると，クロロベンゼンと塩酸が生成する．

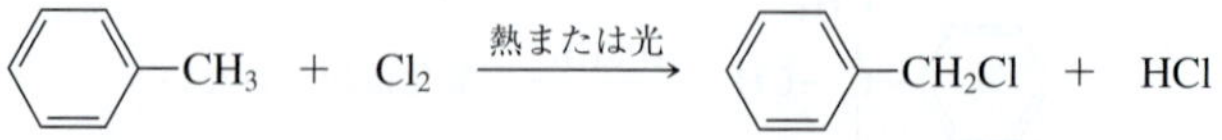

$$\text{トルエン} + Cl_2 \xrightarrow{\text{熱または光}} \text{クロロメチルベンゼン（塩化ベンジル）} + HCl$$

また，過酸触媒の存在下で N-ブロモスクシンイミド (NBS) を作用させると，臭素化が容易に進行する．

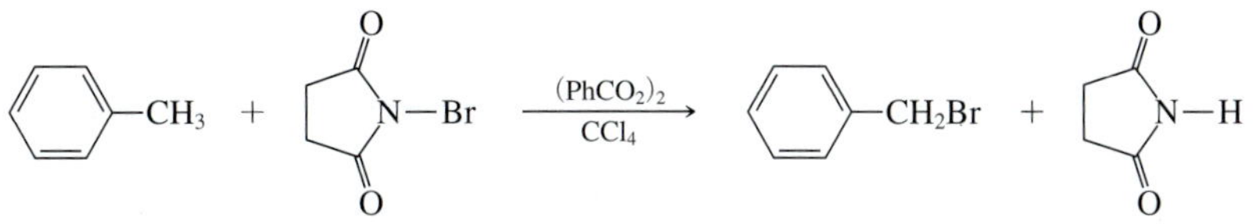

トルエン + N-ブロモスクシンイミド (NBS) $\xrightarrow[\text{CCl}_4]{(\text{PhCO}_2)_2}$ ブロモメチルベンゼン（臭化ベンジル） + スクシンイミド

長鎖アルキル基をもつ芳香族化合物のハロゲン化は，高い位置選択性を示す．たとえば，エチルベンゼンを NBS で処理すると 1-ブロモ-1-フェニルエタンのみが生成する．この位置選択性は反応中間体として生じるベンジルラジカルの安定性に起因する．ベンジル位のラジカル機構による臭素化は，アリル位の臭素化と同じである（§8・6A 参照）．

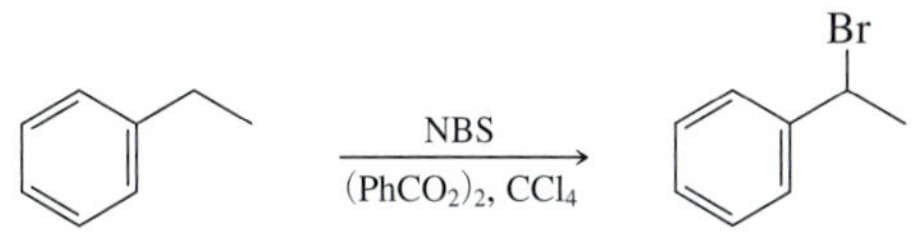

エチルベンゼン $\xrightarrow[\text{(PhCO}_2)_2, \text{CCl}_4]{\text{NBS}}$ 1-ブロモ-1-フェニルエタン（ラセミ体）

エチルベンゼンをラジカル条件下で塩素と反応させると，二つの生成物が 9:1 の比で生成する．すなわち，アルキル基の塩素化は位置選択的に起こるが，臭素化ほど高い選択性を示さない．同様な位置選択性の差は，アルカンの塩素化と臭素化においても観察される（§8・4 参照）．

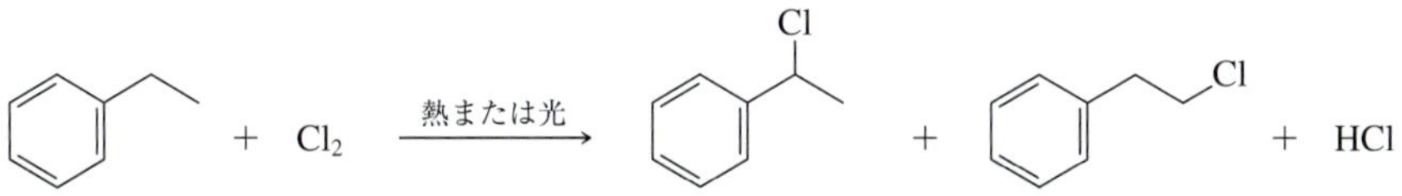

エチルベンゼン + Cl_2 $\xrightarrow{\text{熱または光}}$ 1-クロロ-1-フェニルエタン（ラセミ体） 90% + 1-クロロ-2-フェニルエタン 10% + HCl

炭化水素の臭素化や塩素化における生成物の生成比から，ラジカルの安定性は次に示す順であると考えられる．この順は，C−H 結合を開裂して二つのラジカルを生成するのに必要な結合解離エンタルピー（BDE）を反映している（付録 3 参照）．

メチル < 第一級 < 第二級 < 第三級 < アリル ≅ ベンジル

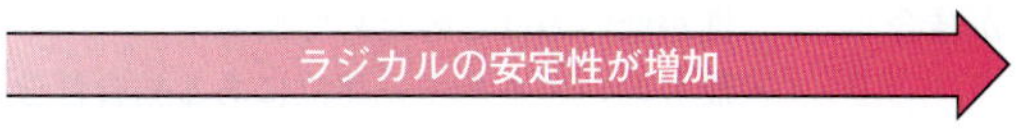

→ ラジカルの安定性が増加

C. ベンジルエーテルの水素化分解

ベンジルエーテルは触媒的な水素化反応の条件下で**水素化分解**され，酸素−炭素結合が切断される．この点で，ベンジルエーテルはエーテルのなかでも特異な性質をもつ．ベンジルヘキシルエーテルの反応例を次に示す．ベンジル基はトルエンに，アルコキシ基はアルコールに変換される．水素化分解は水素による単結合の切断反応である．ベンジルエーテルの水素化分解ではベンジル位の炭素と酸素の間の結合が切断され，新たに炭素−水素結合が生成する．

水素化分解 hydrogenolysis 水素による単結合の切断反応．遷移金属触媒の存在下で基質に水素を作用させて行う場合が多い．加水素分解ともいう．

708　21. ベンゼンと芳香族性の概念

ベンジルヘキシルエーテル + H₂ →(Pd/C) 1-ヘキサノール + トルエン

「この結合が切断される」

　ベンジルエーテルは，トリエチルアミンやピリジンなどの塩基の存在下でアルコールやフェノールに塩化ベンジルを作用させると生成する．ベンジルエーテルの特徴は，アルコールやフェノールのヒドロキシ基の保護基として利用できる点である．たとえば 2-アリルフェノールの炭素－炭素二重結合をジボランによるヒドロホウ素化と過酸との反応により，反マルコフニコフ型で対応するアルコールへと変換することを考えよう．その場合，酸性度の高いフェノール性ヒドロキシ基が BH_3 と反応してしまう．そこで，フェノール性ヒドロキシ基をいったんベンジルエーテルとして保護したあとに，炭素－炭素二重結合のヒドロホウ素化/酸化反応を行う．その後，水素化分解でベンジルエーテルを脱保護することで，望みの化合物が得られる．

2-(2-プロペニル)フェノール
(2-アリルフェノール)
→(ClCH₂Ph, Et₃N) → (1. BH₃·THF 2. H₂O₂, NaOH) →
→(H₂, Pd/C) → 2-(3-ヒドロキシプロピル)フェノール

まとめ

21・1　ベンゼンの構造

- ベンゼンとその誘導体は**芳香族**に分類される．
  - 芳香族分子は驚くほど安定であり，アルケンやアルキンなどの他の不飽和化合物と反応する反応剤と反応しない．
  - **芳香族性**はベンゼンとその誘導体のもつ，特徴的な安定性を説明するための用語である．**アレーン**は芳香族炭化水素を表す総称である．
- ベンゼンが六つの炭素からなり，その炭素に一つの水素が結合した環状化合物であることを，Kekulé が最初に提唱した．
  - ベンゼンの六つの炭素はすべて等価である．また，6員環の炭素間の結合長は単結合と二重結合の間の長さである．
  - ベンゼンでは，単結合と二重結合との結合交替はないので，単一の炭素－炭素結合長をもつ．
- 分子軌道法からみた，ベンゼンの構造の特徴は次のとおりである．
  - すべての炭素原子は sp^2 混成軌道をもつ．
  - すべての炭素原子は隣接する二つの炭素原子と sp^2-sp^2 軌道の重なりによる σ 結合で結ばれ，また水素原子と sp^2-$1s$ 軌道の重なりによる σ 結合で結ばれている．
  - すべての炭素原子は混成に関与していない 2p 軌道を一つもち，そこに電子が 1 個入っている．
  - 炭素上の六つの 2p 軌道から，六つの π 分子軌道ができる．
    - これらの六つの分子軌道はエネルギーの低いほうから 1：2：2：1 の比で並んでいる．
    - 6 個の π 電子が三つの結合性 π 軌道に入る．これらの軌道はすべて孤立した 2p 軌道よりも安定である．ベンゼンの反応性が低いのはこのためである．
    - 最も低いエネルギー準位にある結合性分子軌道は，ベンゼン環の上下に二つの円環状のローブをもつ．この軌道は，π 電子がベンゼン環上に非局在化していることをよく表している．
    - 残った二つの結合性分子軌道はいずれも節を一つもつ．このことは炭素間の結合長が単結合と二重結合の中間の値であることと符合している．
- ベンゼンの構造は，二重結合の位置が異なる二つの共鳴構造の混成体である．しかしその構造を書く場合には，便宜的に共鳴混成体の一方のみを書く．あるいは，六角形の中に丸を書く構造を書いてもよい．
- 共鳴混成体のエネルギーと，電子が原子や結合に局在化した仮

想的な状態のエネルギーとの差が**共鳴エネルギー**である.
- ベンゼンの共鳴エネルギーは 151 kJ mol^{-1} と大きく，このことはベンゼンのπ電子系が非常に安定であることを示している．このため，触媒的な水素化反応など，アルケンが容易に反応するような反応条件に対して，ベンゼンは不活性である．

21・2 芳香族性の概念

■ 二重結合と単結合とが結合交替している環状炭化水素がすべてベンゼンと同様な芳香族性をもつわけではない．Hückel は分子軌道計算を基に，芳香族性をもつために必要な条件を明らかにした．
- 環状構造をもつ．
- 環を形成する原子がそれぞれ 2p 軌道を一つもつ(環の中に sp^3 混成軌道をもつ原子があってはならない)．
- 平面構造，あるいはそれに近い構造であり，2p 軌道が互いに重なることができる．
- 芳香族π電子系は $(4n+2)$ 個のπ電子をもつ．ただし，n は 0, 1, 2, 3, 4, 5, … の整数．

■ ある種の環状炭化水素は反芳香族性をもち，同じ数のπ電子をもつ非環状構造の炭化水素に比べて不安定である(反応性が高い)．
- 反芳香族炭化水素は $4n$ 個のπ電子をもつ．
- 反芳香族炭化水素も環状構造をもち，環を構成する原子がそれぞれ 2p 軌道を一つもつ．さらに，2p 軌道が重なることができるような平面構造をとっている．
- シクロブタジエンのような反芳香族炭化水素の不安定性は分子軌道法により理解できる．
  - シクロブタジエンでは，四つの 2p 軌道が四つのπ分子軌道を形成する．四つの分子軌道はエネルギーの低いほうから 1:2:1 の比で並んでいる．
  - 分子軌道に 4 個のπ電子を入れていくと，2 個の電子は一つの結合性分子軌道に入り，2 個の電子が縮退した二つの非結合性分子軌道に 1 個ずつ入る．
  - 非結合性分子軌道に入った対をつくっていない 2 個の電子のために，シクロブタンは芳香族炭化水素に比べて反応性が高く不安定である．
- $4n$ 個のπ分子をもつ場合でも，反芳香族性化合物にならない場合がある．たとえば，シクロオクタテトラエンのような環の大きな分子では，非平面構造をとることで反芳香族化合物とはならず，安定に存在できる．このとき，単結合と二重結合が結合交替した構造となる．

■ 多角形内接法(**フロスト円**)は，分子軌道エネルギー準位図において，各軌道のエネルギー準位を予想するのに有効である．
- 円の中に対象とする多角形の形(たとえばベンゼンでは六角形)を書く．このとき，多角形の一つの頂点が円の底に位置するように内接させる．多角形のそれぞれの頂点が円と接する位置が分子軌道の相対エネルギーを示す．
- 円の真ん中に水平線を引く．その線より下にある軌道は結合性の分子軌道である．非結合性の分子軌道がある場合には，線上にくる．反結合性の分子軌道は線の上になる．

■ **アンヌレン**は環状の平面構造ですべての 2p 軌道が共役している炭化水素である．"アンヌレン"という単語の前に，環を構成する原子数を示す [ ] を加えて命名する．
- シクロブタジエンとベンゼンはいずれもアンヌレンで，それぞれ [4]アンヌレン, [6]アンヌレンと命名することができる.
- アンヌレンには，[14]アンヌレンや [18]アンヌレンのような大きな環状分子も存在する．これらの化合物は平面で，ヒュッケル則をみたす $(4n+2)$π電子をもつことから芳香族である．
- [10]アンヌレンは環が比較的小さいために平面構造をとれない．このため，芳香族ではない．

■ **ヘテロ環化合物**は環の中にヘテロ原子を一つ以上もつ化合物をいう.
- ヒュッケル則をみたすヘテロ環化合物は芳香族である．
- 天然には，インドール，プリン，ピリミジンなど，多くのヘテロ環化合物が存在する．

■ ヘテロ環化合物が芳香族であるかどうかを判断するには，ヘテロ原子上の非共有電子対が芳香族π電子系の中に含まれるかどうかをみることが重要である．
- ピリジン C_5H_5N では，窒素の非共有電子対は sp^2 混成軌道の一部となっているため，芳香族 6π 電子系を形成している 2p 軌道と直交している．この非共有電子対は芳香族π電子系に含まれておらず，他の分子と自由に相互作用をすることができる．
- ピロール C_4H_5N では，窒素の非共有電子対は 2p 軌道にあり，芳香族性をもつのに必要な 6π 電子の一部となっている．この非共有電子対は他の分子と相互作用しない．

■ 電荷をもつ環状化合物も，ヒュッケル則をみたす場合は芳香族性をもち，芳香族性をもたない一般のカチオンやアニオンに比べて大きく安定化される．シクロプロペニルカチオン，シクロヘプタトリエニルカチオン，シクロペンタジエニルアニオンなどがその代表的な例である．

21・3 命 名 法

■ 単純な構造をもつベンゼン誘導体は，慣用名を利用することが許されている．たとえば，トルエン，クメン，スチレン，キシレン，フェノール，アニリン，安息香酸，アニソール，などが認められている．
- これらの慣用名をもつ化合物を部分構造としてもつ化合物は，慣用名を母体名として命名する．

■ その他のさまざまな官能基をもつベンゼン誘導体は，ベンゼン環を置換基として命名することができる．
- C_6H_5 基は**フェニル基**であり，Ph と略記される．
- $C_6H_5CH_2$ 基は特徴的な反応性をもつことから，**ベンジル基**と命名されており，Bn と略記される．

■ 二置換ベンゼン環には三つの構造異性体があり，それぞれ**オルト**(1,2 置換)，**メタ**(1,3 置換)，**パラ**(1,4 置換)体とよばれる．それぞれ o, m, p と略記される．
- 場所を表す数字(たとえば，1,2- や 1,3-)を用いて置換様式を指定してもよい．
- 一つの置換基に着目すると慣用名をもつ場合(たとえば，NH_2 基をもつ場合にはアニリンである)，その分子は慣用名を母体名として命名する．その場合，慣用名に由来する置換基が結合している炭素が環の位置番号 1 となる．

- いずれの置換基も慣用名を与えない場合，置換基はアルファベット順に列挙し，最後に"ベンゼン"を付け加えて命名する．置換基の位置の指定については，たとえば 1-クロロ-4-エチルベンゼン，p-クロロエチルベンゼンのどちらを用いてもよい．
- **多環芳香族炭化水素（PAH）**は二つ以上のベンゼン環をもち，それらが環の一辺を共有してつながった構造をもつ化合物である．
  - ナフタレンは二つのベンゼン環が縮環した構造をもつ．アントラセンは三つのベンゼン環が縮環して直線状につながった構造をもつ．そのほかにフェナントレン，ピレン，コロネン，ベンゾ[a]ピレンなどが，代表的な多環芳香族炭化水素である．

21・4 フェノール

- ベンゼン環にヒドロキシ基が結合した化合物がフェノールである．
- フェノール（pK_a はおおよそ 10）は一般のアルコールよりも酸性度が高い．それは共役塩基であるフェノキシドイオンの負電荷が芳香環上に非局在化されるためである．実際に，そのような共鳴構造を三つ書くことができる．
  - ベンゼン環にフェノキシドイオンの安定性を増す置換基が加わると，フェノールの酸性度は高くなる．一方，フェノキシドイオンの安定性を下げる置換基が加わると，酸性度は低下する．
  - 誘起効果により，ハロゲンなどの電子求引基（sp^2 混成炭素よりも電気陰性度の高い置換基）は，フェノキシドイオンの負電荷を求引してこれを安定化する．このため，フェノールの酸性度が高くなる．一方，アルキル基などの電子供与基（sp^2 混成炭素よりも電気陰性度の低い置換基）はフェノキシドイオンに電荷を供与するためにこれを不安定化する．このため，フェノールの酸性度は低下する．
  - ニトロ基のような置換基は共鳴効果によりフェノールの酸性度を高める効果をもつ（この効果はオルトおよびパラ位に置換した場合に顕著である）．これは，フェノキシドイオンの共鳴構造が増えて，負電荷をさらに非局在化できるためである．
- フェノールは強塩基と反応して水に可溶な塩を生成する．この反応は，混合物からフェノールを分離するのに有用である．
- フェノキシドイオンとハロゲン化アルキルの S$_N$2 反応は，ウィリアムソンエーテル合成によるアリールアルキルエーテルの合成に用いられる．
- コルベ反応は，フェノキシドイオンが CO$_2$ と反応してサリチル酸を生成する反応である．フェノキシドイオンがあたかもエノラートアニオンのように，二酸化炭素の求電子的な炭素を求核攻撃した後，ケト-エノール互変異性によりサリチル酸アニオンが生成する．
- フェノール類，なかでもベンゼンジオール（ヒドロキノン）は，容易に**キノン**へと酸化される．また，逆にキノンは穏和な条件でベンゼンジオールに還元される．この可逆的な酸化-還元過程は多くの生化学的反応の重要な基礎的過程となっている．

21・5 ベンジル位での反応

- 芳香族炭化水素のベンジル位では，種々の特徴的な反応が起こる．これは，ベンジルカチオンやベンジルラジカル中間体が芳香環の非局在化により安定化されるためである．
- ベンジル位に水素をもつ化合物は，KMnO$_4$ の塩基性水溶液中や H$_2$CrO$_4$（Na$_2$Cr$_2$O$_7$ の硫酸水溶液）と反応して，安息香酸を生じる．ベンジル位の炭素と隣接置換基の間の結合が切断される．
- ベンジル位の水素原子は，光照射や加熱条件で，臭素原子や塩素原子と置換される．
  - トルエンのように，ベンジル位に複数の水素原子をもつ化合物に，過剰のハロゲンを作用させると複数の水素がハロゲンに置換される．
  - ベンジル位にアルキル基が置換している場合，ハロゲンとの置換反応はベンジル位で選択的に起こる．これは，反応中間体として生じるベンジルラジカルが他のラジカルに比べてより安定であるためである．
  - ハロゲン化反応において，臭素化は塩素化よりも位置選択性に優れる．臭素化に NBS を用いることもできる．
- ベンジルエーテルは，触媒的水素化（H$_2$ と Pd 触媒）により C–O 結合の開裂が起こり，トルエンとアルコールを与える．この反応は**水素化分解**とよばれる．
  - ベンジルエーテルは水素化分解されることから，アルコールの保護基として用いられる．

重要な反応

1. フェノールの酸性度（§21・4B）
フェノールは pK_a が約 10 の弱い酸である．置換体では，置換基の共鳴効果と誘起効果の影響により，酸性度が変化する．

C$_6$H$_5$–OH + H$_2$O ⇌ C$_6$H$_5$–O$^-$ + H$_3$O$^+$

$K_a = 1.1 \times 10^{-10}$ p$K_a = 9.95$

2. フェノールと強塩基との反応（§21・4C）
フェノールは水に不溶であるが，強塩基と定量的に反応して水に可溶な塩となる．

C$_6$H$_5$–OH + NaOH ⟶ C$_6$H$_5$–O$^-$Na$^+$ + H$_2$O

フェノール　水酸化ナトリウム　ナトリウムフェノキシド　水
pK_a 9.95　　　　　　　　　　　　　　　　　　　　　pK_a 15.7
（より強い酸）　　　　　　　　　　　　　　　　　（より弱い酸）

3. フェノールのコルベカルボキシル化（§21・4E）
フェノキシドイオンの二酸化炭素への求核攻撃により，カルボ

キシル化反応が進行する．まず置換シクロヘキサジエノンが生成し，そのケト-エノール互変異性により芳香環が再生する．

$$\text{(p-CH}_3\text{-C}_6\text{H}_4\text{-ONa)} \xrightarrow[\text{H}_2\text{O}]{\text{CO}_2} \text{(中間体)} \xrightarrow[\text{H}_2\text{O}]{\text{HCl}} \text{(サリチル酸誘導体)}$$

4. フェノールのキノンへの酸化(§21・4F)

H$_2$CrO$_4$ 酸化により，1,2-キノン(o-キノン)と 1,4-キノン(p-キノン)が生成する．どのキノンが生成するかはフェノール誘導体の構造による．

フェノール → 1,4-ベンゾキノン (p-キノン) [H$_2$CrO$_4$]

5. ベンジル位の酸化(§21・5A)

側鎖のベンジル位の炭素に水素が少なくとも一つ置換しているベンゼン誘導体は，側鎖が酸化されて対応するカルボン酸を生じる．

$$\text{p-CH}_3\text{-C}_6\text{H}_4\text{-CH(CH}_3\text{)}_2 \xrightarrow{\text{H}_2\text{CrO}_4} \text{HOOC-C}_6\text{H}_4\text{-COOH}$$

6. ベンジル位のハロゲン化(§21・5B)

ハロゲン化はラジカル機構で進行し，ベンジル位で位置選択的に起こる．塩素化に比べて臭素化のほうが高い位置選択性を示す．反応はラジカル連鎖機構で進行し，X$_2$ が二つの X・ラジカルに分解されることで開始する．X・ラジカルがベンジル位の水素を引抜いて共鳴により安定化されたベンジルラジカルを生成する．これがもう 1 分子の X$_2$ と反応してハロゲン化生成物が生じるとともに，X・ラジカルを再生して，反応が連鎖的に進行する．NBS を臭素源として利用できる．

$$\text{PhCH}_2\text{CH}_3 \xrightarrow[\text{(PhCO}_2)_2, \text{CCl}_4]{\text{NBS}} \text{PhCHBrCH}_3 \text{ (ラセミ体)}$$

7. ベンジルエーテルの水素化分解(§21・5C)

ベンジルエーテルのベンジル位の炭素と酸素間の結合は触媒的水素化反応の条件で切断される．

$$\text{C}_5\text{H}_{11}\text{-O-CH}_2\text{Ph} + \text{H}_2 \xrightarrow{\text{Pd/C}} \text{C}_5\text{H}_{11}\text{-OH} + \text{CH}_3\text{-Ph}$$

問 題

赤の問題番号は応用問題を示す．

構造と命名法

21・8 次の化合物とイオンを命名せよ．

(a) 4-クロロ-1-ニトロベンゼン構造
(b) 2-ブロモ-1-メチルベンゼン構造
(c) 3-フェニル-1-プロパノール構造
(d) 1,5-ジニトロナフタレン構造
(e) (キラル)1-フェニル-1-ヒドロキシ-2-プロペン構造
(f) 3-ニトロ-1-エチニルベンゼン構造
(g) 2-フェニルフェノール構造
(h) 4-メトキシベンジルカチオン構造
(i) 1,2-ジフェニルエチレン構造
(j) 1,2,3-トリフェニルシクロプロペニルカチオン構造

21・9 次の化合物の構造式を書け．

(a) 1-ブロモ-2-クロロ-4-エチルベンゼン
(b) m-ニトロクメン
(c) 4-クロロ-1,2-ジメチルベンゼン
(d) 3,5-ジニトロトルエン
(e) 2,4,6-トリニトロトルエン
(f) (2S,4R)-4-フェニル-2-ペンタノール
(g) p-クレゾール
(h) ペンタクロロフェノール
(i) 1-フェニルシクロプロパノール
(j) トリフェニルメタン
(k) フェニルエチレン（スチレン）
(l) 臭化ベンジル
(m) 1-フェニル-1-ブチン
(n) (E)-3-フェニル-2-プロペン-1-オール

21・10 次の化合物の構造式を書け．

(a) 1-ニトロナフタレン
(b) 1,6-ジクロロナフタレン
(c) 9-ブロモアントラセン
(d) 2-メチルフェナントレン

21・11 6,6'-ジニトロビフェニル-2,2'-ジカルボン酸は四面体形のキラル中心をもたないにもかかわらず，一組のエナンチオマーとして光学分割できる．このような不斉が生じる原因について説明せよ．

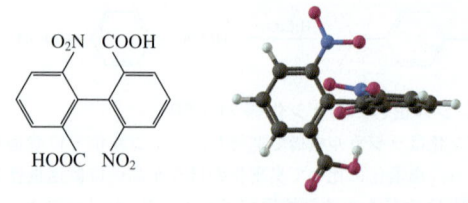

712　21. ベンゼンと芳香族性の概念

6,6′-ジニトロビフェニル-2,2′-ジカルボン酸

芳香族化合物における共鳴

21・12 次の化合物名の後に，その分子がとりうるケクレ構造の数を示した．すべてのケクレ構造を書き，それぞれの共鳴構造への変換を巻矢印を用いて示せ．
(a) ナフタレン (3)　　(b) フェナントレン (5)

21・13 次に示す分子はいずれも五つの共鳴構造の混成体である．そのうち二つはケクレ構造であり，三つは正負の電荷が分離した構造である．すべての共鳴構造を書け．
(a) クロロベンゼン　(b) フェノール　(c) ニトロベンゼン

21・14 フランとピリジンの構造式を次に示す．

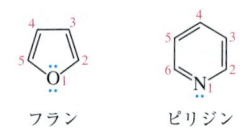

フラン　　ピリジン

(a) フランの四つの共鳴構造を書け．ただし，酸素上に正電荷を，3位炭素に負電荷をもつ構造を最初に示し，つづいて他の炭素上に負電荷をもつ構造を示すこと．
(b) ピリジンの三つの共鳴構造を書け．ただし，窒素上に負電荷を，2位炭素に正電荷をもつ構造を最初に示し，つづいて4位炭素，さらに6位炭素に正電荷をもつ構造を示すこと．

芳香族性の概念

21・15 次の化合物やイオンの 2p 軌道にある電子の数を答えよ．

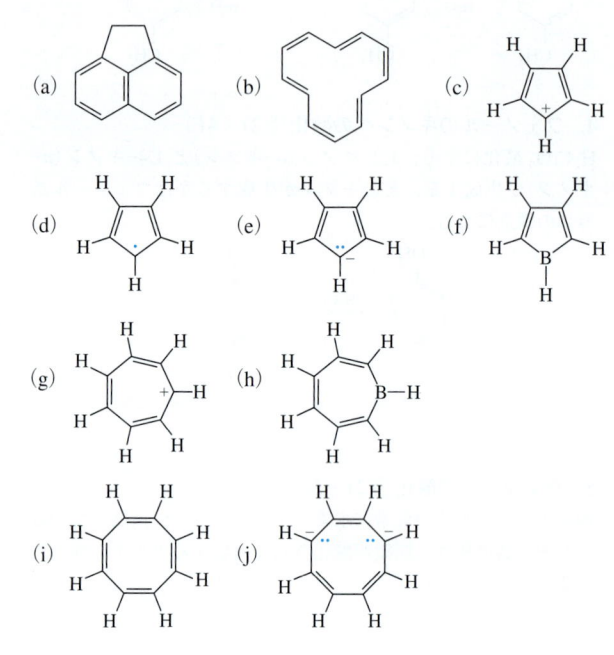

(a)　(b)　(c)
(d)　(e)　(f)
(g)　(h)
(i)　(j)

21・16 問題 21・15 に示した分子とイオンのうち，ヒュッケル則に照らして芳香族であるものを示せ．また，平面構造ならば反

問題 21・20　スペクトル図

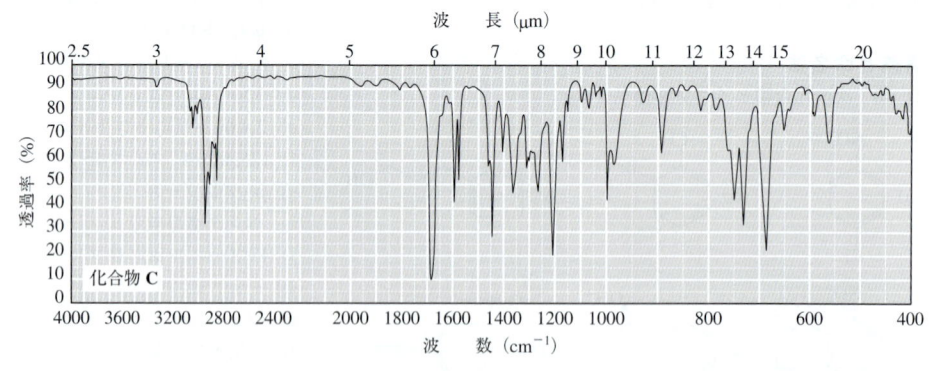

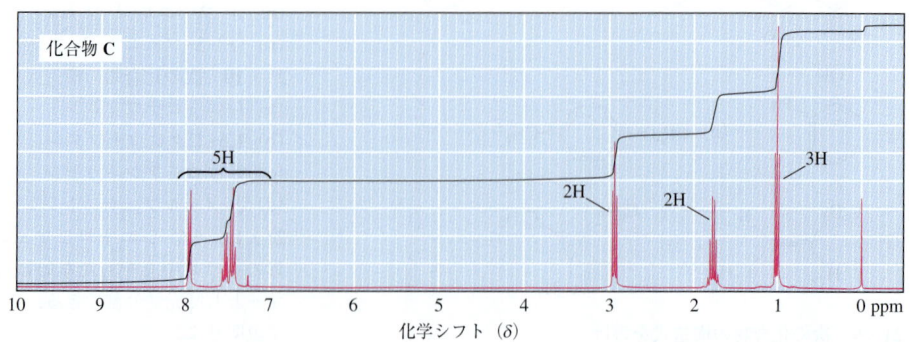

化合物 C

波　長 (μm)
透過率 (%)
波　数 (cm^{-1})

化合物 C
5H
2H
2H
3H
化学シフト (δ)

芳香族となる化合物を示せ．

21・17 シクロプロペニルカチオン，シクロプロペニルラジカル，シクロプロペニルアニオンの分子軌道エネルギー準位図を書け．ヒュッケル則に照らしてどの分子が芳香族か答えよ．

21・18 ナフタレンとアズレンはいずれも分子式 $C_{10}H_8$ をもつ炭化水素の構造異性体である．ナフタレンは無色の固体であり，双極子モーメントをもたない．一方，アズレンは濃紺色であり，1.0 D の双極子モーメントをもつ．これらの二つの分子の双極子モーメントの値が異なる理由を説明せよ．

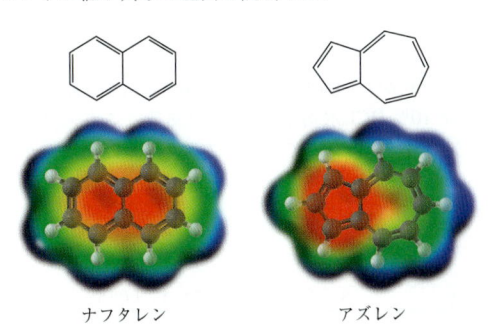

ナフタレン　　　　アズレン

分光法

21・19 化合物 **A**(C_9H_{12}) は，質量分析により m/z 120 と 105 に強いピークを示す．化合物 **B**(C_9H_{12}) は，m/z 120 と 91 に強いピークを示す．クロム酸を用いて酸化すると，いずれの化合物も安息香酸を生成する．化合物 **A**, **B** の構造式を推定せよ．

21・20 化合物 **C** は質量分析により m/z 148 に分子イオンピークを示すとともに，m/z 105 と 77 に強いフラグメントイオンピークを示す．赤外吸収スペクトルと ^{1}H NMR スペクトルを前ページに示した．
(a) 化合物 **C** の構造式を推定せよ．
(b) 質量分析における m/z 105 と 77 のフラグメントイオンピークの由来を説明せよ．

21・21 化合物 **D** の IR スペクトルと ^{1}H NMR スペクトルを下に示す．この化合物の質量分析は m/z 136 に分子イオンピークを示すとともに，m/z 107 に基準ピークを，さらに m/z 118 と 59 にフラグメントイオンピークを示す．
(a) 化合物 **D** の構造式を推定せよ．
(b) 質量分析において m/z 118, 107, 59 のピークを示すイオンの構造を推定せよ．

21・22 化合物 **E** ($C_8H_{10}O_2$) は中性で固体の化合物である．化合物 **E** の質量分析は，m/z 138 に分子イオンピークを，M−1 と M−17 にフラグメントイオンピークを示す．IR スペクトルと ^{1}H NMR スペクトルを次ページに示す．化合物 **E** の構造を推定せよ．

21・23 化合物 **F**($C_{12}H_{16}O$) の ^{1}H NMR と ^{13}C NMR スペクトルデータを次に示す．化合物 **F** の構造を推定せよ．

^{1}H NMR	^{13}C NMR	
0.83 (d, 6H)	207.82	50.88
2.11 (m, 1H)	134.24	50.57
2.30 (d, 2H)	129.36	24.43
3.64 (s, 2H)	128.60	22.48
7.2〜7.4 (m, 5H)	126.86	

問題 21・21 スペクトル図

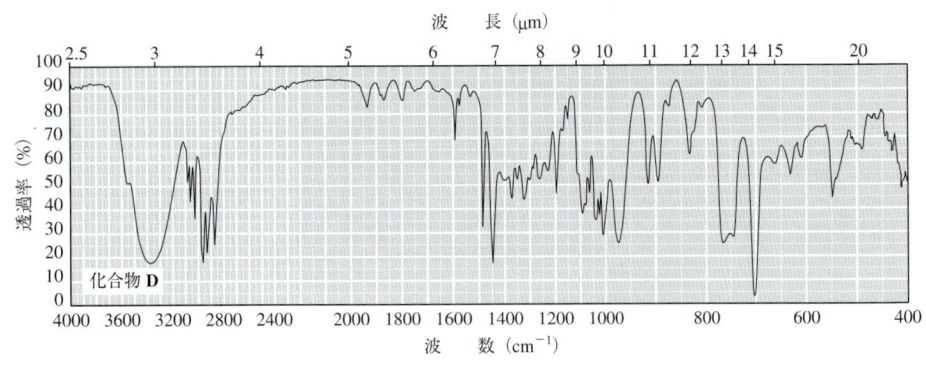

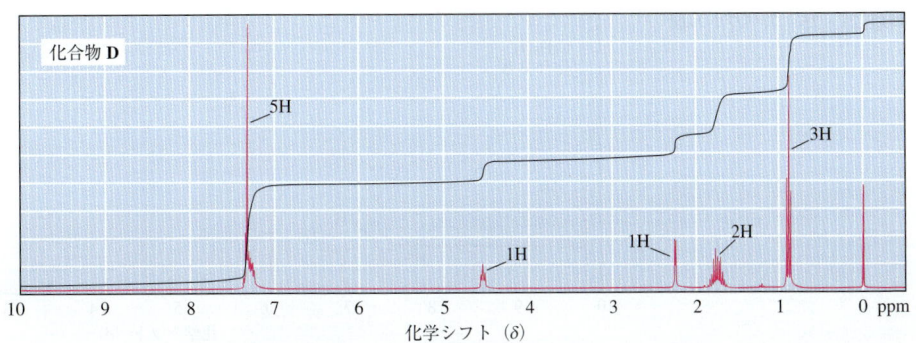

21・24 化合物 G(C$_{10}$H$_{10}$O)の ^{1}H NMR と ^{13}C NMR スペクトルデータを次に示す．化合物 G の構造を推定せよ．

^{1}H NMR	^{13}C NMR	
2.50 (t, 2H)	210.19	126.82
3.05 (t, 2H)	136.64	126.75
3.58 (s, 2H)	133.25	45.02
7.1〜7.3 (m, 4H)	128.14	38.11
	127.75	28.34

21・25 化合物 H(C$_8$H$_6$O$_3$)に含水エタノール中でヒドロキシルアミンを作用させると沈殿が生じる．また，トレンス反応剤を作用させると銀鏡が生成する．^{1}H NMR スペクトルを下に示す．化合物 H の構造を推定せよ．

21・26 化合物 I(C$_{11}$H$_{14}$O$_2$)は水，酸性水溶液，および NaHCO$_3$ 水溶液には不溶であるが，10% Na$_2$CO$_3$ 水溶液や，10% NaOH 水溶液には容易に溶解する．この塩基性水溶液を 10% HCl 水溶液で酸性にすると，化合物 I がそのまま回収される．このことと，次ページに示す ^{1}H NMR スペクトルより，化合物 I の構造を推定せよ．

21・27 次ページに示す ^{1}H NMR スペクトルと IR スペクトルに基づき，化合物 J(C$_{11}$H$_{14}$O$_3$)の構造を推定せよ．

21・28 鎮痛薬のフェナセチン(phenacetin)は分子式 C$_{10}$H$_{13}$NO$_2$ である．次ページの ^{1}H NMR スペクトルから，その構造を推定せよ．

21・29 分子式が C$_{10}$H$_{12}$O$_2$ の化合物 K は水，10% NaOH 水溶液，および 10% HCl 水溶液に不溶である．これらの情報と，716 ページの ^{1}H NMR と ^{13}C NMR スペクトルのデータから，化

問題 21・22 スペクトル図

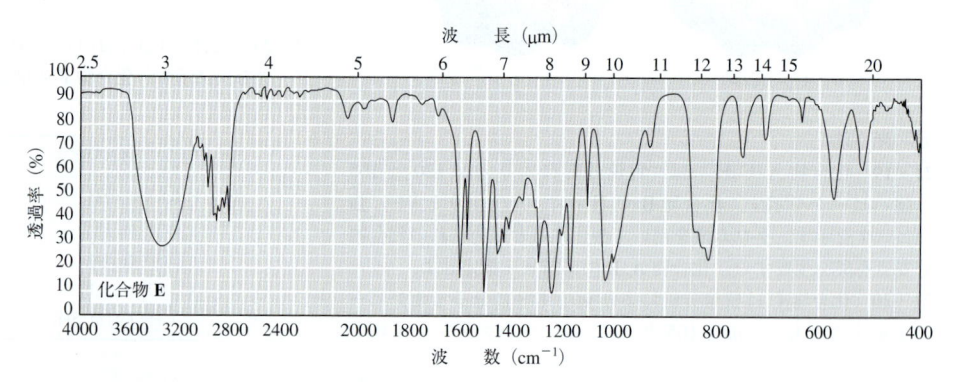

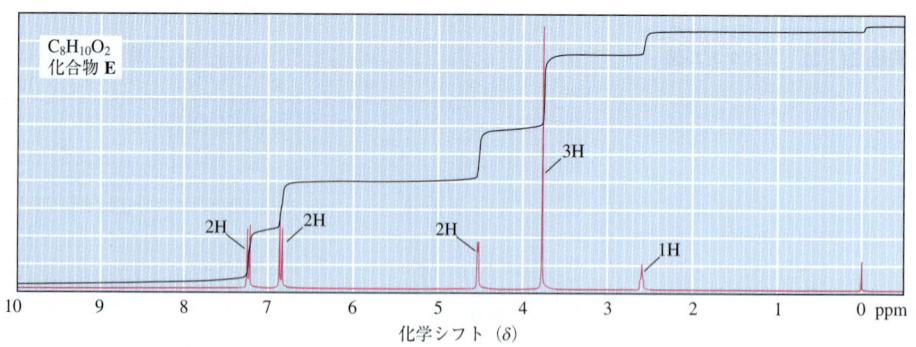

問題 21・25 スペクトル図

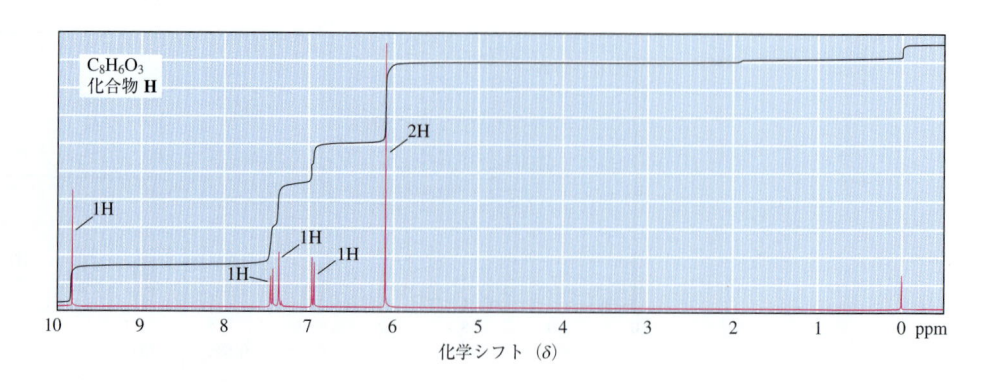

21. ベンゼンと芳香族性の概念   715

問題 21・26　スペクトル図

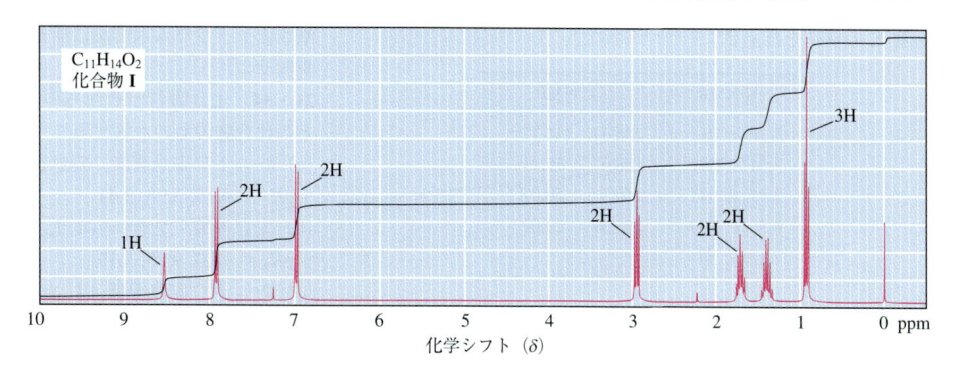

$C_{11}H_{14}O_2$
化合物 I

問題 21・27　スペクトル図

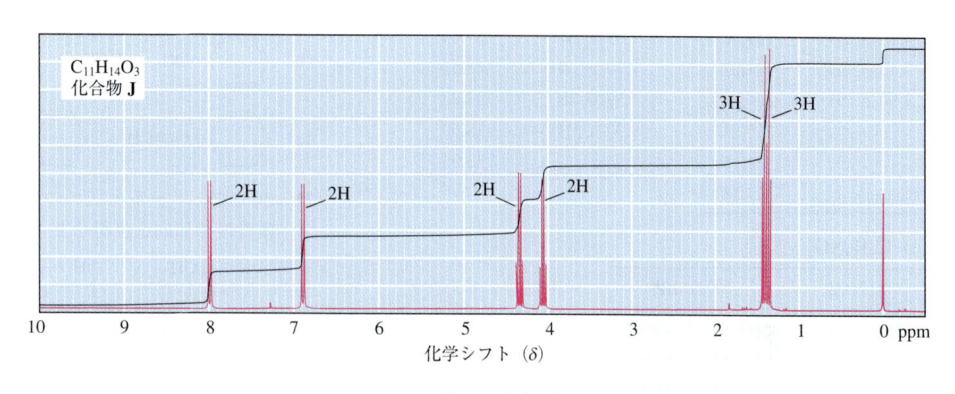

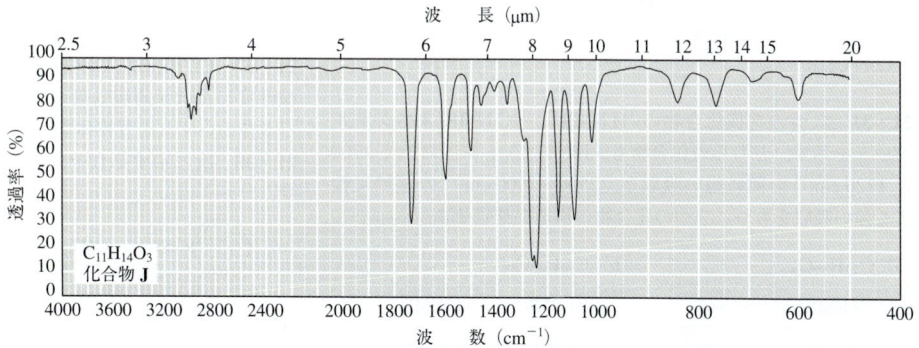

$C_{11}H_{14}O_3$
化合物 J

$C_{11}H_{14}O_3$
化合物 J

問題 21・28　スペクトル図

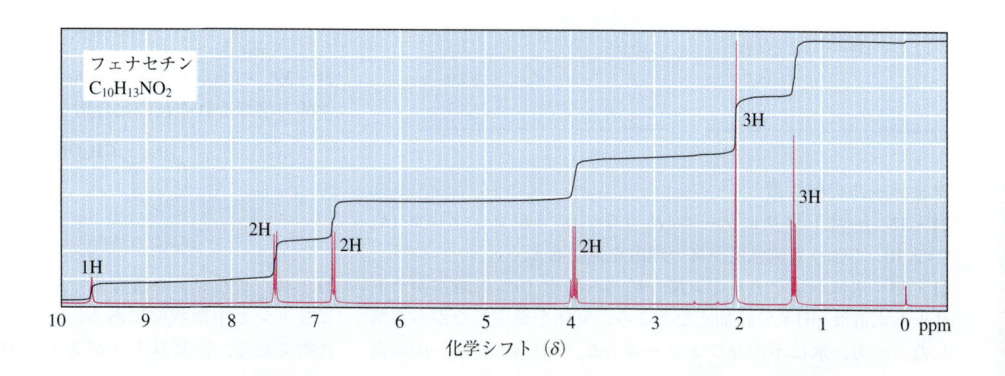

フェナセチン
$C_{10}H_{13}NO_2$

合物 K の構造を推定せよ．

¹H NMR	¹³C NMR	
2.10 (s, 3H)	206.51	114.17
3.61 (s, 2H)	158.67	55.21
3.77 (s, 3H)	130.33	50.07
6.86 (d, 2H)	126.31	29.03
7.12 (d, 2H)		

21・30 次に示す NMR データに基づき，それぞれの化合物の構造を推定せよ．

(a) C_9H_9BrO

¹H NMR	¹³C NMR
1.39 (t, 3H)	165.73
4.38 (q, 2H)	131.56
7.57 (d, 2H)	131.01
7.90 (d, 2H)	129.84
	127.81
	61.18
	14.18

(b) C_8H_9NO

¹H NMR	¹³C NMR
2.06 (s, 3H)	168.14
7.01 (t, 1H)	139.24
7.30 (m, 2H)	128.51
7.59 (d, 2H)	122.83
9.90 (s, 1H)	118.90
	23.93

(c) $C_9H_9NO_3$

¹H NMR	¹³C NMR	
2.10 (s, 3H)	168.74	124.80
7.72 (d, 2H)	166.85	118.09
7.91 (d, 2H)	143.23	24.09
10.3 (s, 1H)	130.28	
12.7 (s, 1H)		

21・31 二つの有機化合物の ¹H NMR と ¹³C NMR スペクトルデータを示す．どちらの化合物も，IR スペクトルにおいて 1700 と 1720 cm⁻¹ の間に鋭い吸収と，2500～3000 cm⁻¹ の領域に幅広く強い吸収をもつ．二つの化合物の構造を推定せよ．

(a) $C_{10}H_{12}O_3$

¹H NMR	¹³C NMR
2.49 (t, 2H)	173.89
2.80 (t, 2H)	157.57
3.72 (s, 3H)	132.62
6.78 (d, 2H)	128.99
7.11 (d, 2H)	113.55
12.4 (s, 1H)	54.84
	35.75
	29.20

(b) $C_{10}H_{10}O_2$

¹H NMR	¹³C NMR
2.34 (s, 3H)	167.82
6.38 (d, 1H)	143.82
7.18 (d, 1H)	139.96
7.44 (d, 2H)	131.45
7.56 (d, 2H)	129.37
12.0 (s, 1H)	127.83
	111.89
	21.13

フェノールの酸性度

21・32 p-ニトロフェノール（K_a 7.0×10^{-8}）がフェノール（K_a 1.1×10^{-10}）よりも酸性度が高い理由を説明せよ．

21・33 水に不溶なカルボン酸（pK_a 4～5）を 10% 炭酸水素ナトリウム水溶液（pH 8.5）に加えたところ，気体を発生しながら溶解した．一方，水に不溶なフェノール（pK_a 9.5～10.5）は，10% 炭酸水素ナトリウム水溶液に加えても溶解しなかった．この理由を説明せよ．

21・34 化合物名とそれらの pK_a の値を次に示す．どの pK_a がどの化合物のものか答えよ．
(a) 4-ニトロ安息香酸，安息香酸，4-クロロ安息香酸
  $pK_a = 4.19, 3.98, 3.41$
(b) 安息香酸，シクロヘキサノール，フェノール
  $pK_a = 18.0, 9.95, 4.19$
(c) 4-ニトロ安息香酸，4-ニトロフェノール，4-ニトロフェニル酢酸
  $pK_a = 7.15, 3.85, 3.41$

21・35 次の分子やイオンを酸性度の低い順に並べよ．

(a) C₆H₅—OH   C₆H₁₁—OH   CH₃COOH

(b) C₆H₅—OH   HCO₃⁻   H₂O

(c) C₆H₅—C≡CH   C₆H₅—OH   C₆H₅—CH₂OH

21・36 フェノールと三つのフルオロフェノールの酸性度を示す．酸性度の傾向を説明せよ．

フェノール pK_a 10.0; 2-フルオロフェノール pK_a 8.81; 3-フルオロフェノール pK_a 9.28; 4-フルオロフェノール pK_a 9.81

21・37 Cl, Br, CN, COOH, C_6H_5 などの官能基がフェノールの酸性度に及ぼす誘起効果を明らかにしたい．オルト体，メタ体，パラ体のいずれの置換体を用いるのがよいかを説明せよ．

21・38 次に示すそれぞれの組において，強いほうの塩基を示せ．

(a) C₆H₅—O⁻   OH⁻

(b) C₆H₅—O⁻   C₆H₁₁—O⁻

(c) C₆H₅—O⁻   HCO₃⁻

(d) C₆H₅—O⁻   CH₃COO⁻

21・39 ベンジルアルコールと o-クレゾールの混合物から，化学的方法でそれぞれの化合物を分離したい．適切な手順を示せ．

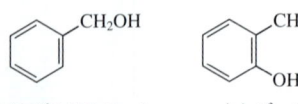

ベンジルアルコール（C₆H₅CH₂OH）と o-クレゾール（2-CH₃-C₆H₄-OH）

21・40 ピリジンの誘導体である 2-ヒドロキシピリジンは，2-ピリドンと平衡状態にある．2-ヒドロキシピリジンは芳香族化合物である．2-ピリドンが 2-ヒドロキシピリジンと比べてどの

程度の芳香族性をもつか．理由とともに答えよ．

[2-ヒドロキシピリジン ⇌ 2-ピリドン]

ベンジル位における反応

21·41 硫酸水溶液中で二クロム酸カリウムを用いて p-キシレンを 1,4-ベンゼンジカルボン酸(テレフタル酸)へと酸化する反応について，用いる反応剤の当量関係がわかるように反応式を書け．二クロム酸カリウムの代わりにクロム酸 H_2CrO_4 を用いて 250 mg の p-キシレンをテレフタル酸に酸化する場合，必要なクロム酸の量を計算せよ．

21·42 次に示す反応は，いずれもラジカル連鎖反応で進行する．

C$_6$H$_5$-CH$_3$ + Br$_2$ →(熱) C$_6$H$_5$-CH$_2$Br + HBr
トルエン　　　　　　　臭化ベンジル

C$_6$H$_5$-CH$_3$ + Cl$_2$ →(熱) C$_6$H$_5$-CH$_2$Cl + HCl
トルエン　　　　　　　塩化ベンジル

(a) 付録 3 の結合解離エンタルピーを参考にして，反応熱 $\Delta H°$ を kJ mol^{-1} で求めよ．
(b) 連鎖成長段階における二つの段階の反応式を示せ．さらに，これらの反応式から，成長反応全体における物質の収支を示す反応式を導け．
(c) 成長反応のそれぞれの反応における $\Delta H°$ を計算せよ．さらに，それらの和が(a)で求めた $\Delta H°$ と同じであることを確認せよ．

21·43 トルエンのヨウ素化の反応式を次に示す．この反応は実際には進行しない．この反応条件で起こるのは，ヨウ素ラジカル I· を発生する開始反応と，I_2 を再生する停止反応のみである．その理由を説明せよ．

C$_6$H$_5$-CH$_3$ + I$_2$ →(熱) C$_6$H$_5$-CH$_2$I + HI
トルエン　　　　　　ヨウ化ベンジル

21·44 アルカンは光照射や加熱条件下において塩素とラジカル連鎖機構で反応する．しかし，ベンゼンから，同様な条件でクロロベンゼンを合成することはできない．

C$_6$H$_5$-H + Cl$_2$ →(熱または光) C$_6$H$_5$-Cl + HCl

(a) 付録 3 の結合解離エンタルピーを参考にして，ベンゼンが反応しない理由を説明せよ．
(b) ベンゼンの C-H 結合の結合解離エンタルピーが，アルカンの C-H 結合に比べてきわめて高い理由を説明せよ．

21·45 クメンからクメンヒドロペルオキシドが生成する反応式を次に示す．まず何らかのラジカル R· が生成して反応が開始されると仮定して，この反応のラジカル連鎖機構を答えよ．

[クメン + O$_2$ →(光) クメンヒドロペルオキシド]

21·46 パラ位に置換基をもつハロゲン化ベンジルはメタノールと S_N1 反応を起こしてベンジルエーテルを生成する．その反応性の順は次に示すようになる．理由を説明せよ．

R-C$_6$H$_4$-CH$_2$Br + CH$_3$OH →(メタノール) R-C$_6$H$_4$-CH$_2$OCH$_3$ + HBr

S_N1 反応の速度　CH$_3$O > CH$_3$ > H > NO$_2$

21·47 1-フェニル-1,2-プロパンジオールを希硫酸中で加熱すると，脱水と転位がつづいて起こり，2-フェニルプロパナールが生成する．

[1-フェニル-1,2-プロパンジオール (ラセミ体) →(H$_2$SO$_4$) 2-フェニルプロパナール (ラセミ体) + H$_2$O]

(a) この反応はピナコール転位(§10·7 参照)の一例である．機構を示せ．
(b) この反応では，2-フェニルプロパナールが生成し，構造異性体である 1-フェニル-1-プロパノンは生成しない．その理由を説明せよ．

21·48 DNA や RNA の化学合成では，ヒドロキシ基は通常トリフェニルメチルエーテル(トリチルエーテル)で保護され，他の反応剤との反応から保護される．トリフェニルメチルエーテルは塩基性水溶液に対しては安定であるが，酸性水溶液中では容易に加水分解される．

RCH$_2$OH + Ph$_3$CCl →(第三級アミン) RCH$_2$OCPh$_3$ + HCl
　　　　塩化トリフェニルメチル　　　　　トリフェニルメチルエーテル
　　　　(塩化トリチル)　　　　　　　　　(トリチルエーテル)
　　　　　　　　　　　　　　　　　　　(第三級アミンによって中和される)

RCH$_2$OCPh$_3$ + H$_2$O →(H$^+$) RCH$_2$OH + Ph$_3$COH

(a) トリフェニルメチルエーテルが酸性水溶液で容易に加水分解を受ける理由を説明せよ．
(b) トリフェニルメチル基の酸に対する反応性を高くする，あるいは低くするには，どのように構造を変化させればよいか述べよ．

合　成

21·49 エチルベンゼンを出発物として用い，次に示す化合物を合成する方法を示せ．必要に応じて適切な無機反応剤および有機反応剤を用いること．この問題で合成した化合物を，他の化合物を合成するときの出発物として用いてもよい．

(a) C₆H₅COOH
(b) C₆H₅CHBrCH₃
(c) C₆H₅CH=CH₂
(d) C₆H₅CH(OH)CH₃
(e) C₆H₅COCH₃
(f) C₆H₅CH₂CH₂OH
(g) C₆H₅CH₂CHO
(h) C₆H₅CH₂COOH
(i) C₆H₅CHBrCH₂Br
(j) C₆H₅C≡CH
(k) 3-ピリジル-CH₂C≡C-CH=CH₂(相当)
(l) C₆H₅C≡C(CH₂)₅CH₃
(m) (Ph)(H)C=C(H)(CH₂)₅CH₃
(n) (Ph)(H)C=C(H)(CH₂)₅CH₃ (異性体)

21・50 1-フェニルプロパンを出発物として用い,次に示す化合物を合成する方法を示せ.必要に応じて無機反応剤および有機反応剤を用いてもよい.この問題で合成した化合物を他の化合物を合成するときの出発物として用いてもよい.

(a) C₆H₅CHBrCH₂CH₃
(b) C₆H₅CH(OH)CH₂CH₃
(c) C₆H₅COCH₂CH₃
(d) C₆H₅CHClCHClCH₃
(e) C₆H₅C≡CCH₃
(f) C₆H₅CH=CHCH₃ (cis)
(g) C₆H₅CH=CHCH₃ (trans)
(h) C₆H₅CH(OH)CH(OH)CH₃
(i) C₆H₅CH(OH)CH(OH)CH₃ (異性体)

21・51 カルビノキサミンはヒスタミンの拮抗薬(アンタゴニスト),特にH₁アンタゴニストである.左旋性のカルビノキサミンとマレイン酸の塩は,処方薬として市販されている.

カルビノキサミン carbinoxamine

⇓

(4-クロロフェニルブロミド) + (2-ピリジンカルボアルデヒド,CHO) + Cl-CH₂CH₂-N(Me)₂

(a) カルビノキサミンの合成法を考えよ.(臭化アリールは塩化アリールよりもグリニャール反応剤をつくりやすいことを参考にせよ.)
(b) カルビノキサミンはキラルな化合物かどうか答えよ.キラルである場合,いくつの立体異性体が存在するか答えよ.また,(a)で答えた合成で生成する立体異性体を示せ.

21・52 クロモリンナトリウムは,過剰の運動により起こる肺気腫などの,肺におけるアレルギー反応を防止する薬効をもつ医薬である.この薬はヒスタミンの放出を抑制することで,それに伴う炎症,かゆみ,気管支の圧迫などの発症を抑えていると考えられている.クロモリンナトリウムは次式に従って合成される.すなわち,エピクロロヒドリン(§11・10参照)に対して2倍モル量の2,6-ジヒドロキシアセトフェノンを塩基の存在下で作用させると,Aが得られる.Aに対してナトリウムエトキシドの存在下で,2倍モル量のシュウ酸ジエチルを作用させると,ジエステルBが得られる.このジエステルをNaOH水溶液でけん化すると,クロモリンナトリウムが得られる.

2,6-ジヒドロキシアセトフェノン + エピクロロヒドリン →(塩基) A

A →(EtO-CO-CO-OEt / EtO⁻Na⁺) B →(NaOH, H₂O) クロモリンナトリウム cromolyn sodium

(a) 化合物Aが生成する機構を示せ.
(b) 化合物Bの構造を推定せよ.また,Bが生成する機構を示せ.
(c) クロモリンナトリウムはキラルな化合物かどうか答えよ.キラルである場合,この合成で生成する立体異性体を示せ.

21・53 次に示す立体特異的な合成は,E. J. Corey(1990年ノーベル化学賞受賞)が抗生物質のエリスロマイシンの前駆体である,エリスロノリドBを合成したときの反応の一部である.きわめて効率的な分子変換のなかで,五つのキラル中心の相対立体配置が制御されている.

(a) 2,4,6-トリメチルフェノールから化合物Aが生成する機構を示せ.
(b) 化合物CからFへ至る3段階の変換反応において,立体選択性と位置選択性が制御される理由を説明せよ.
(c) この合成により得られた化合物Fは光学活性体か,それともラセミ体か答えよ.

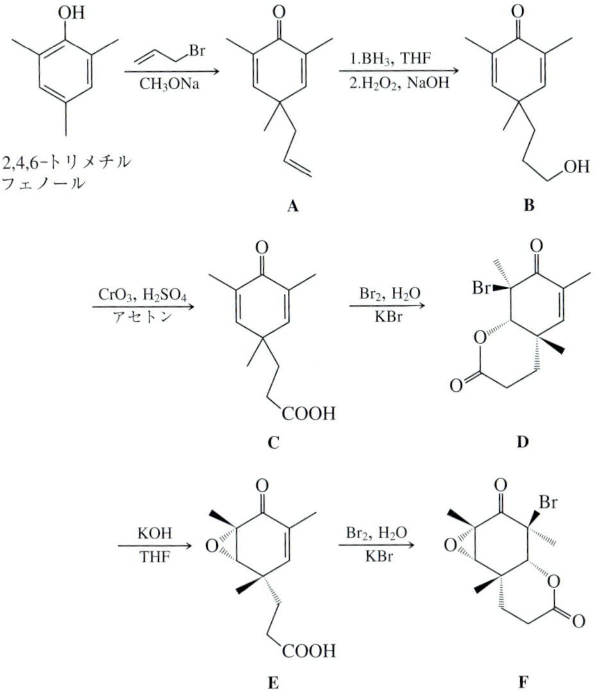

21. ベンゼンと芳香族性の概念   719

21・55 不整脈の治療薬であるビジソミドの合成を次に示す. Bn はベンジル基 C₆H₅CH₂- の略号である.

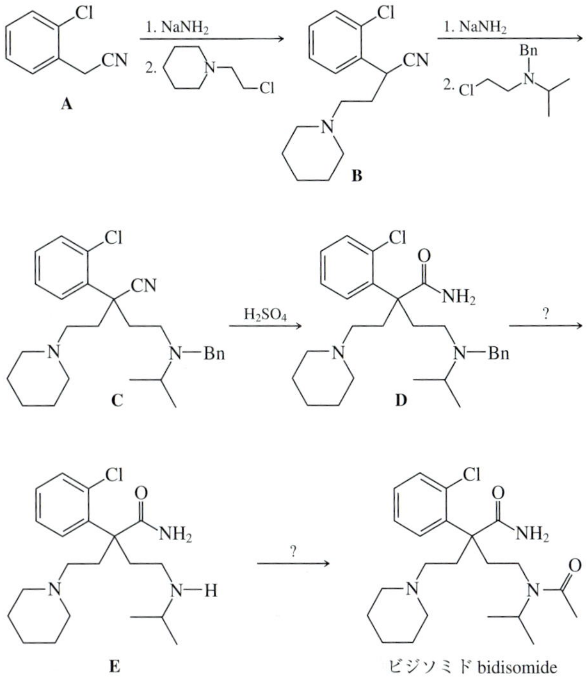

21・54 抗うつ薬であるフルオキセチンの合成を下に示す.
(a) A から B への変換反応に用いる反応剤を示せ.
(b) B から C への変換反応に用いる反応剤を示せ.
(c) C から D への変換反応に用いる反応剤を示せ.
(d) E から F への変換反応の反応機構を示せ. この反応では, クロロギ酸エチルを作用させる. F とともにクロロメタン CH₃-Cl が生成する. CH₃Cl の生成を説明できるような機構を示せ.
(e) F からフルオキセチンへ変換するために必要な反応剤を示せ. 反応剤は必ずしも一つとは限らない. この変換反応は, [ ] 内に示した N 置換カルバミン酸中間体を経て進行する. カルバミン酸は不安定であり, 二酸化炭素の脱離を伴ってアミンに変換される.
(f) フルオキセチンはキラルな化合物かどうか答えよ. キラルである場合, この合成でどのような立体異性体が得られるのか答えよ.

(a) A から B, B から C への変換反応の機構を示せ. ナトリウムアミドはそれぞれの反応でどのような役割を果たしているのか述べよ.
(b) B から C への変換反応に用いられるクロロアミン化合物の窒素にベンジル基が導入されている理由を説明せよ.
(c) D から E への変換でベンジル基を除去するのに必要な反応剤を示せ. なお, 反応剤は必ずしも一つとは限らない.
(d) E からビジソミドへの変換反応に用いる反応剤を示せ.
(e) ビジソミドはキラルな化合物かどうか答えよ. キラルである場合, この合成でどのような立体異性体が得られるのか答えよ.

21・56 β遮断薬の開発の契機は, ラベタロール(labetalol, 問題

問題 21・54 図

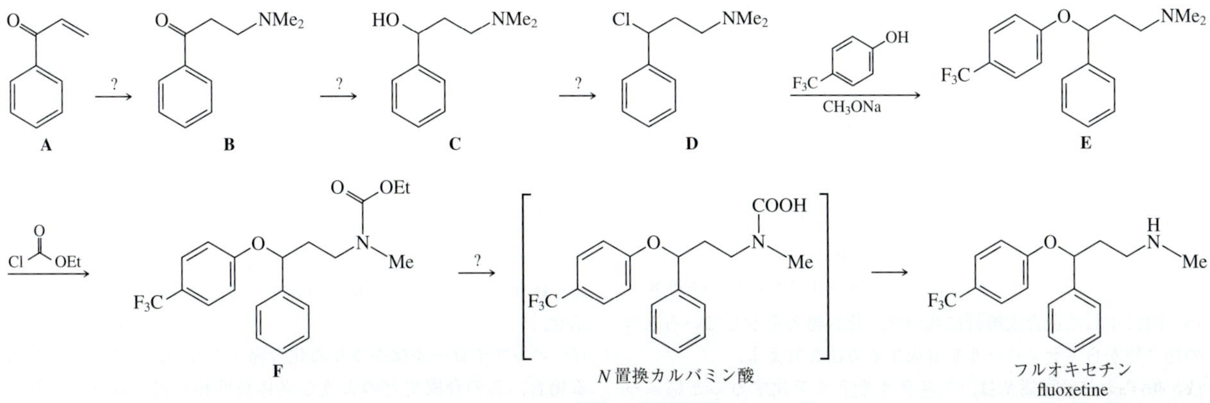

22·55 参照)とプロプラノロールの構造の違いで明らかであるように，芳香環と側鎖との間に酸素原子があっても，β遮断活性が保たれたことにある．このため，芳香環に側鎖を導入する反応として，フェノキシドイオンのアルキル化反応を利用することができた．

[構造式: 1-ナフトール（α-ナフトール）→ プロプラノロール propranolol]

(a) 1-ナフトール，エピクロロヒドリン（§11·10 参照），イソプロピルアミンを用いてプロプラノロールを合成する方法を示せ．
(b) プロプラノロールはキラルな化合物かどうか，またキラルである場合，(a)の合成でどのような立体異性体が得られるのか答えよ．

21·57 プロプラノロール(問題 21·56)は，副作用として疲労感，睡眠障害（不眠や悪夢を含む），うつなどの中枢神経系の障害をもたらすことがある．そこで副作用の除去あるいは低減を目的として，分子構造の再設計が検討された．プロプラノロールの副作用の原因は，ナフタレン環の強い疎水性のために，薬剤が受動拡散によって中枢神経に入り込むことにあると考えられた．そこで，親水性を増して，薬剤が血液脳関門を通過することを防いで，しかもアドレナリンβ拮抗作用を維持する分子の設計が検討された．その成果として，アテノロールが開発された．この薬剤は強力なアドレナリンβ拮抗作用をもっているが，親水性のために血液脳関門を通過する量が大きく低減した．アテノロールは現在では最も広く用いられているβ遮断薬のひとつである．

[構造式: アテノロール atenolol の逆合成解析 → イソプロピルアミン + エピクロロヒドリン + 4-ヒドロキシフェニル酢酸]

(a) 図に示した逆合成解析に基づき，化合物名を示している三つの化合物からアテノロールを合成する方法を答えよ．
(b) 酸アミドの官能基は，エステルをアミノ化することによって合成されている．酸アミドは，カルボン酸を酸塩化物に変換してからアンモニアと反応させる経路でも合成できるが，なぜ上記の合成法を用いたのかを説明せよ．
(c) アテノロールはキラルな化合物かどうか，またキラルである場合，この合成でどのような立体異性体が得られるのか答えよ．

21·58 臨床治療において，注射可能で生化学的半減期の短いβ遮断薬が必要になる場合がある．アテノロールが加水分解されたカルボン酸がβ遮断活性をもたないことをきっかけとして，そのような薬剤の開発が行われた．酸アミドの代わりにエステルをもち，1 炭素増炭した側鎖をもつ化合物がエスモロールである．生理学的条件で，エステルは血漿中のエステラーゼにより迅速にカルボン酸に加水分解される．加水分解されると，β遮断活性がなくなる．

[構造式: エスモロール esmolol の逆合成解析 → 4-ヒドロキシケイ皮酸 + イソプロピルアミン + エピクロロヒドリン]

(a) エスモロールを 4-ヒドロキシケイ皮酸，エピクロロヒドリン，イソプロピルアミンから合成する方法を立案せよ．
(b) エスモロールはキラルな化合物かどうか，またキラルである場合，この合成でどのような立体異性体が得られるのか答えよ．

21·59 気道平滑筋受容体に高い選択性をもつアドレナリンβ₂遮断薬であり，気管支拡張薬として用いられるカルブテロールの合成経路を次ページに示す．
(a) 各段階の変換を行うのに適した反応剤を示せ．
(b) 段階 1 において，ベンジル基 PhCH₂ーをヒドロキシ基の保護基として導入している．その理由を説明せよ．
(c) カルブテロールとエフェドリンの構造の類似性を示せ．
(d) カルブテロールはキラルな化合物かどうか，またキラルである場合，この合成でどのような立体異性体が得られるのか答えよ．

21·60 現在最も利用されている吸引投与の気管支拡張薬であるアルブテロールの合成法を次ページに示す．
(a) 4-ヒドロキシベンズアルデヒドから **A** への変換反応の機構を示せ．
(b) **A** から **B** への変換に必要な反応剤と反応条件を示せ．
(c) **B** から **C** への変換反応の機構を示せ．ヨウ化トリメチルスルホニウムはウィッティッヒ反応剤と同じような用途に用いられる反応剤であることを参考にせよ．
(d) **C** から **D** への変換に必要な反応剤と反応条件を示せ．
(e) **D** からアルブテロールへの変換に必要な反応剤と反応条件を示せ．
(f) アルブテロールはキラルな化合物かどうか，またキラルである場合，この合成でどのような立体異性体が得られるのか答え

問題 21・59 図

カルブテロール
carbuterol

問題 21・60 図

アルブテロール
albuterol

問題 21・61 図

タモキシフェン
tamoxifen

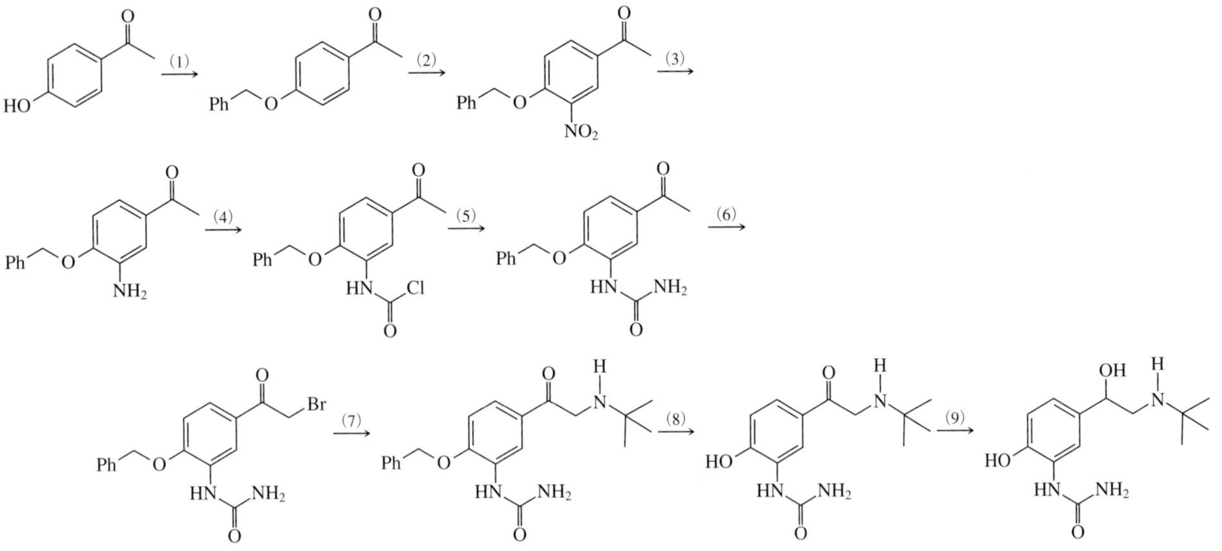

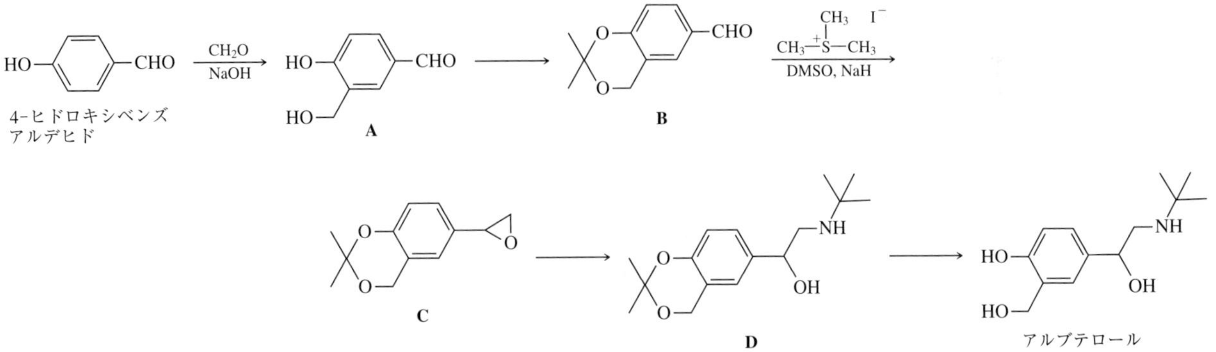

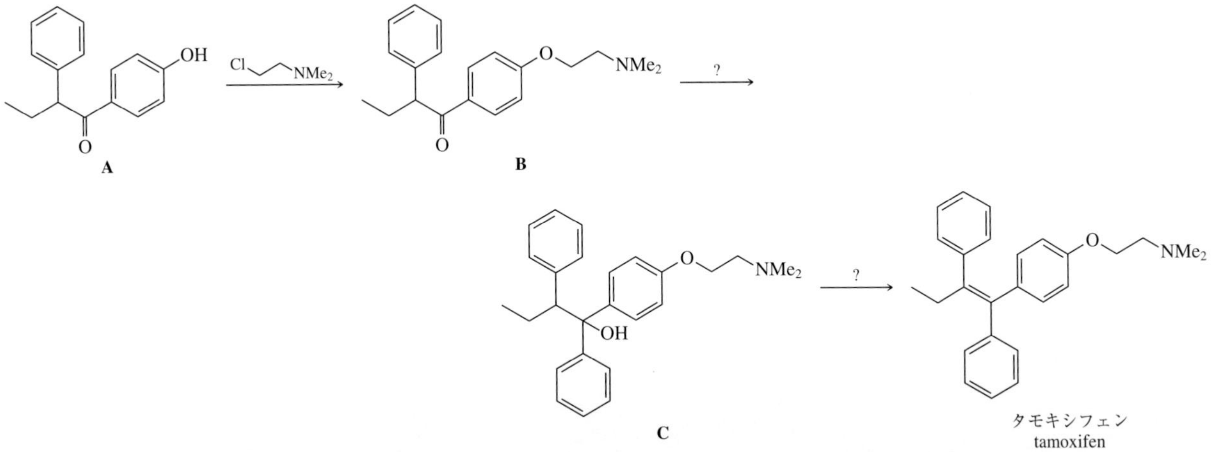

よ.

21・61 女性ホルモンであるエストロゲンのなかで, β-エストラジオールは最も強力な化合物である.

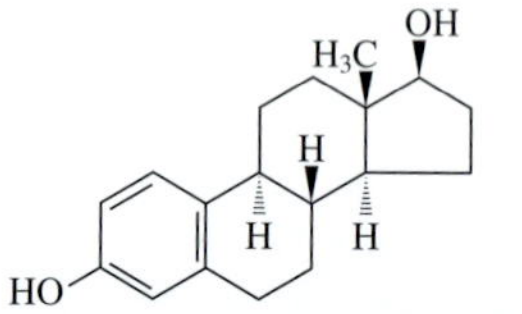

β-エストラジオール
β-estradiol

近年, エストロゲン受容体に結合する化合物の設計と合成が盛んに行われている. その一つの目的は, エストロゲンの受容体と相互作用し, 内因性および外因性のエストロゲンの働きを阻害するような非ステロイド系のエストロゲンの拮抗薬(アンタゴニスト)の開発にある. 非ステロイド系のエストロゲン拮抗薬のなかには, ジアルキルアミノエトキシ基をもつベンゼン環が置換した, 1,2-ジフェニルエチレン骨格を共通の構造的な特徴としてもつ化合物群がある. タモキシフェンはそのような非ステロイド系のエストロゲン拮抗薬として臨床治療に用いられた初めての化合物であり, 現在は乳がんの重要な治療薬のひとつになっている. タモキシフェンはZの立体配置をもつ.

前ページに示した化合物 **A** からタモキシフェンへの変換反応に必要な反応剤を示せ. ただし, 最終段階では, E 体と Z 体の異性体混合物が得られる.

21・62 非ステロイド系のエストロゲン拮抗薬であるトレミフェンの合成を下に示す. トレミフェンの構造はタモキシフェンとよく似ている.

(a) この合成では, ベンジル基(Bn)とテトラヒドロピラニル基(THP)の二つの保護基を用いている. この二つの保護基の構造を示せ. さらに, これらの保護基で保護する条件と脱保護する条件を示せ.
(b) この合成において, これら二つの保護基を用いる必要性を述べよ.
(c) **D** から **E** への変換反応の機構を示せ.
(d) **F** からトレミフェンへの変換反応の機構を示せ.
(e) トレミフェンはキラルな化合物かどうか, またキラルである場合, この合成でどのような立体異性体が得られるのか答えよ.

問題 21・62 図

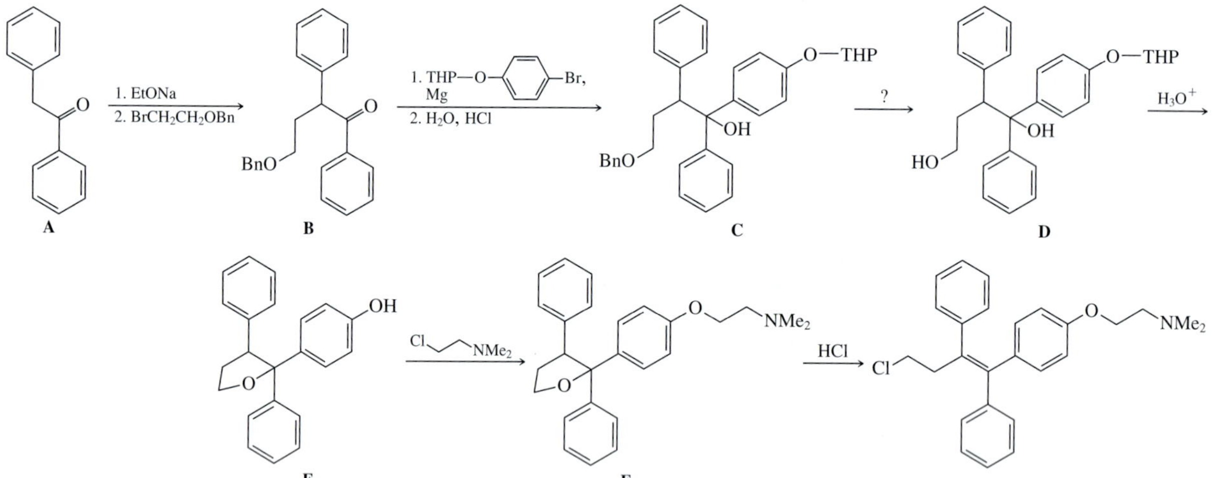

22 章

BHT

22・1 芳香族求電子置換反応
22・2 二置換および多置換ベンゼンの生成反応
22・3 芳香族求核置換反応

ベンゼンと
ベンゼン誘導体の反応

芳香族化合物の最も典型的な反応は，芳香環上の炭素における置換反応である．この反応により，環上の一つの水素原子が他の原子や置換基に置換される．この反応により導入される代表的な置換基は，ハロゲン，ニトロ基 NO_2，スルホン酸基 SO_3H，アルキル基 R，アシル基 RCO である．それぞれの置換反応を次に示す．

ハロゲン化 C₆H₅–H + Cl₂ —FeCl₃→ C₆H₅–Cl + HCl
クロロベンゼン
chlorobenzene

ニトロ化 C₆H₅–H + HNO₃ —H₂SO₄→ C₆H₅–NO₂ + H₂O
ニトロベンゼン
nitrobenzene

スルホン化 C₆H₅–H + SO₃ —H₂SO₄→ C₆H₅–SO₃H
ベンゼンスルホン酸
benzenesulfonic acid

アルキル化 C₆H₅–H + RX —AlX₃→ C₆H₅–R + HX
アルキルベンゼン

アシル化 C₆H₅–H + RCOX —AlX₃→ C₆H₅–COR + HX
アシルベンゼン

これらの反応を一つずつ取上げ，共通する機構を探っていこう．

22・1 芳香族求電子置換反応

芳香環上の水素原子が求電子剤 E^+ で置換される反応を**芳香族求電子置換反応**という．

C₆H₅–H + E^+ → C₆H₅–E + H^+

代表的な求電子剤の生成機構と，その求電子剤が芳香環の水素原子と置換反応を起こ

芳香族求電子置換反応 electrophilic aromatic substitution 芳香環の水素原子を求電子剤 E^+ で置換する反応．

A. 塩素化反応と臭素化反応

　塩素だけではベンゼンと反応しない．これは，塩素がシクロヘキセンのようなアルケンと速やかに反応することと対照的である．しかし，塩化鉄や塩化アルミニウムなどのルイス酸触媒(§4・7参照)が存在するときには，ベンゼンは塩素と反応してクロロベンゼンと塩酸が生じる．次に示すように，この反応の機構には複数のルイス酸–ルイス塩基反応が関与している．

反応機構　芳香族求電子置換反応: 塩素化

段階 1: ルイス酸–ルイス塩基の反応．塩素と塩化鉄が反応して，塩素上に正電荷を，鉄上に負電荷をもつ錯体が生成する．塩素間の共有結合を形成していた電子対が正電荷をもつ塩素上に移動することにより，きわめて強力な求電子剤であるクロロニウムイオン Cl^+ をもつイオン対が生成する．

| 塩　素
(ルイス塩基) | 塩化鉄
(ルイス酸) | 塩素に正電荷, 鉄に
負電荷をもつ錯体 | クロロニウムイオン
をもつイオン対 |

段階 2: 求核剤(アレーン)と求電子剤の間の結合生成．芳香環のπ電子系(弱い求核剤)が Cl^+ (強い求電子剤)を攻撃することで，カチオン中間体が生成する．このカチオン中間体は，オルト位とパラ位に正電荷をもつ三つの共鳴構造の混成体であり，共鳴安定化されている．このカチオン中間体の静電ポテンシャル図ではオルト位とパラ位が紺青色になっていることからも，中間体における正電荷の非局在化の様子がわかる．

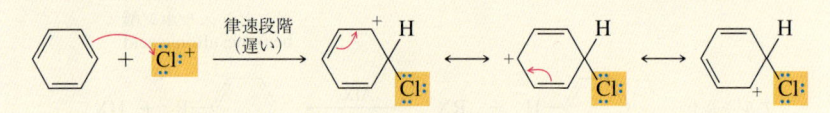

段階 3: プロトンの脱離．カチオン中間体から $FeCl_4^-$ にプロトンが移動することでクロロベンゼンと HCl が生成するとともに，ルイス酸触媒が再生する．

カチオン中間体　　　　クロロベンゼン

　塩化鉄や塩化アルミニウムの存在下で，ベンゼンと臭素を反応させると，ブロモベンゼンと HBr が生成する．この反応の機構はベンゼンの塩素化の機構と同じである．
　芳香族求電子置換反応は，いずれにも共通する2段階の機構で進行する．まず，弱い求核剤である芳香環のπ電子が強力な求電子剤 E^+ を攻撃し(芳香族求電子付加反

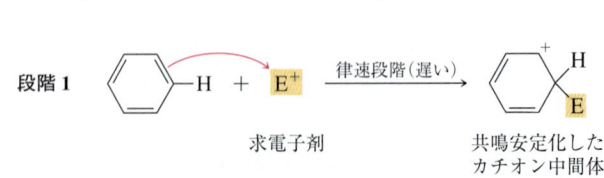

段階 1　　　　　　　　　　　　　律速段階(遅い)

　　　　　　　　　　　求電子剤　　　　　　　　　　　共鳴安定化した
　　　　　　　　　　　　　　　　　　　　　　　　　　　カチオン中間体

応), 共鳴安定化されたカチオン中間体を生じる. この段階が律速段階である.
　つづいて, カチオン中間体から H^+ が脱離することで芳香族性をもつ生成物が得られる. この段階2は段階1よりも速やかに進行する.

段階 2

アルケンに対するハロゲンの付加反応と, 芳香族化合物に対するハロゲンの置換反応のおもな違いは, 最初の段階で生成したカチオン中間体がとる反応経路にある. §6·3Dで述べたように, 塩素や臭素のアルケンへの付加反応は2段階の機構で進行し, 架橋ハロニウムイオン中間体が生成する最初の段階が律速段階である. このカチオン中間体が塩化物イオンや臭化物イオンの攻撃を受けて開環することで, 付加体が生成する. 芳香族化合物の場合は, カチオン中間体は付加反応を起こさずに H^+ を脱離することで, 芳香環を再生し, 再び大きな共鳴安定化を得る. 一方, アルケンの場合は, H^+ を脱離しても同様の大きな共鳴安定化を得られない. ベンゼンが付加反応を起こした場合と置換反応を起こした場合のエネルギー図を図22·1に示す. 付加反応では芳香族共鳴安定化エネルギーを失ってしまうことから, 特殊な例を除いて不利な経路となる.

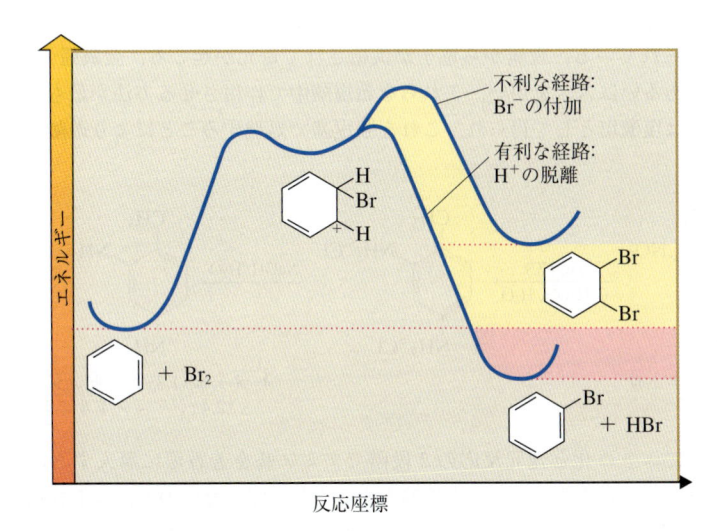

図 22·1　ベンゼンと臭素との反応のエネルギー図. 付加反応生成物では, 芳香環の共鳴安定化が失われている. 置換反応生成物では, 共鳴安定化された芳香環が再生している.

B. ニトロ化反応とスルホン化反応

ベンゼンのニトロ化とスルホン化の反応機構は, 塩素化と臭素化の機構と同様である. ニトロ化では, きわめて強力な求電子剤である**ニトロニウムイオン** NO_2^+ が硝酸と硫酸との反応により生成する.

ニトロニウムイオン　nitronium ion

反応機構　ニトロニウムイオンの生成

段階 1: プロトンの付加. 硫酸から硝酸のOHへプロトン移動が起こり, 硝酸の共役酸が生成する.

$$HO_3S-O-H + H-O-NO_2 \rightleftharpoons HSO_4^- + H_2O-NO_2^+$$

硫酸　　　　　硝酸　　　　　　　　　　　　硝酸の共役酸

段階 2: 結合開裂による安定な分子(イオン)の生成． この共役酸から水分子が脱離して，きわめて強力な求電子剤であるニトロニウムイオンが生じる．

環に導入したニトロ基は，穏和な条件で還元することで，第一級アミン NH_2 へ誘導できる．還元反応には，ニッケル，パラジウム，白金などの遷移金属触媒を用いた水素化が利用される．

$$O_2N-C_6H_4-COOH + 3H_2 \xrightarrow[3\text{気圧}]{Ni} H_2N-C_6H_4-COOH + 2H_2O$$

4-ニトロ安息香酸　　　　　　　　　　4-アミノ安息香酸

上の例からわかるように，触媒的な還元条件では COOH や芳香環は還元されない．しかし，炭素－炭素二重結合やアルデヒド，ケトンのカルボニル基などの，反応性の高い置換基は還元されてしまうことがある．

ニトロ基を第一級アミンへ還元する別の方法として，酸性水溶液中で金属を作用させる方法が知られている．金属から電子が供給されて還元が起こる．金属還元剤として，鉄，亜鉛，あるいはスズを用い，これらを希塩酸中で作用させる方法が最も一般的である．アミンは塩酸塩として得られ，これを強塩基で処理することにより遊離アミンを生成する．

2,4-ジニトロトルエン　→ (Fe, HCl / C_2H_5OH, H_2O) → 　→ ($NaOH/H_2O$) → 4-メチル-1,3-ベンゼンジアミン (2,4-ジアミノトルエン)

このようにニトロ化と還元反応の 2 段階でアミノ基を芳香環に導入することができる．芳香環にアミノ基そのものを直接導入することはできないので，ニトロ化反応とニトロ基のアミンへの還元反応はいずれも合成的に重要な反応である．

ベンゼン環のスルホン化には三酸化硫黄が溶解している濃硫酸(発煙硫酸)を用いる．反応条件により，SO_3 あるいは HSO_3^+ が求電子剤として作用する(左図)．

三酸化硫黄がスルホン化剤として働いている例を次に示す．

$$C_6H_6 + SO_3 \xrightarrow{H_2SO_4} C_6H_5-SO_3H$$

ベンゼン　　　　　　　　ベンゼンスルホン酸

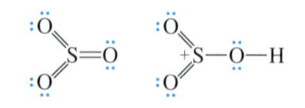

例題 22・1

ベンゼンのニトロ化の機構を段階的に示せ．

解答 段階 1 では，ベンゼン環(弱い求核剤)がニトロニウムイオン(強い求電子剤)を攻撃し，共鳴安定化されたカチオン中間体を生じる．段階 2 では，中間体と H_2O あるいは HSO_4^- との反応によりプロトンの脱離が起こり，芳香環が再生することでニトロベンゼ

ンが生成する．

段階 1：求核剤（アレーン）と求電子剤の間の結合生成．

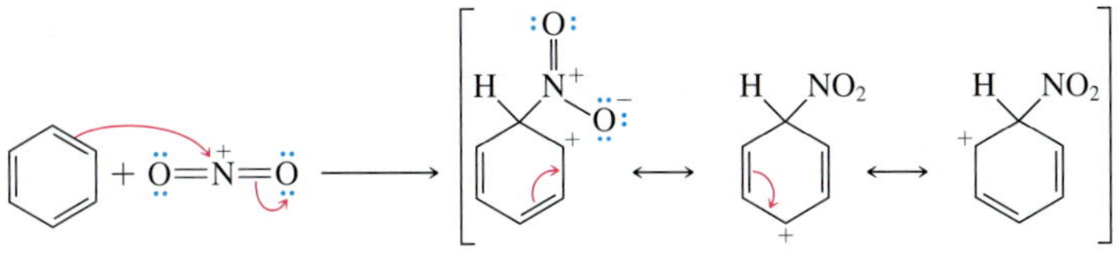

<中略：ベンゼンとニトロニウムイオンの反応で共鳴安定化したカチオン中間体を生成する反応式>

共鳴安定化したカチオン中間体

段階 2：プロトンの脱離．

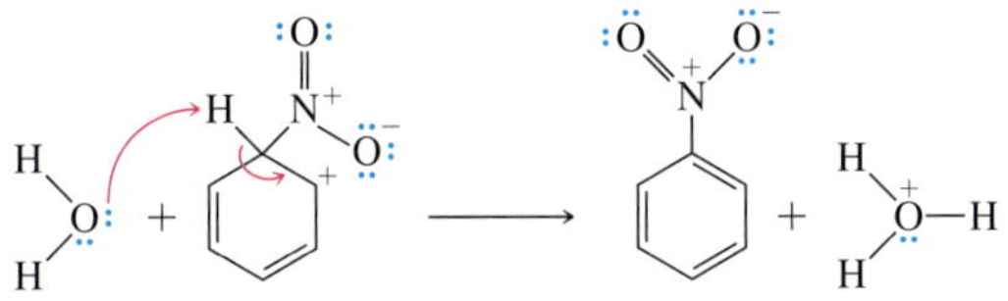

<中略：水がカチオン中間体からプロトンを引き抜いてニトロベンゼンとヒドロニウムイオンを生成する反応式>

> **問題 22・1** 加熱された濃硫酸中における，ベンゼンのスルホン化の機構を段階的に示せ．この反応では，次の式で生成する SO_3 が求電子剤である．
>
> $$H_2SO_4 \rightleftarrows SO_3 + H_2O$$

C. フリーデル–クラフツアルキル化反応とアシル化反応

芳香族炭化水素のアルキル化は，1877 年にフランス人化学者である C. Friedel と，当時フランスに留学していた米国人化学者の J. Crafts により発見された．彼らは，塩化アルミニウムの存在下でベンゼンにハロゲン化アルキルを作用させると，アルキルベンゼンと HX とが生成することを発見した．**フリーデル–クラフツアルキル化反応**は，芳香環に新しい炭素–炭素結合を導入する反応として，最も重要な反応のひとつである．たとえば，ベンゼンと 2-クロロプロパンからクメンを合成することができる．

<中略：ベンゼン + 2-クロロプロパン → クメン + HCl の反応式>

ベンゼン　　2-クロロプロパン　　　　　クメン cumene
　　　　　（塩化イソプロピル）　　　（イソプロピルベンゼン）

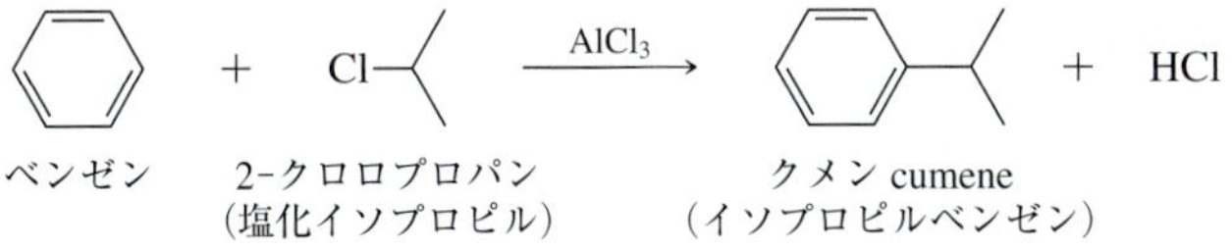

ハロゲン化，ニトロ化，スルホン化と同様に，フリーデル–クラフツアルキル化も芳香環が強力な求電子剤を攻撃する機構で進行する．この反応における求電子剤は，ハロゲン化アルキルとルイス酸から生じるカルボカチオンである．

> **反応機構　フリーデル–クラフツアルキル化反応**
>
> **段階 1**：ルイス酸–ルイス塩基の反応．ハロゲン化アルキル（ルイス塩基）と塩化アルミニウム（ルイス酸）が錯体を形成する．このとき，アルミニウムは負電荷を，ハロゲン化アルキルのハロゲンは正電荷をもつ．アルキル基をカルボカチオンの形で書くこともできるが，実際に遊離のカルボカチオンが生成することはほとんどな
>
> <中略：R–Cl + AlCl₃ ⇌ R–Cl⁺–AlCl₃⁻ ⇌ R⁺ AlCl₄⁻ の錯体形成反応式>
>
> 塩素に正電荷，アルミニウムに負電荷をもつ錯体　　　　カルボカチオンとアニオンのイオン対

フリーデル–クラフツアルキル化反応
Friedel-Crafts alkylation reaction　芳香環の水素がアルキル基で置換される芳香族求電子置換反応．

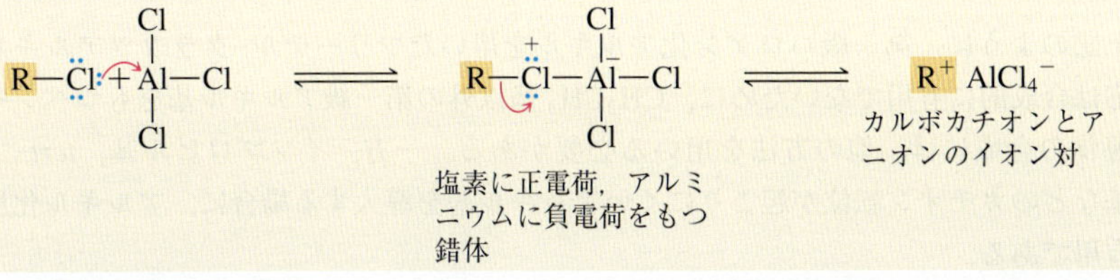

い．特に，比較的不安定な第一級および第二級カルボカチオンが生成するような場合はそうである．しかし，反応機構を簡便に記述するために，反応中間体としてカルボカチオンを書くことが多い．

段階 2：求核剤（アレーン）と求電子剤の間の結合生成．カルボカチオン（強力な求電子剤）を芳香環のπ電子（弱い求核剤）が攻撃して，共鳴安定化されたカチオン中間体が生成する．

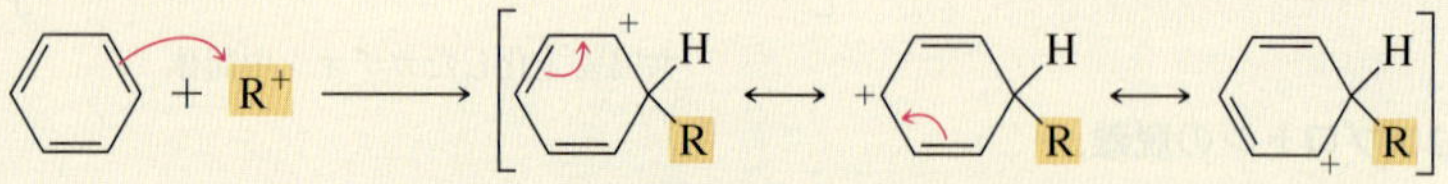

正電荷が環の三つの炭素上に非局在化する

段階 3：プロトンの脱離．H^+の脱離により，芳香族性を取戻した環が生成する．

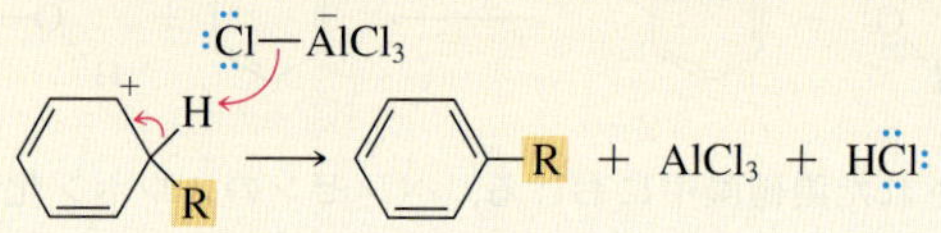

sp^{2}混成炭素に結合したハロゲンをもつ化合物（ハロゲン化ビニルやハロゲン化アリール）とルイス酸から求電子剤を生成することはできない．これは，これらの化合物から生じるカルボカチオンはきわめて不安定であり，その生成には高い活性化エネルギーが必要なためである．

フリーデル–クラフツアルキル化反応には三つの大きな制約がある．一つは，アルキル基の転位反応である．フリーデル–クラフツアルキル化における求電子剤はカルボカチオンであり，§6・3で説明したようにカルボカチオンにはより安定なカルボカチオンに転位する傾向がある．このようなカルボカチオンの転位は，フリーデル–クラフツアルキル化反応においてよく観測される．たとえば，ベンゼンと1-クロロ-2-メチルプロパン（塩化イソブチル）との反応では，2-メチル-2-フェニルプロパン（tert-ブチルベンゼン）のみが生成する．

1-クロロ-2-メチルプロパン（塩化イソブチル）　2-メチル-2-フェニルプロパン（tert-ブチルベンゼン）

この場合，塩化イソブチル–AlCl$_3$錯体が tert-ブチルカチオン–AlCl$_4^-$ イオン対へと速やかに転位し，これがフリーデル–クラフツアルキル化反応の求電子剤として働く．

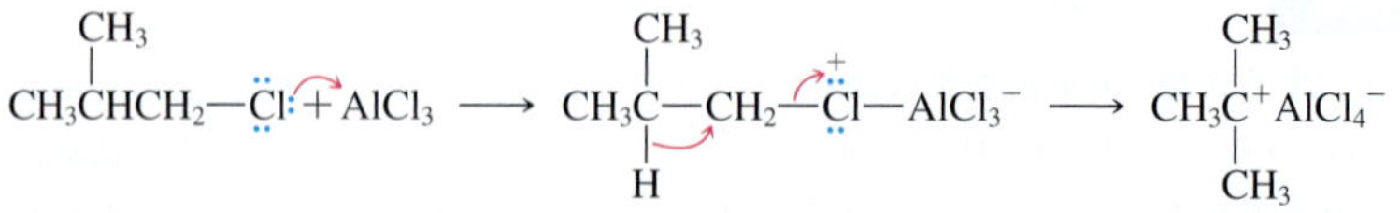

塩化イソブチル　　塩化イソブチル–AlCl$_3$錯体　　tert-ブチルカチオン–AlCl$_4^-$ イオン対

上記のように，第一級ハロゲン化アルキルを用いたフリーデル–クラフツアルキル化反応は合成的に有用でないために，CH_2CH_3基以外の第一級アルキル基をもつベンゼン誘導体の合成には，他の方法を用いる必要がある．一方，イソプロピル基，tert-ブチル基などのカチオン転位が起こりにくいアルキル基を導入する場合に，アルキル化反応は有用である．

二つ目の制約は，ベンゼン環に強力な電子求引基が置換している場合，フリーデル-クラフツアルキル化反応が全く起こらないことである．次節でも述べるが，次の表に示す電子求引性の置換基はベンゼン環の求電子置換反応に対する反応性を大きく低下させてしまう．

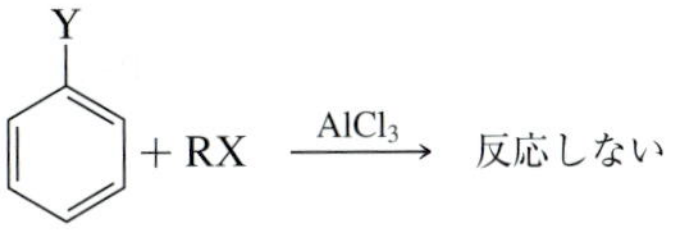

$$\text{C}_6\text{H}_5\text{Y} + \text{RX} \xrightarrow{\text{AlCl}_3} \text{反応しない}$$

ベンゼン環が次に示す置換基をもつとき，フリーデル-クラフツアルキル化反応は起こらない
−CHO　−COR　−COOH　−COOR　−CONH₂
−SO₃H　−C≡N　−NO₂　−NR₃⁺
−CF₃　−CCl₃

フリーデル-クラフツアルキル化反応の第三の問題は，モノアルキル化体を選択的に得ることがむずかしく，多重付加体が生成する点である．これは，アルキル化された生成物がベンゼンよりも反応性が高いためである．ベンゼン誘導体の反応性については，§22・2で詳しく述べるが，一般的にアルキル化されたベンゼンは無置換体よりも反応性が高い．なお，ベンゼンを大過剰量，たとえば溶媒として用いる場合には，モノアルキル化体を選択的に得ることができる．

FriedelとCraftsは酸ハロゲン化物(§18・1A参照)を芳香族炭化水素に塩化アルミニウムの存在下で作用させると，ケトンが生成することも発見している．RCOはアシル基として知られていることから，芳香族炭化水素と酸ハロゲン化物との反応は**フリーデル-クラフツアシル化反応**とよばれる．例として，ベンゼンと塩化アセチルからアセトフェノンが生成する反応を次に示す．アシルベンゼンは出発物よりも反応性が低いことから，アルキル化反応における第三の問題は起こらない．

フリーデル-クラフツアシル化反応
Friedel-Crafts acylation reaction 芳香環の水素がアシル基で置換される芳香族求電子置換反応．

$$\text{C}_6\text{H}_6 + \text{CH}_3\text{COCl} \xrightarrow{\text{AlCl}_3} \text{C}_6\text{H}_5\text{COCH}_3 + \text{HCl}$$

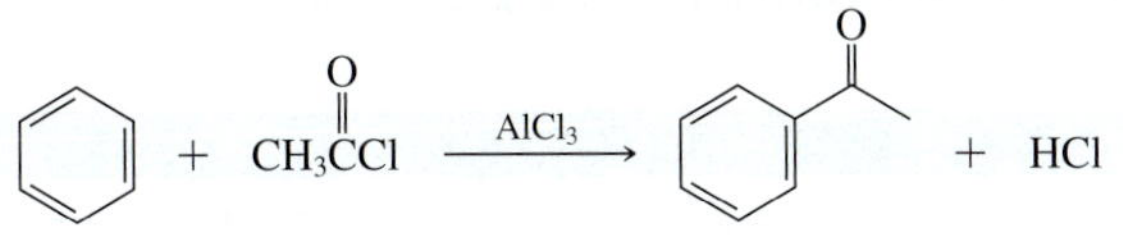

ベンゼン　塩化アセチル　　　　　アセトフェノン
　　　　　(酸ハロゲン化物)　　　　(ケトン)

芳香族求電子置換反応を用いた分子内でのアシル化による6員環化合物の合成を次式に示す．

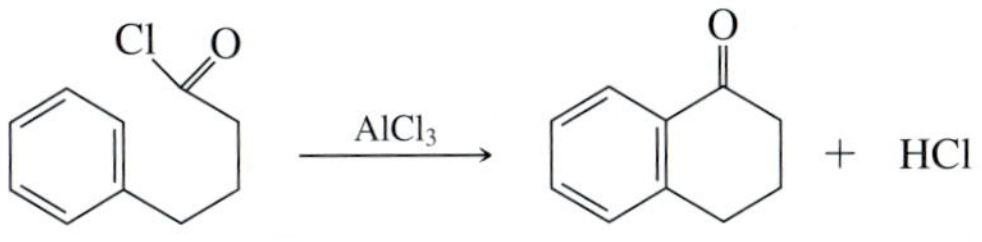

塩化 4-フェニルブタノイル　　$\xrightarrow{\text{AlCl}_3}$　α-テトラロン + HCl

反応機構　　フリーデル-クラフツアシル化反応：アシリウムイオンの生成

段階1: ルイス酸-ルイス塩基の反応．フリーデル-クラフツアシル化反応は，酸ハロゲン化物のハロゲンの電子対が塩化アルミニウムに電子を供与して錯体を形成

22. ベンゼンとベンゼン誘導体の反応

することで始まる．この過程は，フリーデル–クラフツアルキル化反応と同様である．この錯体では，ハロゲンは正の形式電荷をもち，アルミニウムは負の形式電荷をもつ．

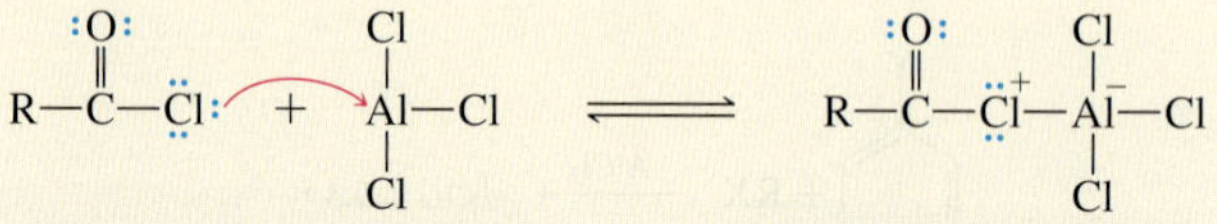

$$R-\overset{:\overset{..}{O}:}{\underset{}{C}}-\overset{..}{\underset{..}{Cl}}: + \overset{Cl}{\underset{Cl}{\overset{|}{Al}}}-Cl \rightleftharpoons R-\overset{:\overset{..}{O}:}{\underset{}{C}}-\overset{..}{\underset{..}{Cl}}\overset{+}{-}\overset{Cl}{\underset{Cl}{\overset{|}{Al}}}-Cl$$

塩化アシル　　塩化アルミニウム　　　　塩素に正電荷，アルミニウム
（ルイス塩基）　（ルイス酸）　　　　　　に負電荷をもつ錯体

段階 2：結合開裂による安定な分子（イオン）の生成． 炭素－塩素結合の電子対が塩素原子上に移動することにより，アシリウムイオンを含むイオン対が生成する．

$$R-\overset{:\overset{..}{O}:}{\underset{}{C}}-\overset{..}{\underset{..}{Cl}}\overset{+}{-}\overset{:\overset{..}{Cl}:}{\underset{:\overset{..}{Cl}:}{\overset{|}{Al}}}-\overset{..}{\underset{..}{Cl}}: \longrightarrow R-\overset{+}{C}=\overset{..}{\underset{..}{O}} \quad AlCl_4^-$$

塩素に正電荷，アルミニウム　　　　　　　　アシリウムイオンを
に負電荷をもつ錯体　　　　　　　　　　　　もつイオン対

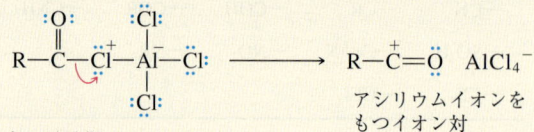

アシリウムイオンのおもな二つの共鳴構造のうち，炭素と酸素の両方がオクテット則をみたしている構造の寄与がより大きい．

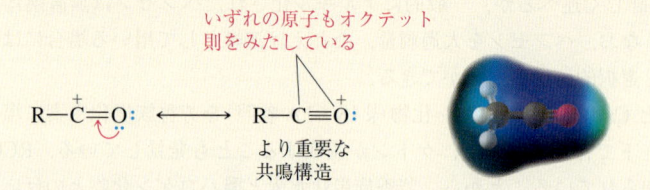

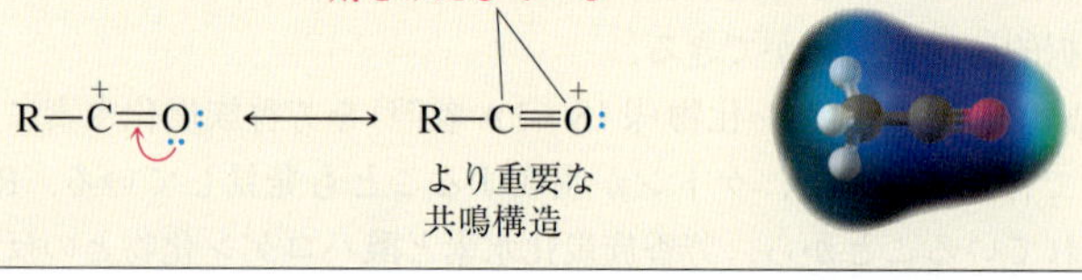

$$R-\overset{+}{C}=\overset{..}{\underset{..}{O}}: \longleftrightarrow R-C\equiv\overset{+}{\underset{}{O}}:$$

　　　　　　　　　　いずれの原子もオクテット
　　　　　　　　　　則をみたしている
　　　　　　　　　　より重要な
　　　　　　　　　　共鳴構造

アシリウムイオン acylium ion　$[RC=O]^+$ あるいは $[ArC=O]^+$ の構造をもつ，共鳴安定化されたカチオン．正電荷はカルボニル炭素とカルボニル酸素とに非局在化している．

アシリウムイオンは転位を起こさないことから，フリーデル–クラフツアシル化反応では，フリーデル–クラフツアルキル化反応における二つ目の問題が生じない．したがって，酸ハロゲン化物の炭素骨格はそのままで芳香環に導入される．

例題 22・2

ベンゼンが次の化合物とフリーデル–クラフツアルキル化，あるいはアシル化反応を起こして生成する化合物の構造式を書け．

(a) 塩化ベンジル　$C_6H_5CH_2Cl$　　(b) 塩化ベンゾイル　$C_6H_5\overset{\overset{O}{\|}}{C}Cl$

解答　(a) ルイス酸触媒存在下において，塩化ベンジルはベンジルカチオン（求電子剤）を生成する．これをベンゼン（弱い求核剤）が攻撃した後にプロトンが脱離することで，ジフェニルメタンが生成する．この例では，ベンジルカチオンは第一級カルボカチオンであるが，転位反応を起こさない．

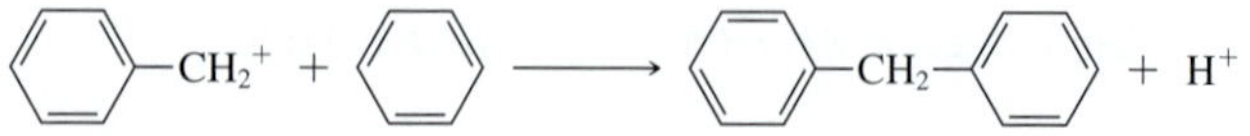

$$C_6H_5-CH_2^+ + C_6H_6 \longrightarrow C_6H_5-CH_2-C_6H_5 + H^+$$

ベンジルカチオン　　　　　　　　　　ジフェニルメタン

(b) 塩化ベンゾイルを塩化アルミニウムで処理すると，アシリウムイオン（求電子剤）が生じる．このカチオンを芳香環のπ電子（弱い求核剤）が攻撃し，つづいてプロトンが脱離することによりベンゾフェノンが生成する．

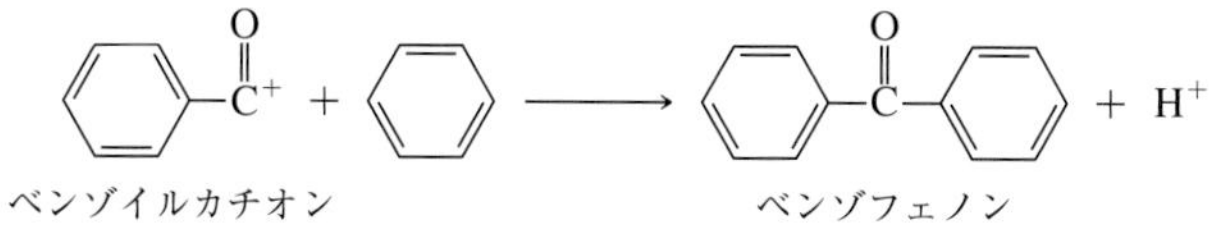

$$\text{ベンゾイルカチオン} + \text{ベンゼン} \longrightarrow \text{ベンゾフェノン} + H^+$$

問題 22・2 ベンゼンが次の化合物とフリーデル–クラフツアルキル化，あるいはアシル化反応を起こして生成する化合物の構造式を書け．

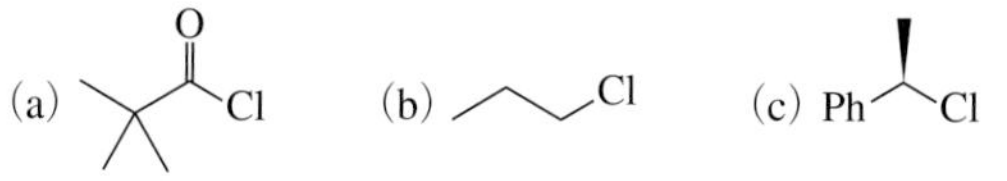

(a) (CH₃)₃C-C(=O)Cl (b) CH₃CH₂CH₂Cl (c) Ph-CH(Cl)-

フリーデル–クラフツアシル化反応の合成的な有用性のひとつとして，次に示すイソブチルベンゼンの合成のように，転位反応を起こすことなくアルキルベンゼンを合成できる点があげられる．

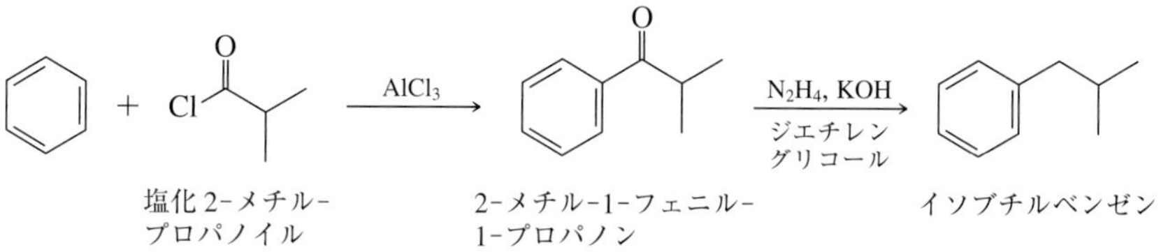

$$\text{ベンゼン} + \text{塩化 2-メチル-プロパノイル} \xrightarrow{\text{AlCl}_3} \text{2-メチル-1-フェニル-1-プロパノン} \xrightarrow[\text{ジエチレングリコール}]{N_2H_4,\ KOH} \text{イソブチルベンゼン}$$

ベンゼンと塩化 2-メチルプロパノイルを塩化アルミニウム共存下で反応させると，2-メチル-1-フェニル-1-プロパノンが生成する．つづいてウォルフ–キシュナー還元，あるいはクレメンゼン還元によりカルボニル基をメチレン基へと変換する（§16・11E 参照）ことにより，イソブチルベンゼンが得られる．

D. その他の芳香族アルキル化反応

フリーデル–クラフツアルキル化反応とアシル化反応の鍵中間体として，カチオン性の求電子剤が重要な役割を果たしているが，このことがわかると，同じ反応を異なる反応剤と活性化剤の組合わせを用いても行えるようになった．ここでは，アルケンとアルコールとから生成したカルボカチオンを利用する二つの反応を紹介する．

§6・3で述べたように，HX, H_2SO_4, H_3PO_4, あるいは HF/BF_3 のような強いプロトン酸をアルケンに対して作用させると，カルボカチオンが生成する．アセトンとフェノールを工業的に合成するときの中間体であるクメンは，ベンゼンとプロペンとをリン酸の存在下で反応させることにより工業的に合成されている．

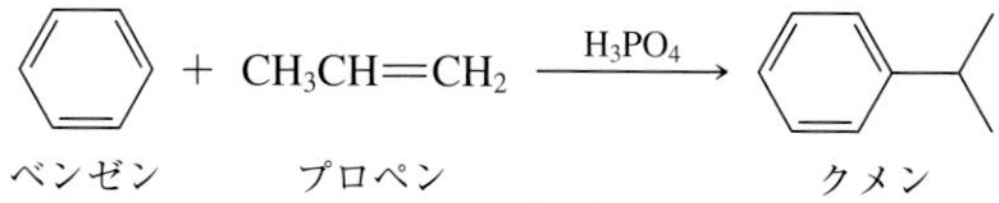

$$\text{ベンゼン} + CH_3CH=CH_2 \xrightarrow{H_3PO_4} \text{クメン}$$

アルケンを用いるアルキル化はプロトン酸だけでなく，ルイス酸を用いても行うことができる．ベンゼンとシクロヘキセンとを塩化アルミニウム存在下で処理すると，フェニルシクロヘキサンが得られる．

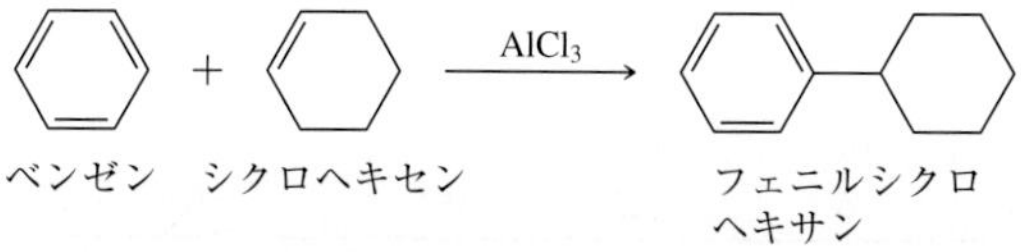

$$\text{ベンゼン} + \text{シクロヘキセン} \xrightarrow{AlCl_3} \text{フェニルシクロヘキサン}$$

アルコールに H_2SO_4, H_3PO_4, あるいは HF を作用させてもカルボカチオンが生成する（§10・5参照）．

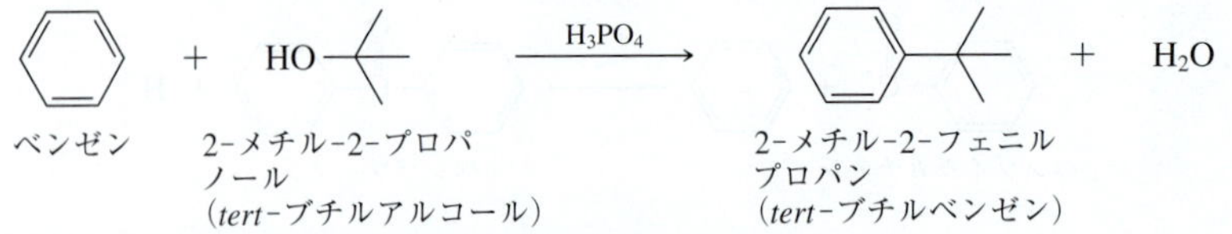

ベンゼン + HO−C(CH₃)₃ →(H₃PO₄) 2-メチル-2-フェニルプロパン (tert-ブチルベンゼン) + H₂O

ベンゼン / 2-メチル-2-プロパノール (tert-ブチルアルコール) / 2-メチル-2-フェニルプロパン (tert-ブチルベンゼン)

例題 22・3

リン酸の存在下で，ベンゼンとプロペンからイソプロピルベンゼン（クメン）が生成する機構を示せ．

解答 段階1：求核剤（π結合）と求電子剤の間の結合生成．リン酸からプロペンへプロトン移動が起こり，イソプロピルカチオンが生成する．

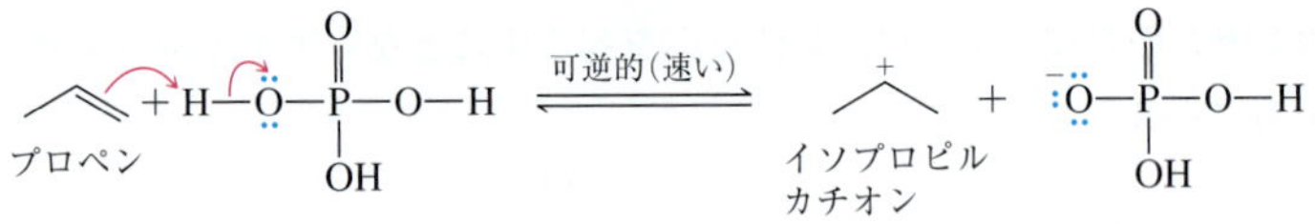

プロペン + H−O−P(=O)(OH)−OH ⇌(可逆的(速い)) イソプロピルカチオン + :O−P(=O)(OH)−OH

段階2：求核剤（アレーン）と求電子剤の間の結合生成．イソプロピルカチオンをベンゼン環のπ電子が攻撃して，共鳴安定化されたカルボカチオン中間体が生成する．

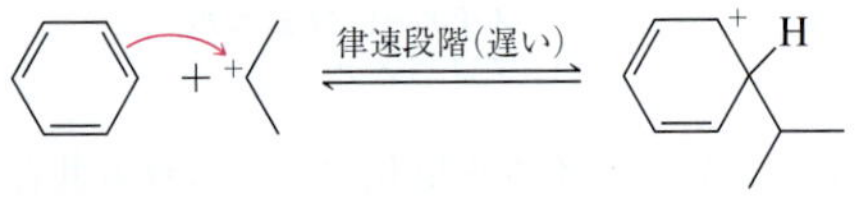

ベンゼン + ⁺CH(CH₃)₂ ⇌(律速段階(遅い)) シクロヘキサジエニルカチオン

段階3：プロトンの脱離．リン酸二水素イオンへプロトンが移動し，クメンが生成する．

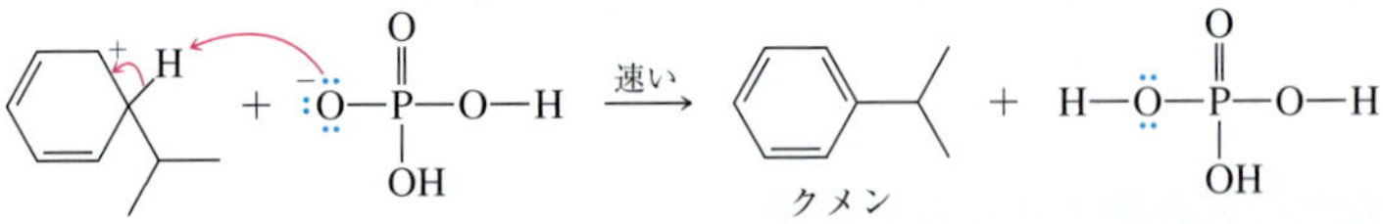

中間体 + :O−P(=O)(OH)−OH →(速い) クメン + H−O−P(=O)(OH)−OH

問題 22・3 リン酸の存在下で，ベンゼンと tert-ブチルアルコールから tert-ブチルベンゼンが生成する機構を示せ．

22・2 二置換および多置換ベンゼンの生成反応

A. 置換ベンゼンの求電子置換反応における置換基の効果

一置換ベンゼンの芳香族求電子置換反応では，求電子剤がオルト，メタ，パラの3箇所に導入されうるので，3種類の異性体が生成する可能性がある．表22・1に，種々の一置換ベンゼンのニトロ化における置換基の配向性を示す．

表 22・1 一置換ベンゼンのニトロ化の配向性

置換基	オルト	メタ	パラ	オルト+パラ	メタ
OCH₃	44	—	55	99	痕跡量
CH₃	58	4	38	96	4
Cl	70	—	30	100	痕跡量
Br	37	1	62	99	1
COOH	18	80	2	20	80
CN	19	80	1	20	80
NO₂	6.4	93.2	0.3	6.7	93.2

表22・1より，ベンゼン上の置換基が求電子置換反応に及ぼす影響は次のようにま

22・2 二置換および多置換ベンゼンの生成反応

とめることができる.

1. **求電子剤が導入される位置に関する配向性は，すでにある置換基の影響を受ける.** 置換基はオルト-パラ配向性と，メタ配向性に分類できる. つまり，ある種類の置換基(たとえば，OCH₃ や Cl)では，その置換基のオルト位とパラ位に優先的に求電子剤が導入され，もう1種類の置換基(たとえば，NO₂ や COOH)では，メタ位に優先的に導入される.

2. **置換基は求電子置換反応の速度に影響を与える.** 置換基は活性化基と不活性化基に分類できる. つまり，ある種類の置換基をもつベンゼン誘導体は無置換ベンゼンよりも高い反応性をもち，もう1種類の置換基をもつベンゼン誘導体は，ベンゼンよりも反応性が低下する.

アニソールと安息香酸のニトロ化反応の生成物や反応性から，配向性と活性化-不活性化の効果をそれぞれ対比することができる. アニソールのニトロ化は，ベンゼンのニトロ化に比べ，かなり速く進行し(メトキシ基は活性化基である)，生成物は o-ニトロアニソールと p-ニトロアニソールとの混合物となる(メトキシ基はオルト-パラ配向性である).

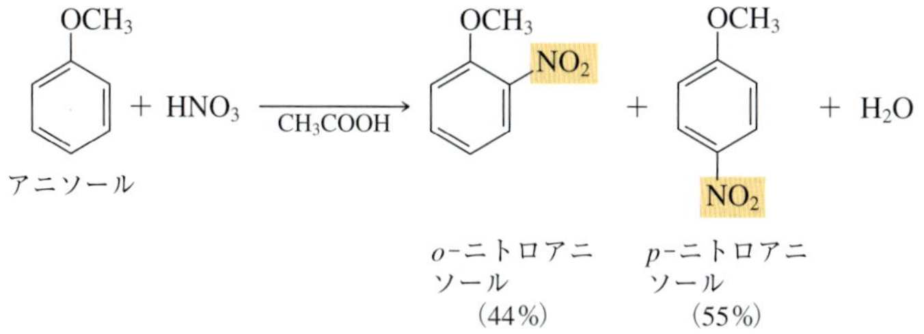

オルト-パラ配向性 ortho-para directing

メタ配向性 meta directing

活性化基 activating group ベンゼン環に結合した置換基のなかで，芳香族求電子置換反応に対する反応性をベンゼンより高くするもの.

不活性化基 deactivating group ベンゼン環に結合した置換基のなかで，芳香族求電子置換反応に対する反応性をベンゼンより低くするもの.

一方，安息香酸のニトロ化反応では，全く異なる傾向がみられる. 第一に，反応には硝酸よりも反応性の高い発煙硝酸が必要となる. さらに，ベンゼンに比べてより高い温度で反応を行う必要がある. このように安息香酸のニトロ化はベンゼンのニトロ化よりも遅いことから，カルボキシ基は強力な不活性化基である. 第二に，生成物は約80%がメタ異性体であり，オルトおよびパラ異性体の生成は20%程度である. したがって，カルボキシ基はメタ配向性の置換基である.

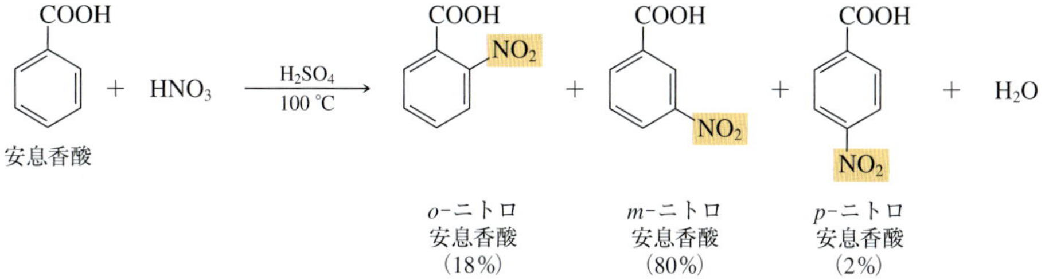

本書で扱う代表的な置換基の配向性と活性化-不活性化効果を，表22・2にまとめて示す. オルト-パラ配向性とメタ配向性を示す置換基は，次のような一般的傾向をもつ.

1. アルキル基，フェニル基，ベンゼン環と結合している原子が非共有電子対をもっている置換基はオルト-パラ配向性を示す. その他の置換基はすべてメタ配向性を示す.
2. オルト-パラ配向性置換基は，ほとんどのものが活性化基である. ハロゲンは例外

表 22・2　置換ベンゼンに対する置換反応に対する置換基の効果

オルト–パラ配向性	強い活性化	—NH$_2$	—NHR	—NR$_2$	—OH	—OR	
	中程度の活性化	—NHCR(=O)	—NHCAr(=O)	—OCR(=O)	—OCAr(=O)		
	弱い活性化	—R 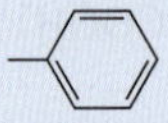	—C$_6$H$_5$				
	弱い不活性化	—F	—Cl	—Br	—I		
メタ配向性	中程度の不活性化	—CH(=O)	—CR(=O)	—COH(=O)	—COR(=O)	—CNH$_2$(=O)	—SO$_3$H	—C≡N
	強い不活性化	—NO$_2$	—NH$_3^+$	—CF$_3$	—CCl$_3$			

（置換反応に対する活性は上ほど高い）

であり，オルト–パラ配向性でありながら，弱い不活性化基として働く．

アルキル基が弱い活性化基であるため，フリーデル–クラフツアルキル化反応をモノアルキル化体の段階で止めることはむずかしい．すなわち，アルキル基が芳香環に導入されると，アルキル化に対する反応性が増す．したがって，反応条件を注意深く制御しない限り，反応生成物は二置換，三置換などの多置換体の混合物となる．一方フリーデル–クラフツアシル化反応では，モノアシル化生成物が選択的に得られ，それ以上反応が進むことはない．これは，アシル基は不活性化基であるため，これが環に導入されると，置換反応に対する反応性が低下するためである．

異なる二つの置換基をもつベンゼン誘導体の合成では，このような置換基の効果を考慮することが重要となる．例として，m-ブロモニトロベンゼンを合成することを考えよう．この化合物はベンゼンに対するニトロ化と臭素化の2段階で合成できる．ニトロ基はメタ配向性であることから，臭素化はメタ位で起こる．したがって，この順で反応を行った場合，主生成物として望みの m-ブロモニトロベンゼンが得られる．

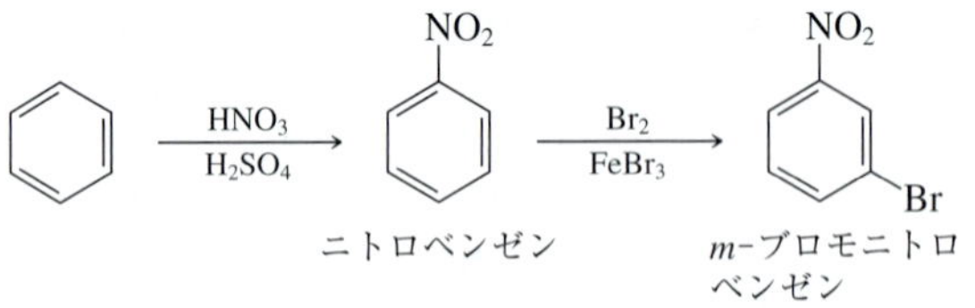

ベンゼン →(HNO$_3$/H$_2$SO$_4$)→ ニトロベンゼン →(Br$_2$/FeBr$_3$)→ m-ブロモニトロベンゼン

一方，反応の順序を変えて最初にブロモベンゼンを合成すると，臭素置換基はオルト–パラ配向性であることから，ニトロ化反応によりオルト体とパラ体の生成物が優先的に得られることになる．

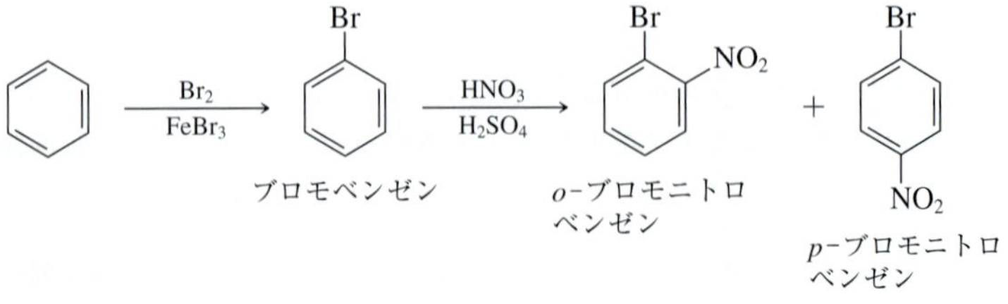

ベンゼン →(Br$_2$/FeBr$_3$)→ ブロモベンゼン →(HNO$_3$/H$_2$SO$_4$)→ o-ブロモニトロベンゼン ＋ p-ブロモニトロベンゼン

反応の順序が重要なことを示すもう一つの例として，トルエンから p-ニトロ安息香

酸を合成することを考えよう．硝酸と硫酸の混合物を用いるニトロ化によりニトロ基は導入できる．トルエンのメチル基は，酸化によりカルボキシ基へと変換できる(§21・5A 参照)．トルエンのニトロ化により置換基が互いにパラ位にある目的の生成物が得られる．一方，安息香酸のニトロ化では，置換基が互いにメタ位にある生成物が得られる．

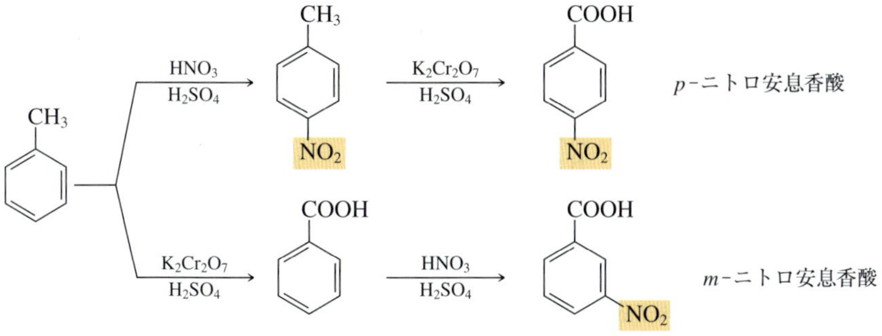

このように，反応の順序はきわめて重要である．

最後の例では，トルエンのニトロ化によりパラ体のみが生成する反応式を示した．しかし，メチル基はオルト-パラ配向性であることから，実際にはオルト体とパラ体の混合物が得られる(表22・1)．しかし，オルト体とパラ体は物性の違いを利用して分離することができるので，パラ置換体を合成する場合には，パラ体とオルト体を合成した後に分離すればよいことが多い．

例題 22・4

次に示す芳香族求電子置換反応の生成物を示せ．メタ配向性の場合には，メタ生成物のみを示し，オルト-パラ配向性の場合には，両方の生成物を示せ．

(a) C₆H₅Br + H₂SO₄ →(熱)
(b) C₆H₅SO₃H + HNO₃ →(H₂SO₄)

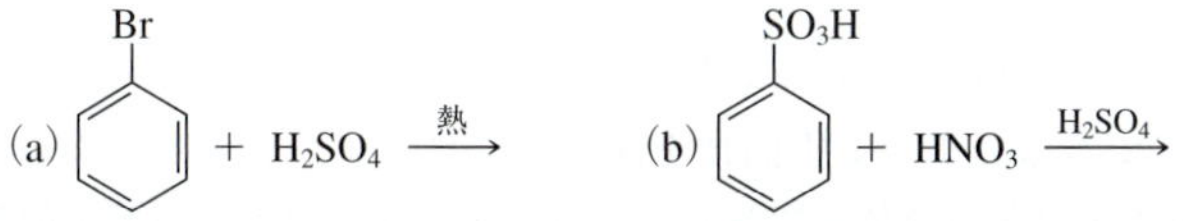

解答 (a)における臭素は，オルト-パラ配向性をもつ弱い不活性化基である．(b)のスルホン酸はメタ配向性であり中程度の不活性化基である．

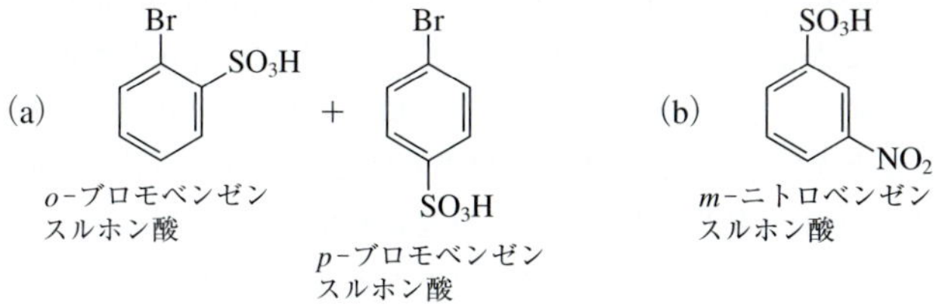

(a) o-ブロモベンゼンスルホン酸 + p-ブロモベンゼンスルホン酸
(b) m-ニトロベンゼンスルホン酸

問題 22・4 次の化合物のニトロ化反応の生成物を示せ．オルト-パラ配向性の場合には，両方の生成物を示せ．

(a) C₆H₅COCH₃ (b) C₆H₅OCCH₃(=O)

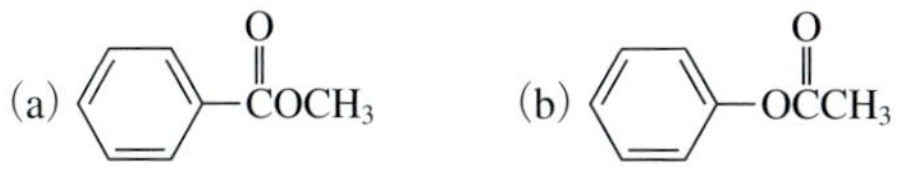

B. 置換基の配向性

これまで述べてきたように，ベンゼン環にすでにある置換基は，新たに求電子剤が導入される位置の配向性に大きな影響を及ぼす．これを§22・1で述べた芳香族求電子置

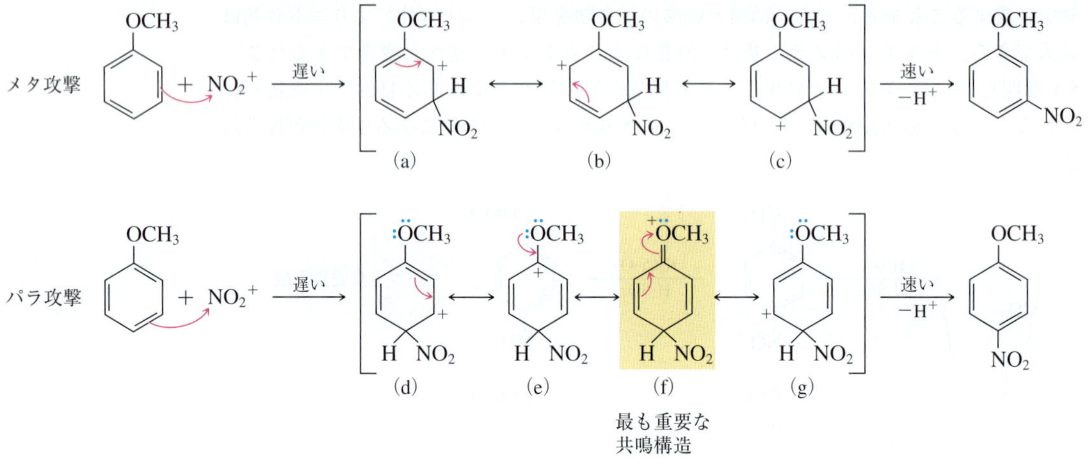

図 22・2 アニソールのニトロ化. 求電子剤がメトキシ基のメタ位とパラ位を攻撃した場合を示した.

換反応の基本的な機構に基づいて，環にすでにある置換基が置換反応のエネルギーに及ぼす影響について考えてみよう．このためには，共鳴効果と誘起効果の二つの効果を考える必要がある．

アニソールのニトロ化

芳香族求電子置換反応の反応速度は，反応のなかの最も遅い段階(律速段階)に支配される．一般にどの求電子置換反応でもそうであるが，アニソールのニトロ化反応においても芳香環が求電子剤を攻撃する反応が律速段階である．この反応の速度は，その遷移状態の安定性により支配される．律速段階の遷移状態が安定であれば，その段階の速度が速くなり，反応全体の速度も速くなる．

ニトロニウムイオンがメトキシ基のメタ位を攻撃してできるカチオン中間体と，メトキシ基のパラ位を攻撃してできるカチオン中間体を図 22・2 に示す．メトキシ基がオルト位を攻撃してできるカチオンとパラ位を攻撃してできるカチオンにおける電子的効果は，実質的に同じであるので，ここではパラ位を攻撃した場合のみを示す．メタ位を攻撃してできるカチオン中間体は，(a), (b), (c) で示した三つの共鳴構造の混成体である．一方パラ位を攻撃してできるカチオン中間体は，(d), (e), (f), (g) で示した四つの共鳴構造の混成体である．メタ位での反応では，ベンゼン環の炭素上に正の電荷をもつ三つの共鳴構造しか書くことができない．一方パラ位での反応では(オルト位でも同様である)，メトキシ基の酸素原子の非共有電子対が正の電荷をもった四つ目の共鳴構造(f)を書くことができる．(f)はすべての原子がオクテット則をみたしているため，この寄与は(d), (e), および(g)の寄与よりも大きい．アニソールのオルト位あるいはパラ位への攻撃によって生じるカチオン中間体では，より広く電荷の非局在化が起こるので，その生成の活性化エネルギーは低くなる．したがって，アニソールのニトロ化の速度は速く，かつオルト位とパラ位で起こる．

安息香酸のニトロ化

カルボキシ基のメタ位，およびパラ位にニトロニウムイオンが付加して生じるカチオン中間体を図 22・3 に示す．これらはいずれも三つの共鳴構造の混成体であり，これ以上の共鳴構造を書くことはできない．したがって，それぞれの混成体がどれだけ安定であるかを比較する必要がある．カルボキシ基自身のルイス構造として，カルボキシ炭

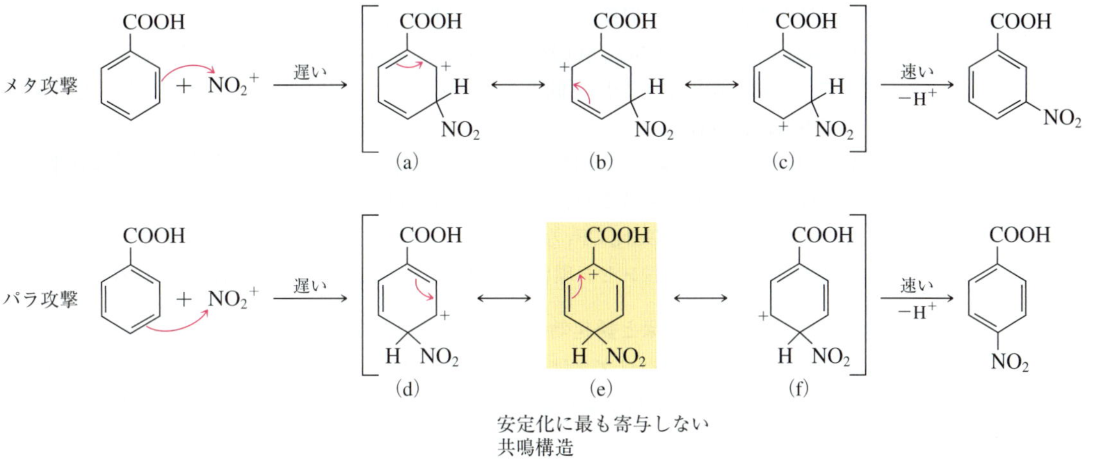

図 22・3 **安息香酸のニトロ化**．求電子剤がカルボキシ基のメタ位とパラ位を攻撃した場合を示した．

素は正の部分電荷をもちうる．したがって，(e)の共鳴構造として，正電荷が隣接した構造(e′)を書くことができる．この共鳴構造では大きな静電的反発が生じることから(e′)はきわめて不安定であり，共鳴安定化にほとんど寄与しない．

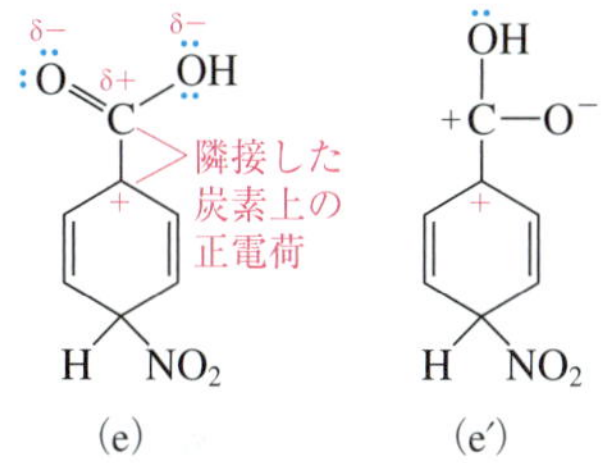

　メタ攻撃により生成するカチオン中間体の共鳴混成体では，カルボキシ炭素の正電荷とベンゼン環上の正電荷が隣接する構造をとることはない．したがって，メタ攻撃により生じるカチオンはパラ（あるいはオルト）攻撃により生じるカチオンより安定である．言いかえると，メタ攻撃の活性化エネルギーはパラ攻撃よりも低い．

　表 22・1 の各置換基を比較してみると，オルト-パラ配向性置換基はほとんどが芳香環に結合した原子が非共有電子対をもつ．したがって，これらの置換基の配向性は，基本的には共鳴効果に起因する．つまり，オルト位あるいはパラ位に求電子剤が付加したときに生成するカチオン中間体の正電荷を，芳香環に結合した原子が共鳴により非局在化できるためである．電荷の非局在化とイオン性中間体の安定化効果は同じであることを，もう一度思い出そう．

　アルキル基もオルト-パラ配向であることは，アルキル基がカチオン中間体を安定化することで説明できる．アルキル基はおもに超共役に基づいて正電荷を非局在化するので，カチオン中間体を安定化する．すなわち，アルキル基がオルト位およびパラ位に置換したカチオン中間体は，アルキル基がメタ位に置換したカチオン中間体や，アルキル基をもたないカチオン中間体に比べてより安定である．このため，アルキル基は活性化基である．アルキル基の電子を供与する効果により，メチル，第一級，第二級，第三級カルボカチオンの順に安定性が増すことを思いだそう（§6・3A 参照）．

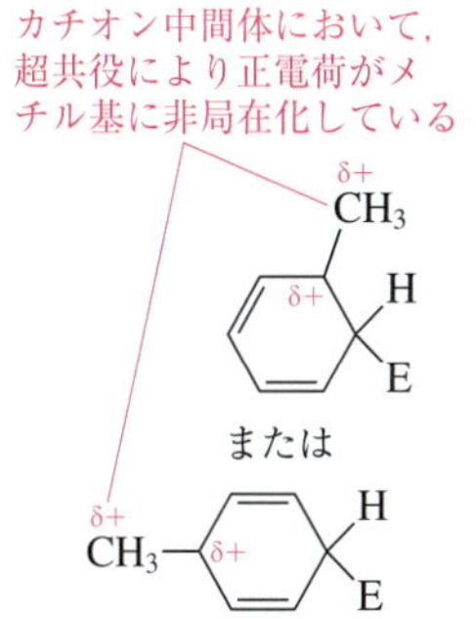

　アルキル基によるカチオンの安定化効果は，アルキル基が直接結合している環上の炭素が正電荷を帯びているときに，最も強くなる．言いかえると，攻撃している求電子剤に対してアルキル基がオルト位，およびパラ位に位置するときに最も安定化する．

C. 活性化-不活性化効果の理論

　置換基の活性化-不活性化効果も，配向性と同じように共鳴効果と誘起効果の組合わせにより理解することができる．

1. NH_2, OH, OR のように，カチオン中間体の正電荷を非局在化する共鳴効果がある場合，カチオン中間体生成の活性化エネルギーが低下するとともに，ベンゼン環は 2

回目の芳香族求電子置換反応に対して活性化される.
2. NO$_2$, C≡N, C=O, SO$_2$, SO$_3$H などのように，共鳴効果や誘起効果のいずれかにおいてベンゼン環の電子密度を低下させる場合，ベンゼン環は2回目の置換反応に対して不活性化される.
3. CH$_3$ やアルキル基のように，カチオン中間体に対して電子を供与する誘起効果がある場合，ベンゼン環は2回目の置換反応に対して活性となる.
4. ハロゲン，NR$_3^+$, CCl$_3$, CF$_3$ などのように，ベンゼン環の電子密度を低下させる誘起効果がある場合，ベンゼン環は2回目の置換反応に対して不活性化される.

ハロゲンは共鳴効果と誘起効果とが異なる効果をもつことから，興味深い例である．表22・2によると，ハロゲンはオルト-パラ配向性の置換基である．しかし，他のオルト-パラ配向性の置換基とは異なり，弱い不活性化基である．これは次のように理解することができる.

1. ハロゲンの誘起効果．ハロゲンは比較的電気陰性度の大きな元素であり，電子求引性の誘起効果をもつ．したがって，ハロゲン化アリールの芳香族求電子置換反応に対する反応性は，ベンゼンよりも低い.
2. ハロゲンの共鳴効果．ハロゲンで置換された芳香環が求電子剤の攻撃を受けてカチオン中間体を生成したとき，求電子剤の攻撃を受けた位置からオルト位およびパラ位にあるハロゲンは，その非共有電子対を正電荷へ供与することで非局在化し，カチオンの安定性が増す.

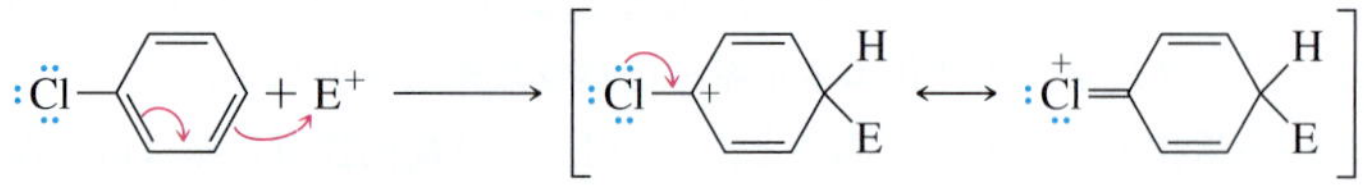

ハロゲンにおける誘起効果と共鳴効果とは相反する効果をもつが，誘起効果のほうが共鳴効果よりもいくぶん強い．その結果，全体としてハロゲンは不活性化基として働く一方，オルト-パラ配向性を示す.

複数の置換基が芳香環に置換している基質の芳香族求電子置換反応の配向性はより強力な活性化基によって支配される．これは，活性化基はその配向性を示す位置での反応を促進するのに対し，不活性化基は置換反応を遅くするだけだからである．このことから，オルト-パラ配向性の置換基とメタ配向性の置換基が一つのベンゼン環上にある場合，オルト-パラ配向性を示す置換基の効果がメタ配向性のものに優先する.

例題 22・5

次に示す芳香族求電子置換反応における主生成物を答えよ．

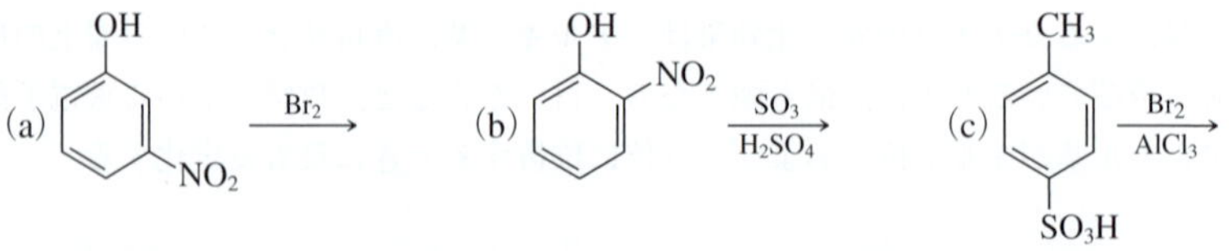

(a) 3-ニトロフェノール $\xrightarrow{Br_2}$ (b) 2-ニトロフェノール $\xrightarrow{SO_3 / H_2SO_4}$ (c) 4-メチルベンゼンスルホン酸 $\xrightarrow{Br_2 / AlCl_3}$

解答 オルト-パラ配向性置換基は活性化して次の置換反応を促すのに対し，メタ配向性の置換基は環を不活性化する．したがって，オルト-パラ配向性とメタ配向性の置換基が競合するときには，オルト-パラ配向性置換基の配向性が勝る．上記の例では，活性化基のオルト位あるいはパラ位で置換が起こった化合物が主生成物となる．(a)の場合は，強力な活性化基である OH のオルト位またはパラ位で置換が起こる．臭素が OH と NO$_2$ との間に置換した化合物は，立体障害のためにごく少量しか生成しない．(b)の場合も，強

力な活性化基である OH のオルト位またはパラ位に置換基が導入される．(c)の場合は，弱い活性化基である CH₃ のオルト位またはパラ位で置換反応が起こる．

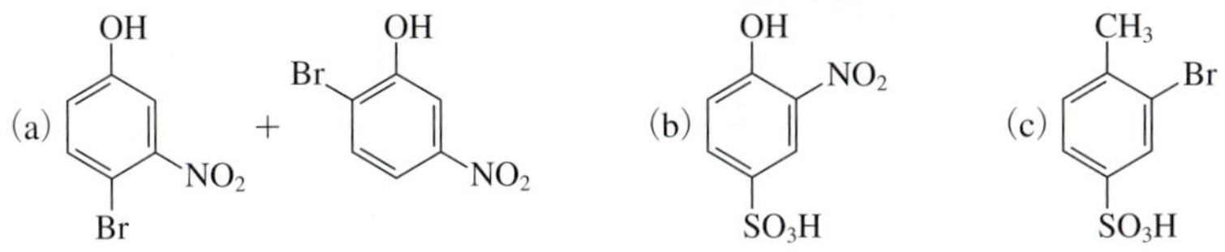

(a) 4-bromo-3-nitrophenol + 2-bromo-4-nitrophenol (b) 4-hydroxy-3-nitrobenzenesulfonic acid (c) 3-bromo-4-methylbenzenesulfonic acid

問題 22・5 次に示す芳香族求電子置換反応の主生成物を予測せよ．

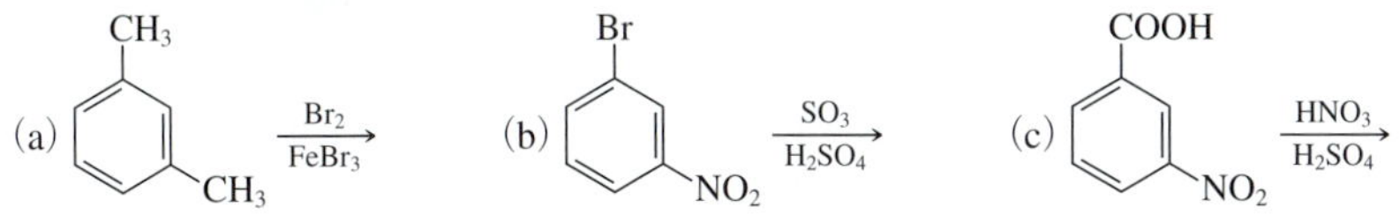

(a) 1,3-ジメチルベンゼン $\xrightarrow{\text{Br}_2/\text{FeBr}_3}$ (b) 1-ブロモ-3-ニトロベンゼン $\xrightarrow{\text{SO}_3/\text{H}_2\text{SO}_4}$ (c) 3-ニトロ安息香酸 $\xrightarrow{\text{HNO}_3/\text{H}_2\text{SO}_4}$

22・3 芳香族求核置換反応

ハロゲン化アリールの炭素－ハロゲン結合が関与する反応は比較的少ない．たとえば，脂肪族ハロゲン化物の場合は S_N1 反応や S_N2 反応のような置換反応が起こるが，ハロゲン化アリールでは起こらない．しかし，特定の条件のもとでは脂肪族化合物における求核置換反応とは全く異なる機構の**芳香族求核置換反応**が起こる．芳香族求核置換反応は芳香族求電子置換反応に比べて例がきわめて少なく，有機化合物の合成への応用例も限られている．ここでは，合成的な有用性のみならず，芳香族化合物のもつ興味深い化学的性質にも着目してみよう．

芳香族求核置換反応 nucleophilic aromatic substitution 芳香環上に置換したハロゲンに代表される求核剤が，他の求核剤によって置換される反応．

A．ベンザイン中間体を経る求核置換反応

一般にハロゲン化アリールは求核置換反応に対して不活性である．しかし，クロロベンゼンからフェノールを合成する初期の工業プロセスのような例外もある．この場合，クロロベンゼンを NaOH 水溶液中で高圧下において 300 ℃ に加熱することにより，ナトリウムフェノキシドが生成する．この塩を中和するとフェノールが得られる．

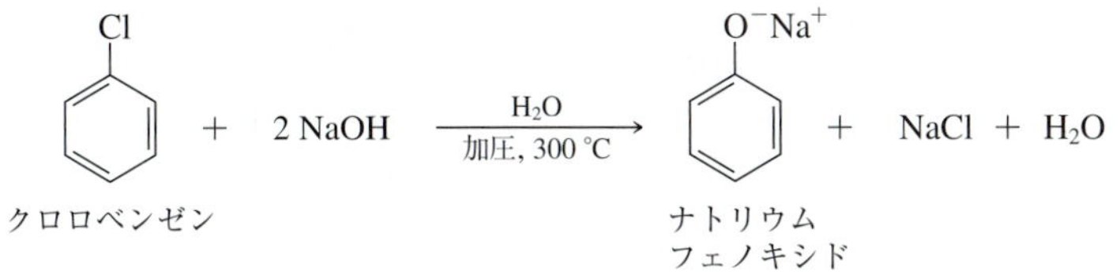

クロロベンゼン + 2 NaOH $\xrightarrow[\text{加圧, 300 ℃}]{\text{H}_2\text{O}}$ ナトリウムフェノキシド + NaCl + H₂O

その後の技術改良により，クロロベンゼンを水蒸気下 500 ℃ で加熱して加水分解することでも，フェノールが合成できるようになった．これらの反応では，明らかにベンゼン環上の Cl がヒドロキシ基で置換されている．しかし，この反応の実際の機構がそれほど単純でないことは，置換ハロベンゼンの NaOH による置換反応からわかる．たとえば，o-クロロトルエンの置換反応では，2-メチルフェノール(o-クレゾール)と 3-メチルフェノール(m-クレゾール)の混合物が得られる．

同様の反応は，液体アンモニア中でナトリウムアミドを作用させる反応でもみられる．たとえば，p-クロロトルエンは 4-メチルアニリン(p-トルイジン)と 3-メチルアニリン(m-トルイジン)とをほぼ同量生成する．これまで述べてきた置換反応と異なり，この反応では脱離基の結合していた炭素のみならず，その隣の炭素にも置換基が導入された化合物が生成している．

22. ベンゼンとベンゼン誘導体の反応

$$\text{o-クロロトルエン} \xrightarrow[\text{2. HCl/H}_2\text{O}]{\text{1. NaOH, 熱, 加圧}} \text{2-メチルフェノール (o-クレゾール)} + \text{3-メチルフェノール (m-クレゾール)}$$

$$\text{p-クロロトルエン} + \text{NaNH}_2 \xrightarrow[-33\,^\circ\text{C}]{\text{NH}_3(l)} \text{4-メチルアニリン (p-トルイジン)} + \text{3-メチルアニリン (m-トルイジン)} + \text{NaCl}$$

ベンザイン中間体 benzyne intermediate ベンゼン環の隣接炭素間での β 脱離反応により生じる，ベンゼン環に三重結合をもつ反応性の高い中間体．ベンザインの三重結合の二つ目の π 結合は，隣接した炭素上で同一平面にある sp² 軌道の弱い重なりによりできている．

これらの実験結果を説明するために，HX の脱離により**ベンザイン中間体**が生成し，この三重結合に求核攻撃が起こって生成物ができる機構が提唱されている．

反応機構　ベンザイン中間体を経る芳香族求核置換反応

段階 1：プロトンの脱離と結合開裂による安定な分子（イオン）の生成．ベンゼン環での脱ハロゲン化水素によるベンザイン中間体の生成．

$$\text{(o-クロロトルエン)} + :\!\text{NH}_2^- \longrightarrow \text{ベンザイン中間体} + :\text{NH}_3 + :\!\text{Cl}^-$$

段階 2：求核剤と求電子剤の間の結合生成．ベンザインの三重結合炭素に対するアミドイオンの付加により，カルボアニオン中間体が生成する．このさいアミドイオンは三重結合のいずれの炭素にも付加することができる．

$$\text{ベンザイン} + :\!\text{NH}_2^- \longrightarrow \text{カルボアニオン中間体}$$

段階 3：プロトンの付加．アンモニアからカルボアニオン中間体に対してプロトン移動が起こることで，生成物が得られるとともにアミドイオンが再生する．

$$\text{カルボアニオン中間体} + \text{H}-\text{NH}_2 \longrightarrow \text{3-メチルアニリン (m-トルイジン)} + :\!\text{NH}_2^-$$

軌道の重なりが少ないために弱くなっている π 結合

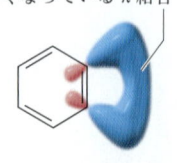

ベンザイン中間体軌道の模式図

ベンザイン中間体の結合状態と，そのきわめて高い反応性の原因は次のように説明できる．分子軌道法によると，ベンザインにおいても平面性と π 結合，および芳香族性といったベンゼン環の性質は保たれている．三重結合のうち，第二の π 結合はもともとハ

ロゲンと水素とが結合していた隣接する sp² 軌道の重なりでできている．しかし，この π 結合をつくっている二つの原子軌道は，アセチレンやひずみのないアルキンのように平行に並んでおらず，約 60°開いている．このため，これらの軌道の重なりは少なく，このベンザインの第二の π 結合は付加反応を容易に受けて，二つの強い σ 結合を新しく生成する．

B. 付加-脱離による求核置換反応

ハロゲン化アリールは，求核剤に対してきわめて不活性であり，ハロゲン化アルキルならば容易に求核置換反応が進行するような条件のもとでも置換反応が進行しない．しかし，ハロゲンのオルト位あるいはパラ位(もしくは，両方の位置)にニトロ基のような強い電子求引基をもつ場合は，芳香族求核置換反応が容易に進行する．たとえば，1-クロロ-2,4-ジニトロベンゼンを炭酸ナトリウム水溶液中で 100 ℃ に加熱した後に酸で処理すると，ほぼ定量的に 2,4-ジニトロフェノールが生成する．

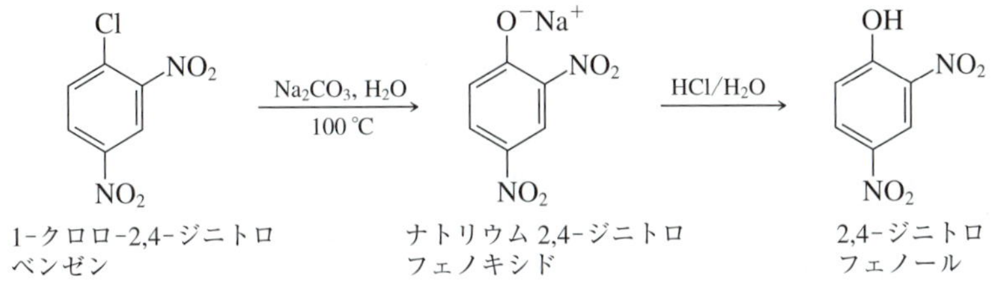

1-クロロ-2,4-ジニトロベンゼン → ナトリウム 2,4-ジニトロフェノキシド → 2,4-ジニトロフェノール

次に示すように，この反応は 2,4-ジニトロフェニルヒドラジンの合成(§ 16・8B 参照)に応用されている．2,4-ジニトロフェニルヒドラジンは，かつてアルデヒドやケトンの誘導化の際に頻繁に用いられた反応剤である．

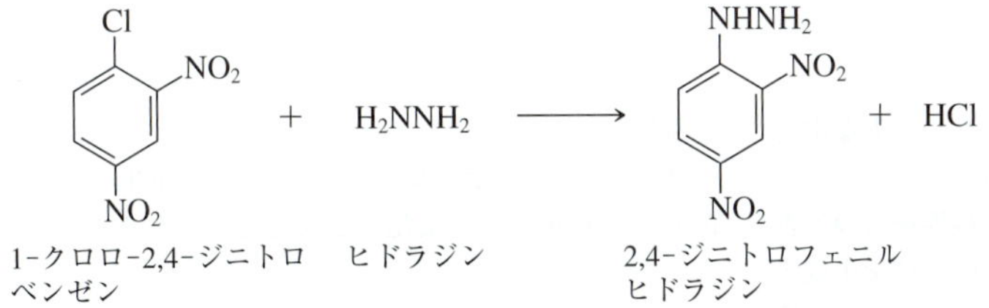

1-クロロ-2,4-ジニトロベンゼン + ヒドラジン → 2,4-ジニトロフェニルヒドラジン + HCl

芳香族求核置換反応の機構は詳細に研究されており，反応が 2 段階で進行することが明らかになっている．すなわち，求核付加反応とそれに続く脱離反応である．ほとんどの場合，求核剤が付加する段階 1 が律速段階である．段階 2 で，ハロゲン化物イオンが脱離して生成物ができる．この反応は直接的な置換機構ではなく，付加-脱離機構により置換反応が進行する点で，カルボン酸誘導体の置換反応と似ている．

反応機構　付加-脱離反応による芳香族求核置換反応

段階 1: 求核剤と求電子剤の間の結合生成．求核剤が芳香環のハロゲンに結合した炭素に付加する．この付加により環上に生じる負電荷はオルト位やパラ位にあるニトロ基などの強い電子求引基により安定化される．

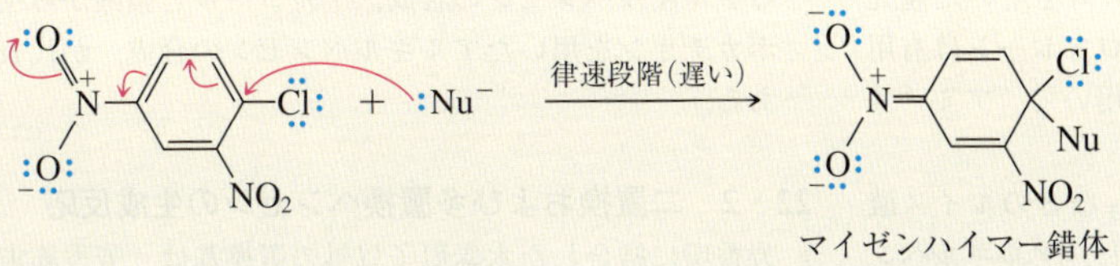

マイゼンハイマー錯体

マイゼンハイマー錯体 Meisenheimer complex

この中間体は，この存在を初めて明らかにしたドイツの化学者の名をとり，**マイゼンハイマー錯体**とよばれる．ニトロ基はオルト位とパラ位のいずれに位置していても，負電荷を非局在化できる．

段階 2: 結合開裂による安定な分子 (イオン) の生成．ハロゲン化物イオンが脱離することで，芳香環が再生して生成物が得られる．

例題 22・6

上の反応機構に示したマイゼンハイマー錯体において，環を構成する炭素原子の混成状態を示せ．

解答 脱離基と求核剤 (Cl と Nu) が結合している炭素は sp^3 混成である．残りの五つの炭素は sp^2 混成である．

問題 22・6 S$_N$2 反応においてハロゲン化アルキルの反応性の順は RI > RBr > RCl > RF である．ヨウ化アルキルはフッ化アルキルよりも反応性が高く，その違いは最大 10^6 ほどにもなる．一方，1-ハロ-2,4-ジニトロベンゼンの芳香族求核置換反応の速度は，ハロゲンの種類にかかわらずほぼ同じである．この違いを説明せよ．

まとめ

22・1 芳香族求電子置換反応

- ベンゼンのような芳香環が，通常は正の電荷をもつ強力な求電子剤と反応し，環の水素が置換される反応である．
  - この反応では，最初に求電子剤に対して弱い求核性をもつ芳香族 π 電子が攻撃し，共鳴安定化されたカチオン中間体を生成する．ひき続き，この中間体からプロトンが脱離することで，置換アレーンが生成する．
  - 共鳴安定化されたカチオン中間体はアレニウムイオンとよばれる．
- ハロゲン化反応では，ルイス酸である FeCl$_3$ 存在下で，芳香環は Cl$_2$ と反応して塩化アリールを生じる．同様に，ルイス酸である FeX$_3$ 存在下で，芳香環は Br$_2$ と反応して臭化アリールを生じる．
- スルホン化反応では，芳香環は硫酸存在下で SO$_3$ と反応して，アリールスルホン酸を生じる．
- ニトロ化反応では，芳香環は硫酸存在下で硝酸と反応して，ニトロアレーンを生成する．ニトロ基は遷移金属触媒下における H$_2$ による還元や，塩酸中における鉄，亜鉛，スズを用いた還元によりアミノ基へと変換できることから，ニトロアレーンは有用な合成中間体である．芳香族求電子置換反応を用いて，アミノ基を直接芳香環に導入する方法はない．
- フリーデル–クラフツアルキル化では，AlCl$_3$ などのルイス酸存在下で，芳香環はハロゲン化アルキルと反応し，アルキルベンゼンを生成する．アルキル基の転位反応と，多重付加が問題となる場合がある．
- フリーデル–クラフツアシル化では，AlCl$_3$ などのルイス酸存在下で，芳香環が酸塩化物と反応し，アシルベンゼンが生成する．
  - 生成したアシルベンゼンに対し，クレメンゼン還元やウォルフ–キシュナー還元を行うことで，選択的にアルキルベンゼンが合成できる．フリーデル–クラフツアルキル化では，アルキル基の転位反応や多重付加反応のために収率良く得ることがむずかしい場合があるが，そのようなアルキルベンゼンも選択的に合成できる．
- さまざまな方法で生成する強力な求電子剤を芳香族求電子置換反応に利用することができる．求電子剤が弱い求核剤である芳香族の π 電子と反応して，共鳴安定化されたカチオンを生じた後，プロトンが脱離することで置換アレーンを生成する．
  - アルケンと強酸との反応により生じるカルボカチオンを用いたアルキルベンゼンの合成，ルイス酸存在下でのアルケンを用いるアルキルベンゼンの合成，アルコールと強酸から生じるカルボカチオンを用いたアルキルベンゼンの合成，が代表的な例である．

22・2 二置換および多置換ベンゼンの生成反応

- 芳香環に結合した水素原子以外の置換基は，芳香族求電子置換

反応の反応性と反応の起こる位置に影響を及ぼす．
- 置換基は，新たに導入される置換基のメタ配向性とオルト-パラ配向性，および，反応速度の向上(活性化)あるいは低下(不活性化)に特に大きく影響を与える．
■ 置換基は大きく三つのグループに分けられる．
- アルキル基と環に結合した原子に非共有電子対をもつ基はオルト-パラ配向性であり，電子供与性の置換基である．したがって，これらの置換基は芳香族求電子置換反応の**活性化基**である．
- ハロゲンは例外であり，オルト-パラ配向性置換基であるが電子求引性の置換基である．したがって，ハロゲンは芳香族求電子置換反応に対して弱い不活性化基である．
- 環に結合した原子が部分的に正電荷をもつ基は，すべてメタ配向性を示し，電子求引性の置換基である．したがって，これらの置換基は芳香族求電子置換反応の**不活性化基**である．
■ 配向性と活性化・不活性化効果は，多置換芳香族化合物の合成においてきわめて重要であり，これに基づいて置換基を導入する順を選択する必要がある．
- たとえば，m-ブロモニトロベンゼンをベンゼンから合成する場合には，ニトロ基(メタ配向性)を臭素(オルト-パラ配向性)よりも先に導入する必要がある．
- 一方，o-ブロモニトロベンゼンとp-ブロモニトロベンゼンをベンゼンから合成する場合には，臭素(オルト-パラ配向性)をニトロ基(メタ配向性)より先に導入する必要がある．
■ 置換基の配向性と活性化・不活性化効果は，カチオン中間体に対する二つの作用に起因する．
- ひとつは**誘起効果**であり，カチオン中間体に対して置換基が(水素原子と比べて)電子を求引して不活性化する場合と，電子を供与して活性化する場合がある．
- もうひとつは共鳴効果であり，これは常に活性化効果として働く．これは，求電子剤が付加した位置のオルトとパラに非共有電子対をもつ原子が結合している場合，新たな四つ目の共鳴構造の寄与が生じるためである．
■ これらの誘起効果と共鳴効果により，カチオン中間体の安定性が変化する．その結果，カチオン中間体を生成する律速段階の活性化エネルギーが高く(反応速度の低下，不活性化)，あるいは低く(反応速度の向上，活性化)なる．

- これらの誘起効果と共鳴効果が及ぼす効果の程度は，求電子剤が攻撃する位置によって異なっている．
- 環を活性化する置換基は，この置換基に対してオルト位とパラ位に対する求電子剤の攻撃を活性化する．これは，これらの位置に置換基があるとき，カチオン中間体を最も安定化する相互作用をもつためである．
- 環を不活性化する置換基は，この置換基に対してメタ位に対する求電子剤の攻撃をより不活性化しない．これは，オルト位，あるいはパラ位に比べ，置換基がメタ位にあるとき，カチオン中間体を不安定化する効果が少ないためである．
■ 置換基の三つのグループの特徴は，上記の点を考えることで理解できる．
- 電子供与基は活性化基であり，常にオルト-パラ配向性を示す．
- ハロゲンを除く電子求引基は不活性化基であり，メタ配向性を示す．
- ハロゲンは不活性化基であるが，オルト-パラ配向性を示す．これは，カチオン中間体においてハロゲンの非共有電子対による安定化効果(共役効果)によるオルト-パラ配向性が，ハロゲンの電気陰性度に由来する誘起効果による不活性化に勝るためである．
■ 二つ以上の置換基をもつ芳香環に対する芳香族求電子置換反応では，新たに導入される置換基の配向性はより強い活性化基に支配される．

22・3 芳香族求核置換反応

■ 芳香族求電子置換反応が芳香環の示す最も典型的な反応であるが，条件によっては芳香環は求核剤とも反応を起こす．
- ハロゲン化アリールは強力な塩基($NaNH_2$)や適度な強さをもつ塩基($NaOH$)と高温(300～500 ℃)で反応し，ハロゲンが置換された生成物を生成する．
- 反応はベンザイン中間体を経て進行するため，塩基/求核剤はハロゲンがもともと結合していた炭素，あるいは，その隣(オルト位)の炭素に置換する．
- ハロゲンに対してオルト位あるいはパラ位に強力な電子求引基をもつハロゲン化アリールは，ヒドラジンのような強力な求核剤と位置選択的に置換反応を起こす．

重要な反応

1. ハロゲン化反応(§22・1A)
塩素あるいは臭素とルイス酸の相互作用により生成したイオン対における，ハロニウムイオンが求電子剤である．ハロゲン化の機構は，まずCl_2と$FeCl_3$の相互作用により生じた錯体からCl^+と$FeCl_4^-$とが生成する．Cl^+が強力な求電子剤として働き，弱い求核剤である芳香族π電子と反応して，共鳴安定化されたカチオン中間体を生成する．そこからプロトンが脱離することで，塩化アリール生成物が生成する．
OH, OR, NH_2のような強力な活性化基が置換した芳香環のハロゲン化はルイス酸を加えることなく進行する．

2. ニトロ化反応(§22・1B)

硝酸と硫酸から生成したニトロニウムイオンNO_2^+が求電子剤である．硝酸が硫酸にプロトン化を受けた後，脱水反応が起こることでニトロニウムイオンNO_2^+が生成する．ニトロニウムイオンが強力な求電子剤として働き，これが弱い求核剤である芳香族π電子と反応して，共鳴安定化されたカチオン中間体を生成する．そこからプロトンが脱離することで，生成物が得られる．

PhBr + HNO$_3$ $\xrightarrow{H_2SO_4}$ o-BrC$_6$H$_4$NO$_2$ + p-BrC$_6$H$_4$NO$_2$ + H$_2$O

3. スルホン化反応(§22・1B)

求電子剤は反応条件によって異なっており，SO_3 あるいは HSO_3^+ である．SO_3 は強力な求電子剤として働き，これが弱い求核剤である芳香族π電子と反応して，共鳴安定化されたカチオン中間体を生成する．そこからプロトンが脱離することで，アリールスルホン酸が生成する．

ナフタレン + SO$_3$ → 1-ナフタレンスルホン酸 + 2-ナフタレンスルホン酸

4. フリーデル–クラフツアルキル化反応(§22・1C)

ハロゲン化アルキルとルイス酸の相互作用により生成したイオン対におけるカルボカチオンが求電子剤である．不安定なカチオンから安定なカチオンへの転位が頻繁に起こる．ハロゲン化アルキルとルイス酸である$AlCl_3$ とが反応して，カルボカチオンと AlX_4^- のイオン対とみなせる中間体を生成することから反応が始まる．このイオン対におけるカルボカチオン部位が強力な求電子剤として働き，弱い求核剤である芳香族π電子と反応して，共鳴安定化されたカチオン中間体を生成する．そこからプロトンが脱離することで，生成物に至る．反応にカルボカチオンが関与することから，カチオンの転位反応が問題となる．これは，特に第一級や第二級のハロゲン化アルキルや，転位しやすいカルボカチオンを生じるハロゲン化アルキルを用いた場合に顕著である．

PhH + i-PrCl $\xrightarrow{AlCl_3}$ PhC(CH$_3$)$_3$ + HCl

環上に強い電子求引基がある場合，反応は進行しない．モノアルキル化体は出発物よりも反応性が高いことから，多重付加を起こすことなくモノアルキル化体のみを得ることはむずかしい．

5. フリーデル–クラフツアシル化反応(§22・1C)

酸ハロゲン化物とルイス酸の相互作用により生成したイオン対におけるアシルカチオン(アシリウムイオン)が求電子剤である．反応は，酸塩化物とルイス酸である$AlCl_3$ とが反応して，共鳴により安定化されたアシリウムイオンと $AlCl_4^-$ のイオン対とみなせる中間体を生成することに始まる．このイオン対におけるアシリウムイオン部位が強力な求電子剤として働き，これが弱い求核剤である芳香族π電子と反応して，共鳴安定化されたカチオン中間体を生成する．そこからプロトンが脱離することで，生成物に至る．カルボカチオンと異なりアシリウムイオンは転位反応を起こさないことから，この反応では転位生成物は生じない．環上に強い電子求引基がある場合，反応は進行しない．アシル化された生成物は出発物よりも反応性が低いことから，モノアシル化体が容易に選択的に得られる．

PhH + i-PrCOCl $\xrightarrow{AlCl_3}$ PhCOCH(CH$_3$)$_2$ + HCl

6. アルケンを用いたアルキル化反応(§22・1D)

アルケンとブレンステッド酸あるいはルイス酸の相互作用により生じるカルボカチオンが求電子剤である．

p-クレゾール + (CH$_3$)$_2$C=CH$_2$ $\xrightarrow{H_3PO_4}$ 2,6-ジ-t-ブチル-p-クレゾール

7. アルコールを用いたアルキル化反応(§22・1D)

アルコールをブレンステッド酸あるいはルイス酸で処理することにより生じるカルボカチオンが求電子剤である．

PhH + t-BuOH $\xrightarrow{H_3PO_4}$ PhC(CH$_3$)$_3$ + H$_2$O

8. 芳香族求核置換反応：ベンザイン中間体(§22・3A)

ハロゲン化アリールに強塩基を作用させることで脱離反応が起こり，ベンザイン中間体を生成する．ベンザインのsp混成した炭素のいずれかに付加が起こることで生成物が得られる．

p-クロロトルエン + NaNH$_2$ $\xrightarrow[-33\,°C]{NH_3(l)}$ p-トルイジン + m-トルイジン + NaCl

9. 芳香族求核置換反応：付加–脱離(§22・3B)

求核剤が環上のハロゲンの置換した炭素を攻撃して，負の電荷をもつマイゼンハイマー錯体を生成した後，ハロゲンが脱離することで生成物が得られる．この反応は，ハロゲンに対してオルト位，あるいはパラ位に電子求引性の置換基をもつ基質のみ進行する．これは，これらの置換基が求核攻撃に対して環を活性化するためである．

2,4-ジニトロクロロベンゼン + H$_2$NNH$_2$ → 2,4-ジニトロフェニルヒドラジン + HCl

問題

赤の問題番号は応用問題を示す．

芳香族求電子置換反応：一置換

22・7 次の反応の機構を段階的に示せ．それぞれの段階において，電子の動きを巻矢印を用いて示せ．

(a) ナフタレン + Cl$_2$ $\xrightarrow{\text{FeCl}_3}$ 1-クロロナフタレン + HCl

(b) ベンゼン + CH$_3$CH$_2$CH$_2$Cl $\xrightarrow{\text{AlCl}_3}$ クメン + HCl

(c) フラン + CH$_3$COCl $\xrightarrow{\text{SnCl}_4}$ 2-アセチルフラン + HCl

(d) ベンゼン + CH$_2$Cl$_2$ $\xrightarrow{\text{AlCl}_3}$ ジフェニルメタン + 2HCl

22・8 ピリジンの芳香族求電子置換反応は3位で優先的に起こる．たとえば，ニトロ化では3-ニトロピリジンが生成する．

ピリジン + HNO$_3$ $\xrightarrow[\text{300 °C}]{\text{H}_2\text{SO}_4}$ 3-ニトロピリジン + H$_2$O

このような酸性条件下では，ニトロ化を起こす反応種はピリジンではなくその共役酸である．このピリジンの共役酸の2, 3, および4位をNO$_2^+$が攻撃することで生成する中間体の共鳴構造を書け．これらの中間体を比較することで，ニトロ化が3位で起こる理由を説明せよ．

22・9 ピロールの芳香族求電子置換反応は2位で優先的に起こる．一例として，2-ニトロピロールの合成を示す．

ピロール + HNO$_3$ $\xrightarrow[\text{5 °C}]{\text{CH}_3\text{COOH}}$ 2-ニトロピロール + H$_2$O

ピロールの2および3位をNO$_2^+$が攻撃したときに生成する中間体の共鳴構造を書け．これらの中間体を比較することで，ニトロ化が2位で起こる理由を説明せよ．

22・10 m-キシレンを強酸溶媒であるHF-SbF$_5$に−45 °Cで加えると，^{1}H NMRでδ 2.88 (3H), 3.00 (3H), 4.67 (2H), 7.93 (1H), 7.83 (1H), 8.63 (1H) に共鳴するプロトンをもつ化合物が新たに生成する．このスペクトルを示す化合物を予測せよ．

22・11 $tert$-ブチルベンゼンを強酸溶媒であるHF-SbF$_5$に加えた後，水を加えて後処理をするとベンゼンが生成する．この脱アルキル化反応の機構を示せ．この反応ではベンゼン以外にどのような化合物が生成するかを示せ．

22・12 AlCl$_3$存在下で，SCl$_2$をベンゼンに作用させたときに生成する化合物の構造式を書け．ジフェニルエーテルに対して，SCl$_2$をAlCl$_3$存在下で作用させたときに得られる生成物の構造式を書け．

22・13 芳香族求電子置換反応では，H$^+$以外の置換基も脱離基として働くことができる．その一例がトリメチルシリル基SiMe$_3$である．たとえば，Me$_3$SiC$_6$H$_5$をCF$_3$COODで処理すると，速やかにC$_6$H$_5$Dが生成する．このような反応が起こる理由を，ケイ素−炭素結合の性質に基づいて説明せよ．

二置換および多置換ベンゼンの合成

22・14 次に示す置換基はオルト-パラ配向性基である．芳香族求電子置換反応におけるカチオン中間体において，ここに示した置換基はカチオン中間体の正電荷を非局在化することで安定化に寄与する．この安定化に寄与する共鳴構造を示せ．

(a) —OH (b) —OCCH$_3$ (O二重結合) (c) —N(CH$_3$)$_2$

(d) —NHCCH$_3$ (O二重結合) (e) —C$_6$H$_5$(フェニル)

22・15 次の化合物をHNO$_3$-H$_2$SO$_4$で処理したときの主生成物を予測せよ．

(a) 3-ニトロアニソール (b) 2-ニトロトルエン (c) 4-メチルフェノール (d) 1-ニトロナフタレン

22・16 N-フェニルアセトアミド（アセトアニリド）はアニリンに比べて芳香族求電子置換反応に対して反応性が低い．その理由を述べよ．

N-フェニルアセトアミド（アセトアニリド）   アニリン

22・17 トリフルオロメチル基は，ほとんどの場合においてメタ配向性の置換基として働く．その理由を述べよ．

C$_6$H$_5$CF$_3$ + HNO$_3$ $\xrightarrow{\text{H}_2\text{SO}_4}$ 3-ニトロ(トリフルオロメチル)ベンゼン + H$_2$O

22・18 ニトロ基NO$_2$はメタ配向性基であるのに対し，ニトロソ基N=Oはオルト-パラ配向性基である．その理由を述べよ．

22・19 次に示すそれぞれの組の化合物を，芳香族求電子置換反応に対して活性な順（反応性の高い順）に並べよ．

(a) (A) ベンゼン (B) フェニルアセタート (OCCH$_3$) (C) アセトフェノン (COCH$_3$)

746 22. ベンゼンとベンゼン誘導体の反応

(b) (A) C₆H₅-NO₂ (B) C₆H₅-COOH (C) C₆H₆

(c) (A) C₆H₅-CH₃ (B) C₆H₅-CH₂Cl (C) C₆H₅-CHCl₂

(d) (A) C₆H₅-Cl (B) C₆H₅-C≡N (C) C₆H₅-OCH₂CH₃

(e) (A) C₆H₅-NH₂ (B) C₆H₅-NHCOCH₃ (C) C₆H₅-CONHCH₃

22・20 次に示す二置換ベンゼン誘導体において，どちらの置換基がより強い活性化基であるかを示せ．さらに，ニトロ化反応を行ったときの主生成物の構造式を書け．

(a) 4-メチルアニソール (b) 4-メチルアセトアニリド (c) 3-クロロ安息香酸 (d) 2-メチルベンゼンスルホン酸

(e) 4-メチル安息香酸 (f) 4-アセチルアセトアニリド (g) 2-メトキシ安息香酸 (h) 3-クロロニトロベンゼン

22・21 次の化合物はいずれも二つの芳香環をもつ．それぞれの化合物に対して芳香族求電子置換反応を行ったとき，どちらの環が置換反応を受けるか答えよ．ニトロ化反応を行ったときの主生成物の構造式を書け．

(a) C₆H₅-CONH-C₆H₅ (b) O₂N-C₆H₄-C₆H₅ (c) C₆H₅-CO-O-C₆H₅

22・22 フェノールとアセトンとを酸触媒を用いて反応させると，ビスフェノールAとよばれる化合物が生成する．この化合物は，エポキシ樹脂やポリカーボネート樹脂合成の原料である（§29・5参照）．ビスフェノールAが生成する機構を示せ．

フェノール + アセトン → (H₃PO₄) → ビスフェノール A bisphenol A + H₂O

22・23 2,6-ジ-tert-ブチル-4-メチルフェノールは，ブチル化ヒドロキシトルエン（BHT）という名でも知られている食品の防腐剤であり，抗酸化剤として働く（§8・7参照）．BHTは，リン酸触媒下で，4-メチルフェノールと 2-メチルプロペンとの反応により，工業的に合成されている．この反応の機構を示せ．

4-メチルフェノール (p-クレゾール) + 2-メチルプロペン → (H₃PO₄) → 2,6-ジ-tert-ブチル-4-メチルフェノール (BHT)

22・24 殺虫剤であるDDTは次のように合成される．この反応の機構を示せ．DDTの名称は，慣用名であるジクロロジフェニルトリクロロエタンに由来している．

クロロベンゼン + トリクロロアセトアルデヒド CCl₃-CHO → (H₂SO₄) → DDT + H₂O

22・25 サリチルアルデヒド（2-ヒドロキシベンズアルデヒド）に氷酢酸中，0°Cで臭素を作用させると，分子式 $C_7H_4Br_2O_2$ をもつ化合物が生成する．この局所殺菌薬や抗菌薬として利用される化合物の構造を推定せよ．

22・26 3,5-ジブロモ-2-ヒドロキシ安息香酸（3,5-ジブロモサリチル酸）をフェノールから合成する方法を示せ．

22・27 ベンゼンと無水コハク酸とを，リン酸触媒存在下で作用させると，次に示したγ-ケト酸が生成する．この反応の機構を示せ．

ベンゼン + 無水コハク酸 → (H₃PO₄) → 4-オキソ-4-フェニルブタン酸

芳香族求核置換反応

22・28 発芽前処理用除草剤であるトリフルラリン B 合成の最終段階を次に示す．
(a) 段階1のニトロ化反応の配向性を説明せよ．
(b) 段階2の置換反応の機構を示せ．

4-クロロベンゾトリフルオリド → (HNO₃, (1)) → 2,6-ジニトロ-4-トリフルオロメチルクロロベンゼン → ((iPr)₂NH, (2)) → トリフルラリン B trifluralin B

22・29 繊維の染色では，染料の繊維に対する定着強度が問題となる．初期に用いられていた染料の多くは表面染着であり，染

22. ベンゼンとベンゼン誘導体の反応　747

料は繊維に化学結合をしていない．したがって，洗濯を繰返すと，徐々に洗い流されてしまう．たとえば，インジゴはブルージーンズの青色を示す染料であるが，これは表面染着である．耐変色性は，染料を繊維に化学結合することで獲得される．そのような反応性染料とよばれる染料は，1930年代から開発が始まった．開発当初のものは，NH$_2$基をもつ染料が木綿やウール，あるいは絹製の繊維と共有結合をつくるものであった．そのような反応性染料を用いる工程の最初の段階では，アミノ基をもつ染料を塩化シアヌリルと反応させて反応性の染料を合成する．つづいて，生成物の残った塩素を木綿（セルロース）のOH基やウールや絹（いずれもタンパク質）のNH$_2$基と置換することで，染料と繊維との共有結合を形成した．染料のNH$_2$基(a)と木綿にあるOH基(b)によって，塩化シアヌリルの塩素が置換される機構を示せ．

合　成

22・30 トルエンを次の化合物に変換する方法を示せ．

(a) C$_6$H$_5$-CH$_2$Br　　(b) Br-C$_6$H$_4$-CH$_3$

22・31 1-フェニル-1-プロパノンを出発物として，化合物(a)，(b)を合成する方法を示せ．

22・32 トルエンを2,4-ジニトロ安息香酸(a)，および3,5-ジニトロ安息香酸(b)に変換する方法を示せ．

22・33 次に示した変換反応を行うのに必要な反応剤と反応条件を示せ．

(e) C$_6$H$_5$-CH$_2$CH$_3$ → C$_6$H$_5$-CH=CH$_2$

22・34 芳香環の炭素源としてはベンゼンのみを用い，トリフェニルメタンを合成する方法を示せ．

22・35 ベンゼンから次に示す化合物を合成する方法を示せ．

22・36 2,4-ジクロロフェノキシ酢酸(2,4-D)は雑草の駆除のための除草剤として，初めて広範に用いられた化合物である．この化合物はフェノールとクロロ酢酸から，次に示す塩素化されたフェノール中間体を経て合成された．その経路を示せ．

22・37 ペンタクロロフェノール，あるいはペンタの名称で知られる2,3,4,5,6-ペンタクロロフェノールの出発物はフェノールである．ペンタクロロフェノールは甲板や屋外用家具の木材防腐剤として，かつては広く用いられていた．ペンタクロロフェノールの構造式およびフェノールから合成する方法を示せ．

22・38 ベンゼン，トルエン，あるいは，フェノールのみを芳香環の出発物として，次に示す化合物の合成法を示せ．なお，オルト体とパラ体は分離できるものとする．

(a) 1-ブロモ-3-ニトロベンゼン
(b) 1-ブロモ-4-ニトロベンゼン
(c) 2,4,6-トリニトロトルエン(TNT)
(d) m-クロロ安息香酸　　(e) p-クロロ安息香酸
(f) p-ジクロロベンゼン　　(g) m-ニトロベンゼンスルホン酸

22・39 3,5-ジブロモ-4-ヒドロキシベンゼンスルホン酸は殺菌薬として用いられている．この化合物をフェノールから合成する方法を示せ．

22・40 3,5-ジクロロ-2-メトキシ安息香酸をフェノールから合成する方法を示せ．

22・41 次の化合物は，スミレに似た香りをもち，香水の成分として用いられている．この化合物をベンゼンから合成する方法を示せ．

4-イソプロピルアセトフェノン

22・42 前立腺がんは米国人男性におけるがん死亡原因の第2位となっており，その数は肺がんに匹敵する．前立腺がんの治療

748　22. ベンゼンとベンゼン誘導体の反応

法のひとつは，テストステロンとアンドロステロン(いずれも男性ホルモンである)が前立腺がん細胞の増殖を高めるという事実に基づいている．フルタミドという薬(抗男性ホルモン薬)は標的細胞における男性ホルモンの分泌を抑える効果をもつことから，この化合物は前立腺がんの予防と治療とに現在利用されている．フルタミドをトリフルオロメチルベンゼンから合成する経路を立案せよ．

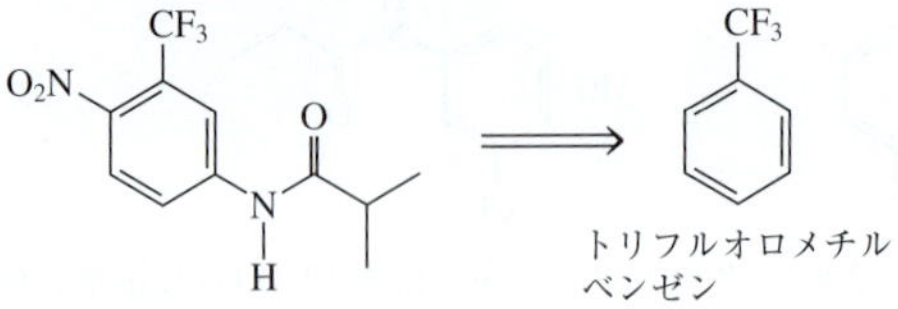

フルタミド flutamide ⇒ トリフルオロメチルベンゼン

22・43 4-イソブチルアセトフェノンはイブプロフェン(19章 身のまわりの化学 イブプロフェン：工業的合成の進歩参照)の合成に必要な化合物である．4-イソブチルアセトフェノンをベンゼンから合成する方法を示せ．

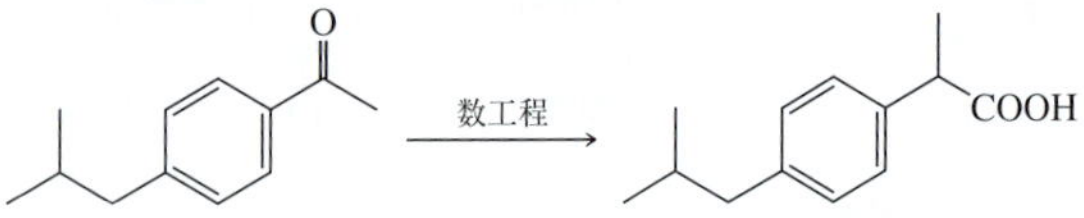

4-イソブチルアセトフェノン → 数工程 → イブプロフェン ibuprofen

22・44 次の化合物は，合成ムスクであるジャコウムスクであり，香気の増強と持続とに効果をもつ，香水に必須の成分である．この化合物を m-クレゾール(3-メチルフェノール)から合成する方法を示せ．

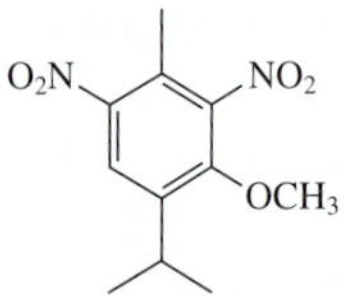

22・45 トルエンとフェノールを出発物として，次の化合物を合成する方法を示せ．

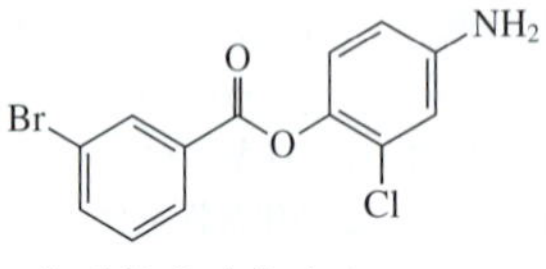

22・46 ある種の芳香族化合物をホルムアルデヒド CH_2O と HCl で処理すると，CH_2Cl 基が環に導入される．この反応はクロロメチル化反応として知られている．

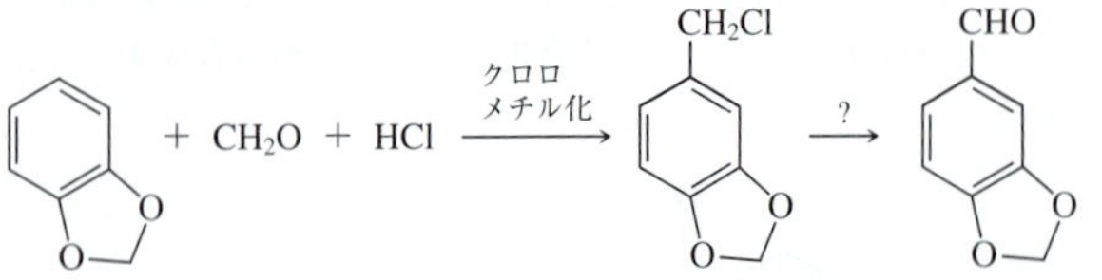

+ CH_2O + HCl →クロロメチル化→ → ? → ピペロナール piperonal

(a) この例を用いて，クロロメチル化反応の機構を示せ．
(b) このクロロメチル化された化合物は，香水や人工サクランボ調味料，人工バニラ調味料として用いられているピペロナール

へと変換できる．CH_2Cl 基をどのように CHO 基へと変換するのか，その方法を示せ．

22・47 ダニ駆除剤や防カビ剤として用いられるジノカップの逆合成解析を次に示す．

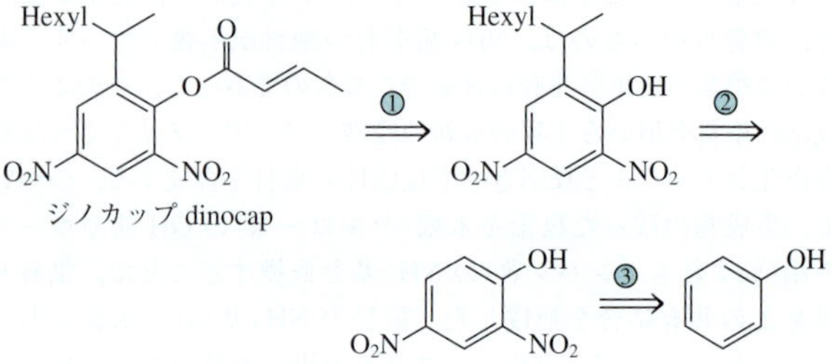

ジノカップ dinocap

(a) この解析に基づき，フェノールと 1-オクテンからジノカップを合成する方法を示せ．
(b) ジノカップはキラルな化合物か．キラルである場合，この合成でどの立体異性体が得られるか答えよ．

22・48 次に示すミコナゾールは，抗菌成分であり，膣カンジダ症の治療に用いられる．下に示すトルエンのトリクロロ誘導体は，ミコナゾールの前駆体である．

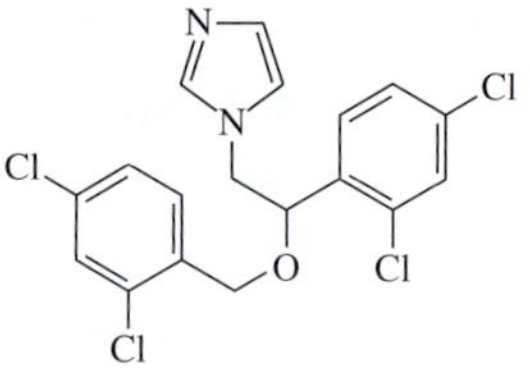

ミコナゾール miconazole

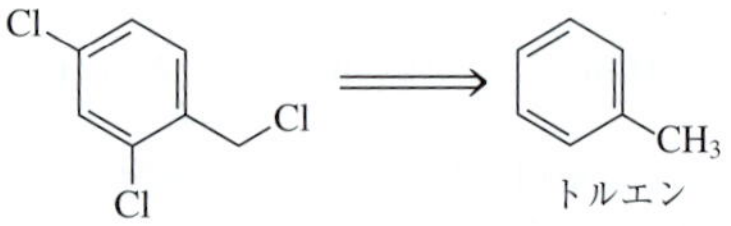

2,4-ジクロロ-1-クロロメチルベンゼン ⇒ トルエン

(a) この誘導体をトルエンから合成する方法を示せ．
(b) ミコナゾールには立体異性体がいくつ存在するか答えよ．

22・49 ブプロピオンの塩酸塩は 1985 年に初めて上市された抗うつ薬である．臨床試験において，喫煙者が 1〜2 週間この薬を服用すると，喫煙意欲が減少することが明らかになり，ひきつづく臨床試験においてこの効果が実証された．このことから，現在この薬は，禁煙補助薬として販売されている．

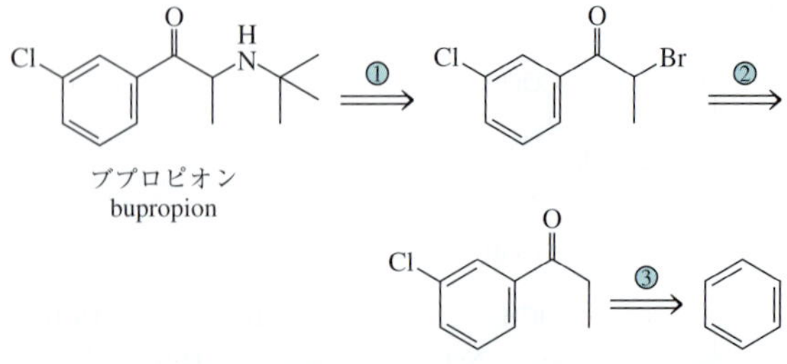

ブプロピオン bupropion

(a) この逆合成解析に基づき，ブプロピオンを合成する方法を示せ．
(b) ブプロピオンはキラルな化合物か．キラルである場合，この合成でいくつの立体異性体が得られるのか．

22・50 ジアゼパムは，中枢神経系(CNS)に働く鎮静薬・催眠薬であり，活動や興奮を抑制する鎮静効果をもつ．

次にジアゼパムの逆合成解析を示す．化合物 **B** の合成には，フリーデル-クラフツアシル化反応を用いる．このとき，第二級アミンは反応を行う前に無水酢酸を用いて保護しておく必要がある．反応の後に，アセチル保護基は NaOH 水溶液で脱保護した後，HCl で注意深く酸性にする必要がある．

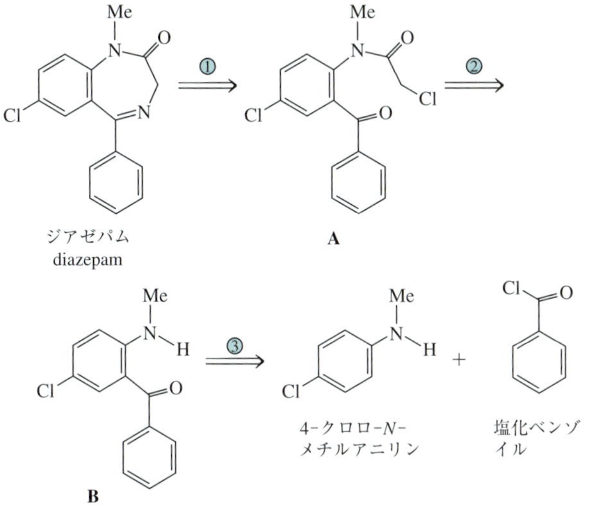

(a) 逆合成解析に従い，ジアゼパムを合成する方法を示せ．
(b) ジアゼパムはキラルな化合物か．キラルである場合，この合成でいくつの立体異性体が得られるのか．

22・51 抗うつ薬であるアミトリプチリンは，ノルエピネフリンとセロトニンがシナプス間隙から再摂取されることを阻害する．これにより，これらの神経伝達物質がセロトニンとノルエピネフリンの受容体部位と長期間にわたって相互作用することになるため，セロトニンやノルエピネフリンを介する神経伝達経路の興奮が持続する．アミトリプチリンの合成を次に示す．

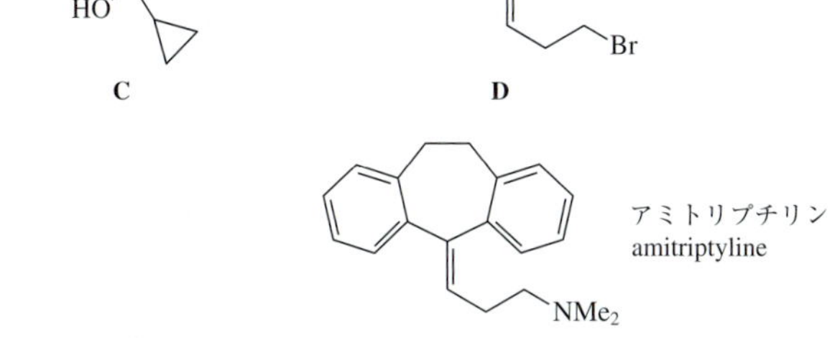

(a) **A** から **B** への変換反応の機構を示せ．
(b) **B** から **C** へ変換するのに適した反応剤を示せ．
(c) **C** から **D** への変換反応の機構を示せ．なお，第一級カルボカチオンが生成する機構ではないことに留意せよ．
(d) **D** からアミトリプチリンへ変換するのに適した反応剤を示せ．
(e) アミトリプチリンはキラルな化合物か．キラルである場合，この合成でいくつの立体異性体が得られるか答えよ．

22・52 抗うつ薬であるベンラファキシンは，以下の入手容易な出発物から合成できる．その方法を示せ．ベンラファキシンはキラルな化合物か．キラルである場合，この合成で立体異性体がいくつ得られるか答えよ．

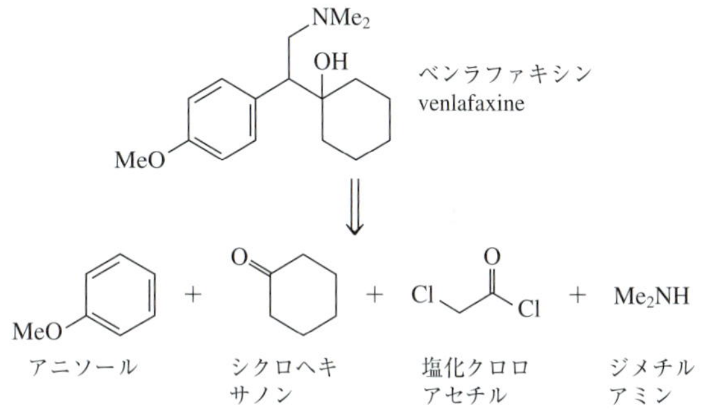

22・53 抗炎症薬や鎮痛薬として用いられているナブメトンの一つの合成法は，2-メトキシナフタレンのクロロメチル化反応(問題 22・46)と，それにひきつづくアセト酢酸エステル合成(§19・6 参照)を利用するものである．

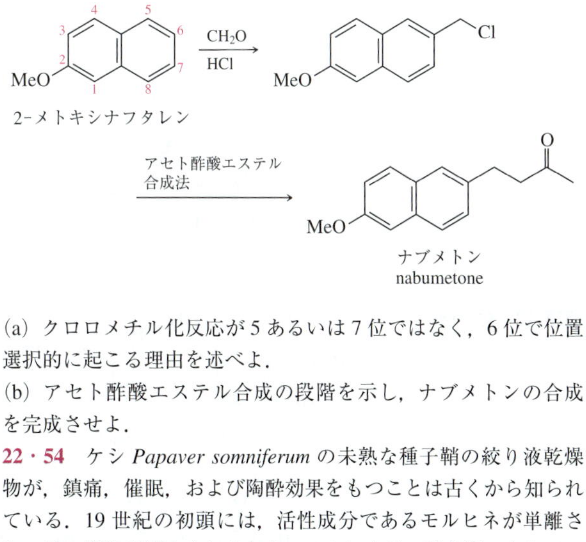

(a) クロロメチル化反応が 5 あるいは 7 位ではなく，6 位で位置選択的に起こる理由を述べよ．
(b) アセト酢酸エステル合成の段階を示し，ナブメトンの合成を完成させよ．

22・54 ケシ *Papaver somniferum* の未熟な種子鞘の絞り液乾燥物が，鎮痛，催眠，および陶酔効果をもつことは古くから知られている．19 世紀の初頭には，活性成分であるモルヒネが単離され，その構造が明らかにされた．モルヒネは，現在用いられている薬物のなかでも最も強力な鎮痛薬であるが，きわめて重い副作用をもつ．その第一は，中毒性があることである．第二は，中枢神経の呼吸調節中枢を不活性化する．このため，モルヒネ(あるいは，N-アセチルモルヒネであるヘロイン)を大量に摂取すると，呼吸器疾患のために死に至る．

これらの理由のため，鎮痛作用をもつが重い副作用をもたない，モルヒネ類似の構造をもつ化合物の探索が行われてきた．そのひとつは，モルヒネの炭素-窒素骨格を変換することで，薬効を保ったまま副作用を軽減する戦略である．その標的化合物の一

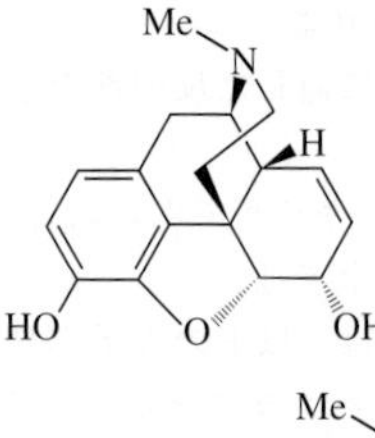

750 22. ベンゼンとベンゼン誘導体の反応

モルヒネ morphine

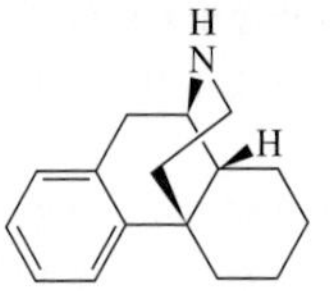

モルヒナン morphinan

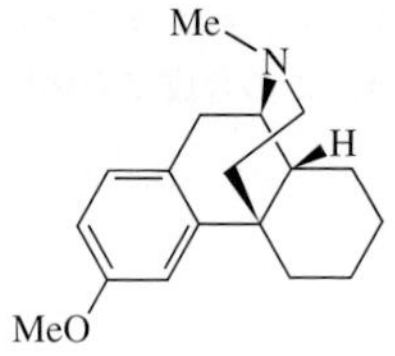

(+/−) = ラセメトルファン racemethorphan
(+) = デキストロメトルファン dextromethorphan
(−) = レボメトルファン levomethorphan

つとして，モルヒネの母骨格をもつモルヒナンがある．さまざまな化合物が合成されたなかで，ラセメトルファン(ラセミ体)とレボメトルファン(左旋性をもつエナンチオマー)とが強力な鎮痛作用をもつことがわかった．興味深いことに，右旋性をもつエナンチオマーである，デキストロメトルファンは鎮痛作用をもたない．しかし，この化合物はモルヒネと同程度の鎮咳性(咳を抑制する効果)をもつことから，鎮咳薬として広く用いられている．
ラセメトルファンの合成を下に示す．

(a) A から B へ変換するのに適した反応剤を示せ．
(b) B から C へ変換するのに適した反応剤を示せ．
(c) C から D への変換反応の機構を示せ．
(d) E から F への変換反応の機構を示せ．
(e) F から G へ変換するのに適した反応剤を示せ．
(f) G からラセメトルファンへ変換するのに適した反応剤を示せ．

22・55 下図に高血圧治療薬であるラベタロールの構造を示した．この化合物は血管拡張作用をもつ非選択的な β 遮断薬である．このような部類の薬は，高血圧，偏頭痛，緑内障，虚血性心疾患，あるいは不整脈の治療に有効であることから，臨床的に多大な関心がもたれている．逆合成解析では，α-ハロケトン B とアミン C への切断が含まれている．それぞれの化合物は入手容

問題 22・54 図

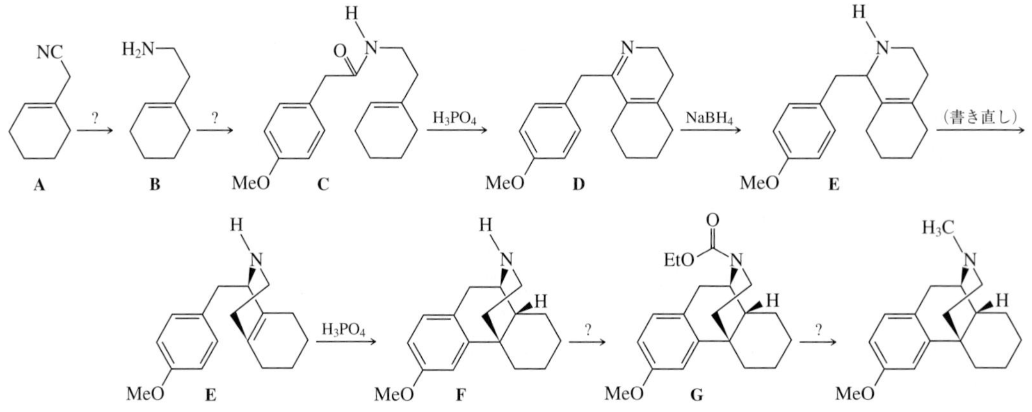

問題 22・55 図

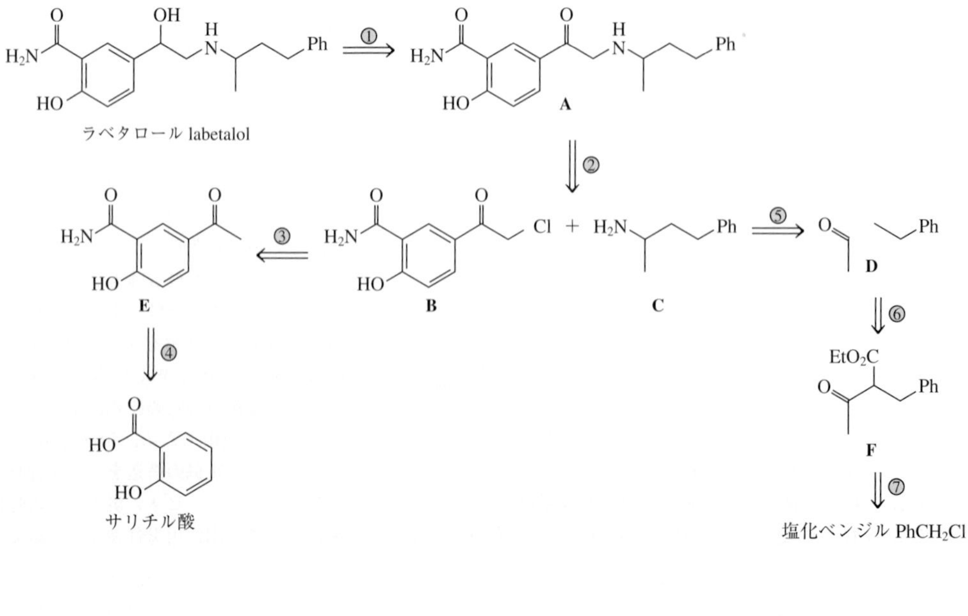

易な前駆体から，容易に合成できる．

(a) 逆合成解析に従い，サリチル酸と塩化ベンジルからラベタロールを合成する方法を示せ．サリチル酸から **E** への変換にはフリーデル–クラフツアシル化反応を行う．しかし，OH がアシル化されるのを防ぐために，これを無水酢酸を用いて保護しておく必要がある．保護基は，KOH 処理に続く中和反応で除去することができる．

(b) ラベタロールは二つのキラル中心をもつため，この合成を用いたときには，四つの立体異性体のラセミ混合物として得られる．活性なラベタロールは，キラル中心が R, R の立体配置をもつ異性体である．ラベタロールの構造式を，それぞれのキラル中心の立体化学がわかるように書け．

22·56 次に示す逆合成解析に基づき，抗ヒスタミン薬である p-メチルジフェンヒドラミンの合成法を示せ．

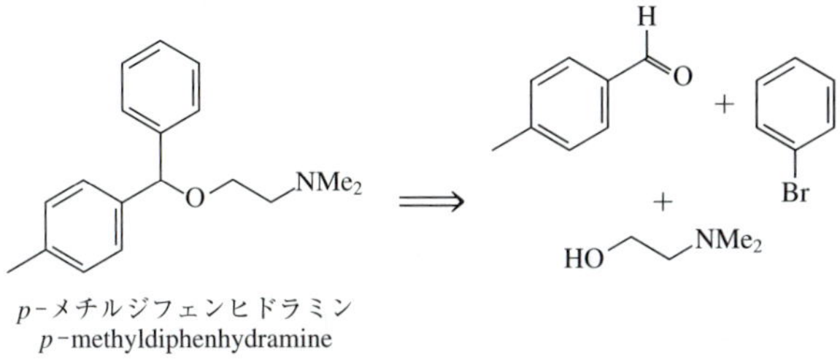

22·57 メクリジンは市販薬として一般に販売されている抗嘔吐薬（船酔い，乗り物酔いにおける吐き気を抑える，あるいは，少なくとも減じる薬）である．

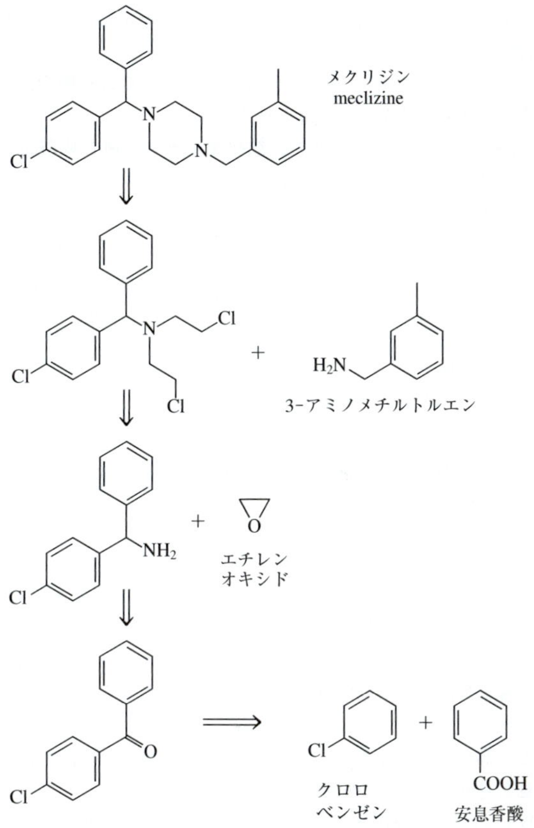

問題 22·59 図

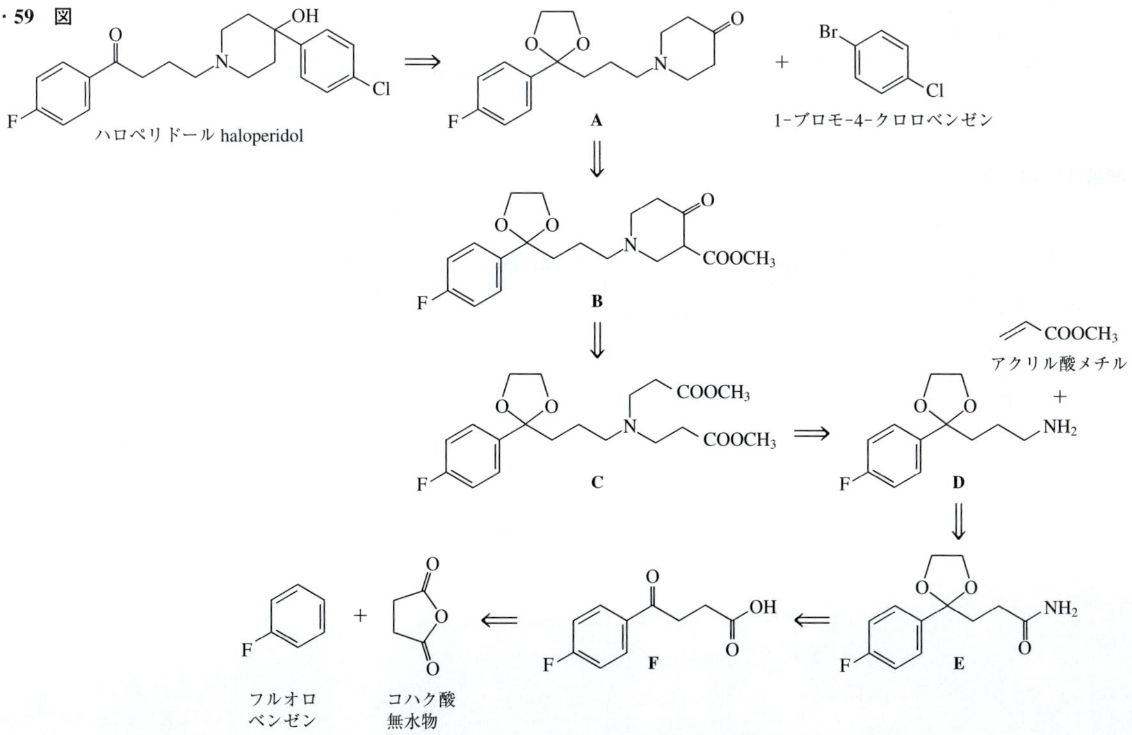

(a) 図に示した逆合成解析に従い，化合物名を示した四つの有機化合物から，メクリジンを合成する方法を示せ．
(b) メクリジンはキラルな化合物か．キラルである場合，この合成で立体異性体がいくつ得られるか答えよ．

22・58 スパスモリトールは，鎮痙薬である．逆合成解析に基づき，サリチル酸，エチレンオキシド，ジエチルアミンからスパスモリトールを合成する方法を示せ．

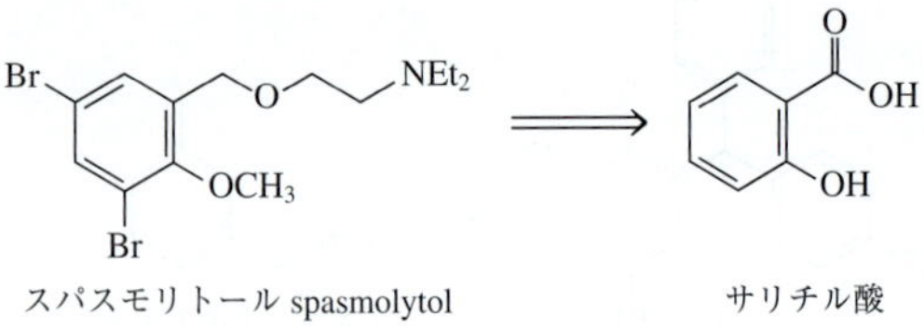

22・59 ハロペリドールは，かつて統合失調症の治療に用いられた抗精神病薬のひとつであり，中枢神経におけるドーパミン受容体への競争阻害剤として働く．
(a) 前ページの逆合成解析に従い，ハロペリドールの合成法を示せ．
(b) ハロペリドールはキラルな化合物か．キラルである場合，この合成で立体異性体がいくつ得られるか答えよ．

22・60 新世代の抗精神病薬のひとつであるクロザピンは，現在，統合失調症の治療に用いられている．これらの薬は従来のものに比べ，患者の引きこもり，無感情，記憶力，理解力，判断力などに高い改善効果をもつとともに，発作や晩発性運動障害(不随意の身体運動)などの副作用も少ない．図に示すクロザピンの合成において，段階1はウルマンカップリングであり，銅触媒を用いた芳香族求核置換反応である．
(a) 段階2におけるアミド生成の方法を示せ．
(b) 段階3に必要な反応剤を示せ．
(c) 段階4の機構を示せ．
(d) クロザピンはキラルな化合物か．キラルである場合，この合成で立体異性体がいくつ得られるか答えよ．

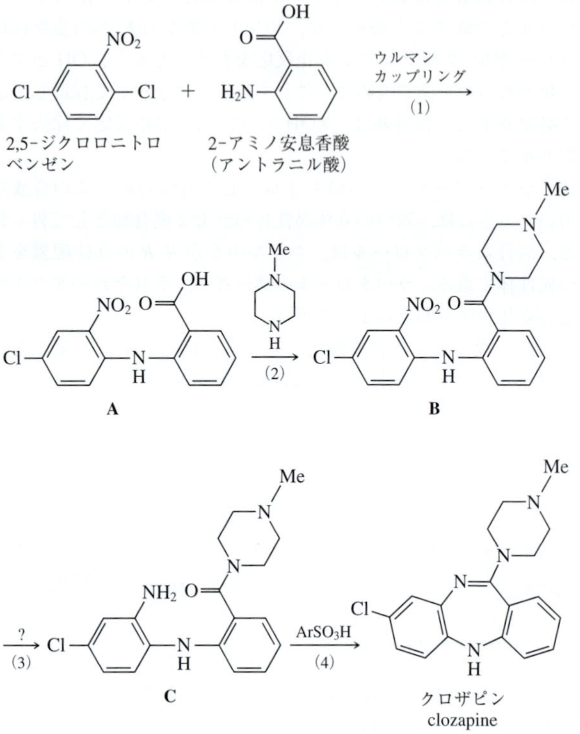

22・61 プロパラカインはコカイン類似の局所麻酔薬のひとつである．
(a) 下図の逆合成経路に従い，4-ヒドロキシ安息香酸からプロパラカインを合成する方法を示せ．
(b) プロパラカインはキラルな化合物か．キラルである場合，この合成で立体異性体がいくつ得られるか答えよ．

問題 22・61 図

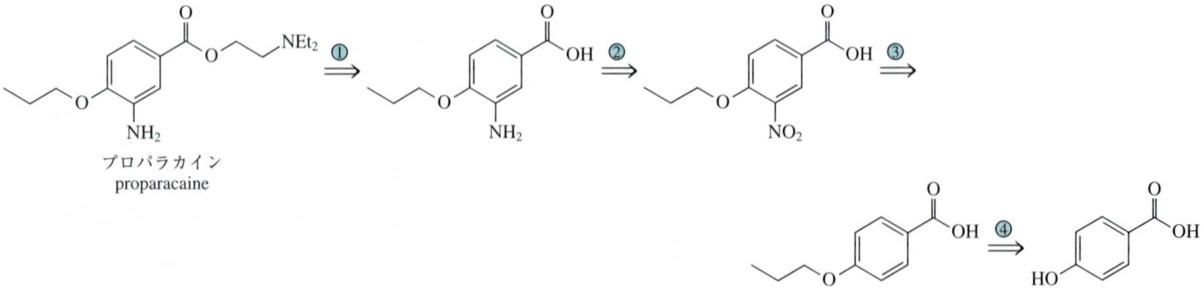

23章

アミン

モルヒネ

23・1 構造と分類
23・2 命名法
23・3 アミンと第四級アンモニウムイオンのキラリティー
23・4 物理的性質
23・5 塩基性
23・6 酸との反応
23・7 合成
23・8 亜硝酸との反応
23・9 ホフマン脱離
23・10 コープ脱離

　生物界にはアミンが広く存在している．このため，窒素は有機化合物を構成する元素のなかで，炭素，水素，酸素の三つについで4番目に多い元素である．アミンの窒素原子の非共有電子対は強力な電子供与源であり，塩基性と求核性はアミンがもつ最も重要な性質である．

23・1 構造と分類

　アミンは，アンモニアの水素原子が一つ以上アルキル基またはアリール基で置換された誘導体である．窒素原子に結合している炭素原子の数に応じて第一級，第二級，第三級アミンに分類される（§1・3B 参照）*．

* 訳注：アルコールを分類する際に用いられる第一級，第二級，第三級との違いに注意が必要である（§10・1 参照）．

メチルアミン
methylamine
（第一級アミン）

ジメチルアミン
dimethylamine
（第二級アミン）

トリメチルアミン
trimethylamine
（第三級アミン）

　アミンはさらに脂肪族アミンと芳香族アミンの二つに分けられる．窒素原子に結合しているすべての炭素置換基がアルキル基のものを**脂肪族アミン**といい，アリール基が一つ以上窒素に結合したものを**芳香族アミン**という．

脂肪族アミン aliphatic amine　窒素原子に結合した置換基がアルキル基のみのアミン．

芳香族アミン aromatic amine　アリール基が一つ以上の窒素原子に結合したアミン．

アニリン
aniline
（第一級芳香族アミン）

N-メチルアニリン
N-methylaniline
（第二級芳香族アミン）

ベンジルジメチルアミン
benzyldimethylamine
（第三級脂肪族アミン）

　窒素原子が環状骨格に含まれるアミンは，**ヘテロ環アミン**とよばれ，窒素原子が芳香環に含まれる場合には（§21・2D 参照），**芳香族ヘテロ環アミン**に分類される．脂肪族ヘテロ環アミンと芳香族ヘテロ環アミンの例を次に示す．

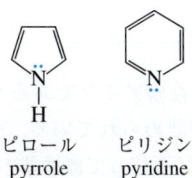

ヘテロ環アミン heterocyclic amine　環状骨格の一部に窒素原子を含むアミン．

芳香族ヘテロ環アミン heterocyclic aromatic amine　芳香環骨格に窒素原子を含むアミン．ヘテロ環芳香族アミンともいう．

脂肪族ヘテロ環アミン heterocyclic aliphatic amine

脂肪族ヘテロ環アミン

ピロリジン
pyrrolidine

ピペリジン
piperidine

芳香族ヘテロ環アミン

ピロール
pyrrole

ピリジン
pyridine

754　23. アミン

アルカロイド alkaloid　植物由来の含窒素化合物．その多くはヒトに対して生理活性をもつ．

例題 23・1

アルカロイドは植物由来の含窒素化合物であり，その多くはヒトに対して生理活性を示す．毒ニンジンから単離されたコニインを摂取すると，脱力感，呼吸困難，麻痺をひき起こし，さらには死に至りうる．ソクラテスは，この毒ニンジンに含まれるコニインにより毒殺された．またニコチンは，少量では習慣性をもつ刺激性物質にとどまるが，大量に摂取するとうつ，吐き気，嘔吐の症状をひき起こし，さらに大量に摂取すればやはり死に至りうる．実際に，ニコチンの水溶液は殺虫剤として用いられる．コカインはコカの葉から得られる中枢神経系に対する刺激物質である．

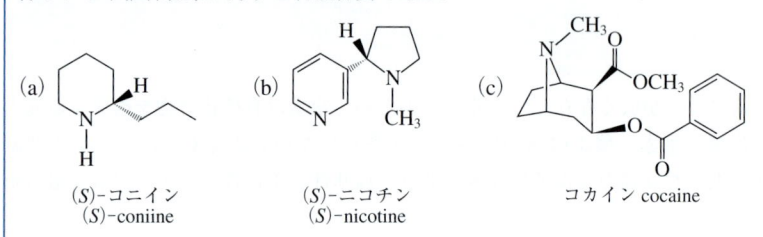

(a) (S)-コニイン　(S)-coniine
(b) (S)-ニコチン　(S)-nicotine
(c) コカイン cocaine

これらのアルカロイドに含まれるおのおののアミノ基を種類別(第一級，第二級，第三級，脂肪族，芳香族，ヘテロ環)に分類せよ．

解答　(a) 第二級脂肪族ヘテロ環アミン
(b) 第三級脂肪族ヘテロ環アミンおよび芳香族ヘテロ環アミン
(c) 第三級脂肪族ヘテロ環アミン

問題 23・1　コニイン，ニコチン，コカインに含まれるすべてのキラル中心を示せ．

23・2　命名法

A. IUPAC 命名法

脂肪族アミンの名称は，アルコールの場合にアルカンの名称の後にオールをつけるのと同じように命名し，主鎖のアルカンの名称の後にアミンをつける．英語では接尾辞の -e を -amine で置き換える．

2-プロパンアミン
2-propanamine

(S)-1-フェニルエタンアミン
(S)-1-phenylethanamine

1,6-ヘキサンジアミン
1,6-hexanediamine

例題 23・2

次のアミンを命名せよ．
(a) $CH_3(CH_2)_5NH_2$　(b) H_2N～～～NH_2　(c) Ph～NH_2

解答　(a) 1-ヘキサンアミン　(b) 1,4-ブタンジアミン　(c) 2-フェニルエタンアミン

問題 23・2　次のアミンの構造式を書け．
(a) 2-メチル-1-プロパンアミン　(b) シクロヘキサンアミン
(c) (R)-2-ブタンアミン

　最も単純な芳香族アミンである $C_6H_5NH_2$ については，IUPAC 命名法でもアニリンという慣用名が認められている．その置換誘導体は，o-, m-, p- などの接頭辞や 2-, 3-, 4- などの番号を使って置換基の位置を表す．アニリン誘導体には，今でも慣用名で

よばれているものも多い．たとえば，メチル基が置換したアニリンはトルイジンとよばれ，メトキシ基が置換したアニリンはアニシジンとよばれる．

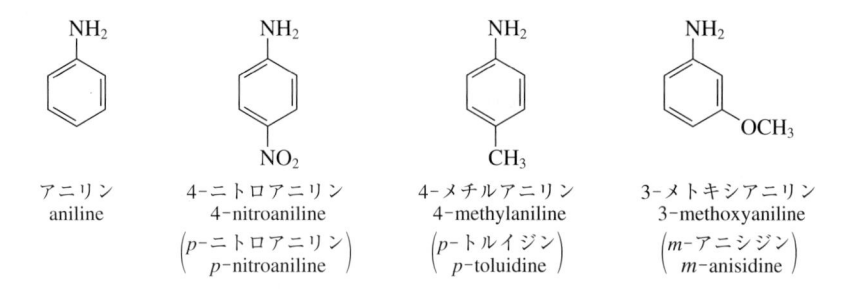

アニリン
aniline

4-ニトロアニリン
4-nitroaniline
(p-ニトロアニリン
 p-nitroaniline)

4-メチルアニリン
4-methylaniline
(p-トルイジン
 p-toluidine)

3-メトキシアニリン
3-methoxyaniline
(m-アニシジン
 m-anisidine)

第二級および第三級アミンは，一般に N 置換第一級アミンとして命名する．非対称アミンの場合には，最も大きい置換基を主鎖(母体)とみなし，窒素原子に結合している小さい置換基は N- の位置記号を使ってその位置を示す(N- はその置換基が窒素原子と結合していることを意味する)．

N-メチルアニリン
N-methylaniline

N,N-ジメチルシクロペンタンアミン
N,N-dimethylcyclopentanamine

次に四つの芳香族ヘテロ環アミンの名称と構造式を示す．これらの慣用名は IUPAC 命名法においても使われる．

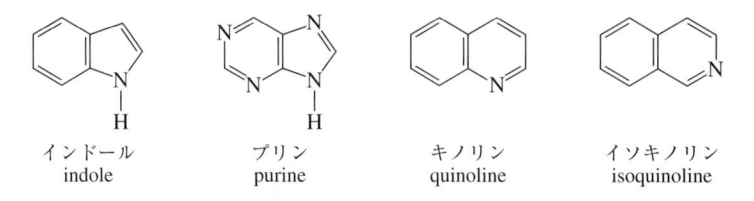

インドール
indole

プリン
purine

キノリン
quinoline

イソキノリン
isoquinoline

IUPAC 命名法における NH$_2$ 基の優先順位はさまざまな官能基のなかで比較的低い(表 16・1 参照)．次の化合物には，アミノ基よりも優先順位の高い官能基が含まれており，アミノ基の存在は名称の先頭にアミノ(amino-)をつけて示す．

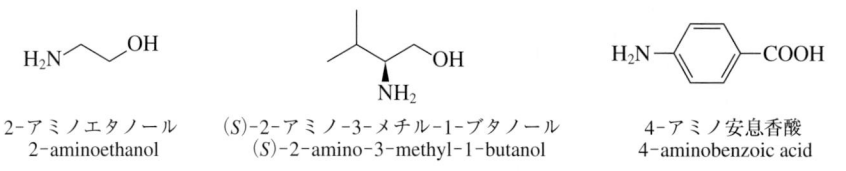

2-アミノエタノール
2-aminoethanol

(S)-2-アミノ-3-メチル-1-ブタノール
(S)-2-amino-3-methyl-1-butanol

4-アミノ安息香酸
4-aminobenzoic acid

B. 慣 用 名

脂肪族アミンの慣用的な命名法では，窒素原子に結合したアルキル基をアルファベット順に一語で並べ，最後にアミン(-amine)をつける．

メチルアミン
methylamine

tert-ブチルアミン
tert-butylamine

ジシクロペンチルアミン
dicyclopentylamine

トリエチルアミン
triethylamine

例題 23・3

次のアミンの構造式を書け．
(a) イソプロピルアミン　(b) シクロヘキシルメチルアミン　(c) ベンジルアミン

解答

(a) (CH₃)₂CH–NH₂　(b) C₆H₁₁–NHCH₃　(c) C₆H₅–CH₂NH₂

問題 23・3 次のアミンの構造式を書け．
(a) イソブチルアミン　(b) トリフェニルアミン　(c) ジイソプロピルアミン

窒素原子に原子または置換基が四つ結合した化合物は，相当するアミンの塩として命名する．後ろのアミン〔-amine（あるいはアニリン -aniline，ピリジン -pyridine など）〕をアンモニウム〔-ammonium（あるいはアニリニウム -anilinium，ピリジニウム -pyridinium など）〕に置き換え，日本語では一番前に，英語では一番後ろにアニオン名をつけたす．

Et₃NH⁺ Cl⁻
塩化トリエチルアンモニウム
triethylammonium chloride

C₅H₅NH⁺ CH₃COO⁻
酢酸ピリジニウム
pyridinium acetate

例題 23・4

次の化合物を命名せよ．

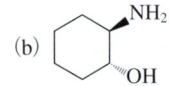

(a) (C₆H₅)₂NH　(b) trans-2-アミノシクロヘキサノール構造　(c) (S)-1-フェニル-2-プロパンアミン構造

解答 (a) ジフェニルアミン
(b) *trans*-2-アミノシクロヘキサノール
(c) (*S*)-1-フェニル-2-プロパンアミンまたはアンフェタミン．アンフェタミンの右旋性異性体（上図）は，中枢神経刺激薬であり市販されている．硫酸塩は，硫酸デキセドリンとして市販されている．

問題 23・4 次の化合物を命名せよ．
(a) フェニルアラニン構造　(b) H₂N–(CH₂)₃–COOH　(c) (CH₃)₃C–CH₂NH₂

Me₄N⁺ Cl⁻
塩化テトラメチルアンモニウム
tetramethylammonium chloride

C₅H₅N⁺–CH₂(CH₂)₁₄CH₃ Cl⁻
塩化ヘキサデシルピリジニウム
hexadecylpyridinium chloride
（塩化セチルピリジニウム
cetylpyridinium chloride）

Ph–CH₂N⁺Me₃ OH⁻
水酸化ベンジルトリメチルアンモニウム
benzyltrimethylammonium hydroxide

第四級アンモニウムイオン quaternary (4°) ammonium ion　四つの炭素と結合し，正電荷をもつ窒素原子からなるイオン．

アルキル基またはアリール基が四つ窒素に結合したイオンは，**第四級アンモニウムイオン**として分類される．そのようなイオンを含む化合物は塩としての性質をもつ．塩化セチルピリジニウムは局所消毒薬，殺菌薬として用いられる．

23・3 アミンと第四級アンモニウムイオンのキラリティー

　三つの原子または置換基が結合した窒素原子は、三角錐形となる（§1・4参照）．sp³ 混成した窒素原子は頂点に位置し、窒素に結合した三つの置換基は3方向に下向きに位置してピラミッド構造を形成する．また窒素原子の非共有電子対を4番目の置換基であると考えれば、正四面体構造とみなせる．したがって、三つの異なる置換基をもつアミンはキラルとなり、一組のエナンチオマーが存在しうる．たとえば、次に示すエチルメチルアミンでは、二つの異性体は鏡像関係にあり、重ね合わせられない．これらのエナンチオマーの絶対配置を決める際には、非共有電子対は優先順位が最も低いものとする．

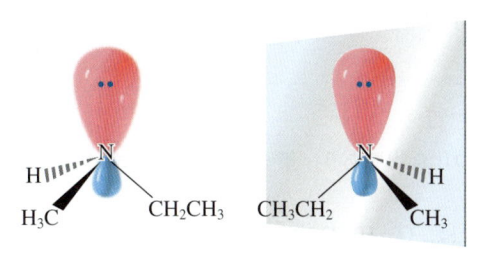

(S)-エチルメチルアミン　　(R)-エチルメチルアミン

　原理的にはキラルアミンは、二つのエナンチオマーに分割できるはずである．しかし実際には、ピラミッド構造の反転による相互変換が速いため、特殊な場合を除きそれらは分割できない．**ピラミッド反転**により、窒素原子は三つの基からなる平面の一方の側から他方の側へ移る振動が高速で起こっている．

ピラミッド反転 pyramidal inversion

　この動きを理解するために、窒素原子に結合している三つの原子がなす平面の上側に sp³ 混成の窒素原子が位置している状態を考えてみよう．この状態からピラミッド反転の遷移状態へと移ると、窒素原子と残りの三つの原子は同一平面上に位置するようになり、窒素原子は sp² 混成に変化する．この際、窒素の非共有電子対はいったん混成していない 2p 軌道を占めることになる．窒素原子の反転が進むと、窒素原子は再び sp³ 混成となり、三つの原子がなす平面の下側に位置するようになる．

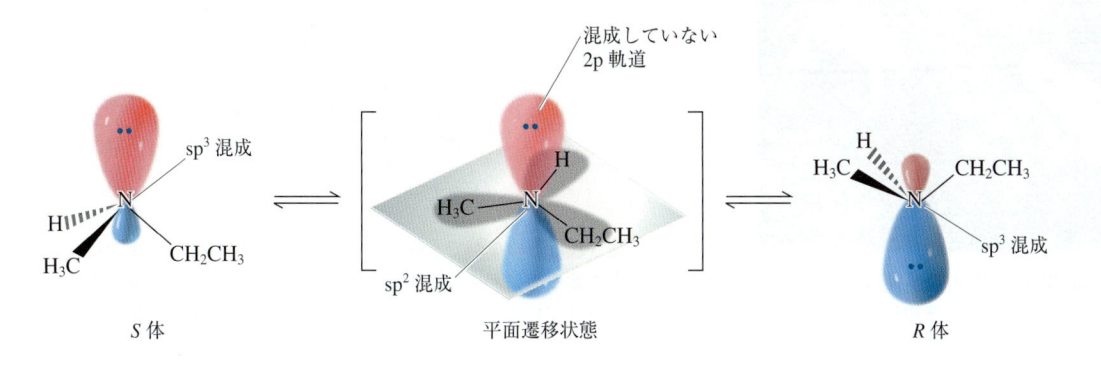

S体　　平面遷移状態　　R体

　あたかも傘が強い風の日にひっくり返るようなピラミッド反転が高速で起こる結果、ラセミ混合物となる．単純なアミンのピラミッド反転の活性化エネルギーは約 25 kJ mol⁻¹ (6 kcal mol⁻¹) である．アンモニアの場合、室温における速度は約 2×10^{11} s⁻¹ である．単純なアミンの反転速度はそれより遅いが、それでもエナンチオマーを光学分割することはできない．

　第四級アンモニウムイオンではピラミッド反転が起こりえないので、光学分割により

キラルなアンモニウム塩を得ることができる.

S体　　　R体

窒素と同族のリンの 3 価の化合物はホスフィンとよばれ，アミンの場合と同様に三角錐構造をとる．ホスフィンのピラミッド反転の活性化エネルギーはアミンと比べてかなり大きく，光学分割可能なキラルなホスフィンがたくさん知られている．

23・4　物理的性質

アミンは極性をもつ化合物であり，第一級および第二級アミンは分子間で水素結合を形成する（図 23・1）．

N−H⋯N 水素結合は，O−H⋯O 水素結合よりも弱い．これは，窒素と水素の電気陰性度の差（$3.0 - 2.1 = 0.9$）が，酸素と水素の差（$3.5 - 2.1 = 1.4$）よりも小さいことに

身のまわりの化学　　南米のヤドクガエル

南米コロンビア西部のジャングルに住む人々は，何千年にもわたり毒吹矢を使ってきた．用いられてきた毒は，フキヤガエル属 *Phyllobates* に属する何種類かの鮮やかな色のカエルの皮膚の分泌液から得られるものである．1 匹のカエルからは矢 20 本分以上の毒が得られる．最も猛毒のカエル *Phyllobates terribilis* では，矢尻をカエルの背中に擦りつけるだけで十分なほどである．

バトラコトキシン batrachotoxin

バトラコトキシニン A batrachotoxinin A

米国国立衛生研究所（NIH）の科学者は，これらの毒が細胞のイオンチャネルに作用することを知り，イオン輸送の機構解明に有用なツールになると期待して研究を開始した．比較的数の多いヤドクガエルを捕まえるための野外拠点がコロンビア西部に設置され，5000 匹のカエルから 11 mg の 2 種類の毒物が単離された．それらはギリシャ語のカエルに相当する *batrachos* に因んで，バトラコトキシンとバトラコトキシニン A と名づけられた．核磁気共鳴分光法，質量分析，単結晶 X 線回折により，これらの化合物の構造が決定された．

バトラコトキシンとバトラコトキシニン A はこれまでに発見された毒のなかでも最も強いものの一つである．ヒトを心停止させるのにわずか 200 μg のバトラコトキシンで十分であるとされている．これらは，神経や筋肉細胞の電位依存性 Na^+ チャネルに作用し，開口位置を阻害することで大量の Na^+ の細胞内への流入をひき起こすことがわかっている．

このバトラコトキシンの発見物語は，医薬開発のいくつかの方向性を示している．生理活性をもつ化合物やその供給源に関する情報は，原住民の古くからの言い伝えから得られることがしばしばあり，また熱帯雨林は構造が複雑で生理活性をもつ化合物の宝庫である．さらに，植物だけではなく生態系全体が有用な有機化合物の供給源であるという点も重要である．

起因する．分子間水素結合の効果は，メチルアミンとメタノールの沸点の差に現れる．両者はともに極性をもつ分子であり，液体の状態では水素結合により分子間で相互作用している．その強さはメタノールのほうが強く，そのため沸点もより高い．

	CH_3CH_3	CH_3NH_2	CH_3OH
分子量 (g mol^{-1})	30.1	31.1	32.0
沸点 (℃)	−88.6	−6.3	65.0

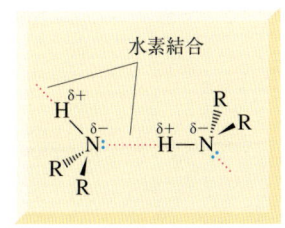

図 23・1 第一級および第二級アミンの水素結合を介した分子間での会合．窒素原子は，水素結合も含めて正四面体構造に近い構造をとる．

すべてのアミンは水と水素結合を形成する．そのため，似た分子量をもつ炭化水素と比べてアミンのほうが水への溶解性は高い．ほとんどの低分子量アミンは水に完全に溶解する（表 23・1）．一方，高分子量のアミンは水にわずかに溶けるか，不溶である．

表 23・1 代表的なアミンの物理的性質

名　称	構造式	融点(℃)	沸点(℃)	水への溶解度
アンモニア	NH_3	−78	−33	よく溶ける
第一級アミン				
メチルアミン	CH_3NH_2	−95	−6	よく溶ける
エチルアミン	$CH_3CH_2NH_2$	−81	17	よく溶ける
プロピルアミン	$CH_3CH_2CH_2NH_2$	−83	48	よく溶ける
イソプロピルアミン	$(CH_3)_2CHNH_2$	−95	32	よく溶ける
ブチルアミン	$CH_3(CH_2)_3NH_2$	−49	78	よく溶ける
ベンジルアミン	$C_6H_5CH_2NH_2$	――	185	よく溶ける
シクロヘキシルアミン	$C_6H_{11}NH_2$	−17	135	少し溶ける
第二級アミン				
ジメチルアミン	$(CH_3)_2NH$	−93	7	よく溶ける
ジエチルアミン	$(CH_3CH_2)_2NH$	−48	56	よく溶ける
第三級アミン				
トリメチルアミン	$(CH_3)_3N$	−117	3	よく溶ける
トリエチルアミン	$(CH_3CH_2)_3N$	−114	89	少し溶ける
芳香族アミン				
アニリン	$C_6H_5NH_2$	−6	184	少し溶ける
芳香族ヘテロ環アミン				
ピリジン	C_5H_5N	−42	116	よく溶ける

23・5 塩 基 性

アンモニアと同様にアミンは弱い塩基であり，アミンの水溶液は塩基性を示す．アミンと水との酸-塩基反応を，巻矢印を用いて次に示す．このプロトン移動反応では，巻矢印は，窒素の非共有電子対が水の水素原子と新たに共有結合をつくり，H−O 結合が開裂して水酸化物イオンが生成することを示している．

$$CH_3-\underset{H}{\overset{H}{N}}: + H-O-H \rightleftharpoons CH_3-\underset{H}{\overset{H}{\overset{|}{N}}}-H \quad :\overset{..}{O}-H$$

　　　　メチルアミン　　　　　　　　　水酸化メチルアンモニウム

アミンの塩基性は，その共役酸の酸解離定数で示される．たとえば，メチルアミンの

塩基性は，メチルアンモニウムイオンの pK_a(10.64)で議論することができる．共役酸の酸性が弱いほど(pK_aが大きいほど)，アミンの塩基性は強くなる．

$$CH_3NH_3^+ + H_2O \rightleftharpoons CH_3NH_2 + H_3O^+$$

$$K_a = \frac{[CH_3NH_2][H_3O^+]}{[CH_3NH_3^+]} = 2.29 \times 10^{-11} \qquad pK_a = 10.64$$

いくつかの代表的なアミンの共役酸の pK_a を表 23・2 に示す．

例題 23・5

次の酸-塩基反応の平衡はどちらに偏るか答えよ．

$$CH_3NH_2 + CH_3COOH \rightleftharpoons CH_3NH_3^+ + CH_3COO^-$$

解答 §4・4で酸-塩基反応の平衡の偏りを理解するために用いた考え方をここでも用いてみよう．より強い酸とより強い塩基により，より弱い酸とより弱い塩基を生じる方向に平衡は偏る．

$$CH_3NH_2 + CH_3COOH \rightleftharpoons CH_3NH_3^+ + CH_3COO^- \qquad pK_{eq} = -5.88$$
$$\qquad\qquad pK_a\ 4.76 \qquad\qquad pK_a\ 10.64 \qquad\qquad K_{eq} = 7.6 \times 10^5$$
$$\qquad\qquad (より強い酸) \qquad\quad (より弱い酸)$$

問題 23・5 次の酸-塩基反応の平衡はどちらに偏るか答えよ．

$$CH_3NH_3^+ + H_2O \rightleftharpoons CH_3NH_2 + H_3O^+$$

A. 脂肪族アミン

脂肪族アミンの塩基性はどれもだいたい同じであり，共役酸の pK_a は 10.0〜11.0 であり，アンモニアよりも塩基性が少し強い．これは，$RCH_2NH_3^+$ などのアルキルアンモニウムイオンのほうがアンモニウムイオン NH_4^+ よりも安定であることに起因する．アルキルアンモニウムイオンの高い安定性はアルキル基の電子供与性による．つまり，窒素上の正電荷が炭素に部分的に非局在化している．

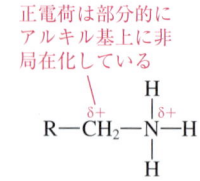

正電荷は部分的にアルキル基上に非局在化している

$$R \overset{\delta+}{-} CH_2 \overset{\delta+}{-} \overset{H}{\underset{H}{N}} - H$$

表 23・2 代表的なアミンの共役酸の酸性度，pK_a

アミン	構造	共役酸のpK_a
アンモニア	NH_3	9.26
第一級アミン		
メチルアミン	CH_3NH_2	10.64
エチルアミン	$CH_3CH_2NH_2$	10.81
シクロヘキシルアミン	$C_6H_{11}NH_2$	10.66
第二級アミン		
ジメチルアミン	$(CH_3)_2NH$	10.73
ジエチルアミン	$(CH_3CH_2)_2NH$	10.98
第三級アミン		
トリメチルアミン	$(CH_3)_3N$	9.81
トリエチルアミン	$(CH_3CH_2)_3N$	10.75
芳香族アミン		
アニリン	C$_6$H$_5$–NH$_2$	4.63
芳香族アミン(つづき)		
4-メチルアニリン	CH$_3$–C$_6$H$_4$–NH$_2$	5.08
4-クロロアニリン	Cl–C$_6$H$_4$–NH$_2$	4.15
4-ニトロアニリン	O$_2$N–C$_6$H$_4$–NH$_2$	1.0
芳香族ヘテロ環アミン		
ピリジン	(ピリジン環)	5.25
イミダゾール	(イミダゾール環)	6.95

B. 芳香族アミン

芳香族アミン(アリールアミン)の塩基性は，脂肪族アミンに比べかなり弱い．たとえば，アニリンとシクロヘキシルアミンの塩基性を比べてみよう．アニリンの共役酸の酸解離定数のほうが，シクロヘキシルアミンの共役酸よりも 10^6 倍も大きい(pK_a の値がより小さいほど，塩基性は弱い)．

シクロヘキシルアミン + H_2O ⇌ 水酸化シクロヘキシルアンモニウム　　$pK_a = 10.66, K_a = 2.19 \times 10^{-11}$

アニリン + H_2O ⇌ 水酸化アニリニウム　　$pK_a = 4.63, K_a = 2.34 \times 10^{-5}$

芳香族アミンのほうが脂肪族アミンよりも塩基性が弱いことには，二つの理由がある．一つは，芳香族アミンの共鳴安定化である．

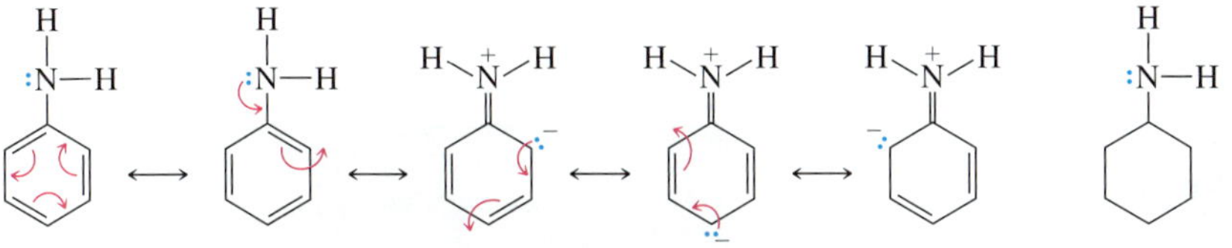

窒素上の電子対と芳香環のπ電子系との相互作用　　　アルキルアミンでは共鳴は起こらない

アニリンなどの芳香族アミンでは，窒素の非共有電子対は芳香環のπ電子系と相互作用することにより共鳴安定化されている．ベンゼンの共鳴安定化エネルギーが約 151 kJ mol^{-1} (36 kcal mol^{-1}) であるのに対し，アニリンの場合は 163 kJ mol^{-1} (39 kcal mol^{-1}) である．この共鳴のために，アニリンの窒素の非共有電子対は酸と反応しにくくなっている．これに対し，アルキルアミンの場合にはこのような共鳴安定化が起こらず，したがってアルキルアミンの非共有電子対は酸に対しより高い反応性を示す．すなわち，脂肪族アミンのほうが芳香族アミンよりも強い塩基である．

二つ目の理由は，芳香環の炭素は sp^2 混成であり，脂肪族アミンの sp^3 混成炭素と比べて電子求引性の誘起効果がより大きい点である．芳香族アミンの窒素原子の非共有電子対は環のほうにひきつけられており，そのため酸と反応して共役酸を生成しにくい．これらの二つの要因は，アルコキシドイオンに比べてフェノキシドイオンのほうが塩基性が低いことの理由と同じである(§21・4B 参照)．

芳香族アミンの塩基性は，芳香環上にメチル基，エチル基や，他のアルキル基などの電子供与基がある場合には強くなり，ニトロ基やカルボニル基などの電子求引基があると弱くなる．ハロゲンで芳香環を置換した場合も塩基性は弱くなるが，これは電気的に陰性なハロゲン原子の電子求引性の誘起効果による．一方で，ニトロ基の場合には，3-ニトロアニリンと4-ニトロアニリンのおのおのの共役酸の pK_a の比較からもわかるように，誘起効果と共鳴効果の両方が寄与する．

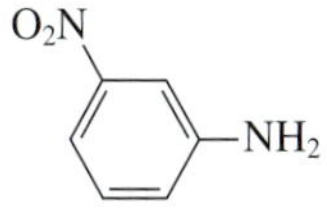

3-ニトロアニリン
pK_a 2.47

4-ニトロアニリン
pK_a 1.0

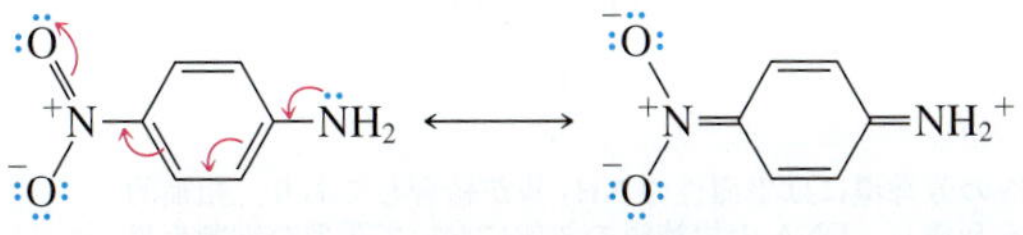

窒素原子上の非共有電子対は，ニトロ基の酸素上まで非局在化している

塩基性の減少に対する3位のニトロ基の効果は，おもには誘起効果によるといえるが，4位のニトロ基の場合には，誘起効果と共鳴効果の両方の効果による．パラ位の場合には（オルト位の場合も同様に），アミノ基の窒素原子の非共有電子対は芳香環の炭素だけでなく，ニトロ基の酸素原子にまで非局在化している．

生化学とのつながり　芳香環に結合したNH₂基の平面性

生体分子の分子構造の重要な特徴の一つは，芳香環に結合したアミノ基がほぼsp^2混成をとっており，それにより平面構造をとるという点である．前節でアニリンについて述べたように，この構造はアミノ基の非共有電子対が芳香環と共鳴して非局在化することによる．窒素原子がsp^2混成をとることにより，非共有電子対が入った$2p$軌道は芳香環のπ軌道とうまく重なり合えるようになる．

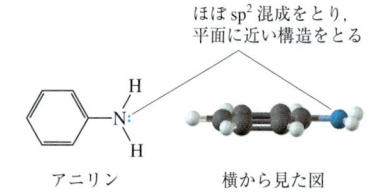

(A)-チミン(T)塩基対は二つの水素結合を形成しており，また，グアニン(G)-シトシン(C)塩基対は三つの水素結合からなる．これら二つの特異な水素結合の様式により，DNA鎖は相補的なつながりをもつ鎖を認識することができる．この水素結合により二つの相補的なDNA鎖が二重らせん構造をとる様子を次に示す．もしDNA塩基上のアミノ基がsp^2混成にならずに，平面構造をとらないとしたら，DNA塩基対は平面でなくなり，らせん構造の内側で積み重なった構造をとれなくなってしまう．

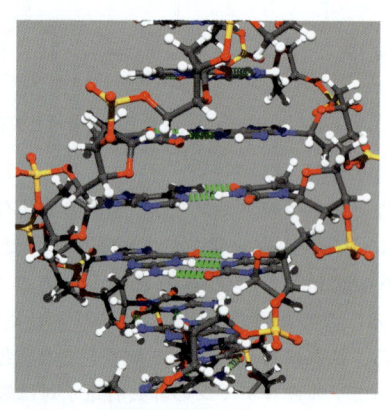

芳香環に結合したアミノ基の平面性は，核酸の性質や折りたたみ構造に大きく影響を及ぼす．塩基対の構造を下図に示す．核酸塩基の四つの代表的な芳香族ヘテロ環アミンのうち，三つが平面性のアミノ基をもつ．アミノ基がsp^2混成をとることにより，塩基は重なりあい（スタッキング）に最適な平面的な構造をもつようになり，同時に相補的な関係にある塩基との間で，特異的でかつ方向性のある水素結合を形成する．

二本鎖DNA（28章参照）は，特異な水素結合の形成をもとに遺伝情報をつかさどっている．図に示すように，アデニン

DNA二重らせん構造の一部．塩基はNH₂基を含めて平面構造をとっている．緑色の破線は塩基対を形成している水素結合を示す．

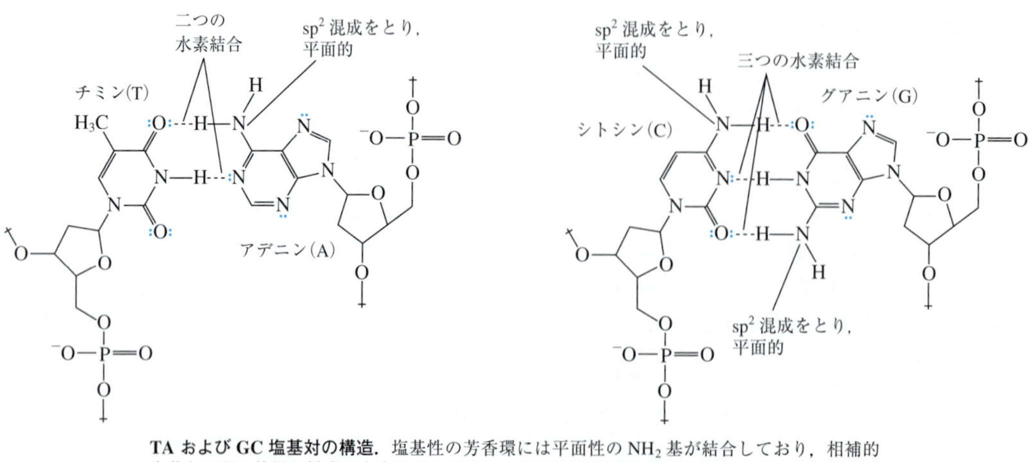

TAおよびGC塩基対の構造．塩基性の芳香環には平面性のNH₂基が結合しており，相補的塩基との間で特異な様式の水素結合を形成し，DNAの相補鎖の認識において重要な役割を果たしている．

C. 芳香族ヘテロ環アミン

芳香族ヘテロ環アミンの塩基性は，脂肪族ヘテロ環アミンに比べ弱い．ここでは，ピペリジン，ピリジン，イミダゾールの共役酸の pK_a を比較してみよう．

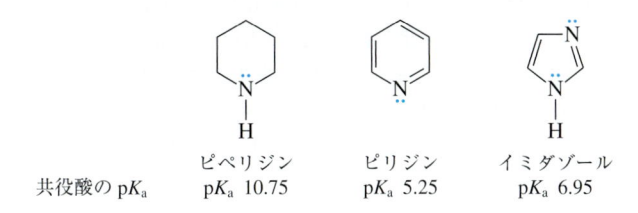

共役酸の pK_a　　ピペリジン pK_a 10.75　　ピリジン pK_a 5.25　　イミダゾール pK_a 6.95

§21・2D で，ピリジンとイミダゾールの構造と結合について学んだ．これら一連の芳香族ヘテロ環アミンの相対的な塩基性を理解するには，窒素原子の非共有電子対が，芳香族性をもたらす $(4n+2)π$ 電子系に含まれているかどうかをみることが重要である．ピリジンの非共有電子対は，芳香族性をもたらす 6 電子の一部ではなく，芳香環の 2p 軌道と直交した，環と同一平面上にある sp^2 混成軌道に収容されている．

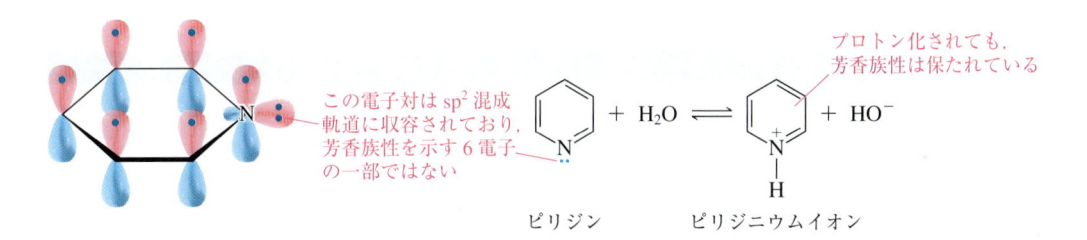

この電子対は sp^2 混成軌道に収容されており，芳香族性を示す 6 電子の一部ではない

プロトン化されても，芳香族性は保たれている

ピリジン　　　　ピリジニウムイオン

水などの酸からのピリジンへのプロトンの移動には，芳香環上の六つの π 電子は関与しない．ではなぜピリジンは脂肪族アミンよりも塩基性が著しく弱いのだろうか．それは，脂肪族アミンの窒素原子の非共有電子対が sp^3 混成軌道にあるのに対し，ピリジンの窒素原子の非共有電子対は sp^2 混成軌道にあるからである．sp^3 混成した窒素に比べて sp^2 混成した窒素のほうが電気陰性度が大きく，このため sp^2 混成した窒素の非共有電子対の塩基性はより弱くなる．

イミダゾールには二つの窒素原子があり，いずれも非共有電子対をもっている．一方の非共有電子対は 2p 軌道にあり，芳香環の 6π 電子の一部になっているのに対し，もう一方は sp^2 混成軌道に収容されており，芳香族性をもたらす 6π 電子の一部ではない．そのためこの非共有電子対はプロトン受容体として働く．

この電子対は sp^2 混成軌道にあり，芳香族性を示す 6π 電子の一部ではない

この電子対は 2p 軌道にあり，芳香族性を示す 6π 電子の一部である

プロトン化されても芳香族性は保たれている

イミダゾール　　　　イミダゾリウムイオン

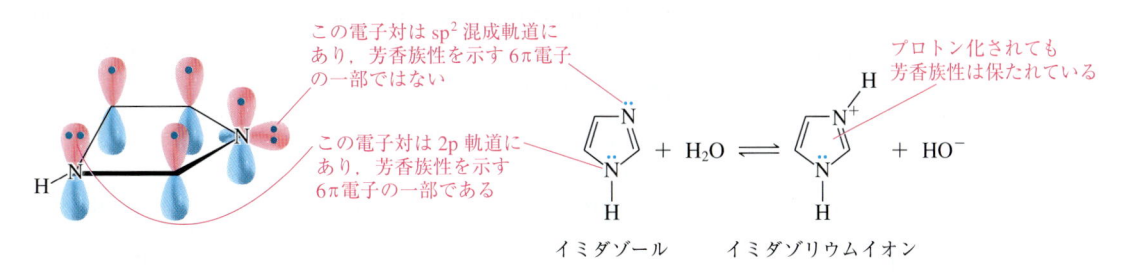

ピリジンの場合と同様に，イミダゾールのプロトン受容体として働く非共有電子対も sp^2 混成軌道に収容されており，その塩基性は sp^3 混成軌道にある非共有電子対と比べて著しく弱い．しかし，共役酸のイミダゾリウムイオンの正電荷は環内の二つの窒素原子に非局在化しているためより安定である．その結果，イミダゾールはピリジンより

も塩基性が強い．

ピリジンやイミダゾールと同様に，ピロールもまた芳香族ヘテロ環に分類される．しかし，その塩基性はピリジンやイミダゾールほど強くない．これは，ピロールの窒素原子の非共有電子対は2p軌道にあり，芳香族性をもたらす6π電子の一部になっているからである．ピロールがプロトン化されると，窒素原子はsp³混成へと変化し，ピロール環のπ電子は4電子になってしまい芳香族性を失うことになる．この芳香族性の損失は，エネルギー的にきわめて不利である．このため，ピロールはピリジンやイミダゾールと構造は似ているものの，プロトンを受容する能力は著しく低い．

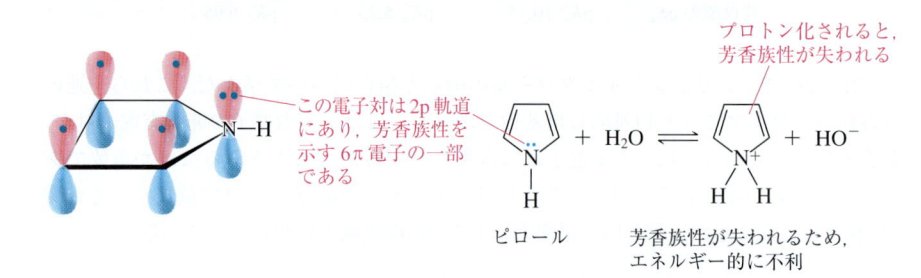

例題 23・6

次の各組で，より強いほうの塩基はどちらか答えよ．

(a) **A** ピリジン **B** モルホリン
(b) **C** テトラヒドロイソキノリン **D** テトラヒドロキノリン
(c) **E** o-トルイジン **F** ベンジルアミン

解答 (a) モルホリン **B** のほうが強い塩基（共役酸のpK_a 8.2）である．その塩基性は第二級脂肪族アミンとほぼ同程度である．芳香族ヘテロ環アミンであるピリジン **A**（共役酸のpK_a 5.25）の塩基性は，脂肪族アミンと比べて著しく弱い．
(b) テトラヒドロイソキノリン **C** の塩基性は第二級脂肪族アミン（共役酸のpK_a 約 10.8）と同程度であり，強い塩基である．テトラヒドロキノリン **D** の塩基性は N 置換アニリン（共役酸のpK_a 約 4.4）と同程度であり，弱い塩基である．
(c) ベンジルアミン **F**（共役酸のpK_a 9.6）のほうがより強い塩基である．その塩基性は他の脂肪族アミンと同程度である．一方で，芳香族アミンである o-トルイジン **E** の塩基性はアニリン（共役酸のpK_a 4.6）と同程度である．

問題 23・6 次の各組で，より強いほうの酸はどちらか答えよ．

(a) **A** O_2N-C$_6$H$_4$-NH$_3^+$, **B** CH$_3$-C$_6$H$_4$-NH$_3^+$
(b) **C** ピリジニウム , **D** シクロヘキシルアンモニウム

D. グアニジン

グアニジン（共役酸のpK_a 13.6）の塩基性は，水酸化物イオンと同じくらい強い．つま

り，その共役酸の酸性は他のプロトン化されたアミンよりも著しく弱い．

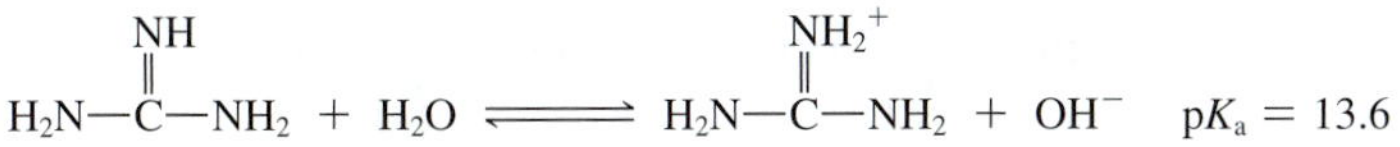

$$\text{H}_2\text{N}-\underset{\text{グアニジン}}{\overset{\text{NH}}{\text{C}}}-\text{NH}_2 + \text{H}_2\text{O} \rightleftharpoons \text{H}_2\text{N}-\underset{\text{グアニジニウムイオン}}{\overset{\text{NH}_2^+}{\text{C}}}-\text{NH}_2 + \text{OH}^- \quad pK_a = 13.6$$

このグアニジンの特異な塩基性は，グアニジニウムイオンにおける正電荷の非局在化に起因している．グアニジニウムイオンに対して，三つの等価な共鳴構造式を書ける．つまり，正電荷が官能基全体に非局在化している．この非局在化により，グアニジニウムイオンは他のアンモニウムイオンよりも安定となる．

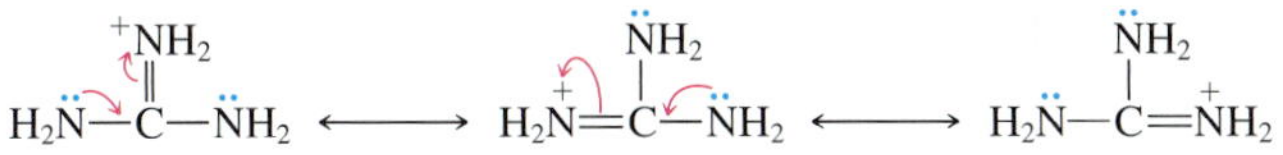

三つの等価な共鳴構造

23・6 酸との反応

アミンは，水に溶けるかどうかにかかわらず，強酸と定量的に反応して水溶性のアンモニウムイオンを生成する．たとえば，ノルエピネフリン（ノルアドレナリン）に塩酸水溶液を作用させると，対応する塩酸塩が生成する．

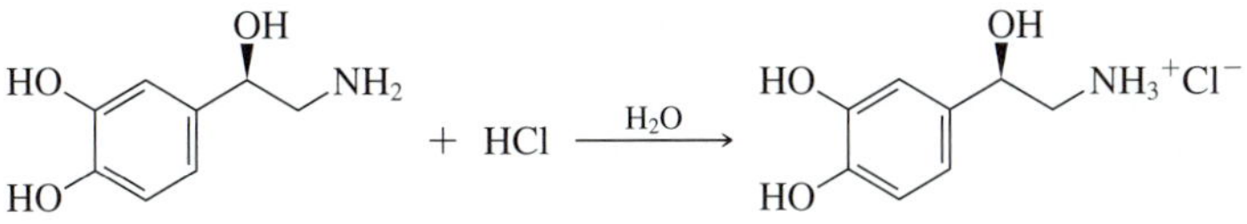

(R)-ノルエピネフリン　　　　　　　　(R)-ノルエピネフリン塩酸塩
（水にわずかに溶ける）　　　　　　　　　（水溶性の塩）

ノルエピネフリンは副腎髄質から分泌されるもので，神経伝達物質である．脳の感情的な挙動をつかさどる部分に作用することが示唆されている．生体分子において，(R)-ノルエピネフェノールやアミノ酸などの脂肪族アミンはプロトン化されており，生体内の pH においては正電荷をもつ形で存在している．

例題 23・7

次の酸-塩基反応を完成させ，生成する塩を命名せよ．

(a) Et$_2$NH + HCl $\longrightarrow$ 　　　(b) PhCH$_2$NH$_2$ + CH$_3$COOH $\longrightarrow$

解答　(a)　　Et$_2$NH$_2^+$Cl$^-$ 　　　　(b)　PhCH$_2$NH$_3^+$CH$_3$COO$^-$
　　　　　塩化ジエチルアンモニウム　　　　　　酢酸ベンジルアンモニウム

問題 23・7 次の酸-塩基反応を完成させ，生成する塩を命名せよ．

(a) Et$_3$N + HCl $\longrightarrow$ 　　　(b) 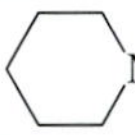 ⬡NH + CH$_3$COOH $\longrightarrow$

例題 23・8

タンパク質の構成単位の一つである (S)-セリンの二つの構造を次に示す(27 章参照)．

(S)-セリンの構造として，**A**と**B**のどちらがより適切か答えよ．

$$HOCH_2-\underset{NH_2}{\underset{|}{C}}H-COOH \rightleftharpoons HOCH_2-\underset{NH_3^+}{\underset{|}{C}}H-COO^-$$

A　　　　　　　　　　　**B**

解答　構造式 **A** はアミノ基(塩基)とカルボキシ基(酸)を含んでいる．より強い酸からより強い塩基にプロトンが移動することにより，分子内で塩をつくるので，**B** のほうが (S)-セリンの構造をよりよく表している．**B** のように表される分子内での塩は，**双性イオン**とよばれる(§27・1 参照)．

双性イオン zwitter ion 両性イオンともいう．

問題 23・8 プロパン酸，イソプロピルアミンの共役酸，アラニンの共役酸の構造を，おのおのに含まれる官能基の pK_a とともに次に示す．

$$\underset{\text{プロパン酸}}{CH_3CH_2COH} \quad pK_a\ 4.78 \qquad \underset{\substack{\text{イソプロピルアミンの}\\\text{共役酸}}}{CH_3\underset{NH_3^+}{\underset{|}{C}}HCH_3} \quad pK_a\ 10.78 \qquad \underset{\substack{\text{アラニンの}\\\text{共役酸}}}{CH_3\underset{NH_3^+}{\underset{|}{C}}HCOOH} \quad \begin{matrix}pK_a\ 2.35\\ pK_a\ 9.87\end{matrix}$$

(a) アラニンの共役酸の NH$_3^+$ 基は，イソプロピルアミンの共役酸の NH$_3^+$ 基よりも酸性が強い．この理由を説明せよ．
(b) アラニンの共役酸の COOH 基は，プロパン酸の COOH 基よりも酸性が強い．この理由を説明せよ．

アミンが塩基性を示し，またアミン塩が水に可溶であるという事実は，水に不溶のアミンと水に不溶であるが塩基性でない化合物とを分離するのに有用である．アニリンを中性の化合物であるアセトアニリドから分離する手順を図 23・2 に示す．

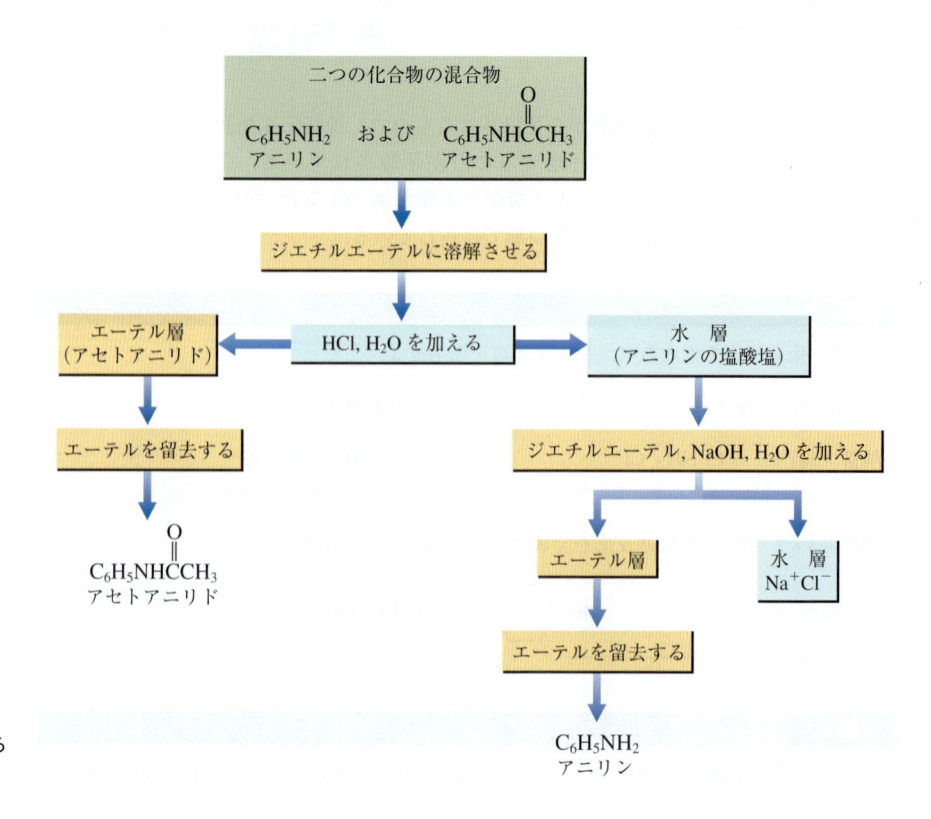

図 23・2　アミンの中性化合物からの分離と精製

例題 23・9

第一級脂肪族アミン(RNH₂, pK_a 10.8),カルボン酸(RCOOH, pK_a 5),フェノール(ArOH, pK_a 10)は水に不溶であるが,ジエチルエーテルには溶ける.これら三つの化合物の混合物を次に示す手順に従って **A**,**B**,**C** の画分に分けると,アミン,カルボン酸,フェノールはそれぞれどの画分に含まれるか答えよ.

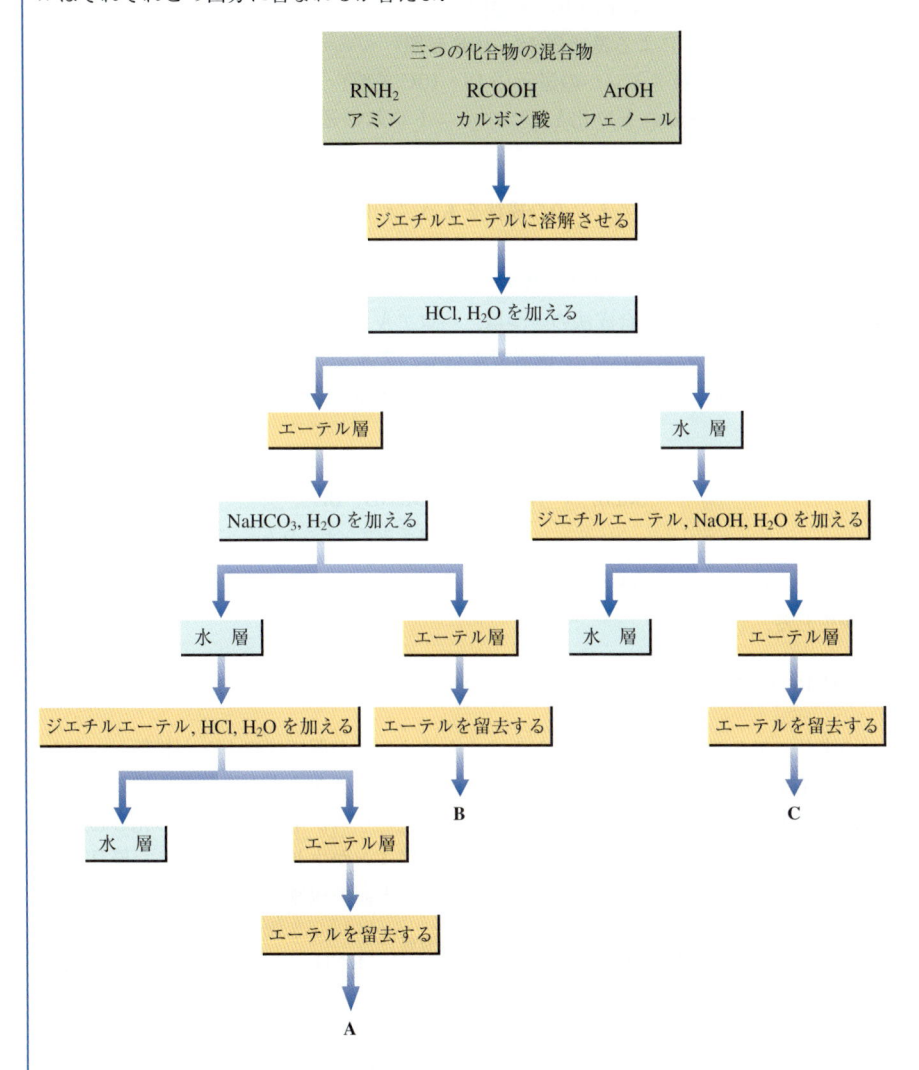

```
          三つの化合物の混合物
       RNH₂    RCOOH    ArOH
       アミン  カルボン酸 フェノール
              ↓
       ジエチルエーテルに溶解させる
              ↓
       HCl, H₂O を加える
         ↓              ↓
       エーテル層       水 層
         ↓              ↓
    NaHCO₃, H₂O を    ジエチルエーテル, NaOH,
      加える          H₂O を加える
      ↓     ↓         ↓       ↓
    水層  エーテル層  水層   エーテル層
     ↓      ↓                  ↓
  ジエチルエーテル, エーテルを      エーテルを
  HCl, H₂O を加える 留去する      留去する
    ↓    ↓         ↓              ↓
  水層 エーテル層   B              C
         ↓
    エーテルを留去する
         ↓
         A
```

解答 画分 **C** は RNH₂ を,画分 **B** は ArOH を,画分 **A** は RCOOH を含む.

問題 23・9 例題 23・9 で示した分離精製の操作に次の条件が加わると,その結果はどのように違ってくるか答えよ.
(a) NaHCO₃ 水溶液の代わりに NaOH 水溶液を用いる.
(b) 出発混合物に含まれるのが,脂肪族アミン RNH₂ ではなく,芳香族アミン ArNH₂ である.

23・7 合成

アミンの合成では,いかに炭素−窒素結合をつくるか,また,最初に合成される含窒素化合物がアミンでない場合には,いかにそれをアミンに変換するかが問題となる.す

でに次に示すアミンの合成法を学んできた．

1. オキシランのアンモニアまたはアミンによる求核的な開環反応（§11・9B 参照）
2. アルデヒドまたはケトンのカルボニル基への窒素求核剤の付加反応によるイミンの合成（§16・8 参照）
3. イミンのアミンへの還元（§16・8 参照）
4. アミドの LiAlH$_4$ による還元（§18・10B 参照）
5. ニトリルの第一級アミンへの還元（§18・10C 参照）
6. ベンゼン誘導体のニトロ化と，つづくニトロ基の還元による第一級アミンの合成（§22・1B 参照）

本章では，これ以外のアミンの合成法をもう二つ解説しよう．

A. アンモニア，アミンのアルキル化

アミンの最も直接的な合成法の一つは，ハロアルカンとアンモニアもしくはアミンとの反応である．この反応は S$_N$2 機構で進行し，アルキルアンモニウム塩が生成する．たとえば，ブロモメタン MeBr にアンモニアを作用させると，臭化メチルアンモニウムが得られる．

$$\text{MeBr} + \text{NH}_3 \xrightarrow{\text{S}_N2} \text{MeNH}_3{}^+\text{Br}^-$$
臭化メチルアンモニウム

しかし，反応はこの段階で止まらず，さらに次に示すように進行するため複雑な混合物が生じる．

$$\text{MeBr} + \text{NH}_3 \longrightarrow \text{MeNH}_3{}^+\text{Br}^- + \text{Me}_2\text{NH}_2{}^+\text{Br}^- + \text{Me}_3\text{NH}^+\text{Br}^- + \text{Me}_4\text{N}^+\text{Br}^-$$

つまり，アンモニアとメチルアンモニウムイオンとの間でプロトンが移動し，アンモニウムイオンとメチルアミンが生じる．このメチルアミンもまた優れた求核剤であるので，ブロモメタンと反応して臭化ジメチルアンモニウムが生成する．この化合物からもう一度プロトンが移動することによりジメチルアミンが生じる．これもまた優れた求核剤であるので，さらに求核置換反応を起こして，上記の複雑な反応が進行する．

$$\underset{\substack{\text{臭化メチル}\\\text{アンモニウム}}}{\text{MeNH}_3{}^+\text{Br}^-} + \text{NH}_3 \underset{}{\overset{\text{プロトン移動}}{\rightleftharpoons}} \underset{\text{メチルアミン}}{\text{MeNH}_2} + \text{NH}_4{}^+\text{Br}^-$$

$$\text{MeBr} + \text{MeNH}_2 \xrightarrow{\text{S}_N2} \underset{\substack{\text{臭化ジメチル}\\\text{アンモニウム}}}{\text{Me}_2\text{NH}_2{}^+\text{Br}^-}$$

$$\text{Me}_2\text{NH}_2{}^+\text{Br}^- + \text{NH}_3 \overset{\text{プロトン移動}}{\rightleftharpoons} \underset{\text{ジメチルアミン}}{\text{Me}_2\text{NH}} + \text{NH}_4{}^+\text{Br}^-$$

この求核置換反応とプロトン移動が繰返し起こる結果最終的に生じる生成物は，ハロゲン化テトラアルキルアンモニウムである．これら一連のアルキル化生成物の生成比は，反応に用いられるハロアルカンとアンモニアとの比に依存する．しかし，いずれにしても生成物はいくつかのアルキル化生成物の混合物になってしまうので，アンモニアやアミンのアルキル化は，実験室における複雑なアミンの合成法としてはそれほど有用ではない．しかし，第一級アミンは，この方法で安価なアンモニアを過剰に用いれば容

易に合成できる．もし用いるアミンが高価でなく大過剰使ってもよい場合には，他のアミンの合成にも，この S_N2 置換反応による方法は有用である．

B. アジドイオンのアルキル化

上述のように，アンモニアやアミンのアルキル化は，アミンの一般的合成法としては効率的な反応ではない．そこで，求核剤として作用して窒素－炭素結合を生成した後は，その生成物がもはや求核性をもたなくなるような窒素反応剤を用いれば，多重アルキル化という問題を回避することができる．そのような窒素求核剤としてアジドイオン N_3^- がある．アルキルアジドは，ナトリウムアジドやカリウムアジドと第一級もしくは第二級ハロゲン化アルキルとの S_N2 置換反応により容易に合成できる．生成したアルキルアジドは，水素化アルミニウムリチウム $LiAlH_4$ などのさまざまな還元剤により第一級アミンへと還元することができる．

アジドイオン（よい求核剤）　　アルキルアジド

塩化ベンジル　　ベンジルアジド　　ベンジルアミン

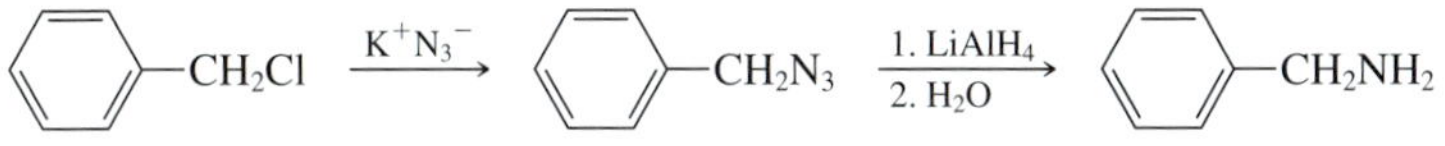

アジドイオンは，オキシランの立体選択的な開環反応にも用いることができる．生成する *β*-アジドアルコールを還元すれば，*β*-アミノアルコールが得られる．たとえば，この一連の反応により，シクロヘキセンから *trans*-2-アミノシクロヘキサノールを合成することができる．

シクロヘキセン　　1,2-エポキシシクロヘキサン　　*trans*-2-アジドシクロヘキサノール（ラセミ体）

trans-2-アミノシクロヘキサノール（ラセミ体）

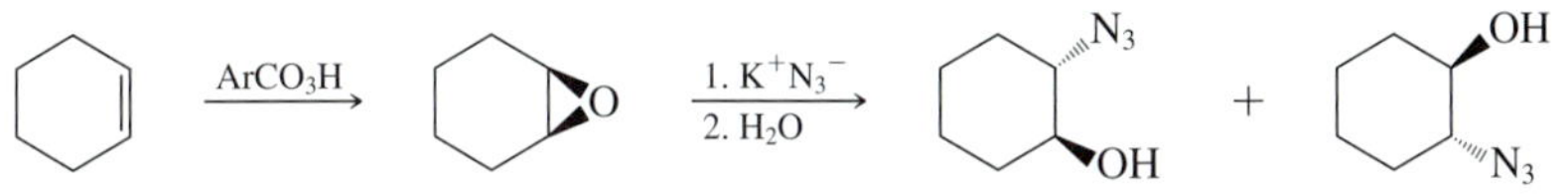

シクロヘキセンの過酸による酸化(§11・8C 参照)によりオキシランが得られる．アジドイオンのオキシランへの求核攻撃は，脱離していく酸素に対しアンチの方向から選択的に起こる(§11・9B 参照)．その後アジドを水素化アルミニウムリチウムにより還元することにより，*trans*-2-アミノシクロヘキサノールのラセミ体が得られる．

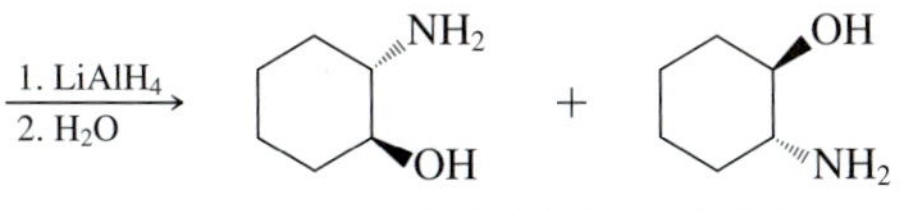

例題 23・10

塩化 4-メトキシベンジルから次のアミンへと変換する方法を示せ．

(a) 　(b)

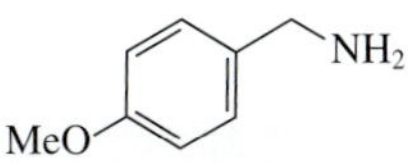

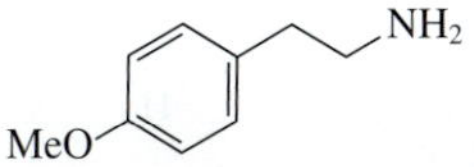

解答　(a) 二つの方法が考えられる．1) 多重アルキル化を少なくするようにアンモニアを大過剰用いたアルキル化反応と，2) NaN_3 を用いたアジドイオンによる求核置換反応

770   23. ア ミ ン

とつづく LiAlH₄ による還元, の二つである. アジドによる求核置換反応による経路のほうが実験室スケールではより有用である.
(b) シアン化物イオンによる求核置換反応と, つづくシアノ基の LiAlH₄ を用いた還元反応により合成できる.

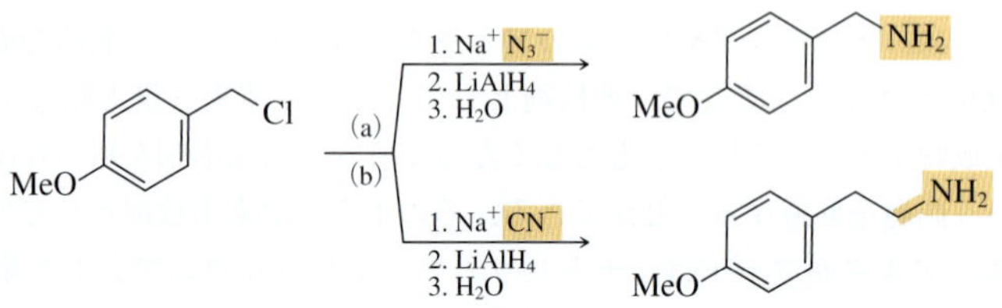

問題 23・10 次の変換を効率よく行う方法を示せ. 必要であれば次に示す出発物のほかに反応剤も用いよ.

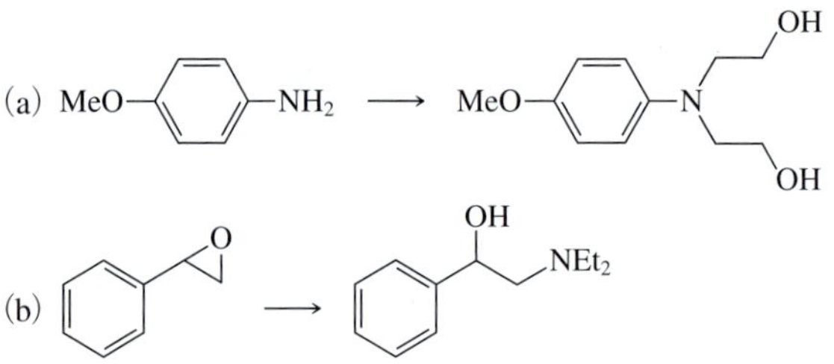

(a) MeO–C₆H₄–NH₂ ⟶ MeO–C₆H₄–N(CH₂CH₂OH)₂

(b) フェニルオキシラン ⟶ PhCH(OH)CH₂NEt₂

23・8 亜硝酸との反応

亜硝酸 HNO₂ は, 亜硝酸ナトリウム NaNO₂ 水溶液に硫酸もしくは塩酸を加えることにより調製できる不安定な化合物である. 亜硝酸は弱い酸素酸で, 次式のようにイオン化する.

$$HNO_2 + H_2O \rightleftharpoons H_3O^+ + NO_2^- \qquad pK_a = 3.37$$

亜硝酸はアミンと反応するが, その様式は用いるアミンが第一級, 第二級, 第三級アミンのどれなのか, あるいは脂肪族アミン, 芳香族アミンのどちらなのかによって異なる. これらの反応はいずれも, 1) 亜硝酸にプロトン移動が起こる, 2) 弱い求電子剤であるニトロシルカチオンを生じるという共通の機構で進む.

反応機構　ニトロシルカチオンの生成

段階 1: プロトンの付加. 亜硝酸のヒドロキシ基へのプロトン化によりオキソニウムイオンが生成する.

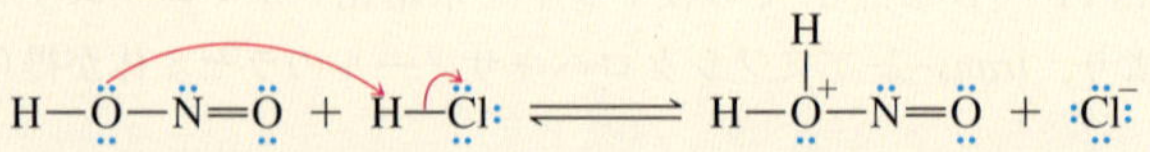

H–Ö–N=Ö + H–Cl: ⇌ H–Ö⁺(H)–N=Ö + :Cl:⁻

段階 2: 結合開裂による安定な分子(イオン)の生成. 水が脱離することにより, ニトロシルカチオンが生じる. ニトロシルカチオンは二つの共鳴構造の混成体として表せる.

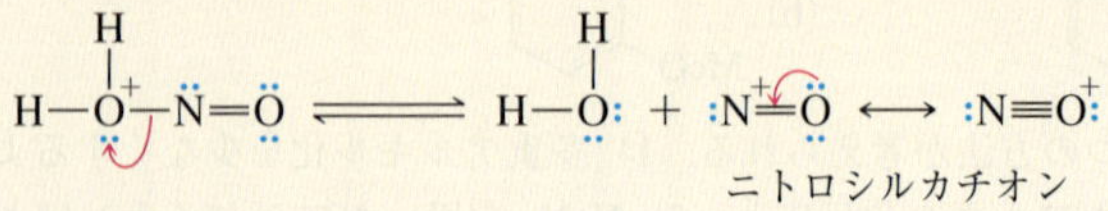

H–Ö⁺(H)–N=Ö ⇌ H–Ö–H + :N⁺=Ö ⟷ :N≡Ö⁺
　　　　　　　　　　　　　　　　ニトロシルカチオン

A. 第三級脂肪族アミン

第三級アミンに亜硝酸を作用させると，プロトン化されてもともとの水への溶解性に関係なく水溶性の塩を生じるだけで，それ以上の反応は進行しない．そのためこの反応は有用ではない．

B. 第三級芳香族アミン

第三級芳香族アミンも塩基であり，亜硝酸と反応すると塩を生じる．しかし，この反応以外に芳香族求電子置換反応も進行する．ニトロシルカチオンは非常に弱い求電子剤であり，ヒドロキシ基やジアルキルアミノ基などの強いオルト-パラ配向性活性化置換基が置換した芳香環とのみ反応する．これらの芳香族アミンに亜硝酸を作用させると，おもにパラ位でニトロソ化が起こり，青色または緑色の芳香族ニトロソ化合物が生成する．

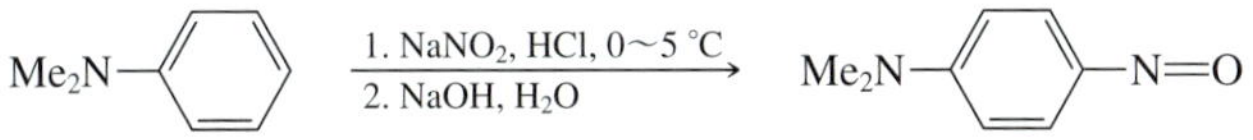

$$\text{Me}_2\text{N}-\text{C}_6\text{H}_5 \xrightarrow[\text{2. NaOH, H}_2\text{O}]{\text{1. NaNO}_2, \text{HCl, 0～5 °C}} \text{Me}_2\text{N}-\text{C}_6\text{H}_4-\text{N}=\text{O}$$

N,N-ジメチルアニリン　　　　　　　　　　　　N,N-ジメチル-4-ニトロソアニリン

C. 第二級脂肪族・芳香族アミン

第二級アミンは，脂肪族，芳香族に関係なく亜硝酸と反応して，N-ニトロソアミンを生成する．例として，ピペリジンと亜硝酸との反応を次に示す．

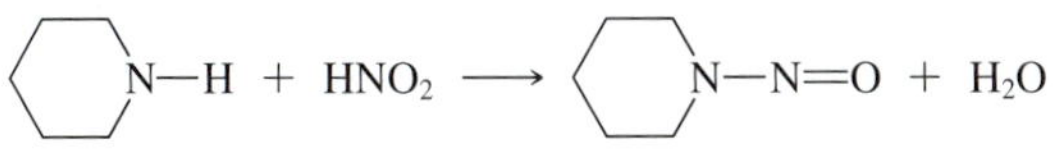

ピペリジン　　　　　　　　　　N-ニトロソピペリジン

> **反応機構** 第二級アミンとニトロシルカチオンとの反応による N-ニトロソアミンの生成
>
> **段階 1**: 求核剤と求電子剤の間の結合生成．第二級アミン (求核剤) はニトロシルカチオン (求電子剤) と反応し，N-ニトロソアンモニウムイオンを生じる． 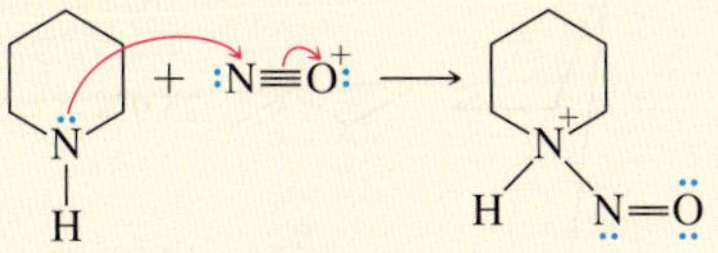
>
> **段階 2**: プロトンの脱離．プロトンが溶媒に移動し，N-ニトロソアミンが生成する．

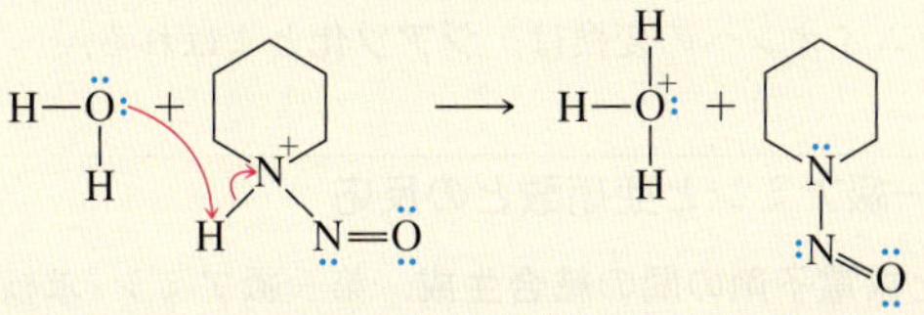

N-ニトロソアミンは合成的あるいは工業的にはそれほど価値はない．しかし，近年，多くの N-ニトロソアミン化合物が潜在的な発がん性をもつことから注目されるようになった．たとえば，次ページの図に示す二つの N-ニトロソアミンは，発がん性であることがわかっている．

N-ニトロソジメチルアミン N-nitrosodimethylamine　たばこの煙に含まれる．

N-ニトロソピロリジン N-nitorosopyrrolidine　保存料として亜硝酸ナトリウムが添加されたベーコンなどを焼くと発生する．

亜硝酸ナトリウムは，食品産業で加工肉の防腐剤としてよく用いられる．ボツリヌス中毒の原因となる細菌である *Clostridium botulinum* の成長を阻害する作用をもつからである．しかし，これは冷蔵庫が普及する以前までは十分に根拠のある話であったが，今日となってはその効果には疑問がもたれる．亜硝酸ナトリウムは，赤肉が茶色に変色するのを防ぐのにも用いられる．スーパーで買った鮮やかな赤色のひき肉の内側が灰色や茶色であれば，それはその外側は亜硝酸ナトリウムで処理されているからである．亜硝酸イオンが，酸の共存下で第二級アミンを *N*-ニトロソアミンに変換し，また多くの *N*-ニトロソアミンが強い発がん性をもつことがわかると，亜硝酸ナトリウムの食品添加物としての使用についての是非が問われ，消費者団体は米国食品医薬品局(FDA)に食品への亜硝酸の添加を禁止するよう求めた．この議論は，口内や腸管にある酵素が硝酸イオンから亜硝酸への還元を触媒する働きがあるとわかって，ようやく収まった．通常，硝酸イオンは多くの食品や飲料水に含まれているからである．食品添加物に含まれる亜硝酸イオンが，われわれの食習慣に内在しているリスクをより高めるかどうかは明らかではない．

N-ニトロソジメチルアミン　　　　　*N*-ニトロソピロリジン

D. 第一級脂肪族アミン

第一級アミンに亜硝酸を作用させると，窒素 N_2 が脱離して，置換生成物，脱離生成物，転位生成物など，多様な生成物が生じる．その例として，ブチルアミンと亜硝酸との反応を次に示す．

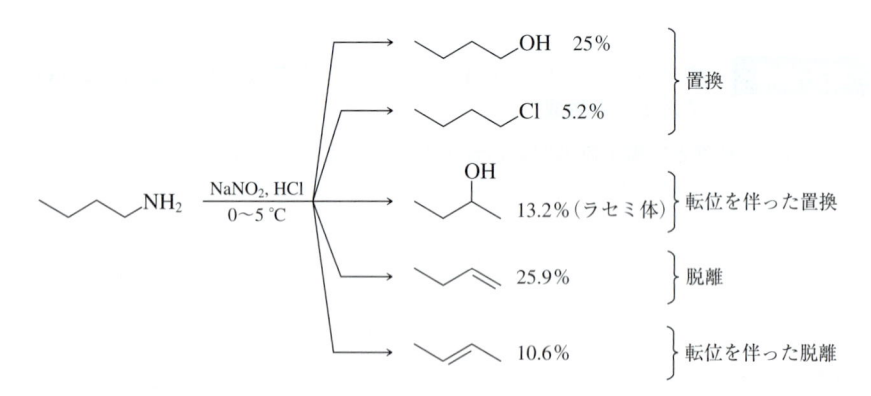

- OH　25%　　置換
- Cl　5.2%　　置換
- OH　13.2%（ラセミ体）　転位を伴った置換
- 25.9%　脱離
- 10.6%　転位を伴った脱離

ジアゾニウムイオン diazonium ion ArN_2^+ や RN_2^+ イオン．

ジアゾ化 diazotization

これらの生成物が生じる機構には，ジアゾニウムイオンの生成が含まれる．第一級アミンからジアゾニウムイオンへの変換は，**ジアゾ化**とよばれる．

反応機構　**第一級アミンと亜硝酸との反応**

段階 1：求核剤と求電子剤の間の結合生成．第一級アミン(求核剤)がニトロシルカチオン(求電子剤)と反応する．

$R-NH_2$ + :N≡O:⁺ ⟶ $R-\overset{H}{\underset{H}{N}}-N=O$

第一級脂肪族アミン

段階 2: プロトンの脱離. プロトンが取除かれ，N-ニトロソアミンが生成する．

$$R-\overset{\overset{H}{|}}{\underset{\underset{H}{|}}{N^+}}-\ddot{N}=\ddot{\ddot{O}} + H-\ddot{\ddot{O}}-H \longrightarrow R-\overset{\underset{H}{|}}{\ddot{N}}-\ddot{N}=\ddot{\ddot{O}} + H-\overset{\overset{H}{|}}{\ddot{O}^+}-H$$

N-ニトロソアミン

段階 3: ケト-エノール互変異性. N-ニトロソアミンは，ケト-エノール互変異性(§16·9)によりジアゾ酸(diazotic acid, ジアゾヒドロキシド)を生じる．

$$R-\overset{\underset{H}{|}}{\ddot{N}}-\ddot{N}=\ddot{\ddot{O}} \xrightleftharpoons{\text{ケト-エノール互変異性}} R-\ddot{N}=\ddot{N}-\ddot{\ddot{O}}-H$$

ジアゾ酸

段階 4: プロトンの付加. ジアゾ酸がプロトン化される．

$$R-\ddot{N}=\ddot{N}-\ddot{\ddot{O}}-H + H-\overset{\overset{H}{|}}{\ddot{O}^+}-H \rightleftharpoons R-\ddot{N}=\ddot{N}-\overset{\overset{H}{|}}{\ddot{O}^+}-H + H-\ddot{\ddot{O}}-H$$

段階 5: 結合開裂による安定な分子(イオン)の生成. プロトン化されたジアゾ酸から水 H_2O が脱離し，ジアゾニウムイオンが生成する．

$$R-\ddot{N}=\ddot{N}-\overset{\overset{H}{|}}{\ddot{O}^+}-H \longrightarrow R-\overset{+}{N}\equiv N: + H-\ddot{\ddot{O}}-H$$

ジアゾニウム
イオン

段階 6: 結合開裂による安定な分子(イオン)の生成. ジアゾニウムイオンからきわめて安定な N_2 が脱離し，カルボカチオンが生じる．

$$R-\overset{+}{N}\equiv N: \longrightarrow R^+ + :N\equiv N:$$

ジアゾニウム　　　カルボ
イオン　　　　　カチオン

脂肪族ジアゾニウムイオンは不安定であり，0℃においても速やかに窒素が脱離して，カルボカチオンを生じる．この脱離反応の駆動力は，窒素が弱い塩基であり，かつ強い三重結合をもつ化合物である点にある．窒素は発生すると気体として反応溶液から取除かれる．生成するカルボカチオンからは，脂肪族カルボカチオンに典型的な三つの反応，1) プロトンの脱離によるアルケンの生成，2) 求核剤との反応による置換生成物の生成，3) より安定なカルボカチオンへの転位と，それにつづく 1), 2) の反応，のいずれかが起こる．

第一級アミンと亜硝酸との反応はいくつかの生成物を混合物として生成するので，一般的には有用な反応ではない．例外は次に示す**ティフノー-デミヤノフ反応**である．環状 β-アミノアルコールに亜硝酸を作用させると，窒素の発生を伴って環拡大したケトンが得られる．

ティフノー-デミヤノフ反応
Tiffeneau–Demjanov reaction

β-アミノアルコール + HNO_2 ⟶ シクロヘプタノン + $2 H_2O$ + N_2

反応機構　ティフノー–デミヤノフ反応

段階 1：第一級アミンと亜硝酸との反応によりジアゾニウムイオンが生成する．この反応はすでに述べた段階を経て進行する．

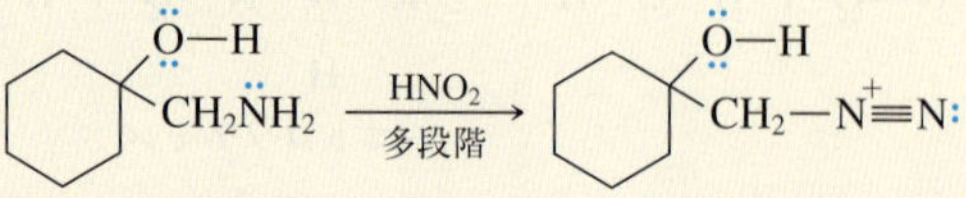

$$\text{(1-aminomethylcyclohexanol)} \xrightarrow[\text{多段階}]{\text{HNO}_2} \text{(diazonium ion)}$$

ジアゾニウムイオン

段階 2：結合開裂による安定な分子（イオン）の生成とつづく **1,2 移動**．窒素が脱離すると同時に 1,2 移動（転位）が起こり，最終生成物の共役酸が生成する．このカチオンは共鳴により安定化されている．

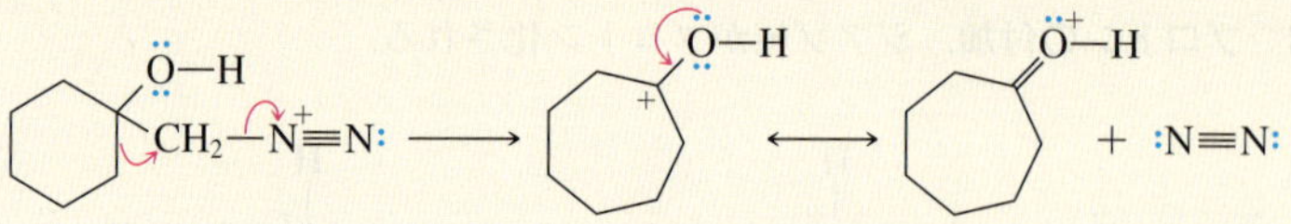

共鳴安定化されたカチオン

段階 3：プロトンの脱離．生じたカチオンからプロトンが脱離し，反応が完結する．

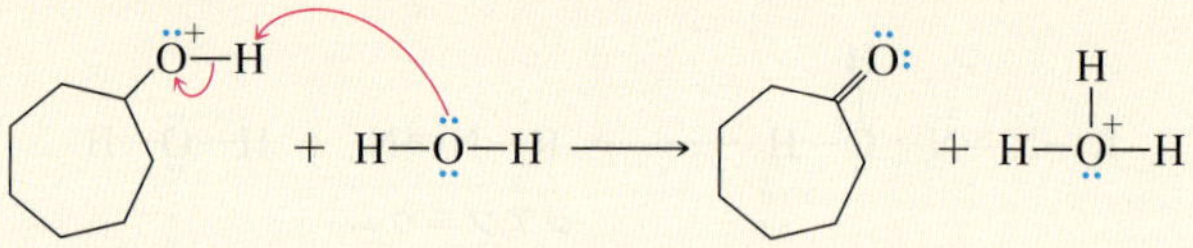

シクロヘプタノン

　この転位反応は，他のカチオン転位反応でみてきたのと同じで，安定性の低いカチオンからより安定なカチオンへの変換が駆動力となり進行する．この反応はピナコール転位（§10・7 参照）と類似の反応であり，H_2O の代わりに N_2 が脱離基になっている．

例題 23・11

次の一連の反応では，シクロオクタノンが得られる．化合物 **A** の構造式を書け．また，**A** からシクロオクタノンへの変換の機構を示せ．

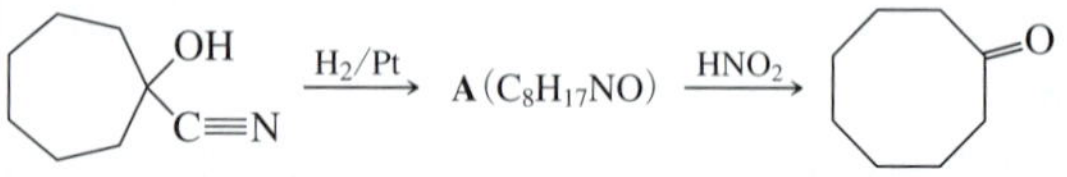

$$\text{(シクロヘプタノン-OH, C≡N)} \xrightarrow{\text{H}_2/\text{Pt}} \mathbf{A}(\text{C}_8\text{H}_{17}\text{NO}) \xrightarrow{\text{HNO}_2} \text{(シクロオクタノン)}$$

解答　炭素–窒素三重結合が白金触媒による触媒的水素化により，単結合へと還元され（§18・10C 参照），β-アミノアルコールが生成する．このβ-アミノアルコールに亜硝酸を作用させると，窒素が脱離し 7 員環から 8 員環環状ケトンへと環拡大が起こる．

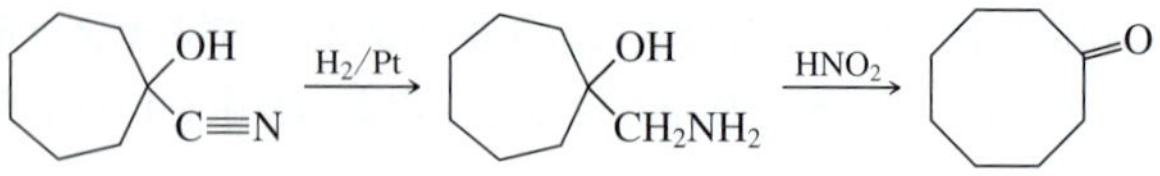

$$\text{(OH, C≡N)} \xrightarrow{\text{H}_2/\text{Pt}} \underset{\mathbf{A}}{\text{(OH, CH}_2\text{NH}_2\text{)}} \xrightarrow{\text{HNO}_2} \text{(シクロオクタノン)}$$

問題 23・11　次に示す変換を行う方法を示せ．

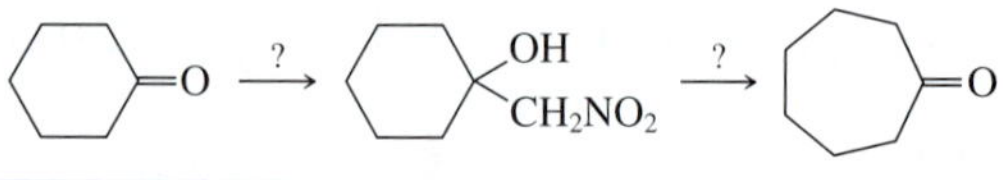

$$\text{(シクロヘキサノン)} \xrightarrow{?} \text{(OH, CH}_2\text{NO}_2\text{)} \xrightarrow{?} \text{(シクロヘプタノン)}$$

E. 第一級芳香族アミン

第一級芳香族アミンは，亜硝酸と反応すると芳香族ジアゾニウム塩を生じる．これは，脂肪族ジアゾニウム塩とは異なり 0 ℃でも安定であり，短期間であれば溶液状態で分解せずに保存できる．芳香族ジアゾニウム塩を適切な反応剤と作用させると，窒素が脱離し，他の原子または官能基を導入することができる．この反応は，NH_2 基を次に示すさまざまな置換基に変換できるので，とても有用である．

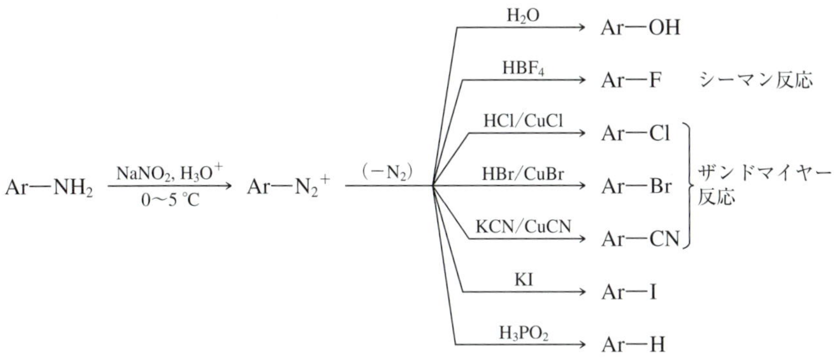

$$Ar-NH_2 \xrightarrow[0\sim5\,℃]{NaNO_2,\ H_3O^+} Ar-N_2^+ \xrightarrow{(-N_2)} \begin{cases} \xrightarrow{H_2O} Ar-OH \\ \xrightarrow{HBF_4} Ar-F \quad \text{シーマン反応} \\ \xrightarrow{HCl/CuCl} Ar-Cl \\ \xrightarrow{HBr/CuBr} Ar-Br \quad \text{ザンドマイヤー反応} \\ \xrightarrow{KCN/CuCN} Ar-CN \\ \xrightarrow{KI} Ar-I \\ \xrightarrow{H_3PO_2} Ar-H \end{cases}$$

芳香族アミンは，最初に硫酸水溶液中で芳香族ジアゾニウム塩を生成させ，つづいて加熱することにより，フェノールへと変換できる．例として 2-ブロモ-4-メチルアニリンの 2-ブロモ-4-メチルフェノールへの変換を次に示す．

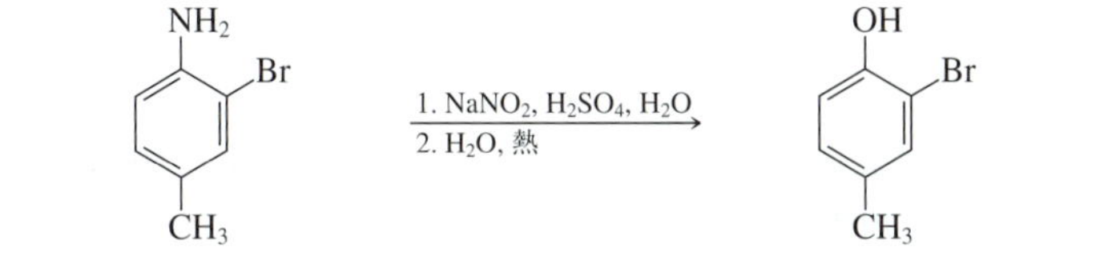

2-ブロモ-4-メチルアニリン　$\xrightarrow[\text{2. }H_2O,\ 熱]{\text{1. }NaNO_2,\ H_2SO_4,\ H_2O}$　2-ブロモ-4-メチルフェノール

芳香族ジアゾニウム塩が水溶液中で分解すると，アリールカチオンが中間体として生成し，これはさらに水と反応してフェノールを生じる．

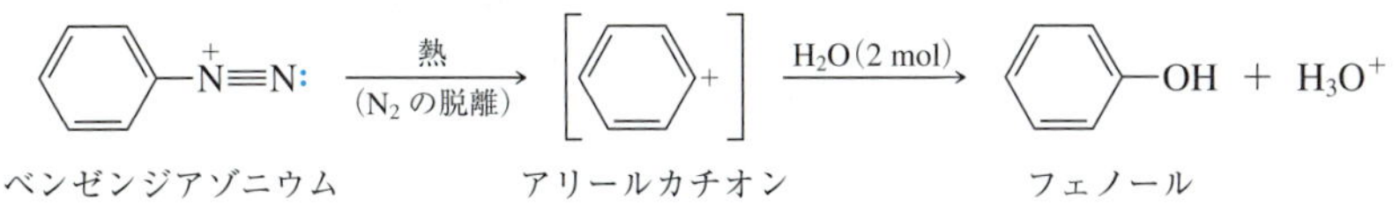

ベンゼンジアゾニウムイオン　$\xrightarrow[(N_2\ の脱離)]{熱}$　[アリールカチオン]　$\xrightarrow{H_2O\ (2\ mol)}$　フェノール　$+\ H_3O^+$

アリールカチオンはきわめて不安定であるが，N_2 が脱離基のときは生成しうる．この芳香族ジアゾニウム塩を経由する変換反応は，実験室レベルでのフェノール合成手法の代表的なものである．

例題 23・12

トルエンを 4-ヒドロキシ安息香酸へ変換するための反応剤および反応条件を示せ．

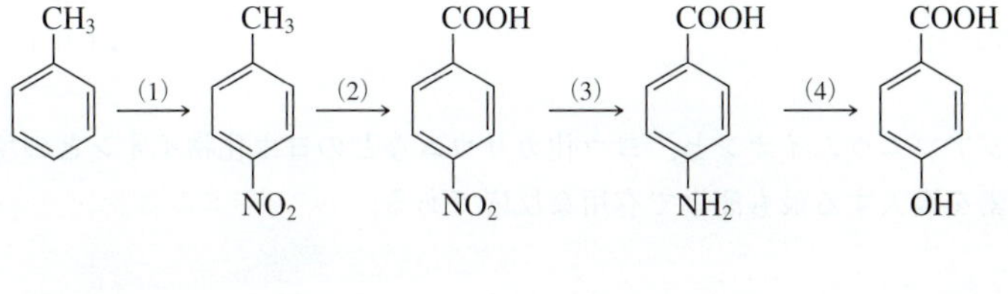

トルエン $\xrightarrow{(1)}$ 4-ニトロトルエン $\xrightarrow{(2)}$ 4-ニトロ安息香酸 $\xrightarrow{(3)}$ 4-アミノ安息香酸 $\xrightarrow{(4)}$ 4-ヒドロキシ安息香酸

解答 段階 1: H_2SO_4 中 HNO_3 を作用させ,芳香環のニトロ化を行い(§22・1B 参照),生成するオルト,パラ異性体を分離することにより,4-ニトロトルエンを得る.

段階 2: H_2SO_4 中 $K_2Cr_2O_7$ を用いたベンジル位炭素の酸化により(§21・5A 参照),4-ニトロ安息香酸を得る.

段階 3: Ni または他の遷移金属触媒の存在下で H_2 を作用させ,ニトロ基を触媒的水素化しアミノ基へと変換し(§22・1B 参照),4-アミノ安息香酸を得る.あるいは,ほかの方法としては,HCl 水溶液中 Zn,Sn または Fe を作用させ,つづいて NaOH と処理することにより,ニトロ基から第一級アミンへの還元を行うこともできる.

段階 4: 芳香族アミンに H_2SO_4 水溶液中 $NaNO_2$ を作用させ,つづいて加熱することにより,4-ヒドロキシ安息香酸が得られる.

問題 23・12 例題 23・12 の一連の反応の順番を 2 箇所以上入れ替えることにより,トルエンから 3-ヒドロキシ安息香酸へ変換する方法を示せ.

シーマン反応 Schiemann reaction

シーマン反応は,芳香環上にフッ素を導入する最も一般的な方法である.第一級芳香族アミンを HCl 水溶液中,亜硝酸ナトリウムとまず作用させ,つづいて HBF_4 もしくは $NaBF_4$ を加えると,フルオロホウ酸ジアゾニウムが塩として析出する.これを単離し,乾燥した後加熱すると,フッ化アリール,窒素,三フッ化ホウ素に分解する.シーマン反応はアリールカチオン中間体を経て進行すると考えられている.

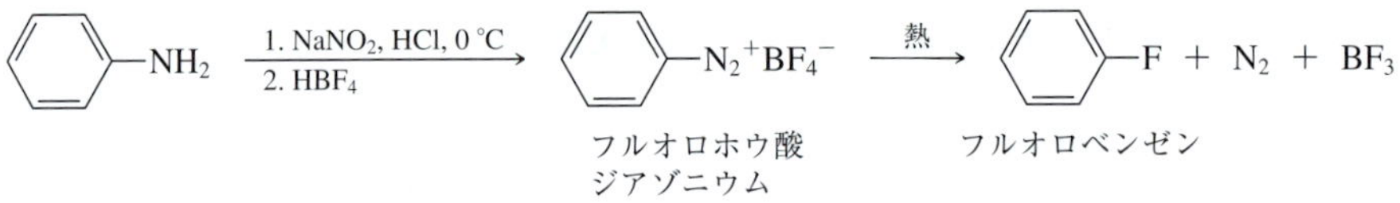

ザンドマイヤー反応 Sandmeyer reaction

第一級芳香族アミンに亜硝酸を作用させ,つづいて HCl/CuCl,HBr/CuBr,KCN/CuCN などの共存下で加熱することにより,中間に生成したジアゾニウム基を Cl,Br,CN へとそれぞれ置換することができる.この形式の反応は**ザンドマイヤー反応**とよばれる.ザンドマイヤー反応は,CuI や CuF を用いた場合にはうまく進行しない.

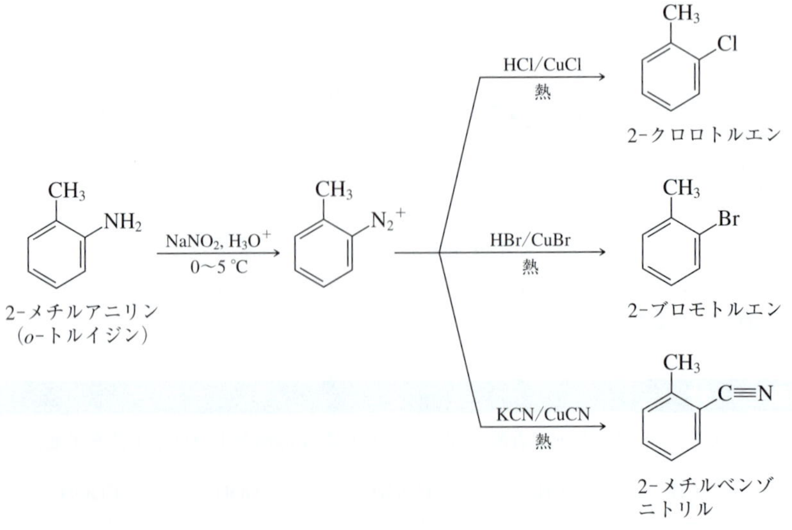

芳香族ジアゾニウムイオンと,ヨウ化カリウムなどのヨウ化物イオンとの反応は芳香環にヨウ素を導入する最も簡単で有用な反応である.

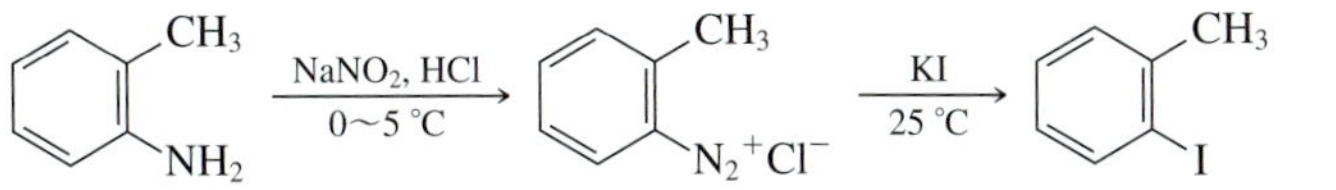

$$\text{2-メチルアニリン} \xrightarrow[0\sim5\,°C]{\text{NaNO}_2,\,\text{HCl}} \text{[o-CH}_3\text{C}_6\text{H}_4\text{N}_2^+\text{Cl}^-\text{]} \xrightarrow[25\,°C]{\text{KI}} \text{2-ヨードトルエン}$$

芳香族ジアゾニウムイオンに亜リン酸 H_3PO_2 を作用させると，ジアゾニウム基の還元が起こり，水素に置換される．この方法により，次に示すようにアニリンは1,3,5-トリクロロベンゼンへと変換される．ここで，NH_2 基は芳香族求電子置換反応における強い活性化置換基であることを思いだそう（§22·2A参照）．アニリンに塩素を作用させると，ルイス酸を用いなくても2,4,6-トリクロロアニリンが得られる．この化合物に亜硝酸を作用させ，つづいて亜リン酸と処理すると1,3,5-トリクロロベンゼンが得られる．

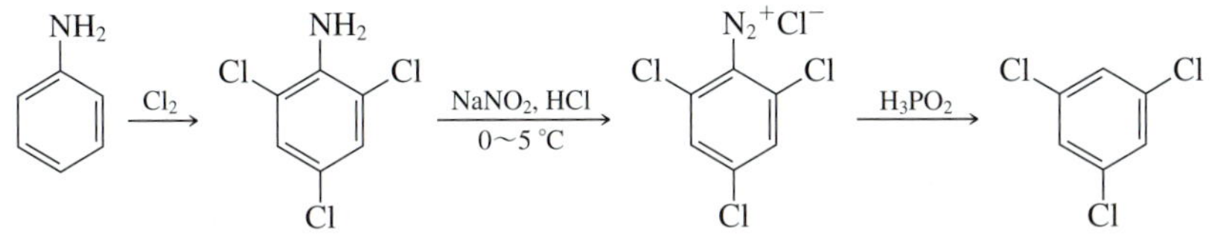

アニリン $\xrightarrow{\text{Cl}_2}$ 2,4,6-トリクロロアニリン $\xrightarrow[0\sim5\,°C]{\text{NaNO}_2,\,\text{HCl}}$ 塩化 2,4,6-トリクロロベンゼンジアゾニウム $\xrightarrow{\text{H}_3\text{PO}_2}$ 1,3,5-トリクロロベンゼン

例題 23·13

トルエンから 3-ブロモ-4-メチルフェノールへと変換するための反応剤および反応条件を示せ．

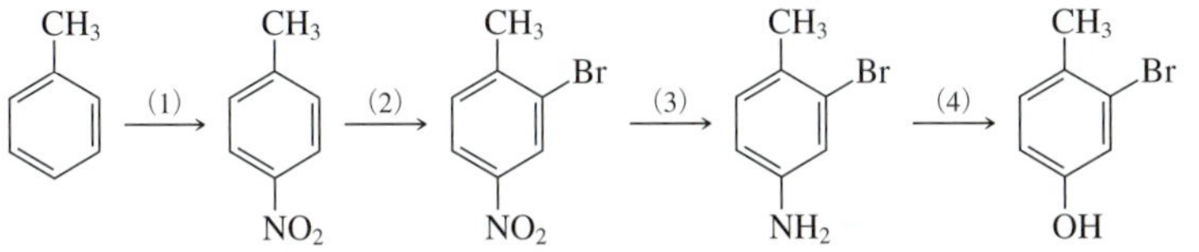

トルエン $\xrightarrow{(1)}$ 4-ニトロトルエン $\xrightarrow{(2)}$ 2-ブロモ-4-ニトロトルエン $\xrightarrow{(3)}$ 2-ブロモ-4-アミノトルエン $\xrightarrow{(4)}$ 3-ブロモ-4-メチルフェノール

解答 段階 1：H_2SO_4 中 HNO_3 と作用させる．メチル基はオルト-パラ配向性の弱い活性化置換基である．
段階 2：4-ニトロトルエンを $FeCl_3$ 存在下で臭素と作用させる．
段階 3：H_2/Ni と作用させるか，もしくは塩酸中 Sn，Zn，あるいは Fe を作用させてニトロ基を還元する．つづいて NaOH 水溶液を作用させ芳香族アミンとする．
段階 4：アミンに硫酸水溶液中で $NaNO_2$ を作用させジアゾ化し，つづいて溶液を温めることにより N_2^+ 基を OH 基に変換する．

問題 23·13 3-ニトロアニリンから出発し，次の化合物を合成する方法を書け．
(a) 3-ニトロフェノール　　(b) 3-ブロモアニリン
(c) 1,3-ジヒドロキシベンゼン(レゾルシノール)
(d) 3-フルオロアニリン
(e) 3-フルオロフェノール
(f) 3-ヒドロキシベンゾニトリル

23·9 ホフマン脱離

ハロゲン化第四級アンモニウムに Ag_2O の懸濁水溶液を作用させると，ハロゲン化銀が析出し，水酸化第四級アンモニウムの溶液が得られる．

778　23. アミン

$$\text{C}_6\text{H}_{11}\text{-CH}_2\text{-N}^+(\text{CH}_3)_3\ \text{I}^- + \text{Ag}_2\text{O} \xrightarrow{\text{H}_2\text{O}} \text{C}_6\text{H}_{11}\text{-CH}_2\text{-N}^+(\text{CH}_3)_3\ \text{OH}^- + \text{AgI}$$

ヨウ化(シクロヘキシルメチル)トリメチルアンモニウム　　　酸化銀　　　　水酸化(シクロヘキシルメチル)トリメチルアンモニウム

19世紀半ば，A. Hofmann は，水酸化第四級アンモニウムを加熱すると，分解してアルケン，第三級アミン，水が生成することを見いだした．水酸化第四級アンモニウムの熱分解によるアルケンの生成は**ホフマン脱離**として知られている

ホフマン脱離 Hofmann elimination
ハロゲン化第四級アンモニウムに強塩基を作用させると，E2 機構で β 脱離が進行し，置換基のより少ないアルケンが主生成物として生成する．

$$\text{C}_6\text{H}_{11}\text{-CH}_2\text{-N}^+(\text{CH}_3)_3\ \text{OH}^- \xrightarrow{160\ ^\circ\text{C}} \text{C}_6\text{H}_{10}=\text{CH}_2 + (\text{CH}_3)_3\text{N} + \text{H}_2\text{O}$$

水酸化(シクロヘキシルメチル)トリメチルアンモニウム　　　　メチレンシクロヘキサン　　トリメチルアミン

ホフマン脱離は，典型的な E2 反応の一つである(§9・7 参照)．反応は協奏的に進行し，結合の開裂と生成が同時，あるいはほぼ同時に起こる．また，立体選択的にアンチ脱離で進行する．すなわち，水素と脱離基(この場合はトリアルキルアミノ基)とが互いにアンチ配座をとらねばならない．次に機構を示す．

反応機構　ホフマン脱離

プロトンの脱離と結合開裂による安定な分子(イオン)の生成．塩基により β 位の水素を取去り，C−H 結合の結合電子対がアルケンの π 結合を生成するとともに，トリアルキルアミノ基が同時に脱離する．選択的にアンチ配座で進行する．

$$\text{HO}^- \cdots \text{H} \quad \text{CH}_3\text{CH}_2\text{-CH-N}^+(\text{CH}_3)_3 \xrightarrow[\text{(協奏的脱離)}]{\text{E2 反応}} \text{HOH} + \text{CH}_3\text{CH}=\text{CH}_2 + :\text{N}(\text{CH}_3)_3$$

ハロアルカンの E2 脱離では，β 水素は脱離基に対しアンチ配座をとらなければならないことを §9・7 で学んだ．該当する β 水素が一つのみの場合には二重結合の立体化学は一義的に決まるが，該当する β 水素が二つある場合には，脱離はザイツェフ則に従う．すなわち，脱離はより多くの置換基をもつ二重結合が形成されるように進行する．

$$\text{CH}_3\text{CH}_2\overset{\text{Br}}{\text{CH}}\text{CH}_3 \xrightarrow[\text{E2}]{\text{CH}_3\text{CH}_2\text{O}^-\text{Na}^+} \underset{75\%}{\text{CH}_3\text{CH}=\text{CHCH}_3} + \underset{25\%}{\text{CH}_3\text{CH}_2\text{CH}=\text{CH}_2}$$

これに対し，水酸化第四級アンモニウムの熱分解による脱離反応は異なり，より置換基の少ないアルケンを生成するように進行する．たとえば，水酸化 sec-ブチルトリメチルアンモニウムの熱分解では，1-ブテンが主生成物として得られる．

$$\text{CH}_3\text{CH}_2\overset{\overset{\text{N}^+(\text{CH}_3)_3\ \text{HO}^-}{|}}{\text{CH}}\text{CH}_3 \xrightarrow[\text{熱}]{\text{E2}} \underset{5\%}{\text{CH}_3\text{CH}=\text{CHCH}_3} + \underset{95\%}{\text{CH}_3\text{CH}_2\text{CH}=\text{CH}_2} + (\text{CH}_3)_3\text{N} + \text{H}_2\text{O}$$

より置換基の少ないアルケンが主生成物となるような脱離反応を，**ホフマン則**に従うという．

ホフマン則 Hofmann rule より置換基の少ないアルケンが主生成物になるというβ脱離反応の経験則．

例題 23・14
次のβ脱離反応において，主生成物として得られるアルケンの構造を書け．

(a) CH₃(CH₂)₅CH(NH₂)CH₃ →(1. CH₃I(過剰), K₂CO₃ 2. Ag₂O, H₂O 3. 熱)→   (b) CH₃(CH₂)₅CH(I)CH₃ →(CH₃O⁻Na⁺)→

解答 (a) 水酸化第四級アンモニウムの熱分解反応はホフマン則に従い，1-オクテンを主生成物として与える．(b) ヨウ化アルキルからのE2脱離はザイツェフ則に従い，*trans*-2-オクテンが主生成物として生成する．

(a) CH₂=CHCH₂CH₂CH₂CH₂CH₂CH₃ + (CH₃)₃N + H₂O
　　1-オクテン

(b) CH₃CH=CHCH₂CH₂CH₂CH₂CH₃ + CH₃OH
　　trans-2-オクテン

問題 23・14
アミンのメチル化と，つづく水酸化第四級アンモニウムの熱分解反応の手法は，1851年にHofmannによって最初に報告された．しかし，構造決定法としてのこの手法の価値が認識されるようになったのは，1881年に彼らがピペリジンの構造決定への利用を報告してからである．Hofmannらによって報告された反応を以下に示す．

$C_5H_{11}N$（ピペリジン）→(1. CH₃I(過剰), K₂CO₃ 2. Ag₂O, H₂O 3. 熱)→ $C_7H_{15}N$（A）→(1. CH₃I(過剰), K₂CO₃ 2. Ag₂O, H₂O 3. 熱)→ CH₂=CHCH₂CH=CH₂（1,4-ペンタジエン）

(a) これらの結果が，ピペリジンの構造（§23・1）と矛盾しないことを示せ．
(b) Hofmannらの結果と矛盾しない $C_5H_{11}N$ の構造としてほかに二つの構造が考えられる（立体異性体を除く）．それらを示せ．

まとめると，ホフマン脱離，ザイツェフ脱離はともに常にアンチ配座から進行する．脱離基に対しアンチ配座のβ水素が一つしか存在しない場合にはそれが脱離するが，アンチ配座をとるβ水素が二つ存在する場合には，ホフマン脱離とザイツェフ脱離が競争する．

1. Cl^-, Br^-, I^-, OTs^- などの負電荷をもつ基が脱離基となる脱離反応では，よほど嵩高い塩基を使わない限りは，ほとんどの場合ザイツェフ則に従う．
2. $N(CH_3)_3$ や $S(CH_3)_2$ などの中性の脱離基の場合には，ほとんどの場合ホフマン則に従う．
3. 塩基が嵩高くなるほどホフマン生成物の割合が増える．たとえば，$(CH_3)_3CO^-K^+$ を用いた場合にはほとんどホフマン脱離が進行するが，$CH_3O^-Na^+$ の場合にはほとんどザイツェフ脱離が進行する．

ホフマン脱離でより不安定な炭素-炭素二重結合が形成されるのは，立体的な要因，すなわち $-NR_3^+$ の嵩高さがおもに支配的になるからである．つまり，水酸化物イオンが最も立体的に混み合っていないβ水素に接近して引抜くからである．同じ理由で，$(CH_3)_3CO^-K^+$ などの嵩高い塩基をハロアルカンに作用させた場合にもホフマン脱離が進行する．

23・10 コープ脱離

第三級アミンに過酸化水素を作用させると，アミンの酸化が起こり，アミンオキシド

が生成する．

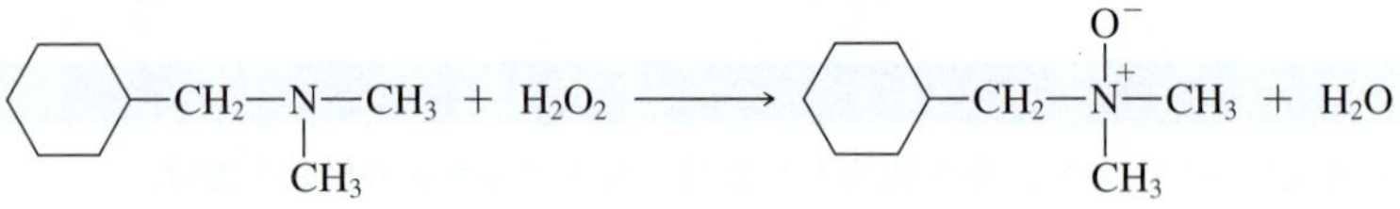

$$\text{C}_6\text{H}_{11}\text{-CH}_2\text{-N(CH}_3)\text{-CH}_3 + \text{H}_2\text{O}_2 \longrightarrow \text{C}_6\text{H}_{11}\text{-CH}_2\text{-N}^+(\text{O}^-)(\text{CH}_3)\text{-CH}_3 + \text{H}_2\text{O}$$

第三級アミン　　　　　　　　　　　　アミンオキシド

β水素を一つ以上もつアミンオキシドを加熱すると，熱分解が進行してアルケンと N,N-ジアルキルヒドロキシルアミンが生成する．このアミンオキシドの分解によるアルケンの生成は，発見者の A. C. Cope の名にちなんで**コープ脱離**とよばれる．

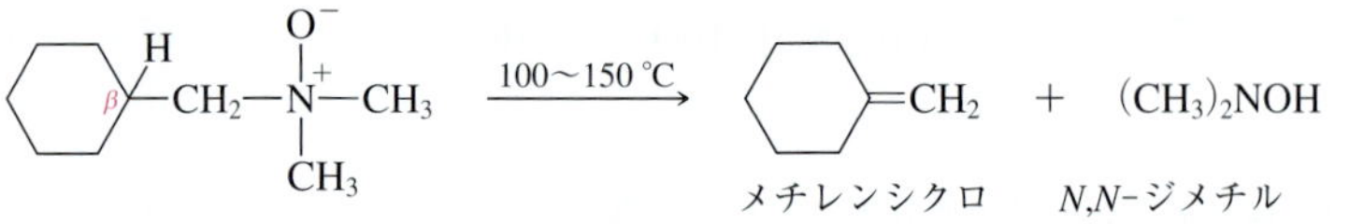

コープ脱離 Cope elimination

$$\underset{\beta}{\text{C}_6\text{H}_{10}}\text{H-CH}_2\text{-N}^+(\text{O}^-)(\text{CH}_3)_2 \xrightarrow{100\sim150\,^\circ\text{C}} \text{C}_6\text{H}_{10}{=}\text{CH}_2 + (\text{CH}_3)_2\text{NOH}$$

メチレンシクロ　　N,N-ジメチル
ヘキサン　　　　　ヒドロキシルアミン

実験により，コープ脱離は協奏的に，しかもシン立体選択的に進行することが明らかになっている．

> **反応機構　コープ脱離**
>
> **分子内でのプロトンの脱離と結合開裂による安定な分子（イオン）の生成．** 遷移状態では，反応に関与する五つの原子が平面，あるいはほぼ平面に位置する構造をとり，三組の電子対が環状に動く．脱離はシン選択的に進行する． 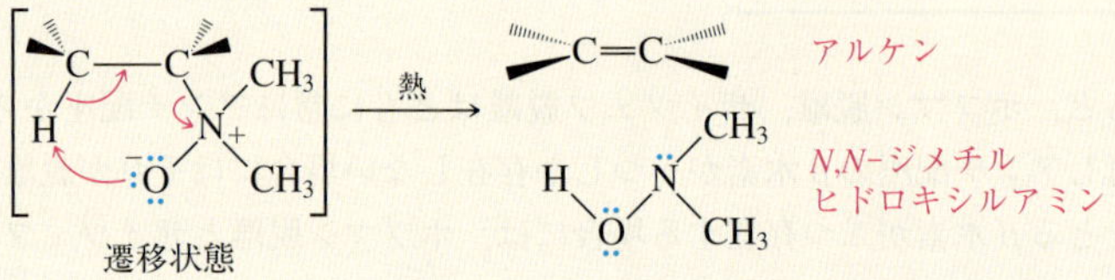
>
> [遷移状態の図] → アルケン ＋ N,N-ジメチルヒドロキシルアミン

シン配座に位置しうるβ水素が二つ以上ある場合には，新たに生成する二重結合が芳香環と共役する場合を除いて，コープ脱離はあまり選択的に進行しない．そのため，一つのアルケンのみが生成する場合にのみ，コープ脱離がアルケンの合成法として用いられる．

> **例題 23・15**
>
> 2-ジメチルアミノ-3-フェニルブタンに過酸化水素を作用させてコープ脱離を行った場合，主生成物として 2-フェニル-2-ブテンが得られる． 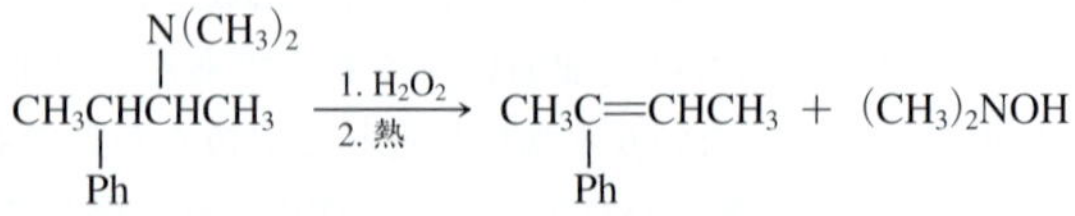
>
> $$\text{CH}_3\text{CH}(\text{N(CH}_3)_2)\text{CH}(\text{Ph})\text{CH}_3 \xrightarrow[2.\,\text{熱}]{1.\,\text{H}_2\text{O}_2} \text{CH}_3\text{C}(\text{Ph}){=}\text{CHCH}_3 + (\text{CH}_3)_2\text{NOH}$$
>
> 2-ジメチルアミノ-　　　2-フェニル-2-ブテン
> 3-フェニルブタン
>
> (a) 2-ジメチルアミノ-3-フェニルブタンには立体異性体がいくつ存在するか．
> (b) 2-フェニル-2-ブテンには立体異性体がいくつ存在するか．
> (c) 出発物のアミンとして 2R,3S の異性体を用いた場合，得られる生成物の立体配置を答えよ．

解答 (a) 出発物のアミンにはキラル中心が二つあるので，四つの立体異性体，つまり二組のエナンチオマーが存在する．
(b) 一つの炭素-炭素二重結合があり，それについて立体異性があるので，二つの立体異性体，つまり一組の E,Z 異性体が存在する．
(c) 以下に，ジメチルアミノ基と β 水素とがシンの配座をとる $2R,3S$ 異性体を示す．この立体異性体からコープ脱離が進行することにより，(E)-2-フェニル-2-ブテンが得られる．

$$\underset{2R,3S \text{ 異性体}}{\begin{array}{c} \text{Ph} \quad \text{H} \\ \text{H}_3\text{C}\overset{3}{-}\text{C}\overset{2}{-}\text{CH}_3 \\ \text{H} \quad \text{N(CH}_3)_2 \end{array}} \xrightarrow[\text{2. 熱}]{\text{1. H}_2\text{O}_2} \underset{\substack{(E)\text{-2-フェニル-}\\ \text{2-ブテン}}}{\text{H}_3\text{C}} \text{C}=\text{C} \overset{\text{H}}{\underset{\text{CH}_3}{}} + (\text{CH}_3)_2\text{NOH}$$

問題 23・15 例題 23・15 では，2-ジメチルアミノ-3-フェニルブタンの $2R,3S$ 異性体からのコープ脱離について考えた．次に示す立体異性体を用いてコープ脱離を行った場合の主生成物を答えよ．また，おのおのの立体異性体を用いてホフマン脱離を行った場合の主生成物を答えよ．
(a) $2S,3R$ 異性体　　(b) $2S,3S$ 異性体

まとめ

23・1 構造と分類
- アミンは水素が一つ以上アルキル基またはアリール基で置換されたアンモニア誘導体である．
  - 第一級アミンは，アンモニアの水素一つがアルキル基またはアリール基で置換されたものである．
  - 第二級アミンは，アンモニアの水素二つがアルキル基またはアリール基で置換されたものである．
  - 第三級アミンは，アンモニアの三つの水素すべてがアルキル基またはアリール基で置換されたものである．
  - 第四級アンモニウムイオンは，アルキル基またはアリール基が四つ窒素に結合し，正電荷をもつ化学種である．
  - **脂肪族アミン**は，アルキル基が窒素に結合したアミン，**芳香族アミン**は芳香環が一つ以上窒素に結合したアミンである．
  - ヘテロ環アミンは，環状骨格の一部に窒素原子を含むもの，**芳香族ヘテロ環アミン**は，芳香環骨格の一部が窒素原子のものである．
  - アルカロイドは，塩基性で，植物由来の含窒素化合物であり，その多くはヒトに対して生理活性をもつ．

23・2 命 名 法
- IUPAC 命名法では，脂肪族アミンは，語尾にアミン (-amine) をつける以外はアルコールと同様に命名し，アミノ基の位置を示すように番号をつける．英語では接尾辞の -e を -amine で置き換える．
- IUPAC 命名法でも，$C_6H_5NH_2$ の単純な誘導体に関しては，慣用名であるアニリンが用いられ，トルイジンやアニシジンなどのいくつかの置換アニリンについては，それらの慣用名が用いられる．
- 第二級および第三級アミンは N 置換第一級アミンとして命名する．窒素に結合している最も大きな置換基を主鎖(母体)となるアミンとみなし，窒素に結合している小さい置換基は，N-メチルアニリンや N,N-ジメチルシクロペンタンアミンのように，N- とともにつける．
- ピリジン，インドール，プリン，キノリン，イソキノリンなど，いくつかのヘテロ環の慣用名は，IUPAC 命名法でも用いられる．
- 慣用的な命名法では，窒素に結合したアルキル基をアルファベット順に並べ，最後にアミン (-amine) をつける．
- 第四級アンモニウムイオンは，アミンをアンモニウム〔-ammonium (あるいは，アニリニウム -anilinium など)〕に置き換え，アニオン名を日本語では一番前に，英語では一番後ろにつけたす．

23・3 アミンと第四級アンモニウムイオンのキラリティー
- 三つの異なる置換基が窒素に結合した第二級および第三級アミンはキラルであるが，通常室温では，ピラミッド反転により二つのエナンチオマー間の相互変換が速く起こっているため，光学分割できない．
  - ホスフィンは，アミンのリン等価体である．ホスフィンは室温ではピラミッド反転が起こらないので，キラルなホスフィンは光学分割できる．
  - 第四級アンモニウム塩はピラミッド反転が起こり得ないので，光学分割できる．

23・4 物理的性質
- アミンは極性をもつ化合物であり，第一級および第二級アミンは分子間で水素結合を形成できる．
  - 第一級，第二級アミンは，溶媒分子とはおもに水素結合を介し

て相互作用し，著しく高い融点や沸点をもち，また，同骨格の炭化水素よりも水に溶けやすい．
- H−N 水素結合は，H−O 水素結合よりも弱く，アミンは同骨格のアルコールよりも沸点が低い．

23・5 塩基性

- アミンは弱い塩基であり，アミン水溶液は塩基性を示す．脂肪族アミンの共役酸の pK_a は 10〜11 程度である．
- アルキル基が置換すると，アミンの塩基性は少し強くなる．電子供与性のアルキル基が，生成するアンモニウムイオンを安定化するためである．
- アミンは，中性の pH 付近や生体溶液中では，プロトン化され，正電荷をもっている．
- 芳香族アミンは，脂肪族アミンと比べ著しく塩基性が弱く，共役酸の pK_a は 4〜5 程度である．
- 芳香族アミンの塩基性が低いのは，窒素の非共有電子対が芳香環の π 電子と共鳴しており，プロトン化されると共鳴安定化が失われてしまうためである．
  - この共鳴により，芳香族アミンの窒素原子は，sp^2 混成をとり，平面構造をとっている．このことが，核酸塩基の重なりあい（スタッキング）や水素結合の形成に重要な役割を果たしている．
  - アニリンの塩基性は，環上に電子供与基が置換すると高くなり，電子求引基が置換すると低くなる．
- 芳香族ヘテロ環アミンの窒素原子の塩基性は，窒素原子の非共有電子対が芳香環の π 電子系の一部になっているかどうかに依存する．
  - ピリジンでは，窒素の非共有電子対は π 電子の一部ではなく，プロトン化しても芳香族性は失われない．
    - ピリジンの共役酸の pK_a は 5.25 であり，アルキルアミンの共役酸よりも低い値である．これは，ピリジンの非共有電子対は，電気陰性度のより大きい sp^2 軌道に入っているためである．
  - イミダゾールでは，一つの窒素のみがプロトン化される．もう一つの窒素の非共有電子対は芳香環の π 電子の一部になっており，プロトン化されると芳香族性が失われてしまうためである．
- グアニジンはきわめて塩基性の高い有機化合物である．これは，プロトン化されて生じるグアニジニウムイオンが，電荷の非局在化により非常に安定化されるためである．

23・6 酸との反応

- アミンは強酸と反応して，水溶性の塩を生成する．これを利用することで，水に不溶な化合物からアミンを容易に分離できる．

23・7 合成

- アミンは，オキシランの開環反応，カルボニルへの窒素求核剤の付加反応とつづく還元反応，アミドの還元，ニトリルの還元，芳香環のニトロ化とつづく還元反応などの方法により合成できる．
- アミンのアルキル化は，一般に過剰に起こってしまう．

- 第一級アミンは，強い求核剤でかつ弱い塩基であるナトリウムあるいはカリウムアジドをハロアルカンに作用させ，つづいて $LiAlH_4$ により還元することで高収率で合成できる．
- アジドはオキシランの開環反応にも用いられ，つづいて還元することにより，アミノアルコールをトランス立体選択的に得ることができる．

23・8 亜硝酸との反応

- 亜硝酸は通常 $NaNO_2$ に酸を作用させて系中で発生させる．この亜硝酸とアミンとの反応は，用いるアミンが第一級アミン，第二級アミン，第三級アミン，あるいは芳香族アミンかによって異なる様式で進行する．
- 亜硝酸にプロトン移動反応が起こると，弱いが重要な求電子剤であるニトロシルカチオンを生じる．
- 第三級芳香族アミンに亜硝酸を作用させると，芳香族求電子置換反応が進行する．
- 第二級アミンに亜硝酸を作用させると，N-ニトロソアミンが生成する．
- 第一級アミンに亜硝酸を作用させると，**ジアゾニウムイオン**中間体が生じ，窒素の脱離を伴ってさまざまな置換生成物および脱離生成物が生成する．このため，この反応は一般的には合成的に有用ではない．
  - その例外は，ティフノー-デミヤノフ反応である．これは，環状 β-アミノアルコールからの 1 炭素分の環拡大反応であり，環状ケトンを生成する．
- 第一級芳香族アミン（アニリン）に亜硝酸を作用させると，芳香族ジアゾニウムイオンが生成する．これは非常に汎用的で有用な合成中間体であり，さまざまな置換芳香族化合物に変換できる．芳香族アミンはニトロ化と還元反応の組合わせにより合成できる．
- 芳香族ジアゾニウムイオンと水との反応により，フェノールが得られる．
- 芳香族ジアゾニウムイオンと HBF_4 との反応により，フッ化アリールが得られる．この反応は**シーマン反応**とよばれる．
- 芳香族ジアゾニウムイオンに $HCl/CuCl$，$HBr/CuBr$，$KCN/CuCN$ を作用させることで，ジアゾニウム基を Cl，Br，CN にそれぞれ置換できる．この反応は**ザンドマイヤー反応**とよばれる．
- 芳香族ジアゾニウムイオンに KI を作用させると，ヨウ化アリールが得られる．
- 芳香族ジアゾニウムイオンに亜リン酸 H_3PO_2 を作用させることにより，ジアゾニウム基を水素原子で置換できる．アニリンに亜硝酸を作用させ，つづいて亜リン酸を作用させるという一連の反応は，芳香環上の NH_2 基を除去する方法といえる．

23・9 ホフマン脱離

- ハロゲン化第四級アンモニウムに水分を含んだ酸化銀を作用させ，水酸化第四級アンモニウムを生成させた後，加熱するとアルケンが生成する．この反応は**ホフマン脱離**とよばれる．
- ホフマン脱離では，アンチ脱離が立体選択的に進行し，ザイツェフ則とは逆に，より置換基の少ないアルケンが主生成物と

して生じる．
- ホフマン脱離の位置選択性を決める要因は，トリアルキルアミノ基の嵩高さであると考えられている．その立体的要因のため，塩基によるプロトンの引抜きは立体的にすいている側から進行し，置換基の数がより少ないアルケンが生成する．
- 置換基の数が少ないアルケンが生成する脱離反応は，**ホフマン則**に従うという．

23・10 コープ脱離

- 第三級アミンに過酸化水素を作用させると，アミンオキシドが生成する．これを加熱すると，**コープ脱離**とよばれる反応が進行し，アルケンと N,N-ジアルキルヒドロキシルアミンが生成する．
- コープ脱離はシン立体選択的に進行し，その位置選択性は乏しい．例外は共役した二重結合が生成する場合で，この場合には選択的に共役生成物が得られる．

重要な反応

1. 脂肪族アミンの塩基性（§23・5A）
脂肪族アミンはアンモニアよりも少し強い塩基である．これは，アルキル基の電子供与性の効果とアルキルアンモニウムイオンでの正電荷の部分的な非局在化による．

$$CH_3NH_2 + H_2O \rightleftharpoons CH_3NH_3^+ + OH^- \quad pK_a = 10.64$$

2. 芳香族アミンの塩基性（§23・5B）
芳香族アミンは脂肪族アミンと比べてかなり弱い塩基である．これは，窒素の非共有電子対とπ電子系との共鳴安定化により，アミンのプロトン化が起こりにくいためである．

$$C_6H_5NH_2 + H_2O \rightleftharpoons C_6H_5NH_3^+ + OH^- \quad pK_a = 4.63$$

3. 芳香族ヘテロ環アミンの塩基性（§23・5C）
芳香族ヘテロ環アミンも，脂肪族アミンよりも塩基性が低い．

（イミダゾール）$+ H_2O \rightleftharpoons$ （イミダゾリウム）$+ OH^- \quad pK_a = 6.95$

4. アミンと強酸との反応（§23・6）
すべてのアミンは強酸と定量的に反応して，水溶性の塩を生成する．

$C_6H_5N(CH_3)_2$ + HCl ⟶ $C_6H_5N^+H(CH_3)_2 \; Cl^-$
水に不溶　　　　　　　　　　水溶性の塩

5. アンモニア，アミンのアルキル化（§23・7A）
この方法では，アルキル化が過剰に進行して生成物の精製が困難である．そのためアミンの合成法としてはほとんど使われない．

$C_6H_{11}CH_2NH_2 + CH_3I \longrightarrow C_6H_{11}CH_2N^+H_2CH_3 \; I^-$

6. アジドのアルキル化と，つづく還元（§23・7B）
第一級および第二級ハロゲン化アルキルまたはオキシランに KN₃ を作用させることにより，アジドが得られる．これをさらに水素化アルミニウムリチウムなどの還元剤を用いて還元することにより，第一級アミンに変換できる．

（シクロヘキセンオキシド）$\xrightarrow[\text{2. H}_2\text{O}]{\text{1. K}^+\text{N}_3^-}$ （trans-2-アジドシクロヘキサノール）+（エナンチオマー）

$\xrightarrow[\text{2. H}_2\text{O}]{\text{1. LiAlH}_4}$ （trans-2-アミノシクロヘキサノール）+（エナンチオマー）

7. 第三級芳香族アミンのニトロソ化（§23・8B）
ニトロシルカチオンはきわめて弱い求電子剤であり，高い反応性をもつ芳香環とのみ反応し，求電子置換反応が進行する．

$(CH_3)_2N$-C₆H₅ $\xrightarrow[\text{2. NaOH, H}_2\text{O}]{\text{1. NaNO}_2, \text{HCl, 0～5℃}}$ $(CH_3)_2N$-C₆H₄-N=O

8. 第二級アミンからの N-ニトロソアミンの合成（§23・8C）
ニトロシルカチオン（求電子剤）と第二級アミン（求核剤）との反応により，N-ニトロソアミンが生成する．

（ピペリジン）N–H + HNO₂ ⟶ （ピペリジン）N–N=O + H₂O

9. 第一級脂肪族アミンと亜硝酸との反応（§23・8D）
第一級脂肪族アミンに亜硝酸を作用させると，まず不安定なジアゾニウム塩が生じ，次に N₂ が放出されてカルボカチオンが生成する．生成したカルボカチオンはつづいて，1) プロトンを放出してアルケンを生成する，2) 求核剤と反応する，3) より安定なカチオンに転位してから，1) または 2) の反応を起こす．ジアゾニウムイオンの生成機構は次のとおりである．第一級アミン（求核剤）とニトロシルカチオンとの反応によりまず N-ニトロソアミンが生成し，つづいて，より安定なジアゾ酸へと互変異性化し，その酸素原子がプロトン化され，水が脱離することにより，ジアゾニウムイオンが生成する．

$$RCH_2NH_2 \xrightarrow[\text{0～5℃}]{\text{NaNO}_2, \text{HCl}} [RCH_2N_2^+] \longrightarrow RCH_2^+ + N_2$$

10. 環状 β-アミノアルコールと亜硝酸との反応（§23・8D）
環状 β-アミノアルコールに亜硝酸を作用させると，転位が進行し，環拡大したケトンが生成する．この反応では，最初にジ

784　23. アミン

アゾニウムイオンが生成し，つづいて N_2 を放出すると同時に 1,2 移動による転位が進行し，共鳴安定化されたカチオンを生じる．これからプロトンが脱離して環状ケトンが生成する．

$$\text{1-(aminomethyl)cyclohexan-1-ol} + HNO_2 \longrightarrow \text{cycloheptanone} + 2H_2O + N_2$$

11. 芳香族ジアゾニウム塩の生成：ジアゾ化（§23・8E）
芳香族ジアゾニウム塩は水溶液中 0°C で短時間であれば安定に存在する．この反応は，脂肪族アミンと亜硝酸との反応によるジアゾニウムイオンの生成と同様の機構で進行する．

$$PhNH_2 + HNO_2 \xrightarrow[0°C]{HCl} PhN_2^+Cl^- + H_2O$$

12. 第一級芳香族アミンからフェノールへの変換（§23・8E）
芳香族ジアゾニウム塩が生成した後，窒素が脱離してアリールカチオン中間体が生成する．これがさらに水と反応し，フェノールが得られる．

(2-bromo-4-methylaniline) $\xrightarrow[\text{2. } H_2O, \text{熱}]{\text{1. } NaNO_2, H_2SO_4, H_2O}$ (2-bromo-4-methylphenol) $+ N_2$

13. シーマン反応（§23・8E）
フルオロホウ酸芳香族ジアゾニウムの加熱は，フッ素原子を芳香環に導入する最も一般的な方法である．

(aniline) $\xrightarrow[\text{2. } HBF_4]{\text{1. } NaNO_2, HCl, 0°C}$ (PhN$_2^+$BF$_4^-$) $\xrightarrow{\text{熱}}$ (PhF) $+ N_2 + BF_3$

14. ザンドマイヤー反応（§23・8E）
芳香族ジアゾニウム塩に CuCl, CuBr, CuCN を作用させると，ジアゾニウム基が Cl, Br, CN に置換された生成物が得られる．

(2-methylaniline) $\xrightarrow[0\sim5°C]{NaNO_2, H_3O^+}$ (2-methylbenzenediazonium) $\xrightarrow[\text{熱}]{KCN/CuCN}$ (2-methylbenzonitrile)

15. 芳香族ジアゾニウム塩と KI との反応（§23・8E）
芳香族ジアゾニウム塩と KI との反応は，芳香環にヨウ素を導入する最も簡便な方法である．

(2-methylaniline) $\xrightarrow[0\sim5°C]{NaNO_2, HCl}$ (2-methylbenzenediazonium chloride) $\xrightarrow[25°C]{KI}$ (2-iodotoluene)

16. 芳香族ジアゾニウム塩と亜リン酸との反応（§23・8E）
NO_2 基や NH_2 基は，芳香環に置換基を導入する際の配向性を制御するための置換基として用い，その後除去することが可能である．

(2,4-dichloroaniline) $\xrightarrow[0\sim5°C]{NaNO_2, HCl}$ (2,4-dichlorobenzenediazonium chloride) $\xrightarrow{H_3PO_2}$ (1,3-dichlorobenzene)

17. ホフマン脱離（§23・9）
水酸化第四級アンモニウムからアンチ立体選択的に脱離が進行し，置換基の数がより少ないアルケンが主生成物として生成する（ホフマン則）．この反応では，塩基による β 水素原子の引抜きとアミノ基の脱離が同時にアンチ配座で進行する．

(cyclohexyl-N(CH$_3$)$_3^+$ OH$^-$) $\xrightarrow{\text{熱}}$ (methylenecyclohexane) $+ (CH_3)_3N + H_2O$

18. コープ脱離：第三級アミンオキシドの熱分解（§23・10）
脱離反応はシン立体選択的に進行し，平面遷移状態において 6 電子が環状に動くように進む．

(cyclohexyl-CH$_2$-N(O)(CH$_3$)$_2$) $\xrightarrow{100\sim150°C}$ (methylenecyclohexane) $+ (CH_3)_2NOH$

問　題

赤の問題番号は応用問題を示す．

構造と命名法

23・16 次のアミンおよびアミン誘導体の構造式を書け．
(a) N,N-ジメチルアニリン　(b) トリエチルアミン
(c) *tert*-ブチルアミン　(d) 1,4-ベンゼンジアミン
(e) 4-アミノブタン酸　(f) (*R*)-2-ブタンアミン
(g) ベンジルアミン
(h) *trans*-2-アミノシクロヘキサノール
(i) 1-フェニル-2-プロパンアミン（アンフェタミン）
(j) リチウムジイソプロピルアミド（LDA）
(k) 水酸化ベンジルトリメチルアンモニウム（商標 Triton B）

23・17 次の化合物を命名せよ．
(a) 3,4-ジメトキシアニリン
(b) 1-(アミノメチル)シクロヘキサン-1-オール
(c) 1-ナフチルアミン

23. アミン

(d) 構造式: H-N-プロピル (e) 構造式: PhNH$_3^+$Cl$^-$ (f) 構造式: PhN$_2^+$Cl$^-$

(g) 構造式: CH$_3$CH(NH$_2$)(CH$_2$)$_3$CH$_3$ (h) ニコチン酸 (3-ピリジンカルボン酸)

23・18 次に示すアミンを第一級アミン，第二級アミン，第三級アミン，および脂肪族アミン，芳香族アミンに分類せよ．

(a) セロトニン serotonin (神経伝達物質)

(b) ベンゾカイン benzocaine (局所麻酔薬)

(c) クロロキン chloroquine (抗マラリア薬)

23・19 エピネフリン(アドレナリン)は副腎髄質から分泌されるホルモンである．その作用のなかで最も大切なのは，気管支拡張薬としての作用である．アルブテロールは，最も効果的で，かつ最も広く認可されている抗ぜんそく薬である．アルブテロールの R 体は，S 体よりも，68 倍もぜんそくへの効能が高い．

(R)-エピネフリン (R)-epinephrine
(R)-アルブテロール (R)-albuterol

(a) おのおののアミンを第一級，第二級，第三級に分類せよ．
(b) これらの化合物の構造式の類似性と相異性を比較せよ．

23・20 次の化合物の構造式を書け．
(a) C$_7$H$_9$N の第二級芳香族アミン
(b) C$_8$H$_{11}$N の第三級芳香族アミン
(c) C$_7$H$_9$N の第一級脂肪族アミン
(d) C$_4$H$_{11}$N のキラルな第一級アミン
(e) C$_6$H$_{11}$N の第三級ヘテロ環アミン
(f) C$_9$H$_{13}$N の三置換第一級アミン
(g) C$_6$H$_{16}$NCl のキラルな第四級アンモニウム塩

23・21 モルヒネとその O-メチル化誘導体のコデインは，これ

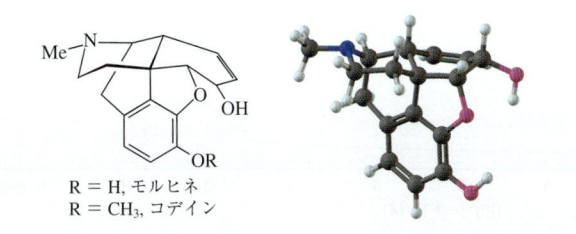

R = H, モルヒネ
R = CH$_3$, コデイン

までに知られている最も効果的な鎮痛薬である．しかし，これらには習慣性があることと，繰返し使用することで薬に対して耐性ができてしまうことの二つの重大な欠点がある．鎮痛薬として同等の効能をもち，かつ中毒性や乱用の危険性が小さい薬の開発を目指し，多くのモルヒネ誘導体がこれまでに合成されてきた．そのいくつかの例を次に示す．

メペリジン meperidine (ペチジン)
メサドン methadone
プロポキシフェン propoxyphene

(a) これらの分子に共通する構造的特徴を見いだせ．
(b) モルヒネ受容体と結合し鎮痛薬として作用する分子の構造を予測するための一連の経験則はベケット-ケーシー則とよばれる．この経験則によると，モルヒネと同様の効果的な鎮痛薬を得るためには，分子は，1) 芳香環をもっていて，2) 第四級炭素があり，3) その第四級炭素から，炭素-炭素結合二つ分の距離に窒素原子をもつことが必要である．本問題で示す化合物が，これらの構造的な要請をみたしていることを示せ．

23・22 エリスロマイシンなどのいくつかのマクロリド抗生物質に含まれる糖部分のデソサミンの D 体(天然体)の構造式を次に示す．エリスロマイシンは，フィリピン諸島の土壌に含まれる *Streptomyces erythreus* によって生産される．

デソサミン desosamine

(a) デソサミンに含まれるすべての官能基名をあげよ．
(b) デソサミンにはキラル中心がいくつあり，立体異性体はいくつあるか．また，それらの構造異性体のうち，エナンチオマーの組は何組あるか答えよ．
(c) デソサミンのいす形配座を書き，どの置換基がエクアトリアル位で，どの置換基がアキシアル位を占めるか答えよ．
(d) デソサミンのいす形配座のなかで，より安定なものはどれか説明せよ．

分光法

23・23 次の化合物の質量スペクトルで，おのおのの基準ピークがみられる理由を説明せよ．
(a) イソブチルメチルアミン，m/z 30

(b) ジエチルアミン, m/z 58

23・24 $C_5H_{13}N$ の分子式の化合物 **A** は下の IR スペクトル, ^1H NMR スペクトルを示す. この化合物の構造式を書け.

アミンの塩基性

23・25 次のおのおのの組の化合物のうち, より強い塩基はどちらか答えよ.

(a) 3-メチルアニリン と ベンジルアミン

(b) 4-ニトロアニリン と 4-メチルアニリン

(c) ピペリジン と ピリジン

(d) 尿素 と グアニジン

(e) ピロール と ピロリジン

(f) Et_3N と N,N-ジエチルアニリン

23・26 モルホリンの共役酸の pK_a は 8.33 である.

モルホリニウムイオン + H_2O ⇌ モルホリン + H_3O^+ $pK_a = 8.33$

(a) pH 7.0 に調製した水溶液中では, モルホリンとモルホリニウムイオンの存在比はいくらか.

(b) pH がいくつのときに, モルホリンとモルホリニウムイオンとの濃度が等しくなるか.

23・27 ピリドキサミン(ビタミン B_6 の一つの形)の二つの窒素は, どちらがより強い塩基か. その理由も説明せよ.

ピリドキサミン(ビタミン B_6)

23・28 エクアドルの毒ガエル *Epipedobates tricolor* の表皮から単離された無色の液体エピバチジンは, モルヒネよりも数倍強い鎮痛作用をもつ. この化合物は天然物から単離された初めての塩素を含む非オピオイド系(構造が非モルヒネ系)の鎮痛薬である.

エピバチジン epibatidine

(a) エピバチジンの二つの窒素原子のうち, より塩基性が強いのはどちらか.

(b) この分子に含まれるすべてのキラル中心を示せ.

23・29 アニリン(共役酸の pK_a 4.63)はジフェニルアミン(共役

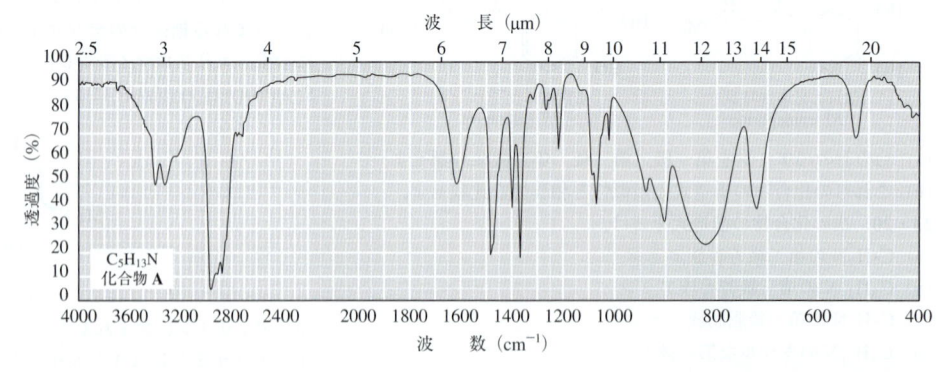

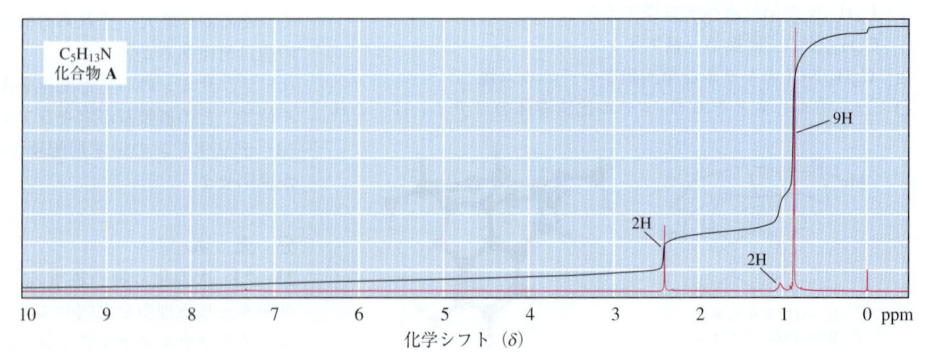

問題 23・24 スペクトル図

酸の pK_a 0.79) よりもはるかに塩基性が強い．この顕著な違いの理由を説明せよ．

23・30 以下の酸-塩基反応を完成させ，平衡がどちらに偏るか予測せよ．おのおのの平衡において，より強い酸とより弱い酸の pK_a の値を用いて，その予測が正しいことを説明せよ．酸解離定数の値は，表 23・2（代表的なアミンの共役酸の酸性度，pK_a）および付録 2（代表的な有機酸の pK_a）を参照すること．酸解離定数の記載がない場合には，表や本文などに与えられている情報から類推すること．

(a) CH$_3$COOH （酢酸） + ピリジン ⇌

(b) フェノール + Et$_3$N（トリエチルアミン）⇌

(c) PhC≡CH（フェニルアセチレン）+ NH$_3$（アンモニア）⇌

(d) PhC≡CH（フェニルアセチレン）+ i-Pr$_2$N$^-$Li$^+$（リチウムジイソプロピルアミド（LDA））⇌

(e) PhCO$_2^-$Na$^+$（安息香酸ナトリウム）+ Et$_3$NH$^+$Cl$^-$（塩化トリエチルアンモニウム）⇌

(f) 1-フェニル-2-プロパンアミン（アンフェタミン）+ 2-ヒドロキシプロパン酸（乳酸）⇌

(g) アンフェタミン塩酸塩 + NaHCO$_3$（炭酸水素ナトリウム）⇌

(h) フェノール + Me$_4$N$^+$OH$^-$（水酸化テトラメチルアンモニウム）⇌

23・31 キヌクリジンとトリエチルアミンはともに第三級アミンである．

キヌクリジン pK_a 10.6 ／ トリエチルアミン pK_a 8.6

しかし，キヌクリジンのほうがかなり強い塩基である．言いかえると，キヌクリジンの共役酸はトリエチルアミンの共役酸よりもかなり酸性が弱い．これらの酸性・塩基性の違いを説明せよ．

23・32 次の三つの化合物の混合物を分離して精製するためには，相対的な酸性および塩基性の強さをもとにどのような化学的手法をとればよいか．

4-ニトロトルエン ／ 4-メチルアニリン（p-トルイジン）／ 4-メチルフェノール（p-クレゾール）

アミンの合成

23・33 次の化合物から 1-ヘキサンアミンを合成する方法を示せ．
(a) 炭素数が 6 個のブロモアルカン
(b) 炭素数が 5 個のブロモアルカン

23・34 次の化合物からベンジルアミンへ高収率で変換する方法を示せ．
(a) ベンズアルデヒド
(b) N-ベンジルアセトアミド
(c) ベンジルアルコール
(d) ベンジルクロリド
(e) 安息香酸
(f) 安息香酸エチル

アミンの反応

23・35 トリメチルアミンに酢酸 2-クロロエチルを作用させると，アセチルコリンが塩化物として得られる．アセチルコリンは神経伝達物質である．この第四級アンモニウム塩の構造式を示し，この生成機構を示せ．

Me$_3$N + CH$_3$COCH$_2$CH$_2$Cl ⟶ C$_7$H$_{16}$ClNO$_2$（塩化アセチルコリン）

23・36 N-ニトロソアミンは，それ自体はそれほど強い発がん物質ではない．しかし，肝臓で鉄を含む一連の酵素（シトクロム P450 の一つ）によって活性化され，アミンの窒素原子の隣の C-H 結合が C-OH 基に酸化されてしまう．

N-ニトロソピペリジン $\xrightarrow{\text{O}_2, \text{シトクロム P 450}}$ 2-ヒドロキシ-N-ニトロソピペリジン

$\xrightarrow{\text{H}^+}$ アルキルジアゾニウムイオン（発がん物質）

788　23. アミン

このヒドロキシル化生成物は酸触媒によりアルキルジアゾニウム塩へと変換され，これがアルキル化剤として高い反応性をもつため，発がん性を示すようになる．ヒドロキシル化生成物からアルキルジアゾニウム塩への変換がどのように起こるか示せ．

23・37　β-アミノアルコールの亜硝酸による脱アミノ化とピナコール転位は，よく似ている．図に例を示す．

β-アミノアルコールの亜硝酸による脱アミノ反応

$$\text{(シクロヘキシル, NH}_2\text{, OH)} \xrightarrow{\text{NaNO}_2, \text{HCl}} \text{シクロヘプタノン} + N_2 + H_2O$$

ピナコール転位

$$\text{(シクロヘキシル, OH, OH)} \xrightarrow{\text{H}_2\text{SO}_4} \text{シクロヘキシル-CHO} + H_2O$$

(a) おのおのの転位反応の機構を示して，両者の類似性を説明せよ．
(b) 前者の反応では環拡大生成物が生成するのに対し，後者の反応では生成しない．この理由を説明せよ．
(c) シクロヘキサンカルボアルデヒドを生成物として生じる β-アミノアルコールは何か．

23・38　(S)-グルタミン酸は，ポリペプチドやタンパク質 (27章参照) の20個のアミノ酸構成単位の一つである．次の反応の機構を示せ．

$$\text{(S)-グルタミン酸} \xrightarrow[0\sim5\,°\text{C}]{\text{NaNO}_2, \text{HCl}} \text{(S体ラクトン)} + N_2$$

23・39　次の二環式アミノ酸の構造決定には，メチル化とつづくホフマン脱離の反応が用いられた．化合物 B は二つの異性体の混合物である．

$$C_9H_{17}N \xrightarrow[\substack{1.\ \text{CH}_3\text{I} \\ 2.\ \text{Ag}_2\text{O}, \text{H}_2\text{O} \\ 3.\ \text{熱}}]{} C_{10}H_{19}N \ (\mathbf{A}) \xrightarrow[\substack{1.\ \text{CH}_3\text{I} \\ 2.\ \text{Ag}_2\text{O}, \text{H}_2\text{O} \\ 3.\ \text{熱}}]{} C_8H_{12} \ (\mathbf{B})$$

(a) 化合物 **A**, **B** の構造式を示せ．
(b) 化合物 **B** の構造式が与えられていて，化合物 **A** と出発物の二環式アミンの分子式のみが与えられているとする．この情報のみで，化合物 **B** から逆向きにたどって，化合物 **A** の構造を導き出すことは可能か．また，二環式アミンの構造はどうか答えよ．

23・40　次の変換により生成する分子式 $C_{10}H_{16}$ の化合物の構造式を示せ．また，この化合物の生成機構を説明せよ．

$$\xrightarrow[\substack{1.\ \text{CH}_3\text{I (2mol)} \\ 2.\ \text{H}_2\text{O}_2 \\ 3.\ \text{熱}}]{} C_{10}H_{16}$$

23・41　窒素原子一つと炭素原子九つからなる構造のわからないアミンがある．この化合物の ^{13}C NMR スペクトルは5本のシグナルを示し，その化学シフトはいずれも 20～60 ppm の範囲である．ホフマン脱離の一連の反応 〔1) CH_3I, 2) Ag_2O, H_3O^+, 3) 熱〕を3回繰返すと，トリメチルアミンと 1,4,8-ノナトリエンが生成する．このアミンの構造式を示せ．

合　成

23・42　ジアゾニウム塩の反応を少なくとも1回は使って，次の変換を行う経路を示せ．
(a) トルエンから 4-メチルフェノール (p-クレゾール)
(b) ニトロベンゼンから 3-ブロモフェノール
(c) トルエンから p-シアノ安息香酸
(d) フェノールから p-ヨードアニソール
(e) アセトアニリドから p-アミノベンジルアミン
(f) トルエンから 4-フルオロ安息香酸
(g) 3-メチルアニリン (m-トルイジン) から 2,4,6-トリブロモ安息香酸

23・43　除草剤であるプロパニルの合成を次に示す．各段階の反応条件を示せ．

$$\text{ベンゼン} \xrightarrow{(1)} \text{クロロベンゼン} \xrightarrow{(2)} \text{4-クロロニトロベンゼン} \xrightarrow{(3)} \text{3,4-ジクロロニトロベンゼン} \xrightarrow{(4)} \text{3,4-ジクロロアニリン} \xrightarrow{(5)} \text{プロパニル}$$

23・44　次の合成の各段階の反応剤と反応条件を示せ．

$$\text{トルエン} \xrightarrow{(1)} \text{2-ニトロトルエン} \xrightarrow{(2)} \text{2-メチルアニリン} \xrightarrow{(3)} \text{2-メチルベンゾニトリル} \xrightarrow{(4)} \text{2-メチルベンジルアミン}$$

23・45　次の合成を行う方法を示せ．

$$\text{トルエン} \longrightarrow \text{2-メチル-1,4-ベンゼンジオール}$$

23・46　次の合成の各段階の反応条件を示せ．

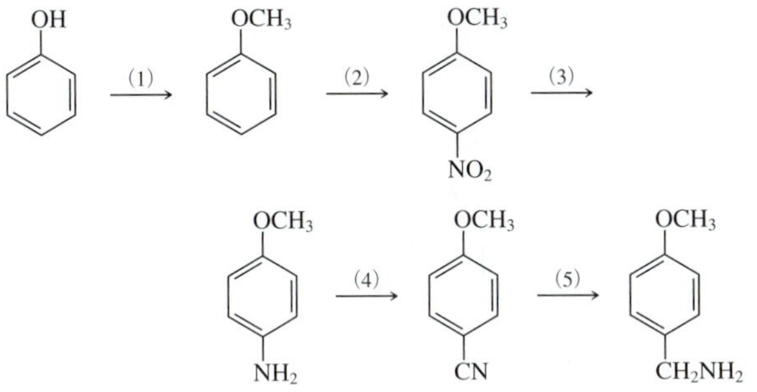

23. アミン

23・47 メチルパラベンは食品や飲料，化粧品の保存料として用いられる．この化合物をトルエンから合成する方法を示せ．

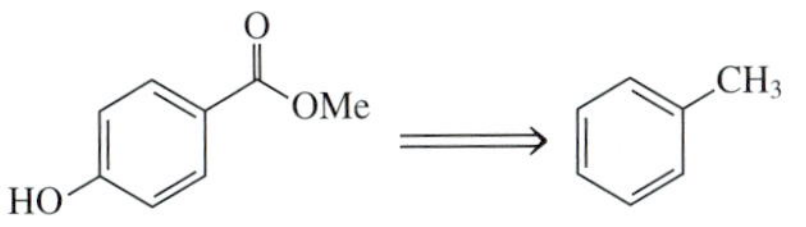

23・48 次の逆合成解析をもとに，標的化合物の第三級アミンを，ベンゼンと他の必要な反応剤からラセミ体として合成する方法を示せ．

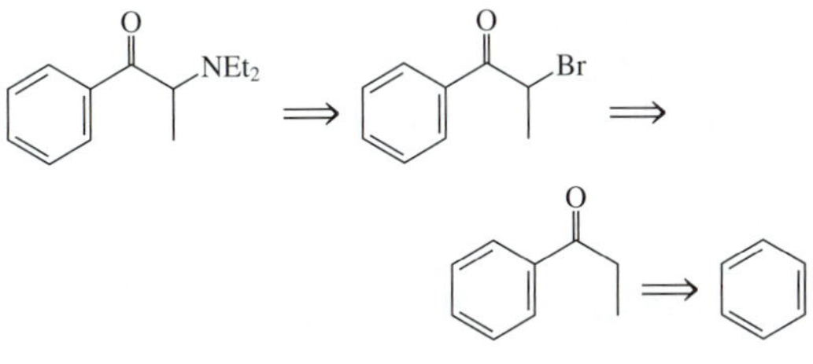

23・49 N置換モルホリンは，さまざまな薬の構成単位である．次の逆合成解析をもとに，N-メチルモルホリンを合成する方法を示せ．

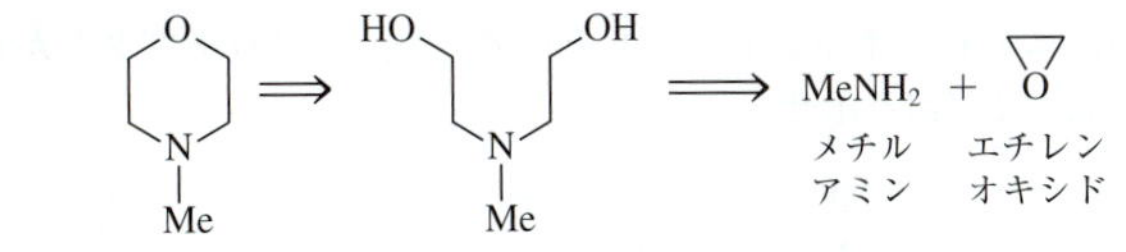

23・50 農業用殺菌剤として用いられるトリデモルフを，ドデカン酸(ラウリン酸)とプロペンから合成する方法を示せ．また，トリデモルフにはいくつの立体異性体が存在するか答えよ．

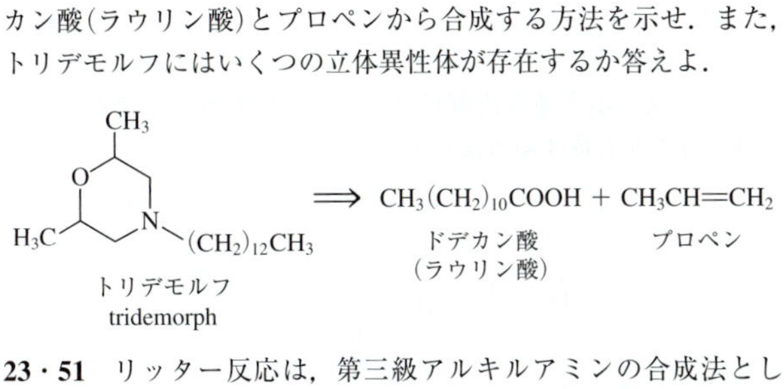

23・51 リッター反応は，第三級アルキルアミンの合成法として特に有用であり，この方法の代替となるような方法はほとんど知られていない．この反応は，次の変換の段階1にあたる．段階2で，リッター生成物は加水分解され，アミンが生成する．
(a) リッター反応の機構を示せ． 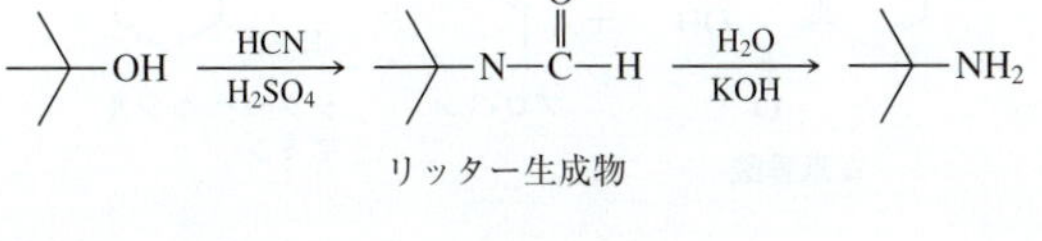
(b) HCNの代わりにアセトニトリル CH₃CN を用いてリッター反応を行い，つづいてリッター生成物を水素化アルミニウムリチウムにより還元し得られる生成物を答えよ．

23・52 いくつかのジアミンは医薬品や農薬の構成単位として用いられる．次の1,3-プロパンジアミンおよび1,4-ブタンジアミンをアクリロニトリルから合成する方法を示せ．

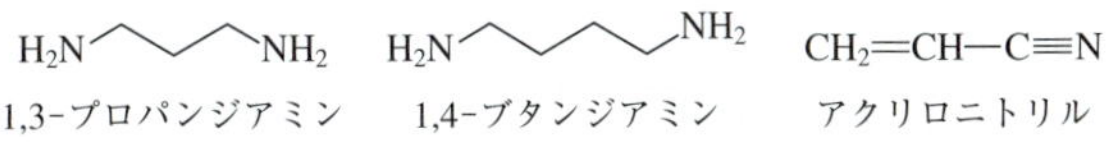

23・53 次の逆合成解析をもとに，静脈麻酔薬である2,6-ジイソプロピルフェノール(プロポフォール)をフェノールから合成する方法を示せ．

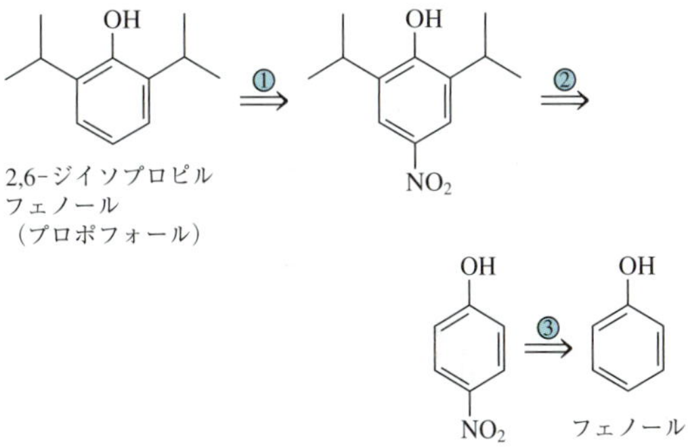

23・54 プロポキシフェンの逆合成解析を次に示す．プロポキシフェンのプロピオニルオキシ基をもつ炭素上の立体配置は S であり，もう一方のキラル中心の立体配置は R である．そのエナンチオマーは鎮痛作用を示さないが，咳抑制薬として用いられる．
(a) プロポキシフェンを，1-フェニル-1-プロパノンと他の必要な反応剤から合成する方法を示せ． 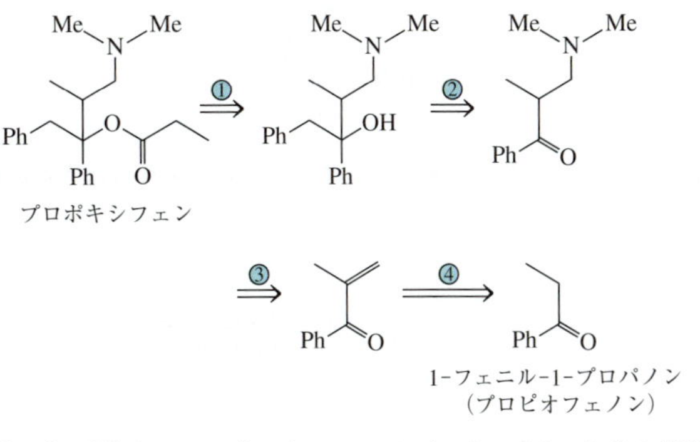
(b) プロポキシフェンはキラルか．もしそうであれば，この合成ではどちらの立体異性体が生成するか答えよ．

23・55 心臓不整脈に処方される薬であるイブチリドの逆合成解析を次ページに示す．図中の Hept は 1-ヘプチル基の略である．
(a) アニリン，塩化メタンスルホニル，無水コハク酸，N-エチ

ル-1-ヘプタンアミンを出発物に用いて，イブチリドを合成する方法を示せ．
(b) イブチリドはキラルか．もしそうであれば，この合成ではどの立体異性体が生成するか答えよ．

(a) 4-ヒドロキシ安息香酸と 3-メチル-3-ブテン-2-オンからガングレフェンを合成する経路を示せ．
(b) ガングレフェンはキラルか．もしそうであれば，この合成ではどの立体異性体が生成するか答えよ．

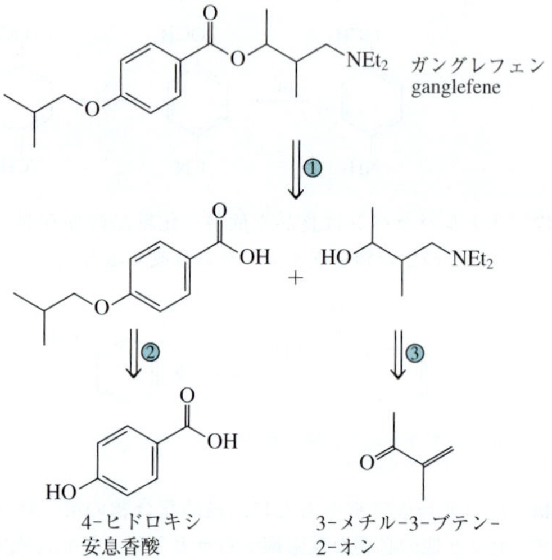

23・58 α-アドレナリン遮断薬であるモキシシリトは，末梢血管拡張薬として用いられる．この化合物をタイムの一種から採れる揮発油であるチモールから合成する経路を示せ．チモールは工業的には m-クレゾールから合成される．

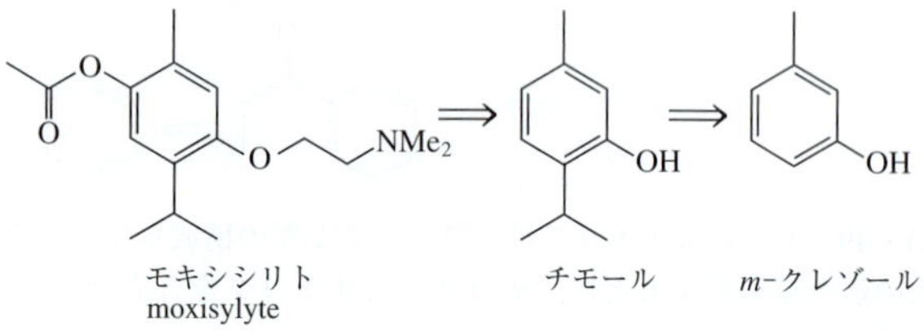

23・59 局所麻酔薬であるアムブカインを，4-ニトロサリチル酸，エチレンオキシド，ジエチルアミン，1-ブロモブタンから合成する経路を示せ．

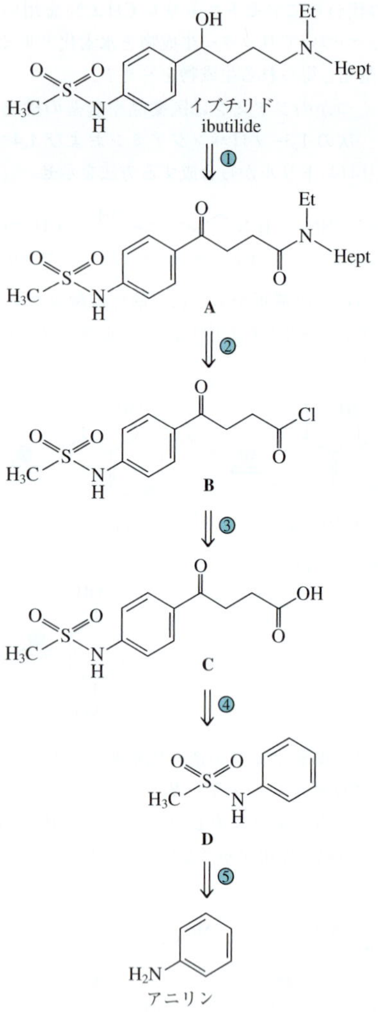

23・56 抗ヒスタミン薬であるヒスタピロジンを合成する経路を示せ．

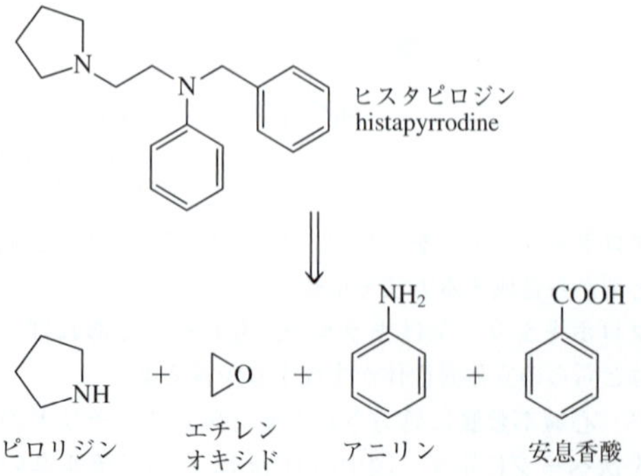

23・57 冠血管拡張薬であるガングレフェンの逆合成解析を図に示す．

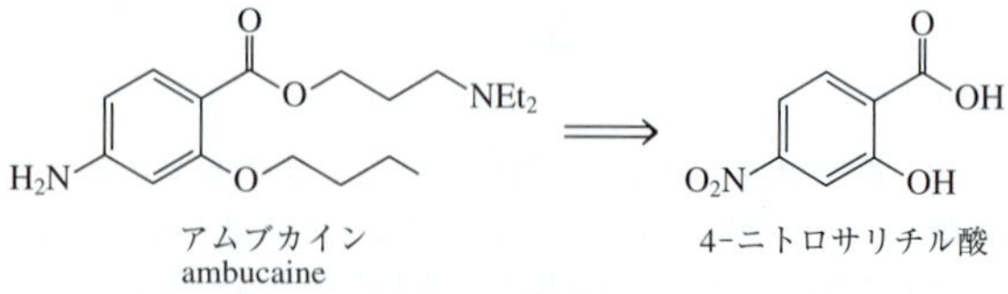

23・60 次に示す逆合成解析をもとに，局所麻酔薬であるヘキシルカインを合成する方法を示せ．

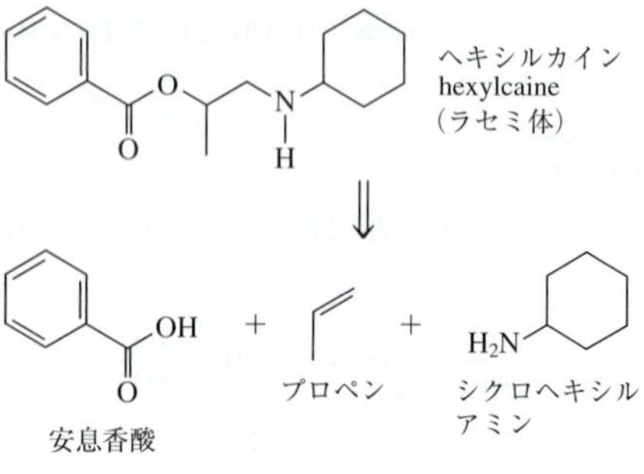

23・61 食欲抑制薬フェンフルラミンの合成経路を次に示す．この化合物は，ダイエット薬品に含まれていたが，不可逆性心臓弁障害をひき起こすことから今では法律で禁止されている．

フェンフルラミン
fenfluramine

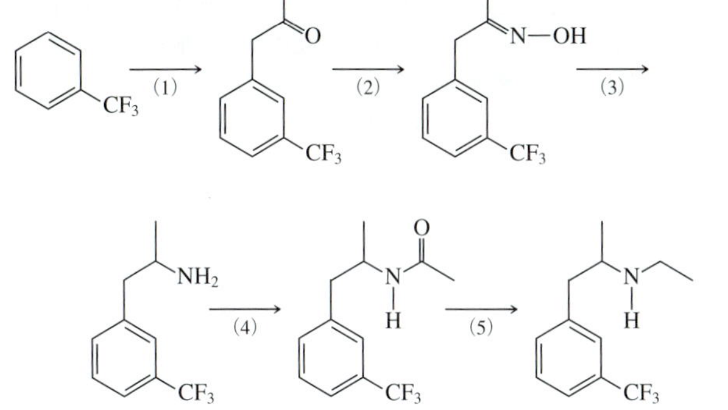

(a) 段階 1 の反応剤と反応条件を示せ．また，CF_3 基がメタ配向性であることを説明せよ．

(b) 段階 2, 3 の反応剤と反応条件を示せ．

(c) 段階 3 において，アミンを合成するもう一つの方法は，相当するケトンの還元的アミノ化である．還元的アミノ化とは何か．また，なぜこの 2 段階のアミン合成のほうが，1 段階の還元的アミノ化よりも適しているのか，説明せよ．

(d) 段階 4，5 の反応剤を示せ．

(e) フェンフルラミンはキラルか．もしそうであれば，この合成ではどの立体異性体が生成するか答えよ．

23・62 食欲抑制薬の例を次に示す．これらには，共通した特徴的な構造特性がいくつかある．

(a) リッター反応（問題 23・51）を含め，これまで学んできたアミンの合成法をもとに，各化合物を合成する方法を示せ．

(b) これらの化合物のうち，キラルなものはどれか．

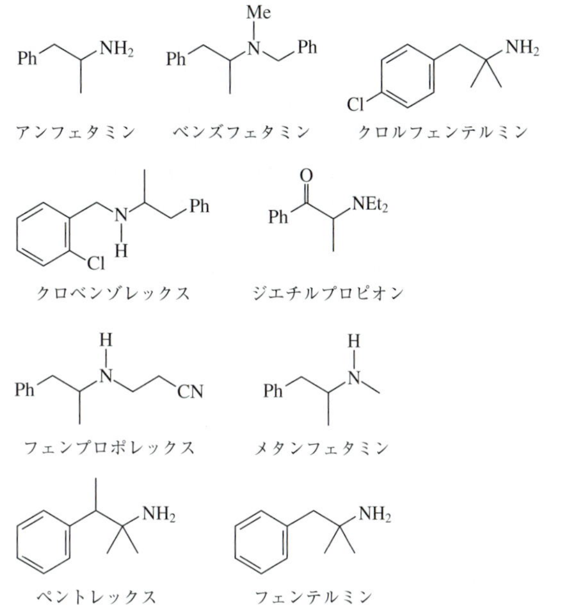

アンフェタミン
ベンズフェタミン
クロルフェンテルミン
クロベンゾレックス
ジエチルプロピオン
フェンプロポレックス
メタンフェタミン
ペントレックス
フェンテルミン

23・63 バイアグラの商標で売られている医薬品シルデナフィルは，陰茎の海綿体に高濃度で存在する酵素であるホスホジエステラーゼ V（PDE V）の強力な阻害薬である．この酵素の活性阻害は，血管のスムースな筋弛緩を高め，男性のインポテンスに処方される．シルデナフィルの合成経路を下に示す．

(a) 段階 1 の反応機構を示せ．

(b) 段階 1 で生成する窒素を含む 5 員環はピラゾールとよばれる．芳香族性に関する Hückel 則によると，ピラゾールは芳香族化合物に分類できることを示せ．

(c) 段階 2〜7 および段階 9 の反応剤と反応条件を示せ．

(d) 段階 6 で用いる反応剤を，サリチル酸（2-ヒドロキシ安息香酸）から合成する方法を示せ．サリチル酸は，アスピリンや他の

問題 23・63 図

シルデナフィル sildenafil
（バイアグラ®）

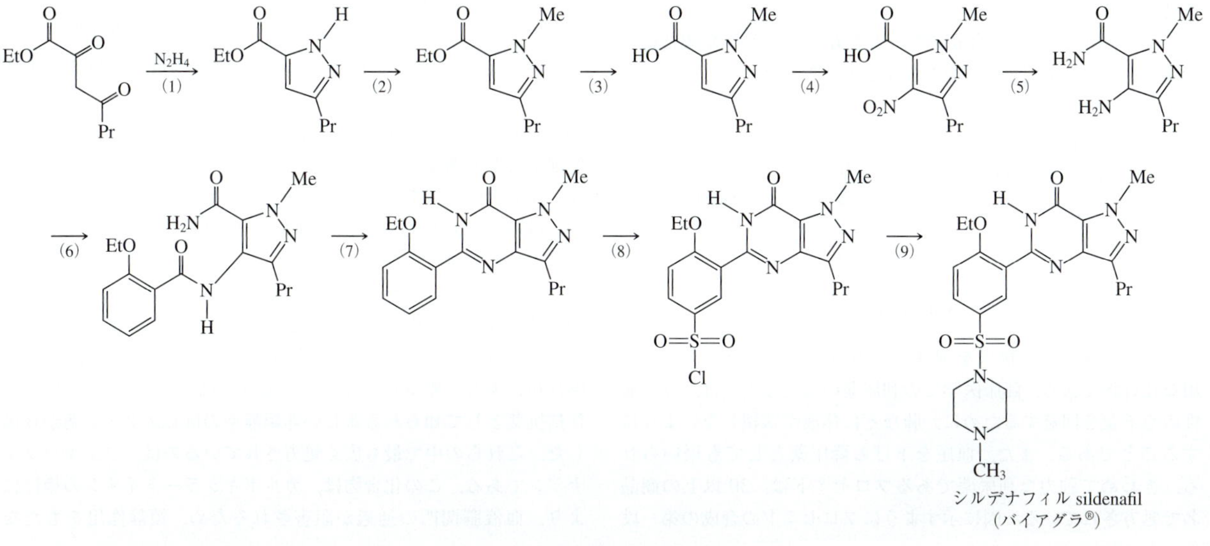

多くの医薬品を合成するための出発物であり，フェノールのコルベカルボキシル化により容易に合成される(§21・4E参照).

(e) 段階8で用いるクロロスルホン酸ClSO₃Hは本文中にはでてこない．芳香族求電子置換反応(§22・1参照)について学んできたことをもとに，段階8の反応機構を示せ．

(f) 段階9に用いられる反応剤の構造式を書け．また，この化合物をメチルアミンとエチレンオキシドから合成する方法を示せ．

(g) シルデナフィルはキラルか．もしそうであれば，この合成ではどの立体異性体が生成するか答えよ．

23・64 造影剤は，経口または静脈注射により処方され，体内の物質よりも強くX線を吸収する．最もよく知られているものの一つは硫酸バリウムであり，胃腸管のイメージングに用いられるいわゆるバリウムカクテルである．ほかにX線造影剤として用いられるものの一つは，トリヨード芳香族化合物である．ジアトリゾ酸の安息香酸からの合成経路を次に示す．

(a) 段階1, 2, 3, 5 の反応剤および反応条件を示せ．
(b) 一塩化ヨウ素IClは，融点27.2 ℃，沸点97 ℃の黒色の結晶性固体であり，等モル量のI₂とCl₂を混合することにより調製される．この反応剤による3-アミノ安息香酸のヨウ素化の反応機構を示せ．

23・65 問題23・64の合成スキームをもとに，次のX線造影剤であるトリヨード安息香酸を合成する方法を示せ．

ヨージパミド iodipamide

23・66 利尿薬は，排尿を促進し，体内の液量を減らすのに有用な化合物である．臨床医学での利尿薬の重要な用途は，うっ血性の心不全を回避するために，肺などに体液が蓄積しないようにすることである．また，血圧を下げる降圧薬としても用いられる．きわめて強力な利尿薬であるフロセミドは，30以上の商品名で処方されている．図に示すようにフロセミドの合成の第一段

階は，2,4-ジクロロ安息香酸とクロロスルホン酸とのクロロスルホン化である．この反応の生成物にアンモニアを作用させ，つついてフルフリルアミンとともに加熱すると，フロセミドが得られる．

(a) トルエンから2,4-ジクロロ安息香酸を合成する方法を示せ．
(b) 段階1におけるクロロスルホン化の反応機構を説明せよ．
(c) 段階3の反応機構を説明せよ．
(d) フロセミドはキラルか．もしそうであれば，この合成ではどの立体異性体が生成するか答えよ．

2,4-ジクロロ安息香酸

フロセミド furosemide

23・67 最新の利尿薬の一つは，ブメタニドである．この医薬品の合成経路を次に示す．

4-クロロ-3-ニトロ安息香酸

ブメタニド bumetanide

(a) トルエンから4-クロロ-3-ニトロ安息香酸を合成する方法を示せ．
(b) 段階1に用いられる反応剤を示せ．(ヒント: 1個以上の反応剤が必要である.)
(c) 反応2の機構を説明せよ．
(d) 段階3に用いられる反応剤を示せ．(ヒント: 1個以上の反応剤が必要である.)
(e) ブメタニドはキラルか．もしそうであれば，この合成ではどの立体異性体が生成するか答えよ．

23・68 初期の抗ヒスタミン薬のほとんどは，弱い鎮静作用の副作用があり，眠気を誘発した．最近では，ヒスタミンH₁受容体拮抗薬として知られる新しい非鎮静型の抗ヒスタミン薬が登場した．これらの中で最も広く処方されているのは，フェキソフェナジンである．この化合物は，カルボキシラートイオンの極性により，血液脳関門の通過が阻害されるため，鎮静作用をもたな

い．フェキソフェナジンの逆合成解析を図に示す．

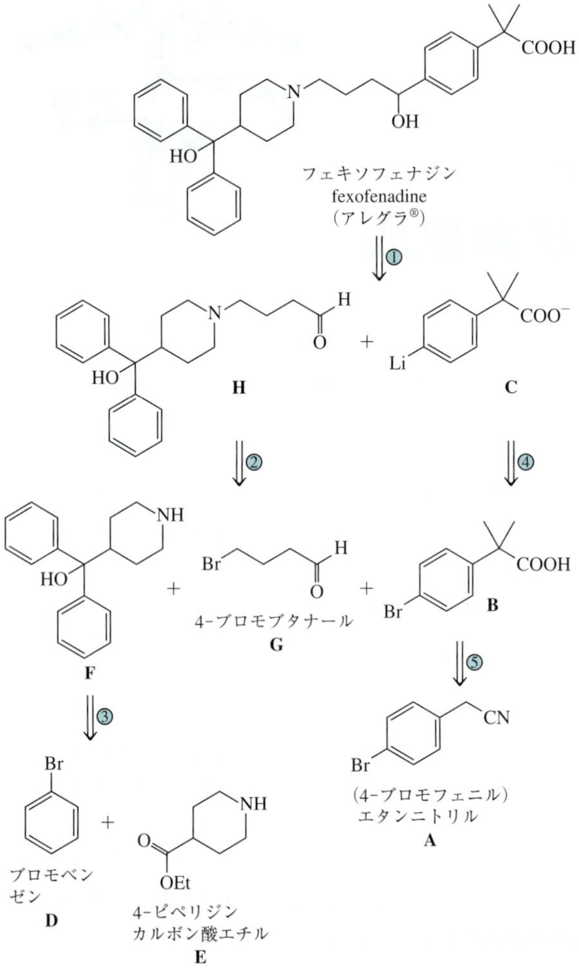

まず水素化ナトリウムを作用させ，ナトリウム塩へと変換した後，有機リチウム反応剤を調製する］

(a) この逆合成解析において，名称が書かれた四つの出発物からフェキソフェナジンを合成する方法を示せ．

(b) フェキソフェナジンはキラルか．もしそうであれば，この合成ではどの立体異性体が生成するか答えよ．

23・69 ソタロールは，ある種の心律動異常に処方されるβ-アドレナリン遮断薬である．その塩酸塩は，いくつかの商品名で売られている．その逆合成解析を次に示す．

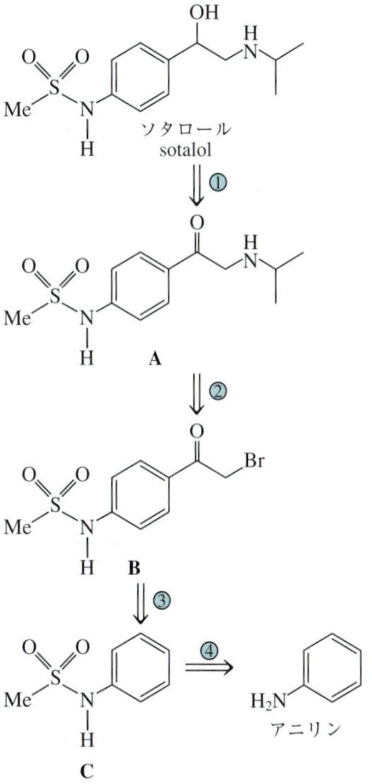

[注意：有機リチウム反応剤 C は，B から直接調製できない．B はカルボキシ基をもつため，生成した有機リチウムが分子間での酸-塩基反応により反応してしまうためである．実際には，B に

(a) アニリンからソタロールを合成する方法を示せ．

(b) ソタロールはキラルか．もしそうであれば，この合成ではどの立体異性体が生成するか答えよ．

- 24・1 既出の炭素−炭素結合生成反応
- 24・2 有機金属化合物と触媒
- 24・3 ヘック反応
- 24・4 触媒を用いたアリル位アルキル化
- 24・5 パラジウム触媒を用いたクロスカップリング反応
- 24・6 アルケンメタセシス

24章

触媒を用いた炭素−炭素結合生成

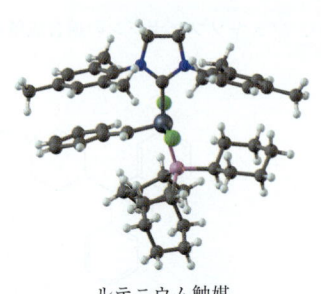

ルテニウム触媒

　有機化学者はわずか 120 年ほどの間に，驚くほど複雑な構造の分子の合成を可能にしてきた．特に近年，医薬的に有用な化合物の合成研究が精力的に行われ，実際に利用されている多くの医薬品が単純な構造の化合物から合成できるようになった．一般に医薬品は，天然物やその誘導体である場合もあるし，天然物の構造を模してより単純な構造に設計してある場合や，全く天然物とは関係のない構造をしている場合もある．いずれも，病気の原因である特定の生物，病原細菌，細胞の受容体，酵素などに対して活性をもつ．これらの化合物には，新しい炭素−炭素結合生成反応の発見が鍵となって初めて合成が可能になったものが少なくない．今日では，新しく開発された方法と従来から用いられてきた古典的な方法を組合わせて利用することにより，きわめて不安定な官能基と驚くほど複雑な構造をもつ分子を，単純で安価な原料から立体化学や位置選択性を制御して合成できるようになっている．ここまで比較的古くから知られている反応について説明してきたが，本章では比較的最近有機合成に導入された触媒を用いた炭素−炭素結合生成反応のなかから，特に有用なものを選んで紹介する．これらの触媒反応は，化学反応廃棄物の削減を推し進めてグリーンケミストリーを目指している産業界ではきわめて重要である．最後に，これらの新しい反応と古典的な反応との組合わせかたを習得するために，最新の有機合成の演習問題を取上げる．

24・1 既出の炭素−炭素結合生成反応

　本書ですでに説明した炭素−炭素結合の生成反応を次に列挙する．有機合成の問題を解くには，これらの反応を十分理解して駆使することが必要である．

炭素求核剤による求核置換反応

- ギルマン（有機銅）反応剤（§15・2）によるハロゲン原子あるいはトシラートの置換反応．
- グリニャール反応剤やギルマン反応剤によるオキシランの開環反応（§15・1）．
- 末端アルキンのアニオン（§7・5 と §9・1）やシアン化物イオン（§9・1）によるハロゲン原子あるいはトシラートの置換反応．求電子剤はオキシランの場合もある（§11・9B）．
- エノラートアニオンのアルキル化反応（アセト酢酸エステルおよびマロン酸エステルの合成，§19・6 と §19・7）
- エナミンのアルキル化反応（§19・5）

カルボニル基あるいはカルボキシ基への求核付加反応

- グリニャール反応剤（§16・5A と §18・9A），有機リチウム反応剤（§16・5B と

§18・9B), ギルマン反応剤(§18・9C)の付加反応
- 末端アルキンのアニオン(§16・5C)やシアン化物(§16・5D)イオンの付加反応
- アルドール反応(§19・2)
- クライゼン縮合反応(§19・3A)とディークマン縮合反応(§19・3B)
- エナミンのアシル化反応(§19・5B)
- ウィッティッヒ反応(C=C二重結合の生成, §16・6)

$α,β$-不飽和カルボニル化合物への付加反応
- マイケル付加反応(§19・8A)

ペリ環状反応
- ディールス-アルダー反応(§20・5)
- クライゼン転位(§20・6)
- コープ転位(§20・6)

カルベンやカルベノイドの付加反応(§15・3)

芳香族置換反応
- 芳香族のフリーデル-クラフツアルキル化反応およびアシル化反応(§22・1C)
- 芳香族ジアゾニウム化合物とシアン化物イオンとの反応(§23・8E)

　上にあげただけでも十分な種類の炭素－炭素結合生成反応が利用できると思うかもしれないが, これらは触媒反応を含んでいない. すでに述べたように, 触媒は反応機構にかかわってエネルギー障壁を下げて, 反応速度を上げる化学種である. したがって, 触媒は反応の熱力学を変化させず, 速度だけを変化させる. さらに, 反応後に再生される触媒は反応前のものと同一であり, 触媒は繰返し反応にかかわる. このことを, 触媒が"回転"するとよぶことが多い.

　本章では, 触媒を用いた炭素－炭素結合生成反応を新しく紹介する. 触媒の存在下では, 触媒がないときよりも速やかに炭素－炭素結合生成反応が進行する. 実は, 本章で説明するほとんどの反応(特に§24・5で扱う反応)は, 触媒なしでは全く起こらない. これらは, 20世紀後半に発展した有機金属化合物の化学に基づいており, その歴史は新しい. まず鍵となる有機金属化合物の反応を概説することから始めよう.

24・2 有機金属化合物と触媒

　有機金属化合物についてはすでに15章で解説した. 本章では, 特に遷移金属がかかわる有用な炭素－炭素結合生成反応を紹介しよう.

A. 酸化的付加と還元的脱離

　酸化的付加とその逆反応である**還元的脱離**は, 遷移金属がかかわるきわめて重要な素反応である. 酸化的付加では, 反応剤が金属へ付加することによって金属の配位数が2増す. 一方, 還元的脱離ではその逆が起こる. これらの反応は, 金属の形式的な酸化状態が2だけ増減することから, 酸化的あるいは還元的と表現される. 酸化的付加は, **配位子** L_n (n は配位子 L の数を示す)をもつ金属でも, 配位子のない金属 $M(0)$ でも起こる. 有機ハロゲン化物, 水素分子, ハロゲン分子のほか, 多くの化合物が金属に酸化的付加しうるが, 金属の種類によって酸化的付加しうる基質は大きく異なる.

　有機金属化合物が触媒として働く反応はたくさんあるが, 本章では酸化的付加と還元

酸化的付加 oxidative addition　反応剤が中心金属に付加することによって, 金属上の置換基が二つ増え, 金属の形式的酸化度が2上がる過程.

還元的脱離 reductive elimination　中心金属上の二つの置換基間に結合ができて金属から脱離することによって, 金属の形式的酸化度が2下がる過程.

配位子 ligand　金属原子に配位結合するルイス塩基. 強く結合する場合と弱く結合する場合がある.

$$ML_n + X_2 \underset{\text{還元的脱離}}{\overset{\text{酸化的付加}}{\rightleftharpoons}} \begin{matrix} X \\ \diagdown \\ ML_n \\ \diagup \\ X \end{matrix}$$

B. 触媒を用いた炭素－炭素結合生成反応の応用

本章で扱う反応や機構は，20世紀の後半に著しく発展した分野における比較的新しい成果である．有機金属触媒は，それまできわめて困難だった反応や不可能だった反応を可能にし，多数の合成工程が必要だった変換を，1工程で行えるようにした．また，触媒の使用によって，全体の合成過程に必要な反応剤や溶媒の量を減らせるようになり，さらに化学工業における廃棄物の減少にもつながった．廃棄物や副生する有害物質を減少させるように製法を計画し設計する化学分野は，一般に**グリーンケミストリー**とよばれている．

> グリーンケミストリー green chemistry

グリーンケミストリーでは，反応にかかわるそれぞれの原子すべてが，反応の副生物に取込まれてしまい廃棄されるようなことなく，効果的に使われることを一つの目的とする．変換過程にかかわるすべての原子の効率を評価するこの概念は，**原子効率**とよばれている．理想的な反応では，反応剤の質量の和が生成物の質量と同じになる．すなわち，反応剤のそれぞれの原子がすべて生成物に取込まれ，廃棄物は全く生じない．このような反応はまれであるが，原子効率に配慮することは，環境の観点からも経済的な観点からも強く望まれる．化学工業が環境にこれまで以上に配慮するようになり，"グリーン化"が社会に広く行き渡りつつある．

> 原子効率 atom economy アトムエコノミーともいう．

24・3 ヘック反応

A. 反応の概要

2010年にノーベル化学賞を受賞したRichard Heckは，パラジウム触媒を用いることにより，アルケンの炭素－炭素二重結合上の水素（ビニル位水素）を，ハロアルケンやハロアレーンの炭素で置換できることを1970年代前半に発見した．現在**ヘック反応**として知られるこの反応は，有機合成でこの形式の置換を行う一般的な方法として，きわめて有用である．

> ヘック反応 Heck reaction

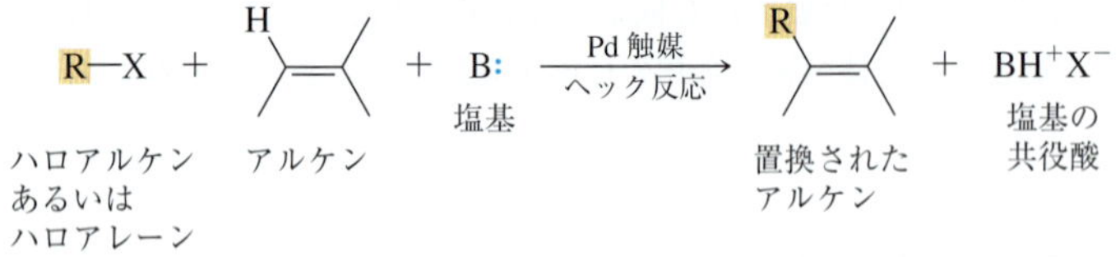

$$R-X + \underset{\text{アルケン}}{CH_2=CHR'} + \underset{\text{塩基}}{B:} \xrightarrow[\text{ヘック反応}]{\text{Pd 触媒}} \underset{\text{置換されたアルケン}}{R-CH=CHR'} + \underset{\text{塩基の共役酸}}{BH^+X^-}$$

（ハロアルケンあるいはハロアレーン）

ヘック反応におけるビニル位水素の置換は，高い位置選択性で二重結合の置換基の少ない炭素上で起こる．また，生成物の二重結合に関して E 配置と Z 配置が可能な場合，E 配置の化合物のみが立体選択的に生成する．

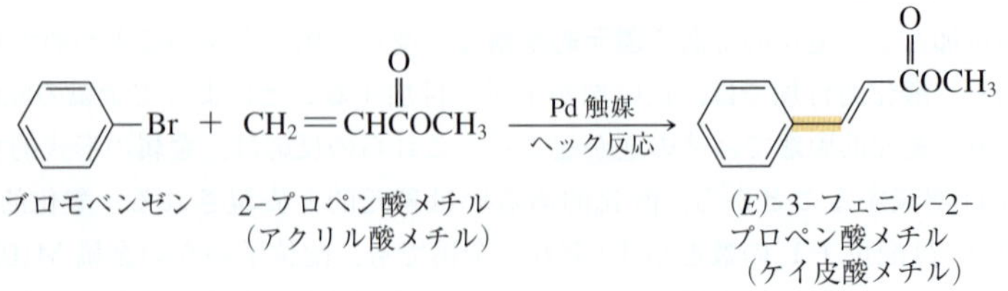

$$\underset{\text{ブロモベンゼン}}{C_6H_5-Br} + \underset{\substack{\text{2-プロペン酸メチル}\\\text{(アクリル酸メチル)}}}{CH_2=CHCOCH_3} \xrightarrow[\text{ヘック反応}]{\text{Pd 触媒}} \underset{\substack{(E)\text{-3-フェニル-2-}\\\text{プロペン酸メチル}\\\text{(ケイ皮酸メチル)}}}{C_6H_5CH=CHCOOCH_3}$$

さらに，ハロアルケンを用いる場合は置換が立体特異的に起こる．すなわち，出発物のハロアルケンの二重結合の立体配置が生成物においても保持される．

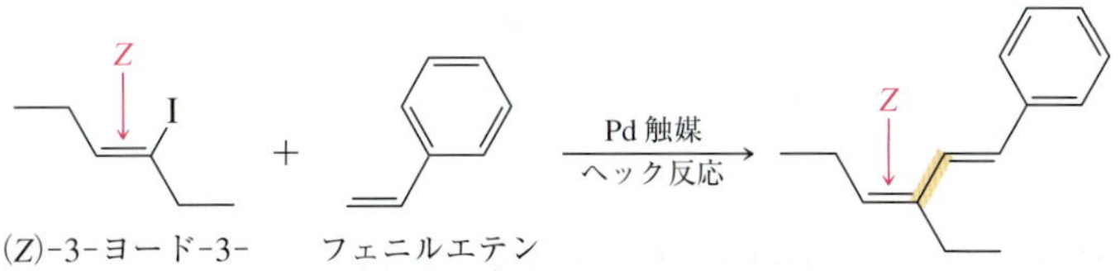

24·3 ヘック反応   797

$$\text{(Z)-3-ヨード-3-ヘキセン} + \text{フェニルエテン（スチレン）} \xrightarrow{\text{Pd 触媒} \atop \text{ヘック反応}} \text{(1}E\text{,3}Z\text{)-3-エチル-1-フェニル-1,3-ヘキサジエン}$$

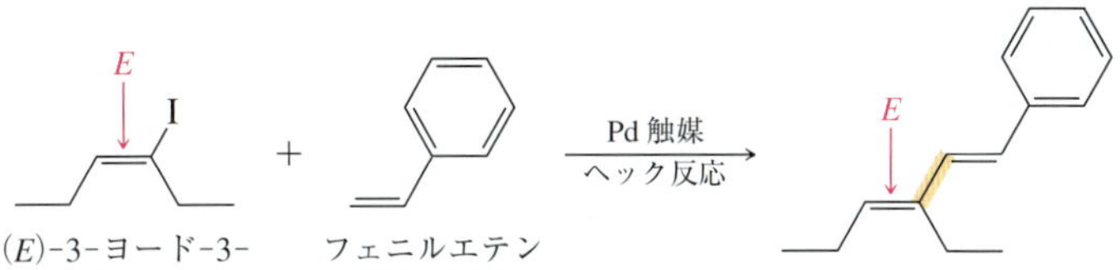

$$\text{(}E\text{)-3-ヨード-3-ヘキセン} + \text{フェニルエテン（スチレン）} \xrightarrow{\text{Pd 触媒} \atop \text{ヘック反応}} \text{(1}E\text{,3}E\text{)-3-エチル-1-フェニル-1,3-ヘキサジエン}$$

触媒の調製

　ヘック反応のパラジウム触媒としては，酢酸パラジウム(II) $Pd(OAc)_2$ が最もよく用いられる．ただし，反応系に加えられる 2 価のパラジウム化合物は触媒の前駆体とよぶほうが正しく，実際には反応系内で Pd(II) が還元されて生成した Pd(0) に配位子 L が配位して，実際のヘック反応の触媒活性をもつ PdL_2 が生成する．配位子がないと Pd(0) は反応溶媒に不溶である．Pd(0) の配位子 L としてトリフェニルホスフィン $(C_6H_5)_3P$ が最も汎用されるが，ほかにも多くの配位子が使用できる．生成物がキラルな化合物である場合に BINAP（§6·7 参照）のような光学活性配位子を用いれば，一方のエナンチオマーを選択的に生成することが可能になる．

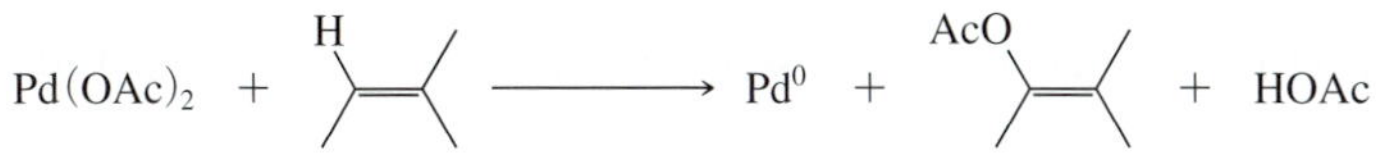

$$Pd(OAc)_2 + \text{アルケン（還元剤）} \longrightarrow Pd^0 + \text{酸化されたアルケン} + HOAc$$

$$Pd^0 + 2\,L \longrightarrow PdL_2$$
配位子　　ヘック触媒

有機ハロゲン化物

　アリール基，ヘテロアリール基，ベンジル基，ビニル基のヨウ化物および臭化物がよく使用される．一般に臭化物よりもヨウ化物の反応性のほうが高い．sp^2 炭素上に脱離基をもつ基質は通常の求核置換反応に対して不活性であるが，対照的にヘック反応に対して活性である．一方，β 位に水素をもつハロゲン化アルキルは，β 脱離を起こしてアルケンとなりやすいため，ヘック反応でほとんど用いられない．塩化トリフルオロメタンスルホニルとアルコールから容易に調製できるトリフルオロメタンスルホン酸エステル（トリフラート，CF_3SO_3R）も，ハロゲン化物と同様に優れた基質である．

$$CF_3S(O)_2Cl + HO-R \longrightarrow CF_3S(O)_2OR + HCl$$
塩化トリフルオロメタンスルホニル　アルコール　　トリフルオロメタンスルホン酸エステル（トリフラート）

　ハロゲン化物やトリフラート RX が PdL_2 に酸化的付加し，反応中間体である平面四角形構造をもつ Pd(II) 種となる．

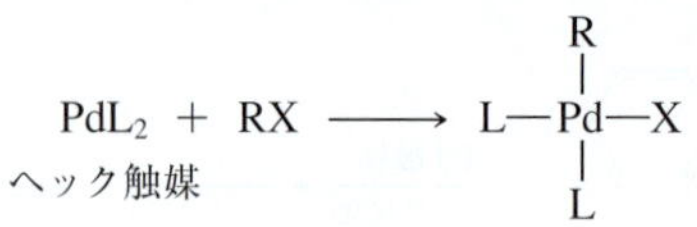

$$\text{PdL}_2 + \text{RX} \longrightarrow \text{L}-\underset{\underset{\text{L}}{|}}{\overset{\overset{\text{R}}{|}}{\text{Pd}}}-\text{X}$$
ヘック触媒

優れた官能基許容性は，ヘック反応の最も重要な特徴である．すなわち，アルコール，エーテル，アルデヒド，ケトン，エステルなどの官能基が基質分子中に存在しても，支障なく反応が進行する．

アルケン

アルケンの反応性は，炭素－炭素二重結合の周辺の立体的な混み具合に左右される．エチレンおよび一置換アルケンは最も反応性が高く，二重結合の置換基の数が多くなるに従って反応は遅くなり，生成物の収率も下がる．また置換基の立体的な嵩高さは，付加における位置選択性にも影響する．一般に，有機ハロゲン化物の有機基は位置選択的にアルケンのより立体的に空いているほうの炭素に付加する．

塩　基

トリエチルアミン Et_3N のような第三級アミン，酢酸ナトリウム，酢酸カリウム，炭酸水素ナトリウムなどが，塩基としてよく使用される．

溶　媒

N,N-ジメチルホルムアミド (DMF)，アセトニトリル，ジメチルスルホキシド (DMSO) などの非プロトン性極性溶媒 (§9・3D 参照) が，よく用いられる．含水メタノールを使用することも可能である．極性溶媒が用いられるのは，反応の初期において Pd(OAc)_2 を溶解させるためである．

B. 反応機構

ヘック反応の機構は，触媒前駆体から Pd(0) 触媒が発生する段階と触媒サイクル自体の二つに分けられる．次に説明するように，触媒サイクルの段階 2 と段階 4 の両方がシン選択的に起こることは特に重要である．これらの段階がシン選択的に起こりえない場合は，反応が進行しない．段階 2 では R と PdL_2X が二重結合に対してシン付加し，段階 4 では H と Pd(II) 種がシン脱離して新たな二重結合ができる．これらのシン付加とシン脱離の過程は，たとえばハロゲンがアルケンにアンチ付加する過程や E2 反応で HX がアンチ脱離する過程とは好対照をなす．アルケンに対してシン付加する例は，このほかにボランの付加反応 (§6・4 ヒドロホウ素化)，四酸化オスミウムによる酸化反応 (§6・5A)，オゾンによる酸化的開裂反応 (§6・5B) などでみられる．

> **反応機構　ヘック反応**
>
> **段階 1: 実際の触媒 Pd(0)L$_2$ の発生．** Pd(II) の Pd(0) への二電子還元と 2 分子の配位子 L の配位によって，錯体 PdL_2 が生じる．トリエチルアミンなどのアミン塩基が還元剤として働く場合が多いが，次に示す例ではアルケン自身が還元剤として働いている．ただし，反応系内に触媒は少量しかないため，この還元反応によってアルケンはわずかしか消費されない．また配位子としては，トリフェニルホスフィン $(\text{C}_6\text{H}_5)_3\text{P}$ が用いられている．触媒前駆体から Pd(0)L$_2$ の生成は，Pd(II) が Pd(0) に還元される段階と，生成した Pd(0) に配位子が配位する段階からなると考えられる．ここでは，二つの段階をまとめて一つの反応式で示している．

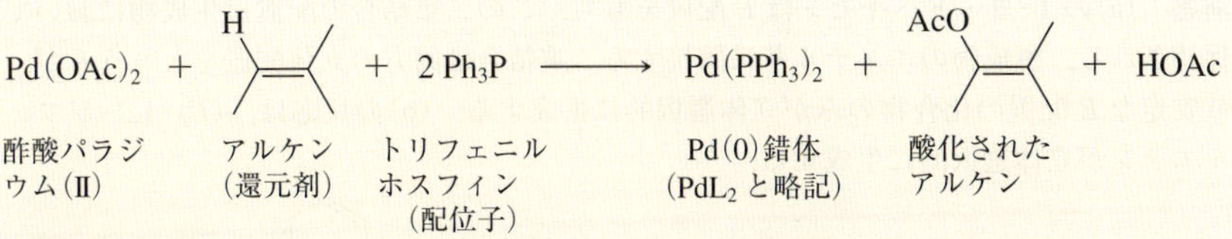

$$\text{Pd(OAc)}_2 + \overset{H}{\underset{}{\diagup\!\!\!\diagdown}} + 2\,\text{Ph}_3\text{P} \longrightarrow \text{Pd(PPh}_3)_2 + \overset{AcO}{\underset{}{\diagup\!\!\!\diagdown}} + \text{HOAc}$$

酢酸パラジ　　アルケン　　トリフェニル　　　Pd(0)錯体　　酸化された
ウム(II)　　(還元剤)　　ホスフィン　　(PdL₂ と略記)　　アルケン
　　　　　　　　　　　　(配位子)

段階 2：触媒サイクル． ヘック反応の触媒サイクルは，五つの段階からなる．最初の段階 1 で，ハロアルケンやハロアレーン RX が PdL₂ に酸化的付加し，R と X の両方が Pd に結合した四配位 Pd(II) 錯体が生成する．段階 2 で，この錯体の R と PdL₂X がアルケンにシン付加する．このさい，より置換基が多い炭素に Pd が結合する．長い Pd−C 結合長をもつパラジウムは，R 基よりも立体的に小さな基とみなすことができ，その結果より立体障害の大きい炭素に結合すると考えられる．アルケンの二重結合は付加により単結合になる．段階 3 でこの炭素−炭素単結合が回転して H と PdL₂X が互いにシンになる．段階 4 では，H と PdL₂X がシン脱離して，新しい置換アルケンと HPdL₂X が生じる．段階 5 で還元的脱離が起こり，PdL₂ 触媒が再生する．脱離により生成した HX は酸であり，反応系内に存在する塩基によって中和される．

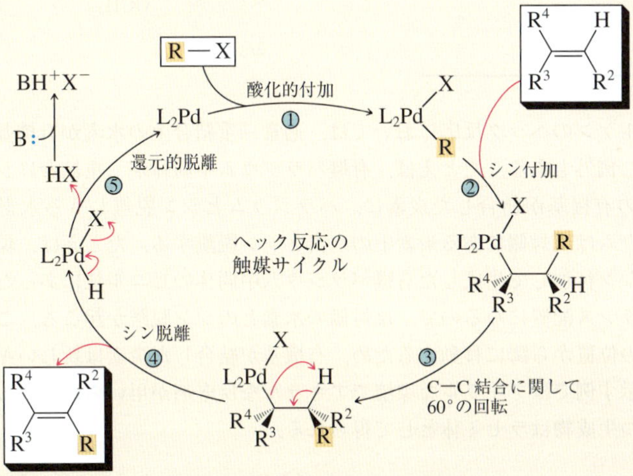

ヘック反応では，アルケン，有機ハロゲン化物，塩基がそれぞれ等モル量必要である．一方，Pd(0) 種は触媒量しか必要ない．また，もともとのアルケンでシスの関係にあった R² と R³ は，生成物では反転してトランスの配置になる．この反転は，パラジウムがシン付加とシン脱離を異なる原子をパートナーとして行うために起こる．より詳細な機構では，パラジウムとアルケンとの π 錯体など別の中間体も考慮するが，ここでは反応と立体化学を理解するために必要な重要な中間体だけを考えている．

例題 24・1

次に示すヘック反応の生成物を示せ．

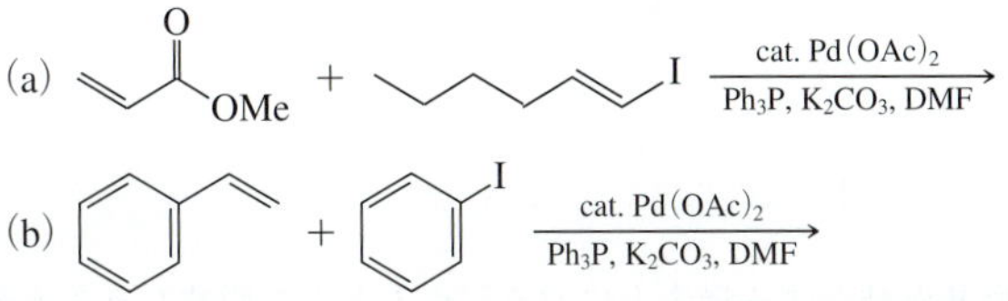

(a) CH₂=CH−C(=O)OMe ＋ (E)-ICH=CH−CH₂CH₂CH₂CH₃ $\xrightarrow[\text{Ph}_3\text{P, K}_2\text{CO}_3\text{, DMF}]{\text{cat. Pd(OAc)}_2}$

(b) PhCH=CH₂ ＋ PhI $\xrightarrow[\text{Ph}_3\text{P, K}_2\text{CO}_3\text{, DMF}]{\text{cat. Pd(OAc)}_2}$

解答 (a)の1-ヨードヘキセンは E 配置をもち，この二重結合の配置は生成物においても保持される．生成物のエステル基に隣接する二重結合は両方の立体配置をとりうるが，より安定な E 配置の化合物のみが立体選択的に生成する．(b)の反応は，(E)-1,2-ジフェニルエテンが立体選択的に生成する．

(a) 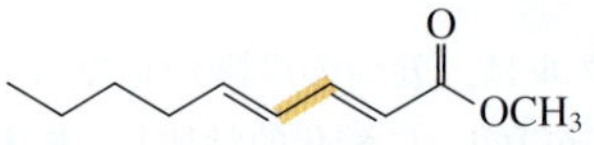 (2E,4E)-2,4-ノナジエン酸メチル

(b) 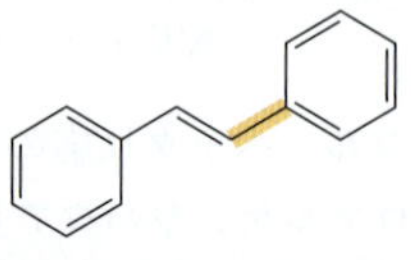 (E)-1,2-ジフェニルエテン
   (trans-スチルベン)

問題 24・1 2-プロペン酸メチルを出発物のアルケンとして用いて，次の化合物(a), (b)をヘック反応で合成する方法を示せ．

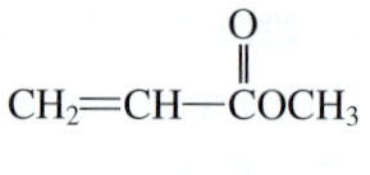

CH₂=CH—COCH₃ 2-プロペン酸メチル
                (アクリル酸メチル)

(a) 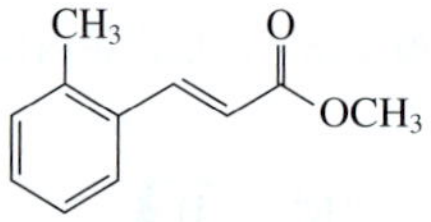 E 体

(b) 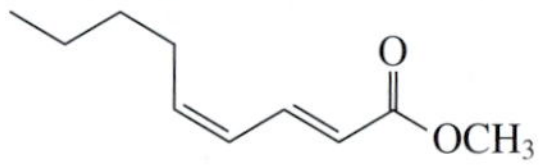 2E,4Z 体

直鎖状アルケンのヘック反応においては，通常二重結合上の水素が有機基によって置換されるが，例外もある．たとえば，有機パラジウム中間体が二重結合にシン付加してできた錯体の有機基が結合した炭素に，パラジウムとシン脱離しうる水素がない場合は，パラジウムは反対側にある炭素上の水素とシン脱離する．たとえば，環状アルケンの場合も，シン付加して生成した有機パラジウム中間体のビニル位にあった水素とパラジウムはトランス配置になるので，反対側の水素とのシン脱離が起こる．この場合，二重結合が元の位置から隣に移動するため，有機基が結合した炭素は新しいキラル中心になる．次に示す例ではアキラルな環境でアキラルな反応剤が用いられているので，キラル中心をもつ生成物はラセミ体として得られる．

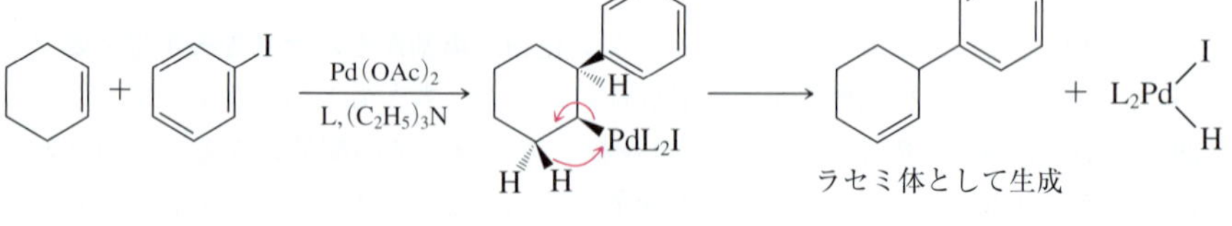

ラセミ体として生成

前述したように，光学活性な配位子を使用すると，高いエナンチオマー過剰率(ee)でキラルな生成物を得ることが可能になる．次に示す例では，光学活性な配位子である(R)-BINAP (§6・7C 参照)に由来するキラリティーの誘起が生成物に起こっている．

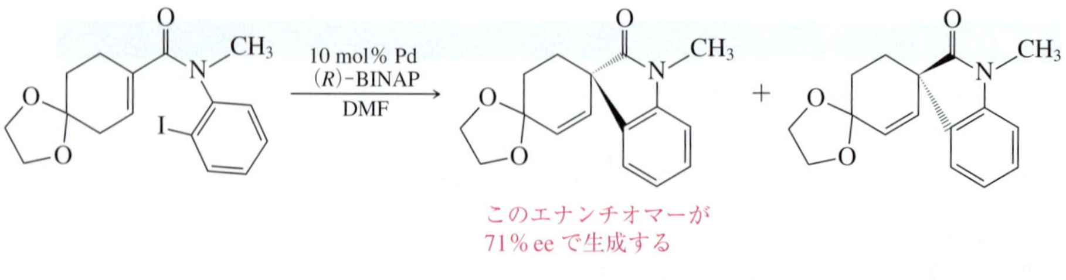

このエナンチオマーが 71% ee で生成する

上記の例では，アリール置換基が結合する炭素上にパラジウムとシン脱離しうる水素

がない．このようにパラジウムとシン脱離しうる水素がもともとの二重結合炭素上にないことが，ヘック反応でキラルな生成物を得るために必要である．

アルケンの二重結合に4配位パラジウム錯体がシン付加する過程（触媒サイクルの段階2）の遷移状態について考えてみよう．

光学活性配位子の影響で，アルケンのどちらの面にパラジウム錯体が接近するかによって二つの異なる遷移状態が考えられる．二つの遷移状態はジアステレオマーの関係にあり，その活性化エネルギーは異なる．この活性化エネルギーの違いのために，アルケンの一方の面への接近が優先して起こる結果，一方のエナンチオマーが優先して生成する．上記の反応例では，アルケンとヨウ化アリールが同一分子内に存在することから立体的な制約が生じるために，通常のヘック反応と異なり，より置換基の多い sp^2 炭素にアリール基が結合して二重結合の移動が起こっている．

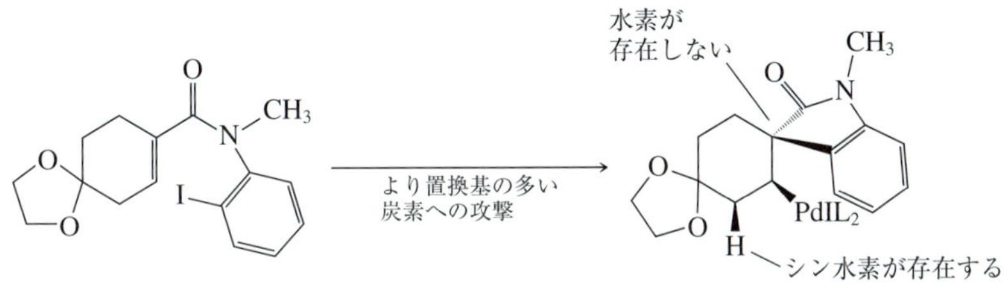

例題 24・2

ブロモベンゼンと (E)-3-ヘキセンのヘック反応では，(Z)-3-フェニル-3-ヘキセンと (E)-4-フェニル-2-ヘキセンとが，おおよそ同量ずつ得られる．理由を説明せよ．

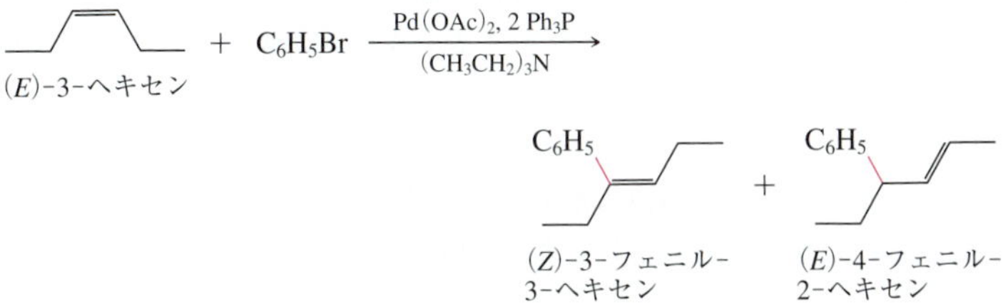

解答 シン付加によって，次に示す中間体が生成する．単結合の回転の後，出発物の sp^2 炭素上にあった水素とのシン脱離によって (Z)-3-フェニル-3-ヘキセンが生成する．一方，sp^2 炭素の反対側の炭素上の水素とのシン脱離も起こる．この場合，より安定な E 体が生成する．

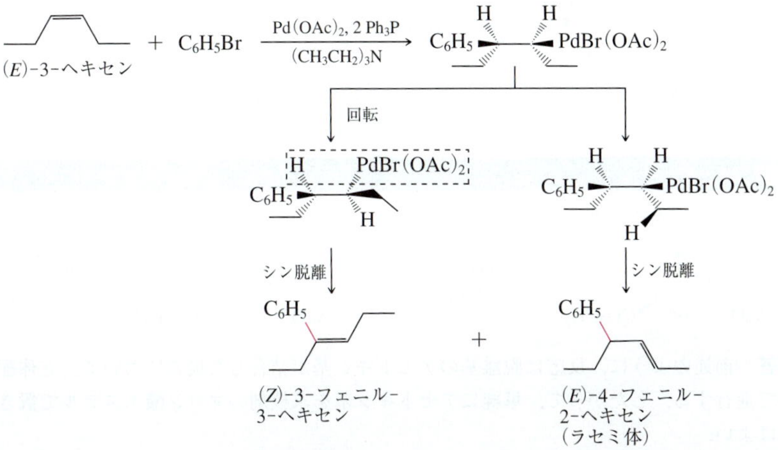

問題 24・2 次に示す変換反応に必要な反応剤と条件を示せ.

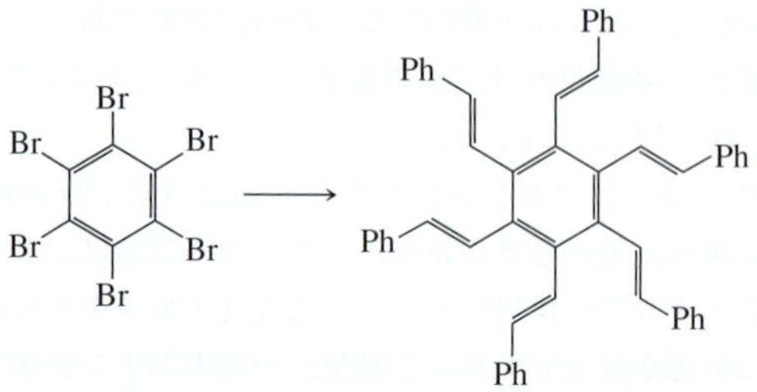

24・4 触媒を用いたアリル位アルキル化

9章で置換反応の機構を学んだ.S_N2 反応は1段階機構で進行し,アルキル基上の脱離基(多くの場合ハロゲン)が求核剤によって置換される.一方,アリル位上に脱離基がある場合,パラジウム,白金,ロジウムなどの遷移金属が触媒として働く置換反応が起こる.

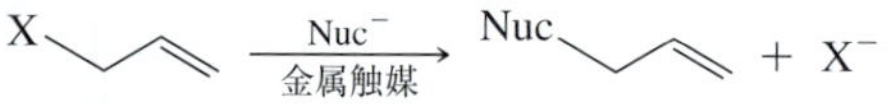

触媒としては,PdL_4(多くの場合 L はトリフェニルホスフィン)と $PdCl_2$ が最もよく利用される.次に示す2番目の反応では,興味深いことに置換が起こった炭素に関して,立体化学が保持されている.S_N2 機構による置換反応では立体化学の反転が起こることと好対照をなす.またこの反応では,エノラートを求核剤として用いることができる.このことは,遷移金属触媒を用いる置換反応の一つの特徴である.二つの電子求引性置換基(カルボニル基,ニトロ基,シアノ基,スルホン酸エステルなど)の α 位水素の脱プロトン化によって生じるアニオン性化学種が求核剤としてよく使用される.脱離基としてはハロゲンだけでなく,エステルなどの比較的脱離能の低い置換基も脱離基として用いることができる.この点も触媒反応の重要な特徴である.特にアセトキシ基(OAc と表記される)が,脱離基としてよく利用される.

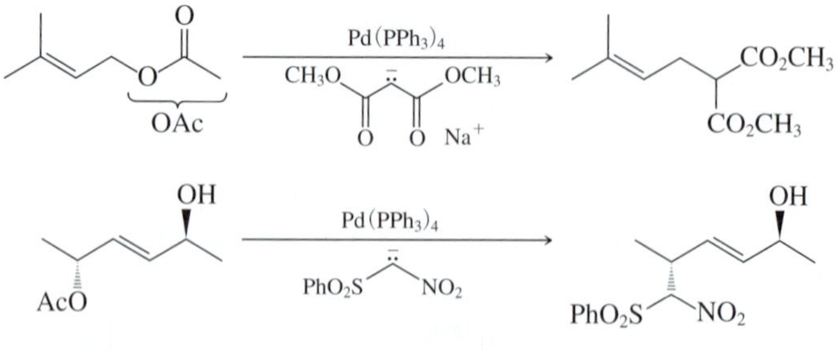

例題 24・3

次の反応の生成物を書け.

解答 前述のように,反応は脱離基のアセトキシ基が結合した炭素において,立体配置保持で進行する.したがって,単純にアセトキシ基を求核剤のマロン酸エステルで置き換えればよい.

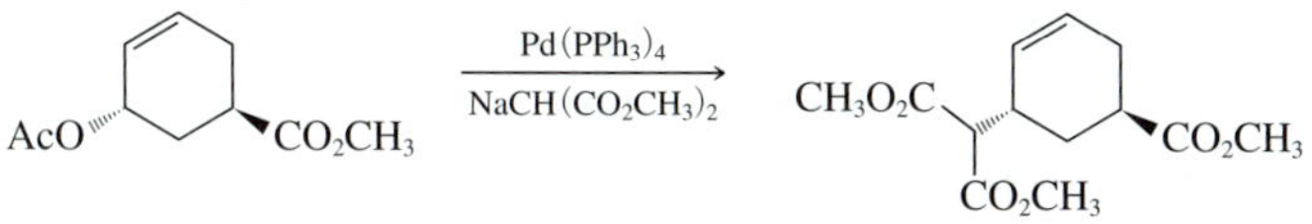

24・4 触媒を用いたアリル位アルキル化   803

問題 24・3 次の反応の生成物を書け．また，生成しうる立体異性体の数を示せ．

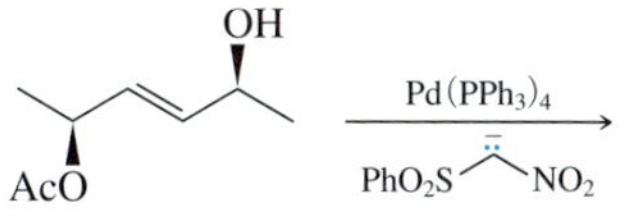

ハロゲンを脱離基とすれば，遷移金属触媒を用いなくてもエノラート求核剤との置換反応は進行するが，触媒反応にはいくつかの利点がある．上述したように，触媒反応はより速やかに穏和な条件で進行し，脱離能の低いアセトキシ基を脱離基として利用できる．さらに，S_N2 反応の場合と反対の立体化学が得られることが最も大きな特徴であろう．本反応の立体化学を説明する前に，特によく使われる触媒である $Pd(PPh_3)_4$ がどのように反応機構にかかわっているかを学ぶ．

A. 触媒を用いたアリル位アルキル化の反応機構

反応機構は，これまでに学んできた単純な段階の組合わせで説明できる．ホスフィン配位子はパラジウムに対し解離と配位を繰返しているが，ホスフィン配位子が解離している状態のパラジウムに対してアリル基質が酸化的付加する．次に起こる段階は，触媒を用いたアリル位アルキル化反応で新しく登場する．それは，金属に配位結合したアリル配位子への求核攻撃である．

反応機構　アリル位アルキル化の触媒サイクル

アリル位アルキル化の触媒サイクルを構成する六つの段階を次に示す．まず配位子

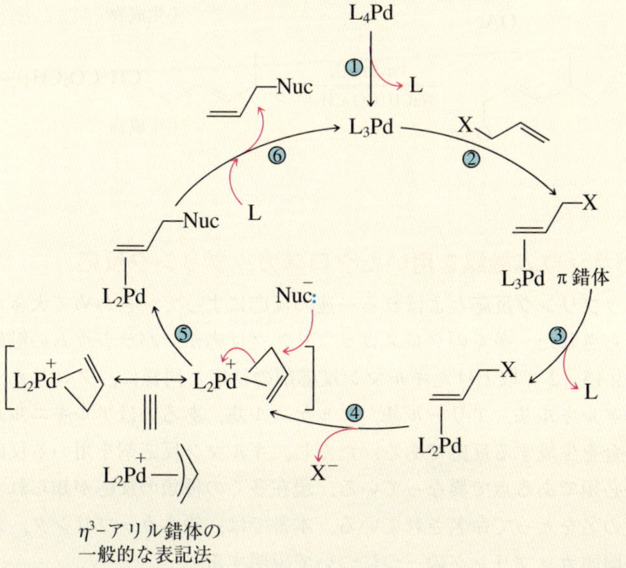

(L = PPh₃)の解離(段階1)から始まる．つづいて段階2ではアリル基の配位により π 錯体が生じるとともに，もう1分子の配位子が失われる(段階3)．次に，酸化数0である Pd が，配位しているアリル基の脱離基 X を置換する(段階4)．こうして新しく生じた錯体は，二つの共鳴構造をもつ．どちらもアリル基の末端炭素で Pd に σ 結合すると同時に二重結合部分と π 錯体を形成している．このような二つの共鳴構造は，有機金属化学では通常3炭素とそれに沿った弓形の線として書く．このように，三つの炭素が同時に一つの金属と相互作用しているときは，名称に接頭辞 η³ をつけ，上記の錯体を η³-アリル錯体とよぶ(η はイータあるいはハプトと発音する)．

次に，η³-アリル錯体が求核剤による求核攻撃を受け，炭素-炭素結合が生成する(段階5)．ホスフィン配位子 L が金属に配位するとともに生成物が解離し，触媒サイクルの最初の状態に戻る(段階6)．

B. 立体選択性と位置選択性

触媒サイクルのなかの次に示す段階は立体選択的に起こるため，生成物の不斉炭素の絶対立体配置を制御することができる．まず，アリル基をもつ基質の酸化的付加の段階(段階4)で，立体配置が反転する．次の η³-アリル錯体に対する求核攻撃の段階(段階5)でも，立体配置が反転する．立体配置の反転が2回起こる結果，立体配置が保持されることになる．この2段階を次式に示す(Y は電子求引性置換基)．

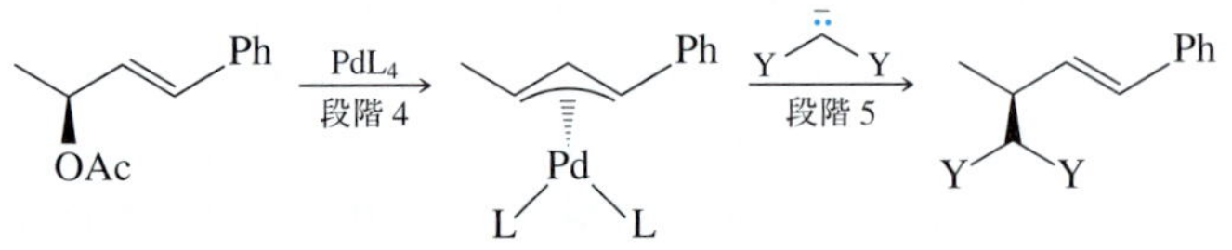

本反応は，位置選択性にも優れている．出発物における脱離基の位置にかかわらず，η³-アリル錯体に対する攻撃はより置換基の少ない炭素で起こる．

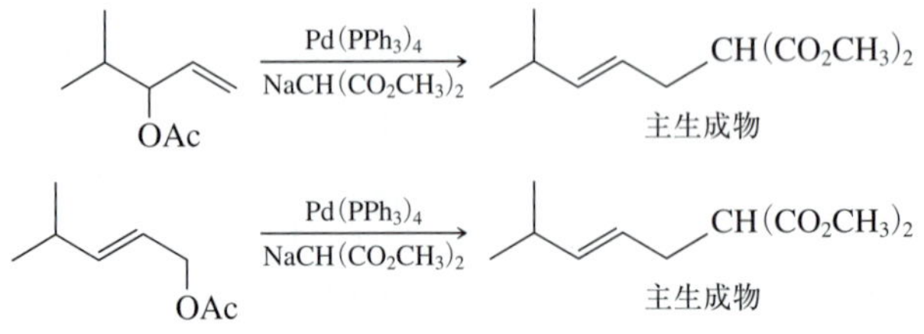

24・5 パラジウム触媒を用いたクロスカップリング反応

クロスカップリング反応とよばれる一連の反応によって，きわめて大きな進歩が有機合成にもたらされた．多くのクロスカップリング反応が，パラジウムの触媒作用によって起こる．§15・2で取上げたギルマン反応剤の反応と同様に，クロスカップリング反応は二つのアルキル基，アリール基，アルケニル基，あるいはアルキニル基の間に，炭素-炭素結合を生成する反応である．ただし，ギルマン反応剤を用いる反応とは，遷移金属触媒が必須である点で異なっている．現在多くの種類の反応が知られており，それぞれ開発者の名をとって命名されている．本書では，鈴木カップリング，スティレカップリング，薗頭カップリングの三つについて説明する．

触媒を用いたクロスカップリング反応
catalytic cross-coupling reaction　アルキル基，アリール基，アルケニル基あるいはアルキニル基どうしが，触媒によって炭素-炭素結合を生成する反応．

クロスカップリング反応は，トランスメタル化の段階を経る．**トランスメタル化**とは，二つの異なる金属（あるいは半金属）間で起こる配位子交換のことである．パラジウム触媒によるクロスカップリング反応では，もう一方の金属/半金属を M (Zr, Sn, B, Zn, Cu, Mg など) とすると，トランスメタル化の段階は次の一般式で表される．

$$R-Pd + R'-M \longrightarrow R'-Pd + R-M$$

トランスメタル化 transmetallation 二つの金属あるいは半金属が，互いに配位子を交換すること．金属交換ともいう．

A. クロスカップリング反応の反応機構

すべてのクロスカップリング反応は細かな違いはあるが，次に示す3段階からなる単純な一般的機構に従う．ただし，それぞれの反応ごとに M, L, L' および X は異なる．

反応機構　クロスカップリング反応の触媒サイクル

さまざまな Pd(0) あるいは Pd(II) 錯体が用いられる．段階1では，有機ハロゲン化物がパラジウムに酸化的付加する．段階2のトランスメタル化によって，パラジウムは二つの炭素置換基をもつことになる．段階3の還元的脱離により，二つの炭素置換基の間にσ結合が生成する．この触媒サイクルの一般性は非常に高く，さまざまな求核的な反応剤を用いるクロスカップリング反応がこの単純な反応機構で進行する．

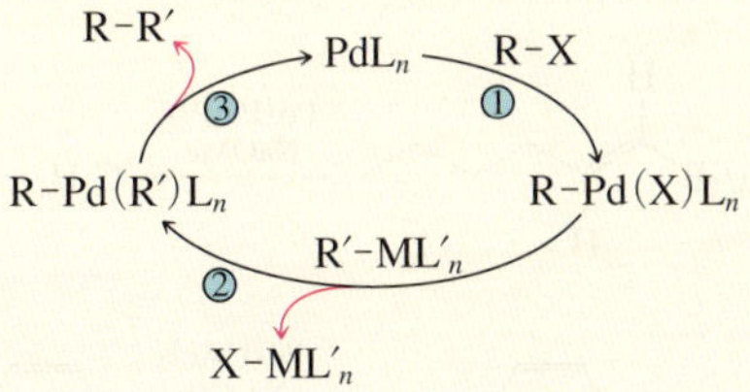

B. 鈴木カップリング反応

鈴木章らが開発した**鈴木カップリング反応**では，触媒としてパラジウムが，炭素源として有機ホウ素化合物 $R'-BY_2$ と，アルケニル基，アリール基，アルキニル基のハロゲン化物あるいはトリフルオロメタンスルホン酸エステル R–X が用いられる．ハロゲン化物としては，塩化物よりも酸化的付加が起こりやすい臭化物あるいはヨウ化物がよく用いられる．ハロゲン化アルキルの場合は，一般に β 水素脱離反応が優先して起こり，目的生成物が得られない場合が多い．鈴木カップリング反応において塩基は必須である．ホウ素化合物としては，R' としてアルキル，アルケニル，アリール基をもつ，有機ボラン R'_3B，ホウ酸エステル $R'B(OR)_2$，ホウ酸 $R'B(OH)_2$ を使用できる．

Richard Heck, 根岸英一, 鈴木章は, 炭素－炭素カップリング反応に関する業績によって, 2010 年ノーベル化学賞を授与された.

表 24・1　鈴木カップリング反応の基質．有機ホウ素化合物が右の化合物とカップリングする

有機ホウ素化合物	カップリング反応剤　X= ハロゲン，トリフラート
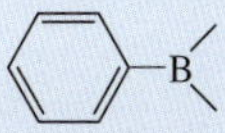 Ph–B<	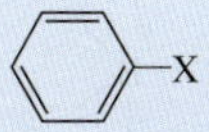 Ph–X
RCH=CH–B<	RCH=CH–X
Alkyl–B<	RC≡CH–X
	Alkyl–X (難しい)

24. 触媒を用いた炭素−炭素結合生成

反応の一般式を次に示す．X はハロゲンあるいは CF_3SO_3 基であり，Y はアルキル基，アルコキシ基，あるいはヒドロキシ基である．よく利用される基質を表 24・1 に示した．鈴木カップリング反応は，ビアリール化合物を合成するために最もよく使用される．

$$RX + R'-BY_2 \xrightarrow{PdL_4, 塩基} R-R' + XBY_2$$

有機ボランは，アルケンやアルキンのヒドロホウ素化反応により容易に調製できる（§6・4 参照）．一方ホウ酸エステルは，アリールリチウムやアルキルリチウムとホウ酸トリメチルの反応により合成される．

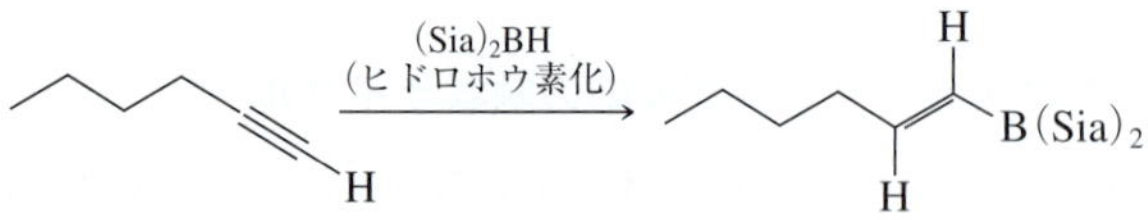

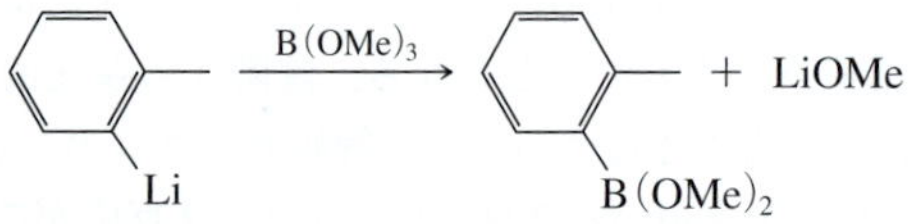

鈴木カップリング反応の有用性を示す三つの反応例を次にあげる．

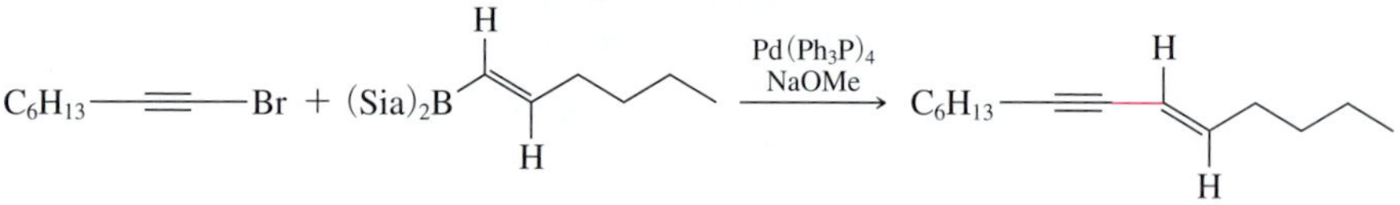

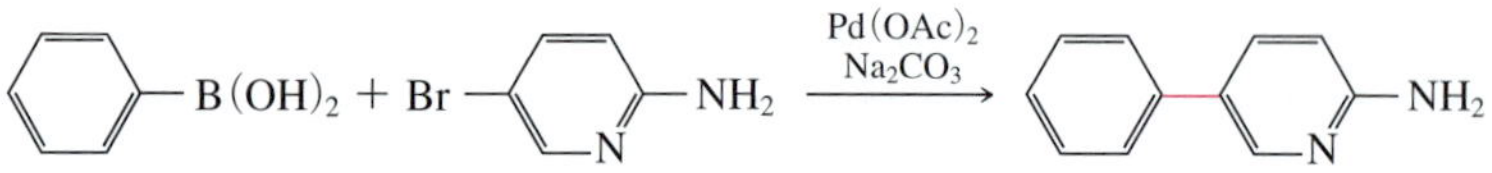

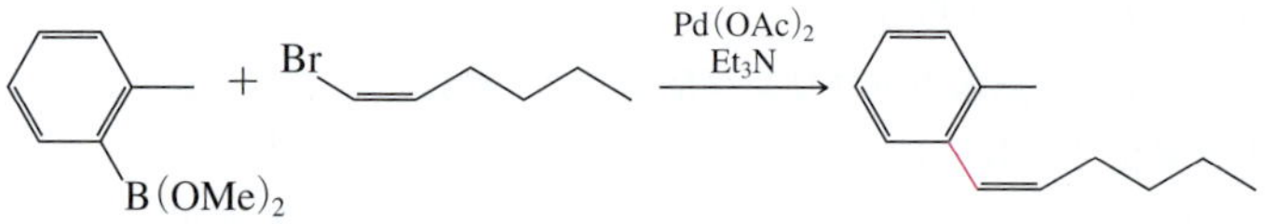

反応機構の段階1は，ハロゲン化物の酸化的付加である．つづいてトランスメタル化が起こり，ボラン上の置換基がパラジウムの配位子と交換する．段階3で，還元的脱離がパラジウム上で起こり新しい炭素−炭素結合が生成する．塩基は，パラジウム上でのトランスメタル化を容易にしたり，有機ボランに配位してその反応性を向上させる役目を果たす．

段階1：酸化的付加と配位子変換　　$R-X \xrightarrow{PdL_n} R-Pd-X \xrightarrow{RO^-} R-Pd-OR$

段階2：ボランの活性化　　$R_3B \xrightarrow{RO^-} R_3B^- -OR$

段階3：トランスメタル化と還元的脱離　　$R-Pd-OR \longrightarrow R-Pd-R' \longrightarrow R-R' + Pd^0 + ROB\!\!\!\diagup$

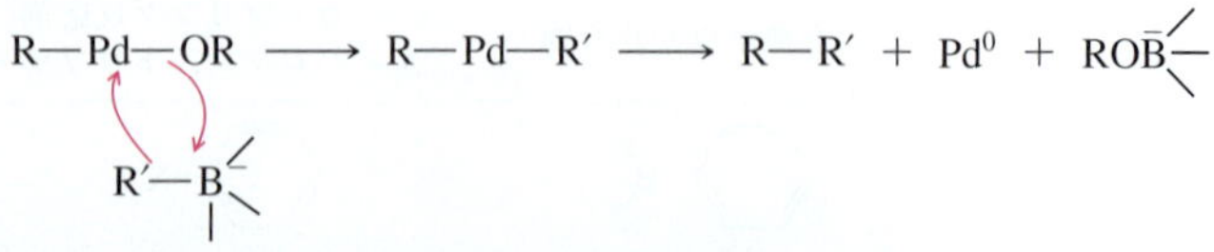

例題 24・4

次式の左に示す出発物から，右のペニシリン誘導体を合成する方法を示せ．必要な反応剤は何を用いてもよい．

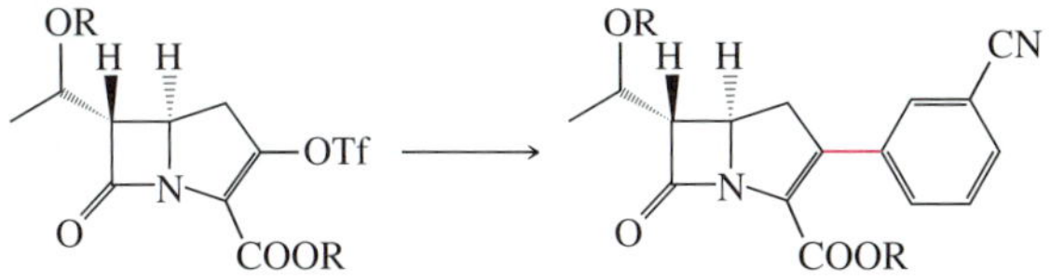

24·5 パラジウム触媒を用いたクロスカップリング反応　807

解答

$$\text{(基質OTf)} + (HO)_2B\text{-Ar(CN)} \xrightarrow[\text{NaOH}]{\text{PdL}_2} \text{生成物}$$

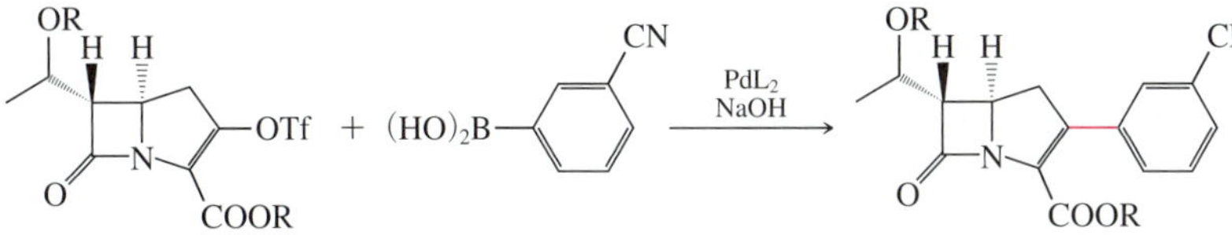

問題 24·4 次の化合物を 8 個以下の炭素からなる出発物から合成する方法を示せ.

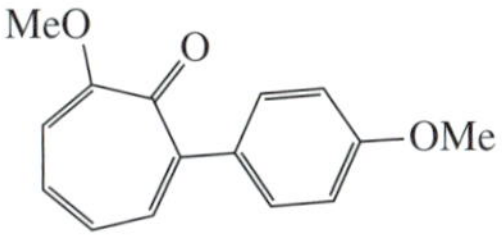

C. スティレカップリング反応

次に示す Pd(0) 触媒を用いるクロスカップリング反応は，スティレカップリングとよばれる．この反応では，ビニルスズあるいはアリールスズ(ビニルスタンナンあるいはアリールスタンナン)を有機金属反応剤として用いる．カップリングは位置選択的かつ立体選択的に進行し，出発物の二重結合に関する立体化学を保持した共役ジエンやアルケニルアリール化合物などが生成物として得られる．

スティレカップリング Stille coupling
スティレ-右田-小杉カップリングともいう．

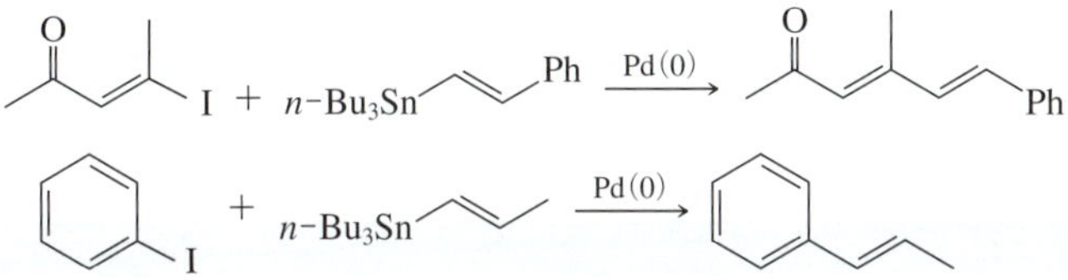

多くの有機スズ反応剤が市販されている．また，グリニャール反応剤と塩化トリ n-ブチルスズとの反応によって実験室で容易に合成することもできる．もう一方の酸化的付加をする反応剤としては，ヨウ化ビニルとトリフルオロメタンスルホン酸ビニル C=C−OSO₂CF₃ が，最もよく用いられる．トリフルオロメタンスルホン酸ビニルは，エノラートと N-フェニルトリフルイミド PhNTf₂ (Tf = OSO₂CF₃) の反応で調製できる．

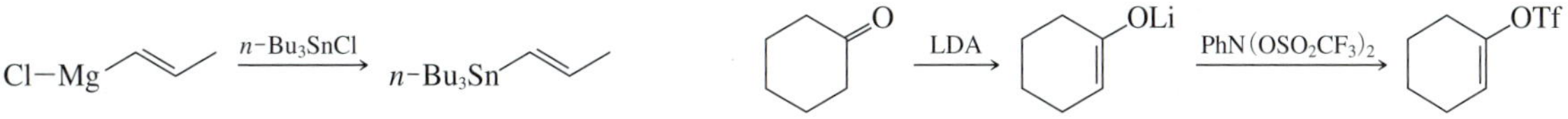

例題 24·5

共役ジエンを合成する方法として，しばしばスティレカップリング反応が選択される．Pd(0) を用いて次の生成物を合成するために必要なスズ反応剤とヨウ化ビニルを答えよ．

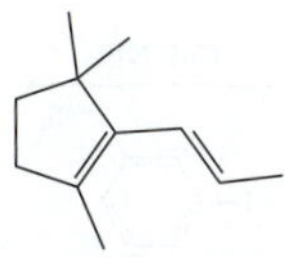

解答 スティレカップリング反応に適切な基質を導くために，逆合成的にジエンの中央の炭素−炭素結合を切断してみよう．そして，一方の反応剤をヨウ化ビニル(あるいはトリフルオロメタンスルホン酸ビニル)とし，もう一方の反応剤をスズ反応剤とすればよい．

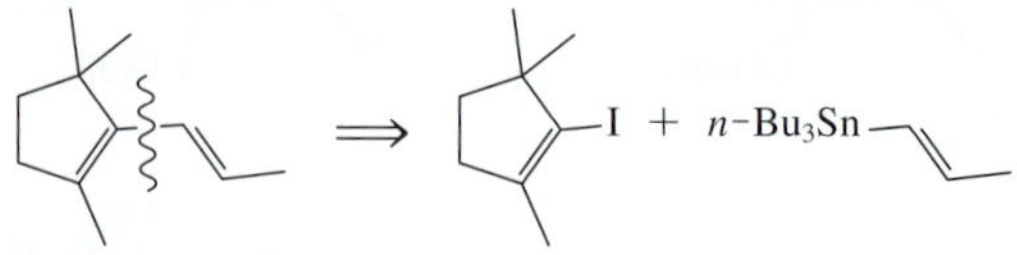

問題 24・5 次の反応の生成物を答えよ．

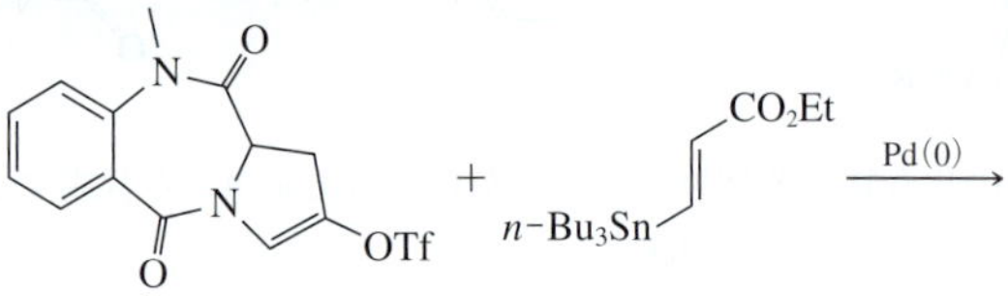

D. 薗頭カップリング反応

最後に取上げるクロスカップリング反応は，**薗頭**(ソノガシラ)**カップリング**である．機構的には，まずトリエチルアミンの存在下で末端アルキンと CuI が反応することによってアルキニル-Cu(I) 錯体が生じる．次にこの Cu(I) 錯体が，ヨウ化ビニルやヨウ化アリールから生成した有機パラジウム錯体とトランスメタル化する．最後に還元的脱離によって炭素−炭素結合が生成する．次に示すように，ジアリールアルキニル化合物を合成する方法として最もよく利用される．

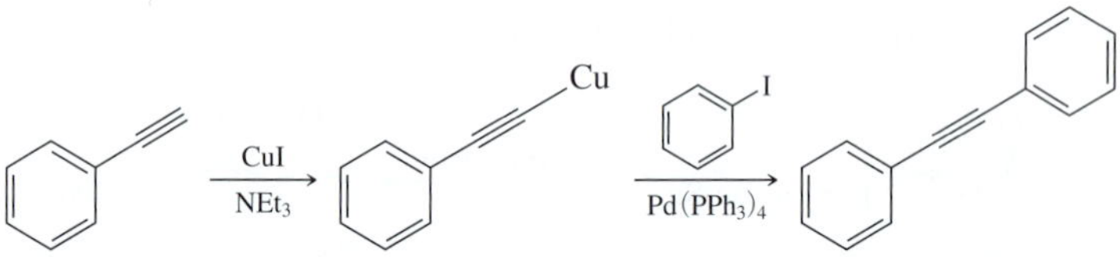

例題 24・6

トリメチルシリルアセチレンを用いて薗頭カップリング反応を 2 回行うことによって，非対称のジアリールアルキンを合成することができる．ここで保護基として利用されているトリメチルシリル基は，フッ化物イオン(通常フッ化テトラブチルアンモニウム，§11・6参照)を作用させることで容易に除去できる．これらを踏まえて，次の生成物をヨウ化フェニルから合成する工程を考えよ．

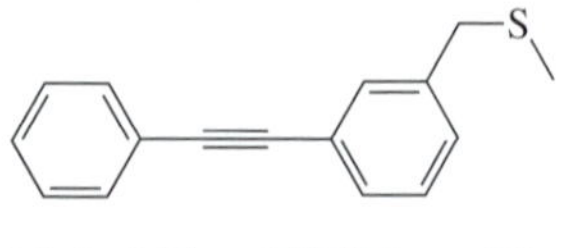

解答 トリメチルシリルアセチレンを用いて薗頭カップリング反応を行った後にフッ化物イオンを作用させて脱保護すると，フェニルアセチレンが得られる．つづいてもう一方の

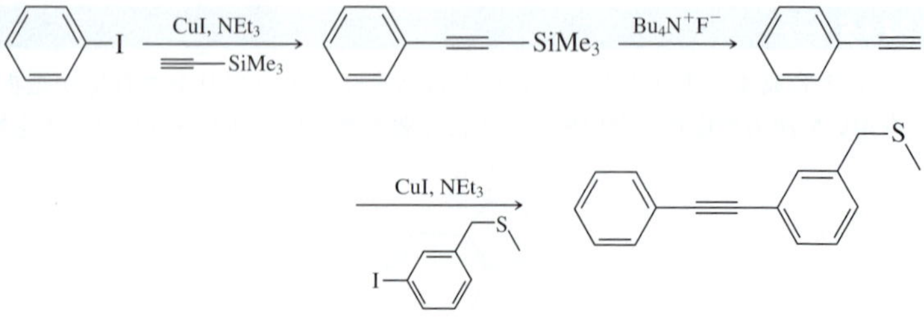

ヨウ化アリールとの薗頭カップリング反応を行えば，目的の生成物を合成できる．

問題 24・6 トリメチルシリルアセチレンと2種類のヨウ化アリールから，次に示す生成物を合成する工程を考えよ．

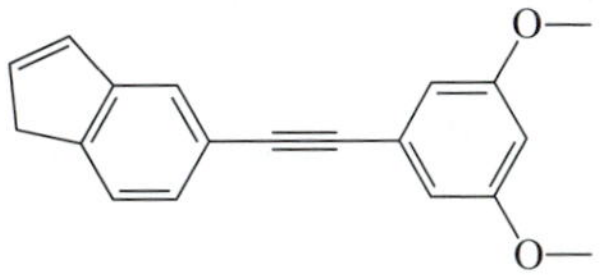

24・6 アルケンメタセシス

Robert Grubbs と Richard Schrock の多大な貢献により，アルケンメタセシスを可能にする新しい触媒反応が開発された．これによって，複雑な分子の合成における炭素－炭素二重結合の生成が劇的に容易になった．**アルケンメタセシス**反応は，二つのアルケンの炭素が相互に交換されて二重結合の組換えが起こる反応である．

Robert Grubbs, Richard Schrock, Yves Chauvin は，メタセシス反応に関する研究の業績によって，2005年ノーベル化学賞を授与された．

アルケンメタセシス alkene metathesis 二つのアルケンの二重結合を構成する sp^2 炭素の交換が起こる反応．オレフィンメタセシス olefin metathesis ともいう．

A. 安定な求核性カルベン

カルベンやカルベノイド(2価炭素から誘導される化合物)については§15・3で取上げ，カルベンやカルベノイドがアルケンに付加して二つの炭素－炭素結合を同時に生成する反応が，シクロプロパンを合成する最もよい方法の一つであることを説明した．強力な電子供与性置換基をもつカルベンは非常に安定であり，立体的に嵩高い置換基により自己二量化が抑えられ，さらに安定性が増す．たとえば，次に示す環状構造のカルベンは安定で，単離することもできる．この場合，嵩高い 2,4,6-トリメチルフェニル基が，求核剤や酸素の攻撃からカルベンを保護する役目を果たしている．多くのカルベンが求電子性を示すのに対し，このカルベンは窒素の強力な電子供与性のために求核性をもつ．その結果，ホスフィンと類似した性質を示し，遷移金属に対する優れた配位子となる．

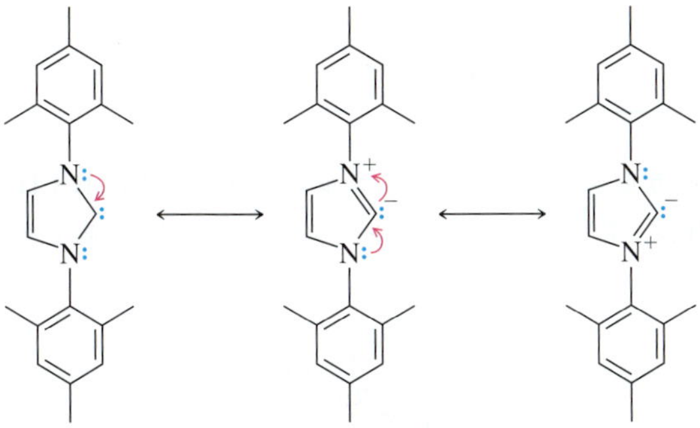

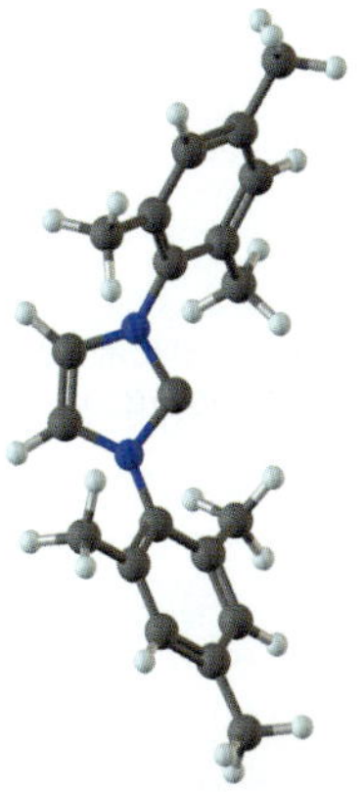

B. 求核性カルベン配位子をもつ触媒を用いた閉環アルケンメタセシス反応

上記の安定なカルベンやその類縁体は，アルケンメタセシス反応の触媒として働く金属の優れた配位子となる．アルケンメタセシス反応は平衡反応であるが，平衡の方向を

任意に偏らせることができれば，新しい炭素－炭素二重結合を生成するための有効な手法となる．たとえば，$R_2C=CH_2$ のような 1,1-二置換アルケン 2 分子が反応する場合，生成物の一つはエチレンになる．気体であるエチレンが反応系から除かれることにより，平衡は右に偏り四置換アルケンが単一の生成物として得られる．

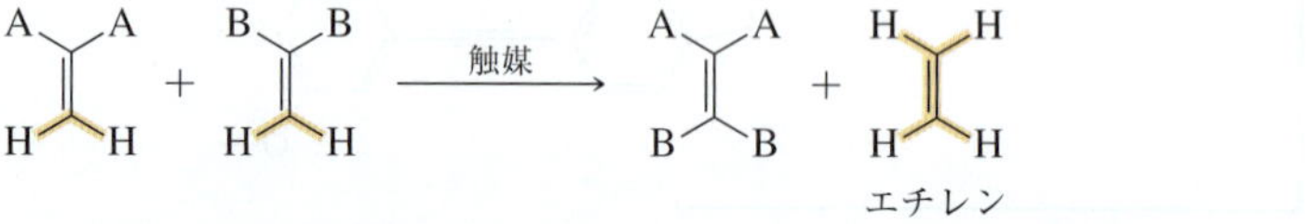

分子中に二つのアルケン部位をもつ出発物を用いるアルケンメタセシス反応は，広範な種類の化合物の合成に応用されている．この反応は，環状アルケンを生成するため，**閉環アルケンメタセシス**反応とよばれる．26 員環までの環や条件によってはさらに大きい環を閉環メタセシス反応によって合成することができる．この反応は一般性に優れており，合成的にきわめて有用である．

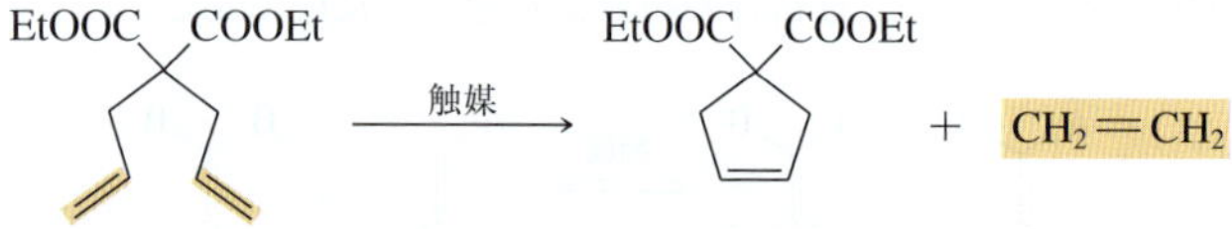

閉環アルケンメタセシス ring-closing alkene metathesis

例題 24・7

次に示す化合物を非環状ジエンから合成する方法を示せ．

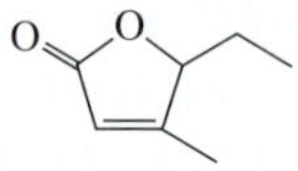

解答 次に示す化合物の閉環メタセシス反応によって，1 工程で生成物が得られる．

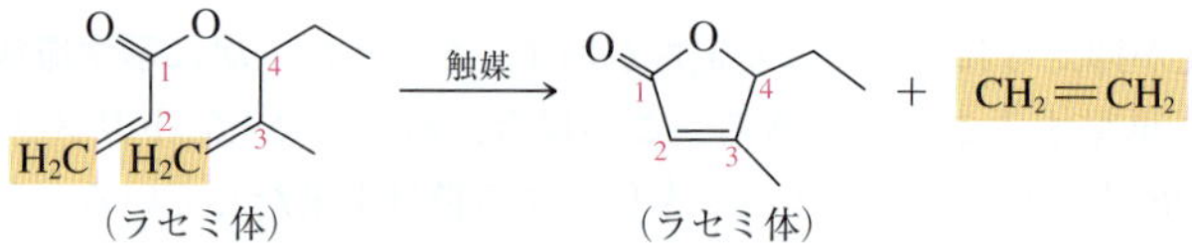

問題 24・7 次の反応の生成物を書け．

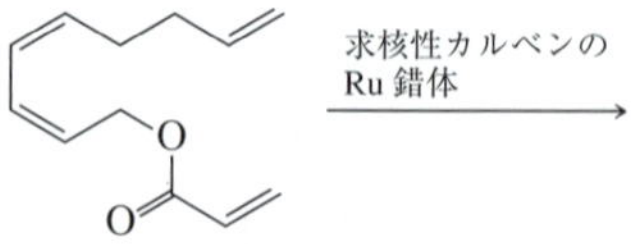

本章の 794 ページに示されている分子モデルは，この錯体のものである．

次に示す求核性カルベン配位子とフェニルメチリデン基 $C_6H_5CH=[M]$ をあわせもつルテニウム錯体は，特に有用なアルケンメタセシス反応の触媒である．

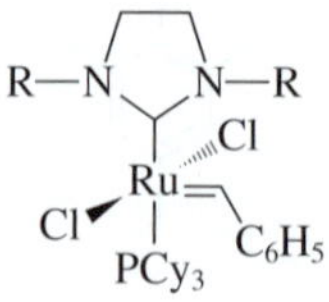

C. メタセシスの反応機構

アルケンメタセシスの触媒サイクルを次に示す．金属カルベノイド $R^1CH=[M]$ と

アルケンが付加環化して4員環メタラサイクルが生じる過程が鍵となる．このメタラサイクルは不安定なため，すぐに出発物に戻るか，出発物と異なるアルケンの脱離によって新しい金属カルベノイドを生成する．いろいろな配向でアルケンが付加するため，異なる置換基(R^1, R^2, R^3)が結合したさまざまなアルケンが生じる可能性がある．

$$[M]=\!\!\!\begin{array}{c}\\R^1\end{array} + \begin{array}{c}R^3\\\|\\R^2\end{array} \rightleftarrows \begin{array}{c}[M]-R^3\\|\quad|\\R^1-R^2\end{array} \rightleftarrows \begin{array}{c}R^1\\\end{array}=\begin{array}{c}R^3\\R^2\end{array} + [M]=\!\!\!\begin{array}{c}\\R^3\end{array}$$

シスあるいはトランス　　メタラサイクル

求核性カルベン配位子をもつルテニウム触媒を利用する閉環アルケンメタセシス反応について上で述べた．これとは逆に，環状アルケンを開環するメタセシス反応も同じルテニウム錯体によって進行する．この反応を応用して**開環メタセシス重合**(ROMP)という注目すべき高分子合成法が開発されている．ROMPは，不飽和度の高いポリマーの合成手法として，きわめて価値が高い．ROMPの応用については，§29・6Eで詳しく述べる．

開環メタセシス重合 ring-opening metathesis polymerization　略称 ROMP.

まとめ

24・1　既出の炭素－炭素結合生成反応

- 炭素－炭素結合を生成する古典的な方法は，大まかに次の種類に分けることができる．
- 炭素求核剤による求核置換反応(ギルマン反応剤，末端アルキンのアニオン，エノラートアニオン，エナミンなどのアルキル化反応)．
- カルボニル基あるいはカルボキシ基への求核付加反応(グリニャール反応剤の付加，末端アルキンのアニオンの付加，シアン化物イオンの付加，アルドール反応，クライゼン縮合反応，エナミンの付加，ウィッティッヒ反応)．
- α,β-不飽和カルボニル化合物への付加反応(マイケル付加反応)．
- 芳香族求電子置換反応(フリーデル-クラフツ反応)．

24・2　有機金属化合物と触媒

- 遷移金属がかかわる二つの重要な素反応は，**酸化的付加**と**還元的脱離**である．酸化的付加と還元的脱離は互いに逆反応の関係にある．
- 酸化的付加では，反応剤が金属に付加して，金属の配位数が2だけ増す．還元的脱離では逆のことが起こる．
- 酸化的あるいは還元的という用語は，これらの反応における金属の形式的な酸化状態の変化を表している．
- 有機ハロゲン化物，水素分子，ハロゲン分子などの反応剤は，金属に酸化的付加する．
- 遷移金属の触媒としての性質は，適切な**配位子**(金属に配位するルイス塩基)を選択することで制御することが可能である．
- 配位子によって，金属の電子的な性質，金属の立体的な嵩高さ，さらには金属まわりのキラリティーを変化させることができる．
- **グリーンケミストリー**と**原子効率**は，現在世界中の化学工業の新たな目標として強く推進されている．有機金属による触媒反応は，これらの実現を可能にする重要な方法である．

24・3　ヘック反応

- ヘック反応は，塩基と触媒量のPd錯体の存在下で起こり，アルケン上のH原子(ビニル位水素)が，ハロアルケンのアルケニル基やハロアレーンのアリール基によって置換される．
- 異なる異性体を生じる可能性がある場合，置換基の少ない炭素上で置換が起こり，E体が高い立体選択性で生成する．
- 一般に，ハロアルケンの二重結合の立体配置は保持される．
- アルコール，エーテル，アルデヒド，ケトン，およびエステルなどのさまざまな官能基があっても，反応に影響を及ぼさないため，特に有用性が高い．
- 化学量論量の有機ハロゲン化物，アルケン，塩基と触媒量のPd錯体が使用される．
- 反応の最後の段階でパラジウムとシン脱離する水素が，出発物のアルケンの二重結合に存在しない場合，他の位置のHとシン脱離を起こし，二重結合がもとの位置から移動した化合物が生成する．

24・4　触媒を用いたアリル位アルキル化

- 触媒を用いたアリル位アルキル化では，求核剤(通常二重活性化されたα炭素をもつエノラート)が，アリル位の脱離基(通常アセトキシ基)を置換する．
- S_N2によるアリル位アルキル化と異なり，アルキル化された炭素における立体配置は保持される．
- η^3-アリルPd錯体を含む，多段階の触媒サイクルによって反応は進行する．
- 脱離基の最初の位置にかかわらず，求核反応はη^3-アリル錯体の置換基がより少ない側で位置選択的に進行する．

24・5 パラジウム触媒を用いたクロスカップリング反応

- すべてのクロスカップリング反応の機構は，類似している．最初の段階である R−X に対する Pd の酸化的付加の後，金属/半金属反応剤からの R′ 基の**トランスメタル化**が起こる．つづくパラジウムからの R−R′ の還元的脱離によって，触媒サイクルは最初に戻る．
- **鈴木カップリング**では，パラジウム触媒を用いてホウ素化合物 R′−BY$_2$ と，ハロゲン（通常 Br あるいは I）あるいはトリフラートが置換したアルケニル，アリール，アルキニル化合物から新しい炭素−炭素結合を生成する．
- R′ としてアルキル基，アルケニル基，アリール基をもつボラン R′$_3$B，ホウ酸エステル R′B(OR)$_3$，ホウ酸 R′B(OH)$_2$ が利用できる．ボランは，アルケンやアルキンのヒドロホウ素化反応により調製できる．ホウ酸エステルは，アリールリチウムやアルキルリチウムとホウ酸トリメチルとの反応で合成できる．
- 鈴木カップリング反応は，ビアリール化合物を構築するのに特に適している．
- **スティレカップリング**では，パラジウム触媒を用いてスズ化合物 (Bu$_3$Sn−R，R は通常ビニル基) と，ハロゲン（通常 I）あるいはトリフラートが置換したアルケニル，アリール，アルキニル化合物から新しい炭素−炭素結合を生成する．
- スズ反応剤（スタンナン）は R 基をもつグリニャール反応剤と n-Bu$_3$SnCl から合成でき，トリフラートはエノラートから誘導できる．
- スティレカップリング反応は，共役ジエンやアルケニルアリール化合物を構築するのに特に適している．
- **薗頭カップリング**では，初めに末端アルケンを CuI とトリエチルアミン処理し，Cu-アルキン錯体を生成させる．この錯体がヨウ化ビニルやヨウ化アリールと反応する．
- 薗頭カップリングは，ジアリールアルキン，アリールアルケニルアルキンやジアルケニルアルキンを構築するのに特に適している．
- 最終生成物として非対称なアルキンが必要な場合，トリメチルシリルアセチレンを出発物として 2 回の薗頭反応を行う．

24・6 アルケンメタセシス

- **アルケンメタセシス**反応では，二つのアルケンの二重結合の炭素が交換される．
- 安定な求核性カルベン（非常に立体障害の大きな窒素を含むヘテロ環状カルベン）の Ru 錯体などが触媒として用いられる．
- メタセシス反応は通常平衡反応であるが，二つの末端アルケンを出発物として用い，生成するエチレンを気体として反応系外へ出すことで，反応を完結させることができる．
- メタセシス反応のなかで，閉環アルケンメタセシスは特に有用である．同じ分子中に二つの末端アルケン部位をもつ化合物は，分子内反応によってシクロアルケンを生成する．
- 他の方法では合成することがむずかしい非常に大きい環状化合物も，閉環メタセシス反応を利用して合成できる．

重要な反応

1. ヘック反応 (§24・3)

パラジウム(0) 触媒による反応では，アルケンの炭素−炭素二重結合上の水素（ビニル位水素）が，ハロアルケンのアルケニル基やハロアレーンのアリール基によって置換される．通常，高い立体選択性と位置選択性がみられる．まず，Pd(OAc)$_2$ のような触媒前駆体として反応系に加えられた少量の Pd(II) 塩，たとえば，Pd(OAc)$_2$ がアルケンあるいはトリエチルアミンのような反応剤によって Pd(0) へと還元される（触媒は少量しか存在しないため，反応剤は還元でほんのわずかしか失われない）．生じた Pd(0) は，2 分子の配位子 L（ホスフィン配位子の場合が多い）と反応して，触媒活性をもつ PdL$_2$ となる．新しくキラル中心が生成物に生じる場合には，一方のエナンチオマーを選択的に得るために，BINAP のような光学活性なホスフィン配位子を利用することもできる．

触媒サイクルは，5 工程で構成される．重要な工程は，パラジウム(0) への有機ハロゲン化物の酸化的付加，アルケンへのシン付加，新しく生成した有機パラジウムからの H−PdX のシン脱離，HX の還元的脱離（HX は反応系に存在する塩基によって中和される）によるパラジウム(0) の再生である．

C$_6$H$_{11}$−Br + CH$_2$=CHCOCH$_3$ →[Pd 触媒] C$_6$H$_5$−CH=CH−COCH$_3$

2. 触媒を用いたアリル位アルキル化 (§24・4)

触媒を用いたアリル位アルキル化では，酢酸アリル化合物のアセトキシ基が求核剤によって置換される．最も有用な求核剤は，二つの電子求引性置換基によって挟まれたメチレンから生じたエノラートである．パラジウムが酢酸アリルに対して酸化的付加し，η^3-アリル錯体が中間体として生成する．そのさい，脱離基であるアセトキシ基の炭素において，立体配置は反転する．求核剤の S$_N$2 的な反応によって，2 回目の立体反転が起こり，結果的には最初の立体配置は保持される．また，η^3-アリル錯体の最も置換基が少ない炭素での求核攻撃が優先するため，この反応の位置選択性は非常に高い．

3. 鈴木カップリング反応 (§24・5B)

鈴木カップリング反応は，有機ホウ素化合物と有機ハロゲン化物あるいは有機トリフラートとのパラジウム触媒による反応である．この反応では，ボラン上の有機置換基がパラジウム上の脱離置換基(X$^-$, TfO$^-$) と交換するトランスメタル化が起こった後，還元的脱離によって新しい炭素−炭素結合が生成する．

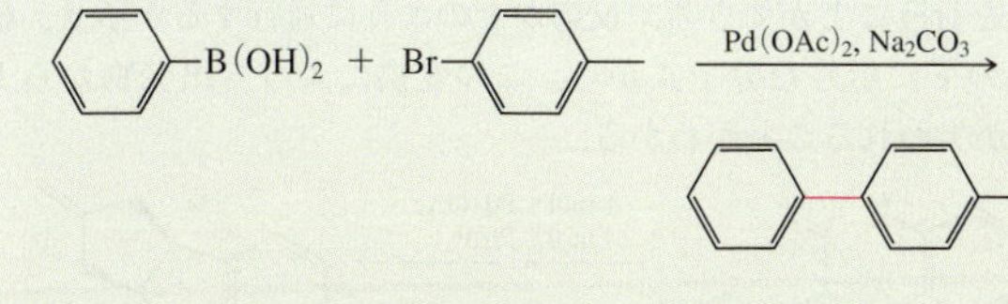

B(OH)$_2$
Br
Pd(OAc)$_2$, Na$_2$CO$_3$

4. スティレカップリング反応(§24・5C)

スティレカップリング反応は，ビニルスズ化合物と有機ハロゲン化物あるいは有機トリフラートとのパラジウム触媒による反応である．この反応では，有機ハロゲン化物(有機トリフラート)への酸化的付加，スズ上のビニル基のパラジウムへのトランスメタル化が起こった後，還元的脱離によって新しい炭素−炭素結合が生成する．

I
n-Bu$_3$Sn
Pd(0)

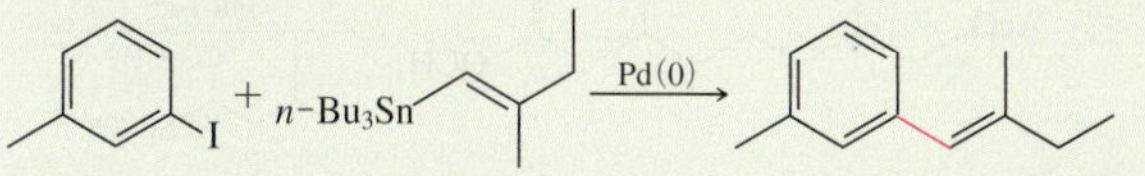

5. 薗頭カップリング反応(§24・5D)

薗頭カップリング反応は，Cu(I)-アルキニル錯体とヨウ化ビニルあるいはヨウ化アリールとのパラジウム触媒による反応である．Cu(I)-アルキニル錯体は，アミン塩基存在下，末端アルキンとCuIとの反応によって調製する．この反応では，パラジウムの有機ヨウ素化合物への酸化的付加，アルキニル基の銅からパラジウムへのトランスメタル化が起こった後，還元的脱離によって新しい炭素−炭素結合が生成する．

Cu
CuI
NEt$_3$
I
Pd(PPh$_3$)$_4$

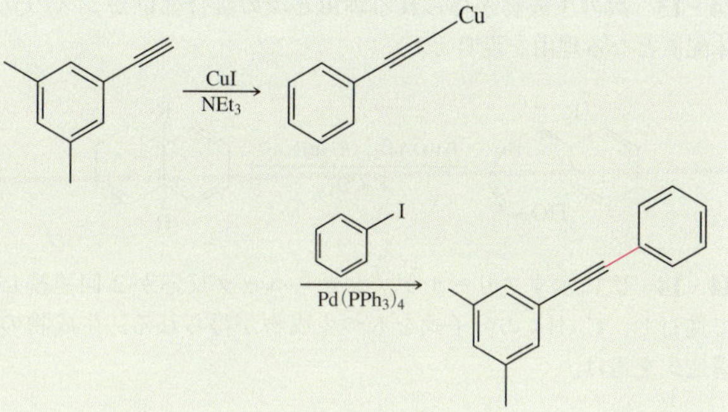

6. アルケンメタセシス反応(§24・6)

アルケンメタセシス反応は，二つのアルケンの二重結合の炭素が交換される有機金属触媒による反応である．同じ分子内に二つのアルケンが存在する場合，閉環アルケンメタセシス反応が起こり，生成物はシクロアルケンとなる．RuやMoの金属触媒がよく用いられ，なかでもRuの求核性カルベン錯体は特に有用な触媒である．金属触媒とアルケンとの反応によって生じた4員環メタラサイクルの分解によって，新しいアルケンが生成する．

EtOOC
COOEt
求核性カルベンの
Ru 錯体
EtOOC
COOEt
+ CH$_2$=CH$_2$

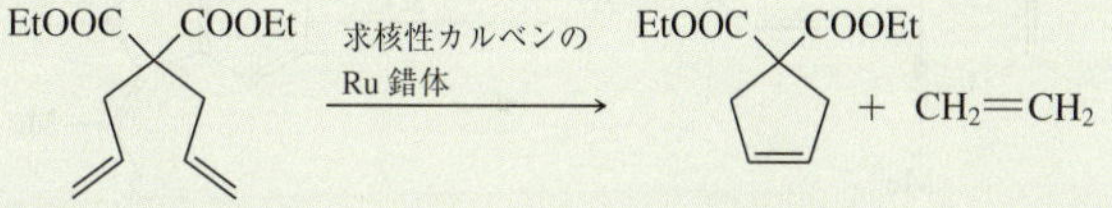

問　題

赤の問題番号は応用問題を示す．

ヘック反応

24・8　本文中で述べたように，ヘック反応で末端にメチレン基をもつアルケンを用いると，高い立体選択性でE異性体が生成する．本文で述べた反応機構に基づいて，次の反応の立体選択性を説明せよ．ベンゼン環をC_6H_5−と略している．

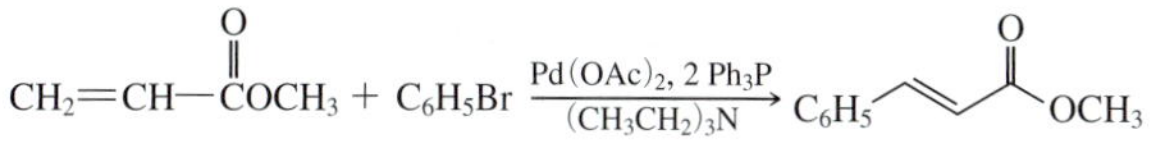

CH$_2$=CH−COCH$_3$ + C$_6$H$_5$Br
Pd(OAc)$_2$, 2 Ph$_3$P
(CH$_3$CH$_2$)$_3$N
C$_6$H$_5$
OCH$_3$

24・9　次に示す反応式では，ヘック反応が2回連続して進行している．それぞれのヘック反応で中間に生じる有機パラジウム化合物の構造式を書き，どのような機構で最終化合物が生成するかを示せ．構造式の下に示した分子式から，この変換によって出発物からHとIが失われることがわかる．ただし，アセトニトリルCH_3CNは溶媒である．

I
1 mol% Pd(OAc)$_2$
4 mol% Ph$_3$P
CH$_3$CN

$C_{14}H_{17}I$　　$C_{14}H_{16}$

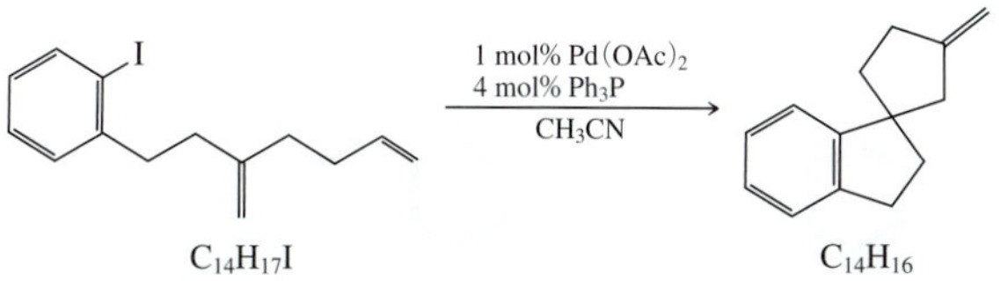

24・10　次のヘック反応の反応式を完成させよ．

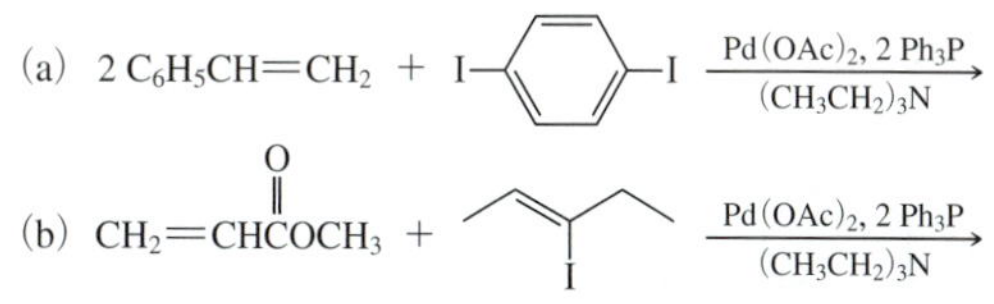

(a) 2 C$_6$H$_5$CH=CH$_2$ + I
I
Pd(OAc)$_2$, 2 Ph$_3$P
(CH$_3$CH$_2$)$_3$N
(b) CH$_2$=CHCOCH$_3$ +
I
Pd(OAc)$_2$, 2 Ph$_3$P
(CH$_3$CH$_2$)$_3$N

24・11　シクロヘキセンとヨードベンゼンのヘック反応では，1-フェニルシクロヘキセンではなく，3-フェニルシクロヘキセンが選択的に生成する．理由を説明せよ．

+ C$_6$H$_5$I
Pd(OAc)$_2$, 2Ph$_3$P
(CH$_3$CH$_2$)$_3$N
C$_6$H$_5$
C$_6$H$_5$

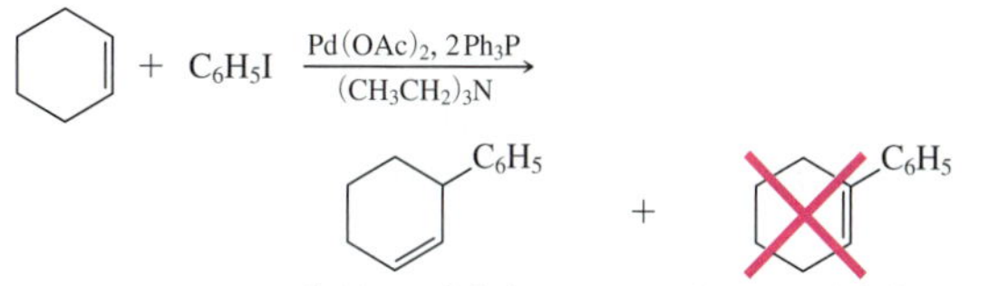

3-フェニルシクロヘキセン(ラセミ体)　　1-フェニルシクロヘキセン(生成しない)

24・12　次の生成物が得られる理由と環の接合部位がシスの立体配置となる理由を説明せよ(炭酸銀は，反応を加速するために用いられる)．

COOMe
I
Pd(OAc)$_2$, PPh$_3$
Ag$_2$CO$_3$, CH$_3$CN
COOMe
H

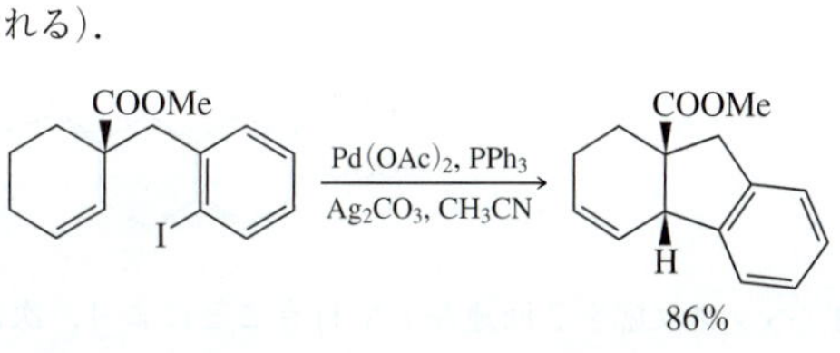

86%

24・13 次の生成物が得られる理由と環の接合部位がシスの立体配置となる理由を説明せよ．

[構造式: R置換シクロヘキセン-TfO基をもつジエン → Pd(OAc)₂, (R)-BINAP, K₂CO₃ → デカリン骨格生成物]

24・14 次に示すアリールジエンからヘック反応が2回連続して進行し，C₁₅H₁₈ の分子式をもつ生成物が得られる．生成物の構造式を書け．

[構造式: ヨードアリール化合物 C₁₅H₁₉I → 1 mol% Pd(OAc)₂, 4 mol% Ph₃P, CH₃CN → C₁₅H₁₈]

24・15 ヘック反応は，アルケンだけではなくアルキンに対しても起こる．次に示す変換反応では，分子内でのヘック反応が起こった後に，分子間でのヘック反応が進行する．この変換反応で中間に生じる有機パラジウム化合物をすべて示せ．

[構造式: ヨードアリール-アルキン + COOMe付きアルケン → ヘック反応 → インデン誘導体]

24・16 次に示す変換反応では，ヘック反応が2回連続して進行する．この変換反応で中間に生じる有機パラジウム化合物をすべて示せ．

[構造式: EtOOC基をもつヨード-アルキン-アルケン化合物 (SiMe₃付き) → ヘック反応 → 二環性生成物]

24・17 次に示す変換反応では，ヘック反応が4回連続して進行する結果，四環性のステロイド骨格(§26・4参照)が構築される．この変換反応で中間に生じる有機パラジウム化合物をすべて示せ．

[構造式: EtOOC基をもつポリエン化合物 → ヘック反応 → ステロイド骨格]

24・18 ヘック反応を2回連続して行うことにより，次に示す

変換を行うことができる．反応がどのように進行するか示せ．構造式の下に示した分子式から，この変換によって出発物からHとIが失われることがわかる．

[構造式: ヨードアリール化合物 C₁₄H₁₇I → 1 mol% Pd(OAc)₂, 4 mol% Ph₃P → C₁₄H₁₆]

触媒を用いたアリル位アルキル化

24・19 次に示す反応の生成物を書き，予想される位置選択性を説明せよ．

[構造式: AcO基をもつジエン化合物 + CO₂CH₃/SO₂Ph基をもつ求核剤 → PdCl₂]

24・20 次に示す反応において，*印をつけた炭素の立体化学が生成するために重要な段階をすべて示せ．

[構造式: ラクトン + NaCH(CO₂CH₃)₂ → Pd(PPh₃)₄ → 生成物]

24・21 Pd(0)触媒を用いたアリル位アルキル化では，Pdに対して光学活性配位子を加えることで，ラセミ体の反応剤から，望みの絶対立体配置をもつ生成物を得ることができる．次の反応剤とPdL₄から生じるη³-アリル錯体を書き，求核攻撃の立体化学に配位子Lのキラリティーが影響を与える理由を述べよ．

[構造式: Ph-CH(OAc)-CH=CH-Ph]

24・22 Pd(0)触媒を用いたアリル位アルキル化では，Pdに対して光学活性配位子を加えることで，メソ化合物から非対称化された生成物を得ることができる．次の反応剤とPdL₄から生じる二つのη³-アリル錯体を書き，二つの錯体のうち一方の優先的な生成に，配位子Lのキラリティーが影響を与える理由を述べよ．

[構造式: シス-3,5-ジアセトキシシクロペンテン]

パラジウム触媒を用いたクロスカップリング反応

24・23 次に示す変換を行うために必要なもう一方の反応剤と触媒反応条件を示せ．

[構造式: テトラゾール-アリール-B(OH)₂ → テトラゾール-ビアリール-シクロペンタン誘導体 (Cl, C₄H₉, HO基付き)]

24・24 次に示す化合物を鈴木カップリングによって合成する

方法を示せ.

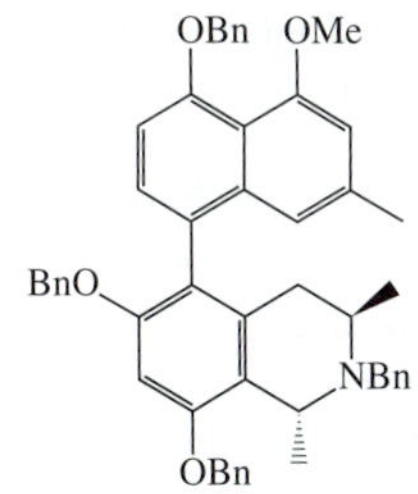

24・25 二つの立体的に嵩高い置換基によって挟まれた芳香環上の脱離基の置換反応は通常きわめて困難である．また§22・3で述べたように，強力な電子求引性置換基をもつ場合だけ，芳香族の求核置換反応は進行する．しかし，Pd 触媒を用いたカップリング反応を用いれば，そのような化合物を合成することができる．次の反応の生成物の構造式を書き，使われた反応の名称を書け．

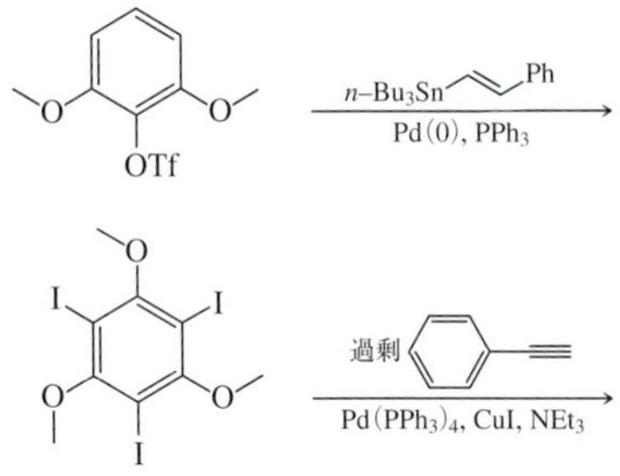

24・26 真菌 *Eutypa lata* から単離されたオイチピンは，抗生物質である．この真菌は，ブドウの木に病気をひき起こす．次の出発物からオイチピンを得る合成経路を考案せよ．ただし，他の反応剤としては，アセチレンとアセトンを用いよ．

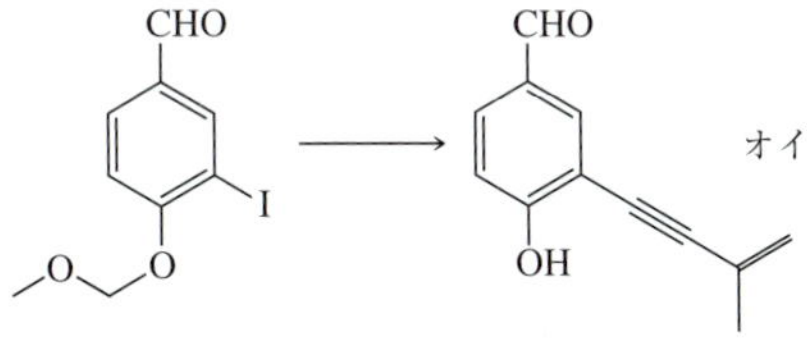

24・27 本章の Pd(0) 触媒を用いた反応において一酸化炭素の加圧下で反応を行うと，多くの場合，生成物としてケトンが生成する．次の例では，スティレカップリングの反応条件に CO を加えている．この反応の機構を示せ．ただし，この変換反応には，本章で紹介した反応機構と全く同じ段階とこの反応特有の段階が含まれる．（ヒント：CO は Pd に配位し，Pd−C 結合に挿入する.）

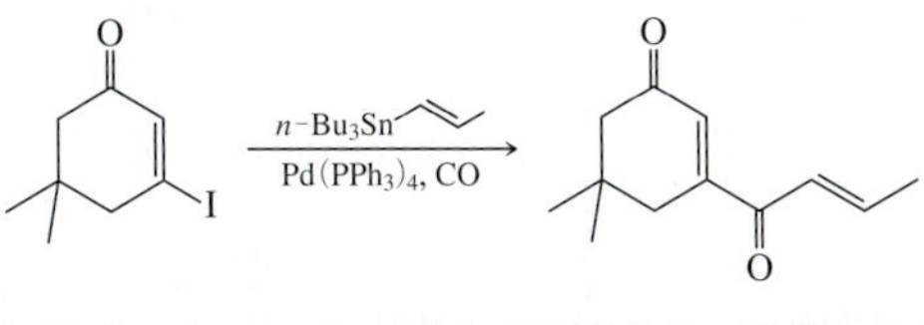

24・28 本章のクロスカップリング反応は，特徴のあるポリマー（29 章参照）を合成することにも利用されてきた．次のポリマーを合成するために必要な反応剤の構造式を書き，使用するカップリング反応の名称を示せ．

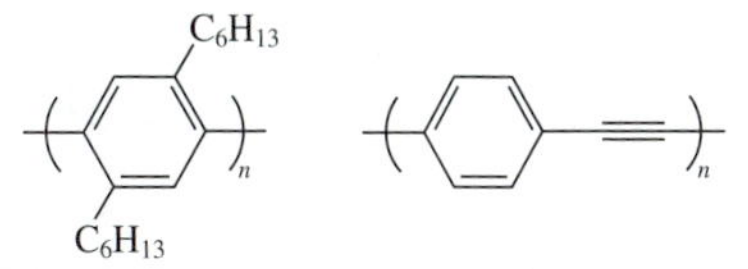

24・29 β-ラクタムとは 4 員環アミドであり，抗菌薬によくみられる部分構造である．次の一連の β-ラクタムを共通のビニルトリフラートを用いて合成するために必要な反応剤を示せ．

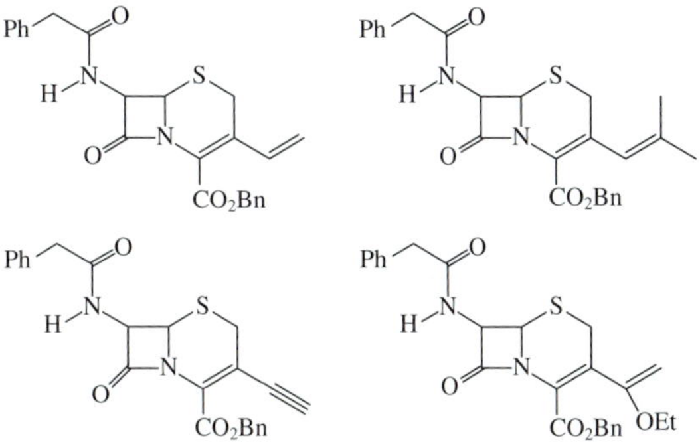

24・30 大員環の形成は，合成的に困難で挑戦的な課題である．次の大員環は，本章で説明したカップリング反応の一つを用いて合成された．出発物の構造式を書き，使用された反応を書け．

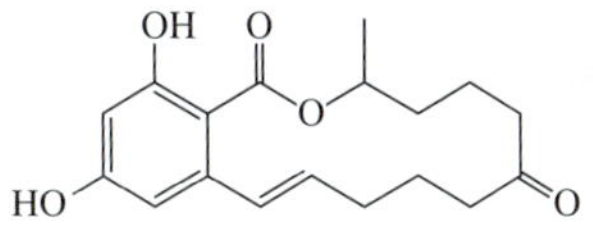

24・31 本章で述べたように薗頭カップリング反応は，ジアリールアルキニル構造を合成するために利用されることが多い．しかし次の例のように，ジビニルアルキニル構造を構築するためにも使うことができる．次の一連の反応において，四角の中に必要な反応剤を示せ．

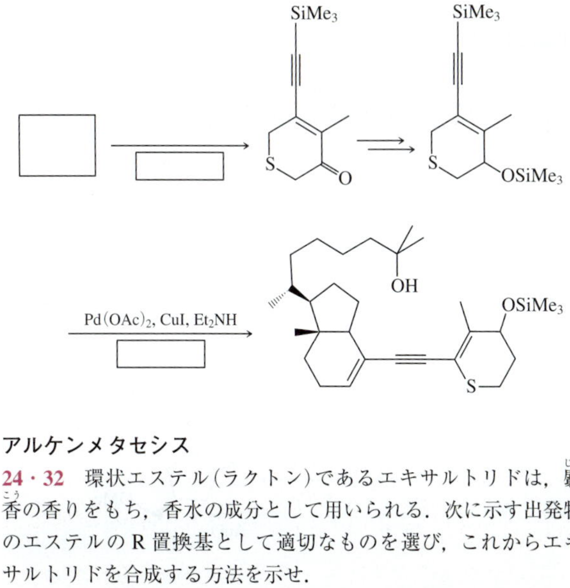

アルケンメタセシス

24・32 環状エステル（ラクトン）であるエキサルトリドは，麝香の香りをもち，香水の成分として用いられる．次に示す出発物のエステルの R 置換基として適切なものを選び，これからエキサルトリドを合成する方法を示せ．

816   24. 触媒を用いた炭素−炭素結合生成

エキサルトリド
exaltolide

24・33 次に示す出発物とルテニウムカルベン錯体を触媒として用いてアルケンメタセシス反応を行ったときに得られる生成物を示せ．

(a) 5 mol% Ru 触媒
CH_2Cl_2, 40 ℃, 30 分

(b) 5 mol% Ru 触媒
CH_2Cl_2, 40 ℃, 30 分

24・34 本章と 20 章で学んだ 2 種類の反応を順次行うことによって次に示す変換を実現することができる．それぞれの反応の名称を書け．

合　成

ここで取上げる問題は比較的最近行われた重要な天然物の全合成に関するものである．次に示す本には，これらの多くが概説されているので参考にするとよい: *Classics in Total Synthesis* (K. C. Nicolaou, E. J. Sorensen, Wiley-VCH Verlag, GMBH, Weinheim, 1996) と *Classics in Total Synthesis II* (K. C. Nicolaou, S. A. Snyder, Wiley-VCH Verlag GMBH, Weinheim, 2003).

24・35 コーリーラクトンの立体特異的合成の概略を下に示す．コーリーラクトンの開発者である E. J. Corey は，次のように述べている．「われわれが開発したビシクロヘプタン中間体を経由する方法は，種々のプロスタグランジン誘導体の一般的な合成法として最初のものである．なるべく多様な類縁体の合成に応用可能であることと，なるべく合成の早い段階で光学分割を行うことを意図してこの合成過程を設計した．この合成法は，世界中の研究室で，大量合成法として，多くのプロスタグランジン類縁体の生産に利用されてきた．」Corey は，複雑な構造の分子を合成するための逆合成解析法の開発によって，1990 年ノーベル化学賞を授与された．プロスタグランジンの構造は，§26・3 を参照すること．［注意: 化合物 C の波線は，Cl 基と CN 基の立体化学が未決定であることを表している．D から E への変換では，バイヤー−ビリガー反応によって，ケトンがラクトンへと酸化されている．］

(a) 最初の工程の水素化ナトリウム NaH の役割を答えよ．シクロペンタジエンの pK_a を答えよ．また，そのような酸性度をもつ理由を説明せよ．
(b) B を C へ変換する反応の名称を書け．
(c) E から F への変換の段階 2 において，反応溶液に加えられた二酸化炭素の役割を答えよ．(ヒント: 二酸化炭素を水に溶かすと何が起こるか．またなぜ HCl を代わりに使わないのか考えよ．)
(d) H から I への変換に用いられる水素化トリブチルスズ $(Bu)_3$-SnH は，ラジカル連鎖機構で反応する．最初の段階で，ラジカル開始剤と反応して $(Bu)_3Sn\cdot$ を生じる．その後の反応機構を示せ．
(e) コーリーラクトンには，キラル中心が四つある．これらのキ

問題 24・35 図

A 1. NaH, THF → B → C KOH/H_2O DMSO → D
   2. $MeOCH_2Cl$, THF

$ArCO_3H$, $NaHCO_3$, CH_2Cl_2 → E 1. KOH/H_2O 2. CO_2 → F I_2/KI, $NaHCO_3$, H_2O → G

Ac_2O ピリジン → H Bu_3SnH → I BBr_3 → J CrO_3 ピリジン → K

コーリーラクトン

ラル中心が合成のどの工程で導入されるのか答えよ．また，それらの工程で立体選択性が発現する反応機構を説明せよ．

(f) 化合物 **F** は (+)-エフェドリンを用いて光学分割された．自然界から得られる立体異性体である (−)-エフェドリンの構造を次に示す．光学分割を簡単に説明し，**F** の光学分割のために光学的に純粋なキラルアミンを用いる理由を述べよ．

エフェドリン
ephedrine
$[\alpha]_D^{21}$ −41

(g) **D** から **E** への変換におけるバイヤー–ビリガー酸化の反応機構は本書で説明していない．まずカルボニル基に対して過酸が求核付加する．つづいて，過酸化水素によるホウ素化合物の酸化反応 (§6·4) で起こる転位と類似の転位が起こる．バイヤー–ビリガー反応の反応機構を示せ．

[注意: 上記の **F** の光学分割の段階で半分の **F** が不要になる．より早い段階で光学分割を行えば，さらに効率的な合成法となる．実際この問題は，非常に鮮やかな方法で解決された．すなわち，光学的に純粋な 8-フェニルメントールのアクリル酸エステルをジエノフィルとして用いたディールス–アルダー反応を利用して，97:3 のジアステレオ選択性で不斉点を導入し，光学分割を行わずに望みの立体異性体を得ることに成功した．]

24・36 次に示す O. L. Chapman による (±)-カルパノンの全合成は，学部生の化学実習教材として取上げられるほど簡単なことで有名である．リグナン由来の天然物の生合成経路にならって，フェノールの酸化を経ている．フェノールの酸化はこのような天然物の生合成にしばしば関与している．この反応によって，わずか 1 工程で五つもの連続するキラル中心を，すべて正しい相対立体配置で導入することができる．

(±)-カルパノン
(±)-carpanone

(a) 最初の工程の反応機構を示し，右辺の生成物になる理由を説明せよ．
(b) 酸化段階では，パラジウム塩が酸化剤として使われる．このカップリング反応については，本書で説明していないが，機構を推定せよ．(ヒント: 金属は単に電子の受容体としてのみ働くと考えること．)
(c) 第三工程は自発的に進行する．この反応の機構を推定し，最終化合物の立体化学を説明せよ．
(d) 最終生成物は，ラセミ体であるか単一のエナンチオマーであるか答えよ．

24・37 次に示す (−)-ギルボカルシン M は，*Streptomyces* 属の放線菌から得られ，強力な抗がん活性をもっている．

(−)-ギルボカルシン M
(−)-gilvocarcin M

鈴木啓介らによる不斉全合成の合成経路を次に示す．(波線は，立体化学が未定であるか，あるいは立体異性体の混合物であることを示している)．次に示す反応では，明らかに立体障害が大きい側で結合が生成しており，直感的には立体化学的に不利な化合物が生成している．これは *O*-アルキル化が起こった後に *C*-アルキル化生成物に転位することに起因するが，ここでは詳しく述べない．

Bn = CH₂Ph

(a) この反応は，高い位置選択性と立体選択性で進行する．生成する可能性がある他の化合物を示せ．

次の工程では，トリフラート化した後にブチルリチウムを作用させる．

Tf = CF₃SO₂

(b) **C** の構造式を示せ．
(c) **D** の構造式を示せ．**D** の生成反応では，まず有機リチウム化合物とハロゲン化アリール間で金属–ハロゲン交換が起こる．

この反応は，2-メトキシフランの存在下で行う．TfO 基は非常

818   24. 触媒を用いた炭素-炭素結合生成

に優れた脱離基であるので，**D** は生成するとすぐに化合物 **E** となり，生じた **E** は速やかにフランと反応し **F** を与える．

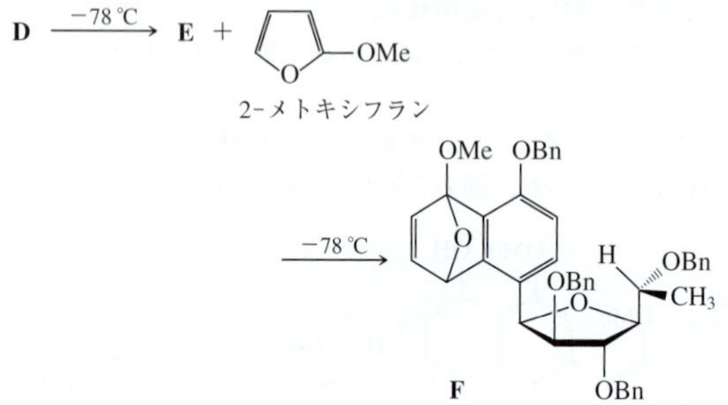

$$D \xrightarrow{-78\,°C} E + \text{2-メトキシフラン}$$

$$\xrightarrow{-78\,°C} F$$

(d) **E** の構造式と，**D** から **E** が生成する機構を示せ．
(e) **E** から **F** が生成する反応の機構を示せ．

F は不安定であり，反応の後処理の間に開環して **G** となる．

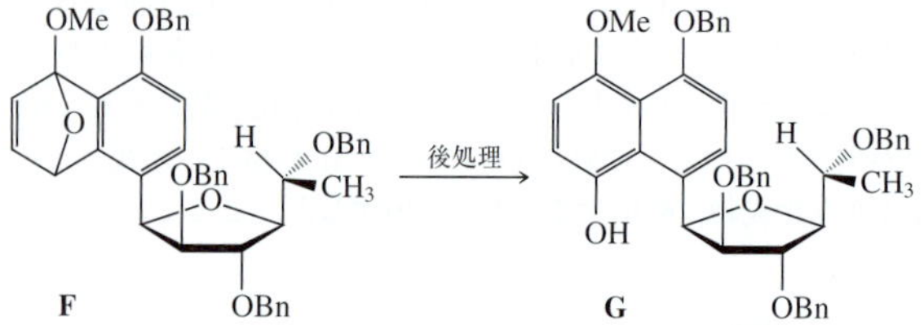

F $\xrightarrow{後処理}$ G

(f) **F** から **G** が生成する反応の機構を示せ．

次の工程では，化合物 **G** が化合物 **H** へ変換される．

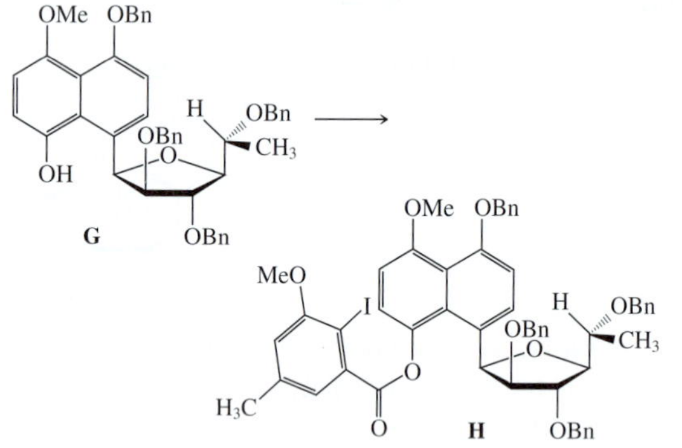

G → H

(g) **G** から **H** を得るために必要な反応剤と反応条件を示せ．

さらに化合物 **H** から最後の環が形成されて，化合物 **I** になる．

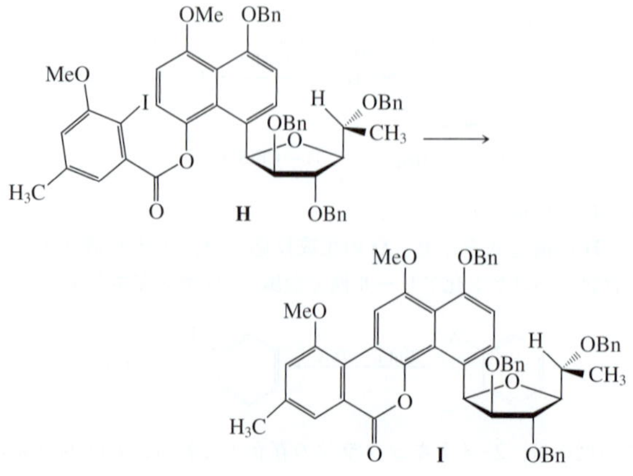

H → I

(h) **H** から **I** を得るために必要な反応剤と反応条件を示せ．

最後に，化合物 **I** から天然のエナンチオマーである (−)-ギルボカルシン **M** が得られる．

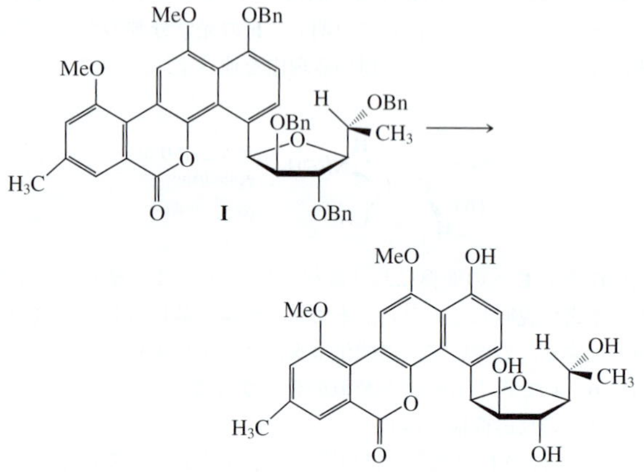

I → (−)-ギルボカルシン M

(i) この反応に用いる反応剤を示せ．
(j) この全合成におけるキラル中心が何に由来すると予想されるか述べよ．合成のどこかの反応工程でキラル中心が新しく導入されているわけではない．容易に入手できる安価な出発物に由来しているはずである(25 章参照)．
(k) 合成法の後半の反応において，OH 基はベンジルエーテルとして保護されているが，その理由を述べよ．OH 基がベンジルエーテルで保護されていない場合に起こりうる副反応を予想せよ．OH 基から出発し，これらの保護基を導入する方法を示せ．

24・38 バンコマイシンは，微生物 *Streptomyces orientalis* から単離され，細菌のペプチドグリカンの生合成を阻害する重要な抗生物質の一つである．バンコマイシンは，最近病院でよくみられるようになってきた薬剤耐性のブドウ球菌を治療する切り札として使用されている．

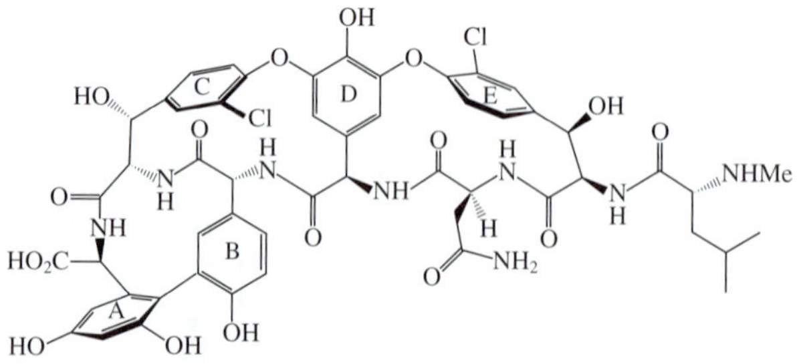

バンコマイシンアグリコン

次に示す工程は，Dale Boger（デイル ボーガー）らが 1999 年に発表したバンコマイシンアグリコン（アグリコン＝糖以外の部分）の全合成の一部である．化合物 **I** は，単純な構造の出発物からアミド結合の生成を含む一連の工程によって合成された．
(a) 化合物 **I** の前駆体として適切な化合物を示し，それらの間にどのように結合を生成すればよいか答えよ（この反応で実際に使われている反応剤については本書で説明していないが，すでに説明した反応剤と同じように作用する）．

24. 触媒を用いた炭素−炭素結合生成　819

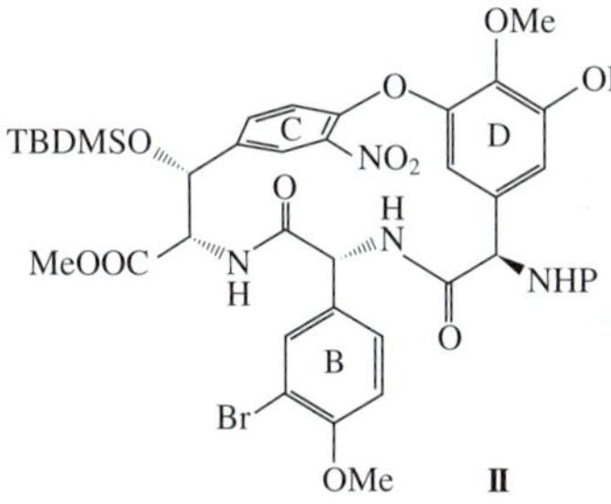

次に, **I** は **II** へと変換される.

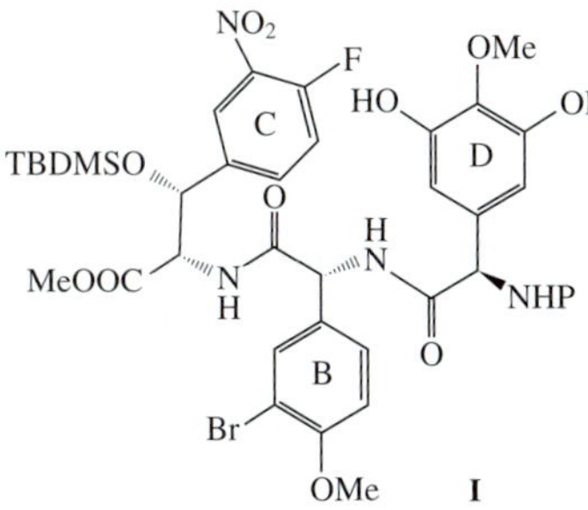

(b) この変換反応を行う適切な反応剤を示し, 反応機構を答えよ.

化合物 **II** (とその後に合成される化合物) の C 環は, 非常に回転しにくいという興味深い性質をもっている. そのため, 化合物 **II** には二つのアトロプ異性体 (§3・2 参照) が存在し, それらが互いに異性化するには 140 ℃ という高温が必要である.

(c) 二つの異性体の構造を示せ.

次に, **II** は **III** へと変換される.

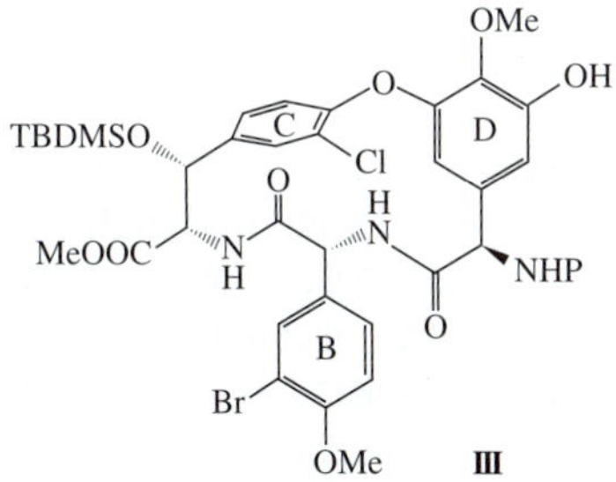

(d) この変換を行う適切な反応剤を答えよ.

次に, **III** は **IV** へと変換される.

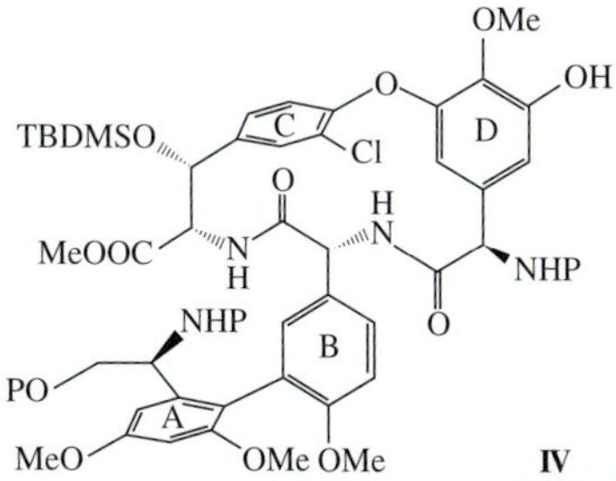

(e) この変換反応により A 環部分になる化合物と変換反応に用いられる反応剤を答えよ.

A 環にあるアミンの保護基を除き, 近傍のメトキシカルボニル基との間でアミドを形成して環状構造にすると, バンコマイシンの前駆体が得られる.

(f) 脱保護された第一級アミンの閉環反応をその機構とともに示せ.

バンコマイシンは, A 環と B 環を結ぶ軸に関するアトロプ異性体が存在するという興味深い性質をもつ. 120 ℃ に加熱すると, 望むアトロプ異性体と望まないアトロプ異性体が 3 : 1 の混合物となる.

(g) 二つのアトロプ異性体を示し, どちらの異性体がバンコマイシンに誘導できるか答えよ. このあと, 官能基変換を行い, さらに上記の方法と同様の方法によって E 環を導入することによって, アグリコンの合成は完成した. E 環に関して新たなアトロプ異性体が生じたが, この異性体は他のアトロプ異性体よりも容易に異性化した. モデル実験によっても, E 環に関するアトロプ異性体の異性化に必要な活性化エネルギーは, その他のアトロプ異性体の異性化に必要なエネルギーよりも低いことが示唆された.

24・39 α-カリオフィレン 〔クローブ (丁子) の精油〕 の全合成は 1964 年に E. J. Corey らによって達成された. 特異な 9 員構築の問題を次に述べるような経路で解決している.

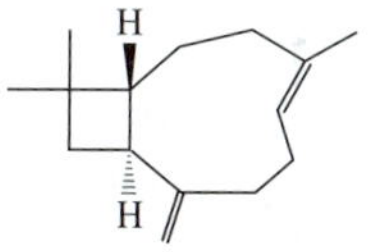

最初の工程は, 光による効率的な [2+2] 付加環化反応である. 望む立体選択性と位置選択性で反応が進むことは, モデル実験によって事前に予想された.

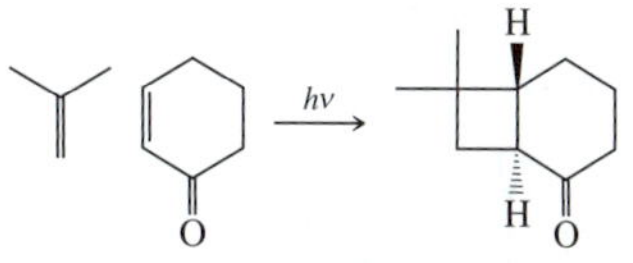

(a) [2+2] 付加環化反応は, 光化学反応ではきわめて一般的な反応である. この反応が基底状態において起こるのかどうかを答えよ.

次の工程を以下に示す. 塩基性アルミナはクロマトグラフィーの充填剤であるが, 塩基性触媒として利用されることもある.

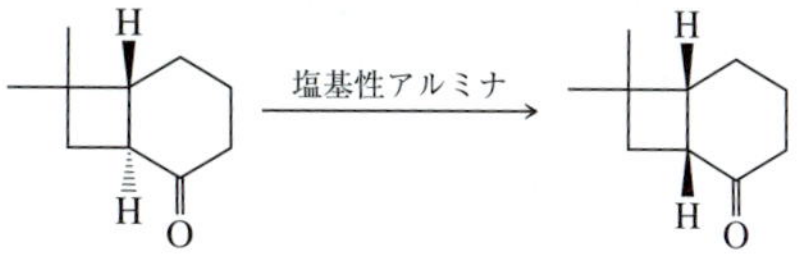

(b) 本工程の反応機構を示せ.

次の工程を以下に示す.

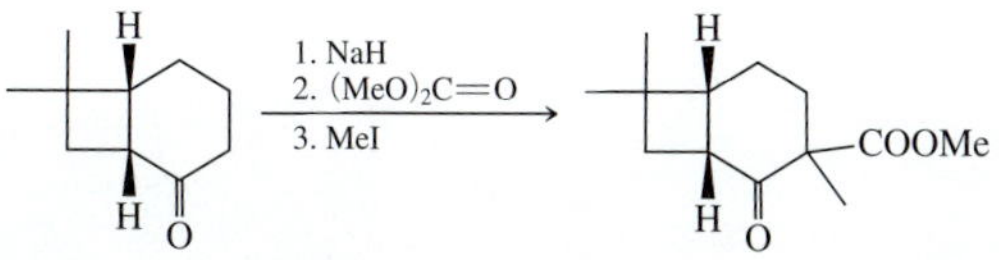

(c) 本工程の反応機構を示せ.

(d) エステル基の立体化学がこの後の合成工程で重要であるかどうかを答えよ.

次の工程を以下に示す.

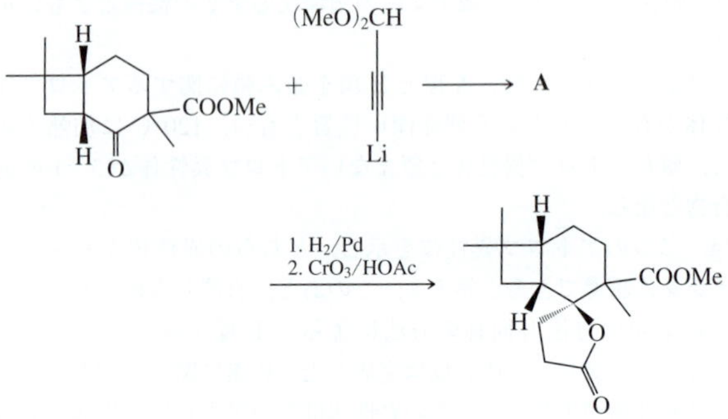

(e) 化合物 **A** の構造を書け.
(f) 環化化合物が生成する機構を示せ.

次の工程を以下に示す.

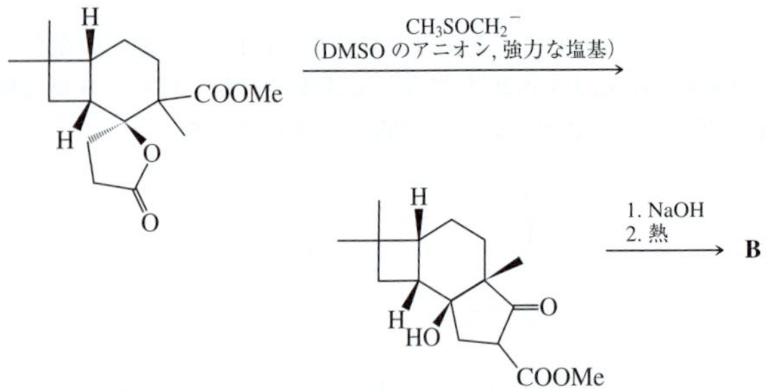

(g) 最初の工程の反応機構を示せ.（ヒント：ラクトンカルボニル基への攻撃が最初に起こる.）
(h) 生成物 **B** の構造を書け.

次の工程を以下に示す.

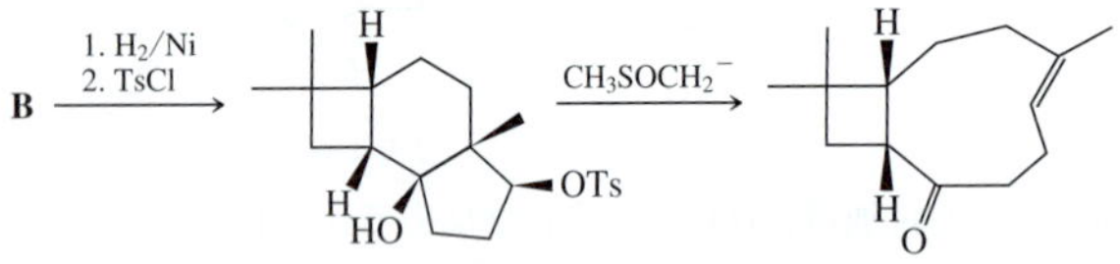

(i) **B** から出発して次の中間体に至る二つの工程を示せ.
(j) 開環反応の反応機構を示せ.（ヒント：酸性プロトンと脱離能に優れた TsO 基の存在に注目すること.）

次に示す工程によって，合成が完成する.

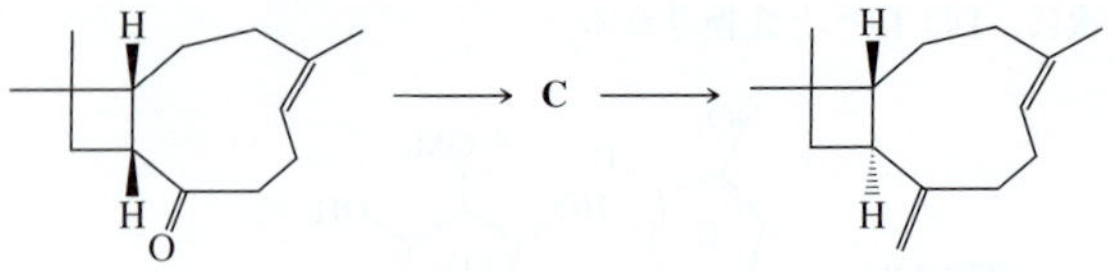

(k) **C** の構造を書け.
(l) これらの変換反応に使用する反応剤を示せ.

24・40 ステロイドホルモンの合成法は，これまで数十年にわたって数多く開発されてきた．そのうちの一つである Lutz Tietze らが開発した方法は，ステロイド骨格の B 環を形成するために二度のヘック反応（二重ヘック反応）を利用している．逆合成解析を次に示す．この合成における鍵中間体は，化合物 **1** である．化合物 **1** を二重ヘック反応でできるように逆合成解析で切断すると，化合物 **2** と **3** になる．化合物 **2** は，エストロンの A 環となる芳香環をもつ．化合物 **3** は，エストロンの C 環と D 環になる縮環した 5 員環と 6 員環をもつ.

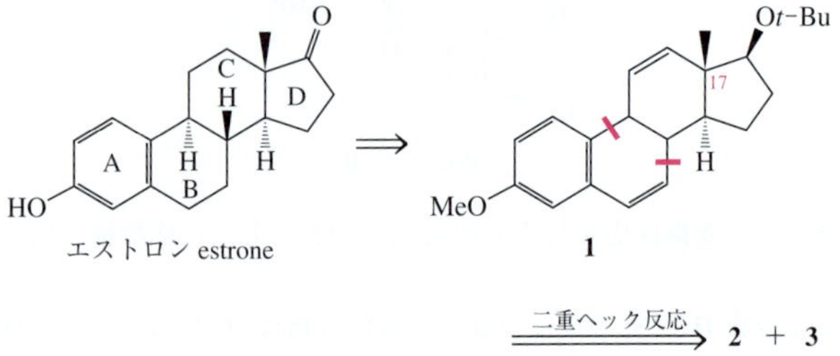

エストロン estrone

(a) エストロンに含まれる官能基を答えよ.
(b) エストロンに含まれるキラル中心の数を答えよ.
(c) 化合物 **2** と **3** の構造式を書け.
(d) 化合物 **2** と **3** を化合物 **1** へと変換する方法を示せ.（注意：Tietze は，この合成の開発研究中に臭化ビニルやヨウ化ビニルが臭化アリールやヨウ化アリールよりも，ヘック反応において反応性が高いことを見いだしている.）
(e) 二重ヘック反応によって，二つの新しいキラル中心が生成する．化合物 **3**（エストロンの C 環，D 環の前駆体）において 6 員環と 5 員環はトランスに縮環し，17 位のメチル基は環の平面に対して上向きであるとせよ．化合物 **3** がこのような立体化学をもつ場合に，二重ヘック反応によって生成する化合物 **1** の立体化学を予想せよ.
(f) **1** からエストロンを合成するためには，D 環の *tert*-ブチルエーテルは，ケトンへと変換しなければならない．この変換を行う方法を示せ.

25 章

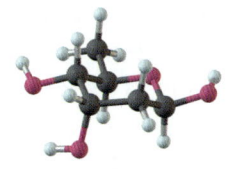

ジギトキソース

25・1 単　糖
25・2 単糖の環状構造
25・3 単糖の反応
25・4 二糖およびオリゴ糖
25・5 多　糖
25・6 グルコサミノグリカン

糖質化合物

　糖質化合物(単に糖，あるいは炭水化物ともいう)は植物界で最も大量に存在する有機化合物群である．たとえばグルコース，デンプン，グリコーゲンは化学エネルギーのいわば貯蔵庫である．セルロースは植物の構造を支える成分，キチンはエビやカニなどの甲殻類の外骨格，グルコサミノグリカンは動物の結合組織の成分であり，またリボースやデオキシリボースは核酸の主要な構成成分である．糖質化合物は，植物ではその乾燥重量の約 4 分の 3 を占めており，ヒトを含む動物は植物を食べることによって糖質化合物を摂取する．しかし動物が体内に貯蔵する糖質化合物の量は，その摂取量のうちわずかである．動物の体内の糖質化合物はせいぜい体重の 1 パーセント以下にすぎない．

　糖質化合物は**炭水化物**(carbohydrate)ともよばれるが，この名称は"水和された炭素(hydrate of carbon)"を意味し，$C_n(H_2O)_m$ という組成式に由来する．次の二つの糖の分子式は，水和された炭素の組成式として書き表すことができる．

　　グルコース(血糖)：$C_6H_{12}O_6$ は $C_6(H_2O)_6$ と書ける
　　スクロース(砂糖)：$C_{12}H_{22}O_{11}$ は $C_{12}(H_2O)_{11}$ と書ける

　しかし，すべての炭水化物が"水和された炭素"の組成式で書き表せるわけではない．あるものは酸素が少なかったり，あるものでは酸素が多すぎたりする．また窒素を含む炭水化物もある．炭水化物という用語は厳密にいえば正確ではないが，有機化学の用語として定着しており，糖質化合物の名称として広く使われている．

　糖質化合物を分子として眺めてみると，ほとんどがポリヒドロキシアルデヒド，ポリヒドロキシケトンであるか，あるいは加水分解するとこれらの化合物となる構造をもつ．したがって，糖質化合物の化学は，本質的にヒドロキシ基とカルボニル基，およびその二つの官能基から形成されるアセタール結合の化学としてとらえればよい．

　糖質化合物がたった 2 種類の官能基からなっているからといって，その化学が単純なわけではない．最も単純な糖質化合物でさえ，複数のキラル中心をもっている．たとえば生物界で最も大量に存在する糖質化合物であるグルコースは，一つのホルミル基と一つの第一級ヒドロキシ基，四つの第二級ヒドロキシ基からなり，四つのキラル中心をもっている．このような複雑な構造をもつ分子は，有機化学者や生化学者にとって依然挑戦しがいのある研究対象である．

25・1 単　糖

A. 構造と命名法

　単糖は $C_nH_{2n}O_n$ という一般式で記される．その炭素の一つはアルデヒドまたはケトンのカルボニル炭素である．最も一般的な単糖は，3 個から 8 個の炭素原子をもつ．接尾辞オース(-ose)はその分子が糖質化合物(糖)であることを示し，接頭辞トリ(tri-)，

糖質化合物 carbohydrate　ポリヒドロキシアルデヒド，ポリヒドロキシケトン，あるいは加水分解によってこれらの化合物を生成する化合物の総称．炭水化物，糖ともいう．

単糖 monosaccharide　加水分解によってこれ以上単純にならない糖質化合物の総称．

アルドース aldose　アルデヒドを含む単糖．

ケトース ketose　ケトンを含む単糖．

いろいろな炭素数の単糖類

名称	組成式
トリオース	$C_3H_6O_3$
テトロース	$C_4H_8O_4$
ペントース	$C_5H_{10}O_5$
ヘキソース	$C_6H_{12}O_6$
ヘプトース	$C_7H_{14}O_7$
オクトース	$C_8H_{16}O_8$

テトラ(tetr-)，ペンタ(pent-)は，炭素鎖の炭素数を示す．アルデヒドを含む単糖類は**アルドース**に，ケトンを含む単糖類は**ケトース**に分類される．ただし，アルド(aldo-)やケト(keto-)という名称はしばしば省略されて，単にトリオース，テトロースなどとよばれることが多い．

トリオースには，アルドトリオースであるグリセルアルデヒドとケトトリオースであるジヒドロキシアセトンの2種類がある．

```
    CHO              CH2OH
    |                |
   CHOH              C=O
    |                |
   CH2OH            CH2OH
グリセルアルデヒド    ジヒドロキシアセトン
glyceraldehyde      dihydroxyacetone
(アルドトリオース)   (ケトトリオース)
```

グリセルアルデヒドは慣用名であり，IUPAC 名としては 2,3-ジヒドロキシプロパナールが正式である．同様に，ジヒドロキシアセトンは慣用名であり，IUPAC 名では 1,3-ジヒドロキシ-2-プロパノンとなる．一般に単糖の慣用名は広く定着しているので，実際の有機化学や生化学の論文では，ほとんどの場合慣用名が使われている．したがって本書では，より一般的に用いられている慣用名を使用することとする．

B. フィッシャー投影式

グリセルアルデヒドはキラル中心を一つもつので，一組のエナンチオマーが存在する．

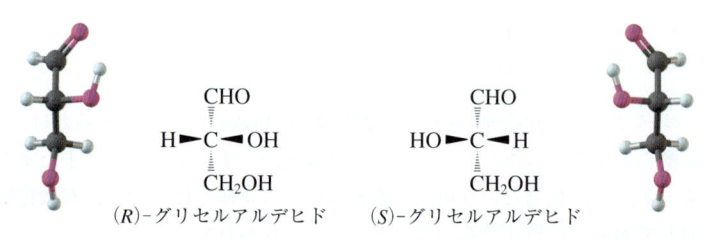

```
      CHO                    CHO
   H—C—OH               HO—C—H
      CH2OH                  CH2OH
(R)-グリセルアルデヒド    (S)-グリセルアルデヒド
```

フィッシャー投影式 Fischer projection　キラル中心の立体配置を示すための二次元表記法．水平方向の線は紙面の手前へ出る結合を表し，上下方向の線は紙面の奥に向かう結合を表す．

§3·4C で述べたように，糖質化合物の立体配置を表すのに，一般に**フィッシャー投影式**とよばれる二次元的な表記を用いる．三次元的な表記をどのようにして二次元的なフィッシャー投影式に変換するかを次に示す．フィッシャー投影式では，キラル中心の炭素は紙面上にあり，そこから水平方向に出た置換基は紙面より手前にある．一方，中心炭素から上下に出た置換基は紙面の奥に向かっている．

```
      CHO                           CHO
   H—C—OH    フィッシャー投影式    H—|—OH
      CH2OH    に書き換える          CH2OH
(R)-グリセルアルデヒド          (R)-グリセルアルデヒド
   (三次元表記)                  (フィッシャー投影式)
```

C. 単糖：D体とL体

R/S 法は，立体配置を記述する最も標準的な表記法として広く受け入れられているが，糖質化合物やアミノ酸などの生化学に関連する化合物の立体配置の記述には，1891 年に Emil Fischer によって提案された D,L 法が一般に用いられる．当時，グリセルアルデヒドの一方のエナンチオマーが +13.5，もう片方は −13.5 の比旋光度をもつ

ことがわかっていた．Fischer は，これらのエナンチオマーを右旋性(dextrorotatory)，および左旋性(levorotatory)にちなんで，それぞれ D 体と L 体とよぶことを提案した．しかし，どの立体配置のエナンチオマーが + あるいは − の比旋光度をもっているのかを実験的に決定する手法がなかったので，当てずっぽうで立体配置を割当てざるを得なかった．すなわち，右旋性のエナンチオマー，つまり D-グリセルアルデヒドに次に示す立体配置をあて，左旋性のエナンチオマー，つまり L-グリセルアルデヒドに反対の立体配置をあてた．

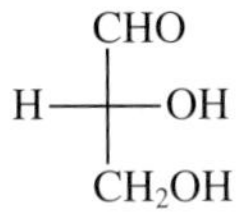

$$
\begin{array}{cc}
\text{CHO} & \text{CHO} \\
\text{H}\!-\!\!\!\!-\!\!\!\!-\text{OH} & \text{HO}\!-\!\!\!\!-\!\!\!\!-\text{H} \\
\text{CH}_2\text{OH} & \text{CH}_2\text{OH} \\
\text{D-グリセルアルデヒド} & \text{L-グリセルアルデヒド} \\
[\alpha]_D^{25}\ +13.5 & [\alpha]_D^{25}\ -13.5
\end{array}
$$

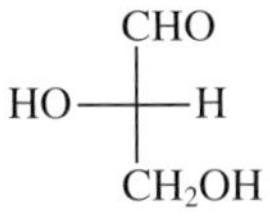

この Fischer の当てずっぽうは 1/2 の確率でまちがっている可能性があったが，たいへん幸運なことに，この割当てが正しかったことが 1951 年に X 線結晶構造解析によって明らかになった．

D 体および L 体のグリセルアルデヒドは，他のアルドースおよびケトースの立体配置を相対的に命名する際の基準化合物となっている．まず，カルボニル基から最も遠い位置にある不斉炭素に注目する．このキラル中心は，炭素鎖上の末端炭素の隣にあるので，**前末端炭素**とよばれている．この前末端炭素が D-グリセルアルデヒドと同じ立体配置をもつ(すなわちフィッシャー投影式を書いたとき OH が右側にある)場合，その単糖を D 体とし，L-グリセルアルデヒドと同じ立体配置をもつ(すなわちフィッシャー投影式を書いたとき OH が左側にある)場合，その単糖を L 体とする．

キラル中心を二つ以上もつ単糖では，位置番号の最も大きい炭素，すなわちカルボニル基から最も遠い位置にあるキラル中心の立体配置に基づいて D 体であるか L 体であるかを決定する．したがって，D 体あるいは L 体というよび方は，その単糖の比旋光度の符号を示すものではないことに注意が必要である．偏光の回転方向を示す必要がある場合には，+(プラス)か−(マイナス)の符号を D, L の符号と化合物名の間に挿入する．すなわち，右旋性の D-グルコースは，D-(+)-グルコース，左旋性の D-フルクトースは，D-(−)-フルクトースと表す．

すべての D-アルドテトロース，D-アルドペントース，および D-アルドヘキソースの化合物名とフィッシャー投影式を図 25・1 に示す．それぞれの化合物名は三つの部分からなっている．D という文字は，前末端炭素の立体配置を表す．リボ(rib-)，アラビノ(arabin-)，グルコ(gluc-)といった接頭辞は，その単糖に含まれるキラル中心の相対的な立体配置を特定する役割を果たす．接尾辞のオース(-ose)は，その化合物が糖質化合物であることを示す．

D-グルコース，D-ガラクトース，D-フルクトースは，生物の体内に最も大量に存在する三つのヘキソースである．最初の二つは，D-アルドヘキソースであり，三つ目は D-2-ケトヘキソースである．最もよく知られたヘキソースである**グルコース**は，右旋性(dextrorotatory)のためにデキストロースとしても知られている．ヒトの血液中には，100 mL 当たり 65〜110 mg のグルコースが含まれている．クロロフィルをもつ植物は，太陽光をエネルギー源としてグルコースを合成する．植物が空気中の二酸化炭素と土壌

$$6\,CO_2\ +\ 6\,H_2O\ +\ \text{エネルギー} \xrightarrow[\text{クロロフィル}]{\text{太陽光}} C_6H_{12}O_6\ +\ 6\,O_2$$

二酸化炭素　　　水　　　　　　　　　　　　　　　　　　グルコース　　酸素

前末端炭素 penultimate carbon

単糖の **D 体**, **L 体**　フィッシャー投影式において前末端炭素の右側に OH 基があるものを D 体，左側に OH があるものを L 体という．

グルコース glucose　ブドウ糖，血糖ともいう．

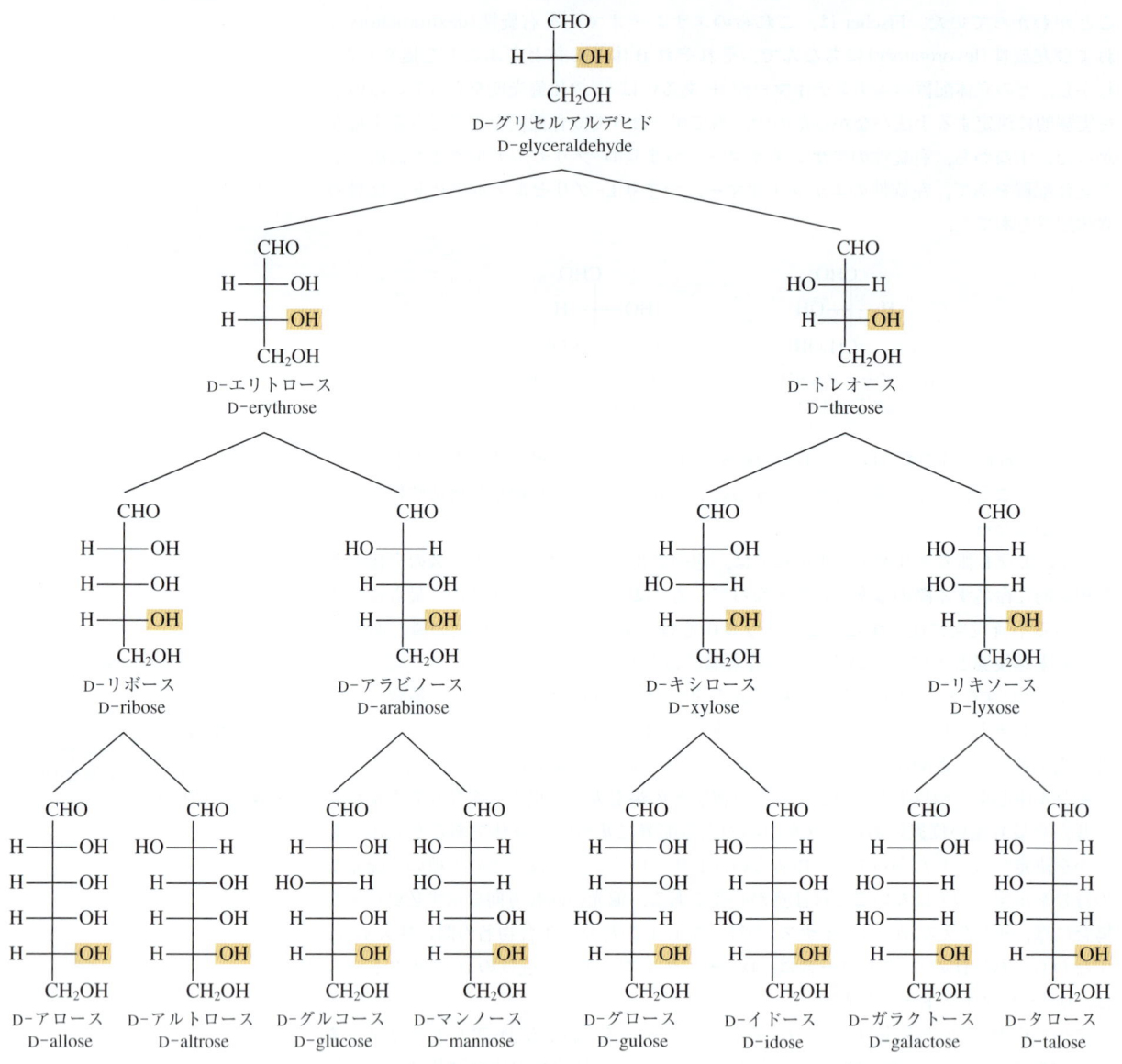

図 25・1 D-アルドテトロース，D-アルドペントース，D-アルドヘキソースの立体配置．立体配置を決める際に基準となる前末端炭素は色付けして示した．

中の水をグルコースと酸素に変換するこの過程は光合成とよばれる．

D-フルクトースは，D-グルコースと結合して砂糖として使われているスクロースという二糖となる(§25・4A)．D-ガラクトースは，D-グルコースと結合して二糖のラクトース(乳糖)になる(§25・4B)．

D-リボースおよび2-デオキシ-D-リボースは生物に最も多量に存在するペントースであり，それぞれリボ核酸(RNA)および，デオキシリボ核酸(DNA)の主要な構成成分である．

例題 25・1

四つのアルドテトロースのフィッシャー投影式を書き，そのうちどれがD体で，どれがL体か示せ．また，どの組合わせがエナンチオマーの関係にあるか答えよ．図25・1を参

考にして，それぞれのアルドテトロースの名称を示せ．
解答 四つのアルドテトロースのフィッシャー投影式を次に示す．DとLは前末端炭素の立体化学を表すので，アルドテトロースの場合には3番目の炭素の立体化学を示す．D-アルドテトロースのフィッシャー投影式では，3番目の炭素上のヒドロキシ基 OH は右側にあり，L-アルドテトロースでは左側にある．D-エリトロースと L-エリトロースはエナンチオマーの関係にあり，D-トレオースと L-トレオースも同じくエナンチオマーの関係にある．また，エリトロース類は，トレオース類とジアステレオマーの関係にある．

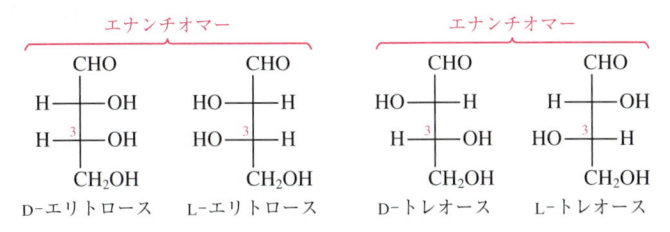

エナンチオマー　　　　　　　　エナンチオマー

D-エリトロース　　L-エリトロース　　D-トレオース　　L-トレオース

問題 25・1 すべての 2-ケトペントースのフィッシャー投影式を書き，そのうちどれが D 体で，どれが L 体か示せ．また，どの組合わせがエナンチオマーの関係にあるか答えよ．

D. アミノ糖

アミノ糖は，ヒドロキシ基の代わりにアミノ基をもっている．天然では三つのアミノ糖(D-グルコサミン，D-マンノサミン，D-ガラクトサミン)がよく知られている．

アミノ糖 amino sugar

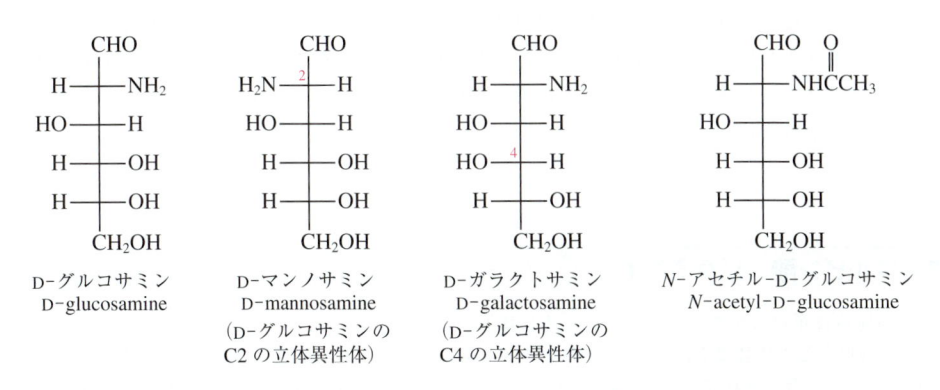

D-グルコサミン
D-glucosamine

D-マンノサミン
D-mannosamine
(D-グルコサミンの
C2 の立体異性体)

D-ガラクトサミン
D-galactosamine
(D-グルコサミンの
C4 の立体異性体)

N-アセチル-D-グルコサミン
N-acetyl-D-glucosamine

N-アセチル-D-グルコサミンは D-グルコサミンの誘導体であり，キチン(エビやカニなどの甲殻類の固い外骨格の成分)など多くの多糖類の構成成分である．また多くのアミノ糖が，天然由来の抗生物質の部分構造として知られている．

E. 物理的性質

単糖は一般に無色，結晶性の固体である．ただし，結晶化がむずかしいことも多い．極性のあるヒドロキシ基と水の間で水素結合が生成可能なので，すべての単糖は水に非常によく溶ける．エタノールにはわずかに溶けるが，ジエチルエーテルやクロロホルム，ベンゼンなどの非極性溶媒には不溶である．

25・2　単糖の環状構造

§16・7B でアルデヒドやケトンはアルコールと反応してヘミアセタールを生成する

826　25. 糖質化合物

ことを述べた．またヒドロキシ基とカルボニル基が分子内に存在し，かつ5員環か6員環を形成しうる場合には，きわめて容易に環状のヘミアセタールを生成することも述べた．たとえば4-ヒドロキシペンタナールは5員環の環状ヘミアセタールを生成する．

4-ヒドロキシペンタナール　→　OH基とCHO基を接近させる　→　環状ヘミアセタール（新しいキラル中心）

4-ヒドロキシペンタナールにはキラル中心が一つだけあるが，ヘミアセタールの生成に伴って，1位の炭素がもう一つのキラル中心となる．

単糖は，分子内にヒドロキシ基とカルボニル基をもっているので，ほとんどの場合5員環か6員環の環状ヘミアセタールとして存在する．

A. ハース投影式

単糖の環状構造を表記するよく知られた方法に**ハース投影式**がある．これは英国の化学者 Walter N. Haworth（ウォルター・ハース）(1937年ノーベル化学賞受賞)にちなんで名づけられた投影式である．ハース投影式では，5員環や6員環のヘミアセタールが，紙面に対して垂直に立った平面五角形や六角形として表される．環上の炭素に結合した官能基は，環平面の上あるいは下に配置される．

ヘミアセタール環の形成に伴って生じる新しいキラル中心は**アノマー炭素**とよばれる．アノマー炭素の立体配置のみが異なる異性体は，**アノマー**とよばれる．アルドースではアノマー炭素は1位の炭素，最も一般的なケトースであるD-フルクトースのアノマー炭素は2位の炭素である．

ハース投影式 Haworth projection　フラノースあるいはピラノース形の単糖を記述する方法．環を平面で書き，通常アノマー炭素を右端に，環内の酸素原子を後方においで記述する．

アノマー炭素 anomeric carbon　環状の糖質化合物において二つの酸素原子と結合してヘミアセタールあるいはアセタールを形成している炭素原子．

アノマー anomer　アノマー炭素上の立体配置のみが異なる糖質化合物．

身のまわりの化学　L-アスコルビン酸（ビタミンC）

L-アスコルビン酸（ビタミンC）の構造は単糖に似ている．実際にL-アスコルビン酸は，植物や動物などの生体でも，あるいは工業的にもD-グルコースを原料として合成されている．ヒトは，ビタミンCの生合成に関与する酵素をもっていないので，食物あるいはビタミン剤からビタミンCを摂取する必要がある．米国では，毎年約6600万kgのビタミンCが合成されている．

L-アスコルビン酸はきわめて容易に酸化され，ジケトン構造をもつL-デヒドロアスコルビン酸に変換される．L-アスコルビン酸もL-デヒドロアスコルビン酸も生理活性を有しており，ともに体液中に存在している．

アスコルビン酸は，最も重要な抗酸化剤のひとつとして知られている．アスコルビン酸の抗酸化能は，エノール形OH基の水素原子がラジカル種によって簡単に引抜かれることに起因する．脂質の自動酸化反応（§8・7参照）により発生したラジカル種はα-トコフェロールと反応してα-トコフェロールラジカルを与える．アスコルビン酸は，このα-トコフェロールラジカルへ水素原子を供与することにより，α-トコフェロールを再生させるという重要な機能をもつ．

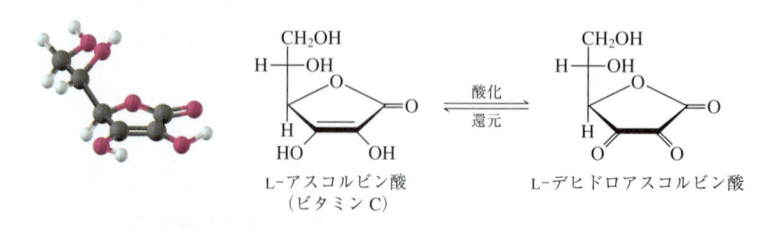

L-アスコルビン酸（ビタミンC） ⇌(酸化/還元)⇌ L-デヒドロアスコルビン酸

25・2　単糖の環状構造　827

図 25・2　α-D-グルコピラノースおよび β-D-グルコピラノースのハース投影式

ハース投影式ではアノマー炭素を右側に，環内の酸素を紙面の奥に書くのが最も一般的である（図25・2）．糖質化合物の命名法ではβという名称は，アノマー炭素上のOHと末端のCH₂OH基が環の同じ側にあることを意味する．逆にαは，アノマー炭素上のOHと末端のCH₂OH基が環の反対側にあることを意味する．

単糖の5員環ヘミアセタールは**フラノース**，6員環ヘミアセタールは**ピラノース**とよばれる．これは単糖の5員環および6員環がそれぞれフラン，およびピランというヘテロ環化合物に対応するためである．

グルコースのα体とβ体は6員環ヘミアセタールなので，それらはα-D-グルコピラノースおよびβ-D-グルコピラノースと名づけられる．しかし，単糖の命名においてピラノースなどの名称が常に用いられるわけではない．たとえばグルコピラノースは単純にα-D-グルコースやβ-D-グルコースとよばれることが多い．

α-D-グルコピラノースおよびβ-D-グルコピラノースのハース投影式での官能基の立体配置を覚えておこう．そうすれば，ある糖の開環構造を見比べて，どの炭素の立体配置がD-グルコースと異なるかを知ることによって，D-グルコースのハース投影式をもとにその糖のハース投影式を容易に導くことができる．

フラノース furanose　5員環構造の単糖．
ピラノース pyranose　6員環構造の単糖．

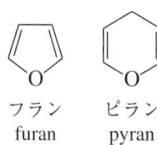

フラン furan
ピラン pyran

例題 25・2

D-ガラクトピラノースのαおよびβアノマーのハース投影式を書け．

解答　この投影式を導くには，α体およびβ体のD-グルコピラノースを基準にして，D-ガラクトースの4位の炭素の立体配置のみがD-グルコースと異なるようにすればよい（開環構造の立体配置を覚えていない場合には図25・1を参照）．つまり，図25・2に示したハース投影式から出発して，4位の炭素の立体配置を反転させればよい．

α-D-ガラクトピラノース
(α-D-ガラクトース)

β-D-ガラクトピラノース
(β-D-ガラクトース)

D-グルコースとC4の立体配置が異なる

問題 25・2　マンノースは水溶液中で，α-D-マンノピラノースおよびβ-D-マンノピラノースの混合物として存在する．これらの分子のハース投影式を書け．

アルドペントースも環状ヘミアセタールを形成する．D-リボースを含め生物から見いだされるペントースのほとんどは，フラノース構造をとる．図25・3に，α-D-リボフラノース(α-D-リボース)とβ-2-デオキシ-D-リボフラノース(β-2-デオキシ-D-リボース)のハース投影式を示す．接頭辞の2-デオキシ(2-deoxy-)は，2位の炭素に酸素

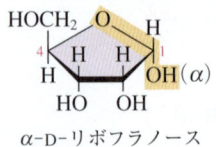

828　25. 糖質化合物

α-D-リボフラノース
(α-D-リボース)

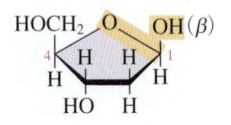

β-2-デオキシ-D-リボフラノース
(β-2-デオキシ-D-リボース)

図 25・3　フラノースのハース投影式

が結合していないことを示す．核酸やその他の生体分子に含まれる D-リボースと 2-デオキシ-D-リボースの立体配置は，ほぼすべての場合 β である．

　他の単糖も 5 員環の環状ヘミアセタールを形成する．フルクトースの 5 員環ヘミアセタール構造を次に示す．二糖であるスクロースは，β-D-フルクトフラノースと α-D-グルコピラノースが結合したものである（§25・4A）．

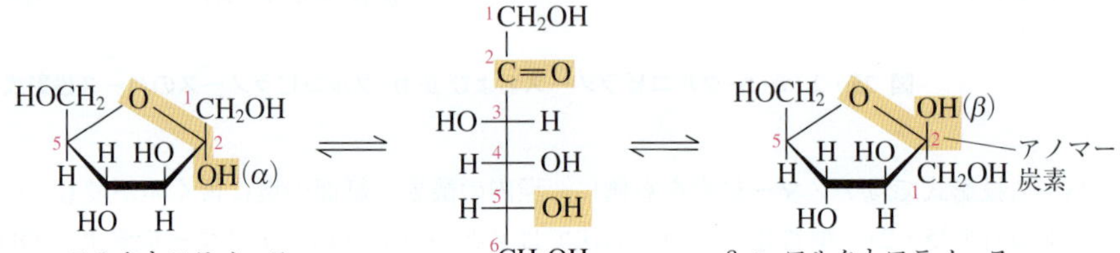

α-D-フルクトフラノース　⇌　D-フルクトース　⇌　β-D-フルクトフラノース（アノマー炭素）

B. 立体配座の表記

　5 員環は実際ほぼ平面なので，ハース投影式はフラノースの構造を表すのに適している．しかし 6 員環であるピラノースの構造は，いす形配座を用いるほうがより正確に表すことができる．いす形配座で表した α-D-グルコピラノースおよび β-D-グルコピラノースの構造を次に示す．また，水溶液中でわずかであるが平衡状態として共存している開環体（アルデヒド体）もあわせて示す．

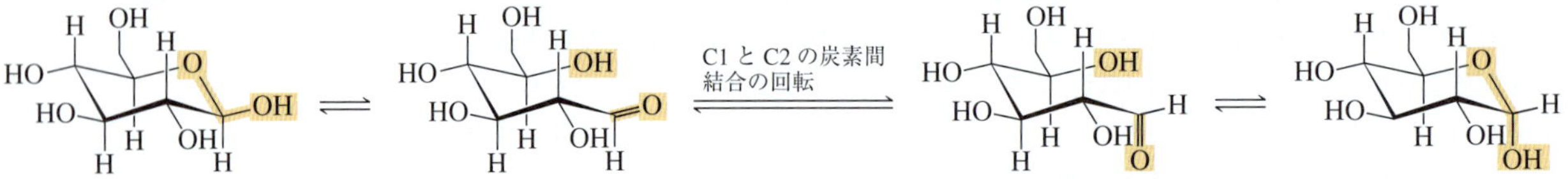

β-D-グルコピラノース　⇌　（C1 と C2 の炭素間結合の回転）　⇌　α-D-グルコピラノース
（β-D-グルコース）　　　　　　　　　　　　　　　　　　　　　　　（α-D-グルコース）

　いす形配座の β-D-グルコピラノースでは，アノマー炭素上の OH を含むすべてのヒドロキシ基はエクアトリアル位にある．また，α-D-グルコピラノースでは，アノマー位にある OH はアキシアル位にある．アノマー炭素に結合した OH がエクアトリアル位をとる β-D-グルコピラノースはより安定であり，水溶液中で主成分として存在する．
　D-グルコピラノースのハース投影式といす形配座による両方の表記で，ヒドロキシ基の相対的配置を比較してみよう．たとえば，β-D-グルコピラノースの 1 位炭素から 5 位炭素までのヒドロキシ基の向きは，どちらの表記においても交互に上，下，上，下，上となっている．

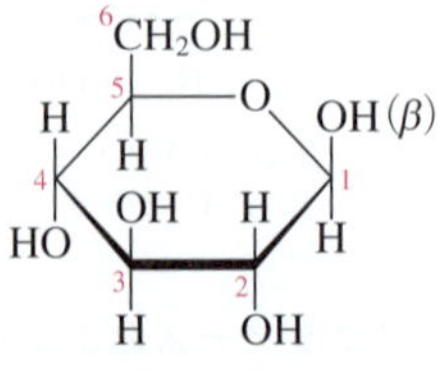

β-D-グルコピラノース
（ハース投影式）

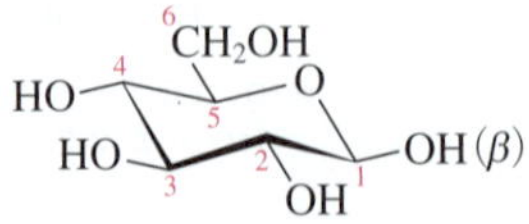

β-D-グルコピラノース
（いす形配座）

例題 25・3

α-D-ガラクトピラノースと β-D-ガラクトピラノースのいす形配座を書け．また，それぞれのアノマー炭素を示せ．

解答 D-ガラクトースは4位の炭素の立体配置のみが D-グルコースと異なっている．したがって，α 体と β 体の D-グルコピラノースをまずはじめに書いて，4位の OH と H を入れ替えればよい．

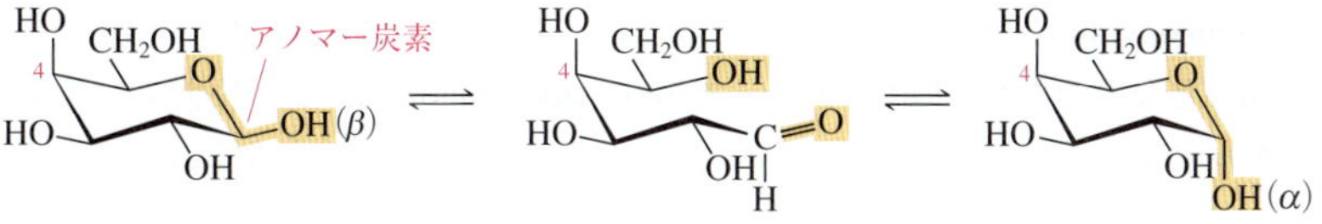

β-D-ガラクトピラノース
(β-D-ガラクトース)
$[\alpha]_D$ +52.8

D-ガラクトース

α-D-ガラクトピラノース
(α-D-ガラクトース)
$[\alpha]_D$ +150.7

問題 25・3 α-D-マンノピラノースと，β-D-マンノピラノースのいす形配座を書け．また，それぞれのアノマー炭素を示せ．

C. 変旋光

変旋光とは，水溶液中で α アノマーと β アノマー間での相互変換に伴い比旋光度が変化する現象である．たとえば，α-D-グルコピラノースの結晶を水に溶かしてつくった水溶液はゆっくり α-D-グルコピラノースと β-D-グルコピラノースが両方共存する平衡に達する．これに伴い，比旋光度は最初 +112 を示すが，徐々に減少し，最終的に +52.7 となる．β-D-グルコピラノースの水溶液も同様な変旋光を示し，比旋光度 +18.7 から始まって，α 体を溶かした場合と同じく +52.7 で平衡に達する．この平衡混合物中には，64％の β-D-グルコピラノースと 36％の α-D-グルコピラノースが存在する．また，この水溶液中には，開環体(アルデヒド体)はほんの微量(0.003％)しか含まれない．変旋光は，ヘミアセタール体として存在するすべての糖質化合物に共通の現象である．

変旋光 mutarotation 糖質化合物の α 体あるいは β 体のどちらかのアノマーの水溶液が，α 体と β 体の平衡混合物へと変わっていくときに比旋光度も変化する現象．

25・3 単糖の反応

A. グリコシド(アセタール)の生成

§16・7B で述べたように，アルデヒドやケトンを等モル量のアルコールと反応させるとヘミアセタールが生成する．得られたヘミアセタールをさらに等モル量のアルコールと反応させるとアセタールとなる．環状のヘミアセタール構造をもつ単糖も，同様の反応によりアセタールとなる．β-D-グルコピラノースとメタノールの反応を次に示す．

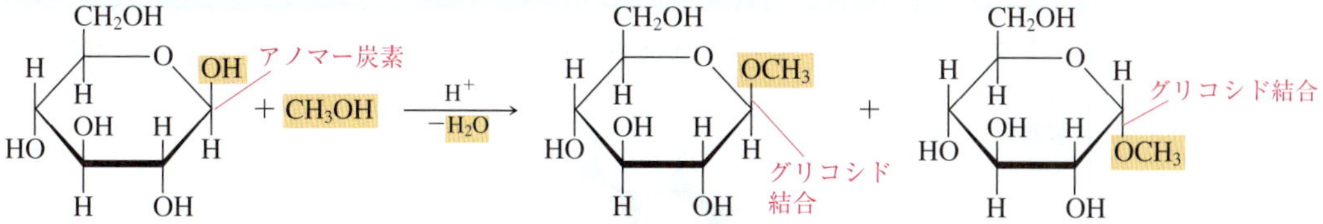

β-D-グルコピラノース
(β-D-グルコース)

メチル β-D-グルコピラノシド
(メチル β-D-グルコシド)

メチル α-D-グルコピラノシド
(メチル α-D-グルコシド)

単糖から生成する環状アセタールは**グリコシド**とよばれ，アノマー炭素と OR 基との間の結合は**グリコシド結合**という．グリコシドでは開環体との平衡がないので，もはや変旋光の現象は起こらない．グリコシドは中性や塩基性の水溶液中で安定であるが，酸性水溶液中では一般のアセタールと同様にアルコールと単糖に加水分解される(§16・7参照)．

グリコシド glycoside アノマー炭素上の OH が OR に置き換わった糖質化合物．

グリコシド結合 glycosidic bond グリコシドのアノマー炭素と OR との間の結合．

グリコシドの名称は，アノマー炭素上の酸素に結合しているアルキル基やアリール基の名称の後に，糖質化合物の名称をつなげて表す．このとき，糖質化合物の名称の語尾をノース(-nose)からノシド(-noside)へと変える．たとえば，β-D-グルコピラノース(β-D-glucopyranose)は，アルキル(アリール)β-D-グルコピラノシド(β-D-glucopyranoside)となり，β-D-リボフラノース(β-D-ribofuranose)からのグリコシド誘導体は，アルキル(アリール)β-D-リボフラノシド(β-D-ribofuranoside)となる．

例題 25・4

メチル β-D-リボフラノシド(メチル β-D-リボシド)の構造式を書き，アノマー炭素とグリコシド結合の位置を示せ．

解答

問題 25・4
メチル α-D-マンノピラノシド(メチル α-D-マンノシド)をハース投影式といす形配座で書き，アノマー炭素とグリコシド結合の位置を示せ．

環状ヘミアセタール構造をもつ単糖のアノマー炭素は，アルコールと反応してグリコシドを生成するが，アミンとも同様に反応して N-グリコシドを生成する．フラノース形の D-リボースあるいは 2-デオキシ-D-リボースと芳香族ヘテロ環アミン(ウラシル，シトシン，チミン，アデニン，グアニン，図 25・4)からできる N-グリコシドは，生物において特に重要である．これらのプリンやピリミジン塩基との N-グリコシドは，核酸塩基を形成する構造単位である(28 章参照)．

図 25・4 DNA と RNA にみられる最も重要な五つのピリミジン塩基とプリン塩基． 灰色で示した水素原子が N-グリコシドを生成する際に失われる．

ウラシル　シトシン　チミン　アデニン　グアニン

例題 25・5

D-リボフラノースとシトシンから形成される β-N-グリコシドであるシチジンの構造式を書け．

解答

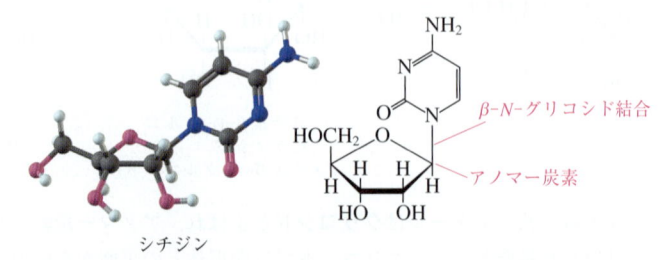

シチジン

問題 25・5
2-デオキシ-D-リボフラノースとアデニンからなる β-N-グリコシドの構造式を書け．

B. アルジトールへの還元

単糖に含まれるカルボニル基は，水素化ホウ素ナトリウムや水素(遷移金属触媒を必要とする)などの還元剤を作用させるとヒドロキシ基に還元される．生成した還元体は，**アルジトール**とよばれる．D-グルコースは還元反応によりD-グルシトールとなるが，これはD-ソルビトールという名称で広く知られている化合物である．実際に還元されるのは，D-グルコースの開環体である．開環体は溶液中にごく少量のみしか存在しないが，還元により消費されると環状ヘミアセタールからの平衡の移動により再び少しずつ生成して，還元反応が結局最後まで進行する．

アルジトール alditol　単糖の C=O 基が CH_2OH 基に還元された化合物．

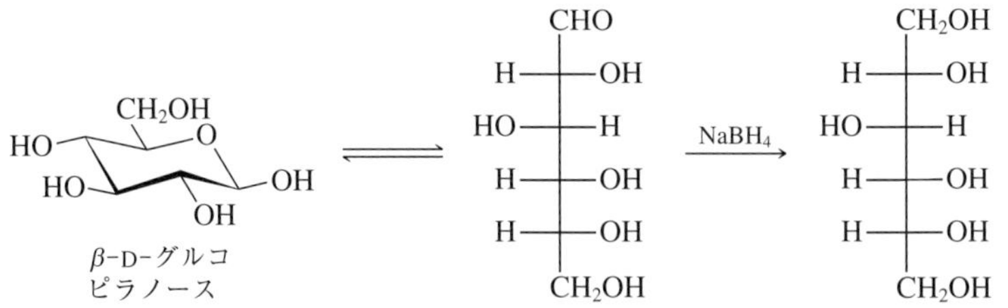

[β-D-グルコピラノース ⇌ D-グルコース → (NaBH₄) → D-グルシトール D-glucitol (D-ソルビトール)]

ソルビトールは，イチゴ，サクランボ，スモモ，西洋ナシ，リンゴ，海藻，藻類などの植物に広く存在する．ソルビトールは，スクロース(砂糖)の 60% 程度の甘みがあり，キャンディに含まれている．また，糖尿病患者のための代替砂糖としても使用される．D-ソルビトールは，水分子と強く相互作用する性質をもつため，食品などの脱水や乾燥を防止するための添加物としてよく用いられている．

ソルビトール sorbitol

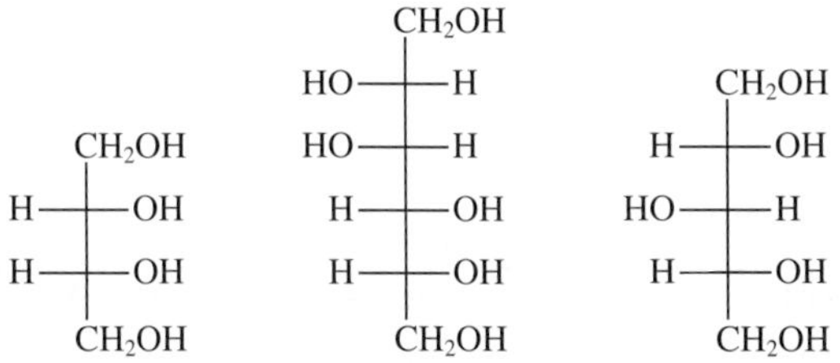

[エリトリトール erythritol, D-マンニトール D-mannitol, キシリトール xylitol]

天然から得られる他のアルジトールとしては，エリトリトール，D-マンニトール，キシリトールなどが知られている．キシリトールは，無糖のガム，キャンディ，シリアルなどの代替甘味料としてよく用いられている．

C. アルドン酸への酸化: 還元糖

§16・10A で述べたように，アルデヒド RCHO は酸素など種々の酸化剤によって酸化されてカルボン酸 RCOOH となる．アルドースに含まれるホルミル基も，同様に塩基性条件下で酸化されてカルボキシ基となる．アルドースの酸化に用いられる酸化剤としては，臭素-炭酸カルシウム水溶液(Br_2, $CaCO_3$, H_2O)やトレンス反応剤 $[Ag(NH_3)_2]^+$ などがある．環状構造のアルドースから平衡により生じた開環体が上記の穏やかな酸化剤により容易に酸化を受けて**アルドン酸**となる．たとえば，D-グルコースは酸化されてD-グルコン酸となる．

酸化反応によりアルドン酸を生じる糖質化合物は，**還元糖**(酸化剤を還元できる糖という意味)とよばれる．

アルドン酸 aldonic acid　アルドース中のホルミル基 CHO がカルボキシ基 CO_2H に酸化された化合物．

還元糖 reducing sugar　酸化剤と反応してアルドン酸となる糖質化合物．この名称は，糖質化合物が酸化剤を還元することに由来する．

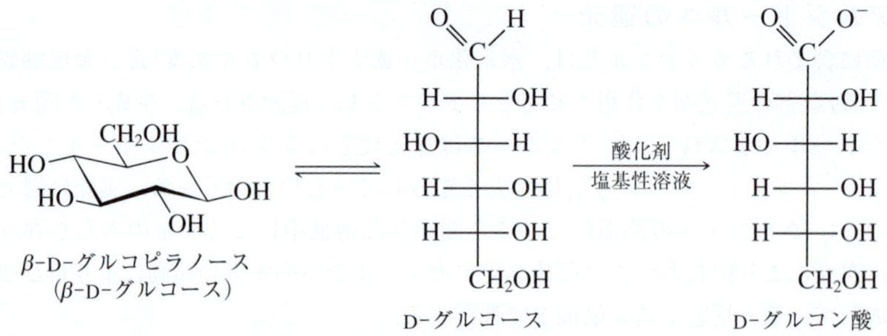

[β-D-グルコピラノース (β-D-グルコース) ⇌ D-グルコース —酸化剤 塩基性溶液→ D-グルコン酸]

2-ケトースも還元糖である．2-ケトースの1位のCH_2OH基はそのままでは酸化剤により酸化されない．しかし，塩基性条件下で2-ケトースは，エンジオール中間体を介してアルドースとの平衡状態にある．そのため穏やかな酸化剤によって徐々に酸化され，アルドン酸となる．

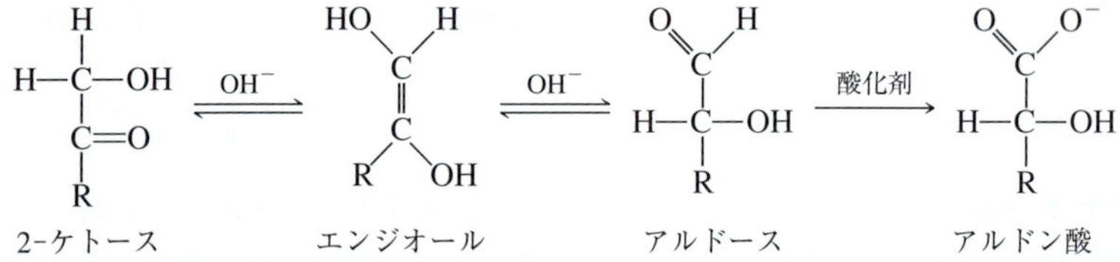

[2-ケトース ⇌OH^- エンジオール ⇌OH^- アルドース —酸化剤→ アルドン酸]

D. ウロン酸への酸化

ヘキソースの6位にある第一級ヒドロキシ基が酸化されてカルボキシ基になったものを一般に**ウロン酸**とよぶ．たとえば，D-グルコースは酵素によって酸化されてD-グルクロン酸となる．次にその開環構造と環状ヘミアセタール構造の両方を示す．

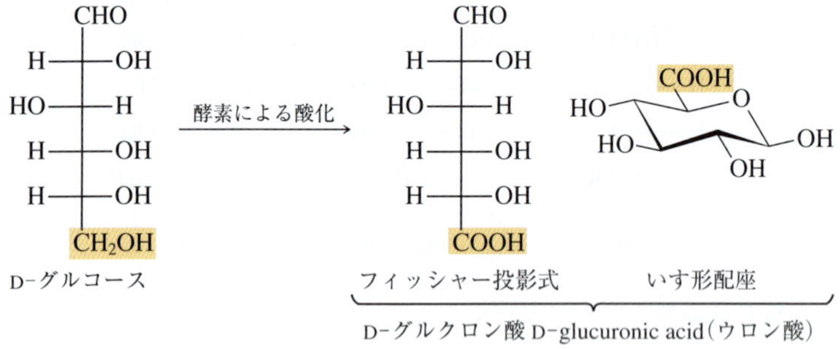

ウロン酸 uronic acid

[D-グルコース —酵素による酸化→ D-グルクロン酸 D-glucuronic acid（ウロン酸） フィッシャー投影式 いす形配座]

D-グルクロン酸は，植物にも動物にも広く分布している．ヒトにおいては，結合組織を構成するグルコサミノグリカンの主要な構成成分である（§25・6）．また体内では，フェノールやアルコールなどのヒドロキシ基をもつ生体外からの異物の解毒にも使われている．これらの異物は肝臓でグルクロン酸のグリコシド（グルクロニド）に変換され，尿中へ排出される．たとえば，静脈から注入された麻酔薬プロポフォールは，次に示すような尿に可溶なグルクロニドへと変換された後に排出される．

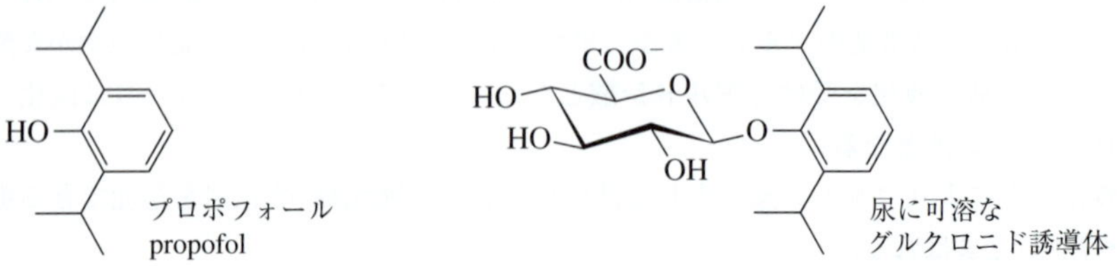

[プロポフォール propofol 尿に可溶なグルクロニド誘導体]

| 身のまわりの化学 | グルコース検査 |

血液や尿などの体液中に含まれるグルコースの定量は，病院の臨床検査室で最も頻繁に行われている検査である．これは糖尿病の高い発生率が大きな要因の一つである．米国には現在約1500万人の糖尿病患者がおり，さらに100万人の潜在患者がいると推定されている．

糖尿病では，ホルモンであるインスリンの血中濃度が低下する．インスリン濃度が低すぎると，筋肉や肝臓の細胞が血液中からグルコースを吸収できないため血液中のグルコース濃度が上昇し（高血糖状態），脂肪やタンパク質の不完全な代謝，高ケトン血症，ひいては糖尿病性の昏睡状態をひき起こす．血液中のグルコース濃度の迅速な検査は，糖尿病の初期診断および治療において非常に重要である．この検査は迅速であると同時に，D-グルコースに対して特異的でなくてはならない．つまり，D-グルコースに対して陽性を示すだけでなく，体液中に存在する他の物質には応答しないことが必要である．

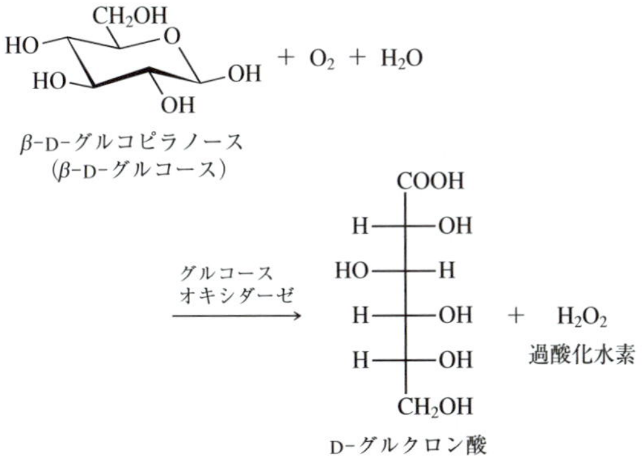

血液中のグルコース量（血糖値）は，グルコースオキシダーゼを用いる方法で測定されている．この酵素は，β-D-グルコースに特異的に働き，D-グルコン酸への酸化反応を促進する．したがって，β-D-グルコースとα-D-グルコースの両方を含む試料では，α体がすべてβ体へ変換されなければ血糖値を正確に求めることができない．幸い，このα体からβ体への変換は測定に要する時間内に完全に起こる．

グルコースオキシダーゼによる酸化では，酸素分子 O_2 が酸化剤として働き，その結果過酸化水素が生成する．生成した過酸化水素は，無色の o-トルイジンを着色生成物に酸化する．こうして生成した着色性の酸化生成物を分光学的手法により定量する．この酸化生成物の量は，試料中のグルコース濃度と比例関係にあるため血糖値を測定することができる．

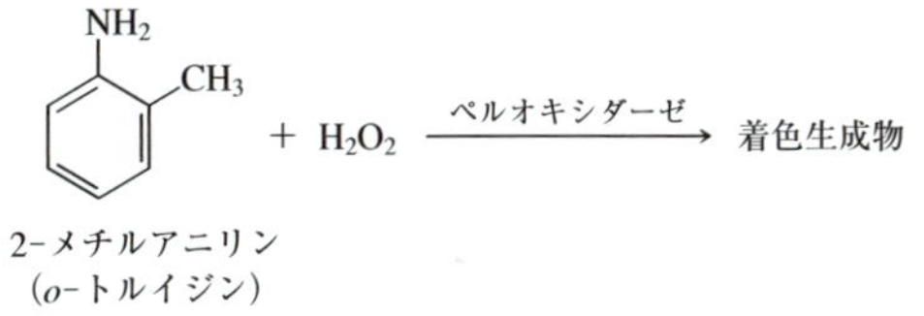

尿中のグルコースを定性的に検出するための測定キットが市販されているが，これらもまたグルコースオキシダーゼによる反応を利用している．

E. 過ヨウ素酸による酸化

過ヨウ素酸（$HIO_4 \cdot 2H_2O$, H_5IO_6）による酸化は，糖質化合物の構造決定，特にグリコシド環の大きさを決定するのに有用である．§10・8Eで過ヨウ素酸によるグリコールの炭素－炭素結合の開裂反応について述べたが，糖質化合物の過ヨウ素酸による酸化反応も基本的にこれと同じ反応である．中間体として環状の過ヨウ素酸エステルが生成するが，このときに7価の過ヨウ素酸が還元されて5価のヨウ素酸となる．

過ヨウ素酸 periodic acid

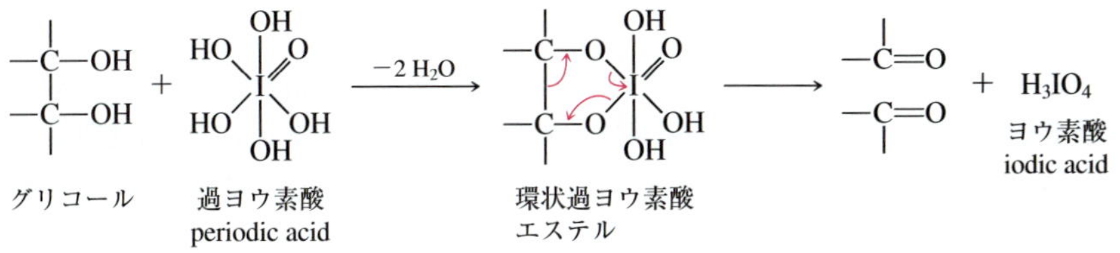

次に示すように，α-ヒドロキシケトンやα-ヒドロキシアルデヒド中の炭素－炭素結合も同様の機構で過ヨウ素酸によって切断される．反応機構を理解しやすいように，酸化的開裂を受ける出発物を一番左に書き，次にそのカルボニル基が水和された中間体を書き，それが酸化開裂を受けて生成物を与えるという形式で，段階的に示した．このように記述すれば，いずれの反応もグリコールの酸化反応と基本的に同じであることを容易に理解できる．

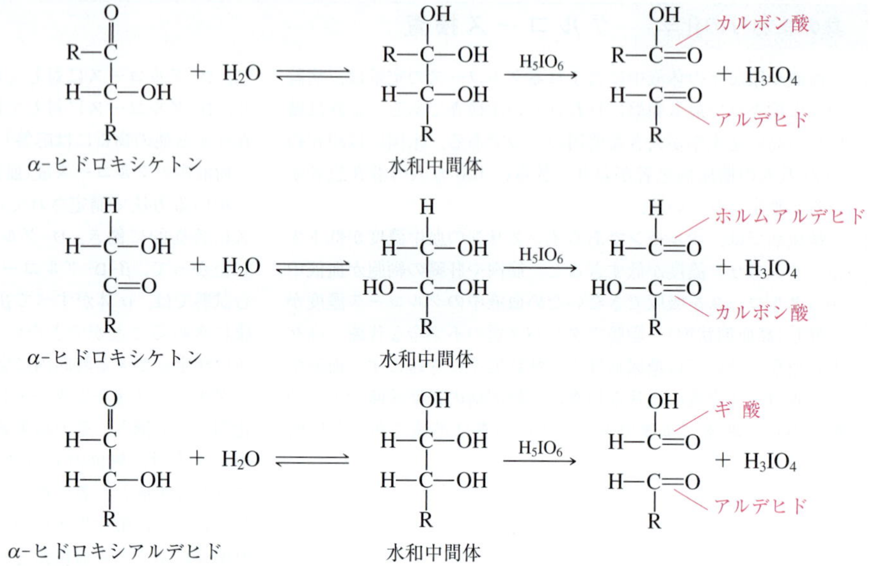

25. 糖質化合物

[α-ヒドロキシケトン → 水和中間体 → カルボン酸 + アルデヒド + H₃IO₄]

[α-ヒドロキシケトン → 水和中間体 → ホルムアルデヒド + カルボン酸 + H₃IO₄]

[α-ヒドロキシアルデヒド → 水和中間体 → ギ酸 + アルデヒド + H₃IO₄]

　糖質化合物の化学における過ヨウ素酸の有用性を，メチル β-D-グルコシドの酸化反応を例にあげて説明しよう．この反応では，メチル β-D-グルコシド 1 分子当たり 2 分子の過ヨウ素酸を消費して 1 分子のギ酸を生成する．このことから，メチル β-D-グルコシドの連続した三つの炭素上にそれぞれヒドロキシ基が結合していることがわかる．

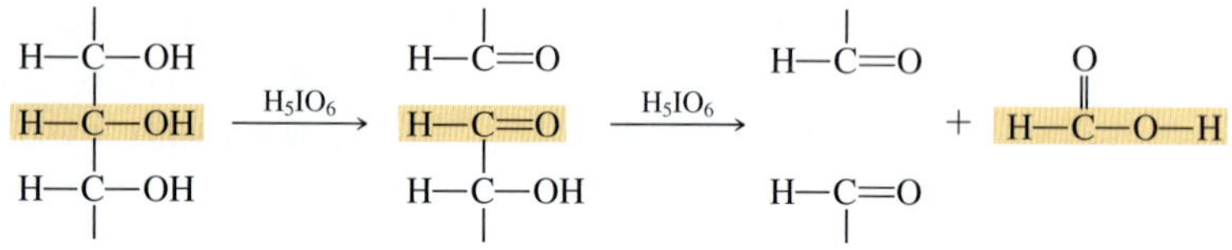

これよりメチル β-D-グルコシドがピラノシド(すなわち 6 員環)構造をもつことがわかる．

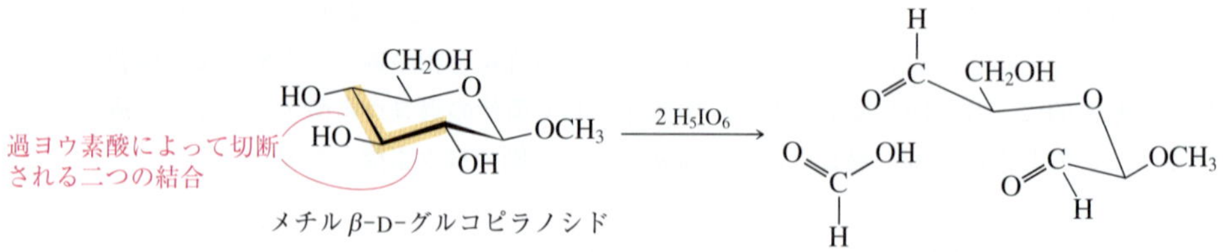

メチル β-D-グルコピラノシド → 2 H₅IO₆

過ヨウ素酸によって切断される二つの結合

　一方メチル β-D-フルクトシドは，過ヨウ素酸を 1 分子だけ消費するが，ホルムアルデヒドやギ酸を生成しない．この結果は，メチル β-D-フルクトシドには酸化開裂が可能な箇所が一つしかないことを示す．これにより，6 員環構造ではなく，5 員環構造(すなわちフルクトフラノシドの構造)をとっていることがわかる．

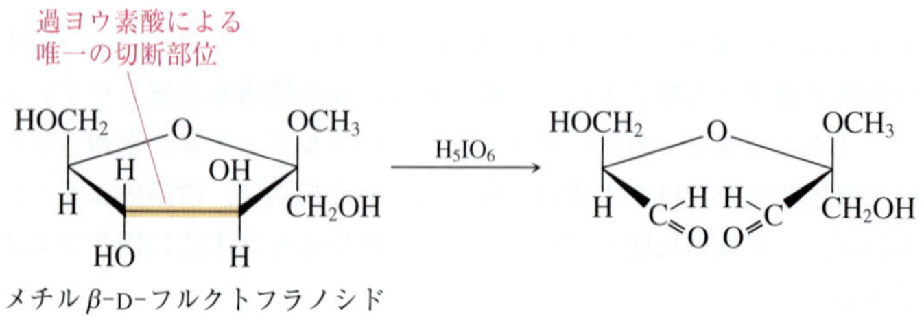

過ヨウ素酸による唯一の切断部位

メチル β-D-フルクトフラノシド → H₅IO₆

25・4 二糖およびオリゴ糖

　天然の糖質化合物の多くは，複数の単糖からなる．それらのなかで，二つの単糖からなるものを**二糖**，三つの単糖からなるものを**三糖**とよぶ．また，通常4から10個程度の単糖からなる糖質化合物を**オリゴ糖**，それ以上の数の単糖からなる糖質化合物を**多糖**とよぶ．

　二糖では，一方の単糖のアノマー炭素ともう一方の単糖のヒドロキシ基の間がグリコシド結合でつながっている．代表的な二糖としては，スクロース，ラクトース，マルトースなどがある．

> **二糖** disaccharide　二つの単糖がグリコシド結合でつながった糖質化合物．
>
> **三糖** trisaccharide
>
> **オリゴ糖** oligosaccharide　4個から10個程度の単糖が，グリコシド結合でつながった糖質化合物．
>
> **多糖** polysaccharide　多数の単糖がグリコシド結合でつながった糖質化合物．

A. スクロース

　スクロース(砂糖)は，天然に最も大量に存在する二糖であり，おもにサトウキビやテンサイ(サトウダイコン)から生産されている．スクロースは，α-D-グルコピラノースの1位の炭素とβ-D-フルクトフラノースの2位の炭素がα-1,2-グリコシド結合でつながった構造をもつ．ここで，グルコースは6員環(ピラノース)であり，フルクトースは5員環(フラノース)である．二つの糖のアノマー位がともにグリコシド結合でつながっているので，スクロースは非還元糖である．

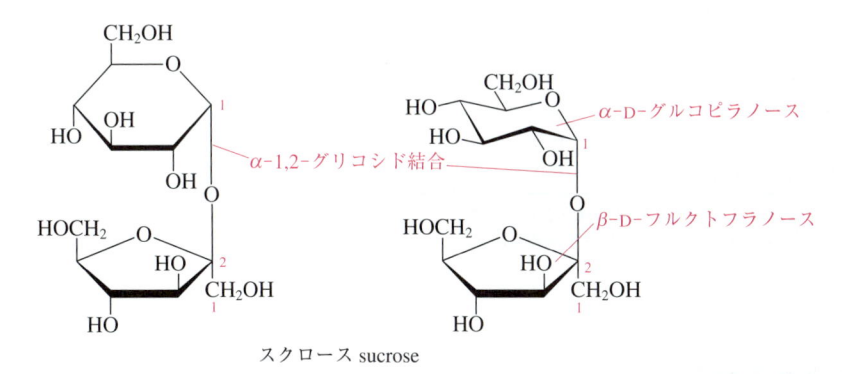

スクロース sucrose

B. ラクトース

　ラクトースは乳中に存在する二糖であり，牛乳中には4〜6%，人の母乳中には5〜8%含まれている．ラクトースは，D-ガラクトピラノースの1位とD-グルコピラノースの4位がβ-1,4-グリコシド結合でつながった還元糖である．

ラクトース lactose

C. マルトース

　マルトースは，麦汁(発芽したオオムギやその他の穀物の絞り汁，ビールの原料となる)に含まれる二糖である．マルトースでは，二つのD-グルコピラノースが1位(アノマー位)と4位の間でα-グリコシド結合している．次に示すように，右側の糖のアノ

マー位のヒドロキシ基が β 配置をとっているものを β-マルトースとよぶ.

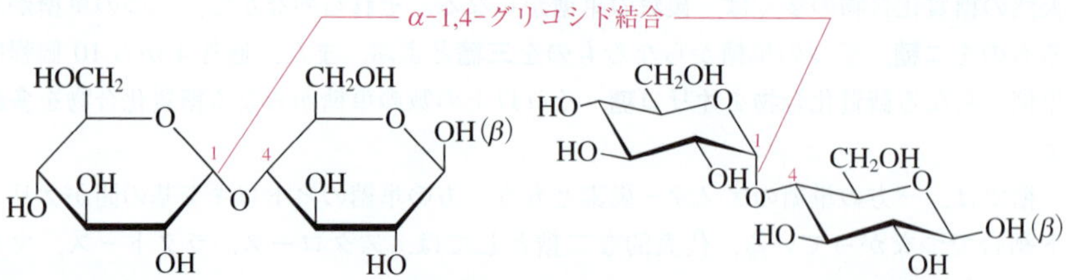

マルトース maltose

右側の糖のヘミアセタールはホルミル基をもつ開環体との平衡状態にあり，カルボン酸へと酸化されうるので，マルトースは還元糖である.

表 25・1 糖質化合物と人工甘味料の相対的な甘さ[†]

糖質化合物	スクロースを1とした相対的な甘さ	人工甘味料	スクロースを1とした相対的な甘さ
フルクトース	1.74	サッカリン	450
転化糖	1.25	アセスルファム K	200
スクロース(砂糖)	1.00	アスパルテーム	160
ハチミツ	0.97		
グルコース	0.74		
マルトース	0.33		
ガラクトース	0.32		
ラクトース(乳糖)	0.16		

[†] 甘さを評価する分析法は確立されていないので，被験者が実際に味わって順位付けした結果に基づいて相対的な甘さを決める．

身のまわりの化学　血液型を決める物質

　血漿中にある細胞の膜上には，比較的小さな分子量の糖質化合物が数多く存在する．実際に，これらのほとんどの細胞の表層は糖鎖で覆われている．このような細胞表層に存在する糖質化合物は，細胞の目印として細胞相互の識別に必要である．通常これらの糖質化合物は，4〜17 個程度の決まった種類の単糖 (D-ガラクトース，D-マンノース，L-フコース，N-アセチル-D-グルコサミン，N-アセチル-D-ガラクトサミン) で構成されている．なお，L-フコースは 6-デオキシアルドヘキソースである (右図).

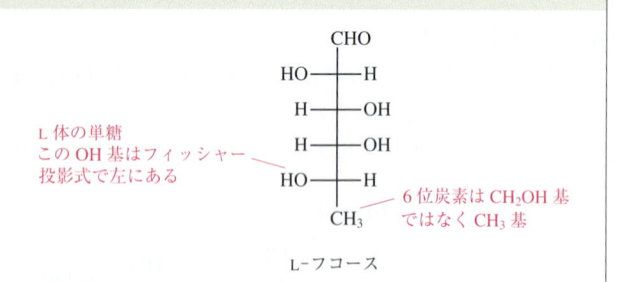

　K. Landsteiner (1868〜1943) によって発見された ABO 式の血液型は，細胞表層の糖質化合物の種類に基づいている．A，B，AB，O などのそれぞれの血液型は遺伝的に決まっており，

L 体の単糖
この OH 基はフィッシャー投影式で左にある

6 位炭素は CH_2OH 基ではなく CH_3 基

L-フコース

赤血球の細胞表層にある三糖あるいは四糖の種類によって分類できる．それぞれの血液型を決める単糖の種類とグリコシド結合を下の図に示す．グリコシド結合の種類は ( ) 内に示す．

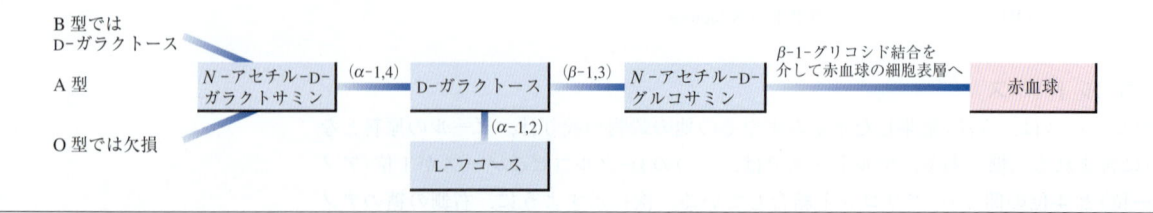

B 型では D-ガラクトース
A 型
O 型では欠損

→ N-アセチル-D-ガラクトサミン (α-1,4) → D-ガラクトース (β-1,3) → N-アセチル-D-グルコサミン → β-1-グリコシド結合を介して赤血球の細胞表層へ → 赤血球

(α-1,2) ↓
L-フコース

D. 糖質化合物と合成甘味料の相対的な甘さ

すべての単糖は甘いが，甘さの程度は異なる．なかでもD-フルクトースは最も甘い単糖であり，砂糖であるスクロース(§25・4A)よりも甘い(表25・1)．ハチミツの甘みはおもにD-フルクトースとD-グルコースに由来する．一方，ラクトース(§25・4B)には，ほとんど甘みがない．ラクトースは多くの乳製品に含まれており，また，食品の充填剤としてもしばしば用いられる．ただし，ラクトースを分解する酵素をもたない人はラクトースを含む食品の摂取を避けなければならない．

例題 25・6

D-グルコピラノースがα-1,6-グリコシド結合で結合した二糖のβアノマーをいす形配座で書け．

解答 はじめにいす形配座のα-D-グルコピラノースを書く．このピラノースのアノマー炭素と，二つ目に書いたα-D-グルコピラノースの6位の炭素をα-グリコシド結合でつなげて二糖とする．もう一方の還元末端のヒドロキシ基の方向によってα体あるいはβ体が決まる．ここではβ体を示す．

問題 25・6 D-グルコピラノースがβ-1,3-グリコシド結合で結合したα体の二糖をいす形配座で書け．

25・5 多　糖

多糖は多くの単糖がグリコシド結合で連結された化合物である．代表的な多糖としては，デンプン，グリコーゲン，セルロースがあり，これらの多糖を構成する単糖はいずれもグルコースである．

デンプン starch
アミロース amylose
アミロペクチン amylopectin

A. デンプン: アミロースとアミロペクチン

デンプンは，すべての植物の種子や根茎に含まれており，グルコースをエネルギー源として貯蔵する働きをもつ植物のエネルギー貯蔵庫である．デンプンは，おもに**アミロース**と**アミロペクチン**の2種類の多糖からなる．デンプン中の二つの多糖の構成比は植物によって異なるが，おおよそアミロース20〜25%，アミロペクチン75〜80%となっている．

アミロースとアミロペクチンを完全に加水分解するとD-グルコースのみが得られる．アミロースは，4000個程度までのD-グルコースが枝分かれなくα-1,4-グリコシド結合でつながった構造をもつ．一方アミロペクチンは，10,000個程度までのD-グルコースが同じくα-1,4-グリコシド結合でつながった多糖であるが，枝分かれ構造をもつ点でアミロースと異なる．主鎖からの分岐がα-1,6-グリコシド結合で始まり，その後に24〜30個のD-グルコースの鎖がつながっている(図25・5)．

デンプンはパン，パスタ，小麦粉などに含まれている．

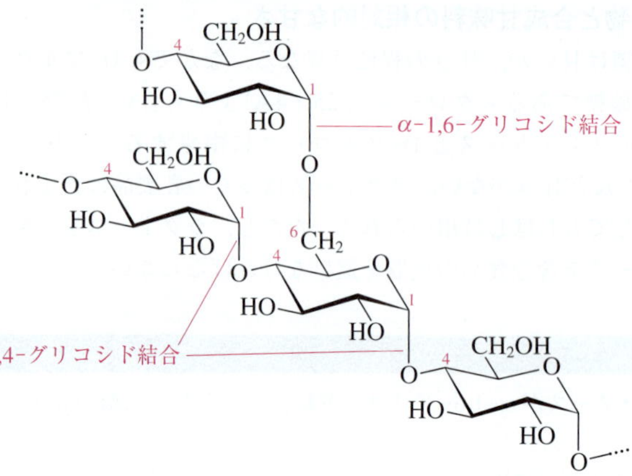

図 25・5 アミロペクチンは約 10,000 個程度の D-グルコースが α-1,4-グリコシド結合でつながった枝分かれ型の多糖である．α-1,6-グリコシド結合で枝分かれが始まり，その後に 24〜30 個程度の D-グルコース鎖がつながっている．

B. グリコーゲン

グリコーゲン glycogen

グリコーゲンは，動物の体内でエネルギー貯蔵庫の役割を果たす糖質化合物である．グリコーゲンは，アミロペクチンと同じく枝分かれの構造をもち，おおよそ 10^6 個のグルコースが α-1,4-グリコシド結合および α-1,6-グリコシド結合によりつながっている．栄養状態の良好な成人の総グリコーゲン量は 350 g にもなり，肝臓と筋肉にほぼ同量ずつ含まれる．

C. セルロース

セルロース cellulose

セルロースは，多くの植物に含まれる最も代表的な多糖である．木の細胞壁のおおよそ半分はセルロースにより構成されている．また木綿は，ほぼ純粋なセルロースである．セルロースは，D-グルコースが β-1,4-グリコシド結合でつながった枝分かれのない構造をもつ（図 25・6）．セルロースの平均分子量は 40 万であり，これは約 2200 個のグルコースに相当する．セルロースの構造は，剛直な"ひも"に例えられる．この"ひも"どうしが，多数のヒドロキシ基間の分子間水素結合を介して隣り合って並ぶことにより，水に不溶性の組織化された繊維状構造が形成される．この整列したセルロースの束は，さらに大きな束となって強い機械的強度をもつセルロース繊維となる．セルロースが水に不溶なのは，この丈夫なセルロース繊維を形成しているためである．セルロースからできたものを水中に浸しても，強い水素結合によりかたちづくられたセルロース繊維を表面の水分子がほぐして可溶化することはできない．

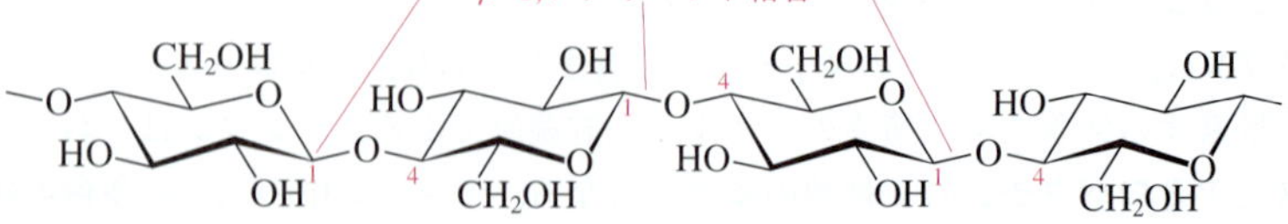

図 25・6 セルロースは 2200 程度までの D-グルコースが β-1,4-グリコシド結合でつながった直鎖状の多糖である．

ヒトを含め多くの動物は，β-グリコシド結合を加水分解する酵素である β-グリコシダーゼをもたないため，セルロースをグルコース源とすることができない．しかしヒトは α-グリコシダーゼをもつため，デンプンやグリコーゲンなどの α-グリコシド結合で連結している多糖をグルコース源として摂取することができる．一方，多くの細菌や微生物は β-グリコシダーゼをもつため，セルロースを消化することができる．シロアリは，運良く（われわれにとっては不都合なことであるが）この細菌を消化管内にもつため，木材を主食として摂取することができる．ウシなどの反芻動物やウマも，β-グリ

身のまわりの化学　高フルクトースコーンシロップ

ジュースなどの人工的に甘くした食品の多くは，高フルクトースのコーンシロップを含んでいる．フルクトースはスクロース（砂糖）より 70% 以上も甘い（表 25・1）．高フルクトースのコーンシロップをつくるには，はじめにトウモロコシデンプンを α-アミラーゼにより部分的に加水分解する．α-アミラーゼは，トウモロコシデンプンを α-グリコシド結合部分で加水分解して，デキストリンとよばれる比較的小さな多糖へと分解する．デキストリンは，さらにグルコアミラーゼにより加水分解されて D-グルコースとなる．この D-グルコースは，グルコースイソメラーゼの作用により最終的に D-フルクトースに異性化する．毎年，数百万トンもの高フルクトースのコーンシロップがこの方法により製造されている．

市販の高フルクトースコーンシロップは 55〜60% 程度のグルコースと 40〜45% 程度のフルクトースを含む．この組成は天然のハチミツをまねたものであり，ハチミツには，グルコースとフルクトースがこれと同様の割合で含まれている．

$$\text{トウモロコシデンプン} \xrightarrow{\alpha\text{-アミラーゼ}} \text{デキストリン} \xrightarrow{\text{グルコアミラーゼ}} \text{D-グルコース} \xrightarrow{\text{グルコースイソメラーゼ}} \text{D-フルクトース}$$

（α-D-グルコースの多糖）　　（α-D-グルコース 6〜10 個からなるオリゴ糖）

コシダーゼをもつ微生物を体内にもつため，牧草や干し草を消化することができる．

D. セルロースから得られる織物繊維

木綿は，ほぼ純粋なセルロースである．ビスコースレーヨンやアセテートレーヨンなどのレーヨン糸は，世界で最初に商品化された合成繊維であり，セルロースの化学修飾により合成される．レーヨンは，セルロースを含む原料を水酸化ナトリウムの水溶液中で二硫化炭素 CS_2 と反応させることにより得られる．この反応により，セルロースのヒドロキシ基は部分的にキサントゲン酸のナトリウム塩となり，粘性の高いコロイド状分散物としてアルカリ水溶液に溶解する．

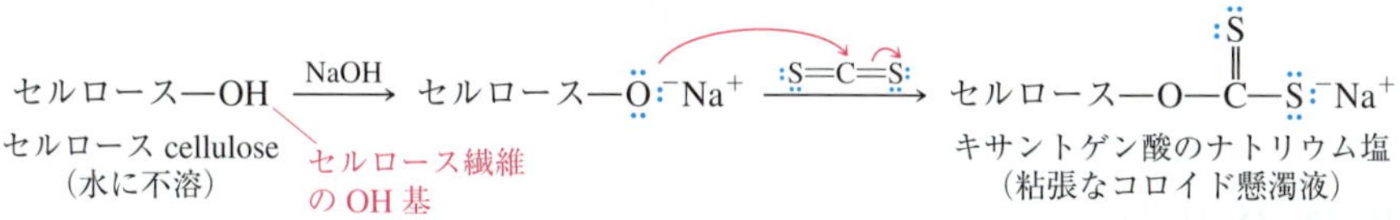

セルロース—OH $\xrightarrow{\text{NaOH}}$ セルロース—O⁻ Na⁺ $\xrightarrow{S=C=S}$ セルロース—O—C(=S)—S⁻ Na⁺

セルロース cellulose（水に不溶）　セルロース繊維の OH 基　　　　　キサントゲン酸のナトリウム塩（粘張なコロイド懸濁液）

セルロースのキサントゲン酸塩は，不溶成分と分別された後，微小な穴を多数もつ紡績用の金属板を通して希硫酸中へと注がれる．ここでキサントゲン酸塩は，酸性溶液中で加水分解されてセルロースとして再生される．この再生されたセルロースは，押出し成形されてビスコースレーヨン糸となる．

アセテートレーヨンは工業的にセルロースを無水酢酸と反応させることにより得られる．つまり，アセチル化を受けたセルロースを適切な溶媒に溶解させた後に沈殿させ，さらに繊維状にすると，アセテートレーヨンとなる．米国では，アセテートレーヨンがポリエステル，ナイロン，レーヨンについで 4 番目に生産量の多い合成繊維である．

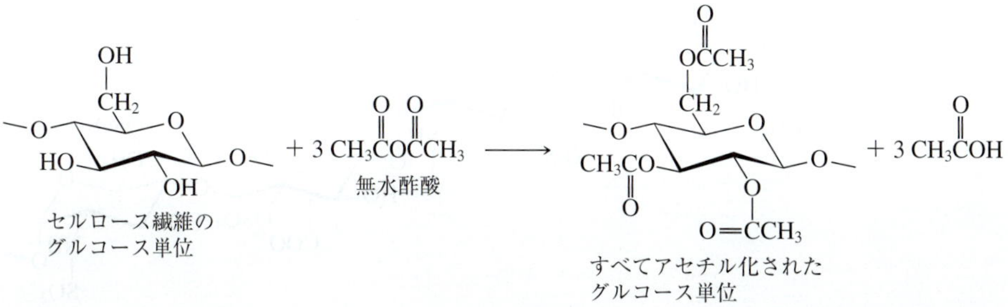

セルロース繊維のグルコース単位 + 3 CH_3COCCH_3 (無水酢酸) ⟶ すべてアセチル化されたグルコース単位 + 3 CH_3COH

25・6　グルコサミノグリカン

グルコサミノグリカン glucosamino-glycan

　グルコサミノグリカンは，二糖からなる繰返し単位が直鎖状につながった多糖であり，この二糖のうちの一方の糖が負に荷電したカルボキシラートイオン COO^- あるいは硫酸イオン OSO_3^- をもつことが特徴である．グルコサミノグリカンとして代表的なものは，ヒアルロン酸，ヘパリン，コンドロイチン硫酸，ケラタン硫酸などの，軟骨，腱などの結合組織を構成している多糖である．デルマタン硫酸も同じくグルコサミノグリカンの一種であり，皮膚の細胞外マトリックスを構成する役目を果たしている．これらのグルコサミノグリカンは，ウロン酸とアミノヘキソースからなる二糖の繰返し単位が 1,4-グリコシド結合でつながった特徴的な構造をもつ．

A. ヒアルロン酸

ヒアルロン酸 hyaluronic acid　ヒアルロナンともいう．

　ヒアルロン酸は結合組織中に含まれる．臓器によって，その分子量は 10^5 から 10^7 までの範囲にわたる．これは 3,000〜10,000 の二糖の繰返し単位に相当する．ヒアルロン酸は，上皮細胞，滑液および関節の潤滑液に最も豊富に存在するほか，眼球のガラス体にも透明かつ可塑性のあるゲル状物質として存在し，網膜を正確な位置に保持する役目を果たしている．
　ヒアルロン酸の繰返し単位である二糖は，D-グルクロン酸が β-1,3-グリコシド結合で N-アセチル-D-グルコサミンとつながっている．

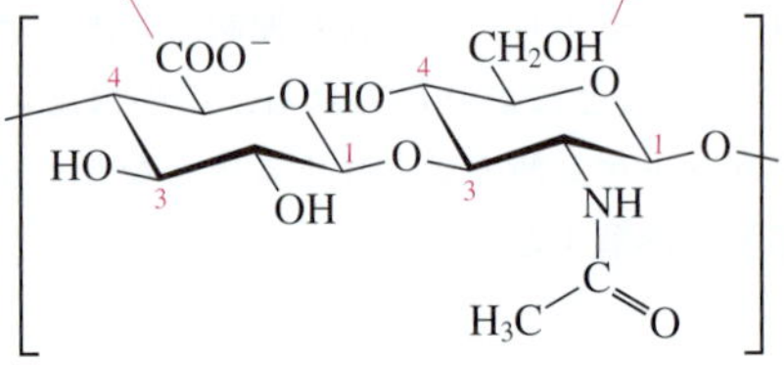

ヒアルロン酸の繰返し単位

B. ヘ パ リ ン

ヘパリン heparin

　ヘパリンは，硫酸化されたさまざまな多糖からなる不均一な混合物であり，分子量は 6,000〜30,000 程度である．この多糖は，さまざまな組織，特に肝臓，肺，腸などのマスト細胞で合成された後にそのまま貯蔵される．ヘパリンは，多くの生物学的機能をもつが，最もよく知られているのは血液凝固阻害作用である．ヘパリンは，血清タンパク質であるアンチトロンビン III に強く結合して，その血液凝固阻害能を活性化すること

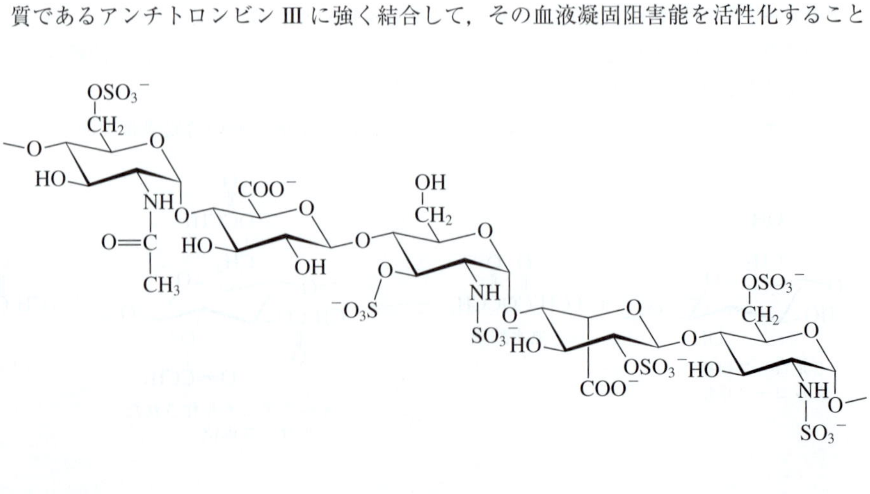

図 25・7　ヘパリンの五糖単位

から，抗凝血薬として用いられている．

　ヘパリンの繰返し単位の単糖は，N-アセチル-D-グルコサミン，D-グルクロン酸，D-グルコサミン，L-イズロン酸などであり，これらがα-1,4-あるいはβ-1,4-グリコシド結合でつながっている．アンチトロンビンIIIに結合してその機能を阻害するヘパリンの五糖の繰返し単位を図25・7に示す．

まとめ

25・1　単　糖

- 糖質化合物は，複数のヒドロキシ基をもつアルデヒド，ケトン，あるいは，加水分解によってそれらを生成する化合物の総称である．
- 糖質化合物は，世界中で最も豊富に存在する有機物である．糖質化合物は，すべての生物に必要な物質であり，エネルギー貯蔵（グルコース，デンプン，グリコーゲン），構造補強（セルロース），遺伝情報の保存（DNA，RNA）などの機能に重要な役割を果たしている．
- 単糖は通常，$C_nH_{2n}O_n$ ($3<n<8$) の組成式をもち，大きな糖質化合物を構成するモノマー単位となる．
- 単糖の名前は接尾辞としてオース (-ose) をもつ．接頭辞としてはトリ (tri-)，テトラ (tetr-)，ペンタ (pent-) などをもち，これらはそれぞれ，3, 4, 5の炭素原子数を表している．
  - アルデヒドを含む糖質化合物は**アルドース**とよばれ，接頭辞としてアルド (aldo-) をつけた形で命名される．
  - ケト基を含む糖質化合物は**ケトース**とよばれ，接頭辞としてケト (keto-) をつけた形で命名される．
  - 単糖は慣用名でよばれることが多い．それぞれの単糖はIUPAC名をもつが，ほとんどの場合，より単純な慣用名が用いられている．
- 一般に単糖は，一つあるいは二つのキラル中心をもち，それらの立体化学が重要である．
- **フィッシャー投影式**は，単糖の構造を立体化学がよくわかるように書き表すのに用いられる．
  - フィッシャー投影式では，単糖は通常，カルボニル炭素を上にして開環形で表記される．水平方向に出た線は，紙面の手前に向かう置換基を，垂直な線は紙面の奥へ向かう置換基を表す．
  - 改良フィッシャー投影式は，基本的にフィッシャー投影式と描画の方法は同じである．ただし，キラル中心はそれぞれの結合の交差する点に位置しているとして元素記号を省く．
- 単糖は，グリセルアルデヒドの立体化学を基準として，D体あるいはL体に分類される．
  - 単糖では，カルボニル炭素から最も遠いキラル中心が立体化学を決める基準となる．末端の炭素原子は水素原子を二つもつことから光学活性ではない．したがって，カルボニル炭素から最も遠いキラル中心は，その隣の**前末端炭素**となる．
  - D-グリセルアルデヒドと同じ立体配置の前末端炭素をもつ単糖は，**D体の単糖**とよばれる．フィッシャー投影式では，このOH基は炭素の右側にある．
  - L-グリセルアルデヒドと同じ立体配置の前末端炭素をもつ単糖は，**L体の単糖**とよばれる．フィッシャー投影式では，このOH基は炭素の左側にある．
  - ある単糖をそのエナンチオマーにするには，前末端炭素の立体配置を単純に入れ替えるのみでは不十分であり，すべてのキラル中心の立体配置を入れ替えなければならない．
- OH基の代わりにNH_2基（アミノ基）をもつ糖を**アミノ糖**とよぶ．アミノ糖は通常の糖質化合物に比べると少ないが，D-グルコサミンやD-ガラクトサミンなどの重要な単糖がある．
- 単糖はみな非常に高い水溶性を示す．これは，単糖のOH基が水分子と水素結合を形成するためである．

25・2　単糖の環状構造

- 開環形の単糖は，環状のヘミアセタール形と平衡状態にある．
  - 環状ヘミアセタールは開環形に比べてはるかに安定であるため，一般に平衡は環状ヘミアセタール側に大きく偏っている．
  - 5員環のヘミアセタール構造をもつ糖質化合物は**フラノース**とよばれる．一方，6員環のヘミアセタール構造をもつ糖質化合物は**ピラノース**とよばれる．
- 環状の単糖はしばしば**ハース投影式**で表される．ハース投影式では，5あるいは6員環のヘミアセタールは一つの平面として，紙面に対して垂直に立った形で表される．
  - アノマー位の炭素原子は右側に，ヘミアセタールを形成する環内の酸素原子は紙面の奥に記述する．
  - 6員環のヘミアセタールでは，いす形配座を用いると置換基のアキシアル，エクアトリアルを正確に区別した記述が可能である．
- 環状ヘミアセタールには2種類のジアステレオマーがあり，それらは互いにアノマーの関係にある．
  - 2種類のアノマーは，アノマー位OH基の相対的な配置によって定義される（アノマー位OH基は，開環構造においてカルボニル基となる**アノマー炭素**に結合しているヒドロキシ基である）．
  - 二つのアノマーは，αあるいはβとして記述される．
    - **βアノマー**は，ハース投影式において環に対してCH_2OH基と同じ側にアノマー位のOH基をもつ．
    - **αアノマー**は，ハース投影式において環に対してCH_2OH基と反対側にアノマー位のOH基をもつ．
    - D-グルコースが環状ヘミアセタール構造をとる場合，αアノマーでは，アノマー位のOH基がアキシアル位にある．一方βアノマーでは，アノマー位のOH基がエクアトリアル位にある．
- **変旋光**とは，水溶液中でαアノマーとβアノマー間の相互変換が起こることによって生じる比旋光度の変化である．

25・3 単糖の反応

- グリコシドは，単糖から形成されるアセタール誘導体である．アノマー炭素とORとの結合を**グリコシド結合**という．
- グリコシドの名称は，アセタール酸素に結合したアルキル基あるいはアリール基の名称の後に，単糖の名称をつけて表す．このとき語尾ノース(-nose)はノシド(-noside)に置き換える．
- グリコシド結合は，通常のアセタールの生成機構により，糖とアルコールからできる．
- **アルジトール**とは，ポリヒドロキシ化合物であり，単糖のカルボニル基をヒドロキシ基に還元することにより得られる．たとえば，D-グルコースを還元すると，D-グルシトールが得られる．
- **アルドン酸**は，アルドースのアルデヒドを酸化することによって得られるカルボン酸である．たとえば，D-グルコースを酸化するとD-グルコン酸が得られる．
- 還元糖は穏やかな酸化剤によってアルドン酸に酸化される．
- ヘキソース6位炭素上の第一級ヒドロキシ基は酸化を受けて**ウロン酸**となる．ウロン酸は植物や動物中によくみられる化合物である．
- **過ヨウ素酸**は，環状の過ヨウ素酸エステルを経由してグリコールの炭素–炭素結合が開裂する．この反応はかつて糖質化合物の構造決定によく用いられた．

25・4 二糖およびオリゴ糖

- 二糖は二つの単糖がグリコシド結合でつながった構造をもつ．
- 二糖より多くの単糖を含む糖質化合物は，**三糖**，**オリゴ糖**，**多糖**とよばれる．
- **スクロース**は，D-グルコースとD-フルクトースがα-1,2-グリコシド結合でつながった構造をもつ．
- **ラクトース**は，D-ガラクトースとD-グルコースがβ-1,4-グリコシド結合でつながった構造をもつ．
- **マルトース**は，二つのD-グルコースがα-1,4-グリコシド結合でつながった構造をもつ．

25・5 多糖

- **デンプン**は，構造的にアミロースとアミロペクチンとよばれる二つの部分に分類することができる．
- **アミロース**は4000個程度までのD-グルコピラノースがα-1,4-グリコシド結合でつながった直鎖状の多糖である．
- **アミロペクチン**は，D-グルコピラノースから構成される高度に枝分かれした多糖である．α-1,4-グリコシド結合でつながった直鎖状部分はα-1,6-グリコシド結合により枝分かれしている．
- **グリコーゲン**は，動物においてエネルギー貯蔵の役目を果たし，D-グルコピラノースから構成される高度に枝分かれした多糖である．α-1,4-グリコシド結合でつながった直鎖状部分はα-1,6-グリコシド結合により枝分かれしている．
- 植物の骨格を形成する多糖である**セルロース**は，D-グルコピラノースがβ-1,4-グリコシド結合でつながった直鎖状の多糖である．
- セルロースの機械的強度は，セルロース鎖が形成するリボン状構造に起因する．セルロース鎖どうしが，水素結合により互いに密着することできわめて強い構造が形成される．
- **レーヨン**は，化学的修飾を経て再生されたセルロースである．アセテートレーヨンは，セルロースをアセチル化することにより得られる．

25・6 グルコサミノグリカン

- **ヒアルロン酸**は，生体の結合組織にみられるカルボン酸を含む多糖である．
- **ヘパリン**は，血液凝固阻害能をもち，さまざまな硫酸化された単糖を含む不均一な多糖である．ヘパリンは，肝臓，肺，腸などに多くみられる．
- 体液中のpHでは，このような酸性多糖中のカルボキシ基やスルホ基は，それぞれCOO^-，SO_3^-にイオン化するため，酸性多糖は負電荷をもっている．

重要な反応

1. 環状ヘミアセタールの生成 (§25・2A)

5員環構造の単糖をフラノースとよぶ．一方，6員環構造の単糖はピラノースとよぶ．一般にピラノースは，ハース投影式あるいはいす形配座で記述される．

2. 変旋光 (§25・2C)

単糖の二つのアノマー体は，水溶液中で平衡状態で存在している．変旋光とは，この平衡に至る過程で起こる比旋光度の変化である．

β-D-グルコピラノース $[\alpha]_D^{25}$ +18.7

開環形

α-D-グルコピラノース $[\alpha]_D^{25}$ +112

3. グリコシド化合物の生成 (§25・3A)

単糖を酸触媒存在下でアルコールと反応させるとグリコシドと

よばれる環状アセタールが生成する．新しく生じた OR 基との間の結合をグリコシド結合とよぶ．グリコシド結合の生成機構は，§16・7 で述べたものと基本的に同じである．

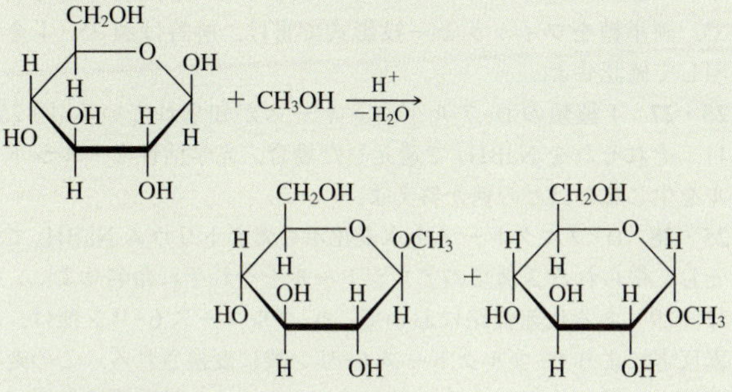

4・N-グリコシド化合物の生成（§25・3A）
単糖と芳香族ヘテロ環アミンとの反応で生じる N-グリコシド化合物は，生物において特に重要である．

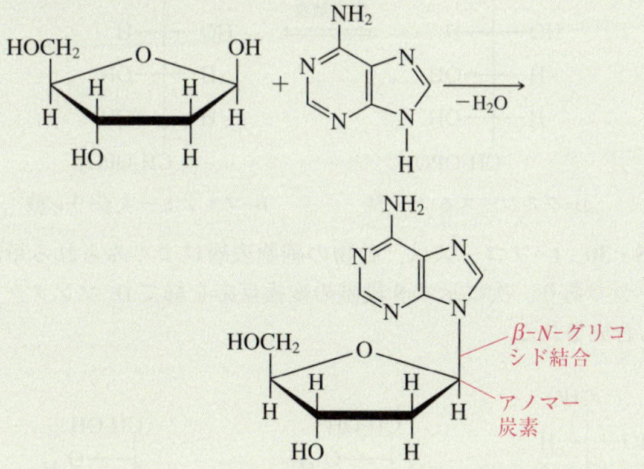

β-N-グリコシド結合
アノマー炭素

5. アルジトールへの還元（§25・3B）
アルドースあるいはケトースのカルボニル基の還元によって，アルジトールとよばれるポリヒドロキシ化合物が生成する．

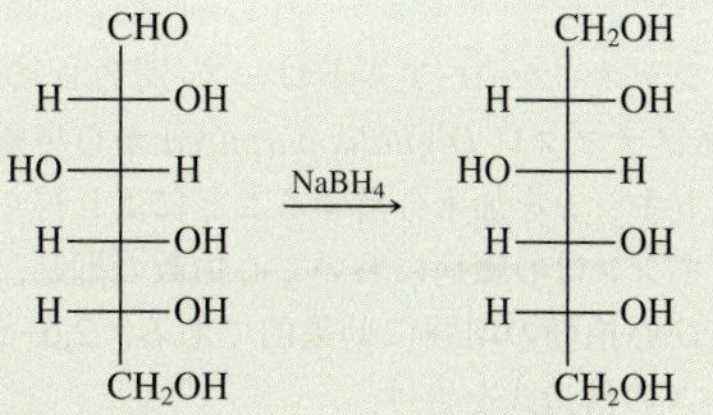

D-グルコース　　D-グルシトール（D-ソルビトール）

6. アルドン酸への還元（§25・3C）
穏やかな酸化剤によるアルドースのホルミル基の酸化により，アルドン酸とよばれるポリヒドロキシカルボン酸が生成する．

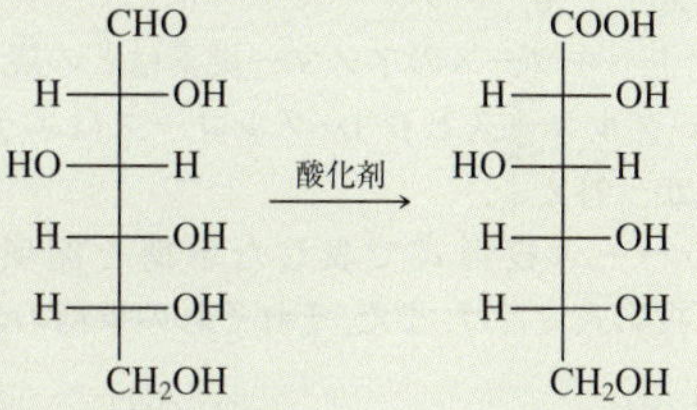

D-グルコース　　D-グルコン酸

7. 過ヨウ素酸による酸化（§25・3E）
過ヨウ素酸は，グリコール，α-ヒドロキシケトン，α-ヒドロキシアルデヒドの炭素—炭素結合を酸化開裂する．

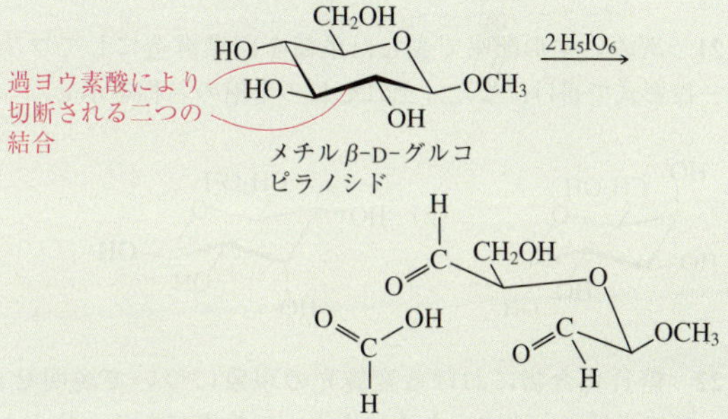

過ヨウ素酸により切断される二つの結合
メチル β-D-グルコピラノシド

問　題

赤の問題番号は応用問題を示す．

単　糖

25・7 単糖の立体配置を定義する D あるいは L の表記について説明せよ．

25・8 D-グルコースにはキラル中心がいくつ存在するか．また，D-リボースにはいくつ存在するか，答えよ．

25・9 アルドペントースのどの炭素の立体配置により D 体あるいは L 体が決まるのか答えよ．

25・10 アルドオクトースの考えられる立体異性体はいくつあるか．また，D-アルドオクトースにはいくつあるか答えよ．

25・11 次の化合物のなかで，D 体の単糖および L 体の単糖はどれか答えよ．

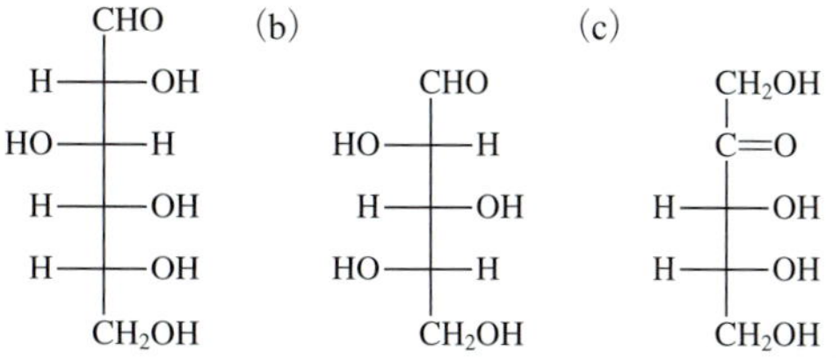

25・12 L-リボースと L-アラビノースの構造をフィッシャー投影式で書け．

25・13 糖の命名法で，接頭辞デオキシ（deoxy-）は何を意味するのか答えよ．

25・14 L-フコース（身のまわりの化学 血液型を決める物質参照）の名称を，ガラクトースの名称を基本にして接頭辞デオキシ

(deoxy-)を用いて示せ．

25・15 2,6-ジデオキシ-D-アルトロース(別名 D-ジギトキソース)は，キツネノテブクロ *Digitalis purpurea* から単離される天然物であるジギトキシンを加水分解することにより得られる単糖である．ジギトキシンは心臓病において心拍数の抑制，心拍リズムの調整，および心拍動の増強に効果的である．2,6-ジデオキシ-D-アルトロースの構造式を書け．

単糖の環状構造

25・16 アノマー炭素の定義を説明せよ．また，グルコースのアノマー炭素はどれか答えよ．

25・17 次の言葉を正しく定義せよ．
(a) ピラノース　　(b) フラノース

25・18 2-ケトヘキソースのアノマー炭素はどの炭素か答えよ．

25・19 α-D-グルコースとβ-D-グルコースはエナンチオマーの関係にあるか，答えよ．

25・20 次のハース投影式で表した単糖を開環構造にしてフィッシャー投影式で書け．また，それぞれの単糖の名称を示せ．

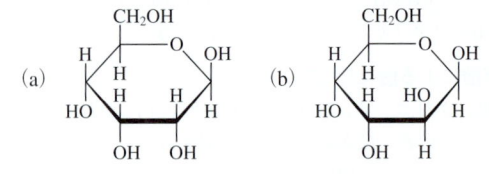

25・21 次のいす形配座で表した単糖を開環構造にしてフィッシャー投影式で書け．また，それぞれの単糖の名称を示せ．

25・22 糖質化合物における変旋光の現象について説明せよ．また，変旋光は，どのような手法を用いて検出できるか答えよ．

25・23 α-D-グルコースの比旋光度は +112.2 である．
(a) L-グルコースの比旋光度の値を答えよ．
(b) α-D-グルコースを水に溶解させた場合，比旋光度は +112.2 から +52.7 に変化した．α-L-グルコースを同様に水に溶解させた場合，比旋光度は変化するかどうか答えよ．また変化したとき，どのような値になるか答えよ．

単糖の反応

25・24 D-ガラクトースを次に示す反応剤と反応させてできる生成物の構造をフィッシャー投影式で書け．また，それぞれの生成物が光学活性であるか光学不活性であるか答えよ．
(a) $NaBH_4$(H_2O 中)　　(b) H_2/Pt
(c) HNO_3，加熱　　(d) Br_2/H_2O/$CaCO_3$
(e) H_5IO_6　　(f) $C_6H_5NH_2$

25・25 問題 25・24 を D-リボースについても同様に答えよ．

25・26 アルドースやケトースの両末端の炭素原子を同じ官能基に変換することにより，これらの化合物の相対立体配置を決めることができる．これは選択的な還元や酸化反応により行われる．たとえば，D-エリトロースを硝酸により酸化するとメソ体の酒石酸が得られるが，D-トレオースの場合には (2*S*,3*S*)-酒石酸が得られる．この実験結果および D-エリトロースと D-トレオースが互いにジアステレオマーの関係にあることを考慮した上で，両単糖をフィッシャー投影式で書け．解答は図 25・1 を参照して確認せよ．

25・27 4種類の D-アルドペントースが知られている(図 25・1)．それぞれを $NaBH_4$ で還元した場合，光学活性なアルジトールを生じるのはどの糖か答えよ．

25・28 D-フルクトースを水素化ホウ素ナトリウム $NaBH_4$ で還元して得られる 2 種類のアルジトールをそれぞれ命名せよ．

25・29 ある代謝経路において，D-グルコース 6-リン酸は，酵素反応により D-フルクトース 6-リン酸に変換される．この変換が酵素の触媒作用による 2 回のケト-エノール互変異性を経て起こることを説明せよ．

25・30 L-フコースは，動物の細胞表層によくみられる単糖の一つであり，次に示す 8 段階の変換反応を経て D-マンノースから合成される．

(a) それぞれの段階の反応の種類(酸化，還元，水和，脱水など)を示せ．
(b) D-マンノースから合成されたフコースは，どうして L 体となるのか説明せよ．

25・31　グリコシド結合とグルコシド結合の定義の違いを説明せよ.

25・32　メチルβ-D-グルコピラノシドをベンズアルデヒドと反応させると6員環の環状アセタールが生成する. このアセタールの最も安定な配座を書け. また, アセタール中に新たに生じたキラル中心を示せ.

25・33　バニラ中に含まれるバニリン(4-ヒドロキシ-3-メトキシベンズアルデヒド)は, バニラ豆やその他の天然物中にβ-D-グルコピラノシドの形で存在する. D-グルコース単位をいす形配座としてバニリンのグルコピラノシド誘導体の構造式を書け.

25・34　ヤナギやポプラの樹皮の熱水抽出物は, 鎮痛作用をもつ. 残念ながら, この抽出物は, 多くの人にとって受け入れがたいくらい苦い. この煎じた溶液中の鎮痛成分は, サリシンであり, D-グルコピラノースが2-(ヒドロキシメチル)フェノールのフェノール性ヒドロキシ基との間でβ-グリコシド結合を形成している化合物である. グルコース単位をいす形配座としてサリシンの構造式を書け.

25・35　アセチル CoA 中のすべてのエステル, チオエステル, アミド, 酸無水物, グリコシドが加水分解されてできる生成物の pH 7.4(血清の pH)における構造を書け. また, それらの生成物の名称を示せ.

アセチル CoA
(アセチル補酵素 A)

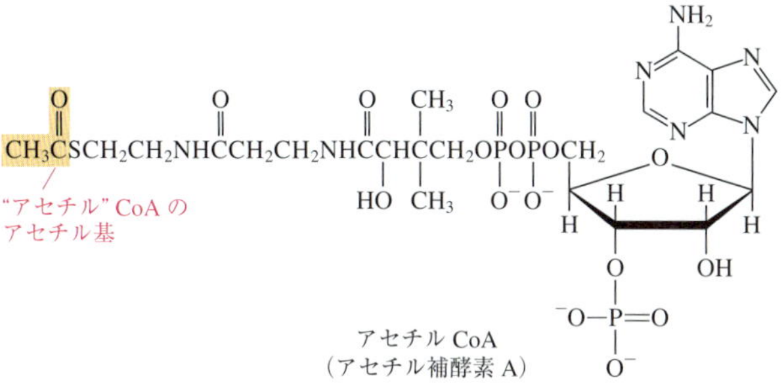

二糖あるいはオリゴ糖

25・36　キャンディや砂糖シロップをつくる際に, スクロースの水溶液にレモンジュースなどの少量の酸を加えて沸騰させる. 得られた水溶液がもとのスクロース水溶液よりも甘いのはなぜか答えよ.

25・37　トレハロースは, 若いマッシュルームやある種の昆虫の血液中に存在する糖質化合物である. トレハロースは二糖であり, 二つのD体の単糖がα-1,1-グリコシド結合でつながった構造をもつ.

トレハロース trehalose

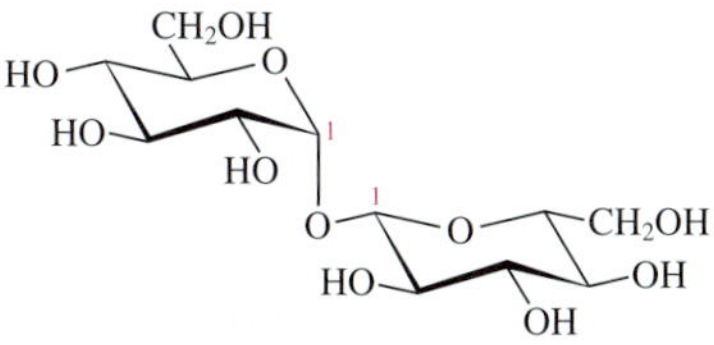

(a)　トレハロースは還元糖かどうか答えよ.

(b)　トレハロースは変旋光を示すかどうか答えよ.

(c)　トレハロースを形成している単糖の名称を示せ.

25・38　三糖のラフィノースは, 綿実カス中に多く含まれる.

ラフィノース
raffinose

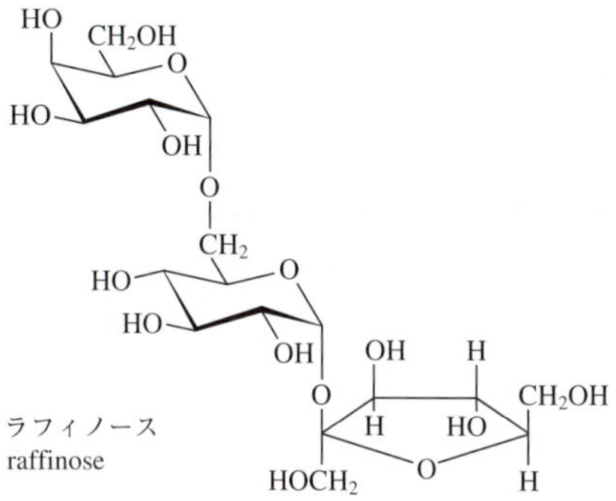

(a)　ラフィノース中の三つの単糖の名称をそれぞれ示せ.

(b)　ラフィノース中のそれぞれのグリコシド結合を示せ.

(c)　ラフィノースは還元糖であるかどうか答えよ.

(d)　何分子の過ヨウ素酸がラフィノースと反応できるか答えよ.

25・39　アミグダリンは, 苦扁桃, モモ, アンズの種子に含まれる有毒な化合物である.

(a)　アミグダリン中の二つの単糖の名称を答えよ. また, それらをつなぐグリコシド結合を示せ.

(b)　アミグダリンを酸性水溶液中で加熱するとベンズアルデヒドとシアン化水素 HCN が生成する. この生成機構を示せ.

アミグダリン
amygdalin

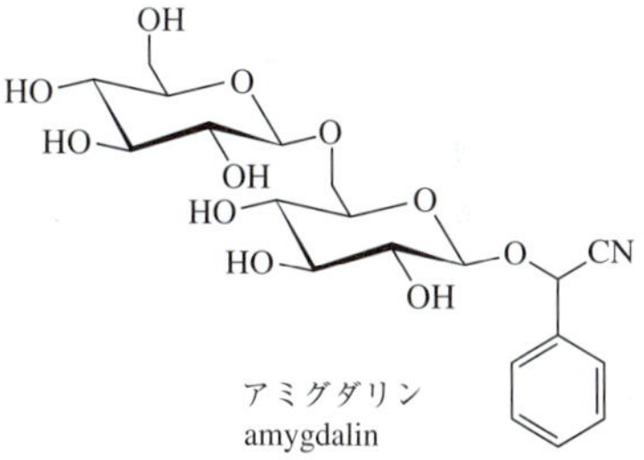

25・40　スタキオースの構造を次に示す. スタキオースは, 大豆やレンズ豆をはじめとする多くの植物に含まれる水溶性の四糖である. ヒトはスタキオースを消化するこができないため, 多量の摂取は腹部膨満の原因となる.

スタキオース
stachyose

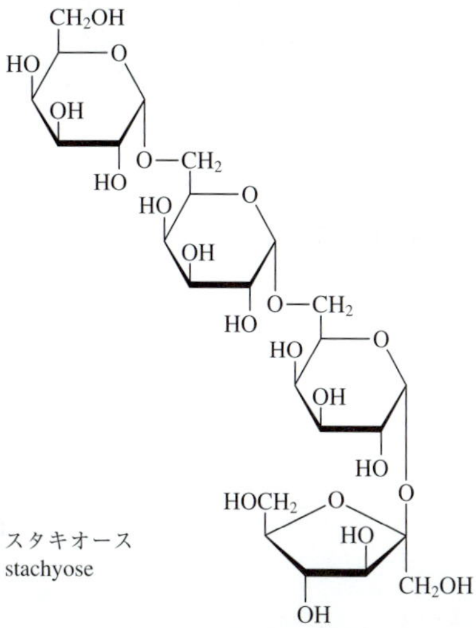

(a)　スタキオースを構成するそれぞれの単糖の名称を, D体ある

846   25. 糖質化合物

いはL体を明らかにして示せ．
(b) スタキオース中のグリコシド結合をそれぞれ示せ．

多　糖

25・41 オリゴ糖と多糖の構造上の違いを答えよ．

25・42 セルロースが水に不溶である理由を答えよ．

25・43 N-アセチル-D-グルコサミンについて次の問いに答えよ．
(a) α体およびβ体の構造を，それぞれいす形配座で書け．
(b) 二つの N-アセチル-D-グルコサミンをβ-1,4-グリコシド結合でつなげた二糖の構造をいす形配座で書け．この二糖は，エビやその他の甲殻類の甲羅を構成するキチンの二糖の繰返し単位となる．

25・44 次の記述にあてはまる多糖の構造式を示せ．
(a) アルギン酸は，海草から単離され，アイスクリームをはじめとする食品の糊料として用いる．アルギン酸は D-マンヌロン酸の多糖であり，ピラノース環がβ-1,4-グリコシド結合でつながった構造をもつ．
(b) ペクチン酸はペクチンの主要成分であり，果実ジャムの成分として欠かせない多糖である．ペクチン酸は D-ガラクツロン酸の多糖であり，ピラノース環がα-1,4-グリコシド結合でつながった構造をもつ．

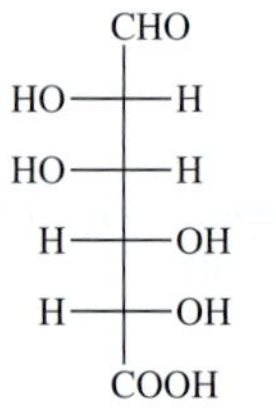

D-マンヌロン酸　D-mannuronic acid
D-ガラクツロン酸　D-galacturonic acid 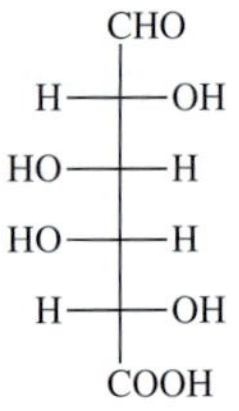

25・45 ジギタリスは，南あるいは中央ヨーロッパ原産の植物キツネノテブクロ *Digitalis purpurea* の乾燥した種子や葉から得られる薬草であり，米国で栽培されている．この薬草は，ジギタリンをはじめとするいくつかの生理活性物質を含む．ジギタリスは，心筋の収縮増強や伝導抑制による脈拍減少（頻度を抑えた力強い心臓ポンプ機能）の作用を示すことから医薬品として用いられている．

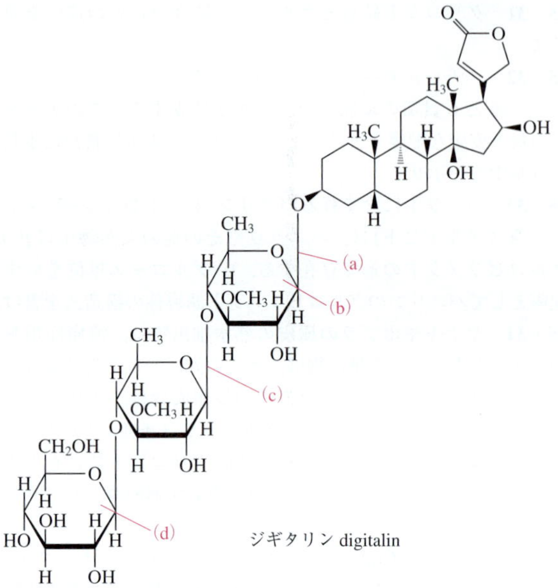

ジギタリン digitalin

(a) このグリコシド結合を定義せよ．
(b) この単糖の開環構造をフィッシャー投影式で書け．
(c) このグリコシド結合を定義せよ．
(d) この単糖の名称を示せ．

25・46 下に示すガングリオシド GM_2 は高分子型の糖脂質であり，脂質と単糖がグリコシド結合でつながった構造をもつ．

ガングリオシド類は正常な細胞内で常に合成されており，消化酵素を多く含むリソソームで分解を受ける．しかし，この分解経路が阻害された場合，ガングリオシドは中枢神経系に蓄積してさまざまな致死的な作用をひき起こす．ガングリオシド代謝の遺伝的異常がある人は，ほとんど若年期で死に至る．ゴーシェ病，ニーマン-ピック病，テイ-サックス病などが，ガングリオシド代謝異常に関連する疾病として知られている．テイ-サックス病は，常染色体劣性遺伝として受け継がれる遺伝的欠損である．テイ-サックス病では，ガングリオシド GM_2 中のグリコシド結合を加水分解する酵素が欠損しているため，ガングリオシド GM_2 の濃度が異常に高くなっている．

(a) この単糖の名称を示せ．
(b) このグリコシド結合を定義せよ（αであるかβであるか，両

問題 25・46 図

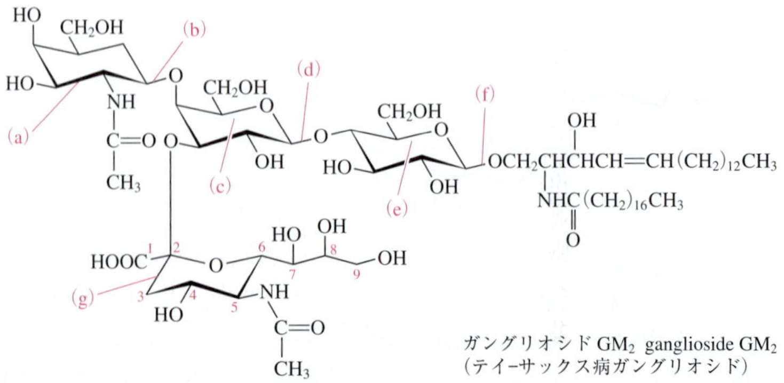

ガングリオシド GM_2 ganglioside GM_2
（テイ-サックス病ガングリオシド）

方の単糖のどの炭素が結合しているか).
(c) この単糖の名称を示せ.
(d) このグリコシド結合を定義せよ.
(e) この単糖の名称を示せ.
(f) このグリコシド結合を定義せよ.
(g) この単位は，N-アセチルノイラミン酸である．N-アセチルノイラミン酸は，9 あるいはそれ以上の数の炭素からなるアミノ糖であり，多くの動物中に存在する．このアミノ糖の開環構造を記せ．ただし，構造中の五つのキラル中心の立体配置は考えなくてよい.

25·47 ヒアルロン酸は，関節液中において潤滑剤の働きをしている．関節リウマチを発症すると，炎症作用によりヒアルロン酸は分解されて，より低分子量の多糖となる．分解により関節液の潤滑能力はどう変化しているか答えよ.

25·48 ヘパリンのもつ血液に対する抗凝固作用の発現には，それ自身のもつ負電荷が関係している.
(a) ヘパリンに負電荷を与えている官能基を示せ.
(b) 重合度の高いヘパリンと低いヘパリンのどちらがより強い抗凝固作用を示すと考えられるか答えよ.

25·49 ケラチン硫酸は，目の角膜を形成している重要な成分である．酸性多糖であるケラチン硫酸の繰返し単位の構造を図に示す.

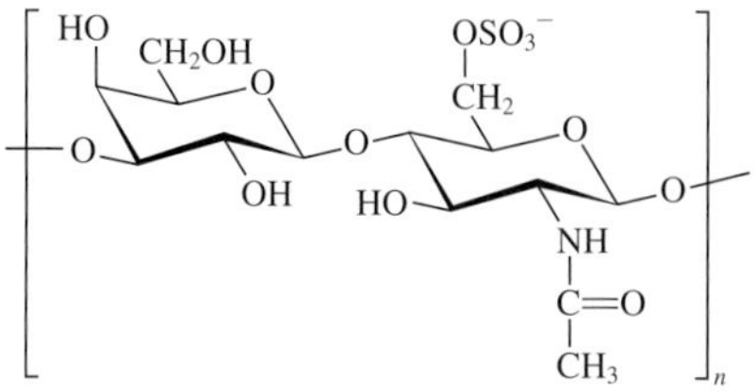

(a) ケラチン硫酸を構成しているのは，どのような種類の単糖（あるいは単糖の誘導体）か答えよ.
(b) 繰返し単位の二糖中のグリコシド結合を定義せよ.
(c) pH 7.0 において，繰返し単位の二糖の電荷はどうなっているか答えよ.

25·50 コンドロイチン 6-硫酸の繰返し単位である二糖の構造をいす形配座で示す．この生体高分子は，軟骨における硬いタンパク質繊維間をつなぐ柔軟なマトリックスとしての役目を果たしている．コンドロイチン 6-硫酸は，しばしば D-グルコサミン硫酸との組合わせで，栄養補助食品として販売されている．この組合わせで摂取すると，関節の柔軟性を高める効果があると考えられている.

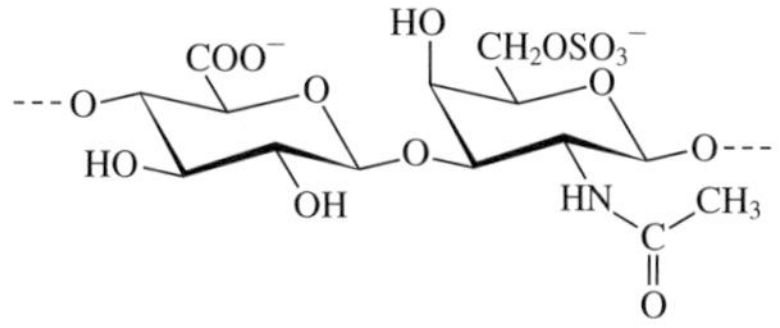

(a) コンドロイチン 6-硫酸の繰返し単位である二糖は，どのような種類の単糖から構成されているか答えよ.
(b) 二つの単糖をつなぐグリコシド結合を定義せよ.

25·51 デルマタン硫酸の繰返し単位である二糖の構造を次に示す．デルマタン硫酸は，皮膚の細胞外マトリックスの構成成分である.

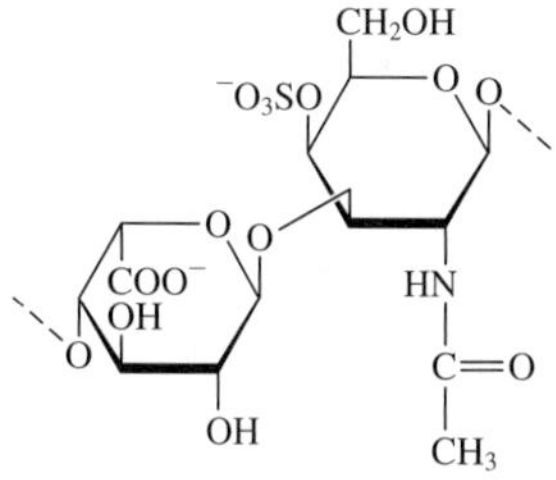

デルマタン硫酸の二糖の繰返し単位

(a) この二糖を構成している単糖の名称を答えよ.
(b) デルマタン硫酸中のグリコシド結合を答えよ.

- 26・1　トリグリセリド
- 26・2　石けんと洗剤
- 26・3　プロスタグランジン類
- 26・4　ステロイド類
- 26・5　リン脂質
- 26・6　脂溶性ビタミン

26章

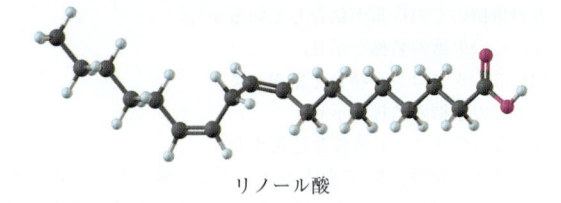

リノール酸

脂　質

脂質 lipid　植物や動物から，ジエチルエーテルやヘキサンなどの非極性の有機溶媒により抽出単離される生体分子．

脂質とは，水への溶解性をもとに分類されたさまざまな天然有機化合物の総称であり，多くの脂肪や脂肪油は脂質の一種である．脂質は水に不溶であるが，ジエチルエーテル，ジクロロメタン，アセトンなどの比較的極性の低い非プロトン性有機溶媒に可溶である．

脂質は大きく二つに分類される．一つは，長鎖アルキル基のような比較的大きな非極性の疎水性部位と極性の親水性部位の両方をもった化合物群である．この化合物群には，脂肪酸，トリグリセリド，リン脂質，プロスタグランジン類，脂溶性ビタミン類などが含まれる．もう一つは，ステロイド骨格とよばれる四環式の環状構造をもつ化合物群であり，これにはコレステロールやステロイドホルモン，胆汁酸などが含まれる．本章では，それぞれの脂質の構造と生理機能について解説する．

トリグリセリド triglyceride　トリアシルグリセロール triacylglycerol ともいう．3分子の脂肪酸を含むグリセロールの脂肪酸エステル．

グリセロール glycerol　グリセリン glycerin ともいう．

26・1　トリグリセリド

動物性脂肪や植物油は，天然に最も多く存在する脂質であり，グリセロールと長鎖カルボン酸からなるトリエステル構造をもつ．これらの化合物は，**トリグリセリド**あるいは**トリアシルグリセロール**とよばれる．次に示すように，トリグリセリドを塩基性の水溶液中で加水分解した後に酸性にすると，グリセロールと3分子の脂肪酸が得られる．

$$\begin{array}{c}\text{O}\\\text{O}\quad \text{CH}_2\text{OCR}\\\text{R}'\text{COCH}\quad \text{O}\\\text{CH}_2\text{OCR}''\end{array} \xrightarrow[\text{2. HCl/H}_2\text{O}]{\text{1. NaOH/H}_2\text{O}} \begin{array}{c}\text{CH}_2\text{OH}\\\text{HOCH}\\\text{CH}_2\text{OH}\end{array} + \begin{array}{c}\text{RCOOH}\\\text{R}'\text{COOH}\\\text{R}''\text{COOH}\end{array}$$

トリグリセリド　　　　　　　1,2,3-プロパン　　　脂肪酸
（トリアシルグリセロール）　　トリオール
　　　　　　　　　　　　　（グリセロールまたは
　　　　　　　　　　　　　　グリセリン）

A. 脂　肪　酸

脂肪酸 fatty acid　長い直鎖状の炭素数12から20のカルボン酸で，動物脂肪や植物油あるいは生体膜に存在するリン脂質の加水分解によって得られる．

これまでに500種類以上の**脂肪酸**がさまざまな細胞や組織から単離されている．代表的な天然脂肪酸の構造式と慣用名を表26・1に示す．一番左の列に，脂肪酸の炭素数と二重結合の数をコロンで隔てて示してある．たとえばリノール酸は，二つの二重結合を含む18炭素の鎖をもつので，18:2脂肪酸と表記してある．高等植物や動物中に多く含まれる脂肪酸は，次のような特徴をもつ．

1. ほとんどの脂肪酸は，偶数個（多くは12から20個）の炭素からなる直鎖状のアルキル鎖をもつ．
2. 天然に存在する最も代表的な脂肪酸はパルミチン酸(16:0)，ステアリン酸(18:0)，

表 26・1　動物脂肪，植物油，生体膜中に存在する代表的な脂肪酸類

炭素数/二重結合数†	構　造	慣用名	融点(℃)
飽和脂肪酸			
12:0	$CH_3(CH_2)_{10}COOH$	ラウリン酸	44
14:0	$CH_3(CH_2)_{12}COOH$	ミリスチン酸	58
16:0	$CH_3(CH_2)_{14}COOH$	パルミチン酸	63
18:0	$CH_3(CH_2)_{16}COOH$	ステアリン酸	70
20:0	$CH_3(CH_2)_{18}COOH$	アラキジン酸	77
不飽和脂肪酸			
16:1	$CH_3(CH_2)_5CH=CH(CH_2)_7COOH$	パルミトレイン酸	1
18:1	$CH_3(CH_2)_7CH=CH(CH_2)_7COOH$	オレイン酸	16
18:2	$CH_3(CH_2)_4(CH=CHCH_2)_2(CH_2)_6COOH$	リノール酸	−5
18:3	$CH_3CH_2(CH=CHCH_2)_3(CH_2)_6COOH$	リノレン酸	−11
20:4	$CH_3(CH_2)_4(CH=CHCH_2)_4(CH_2)_2COOH$	アラキドン酸	−49

† 一番目の数字は脂肪酸の炭素数を表し，二番目の数字は炭素鎖中の二重結合の数を表す．

オレイン酸(18:1)である．

3. 不飽和脂肪酸の二重結合のほとんどはシス形であり，トランス形であることはまれである．

4. 不飽和脂肪酸は，飽和型の脂肪酸に比べて融点が低い．また，不飽和度が上がるほど，融点が低くなる（§5・2 "生化学とのつながり 脂肪か油を分けるシス二重結合" 参照）．このことは，たとえば**多価不飽和脂肪酸**であるリノール酸と，同じ炭素数の飽和脂肪酸であるステアリン酸の融点を比べるとよくわかる．

多価不飽和脂肪酸 polyunsaturated fatty acid　炭化水素鎖の中に，二つ以上の炭素−炭素二重結合をもつ脂肪酸．ポリ不飽和脂肪酸ともいう．

例題 26・1

天然に最も多く存在する脂肪酸であるパルミチン酸，オレイン酸，ステアリン酸を，それぞれ 1 分子ずつ含むトリグリセリドの構造を書け．

解答　解答例として，グリセロールの 1 位にパルミチン酸が，2 位にオレイン酸が，3 位にステアリン酸がエステル結合した構造を示す．

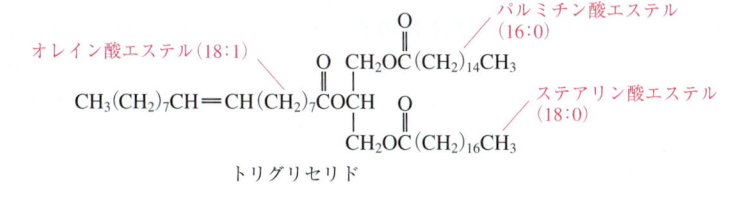

オレイン酸エステル(18:1)　　パルミチン酸エステル(16:0)
　　　　　　　　　　　　　　　ステアリン酸エステル(18:0)

$CH_3(CH_2)_7CH=CH(CH_2)_7COCH$ ...
トリグリセリド

問題 26・1　(a) パルミチン酸，オレイン酸，ステアリン酸を 1 分子ずつ含むトリグリセリドには，いくつの構造異性体が存在しうるか答えよ．
(b) これらの構造異性体中で，キラルなものはどれか答えよ．

蜜ろうの成分にはパルミチン酸エステルの一種であるパルミチン酸トリアコンチル $CH_3(CH_2)_{14}COO(CH_2)_{29}CH_3$ が含まれている．

B. 物理的性質

トリグリセリドの物理的性質は，構成する脂肪酸の種類に依存する．一般に，アルキル直鎖の炭素数が多いほど，また二重結合の数が少ないほど，トリグリセリドの融点は高くなる．そのためオレイン酸やリノール酸などの不飽和脂肪酸を多く含むトリグリセリドは，室温で液体となり**脂肪油**とよばれる．コーン油やオリーブ油などが，その代表例である．二重結合を一つだけもつオレイン酸を多く含むオリーブ油は冷蔵庫の中で固化するが，不飽和度のより高い脂肪酸（多価不飽和脂肪酸）を含むコーン油は固化しな

脂肪油 fatty oil　脂質のうちで室温において液体であるトリグリセリドの混合物．単に油 oil ともいう．

脂肪 fat　室温において半固体か固体状態であるトリグリセリドの混合物.

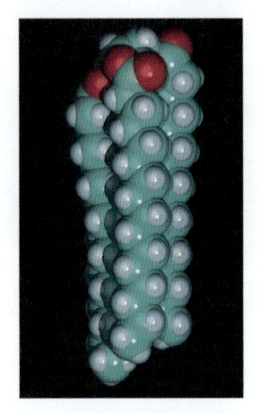

図 26・1　飽和脂肪酸を成分とするトリグリセリドの一種であるトリステアリンの空間充填モデル

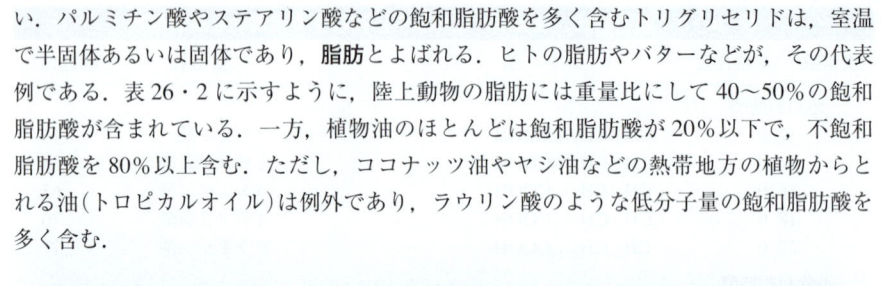

い．パルミチン酸やステアリン酸などの飽和脂肪酸を多く含むトリグリセリドは，室温で半固体あるいは固体であり，**脂肪**とよばれる．ヒトの脂肪やバターなどが，その代表例である．表 26・2 に示すように，陸上動物の脂肪には重量比にして 40〜50％の飽和脂肪酸が含まれている．一方，植物油のほとんどは飽和脂肪酸が 20％以下で，不飽和脂肪酸を 80％以上含む．ただし，ココナッツ油やヤシ油などの熱帯地方の植物からとれる油（トロピカルオイル）は例外であり，ラウリン酸のような低分子量の飽和脂肪酸を多く含む．

表 26・2　脂肪や 100 g 中に含まれる脂肪酸のグラム数[†]

脂肪または脂肪油	飽和脂肪酸			不飽和脂肪酸	
	ラウリン酸 (12:0)	パルミチン酸 (16:0)	ステアリン酸 (18:0)	オレイン酸 (18:1)	リノール酸 (18:2)
ヒト脂肪	——	24.0	8.4	46.9	10.2
ウシ脂肪	——	27.4	14.1	49.6	2.5
バター	2.5	29.0	9.2	26.7	3.6
ココナッツ油	45.4	10.5	2.3	7.5	微量
コーン油	——	10.2	3.0	49.6	34.3
オリーブ油	——	6.9	2.3	84.4	4.6
ヤシ油	——	40.1	5.5	42.7	10.3
ピーナッツ油	——	8.3	3.1	56.0	26.0
ダイズ油	0.2	9.8	2.4	28.9	50.7

[†] 代表的な脂肪酸のみを示す．他の脂肪酸成分も少量含まれる．

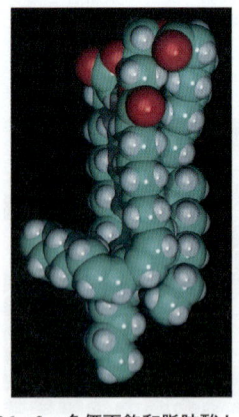

図 26・2　多価不飽和脂肪酸トリグリセリドの空間充填モデル

多価不飽和脂肪酸トリグリセリド polyunsaturated triglyceride　複数の炭素-炭素二重結合を脂肪酸の炭化水素部分に含んでいるトリグリセリド．

硬化 hardening

　不飽和脂肪酸を多く含むトリグリセリドの融点が低いのは，不飽和脂肪酸と飽和脂肪酸のアルキル鎖の三次元構造が異なるためである．飽和脂肪酸のみを含むトリグリセリドであるトリステアリンの空間充填モデルを図 26・1 に示す．三つの炭化水素鎖は互いに平行に位置し，整然と密集した構造をとっている．このように密集した分子内あるいは隣り合う分子のアルキル鎖の間に働く強い分散力のために，飽和脂肪酸からなるトリグリセリドは室温以上の高い融点をもつ．

　一方，不飽和脂肪酸の三次元構造は飽和脂肪酸の構造と大きく異なる．§26・1A で述べたように，高等生物の不飽和脂肪酸の多くはシス体であり，トランス体はまれである．たとえば，オレイン酸とリノール酸に含まれる二重結合はすべてシス体である．ステアリン酸，オレイン酸，リノール酸を 1 分子ずつ含む**多価不飽和トリグリセリド**の空間充填モデルを図 26・2 に示す．これから，多価不飽和トリグリセリドは，飽和脂肪酸のみからなるトリグリセリドほど整然と密集したパッキング構造をとれないことがわかる．そのため多価不飽和トリグリセリドのアルキル鎖間に働く分散力は分子内でも分子間でも弱く，その融点は飽和脂肪酸からなるトリグリセリドに比べて低くなる．

C. 脂肪酸鎖の還元

　取扱いの利便性や嗜好などの理由から，脂肪油を固体の脂肪へと変換することは重要な食品加工の一つである．このような加工は，分子中の二重結合を触媒的水素化により還元することにより行われ，**硬化**とよばれる．実際には，望みの硬さの脂肪を得るために，硬化の程度は注意深く制御される．このようにして得られた脂肪は，調理用の油脂として販売されている．たとえば，マーガリンやその他のバター代替品は，コーン油や綿実油，ピーナッツ油，ダイズ油などの油に含まれる多価不飽和脂肪酸の二重結合を部分的に水素化することによって製造されている．得られた硬化油は，バターに似た黄色に着色するため β-カロテンを添加し，さらに食塩と 15％程度（体積比）の牛乳を加えて

乳化させる．ときにはビタミンAやDなども添加される．このままでは味がないので，バターそっくりの味にするためにアセトインとジアセチルがさらに添加される．

$$\underset{\substack{\text{3-ヒドロキシ-2-ブタノン}\\(\text{アセトイン})}}{CH_3-\underset{\underset{H}{|}}{\overset{\overset{HO}{|}}{C}}-\overset{\overset{O}{\|}}{C}-CH_3} \qquad \underset{\substack{\text{2,3-ブタンジオン}\\(\text{ジアセチル})}}{CH_3-\overset{\overset{O}{\|}}{C}-\overset{\overset{O}{\|}}{C}-CH_3}$$

§6・6の"生化学とのつながり トランス脂肪酸：その危険性"で述べたように，脂肪油の硬化には，通常ニッケルなどの触媒と水素ガスを用いる．この過程において，副反応としてトリグリセリド内のシス形の二重結合の一部が，より安定なトランス形へと異性化してしまう．アルケンが金属触媒表面に吸着されるときに，π結合が切断されることはすでに述べた．十分な量の水素が存在しない硬化の条件では可逆的にアルケンが再生し，その際にアルケンの異性化が進行してしまうのである．トランス脂肪酸がアテローム性動脈硬化症などの心臓病のリスクを劇的に増大させるという研究結果を受けて，米国FDAはトランス脂肪酸を含むすべての製品に表示を求めている．現在，多くの食品会社やレストランが食品中のトランス脂肪酸の削減につとめている．もちろん，食生活と関係なく，心臓病の予防に日常の運動が大事であることはいうまでもない．

26・2 石けんと洗剤
A. 石けんの構造と生成法

天然の**石けん**は，一般的に獣脂やココナッツ油からつくられる．獣脂は，ウシの固形脂肪を蒸気で溶かし，水表面に形成された獣脂の層をかき集めることにより得られる．石けんは，こうして得られたトリグリセリドを水酸化ナトリウムと一緒に煮沸してつくられる．この反応は，**けん化**とよばれている．けん化は，塩基を用いてトリグリセリド中のエステルを加水分解する反応である（§18・4C参照）．獣脂から得られる石けんは，パルミチン酸，ステアリン酸，オレイン酸のナトリウム塩を主成分としている．一方，ココナッツ油から得られる石けんは，ラウリン酸，ミリスチン酸のナトリウム塩を主成分としている．

石けん soap 脂肪酸のナトリウムあるいはカリウム塩．

けん化 saponification 石けん soap はラテン語の *saponem* に由来する．

$$\underset{\text{トリグリセリド}}{\begin{matrix}O\\\|\\CH_2OCR\\|\\RCOCH\quad O\\\|\quad\|\\CH_2OCR\end{matrix}} + 3\,NaOH \xrightarrow{\text{けん化}} \underset{\substack{\text{1,2,3-プロパン}\\\text{トリオール}\\(\text{グリセロールまたは}\\\text{グリセリン})}}{\begin{matrix}CH_2OH\\|\\CHOH\\|\\CH_2OH\end{matrix}} + \underset{\substack{\text{ソーダ（ナトリウム）}\\\text{石けん}}}{3\,RCO^-Na^+}$$

加水分解の後，溶液に食塩を加えることで石けん成分は粘り気のある凝集体として沈殿する．そのあと水層を取除き，さらにグリセロールを減圧蒸留によって回収除去する．ここで得られる粗精製の石けんは，まだ塩化ナトリウム，水酸化ナトリウムなどの不純物を含んでいる．これらの不純物は，凝集体を再び沸騰水中で分散させた後，塩化ナトリウムを加えて再沈殿させることにより除去される．この精製を何度か繰返すことで，安価な工業用石けんがまず得られる．さらに処理を行うと，pHの調整された化粧石けんや薬用石けんができる．

852　26. 脂　質

B. 石けんの洗浄作用

石けんの驚くほど優れた洗浄能力は，その乳化作用に起因する．石けんの長いアルキル鎖は水に不溶であるため，凝集塊を形成してまわりの水分子との接触を最小限にしようとする傾向をもつ．逆に極性のカルボキシ基は水分子との接触を保とうとする．こうして石けんは，水中において自発的にミセルとよばれる会合体を形成する（図26・3）．

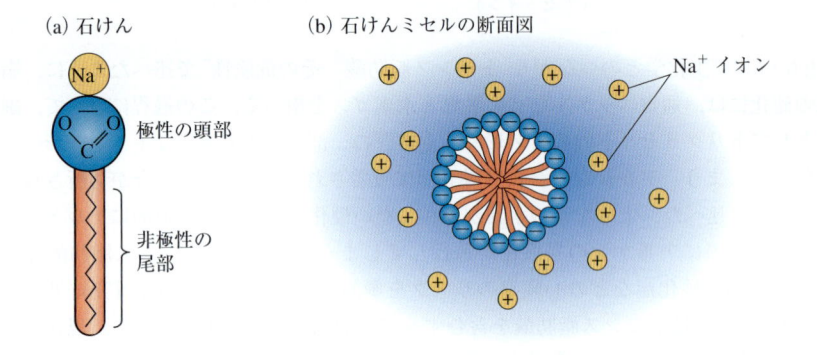

ミセル micelle　水中で有機分子が塊となって形成される球状会合体．分子の疎水性の部分は球の内側に埋まっており，親水性の部分は球の表面で水と接触している．

図 26・3　石けんミセルの模式図．非極性で疎水性のアルキル鎖が，ミセル内側で塊となり，極性で親水性のカルボキシ基がミセルの表面に出ている．石けんミセルは，表面の負電荷のために互いに反発し合っている．

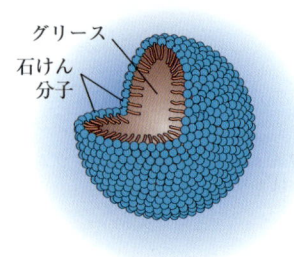

(a) 石けん　　(b) 石けんミセルの断面図　　Na⁺ イオン

極性の頭部
非極性の尾部

グリース，油，脂肪など，われわれが汚れと考えているほとんどのものは，非極性の物質であり，水に不溶である．これらの汚れ成分と石けんが，水の中で混ぜ合わされると，石けんミセル中の非極性な炭化水素部位は，同じく非極性の汚れ分子を取込んで"可溶化"する．実際には，非極性の汚れ分子を中心に含む石けんミセルが新たに形成される（図26・4）．こうして非極性のグリース，油，脂肪などが石けんミセル中に可溶化され，極性の高い水中へと洗い流されることとなる．

石けんに欠点がないわけではない．一番の問題は，石けんを $Ca(II)$，$Mg(II)$，$Fe(III)$ イオンなどを含む硬水中で使用すると，不溶性の脂肪酸塩を生成してしまうことである．このような脂肪酸のカルシウム，マグネシウム，鉄塩は，浴槽のしみや髪のつやを失わせる被膜成分になったりするだけでなく，衣服の色のくすみや毛羽立ちなどの原因となる．

"可溶化"したグリースを含む石けんミセル
グリース
石けん分子

図 26・4　油やグリースを可溶化した石けんミセルの模式図

$$2\,CH_3(CH_2)_{14}COO^-Na^+ + Ca^{2+} \longrightarrow [CH_3(CH_2)_{14}COO^-]_2Ca^{2+} + 2\,Na^+$$

ソーダ石けん　　　　　　　　　　　　脂肪酸のカルシウム塩
（ミセルとして水に可溶）　　　　　　　（水に不溶）

C. 合成洗剤

石けんの洗浄作用が解明されると，合成洗剤が設計されるようになった．そして，モノアルキル硫酸エステルやアルキルスルホン酸のカルシウム，マグネシウム，鉄塩は，対応する脂肪酸の塩に比べてはるかによく水に溶け，洗剤に適した特性をもつことがわかった．すぐれた洗剤として現在用いられている分子は，炭素数12から20の長いアルキル鎖をもち，末端がカルボキシ基ではなくスルホン酸となっている．

合成洗剤として，LASとよばれる直鎖のアルキルベンゼンスルホン酸類が広く用いられている．そのなかでも4-ドデシルベンゼンスルホン酸ナトリウムが最もよく使用されている．LASを合成するには，まず直鎖のアルキルベンゼンに硫酸を作用させて（§22・1B 参照）アルキルベンゼンスルホン酸とした後に水酸化ナトリウムで中和する．得られたナトリウム塩を補助剤と混合し，吹付け乾燥するとふわふわとした粉末となる．補助剤としては，ケイ酸のナトリウム塩が最もよく用いられる．アルキルベンゼンスルホン酸型の洗剤は，1950年代後半に市場への導入が始まり，今日では天然石けん

LAS　直鎖アルキルベンゼンスルホン酸類 linear alkylbenzene sulfonate の略．

がかつて独占していた市場の 90% 近くを占めている．

$$CH_3(CH_2)_{10}CH_2-\text{C}_6H_4 \xrightarrow{\text{1. } H_2SO_4}_{\text{2. NaOH}} CH_3(CH_2)_{10}CH_2-\text{C}_6H_4-SO_3^-Na^+$$

ドデシルベンゼン　　　　　　　　　　　4-ドデシルベンゼンスルホン酸
　　　　　　　　　　　　　　　　　　　ナトリウム(アニオン性界面活性剤)

　洗剤によく加えられる添加剤は，発泡剤，漂白剤，および蛍光剤である．発泡剤は，液体石けんによく添加されるが，洗濯用洗剤には添加されない．これは，洗濯機から泡があふれでることを防ぐためである．発泡剤は，ドデカン酸(ラウリン酸)と 2-アミノエタノール(エタノールアミン)から合成されるアミド化合物である．また，最も一般的な漂白剤は，過ホウ酸ナトリウム四水和物である．これは 50 ℃ 以上の温度で分解し，漂白作用をもつ過酸化水素を生じる．洗濯用洗剤には蛍光剤(蛍光漂白剤)も添加さ

生化学とのつながり　FAD/FADH₂：生化学的な酸化還元反応における電子伝達因子

フラビンアデニンジヌクレオチド (flavin adenine dinucleotide: FAD) は，代謝経路での酸化還元反応における電子伝達に関与する重要な因子の一つである．FAD は，フラビンと結合した五単糖であるリビトールがアデノシン二リン酸のリン酸末端につながった分子構造をもつ．FAD は，いくつかの酵素触媒による酸化還元反応に関与するが，その一つとして脂肪酸の炭素－炭素単結合の酸化が知られている．この過程において，FAD は FADH₂ に還元される．FAD による炭素－炭素単結合の二重結合への酸化反応の機構には，脂肪酸炭化水素鎖からのヒドリドイオンの移動過程が含まれる．

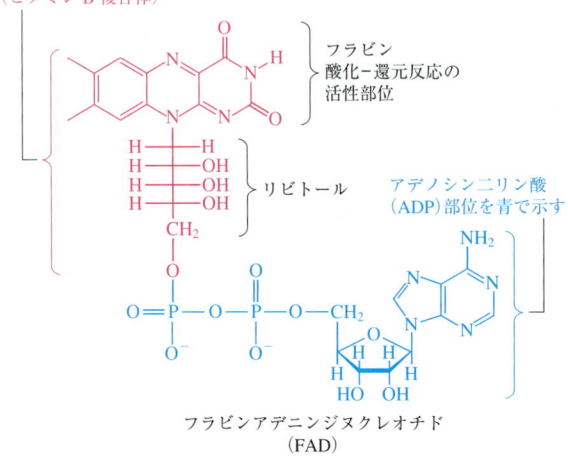

反応機構　FAD による炭素－炭素単結合の二重結合への酸化

反応機構図中の巻矢印につけた番号は，この反応における電子の流れの順序を示している．

段階 1: 酵素表面の塩基性残基(Ⓔ-B:)が，カルボン酸に隣接する炭素からプロトンを引抜く．
段階 2: この C-H σ 結合の電子は，炭素－炭素二重結合の π 電子となる．
段階 3: β位の炭素からフラビンの窒素原子へヒドリドが移動する．
段階 4: フラビン環の π 電子系が組み換えられる．
段階 5: フラビン環の C-N 二重結合が，酵素からプロトンを引抜く．
段階 6: 塩基性残基が，酵素表面に再生する．

この反応機構からわかるように，FAD が FADH₂ に還元されるときに付加される二つの水素原子の一つは脂肪酸の炭化水素鎖から，もう一つは酵素表面の酸性残基からのものである．また，酵素中のある残基はプロトン受容体として，また別の残基はプロトン供与体として機能する．

れる．布地に吸着された蛍光剤は，周囲の光を吸収して青色の蛍光を発する．この明るい蛍光により，古くなった布地の黄ばみは目立たなくなり，白い布地は"より白く"見えることになる．白いシャツやブラウスに紫外線ランプをかざしてみれば，蛍光剤の発する明るく光る蛍光が実際に観察できる．

$$CH_3(CH_2)_{10}\overset{\overset{O}{\|}}{C}NHCH_2CH_2OH$$

N-(2-ヒドロキシエチル)ドデカンアミド
（発泡剤）

$$O=B-O-O^-Na^+ \cdot 4H_2O$$

過ボロン酸ナトリウム四水和物
（漂白剤）

26・3　プロスタグランジン類

プロスタグランジン prostaglandin 炭素数20個のプロスタン酸骨格をもつ化合物の総称．略称PG．

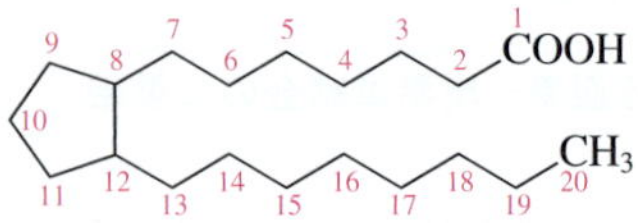

プロスタン酸 prostanoic acid

プロスタグランジンは，炭素数20のプロスタン酸骨格をもつ特異な性質を備えた化合物の総称である．1930年に米国の婦人科医が，ヒト精液の刺激により子宮筋が収縮することを報告した．それから数年後，スウェーデンの U. von Euler がこの報告を追試し，さらにヒト精液を血流中に注入すると，腸平滑筋の収縮や血圧低下が起こることを報告した．彼は，このようなさまざまな作用を示す神秘的な物質をプロスタグランジンとよぶことを提案した．これは，この物質が前立腺 (prostate gland) で合成されるとその当時信じられていたからである．今日では，プロスタグランジンの産生は前立腺に限らないことがわかっているが，名称はそのまま使われている．

プロスタグランジンは，組織などに貯蔵されておらず，特定の生理的刺激に応じて合成される．プロスタグランジン生合成の出発物は，炭素数20の不飽和脂肪酸であり，必要となるときまで，リン脂質膜中にエステルとしてたくわえられている．生理的な刺激に応じてこのエステルが加水分解を受け，脂肪酸部位が切り離されることにより，プロスタグランジンの生合成が開始される．アラキドン酸からプロスタグランジン類への生合成経路の概略を図26・5に示す．この生合成の鍵となる反応は，酵素の作用によりアラキドン酸と2分子の酸素が反応し，プロスタグランジン G_2 (PGG_2) ができる段階である．アスピリンや他の非ステロイド性抗炎症薬 (NSAIDs) による抗炎症作用や血液凝固阻害作用は，この段階の酵素反応を阻害することにより発現する．

生殖や炎症におけるプロスタグランジンの重要性が明らかになるにつれて，臨床的に効果のあるプロスタグランジン誘導体の探索が行われ，これまでに開発されたものがいくつかある．たとえば，$PGF_{2\alpha}$ が子宮平滑筋の収縮を促すことが発見され，妊娠中絶薬の開発につながった．天然のプロスタグランジン類は，体内で非常にすばやく分解されるために薬として利用することはできない．しかし，この分解を抑制した多くの合成類縁体のなかから，薬理効果の最も高い化合物としてカルボプロストが見いだされた．この合成プロスタグランジンは，天然の $PGF_{2\alpha}$ よりも10〜20倍も薬理効果が高く，体内での分解は非常に遅い．$PGF_{2\alpha}$ とカルボプロストの構造を比較すると，ほんの少しの構造の違いが，劇的な薬理効果の違いに結びついていることがわかる．

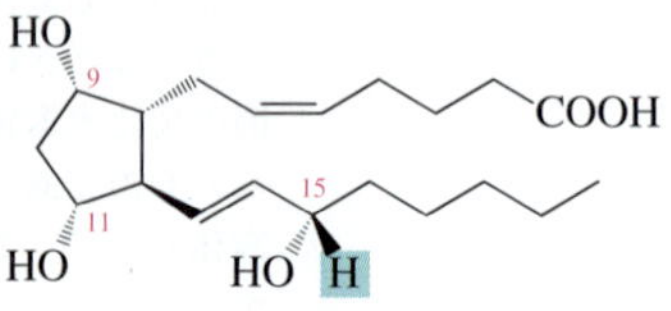

$PGF_{2\alpha}$

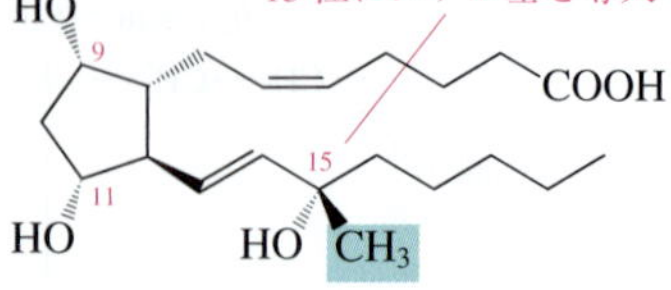

カルボプロスト carboprost
(15S)-15-メチル-$PGF_{2\alpha}$

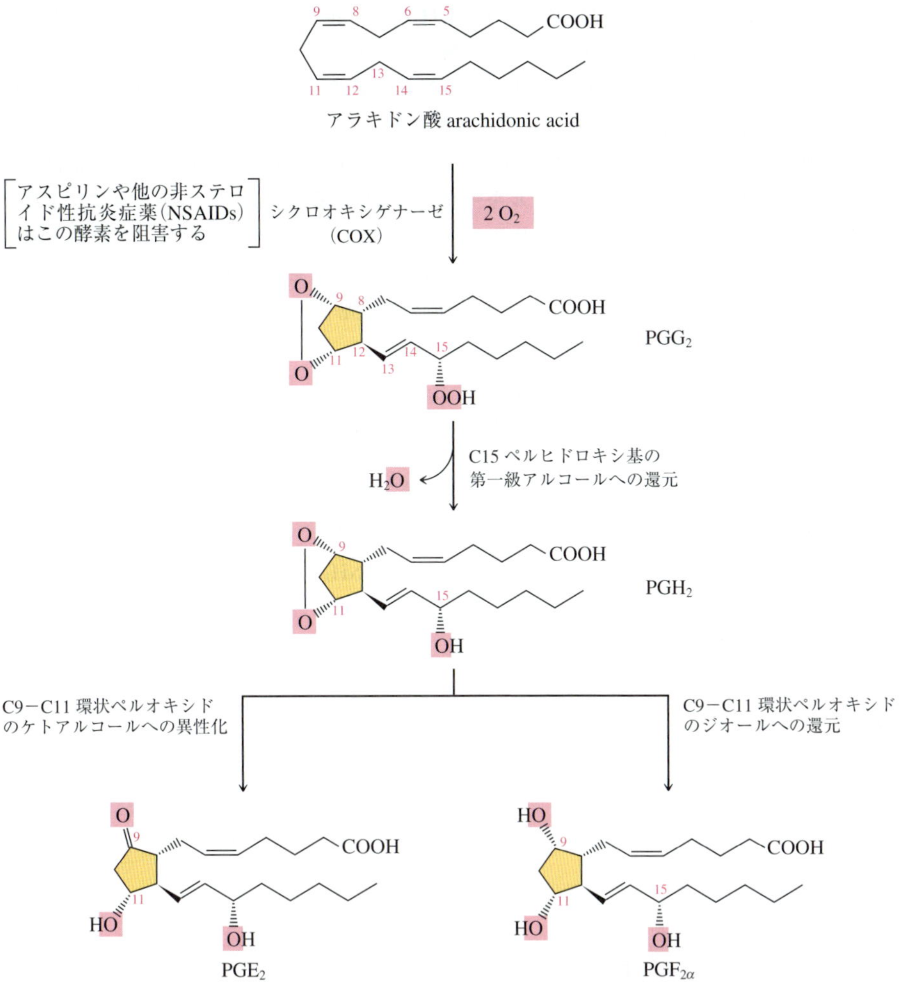

26・3 プロスタグランジン類　855

図 26・5　アラキドン酸が PGE$_2$ および PGF$_{2\alpha}$ に変換される生合成経路の鍵中間体．PG はプロスタグランジンを意味し，E, F, G, H はプロスタグランジンの種類を表す．

　PGE 類は，胃潰瘍の形成を抑制するためその治療に有効である．PGE$_1$ の類縁体であるミソプロストールは，アスピリンなどの非ステロイド性抗炎症薬によりひき起こされる潰瘍の形成防止に現在広く用いられている．

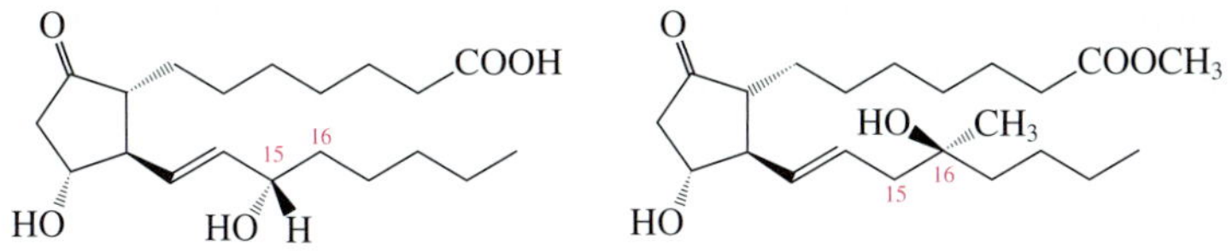

　プロスタグランジン類は，炭素数 20 の脂肪酸誘導体である**エイコサノイド**とよばれる化合物群に属する．エイコサノイドには，プロスタグランジン以外のロイコトリエン，トロンボキサン，プロスタサイクリンなどが含まれる．エイコサノイドは，体内に広範に分布しており，ほとんどすべての組織や体液中に見いだすことができる．

　ロイコトリエンは，アラキドン酸の誘導体であり，白血球から最初に発見された．典

エイコサノイド eicosanoid

型的な化合物であるロイコトリエン C_4(LTC$_4$)は，共役した三つの二重結合（したがってトリエンとよばれる）部位と，アミノ酸としてL-システイン，グリシン，L-グルタミン酸を含んでいる(27章参照)．LTC$_4$のおもな薬理作用として，平滑筋の収縮作用があげられる．特に肺の平滑筋に対する収縮作用は重要である．LTC$_4$の合成と放出は，アレルギー反応によって誘発される．したがって，LTC$_4$の合成を阻害する薬剤は，ぜんそくの発症に伴って起こるアレルギー症状の治療に有望である．一方，トロンボキサン A$_2$ は，非常に強力な血管収縮作用をもつ．トロンボキサン A$_2$ が分泌されると血小板の不可逆な凝集と傷ついた血管の収縮が起こる．アスピリン類が穏やかな抗凝血薬として作用するのは，トロンボキサン A$_2$ 合成の開始酵素であるシクロオキシゲナーゼを阻害するためであると考えられている．

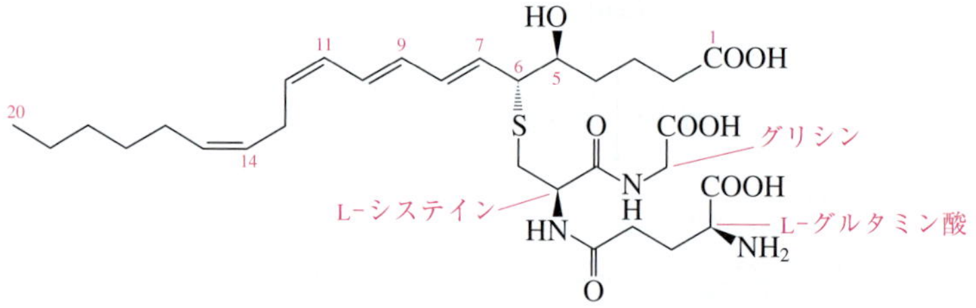

ロイコトリエン C_4
leukotriene C_4(LTC$_4$)
（平滑筋の収縮薬）

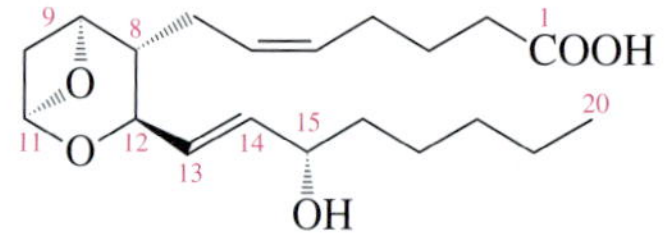

トロンボキサン A$_2$ thromboxane A$_2$
（強力な血管収縮薬）

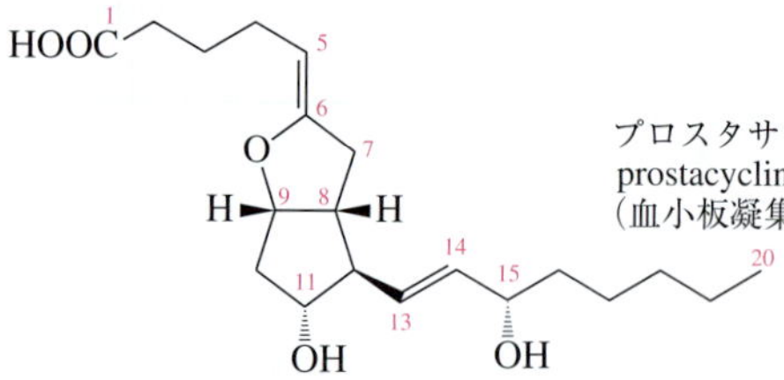

プロスタサイクリン
prostacyclin
（血小板凝集阻害薬）

26・4 ステロイド類

ステロイド steroid 三つの6員環と一つの5員環からなる四環式のステロイド骨格をもつ植物や動物から得られる脂質．

ステロイドは，植物や動物に存在する脂質の一群であり，図 26・6 に示すような四つの環が縮環した構造をもっている．天然のステロイドの共通の構造的特徴を図 26・7 に示す．

1. 各環は，それぞれトランスで縮環しており，連結部位の水素や官能基は，アキシアルに位置している．たとえば，5位の水素原子と10位のメチル基はいずれもアキシアル配向で，互いにトランスである．

2. 各環が縮環する部位での水素や官能基の配向パターン（5位炭素-10位炭素-9位炭素-8位炭素-14位炭素-13位炭素）は，ほとんどの場合トランス-アンチ-トランス-

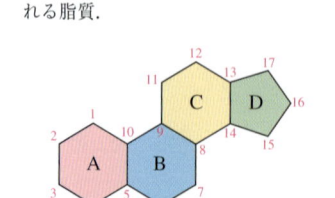

図 26・6 ステロイドの四環式構造

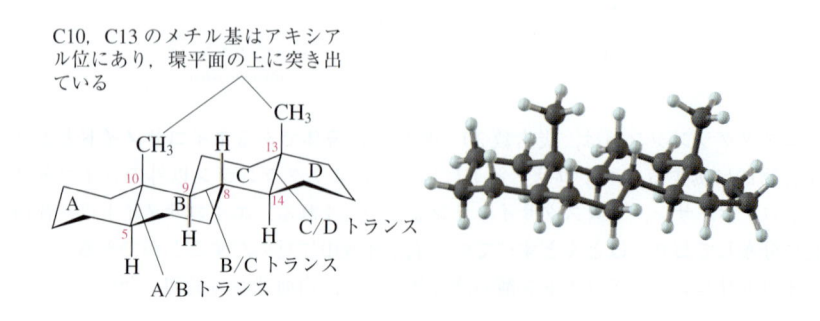

C10, C13 のメチル基はアキシアル位にあり，環平面の上に突き出ている

図 26・7 多くのステロイドに共通する構造的特性

アンチ-トランスの配向になっている．
3. トランス-アンチ-トランス-アンチ-トランス配向のために，四環式のステロイド骨格は，剛直で平面的な構造である．
4. 多くのステロイドは，10位と13位の炭素上にアキシアル配向のメチル基を有している．

A. 主要なステロイドの構造

コレステロール

コレステロールは，水に不溶なワックス状の白色固体であり，血中をはじめとしてすべての動物組織中に存在する．コレステロールは，次の二つの理由から，ヒトの新陳代謝に必要不可欠である．1) コレステロールは生体膜の主要成分である．健康な成人の体内には，約140gのコレステロールが含まれ，そのうち120gが生体膜中に存在する．中枢および末梢神経系の膜には，重量比で約10%のコレステロールが含まれている．2) コレステロールから，性ホルモン，副腎皮質ホルモン，胆汁酸，ビタミンDなどのさまざまな物質が生合成される．したがって，コレステロールはさまざまなステロイド類の源となる物質である．

コレステロールには，八つのキラル中心があるので，2の8乗，すなわち256種類（すなわち128種類のエナンチオマーの組）の立体異性体が存在する．自然界には，これらのなかで図26・8に示す立体異性体のみが存在することが知られている．

ヒトの胆石は，ほぼ純粋なコレステロールの塊（直径約0.5 cm）である．

コレステロール cholesterol

図 26・8 血漿中をはじめとしてすべての動物組織中に見いだされるコレステロール

コレステロールは，血漿には不溶であるが，リポタンパク質とよばれるタンパク質と可溶性の複合体を形成して輸送される．そのような複合体には2種類ある．悪玉コレステロールとよばれる**低密度リポタンパク質(LDL)**は，コレステロールをその生合成部位である肝臓からさまざまな組織や細胞に輸送する．LDLに含まれるコレステロールは，血管壁へ沈着する可能性が高く，アテローム性動脈硬化症をひき起こす原因となる．一方，善玉コレステロールとよばれる**高密度リポタンパク質(HDL)**は，過剰のコレステロールを細胞組織から肝臓へと送り返す役割をもつ．HDL中のコレステロールは，肝臓で胆汁酸へと分解されて，排泄物中に排出される．HDLは，アテローム性動脈硬化症をひき起こす血管壁に沈着したコレステロールを減少させる役割があると考えられている．

低密度リポタンパク質 low-density lipoprotein 略称LDL．密度1.02〜1.06 g mL^{-1}の血漿中の微粒子で，約26%のタンパク質，50%のコレステロール，21%のリン脂質，4%のトリグリセリドからなる．

高密度リポタンパク質 high-density lipoprotein 略称HDL．密度1.06〜1.21 g mL^{-1}の血漿中の微粒子で，約33%のタンパク質，30%のコレステロール，29%のリン脂質，8%のトリグリセリドからなる．

ステロイドホルモン

主要なステロイドホルモンの構造とそのおもな機能を表26・3にまとめて示す．
女性ホルモンである**エストロゲン**のなかで最も重要なものは，エストロンとエストラジオールの二つである．またプロゲステロンは，受精卵の子宮への着床に不可欠なステロイドホルモンである．プロゲステロンの排卵抑制作用が明らかにされてから，プロゲステロンの避妊薬としての可能性が認識されるようになった．プロゲステロンそのもの

エストロゲン estrogen エストロンやエストラジオールのような女性の性的特徴の発達を促すステロイドホルモン．

表 26・3 代表的なステロイドホルモン

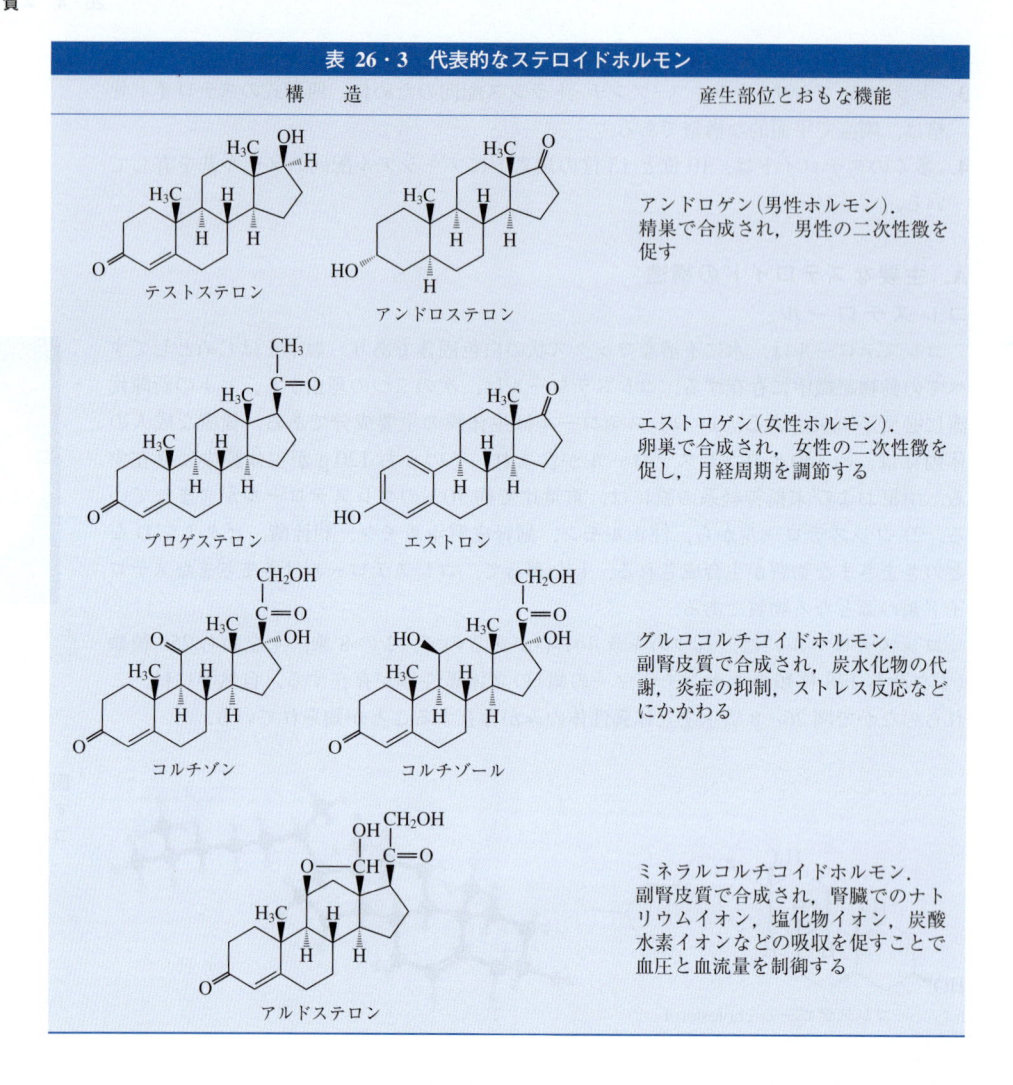

構造	産生部位とおもな機能
テストステロン／アンドロステロン	アンドロゲン(男性ホルモン). 精巣で合成され，男性の二次性徴を促す
プロゲステロン／エストロン	エストロゲン(女性ホルモン). 卵巣で合成され，女性の二次性徴を促し，月経周期を調節する
コルチゾン／コルチゾール	グルココルチコイドホルモン. 副腎皮質で合成され，炭水化物の代謝，炎症の抑制，ストレス反応などにかかわる
アルドステロン	ミネラルコルチコイドホルモン. 副腎皮質で合成され，腎臓でのナトリウムイオン，塩化物イオン，炭酸水素イオンなどの吸収を促すことで血圧と血流量を制御する

を経口投与しても，それほど大きな排卵抑制作用の効果は得られない．しかし，1960年代に行われた製薬企業や大学における膨大な研究によって，プロゲステロン様の機能をもつ多くの合成ステロイドが開発された．これらの薬剤を規則的に投与することにより，女性の月経周期を正常に維持したままで排卵を抑制することができる．ノルエチンドロンのようなプロゲステロン類縁体を主成分として，長期常用によって起こる月経不順を抑えるために，少量のエストロゲン様の化合物を添加したものが有効な避妊薬ピルとして使用されている．

ノルエチンドロンの"ノル(nor)"はこの部位のメチル基がないことを意味する

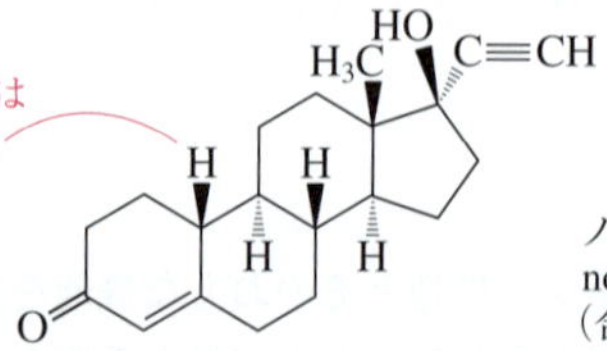

ノルエチンドロン
norethindrone
(合成プロゲステロン類縁体)

アンドロゲン androgen テストステロンのような男性の性的特徴の発達を促すステロイドホルモン．

テストステロンおよびその他の**アンドロゲン**は，男性生殖器の正常な成長(第一次性徴)や，成人男性に特徴的な低い声，体型，体毛や筋肉の発達(第二次性徴)を促す．テストステロンは，これらの効果をもつが，経口摂取では，肝臓で代謝され不活化される

ために活性を示さない．タンパク質同化作用をもち，しかも経口投与可能な**同化ステロイド**（アナボリックステロイド）が，けがの治療中に起こる筋肉の衰えを抑えるリハビリテーション用の薬剤として数多く開発された．そのなかでも，メタンドロステノロンとスタノゾロールが最も多く処方されている．メタンドロステノロンの構造は，17位にメチル基が導入されている点と，1位と2位の炭素間が二重結合になっているという点で，テストステロンの構造と異なる．スタノゾロールは，A環にピラゾール環が導入された構造をもつ．瞬発力を必要とする競技のスポーツ選手が，筋肉を増強させるという誤った目的で同化ステロイドを使用していることがある．しかし，同化ステロイド乱用は，過度に攻撃的な言動を誘起する，不妊，性的不能の可能性を高める，さらに糖尿病，冠動脈疾患，肝臓がんなどの合併症による早死さえもひき起こすなど，その危険性は非常に大きい．

> **同化ステロイド** anabolic steroid　アナボリックステロイドともいう．テストステロンのような組織や筋肉の増強を促進するステロイドホルモン．

メタンドロステノロン
methandrostenolone

スタノゾロール
stanozolol

胆汁酸

ヒト胆汁酸の主要成分であるコール酸の構造を図26・9に示す．この分子はカルボキシ基をもち，胆汁や腸液中ではアニオンにイオン化されている．**胆汁酸**（より正確には胆汁酸塩）は，肝臓で合成され，胆嚢に貯蔵され，小腸へと分泌される．胆汁酸は，小腸内で食物中の脂肪を乳化して，その吸収や分解を助ける．また，胆汁酸塩はコレステロール代謝の最終生成物であり，体内からコレステロールを排出する主要な経路である．胆汁酸は，A環とB環がシスで縮環している構造的特徴をもつ．

> **胆汁酸** bile acid　コール酸のようなコレステロール由来の界面活性剤で，胆嚢から小腸内へ分泌されて食物中の脂質吸収を助ける．

> 図26・9　ヒト胆汁の重要な成分であるコール酸の構造．すべての6員環がいす形配座をとっている．

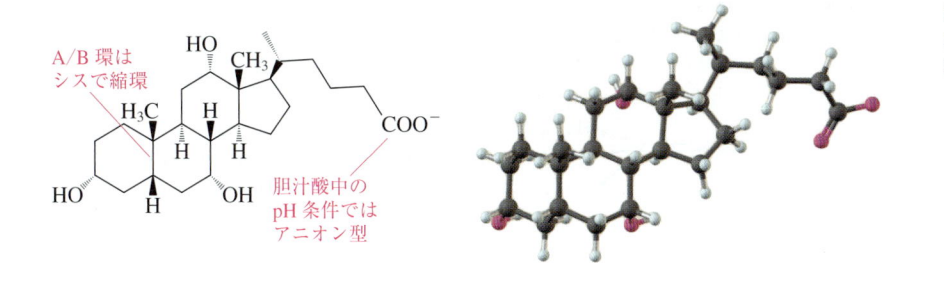

B. コレステロールの生合成

コレステロールの生合成には，§5・4 テルペンの構造で説明した生合成に共通のある特徴が含まれている．すなわち，生体分子の基本骨格は小さなサブユニットを複数使って，それらを繰返し連結して構築される．この炭素基本骨格に，さらに酸化や還元，架橋や付加，脱離などの反応により化学修飾がほどこされることで，固有の構造を有するそれぞれの生体分子が合成される．

ステロイド中のすべての炭素原子は，アセチルCoA中の二炭素ユニットであるアセチル基に由来する（問題25・35参照）．米国の生化学者K. Bloch とドイツの生化学者F. Lynen は，コレステロールと脂肪酸の生合成経路の解明の業績により1964年ノーベル医学生理学賞を共同で受賞した．彼らは，コレステロール中の27個の炭素のうち，15

個はアセチル CoA のアセチル基中のメチル基由来であり，残りの 12 炭素はアセチル CoA のカルボニル炭素由来であることを明らかにした（図 26・10）．

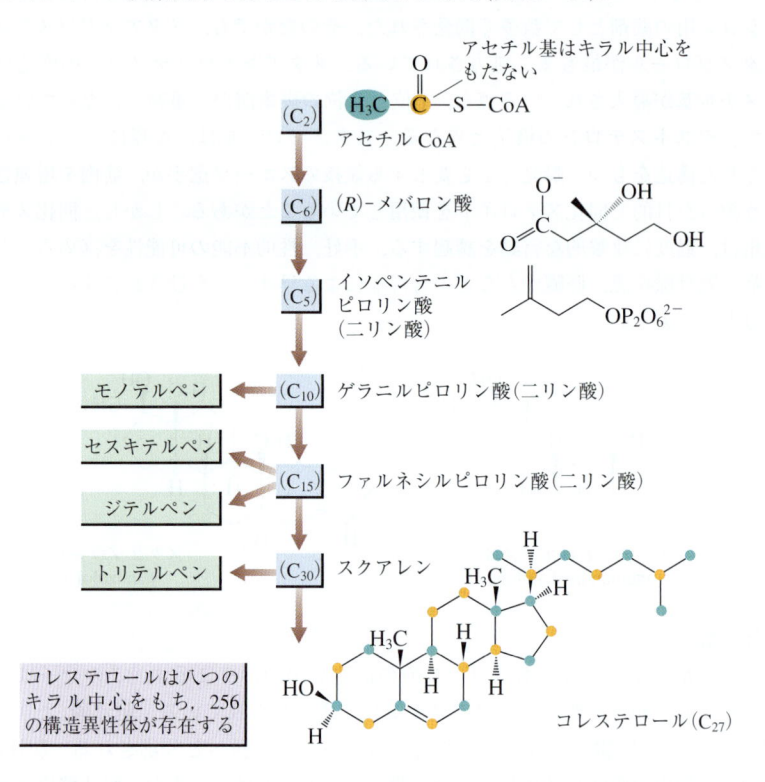

図 26・10 アセチル CoA からコレステロールへの生合成経路におけるいくつかの鍵中間体．1 分子のコレステロールの合成に 18 分子のアセチル CoA が必要となる．

このアセチル CoA を出発物としたコレステロールの生合成は，驚くべきことに完全な立体選択性をもって進行する．すなわち，考えられる 256 種類の立体異性体のうち，ただ 1 種類の異性体のみが合成される．ここまで高度な立体選択性を，現在の有機合成で再現することはできない．生合成されたコレステロールは，合成鍵中間体として働き，さらに多くのステロイド類に変換される．

コレステロール
→ 胆汁酸（コール酸など）
→ 性ホルモン（テストステロン，エストロンなど）
→ ミネラルコルチコイドホルモン（アルドステロンなど）
→ グルココルチコイドホルモン（コルチゾンなど）

26・5 リン脂質

A. 構造

リン脂質 phospholipid 二つの脂肪酸と一つのリン酸でエステル化されたグリセロールを含む脂質．

リン脂質は，より正確にはホスホアシルグリセロールとよばれ，天然に存在する脂質の中で二番目に多い化合物群である．リン脂質は，ほとんどすべての動植物の生体膜成分であり，典型的な生体膜は，約 40～50% のリン脂質と 50～60% のタンパク質から構成されている．リン脂質のなかで最も多いのは，ホスファチジン酸の誘導体である（図 26・11）．

ホスファチジン酸を構成する脂肪酸のなかで最もよくみられるのは，飽和脂肪酸であるパルミチン酸とステアリン酸，および不飽和脂肪酸のオレイン酸である．ホスファチジン酸がさらに低分子のアルコールとエステルになったものがリン脂質である．リン脂質を構成する代表的なアルコールを表 26・4 に示す．また，血漿や体液に近い pH 7.4

26・5 リン脂質　861

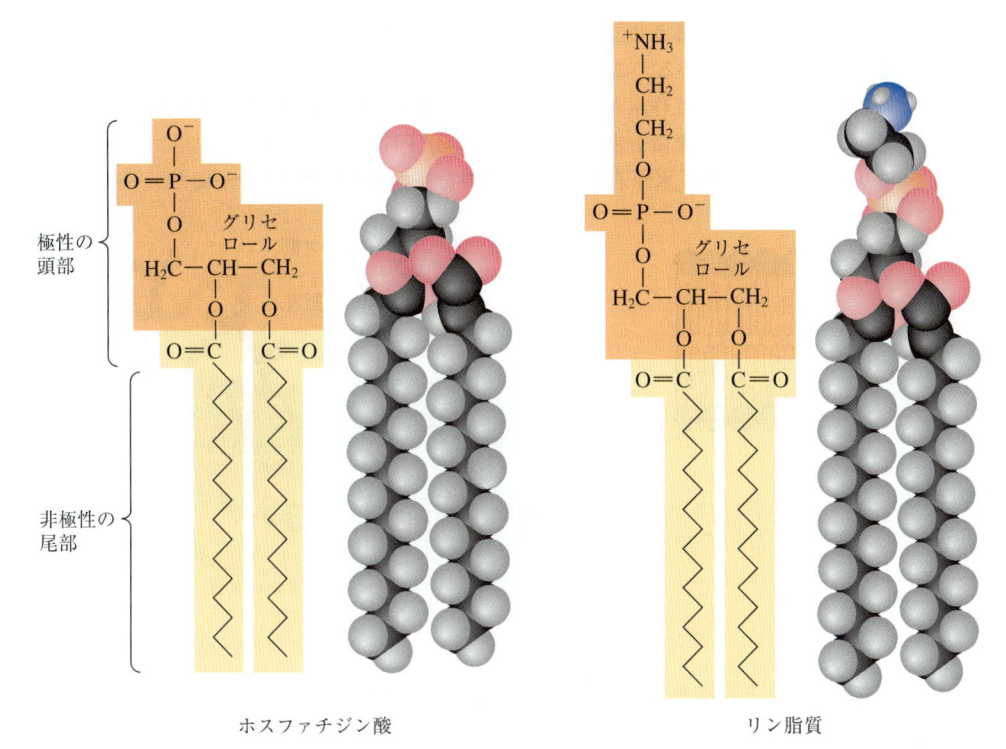

図 26・11 ホスファチジン酸では，グリセロールが 2 分子の脂肪酸と 1 分子のリン酸との間でエステル結合を生成している．リン酸エステル部位が，さらに低分子のアルコールとエステルを形成している分子はリン脂質とよばれる．

における各官能基のイオン化状態を表 26・4 および図 26・11 に示す．この生理的条件では，リン酸エステルは負電荷を帯び，アミノ基は正に荷電している．

表 26・4　リン脂質中に存在する代表的な低分子のアルコール

リン脂質中のアルコール		リン脂質の名称
構造式	名　称	
HOCH$_2$CH$_2$NH$_2$	エタノールアミン	ホスファチジルエタノールアミン（ケファリン）
HOCH$_2$CH$_2$N$^+$(CH$_3$)$_3$	コリン	ホスファチジルコリン（レシチン）
HOCH$_2$CHCOO$^-$ 　　　| 　　NH$_3^+$	セリン	ホスファチジルセリン
（イノシトール構造式）	イノシトール	ホスファチジルイノシトール

B. 脂質二重膜

　ホスファチジルコリンの一つであるレシチンの空間充塡モデルを図 26・12 に示す．多くのリン脂質は細長い棒状の分子構造をもっており，ほぼ平行に伸びた非極性（疎水性）の 2 本の炭化水素鎖と，その反対の極性（親水性）をもつリン酸エステル部位から構成されている．

　リン脂質は，水溶液中に加えると自発的に**脂質二重膜**を形成する（図 26・13）．脂質二重膜では，極性をもつ頭部のリン酸エステルが表面に存在しており，あたかも膜がイ

図 26・12 レシチンの空間充塡モデル

脂質二重膜 lipid bilayer　リン脂質の単層膜が背中合わせで並んだ二重膜．独立した小さなベシクルや膜構造をとることもある．

オンで被覆されているかのようである．一方，非極性の炭化水素鎖は，二重膜中に埋まった状態となっている．このリン脂質の二重膜構造への自発的な自己組織化には，次の 2 種類の分子間相互作用が働いている．1) 疎水性相互作用：水分子を膜から追い出し，非極性の炭化水素鎖を束ねる役目をもつ分子間力．2) 静電相互作用：極性基であるリン酸エステルと，水分子やその他の極性分子が相互作用する分子間力．

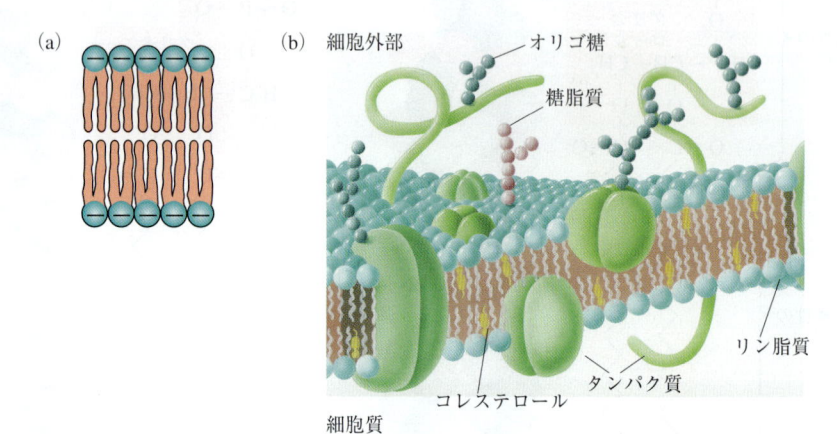

図 26・13 脂質二重膜の模式図 (a) と生体膜の流動モザイクモデル (b)．脂質二重膜と膜タンパク質は膜の内外で規則正しく配向している．また，一部の膜タンパク質は，膜を貫通している．

　石けんのミセル構造でも，これら 2 種類の非共有結合性相互作用が働いていることを §26・2B で述べた．石けんのミセルでは，極性(親水性)のカルボキシ基がミセル表面にあって水分子と相互作用しており，非極性(疎水性)の炭化水素鎖はミセル内において集合体を形成し水分子との接触から逃れている．
　脂質二重膜において炭化水素鎖は，その不飽和度に応じて，剛直で密な状態から流動的で柔らかい状態までさまざまな状態をとりうる．飽和の炭化水素鎖は，平行に並んだ密な状態を取るため，膜は剛直となる．一方，シス形の二重結合をもつ炭化水素鎖は，膜内で折れまがった状態で存在するため，飽和脂肪酸で見られるような整然とした密なパッキング状態をとることができない．したがって，不飽和脂肪酸を含む脂質二重膜

身のまわりの化学　　ヘビ毒に含まれるホスホリパーゼ

　ある種のヘビがもつ毒には，ホスホリパーゼとよばれる酵素が含まれている．この酵素は，リン脂質中のカルボン酸エステル結合を加水分解する機能をもつ．トウブヒシモンガラガラヘビ *Crotalus adamanteus* やインドコブラ *Naja naja* は，リン脂質中のグリセロール 2 位のエステルを加水分解するホスホリパーゼ PLA$_2$ をもつ．この加水分解により生じたリゾレシチンは，界面活性剤として働いて赤血球の膜を溶解させ破裂させる．インドコブラの毒によって毎年数千人もの人の命が奪われている．

は，流動性に富んでいる．

生体膜は，脂質二重膜からできている．リン脂質，タンパク質，コレステロールを含む動植物の生体膜モデルとして，1972年に S. J. Singer と G. Nicolson らが提唱した**流動モザイクモデル**が広く受け入れられている（図26・13）．"モザイク"という言葉は，生体膜を構成する複数の要素がまとまった集合体として，つまり一つの分子やイオンとしてふるまうのではなく，それぞれが個別の分子として独立した役割を果たしていることを意味している．一方，"流動"という言葉は，生体膜が脂質二重膜と同様の流動性をもっていることを意味している．タンパク質は膜上に浮かんだ状態で膜平面の上を自由に移動できる．

流動モザイクモデル fluid-mosaic model リン脂質の二重膜で構成された生体膜モデル．タンパク質，糖鎖，他の脂質などが膜の表面あるいは内部に埋込まれた状態で存在している．

26・6 脂溶性ビタミン

ビタミン類は，その溶解性の違いにより脂質として扱われる脂溶性ビタミンと，それ以外の水溶性ビタミンの2種類に大まかに分類できる．脂溶性のビタミンとしては，ビタミン A, D, E, K が知られている．

A. ビタミン A

ビタミン A はレチノールともよばれ，動物の体内のみにみられ，植物中には存在しない．ビタミン A は，タラをはじめとする魚類，あるいは他の動物から得られる肝油や乳製品に豊富に含まれている．一方，ビタミン A の前駆体（プロビタミン）は，カロテンとよばれるテトラテルペン類（C_{40}）のかたちで植物中に存在する．β-カロテンは，カロテンのなかで最もよく知られており，ニンジンやその他の緑黄色野菜中に豊富に含まれている．β-カロテンは，光合成により発生する一重項酸素*を除去する機能をもち，抗酸化活性を示す．β-カロテン自身はビタミン A が示す機能をもたないが，体内に摂取されると中央の二重結合の酸化的切断と，つづくアルデヒドの還元反応によりレチノール（ビタミン A）に変換される．

レチノール retinol

カロテン carotene

* 訳注: 一重項酸素は，強い酸化力をもつ活性酸素の一種．これに対し，基底状態の酸素分子を三重項酸素とよぶ．

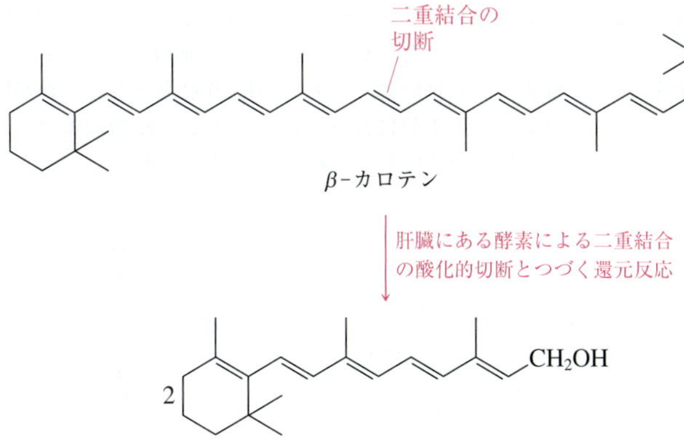

ビタミン A の機能としておそらく最もよく知られているのは，視覚にかかわる桿体細胞での視物質としての役割であろう．生体においてレチノールは，酵素反応により酸化されすべての二重結合が E 配置である 11-*trans*-レチナールとなる（図26・14）．さらに 11 番目と 12 番目の炭素間の二重結合が酵素の作用により異性化して，11-*trans*-レチナールは，11-*cis*-レチナールとなり，タンパク質の一種であるオプシン上のリシン残基（NH_2 基）とイミンを形成する（§16・8参照）．こうして得られる生成物はロドプシンとよばれ，可視光中の青から緑の領域に強い吸収を示す共役構造をもつ色素として

ロドプシン rhodopsin

ふるまう.

視覚作用は次のようにして起こる. はじめに眼球の網膜上にある桿体細胞中のロドプシンが光を吸収し電子励起状態になる. 励起状態のロドプシンのもつ過剰の電子エネルギーは, 次に数ピコ秒 ($1\,\mathrm{ps}=10^{-12}\,\mathrm{s}$) で分子の振動と回転のエネルギーへと変換され, 11-cis-レチナール部がより安定な E 配置へと異性化する. この異性化はオプシンの構

身のまわりの化学　　ビタミン K, 血液凝固, 塩基性

ビタミン K は, 脂溶性のビタミンであり, 食事から必ず摂取しなければならない. ビタミン K の欠乏は, 血液凝固の遅延をもたらすが, これはケガをした動物やわれわれ人間にとって, 時として大きな恐怖となる. 血液凝固の過程においてキノン構造をもつビタミン K は, 還元反応により活性なヒドロキノン型へと変換される.

ビタミン K, 酸素分子, 二酸化炭素, およびミクロソームカルボキシラーゼとよばれる酵素の作用により, 血液凝固に必須のタンパク質であるプロトロンビン中のあるグルタミン酸側鎖が, 二酸化炭素由来のカルボキシ基により修飾を受けて γ-カルボキシグルタミン酸となる. ちなみにこの反応は, §17・9B で紹介した β-ジカルボン酸(マロン酸)の脱炭酸の逆反応である. 生じた γ-カルボキシグルタミン酸は, 二配位性の官能基としてカルシウムイオンと強く結合し, 血液凝固を助ける. 血液凝固のメカニズムには, まだ不明な点が残されているが, 少なくともプロトロンビンのグルタミン酸の側鎖が修飾を受けなければカルシウムイオンと結合できず血液凝固は起こらない.

このことは, ずいぶん以前から知られている事実であった. しかし, ほんのつい最近まで, この修飾反応におけるビタミン $\mathrm{K_1}$ の役割は正確には不明であり, 以下のような疑問が解明されないまま残されていた. すなわちビタミン $\mathrm{K_1}$ のヒドロキノン型のアニオンは比較的弱い塩基(pK_a は約 9)にすぎない. しかし, グルタミン酸側鎖からプロトンを引抜くためには, 共役酸として約 27 の pK_a をもつ非常に強い塩基が必要である. ここで酸素分子を基質とする酵素反応がかかわってくるのであるが, いったいどのような機構で pK_a にして 18 もの塩基性の上昇が可能となるのだろうか.

近年, P. Dowd (ドウ) は, ビタミン $\mathrm{K_1}$ のヒドロキノン型アニオンが酸素分子と反応してペルオキシドアニオン中間体 **1** を経た後, 化合物 **2** へと変換されることを見いだした. **2** は, 非常に不安定な O−O 結合を含むひずんだ 4 員環をもつ. このため **2** は容易に転位反応を起こして, 立体的に混み入ったアルコキシド型の強塩基であるビタミン $\mathrm{K_1}$ 塩基となる.

こうして不安定な O−O 結合は, より安定な C−O 結合へと置き換えられるが, この過程で発生する余剰のエネルギーが, フェノキシド型の弱塩基からアルコキシド型の強塩基が生成する駆動力となっている. 生じたアルコキシド型の強塩基は, グルタミン酸残基からプロトンを引抜くことができる. その後, 二酸化炭素の付加反応により γ-カルボキシグルタミン酸が生成し, カルシウムイオンと結合することで血液凝固を助けることとなる. 以上のように現在では, 血液凝固の過程にどうして酸素, 二酸化炭素, ビタミン $\mathrm{K_1}$ が必要となるのかが解明されている. 人工的に合成されたビタミン K 類縁体は, この反応過程においてビタミン $\mathrm{K_1}$ と同じように働く.

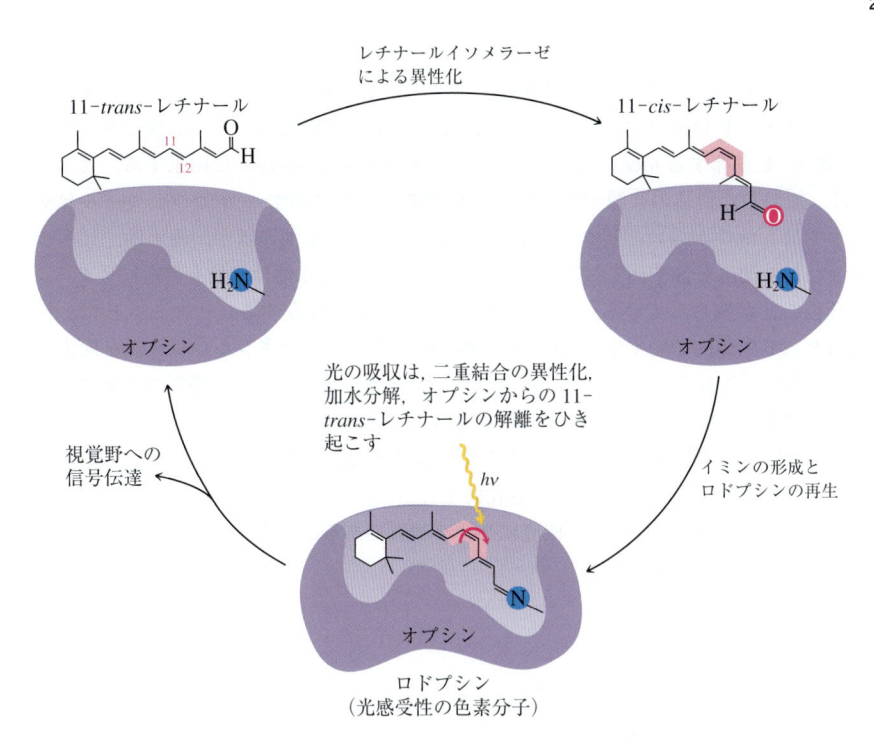

図 26・14 桿体細胞における視覚応答で起こる最も重要な化学反応は，ロドプシンによる光の吸収と，それにつづく炭素−炭素二重結合のシス形からトランス形への異性化である．

造変化をひき起こし，最終的に視神経での神経細胞の興奮と視覚映像の獲得に結びつく．光に反応して E 配置への異性化が起こると，すぐにロドプシンの加水分解が起こり 11-*trans*-レチナールとオプシンが再生する．この加水分解された状態では，光に反応せず色素として働かないが，酵素の作用により 11-*trans*-レチナールは再び 11-*cis*-レチナールに変換され，ロドプシンを再生する．図 26・14 は，この視覚サイクルの概略を図示した．

B. ビタミン D

ビタミン D は，類似した構造の複数の化合物の総称であり，おもにカルシウムとリン酸の代謝調節を担っている．幼年期のビタミン D の欠乏は，くる病やミネラル代謝異常による骨欠損をひき起こし，がに股，エックス脚，関節拡大などが症状として現れる．ビタミン D_3 は，循環器系に最も豊富に存在するビタミン D の一種であり，哺乳動物の皮膚で 7-デヒドロコレステロール(7 番目と 8 番目の炭素に二重結合をもつコレステロール)から，太陽光中の紫外線の作用により生産される．ビタミン D_3 は肝臓において，酸素分子 O_2 によりまず側鎖の 25 位の炭素が酸化されて 25-ヒドロキシビタミン D_3 となる．25-ヒドロキシビタミン D_3 は，腎臓においてさらに酸素分子で 1 位炭素が酸化されて，ホルモン活性を有する 1,25-ジヒドロキシビタミン D_3 になる．

C. ビタミン E

ビタミンEは，ネズミの正常な繁殖に重要な食物中の物質として1922年に発見された．ビタミンEはトコフェロール（tocopherol）ともよばれるが，この名前はギリシャ語の"誕生"を意味する *tocos* と，"ひき起こす"を意味する *pherein* に由来する．ビタミンEは，類似した構造の複数の化合物の総称であり，下に示すα-トコフェロールはそのなかで最も活性が強い．ビタミンEは，魚から得られる油のほか，綿実油，ピーナッツ油などの油にも含まれており，小麦の胚芽から得られる油は，最も豊富にビタミンEを含むことが知られている．また緑色の葉野菜中にも存在する．ビタミンEは，抗酸化剤として生体内で発生するHOO・やROO・などのペルオキシルラジカルを除去する働きをもつ．これらのペルオキシルラジカルは，膜を構成するリン脂質の不飽和アルキル鎖が酵素の作用により酸素分子で酸化されることにより生じる（§8・7 "生化学とのつながり 酸化防止剤"参照）．ペルオキシルラジカルは，老化にかかわり，これを除去するビタミンEや他の抗酸化剤は，老化防止に有効であると考えられている．ビタミンEは，赤血球膜の正常な形成と機能に必要な物質であることも知られている．

四つのイソプレン単位が頭-尾を逆にしながら繰返し連結されて芳香環までのびている

ビタミンE（α-トコフェロール）

まとめ

26・1 トリグリセリド
- **脂質**は，水への溶解性をもとに分類された異なる構造をもつ有機化合物の総称である．脂質は，水には不溶であるが，ジエチルエーテル，アセトン，ジクロロメタンには可溶である．
- **トリグリセリド（トリアシルグリセロール）**は，グリセロールと脂肪酸で構成される自然界に最も豊富に存在する脂質である．
- **脂肪酸**は長鎖のカルボン酸であり，動植物の油脂や，生体膜を構成するリン脂質を加水分解することにより得られる．
  - 脂肪酸は，アルキル鎖の炭素数と，アルキル鎖中の炭素−炭素二重結合の数をもとにして命名される（例 18:2）．
  - ほとんどの脂肪酸は，12から20までの偶数の炭素鎖をもつ．
  - 天然より得られる脂肪酸中の炭素−炭素二重結合は，ほぼ例外なくシス形である．
  - トリグリセリドの融点は，炭素鎖が長いほど，あるいは炭素鎖の飽和度が高いほど，より高くなる．シス体の二重結合は折れ曲がっているため，トリグリセリド間のパッキング構造を緩め，融点が低くなる．
- 飽和脂肪酸を多く含むトリグリセリドは，室温において通常，固体あるいは半固体状態であるため**脂肪**とよばれる．
- 不飽和脂肪酸を多く含むトリグリセリドは，室温において通常，液体であるため**脂肪油**とよばれる．
  - 脂肪油は，部分的な水素化（金属触媒存在下で一定量の水素と反応させること）により不飽和脂肪酸を減らすことで脂肪となる．この食品加工の工程は**硬化**とよばれている．
- 硬化の工程で，一部のトリグリセリド中のシス形の二重結合の一部は異性化して，より安定なトランス形となる．トランス形の二重結合を含むトリグリセリドは**トランス脂肪酸**とよばれ，心臓病の危険性を大きく上昇させることから，食品加工の過程での生成が制限されている．

26・2 石けんと洗剤
- **石けん**は，脂肪酸のナトリウムあるいはカリウム塩である．
- 水中において石けんは**ミセル**を形成する．ミセルは，非極性のグリースや油を水に溶かす作用をもつ．
- 天然由来の石けんは，硬水中に含まれる $Mg(II)$，$Ca(II)$，あるいは $Fe(III)$ イオンと水に不溶な塩を形成する．これは金属イオンとカルボキシ基との強い相互作用のためである．
- 人工の界面活性剤は，カルボキシ基の代わりにスルホン酸をもつ．これは金属イオンの硫酸塩のほうがカルボン酸塩に比べてはるかに水溶性が高いためである．
- 最も広く用いられている合成界面活性剤は，直鎖のアルキルベンゼンスルホン酸類である．

26・3 プロスタグランジン類
- **プロスタグランジン**は，非常に強い生理活性を示す化合物群であり，炭素数20のプロスタン酸の基本骨格をもつ．
- プロスタグランジンは，生理的刺激に応じてリン脂質に結合したアラキドン酸やその他の炭素数20の脂肪酸から生合成され

る．アスピリンやその他の非ステロイド性抗炎症薬(NSAIDs)は，この生合成を阻害する作用をもつ．
- エイコサノイドは，炭素数20の非常に幅広い種類の天然脂質であり，脂肪酸から合成される．エイコサノイドには，プロスタグランジンをはじめとして，ロイコトリエン，トロンボキサン，プロスタサイクリンなどの生物に共通の重要な生理活性物質が含まれる．

26・4 ステロイド類
- ステロイドは動植物のもつ脂質の一種であり，三つの6員環と一つの5員環から構成される四環式の化合物である．
  - ステロイド骨格は剛直な平面構造をもつ．これは，四つの環がトランス-アンチ-トランス-アンチ-トランスの配向で連結されているためである．
- コレステロールは，動物の生体膜に不可欠な成分である．ヒトの性ホルモン，副腎皮質ホルモン，胆汁酸，ビタミンDなどは，コレステロールから生合成される．
  - 低密度リポタンパク質(LDL)は，肝臓において合成されたコレステロールを他の組織や細胞に運搬する役目をもつ．
  - 高密度リポタンパク質(HDL)は，コレステロールを各細胞から肝臓に送り返し，胆汁酸への分解，その後の体外排泄に重要な役目をもつ．
- 経口避妊薬には，ノルエチンドロンなどの合成プロゲステロン類縁体がある．これらは，排卵を阻害する作用をもつが月経周期には影響を与えない．
- さまざまな同化ステロイドが，けがの治療中に起こる筋肉の衰えを抑えるリハビリテーション用の薬剤として使用されている．
- 胆汁酸は，脂肪の酸性消化に利用される．その構造は，他のステロイドと異なりA環とB環がシス形で縮環している．
- コレステロールをはじめ，コレステロールから誘導される生体分子の炭素骨格は，アセチルCoAのアセチル基(2炭素ユニットに相当)に由来している．

26・5 リン脂質
- リン脂質は，自然界で二番目に多い脂質であり，ホスファチジン酸の誘導体である．ホスファチジン酸は，グリセロールが2分子の脂肪酸および1分子のリン酸との間でエステルを形成した構造をもつ．
  - ホスファチジン酸のリン酸部位が，エタノールアミン，コリン，セリン，イノシトールなどの低分子のアルコールとエステルを形成した化合物がリン脂質となる．
- リン脂質は，生体膜の主要な構成成分である．
- リン脂質を水溶液に加えると自発的に脂質二重膜を形成する．
- 流動モザイクモデルにおいて，リン脂質は膜表面や膜を貫通している膜タンパク質とともに脂質二重膜を形成していると考えられている．

26・6 脂溶性ビタミン
- ビタミンAは動物のみに存在するビタミンである．
  - 植物に含まれるカロテンはテトラテルペン類(C_{40})であり，体内に摂取された後に酸化的に切断されてビタミンAとなる．
  - ビタミンAの最もよく知られている機能は視覚における役割である．ビタミンAは，光刺激に応答する活性な色素としてタンパク質であるロドプシンの中で機能している．
- ビタミンDは，カルシウムやリン酸の代謝制御に重要な構造的に類似した化合物の総称である．ビタミンD_3は，紫外線により7-デヒドロコレステロールから哺乳動物の皮膚中で合成される．
- ビタミンEは，構造の類似した化合物群の総称であり，そのなかで最も活性の高い化合物はα-トコフェロールである．ビタミンEは，体内においてペルオキシルラジカルを捕捉する抗酸化剤として働く．

問題

赤の問題番号は応用問題を示す．

脂肪酸およびトリグリセリド
26・2 疎水性の意味を正しく定義せよ．
26・3 トリグリセリドの疎水性部位および親水性部位は，それぞれどの部位になるかを示せ．
26・4 不飽和脂肪酸は飽和脂肪酸に比べてどうして低い融点を示すのか説明せよ．
26・5 グリセロールトリオレイン酸とグリセロールトリリノール酸とでは，どちらがより高い融点をもつと予想されるか．
26・6 リノール酸メチルエステルの構造式を，二重結合の立体配置に注意して書け．
26・7 ココナッツ油は，ほとんどが飽和型の脂肪酸のトリグリセリドで構成されているにもかかわらず液体となる．この理由を説明せよ．
26・8 トロピカルオイル(ヤシ油，ココナッツ油など)と植物油(コーン油，大豆油，ピーナッツ油など)の成分の違いは何であるか説明せよ．
26・9 植物油の硬化とは具体的に何を意味するのか説明せよ．
26・10 ステアリン酸，リノール酸，アラキドン酸を1分子ずつ含む1 molのトリグリセリドを触媒的水素化する場合，何molの水素分子が必要となるか．
26・11 性能のよい界面活性剤をつくり出すために必要な分子の構造的特徴を複数あげよ．
26・12 カチオン性および中性界面活性剤の構造を次に示す．それぞれの界面活性剤としての特徴を説明せよ．

$$CH_3(CH_2)_6CH_2\underset{\underset{CH_2C_6H_5}{|}}{\overset{\overset{CH_3}{|}}{N}}CH_3 \ Cl^-$$

塩化ベンジルジメチル
オクチルアンモニウム
(カチオン性界面活性剤)

$$HOCH_2CCH_2OC(CH_2)_{14}CH_3$$
(with HOCH_2 groups and O)

パルミチン酸ペンタ
エリトリチル
(中性界面活性剤)

26・13 シャンプーと食器用洗剤に含まれる界面活性剤を調べ名前を記せ. それらはアニオン性, 中性, カチオン性のどれであるか.

26・14 パルミチン酸(ヘキサデカン酸)を次の化合物へ変換する方法を示せ.
(a) パルミチン酸エチル　　(b) 塩化パルミトイル
(c) 1-ヘキサデカノール(セチルアルコール)
(d) 1-ヘキサデカンアミン
(e) N,N-ジメチルヘキサデカンアミド

26・15 パルミチン酸(ヘキサデカン酸)は, 次の化合物のもつヘキサデシル基(セチル基)の原料となる. それぞれの化合物は, 穏やかな界面活性作用をもつ殺菌薬および防カビ薬であり, 局所殺菌薬や消毒薬として用いられている. これらは, 第四級アンモニウム塩型の界面活性剤でありコート系化合物とよばれている.

塩化セチルピリジニウム

塩化ベンジルセチルジメチルアンモニウム

(a) 塩化セチルピリジニウムは, ピリジンを 1-クロロヘキサデカン(塩化セチル)と反応させることで得られる. パルミチン酸を塩化セチルに変換する方法を示せ.
(b) 塩化ベンジルセチルジメチルアンモニウムは, N,N-ジメチル-1-ヘキサデカンアミンを塩化ベンジルと反応させることにより得られる. この第三級アミン化合物をパルミチン酸から合成する方法を示せ.

26・16 リパーゼは, エステル類(特にグリセロールのエステル誘導体)を加水分解する酵素である. 酵素は光学活性な触媒であるため, ラセミ体中の一方のエナンチオマーのみを選択的に加水分解することが可能である. たとえばブタ膵臓リパーゼは, 次に示すラセミ体のエポキシエステルを基質として, 一方のエナンチオマーのみを選択的に加水分解する. この手法を用いることで, 100 g のエポキシエステルのラセミ体から何グラムの光学活性なエポキシアルコールが得られるか計算せよ.

プロスタグランジン

26・17 PGF$_{2\alpha}$ の構造について次の点を確認せよ. 分子中のキラル中心とシス-トランスの異性化が可能な二重結合を示せ. また, 構造的にとりうるすべての立体異性体の数を答えよ.

26・18 ウノプロストンは, プロスタグランジン(§26・3)の構造を模倣した化合物である. また, レスキュラ® は, ウノプロストンのイソプロピルエステル誘導体であり, 緑内障・高眼圧症の治療薬である. これらの人工合成プロスタグランジンと PGF$_{2\alpha}$ の構造を比較せよ.

ウノプロストン
unoprostone
(緑内障治療薬)

26・19 ドキサプロストは, 経口投与可能な気管支拡張薬であり, その構造はプロスタグランジン(§26・3)を模倣している. ドキサプロストは, 2-オキソシクロペンタンカルボン酸のエチルエステルを出発物として, 次ページに示す合成経路で合成される. この経路に含まれるすべての反応は, ネフ反応を除いて, すでに説明した.
(a) 段階1のアルキル化に必要な反応条件を示せ. このアルキル化反応は, 出発物の二つのカルボニル基で挟まれた炭素上で起こるが, ケトンのカルボニル基の横のもう一方の炭素上では起こらない. この反応の位置選択性について説明せよ.
(b) 段階2および段階3の反応条件を示せ.
(c) 段階4の臭素化および段階5の脱臭化水素の反応条件をそれぞれ示せ.
(d) 段階6において, メタノールあるいはジアゾメタン CH_2N_2 をメチル化剤として用いたときの化学反応式(出発物, 反応条件, および生成物)を書け.
(e) 段階7の反応条件を示せ. また, 本反応でトランス体が得られる理由を説明せよ.
(f) 段階8はウィッティッヒ反応である. ここで用いられるウィッティッヒ反応剤の構造式を書け.
(g) 段階9の反応の名称を答えよ.
(h) 段階10は, 臭化メチルマグネシウムを用いたグリニャール反応であるが, 位置選択的な反応を進行させるために非常に注意深く反応条件を制御しなくてはならない. ドキサプロスト以外のグリニャール反応の生成物を示せ.
(i) シクロペンタノン環の二つの側鎖がトランス配置であるとして, この合成経路で得られるドキサプロストの立体異性体の数はいくつになるか.

ステロイド

26・20 コレステロールを H_2/Pd あるいは Br_2 と反応させた場合の生成物の構造式を書け.

26・21 低密度リポタンパク質(LDL)と高密度リポタンパク質(HDL)は, ともに単層のリン脂質で覆われたトリグリセリドの核をもつ. この核中で見いだされるエステルであるリノール酸コレステロールの構造式を書け.

26・22 テストステロン(男性ホルモン)とプロゲステロン(女性ホルモン)の構造式を書き, 両者の類似点と違いを比較せよ.

26・23 コール酸の棒球モデル(問題 2・65 参照)をよく観察し, コール酸を含む胆汁酸塩が脂質や油を乳化して消化を助ける機構について説明せよ.

26・24 コルチゾール(ヒドロコルチゾン)の構造を次に示す.

問題 26・19 図

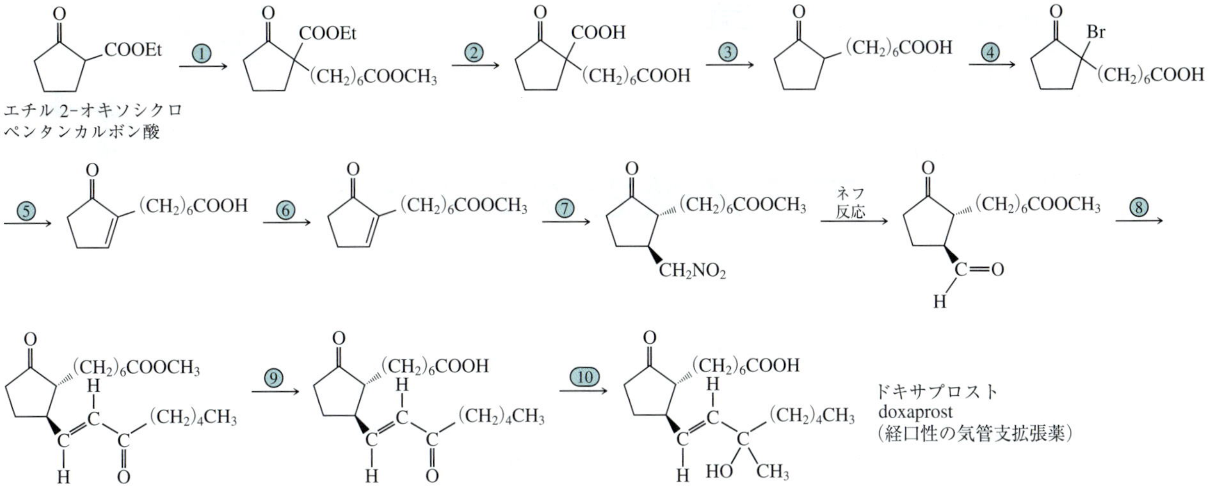

エチル 2-オキソシクロペンタンカルボン酸

この分子の立体構造を 5 員環および 6 員環の立体配座がわかるように書け.

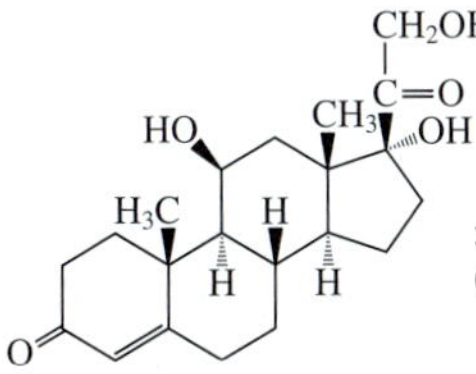

26・25 立体配座解析における多くの知見は，剛直なステロイド骨格を用いた合成研究より得られたものである．たとえばエポキシシクロヘキサンの開環反応は，通常トランスジアキシアル形の生成物を与えるが，これはステロイドのオキシラン誘導体を用いた立体選択的反応の結果から明らかにされたものである．次のステロイドのオキシラン誘導体を LiAlH$_4$ と反応させた場合の生成物の構造式を書け.

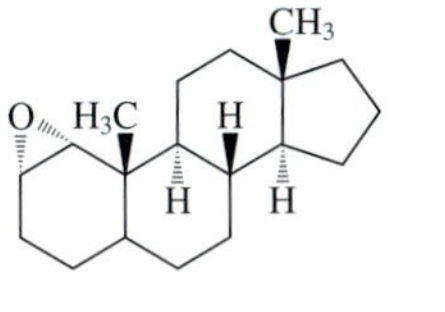

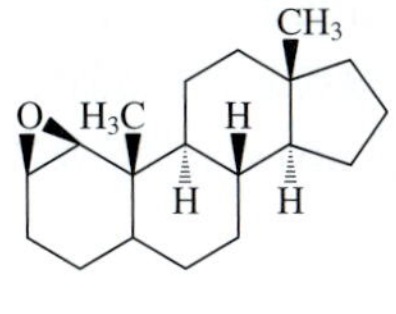

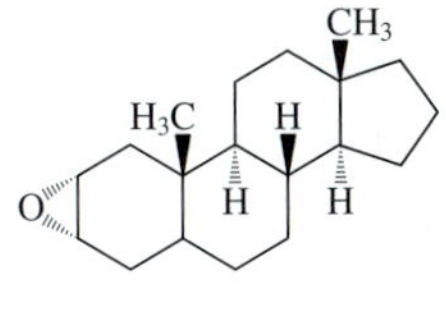

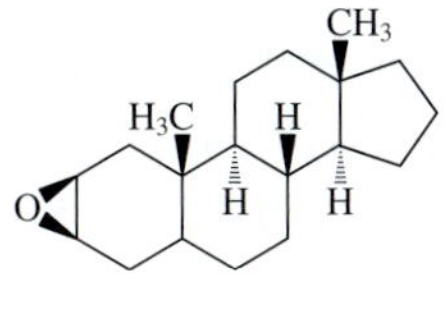

リン脂質

26・26 パルミチン酸とリノール酸を 1 分子ずつ含むレシチンの構造式を書け.

26・27 リン脂質の疎水性部位と親水性部位は，それぞれどの部位になるかを示せ.

26・28 疎水性相互作用は，水溶液中における生体分子の自己集合にかかわる最も重要な相互作用の一つである．疎水性相互作用は，水素結合の形成による極性基と水相との相互作用，疎水性部位を水相から遮蔽しようとする力が働くことで生じる．次に示す現象において疎水性相互作用がどのように機能しているかを示せ.
(a) 石けんや洗剤でのミセル形成.
(b) リン脂質による二重膜の形成.

26・29 不飽和脂肪酸は，生体膜の流動性にどのような影響を与えるかを示せ.

26・30 レシチンは乳化剤として働く．たとえば，卵の黄身中のレシチンは，マヨネーズづくりには欠かせない．レシチンの疎水性部位と親水性部位は，それぞれどの構造部位になるかを示せ．また，レシチンのどの構造部位がマヨネーズ中の油あるいは水と相互作用するかをそれぞれ示せ.

脂溶性ビタミン

26・31 ビタミン A の構造について，可能なシス-トランス異性体の数はいくつあるか答えよ.

26・32 ビタミン A のパルミチン酸エステルは，食品添加物として多くの食品に含まれる．この分子の構造式を書け.

26・33 ビタミン A，1,25-ジヒドロキシビタミン D$_3$，ビタミン E，ビタミン K$_1$（§26・6"身のまわりの化学 ビタミン K，血液凝固，塩基性"参照）の構造から，それぞれのビタミン類の水あるいはジクロロメタンに対する溶解性を予測せよ．また，血漿に対する溶解性についても予測せよ.

- 27・1　アミノ酸
- 27・2　アミノ酸の酸-塩基特性
- 27・3　ポリペプチドとタンパク質
- 27・4　ポリペプチドとタンパク質の一次構造
- 27・5　ポリペプチドの合成
- 27・6　ポリペプチドやタンパク質の三次元構造

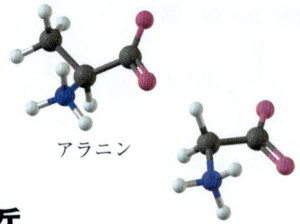

27章 アミノ酸とタンパク質

アラニン
グリシン

　本章では，まずアミノ酸について説明する．アミノ酸はアミノ基とカルボキシ基をあわせもっているので，その化学は，アミン(23章参照)とカルボン酸(17章参照)の化学の組合わせである．ここでは特にアミノ酸のもつ酸としての性質と塩基としての性質の両方に着目する．アミノ酸のもつ酸性と塩基性の両方の性質は，酵素の触媒機能など，タンパク質のさまざまな特性を決める重要な因子である．アミノ酸の化学をしっかりと理解した上で，タンパク質の構造について学ぶ．

27・1　アミノ酸

A. 構　造

　アミノ酸は，カルボキシ基と**アミノ基**の両方の官能基をもつ化合物である．生物の世界には，さまざまな種類のアミノ酸の存在が知られているが，これらのなかで最も重要なものは，タンパク質を構成する単位となる**α-アミノ酸**である．アミノ酸については，すでに§3・9の"生化学とのつながり　アミノ酸"のところで紹介した．α-アミノ酸の一般的な構造式を図27・1に示す．

　図27・1(a)のアミノ酸の構造式は，1分子中に酸 −COOH と塩基 −NH$_2$ がそのままの形で描かれており，厳密には正しくない．実際には，分子内にある酸と塩基は中和反応を起こして，図27・1(b)のような分子内塩を形成している．アミノ酸の分子内塩は，**双性イオン**とよばれる．双性イオンは1価の正電荷と1価の負電荷をもっており，全体としては電気的に中性である．

　アミノ酸は双性イオンとして存在するため，塩としてのさまざまな性質をもっている．たとえば，アミノ酸は高い融点を示す結晶性の固体であり，水にはかなり溶けるが，エーテルや炭化水素などの非極性の有機溶媒には不溶である．

B. キラリティー

　タンパク質由来のアミノ酸は，グリシン H$_2$NCH$_2$COOH を除いて，キラル中心を少なくとも一つもつ光学活性な化合物である．アラニンの両エナンチオマーのフィッシャー投影式を図27・2に示す．生物界に存在する糖の大多数はD体であるが，α-ア

アミノ酸 amino acid　アミノ基とカルボキシ基を両方もつ化合物．

アミノ基 amino group

α-アミノ酸 α-amino acid　アミノ基がカルボキシ基のα位の炭素に結合しているアミノ酸．

双性イオン zwitter ion　両性イオンともいう．アミノ酸の分子内塩で，負に荷電した COO$^-$ 基と正に荷電した NH$_3^+$ 基をもつ．

(a)　　　　　　(b)
　　O　　　　　　 O
　　∥　　　　　　 ∥
RCHCOH　　　RCHCO$^-$
　│　　　　　　　│
　NH$_2$　　　　　NH$_3^+$

図27・1　α-アミノ酸の構造式．非イオン化型(a)と分子内塩(双性イオン)型(b)．

図27・2　アラニンのエナンチオマーの組．生物中のα-アミノ酸は，L形の立体配置をもつ．比較のためにL-グリセルアルデヒドの構造を記載する．

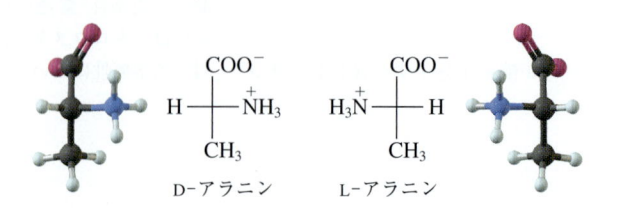

　　　　　　COO$^-$　　　　　COO$^-$　　　　　　　　　　CHO
　　　H──NH$_3^+$　　H$_3$N$^+$──H　　　　　　　HO──H
　　　　　　CH$_3$　　　　　　CH$_3$　　　　　　　　　　CH$_2$OH

　D-アラニン　　　　L-アラニン　　　　　　　　L-グリセルアルデヒド

ミノ酸のほとんどはL体である．アミノ酸がL体かどうかは，グリセルアルデヒドのキラル中心を基準にして決める．図27・2から，L-アラニンとL-グリセルアルデヒドが，構造的によく似たキラル中心をもつことがわかるであろう．このLの表記から，すべてのL-アミノ酸がマイナスの旋光度(左旋性，levorotatory)をもつと思うかもしれないが，これはまちがいである．実際には，多くのL-アミノ酸がプラスの旋光度(右旋性，dextrorotatory)を示す．アミノ酸のL表記は，基準となるL-グリセルアルデヒドとの構造の類似性によって決められたものにすぎず，旋光度を実験的に測定して決定されたものではない．

R/S 表記もまたアミノ酸の立体構造の識別に用いられる．この表記法に従うと，L-アラニンは(*S*)-アラニンとよばれることになる．D/L 表記は，アミノ酸の立体化学を正しく表記するために適切であるとは言えないが，糖質の場合と同様に長年使用されている．今でも一般的に使用されているので，本章においてもD/L表記を用いる．

表 27・1 タンパク質由来のアミノ酸[†]

分類		
非極性側鎖	アラニン alanine (Ala, A)	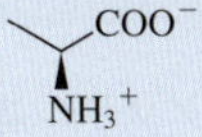 フェニルアラニン phenylalanine (Phe, F) 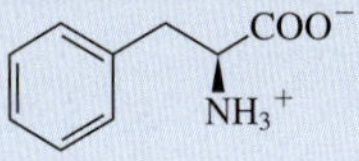
	グリシン glycine (Gly, G)	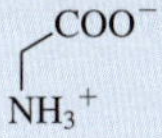 プロリン proline (Pro, P) 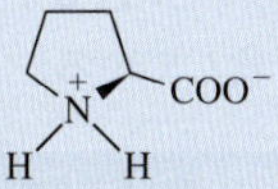
	イソロイシン isoleucine (Ile, I)	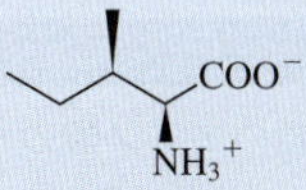 トリプトファン tryptophan (Trp, W) 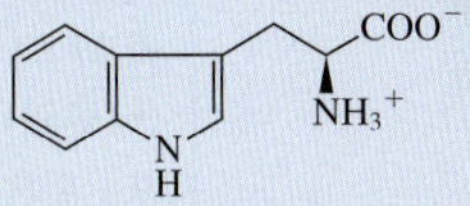
	ロイシン leucine (Leu, L)	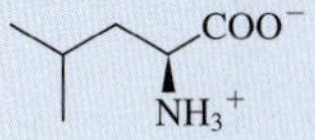 バリン valine (Val, V) 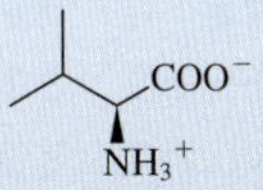
	メチオニン methionine (Met, M)	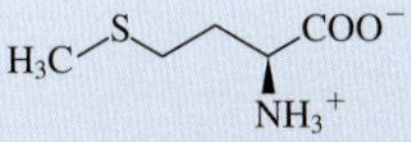
極性側鎖	アスパラギン asparagine (Asn, N)	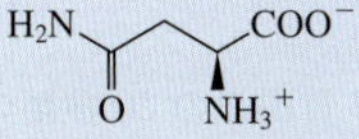 セリン serine (Ser, S) 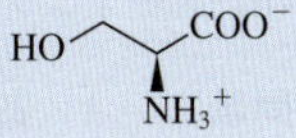
	グルタミン glutamine (Gln, Q)	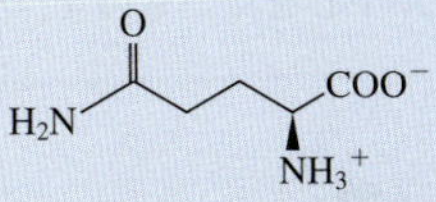 トレオニン threonine (Thr, T) 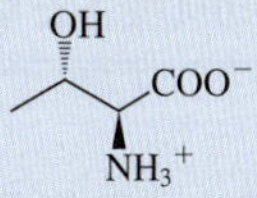
酸性側鎖	アスパラギン酸 aspartic acid (Asp, D)	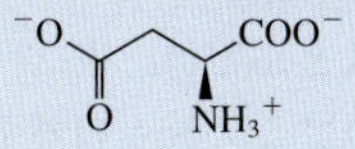 システイン cysteine (Cys, C) 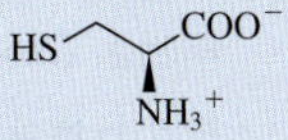
	グルタミン酸 glutamic acid (Glu, E)	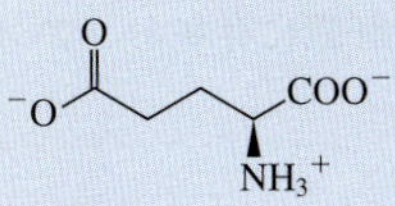 チロシン tyrosine (Tyr, Y) 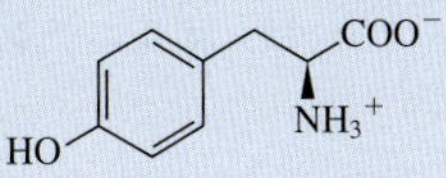
塩基性側鎖	アルギニン arginine (Arg, R)	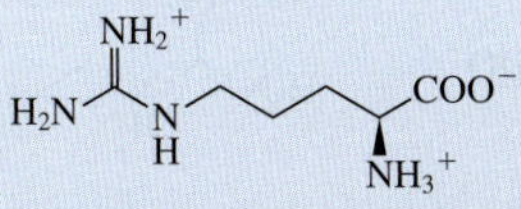 ヒスチジン histidine (His, H) 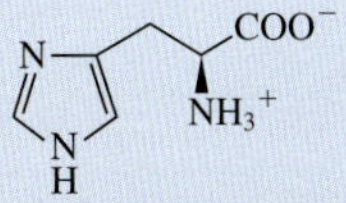
	リシン lysine (Lys, K)	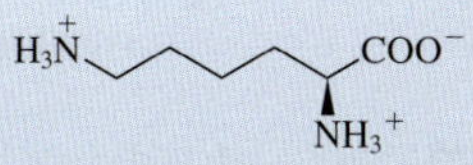

[†] それぞれのアミノ酸のイオン化する官能基は，pH 7.0 において占める割合の最も多い状態で記述してある．

C. タンパク質由来のアミノ酸

タンパク質由来のアミノ酸20種類の名称，構造式，三文字および一文字表記を表27・1にまとめた．表中のアミノ酸は，非極性の側鎖をもつもの，非イオン性の極性側鎖をもつもの，酸性の側鎖をもつもの，塩基性の側鎖をもつものの4種類に分類することができる．これらのアミノ酸は，次のような構造的特徴をもつ．

1. タンパク質由来の20種類のアミノ酸は，すべてα-アミノ酸である．すなわち，アミノ基はカルボキシ基のα炭素に結合している．
2. 20種類中の19種類は，第一級のα-アミノ基をもつ．プロリンのみが第二級のα-アミノ基をもつ．
3. グリシンを除く19種類のアミノ酸のα炭素はキラル中心である．それらのキラルなアミノ酸のα炭素の絶対立体配置はすべて同じであり，D/L表記ではすべてL-アミノ酸となる．*R*/*S*表記では，アミノ酸のα炭素は*S*配置になる．L-システインだけは例外で側鎖にメルカプト基を含むため，優先順位則に従うと*R*配置になる．
4. イソロイシンとトレオニンには，キラル中心が二つある．したがって四つの立体異性体が存在する可能性があるが，タンパク質中にはそのうちの1種類しか存在しない．
5. システインのメルカプト基，ヒスチジンのイミダゾリル基，およびチロシンのフェノール性ヒドロキシ基は，pH 7.0の条件では酸解離の平衡が存在し，一部がイオン化している．

例題 27・1

表27・1に示したタンパク質由来の20種類のアミノ酸のうちで，(a)芳香環をもつもの，(b)側鎖にヒドロキシ基をもつもの，(c)フェノール性ヒドロキシ基をもつもの，(d)硫黄原子を含むものを，それぞれすべてあげよ．

解答　(a) フェニルアラニン，トリプトファン，チロシン，ヒスチジンの四つ
(b) セリンとトレオニンの二つ
(c) チロシンのみ
(d) メチオニンとシステインの二つ

問題 27・1　表27・1に示したタンパク質由来の20種類のアミノ酸のうち，(a) キラル中心をもたないもの，(b) 二つのキラル中心をもつものを，それぞれすべてあげよ．

D. その他のよく知られたL-アミノ酸

植物あるいは動物のタンパク質のほとんどは，表27・1に示した20種類のα-アミノ酸から構成されているが，その他のアミノ酸も自然界に多数存在している．たとえば，オルニチンやシトルリンはおもに肝臓に存在し，アンモニアを尿素に変換する代謝

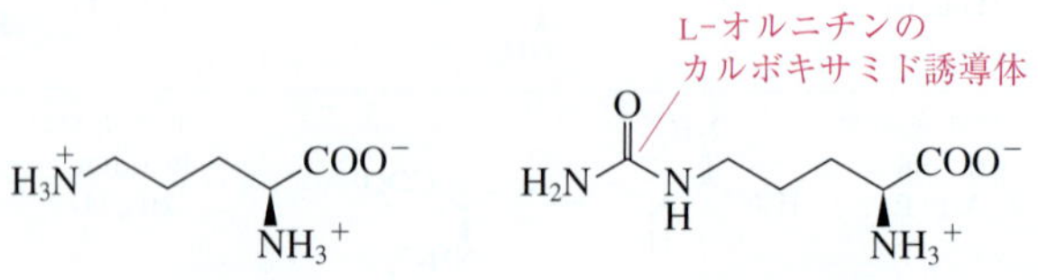

L-オルニチン
L-ornithine
L-シトルリン
L-citrulline

経路である尿素回路に不可欠なアミノ酸である．チロキシンとトリヨードチロニンは，チロシン由来のホルモンであり，甲状腺組織に存在する．そのおもな役割は，他の細胞

や組織での代謝刺激である．

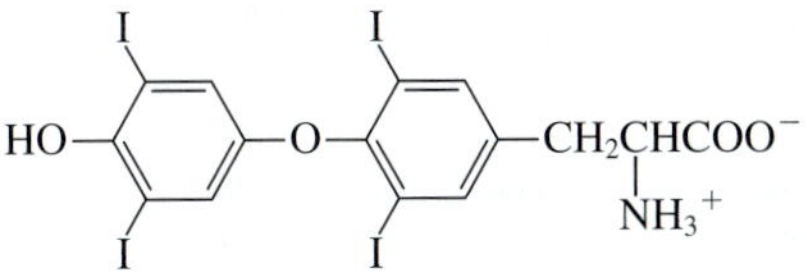

L-チロキシン
L-thyroxine, T₄

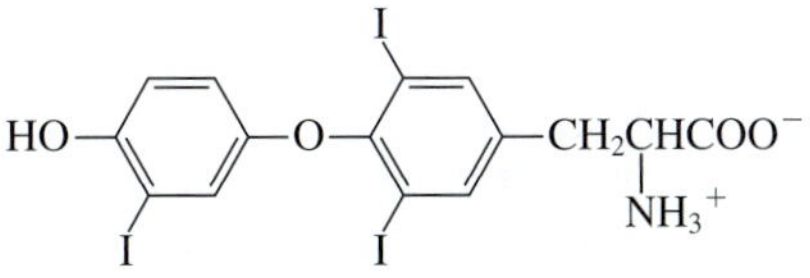

L-トリヨードチロニン
L-triiodothyronine, T₃

4-アミノ酪酸（γ-アミノ酪酸，GABA）は脳内に高濃度(0.8 mM)で存在するが，他の組織ではほとんどみられない．このγ-アミノ酸は神経細胞でグルタミン酸の脱炭酸によって合成され，無脊椎動物やヒトの中枢神経系において神経伝達物質として働く．

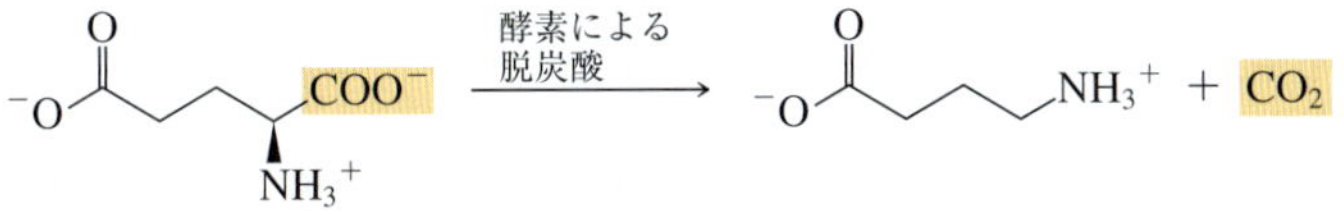

グルタミン酸 →(酵素による脱炭酸)→ 4-アミノ酪酸（γ-アミノ酪酸，GABA） + CO_2

タンパク質中には通常 L-アミノ酸のみが存在しており，D-アミノ酸は，ごくまれに高等動物の代謝物中に見られるだけである．一方，下等生物では，いくつかの D-アミノ酸が見いだされている．たとえば，D-アラニンや D-グルタミン酸は，ある種の細菌に細胞壁の構成要素として存在している．また，ペプチド性の抗生物質の構造中にも D-アミノ酸が見いだされている．

27・2　アミノ酸の酸-塩基特性

A. アミノ酸中の酸性基と塩基性基

アミノ酸の化学的性質のうち，酸性と塩基性は最も重要なものの一つである．アミノ酸は，カルボキシ基 COOH やアンモニウム基 NH_3^+ をもっており*，それらのプロトンは遊離可能である．タンパク質由来の 20 種類のアミノ酸について，イオン化する各官能基の pK_a を表 27・2 にまとめて示す．

* 訳注：IUPAC による命名法ではアンモニオ基とよぶ．

α-カルボキシ基の酸性度

プロトン化されたアミノ酸の α-カルボキシ基の pK_a は，平均して 2.19 である．したがって α-カルボキシ基は，酢酸(pK_a 4.76)やその他の脂肪族カルボン酸類よりもかなり強い酸である．この酸性度の強さは，隣接する NH_3^+ の電子求引性の誘起効果で説明できる．§17・4A において，モノ，ジ，トリクロロ置換酢酸の相対的な酸性度の違いを同様の誘起効果で説明しているので参照してほしい．

RCHCOOH + H_2O ⇌ RCHCOO⁻ + H_3O^+　　pK_a = 2.19
　|　　　　　　　　　　|
　NH_3^+　　　　　　　NH_3^+

NH_3^+ は電子求引性の誘起効果を示す

側鎖カルボキシ基の酸性度

α位の NH_3^+ が電子求引性なので，アスパラギン酸やグルタミン酸の側鎖カルボン酸の酸性度は酢酸(pK_a 4.76)のそれよりも高い．この誘起効果は，COOH と NH_3^+ との

表 27・2 アミノ酸中のイオン化する官能基の pK_a

アミノ酸	pK_a α-COOH	pK_a α-NH$_3^+$	pK_a 側鎖	等電点(pI)
アスパラギン	2.02	8.80	—	5.41
アスパラギン酸	2.10	9.82	3.86	2.98
アラニン	2.35	9.87	—	6.11
アルギニン	2.01	9.04	12.48	10.76
イソロイシン	2.32	9.76	—	6.04
グリシン	2.35	9.78	—	6.06
グルタミン	2.17	9.13	—	5.65
グルタミン酸	2.10	9.47	4.07	3.08
システイン	2.05	10.25	8.00	5.02
セリン	2.21	9.15	—	5.68
チロシン	2.20	9.11	10.07	5.63
トリプトファン	2.38	9.39	—	5.88
トレオニン	2.09	9.10	—	5.60
バリン	2.29	9.72	—	6.00
ヒスチジン	1.77	9.18	6.10	7.64
フェニルアラニン	2.58	9.24	—	5.91
プロリン	2.00	10.60	—	6.30
メチオニン	2.28	9.21	—	5.74
リシン	2.18	8.95	10.53	9.74
ロイシン	2.33	9.74	—	6.04

距離が長くなるにつれて弱くなる．アラニン(pK_a 2.35)のα-カルボン酸とアスパラギン酸のβ-カルボン酸(pK_a 3.86)，グルタミン酸のγ-カルボン酸(pK_a 4.07)の酸性度を比較すると，この距離の効果がよくわかる．

α位の NH$_3^+$ の酸性度

α位 NH$_3^+$ の pK_a は，平均すると 9.47 であり，脂肪族の第一級 NH$_3^+$ の pK_a 10.0〜11.0(§23・5A 参照)と比較して，わずかに強い酸である．逆に言えば，α-アミノ基は脂肪族第一級アミンと比べて，わずかに弱い塩基ということになる．

$$\text{RCHCOO}^-\ (\text{NH}_3^+) + \text{H}_2\text{O} \rightleftharpoons \text{RCHCOO}^-\ (\text{NH}_2) + \text{H}_3\text{O}^+ \qquad \text{p}K_a = 9.47$$

$$\text{CH}_3\text{CHCH}_3\ (\text{NH}_3^+) + \text{H}_2\text{O} \rightleftharpoons \text{CH}_3\text{CHCH}_3\ (\text{NH}_2) + \text{H}_3\text{O}^+ \qquad \text{p}K_a = 10.60$$

アルギニン中のグアニジノ基の塩基性度

アルギニン側鎖のグアニジノ基は，脂肪族アミンよりもかなり強い塩基である．§23・5D で述べたようにグアニジン(pK_a 13.6)自身が，中性の有機化合物のなかでも非常に強い塩基である．この強い塩基性は，グアニジノ基が電気的に中性の状態よりも，プロトン化された状態のときにより大きな共鳴安定化を受けるためである．

アルギニンのイオン化したグアニジノ基は三つの共鳴構造により表される　　電荷をもたず，共鳴安定化のない状態　　pK_a = 12.48

ヒスチジン中のイミダゾリル基の塩基性度

ヒスチジン側鎖のイミダゾリル基は共役した平面の 6π 電子系なので，芳香族ヘテロ環アミンに分類される（§21・2D 参照）．イミダゾリル基の一方の窒素の非共有電子対は，この 6π 電子系に組込まれているが，もう一方の窒素の電子対は組込まれておらず，塩基として働く．この窒素のプロトン化により生成するカチオン種は，共鳴により安定化されている．

イミダゾリウムカチオンの共鳴安定化構造

$pK_a = 6.10$

この非共有電子対は 6π 芳香族電子に含まれないためプロトン受容性，つまり塩基性をもつ

B. アミノ酸の酸-塩基滴定

アミノ酸中のイオン化する官能基の pK_a は，酸-塩基滴定によって求めることができる．酸-塩基滴定によって，滴下した塩基（あるいは酸）の量と溶液の pH との相関曲線が得られる．例として，グリシンの滴定を取上げる．十分に酸性にして，アミノ基もカルボキシ基もプロトン化された 1.0 mol グリシンの水溶液に，1.00 M の水酸化ナトリウム水溶液を滴下して，pH の変化を測定する．加えた塩基 OH^- の量と溶液の pH をプロットすると図 27・3 のようになる．

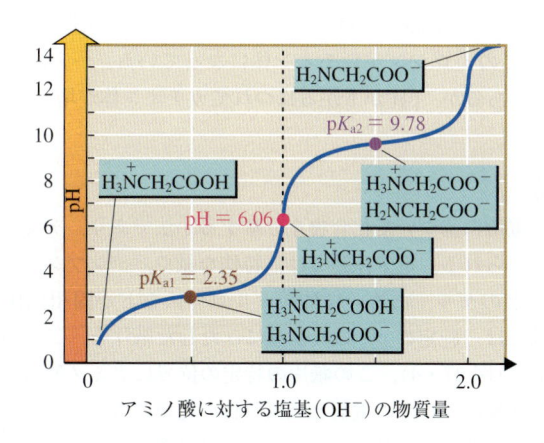

図 27・3 水酸化ナトリウムによるグリシンの滴定曲線

滴下された水酸化ナトリウムと最初に反応するのは，最も酸性が強いカルボキシ基である．ちょうど 0.50 mol の水酸化ナトリウムを滴下した時点で，カルボキシ基の半分が中和され，生じた双性イオンの濃度が中和されずに残っているカチオン体の濃度と等しくなる．したがって，そのときの pH 2.35 がカルボキシ基の pK_a となる（pK_{a1}）．

$$pH = pK_{a1} \quad [\overset{+}{H_3NCH_2COOH}] = [\overset{+}{H_3NCH_2COO^-}]$$
$$\quad\quad\quad\quad\quad カチオン \quad\quad\quad 双性イオン$$

1.0 mol の水酸化ナトリウムを滴下したところで滴定の最初の終点に達する．この時点の水溶液中は，双性イオンが主成分となっており，pH は 6.06 である．

次の段階で，NH_3^+ を滴定する．さらに 0.50 mol の水酸化ナトリウムを加えた時点

(全体で 1.50 mol)で，半分の NH_3^+ が中和され NH_2 となり，生じたアニオン体の濃度と中和されずに残っている双性イオンの濃度が等しくなる．このときの pH は 9.78 であり，これがグリシンのアミノ基の pK_a となる(pK_{a2})．

$$pH = pK_{a2} \quad [\overset{+}{H_3N}CH_2COO^-] = [H_2NCH_2COO^-]$$
$$\qquad\qquad\qquad 双性イオン \qquad\qquad アニオン$$

二つ目の滴定の終点は，2.0 mol の水酸化ナトリウムを加えたところであり，この時点ですべてのグリシンはアニオン体となる．

C. 等 電 点

上記のように，滴定曲線からアミノ酸中のイオン化する官能基の pK_a を決定できる．さらに，この滴定曲線からもう一つの重要なアミノ酸の特性である等電点を決定できる．**等電点(pI)** とは，溶液中のアミノ酸分子がもつ全体の電荷が 0(すなわち双性イオン)となる pH のことである．グリシンの等電点は，滴定曲線でカルボキシ基とアミノ基の pK_a を示す点の中間点にあたることがわかる．すなわち，pH 6.06 で双性イオン種が最も多く存在している．また，この pH では正電荷を帯びたグリシンと負電荷を帯びたグリシンの濃度は等しい．

等電点 isoelectric point 略称 pI. アミノ酸，ポリペプチド，タンパク質において，分子のもつ全体の電荷が 0 となる pH．

$$pI = \frac{1}{2}(pK_a\,\alpha\text{-COOH} + pK_a\,\alpha\text{-NH}_3^+) = \frac{1}{2}(2.35 + 9.78) = 6.06$$

ある pH におけるアミノ酸の電荷の状態は，アミノ酸の等電点を基準にして見積もることができる．たとえば pH 5.63 でのチロシンの電荷は，等電点と等しいため 0 である．pH 5.00 では pI よりも 0.63 だけ小さいので，わずかに正電荷を帯びており，pH 3.63 ではほぼすべてのチロシンがカチオン体になっている．一方，リシンの全体の電荷は pH 9.74 で 0 であるが，pH が下がるにつれてカチオン体が増えていく．

D. 電 気 泳 動

電気泳動 electrophoresis 電荷の量に基づいた化合物の分離法．

電気泳動とは，電荷に基づいて化合物を分離する手法であり，アミノ酸やタンパク質の分離や同定に用いられる．電気泳動では，特殊な紙や，デンプン，ポリアクリルアミド，アガロースなどのゲル，あるいは酢酸セルロースなどが固相担体として用いられる．沪紙電気泳動では，特定の pH の緩衝液にひたした紙片を，二つの電極の間に橋渡しするかたちで置く(図 27・4)．この紙片の特定の位置にアミノ酸の試料をのせて電圧をかけると，アミノ酸は，自身の電荷とは反対側の電極の方向へと移動する．高い電荷密度をもつ分子は，電荷密度の低い分子よりも速く移動し，緩衝液の pH と同じ等電点をもつ化合物は移動せず元の位置にとどまる．電気泳動を行った後，紙片を乾燥し，色素を吹付けて分離された各成分を呈色させる．

図 27・4 アミノ酸の混合物を分離する電気泳動装置．負に荷電したアミノ酸は，陽極側へ，正に荷電したアミノ酸は陰極側へ移動する．また，電荷をもたないアミノ酸は，移動せずに元の位置にとどまる．

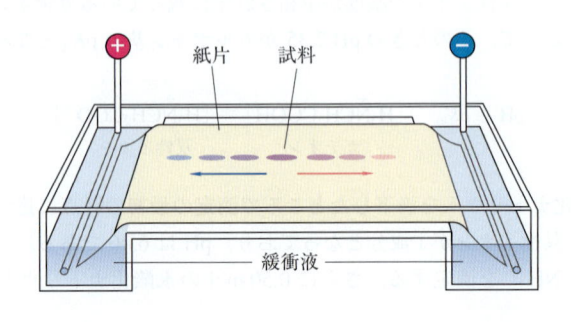

アミノ酸の検出に幅広く用いられる色素としてニンヒドリン(1,2,3-インダントリオン一水和物)がよく知られている．ニンヒドリンは，α-アミノ酸と反応して，アルデヒド，二酸化炭素とともに紫色のアニオン性化合物を生じる．この反応は，アミノ酸の定性分析や定量分析によく利用されている．タンパク質由来の20種類のα-アミノ酸のうち19種類は第一級アミノ基をもっているためアニオン性化合物の生成により紫色を示し，第二級アミノ基をもつプロリンはオレンジ色に呈色する．

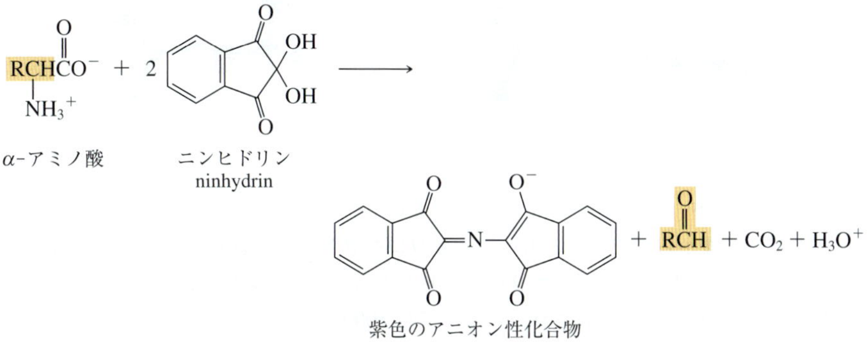

例題 27・2
チロシンの等電点は 5.63 である．チロシンを pH 7.0 の条件で沪紙電気泳動すると，どちらの電極側へ移動するか答えよ．
解答　pH 7.0 は等電点よりも塩基性の条件なので，チロシン全体では負電荷をもつ．したがって陽極側へ移動する．

問題 27・2　ヒスチジンの等電点は 7.64 である．ヒスチジンを pH 7.0 の条件で沪紙電気泳動すると，どちらの電極側へ移動するか答えよ．

例題 27・3
リシンとヒスチジンとシステインの混合物を pH 7.64 の条件下で電気泳動を行った．それぞれのアミノ酸の泳動結果を記せ．
解答　ヒスチジンの等電点は 7.64 である．したがって，この pH でヒスチジンの全体の電荷は 0 であり，元の位置にとどまったまま移動しない．システインの pI は 5.02 であり，pH 7.64 では負に荷電している．したがって陽極側へ移動する．リシンの pI は，9.74 であるため，pH 7.64 では正に荷電している．したがって陰極側へ移動する．

問題 27・3　グルタミン酸とアルギニンとバリンの混合物を pH 6.0 の条件下で沪紙電気泳動を行った．それぞれのアミノ酸の泳動結果を記せ．

27・3　ポリペプチドとタンパク質

E. Fischer は，タンパク質とはアミノ酸の α-カルボキシ基と α-アミノ基が，アミド結合でつながった長い鎖状の化合物であると 1900 年代初めに提唱した．このアミド結合は Fischer によって**ペプチド結合**と名づけられた．ジペプチドであるセリルアラニンのセリンとアラニン間のペプチド結合を図 27・5 に示す．

アミノ酸の比較的短いポリマーはペプチドとよばれる．ペプチドは，アミノ酸の数によってよび方が異なる．アミノ酸が 2 個つながったものは**ジペプチド**，同様にして，3

ペプチド結合 peptide bond　α-アミノ酸のアミノ基と別の α-アミノ酸のカルボキシ基から形成されるアミド結合の特別なよびかた．

ジペプチド dipeptide　2 個のアミノ酸がペプチド結合でつながった分子．

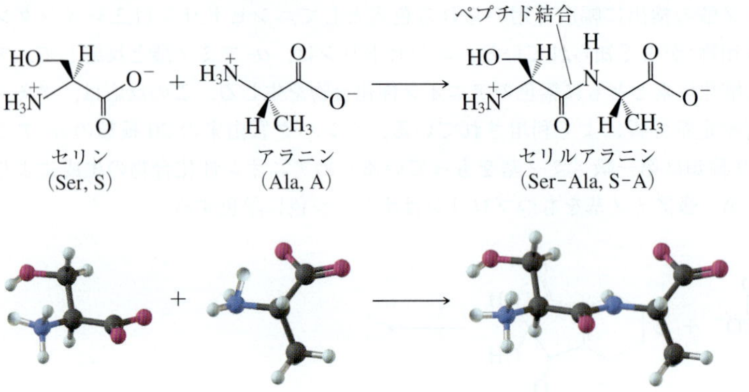

878   27. アミノ酸とタンパク質

図 27・5　セリルアラニンのペプチド結合

トリペプチド tripeptide　3 個のアミノ酸が連続してペプチド結合でつながった分子．アミノ酸が 4 個つながったものをテトラペプチド tetrapeptide, 5 個つながったものをペンタペプチド pentapeptide, 10〜20 個つながったものをオリゴペプチド oligopeptide という．

ポリペプチド polypeptide　多くのアミノ酸が連続してペプチド結合でつながった高分子．

タンパク質 protein　一つ以上のポリペプチドからなる，分子量 5000 以上の生体高分子．

N 末端アミノ酸 N-terminal amino acid　ポリペプチド鎖の末端に位置する NH_3^+ 基をもつアミノ酸．

C 末端アミノ酸 C-terminal amino acid　ポリペプチド鎖の末端に位置する COO^- 基をもつアミノ酸．

個はトリペプチド，4 個はテトラペプチド，5 個はペンタペプチドとよばれる．10 から 20 個のアミノ酸から構成されるものは，オリゴペプチドとよばれ，それ以上の数十個のアミノ酸がつながったものはポリペプチドとよばれる．タンパク質は，1 本あるいは複数のポリペプチド鎖で構成されている分子量 5000 を超える生体高分子である．ただし，これらの長鎖ペプチドの種々のよび方は厳密には区別されていない．

ポリペプチドは，末端に位置する NH_3^+ 基をもつアミノ酸を左側に，もう一方の末端の COO^- 基をもつアミノ酸を右側に書くのが慣例となっている．セリン，フェニルアラニン，アスパラギン酸からなるトリペプチドは，次のように書く．末端に位置する NH_3^+ 基をもつアミノ酸は，**N 末端アミノ酸**とよぶ．一方，反対側の COO^- 基をもつアミノ酸は **C 末端アミノ酸**とよぶ．

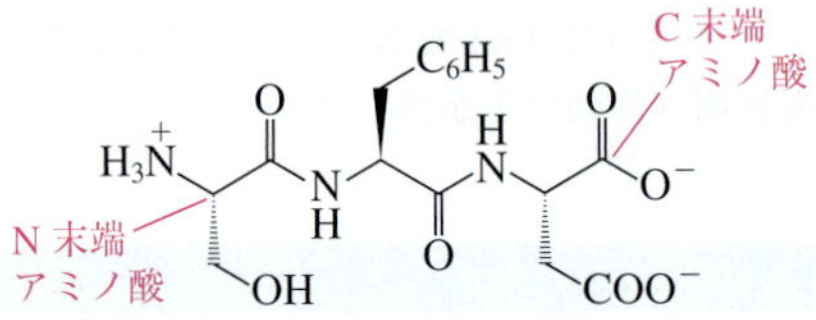

Ser-Phe-Asp

例題 27・4

Cys-Arg-Met-Asn の構造式を書き，N 末端アミノ酸と C 末端アミノ酸をそれぞれ示せ．また，pH 6.0 において，このテトラペプチドの全体の電荷はどうなるか答えよ．

解答　左から窒素-α 炭素-カルボニル基を繰返してテトラペプチドの主鎖を書く．pH 6.0 での全体の電荷は +1 となる．

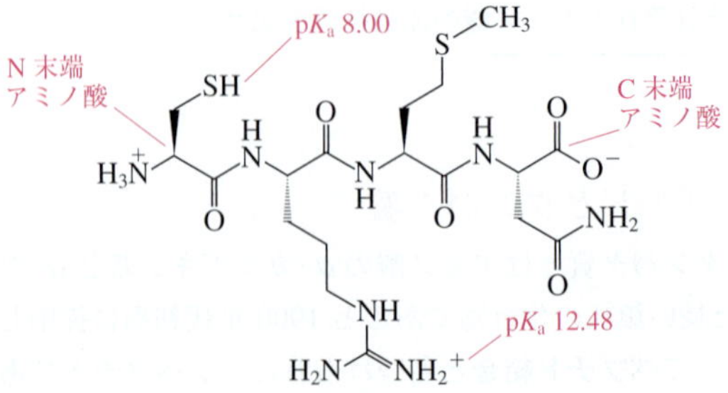

（N 末端アミノ酸：Cys，pK_a 8.00；C 末端アミノ酸：Asn；Arg pK_a 12.48）

問題 27・4　Lys-Phe-Ala の構造式を書き，N 末端アミノ酸と C 末端アミノ酸をそれぞれ示せ．また，pH 6.0 においてこのトリペプチドの全体の電荷はどうなるか答えよ．

27・4 ポリペプチドとタンパク質の一次構造

ポリペプチドやタンパク質の**一次構造**とは，ポリペプチド鎖中のアミノ酸配列のことである．つまり，ポリペプチドやタンパク質の共有結合に関するすべての情報を記述したものが一次構造である．

F. Sanger(サンガー)は，ホルモンであるインスリンを構成する二つのポリペプチド鎖の一次構造を 1953 年に発表した．この歴史的な業績は，分析化学における金字塔であるのみでなく，特定のタンパク質分子がある決まったアミノ酸組成と配列をもっていることを初めてはっきりと証明したという意義をもつ．

> **タンパク質の一次構造** primary structure of protein ポリペプチド鎖中のアミノ酸配列．N 末端から C 末端側の方向へ番号をつけて表す．

A. アミノ酸分析

ポリペプチドのアミノ酸組成は，ポリペプチドの加水分解とアミノ酸の定量分析によって決定する．§18・4Dで述べたように，アミド結合は非常に加水分解されにくい．したがってタンパク質の加水分解は，6 M 塩酸，110 ℃，24 時間から 72 時間という厳しい反応条件のもとで密閉反応器中で行う．ただし，マイクロ波反応器を用いれば，反応時間を短縮することが可能である．加水分解の後，得られたアミノ酸混合物をイオン交換クロマトグラフィーにより分析する．カラムから溶出したアミノ酸はニンヒドリン反応(§27・2D)の後に，吸光度測定により検出する．現在では，加水分解とアミノ酸分析の操作精度が非常に高くなっており，わずか 50 nmol (50×10^{-9} mol) のペプチドの

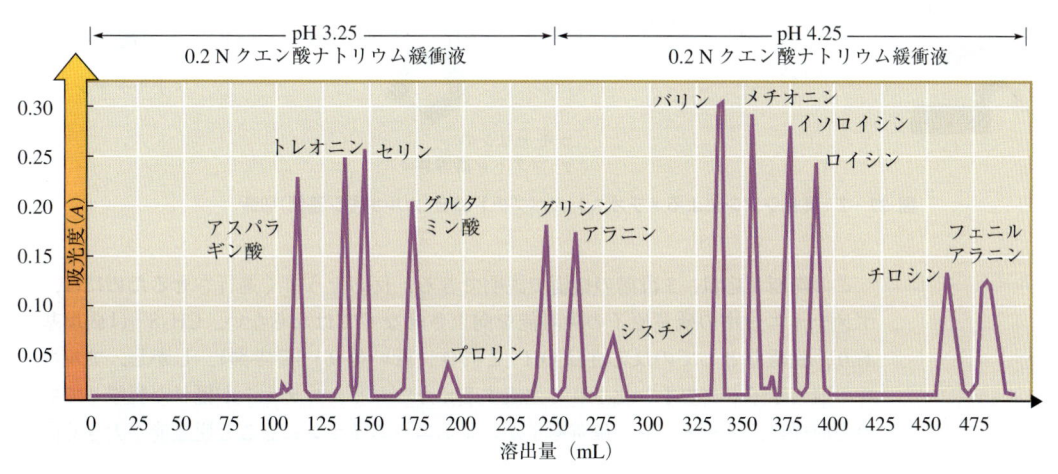

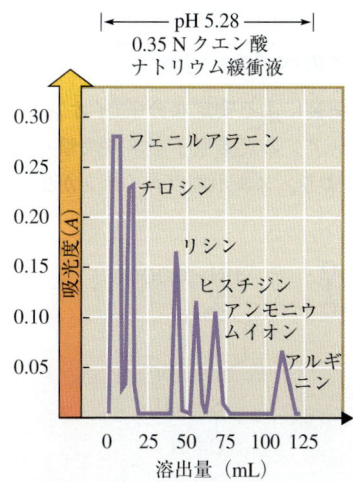

図 27・6 スルホン酸含有ポリスチレン樹脂を用いたイオン交換カラムクロマトグラフィーによるアミノ酸混合物の分析． この樹脂は，フェニルスルホン酸ナトリウム基 $PhSO_3^- Na^+$ をもっている．アミノ酸混合物の分析は，低い pH (3.25) で行われる．この条件で酸性アミノ酸(Asp, Glu)の樹脂との結合は弱いが，塩基性アミノ酸(Lys, His, Arg)は強く結合する．アミノ酸をカラムから溶出するために濃度と pH の異なるいくつかのクエン酸ナトリウム緩衝液が用いられる．システインは，酸化体であるシスチン Cys−S−S−Cys として同定される．N は規定度．

アミノ酸組成を決定することが可能となっている．ペプチド加水分解物のイオン交換クロマトグラムを図 27・6 に示す．加水分解処理によって，アスパラギンとグルタミン側鎖のアミド基は加水分解されるため，これらはアスパラギン酸とグルタミン酸として検出される．このアスパラギンとグルタミンの側鎖の加水分解に伴って，それぞれ等モル量の塩化アンモニウムが生じる．

B. 配列解析

ポリペプチド鎖中のアミノ酸の順番(配列)は，化学的に決定することが可能である．古典的な配列決定法では，まずはじめに，臭化シアンや加水分解酵素を用いてポリペプチド鎖を特異的にある箇所で切断し，それぞれのペプチド断片(フラグメント)中のアミノ酸配列をエドマン分解などにより決定する．その後，フラグメントの重なりに基づいて，それぞれをつなぎ合わせることにより，ポリペプチド全体の配列情報を得る．

臭化シアン

臭化シアン BrCN は，メチオニンの C 末端側にあるカルボキシ基のペプチド結合を特異的に切断する(図 27・7)．切断による生成物は，N 末端側のペプチド由来の γ-ラクトン(§18・1C 参照)と，C 末端側のペプチドの二つである．

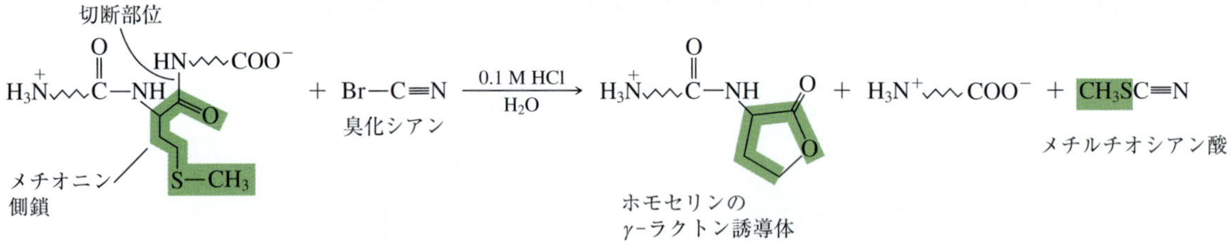

図 27・7　臭化シアンによるメチオニンのペプチド結合(カルボキシ基側)切断

この切断反応は，3 段階の機構で説明できる．反応をうまく進行させるためには，まずメチオニン中の硫黄原子の脱離能を向上させなくてはならない．CH_3S^- は弱塩基であり，脱離基としての反応性は OH^- と同様に低い(§9・3C 参照)．しかし，アルコールの酸素原子がプロトン化されて生成するオキソニウムカチオンが優れた脱離基であるのと同様に，メチオニンの硫黄原子がスルホニウムイオンになると脱離能が大きく向上する．

反応機構　臭化シアンによるメチオニン部位でのペプチド切断

段階 1: 求核剤と求電子剤の間の結合生成と結合開裂による安定な分子(イオン)の生成．まず，メチオニンの 2 価硫黄原子が臭化シアンの炭素原子を求核攻撃して，臭化物イオンが脱離する．この求核置換反応により，スルホニウムイオンが生成する．

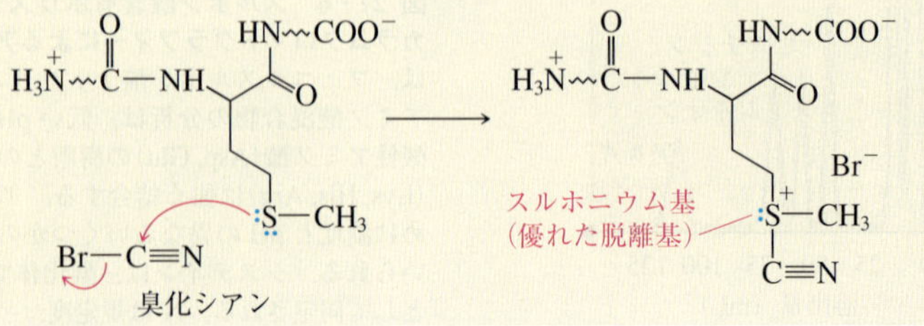

段階 2: 求核剤と求電子剤の間の結合生成と結合開裂による安定な分子（イオン）の生成. メチオニンのカルボニル酸素が γ 位炭素を攻撃して，メチルチオシアン酸が脱離し（分子内 S_N2 反応），5 員環（イミノラクトン）が生成する．カルボニル基の酸素はきわめて弱い求核剤であるが，スルホニウムイオンが非常に優れた脱離基であること，また 5 員環が生成されやすいことから，反応は容易に進行する．

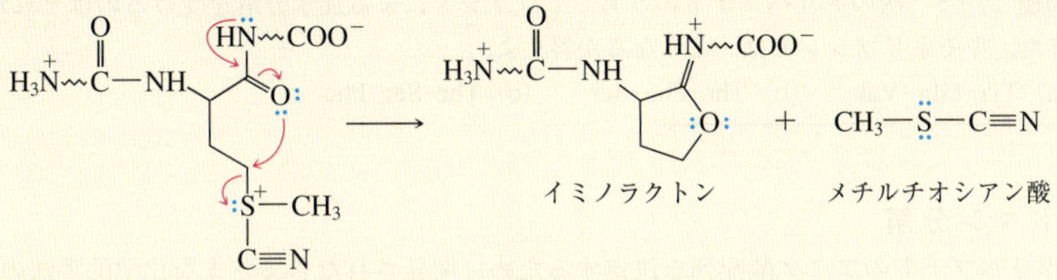

イミノラクトン　　　　メチルチオシアン酸

段階 3: イミノ基の加水分解によって，N 末端側ペプチド由来の γ-ラクトンが生成する．

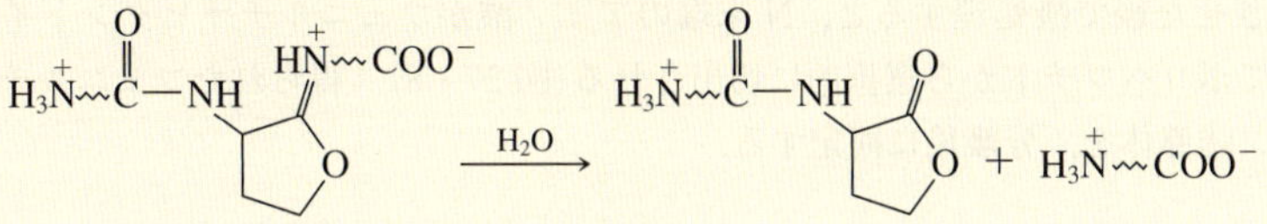

ホモセリンの γ-ラクトン体

酵素によるペプチド加水分解

トリプシンやキモトリプシンなどの加水分解酵素は，ペプチド結合の特異的な切断に利用される．トリプシンはアルギニンやリシンのカルボキシ基側のペプチド結合を加水分解し，キモトリプシンはフェニルアラニン，チロシン，トリプトファンのカルボキシ基側のペプチド結合を加水分解する（表 27・3）．

表 27・3　トリプシンとキモトリプシンによる特異的なペプチド結合切断

酵素	加水分解されるペプチド結合の カルボキシ基側のアミノ酸
トリプシン	アルギニン，リシン
キモトリプシン	フェニルアラニン，チロシン，トリプトファン

例題 27・5

次の二つのトリペプチドのうち，トリプシンで加水分解されるのはどちらか．また，キモトリプシンでは，どうなるか答えよ．
(a) Arg-Glu-Ser　　(b) Phe-Gly-Lys

解答　(a) トリプシンは，リシンやアルギニンのカルボキシ基側のペプチド結合を加水分解する．したがって，アルギニンとグルタミン酸間のペプチド結合がトリプシンによって加水分解される．キモトリプシンは，フェニルアラニン，チロシン，トリプトファンのカルボキシ基側のペプチド結合を加水分解する．トリペプチド(a)には，これらのアミノ酸が含まれないので，加水分解されない．

$$\text{Arg-Glu-Ser} + H_2O \xrightarrow{\text{トリプシン}} \text{Arg} + \text{Glu-Ser}$$

(b) トリペプチド(b)は，リシンを含むが，そのカルボキシ基は C 末端にあるためペプチ

ド結合を生成していない．したがって，トリプシンによって加水分解されない．一方，トリペプチド(b)は，キモトリプシンにより，フェニルアラニンとグリシンの間で加水分解される．

$$\text{Phe-Gly-Lys} + \text{H}_2\text{O} \xrightarrow{\text{キモトリプシン}} \text{Phe} + \text{Gly-Lys}$$

問題 27・5 次のトリペプチドのうち，トリプシンによる加水分解を受けるのはどれか．また，キモトリプシンでは，どうなるか答えよ．
(a) Tyr-Gln-Val　(b) Thr-Phe-Ser　(c) Thr-Ser-Phe

エドマン分解

ポリペプチドのアミノ酸配列を決定するために開発されたさまざまな化学的手法のなかで現在最もよく使われているのは，P. Edman によって1950年に開発された**エドマン分解**である．この方法では，ポリペプチドをフェニルイソチオシアン酸 $C_6H_5N=C=S$ と反応させた後で酸処理すると，N 末端のアミノ酸がフェニルチオヒダントイン誘導体としてポリペプチドから選択的に切出される(図 27・8)．得られたフェニルチオヒダントイン誘導体を，分離後に同定する．

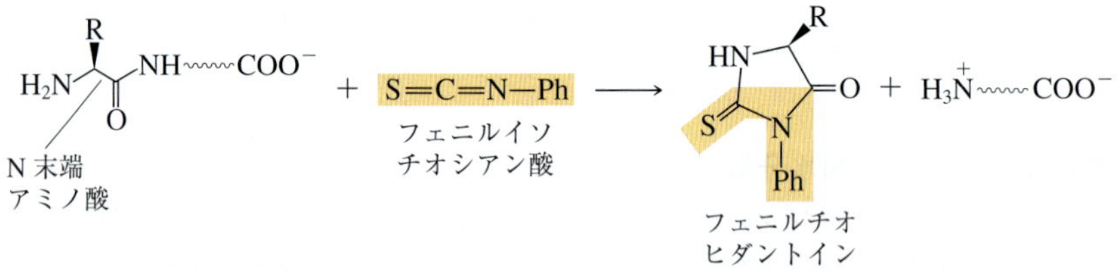

エドマン分解 Edman degradation ポリペプチド鎖の N 末端アミノ酸を選択的に切断し，同定する方法．

図 27・8 エドマン分解. ポリペプチドにフェニルイソチオシアン酸を作用させた後に酸で処理することによって，N 末端アミノ酸のみを置換フェニルチオヒダントインとして切出す．

反応機構　エドマン分解による N 末端アミノ酸の切断

段階 1：求核剤と求電子剤の間の結合生成． N 末端アミノ基がフェニルイソチオシアン酸の C=N 結合に付加し，N-フェニルチオ尿素誘導体が生成する．

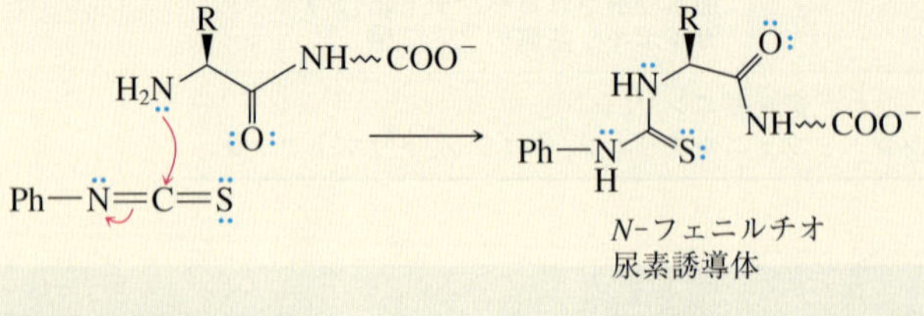

段階 2：求核剤と求電子剤の間の結合生成と，それにつづく結合開裂による安定な分子(イオン)の生成． 塩酸中 100 ℃ で加熱すると，硫黄原子が隣接するアミドカルボニル基へ求核付加し，四面体形中間体が生じる．この中間体からアミノ基が脱離して，N 末端アミノ酸由来のチアゾリノン誘導体の切出しが起こる．

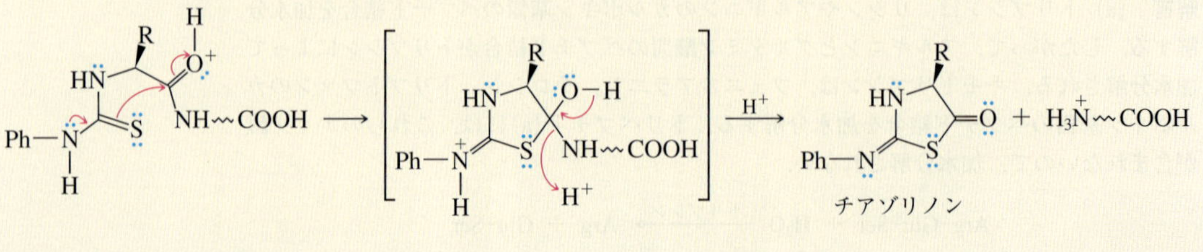

段階 3： 切出されたチアゾリノン環は，開環につづく窒素での再閉環により，より安定なフェニルチオヒ

ダントインとなる．このフェニルチオヒダントインをクロマトグラフィーで分離し同定する．

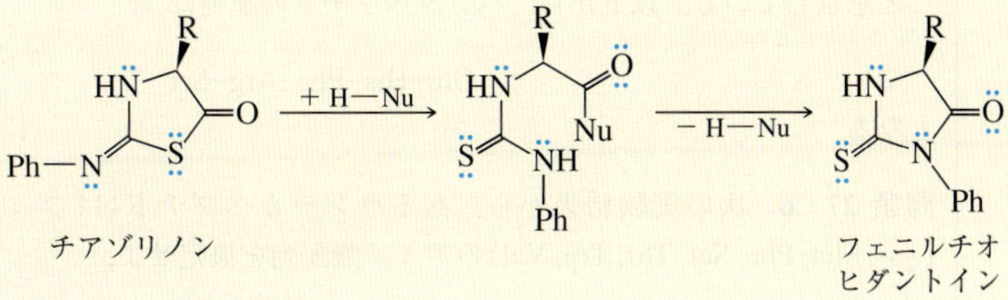

チアゾリノン　　　　　　　　　　　　　　　　　　　フェニルチオ
　　　　　　　　　　　　　　　　　　　　　　　　　　ヒダントイン

　エドマン分解は，ポリペプチド鎖中の他の官能基には特に影響を与えずに，N 末端アミノ酸のみを切断できる点で特に優れている．また，一つのポリペプチドに対してエドマン分解を繰返し行うことが可能であるため，分解反応により新しく生じた N 末端アミノ酸を次つぎに切出して同定することができる．実際に数ミリグラムのポリペプチドがあれば，エドマン分解を用いて 20～30 のアミノ酸からなるペプチド鎖の配列を決定することが可能である．

　しかし，ほとんどのポリペプチド鎖はそれよりも長いため，エドマン分解法でアミノ酸配列を決定することはむずかしい．ここで，臭化シアンあるいはトリプシン，キモトリプシンなどの酵素を用いた加水分解は，長いポリペプチド鎖を特定部位で切断し，短いポリペプチド断片へと分解する有用な手法であることを思い出してほしい．これらの手法を天然のポリペプチドに適用することによって得られる比較的短いペプチド断片に対して，エドマン分解を行えば，全配列を決定することが可能となる．現在では，エドマン分解の分解反応から生成物の分離までの全工程が自動化されており，精製されたタンパク質試料をシークエンサーとよばれる装置にかけると，最初の数残基の N 末端アミノ酸の配列を自動的に決定できる．

例題 27・6

次の実験結果から，あるペンタペプチド(Arg, Glu, His, Phe, Ser)のアミノ酸配列を決定せよ．各欄のアミノ酸は，アルファベット順に記入されており，配列順に並んでいないことに注意せよ．

実験条件	アミノ酸組成
エドマン分解	Glu
キモトリプシンによる加水分解	
断片 A	Glu, His, Phe
断片 B	Arg, Ser
トリプシンによる加水分解	
断片 C	Arg, Glu, His, Phe
断片 D	Ser

解答　エドマン分解で，Glu がペンタペプチドから切断されているので，Glu が N 末端である．

Glu-(Arg, His, Phe, Ser)

　キモトリプシンで加水分解された断片 A は，Phe を含む．キモトリプシンのもつ切断特異性から，Phe は，断片 A の C 末端となる．断片 A は Glu を含むが，この Glu はすでに N 末端であることがわかっている．したがって，最初の三つのアミノ酸配列は，Glu-His-Phe となる．

Glu-His-Phe-(Arg, Ser)

トリプシンによる切断の結果は，Arg がペンタペプチドの C 末端にはなく，内部にあることを示している．以上から，ペンタペプチドの配列は，

$$\text{Glu-His-Phe-Arg-Ser}$$

となる．

問題 27・6 次の実験結果から，あるウンデカペプチド(11 アミノ酸，Ala, Arg, Glu, Lys$_2$, Met, Phe, Ser, Thr, Trp, Val)のアミノ酸配列を決定せよ．

実験条件	アミノ酸組成
エドマン分解	Ala
トリプシンによる加水分解	
断片 E	Ala, Glu, Arg
断片 F	Thr, Phe, Lys
断片 G	Lys
断片 H	Met, Ser, Trp, Val
キモトリプシンによる加水分解	
断片 I	Ala, Arg, Glu, Phe, Thr
断片 J	Lys$_2$, Met, Ser, Trp, Val
臭化シアンによる処理	
断片 K	Ala, Arg, Glu, Lys$_2$, Met, Phe, Thr, Val
断片 L	Trp, Ser

質量分析による配列決定

　質量分析がきわめて少量のタンパク質の配列決定に急速に利用されるようになってきていることはすでに 14 章で述べた．また，このトピックについては §14・3 の "生化学とのつながり 生体高分子の質量分析" でも解説したので，ここでは特に説明をしないが，タンパク質の配列決定の主流は自動化されたエドマン分解法から質量分析法へと大きく移りつつある．

遺伝暗号からの配列決定

　§28・5 で述べるように，遺伝子の塩基配列決定が，ますます容易になりつつある．このため，タンパク質そのもののアミノ酸配列を決定するよりも，タンパク質をコードする塩基配列を決定するほうが容易なことが多く，塩基配列の解析から機能未知の新しいタンパク質が見つかることもある．また，あるタンパク質のアミノ酸配列と，すでに知られている下等な生物のタンパク質との配列類似性を比較することにより，新しいタンパク質の機能が推定できることもある．酵母は，全塩基配列(ゲノム)が最も早く明らかにされた生物種であり，遺伝子にコードされているほとんどのタンパク質の機能がすでにわかっている．したがって，新たに見いだされた塩基配列あるいはタンパク質のアミノ酸配列を，酵母のもつ情報と比較することは非常に有用である．

27・5 ポリペプチドの合成

A. 合成上の課題

　ペプチドの化学合成では，いかにしてアミノ酸 1 (aa$_1$)のカルボキシ基とアミノ酸 2 (aa$_2$)のアミノ基の間にアミド結合(ペプチド結合)を形成するかが重要な課題となる．

$$\underset{aa_1}{H_3\overset{+}{N}CHCO^-} + \underset{aa_2}{H_3\overset{+}{N}CHCO^-} \xrightarrow{?} \underset{aa_1}{H_3\overset{+}{N}CHC}\underset{aa_2}{NHCHCO^-} + H_2O$$

B. 合成の戦略

実際に二つのアミノ酸の間にペプチド結合を効率よく生成するためには，以下の三つの条件を満たす必要がある．

1. アミノ酸 aa_1 の α-アミノ基を保護し求核性を落として，aa_1 自身や aa_2 のカルボキシ基と反応しないようにする．
2. アミノ酸 aa_2 の α-カルボキシ基を保護して，他のアミノ酸の α-アミノ基と反応しないようにする．
3. アミノ酸 aa_1 の α-カルボキシ基を活性化して，アミノ酸 aa_2 の α-アミノ基からの求核攻撃を受けやすくする．

$$\underset{aa_1}{\overset{保護基}{Z}-NHCHC-\overset{活性化基}{Y}} + \underset{aa_2}{H_2NHCH-\overset{保護基}{X}} \xrightarrow{ペプチド結合生成} \underset{aa_1}{Z-NHCHC}\underset{aa_2}{NHCHC-X} + H-Y$$

ジペプチド aa_1-aa_2 を合成した後は，アミノ基の保護基 Z を除き，N 末端からさらにポリペプチド鎖を伸ばしていく．または，カルボキシ基の保護基 X を除いて C 末端からポリペプチド鎖を伸ばしていくことも可能である．穏やかな条件で自由に導入・除去できるさまざまな保護基と活性化基が開発され，ペプチド合成に用いられている．

C. アミノ基の保護基

アミノ基は，その求核性を低下させるためにカルボニル誘導体として保護されることが多い．塩化ベンジルオキシカルボニルや二炭酸ジ *tert*-ブチルなどの反応剤は，アミノ基保護のために最もよく用いられる．IUPAC 命名法では，ベンジルオキシカルボニル基の略号として Z または Cbz を，*tert*-ブトキシカルボニル基の略号として BOC を用いることが認められている．

PhCH₂OCCl	PhCH₂OC—	(CH₃)₃COCOCOC(CH₃)₃	(CH₃)₃COC—
塩化ベンジルオキシカルボニル	ベンジルオキシカルボニル基 (Z または Cbz)	二炭酸ジ *tert*-ブチル	*tert*-ブトキシカルボニル基 (BOC)

アミノ基をこれらの反応剤と反応させると，カルバマートとよばれる新しいカルボニル誘導体が生成する．カルバマートは，カルバミン酸のエステル誘導体（炭酸モノアミドのエステル誘導体）である．

$$\underset{\text{塩化ベンジルオキシカルボニル(Z-Cl)}}{PhCH_2OCCl} + \underset{\text{アラニン}}{H_3\overset{+}{N}CHCO^-\atop CH_3} \xrightarrow[\text{2. HCl/H}_2\text{O}]{\text{1. NaOH}} \underset{\substack{N\text{-ベンジルオキシカルボニル}\\ \text{アラニン(Z-Ala)}\\ \text{カルバマート}}}{PhCH_2OCNHCHCOH\atop CH_3}$$

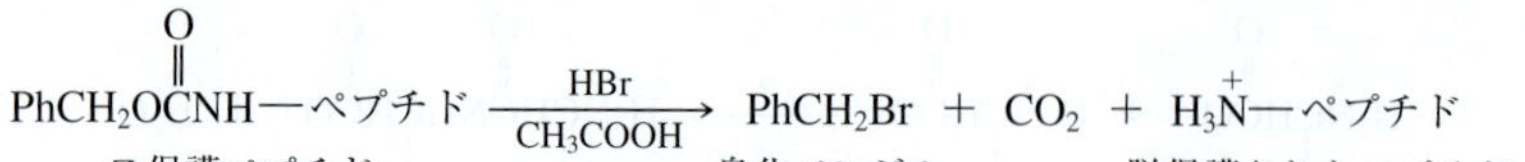

PhCH2OCNH—ペプチド
HBr
CH3COOH
PhCH2Br + CO2 + H3N—ペプチド
Z 保護ペプチド
臭化ベンジル
脱保護されたペプチド

カルバマートは，中性条件や弱塩基性条件では安定である．除去するには，酢酸中で臭化水素酸を作用させる．カルバマート保護基を除去する脱保護反応は，水素イオン濃度 $[H^+]$ に依存した一次反応であり，カルボカチオンとカルバミン酸を経て進行することがわかっている．生じたカルバミン酸はすぐに二酸化炭素を失いアミンを遊離する．一方，カルボカチオンはハロゲン化物イオンなどの求核剤と反応してハロゲン化アルキルを生じる．

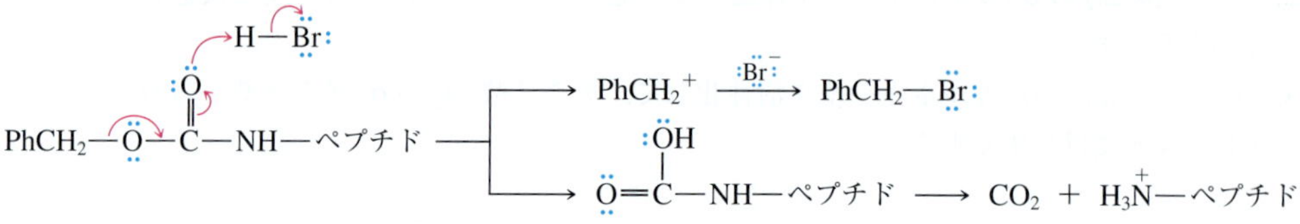

H—Br
PhCH2—O—C—NH—ペプチド
PhCH2+
PhCH2—Br
OH
O=C—NH—ペプチド
CO2 + H3N—ペプチド
カルバミン酸

カルバマートの酸触媒による脱保護反応は，無水条件下で行われる．ペプチド結合の加水分解には水分子が必ず必要であるため，この条件では加水分解の心配はない．

ベンジルオキシカルボニル基(Z 基)は，遷移金属存在下で水素ガスを作用させることによっても除去することができる(水素化分解，§21・5C 参照)．Z 基を水素化分解するとトルエンが生じる．この脱保護反応により，まずカルバミン酸ができ，つづいて脱炭酸反応が自発的に起こり，二酸化炭素と脱保護されたペプチド鎖が生成する．

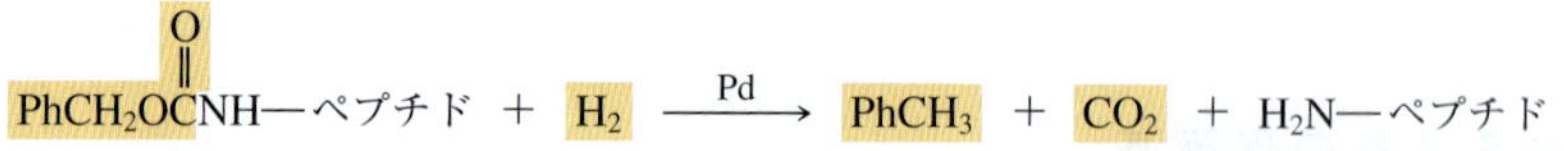

PhCH2OCNH—ペプチド + H2
Pd
PhCH3 + CO2 + H2N—ペプチド
Z 保護ペプチド
トルエン
脱保護されたペプチド

D. カルボキシ基の保護基

カルボキシ基の保護には，メチルエステル，エチルエステル，ベンジルエステルなどのエステル誘導体への変換が最もよく用いられる．メチルエステルあるいはエチルエステルは，カルボキシ基からフィッシャーエステル化法(§17・7A 参照)により容易に合成でき，穏和な塩基性条件で加水分解すること(§18・4C 参照)により除去できる．一方ベンジルエステルは，パラジウムや白金触媒(§21・5C 参照)を用いる水素化分解で容易に除去できる．また，酢酸中で臭化水素酸を作用させることによっても除去できる．

E. ペプチド結合の生成反応

ペプチド結合生成のための脱水縮合剤としては 1,3-ジシクロヘキシルカルボジイミド(DCC)が最も よく用いられている．DCC は尿素の無水物とみなすことができ，水と反応すれば *N,N′*-ジシクロヘキシル尿素(DCU)になる．

N=C=N
+ H2O
N—C—N
H
H

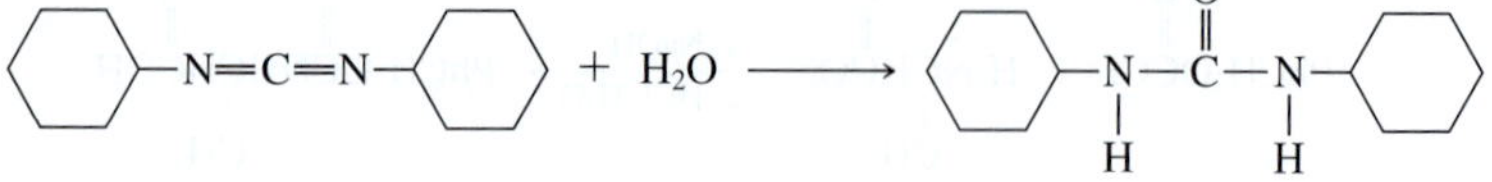

1,3-ジシクロヘキシルカルボジイミド
1,3-dicyclohexylcarbodiimide
(DCC)

N,N′-ジシクロヘキシル尿素
N,N′-dicyclohexylurea
(DCU)

DCC は，アミノ基を保護したアミノ酸 aa$_1$ とカルボキシ基を保護したアミノ酸 aa$_2$ の間の脱水反応の縮合剤として働く．つまり，カルボキシ基から OH を，アミノ基から H を除くことでアミド結合を生成する．

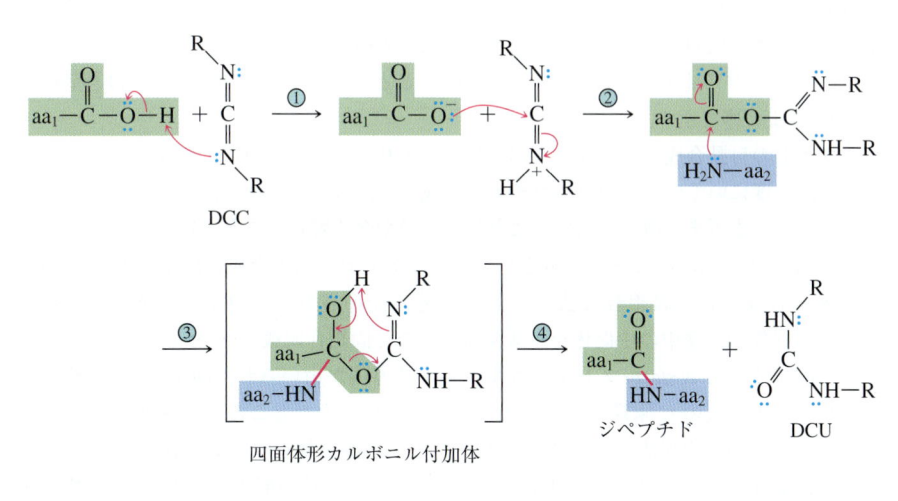

$$\underset{\substack{\text{アミノ基が保護された}\\\text{アミノ酸}(aa_1)}}{Z-NHCHC(=O)-OH} + \underset{\substack{\text{カルボキシ基が保護}\\\text{されたアミノ酸}(aa_2)}}{H_2NCHC(=O)OCH_3} + \underset{\substack{\text{1,3-ジシクロヘキシル}\\\text{カルボジイミド(DCC)}}}{\text{C}_6H_{11}-N=C=N-C_6H_{11}} \xrightarrow{CHCl_3}$$

$$\underset{\substack{\text{両末端が保護された}\\\text{ジペプチド}}}{Z-NHCHC(=O)-NHCHC(=O)OCH_3} + \underset{\substack{N,N'\text{-ジシクロヘキシル尿素}\\\text{(DCU)}}}{C_6H_{11}-NH-C(=O)-NH-C_6H_{11}}$$

DCC による分子間脱水縮合の反応機構を図 27・9 に示す．段階 1 は，アミノ酸 aa$_1$ と DCC の窒素原子間の酸-塩基反応である．段階 2 は，カルボキシラートイオンと DCC の C=N 二重結合との反応である．ここで生成する *O*-アシル尿素中間体は，窒素原子を含む混合酸無水物とみなせる．つまり，α-カルボキシ基の OH 基が DCC と反応して，優れた脱離基にかわり，アミノ基の求核反応に対する反応性が向上する．段階 3 では，アミノ酸 aa$_2$ のアミノ基が *O*-アシル尿素のカルボキシ基へ求核攻撃して，四面体形の中間体が生じる．さらに段階 4 で，この中間体が分解してジペプチドと DCU が生成する．

図 27・9 アミノ基が保護されたアミノ酸 aa$_1$ とカルボキシ基が保護されたアミノ酸 aa$_2$ とのペプチド結合生成反応における 1,3-ジシクロヘキシルカルボジイミド (**DCC**) の役割

F. 固相合成

ポリペプチド合成において，官能基の保護，活性化，縮合，脱保護のそれぞれの段階における生成物の精製は，重要な問題である．もしも未反応のペプチドが完全に除かれずに次の反応を行うと，最終生成物には，アミノ酸の数が少ないポリペプチドが混入してしまう．反応後の精製には，手間と時間がかかるのみでなく，精製の過程にはどうしても生成物の損失が伴う．この精製過程における生成物の損失は，合成するポリペプチドが長くなるほど深刻になる．

ポリペプチドの合成法は，R. B. Merrifield による固相合成法(ポリマー担持合成とも

よばれる)の開発により大きく進歩した．Merrifield は固相担体を利用したテトラペプチド Leu-Ala-Gly-Ala の合成を 1962 年に初めて報告した．それ以後，この手法はメリフィールドの固相合成法とよばれている．Merrifield は，このペプチド固相合成法開発の業績により 1984 年にノーベル化学賞を受賞した．

Merrifield らは，固相担体としてポリスチレン樹脂を用いた．このポリスチレン樹脂中の約 5% のフェニル基は，パラ位にクロロメチル基を有している(図 27・10)．このクロロメチル基は，通常のハロゲン化ベンジルと同じように求核置換反応に対する反応性が高い．

図 27・10 メリフィールドの固相合成法で担体として用いるクロロメチル基をもつポリスチレン樹脂

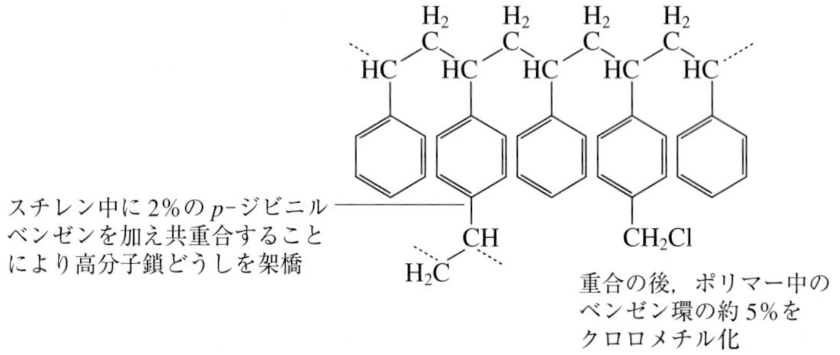

スチレン中に 2% の p-ジビニルベンゼンを加え共重合することにより高分子鎖どうしを架橋

重合の後，ポリマー中のベンゼン環の約 5% をクロロメチル化

Merrifield の方法では，C 末端のアミノ酸はベンジルエステルとして固相担体につながれており，ポリペプチド鎖は N 末端方向へと 1 アミノ酸ずつ伸長する．固相合成における一つの大きな特徴は，伸長するポリペプチドを担持するポリマービーズが，有機溶媒に全く不溶ということである．そのため過剰の反応剤(DCC など)や反応の副生成物(DCU など)は，ポリマービーズを沪過洗浄することで容易に取除くことができる．最終的に固相合成の全反応が終わった後，C 末端のベンジルエステルを切断することにより，ポリペプチド鎖を固相担体から切出すことができる．固相合成の各段階を図 27・11 にまとめて示す．

ペプチドの自動合成機が普及したおかげで，ポリペプチドを簡便に合成できるようになった．一度にいくつものポリペプチドを合成して，医学，生物学，材料化学，生体医工学などのさまざまな研究に用いることは，もはや全く特別なことではない．

1969 年に Merrifield は酵素であるリボヌクレアーゼの人工合成に成功した．この酵素の人工合成では，固相合成法の真価が十分に発揮された．つまり，369 の反応と 11,931 の操作が，途中の中間体を単離することなく固相合成機で行われた．124 残基のアミノ酸はすべて N-tert-ブトキシカルボニル誘導体が用いられ，DCC を縮合剤としてポリペプチド鎖の C 末端に次つぎとつながれていった．ところが，樹脂からの切断とアミノ酸側鎖の脱保護の後で得られたペプチドの混合物をイオン交換クロマトグラフィーにより精製して得られたリボヌクレアーゼは，天然の酵素の約 13～24% 程度の活性しか示さなかった．この活性の低下は，おそらく複数のポリペプチドが副生して，それらが最終生成物に混入していたためであると思われる．合成により得られたリボヌクレアーゼ(124 残基)は，123 のペプチド結合をもつ．したがって，たとえすべての縮合反応が 99% の収率で進行したとしても，目的の配列を有するポリペプチドの収率は，たかだか $0.99^{123}=29\%$ である．また，それぞれの縮合反応が 98% の収率であったとすると，最終的な収率は 8% にまで低下する．つまり，すべての縮合反応が 99% の高収率で進行したとしても，合成されたポリペプチドの多くにおいて一つ以上のアミノ酸を欠失していることになる．ただし，そのようにして副生した欠失体の多くは，おそらく天然の酵素がもつ活性と同じ程度の活性，あるいは部分的な活性を示しうる．

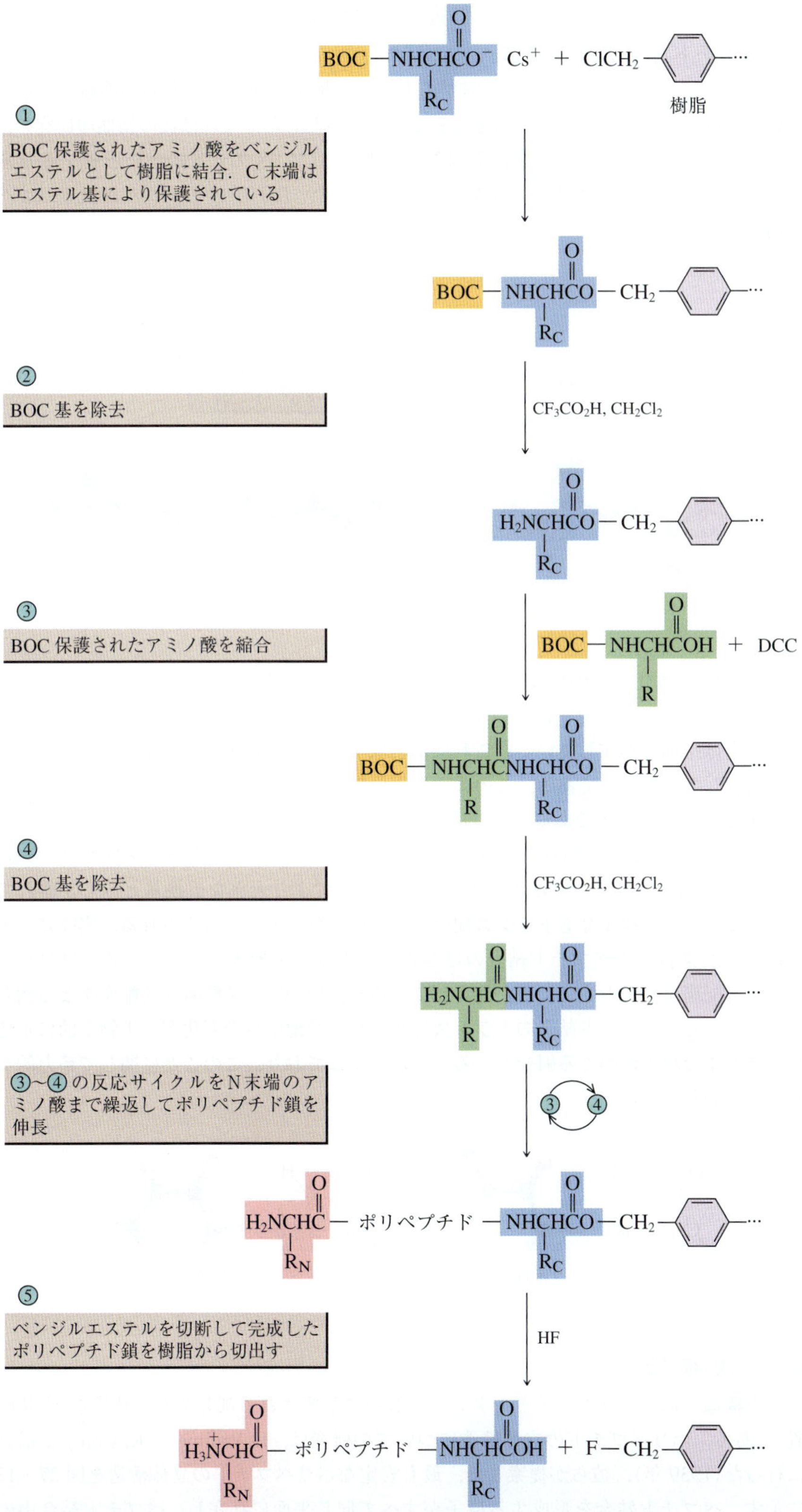

図 27・11　メリフィールドの固相ペプチド合成における各反応工程

27・6　ポリペプチドやタンパク質の三次元構造
A. ペプチド結合の幾何構造

1930年代の後半に L. Pauling はペプチド結合の構造を決定するための系統的な研究を始め，ペプチド結合が平面構造をとることを見いだした．これは彼の初期の研究の最も重要な発見の一つである．図 27・12 に示すように，ペプチド結合を形成する α 炭素，カルボニル炭素，カルボニル酸素，窒素，水素，およびもう一つの α 炭素はすべて同一平面上にある．

図 27・12　ペプチド結合の平面性．カルボニル炭素とアミド窒素間の結合角は，約 120° である．

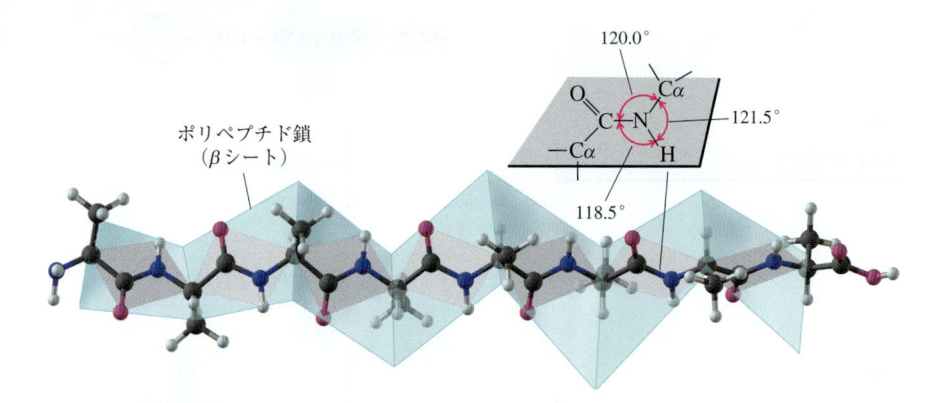

§18・2 の "生化学とのつながり アミド結合に特有の構造" で述べたように，アミド結合の炭素原子と窒素原子は，いずれも約 120° の結合角で三つの原子と結合し，それらの結合は平面を形成している．これは窒素原子の非共有電子対とカルボニル基の π 結合が共役しているためである．このように平面構造をとるペプチド結合は，次の二つの配座をとることが可能である．一つは，二つの α 炭素がシスに位置する配座 (s-シス配座) で，もう一方は二つの α 炭素がトランスに位置する配座 (s-トランス配座) である．トランス配座では，二つの α 炭素上にある立体的により大きな置換基どうしが離れているので，シス配座よりもトランス配座のほうが有利であると考えられる．実際に，天然のタンパク質中のペプチド結合のほとんどはトランス配座をとっている．プロリンは，シス配座をとりやすいことが知られているが，他のアミノ酸もシス配座をとる例が知られている．ペプチド結合のトランス配座からシス配座への変化が，生物学的に重要なさまざまな現象が起こる引金となることがわかっており，このことに関して精力的な研究が行われている．

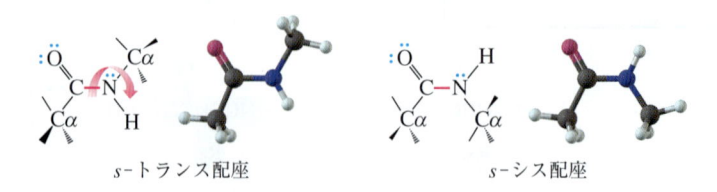

s-トランス配座　　　　　　　　s-シス配座

B. 二 次 構 造

二次構造とは，ポリペプチドやタンパク質中に形成される部分的な立体構造 (立体配置) である．ポリペプチドの立体構造についての研究は，L. Pauling と R. Corey が最初に行った (1939 年)．彼らが提案した，最も安定なポリペプチドの立体構造を図 27・13 に示す．ペプチド結合を形成する原子がすべて同じ平面に存在し，ペプチド結合中のN−H 基と別のペプチド結合中の C=O 基が水素結合を形成している．

タンパク質の二次構造 secondary structure of protein　ポリペプチドやタンパク質中に形成される部分的な立体構造 (立体配置) である．

図 27・13 二つのアミド基間の水素結合

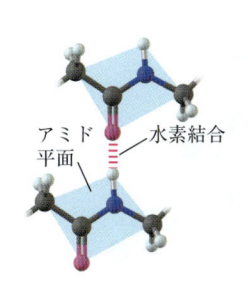

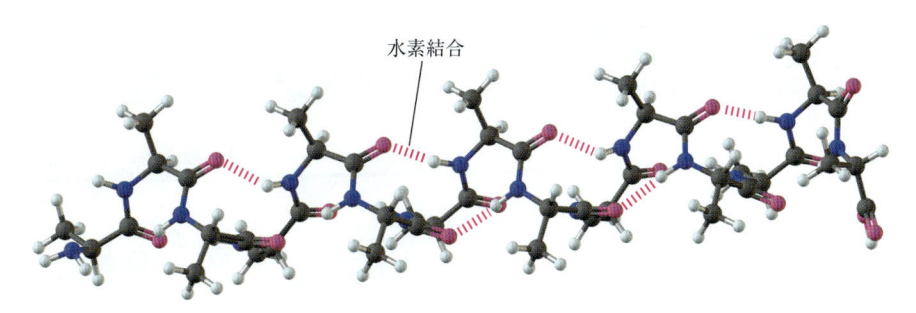

図 27・14 αヘリックス．L-アラニンの繰返し配列をもつペプチド鎖．

Pauling は分子モデルを用いて検討し，αヘリックスと逆平行βシートの2種類の二次構造が特に安定であると提案した．この予測は，その後 X 線結晶構造解析によって正しいことが証明された．

αヘリックス

αヘリックスでは，ポリペプチド鎖が，図 27・14 に示すようならせん状の構造をとっている．αヘリックスは，以下のような構造的特徴をもつ．

1. ヘリックスは，時計回り，すなわち右回りのらせん構造を形成している．たとえば，ヘリックスを車のハンドルに見立てて時計回りに回転させたとき，ヘリックスが手前から向こうへどんどん遠ざかっていけば，それは右回りのヘリックスである．ネジの溝は，ふつう右回りのヘリックスに刻まれている．
2. ヘリックスは 3.6 個のアミノ酸で 1 回転する．
3. ヘリックス中のペプチド結合は，平面状の s-トランス配座をとる．
4. ペプチド結合中の N−H 基は，C 末端から N 末端方向に向いておりヘリックスの軸に対して平行である．C=O 基は，逆に N 末端から C 末端方向に向いており，やはりヘリックスの軸に対して平行である．
5. ペプチド結合中の C=O 基は，4 アミノ酸分だけ離れた位置にあるアミノ酸の N−H 基と水素結合を形成している．図 27・14 では，この水素結合を破線で示している．
6. アミノ酸の側鎖である R 基は，すべてヘリックスの外側に向かって伸びている．

Pauling がαヘリックスを提唱するとすぐに，毛髪や羊毛のタンパク質成分であるケラチンが実際にαヘリックス構造をとっていることが他の研究者により見いだされた．その後，αヘリックスが多くのポリペプチドに見られる基本的な立体構造の一つであることが明らかとなった．

αヘリックス α-helix らせん構造をもつポリペプチド鎖の二次構造．通常は右回りのらせん構造をとる．

βシート

βシートには，逆平行βシートと平行βシートの2種類がある．逆平行βシートでは，逆方向に向かって伸びたポリペプチド鎖が隣り合っている．一方，平行βシートでは同じ方向に向かって伸びたポリペプチド鎖が隣り合っている．βシートでは，αヘリックスとは異なり N−H 基および C=O 基がシート面上にあり，シートの長軸に対してほぼ垂直方向を向いている．またシート中の C=O 基は，隣接するペプチド鎖の N−H 基と水素結合を形成している（図 27・15）．

図 27・15 に示すβシートの構造的特徴をまとめると次のようになる．

βシート β-pleated sheet ポリペプチド鎖どうしが平行あるいは逆平行に並んだ二次構造．

1. 三つのポリペプチド鎖は隣接しており，交互に逆方向に向かって伸びている．

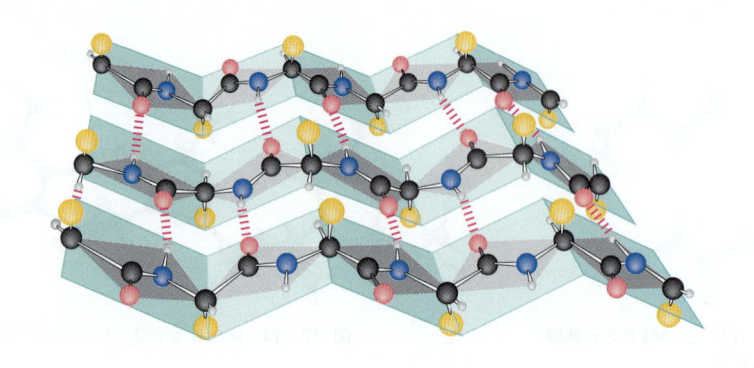

図 27・15 3本のポリペプチド鎖が逆平行に並んだβシート構造. ポリペプチド鎖間の水素結合は破線で示している.

2. それぞれのペプチド結合は平面を形成しており，s-トランス配座をとる.
3. 隣接するポリペプチド鎖から伸びるN–H基とC=O基は，同一平面上で互いに向かいあった状態にある. そのため，隣接するポリペプチド鎖間で水素結合が可能となる.
4. アミノ酸側鎖のR基は，配列に沿ってシート平面の上方向と下方向に交互に伸びている.

βシート構造は，隣接するポリペプチド鎖間のN–H基とC=O基間の水素結合により安定化されている. これは，αヘリックスが同じポリペプチド鎖中のN–H基とC=O基間の水素結合により構造安定化を受けているのとは対照的である.

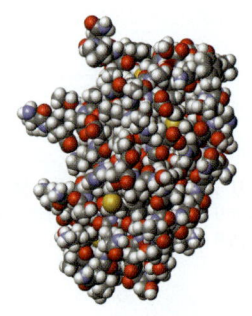

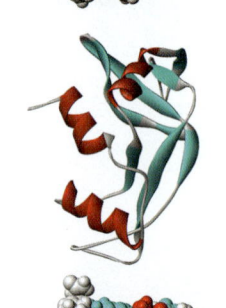

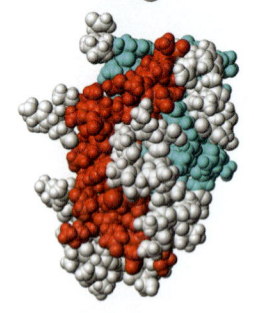

C. 三 次 構 造

三次構造とは，1本のポリペプチド鎖全体の折りたたみ形式およびポリペプチド鎖に含まれるすべての原子の三次元配置である. 二次構造と三次構造とは明確に区別できないが，より厳密には二次構造はポリペプチド鎖中の互いに近接したアミノ酸の部分的な空間的配置として定義され，三次構造はポリペプチド鎖中のすべての原子の三次元配置として定義される. 三次構造は，おもにジスルフィド結合，水素結合，および塩結合の形成によって維持されている.

ジスルフィド結合(§10・9G参照)は，ポリペプチド鎖が三次構造を維持する上で，特に重要な役割を果たしている. ジスルフィド結合は，二つのシステイン側鎖にあるメルカプト基SHが酸化を受けることにより形成される. 酸化により生じたジスルフィド結合は還元剤で処理することにより，再びもとのメルカプト基へと戻すことができる.

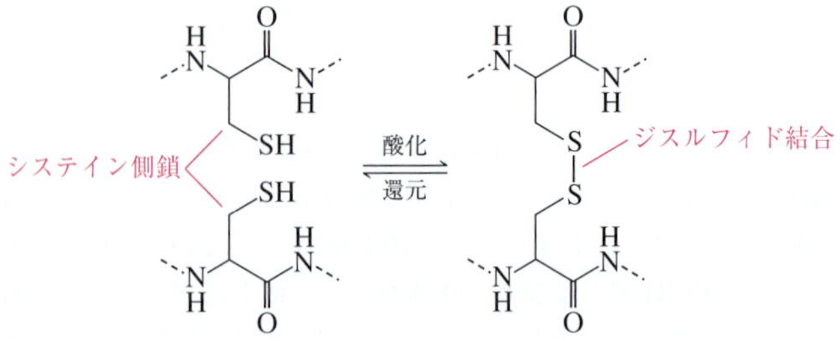

タンパク質リボヌクレアーゼAの構造図. 一番上の図は，原子の種類によって色分けした図. 下の二つの図では，αヘリックスの構造領域を赤で，βシートの構造領域を青で示す. ループ領域は白で示す.

タンパク質の三次構造 tertiary structure of protein 1本のポリペプチド鎖全体の折りたたみ形式およびポリペプチド鎖中に含まれるすべての原子の三次元配置.

ジスルフィド結合 disulfide bond

ヒトインスリンのアミノ酸配列を図27・16に示す. このタンパク質は，21個のアミノ酸からなるA鎖と30個のアミノ酸からなるB鎖から構成されている. A鎖とB鎖は，二つのジスルフィド結合により連結されている. 一方，A鎖中の6番目と11番目

27・6 ポリペプチドやタンパク質の三次元構造　893

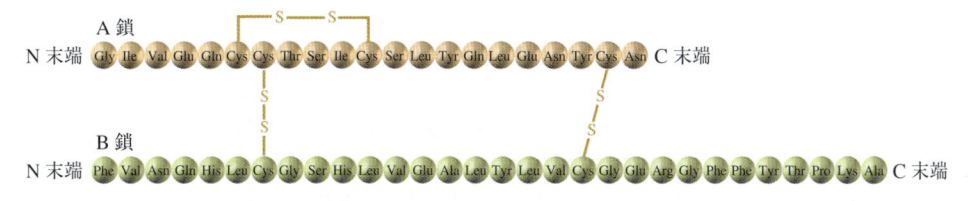

図 27・16　ヒトインスリンの構造. 21 個のアミノ酸からなる A 鎖と 30 個のアミノ酸からなる B 鎖は，A7 と B7，および A20 と B19 の分子間ジスルフィド結合でつながれている．A6 と A11 間には分子内ジスルフィド結合がある.

のシステインは，分子内ジスルフィド結合でつながっている．

二次構造および三次構造の例として，タンパク質ミオグロビンの三次元構造を見てみよう．ミオグロビンは動物の骨格筋中に存在するタンパク質であり，潜水を得意とするほ乳類（アザラシ，クジラ，イルカ）は，特にミオグロビンを豊富にもっている．ミオグロビンとヘモグロビンは構造的によく似ており，脊椎動物において酸素の貯蔵と運搬にかかわっている．すなわち，ヘモグロビンは肺で酸素分子と結合し，その酸素を筋肉でミオグロビンに受け渡す．ミオグロビンは，代謝に必要とされるまで酸素分子を保持している．

ミオグロビンは，153 のアミノ酸からなる 1 本のポリペプチド鎖で構成されており，一つのヘムを分子内にもつ．このヘムは，平面構造をもつポルフィリン環の四つの窒素原子が二価の Fe^{2+} イオンに配位した構造をもつ（図 27・17）．

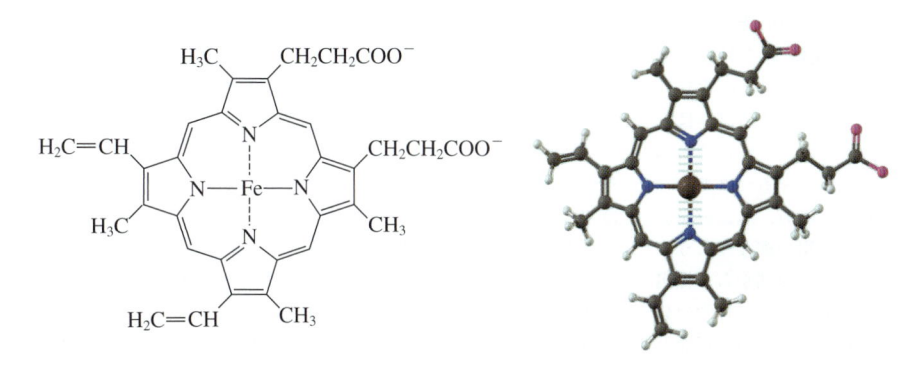

図 27・17　ミオグロビンやヘモグロビン中に存在するヘムの構造

2 人のイギリス人，J. C. Kendrew（ケンドルー）と M. F. Perutz（ペルツ）によるミオグロビンの三次元構造の決定は，タンパク質の構造研究における金字塔である．2 人は，この業績により 1962 年にノーベル化学賞を受賞した．ミオグロビンの二次および三次構造を図 27・18 に示す．この図から，1 本のポリペプチド鎖が複雑に折りたたまれて箱のような構造が形づくられているのがわかる．

ミオグロビンの三次元構造に見られる特徴を次にあげる．

1. ポリペプチド鎖は，8 本の比較的まっすぐな α ヘリックスからなっており，それぞれの α ヘリックスは折れ曲がったペプチド鎖を介してつながっている．最も長い α ヘリックスは 24 個のアミノ酸から構成されており，最も短い α ヘリックスは 7 個のアミノ酸から構成されている．ミオグロビンを構成するアミノ酸の約 75%は，8 本の α ヘリックスに含まれている．

2. フェニルアラニン，アラニン，バリン，ロイシン，イソロイシン，メチオニンなどの疎水性アミノ酸の側鎖は，ミオグロビン分子の内部に集まって，水との接触を避け

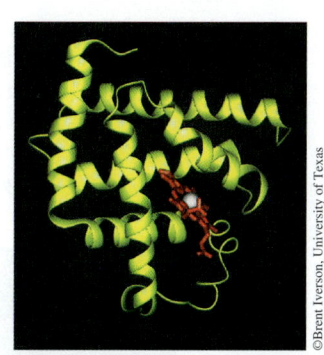

図 27・18　ミオグロビンのリボンモデル. ポリペプチド鎖は黄，ヘムのリガンドは赤，ヘム内の鉄イオンは白い球で示す.

疎水性相互作用 hydrophobic interaction

水素結合 hydrogen bonding

塩結合 salt linkage

ている．ミオグロビンのポリペプチド鎖はコンパクトな三次元構造に折りたたまれているが，これはこの側鎖間に働く**疎水性相互作用**によるところが大きい．

3. ミオグロビンの表面は，リシン，アルギニン，セリン，グルタミン酸，ヒスチジン，グルタミンなどの親水性のアミノ酸で構成されており，周囲の水分子と**水素結合**を形成している．ミオグロビン内部を向いている極性のアミノ酸側鎖は，二つのヒスチジン側鎖のみであり，これらはヘムの中心方向へと伸びている．

4. 正負の電荷をもつアミノ酸側鎖は，**塩結合**とよばれる静電的な相互作用により近接している．たとえば，リシンの側鎖のNH_3^+とグルタミン酸の側鎖のCOO^-との相互作用は，典型的な塩結合の一例である．

これまでに決定されているタンパク質の三次構造は数百に及ぶ．通常タンパク質は，αヘリックスとβシートの両方の構造をもつが，それらの含量はタンパク質によって大きく異なる．たとえばリゾチームは，129個のアミノ酸からなるポリペプチドであり，そのうちの約25%のアミノ酸がαヘリックスを形成している．一方，シトクロム c は，104個のアミノ酸からなるポリペプチドであり，αヘリックスを含まず複数のβシート領域をもつ．タンパク質がどのような比率でαヘリックス，βシート，あるいはその他の構造をもつとしても，水溶性タンパク質中の非常に極性の低いアミノ酸側鎖はタンパ

身のまわりの化学　クモの糸

クモの糸は，いくつかのすぐれた特徴をもつ．特にジョロウグモ nephila clavipes の巣網をつくる丈夫な糸の研究が，精力的に行われている．このクモの糸は，合成繊維であるケブラー®の3倍の衝撃強度と，ナイロンよりも30%高い柔軟性をあわせもつ．クモの糸を商業的に利用しようとする試みは古くから行われてきた．18世紀のフランスでは，クモの養殖場をつくりクモ糸の大量生産を試みたが，縄張りをもつクモどうしの共食いのために事業は失敗に終わった．一方，ニューギニアの原住民は，クモの糸を集めバッグや釣り用の網などにうまく利用している．今のところ，捕獲したクモの腹部からの抽出が，大量のクモの糸を入手する唯一の方法であるが，科学の発展により，クモの糸の大量生産と工業的利用がしだいに可能になりつつある．

クモにより生合成される糸は，スピドロイン1およびスピドロイン2とよばれる2種類の液状タンパク質からなる．これら二つのタンパク質は，クモ腹部の複雑な腺管を通過する途中でしだいに配向が整えられ撚り合わされる．これらのタンパク質はおもに，分子量の小さいグリシンとアラニンで構成されている．グリシンがそれぞれのタンパク質の約42%を占める

が，25%の組成率を占める5〜10個程度の短いアラニンの連続配列が，クモの糸の特性に深く関与している．クモの糸の構造は，はじめにX線結晶構造解析により決定されたが，その後の核磁気共鳴（NMR）を用いた手法により，理解がさらに深まった．重水素化されたアラニンを含むスピドロインのNMRデータから，すべてのアラニンはβシート構造中に存在することが明らかとなった．さらにアラニンから形成されるβシートの40%は非常に明確なシート状の構造をとっているが，残りの60%はきちんとした配向をとらずシート平面からはみ出した突出部（フィンガー構造）をもっていることがNMRデータにより示唆された．この突出部は，きちんと配向しているアラニンのβシートとグリシンが豊富な無定形構造部位とをつなぎ合わせていると考えられている．

現在，遺伝子操作された大腸菌を用いてスピドロイン1とスピドロイン2の大量合成が行われている．これらのタンパク質をコードするクモのDNAを大腸菌に転写してタンパク質を合成しようとしたが，最初はうまくいかなかった．これはクモの用いるいくつかのコドンを大腸菌が翻訳できないために生じた問題であり，DNA配列の一部を改変することで解決された．こうして合成されたタンパク質は，空気との接触による硬化を避けてクモの糸のように紡ぎ出すことが必要である．大腸菌で合成された2種類のタンパク質をそれぞれ，針からメタノール中に注いで紡ぐという方法が考えられる．また，ギ酸中に糸を溶解させる手法や，あらかじめヒスチジンやアルギニンなどの親水性のアミノ酸をタンパク質中に組込んで，糸の柔軟性を保って加工する手法も知られている．今後，人工のクモの糸の大量合成法と紡糸技術が確立すれば，その工業的な利用への道も拓かれるであろう．

ク質の内部に位置している．一方，極性のアミノ酸側鎖はタンパク質の表面に存在し，周辺の水分子と相互作用している．このような水溶性タンパク質の極性基と非極性基の配置は，ミセル中での石けん分子の極性基と非極性基の配置(図 26・3 参照)や，脂質二重膜を形成するリン脂質の配向(図 26・13 参照)とよく似ている．

例題 27・7
次のアミノ酸の側鎖のうち，トレオニンの側鎖と水素結合を形成できるのはどれか．
(a) バリン　　　(b) アスパラギン　　(c) フェニルアラニン
(d) ヒスチジン　(e) チロシン　　　　(f) アラニン

解答　トレオニンの側鎖は，ヒドロキシ基をもっており二つの形式の水素結合を形成できる．すなわちヒドロキシ基中の弱く負に荷電した酸素原子が水素結合の受容体として働く場合と，ヒドロキシ基中の弱く正に荷電した水素原子が水素結合の供与体として働く場合がある．したがってトレオニンのアミノ酸側鎖は，チロシン，アスパラギン，ヒスチジンのアミノ酸側鎖と水素結合を形成することができる．

問題 27・7　pH 7.4 において，どのアミノ酸側鎖がリシンの側鎖と塩結合を形成するか．

D. 四 次 構 造

分子量 50,000 を超えるタンパク質のほとんどは，二つ以上のポリペプチド鎖から構成されている．このような複数のポリペプチド鎖により構成される集合体の構造は，**四次構造**とよばれる．四次構造をもつタンパク質の代表例として，ヘモグロビンがあげられる(図 27・19)．ヘモグロビンは，141 個のアミノ酸からなる 2 本の α ヘリックス鎖と 146 個のアミノ酸からなる 2 本の β シート鎖で構成されている．

タンパク質の四次構造 quaternary structure of protein　共有結合以外の相互作用により集合体を形成している複数のポリペプチド鎖の三次元配置．

表 27・4　四次構造をとるタンパク質

タンパク質	サブユニット数
アルコールデヒドロゲナーゼ	2
アルドラーゼ	4
ヘモグロビン	4
乳酸デヒドロゲナーゼ	4
インスリン	6
グルタミンシンテターゼ	12
タバコモザイクウイルス円盤状タンパク質	17

このようなタンパク質サブユニットの集合体は，おもに**疎水性効果**によって安定化されている．それぞれのポリペプチド鎖がコンパクトに折りたたまれ三次構造をとると，極性のアミノ酸側鎖は周囲の水と接触し，非極性のアミノ酸側鎖は周囲の水から遮蔽された状態になる．しかし，この折りたたまれた状態においてもタンパク質中の一部の疎水性領域は，表面に露出しており周囲の水分子と接触しうる．そこで，二つ以上のタンパク質がそれらの間に疎水性相互作用が働くように集合することにより，疎水性領域がさらに水から遮蔽される．四次構造をもつことが知られているいくつかのタンパク質のサブユニット数を表 27・4 に示す．四次構造をとるためには，上記の疎水性領域の存在に加えて，サブユニット上の適切な位置に配置された水素結合部位や静電相互作用部位の存在も重要である．このようなタンパク質サブユニット間の相互作用により厳密に制御された構造をもつ集合体は，超分子化学とよばれる新しい分子認識に関する分野で研究の対象となっている．

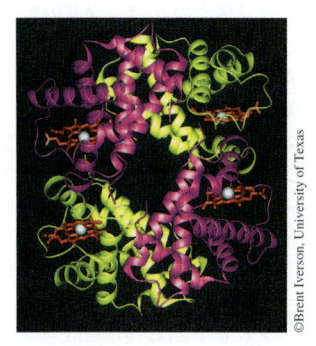

図 27・19　ヘモグロビンのリボンモデル．α ヘリックスは赤紫，β シートは黄，ヘムのリガンドは赤，ヘム内の鉄イオンは白い球で示す．

疎水性効果 hydrophobic effect　非極性の官能基どうしが，水との接触を避けるように集合体を形成する効果．

まとめ

27・1 アミノ酸
- アミノ酸は，アミノ基とカルボキシ基の両方の官能基をもつ化合物である．
- グリシンを除いて，タンパク質を構成するすべてのアミノ酸はキラル化合物である．
- D/L 表記で表した場合，通常の 20 種類のアミノ酸はすべて L-アミノ酸である．ただし，この L の表記は，L-グリセルアルデヒドとの構造類似性に由来しており，それぞれのアミノ酸の旋光度から決められたものではない．
- R/S 表記で表した場合，通常の 20 種類のアミノ酸のうち 18 種類が (S)-アミノ酸となる．
- システインは，他のアミノ酸と同様の立体配置をもつが，規則に従ってキラル中心を定義すると (R)-アミノ酸となる．
- イソロイシンとトレオニンは，二つのキラル中心をもつ．
- 20 種類のアミノ酸は，通常 4 種類に分類される．すなわち，非極性の側鎖をもつ 9 種類，イオン化しない極性の側鎖をもつ 4 種類，酸性の側鎖をもつ 4 種類，塩基性の側鎖をもつ 3 種類である．

27・2 アミノ酸の酸-塩基特性
- 中性の pH 条件では，アミノ酸は双性イオンとして存在する．すなわち，アミノ酸中のアミノ基はプロトン化され正に荷電しており，カルボキシ基は脱プロトン化され負に荷電している．
- 電子求引性の NH_3^+ の誘起効果により，アミノ酸のカルボキシ基は酢酸よりも酸性度が高い．
- アミノ酸中の α-アミノ基の塩基性は，脂肪族の第一級アミンよりもわずかに低い．
- 等電点 pI とは，アミノ酸，ポリペプチド，タンパク質の全体の電荷が 0 になる pH である．
- 電気泳動は，電場をかけた条件下で，それぞれの化合物がもつ電荷の大きさによって化合物を分離する操作である．
- 高い電荷密度をもつ化合物は，低い電荷密度をもつ化合物よりも速く移動する．
- 等電点 pI を示す pH では，アミノ酸やタンパク質は，移動せず元の位置に残ったままである．
- ニンヒドリンは，第一級アミノ基と反応して明るい紫の色素をつくるので，アミノ酸やタンパク質の検出に用いられる．

27・3 ポリペプチドとタンパク質
- ペプチド結合は，α-アミノ酸の間で形成されるアミド結合の名称である．
- ポリペプチドは，ペプチド結合でつながれた多数のアミノ酸から構成される生体高分子である．アミノ酸配列は通常，N 末端アミノ酸から C 末端アミノ酸の方向に左から右に記述する．

27・4 ポリペプチドとタンパク質の一次構造
- 一次構造とは，ポリペプチド鎖中のアミノ酸配列のことである．
- アミノ酸分析とよばれる分析法は，タンパク質を構成するアミノ酸の相対的な比率の決定に用いられる．この分析法では，すべてのアミド結合を酸性条件で加水分解した後，それぞれのアミノ酸をクロマトグラフィーで分離して定量を行う．ただし，この方法では，アミノ酸配列の情報を得ることはできない．
- ポリペプチドやタンパク質の一次配列の決定は，まず加水分解酵素や臭化シアン処理により長いポリペプチド鎖を切断した後，得られた断片の配列を決定することにより行われる．
- タンパク質は臭化シアン処理によりメチオニン残基の C 末端側で切断される．
- タンパク質の加水分解酵素であるトリプシンやキモトリプシンは，タンパク質を決まったアミノ酸部位で切断し，特定のペプチド断片を生じる．
- エドマン分解では，フェニルイソチオシアン酸を用いてタンパク質やペプチドの N 末端アミノ酸を除去して，その同定を行う．エドマン分解は，自動化して繰返し行うことができるため，N 末端から 20〜30 残基程度までのアミノ酸配列の決定に用いられる．
- 部分的に重なりあう複数のペプチド断片の配列を決定することで，タンパク質全体の配列を再構築することができる．
- 現在では，質量分析や遺伝子中の塩基配列決定が，タンパク質のアミノ酸配列の決定によく用いられる．

27・5 ポリペプチドの合成
- ペプチド合成は，アミノ基が保護されたアミノ酸と，カルボキシ基が保護されたアミノ酸との縮合反応により行われる．
- 最もよく使われるアミノ基の保護基は，Z 基(ベンジルオキシカルボニル基)や BOC 基(tert-ブトキシカルボニル基)である．これらは酸により除去される．
- 溶液中でのペプチド合成においてカルボキシ基は，エステルとして保護されている．固相合成においてもカルボキシ基は，エステル結合で固相担体につながれている．
- ペプチド結合は，カルボジイミドなどの反応剤によって活性化されたカルボキシ基に対するアミノ基の求核攻撃により生成する．
- 固相合成(ポリマー担持合成)では，C 末端のアミノ酸は，クロロメチル基を有するポリスチレン樹脂とベンジルエステル結合でつながれている．
- ポリペプチド鎖は，一アミノ酸ずつ伸長する．
- 固相合成の最も大きな利点は，反応剤の交換や樹脂の洗浄操作をすべて簡単な濾過により行うことができる点である．このため，すべての操作を自動合成機により行うことも可能である．
- 合成が完了した後，C 末端のベンジルエステル結合を切断することによりポリペプチド鎖は固相担体から切り離される．

27・6 ポリペプチドやタンパク質の三次元構造
- ペプチド結合は平面性をもつ．すなわちアミド基をつくる四つの原子とペプチド結合に含まれる二つの α 炭素は，同じ平面上にある．
- 平面性は，アミド基の窒素原子を含む共鳴構造に由来する．
- アミド基中の窒素原子とカルボニル炭素間の角度は約 120°で

27. アミノ酸とタンパク質   897

ある.
- **二次構造**とは，タンパク質やポリペプチド中に形成される部分的な立体構造（立体配置）である．最も重要な二次構造は，αヘリックスとβシートである．
- **三次構造**とは，1本のポリペプチド鎖全体がどのように折りたたまれているかを示す．これにより，ペプチド鎖に含まれるすべての原子の三次元的な配置がわかる．
  - アミノ酸側鎖の溶媒和は，タンパク質の折りたたみに重要である．疎水性の側鎖は，タンパク質内部の疎水性領域に位置し，親水性の側鎖は，タンパク質表面にあり周辺の水分子と相互作用していることが多い．
- **四次構造**とは，非共有結合性の相互作用をもつ複数のポリペプチドで構成される集合体の構造である．
  - 四次構造の秩序化されたタンパク質集合体を安定化するおもな要因は，**疎水性効果**である．この疎水性効果により，疎水性部位が互いに相互作用することでそれぞれのタンパク質が寄せ集まり，タンパク質の疎水性部位と水との不利な接触が緩和される．

重要な反応

1. α-COOH の酸性度（§27・2A）
プロトン化されたアミノ酸の α-COOH（pK_a は約 2.19）は，酢酸（pK_a 4.76）や他の低分子量の脂肪族カルボン酸よりもかなり酸性度が高い．これは，α-NH_3^+ の電子求引性の誘起効果のためである．

$$RCHCOOH + H_2O \rightleftharpoons RCHCOO^- + H_3O^+$$
（NH_3^+ ... NH_3^+） pK_a = 2.19

2. α-NH_3^+ の酸性度（§27・2A）
α-NH_3^+（pK_a は約 9.47）は，第一級の脂肪族アンモニウムイオン（pK_a は約 10.76）よりもわずかに酸性度が高い．

$$RCHCOO^- + H_2O \rightleftharpoons RCHCOO^- + H_3O^+$$
（NH_3^+ ... NH_2） pK_a = 9.47

3. α-アミノ酸とニンヒドリン反応（§27・2D）
第一級アミンの α-アミノ酸をニンヒドリンで処理すると紫色となる．第二級アミンであるプロリンはニンヒドリンで処理するとオレンジ色となる．

RCHCO$^-$ + 2 ニンヒドリン ⟶
（NH_3^+）
α-アミノ酸

⟶ 紫色のアニオン性化合物 + RCH + CO_2 + H_3O^+

4. 臭化シアンによるペプチド結合の切断（§27・4B）
ペプチド結合の切断は，メチオニンのカルボキシ基側で位置選択的に起こる．まず，求電子的な臭化シアンの炭素原子と求核的なメチオニンの硫黄原子との反応によりスルホニウムイオン中間体が形成される．次に，スルホニウムイオン中間体は，アミドカルボニル基の酸素原子と反応してイミノ基を含む環状構造となる．その後，ペプチド結合が加水分解されて切断され，γ-ラクトン環が生じる．

（切断部位／メチオニン側鎖）

$$H_3N^+\text{~}C\text{-}NH\text{~}COO^- \xrightarrow{Br-CN} H_3N^+\text{~}C\text{-}NH \text{（ホモセリンのγ-ラクトン誘導体）}$$

+ H_3N^+~COO^-（C末端側のペプチド）
+ CH_3SCN

5. エドマン分解（§27・4B）
フェニルイソチオシアン酸と反応させた後，酸で処理することにより，N末端のアミノ酸はフェニルチオヒダントイン誘導体として除去される．このチオヒダントイン誘導体を，分離後に同定する．この分解反応ではまず，求電子的なフェニルイソチオシアン酸の炭素原子と求核的なアミノ基との反応により，N-フェニルチオ尿素中間体が生成する．この中間体は，加熱により環化し，C末端のペプチド結合の切断を伴ってチアゾリノン中間体が生じる．その後，チアゾリノン中間体はフェニルチオヒダントインへと異性化する．

$$H_2NCHCNH\text{~}COO^- + Ph-N=C=S \longrightarrow$$
（R О／フェニルイソチオシアン酸）

⟶ フェニルチオヒダントイン + H_2N~COO^-

6. ベンジルオキシカルボニル（Z）保護基（§27・5C）
ベンジルオキシカルボニル基は，α-アミノ基と塩化ベンジルオキシカルボニルとの反応により導入される．また，酢酸中，臭化水素による処理あるいは水素化分解により除去される．

7. 1,3-ジシクロヘキシルカルボジイミド (DCC) を用いるペプチド結合の生成 (§27・5E)

この置換カルボジイミドは，ペプチド結合生成のための脱水縮合剤であり，縮合反応により自らは尿素誘導体となる．反応は効率よく進み，通常，収率は非常に高い．この反応では，最初にカルボン酸から 1,3-ジシクロヘキシルカルボジイミドへのプロトン移動が起こり，求電子性の中間体を与える．この中間体は，次にカルボキシラートイオンと反応し O-アシル尿素となる．活性エステルである O-アシル尿素中間体は，他のアミノ酸の α-アミノ基と反応し，四面体形付加中間体を経たペプチド結合の生成とともにジシクロヘキシル尿素が生じる．

aa₁: アミノ基が保護されたアミノ酸
aa₂: カルボキシ基が保護されたアミノ酸
DCC: 1,3-ジシクロヘキシルカルボジイミド
DCU: N,N'-ジシクロヘキシル尿素

問題

赤の問題番号は応用問題を示す．

アミノ酸

27・8 次の三文字表記はどのアミノ酸を表すか答えよ．
(a) Phe (b) Ser (c) Asp (d) Gln
(e) His (f) Gly (g) Tyr

27・9 α-アミノ酸のキラル中心の立体配置は，通常 D/L 表記で表されるが，R/S 表記を用いて表すことも可能である (§3・3)．L-セリンのキラル中心は，R または S どちらの立体配置をもつか答えよ．

27・10 次のアミノ酸のキラル中心は，R または S どちらの立体配置をもつか答えよ．
(a) L-フェニルアラニン (b) L-グルタミン酸
(c) L-メチオニン

27・11 トレオニンは二つのキラル中心をもち，それらの立体配置は $2S, 3R$ である．トレオニンのフィッシャー投影式と三次元表記を記せ．

27・12 双性イオンの意味を正しく定義せよ．

27・13 次のアミノ酸の双性イオン形の構造を書け．
(a) バリン (b) フェニルアラニン (c) グルタミン

27・14 グルタミン酸とアスパラギン酸が酸性アミノ酸に分類されるのはなぜか答えよ．

27・15 アルギニンが塩基性アミノ酸に分類されるのはなぜか．また，他の 2 種類の塩基性アミノ酸はどれか．

27・16 α-アミノ酸の α (アルファ) は何を意味しているか答えよ．

27・17 天然の β-アミノ酸がいくつか知られている．たとえば，アセチル CoA (問題 25・35 参照) は β-アラニンを含んでいる．β-アラニンの構造式を書け．

27・18 タンパク質は，L 形のアミノ酸で構成されているが，下等生物の代謝物中にはしばしば D 形のアミノ酸が見いだされる．たとえば，抗生物質であるアクチノマイシン D は，D-バリンを含み，同じく抗生物質であるバシトラシン A は，D-アスパラギン酸と D-グルタミン酸を含む．これらの D-アミノ酸の構造をフィッシャー投影式と三次元表記で記せ．

27・19 ヒスタミンは，タンパク質を構成する 20 種類のアミノ酸のうちの一つから合成される．ヒスタミンを与える前駆体となるアミノ酸はどれか答えよ．また，そのアミノ酸からのヒスタミンの生合成には，どのような有機化学反応 (たとえば，酸化，還元，脱炭酸，求核置換など) が必要であるかを答えよ．

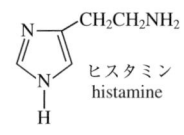

27・20 §26・6 の"身のまわりの化学 ビタミン K，血液凝固，塩基性"で説明したように，ビタミン K は，血液凝固にかかわるタンパク質であるプロトロンビン中のグルタミン酸残基のカルボキシル化にかかわる．
(a) γ-カルボキシグルタミン酸の構造式を書け．
(b) γ-カルボキシグルタミン酸の存在は，長い間知られることなく，通常のアミノ酸分析では，グルタミン酸が検出されるのみであった．この原因について説明せよ．

27・21 ノルエピネフリンとエピネフリンはともに，タンパク質由来のあるアミノ酸から生合成される．このアミノ酸の名称を答えよ．また，これらの化合物の生合成にはどのような反応が必要であるかを答えよ．

(a) ノルエピネフリン norepinephrine
(b) エピネフリン epinephrine (アドレナリン adrenaline)

27・22 セロトニンとメラトニンは，どのアミノ酸から生合成されるかを答えよ．また，これらの生合成にはどのような反応が必要であるかを答えよ．

(a) セロトニン serotonin

(b) メラトニン melatonin

アミノ酸の酸-塩基特性

27・23 pH 1.0 において形成される次のアミノ酸の構造式を書け．
(a) トレオニン　(b) アルギニン　(c) メチオニン
(d) チロシン

27・24 pH 10.0 において形成される次のアミノ酸の構造式を書け．
(a) ロイシン　(b) バリン　(c) プロリン
(d) アスパラギン酸

27・25 双性イオン型のアラニンの構造式を書け．また，次の反応剤で処理した場合，双性イオンの構造はどう変化するか答えよ．
(a) 等モル量 NaOH　(b) 等モル量 HCl

27・26 pH 1.0 において形成されるリシンの構造式を書け．また，次の反応剤により処理した場合，その構造はどのように変化するかを示せ．そのさい，表 27・2 に示したリシン中の各イオン化する官能基の pK_a を参考にせよ．
(a) 等モル量 NaOH　(b) 2 倍モル量 NaOH
(c) 3 倍モル量 NaOH

27・27 pH 1.0 において形成されるアスパラギン酸の構造式を書け．また，次の反応剤により処理した場合，その構造はどのように変化するかを示せ．そのさい，表 27・2 に示したアスパラギン酸中の各イオン化する官能基の pK_a を参考にせよ．
(a) 等モル量 NaOH　(b) 2 倍モル量 NaOH
(c) 3 倍モル量 NaOH

27・28 表 27・2 に示した pK_a を参考にして，(a) グルタミン酸に対する NaOH 滴定，(b) ヒスチジンに対する NaOH 滴定における予想される滴定曲線を書け．

27・29 アラニンを次の反応剤で処理した場合に生じる生成物の構造式を書け．
(a) NaOH 水溶液　(b) HCl 水溶液
(c) CH_3CH_2OH, H_2SO_4　(d) $(CH_3CO)_2O$, CH_3COONa

27・30 リシンとアルギニンの等電点(pI)は，窒素を含む官能基の全体の電荷が +1 となり，α-カルボン酸の -1 の電荷と釣合う pH である．これらのアミノ酸の pI を計算せよ．

27・31 アスパラギン酸とグルタミン酸の等電点 pI は，分子中の二つのカルボキシ基の全体の電荷が -1 となり，α-アミノ酸の +1 の電荷と釣合う pH である．これらのアミノ酸の pI を計算せよ．

27・32 グルタミンの等電点(pI 5.65)が，グルタミン酸の等電点(pI 3.08)よりも高い理由を説明せよ．

27・33 グルタミン酸は，酵素反応による脱炭酸をうけて 4-アミノ酪酸(§27・1D)となる．4-アミノ酪酸の pI を予測せよ．

27・34 グアニジンやアルギニン中のグアニジノ基は，ともに最も強い有機塩基の一つとして知られている．これらの官能基が強塩基性を示す理由を説明せよ．

27・35 血清のもつ pH 7.4 の条件下において，タンパク質由来のアミノ酸は，全体の電荷として負あるいは正のどちらをもつものが多いかを答えよ．

27・36 次の(a)~(f)の条件下において電気泳動を行った場合，それぞれの化合物は，陽極側あるいは陰極側のどちらに移動するのかを答えよ．
(a) ヒスチジン，pH 6.8　(b) リシン，pH 6.8
(c) グルタミン酸，pH 4.0　(d) グルタミン，pH 4.0
(e) Glu-Ile-Val，pH 6.0　(f) Lys-Gln-Tyr，pH 6.0

27・37 次のアミノ酸混合物を電気泳動により分離する場合，どの pH 条件で行えばよいかを答えよ．
(a) Ala, His, Lys　(b) Glu, Gln, Asp　(c) Lys, Leu, Tyr

27・38 ヒトインスリンのアミノ酸配列を調べて(図 27・16)，これに含まれる Asp, Glu, His, Lys, Arg の数を数えよ．この結果から，ヒトインスリンが，酸性アミノ酸(pI 2.0~3.0)，中性アミノ酸(pI 5.5~6.5)，塩基性アミノ酸(pI 9.5~11.0)のどれに最も近い等電点をもつかを予測せよ．

27・39 胃酸の抑制や潰瘍の治療に幅広く用いられているシメチジンは，化学修飾されたグアニジノ基をもつ．シメチジンは，胃の H_2 受容体とヒスタミンとの相互作用を阻害することにより，胃酸の分泌を押さえる．開発の過程において，シメチジン分子構造中のシアノ基は，グアニジノ基の塩基性を変化させるために導入された．このシアノ基の導入により，グアニジノ基の塩基性は，強くなるのか，弱くなるのかを答えよ．

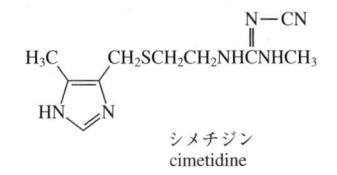

シメチジン cimetidine

27・40 アラニンを次の反応剤で処理した場合に生じる生成物の構造を記せ．
(a) C_6H_5COCl, $(CH_3CH_2)_3N$　(b) (インダン-1,3-ジオン-2,2-ジオール)
(c) $C_6H_5CH_2OCOCl$, NaOH
(d) $(CH_3)_3COCOCOC(CH_3)_3$, NaOH
(e) (c)の反応生成物，L-アラニンのエチルエステル，DCC
(f) (d)の反応生成物，L-アラニンのエチルエステル，DCC

900　27. アミノ酸とタンパク質

ポリペプチド，タンパク質の一次構造

27・41 四つの SH 基をもつタンパク質がある．このタンパク質内部で1本のジスルフィド結合が形成される場合，形成可能なジスルフィド結合は全部で何種類あるかを答えよ．また，タンパク質内部で2本のジスルフィド結合が形成される場合，可能なジスルフィド結合の組合わせは何種類あるかを答えよ．

27・42 次の要件を満たすテトラペプチドは，何種類可能かを答えよ．
(a) Asp, Glu, Pro, Phe をそれぞれ一つずつ含むテトラペプチド．
(b) 20 種類のすべてのアミノ酸のなかから，それぞれ異なる種類のアミノ酸を一つずつ含むテトラペプチド．

27・43 あるデカペプチドは，次に示すアミノ酸組成をもつ．

$$\text{Ala}_2, \text{Arg, Cys, Glu, Gly, Leu, Lys, Phe, Val}$$

このペプチドを部分的に加水分解すると次のトリペプチドが得られた．

Cys-Glu-Leu + Gly-Arg-Cys + Leu-Ala-Ala +
Lys-Val-Phe + Val-Phe-Gly

さらにエドマン分解を行うと，一度目にリシンのフェニルチオヒダントインが得られた．以上の情報から，このデカペプチドの一次構造を推定せよ．

27・44 次に示すのは，29 個のアミノ酸から構成されるポリペプチド型のホルモンであるグルカゴンの一次構造である．グルカゴンは，膵臓の α 細胞で産生され，血中のグルコース濃度を正常に保つ．

```
 1           5              10             15
His-Ser-Glu-Gly-Thr-Phe-Thr-Ser-Asp-Tyr-Ser-Lys-Tyr-Leu-Asp-
Ser-Arg-Arg-Ala-Gln-Asp-Phe-Val-Gln-Trp-Leu-Met-Asn-Thr
                  20              25             29
```

グルカゴンを次の反応剤により処理した場合，どのペプチド結合が切断されるかを答えよ．
(a) フェニルイソチオシアン酸　(b) キモトリプシン
(c) トリプシン　(d) BrCN

27・45 あるテトラデカペプチド(14 アミノ酸残基)は，部分的な加水分解を受けて，次に示すペプチド断片を与えた．この情報から，このペプチドの一次構造を推定せよ．

ペンタペプチド断片	テトラペプチド断片
Phe-Val-Asn-Gln-His	Gln-His-Leu-Cys
His-Leu-Cys-Gly-Ser	His-Leu-Val-Glu
Gly-Ser-His-Leu-Val	Leu-Val-Glu-Ala

27・46 次のトリペプチドの構造式を書け．構造中，ペプチド結合，N 末端アミノ酸，C 末端アミノ酸の位置をそれぞれ示せ．
(a) Phe-Val-Asn　(b) Leu-Val-Gln

27・47 問題 27・46 に示したトリペプチドの p*I* を推定せよ．

27・48 動物，植物，細菌中で最も豊富なトリペプチドであるグルタチオン G–SH は，酸化物質のスカベンジャーとして機能する．グルタチオンは，酸化物質と反応して，G–S–S–G になる．

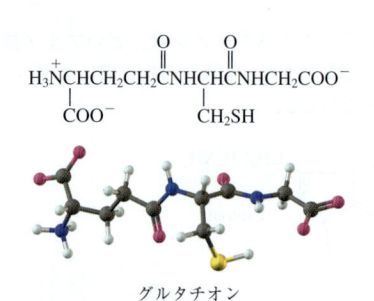

グルタチオン

(a) このトリペプチドを構成するアミノ酸の名前をあげよ．
(b) N 末端のアミノ酸は，通常とは異なるペプチド結合をもつ．その構造的違いを説明せよ．
(c) 2 分子のグルタチオンからジスルフィド結合が生成される反応の半反応式を示せ．グルタチオンは，生物において還元剤として働くのか酸化剤として働くのかを答えよ．
(d) グルタチオンが酸素分子 O_2 と反応して G–S–S–G と H_2O となる反応の反応式を示せ．このとき，酸素分子は，酸化されるのか還元されるのかを答えよ．

27・49 次に示すのは，人工の甘味料であるアスパルテームの構造式と棒球モデルである．アスパルテーム中のすべてのアミノ酸は L 形である．

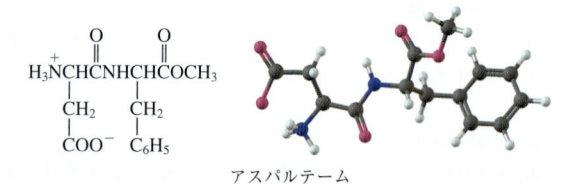

アスパルテーム

(a) アスパルテーム中の二つのアミノ酸の名前を記せ．
(b) アスパルテームの等電点を予測せよ．
(c) アスパルテームを 1 M の塩酸で加水分解したときの生成物の構造式を書け．

27・50 2,4-ジニトロフルオロベンゼンは，ポリペプチドの N 末端と選択的に反応する．この有用な反応剤は，英国の化学者である F. Sanger(サンガー)により見いだされたことから，サンガー反応剤とよばれている．Sanger は，この反応剤を用いてウシインスリンの一次構造を決定し，その業績により 1958 年にノーベル化学賞を受賞した．彼はまた 1980 年に，DNA の化学的および生物学的解析法の業績により，米国人である P. Berg(バーグ)と W. Gilbert(ギルバート)とノーベル化学賞を共同受賞した．Sanger は，二度のノーベル賞を受賞した数少ない人物の一人である．

2,4-ジニトロフルオロベンゼン　ポリペプチド鎖の N 末端　→　N 末端に 2,4-ジニトロフェニル基が付加したポリペプチド

2,4-ジニトロフルオロベンゼンをポリペプチドと反応させた後に，ポリペプチド鎖中のすべてのアミド結合を加水分解すると，アミノ基が 2,4-ジニトロフェニル基で保護されたアミノ酸が得

27. アミノ酸とタンパク質

られる．この修飾されたアミノ酸は，ペーパーあるいはカラムクロマトグラフィーで分離，同定することができる．

(a) サンガー反応剤とN末端アミノ酸との反応により生じた生成物の構造式を書け．また，この反応の反応機構を示せ．

(b) ウシインスリンをサンガー反応剤により処理した後，ポリペプチド鎖中のすべてのアミド結合を加水分解すると，グリシンおよびフェニルアラニンの二つの修飾アミノ酸が検出された．この結果から，ウシインスリンの一次構造について何がわかるか答えよ．

(c) サンガー反応剤を用いて得られるポリペプチドの構造情報と，エドマン分解により得られる構造情報を比較してそれらの違いを述べよ．

ポリペプチドの合成

27・51 メリフィールドの固相ペプチド合成法に類似した方法で，アミノ基をフルオレニルメトキシカルボニル(FMOC)基で保護する方法がある．この保護基は，第二級アミン(ピペリジンなど)のような弱い塩基と反応して除去される．FMOC基の脱保護の反応式と反応機構を示せ．

フルオレニルメトキシカルボニル(FMOC)基

27・52 次に示すように，BOC基(*tert*-ブトキシカルボニル基)はアミノ酸を二炭酸ジ *tert*-ブチルで処理することにより導入される．この反応の反応機構を示せ．

$(CH_3)_3COCOCOC(CH_3)_3$ + $H_2NCHCOO^-$ →
二炭酸ジ *tert*-ブチル　　　　　　　　$|$
　　　　　　　　　　　　　　　　　　R

$(CH_3)_3COCNHCHCOO^-$ + $(CH_3)_3COH$ + CO_2
　　　　　　　$|$
　　　　　　　R
BOC保護アミノ酸

27・53 アスパラギン酸とグルタミン酸の側鎖は，ベンジルエステルで保護することができる．

$(CH_3)_3COCNHCHCOCH_3$
BOC保護基（アミノ基の保護基）
　　　　$|$
　　　　CH_2
　　　　$|$
　　　　CH_2　ベンジルエステル（カルボキシ基の保護基）
　　　　$|$
　　　　$C=O$
　　　　$|$
　　　　OCH_2Ph

(a) 塩化ベンジルを用いて，側鎖のカルボキシ基をベンジルエステルへと変換する反応条件を示せ．

(b) BOC基を除去することなく穏和な条件でベンジルエステルを除去できる反応条件を示せ．

ポリペプチドおよびタンパク質の三次元構造

27・54 αヘリックスにおいて，アミノ酸の側鎖は，すべてヘリックスの内側を向いているか外側を向いているか，それともランダムに配向しているかを答えよ．

27・55 ポリペプチド主鎖における水素結合は，分子内および分子間水素結合の2種類に分類される．分子間水素結合を形成している二次構造の名称を答えよ．また，分子内水素結合を形成している二次構造の名称を答えよ．

27・56 水溶液中において多くの細胞質タンパク質は，球状構造をもつ．以下のアミノ酸の中で，タンパク質表面に存在し水と接触しやすいアミノ酸を理由とともに答えよ．また，タンパク質内部に存在し水から遮蔽されやすいアミノ酸を理由とともに答えよ．

(a) Leu　(b) Arg　(c) Ser　(d) Lys　(e) Phe

27・57 変性は，タンパク質の物理的性質の変化である．変性により生じる最も観測しやすい変化は，生理活性の消失である．変性では，水素結合や疎水性相互作用などの非共有結合性の相互作用を損失し，タンパク質の二次，三次，あるいは四次構造が変化している．変性を誘起する代表的な物質や条件として，ドデシル硫酸ナトリウム(SDS)，尿素，熱が知られている．これらを用いてタンパク質を変性させるとタンパク質中のどのような非共有結合性の相互作用が阻害されるのかを答えよ．

28・1	ヌクレオシドとヌクレオチド
28・2	DNA の構造
28・3	リボ核酸
28・4	遺伝暗号
28・5	核酸配列の決定

28章

核　　酸

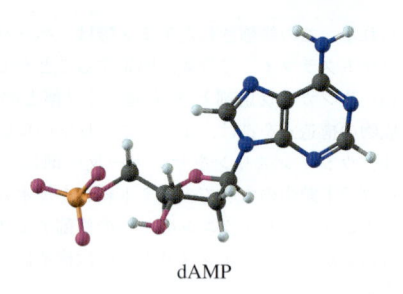

dAMP

DNA デオキシリボ核酸 deoxyribonucleic acid の略

細胞の多様な働きを整然と組織し，維持し，制御するためには，莫大な量の情報が必要とされ，さらにすべての情報が，細胞が複製されるたびに新しい細胞へと受け継がれていかなくてはならない．ほぼすべての遺伝情報は，デオキシリボ核酸(DNA)の形で貯蔵され，次の世代へとひき継がれる．遺伝子とは，染色体中の遺伝情報の構成単位を指し，その実体は長くつながった二重らせん DNA である．一つの細胞内にあるヒト染色体遺伝子をほどいて引き伸ばすと，約 1.8 m もの長さになる．

遺伝情報の発現は，DNA からリボ核酸(RNA)への転写とタンパク質合成のための翻訳という二つの段階を経て行われる．

RNA リボ核酸 ribonucleic acid の略

$$\text{DNA} \xrightarrow{\text{転写}} \text{RNA} \xrightarrow{\text{翻訳}} \text{タンパク質}$$

すなわち，DNA は細胞における遺伝情報の保管場所であり，一方 RNA は転写と翻訳を受けもち，最終的に遺伝情報はタンパク質の発現へとつながる．

本章では，ヌクレオシドとヌクレオチドの構造，およびこれらのモノマーが共有結合で連結した**核酸**の構造について説明する．さらに，遺伝情報が DNA 分子中に書き込まれる機構，三つの異なる RNA の機能，DNA の一次構造決定法について解説する．

核酸 nucleic acid 芳香族ヘテロ環アミンであるプリンあるいはピリミジン塩基，単糖である D-リボースあるいは 2-デオキシ-D-リボース，およびリン酸の三つの構造単位から構成される生体高分子．

DNA は，オリゴペプチド合成(§27・5f 参照)のときと同様の固相合成法により合成することが可能である．実際に，DNA と RNA はともに完全に自動化された方法により高収率で合成できる．現在では分子生物学者が望みの配列の DNA や RNA をインターネットで注文し，数日後に試料を受取ることができる．自動化された高収率合成法による効率化は，分子生物学やバイオテクノロジーの研究分野に革命をもたらした．

28・1　ヌクレオシドとヌクレオチド

核酸を注意深く加水分解すると，芳香族ヘテロ環アミンである核酸塩基，単糖である D-リボースあるいは 2-デオキシ-D-リボース(§25・1C 参照)，およびリン酸イオンの三つの構成成分が得られる．核酸において，最もよくみられる 5 種類の核酸塩基を図 28・1 にまとめて示す．ウラシル，シトシン，チミンの三つは，共通の基本骨格にちなんでピリミジン塩基とよばれる．一方，アデニンとグアニンはその骨格からプリン塩基とよばれる．

ヌクレオシド nucleoside 核酸の構成成分．D-リボースあるいは 2-デオキシ-D-リボースに，芳香族ヘテロ環アミンである核酸塩基が β-N-グリコシド結合でつながっている．

ヌクレオシドとは，D-リボースあるいは 2-デオキシ-D-リボースに，芳香族ヘテロ環アミンである核酸塩基が β-N-グリコシド結合でつながった化合物である(§25・3A 参照)．DNA の単糖部分は 2-デオキシ-D-リボースであり，RNA の単糖部分は D-リボースである．N-グリコシド結合は，D-リボースあるいは 2-デオキシ-D-リボースの

28・1 ヌクレオシドとヌクレオチド

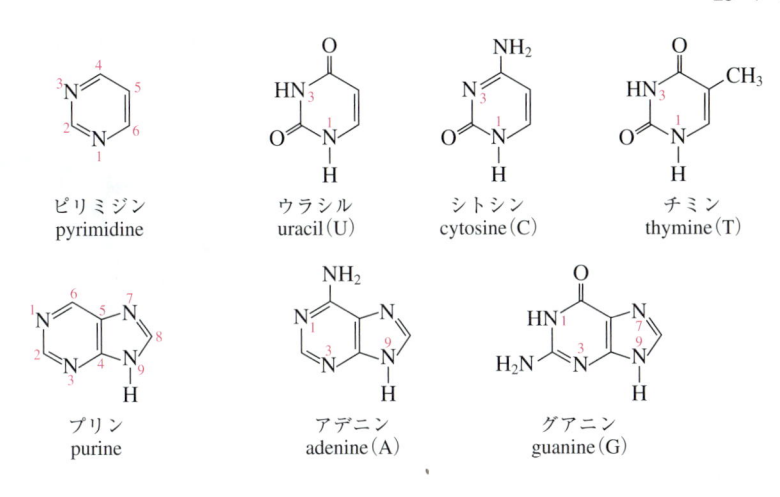

ピリミジン pyrimidine　ウラシル uracil (U)　シトシン cytosine (C)　チミン thymine (T)

プリン purine　アデニン adenine (A)　グアニン guanine (G)

図 28・1　DNA および RNA 中に存在する芳香族ヘテロ環アミンである核酸塩基の名称と，それらの一文字表記．塩基部位は母核であるピリミジンおよびプリンに従って番号がつけられる．

C1′，すなわちアノマー炭素とピリミジン塩基の N1 あるいはプリン塩基の N9 との間で形成される．リボースとウラシルから構成されるヌクレオシドであるウリジンの構造式を図 28・2 に示す．

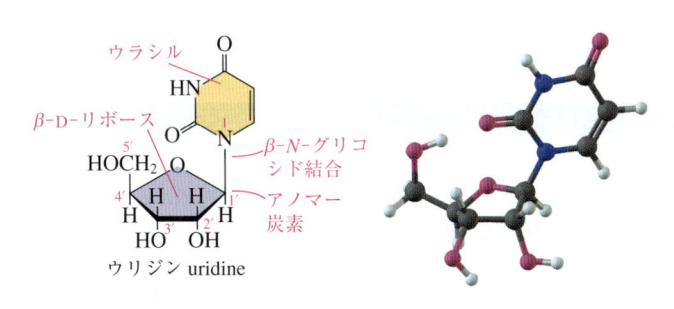

ウリジン uridine

図 28・2　ヌクレオシドの一つであるウリジンの分子構造．単糖の位置番号にはプライム(′)を付し，核酸塩基の位置番号と区別する．

ヌクレオチドとは，リン酸1分子が単糖の 3′ 位か 5′ 位のヒドロキシ基にエステル結合したヌクレオシドのことである．ヌクレオチドは，ヌクレオシドの名称の後に，一リン酸などをつづけて命名する．また，リン酸エステルの結合位置は単糖の炭素番号により表す．アデノシン 5′-一リン酸(AMP)の構造式を図 28・3 に示す．一リン酸エステルは，pK_a としておおよそ 1 と 6 の値をもつ二塩基酸である．そのため，pH 7.0 の条件下では，二つの水素はともに解離し，電荷は −2 となる．

ヌクレオチド nucleotide　1分子のリン酸が単糖のヒドロキシ基(通常は 3′ 位あるいは 5′ 位)にエステル結合したヌクレオシド．

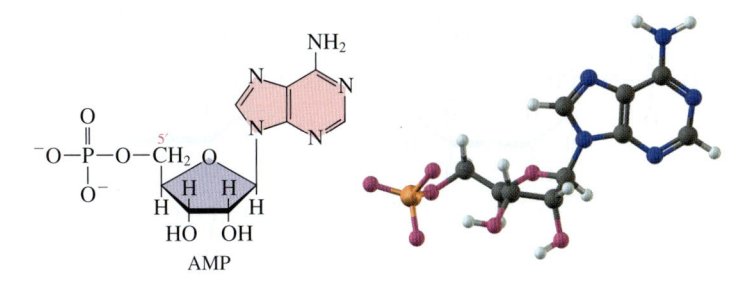

AMP

図 28・3　アデノシン 5′-一リン酸 (adenosine 5′-monophosphate, AMP) の分子構造．pH 7.0 の条件下でリン酸基は，完全にイオン化しているので，このヌクレオチドの電荷は −2 となる．

ヌクレオシド一リン酸が，さらにリン酸化されると，ヌクレオシド二リン酸やヌクレオシド三リン酸に変換される．アデノシン 5′-三リン酸(ATP)の構造式を図 28・4 に示す．

ヌクレオシド二リン酸や三リン酸は多塩基酸であり，pH 7.0 の条件では多価の電荷をもつ．アデノシン三リン酸の最初の三つのイオン化過程(pK_{a1}～pK_{a3})の pK_a は，いずれも 5.0 以下であり，その次の pK_{a4} は約 7 である．したがって pH 7.0 の条件下では，

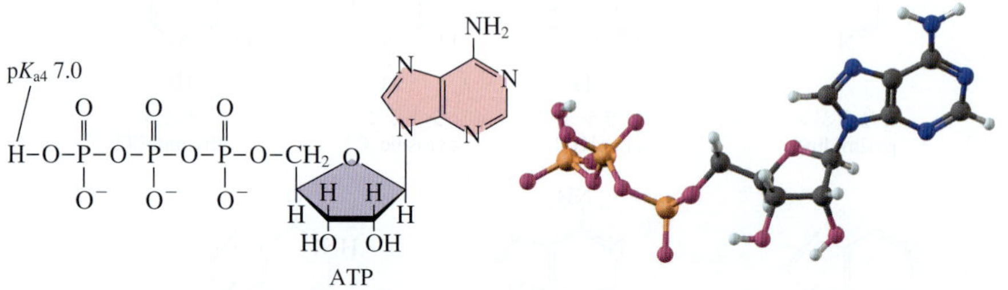

図 28・4 アデノシン 5′-三リン酸 (adenosine 5′-triphosphate, **ATP**) の分子構造

アデノシン三リン酸の約 50% は ATP^{4-} として，残りの 50% は ATP^{3-} として存在する．

§23・5 の"生化学とのつながり　芳香環に結合した NH$_2$ 基の平面性"でも述べたように，アデニン，シトシン，グアニンなどの核酸塩基の芳香環に直接結合したアミノ基の窒素原子は，sp^2 混成をとっている．つまり他の芳香族アミンの場合と同様に，窒素原子が sp^2 混成をとって平面性をもつときに窒素の p 軌道と芳香環の π 軌道の重なりが最大となり，共鳴による安定化も最大になる．DNA のらせん構造においては，平面性をもった相補的な核酸塩基間に働く水素結合の作用が最適化されているのみならず，上下に位置する核酸塩基の重なり(スタッキング)による安定化効果が生じるようになっている．

例題 28・1

次のヌクレオチドの構造式を書け．
(a) 2′-デオキシシチジン 5′-二リン酸　　(b) 2′-デオキシグアノシン 3′-一リン酸

解答　(a) シトシンの N1 が，環状ヘミアセタール形の 2-デオキシ-D-リボースの C1 と β-N-グリコシド結合によってつながっている．ペントースの 5′-ヒドロキシ基には，リン酸基がエステル結合しており，このリン酸にもう一つのリン酸がリン酸無水物結合で連結している．
(b) グアニンの N9 が，環状ヘミアセタール形の 2-デオキシ-D-リボースの C1 と β-N-グリコシド結合によってつながっている．ペントースの 3′-ヒドロキシ基には，リン酸基がエステル結合している．

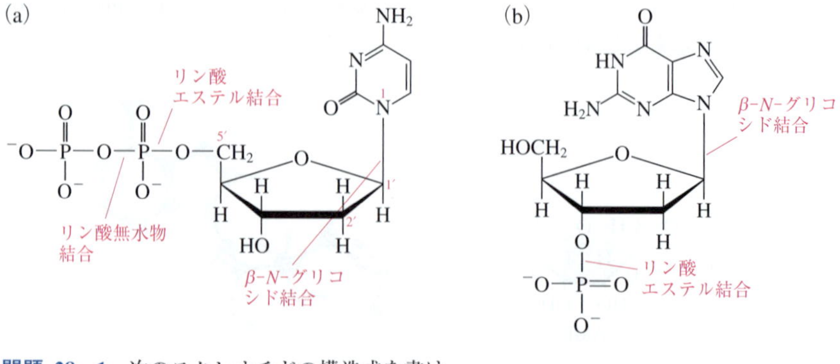

問題 28・1　次のヌクレオチドの構造式を書け．
(a) 2′-デオキシチミジン 5′-一リン酸　　(b) 2′-デオキシチミジン 3′-一リン酸

28・2　DNA の構造

27 章において，ポリペプチドとタンパク質は，一次，二次，三次，四次構造の四つ

の階層からなる複雑な構造をとっていることを述べた．一方，核酸の場合は，三つの階層構造をとっている．これらの階層はポリペプチドやタンパク質の構造とだいたい対応しているが，一方で大きな違いもある．

A. 一次構造：共有結合でつながった主鎖

デオキシリボ核酸は，デオキシリボースとリン酸エステルが交互につながった主鎖をもつ．主鎖は，リボースの 3′-ヒドロキシ基と，隣のリボースの 5′-ヒドロキシ基がリン酸ジエステル結合を介してつながった構造をもつ（図 28・5）．

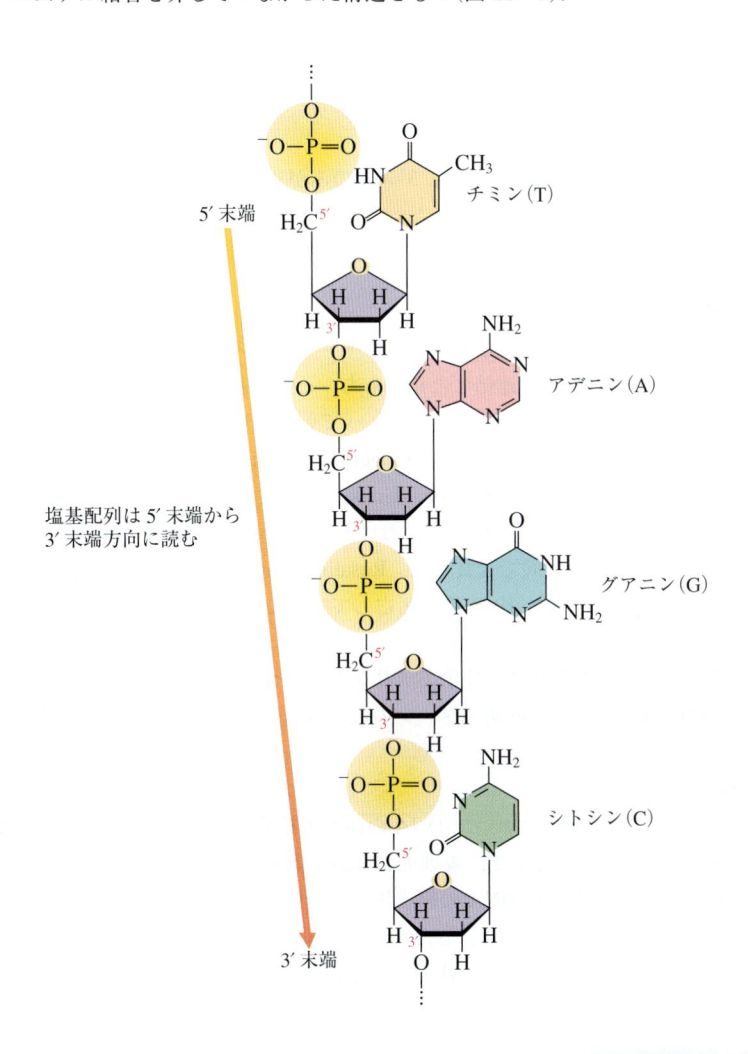

図 28・5 一本鎖 DNA 中のテトラヌクレオチドの構造

5′ 末端

塩基配列は 5′ 末端から 3′ 末端方向に読む

チミン(T)
アデニン(A)
グアニン(G)
シトシン(C)

3′ 末端

このペントース–リン酸ジエステルの主鎖の構造は，DNA 全体を通して変わらない．アデニン，グアニン，チミン，シトシンの芳香族ヘテロ環アミンである核酸塩基は，デオキシリボースと β-N-グリコシド結合を介して結合している．DNA の**一次構造**とは，ペントース–リン酸ジエステルの主鎖に沿った核酸塩基の配列のことを示す．通常，塩基配列は 5′ 末端から 3′ 末端の方向へ記述する．

核酸の一次構造 primary structure of nucleic acid　DNA あるいは RNA の主鎖であるペントース–リン酸ジエステルの主鎖に沿った塩基配列のことで，通常 5′ 末端から 3′ 末端の方向へと読む．

例題 28・2
5′ 末端だけがリン酸化されているジヌクレオチド TG の構造式を書け．

906　28. 核　　酸

解答

問題 28・2 CTG の塩基配列をもち，3′末端のみがリン酸化されている DNA の構造式を書け．

B. 二次構造：二重らせん

1950 年代初頭までに，DNA 分子は，デオキシリボースとリン酸エステルが 3′,5′-リン酸ジエステル結合を介して連結した鎖をもち，その塩基はデオキシリボースに β-N-グリコシド結合していることが明らかになっていた．1953 年，アメリカの生物学者 James D. Watson とイギリスの物理学者 Francis H. C. Crick は，DNA の**二次構造**として二重らせんモデルを提案した．Watson, Crick, そして Maurice Wilkins は，1962 年に"核酸の分子構造および遺伝情報伝達におけるその意義の発見"の研究業績によってノーベル医学生理学賞を共同で受賞した．Rosalind Franklin は，この研究に重要な貢献をしていたにもかかわらず，1958 年に死亡していたためノーベル賞を受賞できなかった．

核酸の二次構造 secondary structure of nucleic acid　核酸の規則的な三次元構造のこと．

ワトソン–クリックモデル Watson-Crick model　DNA 分子の二次構造の二重らせんモデル．

ワトソン–クリックモデルは，分子モデリングと二つの重要な実験結果(DNA 塩基組成の化学分析と DNA 結晶の回折パターンの数学的解析)に基づいて提案された．

塩基組成

かつて，すべての生物種において DNA の四つの核酸塩基はペントース-リン酸ジエステル骨格に沿って同じ比率で，規則的に繰返し現れると考えられていた．しかし，Erwin Chargaff はより正確な DNA の組成決定を行い，核酸塩基がすべて同じ比率で存在するわけではないことを明らかにした(表 28・1)．

この実験結果や関連データから，次のような結論が導かれた．すなわち，実験誤差の

左：DNA モデルを前にした James D. Watson と Francis H. Crick

右：Rosalind Franklin (1920～1958)　1951 年に英国キングズカレッジの生物物理研究室の一員となり，DNA の構造解析のために X 線回折法を利用した．彼女は，DNA の密度および，らせん構造の決定に大きく貢献した．この研究成果は，Watson と Crick による DNA モデルの確立にとってきわめて重要であった．彼女は 1958 年に 37 歳の若さで亡くなったため，1962 年のノーベル医学生理学賞を Watson, Crick, Wilkins と分かち合うことはできなかった．

範囲内で,

1. 塩基組成のモル分率は，その生物のすべての細胞で同じであり，その生物に固有のものである．このことはあらゆる生物においてあてはまる．
2. アデニン(プリン塩基)とチミン(ピリミジン塩基)のモル分率は等しく，グアニン(プリン塩基)とシトシン(ピリミジン塩基)のモル分率も等しい．
3. 二つのプリン塩基(A＋G)と二つのピリミジン塩基(C＋T)のモル分率は等しい．

表 28・1 DNA 塩基組成の生物種間での比較(モル分率表示)

生 物	プリン A	プリン G	ピリミジン C	ピリミジン T	A/T	G/C	プリン/ピリミジン
ヒ ト	30.4	19.9	19.9	30.1	1.01	1.00	1.01
ヒツジ	29.3	21.4	21.0	28.3	1.04	1.02	1.03
酵 母	31.7	18.3	17.4	32.6	0.97	1.05	1.00
大腸菌	26.0	24.9	25.2	23.9	1.09	0.99	1.04

X 線回折パターンの解析

　Franklin と Wilkins により撮影された DNA の X 線回折像の解析から，DNA の構造に関するもう一つの情報が得られた．つまり，DNA が異なる生物種から単離されたもので異なる塩基組成をもっていても，DNA 分子の太さは，本質的に同じであることが回折パターンからわかった．解析を行った DNA は，どれも長く，ほぼまっすぐであり，その外径は約 2 nm (20 Å)*，つまりせいぜい 12 原子ほどの長さであり，回折パターンは 3.4 nm ごとに繰返されていた．この結果により，大きな疑問が提起された．塩基の存在比率が大きく違っても，なぜ DNA の構造に一定の規則性があるのか．やがてこの DNA 構造に関する問題を解決する新しい説が登場する．

* 訳注: 1 nm = 1000 pm = 10 Å

ワトソン-クリックの二重らせん

　ワトソン-クリックモデルの最も重要な点は，DNA が相補的な**二重らせん**をもつ分子であることを予測したことである．このモデルでは，二つの逆平行のポリヌクレオチド鎖が，同じ軸上で右巻きにねじれてコイル状になり二重らせんを形成する．二重らせんの形成に伴ってキラリティーを生じることを，図 28・6 にリボンモデルを用いて示す．左巻きと右巻きの二重らせんは互いに鏡像の関係にあり，ちょうど一組のエナンチオマーのような関係となる．

　Watson と Crick は，塩基の比率にかかわらず DNA が同じような外径をもつことを説明するため，プリン塩基とピリミジン塩基が二重らせんの内側に向かって突き出し，対になっていると予測した．分子模型によると，アデニン-チミンの塩基対はグアニン-シトシンの塩基対とほぼ同じ大きさであり，その長さは DNA 鎖の内側の外径にほぼ一致する(図 28・7)．したがって，もし DNA の一方の鎖のプリン塩基がアデニンであれば，逆平行のもう一方の鎖の相補的な塩基はチミンとなる．同様に，プリン塩基がグアニンの場合にはシトシンが相補的な塩基となる．ぴったりと適合する TA 塩基対と GC 塩基対は，分子認識や超分子複合体形成の代表的な例の一つといえる．TA 塩基対間には二つの水素結合が形成され，GC 塩基対では三つの水素結合が形成される．プリン-ピリミジン塩基の他の組合わせでは，このような水素結合で安定化された塩基対は形成されない．これらの特異的な水素結合により，二本鎖 DNA 鎖は非常に強く結びつけられている．

二重らせん double helix　DNA 分子の二次構造の一つで，2 本の逆平行なポリヌクレオチド鎖が，同じ軸上で右巻きにねじれたコイル状の構造をとる．

図 28・6　DNA の二重らせんは，らせん構造に由来するキラリティーをもつ．右巻きと左巻き二重らせんは，互いに重なり合わない鏡像の関係にある．

908　28. 核　　酸

ワトソン-クリックモデルによれば，もしDNAが他の塩基対の組合わせをとれば，実験データの示すDNAの外径と一致しなくなるはずである．すなわち，ピリミジンどうしの対では小さすぎ，プリンどうしでは大きすぎる．また，もし二重らせんが塩基対を形成しない単一の塩基の繰返しでできているならば，塩基によって外径が異なるはずである．DNAが異なる塩基の対でできているとすれば，ほぼ同じ外径になりうる．

X線結晶構造解析のデータから観測されたDNA構造の周期性を説明するために，WatsonとCrickが提唱した構造では，DNA中の塩基対どうしは340 pm (3.4 Å) 離れており，10塩基対で1巻きするらせん構造をもつ．このような構造をとれば，らせん構

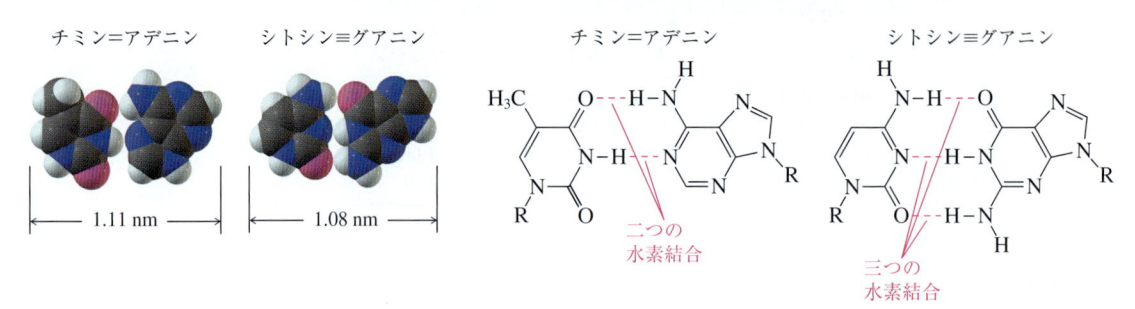

図 28・7　アデニン(A)とチミン(T)，あるいはグアニン(G)とシトシン(C)間の塩基対の分子構造．AT塩基対では二つの水素結合が，GC塩基対では三つの水素結合が形成される．

身のまわりの化学　抗ウイルス薬の探索

ウイルスは侵入した細胞の代謝過程を利用して複製するため，抗ウイルス薬の探索は抗菌薬の場合よりも困難である．抗ウイルス薬が，感染した宿主細胞自体に損傷を与える危険性があるからである．したがって抗ウイルス薬の開発では，ウイルスの生化学を正確に理解した上で，ウイルス特有の生化学機構を標的にすることが課題となる．多数の抗菌薬が普及しているのに比べると，これまでに開発された抗ウイルス薬の数はほんの一握りであり，その薬効も細菌感染に対する抗生物質と比較すると非常に弱い．

アシクロビルは，ヘルペスウイルスとよばれるDNAウイルスによる感染症に治療効果をもつ新しいタイプの薬剤の一つである．ヘルペスのヒトへの感染には，二つのタイプがある．単純ヘルペスウイルスⅠ型では口内や目の痛みを生じ，一方，単純ヘルペスウイルスⅡ型は深刻な生殖器の感染症状をひき起こす．アシクロビルは，ヘルペスウイルスの生殖器への感染防止にきわめて有効に働く．この薬剤は，生体内で第一級のヒドロキシ基(リボースやデオキシリボースの5′-ヒドロキシ基に対応する)に三リン酸が付加することで活性体となる．アシクロビルの三リン酸体は，DNA合成に必須のデオキシグアノシン三リン酸と構造が類似しているため，ウイルスのDNAポリメラーゼに取込まれ，酵素-基質複合体を形成する．しかしアシクロビルは，DNAの伸長に必要な3′位のヒドロキシ基をもっていないため，酵素-基質複合体はそのまま活性を失い，ウイルスの増殖が中断され，最終的にウイルスは死滅する．

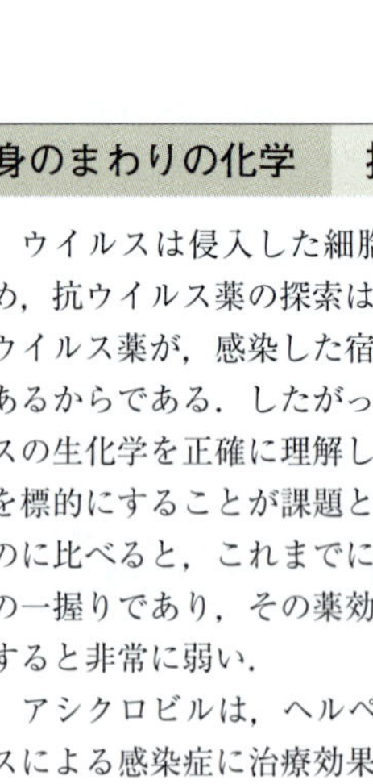

新しい代謝拮抗薬のなかで最も有名なものは，ジドブジン(アジドチミジン，AZT)であろう．この薬剤は，デオキシチミジンの構造類似体であり，3′位のヒドロキシ基がアジド基N₃に置換されている．AZTは，AIDSの原因となるレトロウイルスHIV-1に対して有効である．生体内でAZTは，細胞内酵素によって5′-三リン酸体へと変換され，デオキシチミジン5′-三リン酸のようにRNA依存性DNAポリメラーゼ(逆転写酵素)によって認識され，DNA鎖中に組込まれる．AZTは，デオキシヌクレオチドとの結合に必要な3′位のヒドロキシ基をもたないため，DNA鎖の伸長は停止する．AZTがヒトのDNAポリメラーゼよりもウイルス由来の逆転写酵素に強く結合することも，そのすぐれた抗ウイルス効果の要因の一つである．

アシクロビル acyclovir
(2-デオキシグアノシンの構造にあわせて表記)

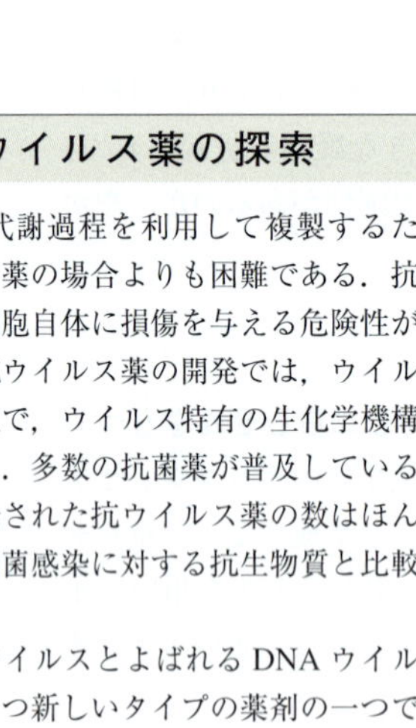

ジドブジン zidovudine
(アジドチミジン，AZT)

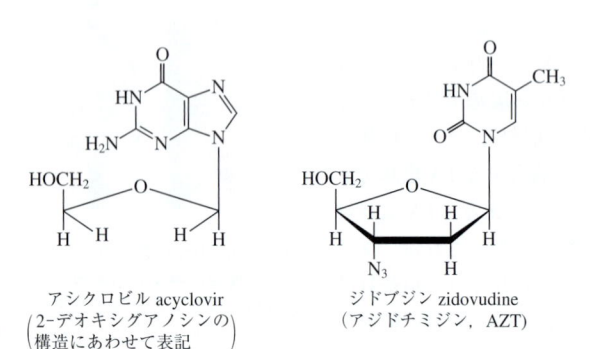

28・2 DNA の構造

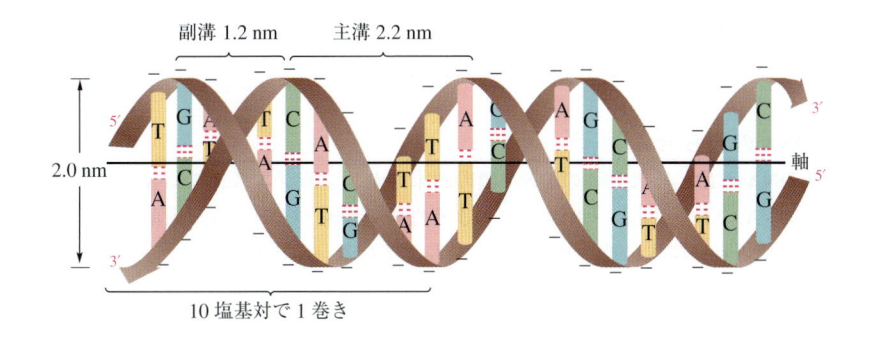

図 28・8 二本鎖 B 形 DNA のリボンモデル．それぞれのリボンは，一本鎖 DNA 鎖のペントース-リン酸ジエステルの主鎖を表している．それぞれの鎖は，逆平行であり，一方の鎖は左が 5′ 末端で右が 3′ 末端，もう一つの鎖は右が 5′ 末端で左が 3′ 末端になるように配向している．水素結合は点線で示され，GC 塩基対では 3 本，AT 塩基対では 2 本の水素結合がある．

造は 3.4 nm ごとに一周することになる．希薄水溶液中での主要構造であり自然界で最も一般的と考えられている **B 形 DNA** を図 28・8 にリボンモデルで示す．

塩基対は二重らせんの中心軸に完全に沿って向き合っているわけではなく，少しずつずれている．この軸からのずれと，それぞれの塩基を DNA 主鎖に結びつけるグリコシド結合の相対的な配置から，二重らせんには主溝と副溝の二つの異なる幅の溝が生じる（図 28・8）．主溝の幅は，二重らせんの円柱に沿う方向に約 2.2 nm(22 Å)であり，副溝の場合は 1.2 nm(12 Å)の幅がある．

理想的な B 形 DNA の詳細な構造を図 28・9 に示す．主溝と副溝の存在がはっきりとわかるであろう．

積み重なった塩基対間の距離や，らせん 1 巻き当たりの塩基対の数が異なる他の DNA の二次構造も知られている．**A 形 DNA** は，B 形 DNA と同じ右巻きであるが，B 形 DNA よりも径が大きく，繰返し距離が 2.9 nm(29 Å)と短い．らせん 1 巻きは 10 塩基対で構成されているので，塩基対間の距離は 290 pm(2.9 Å)となる．

B 形 DNA B-DNA
主溝 major groove
副溝 minor groove
A 形 DNA A-DNA

例題 28・3

DNA の一方の鎖の塩基配列が 5′-ACTTGCCA-3′ であるとき，これと相補的な塩基配列を書け．

解答 塩基配列は，常に 5′ 末端から 3′ 末端へ向かって書くこと，および A は T と，G は C と対をつくることに注意する．二重らせん DNA では，二つの鎖が逆平行に配列するので，一方の鎖の 5′ 末端の塩基は，もう一つの鎖の 3′ 末端の塩基と結合する．相補鎖を 5′ 末端から書くと 5′-TGGCAAGT-3′ となる．

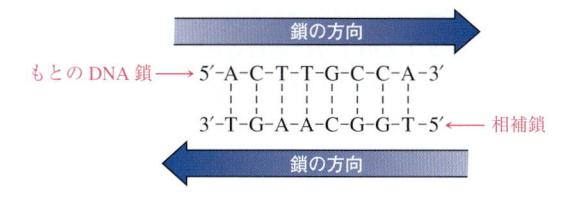

もとの DNA 鎖 → 5′-A-C-T-T-G-C-C-A-3′
　　　　　　　　3′-T-G-A-A-C-G-G-T-5′ ← 相補鎖

鎖の方向

問題 28・3 5′-CCGTACGA-3′ に相補的な DNA の塩基配列を書け．

C. 三次構造: 超らせん DNA

DNA 分子は，その直径に比べると驚くほど長く，かつ非常に柔軟である．DNA 分子が二次構造に由来するらせん構造以外に特定のねじれた構造をもつ場合，**三次構造**をとるという．ここではひずみをもつ環状 DNA の三次構造と，ヒストンとよばれる核タンパク質に DNA 分子が結合して生じる三次構造について説明する．これらの三次構造

図 28・9 理想的な B 形 DNA の分子モデル

核酸の三次構造 tertiary structure of nucleic acid　通常，超らせんとよばれる，核酸分子全体の三次元構造．

超らせん superhelix, supercoiling

は，どちらも**超らせん**とよばれている．一方，そのような明確な三次構造をもたない場合，そのDNA分子は緩んだ状態(弛緩型)にあるという．

環状DNAの超らせん

環状DNAとは，それぞれのDNA鎖の両末端がリン酸ジエステル結合でつながった二本鎖DNAである(図28・10a)．このような構造をもつDNAは，細菌やウイルスで最もよく見られ，環状二重らせんDNAともよばれる．環状DNAは，一方の鎖を開いて，部分的に巻戻してから再び連結することが可能である．巻戻して再び環状につながれた非らせん部分は，水素結合を介して塩基対をつくるらせん部分に比べると不安定であり，DNA分子にひずみを与える．このひずみは，巻戻しによって生じた非らせん部分に集中する場合と，**超らせん**のねじれを形成して環状DNA分子全体に均一に広がる場合とがある．4巻分のらせんが巻戻された環状DNAを図28・10(b)に示す．一方，四つの超らせんのねじれを形成することによって，巻戻しのひずみを分子全体に分散させている環状DNAを図28・10(c)に示す．トポイソメラーゼやジャイレースという酵素は，弛緩型と超らせん型DNAの相互変換の触媒として働く．

環状 DNA circular DNA　二本鎖それぞれの 5′ 末端と 3′ 末端がリン酸ジエステル結合で連結し環化している二重らせん DNA．

環状二重らせん circular duplex

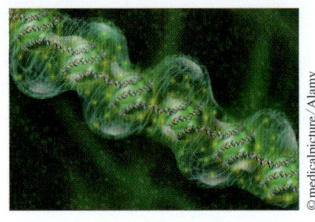

ミトコンドリアの超らせんDNA

(a) 弛緩した環状二本鎖DNA　　(b) 4巻分のらせんが巻戻された少しひずみをもつ環状二本鎖DNA　　(c) ひずみのかかった超らせんを形成した環状DNA

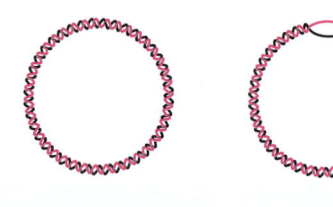

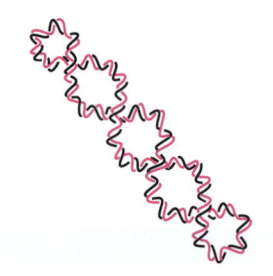

図 28・10　弛緩型と超らせん型 DNA．(a) 環状 DNA は弛緩している．(b) 一方の鎖が 4 巻分巻戻された状態．巻戻しは非らせん部分に集中している．(c) 四つの超らせんのねじれの形成によって，巻戻しによるひずみが環状 DNA 分子全体に均一に広がっている．

直鎖DNAの超らせん

植物や動物でみられる直鎖DNAの超らせん構造は，負電荷をもつDNA分子と正電荷をもつ**ヒストン**とよばれるタンパク質との相互作用に起因する．ヒストンはリシンとアルギニンを多く含むタンパク質であり，生体中のpH条件下で強く正に帯電している．負に帯電したDNAと正電荷をもつヒストンとの複合体は**クロマチン**とよばれる．ヒストンは会合してクロマチンの中核部分を形成し，そのまわりに二本鎖DNAが巻付いている．さらにDNAはコイルのように束ねられ，細胞核内でクロマチン構造が形成される．全体として，クロマチンは糸がビーズにまとわりついたような構造をもつ．

ヒストン　histone　リシンやアルギニンなどの塩基性アミノ酸を特に多く豊富に含み，DNA分子と複合体を形成するタンパク質．

クロマチン chromatin

28・3　リボ核酸

リボ核酸の構造は，デオキシリボ核酸の構造とよく似ている．両者はともに，ペントースの 3′ 位と 5′ 位のヒドロキシ基がリン酸ジエステル結合で連結した直鎖状の長いヌクレオチド構造をもつ．しかし，RNA と DNA の構造には以下に示す三つの大きな違いがある．

1. RNA を構成するペントースは，β-2-デオキシ-D-リボースではなく β-D-リボースである．
2. RNA を構成するピリミジン塩基は，チミンとシトシンではなく，ウラシルとシトシンである(図 28・1)．

3. RNA は，二本鎖を形成するよりも一本鎖で存在することが多い．

　細胞の中には，DNA の約 8 倍の量の RNA がある．DNA は一つの細胞に一つしか存在しないが，RNA は異なった種類のものがそれぞれ多数複製されている．RNA は，その構造と機能によりリボソーム RNA，トランスファー RNA，メッセンジャー RNA のおもに三つの種類に分類される．大腸菌におけるこれらの RNA の分子量，ヌクレオチドの数，存在比率を表 28・2 に示す．

表 28・2 大腸菌細胞中の DNA

種類	分子量 (g mol^{-1})	ヌクレオチド数	RNA 中での構成比率
mRNA	25,000〜1,000,000	75〜3000	2
tRNA	23,000〜30,000	73〜94	16
rRNA	35,000〜1,100,000	120〜2904	82

A. リボソーム RNA

　リボソームは細胞質に存在する顆粒状の集合体であり，60％のリボソーム RNA (**rRNA**) と 40％のタンパク質から構成されている．ここでタンパク質が合成される．

リボソーム RNA　ribosomal RNA，rRNA　タンパク質合成を行うリボソームに含まれるリボ核酸．

V. Ramakrishnan(ラマクリシュナン)，T. A. Steitz(スタイツ) および A. E. Yonath(ヨナス) は "リボソームの構造と機能の研究" により 2009 年ノーベル化学賞を受賞した．
[Laguna Design/Photo Library]

B. トランスファー RNA

　トランスファー RNA (**tRNA**) は，核酸分子の中でも最も分子量の小さい分子の一つである．tRNA は，73〜94 個のヌクレオチドから構成されており，リボソームでのタンパク質合成に必要なアミノ酸の運搬を担う．タンパク質に含まれるそれぞれのアミノ酸には特定の tRNA が対応しており，タンパク質合成における特異性が保たれるしくみになっている．ただし，いくつかのアミノ酸には複数の tRNA が対応している．アミノ酸は，tRNA の末端にあるリボースの 3′-ヒドロキシ基にエステル結合している．

トランスファー RNA　transfer RNA，tRNA　リボソーム上のタンパク質合成部位へとアミノ酸を運搬するリボ核酸．転移 RNA ともいう．

tRNA とエステル結合しているアミノ酸

身のまわりの化学　若返りの泉

ドリーとよばれる羊がほ乳類として初めて遺伝子のクローニングにより 1996 年に誕生した．しかし 3 歳になるドリーの遺伝子の年齢は，もとのクローニングに使われた羊と同じ 6 歳であった．すなわち，ドリーの遺伝子中のテロメア配列は短く，ドリーの遺伝子構造は実際の年齢よりも古いものであった．

テロメアは，真核生物の染色体末端に存在している．DNA の複製を行う酵素群は，この DNA 末端を完全には複製できないため，テロメアは細胞分裂のたびに少しずつ失われていく．このため細胞の分裂は，テロメアがすべて失われるまでの回数に限定されている．卵子やがん細胞などでは，テロメラーゼとよばれる酵素が細胞分裂のたびにテロメア末端を伸ばすため，これらの細胞は永遠に分裂を繰返すことができる不死化状態にある．したがって，多くの生物においてテロメアの伸長にかかわるテロメラーゼは，まさに生物学的な"若返りの泉"であるといえる．通常の細胞ではテロメラーゼの活性は抑制されているため，テロメアは細胞分裂を繰返すたびに短くなり，細胞は老化していく．テロメアは，繰返しの DNA 配列（脊椎動物では TTAGGG）をもち，この繰返し配列が染色体末端に結合している．

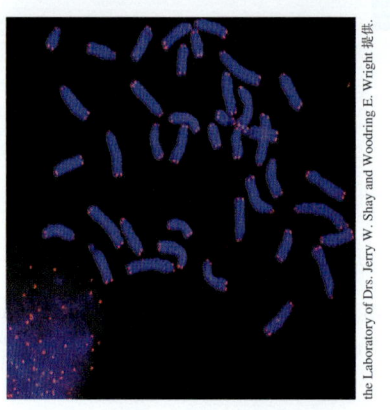

テロメラーゼの細胞内での発現と局在の制御によって，テロメア機能を操作する試みが研究されている．たとえば，末端のテロメアを維持してさらなる細胞分裂を可能にすることで，老化した生物を若返らせることが可能となるかもしれない．逆に，腫瘍のテロメラーゼ活性を失わせることで無制限な増殖を抑えて，がん細胞を死に至らしめることができるかもしれない．（UCLA, James Stinebaugh の卒業論文をもとに記述．）

テロメアは，繰返しの DNA 配列（脊椎動物では TTAGGG）であり，染色体末端に結合している．

C. メッセンジャー RNA

メッセンジャー RNA (mRNA) は，細胞内に比較的少量しか存在せず，かつ短寿命である．mRNA は一本鎖であり，その合成は DNA にコードされている配列情報に基づいて行われる．すなわち，二本鎖 DNA が巻戻された後に，鋳型となる DNA に対して相補的な配列をもつ mRNA が 3′ 末端側から合成される．鋳型 DNA から mRNA 合成の過程は，DNA に含まれる遺伝情報が相補的な mRNA に書き換えられることから，転写とよばれている．mRNA の"メッセンジャー"という名称は，DNA にコードされた遺伝情報をタンパク質合成を行うリボソームへと伝達することから名づけられたものである．

メッセンジャー RNA messenger RNA, mRNA　DNA にコードされた遺伝情報をタンパク質合成の場であるリボソームへと伝達するリボ核酸．伝令 RNA ともいう．

例題 28・4

ある DNA の部分配列を次に示す．この部分配列を鋳型として合成される mRNA の塩基配列を書け．

3′-A-G-C-C-A-T-G-T-G-A-C-C-5′

解答　RNA の合成は，DNA の 3′ 末端から始まり 5′ 末端の方向に進む．相補的な mRNA 鎖は，C, G, A, U の核酸塩基を含んでおり，ウラシル (U) は鋳型 DNA の A に相補的である．

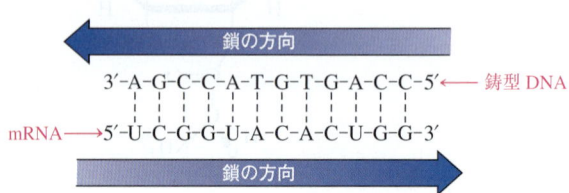

鎖の方向 ←
3′-A-G-C-C-A-T-G-T-G-A-C-C-5′　← 鋳型 DNA
mRNA → 5′-U-C-G-G-U-A-C-A-C-U-G-G-3′
鎖の方向 →

したがって合成される mRNA の配列は，5′-UCGGUACACUGG-3′ となる．

問題 28・4 フェニルアラニン tRNA の部分配列を次に示す．
3′-ACCACCUGCUCAGGCCUU-5′
この配列に相補的な DNA 配列を書け．

28・4 遺 伝 暗 号

A. 三文字からなる暗号

　DNA の塩基配列が遺伝情報を含んでおり mRNA の配列を規定すること，そして mRNA がタンパク質のアミノ酸配列を規定することは，1950 年代初頭までにわかっていた．しかし，DNA の塩基配列とタンパク質のアミノ酸配列との関係については未解明であり，たった 4 種類の核酸塩基(アデニン，シトシン，グアニン，チミン)で構成されている DNA が，どのようにして 20 種類のアミノ酸からなるタンパク質の合成を指令できるのかはわかっていなかった．つまり，どうしたらアルファベット 4 種類だけを用いて，タンパク質中の 20 種類のアルファベットの並びをコードできるのか，という疑問が残っていた．

　その後，一つの核酸塩基ではなく，複数の核酸塩基の組合わせによってそれぞれのアミノ酸がコードされていることが明らかとなり，この疑問が解けた．もし二つの核酸塩基によりアミノ酸がコードされているとすれば，可能な組合わせはたかだか $4^2=16$ 種類であり，20 種類のアミノ酸をすべてコードするには不十分である．しかし，もし三つの核酸塩基によりアミノ酸がコードされているとすれば，$4^3=64$ 種類の組合わせが可能であり，すべてのアミノ酸をコードするのに十分な数となる．生物は実際に，三つの核酸塩基の組合わせ，すなわち三文字コードを用いて遺伝情報を DNA 上に保存している．この三つの核酸塩基の組合わせを**コドン**とよぶ．このような組合わせによるアミノ酸の合理的なコードは，生物が長い進化の過程の中で獲得したしくみであるといえる．

コドン codon　mRNA 中の三つの塩基が連続した配列であり，合成されるポリペプチド鎖のアミノ酸配列を指令する．

B. 遺伝暗号の解明

　64 種類の三文字コードは実際にどのアミノ酸と対応しているのだろうか．Marshall Nirenberg は，人工的に合成したポリヌクレオチドが天然の mRNA と同様に機能してポリペプチドを与えることを利用して 1961 年にこの問題を解決した．リボソーム，アミノ酸，tRNA およびタンパク質合成に必要な酵素を混合するだけでは，ポリペプチドの合成は起こらない．しかし，さらに人工的に合成したポリウリジル酸(ポリ U)を加えると，高分子量のポリペプチドが合成された．そして合成されたポリペプチドはフェニルアラニンのみを含んでいた．この実験によって，UUU の三文字コードがフェニルアラニンに対応する遺伝暗号であることが初めて明らかとなった．

　同様の実験が，人工的に合成したいくつかのポリヌクレオチドを用いて行われた．その結果，ポリアデニル酸(ポリ A)がポリリシンを与えること，ポリシチジル酸(ポリ C)がポリプロリンを与えることが明らかになった．そして，64 種類すべてのコドンが 1960 年代半ばまでに明らかとなった(表 28・3)．

C. 遺伝暗号の特性

　表 28・3 のコドン表から，遺伝暗号がいくつかの特徴をもっていることがわかる．

1．　61 種類のコドンが，それぞれのアミノ酸をコードしている．残りの 3 種類(UAA,

表 28・3　遺伝暗号：mRNA 中のコドンおよびコドンが指令するアミノ酸

1番目の塩基 (5′末端)	2番目の塩基				3番目の塩基 (3′末端)
	U	C	A	G	
U	UUU Phe UUC Phe UUA Leu UUG Leu	UCU Ser UCC Ser UCA Ser UCG Ser	UAU Tyr UAC Tyr UAA 終止 UAG 終止	UGU Cys UGC Cys UGA 終止 UGG Trp	U C A G
C	CUU Leu CUC Leu CUA Leu CUG Leu	CCU Pro CCC Pro CCA Pro CCG Pro	CAU His CAC His CAA Gln CAG Gln	CGU Arg CGC Arg CGA Arg CGG Arg	U C A G
A	AUU Ile AUC Ile AUA Ile AUG† Met	ACU Thr ACC Thr ACA Thr ACG Thr	AAU Asn AAC Asn AAA Lys AAG Lys	AGU Ser AGC Ser AGA Arg AGG Arg	U C A G
G	GUU Val GUC Val GUA Val GUG Val	GCU Ala GCC Ala GCA Ala GCG Ala	GAU Asp GAC Asp GAA Glu GAG Glu	GGU Gly GGC Gly GGA Gly GGG Gly	U C A G

† AUG は翻訳の開始コドンでもある．

UAG, UGA)は，ペプチド鎖の伸長を止める暗号として機能する．すなわち，これらのコドンは，細胞中のタンパク質合成装置にタンパク質のすべての配列が完成したことを知らせる．表 28・3 では，これら三つの終止コドンを"終止"と表記している．

2. 三文字コードは縮重している．すなわち，多くのアミノ酸は複数のコドンによってコードされている．ロイシン，セリン，アルギニンは，6種類のコドンによってコードされ，これ以外の 15 種類のアミノ酸は，2〜4 種類のコドンによってコードされている．メチオニンとトリプトファンのみが，1 種類のコドンによってコードされている．

3. 2〜4 種類のコドンによってコードされる 15 種類のアミノ酸は，三文字コードの最後の文字のみが異なる．たとえばグリシンをコードするコドンは，GGA, GGG, GGC, GGU であり，最初の 2 文字 GG を共有する．

4. 一方，一つのコドンは一つのアミノ酸だけをコードし，多数のアミノ酸に対応することはない．

遺伝暗号には普遍性があって，すべての生物において同じであるかという大きな疑問があったが，今日までに行われたウイルス，細菌，ヒトを含めた高等動物に至るまでのさまざまな生物の遺伝子に関する研究は，遺伝暗号は普遍であることを示している．このように，すべての生物において遺伝暗号が共通しているという事実は，それが数十億年にわたる生物の進化の過程で変わることなく受け継がれてきたことを意味している．

例題 28・5

転写により得られたある mRNA は，部分的に次のような塩基配列をもつ．

5′-AUG-GUA-CCA-CAU-UUG-UGA-3′

(a) この mRNA の部分配列を与える DNA の塩基配列を書け．
(b) この mRNA から得られるポリペプチドの一次構造を書け．

解答 (a) 転写の過程において，mRNAは鋳型となるDNAの3′末端から合成される．DNA鎖は，新しく合成されたmRNAと相補的な配列をもつ．

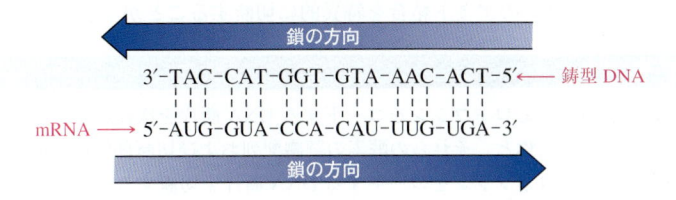

```
              ←──── 鎖の方向 ────
          3′-TAC-CAT-GGT-GTA-AAC-ACT-5′ ← 鋳型 DNA
              | | |  | | |  | | |  | | |  | | |  | | |
mRNA ──→  5′-AUG-GUA-CCA-CAU-UUG-UGA-3′
              ──── 鎖の方向 ────→
```

UGA は，ポリペプチド鎖の伸長を終結させる終止コドンであることに注意せよ．したがって，このmRNAの部分配列は五つのアミノ酸をコードしていることになる．

(b) mRNAの下に，それぞれのコドンのコードするアミノ酸を示す．

```
5′-AUG-GUA-CCA-CAU-UUG-UGA-3′
   Met - Val - Pro - His - Leu - 終止
```

問題 28・5 ペプチド型のホルモンであるオキシトシンをコードするDNA断片を次に示す．

3′-ACG-ATA-TAA-GTT-TTA-ACG-GGA-GAA-CCA-ACT-5′

(a) このDNA断片から合成されるmRNAの塩基配列を書け．
(b) (a)のmRNAの塩基配列から得られるオキシトシンの一次構造を書け．

28・5 核酸配列の決定

核酸の一次構造の決定は，タンパク質のアミノ酸配列の決定よりもはるかにむずかしいと1975年ごろまで考えられていた．20種類もの異なるアミノ酸をもつタンパク質と違って，核酸はわずか4種類の核酸塩基で構成されている．4種類だけの塩基からなる配列のなかで，特定の配列だけを明確に見分けて選択的に切断することは容易ではない．このため，核酸の配列を一義的に決定することは，格段にむずかしかった．しかし，この状況は二つの画期的な発明によって一変した．一つ目は，ポリアクリルアミドゲル電気泳動法の発明である．この電気泳動法は核酸塩基の構造の違いに非常に鋭敏であり，わずか1塩基の長さの違いを識別することが可能となった．二つ目は，おもに細菌から単離された制限酵素とよばれる核酸を切断する酵素の発見である．

A. 制 限 酵 素

制限酵素は，四つから八つの連続した塩基配列を認識して，特定のリン酸ジエステル結合を加水分解により切断する酵素（エンドヌクレアーゼ）である．これまでに1000種類以上もの制限酵素が単離され，それらの酵素が切断する場所に関する配列特異性がわかっている．それぞれの制限酵素は厳密な配列特異性を有しており，なかにはその酵素に特有の特異性をもつものもある．たとえば大腸菌の *Eco*RI とよばれる制限酵素は，六つの塩基が連続した配列 GAATTC を認識し，配列中の G と A の間を選択的に切断する．

```
            切断部位
             ↓
5′---G-A-A-T-T-C---3′  ──EcoRI──→  5′---G  +  5′-A-A-T-T-C---3′
```

制限酵素の特異的な切断作用は，トリプシン（§27・4B参照）やキモトリプシンなど

制限酵素 restriction enzyme DNA鎖中の特定の位置のリン酸ジエステル結合を触媒的に加水分解する酵素．

のタンパク質加水分解酵素の作用と類似している．たとえば，トリプシンは，リシンやアルギニンのアミド結合を特異的に切断し，キモトリプシンは，フェニルアラニン，チロシン，トリプトファンのアミド結合を特異的に切断することができる．

例題 28・6

ウシのタンパク質であるロドプシンをコードする DNA 断片を次に示す．また表には，いくつかの制限酵素の名称と，それらの酵素の認識配列および切断部位を記述している．これらの酵素の中で，ロドプシンをコードする DNA 断片を切断することができるものはどれか．

5′-GCCGTCTACAACCCGGTCATCTACTATCATGATCAACAAGCAGTTCCGGAACT-3′

酵 素	認識配列	酵 素	認識配列
*Alu*I	AG↓CT	*Hpa*II	C↓CGG
*Bal*I	TGG↓CCA	*Mbo*I	↓GATC
*Fnu*DII	CG↓CG	*Not*I	GC↓GGCCGC
*Hea*III	GG↓CC	*Sac*I	GAGCT↓C

解答 制限酵素 *Hpa*II と *Mbo*I のみが，この DNA 断片を切断することができる．*Hpa*II の切断部位は二つ，*Mbo*I の切断部位は一つである．

```
        HpaII                    MboI                    HpaII
          ↓                       ↓                       ↓
5′-GCCGTCTACAACCCGGTCATCTACTATCATGATCAACAAGCAGTTCCGGAACT-3′
```

問題 28・6 ロドプシンをコードする遺伝子中の他の DNA 断片を次に示す．例題 28・6 に示した制限酵素のうちで，この断片を切断できるものはどれか．

5′-ACGTCGGGTCGTCGTCCTCTCGCGGTGGTGAGTCTTCCGGCTCTTCT-3′

B. 核酸の塩基配列決定法

DNA の塩基配列の決定は，二本鎖 DNA を複数の制限酵素を用いて部位特異的に切断し，制限断片とよばれる短い断片へと分解するところから始まる．それぞれの制限断片の塩基配列を決定した後に，重複する塩基配列を見つけだしてつなぎ合わせることで，DNA 全体の配列を決定することができる．

これまでに制限断片の塩基配列を決定する 2 種類の方法が開発されている．一つは，核酸塩基特異的な切断を用いた化学的手法であり，Allan Maxam と Walter Gilbert により開発されたことからマクサム-ギルバート法とよばれている．もう一つは，Frederick Sanger により開発されたジデオキシ法あるいは鎖停止法とよばれる生化学的手法である．この手法は，DNA ポリメラーゼにより触媒される DNA 鎖の伸長反応の停止を利用する．Sanger と Gilbert は，"核酸の塩基配列の決定に関する研究" の業績により 1980 年にノーベル化学賞を受賞している．現在，サンガーのジデオキシ法がより広く用いられているので，ここではジデオキシ法について詳しく説明する．

サンガーのジデオキシ法 Sanger dideoxy method　Frederick Sanger により開発された DNA 塩基配列解析法．鎖停止法ともいう．

C. 試験管内での DNA の複製

ジデオキシ法を理解するためには，まず DNA 複製の生化学について知る必要がある．複製の過程において，一本鎖 DNA (ssDNA) は，それと相補的な塩基配列をもつ一本鎖 DNA へと複製されて二本鎖 DNA (dsDNA) となる．この相補鎖の合成には，DNA ポリメラーゼとよばれる酵素が触媒として働く．DNA ポリメラーゼは，試験管内でも

一本鎖 DNA を鋳型として複製反応を促進することができる．試験管内での DNA 合成には，4 種類のデオキシリボヌクレオシド三リン酸(dNTP)とプライマーが必要となる．**プライマー**は，一本鎖 DNA 上のある配列部位と相補的な塩基対を形成できるオリゴヌクレオチドである．DNA 鎖の伸長は 5′ 末端から 3′ 末端へと進むため，プライマーの 3′ 末端には何も結合していない無置換のヒドロキシ基が必要である(図 28・11)．

プライマー primer

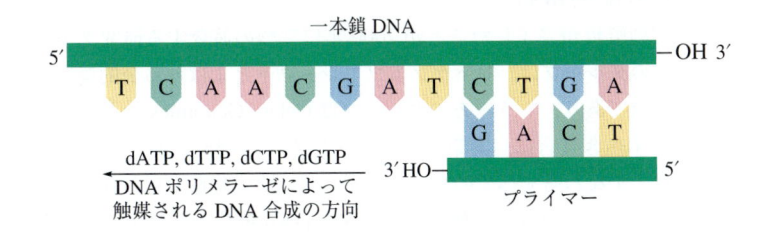

図 **28・11** DNA ポリメラーゼは，**4 種類の dNTP とプライマーの存在下，一本鎖 DNA を鋳型として DNA を合成する．** プライマーは，鋳型 DNA 上の相補的な部分に結合して短い二本鎖 DNA を形成する．

D. ジデオキシ法での DNA 鎖の伸長停止

ジデオキシ法において DNA 鎖の伸長停止の鍵となる物質は，2′,3′-ジデオキシリボヌクレオシド三リン酸(ddNTP)である．ddNTP は 3′ 位にヒドロキシ基をもたないため，DNA 鎖伸長のための次のヌクレオチドを受け入れることができない．そのため DNA 鎖の伸長は，ddNTP が導入されたところで停止する．これがジデオキシ法を鎖停止法とよぶゆえんである．

2′,3′-ジデオキシリボヌクレオシド三リン酸
(ddNTP)

この方法では，配列解析を行う一本鎖 DNA をプライマーと混合した後に，四つの反応溶液に分ける．それぞれの反応溶液に，4 種類すべての dNTP を加える．このうち 1 種類の dNTP だけの 5′ 位のリン酸基を放射性同位体である ^{32}P で標識しておく．このように合成された DNA 鎖は，オートラジオグラフィーにより X 線フィルム上で同定することが可能である．

$$^{32}_{15}P \longrightarrow {}^{32}_{16}S + \beta 粒子 + \gamma 線$$

それぞれの反応溶液に，DNA ポリメラーゼと 4 種類の ddNTP のうちの一つをさらに加える．このとき，ddNTP の導入による DNA 伸長の停止があまり高頻度で起こらないように反応溶液中の dNTP と ddNTP の比率を調節しておく．こうすることによって，DNA 伸長が起こるときに上記の比率を反映した確率で ddNTP が導入され，伸長が停止する(図 28・12)．

それぞれの反応混合物をゲル電気泳動により分離した後に，X 線フィルムをゲルの上にのせると，^{32}P の放射壊変により放出された γ 線によりフィルムが感光され黒いバンドパターンが表れる．このパターンは分離された DNA 断片に対応しており，もとの鋳型となった一本鎖 DNA に相補的な配列を，下から上に読むことで解析できる．

異なる蛍光色素で標識された 4 種類の ddNTP を一つの反応溶液中に混合して行うサ

ンガー法もある．それぞれの蛍光標識化されたDNA断片は，ポリアクリルアミドゲル電気泳動やクロマトグラフィーによって分離された後，蛍光スペクトルにより区別して検出することができる．第一世代の自動DNA配列解析装置は，この蛍光を用いたサンガー法を採用している．

E. ヒトゲノムの配列解析

ヒトゲノムの配列解析が完了したことが2000年に二つの競合する研究グループから宣言された．一つのグループは，ヒトゲノムプロジェクトとよばれる公的資金によって運営される合弁企業であり，もう一方のグループはCelera Genomics社という民間企業である．この記念すべき宣言は，実際には全ヒトゲノムの85%にあたる大まかな配列解析を終えた時点，すなわちすべての解読が完了していない時点で行われた．ヒトゲノムの解析には，毛細管中での電気泳動による大量のDNA断片の同時分離技術が応用された．Celera社では，一度に複数のDNA配列解析を可能とする300台もの最高速マシーンを用いた．さらにスーパーコンピューターを用いて，数百万に及ぶ重複するDNA配列を比較し，つなぎ合わせる作業を行った．

現在では，タンパク質のアミノ酸配列を決定するよりも，遺伝子の配列を決定することのほうがはるかに容易である．遺伝子とアミノ酸との関係を決めるコドンがわかって

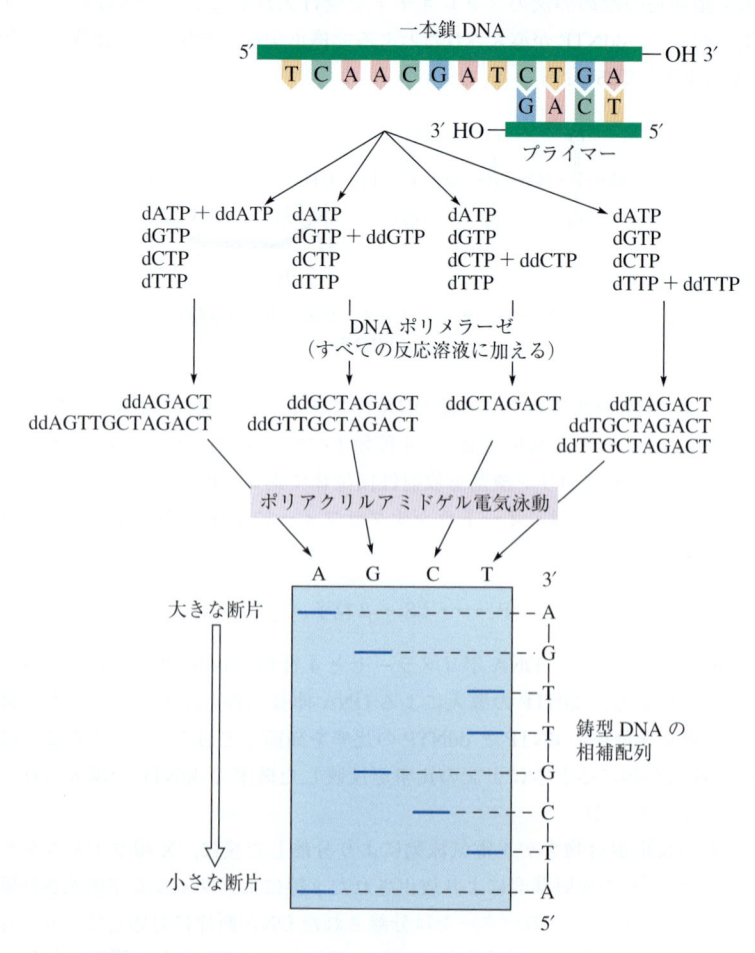

図28・12 ジデオキシ法(鎖停止法)によるDNA配列解析．プライマーと配列解析を行う一本鎖DNAを四つの反応溶液に分ける．それぞれに4種類のdNTP，DNAポリメラーゼ，4種類のddNTPのうちの一つを加える．DNAの伸長は，可能性のあるすべての箇所で停止しうる．オリゴヌクレオチドの混合物は，ポリアクリルアミドゲルを用いた電気泳動により分離する．ゲルの下から上へと塩基を読んでいくと5'末端から3'末端方向への塩基配列となる．

いるため，遺伝子配列は，そのままタンパク質のアミノ酸配列へと置き換えることができる．すでに多くの生物のゲノムが解読され，そこにコードされているタンパク質の機能が知られている．そのため機能未知のタンパク質のアミノ酸配列情報を遺伝子配列から得た後に，これをプロテインデータバンクなどのデータベースに記録されている膨大な数のタンパク質の配列情報と比較することで，新しいタンパク質の機能を推測することが可能となった．この技術は，化学，生物学，医学に遺伝子情報に関する革命をもたらした．

この遺伝子情報を利用した技術革新は，分子医学の新しい時代をもたらした．すなわち，遺伝子情報を用いることにより遺伝子の欠損と病気との関係が分子レベルで理解できるようになり，望ましくない遺伝子の発現の抑制や，逆に望ましい遺伝子の発現による新しい治療法の開発が可能となった．さらに，個人の遺伝子情報に基づいた薬物治療を行うこともできる．将来，薬は個人個人の遺伝子構成にあった形で処方されることになるかもしれない．

次世代 DNA 配列解析

酵素を用いた新しいタイプの配列解析反応を，増幅反応や微細加工技術，マイクロ流体工学，自動サンプル調製法などと組合わせることによって，次世代の遺伝子配列解析法が近年開発された．膨大な数の並列処理によって，300 ギガ (3000 億) 塩基対もの DNA 配列を，わずか数千ドルの低コストで，一挙に解読することができる．最新の配列解析法では，特殊な光学技術を用いて，DNA 1 分子の配列解析が可能となっている．微生物研究ではゲノム全体の配列解析は，もはや特別なことではなくなった．それぞれの配列解析はわずか 50～400 塩基の比較的短い DNA 断片に対して行われる．10

身のまわりの化学　DNA 指紋鑑定

ヒトの遺伝子は約 30 億塩基対で構成され，一卵性双生児以外は，個々の塩基配列は異なる．すなわちヒトは，指紋のように特有の塩基配列をそれぞれもっていることになる．この DNA の指紋鑑定では，まず微量の血液，皮膚などから採取された DNA を制限酵素により処理する．その後に得られた DNA 断片の 5′ 末端を ^{32}P によって標識する．標識された DNA 断片をポリアクリルアミドゲル電気泳動により分離した後に，感光板を用いて ^{32}P からの放射線を検出する．

図に示した DNA 指紋鑑定のパターンでは，1, 5, 9 が基準のレーンとなる．これらのレーンには，標準的ないくつかの制限酵素により切断されたウイルスの DNA 断片が示してある．レーン 2, 3, 4 には，子供の実父権訴訟に用いられた DNA 指紋鑑定のパターンが示してある．レーン 4 の母親の DNA パターン中には五つのバンドが観察されるが，これらのバンドはレーン 3 に示した子供の DNA パターンに観察される六つのバンドの五つと同じ位置にある．一方，レーン 2 に示した父親の DNA パターンには，五つのバンドが観察されるが，このうち三つが子供のパターンと同じである．子供は，父親から半分の遺伝子しか受け継ぐことができないため，子供と父親の DNA パターンは，半分のみしか一致しない．結果として父親は，この DNA 鑑定に基づいて実父権訴訟に勝利した．

レーン 6, 7, 8 には，ある事件の証拠に用いられた DNA 指紋鑑定が示してある．レーン 7 と 8 は，事件の証拠品から採取された DNA の解析パターンである．一方，レーン 6 は，容疑者から得られた DNA 解析パターンである．両者の DNA パターンは，全く異なっていることから，この容疑者は，事件の犯人ではないと判断された．

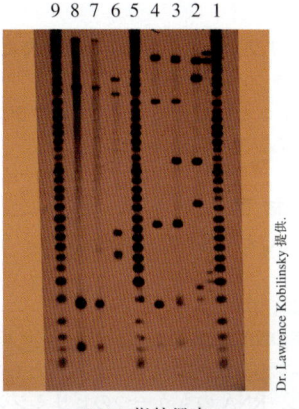

DNA 指紋鑑定

億~100億個の比較的短い配列の遺伝子解読が微細加工された素子上で,同時平行で進行する.容易には信じられないが,数十億塩基ものゲノム全体の配列は,このような50~400塩基の短い配列を1000~100万個重ね合わせることによって解読される.この手法の鍵となるのは,重複する部分を含む膨大な数のDNA断片をゲノムから調製する技術にある.高度なコンピューター技術を駆使して,これらの重複部分をつなぎ合わせることで全体のゲノム配列を読み解くことができる.比較的新しい研究分野であるバイオインフォマティクス(生物情報科学)では,指数関数的な勢いで増えつつある大量の配列データを分析し利用するための新しい技術の開発が重要になりつつある.したがって,膨大なDNA配列情報の処理と解析は,今後のこの分野の課題の一つである.次世代DNA配列解析技術のすさまじいパワーが,生物学に革命をもたらし,将来の医療に大きな影響を与えることになるだろう.

まとめ

28・1 ヌクレオシドとヌクレオチド

- **核酸**は,三つの異なる構造単位から構成されている.すなわち,芳香族ヘテロ環アミンであるプリンあるいはピリミジン塩基,単糖であるD-リボースあるいは2-デオキシ-D-リボース,およびリン酸イオンである.
- **ヌクレオシド**は,芳香族ヘテロ環アミンの核酸塩基がD-リボースあるいは2-デオキシ-D-リボースとβ-N-グリコシド結合でつながった化合物である.
- DNAを構成する四つの塩基は,**アデニン,シトシン,グアニン,チミン**である.
- RNAを構成する四つの塩基は,**アデニン,シトシン,グアニン,ウラシル**である.
- アデニンとグアニンは**プリン**誘導体であり,シトシン,チミン,ウラシルは**ピリミジン**誘導体である.
- **ヌクレオチド**は,単糖のヒドロキシ基(通常3′あるいは5′位のヒドロキシ基)が,一つ以上のリン酸基でエステル化されているヌクレオシドである.
- ヌクレオシドの一,二,三リン酸化体は,強い多塩基酸でpH7.0において多価イオンの状態にある.
- たとえばpH 7.0においてATPは,50:50の割合でATP^{3-}とATP^{4-}の状態で存在する.
- アデニン,シトシン,グアニンの芳香環内に含まれていないアミノ基の窒素原子は,sp^{2}混成の平面構造をもつ.この平面性のため,塩基間の重なり合い(スタッキング)や相補対を形成する塩基との水素結合が可能となる.

28・2 DNAの構造

- **デオキシリボ核酸(DNA)**の**一次構造**とは,2-デオキシリボースが3′,5′-リン酸ジエステル結合でつながった構造である.
- 芳香族ヘテロ環アミンの核酸塩基は,デオキシリボースとβ-N-グリコシド結合でつながっている.
- 塩基配列は,ポリヌクレオチド鎖の5′末端から3′末端方向に向かって読む.
- **ワトソン-クリックモデル**では,DNAは,2本の逆平行に並ぶポリヌクレオチド鎖が右巻きのコイル構造をとり,**二重らせん**を形成していることが提唱された.
- プリンまたはピリミジン塩基は,二重らせんの内側に位置しており,特異的な水素結合を形成できるGCあるいはATの決まった組合わせの塩基対を形成する.
- **B形DNA**では,二つの塩基対間の距離は340 pm(3.4 Å)であり,らせん1巻き当たりは10塩基対,3.4 nm(34 Å)の長さとなる.
- **A形DNA**では,二つの塩基対間の距離は290 pm(2.9 Å)であり,らせん1巻き当たりでは10塩基対,2.9 nm(29 Å)の長さとなる.
- DNAの**三次構造**とは,通常,**超らせん**構造のことを示す.
- **環状DNA**とは,鎖の両末端がリン酸ジエステル結合でつながった二本鎖DNAである.
- 環状DNA中の片方の鎖を切断し,部分的に巻戻した後,両末端を再びつなげると,非らせん部位にひずみをもつ構造が生じる.
- 非らせん部位のひずみは,DNAが超らせんを形成し,ねじれが加わると鎖全体に分散される.
- **ヒストン**は,細胞核中に存在するDNA結合タンパク質である.
- ヒストンは,リシンやアルギニンなどを特に多く含んでおり,正電荷に富むタンパク質である.
- DNAとヒストンとの会合により,**クロマチン**とよばれる構造体が形成される.

28・3 リボ核酸

- リボ核酸(RNA)とDNAの一次構造には,三つの大きな違いがある.
- RNAの単糖は,D-リボースである.
- RNAおよびDNAは共通して,プリン塩基としてアデニン(A)とグアニン(G)を,ピリミジン塩基としてシトシン(C)をもつ.しかし,RNAのもう一つのピリミジン塩基はウラシル(U)であり,DNAの場合はチミン(T)である.

- 細胞中にはおもに3種類のRNAが存在する．
- リボソームRNAは細胞内に最も多く存在し，細胞のタンパク質合成装置であるリボソームの一部を構成している．
- トランスファーRNAは，アミノ酸をリボソームのタンパク質合成部位へ運ぶ役割をもつ．
- メッセンジャーRNAは，DNA遺伝子配列の複製であり，DNAにコードされている遺伝情報をタンパク質合成装置であるリボソームへと伝える役割をもつ．

28・4 遺伝暗号

- 遺伝暗号は，三つの核酸塩基の並び，すなわち三文字コード（コドン）によって決められている．
- 一つのアミノ酸は，一つのコドンによってコードされている．
- アミノ酸には，61種類のコドンが割当てられている．残りの三つのコドンは，ポリペプチド鎖合成の終止を指令する．
- 三文字コードは縮重しており，複数のコドンによってコードされているアミノ酸が複数ある．
- 15種類のアミノ酸が，2〜4種類のコドンによりコードされているが，それらの三文字コードでは最後の塩基だけが異なる．
- それぞれのコドンは，1種類のアミノ酸だけをコードしている．
- 遺伝暗号は，地球上のすべての生物において共通であり普遍性をもつと考えられている．

28・5 核酸配列の決定

- 制限酵素は，四つから八つの連続した塩基配列を認識して，特定のリン酸ジエステル結合を加水分解により切断する．
- さまざまな生物種から見いだされた制限酵素は，それぞれ異なる塩基配列を認識して切断する．
- ゲノムDNAからDNA断片を得るためにさまざまな制限酵素が用いられている．
- ジデオキシ法あるいは鎖停止法とよばれるSangerにより開発されたDNA配列決定法では，プライマーとなる鋳型DNAをまず四つの異なる反応溶液に分ける．
- それぞれの反応溶液に，4種類のdNTPを加える．そのうちの1種類を ^{32}P により放射能標識する．
- さらに，それぞれの反応溶液にDNAポリメラーゼと4種類のddNTPのうち一つを加える．
- DNA鎖の伸長は，ddNTPが導入されたところで停止する．
- 新しく合成されたオリゴヌクレオチドはポリアクリルアミドゲル電気泳動により分離された後に，オートラジオグラフィーで検出される．
- 鋳型となったもとのDNAと相補的なDNA配列は，感光板上のバンドを下から上(5′末端から3′末端)に読むことで解析できる．
- オートラジオグラフィーの代わりに，それぞれ異なる蛍光色素をもつ4種類のddNTPを用い，電気泳動ゲル上の蛍光を検出して配列解析することもできる．

問題

赤の問題番号は応用問題を示す．

28・7 がん細胞を死滅させる効果をもつ最初の代謝拮抗薬は，G. Hitchingsによって設計・合成された．彼はDNAの代謝拮抗薬を発見する研究プログラムを1942年に立ち上げ，その後1948年にG. Elionとともに，急性白血病の治療に有効な6-メルカプトプリンの合成に成功した．彼らは，もう一つの代謝拮抗薬，6-チオグアニンも合成した．Hitchings, Elion, J. W. Blackは，"薬物療法における重要な理論の発見"の功績によりノーベル医学生理学賞を1988年に受賞した．6-メルカプトプリンおよび6-チオグアニンはともに，通常の核酸塩基の6位の酸素原子を硫黄原子へと置き換えた構造をもつ．

これらの代謝拮抗薬のエンチオール形（エノールの硫黄等価体）の構造式を書け．

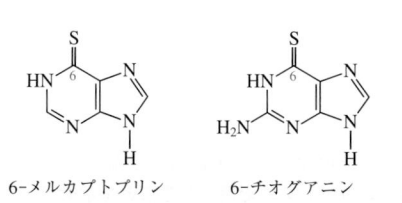

6-メルカプトプリン　　6-チオグアニン

28・8 シトシンとチミンの構造式を次に示す．ここに示す以外のシトシンの互変異性体(2種類)とチミン互変異性体(3種類)の構造式を書け．

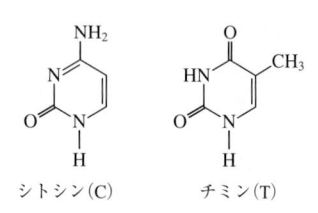

シトシン(C)　　チミン(T)

28・9 次の分子構造を含むヌクレオシドの構造式を書け．
(a) α-D-リボースとアデニン
(b) β-2-デオキシ-D-リボースとシトシン

28・10 ヌクレオシドは，中性あるいは弱塩基性の水の中では安定である．しかし弱酸性条件下では，ヌクレオシドのグリコシド結合は加水分解され，ペントースと芳香族ヘテロ環アミンの核酸塩基を与える．この酸触媒による加水分解の反応機構を提案せよ．

28・11 ヌクレオシドとヌクレオチドの構造の違いを説明せよ．

28・12 (a)〜(c)のヌクレオチド分子の構造式を書き，pH 7.4（血清のpH条件）での全体の電荷を予測せよ．
(a) 2′-デオキシアデノシン 5′-三リン酸(dATP)
(b) グアノシン 3′-一リン酸(GMP)
(c) 2′-デオキシグアノシン 5′-二リン酸(dGDP)

28・13 1959年に初めて単離されたサイクリックAMPは，代

謝や生理活性を制御する物質として多様な生体機能にかかわっている．この物質は，一つのリン酸基がアデノシンの3′および5′のヒドロキシ基とエステル結合を形成している．サイクリックAMP の構造式を書け．

DNA の構造

28・14 デオキシリボ核酸はどうして酸であるのか．また，その構造中で酸性を示す官能基はどれか答えよ．

28・15 ヒトの DNA は約 30.4% の A を含んでいる．この値から G, C, T の含有率を予測し，表 28・1 に記述した値と比較せよ．

28・16 テトラヌクレオチド DNA である 5′-A-G-C-T-3′ の構造式を書け．この物質の pH 7.0 における全体の電荷を予測せよ．また，このテトラヌクレオチドに相補的な DNA の配列を書け．

28・17 DNA の二次構造について，ワトソン-クリックモデルが提唱したいくつかの特徴を書け．

28・18 ワトソン-クリックモデルは，核酸塩基の組成（モル分率）と分子の大きさについての実験事実をもとに提唱された．これらの実験事実を記述し，それぞれがワトソン-クリックモデルによりどのように説明できるのか答えよ．

28・19 DNA 構造の発見について記述された Watson の著書『The Double Helix（二重らせん）』を読むと，彼と Crick が DNA の模型制作を行う過程において，いくつかの核酸塩基のまちがった互変異性体を用いていたことがわかる．
(a) アデニンの互変異性体の構造式を書け．
(b) (a) の互変異性体は，チミンと塩基対を形成できるか．また他の塩基とうまく塩基対を形成することが可能であるならば，その塩基はどれであるかを答えよ．

28・20 タンパク質の α ヘリックスと DNA の二重らせんを次の点から比較せよ．
(a) 高分子鎖の繰返し単位当たりに含まれるモノマー数．
(b) 高分子鎖に沿って伸びる置換基（アミノ酸の場合は R 基，二本鎖 DNA の場合は核酸塩基）のヘリックス軸に対する空間的配置．

28・21 次に示す構造体の安定化にかかわる疎水性相互作用について説明せよ．
(a) 二本鎖 DNA (b) 脂質二重膜 (c) 石けんミセル

28・22 次の生体高分子の構成モノマーどうしをつなぐ共有結合の名称を書け．
(a) 多糖 (b) ポリペプチド (c) 核酸

28・23 AT 塩基対と GC 塩基対では，どちらの水素結合がより安定であるか答えよ．

28・24 DNA の二重らせんは，温度を上げると変性して巻戻され，一本鎖の DNA となる．この場合，DNA 中の GC の含量が高いほど，熱変性により高い温度が必要になる．この理由について説明せよ．

28・25 5′-ACCGTTAAT-3′ に相補的な DNA 配列を，5′ および 3′ 末端の位置がわかるように書け．

28・26 5′-TCAACGAT-3′ に相補的な DNA 配列を書け．

リボ核酸

28・27 DNA 中の AT 塩基対の水素結合と RNA 中の AU 塩基対の水素結合の強さを比較せよ．

28・28 DNA と RNA を次の点から比較せよ．
(a) 単糖 (b) プリンおよびピリミジン塩基 (c) 一次構造
(d) 細胞内での存在場所 (e) 細胞での機能

28・29 細胞で最も寿命の短いのは，どの種類の RNA であるか答えよ．

28・30 5′-ACCGTTAAT-3′ に相補的な mRNA の配列を，5′ および 3′ 末端の位置がわかるように書け．

28・31 5′-TCAACGAT-3′ に相補的な mRNA の配列を書け．

遺伝暗号

28・32 遺伝暗号の縮重とは何を意味するのかを説明せよ．

28・33 次のアミノ酸に対応する mRNA のコドンを書け．
(a) バリン (b) ヒスチジン (c) グリシン

28・34 側鎖にカルボキシ基をもつアスパラギン酸やグルタミン酸は，酸性アミノ酸とよばれている．これらのアミノ酸に対応するコドンを比較せよ．

28・35 芳香族アミノ酸であるフェニルアラニンとチロシンの構造を比較せよ．また，対応するコドンを比較せよ．

28・36 グリシン，アラニン，バリンは，非極性アミノ酸に分類される．これらのアミノ酸に対応するコドンを比較して，それぞれの類似性あるいは相違を答えよ．

28・37 CUU, CUC, CUA, CUG は，すべてロイシンのコドンである．これらのコドンにおいて，一つ目と二つ目の核酸塩基の種類はすべて同じであるが，三つ目の核酸塩基は異なっている．同様にして三つ目の核酸塩基のみが異なるコドンの組合わせと，それらがコードするアミノ酸名を答えよ．

28・38 二つ目にピリミジン塩基（U または C）をもつコドンはどのくらいあるか．また，これらのコドンに対応するアミノ酸は親水性，疎水性どちらの側鎖をもつものが多いか答えよ．

28・39 二つ目にプリン塩基（A または G）をもつコドンはどのくらいあるか．また，これらのコドンに対応するアミノ酸は親水性，疎水性どちらの側鎖をもつものが多いか答えよ．

28・40 次の mRNA にコードされているポリペプチドの配列を書け．

5′-GCU-GAA-GUC-GAG-GUG-UGG-3′

28・41 ヒトのヘモグロビン α 鎖は，141 残基のアミノ酸からなるポリペプチドである．このポリペプチド鎖をコードするために必要な最低限の DNA の塩基数はいくつになるか．ポリペプチド鎖の伸長停止に必要な塩基配列を含めて計算せよ．

28・42 鎌状赤血球貧血の患者にみられるヘモグロビン HbS では，β 鎖 6 位のグルタミン酸がバリンに置き換わっている．
(a) グルタミン酸をコードする 2 種類のコドンと，バリンをコードする 4 種類のコドンを書け．
(b) グルタミン酸コドンの 1 箇所に塩基の変異が導入されることで，バリンのコドンに変換されることを示せ．

29 章

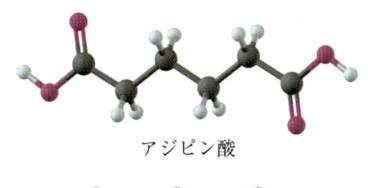

有機高分子化学

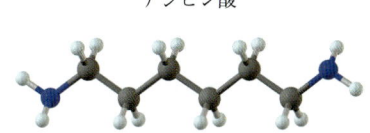

アジピン酸

ヘキサメチレンジアミン

29・1 高分子の構造
29・2 高分子の表記法と命名法
29・3 高分子の分子量
29・4 高分子の形態：結晶性材料と非晶性材料
29・5 逐次重合
29・6 連鎖重合

　どの時代においても，入手可能な材料と社会の発展は不可分の関係にある．実際，考古学では新しい材料の出現が文明の時代区分の目安となっている．現在では新材料発見のために，有機化学を駆使して人工高分子が合成されている．これらの高分子化合物は汎用性に優れており，木，金属，セラミックスなどの従来の材料では得られなかった特性や成形性をもった材料の創製が可能になっている．たとえば，高分子の化学構造をほんの少し変えるだけで，サンドイッチの包装用から防弾チョッキ用のものまで，ポリマーの機械的な性質を大きく変えることや，これまで考えられなかった新しい物性を付与することができる．また，ある種の高分子の合成に際して，それぞれの目的に最適の反応条件を用いることにより，生成する物質を電気を絶縁する材料（たとえば，電気コードのゴム被覆材）にも，金属銅と同じくらい電気を通す導電性の材料にも変えることができる．

　高分子に関する研究開発が 1930 年代から急速に発展した結果，プラスチック，塗料，ゴムなどに関連する産業が爆発的に拡大し，世界中で数千億円規模の産業へと育っている．この目を見張るような成長の背景には，いくつかの基礎的な要因がある．まず第一に，高分子合成のために必要な原材料である石油が，石油精製プロセスの発展により廉価にかつ大量に入手できるようになったことがあげられる．二番目に，ある程度の制約はあるものの，種々の用途に必要な物性を制御して高分子を合成できるようになったことがあげられる．三番目に，合成高分子を用いれば，多くの消費材を競合する木製，セラミック製，金属製の製品よりも安価に成形できることがあげられる．たとえば，高分子技術の発達により水性（乳化性）塗料が開発され，塗料産業に大きな変革をもたらした．同様なことがプラスチックフィルムや発泡剤の開発により包装産業でも起こった．このような変革をもたらした化合物は，われわれが毎日身のまわりで利用しているものの中にも数多く存在する．

本章は，米国ノースカロライナ州立大学 Bruce Novak 教授（高分子化学）が執筆したものに基づく．

29・1 高分子の構造

　ポリマーは多くの**モノマー**が化学反応により結合してできた，長い鎖状の構造をもつ分子である．高分子化合物の分子量はふつうの有機化合物に比べて大きく，一般には 10,000 g mol^{-1} から 1,000,000 g mol^{-1} 程度である．これらの巨大な分子の構造もまたさまざまである．代表的な構造として，線状，分岐状，櫛型，はしご型，星型などがあげられる（図 29・1）．これに加え，それぞれの高分子鎖間を共有結合で架橋することも可能で，そうすることによってさらに構造の多様性が増す．

　線状や分岐状の高分子は一般にクロロホルム，ベンゼン，トルエン，DMSO，THF などの溶媒に可溶である．高分子が溶解すると，きわめて粘度の高い溶液となる．高分

ポリマー polymer ギリシャ語の poly＋meros（多くの部品）に由来．モノマーとよばれる単位がつながってできた長鎖分子．

モノマー monomer ギリシャ語の mono＋meros（一つの部品）に由来．ポリマーを構成する最も単純な繰返し単位．

924　29. 有機高分子化学

図 29・1　さまざまな高分子の構造

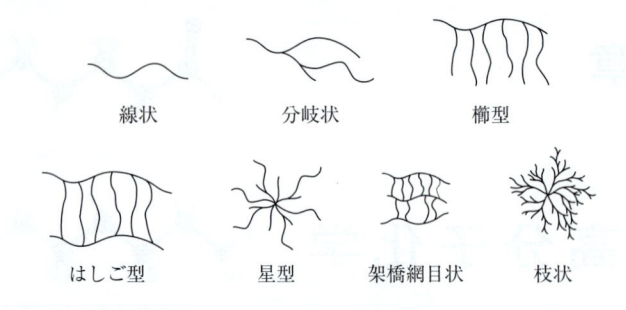

線状　　分岐状　　櫛型

はしご型　　星型　　架橋網目状　　枝状

プラスチック plastic 高温において成形され，その構造を低温で保っている高分子.

熱可塑性プラスチック thermoplastic 溶融したときは成形するのに十分な流動性をもっているが，冷却することでその構造を保持できる高分子.

熱硬化性プラスチック thermosetting plastic 最初に生成したときは成形可能であるが，いったん冷却すると非可逆的に硬化して再成形ができない高分子.

子化学において，**プラスチック**とは高温において成形され，その構造を低温で保っている高分子をいう．**熱可塑性プラスチック**とは，溶融したときは成形するのに十分な流動性をもっているが，成形後に冷却することでその構造を保持できる高分子をいう．**熱硬化性プラスチック**とは，最初に生成したときは成形可能であるが，一度冷却すると非可逆的に硬化し，再成形ができない高分子をいう．このような大きな物性の違いから，熱可塑性プラスチックと熱硬化性プラスチックでは，加工処理法も用途も大きく異なる．

　分子レベルにおける高分子化合物の最も重要な物性は，大きな分子量と構造である．分子量の大きさの重要性を示すよい例として，天然由来の高分子であるパラフィン（ろう）と，人工高分子であるポリエチレンがある．これら二つの化合物は，いずれも同じ $-CH_2-$ という繰返し単位をもつが，その繰返しの数が大きく異なっている．パラフィンは 1 分子中に 25～50 個の炭素原子をもつのに対し，ポリエチレンは 1000～3000 個の炭素原子をもつ．パラフィンは，誕生日に使うろうそくのように柔らかくてもろいのに対し，ポリエチレンは飲料の容器に使われる PET のように強くて柔軟でかつ丈夫である．これらの物性の大きな違いは，それぞれの高分子鎖の大きさと構造の違いに由来している．

29・2　高分子の表記法と命名法

繰返し単位 repeat unit

平均重合度 average degree of polymerization

　高分子化合物の構造は，高分子鎖を構成する基本単位である**繰返し単位**を（　）で囲み，その右下に n を添えた形で示す．（　）に囲まれた構造を両方の方向へと伸ばしたものが高分子鎖全体の構造である．n は**平均重合度**とよばれるものであり，（　）で示された単位構造が n 回繰返されていることを示す．

　ポリエチレン $-(CH_2CH_2)_n-$ やポリテトラフルオロエチレン $-(CF_2CF_2)_n-$ のような，対称な構造をもつモノマーから得られたポリマーの表記は例外的に行う．最も単純な繰返し単位はそれぞれ $-CH_2-$ と $-CF_2-$ であるが，エチレン $CH_2=CH_2$ とテトラフルオロエチレン $CF_2=CF_2$ を原料として合成するため，二つのメチレン基や二つのジフルオロメチレン基を一つの繰返し単位として表す．

　高分子化合物を命名するには，ポリエチレンやポリスチレンのように，ポリマーの原料となるモノマーの名称にポリ（poly-）という接頭辞を付け加えるのが最も一般的である．より複雑なモノマーや，塩化ビニル（vinyl chloride）のようにモノマーの名称が複数語からなる場合には，モノマーの名称を（　）内に示す．ただし，日本語で命名する場

合は，数字や記号で始まるものを除き，（　）をつけないのが普通である．

ポリスチレン
polystyrene　原料は　スチレン　styrene

ポリ塩化ビニル
poly(vinyl chloride)
(PVC)　原料は　塩化ビニル　vinyl chloride

例題 29・1

次に示す構造の繰返し単位を求め，（　）でくくる簡便な書き方に書き直せ．また，このポリマーを命名せよ．

解答　繰返し単位は $-CH_2CF_2-$ であり，ポリマーの構造は $+(CH_2CF_2)_n$ と書ける．繰返し単位は 1,1-ジフルオロエチレンに由来することから，ポリ(1,1-ジフルオロエチレン)と命名される．このポリマーはマイクの振動板に利用される．

問題 29・1　次に示す構造の繰返し単位を求め，（　）でくくる簡便な書き方に書き直せ．また，このポリマーを命名せよ．

29・3　高分子の分子量

すべての合成高分子と天然由来の高分子のほとんどは，さまざまな分子量をもつ高分子の混合物である．高分子化学において分子量を定義するときに最もよく用いられるのが，数平均分子量と重量平均分子量である．**数平均分子量** M_n は，異なる長さをもつそれぞれの高分子の分子量にその数を掛けた値を足し合わせ，その値を試料の全分子数で割ることで求められる*．**重量平均分子量** M_w は，異なる分子量をもつそれぞれの高分子の重量を足し合わせ，その値を試料の全重量で割ることで求められる．試料の中では長い鎖長をもつ分子のほうが短い鎖長をもつ分子よりも重量的に多くなることから，重量平均分子量 M_w は常に数平均分子量 M_n よりも大きな値となる（図 29・2）．

M_n と M_w はいずれも重要な値である．また，その比である M_w/M_n は **多分散度**とよばれる分子量の分布を表す指標である．M_w/M_n が 1 に等しい場合は，試料中のポリ

数平均分子量 number average molecular weight, M_n

重量平均分子量 weight average molecular weight, M_w

多分散度 polydispersity index

* 訳注：M_n および M_w は以下に示した式で表せる．

$$M_n = \frac{\sum_i n_i M_i}{\sum_i n_i} = \frac{1}{\sum_i (w_i/M_i)}$$

$$M_w = \frac{\sum_i n_i M_i^2}{\sum_i n_i M_i} = \sum_i (w_i M_i)$$

ここで n_i は分子量 M_i をもつ成分の数，w_i は分子量 M_i をもつ成分の重量分率．

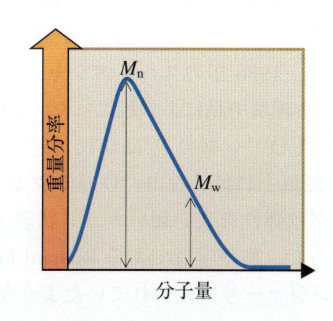

図 29・2　ポリマー試料の分子量分布

単分散 monodisperse

マーがすべて同じ長さであることを示し，このようなポリマーを**単分散**という．これまで人工高分子を単分散で合成した例はなく，単分散の試料を得るためには分子量の違いを利用して手間をかけて分離する必要があった．一方，ポリペプチド，DNA といった生体内で合成される天然由来の高分子は単分散である．

29・4　高分子の形態：結晶性材料と非晶性材料

小分子と同様に，高分子も再沈殿や溶融状態からの冷却により結晶になる傾向をもつ．しかし，大きな分子であることに由来する拡散の遅さと，高分子鎖のたたみ込みを妨げる複雑で不規則な構造のために，結晶化が妨げられる．その結果，固体状態の高分子では，秩序性の高い**結晶性領域**（微結晶ともいう）と無秩序な**非晶性領域**とが観測される．結晶状態と非晶状態の領域の割合は，高分子の構造の違いや材料の加工過程により異なる．

結晶性領域 crystalline domain　固体状態の高分子における秩序性の高い領域．微結晶 crystallite ともよばれる．

非晶性領域 amorphous domain　固体状態の高分子における無秩序な非結晶性領域．

規則正しくコンパクトな構造をもち，水素結合や双極子相互作用のような強い分子間相互作用をもつ高分子は，高い結晶性を示すことが多い．高分子中の結晶性領域が融解する温度を**融解温度** T_m とよぶ．高分子中の結晶性領域の割合が高くなると T_m は上昇するとともに，結晶性領域における光の散乱のために透明性が減少する．さらに，結晶性が高くなると強度や硬さが増す．たとえば，ポリ(6-アミノヘキサン酸)の T_m は 223 ℃ であり，室温以上の温度でも一般に，このポリマーは硬くて丈夫である．たとえば真夏の暑い午後でも，特に物性の変化はみられないので，繊維や靴のかかとなどに用いられる．

融解温度 melt transition temperature, T_m　高分子中の結晶性領域が融解する温度．

非晶性領域では，広範囲における秩序構造がみられない．非晶性の高いポリマーは，ガラス状高分子ともよばれる．非晶性ポリマーは光の散乱を起こす結晶性領域がないので，透明である．さらに，柔軟性が高く機械的強度が弱い，脆いポリマーである．非晶性ポリマーは加熱により，硬いガラス状態から柔らかくて柔軟なゴム状に変化する．この転移が起こる温度を**ガラス転移温度** T_g とよばれている．たとえば，非晶性ポリスチレンの T_g は 100 ℃ で，室温では硬い固体であり，コップ，梱包材，使い捨ての医療用製品，テープリールなどに利用される．しかし，これを熱水中に入れると軟化してゴム状になる．

ガラス転移温度 glass transition temperature, T_g　高分子が硬いガラス状態からゴム状態へと転移する温度．

ポリエチレンテレフタレート(**PET**)を例として，この機械的特性と結晶化度との関係についてみてみよう．

ポリエチレンテレフタレート(PET)

PET は結晶性領域の割合を 0% から 55% の範囲で成形することができる．溶融状態から急激に冷却すると完全な非晶性 PET が生成する．冷却時間を延ばすと，より分子の拡散が起こり，高分子鎖がより秩序正しく配列して結晶成分が増加する．これらの PET の機械的特性は大きく異なり，結晶化度の低い PET は飲料用の容器に用いられる一方，結晶性の高い PET から紡糸された繊維は織物繊維やタイヤ用の糸に用いられる．

エラストマー elastomer, elastic polymer　引っ張りや変形を加えた後にその力を除くと，もとの形状に戻る材料．弾性をもつポリマー．

ゴム材料が**エラストマー**として機能するためには，低い T_g をもつ必要がある．これはポリマーの T_g より温度が低くなったときに，材料が硬いガラス状固体となり，弾性が失われてしまうためである．1986 年のスペースシャトルチャレンジャー号の悲劇は，この高分子の特性に対する理解不足により起こった．補助推進ロケットを密閉するのに用いられたエラストマー性 O リングの T_g は 0 ℃ 付近であった．チャレンジャー号が発射される朝の気温は予想以上に低くなり，O リングシールは T_g 以下の温度に下がった．このため，O リングは弾性を失い硬いガラス状態となり，その密閉機能は失われてしまい，悲劇が起こった．物理学者である Richard Feynman がテレビ公開された公聴会において，チャレンジャー号に使われていたような O リングを氷冷水中につ

29・5　逐次重合

高分子鎖の伸長が段階的に起こる重合の形式を**逐次重合**，あるいは**重縮合**とよぶ．逐次重合体は二官能性分子が，それぞれ別べつに新しい結合をつくることで合成される．この重合では，モノマーどうしが反応して二量体をつくり，それがさらに反応して四量体をつくる．さらに，これがモノマーと反応して五量体をつくる，といった形式で進行する．この段階的な高分子鎖の形成は，分子量と分子量分布に大きく影響する．確率論的にみると，最も多くある化学種が再び縮合を起こす．したがって，重合の初期における短い鎖長のオリゴマーは，少量しか存在しない高分子量のポリマーよりも，より多く存在するモノマーや別のオリゴマーと反応しやすい．この状態は，すべてのモノマーが消費されるまで続く．その結果，高分子量をもつポリマーは重合の後期にならないと生成しない．典型的な例では，高分子量の重合体が生成するには，99%以上のモノマーの消費が必要である．この段階になってようやくある程度長くなったオリゴマー鎖どうしが反応して，高分子量の重合体が生成する．この点は，小分子を扱う有機反応と逐次重合が大きく異なる点である．有機合成では85%程度の収率で望みの生成物が得られれば，多くの場合は十分であり"良い"反応である．しかし，逐次重合ではこの程度の収率では高分子量体が生成しないことから，使いものにならない．

逐次重合にはおもに二つの反応形式がある．1) A–A と B–B タイプのモノマーが反応し，(A–A–B–B)$_n$ の構造をもつ重合体が生成する反応と，2) A–B モノマーが自己縮合し，(A–B)$_n$ の構造をもつ重合体が生成する反応である．いずれの場合も，A 官能基は選択的に B 官能基のみと反応し，また B 官能基も選択的に A 官能基のみと反応する．逐次重合において生成する新しい共有結合は，求核的アシル置換反応などの極性反応により生成する場合が多い．本節では，ポリアミド，ポリエステル，ポリカーボネート，ポリウレタン，エポキシ樹脂の，五つの様式の逐次重合体について説明する．

逐次重合 step-growth polymerization 二官能性モノマー間で伸長が段階的に起こる重合．アジピン酸とヘキサメチレンジアミンからナイロン66が生成する重合がその一例である．**重縮合** condensation polymerization ともいう．

A. ポリアミド

第一次世界大戦が終了したころ，多くの科学者が高分子化学に関する基礎的な知識を深める必要性に気づいていた．そのなかで，デュポン社の Wallace M. Carothers(ウォーレス カロザーズ) らは，1930 年代の初めより脂肪族ジカルボン酸とジオールの反応に関する基礎的な研究を始めた．その結果，ヘキサン二酸(アジピン酸)と 1,2-エタンジオール(エチレングリコール)から，繊維として紡糸できるほどの高い分子量をもつポリエステルを得ることに成功した．

ポリアミド polyamide　モノマー単位がアミド結合により連結している高分子．ナイロン66 nylon 66がその一例である．

n HO—(CO)—(CH$_2$)$_4$—(CO)—OH + n HO—CH$_2$CH$_2$—OH ⟶ [—(CO)—(CH$_2$)$_4$—(CO)—O—CH$_2$CH$_2$—O—]$_n$ + $2n$ H$_2$O

ヘキサン二酸　　　1,2-エタンジオール　　　　　ポリエチレンアジペート
(アジピン酸)　　　(エチレングリコール)

しかし，初めて合成されたポリエステル繊維は融解温度が低かったため，繊維に使うことはできず，このためにそれ以上の検討は行われなかった．Carothers らは次にジカルボン酸とジアミンからポリアミドをつくる反応に注目し，最初の完全な人工繊維であるナイロン 66 を 1935 年に合成した．ナイロン 66 の名称は，二つの異なるモノマーから

合成され，それぞれのモノマーの炭素数が6であることに由来している．

ナイロン66の合成では，まず最初にアジピン酸と1,6-ヘキサンジアミン(ヘキサメチレンジアミン)を含水エタノールに溶解して，ナイロン塩とよばれる1:1の塩を調製する．つづいて，ナイロン塩を圧力容器中で250℃に加熱すると，反応器の内圧は15気圧に達して，アジピン酸に由来するCOO^-基とヘキサメチレンジアミンに由来するNH_3^+基が反応し，水の脱離を伴ってアミド基を生成する．

このような条件で合成されたナイロン66の分子量は10,000〜20,000 g mol^{-1}，T_mは250〜260℃である．

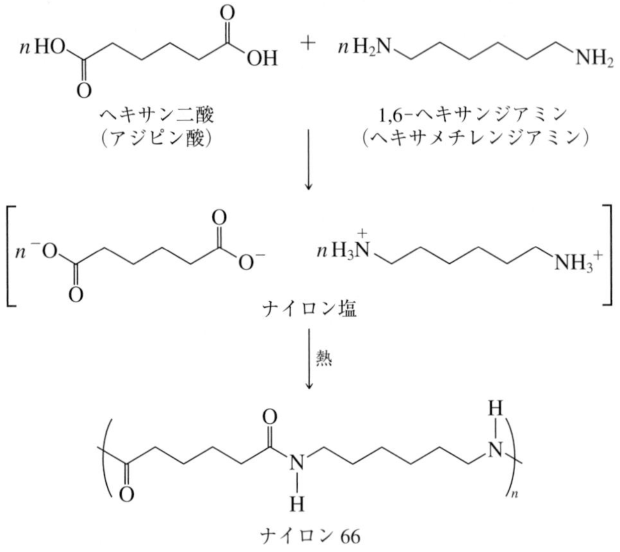

$$n\,HOOC-(CH_2)_4-COOH + n\,H_2N-(CH_2)_6-NH_2$$

ヘキサン二酸 (アジピン酸) 　　　　1,6-ヘキサンジアミン (ヘキサメチレンジアミン)

↓

$$[n\,^-OOC-(CH_2)_4-COO^- \quad n\,H_3N^+-(CH_2)_6-NH_3^+]$$

ナイロン塩

↓ 熱

ナイロン66

冷延伸 cold-drawn

繊維製造の最初の段階では，未精製のナイロン66を溶融して繊維へと紡いだ後に冷却する．この溶融紡糸した繊維をつぎに**冷延伸**(室温で延伸する)することで，約4倍の長さに延伸する．これにより，繊維中の結晶性が向上する．繊維が延伸されることで，それぞれの高分子鎖は繊維軸に沿って配向し，一つの高分子鎖のカルボニル酸素と他の高分子鎖のアミド水素とが水素結合を形成する(図29・3)．このポリアミド分子の配向が繊維の物理的性質に与える効果はきわめて大きく，引っ張り強度と剛性とが大きく増大する．冷延伸は多くの合成繊維の生産において重要な段階である．

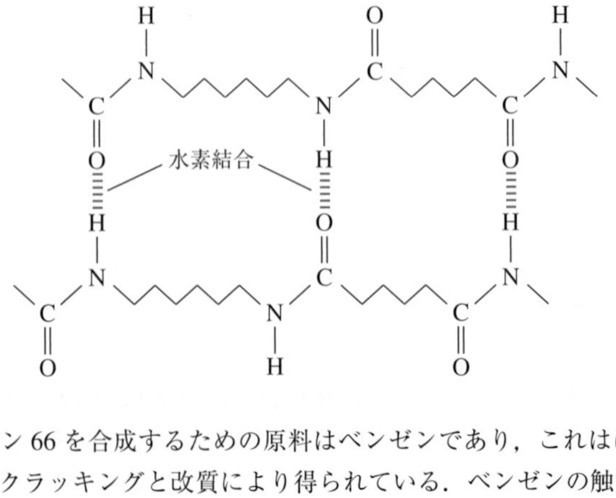

図29・3 **冷延伸されたナイロン66の構造**．隣接する高分子鎖間での水素結合により，繊維の引っ張り強度と剛性とが増大する．

現在，ナイロン66を合成するための原料はベンゼンであり，これはほぼ全量が触媒を用いた石油のクラッキングと改質により得られている．ベンゼンの触媒的な水素化によりシクロヘキサンが生成し，つづく触媒的な空気酸化によりシクロヘキサノールとシ

クロヘキサノンが得られる．この混合物を硝酸で酸化するとアジピン酸が生成する．

ベンゼン → シクロヘキサン → [シクロヘキサノール + シクロヘキサノン] → ヘキサン二酸（アジピン酸）

一方，アジピン酸はヘキサメチレンジアミン合成の原料である．アジピン酸とアンモニアとの反応で得られるアンモニウム塩を加熱することで，アジパミドが得られる．アジパミドの触媒的還元によりヘキサメチレンジアミンが生成する．すなわち，ナイロン66 を生産するための炭素源は，残念ながら再生可能な原料ではない石油にすべて依存している．

ヘキサン二酸アンモニウム（アジピン酸アンモニウム） → ヘキサンジアミド（アジパミド） → 1,6-ヘキサンジアミン（ヘキサメチレンジアミン）

ナイロンは高分子の一群であり，物性の違いによりさまざまな用途に利用されている．なかでも最もよく利用されているものがナイロン66 とナイロン6 である．ナイロン6 の名称は，炭素数が6個のモノマーであるカプロラクタムから合成されることに由来する．ナイロン6 はカプロラクタムの一部を6-アミノヘキサン酸に加水分解し，250℃に加熱して重合を行って合成された後，繊維，ブラシ用の剛毛，ロープ，強衝撃成形品，タイヤ用の糸などへ加工される．

カプロラクタム → ナイロン6

防弾チョッキはケブラーの薄い層をもつ．

デュポン社の研究者たちは分子構造とバルク物性に関して詳細な研究を行い，芳香環をもつポリアミドはナイロン66 やナイロン6 に比べてより硬くて丈夫であろうと予想した．デュポン社はテレフタル酸とp-フェニレンジアミンから合成された芳香族ポリアミド（**アラミド**）であるケブラーを1960 年の初頭に発売した．

アラミド aramid 芳香族ジアミンと芳香族ジカルボン酸をモノマーとする芳香族ポリアミド．ケブラー Kevlar は商標名．

1,4-ベンゼンジカルボン酸（テレフタル酸） + 1,4-ベンゼンジアミン（p-フェニレンジアミン） → ケブラー

ケブラーの優れた特性のひとつは，同じ強度をもつ他の材料に比べて軽量であることである．たとえば，ケブラー繊維で織られた7.62 cm（3 インチ）径のケーブルは鉄からなる同じ径のケーブルと同じ強度をもつ．しかし，鉄製のケーブルの重量は297.6 g cm^{-1} であるのに対し，ケブラー製のケーブルの重量は59.5 g cm^{-1} しかない．現在，ケブラーは外洋における石油採掘やぐらの固定ケーブルや車のタイヤ用の強化繊維など，強度と軽さの両方が必要なところで用いられている．またケブラーを生地に織り込

むことで，防弾チョッキなどにも利用されている．

B. ポリエステル

Carothers らは 1930 年代に行った研究により，脂肪族ジカルボン酸とエチレングリコールから生成するポリエチレン繊維は融点が低すぎるため，繊維にするには不適であるとした．しかし，1940 年代に英国の Winfield と Dickson らはポリエステルについて研究し，主鎖の回転の自由度を減らして高分子鎖を硬くし，融点を上げてポリエステルの物性を向上させた．この目的のために 1,4-ベンゼンジカルボン酸(テレフタル酸)が用いられ，これとエチレングリコールとの重合により，PET または PETE と略記されるポリエチレンテレフタレートが得られる．

未精製のポリエステルは，溶融，押出し成形を行った後に冷延伸を行うと，硬く(ナイロン 66 の約 4 倍)，高強度で，折り目やしわができにくい，織物繊維であるダクロンとよばれるポリエステルとなる．開発当初のダクロンは，繊維が剛直で手触りが硬かったため，木綿やウールと混紡して織物用の繊維として利用された．現在では成形加工技術の進歩により，より手触りのよいダクロン繊維がつくられている．PET はマイラーフィルムや，再生可能な飲料用の容器としても成形される．

$$n \; HOOC\text{-}C_6H_4\text{-}COOH + n \; HOCH_2CH_2OH \xrightarrow{\text{熱}} [-OC\text{-}C_6H_4\text{-}CO\text{-}OCH_2CH_2O-]_n + 2n \; H_2O$$

1,4-ベンゼンジカルボン酸
(テレフタル酸)

1,2-エタンジオール
(エチレングリコール)

ポリエチレンテレフタレート
(ダクロン，マイラー)

PET の合成に用いられるエチレングリコールは，エチレンの空気酸化により得られたエチレンオキシド(§11・8A 参照)をグリコールへと加水分解することにより合成される(§11・9A 参照)．一方，エチレンはすべて石油や天然ガス(§2・9A 参照)由来のエタンのクラッキングにより得られる．テレフタル酸は p-キシレンの酸化で得られる．p-キシレンは，ナフサや他の石油精留分(§2・9B 参照)の触媒的なクラッキングや改質により，ベンゼンやトルエンなどと一緒に得られる．

$$CH_2=CH_2 \xrightarrow[\text{触媒}]{O_2} \underset{\substack{\text{オキシラン}\\(\text{エチレンオキシド})}}{CH_2\text{-}O\text{-}CH_2} \xrightarrow{H^+, H_2O} \underset{\substack{1,2\text{-エタンジオール}\\(\text{エチレングリコール})}}{HOCH_2CH_2OH}$$

$$H_3C\text{-}C_6H_4\text{-}CH_3 \xrightarrow[\text{触媒}]{O_2} HOOC\text{-}C_6H_4\text{-}COOH$$

p-キシレン テレフタル酸

C. ポリカーボネート

ポリカーボネートは，工業的に重要なエンジニアリングポリエステルである．その代表例であるレキサンは強い耐衝撃性と引っ張り強度をもつ硬くて透明な高分子であり，その物性は広い温度範囲において保持される．レキサンは，ビスフェノール A (問題 22・22 参照)の二ナトリウム塩とホスゲンとの反応により合成され，スポーツ用品に多く用いられている．たとえば，自転車，アメリカンフットボール，オートバイ，スノーモービル用のヘルメットやホッケーや野球のキャッチャーのフェースマスクなどに使われている．さらに，家庭用電化製品や自動車や飛行機の軽くて耐衝撃性が高いことが必

要とされる部材や，安全ガラスや割れないガラスなどへと利用されている．

$$n\,Na^+{}^-O\text{-}C_6H_4\text{-}C(CH_3)_2\text{-}C_6H_4\text{-}O^-Na^+ + n\,ClCOCl \longrightarrow (\text{-}C_6H_4\text{-}C(CH_3)_2\text{-}C_6H_4\text{-}O\text{-}CO\text{-}O\text{-})_n + 2n\,NaCl$$

ビスフェノールAニナトリウム塩 　　ホスゲン　　　　　　　　　　レキサン（ポリカーボネート）

D. ポリウレタン

ウレタン，あるいはカルバメートともよばれる化合物は，カルバミン酸 H_2NCOOH のエステルである．カルバメートは通常イソシアナートとアルコールから合成される．

$$RN=C=O + R'OH \longrightarrow RNHCOR'$$

イソシアナート　　　　　　　　カルバメート

一般に，**ポリウレタン**は柔らかいポリエステルあるいはポリエーテル単位（ブロック）と硬いウレタン単位（ブロック）とが交互に配列した構造をもつ．硬いウレタンブロックはジイソシアナートに由来しており，2,4- あるいは 2,6-トルエンジイソシアナートがよく用いられる．柔らかいブロックをより柔らかくするには，高分子鎖の末端にヒドロキシ基をもつ低分子量（MW 1000～4000）のポリエステルやポリエーテルを用いる．ポリウレタン繊維は適度に柔らかく弾性をもっていることから，スパンデックスやリクラといった商標名で，伸縮性のある布地として水着，レオタード，下着などに利用されている．

ポリウレタン polyurethane　$NHCO_2$ 基を繰返し単位としてもつ高分子．リクラ Lycra，スパンデックス Spandex は商標名．

$$n\,O=C=N\text{-}Ar(CH_3)\text{-}N=C=O + n\,HO\text{-}ポリマー\text{-}OH \longrightarrow (\text{-}OCNH\text{-}Ar(CH_3)\text{-}NHCO\text{-}ポリマー\text{-}O\text{-})_n$$

2,6-トルエンジイソシアナート　　低分子量のポリエステルまたはポリエーテル　　　　　　　ポリウレタン

重合中に少量の水を加えると，クッションや絶縁材として利用される発泡性ポリウレタンが生成する．水とイソシアナートの反応により発生する二酸化炭素ガスが発泡剤として働く．

$$RN=C=O + H_2O \longrightarrow [RNH\text{-}CO\text{-}OH] \longrightarrow RNH_2 + CO_2$$

イソシアナート　　　　　　カルバミン酸（不安定）

E. エポキシ樹脂

エポキシ樹脂は，二つ以上のエポキシ基をもつモノマーの重合により合成される．低粘性の液体から高融点の固体までの非常に多くのエポキシ樹脂が合成されている．最もよく用いられているエポキシド（オキシラン）モノマーは，1分子のビスフェノールA（問題 22・22 参照）と2分子のエピクロロヒドリン（§11・10 参照）から合成されるジエポキシドである．このジエポキシドモノマーと 1,2-エタンジアミン（エチレンジアミン）を反応させるとエポキシ樹脂が生成する．ジエポキシドは刺激臭をもち，ホームセンターで購入できる二液型接着剤のうちの"触媒"とよばれている成分である．正確に

エポキシ樹脂 epoxy resin

は，これは触媒ではなく反応剤である．

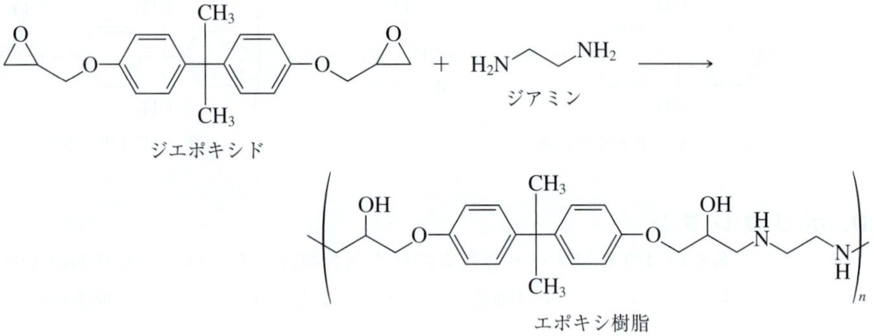

$$\text{ジエポキシド} + \text{ジアミン} \longrightarrow \text{エポキシ樹脂}$$

エポキシ樹脂は接着剤や絶縁性表面塗付剤として広く用いられている．この樹脂は，優れた絶縁性をもつことから，スイッチ用のコイルから集積回路などの電装品の被覆材料などに利用されている．さらに，エポキシ樹脂はガラス繊維，紙，金属箔，合成繊維などの他の材料との複合化により構造体材料となり，ジェット機の機体やロケット用モーターケースなどに利用されている．

例題 29・2

1,4-ベンゼンジイソシアナートとエチレングリコールとが酸触媒で重合する反応の機構を書け．表記を簡単にするため，一つのNCO基と一つのOH基の反応を考えよ．

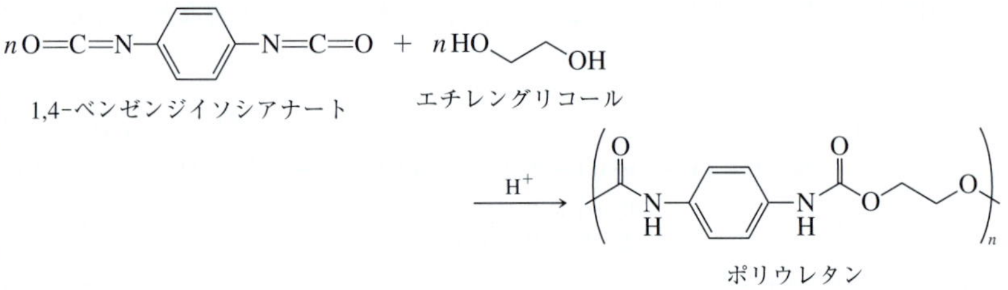

$$n\,O=C=N-\!\!\!\bigcirc\!\!\!-N=C=O + n\,HO-\!\!\!-OH$$

1,4-ベンゼンジイソシアナート　　エチレングリコール

$$\xrightarrow{H^+} \text{ポリウレタン}$$

解答 反応は3段階で進行する．段階1では，酸HAから窒素原子へのプロトン移動が起こる．つづいて段階2で，ROHがカルボニル炭素に付加してオキソニウムイオンが生成する．段階3で，オキソニウムイオンからA⁻にプロトン移動が起こり，カルバミン酸エステルが生成する．

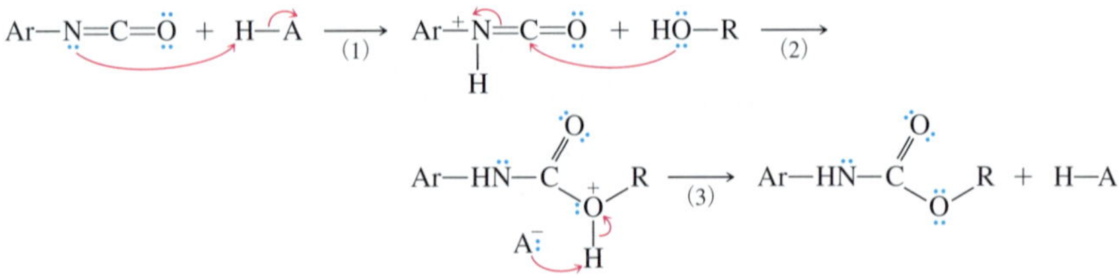

$$Ar-N=\ddot{\underset{..}{O}} + H-A \xrightarrow{(1)} Ar-\underset{H}{\overset{+}{N}}=C=\ddot{\underset{..}{O}} + H\ddot{\underset{..}{O}}-R \xrightarrow{(2)}$$

$$Ar-H\ddot{N}-\underset{\underset{H}{\overset{|}{\underset{A^-}{O}}}}{\overset{\ddot{O}:}{\overset{|}{C}}}-R \xrightarrow{(3)} Ar-H\ddot{N}-\overset{\ddot{O}:}{\overset{\|}{C}}-\ddot{\underset{..}{O}}-R + H-A$$

問題 29・2 次の反応で生成するポリマーの繰返し単位を示せ．その生成機構も書け．

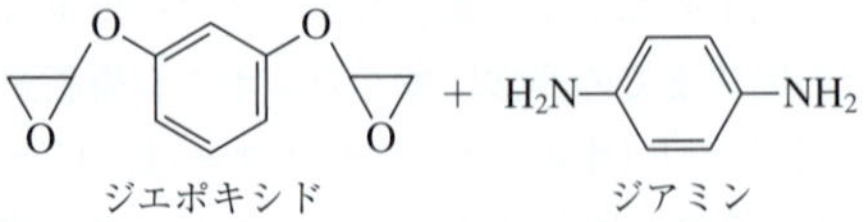

$$\text{ジエポキシド} + \text{ジアミン}$$

F. 熱硬化性高分子

熱硬化性高分子 thermosetting polymer

熱硬化性高分子は共有結合で架橋した長い高分子鎖からなる．実際に，熱硬化性高分

身のまわりの化学　溶ける糸

　医学の分野における最近の進歩には目覚ましいものがある．臓器移植やレーザーを手術で用いることなどは 60 年前には想像もできなかったことであるが，これらは現在では特別なことではなくなっている．医学の技術的な進歩につれ，体内で用いられる合成材料に対する要求も増大してきている．高分子化合物は生体材料に適した特性を数多くもつ．すなわち，軽くて強靭であり，化学構造によって生体に対して不活性であったり生分解性となる．さらに，天然の組織に合わせて柔らかさ，硬さ，弾性などの物理的性質を容易に調節することができる．炭素-炭素結合からなる鎖をもつ高分子は耐分解性であるため，人工臓器や代替組織に広く利用されている．医療に用いられる高分子のほとんどは生体安定性が必要であるが，生分解性をもつ高分子材料も開発されている．その一例が，ラクトマーの商標で販売されている生体吸収性の縫合糸である．これにはポリグリコール酸やグリコール酸と乳酸の共重合体が用いられている．

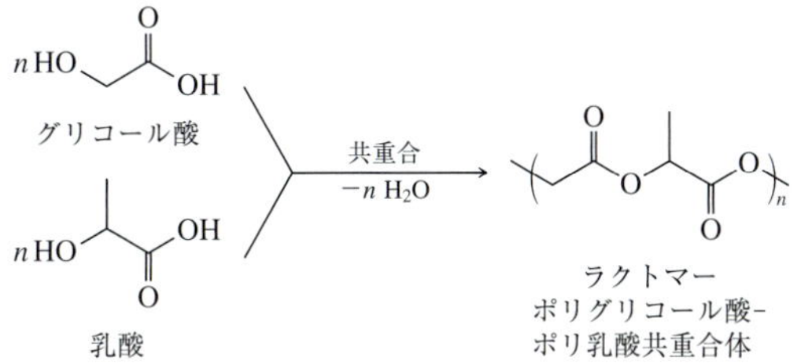

　腸線縫合糸などの従来の縫合糸は，その役割を終えた後に抜糸する必要がある．一方，生体吸収性の縫合糸は約 2 週間程度の間にゆっくりと加水分解を受ける．けがが癒えているころには縫合糸は完全に分解しているので，抜糸の必要がない．縫合糸の加水分解により生じるグリコール酸と乳酸とは既存の生化学経路で代謝されて体内から排出される．

子は巨大な 1 分子でできている．熱硬化性高分子は，1907 年に Leo Baekeland により，フェノールとホルムアルデヒドから初めて合成された．このベークライトとして知られる三次元構造をもつポリマーは，優れた電気の絶縁体である．

　熱硬化性樹脂を合成するためには，モノマーの一つは必ず三官能性である必要がある．ベークライトの場合はフェノールが三官能性モノマーである．

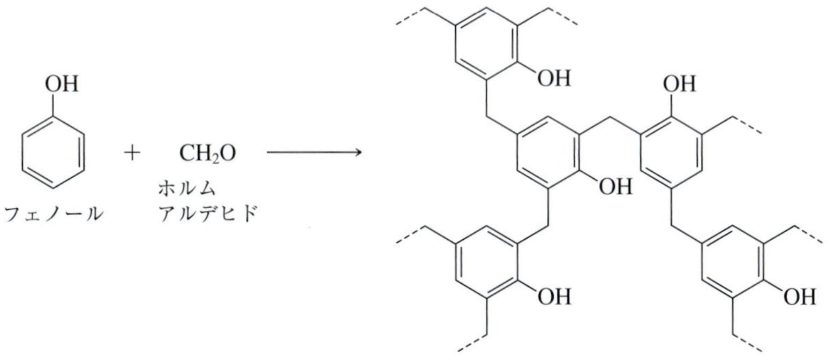

ベークライト Bakelite は商標名．

　アルキル熱硬化性樹脂は，2 価の有機カルボン酸 HOOC-R-COOH とグリセロールのようなトリオールとのポリエステルである．尿素-ホルムアルデヒド熱硬化性樹脂は，1 分子の尿素 $H_2N-CO-NH_2$ と 4 分子のホルムアルデヒドの縮合で生成するポリアミドである．

　熱硬化性樹脂を製造するには，まず二つのモノマーの流動性の混合物を型に入れ，その後で加熱するか，あるいは開始剤を加えて重合を開始する．重合生成物は原子どうしが共有結合でつながれたネットワーク構造をもち，高温においても固体である．熱硬化性樹脂を高温で加熱すると炭化して分解するが，溶融することはない．

29・6　連鎖重合

　アルケンが関与する化学反応のうちで，化学工業において最も重要なものが**連鎖重合**

連鎖重合 chain-growth polymerization
不飽和モノマーや他の反応性をもつ官能基に対し，順次付加反応を行う重合．

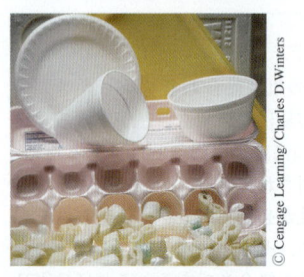

ポリスチレンは熱伝導性が低いことから優れた断熱材料である.

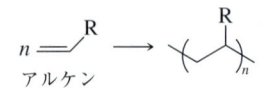

である．この重合では，モノマー単位が原子の数を減らすことなくそのまま重合してポリマーとなる．その一例が，エチレンの重合によるポリエチレンの生成である．

$$n\,CH_2=CH_2 \xrightarrow{触媒} -(CH_2CH_2)_n-$$
エチレン　　　　　　　ポリエチレン

この種の重合の機構は，逐次重合のものと全く異なる．逐次重合ではすべてのモノマーが，同じ反応性をもつ重合末端官能基と反応するので，モノマーとモノマー，二量体と二量体などを含む，すべての可能な組合わせで反応が起こる．それに対し，連鎖重合では活性種である重合末端のみがモノマーと反応する．ラジカル，カルボアニオン，カルボカチオン，有機金属錯体が連鎖重合の活性種として利用される．

連鎖重合のモノマーとして，アルケン，アルキン，アレン，イソシアナートなど，多くの化合物が利用できる．また，ラクトン，ラクタム，環状エーテル，エポキシドなどの環状化合物も用いられる．本章では，エチレンおよび置換エチレンの重合反応について解説する．生成するポリマーのなかでも特に重要なポリマーの一般名と用途を表 29・1 にまとめて示す．

表 29・1　エチレンおよび置換エチレン由来の高分子

モノマーの構造	一般名	高分子名と一般的な利用法
$CH_2=CH_2$	エチレン	ポリエチレン：耐破断性の容器や梱包材
$CH_2=CHCH_3$	プロピレン	ポリプロピレン：織物やカーペット繊維
$CH_2=CHCl$	塩化ビニル	ポリ塩化ビニル，PVC：建築用チューブ
$CH_2=CCl_2$	1,1-ジクロロエチレン	ポリ(1,1-ジクロロエチレン)，サランラップ：食品梱包材
$CH_2=CHCN$	アクリロニトリル	ポリアクリロニトリル：アクリル繊維やアクリル樹脂
$CF_2=CF_2$	テトラフルオロエチレン	ポリテトラフルオロエチレン，PTFE：テフロン，焦げつき防止塗膜
$CH_2=CHC_6H_5$	スチレン	ポリスチレン，発泡スチロール：絶縁材料
$CH_2=CHCOOCH_2CH_3$	アクリル酸エチル	ポリエチルアクリレート：水性塗料
$CH_2=CCOOCH_3$ 　　　$|$ 　　　CH_3	メタクリル酸メチル	ポリメタクリル酸メチル，プレキシガラス：ガラス代替品

A. ラジカル連鎖重合

過酸化ジベンゾイルなどの過酸化ジアシルはラジカル連鎖重合で用いられる開始剤のひとつであり，加熱により次に示すように分解する．最初の段階で，弱い過酸の O−O 結合が均等開裂して，二つのアシルオキシルラジカルが生成する．このラジカルがさらにアリールラジカルと二酸化炭素に分解する．

ラジカル重合に用いられるもう一つの代表的な開始剤は，アゾビスイソブチロニトリル（AIBN）などのアゾ化合物である．この化合物は，加熱や紫外光の吸収によりアルキ

ルラジカルと窒素ガスへと分解する.

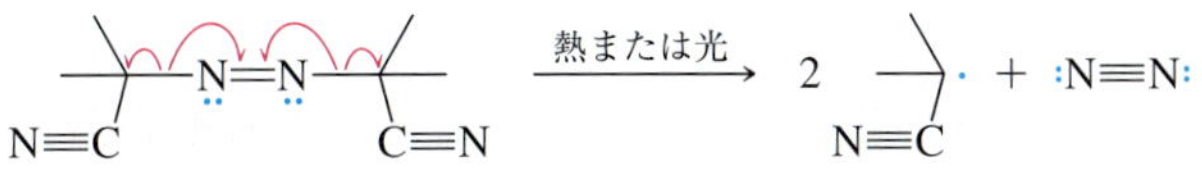

$$\underset{\text{アゾビスイソブチロニトリル（AIBN）}}{\text{N≡C-C(CH}_3\text{)}_2\text{-N=N-C(CH}_3\text{)}_2\text{-C≡N}} \xrightarrow{\text{熱または光}} 2\;\underset{\text{アルキルラジカル}}{\text{·C(CH}_3\text{)}_2\text{-C≡N}} + :\text{N≡N}:$$

置換エチレンモノマー $RCH=CH_2$ のラジカル重合における開始反応，成長反応，停止反応を次に示す．開始剤の分解により生じたラジカルはモノマーの二重結合と反応する．ひとたび反応が開始されると，モノマーへの連続的な付加により，成長反応が進行する．

> **反応機構　置換エチレンのラジカル重合**
>
> **段階 1: 連鎖開始**．ラジカルではない化合物である開始剤の分解によるラジカルの生成． 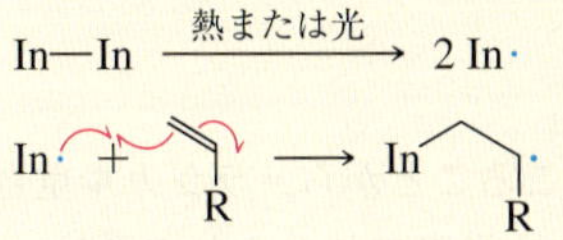
>
> $$\text{In-In} \xrightarrow{\text{熱または光}} 2\;\text{In·}$$
>
> $$\text{In·} + \text{CH}_2=\text{CHR} \longrightarrow \text{In-CH}_2-\text{CHR·}$$
>
> **段階 2: 連鎖成長**．ラジカルとモノマーとの反応による新しいラジカルの生成． 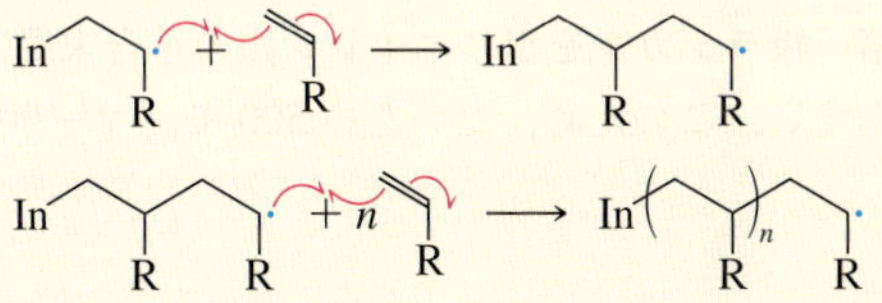
>
> **段階 3: 連鎖停止**．ラジカルの消滅．
>
> （ラジカル再結合 / 不均化）

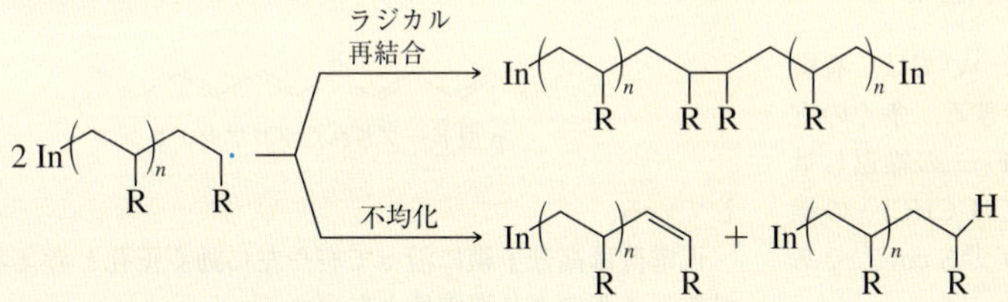

ラジカル反応では，ラジカルどうしの反応による連鎖停止反応により安定な分子が生成する．たとえば，ポリマーの重合末端どうしで炭素－炭素結合を生じる**ラジカル再結合**は，そのような反応の一つであり，活性化エネルギーなしで拡散律速で進行する．もう一つの代表的な停止反応がひとつの重合末端ラジカルがもう一つのラジカルの β 水素を引抜く**不均化**である．この反応により，ポリマー末端はアルキル基とアルケニル基の構造をもつ 2 種類の重合反応性を失ったポリマーが生成する．

二重結合に対するラジカルの付加反応では，より安定なつまりより置換基の多いラジカルがほとんどの場合に生成する．このため，非対称なビニルモノマーの重合ではほとんどの場合において，頭-尾結合をもつポリマーが生成する．ラジカル重合で合成されたビニルポリマーにおいては，頭-頭結合の生成は通常 1～2% を超えることはない．

ラジカル再結合 radical coupling

不均化反応 disproportionation　ひとつの重合末端ラジカルがもう一つのラジカルの β 水素を引抜くことで進行する停止反応．

頭-尾結合 head-to-tail linkage

頭-頭結合 head-to-head linkage

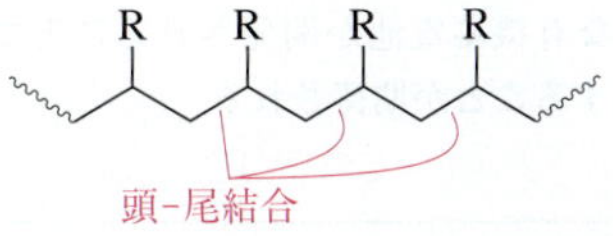

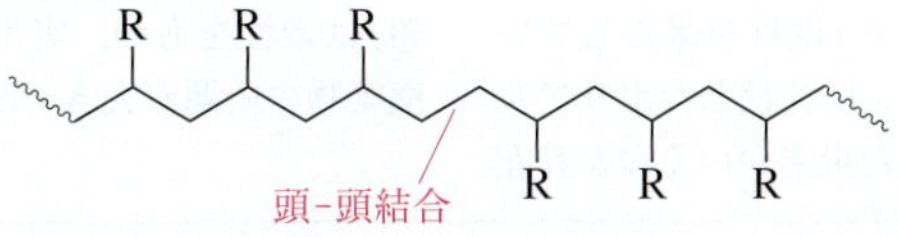

連鎖移動反応 chain-transfer reaction
重合中に重合末端の活性が別の分子に移動する反応.

　有機ラジカルは反応性の高い活性種であることから，ラジカル重合はしばしば副反応のために複雑化する．なかでも，重合末端のラジカルによる成長中の高分子鎖や溶媒，さらに他の分子からの水素引抜き反応は，頻繁に起こる反応である．これらの副反応は，重合末端の活性が他の分子に"移動"することから**連鎖移動反応**とよばれる．

　エチレンの重合の例で，連鎖移動をみてみよう．ラジカル重合により合成されたポリエチレンは，主鎖から数多くのブチル基が枝分かれしている．この4炭素の枝は，重合末端ラジカルが四つ離れた炭素（主鎖の5番目の炭素）から水素を引抜く，"バックバイティング"によって生じたものである．この水素引抜反応は，シクロヘキサンのいす形構造と類似の遷移状態を経て進行することから，他の炭素の水素引抜反応に比べてきわめて容易に進行する．引抜きにより生成した新しいラジカル中心から重合がさらに続くことで，4炭素の長さの枝が生じる．

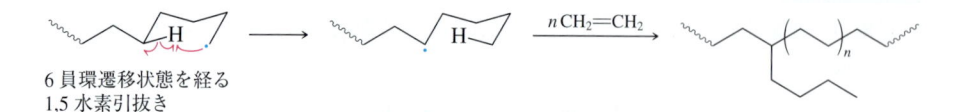

6員環遷移状態を経る
1,5 水素引抜き

　この引抜き反応が頻繁に起こることから，ラジカル重合で合成されたポリマーは多くの枝分かれ構造をもつ．この4炭素の枝分かれの数は，重合末端のラジカルの相対的な安定性に依存するため，高分子の種類により異なっている．エチレンの重合では，きわめて反応性の高い第一級ラジカルをポリエチレン鎖の重合末端にもつため，1,5-水素引抜き反応を起こしやすい．このため，だいたい500モノマー単位に15～30箇所の枝

身のまわりの化学　　電気を流す有機高分子

　化学構造が有機化合物の物性に及ぼす効果については，有機高分子の電気伝導性にはっきりとみることができる．多くの有機高分子は絶縁体である．たとえば，$-CF_2CF_2-$ の繰返し単位をもつポリテトラフルオロエチレンや，$-CH_2CHCl-$ の繰返し単位をもつポリ塩化ビニルの導電率は $10^{-18}\,\mathrm{S\,cm^{-1}}$ である．一方，銅の導電率は $10^6\,\mathrm{S\,cm^{-1}}$ である．

　有機高分子は銅のもつ導電率に近づくことができるのであろうか．この20年あまりの研究によって，答えはYesであることがわかっている．アセチレンにある種の遷移金属触媒を作用させると，重合が進行し金属光沢をもつポリアセチレンが生成する．

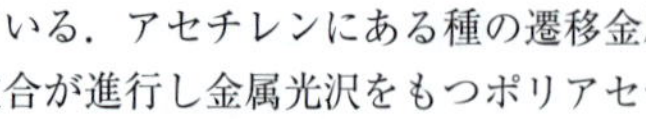

ポリアセチレン

　ポリアセチレン自体は導電性をもたない．しかし，ドーピングといわれる，電子の供与や受容を行う分子を少量加えることにより，ポリアセチレンの導電率は $1.5\times10^5\,\mathrm{S\,cm^{-1}}$ に上昇する．

　ドーピング剤は，π系から電子を引抜いたり（p型ドーピング），π系に電子を与える（n型ドーピング）役目を果たしている．p型ドーピングされたポリアセチレンは共役したポリアルケン構造の高分子鎖に沿って正に荷電した炭素がいくつか存在

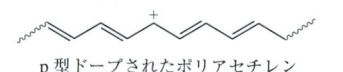

p型ドープされたポリアセチレン

している．

　正電荷は高分子鎖に沿って右や左に動く正孔と考えることができ，これにより導電性が発現する．

　未精製のポリアセチレンでは，高分子鎖が不揃いでいろいろな方向を向いている．しかし，フィルムを延伸することで高分子鎖の配列がそろい，配向性が高まる．ドープされた配向ポリアセチレンの導電性は，高分子鎖に直交した方向よりも高分子鎖に沿った方向のほうが高い．この結果は，電子は同じ高分子鎖中を移動するほうが，他の高分子鎖に飛び移るよりも容易であることを示している．

　導電性有機高分子の利用は始まったばかりである．p型ドープやn型ドープされたポリアセチレンを電極とする充電式電池はすでに実用化されている．炭素の原子量を考えると，有機高分子電池はニッケル-カドミウム電池や鉛-酸電池よりも軽量である．重量は電気自動車において重要な要素である．加えて，現在電池に利用されている多くの金属（水銀，ニッケル，鉛）は毒性をもつ．実用的な有機蓄電池が開発されることで，廃棄物の問題が大きく改善することが期待される．

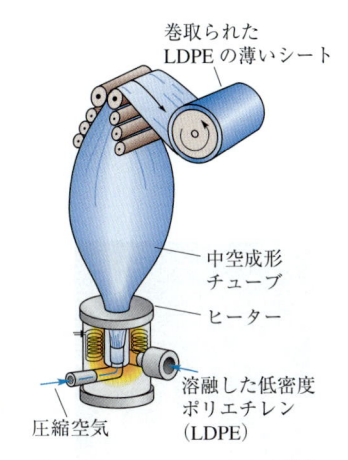

分かれをもつ．それに対し，ポリスチレンの重合末端ラジカルは置換ベンジルラジカルであり，ラジカルの電子対が芳香環に非局在化できるために安定である．この安定化されたベンジルラジカルは水素引抜反応を起こしにくいため，ポリスチレンは 4000～10,000 モノマー単位にひとつの枝分かれをもつにすぎない．

初期のエチレン重合の工業プロセスは，過酸触媒を用いるもので 1000 気圧，500 ℃ で加熱する条件が必要であった．これにより，低密度ポリエチレン (LDPE) として知られる柔らかくて丈夫なポリマーが得られる．LDPE の分子レベルの構造は，連鎖移動のために多くの枝分かれ構造をもつ．この分岐のため，ポリエチレン鎖が効率的にたたみ込まれないことから，LDPE はほとんどの部分が非晶性であり，結晶性部分が少ない．さらに，結晶性部位のサイズも光を散乱するには小さいため，透明である．LDPE の密度は 0.91～0.94 g cm^{-3}，融解温度 T_m は約 108 ℃ である．T_m が 100 ℃ よりわずかに高いだけなので，LDPE は沸騰水と接触するような製品に利用することはできない．

低密度ポリエチレンのうち，およそ 65% がフィルムへと加工される．LDPE は図 29・4 に示したような装置によって成形される．溶融した LDPE と圧縮空気を吹き出し口から中空成形チューブの中へ噴射することで，薄い膜をもつ巨大な泡状フィルムが生成する．このフィルムを冷却した後，巻取り機で巻取る．この二層フィルムは，側面を切り開くことで LDPE フィルムになる．また，適当な長さで閉じて切ることで LDPE 袋になる．LDPE フィルムは安価であることから，ごみ袋や，調理品や生鮮食料品の包装に利用するのに適している．

図 29・4　LDPE フィルムの製作

LDPE　低密度ポリエチレン low-density polyethylene の略

B．チーグラー–ナッタ連鎖重合

ドイツの Karl Ziegler とイタリアの Giulio Natta は，1950 年代にラジカルを経由しないアルケンの重合法を開発した．この先駆的な仕事により，彼らはノーベル化学賞を 1963 年に受賞した．初期の**チーグラー–ナッタ触媒**は TiCl$_4$ などの 4 族の遷移金属ハロゲン化物と Al(CH$_2$CH$_3$)$_2$Cl などのアルキルアルミニウムとを MgCl$_2$ に担持することで調製したきわめて活性の高い不均一系触媒である．この触媒を用いれば，エチレンやプロピレンの重合が 1～4 気圧，60 ℃ 程度の穏和な条件で，ラジカルの関与なしに進行する．

チーグラー–ナッタ触媒　Ziegler-Natta catalyst

$$n\text{CH}_2\!=\!\text{CH}_2 \xrightarrow[\text{MgCl}_2]{\text{TiCl}_4/\text{Al}(\text{CH}_2\text{CH}_3)_2\text{Cl}} \text{ポリエチレン}$$

エチレン　　　　　　　　　　　　　ポリエチレン

チーグラー–ナッタ触媒の活性種は，ハロゲン化チタンが MgCl$_2$/TiCl$_4$ 粒子表面で Al(CH$_2$CH$_3$)$_2$Cl によりアルキル化された，アルキルチタン化合物であると考えられている．これがいったん生成すると，炭素–チタン結合にエチレンが繰返し挿入してポリエチレンが生成する．

| 反応機構 | チーグラー–ナッタ触媒を用いたエチレンの重合 |

段階 1：チタン–エチル結合の生成．

塩化ジエチルアルミニウム

段階 2：チタン–炭素結合に対するエチレンの挿入．

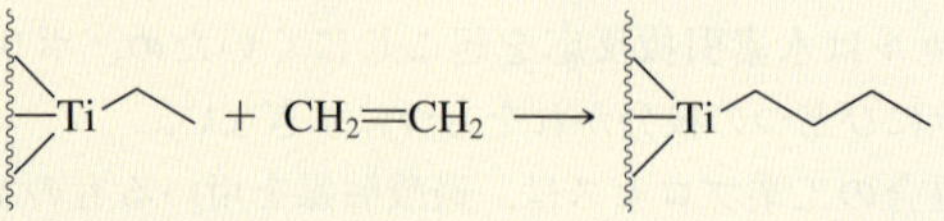

$$\text{〰Ti}\diagup + CH_2=CH_2 \longrightarrow \text{〰Ti}\diagdown\diagup\diagdown$$

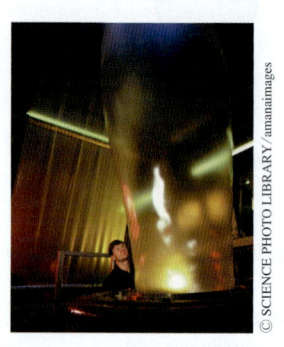

チーグラー–ナッタ触媒を用いて，世界中で毎年 2.5×10^{11} kg を超えるポリエチレンが合成されている．チーグラー–ナッタ触媒による重合反応は穏和な条件で進行するので，大スケールでの重合が可能であり，ポリエチレンの生成量は毎時 1.25×10^5 kg に達する．また，生成するポリマーの物性もラジカル重合で得られるものと異なっている．チーグラー–ナッタ触媒で合成されるポリエチレンは，高密度ポリエチレン (HDPE) とよばれており，低密度ポリエチレンに比べて高い密度 $(0.96\ \text{g cm}^{-3})$ と，高い T_m (133 ℃)，さらに 3～10 倍の強度をもち，不透明である．この強度の増加と不透明さとは，HDPE が LDPE に比べて枝分かれ構造が少なく結晶性が高いことに起因している．

米国では HDPE の約 45％ が中空成形により加工されている．中空成形では HDPE の短い管を開いた金型の中に導入した後 (図 29・5a)，金型を閉じて加熱する．その熱したポリエチレンの管に圧縮空気を吹き込むと，管は文字通り膨張して金型の形に成形される (図 29・5b)．冷却後に金型から取出すと (図 29・5c)，容器が完成する．

特殊な加工技術により，HDPE の物性を大きく改良することができるようになっている．溶融状態では，HDPE 鎖はゆであがったスパゲティーと同じような，ランダムコイル状となっている．しかし，特殊な押出し技術を使うと HDPE のそれぞれの高分子鎖は伸長し，コイル状から直鎖構造になる．伸びた高分子鎖がそれぞれ揃って並ぶことで，結晶性の高い材料が得られる．このように加工された HDPE は鋼鉄よりも丈夫であり，鋼鉄の約 4 倍の引っ張り強度をもつ．ポリエチレンの密度 $(\approx 1.0\ \text{g cm}^{-3})$ は鋼鉄の密度 $(\approx 8.0\ \text{g cm}^{-3})$ よりもかなり小さいので，重量当たりの強度を比較するとその違いはさらに顕著になる．

チーグラー–ナッタ型の重合に用いる触媒に関して，いくつかの重要な進展が近年あった．最も重要なものは，エチレンとプロピレンの重合にきわめて活性な均一系錯体の発見である．これらの均一系触媒を用いた重合反応は初期の不均一系チーグラー–ナッタ触媒を用いた重合反応と区別して**配位重合**とよばれている．ビス(シクロペンタジエニル)ジメチルジルコニウム $[Cp_2Zr(CH_3)_2]$ とメチルアルミノキサン (MAO) から調製される触媒は，配位重合に用いられる代表的な触媒である．MAO は，トリメチルアルミニウムと少量の水との反応により得られる，メチルアルミニウムオキシドのオリゴマー $-\!(CH_3)AlO\!-_n$ の混合物である．MAO がジルコニウム錯体からメチルアニオンを引抜くことによって，重合活性の高いジルコニウムカチオンが生成していると考えら

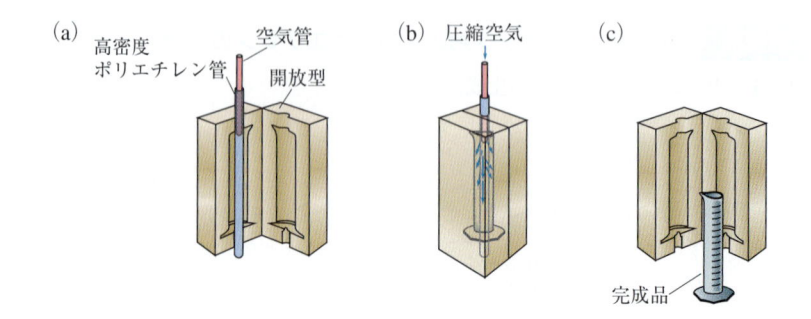

ポリエチレンフィルムは溶融したプラスチックをリング状の穴から押出した後にフィルムを風船状に膨らませることでつくられている．

HDPE 高密度ポリエチレン high-density polyethylene の略

配位重合 coordination polymerization
MAO メチルアルミノキサン methylaluminoxane の略

(a) 高密度ポリエチレン管／空気管／開放型　(b) 圧縮空気　(c) 完成品

図 29・5 HDPE 容器の中空成形

れている.

> **反応機構　チーグラー–ナッタ配位重合に利用される均一系触媒**
>
> **段階 1**：ジルコニウム触媒が活性化される. 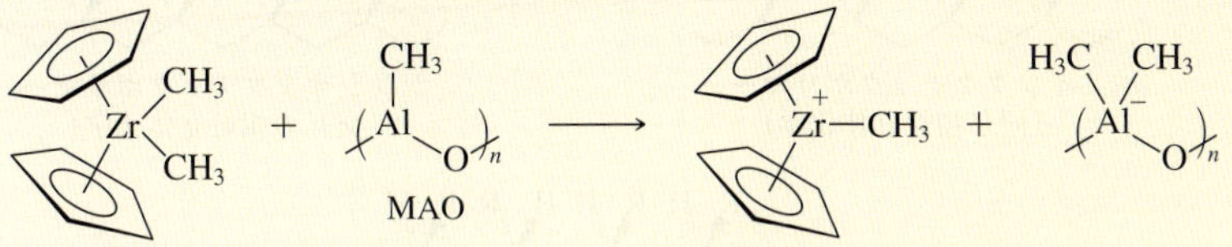
>
> ビス(シクロペンタジエニル)ジメチルジルコニウム + MAO ⟶ ジルコニウムカチオン（活性化された触媒） + Al種
>
> **段階 2**：ジルコニウム–炭素結合にエチレンが挿入する.
>
> Zr⁺–CH₃ + H₂C=CH₂ ⟶ Zr⁺–CH₂CH₂CH₃

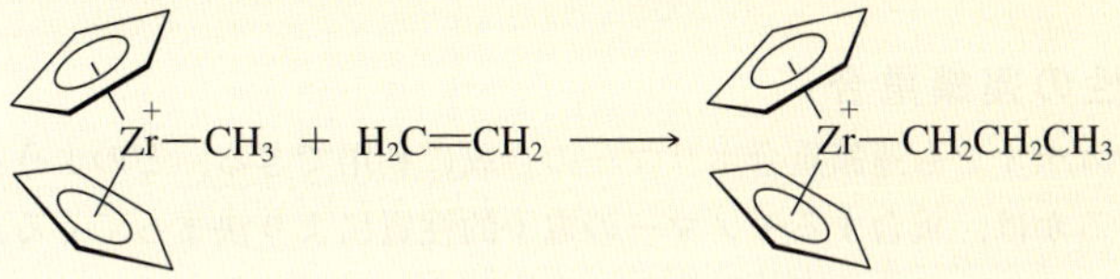

これらの配位重合触媒の中には，毎秒 20,000 分子ものエチレンを重合させるものもあり，その速度に関しては生態系における酵素触媒しか太刀打ちできない．これらの触媒のもう一つの重要な特徴は，1-アルケンに対しても高い触媒活性をもつことである．このため，エチレンと 1-ヘキセンの共重合など，さまざまな共重合体を合成できる．

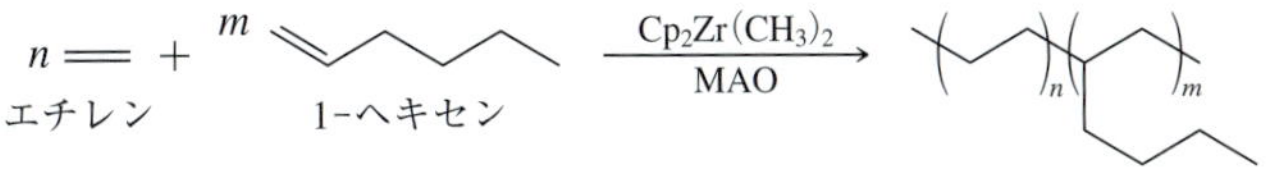

$$n\,\text{エチレン} + m\,\text{1-ヘキセン} \xrightarrow[\text{MAO}]{\text{Cp}_2\text{Zr(CH}_3)_2} \text{エチレン-(1-ヘキセン)共重合体}$$

適度な分岐鎖（C_4, C_6 など）をもったこのような共重合体は，直鎖低密度ポリエチレン，あるいは **LLDPE** とよばれている．これらは，チーグラー–ナッタ重合に特有なきわめて穏和な条件で合成できるうえに，ラジカル重合で合成される LDPE の多くの特性を維持しており，きわめて有用な材料である．

LLDPE　直鎖低密度ポリエチレン linear low-density polyethylene の略

C. 立体化学と高分子

これまでは，置換したエチレンの重合体の構造は次のように表しており，主鎖のキラル中心の立体化学については注意を払っていなかった．

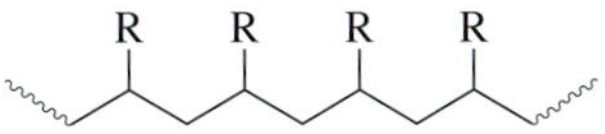

これらのキラル中心の相対的な立体化学は，高分子の物性を大きく左右する．主鎖に沿って同じ立体化学をもつ高分子は**イソタクチックポリマー**である．また，立体化学が交互に異なっている高分子を**シンジオタクチックポリマー**とよび，立体化学が全くランダムである高分子を**アタクチックポリマー**とよぶ（図 29・6）．

一般的には，キラル中心の立体化学が制御されていればいるほど，すなわち，イソタクチックやシンジオタクチックであるほど，ポリマーの結晶性が増大する．ポリマーの一部にアタクチックポリマーのような制御されていない部位を導入すると，ポリマーの折りたたみ具合が低下するため，非晶性が大きく増大する．たとえば，アタクチックポ

イソタクチックポリマー isotactic polymer　主鎖に沿ってキラル中心がすべて同じ相対立体化学（すべてが R あるいは S）をもつ高分子．イソタクチックポリプロピレンがその一例．

シンジオタクチックポリマー syndiotactic polymer　主鎖に沿ってキラル中心が交互に R と S 配置をもつ高分子．シンジオタクチックポリプロピレンがその一例．

アタクチックポリマー atactic polymer　主鎖のキラル中心が全くランダムである高分子．アタクチックポリプロピレンがその一例．

リスチレンは非晶性のガラスであるのに対し，イソタクチックポリスチレンは高い融解温度をもち，結晶性の繊維となる．したがって，高分子合成の分野において，主鎖の相対的立体化学，すなわち**立体規則性**を制御することは重要な研究課題となっている．

立体規則性 tacticity

図 29・6 異なる立体規則性をもつ高分子におけるキラル中心の相対立体化学

イソタクチックポリマー
(同じ相対立体化学)

シンジオタクチックポリマー
(交互の相対立体化学)

アタクチックポリマー
(ランダムな相対立体化学)

D. イオン性の連鎖重合

アニオンやカチオンも連鎖重合ポリマーの合成に利用できる．どのようなイオン性活性種を利用するかは，重合するモノマーの電子的性質により決まってくる．電子求引性置換基をもつモノマーはカルボアニオンを安定化することから，アニオン重合により重合する．一方，電子供与性置換基をもつモノマーはカチオンを安定化することから，カチオン重合に利用される(表 29・2)．

表 29・2 アニオン重合およびカチオン重合に用いられるモノマー

電子求引性の置換基をもつモノマーはアニオン重合に用いられる

| スチレン | メタクリル酸アルキル | アクリル酸アルキル | アクリロニトリル | シアノアクリル酸アルキル |

電子供与性の置換基をもつモノマーはカチオン重合に用いられる

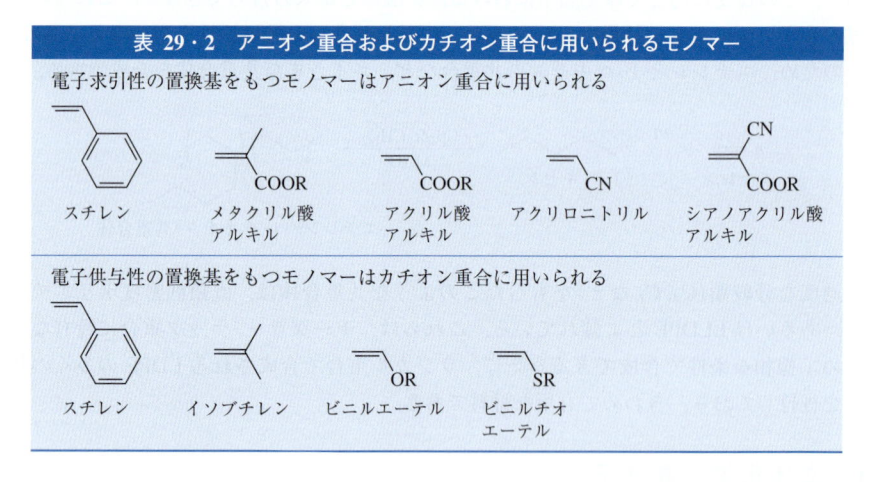

| スチレン | イソブチレン | ビニルエーテル | ビニルチオエーテル |

表 29・2 のモノマーの中で，スチレンはアニオン，カチオン，さらにはラジカル条件でも重合できる点できわめてまれなモノマーである．これは，フェニル基が重合末端のベンジル位のカチオン，アニオン，およびラジカル中間体をすべて安定化できるためである．

重合末端ベンジルカチオンにおける共鳴安定化

重合末端ベンジルアニオンにおける共鳴安定化

アニオン重合

アニオン重合は，活性化されたアルケンに対する求核剤の付加により開始される．ア

ニオン重合で最もよく利用される求核剤は，メチルリチウムや sec-ブチルリチウムのようなアルキル金属である．この反応により生じた新たなカルボアニオン種が再び求核剤として働き，つぎのモノマーと反応していく過程が成長反応である．

> **反応機構　アルケンのアニオン重合における開始反応**
>
> **段階 1**: 求核剤と求電子剤の間の結合生成．重合は活性化された炭素－炭素二重結合に求核剤が付加することで開始する．これによって，新たなカルボアニオンが生じる．ここでは，求核剤としてアルキルリチウムに由来するカルボアニオンを示している．
> **段階 2**: 求核剤と求電子剤の間の結合生成．ここで生じたカルボアニオンが活性化されたモノマーの二重結合に付加して二量体を生成する
> **段階 3**: 求核剤と求電子剤の間の結合生成．成長反応がつづきポリマーが生成する．

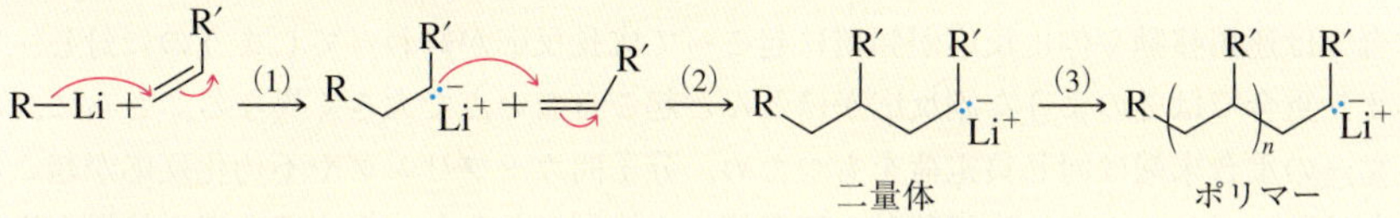

アニオン重合を開始するもう一つの反応は，リチウムやナトリウムによるモノマーの一電子還元反応によるラジカルアニオンの生成である．こうして生じたラジカルアニオンはさらに還元されてジアニオンになるか，二量化して二量体のジアニオンとなる．

> **反応機構　ブタジエンのアニオン重合における開始反応**
>
> **段階 1**: 金属リチウムによるジエンの一電子還元によるラジカルアニオンの生成．
> **段階 2**: このラジカルアニオンの二度目の一電子還元によるモノマージアニオンの生成．
> **段階 3**: もしくは，ラジカルアニオンの再結合による二量体ジアニオンの生成．

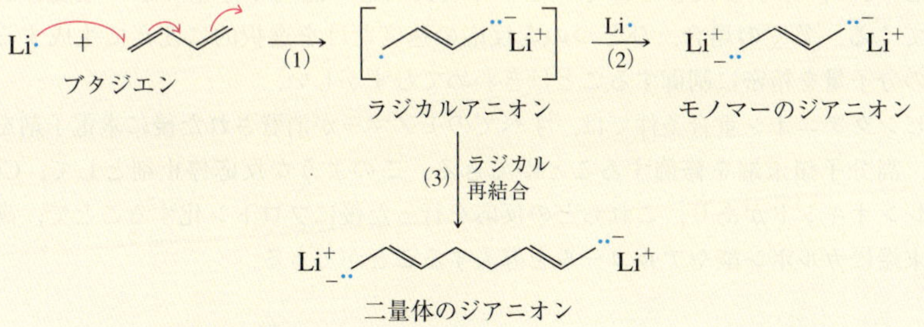

いずれの開始剤も，分子中にカルボアニオン部分が二つあるので，二方向に成長できる．これらの還元反応は金属の表面からの電子移動を含んでおり，不均一系で起こる．一方，ナトリウムナフタレニドのような可溶な還元剤を用いることにより，還元の効率が向上する．ナトリウムは，ナフタレンなどの拡張芳香族化合物に電子移動を起こし，ラジカルアニオンを生成する．

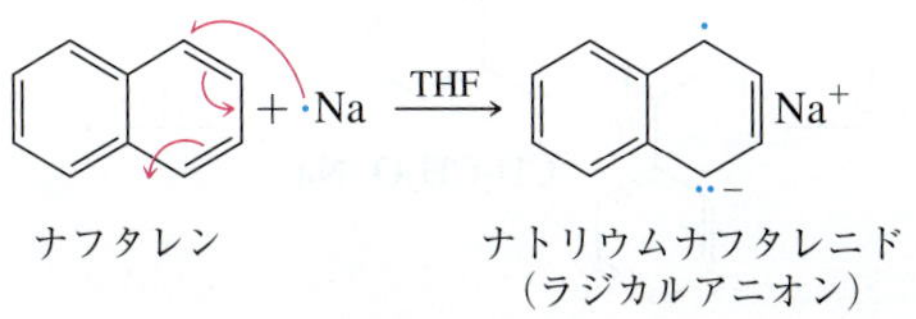

ナフタレニドラジカルアニオンは強力な還元剤である．たとえば，スチレンは一電子還元を受けてスチレンのラジカルアニオンを生成した後，再結合してジアニオンを生成する．このジアニオンは両末端で成長反応を起こし，高分子鎖が二方向に伸長する．

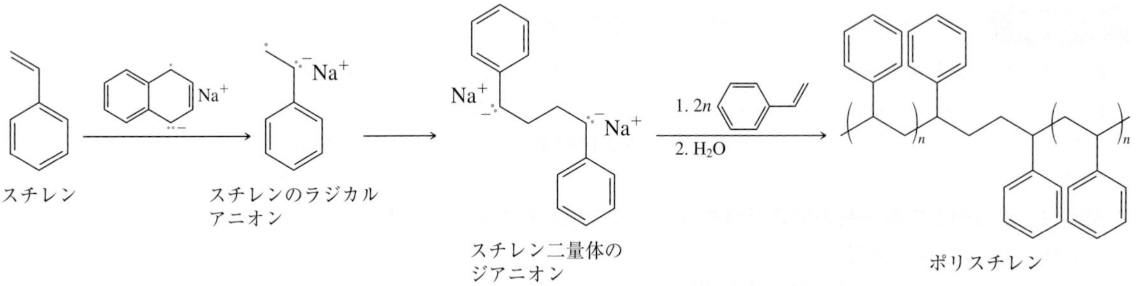

アニオン重合における成長反応もラジカル反応のものと似ている．しかし，ラジカル重合では連鎖移動や停止反応が頻繁に起こって成長反応が終わってしまうのに対し，アニオン重合ではそのような副反応がほとんど起こらない点で大きく異なる．さらに，ポリマーの重合末端は同じ負電荷をもつため，分子間カップリングや不均化反応が起こることはない．このように連鎖移動や連鎖停止が抑制されると，大変興味深い特徴が生じる．すなわち，いったん重合が始まるとすべてのモノマーがなくなるまで，あるいは，何らかの反応剤を加えて成長を止めるまでそれが続く．このような形式の重合は，モノマーがすべて消費された後にもう一度モノマーを加えても再び重合が開始されることから，**リビング重合**とよばれる．

リビング重合体 living polymer　停止反応を起こすことなくすべてのモノマーがなくなるまで，あるいは，何らかの反応剤を加えて成長を止めるまで重合が続くポリマー．モノマーを加えることで，ポリマーはさらに伸長する．

連鎖移動と連鎖停止反応が起こらないことは，結果としてきわめて重要な効果をリビング重合にもたらす．最も顕著な効果は分子量の制御である．リビング重合で合成されたポリマーの分子量はモノマーと開始剤との比で決まる．したがって，単にモノマーと開始剤との割合を変えることにより，比較的簡単に分子の大きさを制御することができる．それに対し，リビング重合以外の連鎖重合（ラジカル重合，チーグラー–ナッタ重合など）では，分子の大きさはそれぞれの成長反応の速度や停止反応の速度により決まってくる．多くの場合，ひとつの素反応の速度だけを選択的に変えて生成するポリマーの分子量を精密に制御することはきわめてむずかしい．

リビングアニオン重合条件では，すべてのモノマーが消費された後に求電子剤を加えると，高分子鎖末端を修飾することができる．このような反応停止剤として，CO_2 やエチレンオキシドがあり，これらとの反応を行った後にプロトン化することで，高分子鎖の末端にカルボン酸やアルコールを導入することができる．

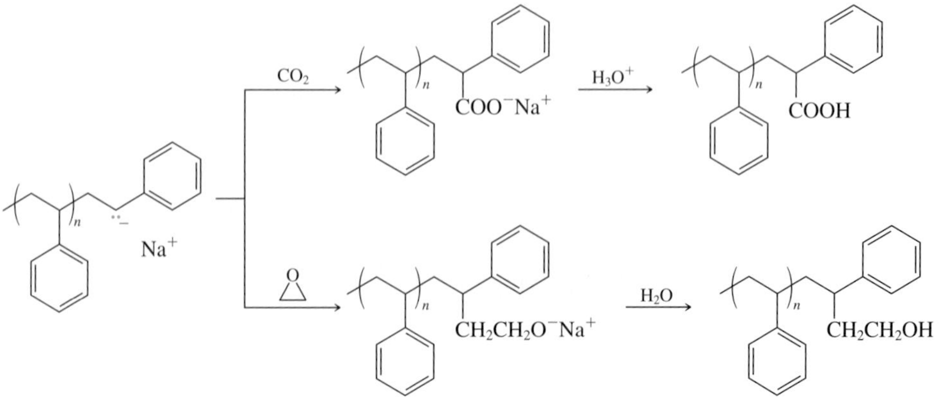

身のまわりの化学　　瞬間強力接着剤の化学

　模型飛行機から旅客機に至るまで，瞬間強力接着剤は現在最もよく知られている接着剤のひとつである．使っているときに指どうしが思わずくっついてしまったことから，その優れた（油断のならない）接着力に気づかされた人も多いであろう．硬化過程は連鎖重合であり，これがこの接着剤の特性の原因である．瞬間強力接着剤に接着性を与えている成分はシアノアクリル酸エステルである．この化合物は，次に示す一般構造式をもつ．

$$H_2C=C \begin{array}{c} C\equiv N \\ | \\ C=O \\ | \\ O \\ | \\ R \end{array}$$

　一般に誤解されていることが多いが，瞬間強力接着剤は"空気乾燥"により硬化するわけではない．シアノアクリル酸エステルは水などの弱い求核剤の存在により硬化する（液体から固体への変換）．通常，ほとんどすべての物質の表面には薄い水の層があり，これが思わぬものが接着してしまう原因となる．この硬化過程は次に示すアニオン連鎖重合で進行する．

　連鎖開始過程では，弱い求核剤がシアノアクリル酸エステルモノマーに電子対を供与する．シアノアクリル酸エステルは電子求引基であるシアノ基とエステル基とを二つもつため，CH_2基は大きく正に分極している．したがって，この共役付加反応は容易に進行し，新しいアニオンが生成する．これは弱いながらも求核性をもつため，次のモノマーに付加する．これが繰返されることで，強力な接着性ポリマーである硬化した瞬間強力接着剤となる．

　瞬間強力接着剤には長い歴史があり，第二次世界大戦中に光学的に透明な銃の照準の開発過程に，シアノアクリル酸エステルが発見されたことに始まる．しかし，この瞬間強力接着剤の主たる成分を用いた実験は，何でも機材をくっつけてしまうため失敗に終わった．約10年後に米国のイーストマンコダック社の研究者がシアノアクリル酸エステルの接着性を再発見し，1958年に初めて製品が発売された．コダック社の研究者がこのモノマーの屈折率を測定しようとしているときに，瞬間強力接着剤の物性が発見されたといわれている．屈折率を測定する屈折計は，測定する化合物の溶液を通す二つのプリズムをもっている．これらのプリズムは完全に固まって一体化してしまった．これにより新しい商品が生まれたのである．

　瞬間強力接着剤はその後改良がすすめられ，安定化剤やその他の添加物を加えることで接着力が強化されてきた．最近では，このような接着力が他の分野でも注目されている．医療用の瞬間強力接着剤，すなわち，シアノアクリル酸 2-オクチルやシアノアクリル酸 2-ブチルは，現在では裂傷の縫合材として用いられている．これらの化合物は，皮膚，骨，軟骨の修復にも有効であることが明らかになってきている．シアノアクリル酸エステルは，歯の治療においては歯科用セメントや充填剤に，古生物学の分野では壊れやすい化石の再構築材として使われている．瞬間強力接着剤は多くの魅力的な応用分野があるが，それらはいずれもアニオン連鎖重合によっているのである．（米国カリフォルニア大学ロサンゼルス校 Carrie Brubaker による記事をもとに作成．）

　同様に，ナトリウムナフタレニドによって開始された，二つの重合末端活性種をもつポリマー溶液に対して，同じ反応剤（CO_2，エチレンオキシドなど）を加えることで，**テレケリック重合体**とよばれる，官能基を両末端にもつポリマーを合成できる．

> **テレケリック重合体** telechelic polymer
> 成長鎖を適切に停止することで，鎖の両末端に官能基が導入されたポリマー．重合末端に二酸化炭素やエチレンオキシドなどの反応剤を加えることで新しい官能基が導入される．

例題 29・3
両末端にカルボン酸をもつポリブタジエンを合成する方法を答えよ．

解答　ブタジエンに対し二倍モル量の金属リチウムを加えてジアニオンを調製した後，モノマーを加えることで，二つの活性な重合末端をもつリビング重合体を合成する．リビング重合体の活性な末端を二酸化炭素で捕捉することで，カルボン酸が導入される．

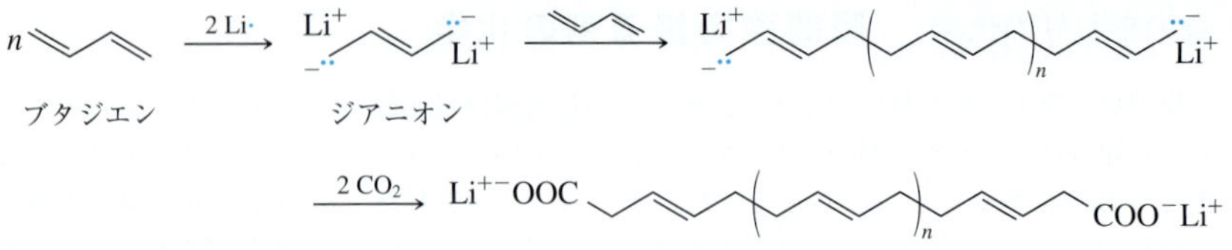

944   29. 有機高分子化学

$$n \diagup\!\!\!\diagdown \xrightarrow{2\,Li\cdot} Li^+\,{}^-\!\diagup\!\!\!\diagdown\,Li^+ \xrightarrow{\diagup\!\!\!\diagdown} Li^+\,{}^-(\diagup\!\!\!\diagdown)_n Li^+$$

ブタジエン　　　　　　ジアニオン

$$\xrightarrow{2\,CO_2} Li^{+\,-}OOC\!-\!(\diagup\!\!\!\diagdown)_n\!-\!COO^-Li^+$$

問題 29・3　両末端に第一級アルコールをもつポリブタジエンを合成する方法を答えよ.

カチオン重合

カチオン重合に実質的に使えるモノマーは，アルキル，アリール，エーテル，チオエーテル，アミノ基などの電子供与性の置換基をもつアルケンである．これらのモノマーは，成長段階で比較的安定な第三級カルボカチオンやエーテル，チオエーテル，アミノ基などの電子供与性基によって安定化されたカチオンを生成する．カチオン開始剤を生成する方法として代表的なものは，1) 強いプロトン酸によってモノマーをプロトン化する方法と，2) 有機ハロゲン開始剤から強いルイス酸を用いてハロゲンを脱離させる方法の二つである．

アルケンのプロトン化による開始反応では，二重結合に対する酸の1,2 付加を避けるために，求核性のない対アニオンをもつ強酸を用いる必要がある．求核性のない対アニオンをもつ酸として，HF/AsF_5 や HF/BF_3 が用いられる．次に示す一般式では，$H^+\text{-}BF_4^-$ からアルケンへのプロトン移動による開始反応により第三級カルボカチオンが生成した後，カチオン的な連鎖移動重合が進行する．

反応機構　**HF/BF_3 によるアルケンのカチオン重合の開始反応**

段階 1：プロトンの付加．π 結合と求電子剤の間の結合生成．HF/BF_3 錯体からアルケンに対するプロトン移動による第三級カルボカチオンの生成．
段階 2：π 結合と求電子剤の間の結合生成．重合の成長反応が続く．

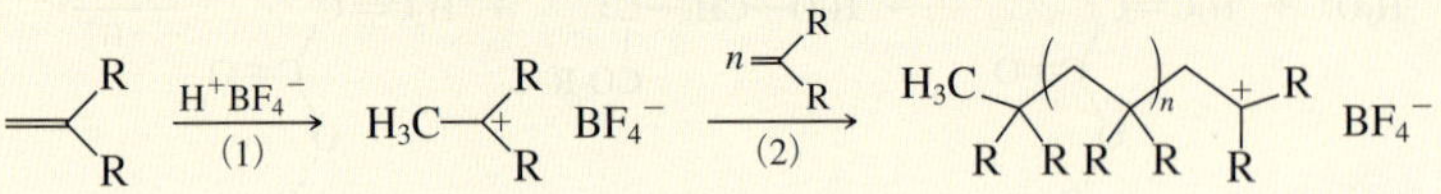

カルボカチオンを生成する二つ目の方法は，ハロアルカンに BF_3, $SnCl_4$, $AlCl_3$, $Al(CH_3)_2Cl$, $ZnCl_2$ などのルイス酸を作用させる方法である．微量の水が存在するときの開始反応の機構には，アルケンへのプロトン化が寄与していると考えられている．

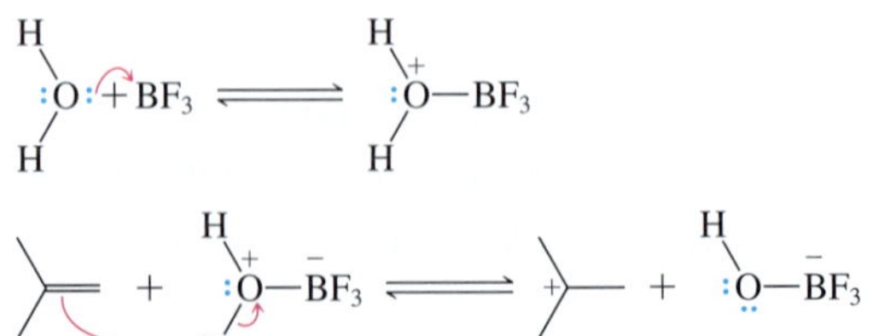

2-メチルプロペン
（イソブテン）

一方，無水条件では，ルイス酸がハロアルカンからハロゲン化物イオンを引抜くことで，開始剤であるカルボカチオンが生成する．

反応機構　ルイス酸によるアルケンのカチオン重合の開始反応

ルイス酸-ルイス塩基反応と，それにつづく結合開裂による安定な分子(イオン)の生成. クロロアルカン(ルイス塩基)と塩化スズ(IV)(ルイス酸)の反応によるカルボカチオンの生成. このカチオンからの重合が進行する.

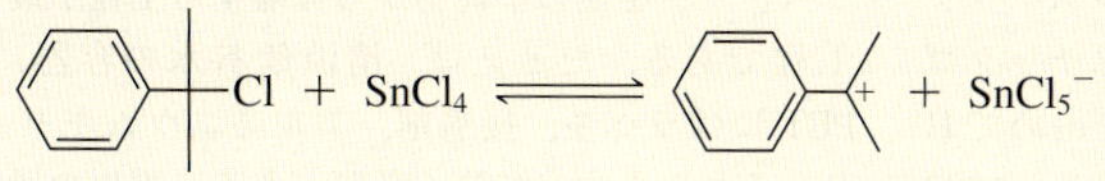

$$\text{Ph-C(CH}_3)_2\text{-Cl} + \text{SnCl}_4 \rightleftharpoons \text{Ph-C}^+(\text{CH}_3)_2 + \text{SnCl}_5^-$$

2-クロロ-2-フェニルプロパン

アルケンの重合は，カルボカチオンがアルケンモノマーの二重結合を求電子的に攻撃することで成長する. このときの位置選択性は，より安定なカルボカチオン(より多置換のカチオン)が生成するように決まる.

例題 29・4

2-クロロ-2-フェニルプロパンと SnCl$_4$ との反応により開始される，2-メチルプロペン(イソブテン)の重合の反応機構を開始反応，成長反応，および停止反応にそれぞれ分類して示せ.

解答　ルイス酸-ルイス塩基反応と，それにつづく結合開裂による安定な分子(イオン)の生成. 開始反応: 中性の分子からのカチオンの生成.

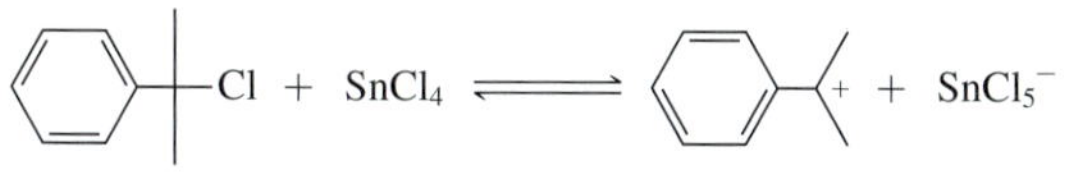

$$\text{Ph-C(CH}_3)_2\text{-Cl} + \text{SnCl}_4 \rightleftharpoons \text{Ph-C}^+(\text{CH}_3)_2 + \text{SnCl}_5^-$$

2-クロロ-2-フェニルプロパン

π 結合と求電子剤の間の結合生成. 成長反応: カチオンとモノマーとの反応による新しいカチオンの生成.

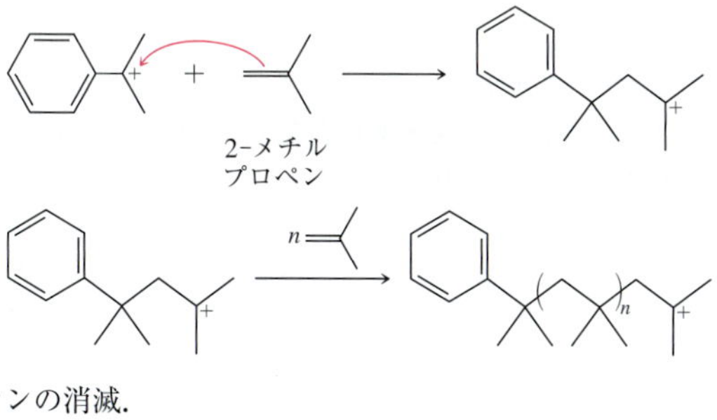

[反応機構図: カルボカチオンが2-メチルプロペンを攻撃して新しいカチオンを生成]

停止反応: カチオンの消滅.

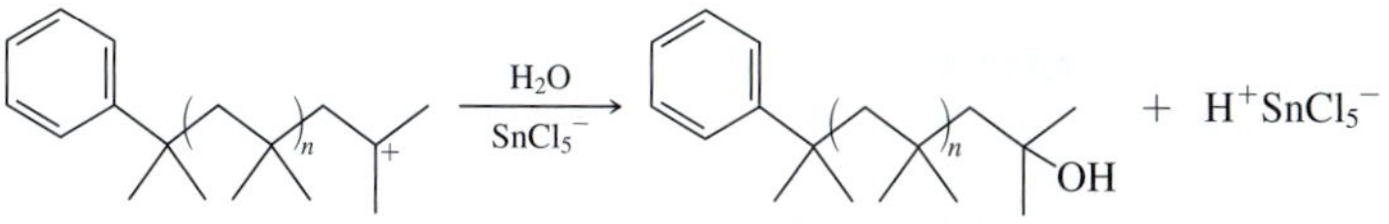

[反応機構図: ポリマーカチオンがH$_2$O/SnCl$_5^-$ により末端OH化，H$^+$SnCl$_5^-$ を放出]

問題 29・4　2-クロロ-2-フェニルプロパンと SnCl$_4$ との反応により開始されるメチルビニルエーテルの重合の反応機構を開始反応，成長反応，および停止反応にそれぞれ分類して示せ.

E. 開環メタセシス重合

チーグラー–ナッタ触媒による重合のように，遷移金属触媒を用いて環状アルケンを

| 身のまわりの化学 | プラスチックの再生 |

現代社会は，プラスチックに大きく依存している．丈夫で軽いプラスチックは，現在使われている材料の中でおそらく最も汎用性の高い合成材料である．実際に現在米国では，プラスチックの生産量は鉄鋼を上回っている．しかし，プラスチックはごみ問題に関連して批判にさらされている．プラスチックゴミは，固体ゴミ中の容量では 21%，質量では 8% を占めており，これらのほとんどが使い捨ての容器や包装である．1993 年の統計では，米国では 2.5×10^7 kg の熱可塑性プラスチック材料が生産されているが，再生されたのはそのうちの 2% にもみたない．

なぜもっと多くのプラスチックが再生されないのであろうか．多くのプラスチックは耐久性をもち化学的に不活性であるため，本来は再生に適しているはずである．その答は，技術的な障害よりも，経済的な要因や消費者の行動に依存しているところが大きい．米国では街角回収や集中回収所の整備は始まったばかりであり，再生に回る回収品の量はこれまで少なかった．このことに加え，分類と分別をする段階が必要であるため，再生プラスチックから成形した製品は新品からのものに比べて高価になってしまう．さらに，再生品から加工された材料は新品からつくったものよりも劣っていると最近まで考えられていたため，再生品の市場は大きいものではなかった．しかし近年の環境問題に対する懸念が増すにつれ，再生品に対する需要が増大してきている．製造業者もこの新しい市場に適応してきていることから，最終的にはプラスチックの再生はガラスやアルミニウムなどの他の材料の再生と同じようになると予想されている．

6 種のプラスチックが包装材としてよく用いられている．1988 年に米国プラスチック工業会は，これらのプラスチックに対して再生コード番号の選定を行った．プラスチック再生工業はまだ十分に発達しておらず，現在のところポリエチレンテレフタレート（PET）と高密度ポリエチレン（HDPE）のみが大量にリサイクルされているにすぎない．他のプラスチックの再生システムについては，今後の整備が待たれる．低密度ポリエチレン（LDPE）はプラスチックごみの約 40% を占めているが，その回収についてはなかなか進んでいない．ポリ塩化ビニル（PVC），ポリプロピレン（PP），ポリスチレン（PS）の再加工施設はあるものの，その数はきわめて限られている．

プラスチックの回収工程はおおむね単純であるが，望みのプラスチックを他の不純物から分離する工程が最も人手のかかる工程である．たとえば，清涼飲料水の容器に使われている PET にはラベル，接着剤，アルミニウムキャップがついており，それらをすべて除く必要がある．再生の過程では，まず人の手や機械により分別した後，容器を細かく裁断する．空気集塵機で紙やその他の軽い材料を除去した後，残っているラベルや接着剤を洗剤で洗って除去する．PET 砕片を乾燥した後，最後まで残っているアルミニウムは静電気を用いて除去する．このようにして回収された PET は 99.9% の純度をもち，新品の約半分の値段で取引される．残念ながら，この技術では密度が同じであるプラスチックだけを分離することや，数種のポリマーからなるプラスチックから純粋な成分を取出すことはできない．しかし，回収されたプラスチックの混合物を成形することで，強くて耐久性があり落書きができないプラスチック建材に再生することができる．

物理的な精製法を用いるこの再生法の代わりとして，化学的な再生法がある．イーストマンコダック社では，大量に出てくる PET フィルム断片をエステル交換反応によって回収している．小片を酸触媒存在下においてメタノールで処理することで，エチレングリコールとテレフタル酸ジメチルエステルが生成する．

これらのモノマーは蒸留や再結晶により精製し，PET フィルムを生産するときの原料として再利用されている．

再生コード	ポリマー	一般的な用途	再生ポリマーの用途
1 PET	ポリエチレンテレフタレート	ペットボトル，家庭用薬品ビン，フィルム，織物繊維	ペットボトル，家庭用薬品ビン，フィルム，織物繊維
2 HDPE	高密度ポリエチレン	水差し，レジ袋，ビン	ビン，成形容器
3 PVC	ポリ塩化ビニル	シャンプーの容器，パイプ，シャワーカーテン，羽目板，電線絶縁，床タイル，クレジットカード	プラスチック床マット
4 LDPE	低密度ポリエチレン	伸縮包装フィルム，ゴミ袋，レジ袋，スクイズボトル	ゴミ袋やレジ袋
5 PP	ポリプロピレン	プラスチック蓋，衣服繊維，ビンの蓋，おもちゃ，おむつの裏地	混合プラスチック部材
6 PS	ポリスチレン	発泡スチレンカップ，卵パック，使い捨て器具，梱包材，電気器具	食品用トレイ，定規，フリスビー，ゴミ箱，ビデオカセットなどの成形品
7	その他のプラスチックや混合物	種々の用途	プラスチック角材，公園の遊具，道路の反射板

重合させることについての初期の研究中に，モノマーと同じ数の二重結合をもつ予期しない構造をもつポリマーが生成することが明らかになった．この変換反応の違いをノルボルネンの重合を例に示した．

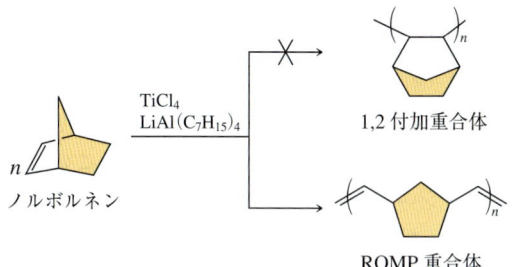

エチレンや置換エチレンのチーグラー-ナッタ触媒による重合と同じ機構で進行したのであれば（§29・6B），1,2付加体が生成するはずである．しかし，実際に生成したのはモノマーと同じ数の二重結合をもつ不飽和ポリマーである．§24・6に示した求核性カルベン触媒による鎖状アルケンのアルケンメタセシス反応が含まれることに因み，この重合は**開環メタセシス重合**（**ROMP**）とよばれている．

開環メタセシス重合 ring-opening metathesis polymerization, 略称 ROMP

ROMPで生成するポリマーが不飽和であることから，その重合機構は同じような触媒を用いたエチレンや置換エチレンの重合機構と異なっているはずである．その後の詳細な検討により，ROMPは閉環メタセシス反応（§24・6B参照）と同じメタラシクロブタン中間体を経て進行することが明らかになった．このメタラシクロブタン中間体は開環反応を起こして新しい金属カルベン錯体を生成する．これらの反応が繰返されることにより，不飽和ポリマーが生成する．例として，シクロペンテンのROMPを次に示す．

ROMPのすべての素過程は可逆的であり，反応の駆動力は環の開環によるひずみエネルギーの解消である．以下に環状アルケンのROMPに対する反応性を高い順に示した．

環ひずみ [kJ mol^{-1} (kcal mol^{-1})]　　125(29.8)　113(27)　24.7(5.9)　5.9(1.4)

ROMPでは，モノマー中にある不飽和結合がポリマー生成物に保持されることが大きな特徴である．このことから，ROMPは高度に不飽和で完全に共役した材料を合成する方法として非常に有用である．たとえば，シクロオクタテトラエンの一つの二重結合を利用するROMPにより，ポリアセチレンを直接合成することができる．ポリアセチレンに関する詳しい解説については，本章の"身のまわりの化学 電気を流す有機高

948   29. 有機高分子化学

分子"の項を参照すること．

シクロオクタテトラエン　→（求核性カルベンの金属錯体）→　ポリアセチレン

ポリフェニレンビニレン (PPV) は電気光学分野へ応用されている重要な高分子であり，フェニル基とビニル基が交互に結合した構造をもつ．このポリマーを合成するには，まずビシクロオクタジエンの置換体を ROMP で重合することで，可溶で成形できるポリマーの合成を行う．つづいてこのポリマーを加熱すると，2 分子の酢酸が脱離することにより 6 員環が芳香族化して，完全に共役したポリマーとなる．

置換基をもつビシクロオクタジエン　→ ROMP →　（中間体）　→（熱, $-2n$ CH$_3$COOH）→　ポリフェニレンビニレン

まとめ

29・1 高分子の構造
- 高分子はモノマーを反応させることで合成される長鎖分子である．高分子の構造には，線状や分岐状構造，あるいは，櫛型，はしご型，星型構造がある．
- **プラスチック**は，高温において成形できる一方，低温ではその構造を保っている高分子をいう．
- **熱可塑性プラスチック**とは，溶融したときには成形するのに十分な流動性をもっているが，冷却することでその構造を保持できる高分子をいう．
- **熱硬化性プラスチック**とは，最初に生成したときは成形可能であるが，一度冷却すると，高分子鎖間にできた数多くの共有結合による架橋により非可逆的に硬化し，再成形ができない高分子をいう．
- 高分子の物性は鎖の長さと形によって決まる．

29・2 高分子の表記法と命名法
- 高分子化合物の構造は，高分子鎖を構成する基本単位である**繰返し単位**を（ ）で囲んだ形で示す．
- 平均重合度（高分子の一本鎖当たりの繰返し単位の平均値）は（ ）の外に下付き文字として示す．
- 高分子は原料となるモノマーの名称に接頭辞のポリ (poly-) を付け加えることで命名する．

29・3 高分子の分子量
- **数平均分子量** M_n は，異なる長さをもつそれぞれの高分子の分子量にその数を掛けた値を足し合わせ，その値を試料の全分子数で割ることで求められる．
- **重量平均分子量** M_w は，異なる分子量をもつそれぞれの高分子の重量を足し合わせ，その値を試料の全重量で割ることで求められる．
- 高分子の**多分散度**は M_w と M_n の比 (M_w/M_n) である．
- すべての高分子が同じ長さである場合，多分散度は 1 であり，このようなポリマーは**単分散**である，という．人工的に合成された高分子は，精製をしない限り単分散ではない．

29・4 高分子の形態：結晶性材料と非晶性材料
- 固体状態にある高分子は秩序性の高い**結晶性領域**（微結晶）と無秩序な**非晶性領域**からなる．
- **融解温度** T_m は，高分子中において結晶性領域が融解する温度をさす．結晶性の度合いが増せば T_m は上昇する．
- 非晶性領域は広範囲にわたって秩序だった構造をしておらず，ガラス状高分子ともよばれる透明で柔らかい材料となる．
- 非晶性ポリマーを加熱すると，**ガラス転移温度** T_g とよばれる温度において，硬いガラス状から柔らかく柔軟なゴム状となる．
- ゴム材料が，変形してももとの形に回復する材料である**エラストマー**として機能するためには，低い T_g をもつ必要がある．

29・5 逐次重合
- 重合反応において，高分子鎖の伸長が段階的に起こるものを**逐次重合**，あるいは**重縮合**とよぶ．
- 逐次重合体は二官能性分子が，それぞれ別べつに新しい結合をつくることで合成される．
- 重合の初期段階では，モノマーどうしがすべてのモノマーがなくなるまで反応する．
- 高分子量の重合体は重合の最終段階においてようやく生成する．

- **ナイロン**はジカルボン酸とジアミン，あるいはアミノ酸から合成されるポリアミドであり，繊維として利用される．
- **ポリエステル**はジカルボン酸とジオールから合成され，ダクロンなどの織物繊維として利用される．
- レキサンなどの**ポリカーボネート**は丈夫で透明で，高い引っ張り強度をもつポリマーであり，スポーツ用品や割れないガラスなど多くに利用されている．
- **ポリウレタン**は柔らかいポリエステルあるいはポリエーテル単位が硬いウレタン（カルバメート）と交互に配列した構造をもつ．ポリウレタンは，リクラやスパンデックスなどの伸縮性のある繊維や，発泡材料に利用される．
- **エポキシ樹脂**は，二つ以上のエポキシ基をもつモノマーを用いた重合により合成される材料である．エポキシ樹脂は接着剤や絶縁性の表面塗付剤に用いられる．

29・6 連 鎖 重 合

- **連鎖重合**は，モノマーが原子の脱離を伴うことなくそのまま重合するものをいう．
- 連鎖重合では，開始反応が起こった後は，モノマーと反応する活性種が常に重合末端に存在する．
- 連鎖重合では重合末端のみで成長が起こりモノマーどうしでは反応しないことから，逐次重合とは異なり，重合の進行に比例して高分子鎖の伸長が起こる．
- 連鎖重合に用いられる活性種として，ラジカル，カルボアニオン，カルボカチオン，有機金属錯体が用いられる．
- 連鎖重合に用いられるモノマーとして，アルケン，アルキン，アレン，イソシアナートや，ラクトン，ラクタム，環状エーテル，エポキシドなどの環状化合物が用いられる．
- **低密度ポリエチレン（LDPE）**は過酸を開始剤とするエチレンのラジカル重合により合成される．LDPE は柔らかく透明であり，中空成形によりフィルムへと加工される．
- **ポリエチレン**は**チーグラー–ナッタ触媒**などの金属触媒を用いても合成できる．この条件では，LDPE よりも強度が高く不透明な**高密度ポリエチレン（HDPE）**が得られる．
- HDPE は皿や水筒などの製品に利用される．
- 現在では，ポリエチレンの合成には，ジルコニウム錯体などのより優れた触媒が開発されている．
- 高分子にはキラル中心をもつものがある．すべてのキラル中心が同じ立体化学をもつポリマーを**イソタクチック**，キラル中心が交互に異なる立体化学をもつポリマーを**シンジオタクチック**，完全にランダムであるものを**アタクチック**とよぶ．
- 立体化学の制御が増すにつれ結晶性が増す．
- アルケンのアニオン重合は求核剤や一電子還元により開始される．ラジカル重合とは異なり，アニオン重合では停止反応が起こらない．
- **リビング重合**では，競合する副反応がないため，すべてのモノマーが消費されるまでポリマーが伸長する．さらに，新しくモノマーを加えることでポリマーの伸長が再開する．
- リビング重合により，分子量分布の制御されたポリマーが生成する．
- 環構造をもつアルケンは**開環メタセシス重合（ROMP）**のモノマーとなる．この重合の機構は，アルケンのメタセシスと同じである．

重要な反応

1. **ジカルボン酸とジアミンの逐次重合によるポリアミドの合成**（§29・5A）

$$n\,\text{HOC-M-COH} + n\,\text{H}_2\text{N-M'-NH}_2 \xrightarrow{熱} \{\text{CO-M-CO-NH-M'-NH}\}_n + 2n\,\text{H}_2\text{O}$$

2. **ジカルボン酸とジオールの逐次重合によるポリエステルの合成**（§29・5B）

$$n\,\text{HOC-M-COH} + n\,\text{HO-M'-OH} \xrightarrow{酸触媒} \{\text{CO-M-CO-O-M'-O}\}_n + 2n\,\text{H}_2\text{O}$$

3. **塩化ジアシルとジオールの逐次重合によるポリカーボネートの合成**（§29・5C）

$$n\,\text{ClCOCl} + n\,\text{HO-M-OH} \longrightarrow \{\text{O-CO-O-M}\}_n + 2n\,\text{HCl}$$

4. **ジイソシアナートとジオールの逐次重合によるポリウレタンの合成**（§29・5D）

$$n\,\text{OCN-M-NCO} + n\,\text{HO-M'-OH} \longrightarrow \{\text{CO-NH-M-NH-CO-O-M'-O}\}_n$$

5. **ジエポキシドとジアミンの逐次重合によるエポキシ樹脂の合成**（§29・5E）

$$n\,\text{(epoxide-M-epoxide)} + n\,\text{H}_2\text{N-M'-NH}_2 \longrightarrow \{\text{NH-CH}_2\text{-CH(OH)-M-CH(OH)-CH}_2\text{-NH-M'}\}_n$$

6. **置換エチレンのラジカル連鎖重合**（§29・6A）

$$n\,\text{CH}_2=\text{C(COOMe)} \xrightarrow{\text{AIBN}} \{\text{CH}_2\text{-C(COOMe)}\}_n$$

7. **チタン触媒（チーグラー–ナッタ触媒）を用いたエチレン**

と置換エチレンの連鎖重合(§29・6B)

$n \xrightarrow{\text{TiCl}_4/\text{Al}(\text{C}_2\text{H}_5)_2\text{Cl}}{\text{MgCl}_2}$

8. 置換エチレンのアニオン連鎖重合(§29・6D)

$n \text{C}_6\text{H}_5 \xrightarrow{\text{ナトリウム}\atop\text{ナフチリド}}$

9. 置換エチレンのカチオン連鎖重合(§29・6D)

$n \xrightarrow{\text{BF}_3/\text{H}_2\text{O}}$

10. 開環メタセシス重合(ROMP)(§29・6E)

$n \xrightarrow{\text{求核性カルベ}\atop\text{ンの金属錯体}}$

問題

赤の問題番号は応用問題を示す.

構造と命名法

29・5 次に示すポリマーを命名せよ.

(a) (b) (c)

(d) (e)

(f) (g)

(h)

29・6 問題29・5で示したポリマーを合成するのに必要なモノマーの構造を書け.

逐次重合

29・7 次の反応により生成するポリマーの構造を書け.

(a) MeOOC–C₆H₄–COOMe + HO–(CH₂)₃–OH $\xrightarrow{\text{H}^+}$

(b) MeOOC–C₆H₄–COOMe + HOCH₂CH(OH)CH₂OH $\xrightarrow{\text{H}^+}$

(c) $\xrightarrow{\text{CF}_3\text{SO}_3\text{H}}$ (d) $\xrightarrow{\text{KOH}}$

29・8 ヘキサメチレンジアミン合成の原料として, かつてはカラスムギの殻に由来するペントース(五炭糖)単位をもつ多糖などの農業廃棄物が用いられていた. これらの廃棄物を硫酸や塩酸で処理することで, フルフラールが生成する. これを, 亜鉛-クロム-モリブデン触媒を用いて脱カルボニル化するとフランが得られる. フランからヘキサメチレンジアミンへと変換するのに必要な反応剤と反応条件を答えよ.

カラスムギの殻, トウモロコシの穂軸, サトウキビの茎など $\xrightarrow{\text{H}_2\text{SO}_4\atop\text{H}_2\text{O}}$ フルフラール $\xrightarrow{\text{Zn-Cr-Mo}\atop\text{触媒}}$ フラン $\xrightarrow{(1)}$ テトラヒドロフラン $\xrightarrow{(2)}$ Cl(CH₂)₄Cl 1,4-ジクロロブタン $\xrightarrow{(3)}$ N≡C(CH₂)₄C≡N ヘキサンジニトリル (アジポニトリル) $\xrightarrow{(4)}$ H₂N(CH₂)₆NH₂ 1,6-ヘキサンジアミン (ヘキサメチレンジアミン)

29・9 ヘキサメチレンジアミン合成の原料のもう一つは, 石油の熱, あるいは触媒的なクラッキングにより得られるブタジエンである. ブタジエンからヘキサメチレンジアミンへと変換するのに必要な反応剤と反応条件を答えよ.

CH₂=CHCH=CH₂ $\xrightarrow{(1)}$ ClCH₂CH=CHCH₂Cl $\xrightarrow{(2)}$
ブタジエン　　1,4-ジクロロ-2-ブテン

N≡CCH₂CH=CHCH₂C≡N $\xrightarrow{(3)}$ H₂N(CH₂)₆NH₂
3-ヘキセンジニトリル　　1,6-ヘキサンジアミン (ヘキサメチレンジアミン)

29・10 ブタジエンからアジピン酸へと変換するのに必要な反応剤と反応条件を答えよ.

1,3-ブタジエン $\xrightarrow{?}$ HOOC–(CH₂)₄–COOH ヘキサン二酸 (アジピン酸)

29・11 2-クロロ-1,3-ブタジエンをチーグラー–ナッタ触媒で重合することで, ネオプレンとよばれる合成ゴムが合成される. この高分子鎖におけるすべての炭素–炭素二重結合はトランス体である. ネオプレンの繰返し構造単位を書け.

29・12 ポリエチレンテレフタレート(PET)は次に示す反応で合成される. この重合における逐次反応の機構を示せ.

$$n\text{CH}_3\text{OOC-C}_6\text{H}_4\text{-COOCH}_3 + n\text{HOCH}_2\text{CH}_2\text{OH} \xrightarrow{275\,°C}$$

テレフタル酸ジメチル　　　　エチレングリコール

$$\text{—[OC-C}_6\text{H}_4\text{-COOCH}_2\text{CH}_2\text{O]}_n\text{—} + 2n\text{CH}_3\text{OH}$$

ポリエチレンテレフタレート　　　　メタノール

29・13 次に示す逐次重合体を合成するのに必要なモノマーを答えよ.

(a) —[CO-C₆H₄-CO-O-CH₂-C₆H₁₀-CH₂-O]ₙ—
ポリエステル (商標 コーデル Kodel)

(b) —[CO-(CH₂)₆-CO-NH-C₆H₁₀-CH₂-C₆H₁₀-NH]ₙ—
ポリアミド (商標 キアナ Quiana)

29・14 アラミドに並ぶ芳香族ポリアミドであるノーメックス(商標)は 1,3-ベンゼンジアミンと 1,3-ベンゼンジカルボン酸の酸塩化物との重合で合成される. このポリマーの物性から, パラシュート用の糸やジェット機用のタイヤなどの高い強度と高い温度への耐性が必要な材料へ利用されている. ノーメックスの繰返し単位の構造を書け.

1,3-H₂N-C₆H₄-NH₂ + 1,3-ClOC-C₆H₄-COCl →[重合] ノーメックス Nomex

1,3-ベンゼンジアミン　　塩化 1,3-ベンゼンジカルボン酸

29・15 ナイロン 6 合成のモノマーであるカプロラクタムはシクロヘキサノンより 2 段階で合成される. 段階 1 では, シクロヘキサノンとヒドロキシルアミンとの反応により, シクロヘキサノンオキシムを合成する. 段階 2 では, このオキシムを濃硫酸で処理することで, ベックマン転位によりカプロラクタムが生成する. シクロヘキサノンオキシムからカプロラクタムへの変換反応の機構を説明せよ.

シクロヘキサノン →[NH₂OH] シクロヘキサノンオキシム →[H₂SO₄] カプロラクタム

29・16 ナイロン 6,10 はジアミンとジカルボン酸塩化物の重合により合成される. それぞれのモノマーとポリマーの繰返し単位の構造を書け.

29・17 ポリカーボネート (§29・5) は, モノマーである芳香族二フッ化物と炭酸イオンとの芳香族求核置換反応 (§22・3B 参照) を用いても合成できる. この反応の機構を示せ.

$$n\text{F-C}_6\text{H}_4\text{-CO-C}_6\text{H}_4\text{-F} + n\text{Na}_2\text{CO}_3 \longrightarrow$$

芳香族二フッ化物　　　　炭酸ナトリウム

—[C₆H₄-CO-C₆H₄-O-CO-O]ₙ— + 2 NaF
ポリカーボネート　　　フッ化ナトリウム

29・18 次に示すポリフェニル尿素の生成機構を示せ. 簡単のために, NCO 基と NH₂ 基一つずつの反応を示せばよい.

$$n\text{OCN-C}_6\text{H}_4\text{-NCO} + n\text{H}_2\text{N-CH}_2\text{CH}_2\text{-NH}_2 \longrightarrow$$

1,4-ベンゼンジイソシアナート　　1,2-エタンジアミン

—[CO-NH-C₆H₄-NH-CO-NH-CH₂CH₂-NH]ₙ—
ポリエチレンフェニル尿素

29・19 フタル酸無水物と等モル量の 1,2,3-プロパントリオールを加熱すると, 非晶性のポリエステルが生成する. この条件では, 重合は位置選択的に起こり, トリオールの第一級ヒドロキシ基のみが反応に関与する.

フタル酸無水物 + HOCH₂-CH(OH)-CH₂OH →[熱] ポリエステル
　　　　　　　　1,2,3-プロパントリオール (グリセロール)

(a) このポリエステルの繰返し単位の構造を書け.
(b) 第一級ヒドロキシ基のみが位置選択的に反応する理由を答えよ.

29・20 問題 29・19 で得られるポリエステルに対して, フタル酸無水物 (もともとのポリエステル中の 1,2,3-プロパントリオール 1 mol に対して 0.5 mol) を混ぜると液体の樹脂が生成する. この樹脂を加熱すると, グリプタル (Glyptal) の商標で知られる硬くて不溶の熱硬化性ポリエステルが生成する.

(a) グリプタルの繰返し単位構造を書け.
(b) グリプタルが熱硬化性プラスチックである理由を答えよ.

29・21 次に示すポリマーの生成機構を示せ.

[構造式: 2-アミノ-ベンゾフェノン二量体 + 1,3-ジアセチルベンゼン →[塩基] ポリキノリン]

29・22 次に示す化合物を，塩基触媒を用いて重合したときに生成するポリマーの構造を書け．得られたポリマーは光学活性か答えよ．(S)-(+)-ラクチドは(S)-(+)-乳酸 2 分子から生成するジラクトンである．

(a) (S)-(+)-ラクチド　　(b) (R)-プロピレンオキシド

29・23 生分解性ポリマーであるポリ(3-ヒドロキシブタン酸)は，不溶で不透明な材料であり，成形加工がむずかしい．それに比べ，3-ヒドロキシブタン酸と3-ヒドロキシオクタン酸の共重合体は透明であり，種々の有機溶媒に対して良好な溶解性をもつ．このような物性の違いについて，それぞれのポリマーの構造に基づいて説明せよ．

ポリ(3-ヒドロキシブタン酸)　　ポリ(3-ヒドロキシブタン酸-3-ヒドロキシオクタン酸)共重合体

連 鎖 重 合

29・24 ある重合が逐次重合で進行しているのか，あるいは連鎖重合で進行しているのかを実験的に区別する方法を述べよ．

29・25 次の反応で得られるポリマーの構造を書け．

(a) 酢酸ビニル + AIBN, 70°C　　(b) アクリロニトリル + sec-BuLi

29・26 次に示す二つのモノマーのうち，カチオン重合に対して反応性の高いものはどちらか答えよ．

(a) ビニルメチルエーテル と イソブテン
(b) ビニルメチルエーテル と 酢酸ビニル
(c) α-メチルスチレン と スチレン
(d) 4-メチル-α-メチルスチレン と α-メチルスチレン

29・27 酢酸ビニルを重合するとポリ酢酸ビニルが生成する．このポリマーを水酸化ナトリウム水溶液で加水分解すると，重要な水溶性のポリマーであるポリビニルアルコールが生成する．ポリ酢酸ビニルとポリビニルアルコールの繰返し単位の構造式を書け．

29・28 ベンゾキノンはラジカル重合の阻害剤として利用できる．この化合物はラジカル中間体 R・と反応することで，連鎖成長反応に関与しない活性のより少ないラジカルを生成するため，連鎖停止が起こる．

この活性の低いラジカルにおける，他の共鳴構造を書け．さらに，このラジカルの反応性が低い理由を答えよ．

29・29 ポリプロピレンにおけるプロピレン 3 モノマー単位の構造を次に示す．

ポリプロピレン

次のポリマーについて，これと同じように構造を書け．
(a) ポリ塩化ビニル　　(b) ポリテトラフルオロエチレン
(c) ポリメタクリル酸メチル　　(d) ポリ(1,1-ジクロロエタン)

29・30 低密度ポリエチレン(LDPE)は高密度ポリエチレン(HDPE)に比べて，多くの枝分かれ構造をもつ．分岐構造と密度との関係について説明せよ．

29・31 ラジカル重合における分子内の連鎖移動反応により，4炭素からなる分岐鎖がポリエチレン主鎖から生成することをすでに学んだ．スチレンの重合においてこのような分子内連鎖移動が起こる場合には，どのような枝分かれ構造が生成するかを示せ．

29・32 表 2・5 にある液体アルカンの密度と，低密度ポリエチレン(LDPE)と高密度ポリエチレン(HDPE)の密度を比較せよ．さらに，その違いについて説明せよ．

29・33 天然ゴムは，2-メチル-1,3-ブタジエン(イソプレン)の重合体であり，すべての二重結合がシス体となっている．

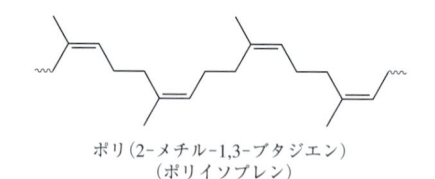

ポリ(2-メチル-1,3-ブタジエン)
(ポリイソプレン)

(a) 天然ゴムにおける繰返し単位の構造を書け．
(b) 天然ゴムをオゾンで酸化した後，(CH₃)₂S 存在下で後処理したときに得られる化合物の構造式を書け．この生成物のもつ官能基の名称を答えよ．
(c) 多くの大都市ではスモッグの発生が問題になっているが，スモッグにはオゾンなどの酸化剤が含まれている．スモッグが天然ゴム(自動車のタイヤなど)を劣化させるのに対し，ポリエチレンやポリ塩化ビニルには影響を与えないことを説明せよ．
(d) 天然ゴムがエラストマーであるのに対し，二重結合のすべてがトランス体である異性体はそうではない理由を説明せよ．

29・34 スチレンのラジカル重合により，鎖状ポリマーが生成する．スチレンと1,4-ジビニルベンゼンの混合物のラジカル重合では，図 29・1 で示した架橋した網目構造をもつポリマーが生成する．少量の1,4-ジビニルベンゼンを重合系に加えること

問題 29・37 図

で架橋高分子が生成する理由を答えよ.

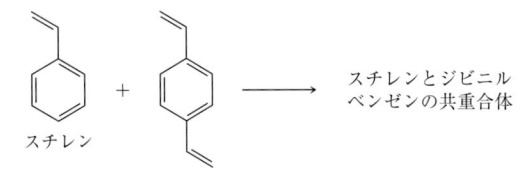

スチレン + 1,4-ジビニルベンゼン → スチレンとジビニルベンゼンの共重合体

29・35 一般的なカチオン交換樹脂は，スチレンと 1,4-ジビニルベンゼンの混合物の重合により合成されている（問題 29・34）．重合体を濃硫酸で処理することで，ポリマー中の芳香環のほとんどがスルホン化される.
(a) それぞれのベンゼン環がスルホン化された生成物の構造式を書け.
(b) スルホン化されたポリマーがカチオン交換樹脂として働く理由を述べよ.

29・36 スチレンとブタジエンの共重合体である SB ゴムは，最もよく利用されている合成ゴムである．重合時のブタジエンとスチレンとの割合は，ポリマーの最終用途によって異なっている．自動車用タイヤに用いられる SB ゴムを合成する場合には，1 mol のスチレンに対して 3 mol のブタジエンを用いる割合が最もよく用いられている．この量比を用いて合成したポリマーの部分構造を書け．なお，ポリマー鎖中の炭素－炭素二重結合はすべてシス体であると仮定すること.

29・37 上に示す高分子を合成するのに必要な 2 種類のモノマーを書け.

29・38 次に示すモノマーの開環メタセシス重合（ROMP）により生成するポリマーの構造を書け.

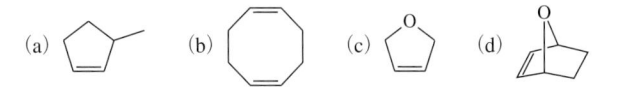

(a) メチルシクロペンテン (b) シクロオクタジエン (c) 2,5-ジヒドロフラン (d) ノルボルネンオキシド類似構造

付録 1　熱力学と平衡定数

次の平衡を考える．

$$A \rightleftharpoons B \qquad K_{eq} = \frac{[B]}{[A]}$$

このとき，$\Delta G° = -RT \ln K_{eq}$ となる．ここで R は気体定数で $R = 8.3145\,\text{J}\,(1.987\,\text{cal})\,\text{mol}^{-1}\,\text{K}^{-1}$ の値であり，T はケルビン(K)単位の温度である．平衡状態での B の割合(%)は

$$\text{B の割合}(\%) = \frac{B}{A+B} \times 100$$

である．平衡定数とエネルギー差の関係を下記に示す．

平衡定数とエネルギー差の関係					
K_{eq}	$\Delta G°$ (kJ mol^{-1})	$\Delta G°$ (kcal mol^{-1})	$\ln K_{eq}$	$\log K_{eq}$	平衡状態での B の割合(%)
1	0.00	0.00	0.00	0.00	50.00
2	−1.72	−0.41	0.69	0.30	66.67
5	−3.97	−0.95	1.61	0.70	83.33
10	−5.69	−1.36	2.30	1.00	90.91
20	−7.41	−1.77	3.00	1.30	95.24
100	−11.4	−2.73	4.61	2.00	99.01
1,000	−17.1	−4.09	6.91	3.00	99.90
10,000	−22.8	−5.46	9.21	4.00	99.99

付録 2　おもな有機酸

有機酸の種類	代表例の構造式	代表的なpK_a値	有機酸の種類	代表例の構造式	代表的なpK_a値
スルホン酸	C$_6$H$_5$SO$_2$—H	0～1	β-ケトエステル	CH$_3$-CO-CH(H)-COCH$_2$CH$_3$	11
			水	HO—H	15.7
カルボン酸	CH$_3$CO—H	3～5	アルコール	CH$_3$CH$_2$O—H	15～19
アリールアンモニウムイオン	C$_6$H$_5$NH$_2$—H$^+$	4～5	アミド	CH$_3$C(=O)N(H)—H	15～19
イミド	フタルイミド N—H	8～9	シクロペンタジエン	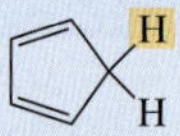 C$_5$H$_5$—H	16
チオール	CH$_3$CH$_2$S—H	8～12	アルデヒドおよびケトンのα水素	CH$_3$COCH$_2$—H	18～20
フェノール	C$_6$H$_5$O—H	9～10	エステルのα水素	CH$_3$CH$_2$OCCH$_2$—H	23～25
アンモニウムイオン	NH$_3$—H$^+$	9.24	アルキン	HC≡C—H	25
β-ジケトン	CH$_3$-CO-CH(H)-COCH$_3$	10	アンモニア	NH$_2$—H	38
ニトロアルカン	H—CH$_2$NO$_2$	10	アミン	[(CH$_3$)$_2$CH]$_2$N—H	40
アルキルアンモニウムイオン	(CH$_3$CH$_2$)$_3$N$^+$—H	10～12	アルケン	CH$_2$=CH—H	44
			アルカン	CH$_3$CH$_2$—H	51

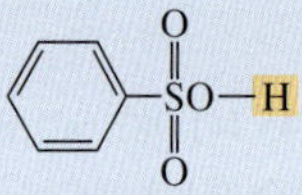

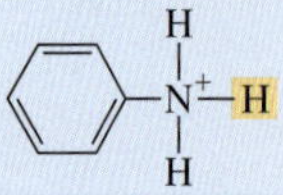

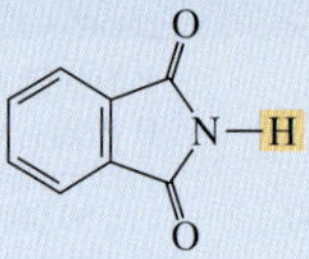

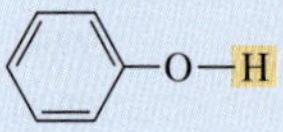

付録 3　結合解離エンタルピー

結合解離エンタルピー（bond dissociation enthalpy, BDE）は，25 ℃ の気相において結合の均等開裂により二つのラジカル種を生成するのに必要なエネルギーとして定義される．

$$A-B \longrightarrow A\cdot + B\cdot$$
$$\Delta H° = BDE$$

おもな結合の結合解離エンタルピー $\Delta H°$ [kJ mol^{-1} (kcal mol^{-1})] を下記に示す．

おもな結合の結合解離エンタルピー

結合	$\Delta H°$	結合	$\Delta H°$	結合	$\Delta H°$
H−H 結合		**C−C 多重結合**		**C−Br 結合**	
H−H	435(104)	CH$_2$=CH$_2$	727(174)	CH$_3$−Br	301(72)
D−D	444(106)	HC≡CH	966(231)	C$_2$H$_5$−Br	301(72)
X−X 結合		**C−H 結合**		(CH$_3$)$_2$CH−Br	309(74)
F−F	159(38)	CH$_3$−H	439(105)	(CH$_3$)$_3$C−Br	305(73)
Cl−Cl	247(59)	C$_2$H$_5$−H	422(101)	CH$_2$=CHCH$_2$−Br	247(59)
Br−Br	192(46)	(CH$_3$)$_2$CH−H	414(99)	C$_6$H$_5$−Br	351(84)
I−I	151(36)	(CH$_3$)$_3$C−H	405(97)	C$_6$H$_5$CH$_2$−Br	263(63)
H−X 結合		CH$_2$=CH−H	464(111)	**C−I 結合**	
H−F	568(136)	CH$_2$=CHCH$_2$−H	372(89)	CH$_3$−I	242(58)
H−Cl	431(103)	C$_6$H$_5$−H	472(113)	C$_2$H$_5$−I	238(57)
H−Br	368(88)	C$_6$H$_5$CH$_2$−H	376(90)	(CH$_3$)$_2$CH−I	238(57)
H−I	297(71)	HC≡C−H	556(133)	(CH$_3$)$_3$C−I	234(56)
O−H 結合		**C−F 結合**		CH$_2$=CHCH$_2$−I	192(46)
HO−H	497(119)	CH$_3$−F	481(115)	C$_6$H$_5$−I	280(67)
CH$_3$O−H	439(105)	C$_2$H$_5$−F	472(113)	C$_6$H$_5$CH$_2$−I	213(51)
C$_6$H$_5$O−H	376(90)	(CH$_3$)$_2$CH−F	464(111)	**C−N 単結合**	
O−O 結合		C$_6$H$_5$−F	531(127)	CH$_3$−NH$_2$	355(85)
HO−OH	213(51)	**C−Cl 結合**		C$_6$H$_5$−NH$_2$	435(104)
CH$_3$O−OCH$_3$	159(38)	CH$_3$−Cl	351(84)	**C−O 単結合**	
(CH$_3$)$_3$CO−OC(CH$_3$)$_3$	159(38)	C$_2$H$_5$−Cl	355(85)	CH$_3$−OH	385(92)
C−C 単結合		(CH$_3$)$_2$CH−Cl	355(85)	C$_6$H$_5$−OH	468(112)
CH$_3$−CH$_3$	376(90)	(CH$_3$)$_3$C−Cl	355(85)		
C$_2$H$_5$−CH$_3$	372(89)	CH$_2$=CHCH$_2$−Cl	288(69)		
CH$_2$=CH−CH$_3$	422(101)	C$_6$H$_5$−Cl	405(97)		
CH$_2$=CHCH$_2$−CH$_3$	322(77)	C$_6$H$_5$CH$_2$−Cl	309(74)		
C$_6$H$_5$−CH$_3$	435(104)				
C$_6$H$_5$CH$_2$−CH$_3$	326(78)				

付録 4　^{1}H NMR における化学シフト

水素の種類[†1]	化学シフト[†2] (δ)	水素の種類[†1]	化学シフト[†2] (δ)	水素の種類[†1]	化学シフト[†2] (δ)
(CH$_3$)$_4$Si	0 (定義値)	ArCH$_3$	2.2〜2.5	ArOH	4.5〜4.7
R$_2$NH	0.5〜5.0	ArCH$_2$R	2.3〜2.8	R$_2$C=CH$_2$	4.6〜5.0
ROH	0.5〜6.0	RCH$_2$I	3.1〜3.3	R$_2$C=CHR	5.0〜5.7
RCH$_3$	0.8〜1.0	RCH$_2$OR	3.3〜4.0	ArH	6.5〜8.5
RCH$_2$R	1.2〜1.4	RCH$_2$OH	3.4〜4.0	$\underset{\text{RCH}}{\overset{\text{O}}{\parallel}}$	9.5〜10.1
R$_3$CH	1.4〜1.7	RCH$_2$Br	3.4〜3.6		
R$_2$C=CRCHR$_2$	1.6〜2.6	RCH$_2$Cl	3.6〜3.8	$\underset{\text{RCOH}}{\overset{\text{O}}{\parallel}}$	10〜13
RC≡CH	2.0〜3.0	$\underset{\text{RCOCH}_3}{\overset{\text{O}}{\parallel}}$	3.7〜3.9		
$\underset{\text{RCCH}_3}{\overset{\text{O}}{\parallel}}$	2.1〜2.3	$\underset{\text{RCOCH}_2\text{R}}{\overset{\text{O}}{\parallel}}$	4.1〜4.7		
$\underset{\text{RCCH}_2\text{R}}{\overset{\text{O}}{\parallel}}$	2.2〜2.6	RCH$_2$F	4.4〜4.5		

†1　R はアルキル基, Ar はアリール基を示す.
†2　値はテトラメチルシランを基準とするものである. 分子内の他の原子の影響により, 上にあげた領域からはずれた値を示す場合がある.

付録 5　^{13}C NMR における化学シフト

炭素の種類[†1]	化学シフト[†2] (δ)	炭素の種類[†1]	化学シフト[†2] (δ)	炭素の種類[†1]	化学シフト[†2] (δ)
(**C**H$_3$)$_4$Si	0 (定義値)	R$_3$**C**OR	40〜80	$\underset{\text{R}\textbf{C}\text{NR}_2}{\overset{\text{O}}{\parallel}}$	165〜180
R**C**H$_2$I	0〜40	R**C**≡**C**R	65〜85		
R**C**H$_3$	10〜40	R$_2$**C**=**C**R$_2$	100〜150	$\underset{\text{R}\textbf{C}\text{OH}}{\overset{\text{O}}{\parallel}}$	165〜185
R**C**H$_2$R	15〜55				
R$_3$**C**H	20〜60	⟨benzene⟩–R	110〜160	$\underset{\text{R}\textbf{C}\text{H, R}\textbf{C}\text{R}}{\overset{\text{O}}{\parallel}}$	180〜215
R**C**H$_2$Br	25〜65				
R**C**H$_2$Cl	35〜80	$\underset{\text{R}\textbf{C}\text{NR}_2}{\overset{\text{O}}{\parallel}}$	160〜180		
R$_3$**C**OH	40〜80				

†1　R はアルキル基, Ar はアリール基を示す.
†2　値はテトラメチルシランを基準とするものである. 分子内の他の原子の影響により, 上にあげた領域からはずれた値を示す場合がある.

付録 6　赤外吸収スペクトルにおける振動数

結合		振動数(cm^{-1})	強度[†]	振動の種類
C−H	アルカン	2850〜3000	m	伸縮
	メチル	1375, 1450	w〜m	変角
	メチレン	1450〜1475	m	変角
	アルケン	3000〜3100	w〜m	伸縮
		650〜1000	s	面外変角
	アルキン	3300	m〜s	伸縮
	アレーン	3030	w〜m	伸縮
		690〜900	s	面外変角
	アルデヒド	2720	w	伸縮
C=C	アルケン	1600〜1680	w〜m	伸縮
	アレーン	1450, 1600	m	伸縮
C≡C	アルキン	2100〜2250	w	伸縮
C−O	アルコール, エーテル, エステル, カルボン酸	1000〜1100(sp^3 C−O)	s	伸縮
		1200〜1250(sp^2 C−O)	s	伸縮
	酸無水物	900〜1300	s	伸縮
C=O	アミド	1630〜1680	s	伸縮
	カルボン酸	1700〜1725	s	伸縮
	ケトン	1630〜1820	s	伸縮
	アルデヒド	1630〜1820	s	伸縮
	エステル	1735〜1800	s	伸縮
	酸無水物	1740〜1760, 1800〜1850	s	伸縮
	酸塩化物	1800	s	伸縮
O−H	アルコール, フェノール, 遊離の水素結合した カルボン酸	3600〜3650	w	伸縮
		3200〜3500	m	伸縮
		2500〜3300	s	伸縮
N−H	アミンおよびアミド	3100〜3550	m〜s	伸縮
C≡N	ニトリル	2200〜2250	m	伸縮

[†] sは強い吸収，mは中間の強さの吸収，wは弱い吸収を表す．

付録 7　静電ポテンシャル図

"静電構造"は，分子中の電子密度の分布のことである．量子力学の法則によれば，電子は決まった場所に存在するのではなく，核のまわりに負の電荷を帯びた領域を形成し，$e/Å^3$（1立方Å当たりの電子数）の単位を用いて電子密度で表される．原子の原子半径の近傍では，電子密度が高く，核から遠くなるとほとんど電子は存在しない．現在では，小さい分子の静電ポテンシャル図はコンピューターと種々のソフトウエアを用いて簡単に計算できる．本書の静電ポテンシャル図は，MacSpartan（Wavefunction社）を用いて作成した．

静電ポテンシャル図によって，分子中の電子密度の分布を可視化することができる．静電ポテンシャルは，分子のまわりのある位置での正電荷をもった粒子のポテンシャルエネルギーとして定義される．静電ポテンシャルは二つの要因によって決まる．

1. 正電荷を帯びた核によって生じる反発力による項
（反発力による正のポテンシャル）
2. 負電荷を帯びた電子雲によって生じる引力による項
（引力による負のポテンシャル）

このように，静電ポテンシャル図は電子の分布全体に関する情報を含んでいる．

静電ポテンシャル図は，カラー表記をすることが多い．一般的には，負のポテンシャルを赤で，正のポテンシャルを青で表す．中間のポテンシャルは負から正の順に橙-黄-緑の中間色を用いて表す．静電ポテンシャル図は，任意の表面について表記可能であるが，$0.002\,e/Å^3$の電子密度の表面について表すのが最も一般的である．ほとんどすべての分子はこの表面の内側でのみ電子密度をもつ．言いかえると，他の分子が立体反発の影響を受けずに近づくことのできる範囲を表している．この表面は分子のファンデルワールス表面とほぼ一致する．

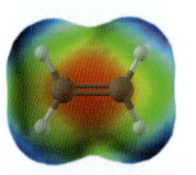

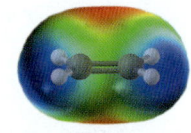

エチレンの静電ポテンシャル図
（上から見た図と横から見た図）

エチレンの静電ポテンシャル図では，求電子剤が引きつけられるπ軌道上の高い電子密度の領域が赤で示されている．四つの水素の近辺は青色の領域になっており，電子不足であることを示している．メチルカルボカチオン CH_3^+ の静電ポテンシャル図では，イオン全体が青くなっており，全体として正電荷を帯びていることがわかる．また，中心の原子が最も青く最も正電荷が集まっていることもわかる．

メチルカチオン CH_3^+ の
静電ポテンシャル図

付録 8　立体化学用語のまとめ

アトロプ異性体 atropisomer　キラル中心をもたず，単結合のまわりの回転が阻害されることで生じるエナンチオマー．

位置選択的反応 regioselective reaction　付加反応や置換反応で，官能基中の変換が起こる場所によって複数の構造異性体が生成しうる場合がある．このような反応で，生成可能な構造異性体のうちの特定の構造異性体が他に優先して生成する場合をいう．たとえばHBrの1-メチルシクロヘキセンへの付加反応では，1-ブロモ-1-メチルシクロヘキサンが生成するが，1-ブロモ-2-メチルシクロヘキサンは生成しない．したがって，この反応は位置選択的反応である．

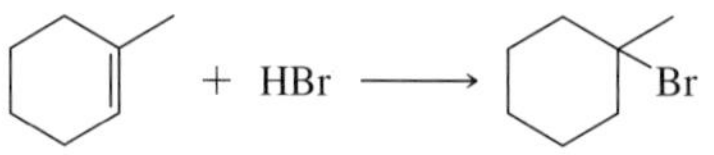

シクロアルケンのヒドロホウ素化-酸化は，位置選択的反応であり，同時に立体選択的反応でもある．しかし，両方のエナンチオマーが等量生成するので，エナンチオ選択的反応ではない．

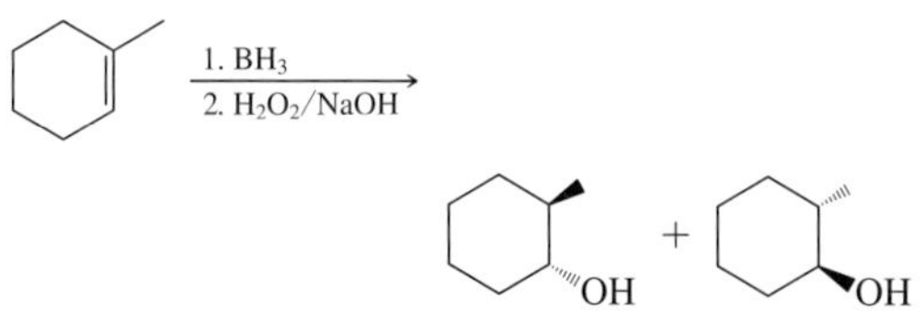

エナンチオマー enantiomer　互いに重ね合わせることができない鏡像関係にある一組の立体異性体．一組の物体間の関係を表す．鏡像体，鏡像異性体ともいう．

エナンチオマー過剰率 enantiomeric excess, ee　二つのエナンチオマーの混合物中の，それぞれのエナンチオマーの割合の差．たとえば，試料中に一方のエナンチオマーが98%，他方のエナンチオマーが2%含まれていれば，エナンチオマー過剰率は98－2＝96%となる．

エナンチオ選択的反応 enantioselective reaction　二つのエナンチオマーが生じる可能性がある反応で，一方のエナンチオマーが他のエナンチオマーに優先して生成する場合をいう．次に例として，(R)-BINAP-Ru触媒の存在下でのアルケンの触媒的還元反応を示す．(S)-ナプロキセンが98%以上のエナンチオマー過剰率（＞99%：＜1%）で生成する．

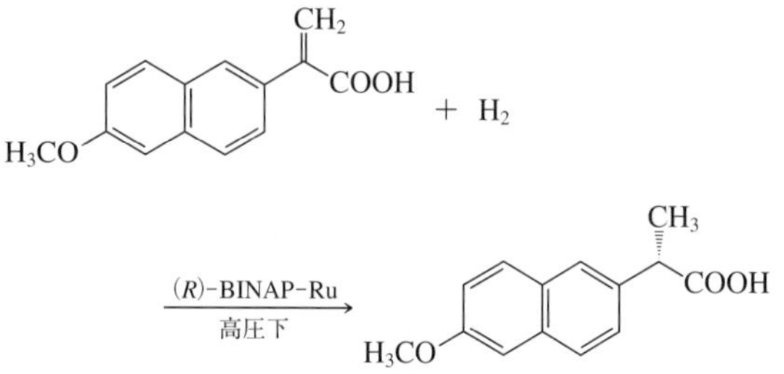

官能基選択的反応 chemoselective reaction　複数の官能基を有する化合物において，反応剤によって化合物中の特定の官能基だけが選択的に反応する反応．

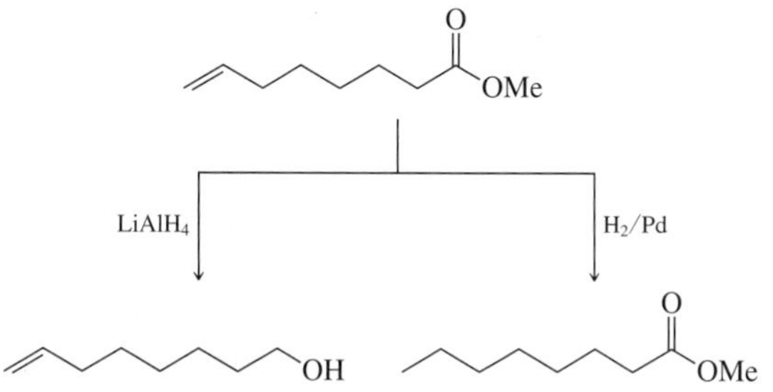

キラル chiral　ギリシャ語の"手"を意味する cheir に由来する．その鏡像と重ね合わせることができない物体．掌性をもつ物体．

キラル中心 chiral center　四つの異なる置換基が結合した，四面体構造の原子．最も一般的には炭素原子．**不斉中心** (asymmetric center) ともよばれる．一つのキラル中心をもつ化合物では，キラル中心上の二つの置換基を交換するとエナンチオマーになる．二つ以上のキラル中心をもつ化合物では，少なくとも一つのキラル中心上で置換基を交換するとジアステレオマーになる．ただし，すべてのキラル中心で置換基を交換したときはエナンチオマーになる．立体中心も参照．

光学活性 optically active　化合物が面偏光の面を回転させる性質をもつことを表す．

光学純度 optical purity　エナンチオマーの混合物の比旋

光度を，純粋なエナンチオマーの比旋光度で割った値を百分率で表したもの．光学純度は，エナンチオマー過剰率と同じ物性を定量する値であるが，上記のように光学的な実験に基づいて算出するものである．

ジアステレオ選択的反応 diastereoselective reaction　複数のジアステレオマーが生じる可能性がある反応で，一つのジアステレオマーが他のジアステレオマーに優先して生成する反応．

ジアステレオマー diastereomer　互いに鏡像の関係にはない立体異性体．複数の化合物の間の関係を表す．

シス-トランス異性体 cis-trans isomer　原子のつながり方は同じであるが，単結合のまわりの回転を阻害する環構造または炭素－炭素二重結合をもつために原子の空間的な配置が異なる立体異性体．シス-トランス異性体は，ジアステレオマーの一つ，つまり互いに鏡像の関係にない立体異性体である．

絶対(立体)配置 absolute configuration　四面体構造のキラル中心のまわりの置換基の 2 種類の配置を区別して表す方法．絶対配置は R または S によって表記する．

対称心 center of symmetry　その点を通る軸上の両側の等距離のところに，物体を構成する同じ要素が位置するように，物体の中心に定められる点．

対称面 plane of symmetry　物体を貫く仮想的な面であり，これによって物体は互いに鏡像関係にある二つの部分に分けられる．鏡面ともいう．

比旋光度 specific rotation　$1\ \mathrm{g\ mL^{-1}}$ の濃度の試料を 1.0 dm 長の試料管に入れて測定したときの，面偏光の面の回転角．純粋な液体試料の場合には，濃度は $\mathrm{g\ mL^{-1}}$（密度）で表す．比旋光度の単位は $\mathrm{deg\ mL\ dm^{-1}\ g^{-1}}$ であるが，通常は単位をつけずに表す．

フィッシャー投影式 Fischer projection　分子のキラル中心を二次元に投影した図．キラル中心の左右上下に四つの置換基を置く．キラル中心の原子のみが投影式を示した紙面上にあるとして，キラル中心の左右にある置換基が紙面から手前側に，上下にある置換基が紙面の奥側にあることを表す．

メソ体 meso compound　二つ以上のキラル中心をもつアキラルな化合物．キラルな立体異性体をもつ．メソ体の例として，cis-1,2-シクロペンタンジオールと meso-2,3-ブタンジオールを次に示す．メソ体は，対称面または対称心をもつ．図の二つの例では，どちらも分子内部に対称面がある．

cis-1,2-シクロペンタンジオール（メソ体）

$(2R,3S)$-2,3-ブタンジオール（メソ体）

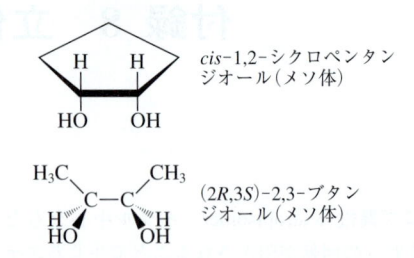

ラセミ体 racemic mixture　二つのエナンチオマーの等量混合物．

立体異性体 stereoisomer　分子式と原子のつながり方は同じであるが，原子の空間的な配置が異なる異性体．シクロアルカンやアルケンのシス-トランス異性体，エナンチオマー，ジアステレオマー，アトロプ異性体はすべて立体異性体の一種である．また，単離できるものとできないものがあるが，立体配座異性体もまた立体異性体の一つである．

立体選択的反応 stereoselective reaction　複数の立体異性体が生成しうる反応で，特定の立体異性体が他の立体異性体に優先して生成する場合をいう．立体選択的反応はエナンチオ選択的反応と，ジアステレオ選択的反応の二つに分類される．（エナンチオ選択的反応とジアステレオ選択的反応の項参照）．

立体中心 stereocenter　ある原子，最も一般的には炭素原子に結合した二つの置換基を入れ換えると異なる立体異性体になる場合に，その原子をさす．キラル中心は，立体中心の一つである．sp^2 炭素も立体中心になりうる．

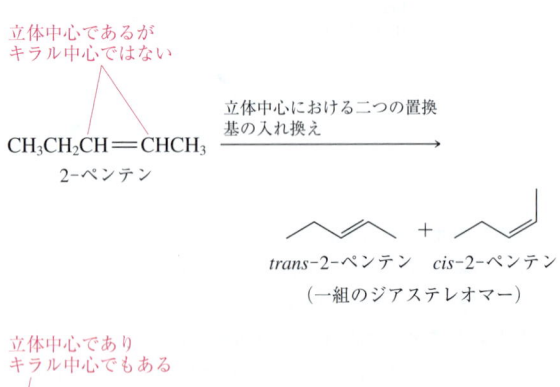

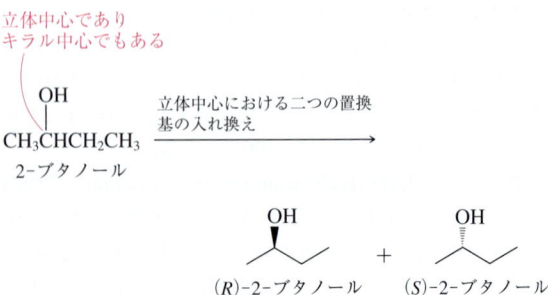

立体中心であるがキラル中心ではない

$\mathrm{CH_3CH_2CH=CHCH_3}$
2-ペンテン

立体中心における二つの置換基の入れ換え →

trans-2-ペンテン　　cis-2-ペンテン
（一組のジアステレオマー）

立体中心でありキラル中心でもある

$\mathrm{CH_3CHCH_2CH_3}$
      |
      OH
2-ブタノール

立体中心における二つの置換基の入れ換え →

(R)-2-ブタノール　　(S)-2-ブタノール
（一組のエナンチオマー）

立体特異的反応 stereospecific reaction　立体選択的反応のなかで，生成物の立体化学が出発物の立体化学に依存するものを特別に"立体特異的反応"という．たとえば，2-ブテンの四酸化オスミウムによる酸化反応は立体特異的である．cis-2-ブテンを酸化すると meso-2,3-ブタンジオールが選択的に得られ，trans-2-ブテンを酸化すると選択的に(R)-2,3-ブタンジオールと(S)-2,3-ブタンジオールが等量生成する．

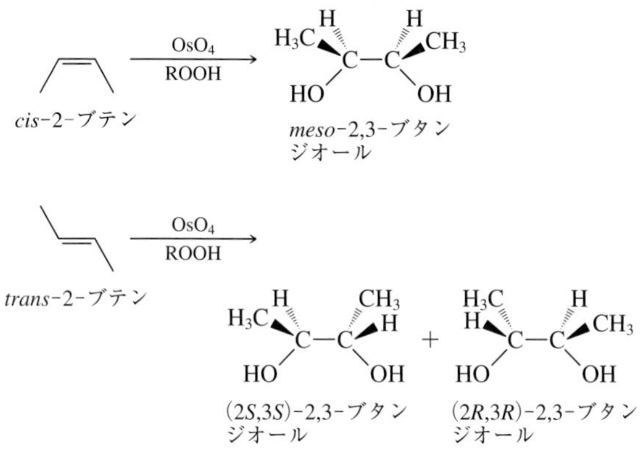

立体配置 configuration　立体中心に結合した原子や置換基の配置をさす．アルケンの立体配置は E, Z またはシス，トランスを用いて表記する．キラル中心をもつ化合物の立体配置は R, S を用いて表記する．

付録 9 命名法のまとめ

付録 9・1 アルカン

化合物中の最も長い炭素鎖を主鎖として選び，命名する．

IUPAC 命名法で，1 から 20 までの分枝のない炭素鎖を表すのに用いられる接頭辞を表 1 に示す．分枝していない炭素鎖からなるアルカンの名称は，炭素数を表す接頭辞にアン(-ane)をつけて命名する．

表 1 IUPAC 命名法で用いられる接頭辞

接頭辞	炭素数	接頭辞	炭素数
メタ meth-	1	ウンデカ undec-	11
エタ eth-	2	ドデカ dodec-	12
プロパ prop-	3	トリデカ tridec-	13
ブタ but-	4	テトラデカ tetradec-	14
ペンタ pent-	5	ペンタデカ pentadec-	15
ヘキサ hex-	6	ヘキサデカ hexadec-	16
ヘプタ hept-	7	ヘプタデカ heptadec-	17
オクタ oct-	8	オクタデカ octadec-	18
ノナ non-	9	ノナデカ nonadec-	19
デカ dec-	10	エイコサ eicos-	20

アルカンから水素原子を一つ取除いてできる置換基は**アルキル基**とよばれ，一般に R と表記される．アルキル基は対応する同じ炭素数のアルカンの接尾辞アン(-ane)をイル(-yl)に置き換えて命名する．1～5 個の炭素原子からなるアルキル基の名称を表 2 に示す．慣用名を( )の中に示す．

アルカンの IUPAC 命名法の規則は次のとおりである．

1. 分枝していない炭素鎖からなるアルカンの名称は，主鎖の炭素数を表す接頭辞にアン(-ane)をつけて命名する．
2. 分枝アルカンでは，最も長い炭素鎖を主鎖として命名する．
3. 主鎖上の置換基に対して，置換位置を示す番号を決める．番号は置換基が結合している主鎖上の炭素を示すもので，炭素鎖の端から順につける．番号，ハイフン，置換基，母体名の順に並べて命名する．

   2-メチルプロパン 2-methylpropane

4. 置換基が一つしかない場合は，主鎖の端から数えた置換位置を示す番号がなるべく小さくなるようにする．

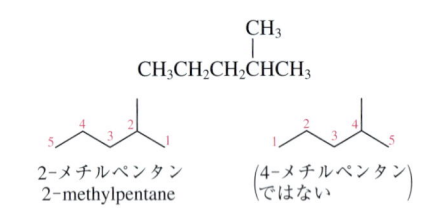

   2-メチルペンタン   (4-メチルペンタン
   2-methylpentane   ではない)

表 2 炭素数 1～5 までのアルキル基の名称

名称	略号	簡略化した構造式	名称	略号	簡略化した構造式
メチル methyl	Me	—CH₃	1,1-ジメチルエチル 1,1-dimethylethyl (*tert*-ブチル *tert*-butyl)	*t*-Bu	—C(CH₃)₃
エチル ethyl	Et	—CH₂CH₃			
プロピル propyl	Pr	—CH₂CH₂CH₃	ペンチル pentyl		—CH₂CH₂CH₂CH₂CH₃
1-メチルエチル 1-methylethyl (イソプロピル isopropyl)	*i*-Pr	—CH(CH₃)₂	3-メチルブチル 3-methylbutyl (イソペンチル isopentyl)		—CH₂CH₂CH(CH₃)₂
ブチル butyl	Bu	—CH₂CH₂CH₂CH₃	2-メチルブチル 2-methylbutyl		—CH₂CH(CH₃)CH₂CH₃
2-メチルプロピル 2-methylpropyl (イソブチル isobutyl)	*i*-Bu	—CH₂CH(CH₃)₂	2,2-ジメチルプロピル 2,2-dimethylpropyl (ネオペンチル neopentyl)		—CH₂C(CH₃)₃
1-メチルプロピル 1-methylpropyl (*sec*-ブチル *sec*-butyl)	*s*-Bu	—CH(CH₃)CH₂CH₃			

付録 9 命名法のまとめ 965

5. 同じ置換基が二つ以上ある場合は，置換位置を示す番号のうち最も小さいものがより小さくなる方向から番号をつける．同じ置換基の数を，ジ(di-)，トリ(tri-)，テトラ(tetra-)，ペンタ(penta-)，ヘキサ(hexa-)などの接頭辞をつけて表す．置換位置を示す番号はコンマで区切る．

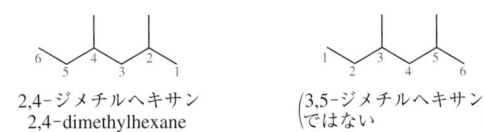

2,4-ジメチルヘキサン
2,4-dimethylhexane

(3,5-ジメチルヘキサンではない)

6. 異なる置換基が二つ以上ある場合は，置換基はアルファベット順に並べる．炭素鎖の端から数えた置換位置を示す番号は，置換位置を示す番号のうち最も小さいものがより小さくなる方向からつける．もし，異なる置換基の主鎖の近いほうの端から数えた位置番号が同じであるときは，アルファベット順で先の置換基が小さい番号になるようにする．

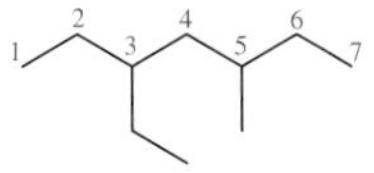

3-エチル-5-メチルヘプタン
3-ethyl-5-methylheptane

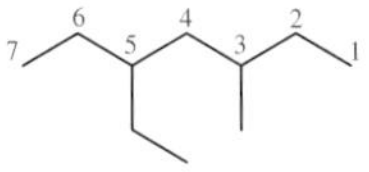

(3-メチル-5-エチルヘプタンではない)

7. ジ(di-)，トリ(tri-)，テトラ(tetra-)などの接頭辞はアルファベット順の考慮には入れない．置換基の名称でアルファベット順を決め，接頭辞を追加する．次の例では，アルファベット順を決めるのは，エチル(ethyl)とメチル(methyl)であり，エチル(ethyl)とジメチル(dimethyl)ではない*．

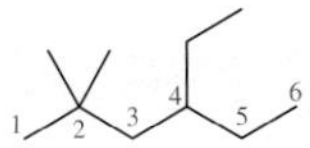

4-エチル-2,2-ジメチルヘキサン
4-ethyl-2,2-dimethylhexane
(2,2-ジメチル-4-エチルヘキサンではない)

8. 同じ長さの炭素鎖が二つ以上ある場合は，より多くの置換基をもつほうを主鎖とする．

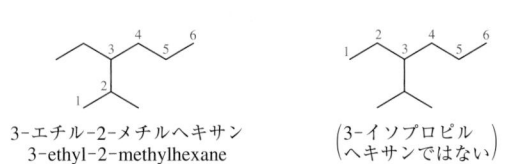

3-エチル-2-メチルヘキサン
3-ethyl-2-methylhexane

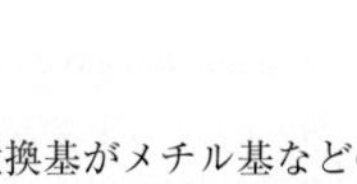

(3-イソプロピルヘキサンではない)

付録 9・2 アルケンとアルキン

1. アルケンとアルキンでは，多重結合を含む最も長い炭素鎖を選び主鎖とする．
2. 多重結合の位置がなるべく小さな番号になるように番号づけをする．
3. 分枝したアルケンやアルキンもアルカンのときと同様に命名する．
4. 炭素原子に番号をつけて置換基の名称をつけ加え，多重結合の場所の番号を示して主鎖を命名する．
5. アルケンでは，対応する同じ炭素数のアルカンの接尾辞アン(-ane)をエン(-ene)に，アルキンではイン(-yne)に置き換えて命名する．

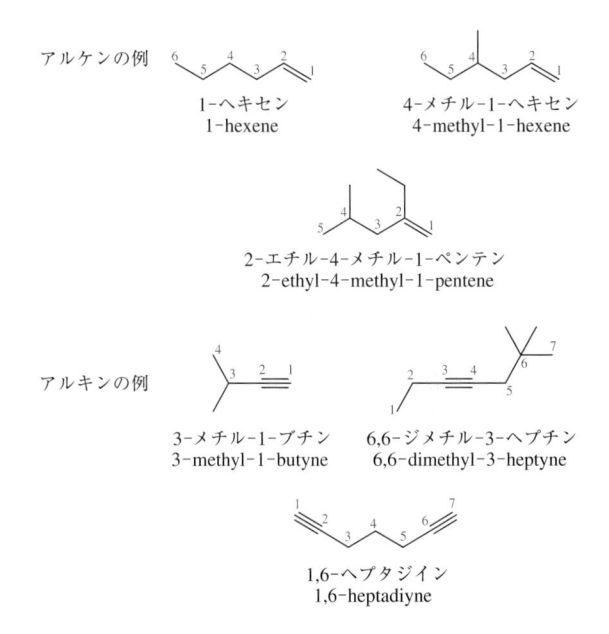

アルケンの例

1-ヘキセン
1-hexene

4-メチル-1-ヘキセン
4-methyl-1-hexene

2-エチル-4-メチル-1-ペンテン
2-ethyl-4-methyl-1-pentene

アルキンの例

3-メチル-1-ブチン
3-methyl-1-butyne

6,6-ジメチル-3-ヘプチン
6,6-dimethyl-3-heptyne

1,6-ヘプタジイン
1,6-heptadiyne

6. 炭素−炭素二重結合と炭素−炭素三重結合を両方もつ分子は，アルケンインとして命名する．挿入辞のエン(-en-)は二重結合の存在を示し，接尾辞のイン(-yne)は三重結合の存在を示す．この場合，主鎖は二重結合の位置がなるべく小さな番号になるように番号づけをする．二重結合や三重結合の位置を表す番号は，挿入辞や接尾辞の直前に置くこともある．

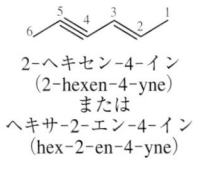

2-ヘキセン-4-イン
(2-hexen-4-yne)
または
ヘキサ-2-エン-4-イン
(hex-2-en-4-yne)

---

* 訳注：この規則は二つ以上ある置換基がメチル基などの単純置換基の場合に適用される．3,3-dimethylbutyl 基などの複合置換基の場合は，先頭のアルファベット，つまりこの場合 "d" でアルファベット順を決める．

付録 9・3 アルコール

1. OH 基が結合している炭素を含む炭素鎖で最も長いものを主鎖とする．
2. OH 基の番号が小さくなる方向から，主鎖の端から番号をつける．
3. アルコールであることを示すために，英語名ではアルカンの接尾辞の -e を -ol にして命名する．日本語名ではン (-ne) をノール (-nol) として命名する．
4. 番号づけの際，OH 基の位置はアルキル基やハロゲン原子の置換基よりも優先する．
5. 環状アルコールでは，番号づけは，OH 基をもつ炭素から始まる．
6. 複雑なアルコールでは，ヒドロキシ基の番号は接尾辞オール (-ol) の直前に置くこともある．たとえば，4-メチル-2-ヘキサノールと 4-メチルヘキサン-2-オールは両方とも下記の化合物に対して正しい名称である．

4-メチル-2-ヘキサノール
4-methyl-2-hexanol
または
4-メチルヘキサン-2-オール
4-methylhexan-2-ol

付録 9・4 アルデヒドとケトン

1. 官能基を含む最も長い炭素鎖を主鎖とする．アルデヒドの存在を示すために，英語名では主鎖のアルカンの接尾辞の -e を -al にして命名する．日本語名ではン (-ne) がナール (-nal) になる．ケトンでは，英語名では主鎖のアルカンの接尾辞の -e を -one にして命名する．日本語名ではン (-ne) がノン (-none) になる．このように，アルデヒドはアルカナール (alkanal)，ケトンはアルカノン (alkanone) となる．

3-メチル-2-ペンテナール
3-methyl-2-pentenal
または
3-メチルペンタ-2-エナール
3-methylpent-2-enal

5-メチル-3-ヘキサノン
5-methyl-3-hexanone
または
5-メチルヘキサン-3-オン
5-methylhexan-3-one

2. アルデヒドのカルボニル基は炭素鎖の端に存在するので，必ず 1 番の炭素上にある．そのため，アルデヒドの位置は指定する必要がなく，番号を示す必要はない．
3. 不飽和のアルデヒドやケトンの場合，炭素-炭素二重結合，三重結合は，挿入辞エン (-en-) やイン (-yn-) を用いてそれぞれ存在と位置を示す．複雑な化合物では多重結合の位置を表す番号は挿入辞の直前に置くこともある．カルボニル基の位置が番号づけには優先する．
4. 複雑なアルデヒドやケトンでは，上記の例のようにカルボニル基の番号は接尾辞の直前に置くこともある．

付録 9・5 二つ以上の官能基をもつ化合物

接尾辞で表すことのできる官能基を二つ以上もつ化合物では，IUPAC による**官能基の優先順位**に従う．優先順位の高い官能基を主鎖として接尾辞で表し，優先順位の低い官能基を置換基として接頭辞で表す．本書で取扱う官能基の優先順位を表 3 に示す．

付録 9・6 カルボン酸

1. カルボン酸の IUPAC 名は，カルボキシ基を含む最も

表 3 官能基の優先順位

官能基	接尾辞 (優先順位が高い場合)	接頭辞 (優先順位が低い場合)	命名例
カルボキシ carboxy	酸 -oic acid	—	
アルデヒド aldehyde	アール -al	オキソ oxo-	3-オキソプロパン酸 3-oxopropanoic acid
ケトン ketone	オン -one	オキソ oxo-	3-オキソブタン酸 3-oxobutanoic acid
アルコール alcohol	オール -ol	ヒドロキシ hydroxy-	4-ヒドロキシブタン酸 4-hydroxybutanoic acid
アミノ amino	アミン -amine	アミノ amino-	3-アミノブタン酸 3-aminobutanoic acid
スルフヒドリル sulfhydryl	チオール -thiol	メルカプト mercapto-	2-メルカプトエタノール 2-mercaptoethanol

(優先順位が上がる)

付録 9 命名法のまとめ 967

長い炭素鎖を主鎖とする．英語名では主鎖のアルカンの接尾辞の -e を -oic acid にして命名する．日本語名では主鎖のアルカンの名称に酸をつける．
2. カルボニル炭素を 1 番として順に炭素に番号をつける．カルボキシ基は 1 番として取扱われるので，カルボキシ基の位置を示す番号は必要ない．
3. IUPAC 命名法では，カルボキシ基は，ヒドロキシ基，アミノ基やアルデヒド，ケトンのカルボニル基などの他のほとんどの官能基より高い優先順位をもつ．

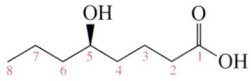

(R)-5-ヒドロキシオクタン酸
(R)-5-hydroxyoctanoic acid

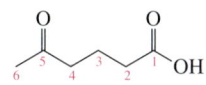

5-オキソヘキサン酸
5-oxohexanoic acid

付録 9・7 カルボン酸エステル

エステルの IUPAC 名は対応するカルボン酸の誘導体として命名する．英語名では酸素に結合しているアルキル基やアリール基を最初に記し，スペースをおいた後にカルボン酸の名称の接尾辞を -ic acid から -ate にしたものを記す．日本語名では，カルボン酸の名称をそのまま先に記し，つづけてアルキル基やアリール基の名称を記す．

エタン酸エチル
ethyl ethanoate
(酢酸エチル
ethyl acetate)

3-オキソブタン酸メチル
methyl 3-oxobutanoate

付録 9・8 カルボン酸アミド

1. アミドの IUPAC 名は対応するカルボン酸の誘導体として命名する．カルボン酸の接尾辞を酸(-oic acid)からアミド(-amide)にする．
2. アミドの窒素原子がアルキル基やアリール基と結合しているときは，その置換基を記し，窒素原子上に置換基があることを示すために，N-をつける．

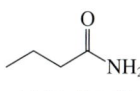

ブタンアミド
butanamide

N-メチルブタンアミド
N-methylbutanamide

付録 9・9 カルボン酸無水物

酸無水物は，対応するカルボン酸の接尾辞の酸(acid)を酸無水物(anhydride)に変える．日本語名では，カルボン酸の名称の前に無水を置いた無水酢酸，無水コハク酸，無水マレイン酸，無水フタル酸などの慣用名も用いる．

酢酸無水物
acetic anhydride
(無水酢酸)

安息香酸無水物
benzoic anhydride

例題 付録 9・1

コレステロールの生合成において重要な中間体であるメバロン酸の構造式を次に示す．この化合物の IUPAC 名を書け．

メバロン酸 mevalonic acid

解答 段階 1: すべての官能基を列挙し，最も優先順位の高い官能基を選ぶ．この官能基を含む最も長い炭素鎖を選び，主鎖とする．主鎖中の優先順位の高い官能基の位置により，炭素鎖の番号づけができる．

メバロン酸は，二つのヒドロキシ基，一つのカルボキシ基の合計三つの官能基を含む．カルボキシ基が最も優先順位が高いので，カルボキシ基の炭素を 1 番とする．

したがって，この分子の主鎖はペンタン酸(pentanoic acid)であり，置換されたペンタン酸として命名される．

段階 2: 二つのヒドロキシ基は 3 番と 5 番の炭素上にあるために，3,5-ジヒドロキシ (3,5-dihydroxy-) と表し，メチル基は -3-メチル (-3-methyl-) と表す．

段階 3: すべてのキラル中心とシス-トランス異性体が可能な炭素－炭素二重結合の配置を決定する．この例では，3 番の炭素にキラル中心が一つあり R の配置をとっている．IUPAC 名は (3R)-3,5-ジヒドロキシ-3-メチルペンタン酸である．

↓ 段階 1

ペンタン酸
pentanoic acid

↓ 段階 2

3,5-ジヒドロキシ-3-メチルペンタン酸
3,5-dihydroxy-3-methylpentanoic acid

↓ 段階 3

(3R)-3,5-ジヒドロキシ-3-メチルペンタン酸
(3R)-3,5-dihydroxy-3-methylpentanoic acid

例題 付録9・2

テルペンの一種のファルネソールの構造式を次に示す. この化合物の IUPAC 名を書け.

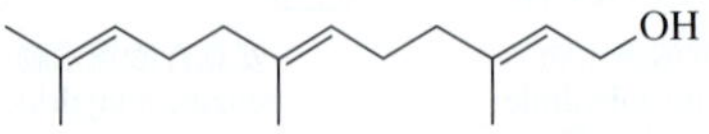

ファルネソール farnesol

解答 段階1: この化合物には, 一つのヒドロキシ基がある. また, ヒドロキシ基が結合している最も長い炭素鎖の炭素の数は 12 である. よって, この化合物の主鎖はドデカン-1-オール(dodecan-1-ol)である.

段階2: 3, 7, 11 番の炭素に置換している三つのメチル基は, 3,7,11-トリメチル(3,7,11-trimethyl-)として表す.

段階3: 三つの炭素-炭素二重結合は, 2,6,10-ドデカトリエン(2,6,10-dodecatrien-)として表す.

段階4: ファルネソールの三つの二重結合のなかで, 2 番と 6 番の炭素にある二重結合は, シス-トランス異性体が可能である. 慣用名では, *trans-trans*-ファルネソールとよばれるが, IUPAC 名では *E*, *Z* を用いて, (2*E*,6*E*)-として表記する. IUPAC 名は (2*E*,6*E*)-3,7,11-トリメチル-2,6,10-ドデカトリエン-1-オールである.

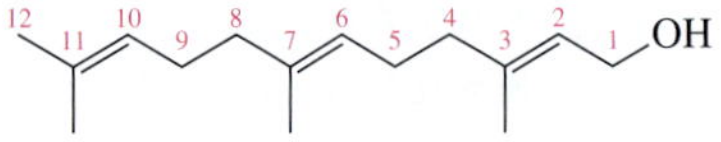

↓ 段階1

ドデカン-1-オール
dodecan-1-ol

↓ 段階2

3,7,11-トリメチルドデカン-1-オール
3,7,11-trimethyldodecan-1-ol

↓ 段階3

3,7,11-トリメチル-2,6,10-ドデカトリエン-1-オール
3,7,11-trimethyl-2,6,10-dodecatrien-1-ol

↓ 段階4

(2*E*,6*E*)-3,7,11-トリメチル-2,6,10-ドデカトリエン-1-オール
(2*E*,6*E*)-3,7,11-trimethyl-2,6,10-dodecatrien-1-ol

例題 付録9・3

ミツバチの女王バチの大顎腺から分泌される女王物質の構造式を次に示す. 女王物質は, 働きバチの卵巣の発育を阻害し, 女王室の形成を抑え, 雄バチを繁殖のために誘引する働きをする. この化合物の IUPAC 名を書け.

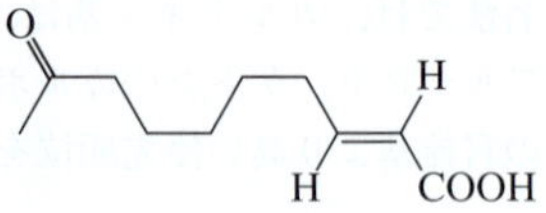

女王物質

解答 段階1: この化合物には, カルボキシ基とケトンの二つの酸素官能基がある. この二つではカルボキシ基の優先順位が高いので, カルボキシ基を含む最も長い炭素鎖によって番号づけを行う.

段階2: ケトンの存在と位置は, 9-オキソ(9-oxo-)の接頭辞で示す. また, 炭素-炭素二重結合の存在と位置は, -2-エン(-2-en-)の挿入辞で示す.

段階3: 炭素-炭素二重結合は *E* の配置をとっており, (2*E*) で示す. しかし, 二重結合が一つしかなく, 二重結合の位置が段階2より2番と3番の炭素の間であることがわかっているので, (2*E*) と示す必要はない. (*E*) と名称の最初に示せば十分である. IUPAC 名は (*E*)-9-オキソデカ-2-エン酸である.

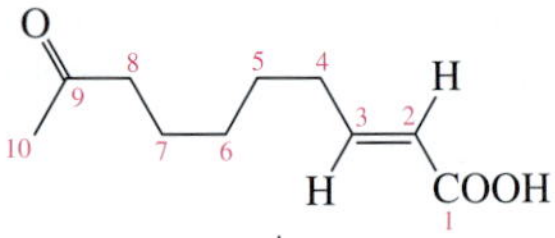

↓ 段階1

デカン酸
decanoic acid

↓ 段階2

9-オキソデカ-2-エン酸
9-oxodec-2-enoic acid

↓ 段階3

(*E*)-9-オキソデカ-2-エン酸
(*E*)-9-oxodec-2-enoic acid

付録 10　巻矢印表記法における注意点

本書を通じて，さまざまな有機反応機構を説明する上で，電子の動きを示すために巻矢印を用いている．巻矢印を正しく用いるためのいくつかの簡単な規則については，基礎知識Ｉで述べた．この付録では，入門レベルの有機化学の教育現場で散見されるまちがいを取上げ，どのようにしてそのまちがいを防ぐかについて述べる．

付録 10・1　逆向きの巻矢印

有機反応機構を表記するときによくあるまちがいは，巻矢印の向きを逆にすることである．電子の動きではなく，原子の動きのほうを意識して矢印を書いてしまうと，しばしば逆向きの矢印を書いてしまう．このまちがいを防ぐためには，巻矢印が原子ではなく電子の動きを示していることを意識する必要がある．また，矢印は電子の供給元(結合または非共有電子対)から始まり，電子の受け入れ先(生成する結合または非共有電子対)で終わる必要があることを忘れてはいけない．

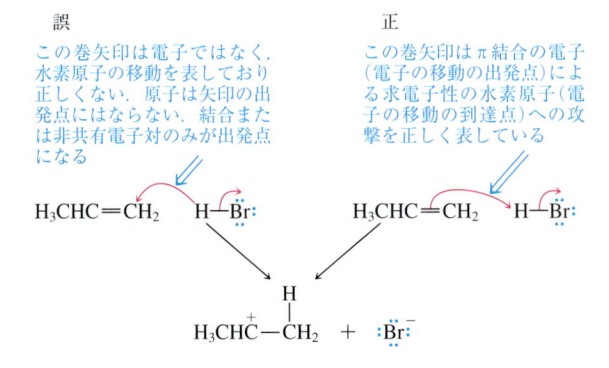

付録 10・2　巻矢印の不足

巻矢印表記で 2 番目によくあるまちがいが巻矢印の不足である．これは，非共有電子対，生成する結合，開裂する結合のすべてを考慮していないために起こる．この場合，矢印に従って電子を移動させた後に電子がどこにあるかを考えれば，足りない矢印は自然と明らかになるはずである．次に示す左の例では，矢印が不足している．反応物のC–H結合が開裂してアルケンのπ結合が生成することを示す矢印が欠落している．矢印が不足しているときは，矢印に従って電子を移動させると，原子の結合または非共有電子対が過剰になったり(次項の超原子価を参照)，不足したりする．

付録 10・3　超原子価

巻矢印表記でよくあるもう一つのまちがいは，原子の価数を原子が受け入れられる電子数以上に多くしてしまい，超原子価とよばれる状態をつくってしまうことである．安定な有機分子の炭素は 8 個の電子を原子価殻にもつというオクテット則(§1・2 参照)は，有機化学の基本原理である．同様に，窒素，酸素，塩素など有機化合物においてよく見られる他の多くの原子もオクテット則に従う．超原子価の原子をつくってしまう場合に，おかしがちな三つのまちがいは，1) 原子の結合が多すぎる，2) 水素の存在を忘れている，3) 非共有電子対の存在を忘れている，である．

次の例では，巻矢印を用いてニトロメタンの共鳴構造を表している．誤った表記では，巻矢印に従って電子を移動させると，窒素の結合が過剰になり原子価殻に 10 個の電子があることになる．このようなまちがいは，それぞれの原子についてすべての結合と非共有電子対を書き，それぞれの原子上の原子価殻の電子数を数えることで防ぐことができる．

超原子価原子を書いてしまうもう一つのよくあるまちがいが，明示していない水素の存在を忘れてしまうことであ

る．線角構造式を用いて有機物の構造を書くときは，すべての水素を書かない場合が多い．そのため，巻矢印を書く際に水素の存在を忘れがちになる．アミドイオンの二つの共鳴構造を表す誤った例を次に示す．左の巻矢印は，すでに四つの結合をもつ炭素に新しい結合をつくろうとするもので正しくない．もし右の構造式のように二つの炭素−水素結合が省略されずに書いてあれば，問題の炭素に五つの結合があることは明らかである．右の共鳴構造では負電荷が消滅していることも，この構造がまちがっていることを示している．巻矢印が正しい場合，分子全体としての電荷は必ず保存される．

誤

超原子価原子に関するまちがいで，別のよくある例は，非共有電子対の電子を数え忘れることである．次の例では，負電荷をもつ求核剤がアルキル化されたケトンの正電荷に誤って付加している．この機構は，正電荷をもった原子と負電荷をもった原子が直接結合しているので正しいように見えるが，結合と非共有電子対の数を数えると，酸素には10個の電子があることがわかる．そのためこの巻矢印による電子の移動は起こり得ない．

誤

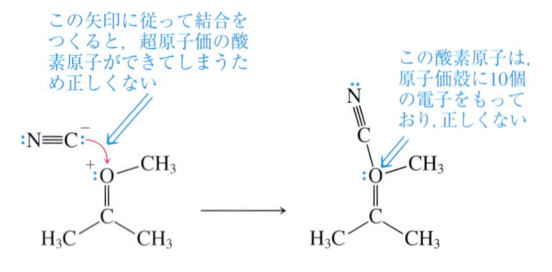

付録 10・4　反応条件のまちがい

酸や塩基は，触媒として，出発物や生成物として，あるいは中間体としてほとんどの反応に含まれる．酸・塩基が関与する反応の機構を正しく書くための三つの一般則がある．

1. 強塩基下での反応では強い酸は生成しない．
2. 強酸下での反応では強い塩基は生成しない．
3. 強酸下での反応の中間体と生成物は電荷をもたないか正電荷をもつ．一方，強塩基下での反応の中間体と生成物は電荷をもたないか負電荷をもつ．

これらの規則の背景にあるのは，プロトン移動反応は他のどんな反応よりも速いので，ある量以上の強酸と強塩基は同じ反応系中で共存できないことである．

反応条件のまちがいの例を次に示す．一つ目の式は反応が酸性条件下で行われているにもかかわらず，強塩基が生成している（一つ目の平衡反応の条件を参照）．中間体を与える3段階の反応は示していない．強酸性条件下での反応であるにもかかわらず，強塩基（メトキシド）が脱離基として生成しているのでまちがいである．正しい反応機構では，次の段階はエーテル酸素のプロトン化であり，メタノールの脱離によってカルボン酸が生成する．

誤

正

付録 10・5　電荷の保存のまちがい

総電荷は反応のすべての段階で保存されなければならない．総電荷のまちがいは，前述のまちがい（超原子価，巻矢印不足，反応条件まちがい）に付随して起こることもある．しかし，総電荷が保存されていることを確かめることで，書いた巻矢印が正しいかどうか判断できるので，ここで総電荷の保存について強調しておく．次の例では，式の左辺の総電荷は -1 であるにもかかわらず，巻矢印不足のために電気的に中性の中間体が生成している．また，中間体では炭素上に五つの結合があり（超原子価），このこともまた，この反応機構が正しくないことを示している．

付録 10 巻矢印表記における注意点

誤

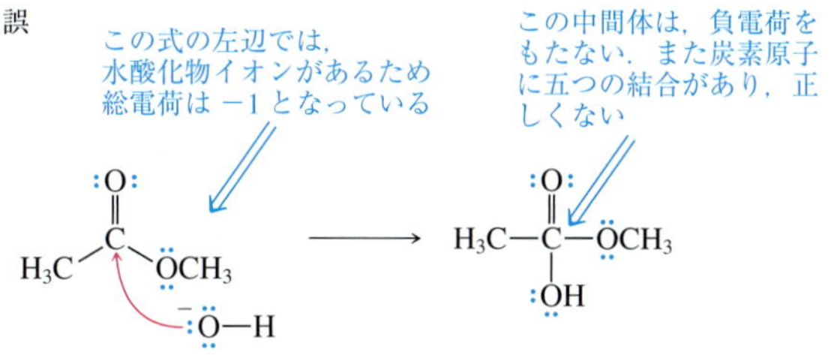

この式の左辺では，水酸化物イオンがあるため総電荷は −1 となっている

この中間体は，負電荷をもたない．また炭素原子に五つの結合があり，正しくない

$$H_3C-\overset{\overset{\displaystyle :\ddot{O}:}{\|}}{C}-\ddot{O}CH_3 \quad :\ddot{\overset{-}{O}}-H \longrightarrow H_3C-\overset{\overset{\displaystyle :\ddot{O}:}{|}}{\underset{\displaystyle OH}{C}}-\ddot{O}CH_3$$

正

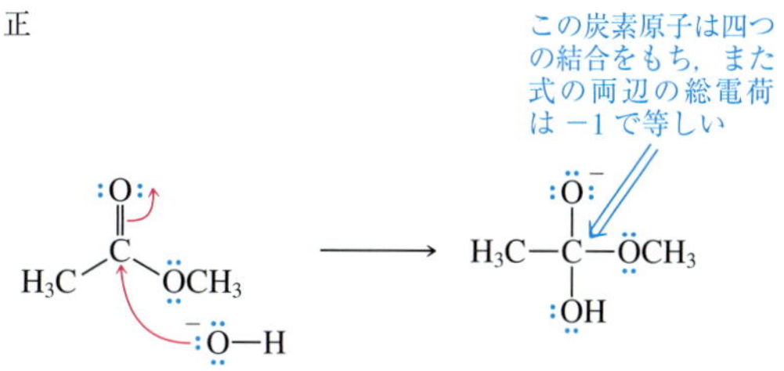

この炭素原子は四つの結合をもち，また式の両辺の総電荷は −1 で等しい

$$H_3C-\overset{\overset{\displaystyle :\ddot{O}:}{\|}}{C}-\ddot{O}CH_3 \quad :\ddot{\overset{-}{O}}-H \longrightarrow H_3C-\overset{\overset{\displaystyle :\ddot{\overset{-}{O}}:}{|}}{\underset{\displaystyle OH}{C}}-\ddot{O}CH_3$$

索引*

あ

IR 分光法(IR spectroscopy) → 赤外分光法
IP → イオン化ポテンシャル
IPP → イソペンテニルピロリン酸
IUPAC 命名法 54, 57
アオフバウ原理(Aufbau principle) 2
アキシアル-アキシアル相互作用(axial-axial interaction) → ジアキシアル相互作用
アキシアル結合(axial bond) 67
アキラル(achiral) 92
アグリコン 818
アクリロニトリル(acrylonitrile) 487
アクロレイン(acrolein) → 2-プロペナール
アジドイオン 769
亜硝酸 770
アシリウムイオン(acylium ion) 730
アシル化反応(acylation reaction) 614
　　エナミンの── 614
　　フリーデル-クラフツ── 729
アシル基(acyl group) 555
アスカリドール(ascaridole) 442
L-アスコルビン酸 826
アスパラギン(asparagine) 871
アスパラギン酸(aspartic acid) 871
アスパルテーム 900
アスピリン(aspirin) 533
アセタール(acetal) 494
　　──によるカルボニル基の保護 497
　　──のカルボニル化合物からの生成 492
　　──の酸触媒による生成 495
アセチリドアニオン 219, 486
　　──のアルキル化反応 220
N-アセチル-D-グルコサミン(N-acetyl-D-glucosamine) 825
アセチル CoA(acetyl-CoA) 321, 610
アセチルサリチル酸(acetylsalicylic acid) → アスピリン
アセチル補酵素 A → アセチル CoA
アセチレン(acetylene) 19, 34, 51, 151, 217, 224

アセトアセチル CoA 610
アセトアミド(acetamide) 559
アセトアルデヒド(acetaldehyde) 16, 476, 479
アセト酢酸エステル合成(acetoacetic ester synthesis) 615
アセト酢酸エチル 616
アセトニトリル(acetonitrile) 283, 560
アセトフェノン(acetophenone) 477
アセトン(acetone) 16, 283, 476, 477
アゾビスイソブチロニトリル 934
アタクチックポリマー(atactic polymer) 939
アダマンタン(adamantane) 79
アデニン(adenine) 903
アデノシン 5′-一リン酸(adenosine 5′-monophosphate) 903
アデノシン 5′-三リン酸(adenosine 5′-triphosphate) 904
アテノロール(atenolol) 720
アトムエコノミー → 原子効率
アトルバスタチン(atorvastatin) 321
アトロプ異性体(atropisomer) 97, 109
アナボリックステロイド → 同化ステロイド
アニオン(anion) 6
アニオン重合 940
アニソール(anisole) 693
アニリン(aniline) 693, 753
アノマー(anomer) 492, 826
アノマー炭素(anomeric carbon) 492, 826
アマンタジン(amantadine) 79
アミグダリン(amygdalin) 845
アミド(amide) 17, 557
　　──の加水分解 571, 572
　　──の酸性度 561
　　──の質量スペクトル 455
　　──の水素化アルミニウムリチウムによる還元 585
　　──の水素結合 562
アミド結合 562
アミトリプチリン(amitriptyline) 749
アミノ基(amino group) 15, 870
　　──の平面性 762
アミノ基転移酵素(transaminase) 502
アミノ基転移反応(transamination) 502
アミノ酸(amino acid) 116, 870
　　──の酸-塩基滴定 875

　　──の配列解析 880
アミノ酸分析 879
trans-2-アミノシクロヘキサノール 769
アミノ糖(amino sugar) 825
4-アミノブタン酸(4-aminobutanoic acid) → γ-アミノ酪酸
γ-アミノ酪酸(γ-aminobutyric acid) 531
アミロース(amylose) 837
アミロペクチン(amylopectin) 837
アミン(amine) 15, 753
　　──とカルボン酸誘導体の反応 577
　　──のアルキル化反応 768
　　── NMR スペクトル 435
　　──の塩基性 759〜764
　　──の質量スペクトル 457
　　──の赤外吸収スペクトル 397
　　──の沸点 759
　　──の命名法 754
　　──の融点 759
脂肪族ヘテロ環── 753
ヘテロ環── 753
芳香族ヘテロ環── 753
アミンオキシド 779
アモキシシリン(amoxicillin) 560
アラキジン酸(arachidic acid) 531
アラキドン酸(arachidonic acid) 855
アラニン(alanine) 531, 871
D-アラビノース(D-arabinose) 824
アラミド(aramid) 929
アリル(allyl) 156
アリルアルコール 370
アリル位(allyllic) 278
　　──アルキル化反応 802
　　──のハロゲン化 255
二重── 260
アリル位カルボカチオン(allylic carbocation) 278
アリル位炭素(allylic carbon) 256
アリル位置換(allylic substitution) 256
アリルカチオン 278
アリールカチオン 775
アリル基
　　──の化学シフト 415
アリール基(aryl group) 151, 680
　　──の低磁場シフト 416
アリル錯体 804
アリルラジカル
　　──の共鳴構造 258

---

* 立体の数字は上巻を，斜体の数字は下巻を示す．

(アリルラジカルつづき)
　　――のスピン密度図　259
　　――の分子軌道モデル　258
亜リン酸　777
rRNA　911
R/S 表示法(R/S system)　98
　　――の優先順位則　98
RNA　902, 910
ROMP → 開環メタセシス重合
アルカロイド(alkaloid)　754
アルカン(alkane)　51
　　――の NMR スペクトル　431
　　――の構造異性体　52
　　――の酸化反応　82
　　――の酸性度　142
　　――の質量スペクトル　450
　　――の赤外吸収スペクトル　393
　　――の燃焼熱　82
　　――のハロゲン化　245, 248
　　――の沸点　79, 80
　　――の分子間相互作用　80
　　――の密度　79, 80
　　――の命名法　54, 57
　　――の融点　79, 80
アルギニン(arginine)　871
アルキル化反応(alkylation reaction)　220
　　アジドイオンの――　769
　　アリル位――　802
　　アンモニア，アミンの――　768
　　エナミンの――　613
　　フリーデル-クラフツ――　727
アルキル基(alkyl group)　55, 151
　　――の化学シフト　415
　　――のカップリング定数　420
　　――の構造と名称　56
アルキルベンゼンスルホン酸　852
アルキン(alkyne)　217
　　――のアニオンとケトンとの反応　485
　　――の還元　229
　　――の合成　220
　　――の酸触媒水和反応　227
　　――の酸性度　142, 219
　　――の質量スペクトル　452
　　――の触媒的還元　229
　　――の水和反応　225
　　――の赤外吸収スペクトル　393, 394
　　――のヒドロホウ素化-酸化　225
　　――のヒドロホウ素化-プロトン化　229
　　――の沸点　219
　　――の密度　219
　　――の命名法　217
　　――の融点　219
　　――の溶解金属還元　230
　　――への臭素，塩素の付加　222
　　――へのハロゲン化水素の付加　223
　　内部――　220
　　末端――　218
アルケニル基
　　――のカップリング定数　420
　　――の慣用名　156
アルケン(alkene)　151
　　――からのアルキンの合成　220
　　――からのハロヒドリンの生成　190
　　――とのシモンズ-スミス反応　472

　　――のアルコールからの合成　331
　　――の NMR スペクトル　431
　　――のエポキシ化反応　369
　　――のオキシ水銀化-還元　193
　　――のオゾン開裂　200
　　――の酸性度　142
　　――の四酸化オスミウムによる酸化　199
　　――の質量スペクトル　452
　　――の触媒的水素化　202
　　――の水素化熱　203, 648
　　――の水和反応　184
　　――の赤外吸収スペクトル　393
　　――のヒドロホウ素化-酸化　194
　　――の付加反応　174
　　――の沸点　162
　　――の命名法　154
　　――の融点　162
　　――へのアルコールの付加反応　360
　　――への塩素の付加　188
　　――への臭化水素のラジカル付加　262
　　――への臭素の付加　188
　　――へのハロゲン化水素の付加　178
アルケンメタセシス(alkene metathesis)
　　　　　　　　　　　　　　　　809
アルコキシ基(alkoxy group)　355
アルコキシドイオン　323
アルコール(alcohol)　14, 317
　　――と塩化チオニルとの反応　328
　　――とカルボン酸の反応　540
　　――とカルボン酸誘導体の反応
　　　　　　　　　　　　　575～577
　　――と三臭化リンとの反応　327
　　――のアセタール化による保護　498
　　――のアルケンへの付加反応　360
　　――のアルデヒドへの酸化　339
　　――の NAD$^+$ による酸化　341
　　――の NMR スペクトル　432
　　――の塩基性度　322
　　――のカルボン酸への酸化　337
　　――の求核置換反応　324
　　――のクロム酸酸化　338
　　――のケトンへの酸化　338
　　――の構造　317
　　――の質量スペクトル　453
　　――の赤外吸収スペクトル　395, 396
　　――の脱水によるアルケン合成　331
　　――の脱水によるエーテル合成　359
　　――のハロアルカンへの変換　324
　　――の pK_a　323
　　――の沸点　320, 321, 357
　　――の命名法　318
　　――の溶解度　320, 321, 357
アルコールデヒドロゲナーゼ　341
アルジトール(alditol)　831
アルデヒド(aldehyde)　16, 476
　　――からのイミンの生成　499
　　――とシアン化水素の付加反応　486
　　――とヒドラジンの反応　501
　　――のアルコールからの合成　339
　　――の NMR スペクトル　433
　　――の金属水素化物による還元反応
　　　　　　　　　　　　　　　509
　　――の構造と結合　476
　　――の酸化反応　506

　　――の質量スペクトル　454
　　――の触媒的還元　510
　　――の赤外吸収スペクトル　398
　　――の沸点　480
　　――の命名法　476
　　――の溶解度　480
　　――へのアルコールの付加反応　492
アルドース(aldose)　822
アルドール反応(aldol reaction)　600
　　塩基触媒による――　600
　　交差――　603, 630
　　酸触媒による――　600
　　分子内――　604
D-アルトロース(D-altrose)　824
アルドン酸(aldonic acid)　831
α 開裂　454
α 水素(α-hydrogen)　503, 598
α 炭素(α-carbon)　503
　　――のハロゲン化　515
　　――のラセミ化　514
α,β-不飽和アルデヒド　602
α,β-不飽和カルボニル化合物　623
α,β-不飽和ケトン　602
α,β-不飽和ニトリル　623
α,β-不飽和ニトロ化合物　623
α ヘリックス(α-helix)　891
アルブテロール(albuterol)　721, 785
アルプロスタジル(alprostadil)　593
アレニウスの酸と塩基(Arrhenius acid and
　　　　　　　　　　　　　base)　124
アレン(allene)　221
アレーン(arene)　151, 680
　　――の赤外吸収スペクトル　393, 395
D-アロース(D-allose)　824
アンジオテンシン変換酵素(angiotensin
　　　　　　converting enzyme)　114
安息香酸(benzoic acid)　537, 693
安息香酸無水物(benzoic anhydride)　556
アンタラ型 → 逆面型
アンチ形配座(anti conformation)　63, 96,
　　　　　　　　　　　　　　　　295
アンチ付加(anti addition)　230
　　臭素の――　189
アンチマルコフニコフ型(anti-
　　Markovnikov) → 反マルコフニコフ型
アンチ立体選択性(anti stereoselectivity)
　　　　　　　　　　　　　　　　188
安定イリド　490
アントラセン(anthracene)　695
アンドロゲン(androgen)　858
アンヌレン(annulene)　686
アンモニア　15, 18, 28
　　――とカルボン酸誘導体の反応　577
　　――のアルキル化反応　768
　　――の酸性度　874
　　――の静電ポテンシャル図　20

い

EI-MS → 電子イオン化質量分析法
ESI → エレクトロスプレーイオン化法

索引 975

ESI-MS → エレクトロスプレーイオン化質量分析法
イオン化ポテンシャル(ionization potential) 444
イオン相互作用(ionic interaction) 6
イオン対 277
いす形(立体)配座(chair conformation) 67
　　——の書き方 70, 74
　　ピラノースの—— 828
　　メチルシクロヘキサンの—— 71
異性体(isomer) 10, 93
E/Z命名法(E/Z system) 157
位相(phasing) 23
イソ吉草酸(isovaleric acid) 529
イソタクチックポリマー(isotactic polymer) 939
イソブタン 57
イソブチルアルコール(isobutyl alcohol) → 2-メチル-1-プロパノール
イソブチルメルカプタン(isobutyl mercaptan) → 2-メチル-1-プロパンチオール
イソブチレン(isobutylene) 155
イソプレン 611
イソプレン則(isoprene rule) 162
イソプロピルアルコール(isopropyl alcohol) → 2-プロパノール
イソペンタン 57
イソペンテニル二リン酸 → イソペンテニルピロリン酸
イソペンテニルピロリン酸(isopentenyl pyrophosphate) 610
イソロイシン(isoleucine) 871
一次構造(核酸の, primary structure of nucleic acid) 905
一次構造(タンパク質の, primary structure of protein) 879
一次反応 275, 294
一重線(singlet) 418
位置選択性 252
　　E1反応の—— 295
　　E2反応の—— 295
位置選択的反応(regioselective reaction) 178
一置換シクロヘキサン
　　——の立体ひずみ 70
1,2移動(1,2-shift) 186
1,2付加(1,2 addition) 650
1,4付加(1,4 addition) 622, 650
D-イドース(D-idose) 824
E配置 157
E1反応(E1 reaction) 292, 301
　　——とE2反応 298
　　——の位置選択性 295
　　——の速度論 294
　　——の反応座標図 292
　　——の立体選択性 295
　　アルコールの—— 332
　　S_N1反応と—— 300
E2反応(E2 reaction) 293, 301
　　——とE1反応 298
　　——の位置選択性 295
　　——の速度論 294
　　——の反応座標図 293
　　——の立体選択性 295

　　——の立体特異性 296
　　アルコールの—— 333
　　S_N2反応と—— 301
イブプロフェン(ibuprofen) 114, 533
イミダゾリウムイオン 763
イミダゾール(imidazole) 690
　　——の塩基性度 763, 875
イミド(imide) 559
　　——の酸性度 561
イミン(imine) 499
　　——のカルボニル化合物からの生成 499
イリド(ylide) 487
インジゴ 747
インドール(indole) 690

う

ウィッティッヒ反応(Wittig reaction) 487, 488
ウィリアムソンエーテル合成(Williamson ether synthesis) 358, 701
ウォルフ-キシュナー還元(Wolff-Kishner reduction) 513
右旋性(dextrorotatory) 111
ウノプロストン(unoprostone) 868
ウラシル(uracil) 903
ウロン酸(uronic acid) 832

え

AIBN → アゾビスイソブチロニトリル
エイコサノイド(eicosanoid) 855
エイコサン酸 → アラキジン酸
AMP → アデノシン5′-一リン酸
A形DNA(A-DNA) 909
エキソ(exo) 666
液体クロマトグラフ(liquid chromatograph) 444
エクアトリアル結合(equatorial bond) 67
ACE → アンジオテンシン変換酵素
S_N1反応(S_N1 reaction) 273, 301
　　——での溶媒効果 283
　　——とE1反応 300
　　——とS_N2反応 288
　　——の速度論 275
　　——の反応座標図 274
　　——の立体化学 276
　　アルコールの—— 325
S_N2反応(S_N2 reaction) 271, 301
　　——での溶媒効果 283
　　——とE2反応 301
　　——とS_N1反応 288
　　——の速度論 275
　　——の反応座標図 272
　　——の立体化学 277
　　——の立体障害 280
　　アルコールの—— 326
s軌道 2, 23
s-シス配座(s-cis conformation) 664

エステル 17, 556
　　——とアンモニア, アミンの反応 578
　　——とグリニャール反応剤の反応 580
　　——と有機リチウム反応剤の反応 580
　　——の加水分解 566, 568
　　——の質量スペクトル 455
　　——の水素化アルミニウムリチウムによる還元 583
エステル化 540
エステル交換反応(transesterification) 577
β-エストラジオール(β-estradiol) 722
s-トランス配座(s-trans conformation) 664
エストロゲン(estrogen) 857
エストロン(estrone) 820
sp混成軌道(sp hybrid orbital) 29
sp^2混成軌道(sp^2 hybrid orbital) 28
sp^3混成軌道(sp^3 hybrid orbital) 27
エスモロール(esmolol) 720
エタナール(ethanal) → アセトアルデヒド
エタノール 14, 283
エタン 33, 51
　　——のエネルギー図 63
　　——の塩素化 249
　　——の重なり形配座 62
　　——のニューマン投影式 62
　　——のねじれ形配座 62
エタン酸(ethanoic acid) → 酢酸
1,2-エタンジオール(1,2-ethanediol) → エチレングリコール
エタンニトリル(ethanenitrile) → アセトニトリル
エチドカイン(etidocaine) 558
エチニル基
　　——の化学シフト 415
　　——の高磁場シフト 416
エチルイソプロピルケトン(ethyl isopropyl ketone) 479
エチルイソプロピルスルフィド → 2-エチルスルファニルプロパン
エチルカチオン
　　——の軌道図 183
エチルジスルファニルエタン 378
エチルスルファニルエタン 378
2-エチルスルファニルプロパン 378
エチルビニルエーテル(ethyl vinyl ether) → エトキシエテン
エチルベンゼン(ethylbenzene) 693
エチレン(ethylene) 18, 33, 51, 151, 155
　　——のπ結合 153
エチレンオキシド(ethylene oxide) 356, 367, 374(オキシランも見よ)
エチレングリコール(ethylene glycol) 319
エチン → アセチレン
X線 387
^{1}H NMRスペクトル 410
　　——の化学シフト 413, 414, 958
　　——のシグナル 412
　　——のシグナル分裂 418, 419
　　——の積分強度 413
^{1}H NMR分光法 405
HMG-CoAレダクターゼ 321, 612
HDL → 高密度リポタンパク質
HDPE → 高密度ポリエチレン

976　索　引

ATP → アデノシン 5′-三リン酸
エーテル(ether)　355
　　——のアルコール脱水反応による合成　359
　　——の NMR スペクトル　433
　　——の開裂反応　361
　　——の構造　355
　　——の水素結合　357
　　——の赤外吸収スペクトル　396
　　——の双極子-双極子相互作用　357
　　——の命名法　355
エテン(ethene) → エチレン
2-エトキシエタノール(2-ethoxyethanol)　356
エトキシエタン(ethoxyethane) → ジエチルエーテル
エトキシエテン(ethoxyethene)　355
trans-2-エトキシシクロヘキサノール(trans-2-ethoxycyclohexanol)　355
エトキシドイオン
　　——の静電ポテンシャル図　141
エドマン分解(Edman degradation)　882
エナミン(enamine)　501, 612
　　——のアシル化　614
　　——のアルキル化　613
　　——のマイケル付加　625
エナンチオ選択的な反応(enantioselective reaction)　209
エナンチオトピックな置換基(enantiotopic group)　427
エナンチオマー(enantiomer)　94, 109
エナンチオマー過剰率(enantiomeric excess)　112
エナントトキシン(enanthotoxin)　236
NAD$^+$　341
　　——によるアルコールの酸化　341
NADH　341, 512
NADPH　611
NMR 分光計　409
NMR 分光法(NMR spectroscopy) → 核磁気共鳴分光法
NOE → 核オーバーハウザー効果
n→π* 遷移　659
NBS → N-ブロモスクシンイミド
(n+1)則〔(n+1) rule, NMR の〕　418
N 末端アミノ酸(N-terminal amino acid)　878
エネルギー(energy)　3
エネルギー準位図(energy-level diagram)　2
エノラートアニオン(enolate anion)　503, 598, 616
エノール(enol)　226
エノール形(enol form)　504
エピクロロヒドリン(epichlorohydrin)　375
エピバチジン(epibatidine)　786
FAD　853
エフェドリン　121
FAB → 高速原子衝撃法
FT-NMR → フーリエ変換 NMR 分光計
エポキシ化反応　369
　　シャープレス——　369
エポキシ樹脂(epoxy resin)　931

エポキシド(epoxide) → オキシラン
MRI → 磁気共鳴画像法
mRNA　912
MALDI 法 → マトリックス支援レーザー脱離イオン化法
MAO → メチルアルミノキサン
MS → 質量分析法
MS-MS → タンデム質量分析法
MMPP → モノペルオキシフタル酸マグネシウム
MO 法 → 分子軌道法
MCPBA → m-クロロペルオキシ安息香酸
MTBE → tert-ブチルメチルエーテル
エラストマー(elastomer, elastic polymer)　926
エリトロース(erythrose)　101, 824
LAS　852
LAH → 水素化アルミニウムリチウム
LLDPE → 直鎖低密度ポリエチレン
LC → 液体クロマトグラフ
LDA → リチウムジイソプロピルアミド
LDL → 低密度リポタンパク質
LDPE → 低密度ポリエチレン
エレクトロスプレーイオン化質量分析法(electrospray ionization mass spectrometry)　445
エレクトロスプレーイオン化法　457
エレトリプタン(eletriptan)　528
塩化オキサリル　340
塩化スルホニル　329, 555
塩化チオニル　328
塩化トシル → 塩化 p-トルエンスルホニル
塩化トリイソプロピルシリル　365
塩化トリエチルシリル　365
塩化トリメチルシリル → クロロトリメチルシラン
塩化 p-トルエンスルホニル　329, 576
塩化ビニル　224
塩化 tert-ブチルジメチルシリル　365
塩化メシル → 塩化メタンスルホニル
塩化メタンスルホニル　329, 576
塩化メチレン(methylene chloride) → ジクロロメタン
塩　基　124
　　アレニウスの——　124
　　共役——　124
　　ブレンステッド-ローリーの——　124, 127, 129
塩基性(basicity)　285
塩基性度
　　アルコールの——　322
　　イミダゾールの——　875
　　グアニジノ基の——　874
塩結合(salt linkage)　894
塩　素
　　——のアルキンへの付加　222
　　——のアルケンへの付加　188
塩素化
　　エタンの——　249
　　ベンゼンの——　724
エンタルピー(enthalpy)　137
エンタルピー変化(enthalpy change)　137

エンド(endo)　666
エントロピー(entropy)　137

お

オキサホスフェタン(oxaphosphatane)　489
オキサン(oxane) → テトラヒドロピラン
オキシ水銀化-還元(oxymercuration-reduction)　192
　　アルケンの——　193
オキシラン(oxirane)　356, 366
　　——からのグリコールの合成　371
　　——とギルマン反応剤の反応　469
　　——の還元　374
　　——の求核的な開環反応　373, 769
　　——の酸触媒による開環反応　371
　　——のハロヒドリンからの合成　367
　　——への水の付加　371
オキセタン(oxetane)　356
3-オキソカルボン酸 → β-ケトカルボン酸
オキソニウムイオン　124, 273, 323, 360
オキソラン(oxolane) → テトラヒドロフラン
オクタデカン酸 → ステアリン酸
オクタン価(octane number)　85
オクタン酸 → カプリル酸
オクテット則(octet rule)　5, 10
オゾニド(ozonide)　201
オゾン層　251
オリゴ糖(oligosaccharide)　835
オリゴペプチド(oligopeptide)　878
オルト(ortho)　694
オルト-パラ配向性(ortho-para directing)　733
L-オルニチン(L-ornithine)　872
オレイン酸　160
オレフィンメタセシス(olefin metathesis) → アルケンメタセシス
折れ曲がり配座
　　シクロブタンの——　67

か

開環メタセシス重合(ring-opening metathesis polymerization)　811, 947
解糖(glycolysis)　532
化学イオン化法(chemical ionization)　445
化学シフト(chemical shift)　408
　　^{1}H NMR スペクトルの——　413, 414, 958
　　混成と——　415
　　^{13}C NMR スペクトルの——　430, 958
　　電気陰性度と——　415
架橋(bridge)　60
架橋ブロモニウムイオン(bridged bromonium ion)　189
殻(shell)　1
核オーバーハウザー効果(nuclear Overhauser enhancement)　436

索　引　977

核酸(nucleic acid)　902
核磁気共鳴　407
核磁気共鳴(NMR)スペクトル
　　^{1}H——　410
　　^{13}C——　429
核磁気共鳴分光法(nuclear magnetic resonance spectroscopy)　405
核スピン量子数(nuclear spin quantum number)　405
角度ひずみ → 角ひずみ
角ひずみ(angle strain)　64
過酢酸 → ペルオキシ酢酸
重なり形(立体)配座(eclipsed conformation)　62
　　エタンの——　62
　　ブタンの——　65
重なり相互作用ひずみ(eclipse-interaction strain) → ねじれひずみ
過酸 → ペルオキシカルボン酸
過酸化水素　379
過酸化物　249
加水分解
　　アミドの——　571, 572
　　エステルの——　566, 568
　　酸塩化物の——　565
　　ニトリルの——　573
ガスクロマトグラフ(gas chromatograph)　444
片羽矢印(single-sided arrowhead)　244
カチオン(cation)　6
カチオン重合　940, 944
活性化基(activating group)　733
カップリング定数(coupling constant)　419
　　アルキル基の——　420
　　アルケニル基の——　420
カテコール(catechol)　696
価電子(valence electron)　5
ガバペンチン(gabapentin)　641
カフェイン(caffeine)　690
カプサイシン(capsaicin)　698
カプトプリル(captopril)　114
カプリル酸(caprylic acid)　531
カプリン酸(capric acid)　531
カプロン酸(caproic acid)　531
カーボン NMR 分光法 → ^{13}C NMR 分光法
過ヨウ素酸(periodic acid)　343, 833
過ヨウ素酸ナトリウム　379
加溶媒分解(solvolysis)　273
D-ガラクトサミン(D-galactosamine)　825
D-ガラクトース(D-galactose)　824
ガラス転移温度(glass transition temperature)　926
カリウム tert-ブトキシド　324
α-カリオフィレン(α-caryophyllene)　819
カルパノン(carpanone)　817
カルブテロール(carbuterol)　721
カルベノイド(carbenoid)　472
カルベン(carbene)　469
　　求核性——　809
カルボアニオン(carbanion)　175, 465
カルボカチオン(carbocation)　129, 175, 180
　　——の安定性　181, 278
　　——の転位反応　186, 287
カルボカチオン中間体　273
カルボキシ基(carboxy group)　16, 529
　　——の酸性度　873
　　——の保護　886
カルボキシラートアニオン　534
カルボニル基(carbonyl group)　16, 476, 598
　　——のアセタールによる保護　497
　　——のメチレン基への還元　512
　　——をもつ分子の赤外吸収スペクトル　400
カルボニル水和物　491
カルボプロスト(carboprost)　854
カルボン酸(carboxylic acid)　16
　　——からの酸ハロゲン化物の合成　543
　　——とアルコールの反応　540
　　——とジアゾメタンの反応　541
　　——のアルコールからの合成　337
　　——の NMR スペクトル　433
　　——のグリニャール反応剤からの合成　538
　　——の酸性度　534
　　——の質量スペクトル　455
　　——の水素結合　532
　　——の赤外吸収スペクトル　399
　　——の沸点　533
　　——のマクラファティ転位　455
　　——の命名法　529
カルボン酸アミド(carboxylic amide) → アミド
カルボン酸エステル(carboxylic ester) → エステル
カルボン酸塩　536
　　——と酸塩化物の反応　579
カルボン酸無水物(carboxylic anhydride) → 酸無水物
カルボン酸誘導体　552
　　——の NMR スペクトル　433
　　——の求核的アシル置換反応　563
　　——の求核的アシル付加反応　562
　　——の共鳴構造　564
　　——の赤外吸収スペクトル　399
　　——の命名法　555
カロテン(carotene)　165, 863
カーン-インゴールド-プレログ表示法 → R/S 表示法
ガングリオシド GM$_2$(ganglioside GM$_2$)　846
還元(reduction)　198
還元的アミノ化(reductive amination)　511
還元的脱離(reductive elimination)　795, 799, 805, 806
還元糖(reducing sugar)　831
環状炭化水素(cyclic hydrocarbon)　58
環状 DNA(circular DNA)　910
環状二重らせん(circular duplex)　910
環状ヘミアセタール　492
環電流(ring current)　417
官能基(functional group)　13
　　——の優先順位　478, 479
カンファー(camphor)　78, 163
γ 線　387

簡略化した構造式(condensed structural formula)　14

き

基官能命名法　241
ギ酸(formic acid)　283, 479, 529, 531
基準ピーク(base peak)　445
キシリトール(xylitol)　831
D-キシロース(D-xylose)　824
吉草酸(valeric acid)　531
基底状態(ground state)　4, 25
軌道(orbital)　2, 22
　　σ 分子——　25
　　π 分子——　34
キノン　703
ギブズ活性化自由エネルギー(Gibbs free energy of activation)　136
ギブズ自由エネルギー変化(Gibbs free energy change)　136
ギブズ-ヘルムホルツ式(Gibbs-Helmholtz equation)　137
キモトリプシン　881
逆合成(retrosynthesis)　232
逆面型(antarafacial)　661
GABA → γ-アミノ酪酸
キャロル反応　679
吸エルゴン反応(endergonic reaction)　137
求核剤(nucleophile)　144, 171, 269, 285
求核性(nucleophilicity)　285
求核性カルベン　809
求核置換反応(nucleophilic substitution reaction)　269
　　アルコールの——　324
　　ハロアルカンの——　270
求核的アシル置換反応(nucleophilic acyl substitution reaction)　563, 614
求核的アシル付加反応(nucleophilic acyl addition)　481, 562, 599
吸光度(absorbance)　656
求電子剤(electrophile)　144, 171, 269
求電子付加反応(electrophilic addition reaction)　177
　　共役ジエンへの——　650
吸熱反応(endothermic reaction)　137
鏡像(mirror image)　92
橋頭位(bridgehead)　159
橋頭炭素(bridgehead carbon)　60
共沸混合物(azeotrope)　496
共鳴(resonance)　35
共鳴(resonance, NMR 分光法の)　408
共鳴エネルギー(resonance energy)　683
共鳴寄与体(resonance contributor) → 共鳴構造
共鳴構造(resonance structure)　35
　　——の書き方　36
　　カルボン酸誘導体の——　564
　　酢酸イオンの——　168
　　炭酸イオンの——　36
　　ベンジルカチオンの——　279
　　ベンゼンの——　168, 683
共鳴混成体(resonance hybrid)　35

共役(conjugation) 41, 399, *647*
共役塩基(conjugate base) 124
　　——の安定性 139
共役酸(conjugate acid) 124
共役ジエン(conjugated diene) *647*
　　——への求電子付加反応 650
共役付加(conjugate addition) 622
共有結合(covalent bond) 6, 7
極性共有結合(polar covalent bond) 6, 8
極性溶媒(polar solvent) 282
寄与構造(contributing structure) → 共鳴構造
キラリティー 92
　　酵素の—— 113
キラル(chiral) 92
キラル中心(chiral center) 74, 95
　　——の表記法 94
ギルボカルシン M(gilvocarcin M) 817
ギルマン反応剤(Gilman reagent) 467, 582, 628
　　——とオキシランの反応 469
　　——と酸塩化物の反応 582
　　——と有機ハロゲン化物とのカップリング 467
銀鏡テスト(silver-mirror test) 507
近紫外領域(near ultraviolet) 655
金属アルコキシド 323
金属カルベノイド 810
均等結合開裂(homolytic bond cleavage) 244

く

グアニジニウムイオン 765
グアニジノ基
　　——の塩基性度 874
グアニジン 764
グアニン(guanine) 903
空軌道(vacant orbital) 182
クエン酸回路 → トリカルボン酸回路
鎖停止法 → サンガーのジデオキシ法
クマリン(coumarin) 558
クメン(cumene) 693, 727
クライゼン縮合(Claisen condensation) 605, 606
　　交差—— 608
クライゼン転位 670, 672
クラウンエーテル(crown ether) 376
クラッキング(cracking) 83
繰返し単位(repeat unit) 924
グリコーゲン(glycogen) 838
グリコシド(glycoside) 829
グリコシド結合(glycosidic bond) 829
グリコール(glycol) 199, 319, 335
　　——のオキシランからの合成 371
　　——の過ヨウ素酸酸化 343
グリシン(glycine) 871
グリセリン(glycerine) → グリセロール
グリセルアルデヒド(glyceraldehyde) 104, 822, 824
　　——のフィッシャー投影式 105

グリセルアルデヒド 3-リン酸(glyceraldehyde 3-phosphate) 557
グリセロール(glycerol) 319
グリニャール反応剤(Grignard reagent) 463, 482
　　——とエステルの反応 580
　　——とオキシランとの反応 466
　　——とプロトン酸との反応 465
　　——とホルムアルデヒドの反応 483
　　——によるカルボン酸の合成 538
グリーンケミストリー(green chemistry) 796
クルクミン(curcumin) 658
D-グルクロン酸(D-glucuronic acid) 832
グルコサミノグリカン(glucosaminoglycan) 840
D-グルコサミン(D-glucosamine) 825
D-グルコース 492, 823, 824
グルコース検査 833
グルタチオン 900
グルタミン(glutamine) 871
グルタミン酸(glutamic acid) 871, 873
m-クレゾール(m-cresol) 696
クレメンゼン還元(Clemmensen reduction) 512
クロザピン(clozapine) 752
D-グロース(D-gulose) 824
クロスカップリング反応(cross-coupling reaction) 804
クロマチン(chromatin) 910
クロマトグラフィー(chromatography) 118
クロム酸 337
クロム酸酸化 338
クロロ亜硫酸アルキル 329
クロロアルカン 328
m-クロロ過安息香酸 → m-クロロペルオキシ安息香酸
クロロクロム酸ピリジニウム(pyridinium chlorochromate) 339
クロロトリメチルシラン 365
クロロフルオロカーボン(chlorofluorocarbon) 251
m-クロロペルオキシ安息香酸 368
クロロホルム(chloroform) → トリクロロメタン
クロロメタン
　　——と水酸化物イオンの反応 269

け

形式電荷(formal charge) 12
ケイ皮アルデヒド → シンナムアルデヒド
ケクレ構造(Kekulé structure) 681
血液型 836
結合解離エネルギー(bond dissociation energy) → 結合解離エンタルピー
結合解離エンタルピー(bond dissociation enthalpy) 8, 176, 244, 247, *957*
結合距離 → 結合長
結合性分子軌道(bonding molecular orbital) 25

結合双極子モーメント(bond dipole moment) 9
結合長(bond length) 8
結合電子対(bonding electrons) 10
結晶性領域(crystalline domain) 926
血中アルコール濃度 339
β-ケトエステル(β-ketoester) 605, *615*
　　——の加水分解と脱炭酸 609
ケト-エノール互変異性(keto-enol tautomerism) 226, 503, *600*
　　塩基触媒による 504
　　酸触媒による—— 505
ケト形(keto form) 504
β-ケトカルボン酸 544
ケトース(ketose) 822
ケトン(ketone) 16, *476*
　　——からのイミンの生成 499
　　——とアルキンのアニオンとの反応 485
　　——とシアン化水素の付加反応 486
　　——とヒドラジンの反応 501
　　——と有機リチウム反応剤との反応 484
　　——のアルコールからの合成 338
　　——の塩基によるハロゲン化 516
　　——の金属水素化物による還元反応 509
　　——の構造と結合 476
　　——の酸化反応 508
　　——の酸触媒によるハロゲン化 515
　　——の質量スペクトル 454
　　——の触媒的還元 510
　　——の赤外吸収スペクトル 398
　　——の沸点 480
　　——のマクラファティ転位 454
　　——の命名法 476
　　——の溶解度 480
　　——へのアルコールの付加反応 492
ケトン体(ketone body) 544
ゲラニアール(geranial) 340, 477
ゲラニオール(geraniol) 163, 340
けん化(saponification) 568, 569, 609, 851
原子価殻(valence shell) 5
原子価殻電子対反発(valence-shell electron-pair repulsion) 17
原子価結合法(valence bond theory) 26
原子効率(atom economy) 620, 796

こ

硬化(hardening) 850
光学活性(optically active) 110
光学純度(optical purity) 112
光学分割(optical resolution) 115
　　マンデル酸の—— 117
交差アルドール反応(crossed aldol reaction) 603, *630*
交差クライゼン縮合(crossed Claisen condensation) 608
光子 → フォトン
高磁場シフト(upfield shift) 410
　　エチニル基の—— 416

索　引　979

合成ガス(synthesis gas)　85
構成原理　→　アオフバウ原理
合成洗剤　852
酵素
　　——のキラリティー　113
構造異性体(constitutional isomer)　52, 73,
　　94, 109
　　アルカンの——　52
高速原子衝撃法(fast-atom bombardment)
　　445
高分解能質量分析法(high-resolution mass
　　spectrometry)　446
高密度ポリエチレン(high-density polyeth-
　　ylene)　938
高密度リポタンパク質(high-density lipo-
　　protein)　857
コカイン(cocaine)　558
ゴシプルア(gossyplure)　385
ゴーシュ形配座(gauche conformation)
　　63, 96
　　ブタンの——　65
固相合成　887, 888
コドン(codon)　913
コハク酸無水物(succinic anhydride)　556
コープ脱離(Cope elimination)　780
コープ転位　670, 672
互変異性体(tautomer)　226
孤立電子対(lone pair)　→　非共有電子対
コーリーラクトン　816
コール酸　91
コルベカルボキシル化(Kolbe carboxyla-
　　tion)　702
コレスタノール(cholestanol)　78, 91
コレステロール　77, 321, 857
コロネン(coronene)　696
混成(hybridization)　27
　　——と化学シフト　415
　　——と酸性度　142
混成軌道(hybrid orbital)　27
　　sp——　29
　　sp^2——　28
　　sp^3——　27

さ

最高被占分子軌道(highest occupied molec-
　　ular orbital)　660
歳差運動(precession)　407
ザイツェフ則(Zaitsev's rule)　291
最低空分子軌道(lowest unoccupied molecu-
　　lar orbital)　660
酢酸(acetic acid)　283, 479, 529, 531
　　——の製法　539
酢酸イオン
　　——の共鳴構造　168
　　——の静電ポテンシャル図　141
酢酸水銀(Ⅱ)　192
酢酸二量体　532
酢酸無水物(acetic anhydride)　556
左旋性(levorotatory)　111
サリシン(salicin)　533
サリチル酸　702

サルファーマスタード　307, 308
酸　124
　　アレニウスの——　124
　　共役——　124
　　ブレンステッド-ローリーの——　124
酸塩化物　543, 555
　　——とカルボン酸塩の反応　579
　　——とギルマン反応剤の反応　582
　　——の加水分解　565
酸-塩基滴定　875
酸-塩基反応
　　——の平衡定数　130, 133
　　——の平衡の偏り　132
酸化(oxidation)　198
酸解離定数(acid dissociation constant)　130
三角錐形(pyramidal)　18
酸化クロム　337
酸化的付加(oxidative addition)　464, 795,
　　797, 799, 805, 806
サンガーのジデオキシ法(Sanger dideoxy
　　method)　916
酸化防止剤　261
三次構造(核酸の, tertiary structure of nu-
　　cleic acid)　909
三次構造(タンパク質の, tertiary structure
　　of protein)　892
三臭化リン　327
三重線(triplet)　418
酸性度　130
　　アミドの——　561
　　アルコールの——　322
　　アンモニウムイオンの——　874
　　イミドの——　561
　　カルボキシ基の——　873
　　カルボン酸の——　534
　　スルホンアミドの——　561
　　フェノールの——　697
三糖(trisaccharide)　835
α-サントニン(α-santonin)　165
ザンドマイヤー反応(Sandmeyer reaction)
　　775, 776
酸ハロゲン化物(acid halide, acyl halide)
　　543, 555
　　——とアルコールの反応　575
　　——とアンモニア, アミンの反応　578
三フッ化ホウ素
　　——の静電ポテンシャル図　144
酸無水物(acid anhydride)　556, 579
　　——とアルコールの反応　576
　　——とアンモニア, アミンの反応　578

し

CI　→　化学イオン化法
ジアキシアル相互作用(diaxial interaction)
　　70
ジアステレオトピックな置換基(diastereo-
　　topic group)　427
ジアステレオマー(diastereomer)　95, 109
ジアゼパム(diazepam)　749
ジアゾ化(diazotization)　772
ジアゾ酸(diazotic acid)　773

ジアゾニウムイオン(diazonium ion)　772
ジアゾメタン　470, 541
ジアトリゾ酸(diatrizoic acid)　792
シアノヒドリン(cyanohydrin)　486
　　——のカルボニル化合物からの生成
　　486
ジアルキル銅リチウム　→　ギルマン反応剤
ジ-sec-イソアミルボラン　225
ジエチルエーテル(diethyl ether)　283, 355
　　——の静電ポテンシャル図　144
ジエチルケトン(diethyl ketone)　479
ジエチルジスルフィド　→　エチルジスル
　　ファニルエタン
ジエチルスルフィド　→　エチルスルファニ
　　ルエタン
ジエチレングリコールジメチルエーテル
　　(diethylene glycol dimethyl ether)　356
^{13}C NMR スペクトル　429
　　——の化学シフト　430, 958
^{13}C NMR 分光法　429
ジエノフィル(dienophile)　662, 667
GABA　→　γ-アミノ酪酸
CFC　→　クロロフルオロカーボン
ジェミナルカップリング(geminal cou-
　　pling)　423
ジェミナルジオール　491
ジエン　159, 667
　　——のシス-トランス異性　161
　　——の水素化熱　648
1,4-ジエン構造　260
1,4-ジオキサン(1,4-dioxane)　356
ジオール(diol)　319
1,2-ジオール　→　グリコール
紫外-可視分光法　655
紫外線　387
β-ジカルボン酸　621
磁気共鳴画像法(magnetic resonance imag-
　　ing)　417
ジギタリン(digitalin)　846
シグナル(signal)　408
　　^{1}H NMR スペクトルの——　412
シグナル分裂(signal splitting)　418
　　^{1}H NMR スペクトルの——　418, 419
σ結合　31
シグマトロピー転位(sigmatropic rearrange-
　　ment)　670
σ分子軌道(σ molecular orbital)　25
ジクマロール(dicumarol)　558
ジグライム(diglyme)　→　ジエチレングリ
　　コールジメチルエーテル
シクロアルカン(cycloalkane)　58, 59
　　——のシス-トランス異性　73
　　——のひずみエネルギー　66, 83
　　——の命名法　59
シクロアルケン(cycloalkene)　158
　　——のシス-トランス異性　158
　　——の命名法　158
シクロオクタテトラエン　684, 689
シクロオクテン　158
シクロノニン　219
シクロブタジエン　684
シクロブタン　59, 66
　　——の折れ曲がり配座　67
シクロプロパン　59, 66

索引

シクロプロペニルカチオン(cyclopropenyl cation) 691
シクロヘキサン 59, 67
　——のいす形(立体)配座 67
　——のいす形(立体)配座の書き方 70, 74
　——のエネルギー図 69
　——の舟形(立体)配座 68
　一置換 70
1,2-シクロヘキサンジオール
　——の立体異性体 108
シクロヘキサン誘導体
　——のいす形(立体)配座 107
シクロヘキセノン 627
シクロヘキセン
　——とジクロロカルベンの反応 471
シクロヘプタトリエニルカチオン(cycloheptatrienyl cation) 692
シクロペンタジエニルアニオン(cyclopentadienyl anion) 692
シクロペンタン 59, 67
シクロペンタンカルボアルデヒド(cyclopentanecarbaldehyde) 477
1,2-シクロペンタンジオール
　——の立体異性体 106
ジクロロカルベン 470
　——とシクロヘキセンとの反応 471
ジクロロメタン(dichloromethane) 241, 283
δ-ジケトン 626
四酸化オスミウム 199
GC → ガスクロマトグラフ
1,3-ジシクロヘキシルカルボジイミド 886
ジシクロヘキシルケトン(dicyclohexyl ketone) 479
脂質(lipid) 848
脂質二重膜(lipid bilayer) 861
シス(cis) 156
システイン(cysteine) 116, 346, 871
シス-トランス異性 154
　ジエン, トリエン, ポリエンの—— 161
　シクロアルカンの—— 73
　シクロアルケンの—— 158
　ビシクロアルカンの—— 76
シス-トランス異性体(cis-trans isomer) 73, 154
シス-トランス命名法 156
ジスルフィド(disulfide) 347, 378
ジスルフィド結合 346, 892
実測旋光度(observed rotation) 111
シッフ塩基(Schiff base) → イミン
質量スペクトル(mass spectrum) 444
質量分析法(mass spectrometry) 443
　——のピーク強度 447
　ポリペプチドの—— 457
ジデオキシ法 916
自動酸化(autoxidation) 260
シトシン(cytosine) 903
L-シトルリン(L-citrulline) 872
Cbz基 → ベンジルオキシカルボニル基
ジヒドロキシアセトン(dihydroxyacetone) 822
ジヒドロキシフェニルアラニン → L-DOPA

2,3-ジヒドロキシブタンジカルボン酸 → 酒石酸
ジペプチド(dipeptide) 877
脂肪(fat) 850
脂肪酸 160, 848
脂肪族アミン(aliphatic amine) 753
　——の塩基性 760
脂肪族炭化水素(aliphatic hydrocarbon) 51
脂肪族ヘテロ環アミン(heterocyclic aliphatic amine) 753
脂肪油(fatty oil) 849
C 末端アミノ酸(C-terminal amino acid) 878
シーマン反応(Schiemann reaction) 775, 776
シメチジン(cimetidine) 899
ジメチルアミン(dimethylamine) 15, 753
ジメチルエーテル 355
ジメチルスルフィド 379
ジメチルスルホキシド(dimethyl sulfoxide) 283, 340, 379
N,N-ジメチルホルムアミド 283
四面体形(tetrahedral) 18
四面体形カルボニル付加体 481
シモンズ-スミス反応
　アルケンとの—— 472
シモンズ-スミス反応剤(Simmons-Smith reagent) 472
指紋領域(fingerprint region) 392
シャープレスエポキシ化反応 369
遮蔽(shielding) 408
臭化エチル 280
臭化エチルマグネシウムジエーテル錯体 464
臭化シアン 880
臭化水素酸 361
臭化 tert-ブチル 280
重縮合(condensation polymerization) → 逐次重合
重水素交換 515
集積ジエン(cumulated diene) 647
臭素
　——のアルキンへの付加 222
　——のアルケンへの付加 188
　——のアンチ立体選択的付加 189
　——の 2-ブテンへの付加 207
臭素化
　ブタンの—— 255
　プロペンの—— 256
　ベンゼンの—— 724
重量平均分子量(weight average molecular weight) 925
主溝(major groove) 909
酒石酸 102, 117
酒石酸ジエチル 369
主量子数 1
小員環ひずみ(small ring strain) 66
ショウノウ → カンファー
ショウノウ酸 117
触媒的還元(catalytic reduction) → 触媒的水素化
触媒的水素化(catalytic hydrogenation) 202, 510

ジョーンズ反応剤(Jones reagent) 337
シラン 365
シリルエーテル 365
シルデナフィル(sildenafil) 791
人工甘味料 836
シンコニン(cinchonine) 117
シンジオタクチックポリマー(syndiotactic polymer) 939
伸縮振動 391
親水性の(hydrophilic) 534
シン脱離 798
振動数(frequency) 387
シンナムアルデヒド(cinnamaldehyde) 477
シン配座 300
シンバスタチン(simvastatin) 612
シン付加(syn addition) 229, 798
シン立体選択性(syn stereoselective) 195

す

水酸化物イオン
　——とクロロメタンの反応 269
水素 26
水素化アルミニウムリチウム 509, 538, 583, 584
水素化シアノホウ素ナトリウム 511
水素化ジイソブチルアルミニウム 584
水素化ナトリウム 219
水素化熱
　アルケンの—— 203
　2-ブテンの—— 204
水素化分解(hydrogenolysis) 707
水素化ホウ素ナトリウム 192, 509, 583
水素結合(hydrogen bonding) 320, 758, 894
　——をもつアルコールの赤外吸収スペクトル 396
　アミドの—— 562
　エーテルの—— 357
　カルボン酸の—— 532
水素不足指数(index of hydrogen deficiency) 152
水和反応
　アルキンの—— 227
　アルケンの—— 184
数平均分子量(number average molecular weight) 925
スクシンイミド(succinimide) 559
スクロース 835
鈴木カップリング反応 805
スタキオース(stachyose) 845
スチレン(styrene) 693
ステアリン酸(stearic acid) 160, 531
スチルカップリング(Stille coupling) 807
スチル-右田-小杉カップリング → スチルカップリング
ステロイド(steroid) 77, 856
ステロイドホルモン 857
ストークエナミン反応(Stork enamine reaction) 613

索　引　981

スピドロイン　894
スピロ環化合物(spiro compound)　337
スピン-スピンカップリング(spin-spin coupling)　419
スピン-スピンデカップリング(spin-spin decoupling)　430
スプラ型　→　同面型
2-スルファニルエタノール(2-sulfanyl-ethanol)　345
スルフィド(sulfide)　378
　──の合成　378
　──の酸化　379
　──の命名法　378
スルフィン酸　347
スルフヒドリル基(sulfhydryl group)　→　メルカプト基
スルホンアミド
　──の酸性度　561
スルホン化　725
スルホン酸　347
スルホン酸エステル　329
スワン酸化(Swern oxidation)　340, 342

せ

制限酵素(restriction enzyme)　915
整数質量　446
静電ポテンシャル図　960
　アリルカチオンの──　278
　アンモニアの──　20
　エトキシドイオンの──　141
　酢酸イオンの──　141
　酢酸二量体の──　532
　三フッ化ホウ素の──　144
　ジエチルエーテルの──　144
　トリフルオロエトキシドイオンの──　141
　α,β-不飽和カルボニル化合物の──　623
　フルオロメタンの──　242
　ホルムアルデヒドの──　21
　水の──　20
精密質量　446
生理的 pH　134
赤外活性(infrared active)　390
赤外吸収スペクトル　393～401, 959
赤外振動領域(vibrational infrared region)　389
赤外線　387
赤外分光法(infrared spectroscopy)　387, 389
積分強度
　^{1}H NMR スペクトルの──　413
石油(petroleum)　84
石油精製　84
セチリジン(cetirizine)　528
節(node)　22
石けん(soap)　851
接触還元　→　触媒的水素化
絶対(立体)配置(absolute configuration)　97
Z 基　→　ベンジルオキシカルボニル基

Z 配置　157
節面(nodal plane)　22
セファレキシン(cephalexin)　560
セリルアラニン　878
セリン(serine)　871
セルロース(cellulose)　838
セロソルブ(cellosolve)　→　2-エトキシエタノール
セロトニン(serotonin)　690
遷移状態(transition state)　135, 176
　──の構造　253
線角構造式(line-angle formula)　52
旋光計(polarimeter)　110
旋光度　110
前末端炭素(penultimate carbon)　823

そ

双極子-双極子相互作用(dipole-dipole interaction)　242, 320
双極子モーメント　20
双極子-誘起双極子相互作用　242
双性イオン(zwitter ion)　116, 766, 870
双頭の矢印(double-headed arrow)　35
速度支配(kinetic control)　625, 652
速度支配エノラート　632
速度論(kinetics)　137
疎水性効果(hydrophobic effect)　895
疎水性相互作用(hydrophobic interaction)　894
疎水性の(hydrophobic)　534
ソタロール(sotalol)　793
薗頭カップリング反応　808
ソルビトール(sorbitol)　831

た 行

第一イオン化ポテンシャル(first ionization potential)　4
第一級(primary)　14
第一級アミン　15
第一級アルコール　14, 319
　──と三臭化リンとの反応　328
　──と臭化水素との反応　326
　──の脱水　333
第一級炭素　58
第三級(tertiary)　14
第三級アミン　15
第三級アルコール　14, 319
　──と臭化水素との反応　325
第三級炭素　58
対称心(center of symmetry)　93
対称面(plane of symmetry)　93
第二級(secondary)　14
第二級アミン　15
第二級アルコール　14, 319
第二級炭素　58
DIBAL-H　→　水素化ジイソブチルアルミニウム

第四級アンモニウムイオン〔quaternary(4°) ammonium ion〕　756
第四級炭素　58
多価不飽和脂肪酸(polyunsaturated fatty acid)　160, 849
多価不飽和脂肪酸エステル(polyunsaturated fatty acid ester)　260
多価不飽和脂肪酸トリグリセリド(polyunsaturated triglyceride)　850
多環芳香族炭化水素(polycyclic aromatic hydrocarbon)　695
多次元 NMR(multidimensional NMR)　436
多重線(multiplet)　418
脱水(dehydration)　331
　──によるエーテル合成　359
　アルコールの──　331, 333
　アルドール生成物の──　602
　2-ブタノールの──　332
脱炭酸(decarboxylation)　543, 609, 616
脱ハロゲン化水素(dehydrohalogenation)　220, 291
脱離基(leaving group)　269, 281
脱離反応
　──の E1 機構　292
　──の E2 機構　293
　アンチ──　295
　β──　269, 290
多糖(polysaccharide)　835, 837
多分散(polydispersity index)　925
タモキシフェン(tamoxifen)　721
ダルツェンス縮合(Darzens condensation)　638
D-タロース(D-talose)　824
炭化水素(hydrocarbon)　51
炭酸イオン
　──の共鳴構造　36
胆汁酸(bile acid)　859
炭水化物(carbohydrate)　→　糖質化合物
炭素求核剤(carbon nucleophile)　465
タンデム質量分析法(tandem mass spectrometry)　446
単糖(monosaccharide)　821, 823
タンパク質(protein)　878
単分散(monodisperse)　926
単分子反応(unimolecular reaction)　273
チアン　378
チオエーテル(thioether)　→　スルフィド
チオフェン(thiophene)　690
チオラートアニオン　347
チオラン　378
チオール(thiol)　344, 378
　──の合成　346
　──の構造　344
　──の酸化　347
　──の pK_a　347
　──の沸点　346
　──の命名法　344
置換試験　411
置換反応(substitution reaction)　245
　──の S_N1 機構　273
　──の S_N2 機構　271
　求核──　269
置換ベンゼン　732

982　索引

置換命名法　241
逐次重合(step-growth polymerization)　927
チーグラー–ナッタ触媒(Ziegler-Natta catalyst)　937
チーグラー–ナッタ連鎖重合　937
チタンテトライソプロポキシド　369
窒素則(nitrogen rule)　450
チミン(thymine)　903
チモール(thymol)　697
蝶形配座 → 折れ曲がり配座
超共役(hyperconjugation)　182, 183
超らせん(superhelix, supercoiling)　910
直鎖低密度ポリエチレン(linear lowdensity polyethylene)　939
直線状分子(linear molecule)　19
直交(orthogonal)　2
L-チロキシン(L-thyroxine)　873
チロシン(tyrosine)　871

釣針矢印(fishhook arrow) → 片羽矢印

DIBAL-H → 水素化ジイソブチルアルミニウム
TIPSCl → 塩化トリイソプロピルシリル
tRNA　911
TESCl → 塩化トリエチルシリル
THF → テトラヒドロフラン
THP エーテル → テトラヒドロピラニルエーテル
DNA　902
TMS → テトラメチルシラン
DMSO → ジメチルスルホキシド
TMSCl → クロロトリメチルシラン
DMF → N,N-ジメチルホルムアミド
DMP → デス–マーチンペルヨージナン
ディークマン縮合(Dieckmann condensation)　607
TCA 回路 → トリカルボン酸回路
DCC → 1,3-ジシクロヘキシルカルボジイミド
低磁場シフト(downfield shift)　410
　　アリール基の——　416
　　ビニル基の——　416
ディスパルア(disparlure)　525
TBDMSCl → 塩化 tert-ブチルジメチルシリル
ティフノー–デミヤノフ反応(Tiffeneau-Demjanov reaction)　774
低分解能質量分析法(low-resolution mass spectrometry)　446
低密度ポリエチレン(low-density polyethylene)　937
低密度リポタンパク質(low-density lipoprotein)　857
DMSO → ジメチルスルホキシド
ディールス–アルダー反応(Diels-Alder reaction)　662
ディールス–アルダー付加体(Diels-Alder adduct)　662
ディーン–スターク装置(Dean-Stark trap)　496
デオキシリボ核酸(deoxyribonucleic acid) → DNA
デカリノール　77

デカリン　60, 76
デカン酸 → カプリン酸
デス–マーチン酸化(Dess-Martin oxidation)　342
デス–マーチンペルヨージナン　342
テスラ　405
デソサミン(desosamine)　785
テトラデカン酸 → ミリスチン酸
テトラヒドロチオピラン → チアン
テトラヒドロチオフェン → チオラン
テトラヒドロピラニルエーテル(tetrahydropyranyl ether)　498
テトラヒドロピラン(tetrahydropyran)　356
テトラヒドロフラン(tetrahydrofuran)　283, 356
テトラペプチド(tetrapeptide)　878
テトラメチルシラン　365, 409
テトロドトキシン(tetrodotoxin)　78
δ-ジケトン　626
テルペン(terpene)　162
テレケリック重合体(telechelic polymer)　943
転移 RNA → tRNA
転位反応(rearrangement reaction)　186, 332
　　カルボカチオンの——　186, 287
　　クライゼン——　670, 672
　　コープ——　670, 672
　　シグマトロピー——　670
　　ピナコール——　335
　　ファボルスキー——　524
　　マクラファティ——　454
電気陰性度(electronegativity)　6
　　——と化学シフト　415
電気泳動(electrophoresis)　876
電子イオン化質量分析法(electron ionization mass spectrometry)　445
電子衝撃イオン化質量分析法(electron impact ionization mass spectrometry) → 電子イオン化質量分析法
電子親和力(electron affinity)　7
電子の押込み(electron pushing, arrow pushing)　168
電子の出発点(electron source)　169
電子の到達点(electron sink)　169
電磁波(electromagnetic radiation)　387
電子配置　2
天然ガス　83
デンプン(starch)　837
伝令 RNA → mRNA

同位体
　　——の精密質量と天然存在比　447
同化ステロイド(anabolic steroid)　859
等価な水素(equivalent hydrogen)　410
透過率(percent transmittance)　656
糖質化合物(carbohydrate)　821
等電点(isoelectric point)　876
頭–頭結合(head-to-head linkage)　935
頭–尾結合(head-to-tail linkage)　935
同面型(suprafacial)　661
特性吸収帯表(correlation table)　392
α-トコフェロール → ビタミン E

トシル基　330
ドデカン酸 → ラウリン酸
L-DOPA　114
ドーパミン(dopamine)　114
トピシティー(topicity)　427
トランス(trans)　156
トランス脂肪酸　205, 851
トランスファー RNA(transfer RNA) → tRNA
トランスメタル化(transmetallation)　805, 806
トリアシルグリセロール(triacylglycerol) → トリグリセリド
トリアルキルボラン　196
トリエン　159
　　——のシス–トランス異性　161
トリオール(triol)　319
トリカルボン酸回路(tricarboxylic acid cycle)　532
トリグリセリド(triglyceride)　848
トリクロール → トリクロロエチレン
1,1,1-トリクロロエタン　241
トリクロロエチレン　241
トリクロロメタン(trichloromethane)　241
2,3,4-トリヒドロキシブタナール　100
トリフェニルホスフィン　488
トリプシン　881
トリプトファン(tryptophan)　871
トリフルオロエトキシドイオン
　　——の静電ポテンシャル図　141
トリペプチド(tripeptide)　878
トリメチルアミン(trimethylamine)　15, 753
L-トリヨードチロニン(L-triiodothyronine)　873
トルエン(toluene)　283, 693
トレオース(threose)　101, 824
トレオニン(threonine)　871
トレハロース(trehalose)　845
トレミフェン(toremifene)　722
トレンス反応剤(Tollens' reagent)　506
トロピリウムイオン(tropylium ion) → シクロヘプタトリエニルカチオン

な　行

ナイアシン(niacin) → ニコチン酸
ナイトロジェンマスタード　307, 308
内部アルキン(internal alkyne)　220
ナイロン 6　929
ナイロン 66(nylon 66)　927, 928
ナトリウムアセチリド　485
ナトリウムアミド　219
ナトリウムエトキシド　324
ナトリウムナフタレニド　942
ナドロール(nadolol)　376
七重線(septet)　418
ナノチューブ　21
ナフタレン(naphthalene)　695
ナブメトン(nabumetone)　749
ナプロキセン　118, 533

索　引

二クロム酸カリウム　337
ニコチンアミドアデニンジヌクレオチド
　　　　（nicotinamide adenine dinucleotide）
　　　　　　　　　　　→ NAD$^+$
ニコチン酸（nicotinic acid）　341
二酸化ケイ素　365
二酸化炭素　19
二次構造（核酸の，secondary structure of nucleic acid）　906
二次構造（タンパク質の，secondary structure of protein）　890
二次反応　276
二重線（doublet）　418
二重らせん（double helix）　907
二糖（disaccharide）　835
ニトリル（nitrile）　559
　——のアミンへの還元　586
　——の加水分解　573
ニトロアルカン　604
ニトロ化　725
ニトロシルカチオン　770
N-ニトロソアミン　771
ニトロソ化　771
N-ニトロソジメチルアミン（N-nitrosodimethylamine）　772
N-ニトロソピロリジン（N-nitorosopyrrolidine）　772
ニトロニウムイオン（nitronium ion）　725
二分子反応（bimolecular reaction）　271
二本鎖 DNA　909
二面角（dihedral angle）　62
ニューマン投影式（Newman projection）　62, 96
ニンヒドリン　877

ヌクレオシド（nucleoside）　902
ヌクレオチド（nucleotide）　903

ネオペンタン　57
ネオペンチルアルコール
　——と塩化水素との反応　327
ねじれ形（立体）配座（staggered conformation）　61, 62
ねじれひずみ（torsional strain）　62
ねじれ舟形（立体）配座（twist-boat conformation）　68
熱化学（thermochemistry）　135
熱可塑性プラスチック（thermoplastic）　924
熱硬化性高分子（thermosetting polymer）　932
熱硬化性プラスチック（thermosetting plastic）　924
熱反応（thermal reaction）　135
熱分解（thermolysis）　470
熱力学（thermodynamics）　136
熱力学支配（thermodynamic control, equilibrium control）　625, 653
熱力学支配エノラート　632
ネペタラクトン（nepetalactone）　166
燃焼熱（heat of combustion）　82
　アルカンの——　83

ノルアドレナリン　→　ノルエピネフリン
ノルエチンドロン（norethindrone）　858
ノルエピネフリン　765
ノルボルナン　60
ノルボルネン　159

は

配位子（ligand）　795
配位重合（coordination polymerization）　938
π 結合　31
　——による反磁性効果　416
　エチレンの——　153
配向性　735
　オルト-パラ——　733
　メタ——　733
配座異性（conformational isomerism）　96
配座異性体（conformer）　→　立体配座異性体
BINAP　209, 800
π→π* 遷移　659
π 分子軌道（π molecular orbital）　34, 682
パウリの排他原理（Pauli exclusion principle）　2
パーキン縮合（Perkin condensation）　638
波数（wavenumber）　389
パスカルの三角形（Pascal's triangle）　421
ハース投影式（Haworth projection）　826
旗竿水素原子　68
波長（wavelength）　387
発エルゴン反応（exergonic reaction）　137
発がん物質（carcinogen）　696
発熱反応（exothermic reaction）　137
波動関数（wave function）　22
波動方程式（wave equation）　22
バトラコトキシン（batrachotoxin）　758
バニリン（vanillin）　697
ハモンドの仮説（Hammond's postulate）　253
パラ（para）　694
パラジウム触媒（palladium）　796, 805
バリン（valine）　871
パルミチン酸（palmitic acid）　531
ハロアルカン（haloalkane）　240
　——における置換反応と脱離反応　303
　——のアルコールからの合成　324
　——の求核置換反応　270
　——の合成　245
　——の沸点　243
　——の密度　244
　——の命名法　240
ハロアルケン（haloalkene）　240, 796
ハロアレーン（haloarene）　240, 796
パロキセチン　354
ハロゲン化
　——の反応熱　247
　——の立体化学　255
　アリル位の——　255
　アルカンの——　245, 248
　α 炭素の——　515
　ベンジル位の——　706
ハロゲン化アリール（aryl halide）→ ハロアレーン

ハロゲン化アルキル（alkyl halide）→ ハロアルカン
ハロゲン化アルケニル（alkenyl halide）→ ハロアルケン
ハロゲン化イミニウム　613
ハロゲン化水素　324
　——のアルキンへの求電子付加　223
　——のアルケンへの求電子付加　178
　——のアルケンへのラジカル付加　262
ハロゲン化第四級アンモニウム　777
ハロゲン化ビニル（vinyl halide）　240（ハロアルケンも見よ）
ハロヒドリン（halohydrin）　190
　——の分子内求置換反応　367
ハロペリドール（haloperidol）　751
ハロホルム（haloform）　241
ハロメタン
　——の双極子モーメント　242
反結合性分子軌道（antibonding molecular orbital）　25
バンコマイシン　818
反磁性効果　416
反磁性遮蔽（diamagnetic shielding）→ 遮蔽
反磁性電流（diamagnetic current）　408
反遮蔽　→ 非遮蔽
反応機構（reaction mechanism）　135, 167
反応座標（reaction coordinate）　135
反応座標図（reaction coordinate diagram）　135, 175
　E1 反応の——　292
　E2 反応の——　293
　S$_N$1 反応の——　274
　S$_N$2 反応の——　272
反応速度　275
反応中間体（reactive intermediate）　175
反応熱（heat of reaction）　137
半反応　200
反芳香族化合物（antiaromatic compound）　685, 688
反マルコフニコフ型（non-Markovnikov）　195
反マルコフニコフ型水和反応（non-Markovnikov hydration reaction）　194

ひ

ヒアルロナン　→　ヒアルロン酸
ヒアルロン酸（hyaluronic acid）　840
PET　→　ポリエチレンテレフタレート
PAH　→　多環芳香族炭化水素
BHT ラジカル　261
PMP　→　ピリドキサミンリン酸
PLP　→　ピリドキサールリン酸
BOC 基　→　$tert$-ブトキシカルボニル基
B 形 DNA（B-DNA）　909
光分解（photolysis）　470
p 軌道　2, 24
非共役ジエン（unconjugated diene）　647
非共有電子対（unshared electron pair）　8, 10
非局在化（delocalization）　1, 40, 647
非極性共有結合（nonpolar covalent bond）　8

索引

非極性溶媒(nonpolar solvent) 282
pK_a 130, 131, 956
 アミドの―― 561
 アミンの共役酸の―― 760
 アルコールの―― 323
 イミドの―― 561
 カルボン酸の―― 534
 スルホンアミドの―― 561
 チオールの―― 347
 フェノールの―― 697
非結合性相互作用 → 立体ひずみ
非結合性分子軌道(nonbonding MO) 259
非結合電子対(nonbonding electrons) → 非共有電子対
ビシクロアルカン(bicycloalkane) 60
 ――のシス-トランス異性 76
PCC → クロロクロム酸ピリジニウム
ビジソミド(bidisomide) 719
微視的可逆性の原理(principle of microscopic reversibility) 334, 567
ビシナルカップリング(vicinal coupling) 419
ビシナルジオール(vicinal diol) → グリコール
ビシナル水素(vicinal hydrogen) 419
非遮蔽(deshielding) 408
非晶性領域(amorphous domain) 926
2,2-ビス-(ジフェニルホスファニル)-1,1'-ビナフチル → BINAP
ヒスチジン(histidine) 871
ヒストン(histone) 910
ひずみ(strain) 61
ひずみエネルギー
 シクロアルカンの―― 66, 83
比旋光度(specific rotation) 111
ビタミンE 866
ビタミンA(vitamin A) 161, 863
ビタミンK$_1$ 864
ビタミンK$_2$ 704
ビタミンC → L-アスコルビン酸
ビタミンD 865
ビタミンB$_6$ → ピリドキシン
BDE → 結合解離エンタルピー
ヒトインスリン 893
ヒドラジン(hydrazine) 501
ヒドラゾン(hydrazone) 501
ヒドリドイオン(hydride ion) 509
ヒドリンダン 60, 76
ヒドロキシ基(hydroxyl group) 14, 317
ヒドロキノン(hydroquinone) 696, 703
ヒドロニウムイオン 124
ヒドロペルオキシド(hydroperoxide) 249, 364
ヒドロホウ素化-酸化(hydroboration-oxidation) 195
 アルキンの―― 225
 アルケンの―― 194
ヒドロホウ素化-プロトン化 229
ピナコール(pinacol) 335
ピナコール転位(pinacol rearrangement) 335
ピナコロン(pinacolone) 335
ピニック酸化(Pinnick oxidation) 507
ビニル(vinyl) 156

――の化学シフト 415
――の低磁場シフト 416
ビニルアセチレン 218
α-ピネン(α-pinene) 163
PVC → ポリ塩化ビニル
ビフェントリン(bifenthrin) 541
非プロトン酸(aprotic acid) 144
非プロトン性極性溶媒(polar aprotic solvent) 283
非プロトン性溶媒(aprotic solvent) 283
ピペリジン(piperidine) 753
 ――の塩基性 763
非芳香族化合物(non-aromatic compound) 688
比誘電率(dielectric constant) 282
ヒュッケル則(Hückel rule) 685
ピラノース(pyranose) 827
 ――のいす形(立体)配座 828
ピラミッド反転(pyramidal inversion) 757
ピラン(pyran) 827
ピリジニウムイオン 763
ピリジン(pyridine) 690, 753
 ――の塩基性 763
ピリドキサミンリン酸(pyridoxamine phosphate) 502
ピリドキサールリン酸(pyridoxal phosphate) 502
ピリドキシン(pyridoxine) 502
ピリミジン(pyrimidine) 690, 903
ピレトリンI(pyrethrin I) 541
ピレン(pyrene) 696
ピロリジン(pyrrolidine) 753
ピロール(pyrrole) 690, 753

ふ

ファボルスキー転位(Favorskii rearrangement) 524
ファンデルワールス半径(van der Waals radius) 243
ファンデルワールスひずみ → 立体ひずみ
ファンデルワールス力(van der Waals force) 242
VSEPR → 原子価殻電子対反発(valence-shell electron-pair repulsion)
フィッシャーエステル化(Fischer esterification) 540, 552
フィッシャー投影式(Fischer projection) 105, 822
 グリセルアルデヒドの―― 105
VB法 → 原子価結合法
封筒形配座(envelope conformation) 67
フェキソフェナジン(fexofenadine) 234, 793
フェナントレン(phenanthrene) 695
フェニルアラニン(phenylalanine) 871
フェニルイソチオシアン酸 882
フェニルエチルアミン 115
フェニル基(phenyl group) 151, 693
1-フェニル-1-ペンタノン(1-phenyl-1-pentanone) 477

フェノール(phenol) 693, 696, 775
 ――のキノンへの酸化 703
 ――の酸性度 697
 ――の命名法 696
フォトン(photon) 388
1,2付加(1,2 addition) 650
1,4付加(1,4 addition) 622, 650
付加環化(cycloaddition) 660, 662
付加-脱離反応 741
不活性化基(deactivating group) 733
付加反応(addition reaction) 174
 1,2―― 650
 1,4―― 622, 650
 アルケンの―― 174
 求電子―― 177
不均化反応(disproportionation) 935
不均等結合開裂(heterolytic bond cleavage) 244
副殻 1
副溝(minor groove) 909
フグ毒 78
不斉中心(asymmetric center) → キラル中心
不斉補助基(chiral auxiliary) 669
不斉誘起(asymmetric induction) 668
1,3-ブタジエン 649
1-ブタノール(1-butanol) 318
(S)-2-ブタノール〔(S)-2-butanol〕 318
 ――の酸触媒による脱水 332
フタルイミド(phthalimide) 559
フタル酸無水物(phthalic anhydride) 556
ブタン 52, 57
 ――のエネルギー図 64
 ――の重なり形配座 65
 ――のゴーシュ形配座 65
 ――の臭素化 255
ブタン酸 → 酪酸
1-ブタンチオール(1-butanethiol) 345
ブチルアルコール(butyl alcohol) → 1-ブタノール
(S)-sec-ブチルアルコール〔(S)-sec-butyl alcohol〕 → (S)-2-ブタノール
tert-ブチルアルコール(tert-butyl alcohol) → 2-メチル-2-プロパノール
tert-ブチルカチオン
 ――の構造 180
tert-ブチルヒドロペルオキシド 369
tert-ブチルメチルエーテル(tert-butyl methyl ether) 355, 356
ブチルメルカプタン(butyl mercaptan) → 1-ブタンチオール
フッ化テトラブチルアンモニウム 366
2-ブテン
 ――のシス-トランス異性体 154
 ――の水素化熱 204
 ――への臭素の付加 207
tert-ブトキシカルボニル基 885
舟形(立体)配座(boat conformation) 68
ブプロピオン(bupropion) 748
不飽和アルコール(unsaturated alcohol) 319
α,β-不飽和アルデヒド 602
α,β-不飽和カルボニル化合物 623
α,β-不飽和ケトン 602

索 引　985

不飽和脂肪酸　849
　　一価――　160
　　多価――　160, 849
不飽和炭化水素(unsaturated hydrocarbon)
　　　　　51, 151
α,β-不飽和ニトリル　623
α,β-不飽和ニトロ化合物　623
プライマー(primer)　917
フラグメンテーション　449
フラグメント　445
プラスチック(plastic)　924, 946
フラノース(furanose)　827
フラビンアデニンジヌクレオチド(flavin adenine dinucleotide) → FAD
フラーレン(fullerene)　21
フラン(furan)　690, 827
プランク定数(Planck constant)　22
フーリエ変換 NMR 分光計(Fourier transform NMR)　409
フリーデル-クラフツアシル化反応(Friedel-Crafts acylation reaction)　729
フリーデル-クラフツアルキル化反応(Friedel-Crafts alkylation reaction)　727
プリン(purine)　690, 903
フルオキセチン(fluoxetine)　719
フルオロメタン　242
フレオン(Freon) → クロロフルオロカーボン
ブレンステッド-ローリー塩基(Brønsted-Lowry base)　124
ブレンステッド-ローリー酸(Brønsted-Lowry acid)　124
プロカイン(procaine)　375, 558, 594
プロキラル(prochiral)　427
プロスタグランジン(prostaglandin)　854
フロスト円(Frost circle)　685
フロセミド(furosemide)　792
プロドラッグ(prodrug)　114
プロトン NMR 分光法 → ^{1}H NMR 分光法
プロトン酸(protic acid)　144
プロトン性極性溶媒(polar protic solvent)　283
プロトン性溶媒(protic solvent)　282
プロトンデカップル ^{13}C NMR(proton-decoupled ^{13}C-NMR)　429
1,2-プロパジエン → アレン
1-プロパノール(1-propanol)　318
2-プロパノール(2-propanol)　318
プロパノン(propanone) → アセトン
プロパラカイン(proparacaine)　752
プロパン　52
プロパン酸 → プロピオン酸
1,2-プロパンジオール(1,2-propanediol) → プロピレングリコール
1,3-プロパンジオール(1,3-propanediol)　319
1,2,3-プロパントリオール(1,2,3-propanetriol) → グリセロール
プロピオン酸(propionic acid)　531
プロピルアルコール(propyl alcohol) → 1-プロパノール
プロピレン(propylene) → プロペン
プロピレングリコール(propylene glycol)　319

プロプラノロール(propranolol)　720
2-プロペナール(2-propenal)　477
プロペン(propene)　155
　　――の臭素化　256
プロペンニトリル → アクリロニトリル
ブロモアルカン　327
N-ブロモスクシンイミド　256
ブロモニウムイオン(bromonium ion)　189
プロリン(proline)　871
フロンティア分子軌道論　660
分解能(resolution)　446
分割(resolution) → 光学分割
分 極　9
分極率(polarizability)　243, 286
分散力(dispersion force)　80, 242
分枝アルカン　54
分子イオン(molecular ion)　444
分子軌道法(molecular orbital theory)　24
分子内アルドール反応(intramolecular aldol reaction)　604
分子の双極子モーメント(molecular dipole moment)　20
分子分光法(molecular spectroscopy)　388
フント則(Hund's rule)　2

へ

閉環アルケンメタセシス(ring-closing alkene metathesis)　810
平均重合度(average degree of polymerization)　924
平衡定数　955
　　酸-塩基反応の――　130, 133
ヘキサデカン酸 → パルミチン酸
ヘキサン　283
ヘキサン酸 → カプロン酸
ベケット-ケーシー則　785
ベタイン(betaine)　489
β開裂　457
β-ケトエステル　605, 615
　　――の加水分解と脱炭酸　609
β-ケトカルボン酸　544
β-ケト酸 → β-ケトカルボン酸
β-ジカルボン酸　621
β シート(β-pleated sheet)　891
β脱離反応(β-elimination reaction)　269, 290
β-ラクタム系抗生物質　560
ヘック反応(Heck reaction)　796, 798
PET → ポリエチレンテレフタレート
ヘテロ環アミン(heterocyclic amine)　753
ヘテロ環化合物(heterocyclic compound, heterocycle)　356, 689
ペニシリン　560
ヘパリン(heparin)　840
ペプチド結合(peptide bond)　877, 886
　　――の平面性　890
ヘミアセタール(hemiacetal)　492
　　――の塩基触媒による生成　493
　　――の酸触媒による生成　494
ヘモグロビン　893
　　――のリボンモデル　895

ベラパミル(verapamil)　642
ペリ環状反応(pericyclic reaction)　660
ペルオキシカルボン酸　368
ペルオキシ酢酸　368
ペルオキシルラジカル　261
ペルクロロエタン(perchloroethane)　241
ペルクロロエチレン(perchloroethylene)　241
ヘルツ(hertz)　387
ペルハロアルカン(perhaloalkane)　241
ペルハロアルケン(perhaloalkene)　241
ペルフルオロプロパン(perfluoropropane)　241
ペルメトリン(permethrin)　541
変角振動　391
偏光面　110
ベンザイン中間体(benzyne intermediate)　740
ベンジルアルコール　537
ベンジル位(benzylic position)　705
　　――の酸化　705
　　――のハロゲン化　706
ベンジル位カルボカチオン(benzylic carbocation)　279
ベンジルオキシカルボニル基　885
ベンジルカチオン　705
　　――の共鳴構造　279
ベンジル基(benzyl group)　693
ベンジル酸転位(benzilic acid rearrangement)　549
ベンジルジメチルアミン(benzyldimethylamine)　753
ベンジルラジカル　705
ベンズアルデヒド(benzaldehyde)　477, 693
ベンズアルデヒドシアノヒドリン → マンデロニトリル
ベンゼン(benzene)　51, 151, 680, 693
　　――の塩素化　724
　　――の共鳴構造　168, 683
　　――のケクレ構造　681
　　――の臭素化　724
　　――のスルホン化　725
　　――のニトロ化　725
　　――の分子軌道法　682
変旋光(mutarotation)　829
ベンゼンジアゾニウムイオン　775
ベンゼンの共鳴エネルギー(resonance energy of benzene)　684
ベンゼン誘導体
　　――の命名法　693
ベンゾ[a]ピレン〔benzo[a]pyrene〕　696
ベンゾフェノン(benzophenone)　477
ペンタペプチド(pentapeptide)　878
ペンタン　52, 57
ペンタン酸 → 吉草酸
ベンラファキシン(venlafaxine)　749

ほ

芳香族アミン(aromatic amine)　753
　　――の塩基性　761
芳香族アルキル化反応　731

芳香族化合物(aromatic compound) 680
芳香族求核置換反応(nucleophilic aromatic substitution) 739, 741
芳香族求電子置換反応(electrophilic aromatic substitution) 723
芳香族ジアゾニウム塩 775
芳香族炭化水素
——の質量スペクトル 456
芳香族ニトロソ化合物 771
芳香族ヘテロ環アミン(heterocyclic aromatic amine) 753
芳香族ヘテロ環化合物 689
飽和炭化水素(saturated hydrocarbon) 51
保護(protection) 497
補酵素A 610
補酵素Q(coenzyme Q) 704
保護基(protecting group) 364
ホスファチジン酸 860
ホスフィン 758
ホスホアシルグリセロール 860
ホスホエノールピルビン酸(phosphoenolpyruvate) 557
ホスホニウムイリド 487
ホスホニウム塩 488
BOC基 → tert-ブトキシカルボニル基
ポテンシャルエネルギー(potential energy) 3
ホーナー-エモンズ-ワズワース反応(Horner-Emmons-Wadsworth reaction) 490
ホフマン則(Hofmann rule) 779
ホフマン脱離(Hofmann elimination) 778
HOMO → 最高被占分子軌道
ホモトピックな置換基(homotopic group) 427
ボラン 29, 195
ポリアセチレン 936
ポリアミド(polyamide) 927
ポリウレタン(polyurethane) 931
ポリエステル(polyester) 930
ポリエチレンテレフタレート 926, 930
ポリエン 159
——のシス-トランス異性 161
ポリ塩化ビニル[poly(vinyl chloride)] 224, 925
ポリカーボネート(polycarbonate) 930
ポリスチレン(polystyrene) 925
ポリペプチド(polypeptide) 878
——の質量分析 457
ポリマー(polymer) 923
ホルマリン(formalin) 491
ホルミル基
——の化学シフト 415
ホルムアルデヒド(formaldehyde) 18, 476, 479
——とグリニャール反応剤の反応 483
——の静電ポテンシャル図 21
ボンビコール(bombykol) 596

ま行

マイクロ波 387

マイケル反応(Michael reaction) → マイケル付加
マイケル付加(Michael addition) 622, 624
エナミンの—— 625
マイゼンハイマー錯体(Meisenheimer complex) 742
巻矢印(curved arrow, curly arrow) 36, 125, 969
——の書き方 168
マクラファティ転位(McLafferty rearrangement) 454
カルボン酸の—— 455
ケトンの—— 454
末端アルキン(terminal alkyne) 218
マトリックス支援レーザー脱離イオン化法(matrix-assisted laser desorption ionization) 445
マルコフニコフ則(Markovnikov's rule) 178
マルコフニコフ付加 262
MALDI法 → マトリックス支援レーザー脱離イオン化法
マルトース 836
マレイン酸無水物(maleic anhydride) 556
マロン酸 545
マロン酸エステル合成(malonic ester synthesis) 619
マロン酸ジエチル 619
マンデル酸
——の光学分割 117
マンデロニトリル(mandelonitrile) 487
D-マンニトール(D-mannitol) 831
D-マンノサミン(D-mannosamine) 825
D-マンノース(D-mannose) 824

ミオグロビン 893
——のリボンモデル 893
ミコナゾール(miconazole) 748
水 18, 28, 283
——の静電ポテンシャル図 20
ミセル(micelle) 852
ミソプロストール(misoprostol) 855
ミノキシジル(minoxidil) 597
ミリスチン酸(myristic acid) 531
ミルセン 162

無水コハク酸 → コハク酸無水物
無水酢酸 → 酢酸無水物
無水フタル酸 → フタル酸無水物
無水マレイン酸 → マレイン酸無水物
ムスカルア 468

命名法 964
アミンの—— 754
アルカンの—— 54, 57
アルキンの—— 217
アルケンの—— 154
アルコールの—— 318
アルデヒドの—— 476
エーテルの—— 355
カルボン酸の—— 529
カルボン酸誘導体の—— 555
ケトンの—— 476
シクロアルカンの—— 59

シクロアルケンの—— 158
スルフィドの—— 378
チオールの—— 344
ハロアルカンの—— 240
フェノールの—— 696
ベンゼン誘導体の—— 693
メシル基 330
メソ化合物 → メソ体
メソ体(meso compound) 103
メタ(meta) 694
メタナール(methanal) → ホルムアルデヒド
メタノール 283, 318
メタ配向性(meta directing) 733
メタン 18, 28, 51
メタン酸(methanoic acid) → ギ酸
メタンチオール 344
メチオニン(methionine) 871
メチルアセチレン 218
N-メチルアニリン(N-methylaniline) 753
メチルアミン(methylamine) 15, 753
メチルアルミノキサン(methylaluminoxane) 938
メチルイソシアナート 149
メチルエステル 542
メチルクロロホルム → 1,1,1-トリクロロエタン
4-メチルシクロヘキサノール
——の立体異性体 107
メチルシクロヘキサン
——のいす形(立体)配座 71
2-メチルシクロペンタノール
——の立体異性体 105
メチルセロソルブ(methyl cellosolve) → 2-メトキシエタノール
3-メチルブタナール(3-methylbutanal) 477
3-メチルブタン酸(3-methylbutanoic acid) → イソ吉草酸
2-メチル-1-プロパノール(2-methyl-1-propanol) 318
2-メチル-2-プロパノール(2-methyl-2-propanol) 318
2-メチルプロパン 53
——の塩素化 253
——の臭素化 253
2-メチル-1-プロパンチオール(2-methyl-1-propanethiol) 345
2-メチルプロペン(2-methylpropene) → イソブチレン
メチレン(methylene) 156, 470
——の伸縮振動と変角振動 391
——への還元 512
メッセンジャーRNA(messenger RNA) → mRNA
2-メトキシエタノール(2-methoxyethanol) 356
2-メトキシ-2-メチルプロパン(2-methoxy-2-methylpropane) → tert-ブチルメチルエーテル
メトラクロル(metolachlor) 595
メナジオン(menadione) 704
メバスタチン(mevastatin) 612
メペリジン(meperidine) 642

メリフィールドの固相合成法　887, 888
メルカプタン(mercaptan) → チオール
β-メルカプトエタノール(β-mercapto-ethanol) → 2-スルファニルエタノール
メルカプト基(mercapto group)　344
メントール(menthol)　163, 338
メントン(menthone)　338
面偏光(plane-polarized light)　110

モネンシン(monensin)　644
モノペルオキシフタル酸マグネシウム　368
モノマー(monomer)　923
モルオゾニド(molozonide)　201
モル吸光係数(molar absorption coefficient)　656
モルヒナン(morphinan)　750
モルヒネ(morphine)　750

や～ろ

融解温度(melt transition temperature)　926
有機化学(organic chemistry)　1
有機金属化合物(organometallic compound)　463
誘起効果(inductive effect)　141, 182, 534
有機合成(organic synthesis)　231
有機スズ反応剤　807
誘起双極子-誘起双極子相互作用 → 分散力
有機ハロゲン化物
　　──とギルマン反応剤とのカップリング　467
有機ホウ素化合物　805
有機マグネシウム化合物　463
有機リチウム反応剤　464, 581
　　──とエステルとの反応　581
　　──とオキシランとの反応　466
　　──とケトンとの反応　484
　　──とプロトン酸との反応　465
優先順位
　官能基の──　478, 479
ユビキノン(ubiquinone) → 補酵素Q

溶解金属還元　230
ヨウ化水素酸　361
ヨウ化ビニル　807
ヨウ化ヨードメチル亜鉛　472
ヨウ素酸(iodic acid)　343
溶媒(solvent)　282
溶媒効果
　S_N1反応での──　283
　S_N2反応での──　283
溶媒和　286, 378
四次構造(タンパク質の, quaternary structure of protein)　895
(4n+2)π電子則〔(4n+2)π electron rule〕　685
四重線(quartet)　418

LAH → 水素化アルミニウムリチウム
ラウリン酸(lauric acid)　531
酪酸(butyric acid)　531
ラクタム(lactam)　559
β-ラクタム系抗生物質　560
ラクトース　835
ラクトン(lactone)　557
ラジオ波　387
ラジカル(radical)　175, 244
　　──の生成　249
　　──の非局在化　258
ラジカルカチオン(radical cation)　444
ラジカル再結合(radical coupling)　935
ラジカル阻害剤(radical inhibitor)　261
ラジカル連鎖重合　934
ラジカル連鎖反応　249
　　──によるヒドロペルオキシドの生成　364
ラセミ化　276
　α炭素の──　514
ラセミ体(racemic mixture)　112
ラフィノース(raffinose)　845
ラマン分光法(Raman spectroscopy)　391
ランベルト-ベールの法則(Lambert-Beer law)　657

D-リキソース(D-lyxose)　824
リシン(lysine)　871
リゾレシチン　862
リチウムジイソプロピルアミド(lithium diisopropylamide)　219, 630
律速段階(rate-determining step)　176, 275
立体異性体(stereoisomer)　73, 93, 109
　1,2-シクロヘキサンジオールの──　108
　1,2-シクロペンタンジオールの──　106
　3-メチルシクロヘキサノールの──　107
　4-メチルシクロヘキサノールの──　107
　2-メチルシクロペンタノールの──　105
立体化学(stereochemistry)　92, 961
立体規則性(tacticity)　940
立体障害(steric hindrance)　278
立体選択性
　E1反応の──　295
　E2反応の──　295
立体選択的反応(stereoselective reaction)　188
立体中心(stereocenter)　74, 95
立体特異性
　E2反応の──　296
立体特異的反応(stereospecific reaction)　206
立体配座(conformation)　61
立体配座異性体(conformational isomer)　62, 109
立体配置(configuration)　74
立体配置異性体(configurational isomer)　94, 109
立体反転　277
立体ひずみ(steric strain)　64
　一置換シクロヘキサンの──　70
リッター反応　789

リドカイン(lidocaine)　558
リノレン酸　160
リビング重合体(living polymer)　943
リボ核酸(ribonucleic acid) → RNA
D-リボース(D-ribose)　824
リボソームRNA(ribosomal RNA) → rRNA
リマンタジン(rimantadine)　237
リモネン(limonene)　163, 166
硫化ナトリウム　378
流動モザイクモデル(fluid-mosaic model)　863
量子化(quantization)　1
量子力学(quantum mechanics)　22
両性イオン → 双性イオン
リンゴ酸　117
リン酸エステル　30, 557
リン酸ジエステル　134
リン酸ジメチル(dimethyl phosphate)　557
リン酸無水物(phosphoric anhydride)　556
リン脂質(phospholipid)　860
隣接基関与　306
リンドラー触媒(Lindlar catalyst)　229

ルイス塩基(Lewis base)　143
ルイス酸(Lewis acid)　143
ルイス点構造(Lewis dot structure)　5
　　──の書き方　11
LUMO → 最低空分子軌道

冷延伸(cold-drawn)　928
励起状態(excited state)　4, 25
レシチン　861
レゾルシノール(resorcinol)　696
11-cis-レチナール(11-cis-retinal)　500
レチノール(retinol) → ビタミンA
レフォルマトスキー反応　638
レーヨン　839
連鎖移動反応(chain-transfer reaction)　936
連鎖開始(chain initiation)　249
連鎖重合(chain-growth polymerization)　933
連鎖成長(chain propagation)　249
連鎖長(chain length)　250
連鎖停止(chain termination)　249, 250

ロイシン(leucine)　871
六重線(sextet)　418
ロドプシン(rhodopsin)　500, 863
ロバスタチン(lovastatin)　612
ロビンソン環化(Robinson annulation)　627

ワッカー法(Wacker process)　539
ワトソン-クリックモデル(Watson-Crick model)　906
(S)-ワルファリン〔(S)-warfarin〕　558

村上 正浩
むら かみ まさ ひろ
1956年 富山県に生まれる
1979年 東京大学理学部 卒
1984年 東京大学大学院理学系研究科博士課程 修了
現 京都大学大学院工学研究科 教授
専攻 有機金属化学,有機合成化学
理学博士

第1版 第1刷 2014年9月10日 発行

ブラウン 有機化学(下) 原著第6版

Ⓒ 2014

監訳者　村　上　正　浩
発行者　小　澤　美　奈　子
発　行　株式会社 東京化学同人
東京都文京区千石3丁目36-7(〒112-0011)
電話(03)3946-5311・FAX(03)3946-5316
URL：http://www.tkd-pbl.com/

印刷・製本　三美印刷株式会社

ISBN 978-4-8079-0780-9
Printed in Japan
無断転載および複製物(コピー,電子データなど)の配布,配信を禁じます。

中地 義和

1952年 東京大学教養学部卒業.
1982年 東京大学大学院博士課程修了.
現在、東京大学名誉教授・放送大学客員教授.
専攻、フランス文学・近代比較詩学
主要著作
『ランボー 自画像の詩学』(岩波書店)

フランス近現代詩を学ぶ人のために

2014年9月10日 初版第1刷発行

編者　中　地　義　和
発行者　杉　田　啓　三

〒607-8494 京都市山科区日ノ岡堤谷町3-1
発行所　株式会社　世界思想社
電話 075 (581) 5191／振替 01000-6-2908
http://sekaishisosha.jp/

印刷・製本 太洋社

© 2014 中地義和
ISBN 978-4-7907-1650-0
Printed in Japan

落丁・乱丁本はお取り替えいたします